EUROPA-FACHBUCHREIHE
für Mechatronik

Tabellenbuch Mechatronik

Tabellen – Formeln – Normenanwendungen

11. neu bearbeitete und aktualisierte Auflage

Bearbeitet von Lehrern und Ingenieuren an berufichen Schulen und Produktionsstätten (siehe Rückseite)

VERLAG EUROPA-LEHRMITTEL · Nourney, Vollmer GmbH & Co. KG
Düsselberger Straße 23 · 42781 Haan-Gruiten

Europa-Nr.: 45011

Autoren des Tabellenbuches Mechatronik

Heinrich Dahlhoff	Dipl.-Physiker	Meppen
Hartmut Fritsche	Dipl.-Ing.	Massen
Gregor Häberle	Dr.-Ing., Abteilungsleiter	Tettnang
Verena Häberle	MSc	Zürich
Thomas Helmer	Dr.-Ing.	Gomadingen
Rudolf Krall	Dipl.-Päd. Ing., Berufsschuloberlehrer	Gartenau-St. Leonhard
Bernd Schiemann	Dipl.-Ing., Studiendirektor	Durbach
Dietmar Schmid	Dipl.-Ing., Studiendirektor	Biberach a.d. Riß
Siegfried Schmitt	staatl. gepr. Techniker, Techn. Oberlehrer	Bad Bergzabern
Claudius Scholer	Dipl.-Ing., Dipl.-Gewerbelehrer, Studiendirektor	Metzingen
Matthias Schultheiß	Dipl.-Ing., Dipl.-Gewerbelehrer, Studiendirektor	Biberach a.d. Riss
Thomas Urian	Meister der Elektrotechnik	Vilshofen

Bildbearbeitung:
Zeichenbüro des Verlags Europa-Lehrmittel, Ostfildern

Leiter des Arbeitskreises:
Dr.-Ing. Gregor Häberle, Tettnang

Maßgebend für das Anwenden der Normen sind deren Fassungen mit dem neuesten Ausgabedatum, die bei der VDE-VERLAG GmbH, Bismarckstr. 33, 10625 Berlin und der Beuth Verlag GmbH, Burggrafenstr. 6, 10787 Berlin erhältlich sind.

11. Auflage 2021

Druck 5 4 3 2 1

Alle Drucke derselben Auflage sind parallel einsetzbar, da sie bis auf die Korrektur von Druckfehlern identisch sind.

ISBN 978-3-8085-4538-6

Alle Rechte Vorbehalten. Das Werk ist urheberrechtlich geschützt. Jede Verwertung außerhalb der gesetzlich geregelten Fälle muss vom Verlag schriftlich genehmigt werden.

© 2021 by Verlag Europa-Lehrmittel, Nourney, Vollmer GmbH & Co. KG, 42781 Haan-Gruiten
www.europa-lehrmittel.de

Satz: PER MEDIEN & MARKETING GmbH, 38102 Braunschweig, www.per-mm.de
Umschlag: braunwerbeagentur, 42477 Radevormwald
Umschlagfotos: Siemens-Pressebilder
Druck: Druckerei Himmer, 86167 Augsburg

Mathematik, Technische Physik — 9 ...70	**M**
Technische Kommunikation — 71 ...130	**K**
Chemie, Werkstoffe, Fertigung — 131 ...204	**WF**
Bauelemente, Messen, Steuern, Regeln — 205 ... 288	**BM**
Elektrische Anlagen und Antriebe, mechatronische Systeme — 289 ... 412	**A**
Digitalisierung, Informationstechnik — 413 ... 474	**D**
Verbindungstechnik — 475 ... 520	**V**
Betrieb und Umwelt — 521 ... 600	**B**

Vorwort zur 11. Auflage

Das Buch ist konzipiert für die handlungsorientierte Berufsbildung des Berufes *Mechatroniker* bzw. *Mechatronikerin*. Die Mechatronik unterliegt als Schlüsseltechnologie aus Elektrotechnik, Metalltechnik und Informationstechnik einem stetigen Wandel und unterstützt das Erfüllen der *Anforderungen von Industrie 4.0* sowie der *Digitalisierung*, auch mit dem Ziel, dem *Klimawandel* entgegenzuwirken.

Dies führte zu neuen oder aktualisierten Seiten in den nachfolgend genannten Hauptabschnitten. Inhalte des Buches, die nicht mehr Bestandteil der Berufsbildung sind, wurden gelöscht. Auf Prüfungsorientierung bzgl. Inhalt und Sachwortverzeichnis sowie Seitenquerverweise im Buch wurde großer Wert gelegt.

- **Teil M: Mathematik, Technische Physik**

    Aktualisiert sind z. B. Komplexe Rechnung für Grundschaltungen von L und C, Binärcodes, Messen von Oberschwingungen, Spannungsfall an Leitungen.

- **Teil K: Technische Kommunikation**

    Neu sind z. B. Geometrische Produktspezifikation GPS, Symbole der Verfahrenstechnik.
    Erweitert wurden z. B. Kennzeichnungen in Schaltplänen, Referenzkennzeichnung.
    Aktualisiert wurden Schaltpläne der Pneumatik und Hydraulik.

- **Teil WF: Chemie, Werkstoffe, Fertigung**

    Neu sind z. B. Bezeichnung von Stählen durch Werkstoffnummern, Arten von Kunststoffen, Wärmebehandlung, Ergonomie.
    Aktualisiert wurden z. B. Trennklassen der Kommunikationsverkabelung, Leitungen in Datennetzen, Fertigungsverfahren.

- **Teil BM: Bauelemente, Messen, Steuern, Regeln**

    Neu sind z. B. Durchflusssensoren, Radarsensoren, Smart Sensorik und Aktorik, TIA-Portal, Bezeichnung von SPS-Variablen. Aktualisiert wurden z. B. Dimmen von LEDs, SPS-Programmierung, Sensoren, elektrische Messgeräte, Messen mit Multimeter.

- **Teil A: Elektrische Anlagen und Antriebe, mechatronische Systeme**

    Neu sind z. B. Brandschutz und Brandschutzleitungen, Betrieb von Drehstrom-Asynchronmotoren.
    Erweitert wurden z. B. Erstprüfung von Schutzmaßnahmen, Fehlerschutz.
    Aktualisiert wurden z. B. Messen in elektrischen Anlagen, Regelung der Netzfrequenz, Effizienz von elektrischen Antrieben, Aufbau von Schaltschränken, Prüfung der elektrischen Ausrüstung von Maschinen.

- **Teil D: Informationstechnik, Digitalisierung**

    Neu sind z. B. Blu Ray Disk, Aufbau eines PC, Werkzeugbahnkorrektur, Schutzmaßnahmen zur Arbeitssicherheit.
    Erweitert wurden z. B. Digitalisierung, Industrie 4.0.
    Aktualisiert wurden z. B. KV-Diagramme, Halbleiterspeicher, Datensicherung, Kopierschutz, Local Control Network LCN, Komponenten für Datennetze, Betriebssysteme, Internet der Dinge, Störungen bei der Funkübertragung in Werkstätten.

- **Teil V: Verbindungstechnik**

    Aktualisiert wurden Steckverbinder.

- **Teil B: Betrieb und Umwelt**

    Neu sind z. B. Qualitätsmanagement, Betriebswirtschaftliche Kalkulationen.
    Aktualisiert wurden z. B. Statistische Prozesssteuerung, Betriebssicherheitsverordnung, gefährliche Stoffe, Gefahrenhinweise VDE-Normen.

Normänderungen wurden übernommen, z. B. Sicherheit von Maschinen (DIN EN 60204-1, VDE 0113-1), Erstprüfung der Schutzmaßnahmen (DIN VDE 0100-600), Mindestwirkungsgrade von elektrischen Antrieben (DIN VDE 530-30-2), Schutzeinrichtungen (DIN VDE 0100-530), sodass diesem Buch die neuesten Ausgaben der DIN-Normen und VDE-Richtlinien zu Grunde liegen.

Allgemein ist zu beachten, dass oft die Normen verschiedene Formen zulassen, z. B. in DIN EN 61082 (Dokumente der Elektrotechnik, Regeln) Stromverzweigungen mit oder ohne „Punkt" oder mit Richtungsangabe des abgezweigten Leiters, ebenso die Angabe der Stromrichtung mit Pfeil neben der Leitung oder in der Leitung nach DIN EN 60375. Alle Formen kommen in der beruflichen Praxis vor und werden im Buch deshalb auch angewendet.

Didaktische Ergänzungen wurden durch stichwortartige Formulierung prüfbarer Lerninhalte fortgesetzt.

Hinweis: In *Formeln für Mechatroniker* sind die Formeln des Buchs, ergänzt um weitere Formeln, abgedruckt, und zwar meist in nach Größen umgestellten Formen.

Verlag und Autoren danken für die zahlreichen Benutzerhinweise, die zu einer weiteren Verbesserung des Buches führten, und nehmen auch künftig konstruktive Vorschläge dankbar entgegen. Diese können auch gerichtet sein an lektorat@europa-lehrmittel.de.

Sommer 2021   Der Autoren-Arbeitskreis

Inhaltsverzeichnis

Erste Hilfe bei Unfällen U2

Teil M: Mathematik, Technische Physik   9

Formelzeichen dieses Buches 10
Indizes und Zeichen für Formelzeichen dieses Buches 11
Formelzeichen für drehende elektrische Maschinen 12
Größen und Einheiten 13
Bruchrechnen, Vorzeichen, Klammern 15
Klammerrechnung, Potenzieren 16
Radizieren, Gleichungen 17
Zahlensysteme, Dualzahlen 18
Dualzahlen, Sedezimalzahlen, Binärcodes 19
Logarithmen, Zehnerpotenzen, Vorsätze, Prozentrechnung 20
Logarithmisches Maß Dezibel 21
Dreisatz, Mischungsrechnung 22
Rechtwinkliges Dreieck 23
Winkelfunktionen, Steigung 24
Längen 25
Flächen 26
Flächen, Volumen, Oberflächen 28
Volumen, Oberfläche, Masse 30
Kräfte 31
Drehmoment, Hebel, Fliehkraft 32
Rollen, Keile, Winden, Schrauben 33
Bewegungslehre 34
Geschwindigkeiten an Maschinen 35
Wärmetechnik 1 36
Wärmetechnik 2 37
Mechanische Arbeit, mechanische Leistung, Energie 38
Ladung, Spannung, Stromstärke, Widerstand 39
Elektrische Leistung, elektrische Arbeit 40
Elektrisches Feld, Kondensator 41
Strom in Magnetfeld, Induktion 43
Schaltungen von Widerständen 44
Bezugspfeile, Kirchhoff'sche Regeln, Spannungsteiler 45
Grundschaltungen von Induktivitäten und Kapazitäten 46
Komplexe Rechnung für Grundschaltungen von L und C 47
Schalten von Kondensatoren und Spulen 48
Wechselgrößen, Oberschwingungen 49
Zeigerdiagramme von Wechselstromgrößen 50
Leistungen bei Sinuswechselstrom, Impuls 51
Reihenschaltung, Parallelschaltung von R, L, C 52
Berechnungsformeln für Transformatoren 54
Elektrischer Widerstand bei Temperaturänderung, Wärmewiderstand 55
Drehstrom, Blindleistungskompensation 56
Kompensation mit Filtern 57
Zahnradberechnungen 58

Übersetzungen 59
Druck in Flüssigkeiten und Gasen 60
Reibung, Auftrieb 61
Belastungsfälle, Beanspruchungsarten 62
Abscherung, Knickung 64
Biegung, Torsion 65
Momente der Festigkeitslehre 66
Momente von Profilen 67
Pneumatikzylinder 68
Berechnungen zur Hydraulik und Pneumatik 69
Berechnungen zur Hydraulik 70

Teil K: Technische Kommunikation   71

Grafische Darstellung von Kennlinien 72
Arten von Diagrammen 73
Allgemeines technisches Zeichnen 74
Zeichnerische Anordnung von Körpern 75
Maßeintragung, Schraffur 76
Maßpfeile, besondere Darstellungen 77
Maßeintragung 78
Toleranzen in Zeichnungen 79
Geometrische Produktspezifikation 80
Gewinde, Schraubenverbindungen, Zentrierbohrungen 84
Getriebedarstellung 85
Darstellung von Wälzlagern, Dichtungen 86
Symbole für Schweißen und Löten 88
Weitere mechanische Verbindungen, Federn 89
Funktionsbezogene Schaltpläne 90
Weitere funktionsbezogene Dokumente 91
Ortsbezogene und verbindungsbezogene Dokumente 92
Kennbuchstaben der Objekte (Betriebsmittel) in Schaltplänen 93
Kennzeichnungen in Schaltplänen 94
Kontaktkennzeichnung in Stromlaufplänen 97
Stromkreise und Schaltzeichen 98
Allgemeine Schaltzeichen 99
Transformatoren, Spulen, drehende elektrische Maschinen 100
Vergleich von Schaltzeichen 101
Zusatzschaltzeichen, Schalter in Energieanlagen . . . 103
Messgeräte und Messinstrumente, Messkategorien 104
Halbleiterbauelemente 105
Analoge Informationsverarbeitung, Zähler und Tarifschaltgeräte 106
Binäre Elemente 107
Schaltzeichen für Installationsschaltpläne und Installationspläne 109
Schaltzeichen für Übersichtsschaltpläne 110
Kurzzeichen an elektrischen Betriebsmitteln 111
Einphasenwechselstrommotoren und Anlasser 112
Drehstrommotoren und Anlasser 113
Motoren mit Stromrichterspeisung 114
Ablaufsteuerungen, GRAFCET 115
Grundformen von Ablaufsteuerungen 116

Elemente für Ablaufsteuerungen GRAFCET	117
Ablauf-Funktionspläne	119
Symbole zur Dokumentation in der Computertechnik	120
Schaltzeichen der Pneumatik und Hydraulik	121
Pneumatik Grundschaltungen	123
Kennzeichnung von steuerungstechnischen Systemen	124
Schaltpläne der Pneumatik und Hydraulik	125
Fließbilder	126
Beispiele von Fließbildern	127
Symbole der Verfahrenstechnik	128
Erstellen einer Dokumentation über Geräte und Anlagen	129
Aufbau und Inhalt einer Betriebsanleitung	130

Teil WF: Chemie, Werkstoffe, Fertigung 131

Chemie	132
Stoffwerte	134
Gefährliche Stoffe	136
Magnetwerkstoffe	137
Bezeichnungssysteme für Stähle	138
Stahl	142
Stahlprofile	145
Bezeichnungssysteme für Gusseisenwerkstoffe	146
Gusseisen	147
Nichteisenmetalle	148
Aluminiumprofile	151
Kunststoffe	152
Kabel und Leitungen	157
Isolierte Starkstromleitungen	158
Starkstromleitungen	159
Leitungen zum Anschluss ortsveränderlicher Betriebsmittel	160
Leitungen und Kabel für Melde- und Signalanlagen	161
Leitungen in Datennetzen	162
Kupferlitzenleiter der Informationstechnik	163
Strahlenoptik	164
Lichtwellenleitungen	165
Trennklassen der Kommunikationsverkabelung	166
Korrosion und Korrosionsschutz	167
Lote und Flussmittel	168
Druckflüssigkeiten	169
Werkstoffprüfung	170
Fertigungsverfahren	172
Rapid Prototyping RP (3D-Druck)	176
Wärmebehandlung von Stahl	177
Montage und Demontage	179
Ergonomie	181
Schneidstoffe	182
Drehzahlnomogramm	183
Kräfte und Leistungen beim Zerspanen	184
Bohren	186
Reiben und Gewindebohren	187
Drehen	188

Drehwerkzeuge	190
Fräsen	191
Schleifen	193
Spanende Formung der Kunststoffe	194
Lehren	195
Biegeumformen	196
Schweißen	197
Druckgasflaschen, Gasverbrauch	199
Gasschweißen	200
Schutzgasschweißen	201
Lichtbogenschweißen	203

Teil BM: Bauelemente, Messen, Steuern, Regeln 205

Widerstände und Kondensatoren	206
Batterien, Batteriezellen	209
Von physikalischen Größen abhängige Halbleiter-Bauelemente	210
Dioden	211
Feldeffekttransistoren FET, IGBTs	212
Bipolare Transistoren und HEMT	213
Thyristoren und Triggerdiode	214
Fotoelektronische Bauelemente	215
Bauelemente für Überspannungsschutz	216
Grundlagen des Operationsverstärkers	217
Elektrische Messgeräte	219
Schaltungen zur Bestimmung von U, I und R	221
Messwandler	222
Messen mit Multimeter	223
Wattstundenzähler	224
Sensoren	225
Kraftmessung und Druckmessung	226
Bewegungsmessung, Wegmessung, Winkelmessung	227
Temperaturmessung	229
Durchflusssensoren, Ultraschallsensoren, Radarsensoren	230
Näherungsschalter (Sensoren)	231
Smarte Sensorik und Aktorik, optoelektronische Sensoren	233
Vernetzung von Sensoren und Aktoren	235
Energieüberwachung in Smart-Grid-Anlagen	236
Oszilloskop	237
Messwerterfassung mit dem PC	239
Elektromagnetische Schütze	242
Gebrauchskategorien und Antriebe von Schützen	243
Vakuumschütze, Halbleiterschütze	244
Hilfsstromkreise	246
Polumschaltbare Drehstrommotoren	248
Ausschaltung, Serienschaltung, Wechselschaltung, Kreuzschaltung	250
Stromstoßschaltungen	251
Dimmen	252
Steuerung mittels Funk	254
Elektroinstallation mit Funksteuerung von konventionellen Lampen	255
Ausführung von Installationsschaltungen	256

Steuerungs- und Regelungstechnik	258
Analoge Regler	260
Digitale Regelung	263
Steuern und Regeln mit dem PC	264
Lageregelung bei Arbeitsmaschinen	266
Logikmodul LOGO!	267
Binäre Verknüpfungen der Steuerungs- und Regelungstechnik	270
Speicherprogrammierbare Steuerung SPS	271
TIA-Portal	275
Programmiersprachen, Strukturierter Text (ST), Ablaufsprache AS	279
SPS-Programmierung (nach DIN EN 61131-3)	282
Regelung mittels SPS	285

Teil A: Elektrische Anlagen und Antriebe, mechatronische Systeme 289

Netze der Energietechnik	290
Arbeiten in elektrischen Anlagen	292
Messungen in elektrischen Anlagen	293
Alphanumerische Kennzeichnung der Anschlüsse	296
Schutzarten IP elektrischer Betriebsmittel, ENEC-Zeichen	297
Elektronische Steuerungen von Verbrauchsmitteln	299
Stromrichter, Gleichrichter	300
Transformatoren der Energietechnik	305
Regelung der Netzspannung	307
Betriebsarten	309
Isolierstoffklassen, Bemessungsleistungen	310
Betriebsdaten von Käfigläufermotoren	311
Bauformen von drehenden elektrischen Maschinen	312
Einphasen-Wechselstrommotoren	314
Drehstrommotoren, Gleichstrommotoren	315
Servomotoren	318
Prüfung elektrischer Maschinen	320
Schrittmotoren	321
Kleinstantriebe	322
Getriebe	324
Linearantriebe	325
Effizienz von elektrischen Antrieben	329
Wahl des Antriebsmotors	330
Motorschutz	331
Anlassen von Kurzschlussläufermotoren	332
Sanftanlasser	333
Überlastschutz und Kurzschlussschutz von Leitungen	334
Mindest-Leiterquerschnitte, Leitungsschutzschalter	335
Niederspannungs-Schmelzsicherungen	336
Überstrom-Schutzeinrichtungen für Geräte	337
Schutz gegen thermische Auswirkungen	339
Brandschutz, Brandschutzleitungen	340
Leitungsberechnung	341
Verlegearten von Leitungen für feste Verlegung	345
Strombelastbarkeiten	346
Oberschwingungen OS	351

Stromgefährdung, Berührungsarten, Fehlerarten	353
Schutzmaßnahmen, Schutzklassen	355
Systeme und Fehlerschutz mit Schutzleiter	356
Basisschutz und Fehlerschutz	357
Differenzstromschutzschalter RCD	358
Differenzstromüberwachungsgerät RCM	359
Prüfung der Schutzmaßnahmen	363
Wiederkehrende Prüfungen	365
Spezielle Niederspannungs-Anlagen	366
Elektroinstallation in Unterrichtsräumen mit Experimentier-einrichtungen	367
Stromversorgung elektronischer Geräte	368
Sicherheits-Stromversorgungsanlagen	369
Akkumulatorenräume	371
Elektromagnetische Verträglichkeit EMV	373
Schaltschrankaufbau	375
Klimatisierung von Schaltschränken	378
Instandsetzung, Änderung und Prüfung elektrischer Geräte	379
Elektrische Ausrüstung von Maschinen	380
Prüfung der elektrischen Ausrüstung von Maschinen	382
Sicherheits-NOT-AUS-Relais	383
Sicherheitsbezogene Teile von Steuerungen	384
Mechatronische Systeme	389
Funktionsdiagramme	391
Ablaufsteuerung	392
Inbetriebnahme mechatronischer Systeme	406
Instandhaltung mechatronischer Systeme	411

Teil D: Digitalsierung, Informationstechnik 413

Digitalisierung und Industrie 4.0	414
Internet	415
Binäre Verknüpfungen	417
KV-Diagramme	418
Code-Umsetzer	419
ASCII-Code und Unicode	420
Bistabile Kippschaltungen	421
Digitale Zähler und Schieberegister	422
DA-Umsetzer und AD-Umsetzer	423
Komparatoren, S & H-Schaltungen	424
Halbleiterspeicher	425
Mobile Datenspeicher	426
Optische Speicher DVD, CD, Blu Ray	427
Begriffe der Informationstechnik	429
PC-Hauptplatine und PC-Anschlüsse	431
Betriebssysteme	432
Windows-10-Tasten-Kürzel	433
PowerPoint	434
Arbeiten mit Excel	435
Gefahren der Computersabotage	436
Maßnahmen gegen Computerviren	437
Industriespionage	438
Datensicherung, Kopierschutz	439

Netzformen der Informationstechnik 440
Komponenten für Datennetze 441
AS-i-Bussystem 442
Linien und Bereiche beim KNX-TP 443
Local Control Network LCN 446
Ethernet-Netzwerke 447
PROFIBUS, PROFINET 449
IO-Link 450
CAN-Bus 451
Sicherheits-Bussysteme 452
Identifikationssysteme 453
Anwendung von Bluetooth in Betrieben 454
Störungen bei Funkübertragungen in Werkstätten . 455
Segmentierung von (W)LAN 456
IT-Ausstattung eines Service-Mitarbeiters 457
Fernwartung mit Windows 458
Elektronik-Werkzeuge 459
Struktur der Numerischen Steuerung 460
Koordinaten bei CNC-Maschinen 461
Programmaufbau bei CNC-Maschinen 462
Arbeitsbewegungen bei Senkrecht-Fräsmaschinen . 466
Werkzeugkorrekturen 468
Handhabungstechnik 469
Industrieroboter 470
Arbeitsräume, Koordinatensysteme bei
 Industrierobotern 471
Arbeitssicherheit 472
Grenztaster 474

Teil V: Verbindungstechnik 475

Kleben 476
Gewindearten, Übersicht 477
Ausländische Gewinde 478
Metrische Gewinde 479
Whitworth-Gewinde, Rohrgewinde 480
Schrauben 481
Schraubenübersicht 482
Sechskantschrauben 483
Passschrauben, Senkschrauben 484
Schrauben, Blechschrauben 485
Dübel 486
Gewindestifte 487
Senkungen 488
Muttern 490
Scheiben 492
Sicherheit von Schraubensicherungen 494
Stifte 495
Passfedern, Scheibenfedern 497
Federn 498
Übersicht von Wälzlagern 499
Einbau und Ausbau von Wälzlagern 501
Kugellager, Nadellager 502
Gleitlager, Nutmuttern 503
Sicherungsringe, Sicherungsscheiben,
 Sicherungsbleche 504
Dichtelemente 505

ISO-System für Grenzmaße und Passungen 506
Passungen, System Einheitsbohrung 508
Passungen, System Einheitswelle 510
Passungsempfehlungen, Passungsauswahl 512
Allgemeintoleranzen 513
Steckverbinder 514
TAE-Anschlüsse, TAE-Anschluss-Stecker 516
Schnittstellenkopplungen 517
Schnittstellen USB, Firewire 518
Steckvorrichtungen der Energietechnik 519

Teil B: Betrieb und Umwelt 521

Zeichen und Farben zur Unfallverhütung 522
Betriebssicherheitsverordnung BetrSichV 524
Arbeitsvorbereitung 525
Kennzahlen in der Produktion 527
PLM, ERP, MES 528
Qualitätsmanagement (QM)
 nach DIN EN ISO 9000 ff. 529
Methoden des Qualitätsmanagements 530
Qualitätsmanagement – Begriffe 531
Statistische Auswertungen 532
Statistische Prozesssteuerung SPC 533
Zuverlässigkeit, Verfügbarkeit 535
Entsorgung 536
Gefahrensymbole und Gefahrenkennzeichnungen . 537
Gefahrenhinweise/H-Sätze,
 Sicherheitshinweise/P-Sätze 538
Umweltmanagement und Abfallwirtschaft 541
Schall und Lärm 542
EU-Maschinenrichtline 543
CE-Kennzeichnung 544
Begriffe im Arbeitsrecht 545
Bestandteile eines Tarifvertrages 546
Durchführung von Projekten 547
Lastenheft, Pflichtenheft 548
Präsentation eines Projektes 549
Präsentation durch Vortrag 550
Durchführung von Kundenschulungen 551
Kosten und Kennzahlen 552
Kalkulation der Kosten 553
Betriebswirtschaftliche Kalkulation 554
Betriebsabrechnungbogen BAB 555
Normen 556
Wichtige Normen 557
VDE Normen 560
Kurzformen von Fachbegriffen 563
Fachliches Englisch 569
Sachwortverzeichnis 576
Unterstützende Firmen, Dienststellen und
 Bildungseinrichtungen 596
Bildquellenverzeichnis 599
Literaturverzeichnis 600
Lernfelderauswahl für Mechatroniker/innen U3

Teil M: Mathematik, Technische Physik
Part M: Mathematics, Technical Physics

Mathematik

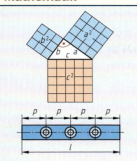

- Formelzeichen dieses Buches 10
- Indizes und Zeichen für Formelzeichen dieses Buches 11
- Formelzeichen für drehende elektrische Maschinen 12
- Größen und Einheiten 13
- Bruchrechnen, Vorzeichen, Klammern 15
- Klammerrechnung, Potenzieren 16
- Radizieren, Gleichungen 17
- Zahlensysteme, Dualzahlen 18
- Dualzahlen, Sedezimalzahlen, Binärcodes 19
- Logarithmen, Zehnerpotenzen, Vorsätze, Prozentrechnung 20
- Logarithmisches Maß Dezibel 21
- Dreisatz, Mischungsrechnung 22
- Rechtwinkliges Dreieck 23
- Winkelfunktionen, Steigung 24

Technische Physik

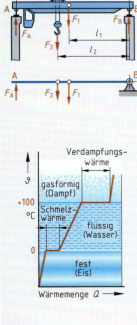

- Längen 25
- Flächen 26
- Flächen, Volumen, Oberflächen 28
- Volumen, Oberflächen 29
- Volumen, Oberfläche, Masse 30
- Kräfte 31
- Drehmoment, Hebel, Fliehkraft 32
- Rollen, Keile, Winden, Schrauben 33
- Bewegungslehre 34
- Geschwindigkeiten an Maschinen 35
- Wärmetechnik 1 36
- Wärmetechnik 2 37
- Mechanische Arbeit, mechanische Leistung, Energie 38
- Ladung, Spannung, Stromstärke, Widerstand 39
- Elektrische Leistung, elektrische Arbeit 40
- Elektrisches Feld, Kondensator 41
- Strom in Magnetfeld, Induktion 43
- Schaltungen von Widerständen 44
- Bezugspfeile, Kirchhoff'sche Regeln, Spannungsteiler 45
- Grundschaltungen von Induktivitäten und Kapazitäten 46
- Komplexe Rechnung für Grundschaltungen von L und C 47
- Schalten von Kondensatoren und Spulen 48
- Wechselgrößen, Oberschwingungen 49
- Zeigerdiagramme von Wechselstromgrößen 50
- Leistungen bei Sinuswechselstrom, Impuls 51
- Reihenschaltung, Parallelschaltung von R, L, C 52
- Berechnungsformeln für Transformatoren 54
- Elektrischer Widerstand bei Temperaturänderung, Wärmewiderstand 55
- Drehstrom, Blindleistungskompensation 56
- Kompensation mit Filtern 57
- Zahnradberechnungen 58
- Übersetzungen 59
- Druck in Flüssigkeiten und Gasen 60
- Reibung, Auftrieb 61
- Belastungsfälle, Beanspruchungsarten 62
- Abscherung, Knickung 64
- Biegung, Torsion 65
- Momente der Festigkeitslehre 66
- Momente von Profilen 67
- Pneumatikzylinder 68
- Berechnungen zur Hydraulik und Pneumatik 69
- Berechnungen zur Hydraulik 70

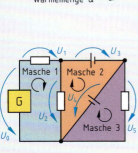

Formelzeichen dieses Buches — Letter Symbols in this Book

Formelzeichen	Bedeutung	Formelzeichen	Bedeutung	Formelzeichen	Bedeutung
Kleinbuchstaben		**Großbuchstaben**		**Griechische Kleinbuchstaben**	
a	1. Beschleunigung 2. Wärmeleitfähigkeit	A	1. Fläche, Querschnitt 2. Bruchdehnung 3. Dämpfungsmaß	α (alpha)	1. Winkel 2. Freiwinkel 3. Temperaturkoeffizient 4. Zündwinkel
b	Breite	B	1. magn. Flussdichte 2. Blindleitwert 3. Zahlenbasis	β (beta)	1. Winkel 2. Keilwinkel
c	1. spez. Wärmekapazität 2. Kopfspiel, 3. Ausbreitungsgeschwindigkeit von Wellen, 4. Schnittgeschwindigkeit	C	1. Kapazität 2. Wärmekapazität	γ (gamma)	1. Winkel, 2. Spanwinkel 3. Leitfähigkeit
d	1. Durchmesser 2. Abstand	D	1. elektr. Flussdichte 2. Dämpfungsfaktor, 3. Federrate, 4. Durchmesser	δ (delta)	Verlustwinkel
e	1. Elementarladung 2. Regeldifferenz 3. Dehnung			ε_0	elektr. Feldkonstante
		E	1. elektr. Feldstärke 2. Elastizitätsmodul, 3. Energie	ε (epsilon)	1. Permittivität 2. Dehnung
f	1. Frequenz, 2. Vorschub 3. Durchbiegung 4. Rollreibungszahl 5. Faktor, 6. Brennweite	F	1. Kraft, 2. Faktor, 3. Fehler	ζ (zeta)	Arbeitsgrad, Nutzungsgrad
		G	1. Leitwert, Wirkleitwert 2. Verstärkungsmaß 3. Höchstmaß, Mindestmaß	η (eta)	Wirkungsgrad
g	1. Fallbeschleunigung 2. Tastgrad, 3. Anzahl 4. Ortskoeffizient			ϑ (theta)	Temperatur in °C
h	1. Höhe, 2. Tiefe 3. Dicke 4. relative Häufigkeit	H	1. magnetische Feldstärke 2. Heizwert	λ (lamba)	1. Wellenlänge 2. Neigungswinkel 3. Leistungsfaktor
		I	1. Stromstärke 2. Flächenmoment	μ (müh)	1. Permeabilität 2. Reibungszahl
i	1. zeitabhängige Stromstärke 2. Übersetzungsverhältnis	J	1. Stromdichte 2. Trägheitsmoment	μ_0	magn. Feldkonstante
		K	Koeffizient	ν (nüh)	1. Sicherheitszahl 2. Ordnungszahl
j	Ruck	L	1. Induktivität, 2. Pegel	π (pi)	Zahl 3,141 592 6…
k	1. Konstante, 2. Faktor	M	1. Drehmoment, siehe T 2. Speicherkapazität	ϱ (rho)	1. spezifischer Widerstand 2. Dichte, 3. Zugspannung
l	1. Länge, 2. Abstand	N	1. ganze Zahl, 2. Windungszahl, 3. Nennmaß		
m	1. Masse, 2. Modul (der) 3. Konstante 4. Gesamtanzahl	P	1. Leistung, Wirkleistung 2. Spiel, Übermaß 3. Gewindesteigung 4. Wahrscheinlichkeit	σ (sigma)	1. Streufaktor 2. mechanische Spannung
n	1. Drehzahl, Umdrehungsfrequenz 2. ganze Zahl 1, 2, 3 … 3. Brechzahl	Q	1. Ladung, 2. Wärme 3. Blindleistung 4. Verbrennungswärme 5. Volumenstrom	τ (tau)	1. Zeitkonstante 2. mechanische Spannung
p	1. Polpaarzahl, 2. Druck 3. Flächenpressung			φ (phi)	Winkel, insbesondere Phasenverschiebungswinkel
q	spez. Schmelzwärme	R	1. Wirkwiderstand 2. Federrate, 3. Festigkeit	ω (omega)	1. Winkelgeschwindigkeit 2. Kreisfrequenz
r	1. Radius, 2. Rate 3. differenzieller Widerstand	S	1. Scheinleistung 2. Schlupf (absolut) 3. Signal, 4. Querschnitt	**Griechische Großbuchstaben**	
				Δ (Delta)	Differenz
s	1. Strecke, Dicke 2. Hublänge 3. Standardabweichung	T	1. Periodendauer 2. Temperatur in K 3. Toleranz 4. Drehmoment 5. Übertragungsfaktor	Θ (Theta)	elektrische Durchflutung
t	Zeit, Dauer			Σ (Sigma)	Summe
u	zeitabhängige Spannung	THD	Spannungsverzerrung		
$\ddot{u}$	Übersetzungsverhältnis	U	Spannung		
v	Geschwindigkeit	V	1. Volumen 2. Verstärkungsfaktor	Φ (Phi)	1. magnetischer Fluss 2. Lichtstrom 3. Wärmestrom
w	1. Energiedichte 2. Führungsgröße	W	1. Arbeit, 2. Energie 3. Widerstandsmoment		
x	Regelgröße	X	Blindwiderstand	Ψ (Psi)	1. elektrischer Fluss 2. Querschneidenwinkel
y	Stellgröße	Y	Scheinleitwert		
z	ganze Zahl, z. B. Zähnezahl, Lagenzahl	Z	Impedanz, Scheinwiderstand	Ω (Omega)	Raumwinkel

Spezielle Formelzeichen werden gebildet, indem man an die Formelzeichen-Buchstaben einen Index oder mehrere Indizes anhängt oder sonstige Zeichen dazu setzt.

Indizes und Zeichen für Formelzeichen dieses Buches
Subscripts and Signs for Formula Symbols in this Book

Index, Zeichen	Bedeutung	Index, Zeichen	Bedeutung	Index, Zeichen	Bedeutung
Ziffern, Zeichen		mec	mechanisch	E	1. Emitter 2. Entladen 3. Erde
0	1. Leerlauf 2. im Vakuum 3. Bezugsgröße	min	minimal, mindestens	F	1. Vorwärts- (forward) 2. Fläche, 3. Fehler-
		n	Nenn-		
		o	1. Oszillator-, 2. oben	G	1. Gate, 2. Gewicht 3. Glättung
1	1. Eingang, 2. Reihenfolge	p	1. parallel, 2. Pause 3. Puls, 4. potenziell 5. Druck, 6. Prozess	H	1. Hysterese, 2. Hall-, 3. höchst-
2	1. Ausgang, 2. Reihenfolge	r	1. in Reihe 2. Bemessungs- (rated) 3. Anstiegs- (rise) 4. Resonanz, 5. rechts 6. resultierend	I	Initial
3, 4, ...	Reihenfolge			K	1. Katode 2. Kopplung (Gegen-) 3. Kühlkörper 4. Kippen 5. Kanal, Strecke
^, z.B. $\hat{u}$	Maximalwert, Höchstwert				
ˇ, z.B. $\check{u}$	Tiefstwert, Kleinstwert				
~, z.B. $\tilde{u}$	1. Spitze-Tal-Wert 2. Schwingungsbreite	s	1. Sieb-, 2. Signal-, 3. Serie 4. in Wegrichtung 5. Stoß-, 6. Soll- 7. oberhalb, 8. senkrecht	L	1. induktiv, 2. Last 3. links, 4. Laden 5. höchstzul. Berührungsspannung 6. Lorentz-
', z.B. u'	1. bezogen auf, 2. Hinweis, 3. Ableitung				
△	in Dreieckschaltung	sch	Schritt		
Y	in Sternschaltung	t	1. tief, unten, 2. Torsion, 3. triggering	M	Mitkopplung
Kleinbuchstaben		th	1. thermisch, Wärme- 2. theoretisch	N	1. Bemessungs-, 2. Nutz- 3. Normal-
a	1. Abschalten 2. Ausgang, 3. außen 4. Ableit-, 5. Anker	tot	total, gesamt	Q	Quer-
ab, out, 2	abgegeben	u	1. Spannungs- 2. unten 3. Umfang	R	1. Rückwärts- (reward) 2. Wirkwiderstand 3. rechts, 4. Regel- 5. Rot, 6. Reibung
auf, in, 1	aufgenommen				
b	1. Betrieb, 2. Bit-, 3. Blindgröße, 4. Biege-	v	1. Vor-, 2. Verlust 3. Vergleich	S	1. Source, 2. Schleife- 3. Sattel-, 4. Schalt- 5. Schleusen- 6. Sektor
c	1. Grenz- (cut-off) 2. Form (crest), 3. Schnitt-	w	1. Wirk-, wirksam 2. Führungsgröße 3. Wellen-		
d	1. Gleichstrom betreffend 2. Dauer-, 3. Digit-, 4. Dämpfung	x	1. unbekannte Größe 2. in x-Richtung	T	1. Transformator- 2. Träger 3. Spur (track)
		y	1. Stellgröße 2. in y-Richtung	U	Umgebung
e	1. Eingang, 2. Empfang 3. Über-	z	1. Zwischen-, 2. Zentripetal- 3. Zahn	Ü	Übermaß
eff	Effektivwert			V	1. Spannungsmesser 2. Verstärkungs- 3. Video- 4. Vertikal-
f	1. Frequenz, 2. Fuß- 3. Vorschub	zu, in, 1	zugeführt		
		zul	zulässig		
ges	Gesamt-	**Großbuchstaben**		W	Welle
h	hoch, oben	A	1. Strommesser 2. Abstimm-, 3. Anode 4. Anzug, Anlauf 5. Anlagenerdung 6. Abtast-	X	am X-Eingang
i	1. innen, 2. induziert 3. Strom-, 4. ideell 5. Ist-, 6. Impuls			Y	1. am Y-Eingang 2. Luminanz-
j	Sperrschicht (von junction)	B	1. Basis 2. Betriebserdung (Netz) 3. Festigkeit 4. Bohrung	Z	1. Zener-, 2. Zeile 3. zulässig, 4. Zünd-
k	1. Kurzschluss- 2. kinetisch, 3. Knick-			**Griechische Kleinbuchstaben**	
l	links	C	1. Kollektor, 2. kapazitiv 3. Takt, 4. koerzitiv	α (alpha)	in Richtung des Winkels α
m	1. magnetisch 2. Messwerk 3. gemessen			σ (sigma)	Streuung
max	maximal, höchstens	D	1. Drain, 2. Daten	φ (phi)	Phasenverschiebung betreffend

Die Indizes können kombiniert werden, z. B. bei U_{CE} für Kollektor-Emitter-Spannung. Indizes, die aus mehreren Buchstaben bestehen, können bis auf den Anfangsbuchstaben gekürzt werden, wenn keine Missverständnisse zu befürchten sind. Zur Kennzeichnung von Werkstoffen können die Symbole für das Material verwendet werden, z. B. P_{vCu} für Kupferverlustleistung.

Formelzeichen für drehende elektrische Maschinen
Formula Symbols for Rotating Electric Maschines
vgl. DIN EN 60027-2

Größe	Formel-zeichen bisher	internationales Formelzeichen		Einheit, Einheiten-zeichen
		Vorzugs-zeichen	Ausweich-zeichen	
Leistungen und verwandte Größen				
Bemessungsleistung	P_N	P_{rat}	P_N	Watt, W
Bemessungsscheinleistung	S_N	S_{rat}	S_N	Voltampere, VA
Nennleistung	P_n	P_n oder P_{nom}		
Eingangsleistung	P_1 oder P_e	P_{in}		
Ausgangsleistung	P_2 oder P_a	P_{out}		Watt, W
mechanische Leistung	P	P_{mec}	entfällt	
Verlustleistung	P_v	P_t		
Leistungsfaktor, siehe unten	$\cos \varphi$	λ (Lamda)		eins (keine Einheit)
Wirkfaktor, siehe unten	–	$\cos \varphi$		
Drehmomente, Kraftmomente				
Drehmoment, Kraftmoment	M	T (von Torsion)	M	
Nennmoment	M_n	T_{nom}	entfällt	
Bemessungsmoment	M_N	T_{rat}	M_{rat} oder M_r	
Kippdrehmoment	M_K	T_b	M_b	Newton-meter, Nm
Haltemoment	M_H	T_H	M_H	
Sattelmoment	M_S	T_u	M_u	
Anzugsmoment	M_A	T_l	M_l	
Stromstärken und verwandte Größen				
Bemessungsstrom	I_N	I_{rat}	I_N	
Nennstrom	I_n	I_n oder I_{nom}	–	
Dauerkurzschlussstrom	I_{kd}	I_k	I_{SC}	
Stoßkurzschlussstrom	I_s	$\hat{I}_k$	$\hat{I}_s$	Ampere, A
Stoßkurzschlusswechselstrom	i_s	I_{k0}	I_{SC0}	
transienter Strom (kurzzeitiger Strom)	i	I_k'	I_{SC}'	
Subtransienter Strom (sehr kurzzeitiger Strom)	i_s	I_k''	I_{SC}''	
Strombelag	I'	A	entfällt	Ampere je Meter, A/m
Spannungen und verwandte Größen				
Bemessungsspannung	U_N	U_{rat}	U_N	
Nennspannung	U_n	U_n oder U_{nom}		Volt, V
Induzierte Spannung	U_i	U_g	entfällt	
Leerlaufspannung	U_0	U_0		

nom von nominal = Nenn-, rat von rated = bewertet, T von torque = Drehmoment.
Leistungsfaktor = Verhältnis Wirkleistung P zu Scheinleistung S (mit Oberschwingungen),
Wirkfaktor = Verhältnis P zu S (der Grundschwingung, ohne Oberschwingungen)

Größen und Einheiten 1 — Quantities and Units 1

Größe, Formelzeichen	SI-Einheit (sonst. Einheit)	Einheitenzeichen, Einheitengleichung	Größe, Formelzeichen	SI-Einheit (sonst. Einheit)	Einheitenzeichen, Einheitengleichung
Länge, Fläche, Volumen, Winkel			**Elektrizität**		
Länge l	Meter (Seemeile) (Meile) (Zoll, Inch)	m; 1 sm = 1852 m; 1 m = 1609,34 m; 1″ = 25,4 mm	el. Ladung Q, el. Fluss Ψ	Coulomb	1 C = 1 A · 1 s = 1 As
Fläche A	Quadratmeter	m²	Flächenladungsdichte σ, el. Flussdichte D	Coulomb je Quadratmeter	C/m²
Volumen V	Kubikmeter (Liter)	m³ = 1000 L; 1 L = 1 dm³	Raumladungsdichte ϱ	Coulomb je Kubikmeter	C/m³
Winkel (ebener)	Radiant, RAD (Grad, DEG)	rad; $1° = \frac{\pi}{180}$ rad	el. Spannung U, el. Potenzial φ, V	Volt	1 V = 1 J/C
Raumwinkel Ω	Steradiant	sr	el. Feldstärke E	Volt je Meter	1 V/m = 1 N/C
Zeit, Frequenz, Geschwindigkeit, Beschleunigung			el. Kapazität C	Farad	1 F = 1 As/V = 1 C/V
			el. Strombelag A	Ampere je Meter	A/m
Zeit t	Sekunde (Minute) (Stunde) (Tag)	s; 1 min = 60 s; 1 h = 60 min = 3600 s; 1 d = 24 h	Permittivität, Dielektrizitätskonstante ε	Farad je Meter	1 F/m = 1 C/(Vm)
			el. Stromstärke I	Ampere	1 A = 1 C/s
Frequenz f	Hertz	1 Hz = 1/s = 1 c/s	el. Stromdichte J	–	A/m²
Drehzahl, Umdrehungsfrequenz n	je Sekunde (je Minute)	1/s = 60/min (1/min)	el. Widerstand, Wirkwiderstand R, Blindwiderstand X, Scheinwiderst. Z	Ohm	1 Ω = 1 V/A
Kreisfrequenz ω	je Sekunde	1/s			
Geschwindigkeit v	Meter je Sekunde (Knoten)	m/s; 1 km/h = $\frac{1}{3,6}$ m/s; 1 kn = 1 sm/h = 1,852 km/h	el. Wirkleitwert G, Blindleitwert B, Scheinleitwert Y	Siemens	1 S = $\frac{1}{1\,\Omega}$
Winkelgeschwindigkeit ω	Radiant je Sekunde	rad/s	spezifischer elektr. Widerstand ϱ	Ohmmeter	1 Ωm = 100 Ωcm; 1 Ωmm²/m = 1 μΩm
Beschleunigung a	–	m/s²			
Ruck j	–	m/s³	elektrische Leitfähigkeit γ	S/m	1 Sm/mm² = 1 MS/m
Mechanik			Leistung P	Watt	1 W = 1 V · 1 A
Masse m	Kilogramm (Karat) (Tonne) (Unze)	kg; 1 Kt = 0,2 g; 1 t = 1000 kg; 1 oz = 28,35 g	Blindleistung Q	var	1 var = 1 V · 1 A
			Scheinleistung S	VA	1 VA = 1 V · 1 A
			Induktivität L	Henry	1 H = 1 Vs/A
Dichte ϱ	–	kg/m³, kg/dm³	Arbeit W, Energie E, W	Joule (Wattstunde) (Elektronvolt)	1 J = 1 Ws; 1 Wh = 3,6 kNm; 1 eV = 1,602·10⁻¹⁹ J
Widerstandsmoment W	–	m³, cm³			
			Magnetismus		
Trägheitsmoment J	–	kg · m²	magn. Durchflutung Θ, magn. Spannung U_m	Ampere	A
Kraft F	Newton	1 N = 1 kg · m/s²			
Kraftmoment, Drehmoment M	–	Nm	magn. Feldstärke H Magnetisierung	Ampere je Meter	A/m
Impuls p	Newtonsek.	1 Ns = 1 kg · m/s			
Druck p	Pascal (Bar)	1 Pa; 1 bar = 0,1 MPa = 10 N/cm²	magn. Fluss Φ	Weber	1 Wb = 1 T · 1 m²
			mg. Flussdichte B, mg. Polarisation J	Tesla	1 T = 1 Wb/m² = 1 Vs/m²
Flächenpressung p	–	N/mm²			
Festigkeit R_p, R_e	–	N/mm²	Induktivität L	Henry	1 H = 1 Vs/A = Ωs
Elastizitätsmodul E	–	N/mm²	Permeabilität μ	Henry je Meter	1 H/m = 1 Vs/(Am)
Arbeit W, Energie E, W	Joule (Elektronvolt)	1 J = 1 Nm = 1 Ws; 1 eV = 0,1602 aJ	mg. Widerstand R_m	–	1/H
Leistung P	Watt	1 W = 1 J/s = 1 Nm/s = 1 VA	mg. Leitwert G_m	Henry	H
			elektromagnetisches Moment m		A · m²

Größen und Einheiten 2 — Quantities and Units 2

Größe, Formelzeichen	SI-Einheit (sonst. Einheit)	Einheitenzeichen, Einheitengleichung	Größe, Formelzeichen	SI-Einheit (sonst. Einheit)	Einheitenzeichen, Einheitengleichung
Elektromagnetische Strahlung (außer Licht)			**Kernreaktionen, ionisierende Strahlung**		
Strahlungsenergie Q_e	Joule	1 J = 1 Nm = 1 Ws	Aktivität einer radioaktiven Substanz A	Becquerel	1 Bq = 1/s
Strahlungsleistung Φ_e	Watt	1 W = 1 J/s	Energiedosis D	Gray	1 Gy = 1 J/kg
Strahlstärke I	Watt/Steradiant	1 W/sr	Energiedosisrate D'	Gray je Sekunde	Gy/s
Strahldichte L	–	W/(sr · m^2)	Äquivalentdosis H	Sievert	1 Sv = 1 J/kg
Bestrahlungsstärke E	–	W/m^2	Äquivalentdosisrate H'	Sievert je Sekunde	1 Sv/s = 1 J/(kg · s)
Licht, Optik			Ionendosis J	Coulomb je Kilogramm	C/kg
Lichtstärke I_v	Candela	cd	Ionendosisrate J'	Ampere je Kilogramm	1 A/kg = 1 C/(kg · s)
Leuchtdichte L_v	Candela je m^2	cd/m^2			
Lichtstrom Φ_v	Lumen	lm			
Lichtausbeute η_v	Lumen je Watt	lm/W			
Beleuchtungsstärke E_v	Lux	1 lx = 1 lm/m^2	**Akustik**		
Brechwert von Linsen D	– (Dioptrie)	1/m, 1 dpt = 1 m/s	Schalldruck p	Pascal	1 Pa = 1 N/m^2
			Schalldruckpegel desgl., bewertet L_p	Dezibel –	dB dB(A)
Wärme			Lautstärkepegel L_s	Phon	phon ≈ dB(A)
Celsius-Temperatur ϑ	Grad Celsius	°C	Schallschnelle v	Meter je Sekunde	m/s
thermodynamische Temperatur T	Kelvin	K	Schallgeschwindigkeit c_s (Ausbreitungsgeschwindigkeit)	Meter je Sekunde	m/s
Temperaturdifferenz ΔT	Kelvin	K			
Wärme Q, innere Energie U	Joule	1 J = 1 Ws	Schallfluss q	–	1 m^3/s = 1 m^2 · 1 m/s
Wärmestrom Φ, Q	Watt	1 W = 1 J/s	Schallintensität I	–	W/m^2
Wärmewiderstand (Bauelemente) R_{th}	Kelvin je Watt	Nm	spezifische Schallkennimpedanz Z	–	N · s/m^3
Wärmeleitfähigkeit λ	–	W/(K · m)	akustische Impedanz Z_F	–	N · s/m^3
Wärmeübergangskoeffizient h	–	W/(K · m^2)	mechanische Impedanz Z_M	–	N · s/m = kg/s
Wärmekapazität C, Entropie S	Joule je Kelvin	J/K	äquivalente Absorptionsfläche A	Quadratmeter	m^2
spezifische Wärmekapazität c	–	J/(kg · K)			
Chemie, Molekularphysik			**Sonstige Bereiche**		
Stoffmenge n	Mol	mol	Entfernung in der Astronomie l	(Astronomische Einheit) Parsec	1 AE = 149,6 Gm[1] 1 pc = 30,857 Pm[1]
Stoffmengenkonzentration c	–	mol/m^3	Masse in der Atomphysik m	(Atomare Masseneinheit)	1 u = 1,66 · 10^{-27} kg
stoffmengenbez. Volumen (molares Volumen) V_m	–	m^3/mol	längenbezogene Masse von textilen Fasern und Garnen T_t	Tex	1 tex = 1 g/km
Molalität b	–	mol/kg	Fläche von Grundstücken A	Ar Hektar	1 a = 100 m^2 1 ha = 100 a
molare Masse M	–	kg/mol			
molare Wärmekapazität c_p, c_v	–	J/(mol · K)			
Diffusionskoeffizient D	–	m^2/s			

[1] Vorsätze G, P siehe Seite 20

Bruchrechnen, Vorzeichen, Klammern
Fractional Arithmetic, Preceding Signs, Parenthetical Expressions

Regel	Zahlenbeispiel	Algebraisches Beispiel
Bruchrechnung		
Gleichnamige Brüche werden addiert oder subtrahiert, indem man die Zähler addiert oder subtrahiert und die Nenner unverändert lässt.	$\frac{5}{8} + \frac{2}{8} - \frac{1}{8} = \frac{5+2-1}{8}$ $= \frac{6}{8} = \frac{3}{4}$	$\frac{5}{a} - \frac{3}{a} + \frac{7}{a} = \frac{5-3+7}{a} = \frac{9}{a}$
Bei **ungleichnamigen Brüchen** muss zuerst der Hauptnenner gebildet werden, um sie addieren bzw. subtrahieren zu können. Der Hauptnenner ist der kleinste gemeinsame Nenner, in dem die Nenner aller Brüche ganzzahlig enthalten sind. Die Brüche werden durch Erweitern auf den Hauptnenner gebracht.	$\frac{1}{2} + \frac{2}{3} - \frac{3}{4}$ Hauptnenner ist $3 \cdot 4 = 12$ $= \frac{1 \cdot 6}{2 \cdot 6} + \frac{2 \cdot 4}{3 \cdot 4} - \frac{3 \cdot 3}{4 \cdot 3}$ $= \frac{6}{12} + \frac{8}{12} - \frac{9}{12}$ $= \frac{6+8-9}{12} = \frac{5}{12}$	$\frac{a}{b} + \frac{c}{d}$ Hauptnenner ist $b \cdot d$ $= \frac{a \cdot d}{b \cdot d} + \frac{c \cdot b}{b \cdot d}$ $= \frac{a \cdot d + c \cdot b}{b \cdot d}$
Ein Bruch wird mit einem anderen Bruch multipliziert, indem man Zähler mit Zähler und Nenner mit Nenner multipliziert.	$\frac{3}{5} \cdot \frac{2}{7} = \frac{3 \cdot 2}{5 \cdot 7} = \frac{6}{35}$	$\frac{a}{b} \cdot \frac{c}{d} = \frac{a \cdot c}{b \cdot d}$
Ein Bruch wird durch einen anderen Bruch dividiert, indem man den Dividenden (Bruch im Zähler) mit dem Kehrwert des Divisors (Bruch im Nenner) multipliziert.	$\frac{3}{4} : \frac{3}{5} = \frac{\frac{3}{4}}{\frac{3}{5}} = \frac{3 \cdot 5}{4 \cdot 3}$ $= \frac{5}{4} = 1\frac{1}{4}$	$\frac{a}{b} : \frac{c}{d} = \frac{\frac{a}{b}}{\frac{c}{d}} = \frac{a \cdot d}{b \cdot c}$
Vorzeichenregeln		
Haben zwei Faktoren **gleiche** Vorzeichen, so wird das Produkt **positiv**.	$2 \cdot 5 = 10$ $(-2) \cdot (-5) = 10$	$a \cdot x = ax$ $(-a) \cdot (-x) = ax$
Haben zwei Faktoren **unterschiedliche** Vorzeichen, so wird das Produkt **negativ**.	$3 \cdot (-8) = -24$ $(-3) \cdot 8 = -24$	$a \cdot (-x) = -ax$ $(-a) \cdot x = -ax$
Haben Zähler und Nenner bzw. Dividend und Divisor **gleiche** Vorzeichen, so ist der Bruch bzw. der Quotient **positiv**.	$\frac{15}{3} = 15 : 3 = 5$ $\frac{-15}{-3} = (-15) : (-3) = 5$	$\frac{-a}{-b} = \frac{a}{b}$
Haben Zähler und Nenner bzw. Dividend und Divisor **unterschiedliche** Vorzeichen, so ist der Bruch bzw. der Quotient **negativ**.	$\frac{15}{-3} = 15 : (-3) = -5$ $\frac{-15}{3} = (-15) : 3 = -5$	$\frac{a}{-b} = -\frac{a}{b}$ $\frac{-a}{b} = -\frac{a}{b}$
Punktrechnungen (· und :) müssen **vor Strichrechnungen** (+ und –) ausgeführt werden.	$2 + 8 \cdot 4 - 18 \cdot 3$ $= 2 + 32 - 54 = -20$ $4 + 8 : 4 + 20 : 5 - 9 : 3$ $= 4 + 2 + 4 - 3 = 7$	$2a + 3a \cdot 2 - 6a : 3$ $= 2a + 6a - 2a = 6a$
Klammerrechnung		
Klammern, vor denen ein Pluszeichen steht, können weggelassen werden. Die Vorzeichen der Glieder bleiben dann unverändert.	$16 + (9 - 5) = 16 + 9 - 5 = 20$	$a + (b - c) = a + b - c$
Klammern, vor denen ein Minuszeichen steht, können nur aufgelöst (weggelassen) werden, wenn alle Glieder in der Klammer entgegengesetzte Vorzeichen erhalten.	$16 - (9 - 5) = 16 - 9 + 5 = 12$	$a - (b - c) = a - b + c$

M

Klammerrechnung, Potenzieren
Calculations with Parenthetical Expressions, Exponentiating

Klammerrechnung

Regel	Zahlenbeispiel	Algebraisches Beispiel
Ein Klammerausdruck wird mit einem Faktor multipliziert, indem man jedes Glied der Klammer mit dem Faktor multipliziert.	$7 \cdot (4 + 5) = 7 \cdot 4 + 7 \cdot 5 = 63$	$a \cdot (b + c) = ab + ac$
Ein Klammerausdruck wird mit einem Klammerausdruck multipliziert, indem man jedes Glied der einen Klammer mit jedem Glied der anderen Klammer multipliziert.	$(3 + 5) \cdot (10 - 7)$ $= 3 \cdot 10 + 3 \cdot (-7) + 5 \cdot 10 + 5 \cdot (-7)$ $= 30 - 21 + 50 - 35 = 24$	$(a + b) \cdot (c - d)$ $= ac - ad + bc - bd$
Das Quadrieren von Summen bzw. Differenzen wird durch Anwendung der **Binomischen Formeln** vereinfacht. Gleiches gilt für die Multiplikation von $(a + b) \cdot (a - b)$.	$(4 + 5)^2 = 4^2 + 4 \cdot 5 + 4 \cdot 5 + 5^2$ $= 16 + 20 + 20 + 25 = 81$ $(7 - 2)^2 = 7^2 - 7 \cdot 2 - 7 \cdot 2 + 2^2$ $= 49 - 14 - 14 + 4 = 25$ $(4 + 3) \cdot (4 - 3) = 4^2 - 4 \cdot 3 + 4 \cdot 3 - 3^2$ $= 16 - 9 = 7$	$(a + b)^2 = a^2 + ab + ab + b^2$ $= a^2 + 2ab + b^2$ $(a - b)^2 = a^2 - ab - ab + b^2$ $= a^2 - 2ab + b^2$ $(a + b) \cdot (a - b) = a^2 - ab + ab - b^2$ $= a^2 - b^2$
Ein Klammerausdruck wird durch einen Wert dividiert, indem man jedes Glied in der Klammer durch diesen Wert dividiert.	$(16 - 4) : 4 = 16 : 4 - 4 : 4$ $= 4 - 1 = 3$	$(a + b) : c = a : c + b : c$ $\dfrac{a - b}{b} = \dfrac{a}{b} - 1$
Ein Bruchstrich fasst Ausdrücke in gleicher Weise zusammen wie eine Klammer.	$\dfrac{3 + 4}{2} = (3 + 4) : 2$	$\dfrac{a + b}{2} \cdot c = (a + b) \cdot \dfrac{c}{2}$
Bei gemischten Punkt- und Strichrechnungen mit Klammerausdrücken müssen zuerst die Klammern aufgelöst und danach die Punktrechnungen und dann die Strichrechnungen ausgeführt werden.	$8 \cdot (3 - 2) + 4 \cdot (16 - 5)$ $= 8 \cdot 1 + 4 \cdot 11 = 8 + 44 = 52$	$a \cdot (3x - 5x) - b \cdot (12y - 2y)$ $= a \cdot (-2x) - b \cdot 10y$ $= -2ax - 10by$

Potenzieren

Regel	Zahlenbeispiel	Algebraisches Beispiel
Potenzen mit gleicher Basis werden multipliziert, indem man die Exponenten addiert und die Basis beibehält.	$3^2 \cdot 3^3 = 3 \cdot 3 \cdot 3 \cdot 3 \cdot 3 = 3^5$ oder $3^2 \cdot 3^3 = 3^{(2 + 3)} = 3^5$	$a^4 \cdot a^2 = a \cdot a \cdot a \cdot a \cdot a \cdot a = a^6$ oder $a^4 \cdot a^2 = a^{(4 + 2)} = a^6$
Potenzen mit gleicher Basis werden dividiert, indem man ihre Exponenten subtrahiert und die Basis beibehält.	$\dfrac{4^3}{4^2} = \dfrac{4 \cdot 4 \cdot 4}{4 \cdot 4} = 4$ oder $4^3 : 4^2 = 4^{(3-2)} = 4^1 = 4$	$\dfrac{a^2}{a^3} = \dfrac{a \cdot a}{a \cdot a \cdot a} = \dfrac{1}{a} = a^{-1}$ oder $a^2 : a^3 = a^{(2 - 3)} = a^{-1} = \dfrac{1}{a}$
Werden Potenzen mit einem Faktor multipliziert, so muss zuerst der Potenzwert berechnet werden. Potenzrechnung geht vor Punktrechnung.	$6 \cdot 10^3 = 6 \cdot 1000 = 6000$ $7 \cdot 10^{-2} = 7 \cdot \dfrac{1}{100} = 0{,}07$	$a \cdot 10^2 = a \cdot 100 = 100a$ $b \cdot 10^{-1} = b \cdot \dfrac{1}{10} = \dfrac{b}{10} = 0{,}1b$
Jede Potenz mit dem Exponenten Null hat den Wert 1.	$\dfrac{10^4}{10^4} = 10^{(4-4)} = 10^0 = 1$ $3^0 = 1$	$a^0 = 1$ $(a + b)^0 = 1$

Radizieren, Gleichungen — Root Extraction, Equitations

Regel	Zahlenbeispiel	Algebraisches Beispiel
Radizieren		
Ist der Radikand ein Produkt bzw. Quotient, so kann die Wurzel entweder aus dem Produkt bzw. Quotient oder aus jedem einzelnen Faktor gezogen werden.	$\sqrt{9 \cdot 16} = \sqrt{144} = 12$ oder $\sqrt{9 \cdot 16} = \sqrt{9} \cdot \sqrt{16} = 3 \cdot 4 = 12$	$\sqrt[n]{a \cdot b} = \sqrt[n]{a} \cdot \sqrt[n]{b}$
Ist der Radikand eine Summe oder eine Differenz, so kann nur aus dem Ergebnis die Wurzel gezogen werden.	$\sqrt{9 + 16} = \sqrt{25} = 5$ $\sqrt{5^2 - 4^2} = \sqrt{25 - 16} = \sqrt{9} = 3$	$\sqrt[n]{a - b} = \sqrt[n]{(a - b)}$
Eine Wurzel kann auch als Potenz geschrieben werden.	$\sqrt[3]{27} = 27^{\frac{1}{3}} = 3^{3 \cdot \frac{1}{3}} = 3^{\frac{3}{3}} = 3^1 = 3$	$\sqrt[n]{a^m} = a^{\frac{m}{n}}$
Wurzeln mit gleicher Basis und gleichem Wurzelexponenten können addiert oder subtrahiert werden.	$3 \cdot \sqrt[3]{64} + 4 \cdot \sqrt[3]{64}$ $= 7 \cdot \sqrt[3]{64} = 7 \cdot 4 = 28$ $4 \cdot \sqrt{36} - 2 \cdot \sqrt{36}$ $= 2 \cdot \sqrt{36} = 2 \cdot 6 = 12$	$a \cdot \sqrt[n]{y} + b \cdot \sqrt[n]{y} = (a + b) \cdot \sqrt[n]{y}$ $a \cdot \sqrt[n]{x} - b \cdot \sqrt[n]{x} = (a - b) \cdot \sqrt[n]{x}$
Wurzeln mit gleichem Wurzelexponenten werden multipliziert oder dividiert, indem man das Produkt bzw. den Quotienten der Radikanden radiziert.	$\sqrt{4} \cdot \sqrt{49} = \sqrt{4 \cdot 49} = \sqrt{196} = 14$ $\sqrt{36} : \sqrt{4} = \sqrt{\frac{36}{4}} = \sqrt{9} = 3$	$\sqrt[n]{x} \cdot \sqrt[n]{y} = \sqrt[n]{x \cdot y}$ $\sqrt[m]{a} : \sqrt[m]{b} = \sqrt[m]{\frac{a}{b}}$
Eine Wurzel wird radiziert, indem man den Radikanden mit dem Produkt der Wurzelexponenten radiziert.	$\sqrt{\sqrt[3]{64}} = \sqrt[2 \cdot 3]{64} = \sqrt[6]{64} = 2$	$\sqrt[m]{\sqrt[n]{a}} = \sqrt[m \cdot n]{a}$
Umformen von Gleichungen		
Durch **Addition** der gleichen Zahl auf beiden Seiten steht die gesuchte Zahl allein auf der rechten Seite.	$y - 5 = 9$ $y - 5 + 5 = 9 + 5$ $y = 14$	$y - c = d$ $y - c + c = d + c$ $y = d + c$
Durch **Subtraktion** der gleichen Zahl auf beiden Seiten steht die gesuchte Zahl allein auf der rechten Seite.	$x + 7 = 18$ $x + 7 - 7 = 18 - 7$ $x = 11$	$x + a = b$ $x + a - a = b - a$ $x = b - a$
Durch **Division** der gleichen Zahl auf beiden Seiten steht die gesuchte Zahl allein auf der rechten Seite.	$6 \cdot x = 23$ $\frac{6 \cdot x}{6} = \frac{23}{6}$ $x = \frac{23}{6} = 3\frac{5}{6}$	$a \cdot x = b$ $\frac{a \cdot x}{a} = \frac{b}{a}$ $x = \frac{b}{a}$
Durch **Multiplikation** der gleichen Zahl auf beiden Seiten steht die gesuchte Zahl allein auf der rechten Seite.	$\frac{y}{3} = 7$ $\frac{y \cdot 3}{3} = 7 \cdot 3$ $y = 21$	$\frac{y}{c} = d$ $\frac{y \cdot c}{c} = d \cdot c$ $y = d \cdot c$
Durch **Potenzieren** auf beiden Seiten steht die gesuchte Zahl allein auf der rechten Seite.	$\sqrt{x} = 4$ $\left(\sqrt{x}\right)^2 = 4^2$ $x = 16$	$\sqrt[n]{x} = a + b$ $\left(\sqrt[n]{x}\right)^n = (a + b)^n$ $x = (a + b)^n$
Durch **Radizieren** auf beiden Seiten steht die gesuchte Zahl allein auf der rechten Seite.	$x^2 = 36$ $\sqrt{x^2} = \sqrt{36}$ $x = \pm 6$	$x^n = a + b$ $\sqrt[n]{x^n} = \sqrt[n]{a + b}$ $x = \pm \sqrt[n]{a + b}$ für n gerade $x = \sqrt[n]{a + b}$ für n ungerade

Zahlensysteme, Dualzahlen — Number Systems, Dual Numbers

Zahlensysteme

Begriffe	Erklärung	Beispiele
Basis B	Grundlage des Zahlensystems	$B = 10$ im Dezimalsystem
Anzahl der Ziffern B	Anzahl der Ziffern = Basiswert	10 Ziffern im Dezimalsystem
Ziffer 0, Ziffer $(B-1)$	kleinste Ziffer, größte Ziffer	0 bzw. 9 im Dezimalsystem
Stellenwert einer Ziffer	Potenz der Basis	Potenz von 10 im Dezimalsystem
1. Stelle links vom Komma	Stellenwert B^0	8^0 im Oktalsystem
n-te Stelle links vom Komma	Stellenwert B^{n-1}	16^{n-1} im Hexadezimalsystem
1. Stelle rechts vom Komma	Stellenwert B^{-1}	2^{-1} im Dualsystem
n-te Stelle rechts vom Komma	Stellenwert B^{-n}	10^{-n} im Dezimalsystem
Potenzwert	Produkt aus Stellenwert mal Ziffer	$27 = 2 \cdot 10^1 + 7 \cdot 10^0$ im Dez.-System
Übertrag 1 in nächsthöhere Stelle	Erfolgt, wenn die größte Ziffer um 1 überschritten wird.	$9 + 1 = 10$ im Dezimalsystem, Übertrag bei $9 + 1$
Bezeichnung	Z_B Zahl Z, B Basis als Index	13_{10} Zahl 13 im Dezimalsystem

Umformen von Gleichungen

Regeln	Verfahren	Beispiele

Addition
$0 + 0 = 0$
$0 + 1 = 1$
$1 + 0 = 1$
$1 + 1 = 10$
	Dualzahlen werden stellenweise ausgerichtet untereinander geschrieben. Die Addition erfolgt stellenweise von rechts. Bei $1 + 1$ tritt ein Übertrag von 1 in die nächsthöhere Stelle auf.	110010
		$+$ 10011
		     1 1
		  1000101

Subtraktion
$0 - 0 = 0$
$1 - 0 = 1$
$1 - 1 = 0$
$10 - 1 = 1$
	Dualzahlen werden stellenweise ausgerichtet untereinander geschrieben und von rechts stellenweise subtrahiert. Bei $0 - 1$ wird von der nächsthöheren Stelle eine 1 entlehnt.	11101
		$-$ 1011
		     1
		  10010

Subtraktion durch Komplementaddition
 	
Verfahren ohne Vorzeichenstelle
Subtrahend   10010
1er-Komplement   01101
                  +   1
2er-Komplement   01110
 	
Verfahren mit Vorzeichenstelle
Vorzeichenstelle 0 $\Rightarrow$ positive Zahl
Vorzeichenstelle 1 $\Rightarrow$ negative Zahl
1er-Komplement des Subtrahenden addieren.
Übertrag in Vorzeichenstelle
$\Rightarrow$ + 1 zur letzten Stelle.
Kein Übertrag $\Rightarrow$ Ergebnis invertieren.
	Vom Subtrahenden wird durch Invertierung das 1er-Komplement gebildet. Daraus wird durch Addition von 1 das 2er-Komplement gebildet und zum Minuenden addiert. Erfolgt ein Übertrag in der höchsten Stelle, so wird dieser gestrichen. Erfolgt kein Übertrag in der höchsten Stelle, so ist das Ergebnis negativ.
	
	Den Zahlenwert erhält man durch Bildung des 2er-Komplements.
	
	Vom Subtrahenden wird das 1er-Komplement gebildet und zum Minuenden addiert. Tritt ein Übertrag in der Vorzeichenstelle auf, ist dieser zur 1. Stelle der Ergebniszahl addiert, ist kein Übertrag vorhanden, so wird die Ergebniszahl invertiert. Das Ergebnis ist dann negativ.
		Beispiel 1: $10110 - 101$
		Subtrahend 00101
		1er-Komplement 11010
		2er-Komplement 11011
		
		      10110 (Minuend)
		$+$ 11011 (2er-Kompliment)
		       111
		$\cancel{1}$10001 $\triangleq$ 10001
		
		Beispiel 2: $\|1101 - 110$
		     0$|$1101
		$+$ 1$|$1001
		    11 1
		  10$|$0110
		        + 1
		    0$|$0111
		
		Beispiel 3: $\|111 - 1011$
		    0$|$0111
		$+$ 1$|$0100
		    1$|$1011 $= -100$

Multiplikation und Division $1 \cdot 1 = 1$ $0 : 1 = 0$ $1 \cdot 0 = 0$ $1 : 1 = 1$ $0 \cdot 0 = 0$	Die Multiplikation erfolgt wie bei Dezimalzahlen durch stellenverschobene Addition der Teilprodukte. Entsprechend erfolgt die Division.	$101 \cdot 110$ $\overline{101}$ 101 000 $\overline{11110}$

Dualzahlen, Sedezimalzahlen, Binärcodes
Dual Numbers, Sedezimal Numbers, Binary Codes

Dualzahlen und Sedezimalzahlen (Hexadezimalzahlen)

Dezimal	Dual	Dezimal	Dual	Dezimal	Sedezi.	Dezimal	Sedezi.	Dezimal	Sedezi.
0	0	5	1 0 1			10	A	15	F
1	0 1	6	1 1 0	0	0	11	B	16	10
2	1 0	7	1 1 1	bis	bis	12	C	17	11
3	1 1	8	1 0 0 0	9	9	13	D	18	12
4	1 0 0	9	1 0 0 1			14	E	19	13

Umrechnung vom Dualsystem ins Dezimalsystem und umgekehrt

Art	Prinzip	Beispiel
Dualzahl in Dezimalzahl	Man bildet von rechts nach links die Potenzwerte zur Basis 2 und addiert sie. Bei Nachkommazahlen ab 2^0 nach rechts 2^{-1}, 2^{-2}, 2^{-3}, usw.	Eine Dualzahl lautet 1001010. a) Wie groß sind die Potenzwerte zur Basis 2? b) Wie lautet die Dezimalzahl für die Dualzahl? Dualzahl 1 0 0 1 0 1 0 Stelle 6 5 4 3 2 1 0 a) Potenzwerte $1\cdot 2^6$ $0\cdot 2^5$ $0\cdot 2^4$ $1\cdot 2^3$ $0\cdot 2^2$ $1\cdot 2^1$ $0\cdot 2^0$ b) Dezimalzahlen 64 + 0 + 0 + 8 + 0 + 2 + 0 Dezimalzahl Ergebnis: **74**
Dezimalzahl in Dualzahl	Man teilt jeweils durch 2 und schreibt die Reste auf. Diese ergeben, von unten nach oben gelesen, die Dualzahl.	Wandeln Sie die Dezimalzahl 78 in eine Dualzahl um. 78 : 2 = 39 Rest 0 ⇒ Dualziffer 0 39 : 2 = 19 1 ⇒ 1 19 : 2 = 9 1 ⇒ 1 9 : 2 = 4 1 ⇒ 1 4 : 2 = 2 0 ⇒ 0 2 : 2 = 1 0 ⇒ 0 1 : 2 = 0 1 ⇒ 1 78 ≙ 1 0 0 1 1 1 0

Umrechnung vom Sedezimalsystem ins Dezimalsystem und umgekehrt

Sedezimalzahl in Dezimalzahl	Umwandlung der Ziffern 0 bis F in Dualzahlen und diese dann in Dezimalzahlen	$2A3_{16} = 675_{10}$ 2 A 3 0010 1010 0011 512 + 128 + 32 + 2 + 1

Dezimalzahl in Sedezimalzahl	Umwandlung in Dualzahl. Diese von rechts her in Vierergruppen einteilen und diese in Ziffern 0 bis F	$85_{10} = $ 64 + 16 + 4 + 1
		$1\cdot 2^6 + 0\cdot 2^5 + 1\cdot 2^4 + 0\cdot 2^3 + 1\cdot 2^2 + 0\cdot 2^1 + 1\cdot 2^0$
		     1 0 1 0 1 0 1
		        5 5
		$85_{10} = \mathbf{55_{16}}$

Binärcodes (Auswahl)

BCD-Codes (Binär codierte Dezimalcodes) | Sonstige Codes

Dezimalziffer	1-aus-10-Code	8-4-2-1-Code	Biquinär-Codes 2-aus-7-Code	2-aus-5-Code	Gray-Code	Glixon-Code	Libaw-Craig-Code
0	0000000001	0000	1000001	11000	00000	0000	00000
1	0000000010	0001	1000010	00011	00001	0001	00001
2	0000000100	0010	1000100	00101	00011	0011	00011
3	0000001000	0011	1001000	00110	00010	0010	00111
4	0000010000	0100	1010000	01001	00110	0110	01111
5	0000100000	0101	0100001	01010	00111	0111	11111
6	0001000000	0110	0100010	01100	00101	0101	11110
7	0010000000	0111	0100100	10001	00100	0100	11100
8	0100000000	1000	0101000	10010	01100	1100	11000
9	1000000000	1001	0110000	10100	01101	1000	10000
Stellenwert	9876543210	8421	0543210	74210 (für Ziffern 1 bis 9)	–	–	–

Bei BCD-Codes wird jede Stelle der Dezimalzahl binär codiert, nicht alle Kombinationen verwendet.

Logarithmen, Zehnerpotenzen, Vorsätze, Prozentrechnung
Logarithms, Powers of Ten, Unit Prefixes, Percentage Calculation

Logarithmen

Regel	Zahlenbeispiel	Algebraisches Beispiel	Werte für den Zeichenmaßstab			
			x	$\lg x$	x	$\lg x$
Logarithmus	$10^2 = 100$; $\lg 100 = 2$	$a^b = c$; $\log_a c = b$	1	0	10	1
Der Logarithmus eines Produktes ist gleich der Summe der Logarithmen aus den einzelnen Faktoren.	$\lg (4 \cdot 3)$ $= \lg 3 + \lg 4$ $= 0{,}47712 + 0{,}60206$ $= 1{,}07918$	$\lg (a \cdot b) = \lg a + \lg b$	2	0,3	20	1,3
			3	0,48	30	1,48
			4	0,6	40	1,6
			5	0,7	50	1,7
Der Logarithmus eines Bruches ist gleich dem Logarithmus des Zählers minus dem Logarithmus des Nenners.	$\lg \dfrac{20}{4}$ $= \lg 20 - \lg 4$ $= 1{,}30103 - 0{,}60206$ $= 0{,}69897$	$\lg \dfrac{a}{b} = \lg a - \lg b$	6	0,78	100	2
			7	0,85	200	2,3
			8	0,9	500	2,7
			9	0,95	1000	3
			10	1	2000	3,3
Der Logarithmus einer Potenz ist das Produkt aus dem Exponenten und dem Logarithmus der Basis.	$\lg 4^3$ $= 3 \cdot \lg 4$ $= 3 \cdot 0{,}606206$ $= 1{,}80618$	$\lg a^n = n \cdot \lg a$ Anmerkungen: log Logarithmus allgemein, lg Zehnerlogarithmus, Basis 10 ln natürlicher Logarithmus, Basis e	10 gleiche Teile — Maßstab zum Zeichnen			

Zehnerpotenzen

Zahlen größer 1 können übersichtlich als Vielfaches von Zehnerpotenzen mit **positiven** Exponenten dargestellt werden. Zahlen kleiner 1 können als Vielfaches von Zehnerpotenzen mit **negativen** Exponenten dargestellt werden.

Zahl	0,001	0,01	0,1	1	10	100	1000	10000	100000	1000000
Zehnerpotenz	10^{-3}	10^{-2}	10^{-1}	10^0	10^1	10^2	10^3	10^4	10^5	10^6

Beispiele: Umwandlung von Zahlen in Produkte mit Zehnerpotenzen:
$4300 = 4{,}3 \cdot 1000 = 4{,}3 \cdot 10^3$; $\quad 14638 = 1{,}4638 \cdot 10000 = 1{,}4638 \cdot 10^4$; $\quad 0{,}07 = 7 \cdot \dfrac{1}{100} = 7 \cdot 10^{-2}$

International festgelegte dezimale Vorsätze | Binäre Vorsätze

Zeichen	Vorsatz	Wert	Zeichen	Vorsatz	Wert	Zeichen	Vorsatz	Wert
y	Yokto	10^{-24}	da	Deka	10^1	Ki (K)*	Kibi	2^{10}
z	Zepto	10^{-21}	h	Hekto	10^2	Mi (M)*	Mebi	2^{20}
a	Atto	10^{-18}	k	Kilo	10^3	Gi (G)*	Gibi	2^{30}
f	Femto	10^{-15}	M	Mega	10^6	Ti (T)*	Tebi	2^{40}
p	Piko	10^{-12}	G	Giga	10^9	Pi (P)*	Pebi	2^{50}
n	Nano	10^{-9}	T	Tera	10^{12}	Ei (E) *	Exbi	2^{60}
µ	Mikro	10^{-6}	P	Peta	10^{15}	Zi (Z)*	Zebi	2^{70}
m	Milli	10^{-3}	E	Exa	10^{18}	Yi (Y)*	Yobi	2^{80}
c	Zenti	10^{-2}	Z	Zetta	10^{21}	**Beispiel:** 128 Kib (Kibibyte) $= 128 \cdot 2^{10}$ B $= 128 \cdot 1024$ B $= 131072$ B		
d	Dezi	10^{-1}	Y	Yotta	10^{24}			

* **Achtung:** manchmal auch 1 kB (Kilobyte) für 1 KiB bzw. 1024 B oder 1 MB für 1 MiB u.s.w.

Prozentrechnung, Zinsrechnung

Der **Prozentsatz** gibt den Teil des Grundwertes in Hundertstel an.
Der **Grundwert** ist der Wert, von dem die Prozente zu rechnen sind.
Der **Prozentwert** ist der Betrag, den die Prozente des Grundwertes ergeben.
P_s Prozentsatz, Prozent $\quad G_w$ Grundwert $\quad P_w$ Prozentwert
Beispiel: Werkstückrohteil 250 kg (Grundwert); Abbrand 2 % (Prozentsatz)
Abbrand in kg = ? (Prozentwert)

$P_w = \dfrac{G_w \cdot P_s}{100\,\%} = \dfrac{250 \text{ kg} \cdot 2\,\%}{100\,\%} = 5 \text{ kg}$

K_0 Anfangskapital $\quad Z$ Zinsen $\quad t$ Laufzeit in Tagen,
$\quad\quad\quad\quad\quad\quad\quad\quad p$ Zinssatz pro Jahr $\quad$ Verzinsungszeit
$\quad\quad\quad\quad\quad\quad\quad\quad$ 1 Zinsjahr (1 a) = 360 Tage (360 d)
$\quad\quad\quad\quad\quad\quad\quad\quad$ 1 Zinsmonat = 30 Tage

Beispiel: $K_0 = 2800{,}00$ €; $p = \dfrac{6\,\%}{a}$; $t = {}^1\!/_2$ a, $Z = ?$ $\quad Z = \dfrac{2800{,}00\text{ €} \cdot 6\,\%/a \cdot 0{,}5\text{ a}}{100\,\%} = \mathbf{84{,}00\text{ €}}$

Prozentwert

$$P_w = \dfrac{G_w \cdot P_s}{100\,\%}$$

Prozentsatz

$$P_s = \dfrac{P_w}{G_w} \cdot 100\,\%$$

Zins

$$Z = \dfrac{K_0 \cdot p \cdot t}{100\,\% \cdot 360}$$

Logarithmisches Maß Dezibel — Logarithmic Scale Decibel

Begriff, Erklärung	Formel, Hinweis	Bemerkungen, Beispiel
Übertragungsfaktor T **Verstärkungsfaktor V** **Dämpfungsfaktor D**	Zunahme > 1 und Abnahme < 1: $T = V = S_2/S_1$ ① $D = S_1/S_2$ ②	S_1 ─[Übertragungsstrecke]─ S_2 S_1, S_2 Übertragungsgrößen, z. B. Spannung U
Logarithmische Teilung ist gegenüber der linearen Teilung vorteilhaft bei sehr großen Zahlenunterschieden.	1 10 100 1000 10000 10^0 10^1 10^2 10^3 10^4 Es liegt nahe, für Zahlenangaben die Hochzahlen, also die Logarithmen, zu verwenden.	Bei einem Zahlenbereich von 1 bis 10000 wäre bei linearer Teilung der Bereich 1 bis 10 nur ein Tausendstel, also nicht erkennbar.

Leistungsbezogene Maße
 	
Verstärkungsmaß G
Dämpfungsmaß A
 	
Zur Kenntlichmachung des logarithmischen Maßes setzt man hinter den eigentlich einheitslosen Zahlenwert den Zusatz dB an Stelle einer Einheit.
	$G = 10 \lg (P_2/P_1)$ ③
	
	$A = 10 \lg (P_1/P_2)$ ④
	
	$G = -A$ ⑤ $A = -G$ ⑥
	
	dB für Dezibel (sprich Dezi-Bell)
	(nach amerikanischem Wissenschaftler Bell)
		Eine Filterschaltung nimmt die Leistung von 500 mW auf und gibt 250 mW ab.
		
		Wie groß sind
		a) Dämpfungsfaktor D und
		b) Dämpfungsmaß A?
		
		a) $D = S_1/S_2$
		    $= 500\ \text{mW}/250\ \text{mW} = 2$
		b) $A = 10 \lg (500\ \text{mW}/250\ \text{mW})$
		    $= \mathbf{3{,}01\ dB}$

Spannungsbezogene Maße, **druckbezogene Maße** Verstärkungsmaß G Dämpfungsmaß A Schalldruckübertragungsmaß $\ddot{U}_p$ Auch hier Zusatz dB an Stelle einer Einheit.	$G = 20 \lg (U_2/U_1)$ ⑦ $G = -A$ ⑧ $A = 20 \lg (U_1/U_2)$ ⑨ $A = -G$ ⑩ $\ddot{U}_p = 20 \lg (p_1/p_2)$ ⑪	Ein Verstärker wird mit 3 mV angesteuert und gibt 5 V ab. Wie groß sind a) Verstärkungsfaktor, b) Verstärkungsmaß? a) $V = U_2/U_1 = 5\ \text{V}/3\ \text{mV} = 1667$ b) $G = 20 \lg (U_2/U_1)$ $= 20 \lg (5\ \text{V}/3\ \text{mV}) = \mathbf{64{,}4\ dB}$

Pegel in dB* (* steht für ergänzende Angabe)

Pegel, allgemein	Ein Pegel ist der Abstand von einem *vereinbarten* Bezugswert aus.	Der Bezugswert sollte bei Pegelangaben genannt werden.
Leistungspegel L_P Kennzeichnung durch dB (1mW) oder dBm, **Spannungspegel L_U** Kennzeichnung durch dB (1μV) oder dBμ **Schalldruckpegel L_p** eigentlich Kennzeichnung durch dB (20 mN/m²)	$L_P = 10 \lg (P/1\ \text{mW})$ ⑫ $L_U = 10 \lg (U/1\ \mu\text{V})$ ⑬ $L_p = 20 \lg (p/20\ \mu\text{N/m}^2)$ ⑭	Die vereinbarten Bezugswerte sind • bei L_P 1 mW, • bei L_U 1 μV, • bei L_p 20 μN/m². Eine Antenne liefert 80 mV. $L_U = ?$ $L_U = 20 \lg (U/1\ \mu\text{V}) = 20 \lg (80000)$ $= \mathbf{98\ dB\mu}$
Bewerteter Schalldruckpegel Kennzeichnung je nach Korrektur durch dB(A), dB(B) oder dB(C). Bevorzugt wird dB(A) verwendet.	Gemessen wird der Schalldruckpegel. Die Messwerte werden für Frequenzen ungleich 1000 Hz durch ein Filter A, B oder C verändert.	Der bewertete Schalldruckpegel in dB(A) entspricht weitgehend der vom Menschen empfundenen Lautstärke in Phon.

A Dämpfungsmaß (von Attenuation)	L_U Spannungspegel	U Spannung
D Dämpfungsfaktor	lg Zehnerlogarithmus	V Verstärkungsfaktor
G Verstärkungsmaß (von Gain)	P Leistung	Indizes:
L_P Leistungspegel (von Level)	p Druck	1 Eingang, 2 Ausgang
L_p Schalldruckpegel	T Übertragungsfaktor	der Übertragungsstrecke

Dreisatz, Mischungsrechnung
Calculation by the Rule of Three, Calculation of Mixtures

Dreisatz für direkt proportionale Verhältnisse

Beispiel: 60 Rohrkrümmer wiegen 330 kg. Wie groß ist die Masse von 35 Rohrkrümmern?

1. Satz: Behauptung — 60 Rohrkrümmer wiegen 330 kg

2. Satz: Berechnung einer Einheit: Durch Dividieren

1 Rohrkrümmer wiegt $\frac{330 \text{ kg}}{60}$

3. Satz: Berechnung der Mehrheit: Durch Multiplizieren

35 Rohrkrümmer wiegen $\frac{330 \text{ kg} \cdot 35}{60}$ = **192,5 kg**

$y \sim x$

Dreisatz für indirekt (umgekehrt) proportionale Verhältnisse

Beispiel: 3 Arbeiter benötigen für einen Auftrag 170 Stunden. Wie viele Stunden benötigen 12 Arbeiter für den gleichen Auftrag?

1. Satz: Behauptung — 3 Arbeiter benötigen 170 Stunden

2. Satz: Berechnung einer Einheit: Durch Multiplizieren

1 Arbeiter benötigt $3 \cdot 170$ h

3. Satz: Berechnung der Mehrheit: Durch Dividieren

12 Arbeiter benötigen $\frac{3 \cdot 170 \text{ h}}{12}$ = **42,5 h**

$y \sim \frac{1}{x}$

Dreisatz mit mehrgliedrigen Verhältnissen

Beispiel:
660 Werkstücke werden durch 5 Maschinen in 24 Tagen hergestellt.
In welcher Zeit können 312 Werkstücke gleicher Art von 9 Maschinen angefertigt werden?

1. Dreisatz: 5 Maschinen fertigen 660 Werkstücke in 24 Tagen

1 Maschine fertigt 660 Werkstücke in $24 \cdot 5$ Tagen

9 Maschinen fertigen 660 Werkstücke in $\frac{24 \cdot 5}{9}$ Tagen

2. Dreisatz: 9 Maschinen fertigen 660 Werkstücke in $\frac{24 \cdot 5}{9}$ Tagen

9 Maschinen fertigen 1 Werkstück in $\frac{24 \cdot 5}{9 \cdot 660}$ Tagen

9 Maschinen fertigen 312 Werkstücke in $\frac{24 \cdot 5 \cdot 312}{9 \cdot 660}$ = **6,3 Tagen**

Mischungsrechnung

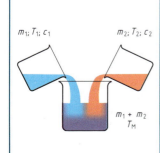

m_1, m_2 — Teilmassen
T_1, T_2 — Temperaturen der Teilmassen in K
c_1, c_2 — spez. Wärmekapazitäten der Teilmassen (Seite 134, 135)
T_M — Temperatur der Mischung

Temperatur der Mischung

$$T_M = \frac{c_1 \cdot m_1 \cdot T_1 + c_2 \cdot m_2 \cdot T_2}{c_1 \cdot m_1 + c_2 \cdot m_2}$$ [1]

Beispiel:
Ein Stahlbehälter mit m_1 = 6 kg und T_1 = 293 K wird mit m_2 = 24 l Wasser von T_2 = 318 K vollständig gefüllt. Welche Temperatur T_M stellt sich ein?

$T_M = \frac{c_1 \cdot m_1 \cdot T_1 + c_2 \cdot m_2 \cdot T_2}{c_1 \cdot m_1 + c_2 \cdot m_2}$

$= \frac{0{,}49 \, \frac{\text{kJ}}{\text{kg} \cdot \text{K}} \cdot 6 \text{ kg} \cdot 293 \text{ K} + 4{,}18 \, \frac{\text{kJ}}{\text{kg} \cdot \text{K}} \cdot 24 \text{ kg} \cdot 318 \text{ K}}{0{,}49 \, \frac{\text{kJ}}{\text{kg} \cdot \text{K}} \cdot 6 \text{ kg} + 4{,}18 \, \frac{\text{kJ}}{\text{kg} \cdot \text{K}} \cdot 24 \text{ kg}}$ = **317,29 K = 44,29 °C**

Rechtwinkliges Dreieck — Rectangular Triangel

Lehrsatz des Pythagoras

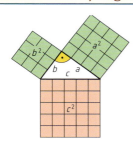

Im **rechtwinkligen Dreieck** ist das Hypotenusenquadrat flächengleich der Summe der beiden Kathetenquadrate.

Hypotenusenquadrat
$$c^2 = a^2 + b^2 \quad \boxed{1}$$

a Kathete
b Kathete
c Hypotenuse

Hypotenuse
$$c = \sqrt{a^2 + b^2} \quad \boxed{2}$$

1. Beispiel:
$c = 35$ mm; $a = 21$ mm, $b = ?$
$b = \sqrt{c^2 - a^2} = \sqrt{(35\text{ mm})^2 - (21\text{ mm})^2} = $ **28 mm**

Katheten
$$a = \sqrt{c^2 - b^2} \quad \boxed{3}$$

2. Beispiel:
$a = 9$ mm; $b = 12$ mm, $c = ?$
$c = \sqrt{a^2 + b^2} = \sqrt{(9\text{ mm})^2 + (12\text{ mm})^2} = $ **15 mm**

$$b = \sqrt{c^2 - a^2} \quad \boxed{4}$$

3. Beispiel:
Fräserdurchmesser $d = 32$ mm; $a = 5$ mm, $l_s = ?$
$c^2 = a^2 + b^2$
$R^2 = l_s^2 + (R - a)^2$
$l_s = \sqrt{R^2 - (R - a)^2} = \sqrt{(16^2\text{ mm}^2 - (16 - 5)^2\text{ mm}^2)} = $ **11,62 mm**

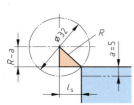

Lehrsatz des Euklid (Kathetensatz)

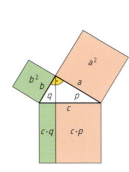

Im rechtwinkligen Dreieck ist das **Quadrat** über einer Kathete flächengleich einem Rechteck aus der Hypotenuse und dem anliegenden Hypotenusenabschnitt.

a, b Katheten
c Hypotenuse
p, q Hypotenusenabschnitte

Kathetenquadrat
$$b^2 = c \cdot q \quad \boxed{5}$$

Kathete
$$b = \sqrt{c \cdot q} \quad \boxed{6}$$

Beispiel:
Ein Rechteck mit $c = 6$ cm und $p = 3$ cm soll in ein flächengleiches Quadrat verwandelt werden. Wie groß ist die Quadratseite a?
$a^2 = c \cdot p$
$a = \sqrt{c \cdot p} = \sqrt{6\text{ cm} \cdot 3\text{ cm}} = $ **4,24 cm**

Kathetenquadrat
$$a^2 = c \cdot p \quad \boxed{7}$$

Kathete
$$a = \sqrt{c \cdot p} \quad \boxed{8}$$

Höhensatz

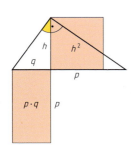

Im rechtwinkligen Dreieck ist das **Quadrat** über der Höhe h flächengleich dem Rechteck aus den Hypotenusenabschnitten p und q.

h Höhe
p, q Hypotenusenabschnitte

Höhenquadrat
$$h^2 = p \cdot q \quad \boxed{9}$$

Beispiel:
Rechtwinkliges Dreieck
$p = 6$ cm; $q = 2$ cm; $h = ?$
$h^2 = p \cdot q$
$h = \sqrt{p \cdot q} = \sqrt{6\text{ cm} \cdot 2\text{ cm}} = \sqrt{12\text{ cm}^2} = $ **3,46 cm**

Kathete
$$h = \sqrt{p \cdot q} \quad \boxed{10}$$

Winkelfunktionen, Steigung — Trigonometric Functions, Slope

Winkelfunktionen im rechtwinkligen Dreieck

Bezeichnungen im rechtwinkligen Dreieck	Bezeichnungen der Seitenverhältnisse	Anwendung für ∢ α	Anwendung für ∢ β
c Hypotenuse, a Gegenkathete von α, b Ankathete von α	Sinus = Gegenkathete / Hypotenuse	$\sin\alpha = \dfrac{a}{c}$	$\sin\beta = \dfrac{b}{c}$
	Kosinus = Ankathete / Hypotenuse	$\cos\alpha = \dfrac{b}{c}$	$\cos\beta = \dfrac{a}{c}$
c Hypotenuse, a Ankathete von β, b Gegenkathete von β	Tangens = Gegenkathete / Ankathete	$\tan\alpha = \dfrac{a}{b}$	$\tan\beta = \dfrac{b}{a}$
	Kotangens = Ankathete / Gegenkathete	$\cot\alpha = \dfrac{b}{a}$	$\cot\beta = \dfrac{a}{b}$

Verlauf der Winkelfunktionen am Einheitskreis

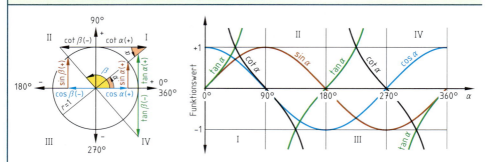

Die Funktionswerte für Winkel über 90° können so ermittelt werden, dass sie den Funktionswerten für Winkel unter 90° entsprechen und ihr Vorzeichen anhand des Einheitskreises bestimmt wird. Sie können auch Winkeltabellen entnommen werden.

Beispiele: sin 120° = sin (180° − 120°) = **sin 60°**;   **tan 320°** = − tan (360° − 320°) = **− tan 40°**

Funktionswerte für ausgewählte Winkel

Art	0°	30°	45°	60°	90°	180°	270°	360°
sin	0	$\tfrac{1}{2} = 0{,}5000$	$\tfrac{1}{2}\cdot\sqrt{2} = 0{,}7071$	$\tfrac{1}{2}\cdot\sqrt{3} = 0{,}8660$	1	0	−1	0
cos	1	$\tfrac{1}{2}\cdot\sqrt{3} = 0{,}8660$	$\tfrac{1}{2}\cdot\sqrt{2} = 0{,}7071$	$\tfrac{1}{2} = 0{,}5000$	0	−1	0	1
tan	0	$\tfrac{1}{3}\cdot\sqrt{3} = 0{,}5774$	1	$\sqrt{3} = 1{,}7321$	∞	0	∞	0
cot	∞	$\sqrt{3} = 1{,}7321$	1	$\tfrac{1}{3}\cdot\sqrt{3} = 0{,}5774$	0	∞	0	−∞

Steigung geneigter Strecken

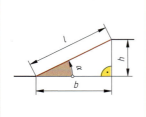

h Höhenunterschied
b Basis
l   Länge der geneigten Strecke
α Steigungswinkel
x Steigung in %

Beispiel:
b = 400 m; h = 24 m; x = ?; α = ?

$x = \dfrac{24\text{ m} \cdot 100\,\%}{400\text{ m}} = 6\,\%$

$\tan\alpha = \dfrac{24\text{ m}}{400\text{ m}} = 0{,}06;\ \alpha = 3{,}4°$

Steigung: $x = \dfrac{h \cdot 100\,\%}{b}$ [1]

Tangens vom Steigungswinkel: $\tan\alpha = \dfrac{h}{b}$ [2]

Länge der geneigten Strecke

$l = \sqrt{h^2 + b^2}$ [3]

$l = \dfrac{h}{\sin\alpha}$ [4]

Längen — Lengths

Gestreckte Längen

Kreisringausschnitt

D Außendurchmesser
d Innendurchmesser
d_m mittlerer Durchmesser
s Dicke
l gestreckte Länge
l_1, l_2 Teillängen
L zusammengesetzte Länge

Gestreckte Länge beim Kreisring

$$l = \pi \cdot d_m \quad \boxed{1}$$

Gestreckte Länge beim Kreisringausschnitt

$$l = \frac{\pi \cdot d_m \cdot \alpha}{360°} \quad \boxed{2}$$

Mittlerer Durchmesser

$$d_m = D - s \quad \boxed{3}$$

$$d_m = d + s \quad \boxed{4}$$

Beispiel: Zusammengesetzte Länge (Bild links)

$D = 360$ mm; $s = 5$ mm; $\alpha = 270°$; $l_2 = 70$ mm; $d_m = ?$, $L = ?$

$d_m = D - s = 360$ mm $- 5$ mm $= \mathbf{355}$ **mm**

$L = l_1 + l_2 = \dfrac{\pi \cdot d_m \cdot \alpha}{360°} + l_2$

$= \dfrac{\pi \cdot 355 \text{ mm} \cdot 270°}{360°} + 70$ mm $= \mathbf{906{,}45}$ **mm**

Zusammengesetzte Länge

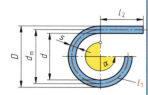

$$L = l_1 + l_2 + \ldots \quad \boxed{5}$$

Drahtlängen

Rundspulen

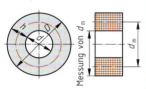

D Außendurchmesser
d Innendurchmesser
d_m mittlerer Durchmesser
l Drahtlänge
l_m mittlere Drahtlänge
N Windungszahl
a Breite
b Höhe
h Dicke

Rundspulen

$$l = \pi \cdot d_m \cdot N \quad \boxed{6}$$

$$l = l_m \cdot N \quad \boxed{7}$$

$$l_m = \pi \cdot d_m \quad \boxed{8}$$

Rechteckspulen

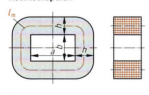

Beispiel: Rundspule $D = 30$ mm, $d = 12$ mm, $N = 1000$ Windungen, $l = ?$

$d_m = \dfrac{D + d}{2} = \dfrac{30 \text{ mm} + 12 \text{ mm}}{2} = 21$ mm

$l = \pi \cdot d_m \cdot N = \pi \cdot 21 \text{ mm} \cdot 1000$
$= 65973{,}4$ mm $\approx \mathbf{66}$ **m**

Rechteckspulen

$$l = (2a + 2b + \pi \cdot h) \cdot N \quad \boxed{9}$$

$$l = l_m \cdot N \quad \boxed{10}$$

$$l_m = 2a + 2b + \pi \cdot h \quad \boxed{11}$$

Teilung von Längen

Randabstand ≠ Teilung

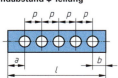

l Gesamtlänge
p Teilung
a, b Randabstand
n Anzahl der Bohrungen, Sägeschnitte, ...

Beispiel: $l = 1950$ mm; $a = 100$ mm; $b = 50$ mm; $n = 25$ Bohrungen; $p = ?$

$p = \dfrac{l - (a + b)}{n - 1} = \dfrac{1950 \text{ mm} - 150 \text{ mm}}{25 - 1} = \mathbf{75}$ **mm**

Teilung

$$p = \dfrac{l - (a + b)}{n - 1} \quad \boxed{12}$$

Randabstand = Teilung

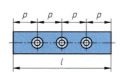

l Gesamtlänge
p Teilung
z Anzahl der Teile
n Anzahl der Bohrungen, Sägeschnitte, ...

Beispiel: $l = 2$ m; $n = 24$ Bohrungen; $p = ?$

$p = \dfrac{l}{n + 1} = \dfrac{2000 \text{ mm}}{24 + 1} = \mathbf{80}$ **mm**

Teilung

$$p = \dfrac{l}{n + 1} \quad \boxed{13}$$

Anzahl der Teile

$$z = n + 1 \quad \boxed{14}$$

Flächen 1 — Surfaces 1

Rechteck, Quadrat

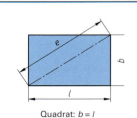

Quadrat: $b = l$

A Fläche	b Breite
l Länge	e Eckenmaß

Beispiel:
$l = 12$ mm; $b = 11$ mm; $A = ?$; $e = ?$
$A = l \cdot b = 12 \text{ mm} \cdot 11 \text{ mm} = \mathbf{132 \text{ mm}^2}$
$e = \sqrt{l^2 + b^2} = \sqrt{(12 \text{ mm})^2 + (11 \text{ mm})^2}$
$ = \sqrt{265 \text{ mm}^2}$
$ = \mathbf{16{,}28 \text{ mm}}$

Fläche
$$A = l \cdot b \quad \boxed{1}$$

Eckmaß
$$e = \sqrt{l^2 + b^2} \quad \boxed{2}$$

Fläche Quadrat
$$A = l^2 \quad \boxed{3}$$

Eckmaß Quadrat
$$e = \sqrt{2}\, l \quad \boxed{4}$$

Parallelogramm

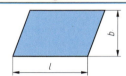

A Fläche	b Breite
l Länge	

Beispiel:
$l = 36$ mm; $b = 15$ mm; $A = ?$
$A = l \cdot b = 36 \text{ mm} \cdot 15 \text{ mm} = \mathbf{540 \text{ mm}^2}$

Fläche
$$A = l \cdot b \quad \boxed{5}$$

Trapez

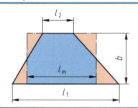

A Fläche	l_m mittlere Länge
l_1 große Länge	b Breite
l_2 kleine Länge	

Beispiel:
$l_1 = 23$ mm; $l_2 = 20$ mm; $b = 17$ mm; $A = ?$
$A = \dfrac{l_2 + l_1}{2} \cdot b = \dfrac{23 \text{ mm} + 20 \text{ mm}}{2} \cdot 17 \text{ mm}$
$ = \mathbf{365{,}5 \text{ mm}}$

Fläche
$$A = \dfrac{l_1 + l_2}{2} \cdot b \quad \boxed{6}$$

Mittlere Länge
$$l_m = \dfrac{l_1 + l_2}{2} \quad \boxed{7}$$

Dreieck

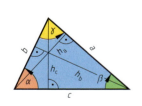

A	Fläche
a, b, c	Seitenlängen
h_a, h_b, h_c	Höhen
α, β, γ	Winkel

Beispiel:
$c = 62$ mm; $h_c = 29$ mm; $A = ?$
$A = \dfrac{c \cdot h_c}{2} = \dfrac{62 \text{ mm} \cdot 29 \text{ mm}}{2}$
$ = \mathbf{899 \text{ mm}^2}$

Fläche A
$$A = \dfrac{c \cdot h_c}{2} = \dfrac{a \cdot h_a}{2} = \dfrac{b \cdot h_b}{2} \quad \boxed{8}$$

Kosinussatz
$$a^2 = b^2 + c^2 - 2bc \cdot \cos\alpha$$
$$b^2 = a^2 + c^2 - 2ac \cdot \cos\beta$$
$$c^2 = a^2 + b^2 - 2ab \cdot \cos\gamma \quad \boxed{9}$$

Sinussatz
$$\dfrac{a}{\sin\alpha} = \dfrac{b}{\sin\beta} = \dfrac{c}{\sin\gamma} \quad \boxed{10}$$

Gleichseitiges Dreieck

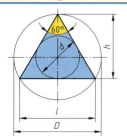

A Fläche	h Höhe
d Inkreisdurchmesser	l Seitenlänge
D Umkreisdurchmesser	

Beispiel:
$l = 42$ mm; $A = ?$
$A = \dfrac{1}{4} \cdot \sqrt{3} \cdot l^2$
$ = \dfrac{1}{4} \cdot \sqrt{3} \cdot (42 \text{ mm})^2$
$ = \mathbf{763{,}9 \text{ mm}^2}$

Umkreisdurchmesser
$$D = \dfrac{2}{3} \cdot \sqrt{3} \cdot l = 2 \cdot d \quad \boxed{11}$$

Fläche
$$A = \dfrac{1}{4} \cdot \sqrt{3} \cdot l^2 \quad \boxed{12}$$

Inkreisdurchmesser
$$d = \dfrac{1}{3} \cdot \sqrt{3} \cdot l = \dfrac{D}{2} \quad \boxed{13}$$

Dreieckshöhe
$$h = \dfrac{1}{2} \cdot \sqrt{3} \cdot l \quad \boxed{14}$$

Flächen 2 — Surfaces 2

Kreis

A Fläche   U Umfang
d Durchmesser

Beispiel:
$d = 60$ mm; $A = ?$; $U = ?$

$A = \dfrac{\pi \cdot d^2}{4} = \dfrac{\pi \cdot (60 \text{ mm})^2}{4} = 2827$ mm²

$U = \pi \cdot d = \pi \cdot 60 \text{ mm} = 188{,}5$ mm

Fläche
$$A = \dfrac{\pi \cdot d^2}{4} \quad \boxed{1}$$

Umfang
$$U = \pi \cdot d \quad \boxed{2}$$

M

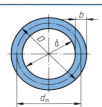

A Fläche   D Außendurchmesser
b Breite   d Innendurchmesser
               d_m mittlerer Durchmesser

Beispiel:
$D = 160$ mm; $d = 125$ mm; $A = ?$

$A = \dfrac{\pi}{4} \cdot (D^2 - d^2)$

$= \dfrac{\pi}{4} \cdot (160^2 \text{ mm}^2 - 125^2 \text{ mm}^2) = 7834$ mm²

Fläche
$$A = \pi \cdot d_m \cdot b \quad \boxed{3}$$

$$A = \dfrac{\pi}{4} \cdot (D^2 - d^2) \quad \boxed{4}$$

Kreisausschnitt, Kreisabschnitt

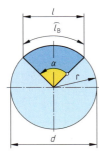

Kreisausschnitt

A Fläche   l Sehnenlänge
d Durchmesser   r Radius
$\widehat{l}_B$ Bogenlänge   α Mittelpunktswinkel

Beispiel:
$d = 48$ mm; $\alpha = 110°$; $\widehat{l}_B = ?$; $A = ?$

$\widehat{l}_B = \dfrac{\pi \cdot r \cdot \alpha}{180°} = \dfrac{\pi \cdot 24 \text{ mm} \cdot 110°}{180°}$
$= 46{,}1$ mm

$A = \dfrac{\widehat{l}_B \cdot r}{2} = \dfrac{46{,}1 \text{ mm} \cdot 24 \text{ mm}}{2}$
$= 553$ mm²

Fläche
$$A = \dfrac{\pi \cdot d^2}{4} \cdot \dfrac{\alpha}{360°} \quad \boxed{5}$$

$$A = \dfrac{\widehat{l}_B \cdot r}{2} \quad \boxed{6}$$

Sehnenlänge
$$l = 2 \cdot r \cdot \sin \dfrac{\alpha}{2} \quad \boxed{7}$$

Bogenlänge
$$\widehat{l}_B = \dfrac{\pi \cdot r \cdot \alpha}{180°} \quad \boxed{8}$$

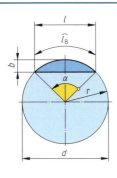

Kreisabschnitt mit α < 180°

A Fläche   b Breite
d Durchmesser   r Radius
$\widehat{l}_B$ Bogenlänge   α Mittelpunktswinkel
l Sehnenlänge

Beispiel:
$b = 15{,}1$ mm; $l = 52$ mm; $\widehat{l}_B = 62{,}83$ mm; $r = ?$; $A = ?$

$r = \dfrac{b}{2} + \dfrac{l^2}{8 \cdot b}$

$= \dfrac{15{,}1 \text{ mm}}{2} + \dfrac{(52 \text{ mm})^2}{8 \cdot 15{,}1 \text{ mm}} = 30$ mm

$A = \dfrac{\widehat{l}_B \cdot r - l \cdot (r - b)}{2}$

$= \dfrac{(62{,}83 \cdot 30) \text{ mm}^2 - 52 \cdot (30 - 15{,}1) \text{ mm}^2}{2}$

$= 555{,}1$ mm²

Fläche
$$A = \dfrac{\pi \cdot d^2}{4} \cdot \dfrac{\alpha}{360°} - \dfrac{l \cdot (r - b)}{2} \quad \boxed{9}$$

$$A = \dfrac{\widehat{l}_B \cdot r - l \cdot (r - b)}{2} \quad \boxed{10}$$

Sehnenlänge siehe Formel $\boxed{7}$
$$l = 2 \cdot \sqrt{b \cdot (2 \cdot r - b)} \quad \boxed{11}$$

Breite
$$b = \dfrac{l}{2} \cdot \tan \dfrac{\alpha}{4} \quad \boxed{12}$$

$$b = r - \sqrt{r^2 - \dfrac{l^2}{4}} \quad \boxed{13}$$

Bogenlänge siehe Formel $\boxed{8}$

Radius
$$r = \dfrac{b}{2} + \dfrac{l^2}{8 \cdot b} \quad \boxed{12}$$

Flächen, Volumen, Oberflächen — Surfaces (Areas), Volumes, Surfaces

Zusammengesetzte Flächen

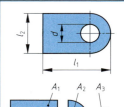

- A Gesamtfläche $A_1, A_2, \ldots$ Teilflächen
- d Durchmesser $l_1, l_2, \ldots$ Längen

Gesamtfläche

$$A = A_1 + A_2 - A_3 \quad \boxed{1}$$

Beispiel:
$l_1 = 60$ mm; $l_2 = 30$ mm; $d = 15$ mm; $A = ?$

$A_1 = \left(l_1 - \dfrac{l_2}{2}\right) \cdot l_2 = 45 \text{ mm} \cdot 30 \text{ mm} = 1350 \text{ mm}^2$

$A_2 = \dfrac{1}{2} \cdot \dfrac{\pi \cdot l_2^2}{4} = \dfrac{\pi \cdot 30^2 \text{ mm}^2}{8} = 353{,}4 \text{ mm}^2$

$A_3 = \dfrac{\pi \cdot d^2}{4} = \dfrac{\pi \cdot 15^2 \text{ mm}^2}{4} = 176{,}7 \text{ mm}^2$

$A = A_1 + A_2 - A_3 = (1350 + 353{,}4 - 176{,}7) \text{ mm}^2 = \mathbf{1526{,}7 \text{ mm}^2}$

Würfel

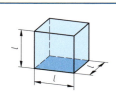

- V Volumen l Seitenlänge
- A_O Oberfläche

Beispiel:
$l = 20$ mm; $V = ?$; $A_O = ?$

$V = l^3 = (20 \text{ mm})^3 = \mathbf{8\,000 \text{ mm}^3}$

$A_O = 6 \cdot l^2 = 6 \cdot (20 \text{ mm})^2 = \mathbf{2400 \text{ mm}^2}$

Volumen

$$V = l^3 \quad \boxed{2}$$

Oberfläche

$$A_O = 6 \cdot l^2 \quad \boxed{3}$$

Vierkantprisma

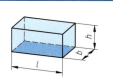

- V Volumen h Höhe
- A_O Oberfläche b Breite
- l Seitenlänge

Beispiel:
$l = 6$ cm; $b = 3$ cm; $h = 2$ cm; $V = ?$

$V = l \cdot b \cdot h = 6 \text{ cm} \cdot 3 \text{ cm} \cdot 2 \text{ cm} = \mathbf{36 \text{ cm}^3}$

Volumen

$$V = l \cdot b \cdot h \quad \boxed{4}$$

Oberfläche

$$A_O = 2 \cdot (l \cdot b + l \cdot h + b \cdot h) \quad \boxed{5}$$

Zylinder

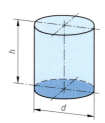

- V Volumen d Durchmesser
- A_O Oberfläche h Höhe
- A_M Mantelfläche

Beispiel:
$d = 14$ mm; $h = 25$ mm; $V = ?$

$V = \dfrac{\pi \cdot d^2}{4} \cdot h = \dfrac{\pi \cdot (14 \text{ mm})^2}{4} \cdot 25 \text{ mm}$
$= \mathbf{3\,848 \text{ mm}^3}$

Volumen

$$V = \dfrac{\pi \cdot d^2}{4} \cdot h \quad \boxed{6}$$

Oberfläche

$$A_O = \pi \cdot d \cdot h + 2 \cdot \dfrac{\pi \cdot d^2}{4} \quad \boxed{7}$$

Mantelfläche

$$A_M = \pi \cdot d \cdot h \quad \boxed{8}$$

Hohlzylinder

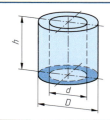

- V Volumen D Außendurchmesser
- A_O Oberfläche d Innendurchmesser
-    h Höhe

Beispiel:
$D = 42$ mm; $d = 20$ mm; $h = 80$ mm; $V = ?$

$V = \dfrac{\pi \cdot h}{4} \cdot (D^2 - d^2)$

$= \dfrac{\pi \cdot 80 \text{ mm}}{4} \cdot (42^2 \text{ mm}^2 - 20^2 \text{ mm}^2)$

$= \mathbf{85\,703 \text{ mm}^3}$

Volumen

$$V = \dfrac{\pi \cdot h}{4} \cdot (D^2 - d^2) \quad \boxed{9}$$

Oberfläche

$$A_O = \pi \cdot (D + d) \cdot \left[\dfrac{1}{2} \cdot (D - d) + h\right] \quad \boxed{10}$$

Volumen, Oberflächen — Volumes, Surfaces

Pyramide, Kegel

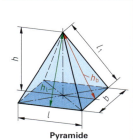

Pyramide

V	Volumen	l	Seitenlänge
h	Höhe	l_1	Kantenlänge
h_l, h_b	Mantelhöhen	b	Breite
A_M	Mantelfläche		

Mantelfläche

$$A_M = l \cdot h_l + b \cdot h_b \quad \boxed{2}$$

Mantelhöhen

$$h_l = \sqrt{h^2 + \frac{b^2}{4}} \quad \boxed{4}$$

Volumen

$$V = \frac{l \cdot b \cdot h}{3} \quad \boxed{1}$$

Kantenlänge

$$l_1 = \sqrt{h_b^2 + \frac{b^2}{4}} = \sqrt{h_l^2 + \frac{l^2}{4}} \quad \boxed{3}$$

$$h_b = \sqrt{h^2 + \frac{l^2}{4}} \quad \boxed{5}$$

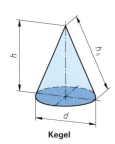

Kegel

V	Volumen	h	Höhe
A_M	Mantelfläche	h_s	Mantelhöhe
d	Durchmesser		

Beispiel:
d = 52 mm; h = 110 mm; V = ?

$$V = \frac{\pi \cdot d^2}{4} \cdot \frac{h}{3}$$
$$= \frac{\pi \cdot (52\,\text{mm})^2}{4} \cdot \frac{110\,\text{mm}}{3}$$
$$= \mathbf{77\,870\ mm^3}$$

Volumen

$$V = \frac{\pi \cdot d^2}{4} \cdot \frac{h}{3} \quad \boxed{6}$$

Mantelfläche

$$A_M = \frac{\pi \cdot d \cdot h_s}{2} \quad \boxed{7}$$

Mantelhöhe

$$h_s = \sqrt{h^2 + \frac{d^2}{4}} \quad \boxed{8}$$

Pyramidenstumpf, Kegelstumpf

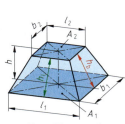

Pyramidenstumpf

V	Volumen	h_l, h_b	Mantelhöhen
A_1	Grundfläche	b_1, b_2	Breiten
A_2	Deckfläche	l_1, l_2	Seitenlängen
h	Höhe		

Beispiel:
l_1 = 40 mm; l_2 = 22 mm; b_1 = 28 mm;
b_2 = 15 mm; h = 50 mm; A_1 = 1120 mm²;
A_2 = 330 mm²; V = ?

$$V = \frac{h}{3} \cdot (A_1 + A_2 + \sqrt{A_1 \cdot A_2})$$
$$= \frac{50\,\text{mm}}{3} \cdot (1120 + 330 + \sqrt{1120 \cdot 330})\ \text{mm}^2$$
$$= \mathbf{34\,299\ mm^3}$$

Volumen

$$V = \frac{h}{3} \cdot (A_1 + A_2 + \sqrt{A_1 \cdot A_2}) \quad \boxed{9}$$

Mantelhöhen

$$h_b = \sqrt{h^2 + \left(\frac{l_1 - l_2}{2}\right)^2} \quad \boxed{10}$$

$$h_l = \sqrt{h^2 + \left(\frac{b_1 - b_2}{2}\right)^2} \quad \boxed{11}$$

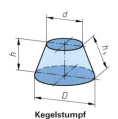

Kegelstumpf

V	Volumen	h	Höhe
A_M	Mantelfläche	h_s	Mantelhöhe
D	großer Durchmesser	d	kleiner Durchmesser

Beispiel:
D = 100 mm; d = 62 mm; h = 80 mm;
V = ?

$$V = \frac{\pi \cdot h}{12} \cdot (D^2 + d^2 + D \cdot d)$$
$$= \frac{\pi \cdot 80\,\text{mm}}{12} \cdot (100^2 + 62^2 + 100 \cdot 62)\ \text{mm}^2$$
$$= \mathbf{419\,800\ mm^3}$$

Volumen

$$V = \frac{\pi \cdot h}{12} \cdot (D^2 + d^2 + D \cdot d) \quad \boxed{12}$$

Mantelfläche

$$A_M = \frac{\pi \cdot h_s}{2} \cdot (D + d) \quad \boxed{13}$$

Mantelhöhe

$$h_s = \sqrt{h^2 + \left(\frac{D - d}{2}\right)^2} \quad \boxed{14}$$

Volumen, Oberfläche, Masse — Volumes, Surface, Mass

Kugel

V Volumen $\quad A_O$ Oberfläche
d Kugeldurchmesser

Beispiel:
$d = 9$ mm; $V = ?$

$$V = \frac{\pi \cdot d^3}{6} = \frac{\pi \cdot (9 \text{ mm})^3}{6} = 382 \text{ mm}^3$$

Volumen
$$V = \frac{\pi \cdot d^3}{6} \quad \boxed{1}$$

Oberfläche
$$A_O = \pi \cdot d^2 \quad \boxed{2}$$

Volumen zusammengesetzer Körper

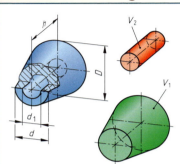

Zusammengesetze Körper werden zur Berechnung ihres Volumens in Teilkörper zerlegt, die dann addiert bzw. subtrahiert werden.
V Gesamtvolumen
$V_1, V_2, \ldots$ Teilvolumen

Beispiel: Kegelhülse
$D = 42$ mm; $d = 26$ mm;
$d_1 = 16$ mm; $h = 45$ mm; $V = ?$

$$V_1 = \frac{\pi \cdot h}{12} \cdot (D^2 + d^2 + D \cdot d)$$

$$= \frac{\pi \cdot 45 \text{ mm}}{12} \cdot (42^2 + 26^2 + 42 \cdot 26) \text{ mm}^2 = 41\,610 \text{ mm}^3$$

$$V_2 = \frac{\pi \cdot d^2}{4} \cdot h = \frac{\pi \cdot 16^2 \text{ mm}^2}{4} \cdot 45 \text{ mm} = 9048 \text{ mm}^3$$

$$V = V_1 - V_2 = 41\,610 \text{ mm}^3 - 9048 \text{ mm}^3 = 32\,562 \text{ mm}^3$$

Gesamtvolumen
$$V = V_1 + V_2 + \ldots - V_3 - V_4 \quad \boxed{3}$$

Masse

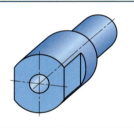

Die Masse eines Körpers wird aus seinem Volumen und seiner Dichte berechnet.
m Masse $\quad \varrho$ Dichte
V Volumen

Beispiel: Werkstück aus Aluminium
$V = 6{,}4$ dm^3; $\varrho = 2{,}7$ kg/dm^3; $m = ?$

$$m = V \cdot \varrho = 6{,}4 \text{ dm}^3 \cdot 2{,}7 \frac{\text{kg}}{\text{dm}^3} = 17{,}28 \text{ kg}$$

1000 kg/m^3 = 1 kg/dm^3
1 kg/dm^3 = 1 g/cm^3

Masse
$$m = V \cdot \varrho \quad \boxed{4}$$

Bei festen und flüssigen Stoffen wird die Dichte meist in kg/dm^3, bei gasförmigen Stoffen in kg/m^3 angegeben (Seiten 134, 135).

Längenbezogene Masse[1]

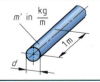

m Masse $\quad l$ Länge
m' längenbezogene Masse

Beispiel: Rundstahl mit $d = 14$ mm;
$m' = 1{,}21$ kg/m; $l = 3{,}86$ m; $m = ?$

$$m = m' \cdot l = 1{,}21 \frac{\text{kg}}{\text{m}} \cdot 3{,}86 \text{ m} = 4{,}67 \text{ kg}$$

Längenbezogene Masse
$$m' = \frac{m}{l} \quad \boxed{5}$$

Flächenbezogene Masse[1]

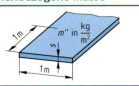

m Masse $\quad A$ Fläche
m'' flächenbezogene Masse

Beispiel: Stahlblech mit $s = 1{,}5$ mm;
$m'' = 11{,}8$ kg/m^2; $A = 7{,}5$ m^2; $m = ?$

$$m = m'' \cdot A = 11{,}8 \frac{\text{kg}}{\text{m}^2} \cdot 7{,}5 \text{ m}^2 = 88{,}5 \text{ kg}$$

Flächenbezogene Masse
$$m'' = \frac{m}{A} \quad \boxed{5}$$

[1] Die Masse von Halbzeugen wird häufig mit Hilfe von Tabellen berechnet, welche die längenbezogene Masse m' für 1 m bei Profilstählen, Rohren, Drähten oder die flächenbezogene Masse m'' für 1 m^2, z.B. bei Blechen oder Belägen, enthalten.

Kräfte — Forces

Zusammensetzung und Zerlegung von Kräften

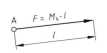

F_1, F_2 Teilkräfte l Pfeillänge
F_r Resultierende M_k Kräftemaßstab

Kräfte sind Vektoren und werden durch Pfeile dargestellt. Die Länge l des Pfeils entspricht der Größe der Kraft F, der Anfangspunkt A dem Kraftangriffspunkt und der Pfeil der Wirkrichtung.

Pfeillänge

$$l = \frac{F}{M_k}$$ ①

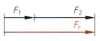

Addieren von Kräften gleicher Wirkungslinie
Beispiel:
$F_1 = 80\ N;\ F_2 = 160\ N;\ F_r = ?$
$F_r = F_1 + F_2 = 80\ N + 160\ N = \mathbf{240\ N}$

Summe

$$F_r = F_1 + F_2$$ ②

Subtrahieren von Kräften gleicher Wirkungslinie
Beispiel:
$F_1 = 240\ N;\ F_2 = 90;\ F_r = ?$
$F_r = F_1 - F_2 = 240\ N - 90\ N = \mathbf{150\ N}$

Differenz

$$F_r = F_1 - F_2$$ ③

Zusammensetzung

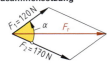

Zusammensetzen von Teilkräften
Beispiel:
$F_1 = 120\ N;\ F_2 = 170\ N;\ \alpha = 60°;\ F_r = ?$
Gemessen: $l = 25\ mm$
$F_r = l \cdot M_k = 25\ mm \cdot 10\ \frac{N}{mm} = \mathbf{250\ N}$

Kräftemaßstab für alle Beispiele:

$$M_k = 10\ \frac{N}{mm}$$

Zerlegung

Zerlegung einer Kraft in Teilkräfte
Beispiel:
$F_r = 260\ N;\ \alpha = 15°;\ \beta = 90°;\ F_1 = ?;\ F_2 = ?;$
Gemessen: $l_1 = 7\ mm;\ l_2 = 27\ mm$
$F_1 = l_1 \cdot M_k = 7\ mm \cdot 10\ \frac{N}{mm} = \mathbf{70\ N}$

$F_2 = l_2 \cdot M_k = 27\ mm \cdot 10\ \frac{N}{mm} = \mathbf{270\ N}$

F_r = Resultierende Kraft (Ersatzkraft mit gleicher Wirkung wie die Summe der Teilkräfte)

Kräfte bei Beschleunigung und Verzögerung

Für die Beschleunigung und die Verzögerung von Massen ist eine Kraft erforderlich.
F Beschleunigungskraft
a Beschleunigung m Masse

Beispiel:
$m = 50\ kg;\ a = 3\ \frac{m}{s^2};\ F = ?$
$F = m \cdot a = 50\ kg \cdot 3\ \frac{m}{s^2} = 150\ kg \cdot \frac{m}{s^2} = \mathbf{150\ N}$

Beschleunigungskraft

$$F = m \cdot a$$ ④

$$[F] = N = \frac{kg \cdot m}{s^2}$$

Gewichtskraft

Die Erdanziehung bewirkt bei Massen eine Gewichtskraft.
F_G Gewichtskraft g Fallbeschleunigung,
m Masse   Ortskoeffizient

Beispiel:
Stahlträger, $m = 1200\ kg,\ F_G = ?$
$F_G = m \cdot g = 1200\ kg \cdot 9{,}81\ \frac{m}{s^2} = \mathbf{11\,772\ N}$

Gewichtskraft

$$F_G = m \cdot g$$ ⑤

$g = 9{,}81\ \frac{m}{s^2} \approx 10\ \frac{m}{s^2}$
(für Mitteleuropa)

Federkraft (Hooke'sches Gesetz)

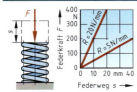

Innerhalb des elastischen Bereiches sind Kraft und zugehörige Längenänderung einer Feder proportional.
F Federkraft s Federweg
R Federrate, auch D

Beispiel:
Druckfeder, $R = 8\ N/mm;\ s = 12\ mm;\ F = ?$
$F = R \cdot s = 8\ \frac{N}{mm} \cdot 12\ mm = \mathbf{96\ N}$

Federkraft

$$F = R \cdot s$$ ⑥

Drehmoment, Hebel, Fliehkraft — Torque, Lever, Centrifugal Force

Drehmoment und Hebel

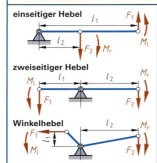

einseitiger Hebel

zweiseitiger Hebel

Winkelhebel

Bei scheibenförmigen drehbaren Teilen entspricht die Hebellänge dem Radius r.

M Kraftmoment, Drehmoment, Moment
F Kraft
l wirksame Hebellänge
ΣM_l Summe aller linksdrehenden Momente
ΣM_r Summe aller rechtsdrehenden Momente
$[M]$ = N·m = J (Joule)

Beispiel:
Winkelhebel; $F_1 = 30$ N; $l_1 = 0{,}15$ m;
$l_2 = 0{,}45$ m; $F_2 = ?$

$$F_2 = \frac{F_1 \cdot l_1}{l_2} = \frac{30\text{ N} \cdot 0{,}15\text{ m}}{0{,}45\text{ m}} = 10\text{ N}$$

Drehmoment

$$M = F \cdot l \quad \boxed{1}$$

Hebelgesetz

$$\Sigma M_l = \Sigma M_r \quad \boxed{2}$$

Hebelgesetz bei nur zwei Kräften

$$F_1 \cdot l_1 = F_2 \cdot l_2 \quad \boxed{3}$$

Beispiel für Auflagerkraft

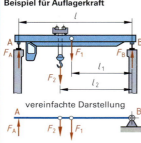

vereinfachte Darstellung

Zur Berechnung der ersten Auflagerkraft nimmt man einen Auflagerpunkt als Drehpunkt an. Die zweite Auflagerkraft kann aus dem Gleichgewicht mit den Belastungskräften $F_1 + F_2 + \ldots$ errechnet werden.

F_A, F_B Auflagerkräfte l, l_1, l_2 wirksame
F_1, F_2 Kräfte   Hebellänge

Beispiel:
Laufkran; $F_1 = 40$ kN; $F_2 = 15$ kN; $l_1 = 6$ m; $l_2 = 8$ m; $l = 12$ m; $F_A = ?$

$$F_A = \frac{F_1 \cdot l_1 + F_2 \cdot l_2 + \ldots}{l} = \frac{40\text{ kN} \cdot 6\text{ m} + 15\text{ kN} \cdot 8\text{ m}}{12\text{ m}} = 30\text{ kN}$$

Auflagerkraft in A

$$F_A = \frac{F_1 \cdot l_1 + F_2 \cdot l_2 + \ldots}{l} \quad \boxed{4}$$

Kräftegleichgewicht

$$F_A + F_B = F_1 + F_2 \quad \boxed{5}$$

Drehmoment bei Zahnradtrieben

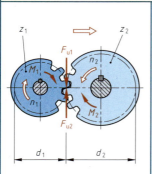

Der Hebelarm bei Zahnrädern entspricht dem halben Teilkreisdurchmesser d. Sind die Zähnezahlen zweier ineinandergreifender Zahnräder verschieden, ergeben sich unterschiedliche Drehmomente.

Treibendes Rad
F_{u1} Umfangskraft
M_1 Drehmoment
d_1 Teilkreis-
     durchmesser
z_1 Zähnezahl
n_1 Drehzahl
i Übersetzungsverhältnis

Getriebenes Rad
F_{u2} Umfangskraft
M_2 Drehmoment
d_2 Teilkreis–
     durchmesser
z_2 Zähnezahl
n_2 Drehzahl

Beispiel:
Getriebe; $i = 12$; $M_1 = 60$ N·m; $M_2 = ?$
$M_2 = i \cdot M_1 = 12 \cdot 60$ N·m = **720 Nm**

Drehmomente

$$M_1 = \frac{F_{u1} \cdot d_1}{2}$$

$$M_2 = \frac{F_{u2} \cdot d_2}{2}$$

$$M_2 = i \cdot M_1$$

$$\frac{M_2}{M_1} = \frac{z_2}{z_1}$$

$$\frac{M_2}{M_1} = \frac{n_1}{n_2} \quad \boxed{6}$$

Fliehkraft

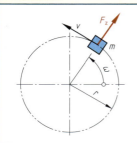

Die Fliehkraft F_z entsteht, wenn eine Masse auf einer gekrümmten Bahn, z.B. einem Kreis, bewegt wird.

F_z Fliehkraft ω Winkelgeschwindigkeit
m Masse v Umfangsgeschwindigkeit
r Radius

Beispiel:
Turbinenschaufel, $m = 160$ g, $v = 80$ m/s;
$d = 400$ mm; $F_z = ?$

$$F_z = \frac{m \cdot v^2}{r} = \frac{0{,}16\text{ kg} \cdot (80\text{ m})^2}{\text{s}^2 \cdot 0{,}2\text{ m}} = \mathbf{5120\text{ N}}$$

Fliehkraft

$$F_z = m \cdot r \cdot \omega^2 \quad \boxed{7}$$

$$F_z = \frac{m \cdot v^2}{r} \quad \boxed{8}$$

Rollen, Keile, Winden, Schrauben — Pulleys, Wedges, Winches, Screws

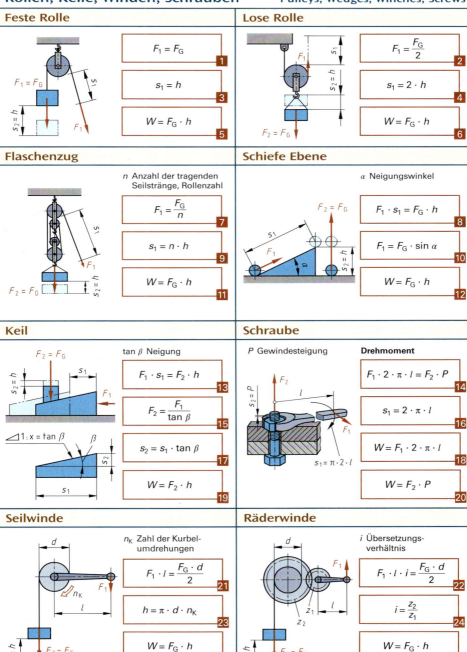

Feste Rolle

$F_1 = F_G$ **(1)**

$s_1 = h$ **(3)**

$W = F_G \cdot h$ **(5)**

Lose Rolle

$F_1 = \dfrac{F_G}{2}$ **(2)**

$s_1 = 2 \cdot h$ **(4)**

$W = F_G \cdot h$ **(6)**

Flaschenzug

n Anzahl der tragenden Seilstränge, Rollenzahl

$F_1 = \dfrac{F_G}{n}$ **(7)**

$s_1 = n \cdot h$ **(9)**

$W = F_G \cdot h$ **(11)**

Schiefe Ebene

α Neigungswinkel

$F_1 \cdot s_1 = F_G \cdot h$ **(8)**

$F_1 = F_G \cdot \sin \alpha$ **(10)**

$W = F_G \cdot h$ **(12)**

Keil

$\tan \beta$ Neigung

$F_1 \cdot s_1 = F_2 \cdot h$ **(13)**

$F_2 = \dfrac{F_1}{\tan \beta}$ **(15)**

$s_2 = s_1 \cdot \tan \beta$ **(17)**

$W = F_2 \cdot h$ **(19)**

Schraube

P Gewindesteigung

Drehmoment

$F_1 \cdot 2 \cdot \pi \cdot l = F_2 \cdot P$ **(14)**

$s_1 = 2 \cdot \pi \cdot l$ **(16)**

$W = F_1 \cdot 2 \cdot \pi \cdot l$ **(18)**

$W = F_2 \cdot P$ **(20)**

Seilwinde

n_K Zahl der Kurbelumdrehungen

$F_1 \cdot l = \dfrac{F_G \cdot d}{2}$ **(21)**

$h = \pi \cdot d \cdot n_K$ **(23)**

$W = F_G \cdot h$ **(25)**

Räderwinde

i Übersetzungsverhältnis

$F_1 \cdot l \cdot i = \dfrac{F_G \cdot d}{2}$ **(22)**

$i = \dfrac{z_2}{z_1}$ **(24)**

$W = F_G \cdot h$ **(26)**

z_1, z_2 Zähnezahl

Die Bedeutung der Formelzeichen ist aus den Bildern erkennbar.

Bewegungslehre — Theory of Motion

Gleichförmige gradlinige Bewegung

Weg-Zeit-Diagramm

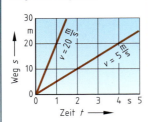

v Geschwindigkeit
t Zeit
s Weg

Beispiel:
$v = 48$ km/h; $s = 12$ m; $t = ?$

Umrechnung: $v = 48$ km/h $= \dfrac{48\,000 \text{ m}}{3600 \text{ s}} = 13{,}33 \dfrac{\text{m}}{\text{s}}$

$t = \dfrac{s}{v} = \dfrac{12 \text{ m}}{13{,}33 \dfrac{\text{m}}{\text{s}}} = \mathbf{0{,}9\ s}$

Geschwindigkeit

$$v = \dfrac{s}{t} \quad \boxed{1}$$

$1 \dfrac{\text{m}}{\text{s}} = 60 \dfrac{\text{m}}{\text{min}} = 3{,}6 \dfrac{\text{km}}{\text{h}}$

$1 \dfrac{\text{km}}{\text{h}} = 16{,}667 \dfrac{\text{m}}{\text{min}}$

$\dfrac{1000 \text{ m}}{3600 \text{ s}} = 0{,}2778 \dfrac{\text{m}}{\text{s}}$

Gleichförmig beschleunigte Bewegung

Geschwindigkeit-Zeit-Diagramm

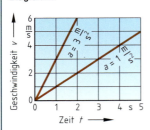

Die Zunahme der Geschwindigkeit je Zeit heißt **Beschleunigung**, die Abnahme der Geschwindigkeit heißt **Verzögerung**. Der freie Fall ist eine gleichförmig beschleunigte Bewegung, bei der die Fallbeschleunigung g wirksam ist.

v Endgeschwindigkeit bei Beschleunigung, Anfangsgeschwindigkeit bei Verzögerung
s Weg $\quad t$ Zeit
a Beschleunigung, Verzögerung
g Fallbeschleunigung (9,81 m/s²), Ortskoeffizient (9,81 N/kg) für Mitteleuropa
j Ruck

Beispiel 1:
Fallhammer; $s = 3$ m; $v = ?$

$a = g = 9{,}81 \dfrac{\text{m}}{\text{s}^2}$

$v = \sqrt{2 \cdot a \cdot s} = \sqrt{2 \cdot 9{,}81 \text{ m/s}^2 \cdot 3 \text{ m}} = \mathbf{7{,}7 \dfrac{\text{m}}{\text{s}}}$

Beispiel 2:
Kraftfahrzeug; $v = 80$ km/h; $a = 7$ m/s²;
Bremsweg $s = ?$

Umrechnung: $v = 80$ km/h $= \dfrac{80\,000 \text{ m}}{3600 \text{ s}} = 22{,}22 \dfrac{\text{m}}{\text{s}}$

$v = \sqrt{2 \cdot a \cdot s}$

$s = \dfrac{v^2}{2 \cdot a} = \dfrac{(22{,}22 \text{ m/s})^2}{2 \cdot 7 \text{ m/s}^2} = \mathbf{35{,}3\ m}$

Bei Beschleunigung aus dem Stand oder bei Verzögerung bis zum Stand gilt:

End- oder Anfangsgeschwindigkeit

$$v = a \cdot t$$

$$v = \sqrt{2 \cdot a \cdot s} \quad \boxed{2}$$

Beschleunigungsweg

$$s = \dfrac{1}{2} \cdot v \cdot t$$

$$s = \dfrac{1}{2} \cdot a \cdot t^2 \quad \boxed{3}$$

$g = 9{,}81 \dfrac{\text{m}}{\text{s}^2} \approx 10 \dfrac{\text{m}}{\text{s}^2}$

Ruck

$$j = \dfrac{a}{t} \quad \boxed{4}$$

$[j] = \dfrac{\text{m}}{\text{s}^3}$

Kreisförmige Bewegung

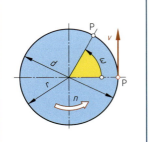

v Umfangsgeschwindigkeit
n Drehzahl, Umdrehungsfrequenz
ω Winkelgeschwindigkeit
r Radius
d Durchmesser

Beispiel:
Riemenscheibe; $d = 250$ mm; $n = 1400$ min⁻¹;
$v = ?$; $\omega = ?$

Umrechnung: $n = 1400 \text{ min}^{-1} = \dfrac{1400}{60 \text{ s}} = 23{,}33 \text{ s}^{-1}$

$v = \pi \cdot d \cdot n = \pi \cdot 0{,}25 \text{ m} \cdot 23{,}33 \text{ s}^{-1} = \mathbf{18{,}3 \dfrac{\text{m}}{\text{s}}}$

$\omega = 2 \cdot \pi \cdot n = 2 \cdot 23{,}33 \text{ s}^{-1} = \mathbf{146{,}6\ s^{-1}}$

Umfangsgeschwindigkeit

$$v = \pi \cdot d \cdot n$$

$$v = \omega \cdot r \quad \boxed{5}$$

Winkelgeschwindigkeit

$$\omega = 2 \cdot \pi \cdot n \quad \boxed{6}$$

$\dfrac{1}{\text{min}} = 1 \text{ min}^{-1} = \dfrac{1}{60 \text{ s}}$

Geschwindigkeiten an Maschinen — Velocities at Machines

Vorschubgeschwindigkeit

Drehen

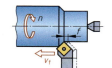

Fräsen

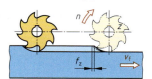

Gewindetrieb

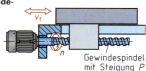

Zahnstangentrieb

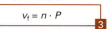

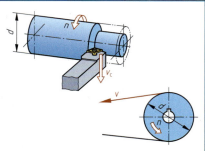

- v_f Vorschubgeschwindigkeit
- n Drehzahl
- f Vorschub
- f_z Vorschub je Schneide
- z Anzahl der Schneiden, Zähnezahl des Ritzels
- P Gewindesteigung
- p Teilung der Zahnstange
- $[v_f]$ = mm/min
- $[f]$ = mm
- $[n]$ = 1/min

Beispiel:
Walzenfräser, $z = 8$; $f_z = 0{,}2$ mm; $n = 45$/min; $v_f = ?$

$v_f = n \cdot f_z \cdot z$
$= 45 \dfrac{1}{\text{min}} \cdot 0{,}2 \text{ mm} \cdot 8$
$= 72 \dfrac{\text{mm}}{\text{min}}$

Vorschubgeschwindigkeit beim Bohren, Drehen

$$v_f = n \cdot f \quad \boxed{1}$$

Vorschubgeschwindigkeit beim Fräsen

$$v_f = n \cdot f_z \cdot z \quad \boxed{2}$$

Vorschubgeschwindigkeit beim Gewindetrieb

$$v_f = n \cdot P \quad \boxed{3}$$

Vorschubgeschwindigkeit beim Zahnstangentrieb

$$v_f = n \cdot z \cdot p \quad \boxed{4}$$

$$v_f = \pi \cdot d \cdot n \quad \boxed{5}$$

Schnittgeschwindigkeit, Umfangsgeschwindigkeit

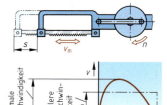

- v_c Schnittgeschwindigkeit
- v Umfangsgeschwindigkeit
- d Durchmesser
- n Drehzahl

Beispiel:
Drehen, $n = 1200$/min; $d = 35$ mm; $v_c = ?$

$v_c = \pi \cdot d \cdot n$
$= \pi \cdot 0{,}035 \text{ m} \cdot 1200 \dfrac{1}{\text{min}}$
$= 132 \dfrac{\text{m}}{\text{min}}$

Schnittgeschwindigkeit

$$v_c = \pi \cdot d \cdot n \quad \boxed{6}$$

Umfangsgeschwindigkeit

$$v = \pi \cdot d \cdot n \quad \boxed{7}$$

Mittlere Geschwindigkeit bei Kurbeltrieben

- v_m mittlere Geschwindigkeit
- n Anzahl der Doppelhübe
- s Hublänge

Beispiel:
Maschinenbügelsäge, $s = 280$ mm; $n = 45$/min; $v_m = ?$

$v_m = 2 \cdot s \cdot n$
$= 2 \cdot 0{,}28 \text{ m} \cdot 45 \dfrac{1}{\text{min}}$
$= 25{,}2 \dfrac{\text{m}}{\text{min}}$

Mittlere Geschwindigkeit

$$v_m = 2 \cdot s \cdot n \quad \boxed{8}$$

Wärmetechnik 1

Temperatur

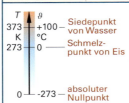

Temperaturen werden in **Kelvin** (K) oder in **Grad Celsius** (°C) oder in **Grad Fahrenheit** (°F) gemessen. Die Kelvinskale geht von der tiefstmöglichen Temperatur, dem absoluten Nullpunkt (– 273 °C), aus, die Celsiusskale vom Schmelzpunkt des Eises (0 °C).

T Temperatur in K
ϑ Temperatur in °C
t_F Temperatur in °F

Unterschiede der Celsius-Temperatur werden in Kelvin angegeben, $\Delta\vartheta = \Delta T$

Temperatur in Kelvin
$$T = \vartheta + 273 \quad \boxed{1}$$

Temperatur in Grad Fahrenheit
$$t_F = 1{,}8 \cdot \vartheta + 32 \quad \boxed{2}$$

Längenänderung, Durchmesseränderung

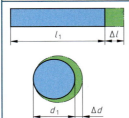

α_l Längenausdehnungskoeffizient
$\Delta\vartheta$ Temperaturänderung
Δl Längenänderung
Δd Durchmesseränderung
l_1 Anfangslänge
d_1 Anfangsdurchmesser

Beispiel:
Stahlplatte, $l_1 = 120$ mm; $\alpha_l = 0{,}000\,0119\,\frac{1}{K}$
$\Delta\vartheta = 800$ K; $\Delta l = ?$

$\Delta l = \alpha_l \cdot l_1 \cdot \Delta\vartheta$
$= 0{,}000\,0119\,\frac{1}{K} \cdot 120\text{ mm} \cdot 800\text{ K} = \mathbf{1{,}1424\text{ mm}}$

Längenausdehnungskoeffizienten Seiten 134, 135

Längenänderung
$$\Delta l = \alpha_l \cdot l_1 \cdot \Delta\vartheta \quad \boxed{3}$$

Durchmesseränderung
$$\Delta d = \alpha_l \cdot d_1 \cdot \Delta\vartheta \quad \boxed{4}$$

Volumenänderung

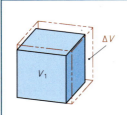

α_V Volumenausdehnungskoeffizient
$\Delta\vartheta$ Temperaturänderung
ΔV Volumenänderung
V_1 Anfangsvolumen

Beispiel:
Benzin, $V_1 = 60$ l; $\alpha_V = 0{,}001\,\frac{1}{K}$; $\Delta\vartheta = 32$ K; $\Delta V = ?$

$\Delta V = \alpha_V \cdot V_1 \cdot \Delta\vartheta = 0{,}001\,\frac{1}{K} \cdot 60\text{ l} \cdot 32\text{ K} = \mathbf{1{,}9\text{ l}}$

Volumenausdehnungskoeffizienten Seite 134,
Volumenausdehung (Zustandsänderung) der Gase Seite 60

Volumenänderung
$$\Delta V = \alpha_V \cdot V_1 \cdot \Delta\vartheta \quad \boxed{5}$$

Für feste Stoffe:
$\alpha_V = 3 \cdot \alpha_l$

Schwindung

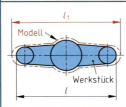

S Schwindmaß in %
l Werkstücklänge
l_1 Modelllänge

Beispiel:
Al-Gusseisen, $l = 680$ mm; $S = 1{,}2$ %; $l_1 = ?$

$l_1 = \dfrac{l \cdot 100\,\%}{100\,\% - S} = \dfrac{680\text{ mm} \cdot 100\,\%}{100\,\% - 1{,}2\,\%} = \mathbf{688{,}3\text{ mm}}$

Modelllänge
$$l_1 = \dfrac{l \cdot 100\,\%}{100\,\% - S} \quad \boxed{6}$$

Wärmemenge bei Temperaturänderung

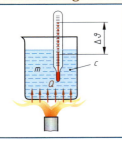

Die **spezifische Wärmekapazität** c gibt an, wie viel Wärme nötig ist, um 1 kg eines Stoffes um 1 K zu erwärmen. Bei Abkühlung wird die gleiche Wärme wieder frei.

c spez. Wärmekapazität
$\Delta\vartheta$ Temperaturänderung
C Wärmekapazität
Q Wärme, Wärmemenge
m Masse

Beispiel:
Stahlwelle, $m = 2$ kg; $c = 0{,}48\,\dfrac{\text{kJ}}{\text{kg} \cdot \text{K}}$;
$\Delta\vartheta = 800$ K; $Q = ?$

$Q = c \cdot m \cdot \Delta\vartheta = 0{,}48\,\dfrac{\text{kJ}}{\text{kg} \cdot \text{K}} \cdot 2\text{ kg} \cdot 800\text{ K} = \mathbf{768\text{ kJ}}$

Spezifische Wärmekapazitäten Seiten 134,135

Wärme, Wärmemenge
$$Q = c \cdot m \cdot \Delta\vartheta \quad \boxed{7}$$

Wärmekapazität
$$C = c \cdot m \quad \boxed{8}$$

$1\text{ kJ} = \dfrac{1\text{ kWh}}{3600}$

$1\text{ kWh} = 3{,}6\text{ MJ}$

Wärmetechnik 2 — Heat Technology 2

Wärme beim Schmelzen und Verdampfen

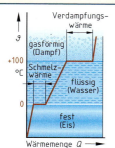

Stoffe nehmen beim Schmelzen und Verdampfen Wärme auf, ohne dass dabei die Temperatur steigt.

Q_s Schmelzwärme,
Q_v Verdampfungswärme
q_s spez. Schmelzwärme
q_v spezifische Verdampfungswärme
m Masse

Beispiel:
Kupfer, $m = 6{,}5$ kg; $q_s = 213 \frac{kJ}{kg}$; $Q_s = ?$

$Q_s = q_s \cdot m = 213 \frac{kJ}{kg} \cdot 6{,}5$ kg $= 1384{,}5$ kJ $\approx$ **1,4 MJ**

Spezifische Schmelz- und Verdampfungswärmen
Seiten 134, 135

Schmelzwärme
$$Q_s = q_s \cdot m \quad \text{[1]}$$

Verdampfungswärme
$$Q_v = q_v \cdot m \quad \text{[2]}$$

Wärmestrom

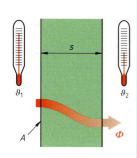

Der **Wärmestrom** Φ verläuft innerhalb eines Stoffes stets von der höheren zur niedrigeren Temperatur.

Die **Wärmedurchgangszahl** k berücksichtigt neben der Wärmeleitfähigkeit eines Bauteils die Wärmeübergangswiderstände an den Grenzflächen der Bauteile.

Φ Wärmestrom
λ Wärmeleitfähigkeit
k Wärmedurchgangszahl
ϑ Temperatur
$\Delta\vartheta$ Temperaturdifferenz
s Bauteildicke
A Fläche des Bauteils

Beispiel:
Wärmeschutzglas, $k = 1{,}9 \frac{W}{m^2 \cdot K}$; $A = 2{,}8$ m²
$\Delta\vartheta = 32$ K; $\Phi = ?$

$\Phi = k \cdot A \cdot \Delta\vartheta = 1{,}9 \frac{W}{m^2 \cdot K} \cdot 2{,}8$ m² $\cdot 32$ K $=$ **170,2 W**

Wärmeleitfähigkeitswerte λ Seiten 134, 135,
Wärmedurchgangszahlen k unten auf dieser Seite

Temperaturdifferenz
$$\Delta\vartheta = \vartheta_1 - \vartheta_2 \quad \text{[3]}$$

Wärmestrom bei Wärmeleitung
$$\Phi = \frac{\lambda \cdot A \cdot \Delta\vartheta}{s} \quad \text{[4]}$$

Wärmestrom bei Wärmedurchgang
$$\Phi = k \cdot A \cdot \Delta\vartheta \quad \text{[5]}$$

Wärme durch Verbrennung

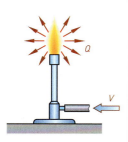

Unter dem **spezifischen Heizwert** H_u eines Stoffes versteht man die bei der vollständigen Verbrennung von 1 kg oder 1 m³ des Stoffes frei werdende Wärme.

Q Verbrennungswärme
H_u spezifischer Heizwert (Tabelle unten)
m Masse fester und flüssiger Brennstoffe
V Volumen von Brenngasen

Beispiel:
Erdgas, $V = 3{,}8$ m³; $H_u = 35 \frac{MJ}{m^3}$; $Q = ?$

$Q = H_u \cdot V = 35 \frac{MJ}{m^3} \cdot 3{,}8$ m³ $=$ **133 MJ**

Verbrennungswärme fester und flüssiger Stoffe
$$Q = H_u \cdot m \quad \text{[6]}$$

Verbrennungswärme von Gasen
$$Q = H_u \cdot V \quad \text{[7]}$$

Spezifische Heizwerte H_u für Brennstoffe

Feste Brennstoffe	H_u MJ/kg	Flüssige Brennstoffe	H_u MJ/kg	Gasförmige Brennstoffe	H_u MJ/m³
Holz	15 ... 17	Spiritus	27	Wasserstoff	10
Biomasse (trocken)	14 ... 18	Benzol	40	Erdgas	34 ... 36
		Benzin	43	Acetylen	57
Branukohle	16 ... 20	Diesel	41 ... 43	Propan	93
Koks	30	Heizöl	40 ... 43	Butan	123
Steinkohle	30 ... 34				

Wärmedurchgangszahlen k

Bauelemente	s mm	k W/(Km²)
Außentüre, Stahl	50	5,8
Verbundfenster	12	1,3
Ziegelmauer	365	1,1
Geschossdecke	125	3,2
Wärmedämmplatte	80	0,39

Mechanische Arbeit, mechanische Leistung, Energie
Mechanic Work, Power, Energy

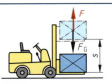

Mechanische Arbeit

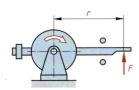

Mechanische Leistung

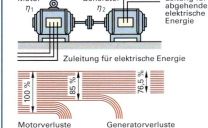

Wirkungsgrad

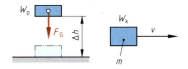

Energie

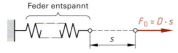

Energie beim Verformen

Arbeit = Kraft x Weg
$[W] = N \cdot m = Nm = J$ (Joule)

$$W = F_G \cdot s \quad \boxed{2}$$

$$\text{Leistung} = \frac{\text{Kraft x Weg}}{\text{Zeit}}$$

$$\text{Leistung} = \frac{\text{Arbeit}}{\text{Zeit}}$$

$[P] = \frac{J}{s} = \frac{Nm}{s} = W$; $[P_{kW}] = kW$

Mit $[n] = 1/\text{min}$ und $[M] = Nm$

$$P_{kW} = \frac{M \cdot n}{9549} \quad \boxed{6}$$

(Zahlenwertgleichung)

$$\left(\frac{60}{2\pi} \cdot 10^3 = 9549\right)$$

$$P_v = P_{zu} - P_{ab} \quad \boxed{9}$$

$$\eta = \eta_1 \cdot \eta_2 \cdot \ldots \cdot \eta_n \quad \boxed{10}$$

Nutzungsgrad

$$\zeta = \zeta_1 \cdot \zeta_2 \cdot \ldots \cdot \zeta_n \quad \boxed{12}$$

Energiearten

$$W_p = F_G \cdot \Delta h \quad \boxed{14}$$

$$W_D = \frac{1}{2} F_D \cdot s \quad \boxed{16}$$

$$J = M \cdot r^2 \quad \boxed{18}$$

Arbeit

$$W = F \cdot s \cdot \cos\varphi \quad \boxed{1}$$

$$W = F_s \cdot s \quad \boxed{3}$$

Leistung

$$P = \frac{F_s \cdot s}{t} \quad \boxed{4}$$

$$P = \frac{W}{t} \quad \boxed{5}$$

$$P = F_s \cdot v \quad \boxed{7}$$

$$P = M \cdot \omega \quad \boxed{8}$$

$\omega = 2\pi \cdot n$
$M = F \cdot r \quad M = J \cdot \alpha$
$[\omega] = 1/s; [\alpha] = 1/s^2$

Wirkungsgrad

$$\eta = \frac{P_{ab}}{P_{zu}} \quad \boxed{11}$$

Nutzungsgrad

$$\zeta = \frac{W_{ab}}{W_{zu}} \quad \boxed{13}$$

$$W_k = \frac{1}{2} \cdot m \cdot v^2 \quad \boxed{15}$$

$F_D = D \cdot s$

$$W_D = \frac{1}{2} \cdot D \cdot s^2 \quad \boxed{17}$$

$$W_k = \frac{1}{2} \cdot J \cdot \omega^2 \quad \boxed{19}$$

D	Richtgröße der Feder, auch R	P_{kW}	Leistung in kW	W_k Energie der Bewegung (kinetische Energie)
F	Kraft	P_v	Verlustleistung	
F_s	Kraft in Wegrichtung	P_{zu}	zugeführte Leistung	W_p Energie der Lage (potenzielle Energie)
F_D	verformende Kraft	r	Radius, Hebelarm	W_{zu} zugeführte Arbeit
F_g	Gewichtskraft des Körpers	s	Weg	Δ Zeichen für Differenz (Delta)
h	Höhe	t	Zeit	ζ Arbeitsgrad, Nutzungsgrad (Zeta)
J	Trägheitsmoment	v	Geschwindigkeit	ζ_1, ζ_2 Einzelarbeitsgrade
M	Dreh-, Kraftmoment; Moment	W	Arbeit, Energie	η Wirkungsgrad (Eta)
m	Masse	W_{ab}	abgegebene Arbeit	η_1, η_2 Einzelwirkungsgrade
n	Drehzahl, Umdrehungsfrequenz	W_D	Verformungsarbeit, Verformungsenergie	φ Winkel zwischen F und s (Phi)
P	Leistung			ω Winkelgeschwindigkeit (Omega)
P_{ab}	abgegebene Leistung			α Winkelbeschleunigung (Alpha)

Ladung, Spannung, Stromstärke, Widerstand
Change, Voltage, Ampere, Resistance

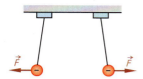
Abstoßung gleichnamiger Ladungen

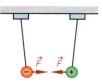
Anziehung ungleichnamiger Ladungen

hohe Spannung

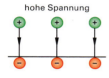

keine Spannung

Spannungserzeugung

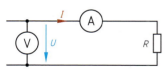

Strom, Spannung, Widerstand

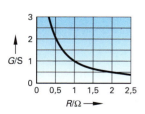

Leitwert und Widerstand

$[Q] = A \cdot s = As = C$ (Coulomb)
$[I] = A$ Berechnung
$[t] = s$ der Kräfte F
$[F] = N$ siehe Seite 41
$[I] = \dfrac{C}{s} = \dfrac{As}{s} = A$

Ladung
Bei ungeladenem Körper
$$Q = I \cdot t$$ [1]

Bei geladenem Körper
$$\Delta Q = I \cdot \Delta t$$ [2]

Stromstärke, Strom

$$I = \dfrac{\Delta Q}{\Delta t}$$ [3]

$$I = \dfrac{Q}{t}$$ [4]

$[J] = \dfrac{A}{m^2}$

$[J] = \dfrac{A}{mm^2}$ (z.B. in Drähten)

Stromdichte
$$J = \dfrac{I}{A}$$ [5]

$[U] = [W]/[Q] = J/C$
$= Ws/As = W/A = V$

$e = 0{,}16022 \cdot 10^{-18}$ As
$1\ eV = 0{,}16022 \cdot 10^{-18}$ Ws
$1\ As = 6{,}24151 \cdot 10^{18}\ e$

Spannung
$$U = \dfrac{W}{Q}$$ [6]

$U = \dfrac{\Delta W}{\Delta Q}$
$W = e \cdot U$

Merkformel
zum Ohm'schen Gesetz:
$$U = R \cdot I$$ [7]

$[R] = \Omega$ (Ohm)
$[G] = 1/\Omega = S$ (Siemens)

Ohm'sches Gesetz
$$R = \dfrac{U}{I}$$ [8]

Bei Metallen:
$[\varrho] = \dfrac{\Omega \cdot mm^2}{m}$

$[\gamma] = \dfrac{m}{\Omega \cdot mm^2} = \dfrac{S \cdot m}{mm^2}$

Leitwert
$$G = \dfrac{1}{R}$$ [9]

Bei Nichtmetallen:
$[\varrho] = \Omega \cdot m$

Leiterwiderstand
$$R = \dfrac{l}{\gamma \cdot A}$$ [10]

spez. Widerstand
$$\varrho = \dfrac{1}{\gamma}$$ [11]

$$R = \dfrac{\varrho \cdot l}{A}$$ [12]

Werte für ϱ siehe Seiten 134, 135

A	Leiterquerschnitt	I	Stromstärke	U	Spannung
e	Elementarladung	J	Stromdichte	W	Arbeit, Energie
eV	Elektronenvolt	Q	elektrische Ladung	Δ	Zeichen für Differenz
F	Kraft	R	Widerstand	γ	Leitfähigkeit (Gamma)
G	Leitwert	t	Zeit	ϱ	spezifischer Widerstand (Rho)

Hinweis: In DIN 1304-1 ist für die Leitfähigkeit γ (Gamma) als *Vorzugszeichen* genannt. Als *Ausweichzeichen* können auch σ (Sigma) oder κ (Kappa) verwendet werden.

Elektrische Leistung, elektrische Arbeit — Electric Power, Electric Work

Elektrische Leistung in Wirkwiderständen bei AC oder bei DC

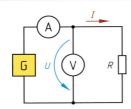

Ermitteln der Leistung mit Strommesser und Spannungsmesser

$[P] = V \cdot A = AV = W = J/s$

Leistungen bei anderen Spannungen bei gleichem R:

$$\frac{P_1}{P_2} = \frac{U_1^2}{U_2^2}$$

$$\frac{P_1}{P_2} = \frac{I_1^2}{I_2^2}$$

Indizes 1 und 2 gelten für verschiedene Betriebsfälle

Leistung

$$P = U \cdot I \quad [1]$$

$$P = I^2 \cdot R \quad [3]$$

$$P = \frac{U^2}{R} \quad [5]$$

Leistungsschild eines Zählers

Leistungmessung mit Zähler
Beispiel:
$n = 8$ Umdrehungen in 2 min
$C_z = 150/\text{kWh}$; $P = ?$ kW

Lösung:
$P = \dfrac{n}{C_z} = \dfrac{8/(2\,\text{min}) \cdot 60\,\text{min/h}}{150/\text{kWh}} = 1{,}6\,\text{kW}$

$$P = \frac{\text{Zahl der Umdrehungen}}{t \cdot C_z}$$

$$P = \frac{n}{C_z} \quad [6]$$

Elektrische Arbeit

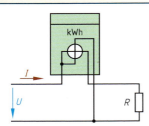

Messen der Arbeit mit dem Zähler

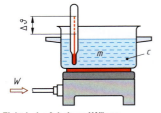

Elektrische Arbeit und Wärme
c-Werte Seite 134

$[W] = Ws = J = Nm$
$3{,}6\,\text{MJ} = 1\,\text{KWh}$

Arbeit

$$W = P \cdot t \quad [7]$$

Arbeitspreis

$$K_A = W \cdot T \quad [8]$$

Stromwärme (Wärmemenge)

$$Q_S = W \quad [9]$$

$$Q_S = \frac{\Delta\vartheta \cdot c \cdot m}{\zeta} \quad [10]$$

$[Q_S] = J$
$[c] = \dfrac{kJ}{kg \cdot K}$
$[\Delta\vartheta] = K$ (Kelvin)
$1\,\text{Wh} = 3600\,\text{Ws}$

Arbeit in kWh

$$W_{kWh} = \frac{\Delta\vartheta \cdot c \cdot m}{3600 \cdot \zeta} \quad [11]$$

Beispiel:
$W = 70\,\text{kWh}$; $T = 0{,}29\,\dfrac{€}{\text{kWh}}$;
$K_A = ?$

Lösung:
$K_A = W \cdot T = 70\,\text{kWh} \cdot 0{,}29\,\dfrac{€}{\text{kWh}} = 20{,}30\,€$

Leistung in kW $[t] = h$

$$P_{kW} = \frac{\Delta\vartheta \cdot c \cdot m}{3600 \cdot \zeta \cdot t} \quad [12]$$

c	spezifische Wärmekapazität	n	Drehzahl
C_z	Zählerkonstante	P	Leistung
I	Stromstärke	Q_S	Stromwärme
K_A	Arbeitspreis	R	Widerstand
m	Masse (z. B. Wassermenge)	t	Zeit
T	tariflicher Preis je kWh		
U	Spannung		
W	Arbeit, Verbrauch an elektr. Energie		
$\Delta\vartheta$	Temperaturunterschied (Delta Theta)		
ζ	Wärmearbeitsgrad (Zeta)		

Elektrisches Feld, Kondensator — Electric Field, Capacitor

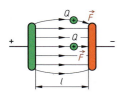

Coulomb'sches Gesetz (Kraftwirkung)

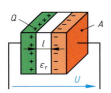

Elektrische Feldstärke

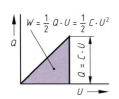

Kapazität

Energie beim Kondensator

Elektrische Energiedichte
Ist die gespeicherte Energie je Volumen des elektrischen Feldes.

Kondensator an Wechselspannung
Es fließt ein Blindstrom (dauernde Ladung und Entladung).

$K = \dfrac{1}{4\pi\varepsilon}$

Die elektrische Feldstärke E gibt die Kraft an, die auf die Ladung $Q = 1$ As im elektrischen Feld wirkt.

$[E] = \dfrac{V}{m} = \dfrac{N}{As}$

$[D] = \dfrac{As}{m^2}$

Für Luft: $K \approx 9 \cdot 10^9 \dfrac{Vm}{As}$

Kraft

$$F = K \cdot \dfrac{Q_1 \cdot Q_2}{l^2} \quad \boxed{1}$$

elektrische Feldstärke

$$E = \dfrac{F}{Q} \quad \boxed{3}$$

elektrische Flussdichte, Flächenladungsdichte

$$D = \dfrac{Q}{A} \quad \boxed{5}$$

Anziehungskraft, Plattenkondensator

$$F = \tfrac{1}{2} E \cdot Q \quad \boxed{2}$$

Beim homogenen Feld:

$$E = \dfrac{U}{l} \quad \boxed{4}$$

$$D = \varepsilon_0 \cdot \varepsilon_r \cdot E \quad \boxed{6}$$

Permittivitätszahlen ε_r	Luft 1 Stickstoff 1 Sauerstoff 1	Mineralöl 2 bis 2,4	Glas 4 bis 8 Glimmer 6 bis 8 Rutil 40 bis 60

$\varepsilon = \varepsilon_0 \cdot \varepsilon_r$

$\varepsilon_0 = 8{,}85 \, \dfrac{pAs}{Vm} = 8{,}85 \, pF/m$

$[C] = \dfrac{As}{V} = F$ (Farad)

Kapazität

$$C = \dfrac{\varepsilon \cdot A}{l} \quad \boxed{7}$$

$[Q] = \dfrac{As}{V} \cdot V = As$
$ = C$ (Coloumb)

$[\Delta t] = s$

$[W] = \dfrac{As}{V} \cdot V^2 = Ws$
$ = J$ (Joule)

Ladung

$$Q = I \cdot t \quad \boxed{8}$$

$\Delta Q = i \cdot \Delta t$

Ladestrom

$$i = C \cdot \dfrac{\Delta u}{\Delta t} \quad \boxed{10}$$

$$Q = C \cdot U \quad \boxed{9}$$

$\Delta Q = C \cdot \Delta u$

Energie

$$W = \tfrac{1}{2} \cdot C \cdot U^2 \quad \boxed{11}$$

$[w] = \dfrac{J}{m^3}$

Energiedichte

$$w = \dfrac{W}{V} \quad \boxed{12}$$

$$W = \tfrac{1}{2} \cdot D \cdot E \quad \boxed{13}$$

Kreisfrequenz

$$\omega = 2 \cdot \pi \cdot f \quad \boxed{14}$$

$[\omega] = 1/s$

Blindwiderstand

$$X_C = \dfrac{1}{\omega C} \quad \boxed{15}$$

$[X_C] = \Omega$

Blindstrom

$$I_{bC} = \dfrac{U}{X_C} \quad \boxed{16}$$

$[I_{bC}] = A$

A	Plattenfläche	K	Koeffizient,	
C	Kapazität	l	Abstand der Ladungen, Plattenabstand	
D	elektrische Flussdichte, Flächenladungsdichte	Q	Ladung	
E	elektrische Feldstärke	ΔQ	Ladungsänderung	
F	Kraft	t	Zeit	
f	Frequenz	Δt	Zeitunterschied	
I, i	Stromstärke	U	Spannung	
		Δu	Spannungsänderung	
V	Volumen			
W	Energie			
w	Energiedichte			
X_C	kapazitiver Blindwiderstand			
ε	Permittivität (Epsilon)			
ε_0	elektrische Feldkonstante			
ε_r	Permittivitätszahl			
ω	Kreisfrequenz (Omega)			

Magnetisches Feld, Spule — Magnetic Field, Coil

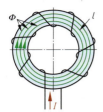

Magnetische Feldstärke

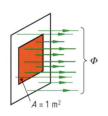

Magnetische Flussdichte, Induktion

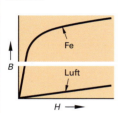

Magnetisierungskennlinie

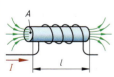

Induktivität

Induktivität an Wechselspannung
Es wird dauernd eine Spannung induziert, die entgegen der angelegten Spannung wirkt. Diese bewirkt einen Blindwiderstand.

$[\Theta] = A \quad [H] = \dfrac{A}{m}$

$[\Phi] = Vs = Wb$ (Weber)

$[B] = \dfrac{Vs}{m^2} = T$ (Tesla)

$\mu = \mu_0 \cdot \mu_r$

Die Permeabilitätszahl μ_r gibt den Faktor an, um den die magnetische Leitfähigkeit des Kernes größer ist als die der Luft (siehe Seite 137).

Für Luft: $\mu_r = 1$; für AlNiCo: $\mu_r \leq 5$

$[F] = \dfrac{T^2 \cdot m^2 \cdot Am}{Vs} = \dfrac{Ws}{m} = N$ (Newton)

$[L] = \dfrac{Vs}{A} = H$ (Henry)

$[\Delta t] = s$

$[W] = \dfrac{As}{V} \cdot V^2 = Ws$
$= J$ (Joule)

$[w] = \dfrac{J}{m^3}$

Kreisfrequenz

$\omega = 2 \cdot \pi \cdot f$

$[\omega] = 1/s$

Durchflutung

$\Theta = I \cdot N$

magnetischer Fluss

$\Phi = \dfrac{\Theta}{R_m}$

In Luft:

$B = \mu_0 \cdot H$

Induktivität

$L = \dfrac{N^2 \cdot \mu_0 \cdot \mu_r \cdot A}{l}$

Energiedichte

$w = \dfrac{1}{2} \cdot B \cdot H$

$w = \dfrac{1}{2} \cdot \dfrac{B^2}{\mu_0 \cdot \mu_r}$

induktiver Blindwiderstand

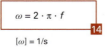

$X_L = \omega \cdot L$

$[X_L] = \Omega$

magnetische Feldstärke

$H = \dfrac{I \cdot N}{l}$

magnetische Flussdichte

$B = \dfrac{\Phi}{A}$

In Magnetwerkstoffen:

$B = \mu_0 \cdot \mu_r \cdot H$

Kraft

$F = \dfrac{B^2 \cdot A}{2 \mu_0}$

$L = N^2 \cdot A_L$

Energie

$W = \dfrac{1}{2} L \cdot I^2$

$w = \dfrac{W}{V}$

Blindstrom

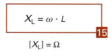

$I_{bL} = \dfrac{U}{X_L}$

$[I_{bL}] = A$

A	Polfläche, Spulenquerschnitt	L	Induktivität	X_L	induktiver Blindwiderstand
A_L	Spulenkonstante	l	mittlere Feldlinienlänge, Länge der Spule	Φ	magnetischer Fluss (Phi)
B	magnetische Flussdichte			Θ	Durchflutung (Theta)
F	Kraft (bei Elektromagneten)	N	Windungszahl	μ	Permeabilität (Müh)
f	Frequenz	R_m	magnetischer Widerstand	μ_0	magnetische Feldkonstante
H	magnetische Feldstärke	V	Volumen	μ_r	Permeabilitätzahl (Seite 137)
I	Stromstärke	W	Energie	ω	Kreisfrequenz (Omega)
I_L	Blindstrom	w	Energiedichte		

Strom in Magnetfeld, Induktion
Current in Magnetic Field, Inducing Voltage

Strom im Magnetfeld

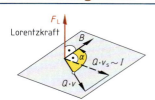

Richtung der Lorentzkraft

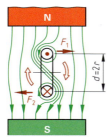

Entstehung des Drehmoments

Bewegte elektrische Ladungen werden in einem Magnetfeld abgelenkt (Lorentzkraft). Die Richtung der Kraft auf die Ladungen ist senkrecht zur Stromrichtung und senkrecht zur Richtung des Magnetfeldes.

$$[F_L] = \frac{As \cdot m}{s} \cdot \frac{Vs}{m^2} = \frac{Ws}{m} = N$$

$$F = Q \cdot v_s \cdot B = I \cdot t \cdot \frac{l}{t} \cdot B = B \cdot I \cdot l$$

$$[F] = \frac{Vs}{m^2} \cdot A \cdot m = \frac{Ws}{m} = N$$

$$[B] = \frac{Vs}{m^2} = \frac{A}{m} = T \text{ (Tesla)}$$

Bei $F_1 = F_2 = F$ (Bild):
$M = F \cdot r + F \cdot r = 2 F \cdot r$

$[M] = N \cdot m = Nm$

Lorentzkraft
$$F_L = Q \cdot v \cdot B \cdot \sin \alpha \quad \boxed{1}$$

$$F_L = Q \cdot v_s \cdot B \quad \boxed{2}$$

Ablenkkraft allgemein:
$$F = B \cdot I \cdot l \cdot z \cdot \sin \alpha \quad \boxed{3}$$

für $\alpha = 90°$:
$$F = B \cdot I \cdot l \cdot z \quad \boxed{4}$$

Drehmoment
$$M = F \cdot d$$
$$T = F \cdot d \quad \boxed{5}$$

Induktion

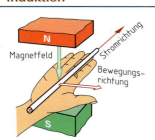

Rechte-Hand-Regel

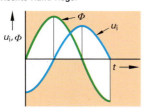

Verlauf von u_i und Φ im Abhängigkeit von t

$$[u_i] = \frac{Vs}{m^2} \cdot m \cdot \frac{m}{s} = V$$

Bei im Magnetfeld rotierender Rechteck-Spule

$$\hat{u}_i = 2 \cdot N \cdot B \cdot l \cdot v_s \quad \boxed{8}$$

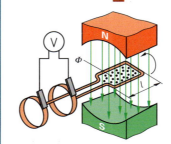

Rechteck-Spule im Magnetfeld

induzierte Spannungen
Induktion der Bewegung:
$$u_i = z \cdot B \cdot l \cdot v \cdot \sin \alpha \quad \boxed{6}$$

$$u_i = z \cdot B \cdot l \cdot v_s \quad \boxed{7}$$

Induktion durch Flussänderung
$$u_i = -N \cdot \frac{\Delta \Phi}{\Delta t} \quad \boxed{9}$$

$$[u_i] = \frac{Vs}{s} = V$$
$$[\Phi] = Tm^2 = Vs = Wb \text{ (Weber)}$$

Induktion durch Stromänderung
$$u_i = -L \cdot \frac{\Delta i}{\Delta t} \quad \boxed{10}$$

$$[u_i] = H \cdot \frac{A}{s} = \frac{Vs}{A} \cdot \frac{A}{s} = V$$
$$[L] = \frac{Wb}{A} = H \text{ (Henry)}$$

B	magnetische Flussdichte	l	wirksame Länge eines Leiters im Magnetfeld	v_s	Geschwindigkeit senkrecht zum Magnetfeld
d	Durchmesser der Spule	M	Drehmoment	Δt	Zeitunterschied
F	Ablenkkraft der Spulenseite	N	Windungszahl	z	Anzahl der Leiter
F_L	Lorentzkraft	Q	Ladung	α	Winkel zwischen v bzw. Leiter und Magnetfeld
I	Stromstärke	T	Torsionsmoment = Drehmoment		
Δi	Stromänderung	u_i	induzierte Spannung	Φ	magnetischer Fluss
L	Induktivität	v	Geschwindigkeit	$\Delta \Phi$	magnetische Flussänderung

Schaltungen von Widerständen — Circuits of Resistors

Grundschaltungen

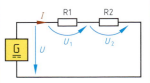

Reihenschaltung von Widerständen

Reihenschaltung:
Stromstärke ist gleich

$$I = \text{konstant} \quad \boxed{1}$$

$$\frac{U_1}{U_2} = \frac{R_1}{R_2} \quad \boxed{3}$$

$$U = U_1 + U_2 + \ldots \quad \boxed{2}$$

$$R = R_1 + R_2 + \ldots \quad \boxed{4}$$

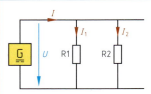

Parallelschaltung von Widerständen

Parallelschaltung:
Spannung ist gleich

$$U = \text{konstant} \quad \boxed{6}$$

Bei zwei Widerständen:

$$R = \frac{R_1 \cdot R_2}{R_1 + R_2} \quad \boxed{8}$$

$$R_1 = \frac{R_2 \cdot R}{R_2 - R} \quad \boxed{10}$$

$$R_2 = \frac{R_1 \cdot R}{R_1 - R} \quad \boxed{12}$$

$$I = I_1 + I_2 + \ldots \quad \boxed{5}$$

$$G = G_1 + G_2 + \ldots \quad \boxed{7}$$

$$\frac{1}{R} = \frac{1}{R_1} + \frac{1}{R_2} + \ldots \quad \boxed{9}$$

$$\frac{I_1}{I_2} = \frac{R_2}{R_1} \quad \boxed{11}$$

Bei n gleichen Widerständen:

$$R = \frac{R_1}{n} \quad \boxed{13}$$

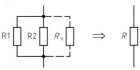

Parallelschaltung mehrerer gleicher Widerstände

$[I] = \text{A}; \quad [U] = \text{V}$
$[G] = \text{S}; \quad [R] = \Omega$

Gemischte Schaltungen

1. Beispiel:

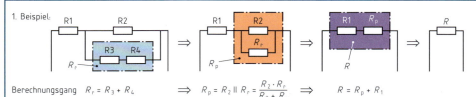

Berechnungsgang $\quad R_r = R_3 + R_4 \quad \Rightarrow \quad R_p = R_2 \parallel R_r = \dfrac{R_2 \cdot R_r}{R_2 + R_r} \quad \Rightarrow \quad R = R_p + R_1$

2. Beispiel:

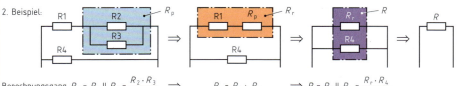

Berechnungsgang $\quad R_p = R_2 \parallel R_3 = \dfrac{R_2 \cdot R_3}{R_2 + R_3} \quad \Rightarrow \quad R_r = R_1 + R_p \quad \Rightarrow \quad R = R_r \parallel R_4 = \dfrac{R_r \cdot R_4}{R_r + R_4}$

G	Ersatzleitwert	R	Ersatzwiderstand
G_1, G_2	Einzelleitwerte	R_1 bis R_4	Einzelwiderstände
I	Gesamtstrom	R_p	Ersatzwiderstand der Parallelschaltung
I_1, I_2	Teilströme	R_r	Ersatzwiderstand der Reihenschaltung
n	1, 2, 3, …		
		U	Gesamtspannung
		U_1, U_2	Teilspannung
		$\parallel$	Zeichen für parallel

Bezugspfeile, Kirchhoff'sche Regeln, Spannungsteiler
Reference Arrows, Kirchhoffs's Rules, Voltage Divider

Grundschaltungen

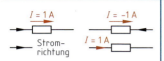

Strombezugspfeile

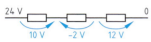

Spannungsbezugspfeile

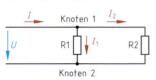

Knoten

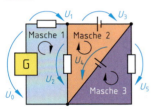

Maschen

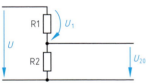

Unbelasteter Spannungsteiler

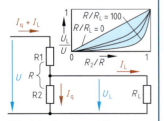

Belasteter Spannungsteiler

Haben Stromrichtung und Bezugspfeil dieselbe Richtung, so spricht man von positiver Stromstärke.

Eine positive Spannungsangabe bedeutet, dass die Richtung der Spannung + nach − gleich der Bezugspfeilrichtung ist.

Knotenregel
(1. Kirchhoff'sche Regel):
Die Summe der auf einen Knoten zufließenden Ströme ist gleich der Summe der von ihm abfließenden Ströme.
$I = I_1 + I_2$

Maschenregel
(2. Kirchhoff'sche Regel):
Bei einem elektrischen Netzwerk ist die Summe der Spannungen in einer Masche gleich null, wenn man von einem Knoten aus auf beliebigem Weg die Masche durchläuft.
In Schaltung Bild „Maschen":
$U_1 + U_2 − U_0 = 0$
$U_3 + U_4 − U_2 = 0$
$U_5 − U_4 = 0$

$$I_1 + I_2 + \ldots = 0 \quad \boxed{1}$$

$$\Sigma I_i = 0 \quad \boxed{2}$$
$i = 1, 2, 3, \ldots$

Knotenregel
$$\Sigma I_{zu} = \Sigma I_{ab} \quad \boxed{3}$$

Maschenregel
$$U_1 + U_2 + \ldots = 0 \quad \boxed{4}$$

$$\Sigma U_i = 0 \quad \boxed{5}$$
$i = 1, 2, 3, \ldots$

Bei Wechselspannung sind die Einzelspannungen (Effektivwerte oder Amplituden) geometrisch zu addieren.

Unbelasteter Spannungsteiler

$$U = U_1 + U_{20} \quad \boxed{6}$$

$$U_{20} = \frac{R_2}{R_1 + R_2} \cdot U \quad \boxed{7}$$

$$\frac{U_{20}}{U_1} = \frac{R_2}{R_1} \quad \boxed{8}$$

$$R_1 = R_2 \cdot \left(\frac{U}{U_{20}} - 1\right) \quad \boxed{9}$$

Belasteter Spannungsteiler

$$q = \frac{I_q}{I_L} = \frac{R_L}{R_2} \quad \boxed{10}$$

$$U_L = \frac{U}{\dfrac{R_1 \cdot (R_L + R_2)}{R_L \cdot R_2} + 1} \quad \boxed{11}$$

$$q = \frac{I_q}{I_L} = \frac{U_L (U - U_{20})}{U (U_{20} - U_L)}$$

$$R_2 = R_L \cdot \frac{U}{U_L} \cdot \left(\frac{U_{20} - U_L}{U - U_{20}}\right) \quad \boxed{12}$$

U_L ändert sich bei Lastschwankungen wenig, wenn q groß ist, z. B. $q \geq 10$, meist $q \approx 5$.

$R = R_1 + R_2$ (Bild links)

I	Stromstärke	I_{zu}	zufließender Strom	U	Gesamtspannung
I_1, I_2	Einzelströme	i	Zählindex	U_1, U_2	Einzelspannungen
I_{ab}	abfließender Strom	q	Querstromverhältnis	U_L	Lastspannung
I_L	Laststrom	R_1, R_2	Teilwiderstände	U_{20}	Teilspannung 2 im Leerlauf
I_q	Querstrom	R_L	Lastwiderstand	Σ	Zeichen für Summe

Grundschaltungen von Induktivitäten und Kapazitäten
Basic Circuits of Inductances and Capacitances

Reihenschaltung: I = konstant $U = U_1 + U_2 + ...$

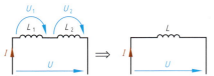

Bei Wechselspannung:

$$\frac{U_1}{U_2} = \frac{L_1}{L_2} \quad \boxed{1}$$

$Q = Q_1 = Q_2$

$$\frac{U_1}{U_2} = \frac{C_2}{C_1} \quad \boxed{3}$$

Bei Spulen ohne magnetische Kopplung:

$$L = L_1 + L_2 + ... \quad \boxed{2}$$

$$\frac{Q}{C} = \frac{Q}{C_1} + \frac{Q}{C_2}$$

$$\frac{1}{C} = \frac{1}{C_1} + \frac{1}{C_2} + ... \quad \boxed{4}$$

Bei n gleichen Kondensatoren:

$$C = \frac{C_1}{n} \quad \boxed{5}$$

Bei zwei Kondensatoren:

$$C = \frac{C_1 \cdot C_2}{C_1 + C_2} \quad \boxed{6}$$

Parallelschaltung: U = konstant $I = I_1 + I_2 + ...$

Bei Wechselstrom:

$$\frac{I_1}{I_2} = \frac{L_2}{L_1} \quad \boxed{7}$$

Bei n gleichen Spulen:

$$L = \frac{L_1}{n} \quad \boxed{9}$$

$Q = Q_1 = Q_2$

$$\frac{I_1}{I_2} = \frac{C_1}{C_2} \quad \boxed{11}$$

Bei Spulen ohne magnetische Kopplung:

$$\frac{1}{L} = \frac{1}{L_1} + \frac{1}{L_2} + ... \quad \boxed{8}$$

Bei zwei Spulen:

$$L = \frac{L_1 \cdot L_2}{L_1 + L_2} \quad \boxed{10}$$

$U \cdot C = U \cdot C_1 = U \cdot C_2$

$$C = C_1 + C_2 + ... \quad \boxed{12}$$

Gemischte Schaltung mit L

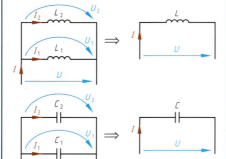

$L_r = L_1 + L_2$

$$\frac{1}{L_p} = \frac{1}{L_r} + \frac{1}{L_3}$$

$$\frac{1}{L} = \frac{1}{L_1 + L_2} + \frac{1}{L_3}$$

$$L = \frac{L_3 \cdot (L_1 + L_2)}{L_1 + L_2 + L_3}$$

Gemischte Schaltung mit C

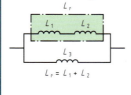 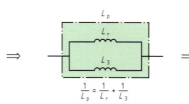

$C_p = C_1 + C_2$

$$\frac{1}{C_r} = \frac{1}{C_p} + \frac{1}{C_3}$$

$$\frac{1}{C} = \frac{1}{C_1 + C_2} + \frac{1}{C_3}$$

$$C = \frac{C_3 \cdot (C_1 + C_2)}{C_1 + C_2 + C_3}$$

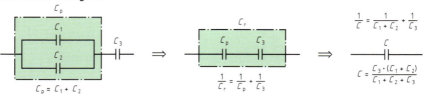

C	Ersatzkapazität	L	Ersatzinduktivität	Q_1, Q_2	Einzelladungen
C_1, C_2	Einzelkapazitäten	L_1, L_2	Einzelinduktivitäten	U_1, U_2	Teilspannungen
I	Gesamtstromstärke	n	ganzzahliger Faktor	Indizes	p parallel
I_1, I_2	Einzelstromstärken	Q	Gesamtladung		r in Reihe

Komplexe Rechnung — Calculate with Complex Numbers

Mathematische Grundlagen

Definition: $\sqrt{-1} = j$ **(1)**

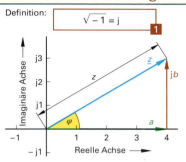

Komplexe Zahlenebene

Eine komplexe Zahl ist eine Zahl in der komplexen Zahlenebene. Für die Festlegung einer komplexen Zahl $\underline{z}$ sind zwei Angaben nötig. Entweder
a) Realteil a und Imaginärteil b oder
b) Betrag z von $\underline{z}$ und der Winkel φ

$\underline{z} = a + jb$ **(2)**

$\underline{z} = z \cdot (\cos \varphi + j \sin \varphi)$ **(3)**

$\underline{z} = z \cdot e^{j\varphi}$ **(4)**

$e^{j\varphi} = \cos \varphi + j \sin \varphi$ **(5)**

$a = z \cdot \cos \varphi$ **(6)**

$b = z \cdot \sin \varphi$ **(7)**

Komplexe Berechnung des Scheinwiderstandes bei RLC-Schaltungen

Reihenschaltung

$\underline{Z} = \underline{R} + \underline{X}_L + \underline{X}_C$ **(8)**

$\underline{X}_L = j\omega L$ **(9)**

$\underline{X}_C = \dfrac{1}{j\omega C}$ **(10)**

$\underline{Z} = R + j\left(\omega L - \dfrac{1}{\omega C}\right)$ **(12)**

$Z = \sqrt{R^2 + \left(\omega L - \dfrac{1}{\omega C}\right)^2}$ **(13)**

$\varphi = \arctan \dfrac{\left(\omega L - \dfrac{1}{\omega C}\right)}{R}$ **(16)**

$\underline{Z} = Z \cdot (\cos \varphi + j \sin \varphi)$ **(17)**

Bei Reihenschaltungen werden Widerstände addiert (siehe auch Seite 52).

Parallelschaltung

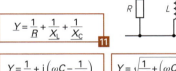

$\underline{Y} = \dfrac{1}{\underline{R}} + \dfrac{1}{\underline{X}_L} + \dfrac{1}{\underline{X}_C}$ **(11)**

$\underline{Y} = \dfrac{1}{R} + j\left(\omega C - \dfrac{1}{\omega L}\right)$ **(14)**

$Y = \sqrt{\dfrac{1}{R^2} + \left(\omega C - \dfrac{1}{\omega L}\right)^2}$ **(15)**

$\varphi = \arctan \dfrac{\left(\omega C - \dfrac{1}{\omega L}\right)}{G}$ **(18)**

$\underline{Y} = Y \cdot (\cos \varphi + j \sin \varphi)$ **(19)**

Bei Parallelschaltungen werden Leitwerte addiert (siehe auch Seite 53).

Komplexe Darstellung sinusförmiger Größen

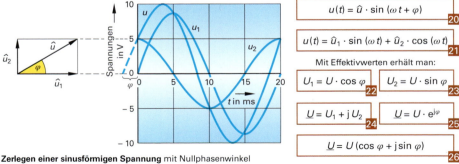

$u(t) = \hat{u} \cdot \sin(\omega t + \varphi)$ **(20)**

$u(t) = \hat{u}_1 \cdot \sin(\omega t) + \hat{u}_2 \cdot \cos(\omega t)$ **(21)**

Mit Effektivwerten erhält man:

$U_1 = U \cdot \cos \varphi$ **(22)**

$U_2 = U \cdot \sin \varphi$ **(23)**

$\underline{U} = U_1 + j\,U_2$ **(24)**

$\underline{U} = U \cdot e^{j\varphi}$ **(25)**

$\underline{U} = U(\cos \varphi + j \sin \varphi)$ **(26)**

Zerlegen einer sinusförmigen Spannung mit Nullphasenwinkel in Sinusschwingung und Kosinusschwingung.

$\underline{z}$	komplexe Zahl	$e^{j\varphi}$	Einheitsvektor von $\underline{z}$
z	Betrag von $\underline{z}$	$\underline{Z}$	komplexer Scheinwiderstand
a	Realteil von $\underline{z}$	$\underline{Y}$	komplexer Scheinleitwert
b	Imaginärteil von $\underline{z}$	$\underline{X}_L, \underline{X}_C$	komplexe Blindwiderstände
φ	Argument von $\underline{z}$	L	Induktivität
j	imaginäre Einheit	C	Kapazität
e	Euler'sche Zahl (2,71828…)	R	Wirkwiderstand ($\underline{R}$ komplex)
u	Wechselspannung	U, U_1, U_2	Effektivwerte
u_1	Teilspannung 1 von u	$\underline{U}$	komplexer Effektivwert von U
u_2	Teilspannung 2 von u	t	Zeit
		ω	Kreisfrequenz ($\omega = 2\pi f$)

Schalten von Kondensatoren und Spulen
Switching of Capacitors and Coils

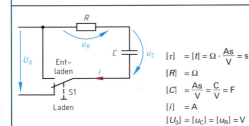

$[\tau] = [t] = \Omega \cdot \dfrac{As}{V} = s$

$[R] = \Omega$

$[C] = \dfrac{As}{V} = \dfrac{C}{V} = F$

$[i] = A$

$[U_0] = [u_C] = [u_R] = V$

Zeitkonstante

$$\tau = R \cdot C \quad \boxed{1}$$

Beim Laden (Einschalten):

$$i = \dfrac{U_0}{R} \cdot \exp(-t/\tau) \quad \boxed{2}$$

$$u_C = U_0 \left[1 - \exp(-t/\tau)\right] \quad \boxed{3}$$

Beim Entladen (Kurzschließen):

$$i = -\dfrac{U_0}{R} \cdot \exp(-t/\tau) \quad \boxed{4}$$

$$u_C = U_0 \cdot \exp(-t/\tau) \quad \boxed{5}$$

Beim Laden und Entladen:

$$u_R = i \cdot R \quad \boxed{6}$$

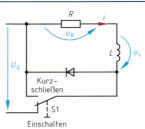

Kondensatorspannung und Kondensatorstrom der RC-Reihenschaltung

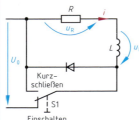

$[\tau] = \dfrac{H}{\Omega} = s$

$[R] = \Omega$

$[L] = \dfrac{Vs}{A} = H$

$[i] = A$

$[t] = s$

$[U_0] = [u_R] = [u_R] = V$

Zeitkonstante

$$\tau = \dfrac{L}{R} \quad \boxed{7}$$

Beim Einschalten:

$$i = \dfrac{U_0}{R} \left[1 - \exp(-t/\tau)\right] \quad \boxed{8}$$

$$u_L = U_0 \cdot \exp(-t/\tau) \quad \boxed{9}$$

Beim Kurzschließen:

$$i = \dfrac{U_0}{R} \cdot \exp(-t/\tau) \quad \boxed{10}$$

$$u_L = -U_0 \cdot \exp(-t/\tau) \quad \boxed{11}$$

Beim Einschalten und beim Kurzschließen:

$$u_R = i \cdot R \quad \boxed{12}$$

Anmerkung:
$y = e^x \Rightarrow x = \ln(y)$
Siehe Seite 20.

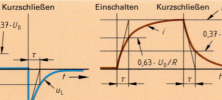

Spulenspannung und Spulenstrom der RL-Reihenschaltung

C	Kapazität	t	Zeit ab Einschalten/Kurzschließen
i	Stromstärke (Augenblickswert)	u	Spannung (Augenblickswert)
L	Induktivität	U_0	speisende Gleichspannung
R	Wirkwiderstand	τ	Zeitkonstante (Tau)
u_C	Kondensatorspannung		
u_L	Spulenspannung		
u_R	Spannung an R		

$\exp(-t/\tau)$ ist die genormte Schreibweise von $\exp^{-t/\tau}$. Beim Taschenrechner muss man bei der Berechnung die Taste e^x verwenden und nicht die Taste exp.

Die Zeitkonstante gibt die Zeit an, nach der ein nach e^x verlaufender Vorgang beendet wäre, wenn der Vorgang mit der Anfangsgeschwindigkeit weiterlaufen würde. Das ist aus den Tangenten der Bilder erkennbar. Endwerte von u und i sind erreicht nach $t \approx 5\tau$.

Wechselgrößen, Oberschwingungen — Alternating Quantities, Harmonics

Innenpolmaschine mit Polpaarzahl $p = 1$

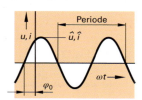

Sinusspannung mit Nullphasenwinkel

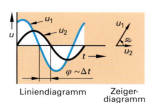

Liniendiagramm — Zeigerdiagramm

Phasenverschiebung

Frequenz

$$f = \frac{1}{T}$$ **1**

$$f = p \cdot n$$ **2**

$[f] = 1/\text{s} = \text{Hz}$ $[n] = 1/\text{s}$

Kreisfrequenz

$$\omega = 2\pi \cdot f$$ **3**

$[\omega] = 1/\text{s}$

Scheitelfaktor, Crestfaktor

$$F_C = \frac{\hat{u}}{U_{RMS}} = \frac{\hat{i}}{I_{RMS}}$$ **4**

RMS für Leistungsmittelwert, quadratischer Mittelwert, Effektivwert
R Root = Wurzel
M Mean = Mittelwert
S Square = Quadrat

u_1 eilt u_2 um den Phasenverschiebungswinkel φ voraus

$$\varphi = \frac{2\pi \cdot \varphi°}{360°} \qquad \varphi° = \Delta t \cdot \frac{360°}{T}$$

$[\varphi] = \text{rad}$ $[\varphi°] = °$

Spitze-Tal-Wert

$$\hat{\underline{u}} = 2 \cdot \hat{u}$$ **11** $$\hat{\underline{i}} = 2 \cdot \hat{i}$$ **12**

Effektivwert bei Sinusform

$$U = \frac{\hat{u}}{\sqrt{2}}$$ **5** $$I = \frac{\hat{i}}{\sqrt{2}}$$ **6**

Effektivwert allgemein

$$U = \frac{\hat{u}}{F_C}$$ **7** $$I = \frac{\hat{i}}{F_C}$$ **8**

Augenblickswert

$$u = \hat{u} \cdot \sin(\omega t + \varphi_0)$$ **9**

$$u = \hat{u} \cdot \sin(360° \cdot f \cdot t + \varphi_0°)$$ **10**

ab Zeitpunkt Nulldurchgang ($\varphi_0 = 0$):

$$u = \hat{u} \cdot \sin(360° \cdot f \cdot t)$$ **13**

Oberschwingungen

Begriffe	Erklärung	Bemerkungen, Formeln
Sinusspannung	Generatoren sind so konstruiert, dass ihre Spannung gemäß einer Sinuslinie schwingt, z. B. mit 50 Hz.	Oberschwingungen sind Vielfache der Grundschwingung. **Ordnungszahlen ν (nüh)**
Grundschwingung	Diese Spannung nennt man *Grundschwingung* oder 1. Teilschwingung oder Schwingung mit *Ordnungszahl* 1. Einfache Generatoren, z. B. Fahrraddynamos, erzeugen zwar periodische Wechselspannungen, jedoch keine Sinusspannungen.	bei AC: $\nu = k + 1$ **14** bei 3AC ohne N: $\nu = \pm 3k + 1$ **15**
Ordnungszahl		mit $k = 0, 2, 4, 6$
Fourier, franz. Physiker 1768 bis 1830	*Fourier* fand heraus, dass man alle Wechselspannungen aus Grundschwingung und Oberschwingungen zusammensetzen kann (Fourierreihe).	Bei Gleichspannungsanteil kommen zusätzlich geradzahlige Harmonische dazu.
Harmonische	*Harmonische* sind die Oberschwingungen mit dem ganzzahligen Vielfachen der Grundschwingung.	Bei 3AC tritt auch im N-Leiter stärkerer Strom auf. Negatives ν in Formel 15 führt in Motoren zu einem Drehfeld gegen das Grunddrehfeld.
Folgen von Oberschwingungen	*Oberschwingungen* führen zu kleinerem Leistungsfaktor und damit zu größeren Leistungsverlusten. In Drehstrommotoren treten zusätzliche Drehfelder durch die Oberschwingungen auf, z.T. gegen das Drehfeld der Grundschwingung.	

f	Frequenz	N	Neutralleiter	$\hat{u}$	Spitze-Tal-Wert der Spannung
F_C	Scheitelfaktor, Crestfaktor	p	Polpaarzahl der Maschine	U	Effektivwert der Spannung
i	Augenblickswert des Stroms	t	Zeit	ν	Ordnungszahl
$\hat{i}$	Scheitelwert des Stroms	t_i	Impulszeit	φ	Phasenverschiebungswinkel
$\hat{\underline{i}}$	Spitze-Tal-Wert des Stroms	T	Periodendauer	φ_0	Nullphasenwinkel
I	Effektivwert des Stroms	u	Augenblickswert der Spannung	ω	Kreisfrequenz, Winkelgeschwindigkeit
n	Drehfelddrehzahl	$\hat{u}$	Scheitelwert der Spannung		

Zeigerdiagramme von Wechselstromgrößen
Vector Diagrams of A. C. Quantities

Sinuslinie und Zeiger

Eine Sinuslinie entsteht, wenn man die Höhe der Zeigerspitze eines sich links (entgegen dem Uhrzeigersinn) drehenden Zeigers in Abhängigkeit vom Drehwinkel aufzeichnet. Entsprechend stellt man sinusförmige Wechselspannungen und Wechselströme durch Zeiger dar.

Auch die von Stromstärke und Spannung abgeleiteten Größen Leistung, Widerstand und Leitwert lassen sich entsprechend darstellen, obwohl es sich nicht um eigentliche Zeiger handelt. Die Winkel zwischen den Zeigern entsprechen der Phasenverschiebung.

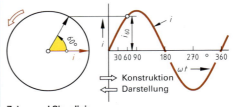

Zeiger und Sinuslinie
⇒ Konstruktion
⇐ Darstellung

Diagramme von Grundschaltungen mit Sinus-Wechselgrößen

Schaltung	Ströme und Spannungen	Leistungen	Widerstände oder Leitwerte
U_1, U_2 in Reihe (A-B-C), I	$U = U_1 + U_2$	$P = P_1 + P_2$	$R = R_1 + R_2$
L (A-B), „Bei Induktivitäten tut sich der Strom verspäten".	U_{bL}, I	Q_L	X_L
I_w, I_{bL} parallel, U	U, I_w, I_{bL}, I, φ	P, Q_L, S, φ	$G = \frac{1}{R}$, $Y = \frac{1}{Z}$, $B_L = \frac{1}{X_L}$, φ
U_w, U_{bL} in Reihe, I	U, U_{bL}, U_w, φ	S, Q_L, P, φ	Z, X_L, R, φ
U_w, U_{bC} in Reihe, I	I, U_w, U_{bC}, U, φ	P, Q_C, S, φ	R, X_C, Z, φ
U_w, U_{bL}, U_{bC} in Reihe, I	U_{bC}, U, U_{bL}, U_w, I, φ	Q_C, S, Q_L, P, φ	X_C, Z, X_L, R, φ
I_w, I_{bL}, I_{bC} parallel, U	U, I_w, I, I_{bL}, I_{bC}, φ	P, S, Q_L, Q_C, φ	G, Y, B_L, B_C, φ

B Blindleitwert	R Wirkwiderstand
G Wirkleitwert	S Scheinleistung
I Stromstärke	X Blindwiderstand
P Wirkleistung	Y Scheinleitwert
Q Blindleistung	Z Impedanz (Scheinwiderstand)

φ Phasenverschiebungswinkel

Indizes:
b Blind-, C kapazitiv,
L induktiv, w Wirk-

Leistungen bei Sinuswechselstrom, Impuls
Powers at Sinus Alternating Current, Impulse

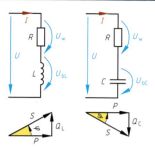

Reihenschaltung von Wirkwiderstand und Blindwiderstand

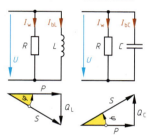

Parallelschaltung von Wirkwiderstand und Blindwiderstand

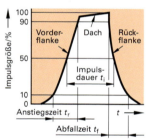

Kenngrößen beim Impuls

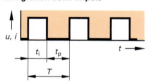

Impulsvorgang

Der Spannungserzeuger gibt eine Scheinleistung an eine beliebige Schaltung ab.

$[S] = V \cdot A = VA$

Im Wirkwiderstand tritt Wirkleistung auf.

$[P] = V \cdot A = W$

Im Blindwiderstand tritt Blindleistung auf.

$[Q] = V \cdot A = \text{var}$

var = Volt-Ampere-reaktiv
(reaktiv = rückwirkend)

Formel 6 gilt für die Grundschwingung (ohne Oberschwingungen), Formel 8 gilt auch mit Oberschwingungen.

Blindfaktor

$$\sin \varphi = \frac{Q}{S} \quad \boxed{4}$$

Wirkfaktor

$$\cos \varphi = \frac{P}{S} \quad \boxed{6}$$

Leistungsfaktor

$$\lambda = \frac{|P|}{S} \quad \boxed{8}$$

Bei sinusförmigen Strömen, Spannungen:
$\lambda = \cos \varphi$

Die Anstiegszeit und die Abfallzeit werden zwischen dem 10 %-Wert und dem 90 %-Wert der Impulsgröße gemessen.

Die Impulsdauer und die Pausendauer misst man zwischen den 50 %-Werten der Impulsgröße.

$[S_\Delta] = \dfrac{V}{s}$ oder $\dfrac{A}{s}$

Frequenz

$$f = \frac{1}{T} \quad \boxed{12}$$

Tastverhältnis

$$V = \frac{1}{g} \quad \boxed{14}$$

Scheinleistung

$$S = U \cdot I \quad \boxed{1}$$

Wirkleistung

$$P = U_\text{w} \cdot I_\text{w} \quad \boxed{2}$$

$$P = U \cdot I \cdot \cos \varphi \quad \boxed{3}$$

Nachfolgend:
Q ist Q_C oder Q_L,
U_b ist U_bC oder U_bL und
I_b ist I_bC oder I_bL.

Blindleistung

$$Q = U_\text{b} \cdot I_\text{b} \quad \boxed{5}$$

$$Q = U \cdot I \cdot \sin \varphi \quad \boxed{7}$$

Scheinleistung

$$S = \sqrt{P^2 + Q^2} \quad \boxed{9}$$

Flankensteilheit

$$S_\Delta = \frac{\Delta u}{\Delta t} \quad \boxed{10}$$

$$S_\Delta = \frac{\Delta i}{\Delta t} \quad \boxed{11}$$

Periodendauer

$$T = t_\text{i} + t_\text{p} \quad \boxed{13}$$

Tastgrad

$$g = \frac{t_\text{i}}{T} \quad \boxed{15}$$

---

f	Frequenz	T	Periodendauer
g	Tastgrad	t_f	Abfallzeit
I, i	Stromstärke	t_i	Impulsdauer
I_b	Blindstrom	t_p	Pausendauer
I_w	Wirkstrom	t_r	Anstiegszeit
P	Wirkleistung	U_b	Blindspannung
Q	Blindleistung	U_w	Wirkspannung
S	Scheinleistung	V	Tastverhältnis (nicht genormt)
S_Δ	Flankensteilheit	Δ	Zeichen für Differenz

λ	Leistungsfaktor		
φ	Phasenverschiebungswinkel		
$\cos \varphi$	Wirkfaktor		
$\sin \varphi$	Blindfaktor		

Indizes:
b Blind-   C kapazitiv
L induktiv W Wirk-

Reihenschaltung von R, L, C — Series Connection of R, L, C

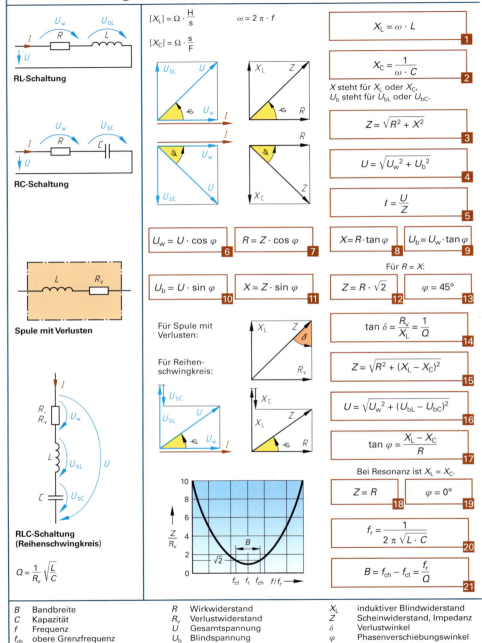

Parallelschaltung von R, L, C — Parallel Connection of R, L, C

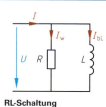

RL-Schaltung

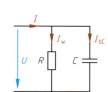

RC-Schaltung

Kondensator mit Verlusten

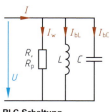

RLC-Schaltung (Parallelschwingkreis)

$Q = R_p \sqrt{\dfrac{C}{L}}$

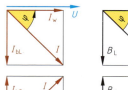

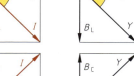

Für Kondensator mit Verlusten:

Für Parallelschwingkreis:

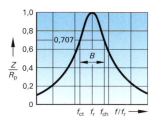

B steht für B_L oder B_C, I_b steht für I_{bL} oder I_{bC}.

$$Y = \sqrt{G^2 + B^2} \quad \boxed{1}$$

$$I = \sqrt{I_w^2 + I_b^2} \quad \boxed{2}$$

$$I = \dfrac{U}{Z} \quad \boxed{3} \qquad Z = \dfrac{1}{Y} \quad \boxed{4}$$

$$I_w = I \cdot \cos\varphi \quad \boxed{5} \qquad G = Y \cdot \cos\varphi \quad \boxed{6} \qquad B = G \cdot \tan\varphi \quad \boxed{7} \qquad I_b = I_w \cdot \tan\varphi \quad \boxed{8}$$

Für $R = X$:

$$I_b = I \cdot \sin\varphi \quad \boxed{9} \qquad B = Y \cdot \sin\varphi \quad \boxed{10} \qquad Z = \dfrac{R}{\sqrt{2}} \quad \boxed{11} \qquad \varphi = 45° \quad \boxed{12}$$

$$\tan\delta = \dfrac{X_C}{R_p} = \dfrac{1}{Q} \quad \boxed{13}$$

$$Y = \sqrt{G^2 + (B_L - B_C)^2} \quad \boxed{14}$$

$$I = \sqrt{I_w^2 + (I_{bL} - I_{bC})^2} \quad \boxed{15}$$

$$\tan\varphi = \dfrac{B_L - B_C}{R} \quad \boxed{16}$$

$$I = \dfrac{U}{Z} \quad \boxed{17} \qquad Z = \dfrac{1}{Y} \quad \boxed{18}$$

Bei Resonanz ist $X_L = X_C$.

$$Z = R \quad \boxed{19} \qquad \varphi = 0° \quad \boxed{20}$$

$$f_r = \dfrac{1}{2\pi\sqrt{L \cdot C}} \quad \boxed{21}$$

$$B = f_{ch} - f_{ct} = \dfrac{f_r}{Q} \quad \boxed{22}$$

B	Blindleitwert, auch Bandbreite (Schwingkreis)	I	Gesamtstrom
B_C	kapazitiver Blindleitwert	I_b	Blindstrom
B_L	induktiver Blindleitwert	I_{bC}	kapazitiver Blindstrom
C	Kapazität	I_{bL}	induktiver Blindstrom
f	Frequenz	I_w	Wirkstrom
f_{ch}	obere Grenzfrequenz	L	Induktivität der Spule
f_{ct}	untere Grenzfrequenz	Q	Gütefaktor
f_r	Resonanzfrequenz	R	Wirkwiderstand
G	Wirkleitwert	R_p	Parallel-Verlustwiderstand
		U	Gesamtspannung
X	Blindwiderstand		
X_C	kapazitiver Blindwiderstand		
X_L	induktiver Blindwiderstand		
Y	Scheinleitwert		
Z	Scheinwiderstand		
δ	Verlustwinkel		
φ	Phasenverschiebungswinkel		
$\cos\varphi$	Wirkfaktor, Leistungsfaktor		
$\sin\varphi$	Blindfaktor		
$\tan\delta$	Verlustfaktor		

Berechnungsformeln für Transformatoren — Formulae for transformers

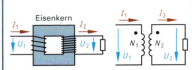

Bezugspfeile beim Transformator

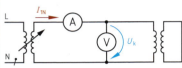

Messen der Kurzschlussspannung

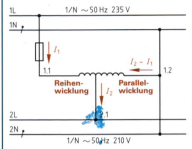

Schaltung des Spartransformators

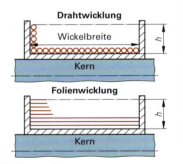

Wicklungsaufbau

Ideale Transformatoren

Bei Sinusspannung:

$$U_0 = \frac{N_2 \cdot 2\pi \cdot f \cdot \hat{B} \cdot A_{Fe}}{\sqrt{2}} \qquad U_0 = 4{,}44 \cdot \hat{B} \cdot A_{Fe} \cdot f \cdot N \quad \boxed{1}$$

Bei allen Wechselspannungen:

$$\frac{U_{01}}{U_{02}} = \frac{N_1}{N_2} \qquad \frac{U_1}{U_2} = \frac{N_1}{N_2} \;\boxed{2} \qquad \ddot{u} = \frac{U_1}{U_2} \;\boxed{3}$$

$$\Theta_1 = \Theta_2 \qquad \frac{I_1}{I_2} = \frac{N_2}{N_1} \;\boxed{4} \qquad \frac{Z_1}{Z_2} = \ddot{u}^2 \;\boxed{5}$$

$$\frac{C_1}{C_2} = \frac{1}{\ddot{u}^2} \;\boxed{6} \qquad \frac{R_1}{R_2} = \ddot{u}^2 \;\boxed{7} \qquad \frac{L_1}{L_2} = \ddot{u}^2 \;\boxed{8}$$

Reale Transformatoren

Bei realen Transformatoren gelten die Formeln des idealen Transformators näherungsweise, und zwar umso genauer, je kleiner u_k ist.

bezogene Kurzschlussspannung

$$u_k = \frac{U_k}{U_N} \quad \boxed{9}$$

$$u_k = \frac{U_k \cdot 100\%}{U_N} \quad \boxed{10}$$

Dauerkurzschlussstrom

$$I_{kd} = \frac{I_N}{u_k} \quad \boxed{11} \qquad i_s \leq 2{,}55 \cdot I_{kd} \quad \boxed{12}$$

Ausgangsspannung

$$U_2 = K \cdot \frac{U_1 \cdot N_2}{N_1} \quad \boxed{13}$$

Der Kopplungsfaktor K gibt an, welcher Anteil des magnetischen Flusses der Eingangswicklung in der Ausgangswicklung eine Spannung induziert.

Bauleistung beim Spartransformator

$$S_B = \frac{U_1 - U_2}{U_1} \cdot S_D \quad \boxed{14}$$

Windungszahl

$$N \approx N_L \cdot z \quad \boxed{15}$$

Lagenzahl

$$z \approx \frac{h}{d} \quad \boxed{16}$$

Draht-, Folienlänge

$$l \approx \pi \cdot d_m \cdot N \quad \boxed{17}$$

A_{Fe}	Eisenkernquerschnitt	
B	magnetische Flussdichte	
C	übersetzte Kapazität	
D	Drahtdurchmesser oder Foliendicke	
d_m	mittlerer Windungsdurchmesser	
f	Frequenz	
h	Wickelhöhe	
I	Stromstärke	
I_{kd}	Dauerkurzschlussstrom	
I_N	Bemessungsstrom, Nennstrom	
i_s	Stoßkurzschlussstrom	
K	Kopplungsfaktor	
L	übersetzte Induktivität	
l	Drahtlänge, Folienlänge	
N	Windungszahl	
N_L	Windungszahl je Lage	
R	übersetzter Widerstand	
S_B	Bauleistung	
S_D	Durchgangsleistung	
U	Spannung	
U_0	Leerlaufspannung	
U_N	Bemessungsspannung, Nennspannung	
U_k	gemessene Kurzschlussspannung	
u_k	bezogene Kurzschlussspannung	
$\ddot{u}$	Übersetzungsverhältnis	
Z	übersetzter Scheinwiderstand	
z	Lagenzahl	
Θ	Durchflutung (Theta)	
π	Zahl 3,1415929… (pi)	
1	Index für Eingangsseite, Primärseite	
2	Index für Ausgangsseite, Sekundärseite	

Elektrischer Widerstand bei Temperaturänderung, Wärmewiderstand
Resistance on Alternation of Temperature, Heat Resistance

Wärme und elektrischer Widerstand

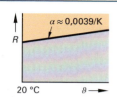

Widerstand einer Kupferleitung

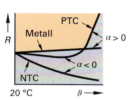

$R(\vartheta)$-Kennlinien von Metallwiderstand, PTC-Widerstand und NTC-Widerstand (Seite 210)

$[\Delta R] = \Omega$ $[\vartheta] = °C$
$[\Delta \vartheta] = K$ $[\alpha] = 1/K$

Der Temperaturkoeffizient α gibt die Änderung eines Widerstandes von 1 Ω bei einer Temperaturänderung von 1 K (Kelvin) gegenüber dem Widerstand bei 20 °C an.

Bei Kupfer $\alpha_{Cu} = 0{,}0039$ 1/K
bei Aluminium $\alpha_{Al} = 0{,}004$ 1/K

$$\varrho_2 = \varrho_1 (1 + \alpha \cdot \Delta \vartheta) \quad \boxed{4}$$

$$\gamma_2 = \gamma_1 / (1 + \alpha \cdot \Delta \vartheta) \quad \boxed{6}$$

$[\varrho] = \Omega \cdot mm^2/m$
$[\gamma] = m/(\Omega \cdot mm^2)$

Wicklungserwärmung von elektrischen Maschinen, bei Kupfer:

$$\vartheta_2 = \frac{R_2}{R_1}(\vartheta_1 + 235\ K) - 235\ K \quad \boxed{9}$$

Bei Aluminium tritt an Stelle der Zahl 235 der Zahlenwert 225.
Bei allen reinen Metallen ist $\alpha \approx \frac{1}{250}$ 1/K = 0,004 1/K.

Widerstandsänderung

$$\Delta R = R_2 - R_1 \quad \boxed{1}$$

Temperaturänderung

$$\Delta \vartheta = \vartheta_2 - \vartheta_1 \quad \boxed{2}$$

Für $\Delta \vartheta < 300$ K:

$$\Delta R = \alpha \cdot R_1 \cdot \Delta \vartheta \quad \boxed{3}$$

$$R_2 = R_1 + \Delta R \quad \boxed{5}$$

$$R_2 = R_1 (1 + \alpha \cdot \Delta \vartheta) \quad \boxed{7}$$

$$\Delta \vartheta = \frac{R_2 - R_1}{R_1 \cdot \alpha} \quad \boxed{8}$$

$$\alpha_1 = \frac{1}{235\ K + \vartheta_1} \quad \boxed{10}$$

Wärmewiderstand

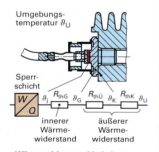

Wärmewiderstand bei einem Transistor

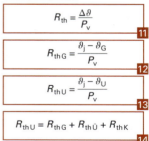

$R_{thK} = 3{,}8$ K/W bei Länge 37,5

$[R_{thK}]$ = Kelvin/W = K/W

Beispiel eines Kühlkörpers

In Datenblättern wird für Bauelemente ohne Kühlkörper als Wärmewiderstand der gesamte Wärmewiderstand R_{thU} angegeben, für Bauelemente mit Kühlkörper aber nur der innere Wärmewiderstand R_{thG}.

Wärmewiderstand

$$R_{th} = \frac{\Delta \vartheta}{P_v} \quad \boxed{11}$$

$$R_{thG} = \frac{\vartheta_j - \vartheta_G}{P_v} \quad \boxed{12}$$

$$R_{thU} = \frac{\vartheta_j - \vartheta_U}{P_v} \quad \boxed{13}$$

$$R_{thU} = R_{thG} + R_{thÜ} + R_{thK} \quad \boxed{14}$$

P_v	Verlustleistung	$R_{thÜ}$	Wärmewiderstand zwischen Gehäuse und Kühlkörper (auch R_{thGK})
Q	Wärme, Wärmeenergie	W	Arbeit
R	(elektrischer) Widerstand	α	Temperaturkoeffizient (Alpha)
R_{th}	Wärmewiderstand, allgemein	γ	elektrische Leitfähigkeit (Gamma)
R_{thG}	innerer Wärmewiderstand (auch R_{thiG})	Δ	Zeichen für Differenz (Delta)
R_{thK}	Wärmewiderstand zwischen Kühlkörper und Kühlmittel (auch R_{thKU})	$\Delta \vartheta$	Temperaturdifferenz in K (1 K = 1°C)
R_{thU}	Wärmewiderstand (auch R_{thjU})	ϑ	Temperatur in °C
ϱ	spezifischer Widerstand (Rho)		

Indizes:
1 Größe vor Temperaturänderung
2 Größe nach Temperaturänderung
j Junction (Sperrschicht)
th thermisch
G Gehäuse
K Körper
U Umgebung
Ü Übergang

Drehstrom, Blindleistungskompensation
Three Phase Current, Reactive Power Compensation

Dreiphasenwechselstrom (Drehstrom)

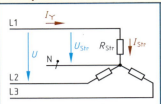

Sternschaltung (Y)

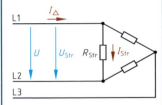

Dreieckschaltung (Δ)

Leistungsdreieck

Bei Sternschaltung:

$$U = \sqrt{3} \cdot U_{Str} \quad \boxed{1}$$

$$I_Y = I_{Str} \quad \boxed{2}$$

Bei Dreieckschaltung:

$$I_\Delta = \sqrt{3} \cdot I_{Str} \quad \boxed{3}$$

$$U = U_{Str} \quad \boxed{4}$$

Bei symmetrischer Last ($I = I_Y$ oder I_Δ):

Scheinleistung

$[S] = V \cdot A = VA$

$$S = \sqrt{3} \cdot U \cdot I \quad \boxed{5}$$

Wirkleistung

$[P] = V \cdot A = W$

$$P = \sqrt{3} \cdot U \cdot I \cdot \cos\varphi \quad \boxed{6}$$

Blindleistung

$[Q] = V \cdot A = var$

$$Q = \sqrt{3} \cdot U \cdot I \cdot \sin\varphi \quad \boxed{7}$$

$\cos\varphi$ wird praxisüblich als Leistungsfaktor bezeichnet, also unter Vernachlässigung von Oberschwingungen (vgl. Seite 52).

Scheinleistung

$$S = \sqrt{P^2 + Q^2} \quad \boxed{8}$$

Formeln 9, 10, 11 auch entsprechend für $Q: P \to Q$, $R \to X$ (Blindwiderstand).

Strang-Wirkleistung

$$P_{Str} = I_{Str}^2 \cdot R_{Str} \quad \boxed{9}$$

Wirkleistung der Schaltung

Bei symmetrischer Last:

$$P = 3 \cdot P_{Str} \quad \boxed{10}$$

Bei gleicher Netzspannung:

$$P_\Delta = 3 \cdot P_Y \quad \boxed{11}$$

Kompensation

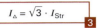

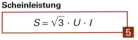

Prinzip der Kompensation

Rechengang:

$\tan\varphi_1 = \dfrac{Q_{L1}}{P} \Rightarrow Q_{L1} = P \cdot \tan\varphi_1$

$\tan\varphi_2 = \dfrac{Q_{L2}}{P} \Rightarrow Q_{L2} = P \cdot \tan\varphi_2$

$Q_C = Q_{L1} - Q_{L2}$

oder:

$\cos\varphi_1 \Rightarrow \sin\varphi_1 \Rightarrow Q_{L1}$

$\cos\varphi_2 \Rightarrow \sin\varphi_2 \Rightarrow Q_{L2}$

$Q_C = Q_{L1} - Q_{L2}$

Kondensator-Blindleistung

$$Q_C = P \cdot (\tan\varphi_1 - \tan\varphi_2) \quad \boxed{12}$$

Kapazität bei AC-Parallelschaltung

$$C = \dfrac{Q_C}{\omega \cdot U_C^2} \quad \boxed{13}$$

Kapazität bei AC-Reihenschaltung

$$C = \dfrac{I_{bC}^2}{\omega \cdot Q_C} \quad \boxed{14}$$

C	Kapazität	R_{Str}	Strangwiderstand
$\cos\varphi$	Wirkfaktor, Leistungsfaktor	S	Scheinleistung
I	Außenleiterstrom	$\sin\varphi$	Blindfaktor
I_{Str}	Strangstrom	U	Leiterspannung, Spannung
P	Leistung	U_{Str}	Strangspannung
P_{Str}	Strangleistung	φ	Phasenverschiebungswinkel
Q	Blindleistung	ω	Kreisfrequenz

Indizes:
- 1 vor der Kompensation
- 2 nach der Kompensation
- b Blind-
- C kapazitiv
- L induktiv
- Y in Stern Y
- Δ in Dreieck Δ

Kompensation mit Filtern — Compensation with Filters

Schaltungsprinzip	Erklärung	Bemerkungen
Prinzip der Kompensation (Netz – ~ – Last)	Schädliche Einflüsse auf die Stromversorgung kann man durch Filterschaltungen *kompensieren* (von lat. compensare = aufheben). Man unterscheidet passive Filter (Filter ohne aktive Bauelemente) und aktive Filter.	Schädliche Einflüsse sind z. B. periodische Spannungseinbrüche, Flicker (periodische Schwankungen der Spannung mit etwa 10 Hz), Spannungsänderungen durch Lastschwankung, Oberschwingungen (Harmonische).
Aktives Filter (L1/L2/L3 – 3AC – PFC – DC – 3AC – Last)	Ein aktives Filter ermöglicht die Blindleistungskompensation, die Beseitigung von Flickern, den Ausgleich von Unsymmetrien der Spannungen und die Kompensation von *Oberschwingungen*.	Ein *aktives Filter* ist ein System der Leistungselektronik. Es besteht im Prinzip aus einem gesteuerten Gleichrichter, einer *PFC-Steuerung* (PFC von Power Factor Correction, Seite 368) und einem davon gesteuerten Wechselrichter. Der Laststrom wird ständig überwacht und an die Erfordernisse angepasst.
Saugkreisfilter (L 50 Hz 230 V, N – 150 Hz ∥ 250 Hz LC-Filter – Last)	Das *Saugkreisfilter* ist ein passives Filter. Bei ihm ist ein Saugkreis (Reihenschaltung von L und C) oder ein Bandpass auf die abzusaugende Harmonische abgestimmt, z. B. auf 150 Hz. Für jede abzusaugende Harmonische ist ein eigenes Filter erforderlich. Der Anschluss erfolgt an die Leiter des Netzes und an Erde, z. B. an die Haupterdungsschiene.	Alle passiven Filter werden durch Alterung der Kondensatoren verstimmt, sodass *Überlastungen* der Komponenten und auch unerwünschte *Resonanzen* für die verschiedenen Harmonischen auftreten können. Deshalb sind ständige *Überwachung* und bei Bedarf *Wartung* der Filter erforderlich.
Bandsperrenfilter (50 Hz 230 V, L – U_1 – 150 Hz – 250 Hz – U_2 – Last, N)	Beim *Bandsperrenfilter* (im einfachsten Fall eine Parallelschaltung von L und Q) sorgt z. B. eine 150-Hz-Bandsperre für die Sperre der 3. Harmonischen von der Last und zur Last. Für jede zu sperrende Harmonische ist ein darauf abgestimmtes Filter erforderlich: • 3. Harmonische → 150 Hz, • 5. Harmonische → 250 Hz.	U_2/U_1 vs. f — **Übertragungskurve einer Bandsperre von 150 Hz**
Verdrosselte Kompensation (L1/L2/L3 50 Hz 400 V – Last)	Bei der konventionellen *Blindleistungskompensation* wird die Blindleistung von Motoren meist durch Kondensatoren kompensiert (vorhergehende Seite). Meist werden die Kondensatoren verdrosselt, damit die Oberschwingungen nicht verstärkt und die Rundsteuersignale des VNB nicht geschwächt werden.	Die *Verdrosselung* der Kondensatoren ist wegen des verstärkten Auftreten von Harmonischen im Netz durch die Elektronik der alternativen Stromerzeugung (Photovoltaik und Windenergiekonverter) erforderlich geworden.
Elektronisch gesteuerte Kompensation (L1/L2/L3 50 Hz 400 V – Regler – Last)	Bei der *elektronisch gesteuerten Kompensation* wird der Spannungszustand der Lastspannung durch eine fortlaufende Messung im Regler ständig geprüft. Bei Bedarf wird über verzögerungsarme elektronische Schalter, z. B. mit IGBTs, die erforderliche Kondensator-Kapazität zugeschaltet oder abgeschaltet.	Die zum Zuschalten vorgesehenen Kondensatoren sind ständig geladen, sodass beim Zuschalten im richtigen Zeitpunkt kein Stromstoß auftritt *(sanftes Schalten)*. Die schwankende Blindleistung, z. B. durch Lastschwankungen von Motoren, wird innerhalb weniger Perioden der Netzspannung kompensiert. Auch Flicker werden dadurch oft beseitigt.

M

Zahnradberechnungen — Gear Calculations

Maße außenverzahnter Stirnräder mit Geradverzahnung

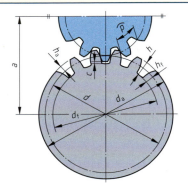

Modul	$m = \dfrac{p}{\pi} = \dfrac{d}{z}$
Teilung	$p = \pi \cdot m$
Zähnezahl	$z = \dfrac{d}{m} = \dfrac{d_a - 2 \cdot m}{m}$
Kopfspiel	$c = 0{,}1 \cdot m$ bis $0{,}3 \cdot m$ häufig $c = 0{,}167 \cdot m$
Zahnkopfhöhe	$h_a = m$
Teilkreisdurchmesser	$d = m \cdot z = \dfrac{z \cdot p}{\pi}$
Kopfkreisdurchmesser	$d_a = d + 2 \cdot m = m \cdot (z + 2)$
Fußkreisdurchmesser	$d_f = d - 2 \cdot (m + c)$
Zahnhöhe	$h = 2 \cdot m + c$
Zahnfußhöhe	$h_f = m + c$

- *a* Achsabstand
- *m* Modul
- *d* Teilkreisdurchmesser
- d_a Kopfkreisdurchmesser
- d_f Fußkreisdurchmesser
- *z* Zähnezahl
- h_a Zahnkopfhöhe
- h_f Zahnfußhöhe
- *p* Teilung
- *h* Zahnhöhe
- *c* Kopfspiel

Ein geradverzahntes Stirnrad mit dem Modul $m = 1$ mm hat eine Teilung $p = \pi \cdot m = \pi \cdot 1$ mm $= 3{,}142$ mm. Sie wird auf dem Teilkreis gemessen.

Achsabstand

Außenliegendes Gegenrad

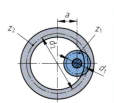

Innenliegendes Gegenrad

- *a* Achsabstand
- d_1, d_2 Teilkreisdurchmesser
- z_1, z_2 Zähnezahlen

Innenverzahnte Stirnräder mit Geradverzahnung

Kopfkreisdurchmesser	$d_a = d - 2 \cdot m = m \cdot (z - 2)$
Fußkreisdurchmesser	$d_f = d + 2 \cdot (m + c)$
Zähnezahl	$z = \dfrac{d}{m} = \dfrac{d_a + 2 \cdot m}{m}$

Die anderen Zahnradmaße werden gleich wie bei außenverzahnten Stirnrädern mit Geradverzahnung berechnet.

Beispiel: Innenverzahntes Stirnrad, $m = 1{,}5$ mm; $z = 80$; $c = 0{,}167 \cdot m$; $d = ?$; $d_a = ?$; $h = ?$
$d = m \cdot z = 1{,}5$ mm $\cdot 80 =$ **120 mm**
$d_a = d - 2 \cdot m = 120$ mm $- 2 \cdot 1{,}5$ mm $=$ **117 mm**
$h = 2 \cdot m + c = 2 \cdot 1{,}5$ mm $+ 0{,}167 =$ **3,167 mm**

Achsabstand bei Geradverzahnung

Achsabstand bei außenliegendem Gegenrad	$a = \dfrac{d_1 + d_2}{2} = \dfrac{m \cdot (z_1 + z_2)}{2}$
Achsabstand bei innenliegendem Gegenrad	$a = \dfrac{d_2 - d_1}{2} = \dfrac{m \cdot (z_2 - z_1)}{2}$

Übersetzungen

Riementrieb

einfache Übersetzung

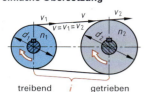

treibend i getrieben

$d_1, d_3, d_5 \ldots$ Durchmesser ⎫ treibende
$n_1, n_3, n_5 \ldots$ Drehzahlen ⎭ Scheiben
$d_2, d_4, d_6 \ldots$ Durchmesser ⎫ getriebene
$n_2, n_4, n_6 \ldots$ Drehzahlen ⎭ Scheiben
n_a Anfangsdrehzahl
n_e Enddrehzahl
i Gesamtübersetzungsverhältnis
$i_1, i_2, i_3 \ldots$ Einzelübersetzungsverhältnisse
v, v_1, v_2 Umfangsgeschwindigkeiten

Beispiel:
$n_1 = 600/\text{min}; n_2 = 400/\text{min};$
$d_1 = 240$ mm; $i = ?; d_2 = ?$

$i = \dfrac{n_1}{n_2} = \dfrac{600/\text{min}}{400/\text{min}} = \dfrac{1{,}5}{1} = \mathbf{1{,}5}$

$d_2 = \dfrac{n_1 \cdot d_1}{n_2} = \dfrac{600/\text{min} \cdot 240 \text{ mm}}{400/\text{min}} = \mathbf{360 \text{ mm}}$

Geschwindigkeit

$$v = v_1 = v_2 \quad \boxed{1}$$

Antriebsformel

$$n_1 \cdot d_1 = n_2 \cdot d_2 \quad \boxed{2}$$

Übersetzungsverhältnis

$$i = \dfrac{d_2}{d_1} = \dfrac{n_1}{n_2} = \dfrac{n_a}{n_e} \quad \boxed{3}$$

Gesamtübersetzungsverhältnis

$$i = \dfrac{d_2 \cdot d_4 \cdot d_6 \ldots}{d_1 \cdot d_3 \cdot d_5 \ldots} \quad \boxed{4}$$

$$i = i_1 \cdot i_2 \cdot i_3 \ldots \quad \boxed{5}$$

mehrfache Übersetzung

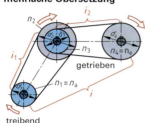

treibend

Zahnradtrieb

einfache Übersetzung

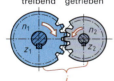

$z_1, z_3, z_5 \ldots$ Zähnezahlen ⎫ treibende
$n_1, n_3, n_5 \ldots$ Drehzahlen ⎭ Räder
$z_2, z_4, z_6 \ldots$ Zähnezahlen ⎫ getriebene
$n_2, n_4, n_6 \ldots$ Drehzahlen ⎭ Räder
n_a Anfangsdrehzahl
n_e Enddrehzahl
i Gesamtübersetzungsverhältnis
$i_1, i_2, i_3 \ldots$ Einzelübersetzungsverhältnisse

Beispiel:
$i = 0{,}4; n_1 = 180/\text{min}; z_2 = 24;$
$n_2 = ?; z_1 = ?$

$n_2 = \dfrac{n_1}{i} = \dfrac{180/\text{min}}{0{,}4} = \mathbf{450/\text{min}}$

$z_1 = \dfrac{n_2 \cdot z_2}{n_1} = \dfrac{450/\text{min} \cdot 24}{180/\text{min}} = \mathbf{60}$

Antriebsformel

$$n_1 \cdot z_1 = n_2 \cdot z_2 \quad \boxed{6}$$

Übersetzungsverhältnis

$$i = \dfrac{z_2}{z_1} = \dfrac{n_1}{n_2} = \dfrac{n_a}{n_e} \quad \boxed{7}$$

Gesamtübersetzungsverhältnis

$$i = \dfrac{z_2 \cdot z_4 \cdot z_6 \ldots}{z_1 \cdot z_3 \cdot z_5 \ldots} \quad \boxed{8}$$

$$i = i_1 \cdot i_2 \cdot i_3 \ldots \quad \boxed{9}$$

mehrfache Übersetzung

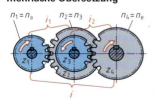

Schneckentrieb

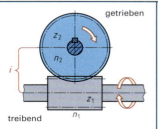

treibend

z_1 Zähnezahl (Gangzahl) der Schnecke
n_1 Drehzahl der Schnecke
z_2 Zähnezahl des Schneckenrades
n_2 Drehzahl des Schneckenrades
i Übersetzungsverhältnis

Beispiel:
$i = 25; n_1 = 1500/\text{min}; z_1 = 3; n_2 = ?$

$n_2 = \dfrac{n_1}{i} = \dfrac{1500/\text{min}}{25} = \mathbf{60/\text{min}}$

Antriebsformel

$$n_1 \cdot z_1 = n_2 \cdot z_2 \quad \boxed{10}$$

Übersetzungsverhältnis

$$i = \dfrac{n_1}{n_2} = \dfrac{z_2}{z_1} \quad \boxed{11}$$

Druck in Flüssigkeiten und Gasen — Pressure in Fluids and Gases

Druck
(siehe auch Seiten 68 bis 70)

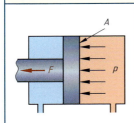

p Druck A Fläche
F Kraft

Beispiel:
$F = 2$ MN; Kolben-$\varnothing$ $d = 400$ mm; $p = ?$

$$p = \frac{F}{A} = \frac{2 \text{ MN}}{\frac{\pi \cdot (0{,}4 \text{ m})^2}{4}} = 15{,}92 \, \frac{\text{MN}}{\text{m}^2} = \mathbf{159{,}2 \text{ bar}}$$

Berechnung zur Hydraulik und Pneumatik:
Seite 69

Druck

$$p = \frac{F}{A}$$
[1]

Druckeinheiten:

$1 \text{ Pa} = 1 \, \frac{\text{N}}{\text{m}^2} = 10^{-5}$ bar

$1 \text{ bar} = 10 \, \frac{\text{N}}{\text{cm}^2} = 0{,}1 \, \frac{\text{N}}{\text{mm}^2}$

$1 \text{ mbar} = 100 \text{ Pa} = 1 \text{ hPa}$

Überdruck, Luftdruck, absoluter Druck

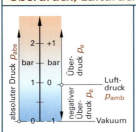

p_e Überdruck
p_{amb} Luftdruck
p_{abs} absoluter Druck

Der Überdruck ist
- positiv, wenn $p_{abs} > p_{amb}$ ist und
- negativ, wenn $p_{abs} < p_{amb}$ ist (Unterdruck).

Beispiel:
Autoreifen, $p_e = 2{,}2$ bar; $p_{amb} = 1$ bar; $p_{abs} = ?$

$p_{abs} = p_e + p_{amb} = 2{,}2$ bar + 1 bar = **3,2 bar**

Überdruck

$$p_e = p_{abs} - p_{amb}$$
[2]

$p_{amb} = 1{,}013$ bar ≈ 1 bar ≈ 100 kPa

Hydrostatischer Druck

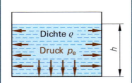

p_e hydrostatischer Druck
ϱ Dichte der Flüssigkeit
h Flüssigkeitstiefe
g Fallbeschleunigung, Ortskoeffizient

Beispiel:
Welcher Druck herrscht in 10 m Wassertiefe?

$p_e = g \cdot \varrho \cdot h = 9{,}81 \, \frac{\text{m}}{\text{s}^2} \cdot 1000 \, \frac{\text{kg}}{\text{m}^3} \cdot 10$ m

$= 98\,100 \, \frac{\text{kg}}{\text{m} \cdot \text{s}^2} = 98\,100$ Pa $\approx$ **1 bar**

Hydrostatischer Druck

$$p_e = g \cdot \varrho \cdot h$$
[3]

$[g] = \text{m/s}^2 = \text{N/kg}$
1 bar $\triangleq$ 10 m Wassersäule
$g = 9{,}81 \, \frac{\text{m}}{\text{s}^2} \approx 10 \, \frac{\text{m}}{\text{s}^2}$

Dichtewerte, Seiten 134, 135

Zustandsänderung bei Gasen

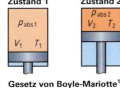

Gesetz von Boyle-Mariotte[1]

Zustand 1	Zustand 2
p_{abs1} absoluter Druck	p_{abs2} absoluter Druck
V_1 Volumen	V_2 Volumen
T_1 absolute Temperatur	T_2 absolute Temperatur

Beispiel:
Ein Kompressor saugt $V_1 = 30$ m³ Luft mit $p_{abs1} = 1$ bar und $\vartheta_1 = 15$ °C an und verdichtet sie auf $V_2 = 3{,}5$ m³ und $\vartheta_2 = 150$ °C. Welcher Druck p_{abs2} herrscht?

$p_{abs2} = \dfrac{p_{abs1} \cdot V_1 \cdot T_2}{T_1 \cdot V_2}$

$= \dfrac{1 \text{ bar} \cdot 30 \text{ m}^3 \cdot 423 \text{ K}}{288 \text{ K} \cdot 3{,}5 \text{ m}^3} = \mathbf{12{,}6 \text{ bar}}$

Unter dem Normalvolumen V_N versteht man das Volumen, das ein Gas bei einem Druck $p_{abs} = 1013$ bar und einer Temperatur $T = 273$ K (= 0 °C) einnimmt.

[1] Irischer Physiker Robert Boyle, franz. Physiker Edme Mariotte

Allgemeine Gasgleichung

$$\frac{p_{abs1} \cdot V_1}{T_1} = \frac{p_{abs2} \cdot V_2}{T_2}$$
[4]

Sonderfälle
bei konstanter Temperatur:

$$p_{abs1} \cdot V_1 = p_{abs2} \cdot V_2$$
[5]

bei konstantem Volumen:

$$\frac{p_{abs1}}{T_1} = \frac{p_{abs2}}{T_2}$$
[6]

bei konstantem Druck:

$$\frac{V_1}{T_1} = \frac{V_2}{T_2}$$
[7]

Reibung, Auftrieb — Friction, Buoyancy

Reibungskraft

Haftreibung, Gleitreibung

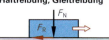

Haftreibung, Gleitreibung

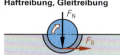

Rollreibung

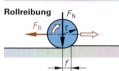

F_N Normalkraft
F_R Reibungskraft
μ Reibungszahl

f Rollreibungslänge
r Radius des Rollkörpers

Die in Wälzlagern auftretende Reibung wird meist vereinfacht wie die Gleitreibung mit der Reibungszahl $\mu = f/r = 0{,}001$ bis $0{,}003$ berechnet.

Beispiel 1:
Gleitlager, $F_N = 100$ N; $\mu = 0{,}03$; $F_R = ?$

$F_R = \mu \cdot F_N = 0{,}03 \cdot 100\,\text{N} = \mathbf{3\,N}$

Beispiel 2:
Kranrad auf Stahlschiene, $F_N = 45$ kN;
$d = 320$ mm; $f = 0{,}5$ mm; $F_R = ?$

$F_R = \dfrac{f \cdot F_N}{r} = \dfrac{0{,}05\,\text{mm} \cdot 45\,000\,\text{N}}{160\,\text{mm}} = \mathbf{14{,}06\,N}$

Reibungskraft bei Haft- und Gleitreibung

$$F_R = \mu \cdot F_N \quad \text{①}$$

Reibungskraft bei Rollreibung

$$F_R = \dfrac{f \cdot F_N}{r} \quad \text{②}$$

$[F_R] = [F_N] = \text{N}$
$[f] = [r] = \text{mm}$

Reibungszahlen (Richtwerte)

Werkstoffpaarung	Haftreibungszahl μ trocken	Haftreibungszahl μ geschmiert	Gleitreibungszahl μ trocken	Gleitreibungszahl μ geschmiert	Rollreibungslänge f in mm	
Stahl auf Gusseisen	0,2	0,15	0,18	0,1 bis 0,08		
Stahl auf Stahl	0,2	0,1	0,15	0,1 bis 0,05		
Stahl auf Cu-Sn-Legierung	0,2	0,1	0,1	0,06 bis 0,03	Stahl auf Stahl, weich	0,05
Stahl auf Pb-Sn-Legierung	0,15	0,1	0,1	0,05 bis 0,03		
Stahl auf Polyamid	0,3	0,15	0,3	0,12 bis 0,05		
Stahl auf Polytetrafluorethylen	0,04	0,04	0,04	0,04	Stahl auf Stahl, hart	0,01
Stahl auf Eis	0,03	–	0,015	–		
Stahl auf Reibbelag	0,6	0,3	0,55	0,3 bis 0,2		
Stahl auf Holz	0,55	0,1	0,35	0,05		
Gusseisen auf Cu-Sn-Legierung	0,28	0,16	0,21	0,2 bis 0,1	Autoreifen auf Asphalt	4,5
Treibriemen auf Gusseisen	0,5	–	–	–		
Wälzlager	–	–	–	0,003 bis 0,001		

Reibungsmoment und Reibungsleistung in Lagern

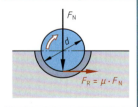

M Reibungsmoment
F_N Normalkraft
P Reibungsleistung

μ Reibungszahl
d Durchmesser
n Drehzahl

Beispiel:
Stahlwelle in Cu-Sn-Gleitlager, $\mu = 0{,}05$;
$F_N = 6$ kN; $d = 160$ mm; $M = ?$

$M = \dfrac{\mu \cdot F_N \cdot d}{2} = \dfrac{0{,}05 \cdot 6000\,\text{N} \cdot 0{,}16\,\text{m}}{2} = \mathbf{24\,Nm}$

Reibungsmoment

$$M = \dfrac{\mu \cdot F_N \cdot d}{2} \quad \text{③}$$

Reibungsleistung

$$P = \mu \cdot F_N \cdot \pi \cdot d \cdot n \quad \text{④}$$

Auftrieb in Flüssigkeiten

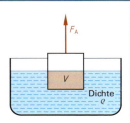

Dichte ϱ

F_A Auftriebskraft
ϱ Dichte der Flüssigkeit

V Eintauchvolumen
g Fallbeschleunigung, Ortskoeffizient

Beispiel:
Gießkern in flüssigem Gusseisen, $V = 2{,}5\,\text{m}^3$;
$\varrho = 7{,}3\,\text{kg/dm}^3$; $F_A = ?$

$F_A = g \cdot \varrho \cdot V = 9{,}81\,\dfrac{\text{m}}{\text{s}^2} \cdot 7{,}3\,\dfrac{\text{kg}}{\text{dm}^3} \cdot 2{,}5\,\text{dm}^3$

$= 179\,\dfrac{\text{kg} \cdot \text{m}}{\text{s}^2} = \mathbf{179\,N}$

Auftriebskraft

$$F_A = g \cdot \varrho \cdot V \quad \text{⑤}$$

$g = 9{,}81\,\dfrac{\text{m}}{\text{s}^2} \approx 10\,\dfrac{\text{m}}{\text{s}^2}$

$g = 9{,}81\,\dfrac{\text{N}}{\text{kg}} \approx 10\,\dfrac{\text{N}}{\text{kg}}$

(Für Mitteleuropa)

Belastungsfälle, Beanspruchungsarten — Load Schemes, Load Types

Belastungsfälle

statische Belastung	dynamische Belastung		allgemein (schwingend)
ruhend	schwellend	wechselnd	
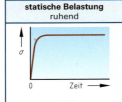	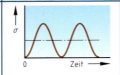	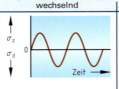	
Belastungsfall I Größe und Richtung der Belastung sind gleichbleibend.	**Belastungsfall II** Die Belastung steigt auf einen Höchstwert an und geht auf Null zurück.	**Belastungsfall III** Die Belastung wechselt zwischen einem positiven und einem gleich großen negativen Höchstwert.	Die Belastung schwingt um einen beliebigen Mittelwert.

Beanspruchungsarten und Festigkeitskenngrößen

Beanspruchungsart	mechanische Spannung	Werkstoffkenngrößen			Maßgebende Grenzspannung σ_{lim} für Belastungsfall			
		Festigkeit	Grenzwert gegen plastische Formänderung	Formänderung	I		II	III
Zug	Zugspannung σ_z	Zugfestigkeit R_m	Streckgrenze R_e 0,2 %-Dehngrenze $R_{p0,2}$	Dehnung ε Bruchdehnung A	Werkstoff zäh (Stahl) R_e $R_{p0,2}$	spröd (Gusseisen) R_m	Zug-Schwellfestigkeit $\sigma_{z\,Sch}$	Zug-Wechselfestigkeit $\sigma_{z\,W}$
Druck	Druckspannung σ_d	Druckfestigkeit σ_{dB}	Quetschgrenze σ_{dF} 0,2 %-Dehngrenze $\sigma_{d0,2}$	Stauchung ε_d Bruchstauchung ε_{dB}	Werkstoff zäh (Stahl) σ_{dF} $\sigma_{d0,2}$	spröd (Gusseisen) σ_{dB}	Druck-Schwellfestigkeit $\sigma_{d\,Sch}$	Druck-wechselfestigkeit $\sigma_{d\,W}$
Abscherung	Scherspannung τ_a	Scherfestigkeit τ_{aB}	–	–	Scherfestigkeit τ_{aB}		–	–
Biegung	Biegespannung σ_b	Biegefestigkeit σ_{bB}	Biegegrenze σ_{bF}	Durchbiegung f	Biegegrenze σ_{bF}		Biege-Schwellfestigkeit $\sigma_{b\,Sch}$	Biege-Wechselfestigkeit $\sigma_{b\,W}$
Verdrehung (Torsion)	Torsionsspannung τ_t	Torsionsfestigkeit τ_{tB}	Verdrehgrenze τ_{tF}	Verdrehwinkel φ	Verdrehgrenze τ_{tF}		Torsions-Schwellfestigkeit $\tau_{t\,Sch}$	Torsions-Wechselfestigkeit $\tau_{t\,W}$
Knickung	Knickspannung σ_k	Knickfestigkeit σ_{kB}	–	–	Knickfestigkeit σ_{kB}		–	–

Zug, Druck, Flächenpressung
Tension, Pressure, Surface Pressure

Beanspruchung auf Zug

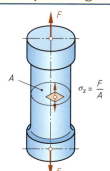

Die im Zugversuch ermittelten Werkstoffkennwerte gelten für statische Beanspruchung (Belastungsfall I).

- σ_z Zugspannung
- $\sigma_{z\,zul}$ zulässige Zugspannung
- F Zugkraft
- F_{zul} zulässige Zugkraft
- A Querschnittsfläche
- R_e Streckgrenze
- R_m Zugfestigkeit
- v Sicherheitszahl

Zugspannung
$$\sigma_z = \frac{F}{A}$$
[1]

Beispiel:
Rundstahl, $F_{zul} = 8{,}4$ kN
$\sigma_{z\,zul} = 80$ N/mm²; $d = ?$

$$A = \frac{F_{zul}}{\sigma_{z\,zul}} = \frac{8400\ \text{N}}{80\ \text{N/mm}^2} = 105\ \text{mm}^2$$

$d = 12$ mm

Festigkeitswerte Seiten 142 bis 144, 147

für Stahl:
$$\sigma_{z\,zul} = \frac{R_e}{v}$$
[2]

für Gusseisen:
$$\sigma_{z\,zul} = \frac{R_m}{v}$$
[3]

zulässige Zugspannung

zulässige Zugkraft
$$F_{zul} = \sigma_{z\,zul} \cdot A$$
[4]

Beanspruchung auf Druck

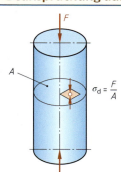

Die im Druckversuch ermittelten Werte gelten für statische Beanspruchung (Belastungsfall I).

- F Druckkraft
- F_{zul} zulässige Druckkraft
- σ_{dF} Quetschgrenze
- $\sigma_{z\,zul}$ zulässige Druckspannung
- A Querschnittsfläche
- R_m Zugfestigkeit
- v Sicherheitszahl
- σ_d Druckspannung

Druckspannung
$$\sigma_d = \frac{F}{A}$$
[5]

Beispiel:
Gestell aus EN-GJL-300; $A = 2800$ mm²;
$v = 2{,}5$; $F_{zul} = ?$

$$F_{zul} \approx \frac{4 \cdot R_m}{v} \cdot A = \frac{4 \cdot 300\ \text{N/mm}^2}{2{,}5} \cdot 2800\ \text{m}^2$$

$= 1\,344\,000\ \text{N} \approx \mathbf{1{,}3\ MN}$

für Stahl:
$$\sigma_{d\,zul} = \frac{\sigma_{dF}}{v}$$
[6]

für Gusseisen:
$$\sigma_{d\,zul} \approx \frac{4 \cdot R_m}{v}$$
[7]

zulässige Druckspannung

zulässige Druckkraft
$$F_{zul} = \sigma_{d\,zul} \cdot A$$
[8]

Beanspruchung auf Flächenpressung (Lochleibung)

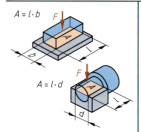
$A = l \cdot b$
$A = l \cdot d$

- F Kraft
- p Flächenpressung (Lochleibung)
- A Berührungsfläche (projizierte Fläche)

Beispiel für Lochleibung:
Zwei Bleche mit je 8 mm Dicke werden mit einem Bolzen DIN 1445 10 h11 x 16 x 30 verbunden. Wie groß ist die übertragbare Kraft bei einer zulässigen Flächenpressung von 280 N/mm²?

$F = p \cdot A = 280\ \dfrac{\text{N}}{\text{mm}^2} \cdot 8\ \text{mm} \cdot 10\ \text{mm}$

$= 22\,400\ \text{N} = 22{,}4$ kN

Flächenpressung
$$p = \frac{F}{A}$$
[9]

Zulässige Flächenpressung p_{zul} in N/mm² für ruhende Bauteile

S235	E295	E360	GS-45	EN-GJL-150	EN-GJL-300	EN-GJS-400	EN AW-AlCu4Mg1
140 bis 160	210 bis 240	240 bis 280	120 bis 160	160 bis 200	300 bis 400	200 bis 250	100 bis 160

Zulässige Flächenpressung (Lagerdruck) p_{zul} in N/mm² für Gleitlager bei ausreichender Schmierung

Belastungsfall	SnSb12Cu6Pb	PbSb15Sn10	G-CuSn12Pb2	G-CuSn10P	EN-GJL-250	PA 66	Hgw2082
statisch I	19 bis 30	15 bis 25	30 bis 50	30 bis 50	10 bis 20	14 bis 19	19 bis 30
dynamisch II,III	15	12,5	25	25	5	7	15

Abscherung, Knickung — Shearing, Buckling

Beanspruchung auf Abscherung

τ_a Scherspannung
τ_{azul} zulässige Scherspannung
τ_{aF} Scherfließgrenze
R_e Streckgrenze
A Querschnittsfläche
F_{zul} zulässige Scherkraft
v Sicherheitszahl

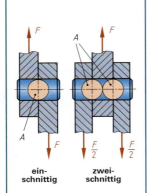

ein-schnittig   zwei-schnittig

Beispiel:
Zylinderstift $\varnothing = 6$ mm, einschnittig beansprucht;
$\tau_{aB} = 295$ N/mm²; $v = 2$; $F_{zul} = ?$

$\tau_{azul} = \dfrac{\tau_{aF}}{v} = \dfrac{295 \text{ N/mm}^2}{2} = 148 \dfrac{\text{N}}{\text{mm}^2}$

$A = \dfrac{\pi \cdot d^2}{4} = \dfrac{\pi \cdot (6 \text{ mm})^2}{4} = 28{,}3 \text{ mm}^2$

$F_{zul} = A \cdot \tau_{azul} = 28{,}3 \text{ mm}^2 \cdot 148 \dfrac{\text{N}}{\text{mm}^2} = \mathbf{4188 \text{ N}}$

Scherspannung

$$\tau_a = \dfrac{F}{A} \quad \text{[1]}$$

zulässige Scherspannung

$$\tau_{azul} = \dfrac{\tau_{aF}}{v} \quad \text{[2]}$$

zulässige Scherkraft

$$F_{zul} = A \cdot \tau_{azul} \quad \text{[3]}$$

Scherfließgrenze für zähe Metalle z. B. Stahl

$$\tau_{aF} \approx 0{,}6 \cdot R_e \quad \text{[4]}$$

Schneiden von Werkstoffen

τ_{aBmax} max. Scherfestigkeit
R_{mmax} max. Zugfestigkeit
A Scherfläche
F Schneidkraft

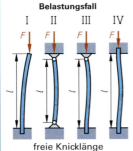

Beispiel:
Lochen eines 3 mm dicken Bleches aus S235JR;
$d = 16$ mm; $F = ?$

$R_{mmax} = 470$ N/mm²
$\tau_{aBmax} \approx 0{,}8 \cdot R_{mmax} = 0{,}8 \cdot 470 \dfrac{\text{N}}{\text{mm}^2} = 376 \dfrac{\text{N}}{\text{mm}^2}$

$A = \pi \cdot d \cdot s = \pi \cdot 16 \text{ mm} \cdot 3 \text{ mm} = 150{,}8 \text{ mm}^2$

$F = A \cdot \tau_{aBmax} = 150{,}8 \text{ mm}^2 \cdot 376 \text{ N/mm}^2 = 56701 \text{ N} = \mathbf{56{,}7 \text{ kN}}$

maximale Scherfestigkeit

$$\tau_{aBmax} \approx 0{,}8 \cdot R_{mmax} \quad \text{[5]}$$

Schneidkraft

$$F = A \cdot \tau_{aBmax} \quad \text{[6]}$$

Beanspruchung auf Knickung (nach Euler)

Belastungsfall I, II, III, IV

$l_k = 2 \cdot l \quad l_k = l \quad l_k = 0{,}7 \cdot l \quad l_k = 0{,}5 \cdot l$

freie Knicklänge

F_{kzul} zulässige Knickkraft
E Elastizitätsmodul
I Flächenmoment 2. Grades
l Länge
l_k freie Knicklänge
v Sicherheitszahl

Beispiel:
Stahlträger, $E = 210 \dfrac{\text{kN}}{\text{mm}^2}$, $l = 3{,}5$ m;
$I = 2000$ cm⁴, beidseitig eingespannt $v = 12$; $F_{kzul} = ?$

$F_{kzul} = \dfrac{\pi^2 \cdot E \cdot I}{l_k^2 \cdot v} = \dfrac{\pi^2 \cdot 21 \cdot 10^6 \dfrac{\text{N}}{\text{cm}^2} \cdot 2000 \text{ cm}^4}{(0{,}5 \cdot 350 \text{ cm})^2 \cdot 12}$

$= 1{,}13 \cdot 10^6 \text{ N} = \mathbf{1{,}13 \text{ MN}}$

Flächenmomente 2. Grades Seiten 66, 67

zulässige Knickkraft

$$F_{kzul} = \dfrac{\pi^2 \cdot E \cdot I}{l_k^2 \cdot v} \quad \text{[7]}$$

Die Formel gilt nur für schlanke Bauteile und innerhalb des elastischen Bereichs der Werkstoffe.

Elastizitätsmodul E in kN/mm² bei 20 °C

Stahl	EN-GJL-150	EN-GJL-300	EN-GJS-400	GS-38	EN-GJMW-350-4	CuZn40	Al-Leg.	Ti-Leg.
196 bis 326	80 bis 90	110 bis 140	170 bis 185	210	170	80 bis 100	60 bis 80	112 bis 130

Biegung, Torsion — Bending, Torsion

Beanspruchung auf Biegung

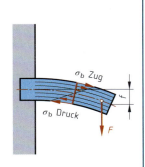

Bei Beanspruchung auf Biegung treten im Bauteil Zug- und Druckspannungen auf. Die maximale Spannung in der Randzone des Bauteils wird berechnet; sie darf die zulässige Biegespannung nicht überschreiten.

σ_b Biegespannung
M_b Biegemoment
W axiales Widerstandsmoment
F Biegekraft
f Durchbiegung

Biegespannung
$$\sigma_b = \frac{M_b}{W} \quad \text{1}$$

Beispiel:
Stahlträger, $W = 324\ cm^3$; einseitig eingespannt; Einzelkraft $F = 25\ kN$; $l = 2{,}6\ m$; $\sigma_b = ?$

$$\sigma_b = \frac{M_b}{W} = \frac{F \cdot l}{W} = \frac{25\,000\ N \cdot 260\ cm}{324\ cm^3}$$

$$= 20061\ \frac{N}{cm^2} = \mathbf{200\ \frac{N}{mm^2}}$$

zulässige Biegespannung
$$\sigma_{b\,zul} = \frac{\sigma_{bF}}{v} \quad \text{2}$$

Festigkeitskenngrößen Seite 62; Widerstandsmomente folgende Seite.

Biegebelastungsfälle von Bauteilen

Träger mit einer Einzelkraft belastet

einseitig eingespannt

$$M_b = F \cdot l \quad \text{3}$$

$$f = \frac{F \cdot l^3}{3 \cdot E \cdot I} \quad \text{4}$$

auf zwei Stützen

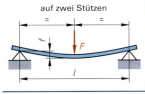

$$M_b = \frac{F \cdot l}{4} \quad \text{7}$$

$$f = \frac{F \cdot l^3}{48 \cdot E \cdot I} \quad \text{8}$$

doppelseitig eingespannt

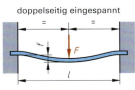

$$M_b = \frac{F \cdot l}{8} \quad \text{11}$$

$$f = \frac{F \cdot l^3}{192 \cdot E \cdot I} \quad \text{12}$$

Träger mit gleichmäßig verteilter Belastung

einseitig eingespannt

$$M_b = \frac{F \cdot l}{2} \quad \text{5}$$

$$f = \frac{F \cdot l^3}{8 \cdot E \cdot I} \quad \text{6}$$

auf zwei Stützen

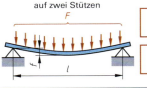

$$M_b = \frac{F \cdot l}{8} \quad \text{9}$$

$$f = \frac{5 \cdot F \cdot l^3}{384 \cdot E \cdot I} \quad \text{10}$$

doppelseitig eingespannt

$$M_b = \frac{F \cdot l}{12} \quad \text{13}$$

$$f = \frac{F \cdot l^3}{384 \cdot E \cdot I} \quad \text{14}$$

E Elastizitätsmodul; Werte vorhergehende Seite
I Flächenmoment 2. Grades; Formeln folgende Seite

Beanspruchung auf Verdrehung (Torsion)

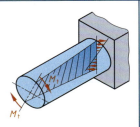

M_t Torsionsmoment
W_p polares Widerstandsmoment
τ_{tF} Torsionsfließgrenze
τ_t Torsionsspannung
$\tau_{t\,zul}$ zulässige Torsionsspannung

Torsionsspannung
$$\tau_t = \frac{M_t}{W_p} \quad \text{15}$$

Beispiel:
Welle, $d = 32\ mm$; $\tau_t = 65\ N/mm^2$; $M_t = ?$

$$W_p = \frac{\pi \cdot d^3}{16} = \frac{\pi \cdot (32\ mm)^3}{16} = 6434\ mm^3$$

$$M_t = \tau_t \cdot W_p = 65\ \frac{N}{mm^2} \cdot 6434\ mm^3$$

$$= 418210\ N \cdot mm \approx \mathbf{418{,}2\ N \cdot m}$$

zulässige Torsionsspannung
$$\tau_{t\,zul} = \frac{\tau_{tF}}{v} \quad \text{16}$$

Momente der Festigkeitslehre — Moments of Strength Materials

Vergleich verschiedener Querschnittsformen

Form des Querschnitts	Biegung und Knickung Flächenmoment 2. Grades	Biegung und Knickung axiales Widerstandsmoment W	Verdrehung (Torsion) polares Widerstandsmoment W_p	Massenträgheitsmoment J
Kreis (d)	$I = \dfrac{\pi \cdot d^4}{64}$	$W = \dfrac{\pi \cdot d^3}{32}$	$W_p = \dfrac{\pi \cdot d^3}{16}$	$J = \dfrac{m \cdot d^2}{8}$
Kreisring (D, d)	$I = \dfrac{\pi \cdot (D^4 - d^4)}{64}$	$W = \dfrac{\pi \cdot (D^4 - d^4)}{32 \cdot D}$	$W_p = \dfrac{\pi \cdot (D^4 - d^4)}{16 \cdot D}$	$J = \dfrac{m \cdot (D^2 + d^2)}{8}$
Quadrat (h)	$I_x = I_z = \dfrac{h^4}{12}$	$W_x = \dfrac{h^3}{6}$; $W_z = \dfrac{\sqrt{2} \cdot h^3}{12}$	$W_p = 0{,}208 \cdot h^3$	$J = \dfrac{m \cdot h^2}{6}$
Sechseck (s, d)	$I_x = I_y = \dfrac{5 \cdot \sqrt{3} \cdot s^4}{144}$; $I_x = I_y = \dfrac{5 \cdot \sqrt{3} \cdot d^4}{256}$	$W_x = \dfrac{5 \cdot s^3}{48} = \dfrac{5 \cdot \sqrt{3} \cdot d^3}{128}$; $W_y = \dfrac{5 \cdot s^3}{24 \cdot \sqrt{3}} = \dfrac{5 \cdot d^3}{64}$	$W_p = 0{,}188 \cdot s^3$; $W_p = 0{,}123 \cdot d^3$	—
Dreieck (b, h)	$I_x = \dfrac{b \cdot h^3}{36}$; $I_y = \dfrac{h \cdot b^3}{48}$	$W_x = \dfrac{b \cdot h^2}{24}$; $W_y = \dfrac{h \cdot b^2}{24}$	—	—
Rechteck (b, h)	$I_x = \dfrac{b \cdot h^3}{12}$; $I_y = \dfrac{h \cdot b^3}{12}$	$W_x = \dfrac{b \cdot h^2}{6}$; $W_y = \dfrac{h \cdot b^2}{6}$	—	—
Hohlrechteck (B, H, b, h)	$I_x = \dfrac{B \cdot H^3 - b \cdot h^3}{12}$; $I_y = \dfrac{H \cdot B^3 - h \cdot b^3}{12}$	$W_x = \dfrac{B \cdot H^3 - b \cdot h^3}{6 \cdot H}$; $W_y = \dfrac{H \cdot B^3 - h \cdot b^3}{6 \cdot B}$	$W_p = \dfrac{t \cdot (H + h) \cdot (B + b)}{2}$	—

Flächenmomente I sind Querschnittskennwerte zur Festigkeitsberechnung von Bauteilen.

Das *Widerstandsmoment* ist ein Maß für den Widerstand, den ein Körper mit gegebenem Querschnitt einer Biegung oder einer Torsion entgegensetzt. Die Größe des Widerstandmomentes ergibt sich dabei aus der Geometrie der Querschnittsfläche und ist Grundlage statischer Berechnungen, z. B. von Trägern.

Das *axiale* Widerstandsmoment W ist ein Maß für den Widerstand gegen eine Biegebeanspruchung.

Das *polare* Widerstandsmoment W_p oder Torsionswiderstandsmoment ist ein Maß für den Widerstand gegen Torsion.

Das *Massenträgheitsmoment* J gibt den Widerstand eines starren Körpers gegenüber einer Änderung seiner Rotation an. Dieses *Trägheitsmoment* hängt von seiner Form, der Massenverteilung und zusätzlich noch von der Drehachse ab.

Momente von Profilen — Moments of Profiles

Vergleich verschiedener Querschnittsformen

Querschnitt Form	Normbezeichnung	längenbezogene Masse m' kg/m	Faktor[1]	W_x cm³	Faktor[1]	W_y cm³	Faktor[1]	I_{min} cm⁴	Faktor[1]	W_p cm³	Faktor[1]
Rund	Rund DIN EN 10060 ⌀ 100	61,7	1,00	98	1,00	98	1,00	491	1,00	196	1,00
Vierkant	Vierkant DIN EN 10060 Vkt 100	78,5	1,27	167	1,70	167	1,70	833	1,70	208	1,06
Rohr	Rohr DIN EN 10220 114,3 × 6,3	16,8	0,27	55	0,56	55	0,56	313	0,64	110	0,56
Hohlprofil quadr.	Hohlprofil EN 102100-2- 100 × 100 × 6,3	18,3	0,30	67,8	0,69	67,8	0,69	339	0,69	110	0,56
Hohlprofil rechteckig	Hohlprofil EN 102100-2- 120 × 60 × 6,3	16,1	0,26	59	0,60	38,6	0,39	116	0,24	77	0,39
Flach	Flach DIN EN 10058 Fl 100 × 50	39,3	0,64	83	0,85	41,7	0,43	104	0,21	–	–
T-Profil	T-Profil DIN EN 10055- T100	16,4	0,27	24,6	0,25	17,7	0,18	88,3	0,18	–	–
U-Profil	U-Profil DIN 1026- U100	10,6	0,17	41,2	0,42	8,5	0,08	29,3	0,06	–	–
I-Profil	I-Profil DIN 1025- I 100	8,3	0,13	34,2	0,35	4,9	0,05	12,2	0,02	–	–
I-Profil breit	I-Profil DIN 1025- I PB100	20,4	0,33	89,9	0,92	33,5	0,34	167	0,34	–	–

[1] Faktor, bezogen auf Rund DIN EN 10060 (Querschnitt Nr. 1)

Pneumatikzylinder — Pneumatic Cylinders

Abmessungen und Kolbenkräfte

Zylinderkolbendurchmesser		12	16	20	25	32	40	50	63	80	100	125	160	200
Kolbenstangendurchmesser (mm)		6	8	8	10	12	16	20	20	25	25	32	40	40
Anschlussgewinde		M5	M5	$G^{1}/_{8}$	$G^{1}/_{8}$	$G^{1}/_{8}$	$G^{1}/_{8}$	$G^{1}/_{4}$	$G^{3}/_{8}$	$G^{3}/_{8}$	$G^{1}/_{2}$	$G^{1}/_{2}$	$G^{3}/_{4}$	$G^{3}/_{4}$
Druckkraft[1] bei p_e = 6 bar in N	einfachwirk. Zyl.[2]	50	96	151	241	375	644	968	1560	1560	4010	–	–	–
	doppeltwirk. Zyl.	58	106	164	259	422	665	1040	1650	1650	4150	6480	10600	16600
Zugkraft[1] bei p_e = 6 bar in N	doppeltwirk. Zyl.	54	79	137	216	364	560	870	1480	2400	3890	6060	9960	15900
Hublängen in mm	einfachwirk. Zyl.	10, 20, 25					25, 50, 80, 100					–		
	doppeltwirk. Zyl.	bis 160	bis 200	bis 320	10, 25, 50, 80, 100, 160, 200, 250, 320, 400, 500									

[1] Bei einem Zylinderwirkungsgrad η von 0,88.   [2] Dabei ist die Rückzugskraft der Feder berücksichtigt.

Luftverbrauch durch Berechnung (siehe auch Seite 60)

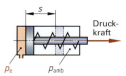

Einfach wirkender Zylinder

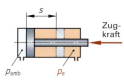

Doppelt wirkender Zylinder

Q Luftverbrauch für einfach- oder doppeltwirkenden Zylinder
q spezifischer Luftverbrauch je cm Kolbenhub
A Kolbenfläche
p_{amb} Luftdruck
p_e Überdruck im Zylinder
n Hubzahl
s Kolbenhub

Luftverbrauch einfachwirkender Zylinder

$$Q = A \cdot s \cdot n \cdot \frac{p_e + p_{amb}}{p_{amb}} \quad \boxed{1}$$

Luftverbrauch doppeltwirkender Zylinder

$$Q \approx 2 \cdot A \cdot s \cdot n \cdot \frac{p_e + p_{amb}}{p_{amb}} \quad \boxed{2}$$

Beispiel:
Einfachwirkender Zylinder mit d = 50 mm, s = 100 mm, p_e = 6 bar, n = 120/min, p_{amb} 1 = bar;
Luftverbrauch Q in l/min = ?

$$Q = A \cdot s \cdot n \cdot \frac{p_e + p_{amb}}{p_{amb}}$$

$$= \frac{\pi \cdot (5\,\text{cm})^2}{4} \cdot 10\,\text{cm} \cdot 120\,\frac{1}{\text{min}} \cdot \frac{(6+1)\,\text{bar}}{1\,\text{bar}}$$

$$= 164\,934\,\frac{\text{cm}^3}{\text{min}} \approx 165\,\frac{\text{l}}{\text{min}}$$

Luftverbrauch durch Ermittlung aus Diagramm

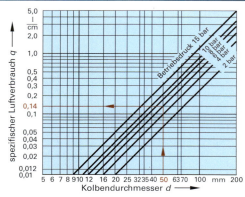

spezifischer Luftverbrauch q — Kolbendurchmesser d

Luftverbrauch einfachwirkender Zylinder

$$Q = q \cdot s \cdot n \quad \boxed{3}$$

Luftverbrauch doppeltwirkender Zylinder

$$Q \approx 2 \cdot q \cdot s \cdot n \quad \boxed{4}$$

Formelzeichen wie bei Formeln 1 und 2.

Beispiel: Der Luftverbrauch des oben genannten einfachwirkenden Zylinders mit d = 50 mm soll aus dem Diagramm ermittelt werden.
Nach Diagramm ist q = 0,14 l/cm Kolbenhub.
$Q = q \cdot s \cdot n$ = 0,14 l/cm · 10 cm · 120/min ≈ **168 l/min**

Berechnungen zur Hydraulik und Pneumatik
Calculations in Hydraulics and Pneumatics

Kolbenkräfte
(siehe auch Seite 60)

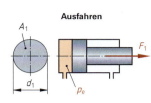

p_e Überdruck
A_1, A_2 Kolbenflächen
F_1 Kolbenkraft beim Ausfahren
F_2 Kolbenkraft beim Einfahren
d_1 Kolbendurchmesser
d_2 Kolbenstangendurchmesser
η Wirkungsgrad

Beispiel:
Hydrozylinder mit $d_1 = 100$ mm, $d_2 = 70$ mm, $\eta = 0{,}85$ und $p_e = 60$ bar.
Wie groß sind die wirksamen Kolbenkräfte?

Ausfahren:
$F_1 = p_e \cdot A_1 \cdot \eta = 600 \, \dfrac{\text{N}}{\text{cm}^2} \cdot \dfrac{\pi \cdot (10 \text{ cm})^2}{4} \cdot 0{,}85$
$= 40\,055$ N

Ausfahren:
$F_2 = p_e \cdot A_2 \cdot \eta$
$= 600 \, \dfrac{\text{N}}{\text{cm}^2} \cdot \dfrac{\pi \cdot [(10 \text{ cm})^2 - (7 \text{ cm})^2]}{4} \cdot 0{,}85$
$= 20\,428$ N

Wirksame Kolbenkraft
$$F = p_e \cdot A \cdot \eta \quad \boxed{1}$$

Druckeinheiten:
$1 \text{ Pa} = 1 \, \dfrac{\text{N}}{\text{m}^2} = 10^{-5}$ bar

$1 \text{ bar} = 10 \, \dfrac{\text{N}}{\text{cm}^2} = 0{,}1 \, \dfrac{\text{N}}{\text{mm}^2}$

$1 \text{ mbar} = 100 \text{ Pa} = 1 \text{ hPa}$

Hydraulische Presse

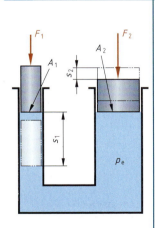

Druck breitet sich in abgeschlossenen Flüssigkeiten oder Gasen in alle Richtungen gleichmäßig aus.

F_1 Kraft am Druckkolben
F_2 Kraft am Arbeitskolben
A_1 Fläche des Druckkolbens
A_2 Fläche des Arbeitskolbens
s_1 Weg des Druckkolbens
s_2 Weg des Arbeitskolbens
i hydraulisches Übersetzungsverhältnis

Beispiel:
$F_1 = 200$ N; $A_1 = 5 \text{ cm}^2$; $A_2 = 500 \text{ cm}^2$;
$s_2 = 30$ mm; $F_2 = ?$; $s_1 = ?$; $i = ?$

$F_2 = \dfrac{F_1 \cdot A_2}{A_1} = \dfrac{200 \text{ N} \cdot 500 \text{ cm}^2}{5 \text{ cm}^2} = 20\,000 \text{ N} = \mathbf{20 \text{ kN}}$

$s_1 = \dfrac{s_2 \cdot A_2}{A_1} = \dfrac{30 \text{ mm} \cdot 500 \text{ cm}^2}{5 \text{ cm}^2} = \mathbf{3000 \text{ mm}}$

$i = \dfrac{F_1}{F_2} = \dfrac{200 \text{ N}}{20\,000 \text{ N}} = \mathbf{\dfrac{1}{100}}$

Verhältnisse:
Kräfte, Flächen, Wege
$$\dfrac{F_2}{F_1} = \dfrac{A_2}{A_1} = \dfrac{s_1}{s_2} \quad \boxed{2}$$

Übersetzungsverhältnis
$$i = \dfrac{F_1}{F_2} \quad \boxed{3}$$

$$i = \dfrac{s_2}{s_1} \quad \boxed{4}$$

$$i = \dfrac{A_1}{A_2} \quad \boxed{5}$$

Druckübersetzer

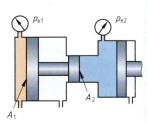

A_1, A_2 Kolbenflächen
p_{e1} Überdruck an der Kolbenfläche A_1
p_{e2} Überdruck an der Kolbenfläche A_2
η Wirkungsgrad des Druckübersetzers

Beispiel:
Druckübersetzer mit
$A_1 = 200 \text{ cm}^2$; $A_2 = 5 \text{ cm}^2$; $\eta = 0{,}88$;
$p_{e1} = 7$ bar $= 70$ N/cm^2; $p_{e2} = ?$

$p_{e2} = p_{e1} \cdot \dfrac{A_1}{A_2} \cdot \eta = 70 \text{ N/cm}^2 \cdot \dfrac{200 \text{ cm}^2}{5 \text{ cm}^2} \cdot 0{,}88$

$= 2464 \text{ N/cm}^2 = \mathbf{246{,}4 \text{ bar}}$

Übersetzungsverhältnis
$$p_{e2} = p_{e1} \cdot \dfrac{A_1}{A_2} \cdot \eta \quad \boxed{6}$$

M

Berechnungen zur Hydraulik — Calculations in Hydraulics

Durchflussgeschwindigkeiten (siehe auch Seite 60)

Q, Q_1, Q_2 Volumenströme
A, A_1, A_2 Querschnittsflächen
v, v_1, v_2 Durchflussgeschwindigkeiten

Kontinuitätsgleichung
In einer Rohrleitung mit wechselnden Querschnittsflächen A_1 und A_2 fließt in der Zeit t durch jeden Querschnitt der gleiche Volumenstrom Q.

Volumenstrom

$$Q = A \cdot v \quad \text{(1)}$$

$$Q_1 = Q_2 \quad \text{(2)}$$

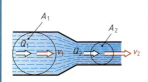

Beispiel:
Rohrleitung mit $A_1 = 19{,}6\ cm^2$; $A_2 = 8{,}04\ cm^2$ und $Q = 120\ l/min$; $v_1 = ?$; $v_2 = ?$

$$v_1 = \frac{Q}{A_1} = \frac{120\,000\ cm^3/min}{19{,}6\ cm^2} = 6162\ \frac{cm}{min} = \mathbf{1{,}02\ \frac{m}{s}}$$

$$v_2 = \frac{v_1 \cdot A_1}{A_2} = \frac{1{,}02\ m/s \cdot 19{,}6\ cm^2}{8{,}04\ cm^2} = \mathbf{2{,}49\ \frac{m}{s}}$$

Verhältnis der Durchflussgeschwindigkeiten

$$\frac{v_1}{v_2} = \frac{A_2}{A_1} \quad \text{(3)}$$

Kolbengeschwindigkeiten

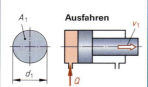

Ausfahren

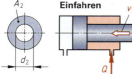

Einfahren

Q Volumenstrom
A_1, A_2 wirksame Kolbenflächen
v_1, v_2 Kolbengeschwindigkeiten

Beispiel:
Hydrozylinder mit Kolbendurchmesser $d_1 = 50\ mm$, Kolbenstangendurchmesser $d_2 = 32\ mm$ und $Q = 12\ l/min$. Wie hoch sind die Kolbengeschwindigkeiten v?

Ausfahren:

$$v = \frac{Q}{A_1} = \frac{Q}{\frac{\pi \cdot d_1^2}{4}} = \frac{12\,000\ cm^3/min}{\frac{\pi \cdot (5\ cm)^2}{4}} = 611\ \frac{cm}{min} = \mathbf{6{,}11\ \frac{m}{min}}$$

Einfahren:

$$v = \frac{Q}{A_2} = \frac{Q}{\frac{\pi \cdot d_1^2}{4} - \frac{\pi \cdot d_2^2}{4}} = \frac{12\,000\ cm^3/min}{\frac{\pi \cdot (5\ cm)^2}{4} - \frac{\pi \cdot (3{,}2\ cm)^2}{4}} = 1035\ \frac{cm}{min} = \mathbf{10{,}35\ \frac{m}{min}}$$

Kolbengeschwindigkeit

$$v = \frac{Q}{A} \quad \text{(4)}$$

$$A_1 = \frac{\pi \cdot d_1^2}{4}$$

$$A_2 = \frac{\pi \cdot d_1^2}{4} - \frac{\pi \cdot d_2^2}{4}$$

Leistung von Pumpen und Zylindern

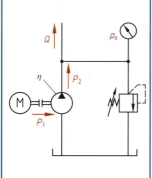

P_1 zugeführte Leistung
P_2 abgegebene Leistung
p_e Überdruck
Q Volumenstrom
η Wirkungsgrad der Pumpe
M Drehmoment
n Drehzahl

Beispiel:
Pumpe mit $Q = 40\ l/min$; $p_e = 125\ bar$; $\eta = 0{,}84$; $P_1 = ?$; $P_2 = ?$

$$P_2 = \frac{Q \cdot p_e}{600} = \frac{40 \cdot 125}{600}\ kW = \mathbf{8{,}333\ kW}$$

$$P_1 = \frac{P_2}{\eta} = \frac{8{,}333}{0{,}84}\ kW = \mathbf{9{,}920\ kW}$$

Abgegebene Leistung
Zahlenwertgleichung
P in kW, Q in l/min, p_e in bar

$$P_2 = \frac{Q \cdot p_e}{600} \quad \text{(5)}$$

Zugeführte Leistung

$$P_1 = \frac{P_2}{\eta} \quad \text{(6)}$$

Zahlenwertgleichung
P in kW, M in Nm, n in 1/min

$$P = \frac{M \cdot n}{9550} \quad \text{(7)}$$

Teil K: Technische Kommunikation
Part K: Technical Communication

Dokumentation in der Mechanik

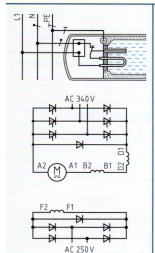

Grafische Darstellung von Kennlinien	72
Arten von Diagrammen	73
Allgemeines technisches Zeichnen	74
Zeichnerische Anordnung von Körpern	75
Maßeintragung, Schraffur	76
Maßpfeile, besondere Darstellungen	77
Maßeintragung	78
Toleranzen in Zeichnungen	79
Geometrische Produktspezifikation	80
Gewinde, Schraubenverbindungen, Zentrierbohrungen	84
Getriebedarstellung	85
Darstellung von Wälzlagern, Dichtungen	86
Symbole für Schweißen und Löten	88
Weitere mechanische Verbindungen, Federn	89

Dokumentation in der Elektrotechnik

Funktionsbezogene Schaltpläne	90
Weitere funktionsbezogene Dokumente	91
Ortsbezogene und verbindungsbezogene Dokumente	92
Kennbuchstaben der Objekte (Betriebsmittel) in Schaltplänen	93
Kennzeichnungen in Schaltplänen	94
Kontaktkennzeichnung in Stromlaufplänen	97
Stromkreise und Schaltzeichen	98
Allgemeine Schaltzeichen	99
Transformatoren, Spulen, drehende elektrische Maschinen	100
Vergleich von Schaltzeichen	101
Zusatzschaltzeichen, Schalter in Energieanlagen	103
Messgeräte und Messinstrumente, Messkategorien	104
Halbleiterbauelemente	105
Analoge Informationsverarbeitung, Zähler und Tarifschaltgeräte	106
Binäre Elemente	107
Schaltzeichen für Installationsschaltpläne und Installationspläne	109
Schaltzeichen für Übersichtsschaltpläne	110
Kurzzeichen an elektrischen Betriebsmitteln	111
Einphasenwechselstrommotoren und Anlasser	112
Drehstrommotoren und Anlasser	113
Motoren mit Stromrichterspeisung	114

Sonstige Dokumentationen

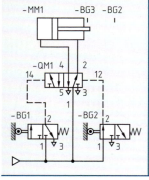

Ablaufsteuerungen, GRAFCET	115
Grundformen von Ablaufsteuerungen	116
Elemente für Ablaufsteuerungen GRAFCET	117
Ablauf-Funktionspläne	119
Symbole zur Dokumentation in der Computertechnik	120
Schaltzeichen der Pneumatik und Hydraulik	121
Pneumatik Grundschaltungen	123
Kennzeichnung von steuerungstechnischen Systemen	124
Schaltpläne der Pneumatik und Hydraulik	125
Fließbilder	126
Beispiele von Fließbildern	127
Symbole der Verfahrenstechnik	128
Erstellen einer Dokumentation über Geräte und Anlagen	129
Aufbau und Inhalt einer Betriebsanleitung	130

Grafische Darstellung von Kennlinien — Graphics of Characteristic Curves

Ansicht	Beschreibung	Ergänzungen, Bemerkungen

xy-Koordinaten (rechtwinklige Koordinaten, kartesische Koordinaten)

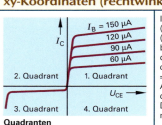

Quadranten

In einem rechtwinkligen Achsenkreuz (Koordinatensystem) zeigt ein Graph (eine Schaulinie) die abhängige Variable in der Senkrechten (Ordinate) und die unabhängige Variable (Veränderliche) in der Waagrechten (Abszisse): $y = f(x)$. Werden drei Größen in einem Achsenkreuz dargestellt, hält man die dritte Größe als *Parameter* konstant. Dabei entsteht eine *Kennlinienschar* mit verschiedenen Parametern.

Quadrant	x-Achse	y-Achse
1	+	+
2	–	+
3	–	–
4	+	–

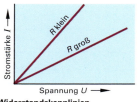

Widerstandskennlinien

Waagrechte Achse (x-Achse, Abszisse) für die unabhängige Variable, z. B. die Ursache oder die Zeit. Formelzeichen und Einheit unter der Achse, Pfeilspitze zeigt in die positive Achsrichtung. Zunehmende Werte werden nach rechts, abnehmende nach links abgetragen. Senkrechte Achse (y-Achse, Ordinate) für die abhängige Variable: $y = f(x)$.

Formelzeichen und Einheit links neben der Achse. Zunehmende Werte nach oben und abnehmende nach unten abtragen. Pfeile parallel zu den Achsen, Formelzeichen am Beginn der Pfeile. Beschriftung muss von unten lesbar sein, nur ausnahmsweise von rechts, z. B. bei langen Ausdrücken.

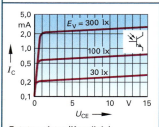

Fototransistor (Kennlinie)

Logarithmische Teilung

Darstellung mit Netzlinien
Bei der quantitativen Darstellung sind die Achsen in gleichmäßigen oder unterschiedlichen Schritten aufgeteilt. Negative Werte sind mit dem Minuszeichen und die Nullpunkte beider Achsen mit einer Null zu kennzeichnen.
Umfassen die Werte einer Achse einen großen Bereich, teilt man sie im logarithmischen Maßstab. Der Abstand von 1 bis 10 ist gleich groß wie der Abstand von 10 bis 100 oder der Abstand von 100 bis 1000.
Für die Darstellung der Zwischenwerte 2 und 5 bzw. 20 und 50 usw. teilt man den 10er-Schritt im Verhältnis 3 : 4 : 3.
Einfach- oder halblogarithmische Darstellung → nur eine Achse logarithmisch unterteilt.

Das Einheitenzeichen schreibt man bei allen Diagrammen a) zwischen die letzten beiden Zahlen, b) hinter das Formelzeichen oder c) als Bruch: Formelzeichen dividiert durch Einheit.

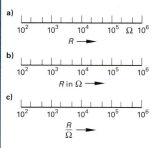

Achsenbeschriftungsarten

Polarkoordinaten

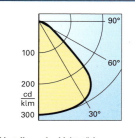

Verteilung der Lichtstärke einer Leuchte

Zur Darstellung von Richtkennlinien verwendet man Polarkoordinaten. Sie dienen zur Darstellung der Abhängigkeit einer Größe von einem Winkel und einem Radius.

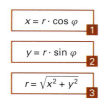

$x = r \cdot \cos \varphi$ — 1

$y = r \cdot \sin \varphi$ — 2

$r = \sqrt{x^2 + y^2}$ — 3

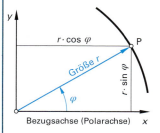

Polarkoordinaten Aufbau

Arten von Diagrammen — Kinds of Diagrams

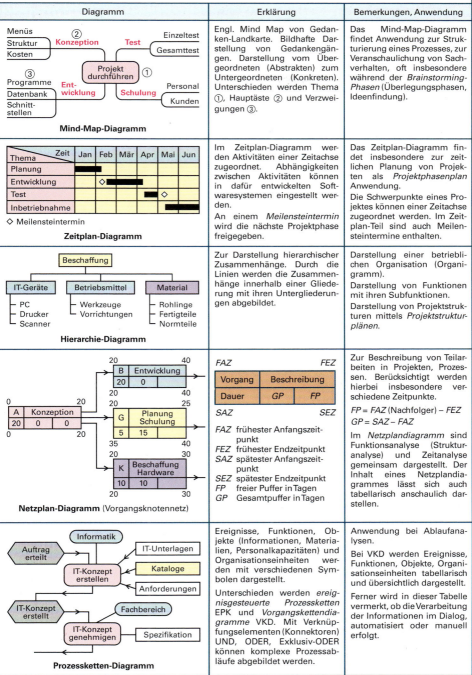

Diagramm	Erklärung	Bemerkungen, Anwendung
Mind-Map-Diagramm	Engl. Mind Map von Gedanken-Landkarte. Bildhafte Darstellung von Gedankengängen. Darstellung vom Übergeordneten (Abstrakten) zum Untergeordneten (Konkreten). Unterschieden werden Thema ①, Hauptäste ② und Verzweigungen ③.	Das Mind-Map-Diagramm findet Anwendung zur Strukturierung eines Prozesses, zur Veranschaulichung von Sachverhalten, oft insbesondere während der *Brainstorming-Phasen* (Überlegungsphasen, Ideenfindung).
Zeitplan-Diagramm	Im Zeitplan-Diagramm werden Aktivitäten einer Zeitachse zugeordnet. Abhängigkeiten zwischen Aktivitäten können in dafür entwickelten Softwaresystemen eingestellt werden. An einem *Meilensteintermin* wird die nächste Projektphase freigegeben.	Das Zeitplan-Diagramm findet insbesondere zur zeitlichen Planung von Projekten als *Projektphasenplan* Anwendung. Die Schwerpunkte eines Projektes können einer Zeitachse zugeordnet werden. Im Zeitplan-Teil sind auch Meilensteintermine enthalten.
Hierarchie-Diagramm	Zur Darstellung hierarchischer Zusammenhänge. Durch die Linien werden die Zusammenhänge innerhalb einer Gliederung mit ihren Untergliederungen abgebildet.	Darstellung einer betrieblichen Organisation (Organigramm). Darstellung von Funktionen mit ihren Subfunktionen. Darstellung von Projektstrukturen mittels *Projektstrukturplänen*.
Netzplan-Diagramm (Vorgangsknotennetz)	*FAZ* ... *FEZ* Vorgang / Beschreibung Dauer / GP / FP *SAZ* ... *SEZ* FAZ frühester Anfangszeitpunkt FEZ frühester Endzeitpunkt SAZ spätester Anfangszeitpunkt SEZ spätester Endzeitpunkt FP freier Puffer in Tagen GP Gesamtpuffer in Tagen	Zur Beschreibung von Teilarbeiten in Projekten, Prozessen. Berücksichtigt werden hierbei insbesondere verschiedene Zeitpunkte. FP = FAZ (Nachfolger) – FEZ GP = SAZ – FAZ Im *Netzplandiagramm* sind Funktionsanalyse (Strukturanalyse) und Zeitanalyse gemeinsam dargestellt. Der Inhalt eines Netzplandiagrammes lässt sich auch tabellarisch anschaulich darstellen.
Prozessketten-Diagramm	Ereignisse, Funktionen, Objekte (Informationen, Materialien, Personalkapazitäten) und Organisationseinheiten werden mit verschiedenen Symbolen dargestellt. Unterschieden werden *ereignisgesteuerte Prozessketten* EPK und *Vorgangskettendiagramme* VKD. Mit Verknüpfungselementen (Konnektoren) UND, ODER, Exklusiv-ODER können komplexe Prozessabläufe abgebildet werden.	Anwendung bei Ablaufanalysen. Bei VKD werden Ereignisse, Funktionen, Objekte, Organisationseinheiten tabellarisch und übersichtlich dargestellt. Ferner wird in dieser Tabelle vermerkt, ob die Verarbeitung der Informationen im Dialog, automatisiert oder manuell erfolgt.

Balken-, Torten-, Linien-, Radardiagramme dienen für Darstellungen von z. B. Statistiken, Messwerten.

Allgemeines technisches Zeichnen — General Technical Drawing

Blattgrößen	Beschnittene Zeichnung		
	$A = l \cdot b$ in m²	Länge l in mm	Breite b in mm
A0	1	1189	841
A1	0,5	841	594
A2	0,25	594	420
A3	0,125	420	297
A4	0,0625	297	210

Schriftfeldabstand a = 5 cm   für jede Blattgröße gilt: $l/b = \sqrt{2} : 1 = 1,414 : 1$

Für Zeichnungen ist Hochformat oder Querformat zulässig. Der Heftrand kann 20 mm breit sein; die Nutzfläche des Blattes verringert sich entsprechend.

Faltung der Zeichnungen von A0 auf A4   vgl. DIN 824

Beschriftung, Schriftzeichen (Schriftform B, v)   vgl. DIN EN ISO 3098-1 und 3098-2

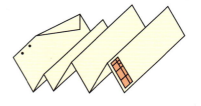

Darf vertikal (v = senkr.) oder unter 15° nach rechts geneigt (k = kursiv) geschrieben werden.

Nach Norm hat die **Schriftform A** (≙ Engschrift) eine Linienbreite von $1/14$ mal der Schriftgröße h und die **Schriftform B** (≙ Mittelschrift) eine Linienbreite von $1/10$ mal der Schriftgröße h. Bei gleichzeitiger Verwendung von Groß- und Kleinbuchstaben muss die Mindestschriftgröße h = 3,5 mm betragen.

Griechisches Alphabet   vgl. DIN EN ISO 3098-3

α A	β B	γ Γ	δ Δ	ε E	ζ Z	η H	θ Θ	ι I	κ K	λ Λ	μ M
Alpha	Beta	Gamma	Delta	Epsilon	Zeta	Eta	Theta	Jota	Kappa	Lamba	My
ν N	ξ Ξ	ο O	π Π	ρ P	σ Σ	τ T	υ Y	φ Φ	χ X	ψ Ψ	ω Ω
Ny	Ksi	Omnikron	Pi	Rho	Sigma	Tau	Ypsilon	Phi	Chi	Psi	Omega

Linien in Zeichnungen   vgl. DIN EN ISO 128-20   Maßstäbe   vgl. DIN ISO 5455

Linienarten		Liniengruppe 0,5	0,7	1,4	Anwendung	Natürliche Größe	1 : 1
———	Volllinien (breit)	0,5	0,7	1,4	sichtbare Kanten	Vergrößerungen	2 : 1 / 5 : 1 / 10 : 1
———	Volllinien (schmal)	0,25	0,35	0,7	Maß- und Maßhilfslinien		
– – –	Strichlinien	0,35	0,5	1,0	verdeckte Kanten	Verkleinerungen	1 : 2 / 1 : 5 / 1 : 10 / 1 : 20 / 1 : 50 / 1 : 100 / 1 : 200
—·—·—	Strichpunktlinien (breit)	0,5	0,7	1,4	Schnittverlauf		
—·—·—	Strichpunktlinien (schmal)	0,25	0,35	0,7	Mittellinien		
∼∼∼	Freihandlinien	0,25	0,35	0,7	Bruchlinien		

Zeichnerische Anordnung von Körpern
Graphical Representation of Solids

Anordnung der Ansichten
vgl. DIN ISO 128-30 und 5456-1

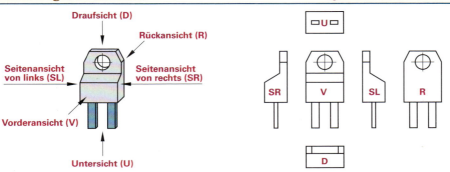

Axonometrische Projektionen

Rechtwinklige Parallelprojektion

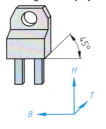

$B : H : T = 1 : 1 : 0{,}5$
Anwendung für Skizzen.

Dimetrische Projektion

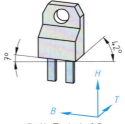

$B : H : T = 1 : 1 : 0{,}5$
Zeigt in der Vorderansicht Wesentliches.

Isometrische Projektion

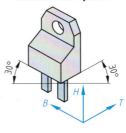

$B : H : T = 1 : 1 : 1$
Zeigt drei Achsen gleichrangig.

Normalprojektionen

Projektionsmethode 1
Kennzeichen:

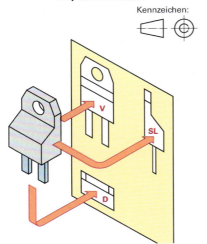

Anwendung in den meisten europäischen Ländern.

Projektionsmethode 3
Kennzeichen:

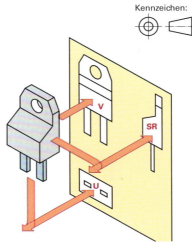

Anwendung in englischsprachigen Ländern und in Datenblättern.

Maßeintragung, Schraffur — Dimensioning, Hatching

Lage der Maßzahlen
vgl. DIN 406-11

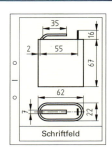
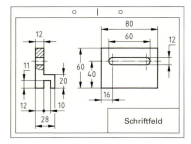

Methode 1: (Bild links)
Eintragung in **zwei** Hauptleserichtungen. Die Maßzahlen sind in Leselage der Zeichnung so einzutragen, dass sie von unten bzw. rechts lesbar sind. Diese Methode ist bevorzugt anzuwenden.

Methode 2: (Bild rechts)
Eintragung in **einer** Leserichtung. Alle Maße dürfen in Leselage des Schriftfeldes eingetragen werden. Dabei werden nichthorizontale Maßlinien unterbrochen.

Angabe der Oberflächenbeschaffenheit in Zeichnungen
vgl. DIN EN ISO 1302

Symbol	Bedeutung	Symbol	Bedeutung
✓	Grundsymbol für die Oberflächenbeschaffenheit	gefräst ✓	Fertigungsverfahren
✓	Material abtragende Bearbeitung	0,5 ✓	Bearbeitungszugabe in mm
✓	Materialabtragung unzulässig	(e ✓ d b c a)	**a** Oberflächenkenngröße bestehend aus dem Profil, der Kenngröße und dem Zahlenwert in µm. **b** Zweite Anforderung an die Oberflächenbeschaffenheit **c** Fertigungsverfahren **d** Oberflächenrillen und -ausrichtung **e** Bearbeitungszugabe in mm
✓	gleiche Oberflächenbeschaffenheit für alle Flächen eines Werkstücks		
✓⊥	Rillenrichtung rechtwinklig zur Projektionsebene		

Symbole für die Rillenrichtung

=	⊥	X	M	C	R	P
parallel zur Projektionsebene	rechtwinklig zur Projektionsebene	gekreuzt in zwei schrägen Richtungen	mehrfache Richtungen	zentrisch zum Mittelpunkt	radial zum Mittelpunkt	nichtrillig, ungerichtet oder muldig

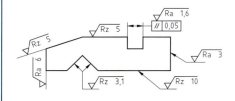
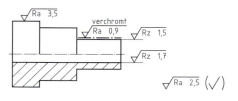

Symbol und Information müssen von unten oder rechts lesbar sein. Sie sind direkt auf der Oberfläche angeordnet oder mittels Bezugslinie verbunden.

Schraffuren und Werkstoffkennzeichnungen
vgl. DIN ISO 128-50

M Metall, N Naturstoff, P Plastik, S fest (solid)

Maßpfeile, besondere Darstellungen
Arrows for Dimensioning, Special Representations

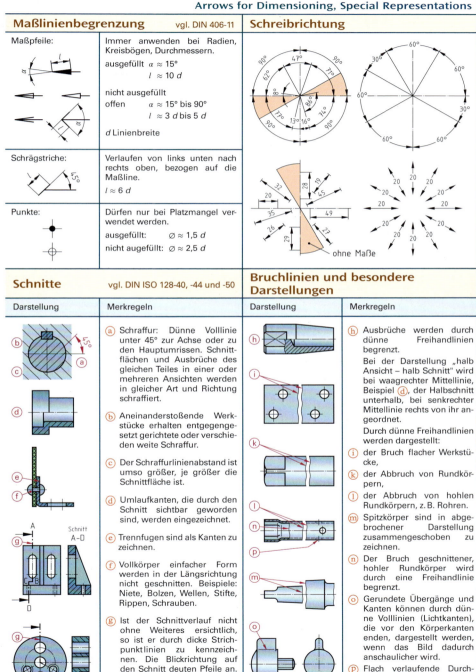

Maßlinienbegrenzung	vgl. DIN 406-11

Maßpfeile:	Immer anwenden bei Radien, Kreisbögen, Durchmessern.
	ausgefüllt $\alpha \approx 15°$
	  $l \approx 10\,d$
	nicht ausgefüllt
	offen $\alpha \approx 15°$ bis $90°$
	  $l \approx 3\,d$ bis $5\,d$
	d Linienbreite

Schrägstriche:	Verlaufen von links unten nach rechts oben, bezogen auf die Maßlinie. $l \approx 6\,d$
Punkte:	Dürfen nur bei Platzmangel verwendet werden. ausgefüllt: $\varnothing \approx 1,5\,d$ nicht augefüllt: $\varnothing \approx 2,5\,d$

Schreibrichtung

Schnitte vgl. DIN ISO 128-40, -44 und -50

Darstellung	Merkregeln
	(a) Schraffur: Dünne Volllinie unter 45° zur Achse oder zu den Hauptumrissen. Schnittflächen und Ausbrüche des gleichen Teiles in einer oder mehreren Ansichten werden in gleicher Art und Richtung schraffiert. (b) Aneinanderstoßende Werkstücke erhalten entgegengesetzt gerichtete oder verschieden weite Schraffur. (c) Der Schraffurlinienabstand ist umso größer, je größer die Schnittfläche ist. (d) Umlaufkanten, die durch den Schnitt sichtbar geworden sind, werden eingezeichnet. (e) Trennfugen sind als Kanten zu zeichnen. (f) Vollkörper einfacher Form werden in der Längsrichtung nicht geschnitten. Beispiele: Niete, Bolzen, Wellen, Stifte, Rippen, Schrauben. (g) Ist der Schnittverlauf nicht ohne Weiteres ersichtlich, so ist er durch dicke Strichpunktlinien zu kennzeichnen. Die Blickrichtung auf den Schnitt deuten Pfeile an. Buchstaben verwendet man nur zur besseren Übersicht.

Bruchlinien und besondere Darstellungen

Darstellung	Merkregeln
	(h) Ausbrüche werden durch dünne Freihandlinien begrenzt. Bei der Darstellung „halb Ansicht – halb Schnitt" wird bei waagrechter Mittellinie, Beispiel (d), der Halbschnitt unterhalb, bei senkrechter Mittellinie rechts von ihr angeordnet. Durch dünne Freihandlinien werden dargestellt: (i) der Bruch flacher Werkstücke, (k) der Abbruch von Rundkörpern, (l) der Abbruch von hohlen Rundkörpern, z. B. Rohren. (m) Spitzkörper sind in abgebrochener Darstellung zusammengeschoben zu zeichnen. (n) Der Bruch geschnittener, hohler Rundkörper wird durch eine Freihandlinie begrenzt. (o) Gerundete Übergänge und Kanten können durch dünne Volllinien (Lichtkanten), die vor den Körperkanten enden, dargestellt werden, wenn das Bild dadurch anschaulicher wird. (p) Flach verlaufende Durchdringungskurven dürfen weggelassen werden.

Maßeintragung — Dimensioning

Darstellung	Merkregeln	Darstellung	Merkregeln
	ⓐ Abstand der Maßlinien von den Körperkanten mindestens 10 mm, Abstand paralleler Maßlinien mindestens 7 mm.	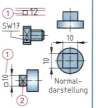	① Das Quadratzeichen ist vor die Maßzahl zu setzen.
	ⓑ Begrenzung der Maßlinien durch Maßpfeile, Schrägstriche oder Punkte.		② Mit Diagonalkreuzen können ebene, vierseitige Flächen gekennzeichnet werden.
	ⓒ Sind mm gemeint, so schreibt man die Maßzahl ohne Einheit. Kennzeichnung der Werkstückdicke durch *t* (**t**hick = dick).	Normaldarstellung	③ Kugelförmige Elemente erhalten vor das Durchmesserzeichen (oder vor R) den Großbuchstaben S (spherical).
	ⓓ Mittellinien und Kanten dürfen nicht als Maßlinien benützt werden.	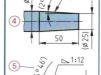	④ Die Kegelform wird mit dem grafischen Symbol und einer Bezugslinie angegeben. Richtung von Symbol und Kegelverjüngung müssen übereinstimmen.
	ⓔ Maßhilfslinien ragen 1 mm bis 2 mm über die Maßlinie hinaus.		⑤ Es sind nur die zur eindeutigen Bestimmung des Körpers erforderlichen Maße anzugeben. Zusätzliche Maße dürfen als Hilfsmaße in Klammern stehen.
	ⓕ Mittellinien können als Maßhilfslinien benützt werden. Außerhalb der Körperkanten können sie durchgezogen sein.		⑥ Die Neigung wird als Verhältnis oder in Prozent angegeben.
	ⓖ Nichthorizontale Maßlinien werden für die Maßzahl unterbrochen.		⑦ Die Verjüngung wird auch als Verhältnis oder in Prozent angegeben.
	ⓗ Die Spitzen der Maßpfeile dürfen nicht an Eckpunkte einer Ansicht anstoßen.		⑧ Halbmesser erhalten nur einen Maßpfeil am Kreisbogen. Der Mittelpunkt für Halbmesser muss durch ein Mittellinienkreuz gekennzeichnet werden, wenn seine Lage benötigt wird, z.B. für die Fertigung.
	ⓘ Maße der Fase dürfen auch durch eine Hinweislinie eingetragen werden.		
	ⓚ Bemaßung der gestreckten Länge.		
	ⓛ Die Maßzahlen dürfen nicht durch Linien getrennt oder gekreuzt werden.		
	ⓜ Bei Maßzahlen in schraffierten Flächen wird die Schraffur unterbrochen.		⑨ Vor der Maßzahl wird bei Radien in jedem Falle der Großbuchstabe R gesetzt. Die Maßhilfslinien sind vom Radienmittelpunkt oder aus dessen Richtung zu zeichnen.
	ⓝ Maßzahlen für unmaßstäbliche Maße sind zu unterstreichen.		⑩ Jedes Maß ist in die Ansicht einzutragen, in der es am klarsten verstanden wird.
	ⓞ Das Durchmesserzeichen ist ein mit einem geraden Strich unter 75° durchstrichener kleiner Kreis.		⑪ Maße mit Toleranzangabe: Nennmaß und Abmaß werden gleichgroß geschrieben. Die Eintragung in derselben Zeile ist zulässig. Gleiche Abmaße stehen mit ± hinter der Maßzahl. Das Abmaß 0 muss nicht eingetragen werden.
	ⓟ Das Durchmesserzeichen ist immer einzutragen, wenn eine Kreisform zugrunde liegt.		
	ⓠ Die Maße dürfen auch auf einer verlängerten und abgewinkelten Maßlinie eingetragen werden.		
	ⓡ Jedes Maß ist nur einmal einzutragen.		⑫ Gewindedarstellung nach ISO. Gewindekreis als $^3/_4$-Kreisbogen mit dünner Volllinie.
	ⓢ Es sind die Maße einzutragen, die das Werkstück in fertigem Zustand haben soll.		⑬ Die Schraffur reicht bis zu den breiten Volllinien. Eingeschraubte Bolzen werden nicht geschnitten: Spitzenwinkel 120°.
	ⓣ Ist der Platz für die Maßzahl zu klein, so kann man nach Darstellung A...E verfahren.		

Toleranzen in Zeichnungen — Tolerances in Drawings

Toleranzen

vgl. DIN 406-10 und -11, DIN ISO 2768-1 und -2

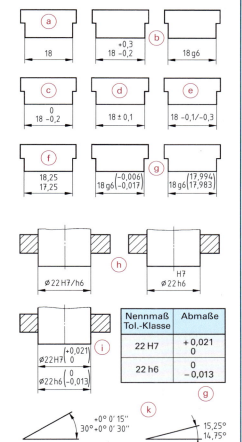

(a) Für **Maße ohne Toleranzangaben** gelten die Allgemeintoleranzen (Seite 513).

(b) **Abmaße oder Toleranzklasse** werden hinter dem Nennmaß angegeben. Die Schriftgröße für Abmaße und Toleranzklasse entspricht im Regelfall der Schriftgröße der Nennmaße. Sie darf auch eine Stufe kleiner, jedoch nicht kleiner als 2,5 mm eingetragen werden. Abmaße werden in derselben Einheit angegeben wie Nennmaße.

(c) Bei **zwei Abmaßen für dasselbe Nennmaß** muss für beide Abmaße dieselbe Anzahl von Dezimalstellen eingetragen werden. Hiervon ausgenommen ist das Abmaß null. Dieses darf mit der Ziffer 0 angegeben, kann aber auch weggelassen werden. Das obere Abmaß steht über dem unteren Abmaß.

(d) Sind **oberes und unteres Abmaß** gleich groß, ist deren Wert nur einmal hinter dem Zeichen ± anzugeben.

(e) **Nennmaß und Abmaße** dürfen auch in derselben Zeile eingetragen werden. Durch Schrägstriche werden dabei oberes und unteres Abmaß getrennt.

(f) **Grenzmaße** dürfen als Höchst- und Mindestmaß übereinander angegeben werden. Das Höchstmaß wird immer über dem Mindestmaß eingetragen.

(g) Bei Bedarf können die **Werte der Abmaße** oder die Grenzmaße übereinander hinter dem Toleranzkurzzeichen angegeben oder in einer Tabelle aufgelistet werden.

(h) Werden für **zwei gefügt dargestellte Teile** Toleranzen eingetragen, so wird das Kurzzeichen der Toleranzklasse für das Innenmaß (Bohrung) vor oder über dem Kurzzeichen der Toleranzklasse für das Außenmaß (Welle) eingetragen.

(i) Wenn es notwendig ist, dürfen bei gefügt dargestellten Teilen die **Werte der Abmaße in Klammern** hinter dem Toleranzkurzzeichen oder in einer Tabelle angegeben werden.

(k) **Toleranzen für Winkelmaße** werden wie die Toleranzen für Längenmaße, jedoch mit Angabe der Einheiten des Winkelnennmaßes und der Abmaße, eingetragen. Wenn das Winkelnennmaß oder die Winkelabmaße in Winkelminuten eingetragen werden, muss vor die Winkelangabe 0° gesetzt werden. Beim Eintrag von Winkelnenn- oder Winkelabmaßen in Winkelsekunden wird vor die Winkelangabe 0° 0' gesetzt.

(l) Der **Hinweis auf Allgemeintoleranzen** für Längen- und Winkelmaße (Seite 513) erfolgt im Schriftfeld oder in der Nähe der Einzelteilzeichnung. Er enthält neben der Normblatt-Nummer die anzuwendende Toleranzklasse.

Wenn Allgemeintoleranzen gleichzeitig für Längen- und für Form- und Lagemaße gelten sollen, wird dieser Zeichnungseintrag durch eine Toleranzklasse für Form- und Lagetoleranzen ergänzt.

Beispiel: ISO 2768-mK.

Allgemeintoleranzen für 90°-Winkel werden in diesem Falle nicht durch DIN ISO 2768-1, sondern durch die Allgemeintoleranzen für Form und Lage (DIN ISO 2768-2) festgelegt (Seite 513).

Geometrische Produktspezifikation (GPS) 1
Geometric Product Specification 1

Das ISO-GPS Normensystem ist ein umfangreiches, sich kontinuierlich veränderndes Normenwerk mit den Zielen:
- **Spezifikation** – Regeln zur vollständigen und eindeutigen Beschreibung geometrischer Merkmale, wie z. B. Größenmaß, Form, Lage, Ort, Richtung, Oberflächenbeschaffenheit.
- **Verifikation** – Regeln für die Übereinstimmung eines Messverfahrens mit der angewendeten Norm, dies schließt die zugehörigen Messmittel, die Kalibrierverfahren sowie die Messunsicherheit mit ein.

Hierarchie und Aufbau der ISO-GPS-Normen   vgl. DIN EN ISO 14638 (2015-12)

Grundlegende (fundamentale) ISO-GPS-Normen
Enthalten allgemein gültige Regeln und Grundsätze, z. B. Tolerierungsgrundsätze

⇩

Allgemeine ISO-GPS-Normen
Betreffen geometrische Eigenschaften, z. B. ISO-Passungen, Oberflächenbeschaffenheit, Definition von Symbolen und Festlegung von Toleranzmerkmalen

⇩

Ergänzende (komplementäre) ISO-GPS-Normen
Normen, die sich auf bestimmte Herstellungsprozesse oder bestimmte Maschinenelemente beziehen, z. B. Allgemeintoleranzen, Gewindetoleranzen, Wälzlager

Übersicht

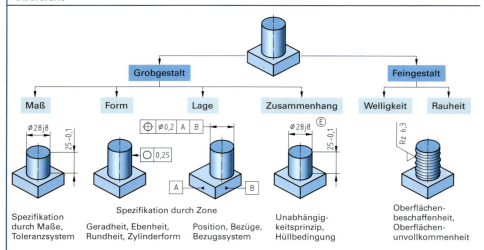

Grobgestalt				Feingestalt	
Maß	Form	Lage	Zusammenhang	Welligkeit	Rauheit
Spezifikation durch Maße, Toleranzsystem	Spezifikation durch Zone — Geradheit, Ebenheit, Rundheit, Zylinderform	Position, Bezüge, Bezugssystem	Unabhängigkeitsprinzip, Hüllbedingung	Oberflächenbeschaffenheit, Oberflächenunvollkommenheit	

Unabhängigkeitsprinzip   vgl. DIN EN ISO 8015 (2011-09)

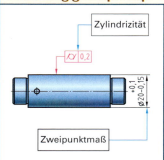

Jede Anforderung an ein Geometrieelement bzw. an eine Beziehung muss unabhängig von anderen Forderungen erfüllt werden.
Werden keine besonderen Festlegungen getroffen, so gelten die in den ISO-GPS-Normen festgelegten Standardspezifikationen, z. B. Zweipunktmaße.
Dieses Unabhängigkeitsprinzip ist der internationale Standard bei allen Tolerierungsgrundsätzen.

Beispiel:
Die Zylindrizität und das Zweipunktmaß sind unabhängig voneinander bemaßt und müssen deshalb auch unabhängig voneinander eingehalten und geprüft werden.
- Das Zweipunktmaß darf an keiner Stelle 20,1 mm überschreiten bzw. 19,85 mm unterschreiten.
- Die Zylindrizität der Mantelfläche darf 0,2 mm nicht überschreiten, <u>unabhängig vom Zweipunktmaß</u>.

Geometrische Produktspezifikation (GPS) 2

Geometric Product Specification 2

Modifikationssymbole zur Festlegung linearer Maße vgl. DIN EN ISO 14405-1 (2017-07)

Symbol	Erklärung / Anwendung	Zeichnungseintrag
LP	**Zweipunktmaß** (*local point*) Das Messergebnis wird durch viele Zweipunktprüfungen ermittelt, gilt als Standard auch ohne Symbol LP.	⌀25h6 LP
LS	**Kugelmaß** (*local shere*) Das Messergebnis wird durch viele Messungen z. B. mit einer Kugel als Formlehre ermittelt.	
CC	**Umfangsbezogener Durchmesser** (*circle circumference*) Aus dem Umfang berechneter Durchmesser.	
CA	**Flächenbezogener Durchmesser** (*circle area*) Aus der Fläche berechneter Durchmesser.	
CV	**Volumenbezogener Durchmesser** (*cylinder volume*) Aus dem Volumen berechneter Durchmesser.	⌀50 $^{+0,2}_{0}$ (CV) $50 \leq \frac{L}{\pi} \leq 50{,}2$
GG	**Gaußsches[1] Größenmaß** (*global Gauß*) Das Messergebnis wird durch eine Ausgleichsmessung nach Gauß berechnet.	⌀150 $^{+0,1}_{-0,2}$ (GG)
GX	**Größtes einbeschriebenes Größenmaß** (*global max*) Das Messergebnis ist das größte einbeschriebene Geometrieelement, z. B. Bohrungen für Schrauben.	
GN	**Kleinstes umschriebenes Größenmaß** (*global min*) Das Messergebnis ist das kleinste umschriebene Geometrieelement, z. B. Bolzen zur Positionierung.	
SX	Größtes Maß einer Messreihe (*statistical maximum*)	58±0,1 0,02 (SR)
SN	Kleinstes Maß einer Messreihe (*statistical minimum*)	
SR	Spannweite einer Messreihe (*statistical range*)	
SA	Arithmetischer Mittelwert (*statistical average*)	

Ergänzende Spezifikationsmodifikatoren

Symbol	Beschreibung	Erklärung	Zeichnungseintrag
E	Hüllbedingung	Sie wird verwendet, wenn Teile miteinander gefügt werden. Die Prüfung der Hüllbedingung erfolgt mit Hilfe von Lehren oder Koordinatenmessgeräten.	2x ⌀16 g6 Ⓔ CT
CT	Gemeinsam toleriertes Größenmaß	Spezifikation ist mit mehreren identisch.	
Anzahl x	Angabe bei mehreren Geometrieelementen	Anzahl der identischen Spezifikationen	
UF	Vereinigtes Größenmaß oder Geometrieelement	Die Spezifikation besteht für ein Geometrieelement mit mehreren vereinigten Segmenten.	UF4x ⌀ 0,3
ACS	Beliebiger Querschnitt	Wird verwendet bei der Spezifizierung eines beliebigen oder bestimmten Längs- oder Querschnitts (an Stelle eines kompletten Geometrieelements).	ACS ◎ ⌀0,4 A
SCS	Festgelegter Querschnitt		
ALS	Beliebiger Längsschnitt		

[1] Gauß   Johann Carl Friedrich Gauß; * 30. April 1777 in Braunschweig; † 23. Februar 1855 in Göttingen; bedeutender deutscher Mathematiker, Statistiker, Astronom, Geometer und Physiker.

Geometrische Produktspezifikation (GPS) 3
Geometric Product Specification 3

Aufbau der Toleranzangaben

Kennzeichnung des Bezugs

Form- und Lagetoleranzen werden zusätzlich zu Maßtoleranzen benötigt, wenn diese die Funktion der Bauteile nicht gewährleisten. Formtoleranzen beschreiben die zulässigen Abweichungen von der Idealform, die Lagetoleranzen zulässige Abweichungen von einer bestimmten idealen Lage mehrerer Bauelemente bzw. Ebenen zueinander.

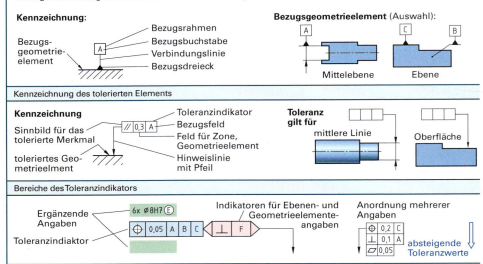

Kennzeichnung des tolerierten Elements

Bereiche des Toleranzindikators

Zusätzliche Symbole und Modifikationen für Geometrieelemente GE

Symbol	Beschreibung	Symbol	Beschreibung
Modifikatoren zur Verbindung von Toleranzzonen und Nebenbedingungen			
CZ	Kombinierte Zone	OZ	Unspezifiziert versetzte Zonen
SZ	Getrennte Zone	VA	Unspezifizierte Neigung / Winkel
UZ	Spezifiziert versetzte Zonen		
Modifikatoren für verknüpfte und abgeleitete tolerierte Geometrieelemente			
C	Minimax (Tschebyscheff) GE	T	Tangentiales Geometrieelement
G	(Gaußsches) kleinste Quadrate GE	A	Abgeleitetes Geometrieelement
N	Kleinstes umschriebenes GE	P	Projizierte Toleranzzone
X	Größtes umschriebenes GE		
Modifikation für Materialbedingung			
M	Maximum – Material – Bedingung	F	Freier Zustand
L	Minimum – Material – Bedingung		
Modifikatoren für Bezüge			
[PD]	Flankendurchmesser	[ACS]	Jeder beliebige Querschnitt
[LD]	Kerndurchmesser, kleinster Ø	[ALS]	Jeder beliebige Längsschnitt
[MD]	Außendurchmesser, größter Ø	[PL]	Situationselement - Ebene
[CF]	Berührendes Geometrieelement	[SL]	Situationselement - Gerade
[DV]	Variabler Abstand für gemeins. Bezug	[PT]	Situationselement - Punkt

Beispiele

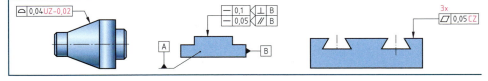

Geometrische Produktspezifikation (GPS) 4
Geometric Product Specification 4

Geometrische Tolerierung
vgl. DIN EN ISO 1101 (2017-09)

Geometrische Merkmale

Form	Richtung	Ort	Profil	Lauf
— Geradheit / *Straightness*	∠ Neigung / *Angularity*	⊕ Position / *Position*	⌒ Linienprofil / *Line Profile*	↗ Rundlauf / *Circular run-out*
⌗ Ebenheit / *Flatness*	⊥ Rechtwinkligkeit / *Perpendicularity*	◎ Konzentrizität/ Koaxialität / *Concentricity/ Coaxiality*	⌓ Flächenprofil / *Surface Profile*	⌁ Gesamtlauf / *total run-out*
○ Rundheit / *Roundness*	∥ Parallelität / *Parallelism*	= Symmetrie / *Symmetry*		
⌭ Zylindrizität / *Cylindricity*				

K

Angabe in Zeichnungen (Auswahl)

Symbol	Zeichnungsangabe	Erklärung

Formtoleranz

| Ebenheit ⌗ | ⌗ 0,1 | Die Fläche muss sich zwischen zwei parallel zueinander stehenden Ebenen mit einem Abstand bis 0,1 mm zueinander befinden. |
| Zylinderform ⌭ | ⌭ 0,25 ⌀12 | Die Mantelfläche des Zylinders muss zwischen zwei koaxial zueinander liegenden Zylindern mit einem Abstand bis 0,25 mm liegen. |

Richtungstoleranz (Lagetoleranz)

| Parallelität ∥ | ∥ 0,02 A | Die Bohrungsachse muss innerhalb eines Zylinders mit einem Durchmesser bis 0,02 mm liegen, dessen Achse parallel zur Bezugsebene A ist. |
| Rechtwinkligkeit ⊥ | ⊥ 0,02 A | Die Planfläche muss rechtwinklig zur Bezugsachse A sein. Sie darf dabei jedoch innerhalb zweier (gedachter) Ebenen mit einem Abstand bis 0,02 mm zueinander von der Rechtwinkligkeit abweichen. |

Ortstoleranz (Lagetoleranz)

| Symmetrie = | = 0,08 A | Die Mittelebene der Nut muss zwischen zwei symmetrisch zur Bezugsebene A angeordneten parallelen Ebenen im Abstand bis 0,08 mm liegen. |
| Koaxialität ◎ | ◎ ⌀0,2 A–B | Die Achse des tolerierten Durchmessers muss innerhalb eines Zylinders mit dem Durchmesser bis 0,2 mm liegen, dessen Achse sich auf der Bezugsachse A-B befindet. |

Lauftoleranz (Lagetoleranz)

| Rundlauf radial ↗ | ↗ 0,1 A–B | Bei einer Umdrehung des Zylinders um die Bezugsachse A-B darf die Rundlaufabweichung in jeder einzelnen Messebene senkrecht zur Bezugsachse A-B 0,1 mm nicht überschreiten. |
| Gesamtlauf ⌁ | ⌁ 0,1 A–B | Bei mehrfacher Umdrehung um die Bezugsachse A-B und gleichzeitiger axialer Verschiebung müssen alle Messpunkte der Oberfläche in der Gesamtplanlauftoleranz bis 0,1 mm liegen. |

Gewinde, Schraubenverbindungen, Zentrierbohrungen
Threads, Screwed Connections, Center Bores

Darstellung von Gewinden
vgl. DIN ISO 6410-1

Innengewinde

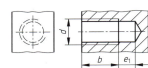

e_1 nach DIN 76-1. Der Gewindeauslauf wird im Regelfall nicht gezeichnet.

Bolzengewinde — **Bolzen in Innengewinde**

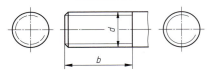 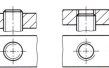

Gewindefreistich — **Rohrgewinde und Rohrverschraubung**

bildlich — sinnbildlich

DIN 76-D — DIN 76-D

DIN 76-A — DIN 76-A

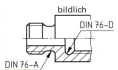 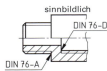 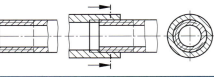

Darstellung von Schraubenverbindungen

Sechskantschraube und Mutter

ausführlich — vereinfacht

Verbindung mit Zylinderschraube

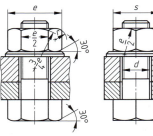 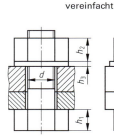 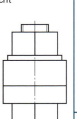

h_1 Schraubenkopfhöhe
h_2 Mutternhöhe
h_3 Scheibenhöhe
e Eckenmaß
s Schlüsselweite
d Gewinde-Nenn-ø

$h_1 \approx 0{,}7 \cdot d$
$h_2 \approx 0{,}8 \cdot d$
$h_3 \approx 0{,}2 \cdot d$
$e \approx 2 \cdot d$
$s \approx 0{,}87 \cdot e$

Verbindung mit Stiftschraube

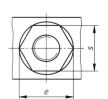

Zeichnungsangabe bei Zentrierbohrungen
vgl. DIN ISO 6411

Zentrierbohrung **ist** am Fertigteil erforderlich	Zentrierbohrung **darf** am Fertigteil vorhanden sein	Zentrierbohrung **darf** am Fertigteil **nicht** vorhanden sein
 ISO 6411-A4/8,5	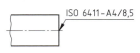 ISO 6411-A4/8,5	 ISO 6411-A4/8,5

Getriebedarstellung — Presentation of Gears

Stirnrad	Kegelrad	Schneckenrad
Ein Zahnrad wird grundsätzlich ohne einzelne Zähne dargestellt. Die Zahnfußfläche wird meist nur in Schnitten gezeichnet.	Bei der Darstellung senkrecht zur Achse des Kegelrades ist die Bezugsfläche durch den Teilkreis am Rückenkegel anzugeben.	Bei der Darstellung senkrecht zur Achse des Schneckenrades ist die Bezugsfläche durch den Mittenkreis anzugeben.

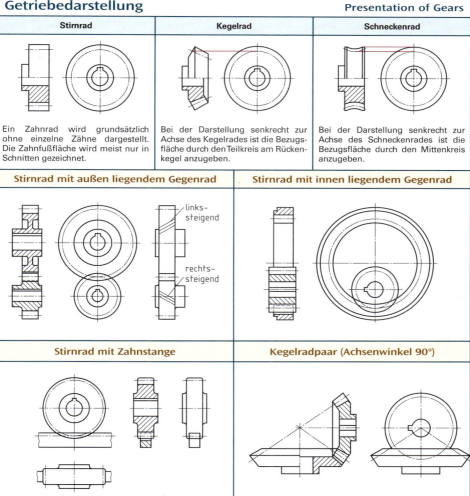

Stirnrad mit außen liegendem Gegenrad	Stirnrad mit innen liegendem Gegenrad

links-steigend
rechts-steigend

Stirnrad mit Zahnstange	Kegelradpaar (Achsenwinkel 90°)

Schnecke und Schneckenrad	Kettenräder	Zahnriemen

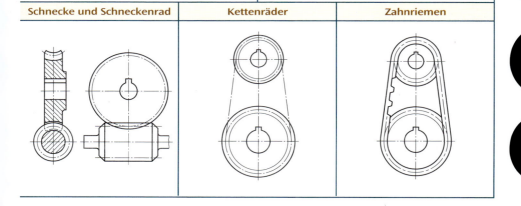

Darstellung von Wälzlagern — Representation of Roller Bearings

Vereinfachte Darstellung
vgl. DIN ISO 8826-1 und DIN ISO 8826-2

Allgemeine vereinfachte Darstellung

Darstellung	Abbildung	Erläuterung
		Für allgemeine Zwecke wird ein Wälzlager durch ein Quadrat oder Rechteck und ein freistehendes, aufrechtes Kreuz dargestellt.
		Falls erforderlich, kann das Wälzlager durch die Umrisse und ein freistehendes, aufrechtes Kreuz dargestellt werden.

Elemente für detaillierte vereinfachte Darstellung

Element	Erläuterung, Verwendung
——	Lange, gerade Linie; zur Darstellung der Achse des Wälzelements bei Lagern ohne Einstellmöglichkeit.
⌒	Lange gebogene Linie; zur Darstellung der Achse des Wälzelements bei Lagern mit Einstellmöglichkeit (Pendellager).
│	Kurze gerade Linie; zur Darstellung der Lage und Anzahl der Reihen von Wälzelementen.
○	Kreis; zur Darstellung von Wälzelementen (Kugel, Rolle, Nadel), die rechtwinklig zu ihrer Achse gezeichnet sind.

Beispiele für die detaillierte vereinfachte Darstellung von Wälzlagern

einreihige Wälzlager

Darstellung	Abbildung	Bezeichnung
		Radial-Rillenkugellager, Zylinderrollenlager
		Radial-Pendelrollenlager (Tonnenlager)
		Schrägkugellager, Kegelrollenlager
		Nadellager, Nadelkranz
		Axial-Rillenkugellager, Axial-Rollenlager
		Axial-Pendelrollenlager

zweireihige Wälzlager

Darstellung	Abbildung	Bezeichnung
		Radial-Rillenkugellager, Zylinderrollenlager
		Pendelkugellager, Radial-Pendelrollenlager
		Schrägkugellager
		Nadellager, Nadelkranz
		Axial-Rillenkugellager, zweiseitig wirkend
		Axial-Rillenkugellager mit kugeligen Gehäusescheiben, zweiseitig wirkend

Kombinierte Lager

Darstellung	Abbildung	Bezeichnung
		Kombiniertes Radial-Nadellager mit Schrägkugellager
		Kombiniertes Axial-Kugellager mit Radial-Nadellager

Darstellung rechtwinklig zur Wälzkörperachse

Wälzlager mit beliebiger Wälzkörperform (Kugeln, Rollen, Nadeln)

Darstellung von Dichtungen und Wälzlagern
Representation of Seals and Roller Bearings

Vereinfachte Darstellung von Dichtungen
vgl. DIN ISO 9222-1

Allgemeine vereinfachte Darstellung			Elemente für detaillierte vereinfachte Darstellung	
Darstellung	Ansicht	Erläuterung	Element	Erläuterung, Verwendung
⊠		Für allgemeine Zwecke wird eine Dichtung durch ein Quadrat oder Rechteck und ein freistehendes, diagonales Kreuz dargestellt. Die Dichtrichtung kann durch einen Pfeil angegeben werden.	—	Lange Linie parallel zur Dichtfläche; für das fest sitzende (statische) Dichtelement.
			↙	Lange diagonale Linie; für das bewegliche (dynamische) Dichtelement, z. B. die Dichtlippe. Die Dichtrichtung kann durch einen Pfeil angegeben werden.
			/	Kurze diagonale Linie, z. B. für Staublippen, Abstreifringe.
⊠		Falls erforderlich, kann die Dichtung durch die Umrisse und ein freistehendes, diagonales Kreuz dargestellt werden.	⊥	Kurze Linie, die zur Mitte des Sinnbilds zeigt; für den statischen Teil von U- und V-Ringen, Packungen.
			≻	Kurze Linie, die zur Mitte des Sinnbilds zeigt; für Dichtlippen von U- und V-Ringen, Packungen.
			⊤ ⊔	T und U; für berührungsfreie Dichtungen.

Beispiele für detaillierte vereinfachte Darstellung von Dichtungen

Wellendichtringe und Kolbenstangendichtungen				Profildichtungen, Packungssätze, Labyrinthdichtungen			
Darstellung	Ansicht	Verwendung für		Darstellung	Ansicht	Darstellung	Ansicht
		Drehbewegung	geradlinige Bewegung				
◸		Wellendichtring ohne Staublippe	Stangendichtung ohne Abstreifer	≻		⟨	
◺		Wellendichtring mit Staublippe	Stangendichtung mit Abstreifer	≫		⋏	
⊠		Wellendichtring, doppelt wirkend	Stangendichtung, doppelt wirkend	)(		⊤⊤	

Vereinfachte Darstellung von Wälzlagern und Dichtungen

Allgemeine vereinfachte Darstellung   Detaillierte vereinfachte Darstellung

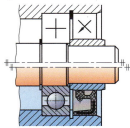
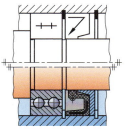
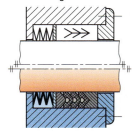

Rillenkugellager und Radial-Wellendichtring mit Staublippe   Zweireihiges Rillenkugellager und Radial-Wellendichtring   Packungssatz

Symbole für Schweißen und Löten — Symbols for Welding and Soldering

Darstellung in Zeichnungen (Grundsymbole) — vgl. DIN EN ISO 2553

Name Symbol	Darstellung bildlich	Darstellung mit Symbol	Name Symbol	Darstellung bildlich	Darstellung mit Symbol
Bördelnaht ⋏			HV-Naht V		
I-Naht ‖			Y-Naht Y		
beidseitig (rundum) geschweißt			HY-Naht Ƴ		
V-Naht V			U-Naht Y		
			HU-Naht Ρ		
ringsum verlaufend			Punktnaht ○		
Kehlnaht △			Liniennaht ⊖		
Baustellennaht mit 3 mm Nahtdicke			Flächennaht =		

Weitere mechanische Verbindungen, Federn
More Mechanical Connections, Springs

Schweißnähte (Kombination von Grundsymbolen) — vgl. DIN EN ISO 2553

Name Symbol	Darstellung bildlich	Darstellung mit Symbol	Name Symbol	Darstellung bildlich	Darstellung mit Symbol
V-Naht mit Gegenlage ⎯			Doppel-U-Naht ✕		
Doppel-V-Naht ✕ (X-Naht)			Doppel-Kehlnaht ▷		

Schweißen und Löten (Bemaßungsbeispiel)

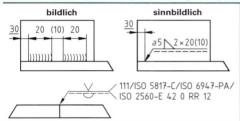

bildlich — sinnbildlich

111/ISO 5817-C/ISO 6947-PA/ISO 2560-E 42 0 RR 12

Unterbrochene Kehlnaht; Nahtdicke a = 5 mm (entspricht Schenkeldicke z = 7 mm); 2 Einzelnähte mit je 20 mm Länge; Nahtabstand = 10 mm; Vormaß = 30 mm.

Durchgeschweißte V-Naht mit Gegenlage; hergestellt durch Lichtbogenhandschweißen (Kennzahl 111 nach DIN EN ISO 4063); geforderte Bewertungsgruppe C nach DIN EN ISO 5817; Wannenposition PA nach DIN EN ISO 6947; verwendete Stabelektroden E 42 0 RR 12 nach DIN EN ISO 2560.

Siehe auch Seiten 197 ff

Darstellung von Keilwellen und Kerbverzahnungen — vgl. DIN EN ISO 6413

	Welle	Nabe	Verbindung
Keilwellen oder Keilnaben mit geraden Flanken. Symbol: ⊓			
Zahnwellen oder Zahnnaben mit geraden Evolventenflanken oder Kerbverzahnungen. Symbol: ⋀			

⇒ **Keilwelle ISO 14-6 x 26 f7 x 30:**
Keilwellenprofil mit geraden Flanken nach ISO 14, Keilzahl N = 6, Innendurchmesser d = 26f7, Außendurchmesser D = 30

Darstellung von Federn — vgl. DIN ISO 2162-1

Benennung	Darstellung Ansicht	Darstellung Schnitt	Symbol	Benennung	Darstellung Ansicht	Darstellung Schnitt	Symbol
Zylindrische Schrauben-Druckfeder aus Draht mit rundem Querschnitt				Zylindrische Schrauben-Zugfeder aus Draht mit rundem Querschnitt			
Zylindrische Schrauben-Drehfeder aus Draht mit rundem Querschnitt				Tellerfederpaket (Teller wechselsinnig geschichtet)			

Funktionsbezogene Schaltpläne — Functional Circuit Diagrams

Wichtige funktionsbezogene Dokumente

vgl. DIN EN 61082-1

Art	Erklärung	Beispiel
Schaltskizze (nicht genormt)	Meist allpolige Darstellung zur Erklärung der Wirkungsweise oder Anordnung von elektrischen Einrichtungen, z.B. bei Herden, Warmwasserspeichern oder Haushaltsgeräten. Dabei werden Schaltzeichen, nicht genormte Symbole und auch Ansichten verwendet.	
Übersichtsschaltplan	Meist einpolige Darstellung einer Schaltung. Dabei werden einfache Schaltzeichen und Blocksymbole verwendet. Leiterzahl und Betriebsmittelzahl sind je nach Aufgabe des Planes angegeben oder nicht angegeben.	
Stromlaufplan in zusammenhängender Darstellung	Allpolige Darstellung der Stromkreise einer Funktionseinheit, Baueinheit oder Anlage mit allen Einzelheiten. Teile desselben Betriebsmittels müssen räumlich zusammenhängend gezeichnet werden. Größe, Form und räumliche Lage der Betriebsmittel bleiben unberücksichtigt. Dabei sind die Teile und Verbindungen mit genormten Symbolen (Schaltzeichen) dargestellt.	
Stromlaufplan in aufgelöster Darstellung	Allpolige Darstellung der Stromkreise nach Stromwegen aufgelöst. Mechanisch zusammengehörige Teile werden durch ihre Betriebsmittelkennzeichnung zueinander in Verbindung gebracht. Stromwege möglichst senkrecht. Leiterverlauf senkrecht und waagrecht. Es werden genormte Symbole verwendet.	
Stromlaufplan in halb zusammenhängender Darstellung	Allpolige Darstellung der Stromkreise, wobei Symbole der Teile mit mechanischer Wirkverbindung auseinandergezogen dargestellt sind. Diese Teile werden durch das Symbol für mechanische Verbindung (gestrichelte Linie) miteinander verbunden. Anwendung: Steuerungen.	
Blockschaltplan	Meist einpoliger Übersichtsschaltplan, bei dem Blocksymbole vorkommen. Gibt es kein infrage kommendes genormtes Symbol, so können Rechtecke oder Quadrate mit Text verwendet werden. Anwendung: Elektronische Schaltungen, z.B. integrierte Schaltkreise.	
Ersatzschaltplan	Allpolige Darstellung einer vereinfachten Schaltung, die dasselbe Verhalten zeigt wie die ursprüngliche Schaltung. Dabei werden einfache Symbole (Schaltzeichen) verwendet. Anwendung: Zum Verständnis des Verhaltens von Maschinen und Geräten.	

Ausführungsrichtlinien

1. Die Darstellung erfolgt im stromlosen Zustand, die Schalter sind in Grundstellung.
2. Klemmen müssen nur eingetragen werden, wenn es für den Zweck der Zeichnung erforderlich ist.
3. Falls erforderlich, sind Kombinationen der Schaltpläne zulässig.

Weitere funktionsbezogene Dokumente — More Functional Diagrams

Art	Erklärung	Beispiel
Funktionsplan (nicht bei speicherprogrammierbaren Steuerungen, SPS)	Diagramm, das ein Steuerungssystem oder Regelungssystem beschreibt. Dabei werden genormte Symbole mit Text verwendet. Je nach Aufgabe wird die Grobstruktur oder die Feinstruktur dargestellt. Funktionsplan (FUP) der SPS: siehe Logik-Funktionsschaltplan.	EIN, HALT → & → 1 Motor läuft nicht / Motor eingeschaltet; 2 → Q1 anziehen / Windungszahl erreicht
Funktionsschaltplan	Darstellung eines Systems, eines Teils, einer Installation oder einer Software in Form von Schaltkreisen. Die zur Realisierung erforderlichen Mittel müssen dabei nicht berücksichtigt werden. Dabei werden genormte Symbole, genormte Blöcke oder mit freiem Text versehene Blöcke verwendet.	E1, E2 → & → A2 → Befehl: AUF → A1 → Endschalter
Anschluss-Funktionsschaltplan	Allpolige Darstellung einer Funktionseinheit mit Anschlussstellen. Die Beschreibung der Funktion kann durch andere Schaltpläne oder durch Text erfolgen. Dabei werden genormte Symbole oder mit Text versehene Blöcke verwendet. Anwendung: Module zum Zusammenbau von größeren Einheiten.	$I >$ → 1, 2; $I >$ → 3, 4; ≥ 1 → 5
Logik-Funktionsschaltplan (bei SPS: Funktionsplan FUP)	Allpolige Darstellung eines Schaltnetzes, z. B. eines Code-Umsetzers, oder eines Schaltwerkes, z. B. eines Schieberegisters. Dabei werden Schaltzeichen binärer Elemente verwendet. Die Stromversorgung dieser Elemente wird nicht dargestellt. Anwendung: Schaltungen mit binären Elementen.	E1, E2, E3 → ≥ 1; E4 → &
Netzwerkkarte	Einpoliger Übersichtsschaltplan, der ein Netz mit seinen Anlageteilen in einer Landkarte darstellt. Die Anlageteile, z. B. Maste, Starkstromleitungen, Fernmeldeanlagen, Umspannstationen oder Kraftwerke werden durch genormte Symbole oder vereinfachte Ansichten dargestellt. Anwendung: Dokumentation oder Baupläne von Netzen oder Netzteilen.	Autobahn, Mast, Transformator, 99, 98, B31, 400 V, 20 kV, = T35
Ablaufdiagramm	Diagramm zur Darstellung der Reihenfolge von Vorgängen oder der Zustände von Teilen eines Systems, z. B. eines Relais. Dabei sind die Vorgänge oder Zustände in einer Richtung, z. B. senkrecht, und die Schritte oder die Zeit im rechten Winkel dazu aufgezeichnet. Anwendung: Ablauf von Schaltvorgängen.	K1, K2
Zeitablaufdiagramm	Darstellung des Ablaufs von Vorgängen im zeitgerechten Maßstab. Die Zeitachse wird meist nicht angegeben. Die Grundlinie des Signalzuges hat den logischen Wert 0 bzw. den Pegel L. Nach oben wird die 1 bzw. der Pegel H aufgetragen. Anwendung: Darstellung des Verhaltens von Schaltnetzen oder von Schaltwerken.	C, K1, K2
Wirkungsplan (nur für Regelungstechnik und Steuerungstechnik genormt)	Darstellung der Gesamtheit aller Wirkungen in einem System durch rechteckige Blöcke. Die Wirkungsrichtung wird durch Pfeile in den Wirkungslinien dargestellt, insbesondere, wenn von rechts nach links oder von unten nach oben. Die Addition wird durch einen Kreis mit Angabe von + und - dargestellt.	w → e → Regler → Steller → Strecke → x

K

Ortsbezogene und verbindungsbezogene Dokumente
Location- and Connection-related Documents

Art	Erklärung	Beispiel
Ortsbezogene Dokumente		vgl. DIN EN 61082-1
Installationsplan	Maßstäblicher Plan, der die Lage der Teile eines Systems bzw. einer Anlage ohne die Leitungen zeigt (**Bild links**).	
Installationszeichnung	Zeichnung, z. B. Ansicht einer Maschine, welche die Lage der Teile eines Systems ohne die Leitungen zeigt (**Bild rechts**).	
Installationsschaltplan	Schaltplan, der die Angaben des Installationsplanes und zusätzlich die Leitungen enthält. Die Einzelheiten der Betriebsmittel, z. B. die Art der Leitungen, können eingetragen oder in einer Tabelle aufgezählt werden. Anwendung: Planung und Dokumentation der Elektroinstallation.	
Anordnungsplan	Darstellung der Gestalt und räumlichen Lage von Teilen, die zusammengehören oder zusammengebaut werden. Leitungen werden nicht eingetragen. Die Betriebsmittel werden durch Rechtecke mit Betriebsmittelkennzeichnung oder Text dargestellt. Es wird meist maßstäblich gezeichnet.	
Verbindungsbezogene Dokumente		vgl. DIN EN 61082-1
Verdrahtungsplan	Geräteverdrahtungsplan: Lagerichtige und allpolige Darstellung der Verbindungen *innerhalb* einer Baueinheit.	
Verbindungsplan	Verbindungsplan: Lagerichtige und allpolige Darstellung der Verbindungen *zwischen* verschiedenen Baueinheiten.	
Anschlussplan	Allpolige Darstellung der Anschlüsse einer elektrischen Einrichtung und der daran angeschlossenen äußeren Verbindungen. Die Anschlüsse werden als Rechtecke, Quadrate, Kreise oder Punkte dargestellt. Meist allpolige Darstellung. Notwendig ist die eindeutige Kennzeichnung der Anschlüsse.	
Bestückungsplan (nicht genormt)	Ansicht der Bestückungsseite (Seite der Bauelemente) einer gedruckten Schaltung. Die Bauelemente werden in vereinfachter Ansicht und/oder als Schaltzeichen lagerichtig dargestellt, mit oder ohne Leiterbahnen. Es wird meist maßstäblich dargestellt. Die Bauelemente können in einer Tabelle aufgelistet werden. Angabe von Ort +, Produkt -, Funktion =	
Kabelplan	Schaltplan mit Informationen über Kabel und Leitungen, z. B. Leiterkennzeichnung, Lage der Enden, Kenngrößen, Funktion und Kabelwege. Meist einpolige Darstellung, aber mit Angabe der Leiternummerierung. Kennzeichnung der angeschlossenen Baugruppen ist notwendig.	

Kennbuchstaben der Objekte (Betriebsmittel) in Schaltplänen
Code Letters for Components (Objects) in Circuit Diagrams vgl. DIN EN IEC 81346-2

Buchstabe	Zweck des Objekts	Beispiele für Objekte
B	Erfassung und Darstellung von Informationen.	Sensor, Mikrofon, Messwandler, Messwiderstand, Videokamera, Lesegerät, Detektoren, Näherungsschalter, thermisches Überlastrelais, Motorschutzrelais, Bewegungsmelder, kWh-Zähler
C	Speichern für späteres Abrufen.	Kondensator, Festplatte, Pufferbatterie, RAM, ROM, Puffer, Chipkarte, USB-Stick, Laufwerke, z.B. für DVD, CD, Behälter, Gehäuse, Schwungrad
E	Aussendeobjekte	Glühlampe, Leuchtstofflampe, Heizkörper, Glühofen, Warmwasserspeicher, Laser, Leuchte, Kühlschrank
F	Schutz vor Auswirkungen gefährlicher oder unerwünschter Bedingungen.	Schmelzsicherung, Leitungsschutzschalter, RCD, thermischer Überlastauslöser, Überspannungsableiter, faradayscher Käfig, Abschirmung, Schutzvorrichtung
G	Bereitstellen eines steuerbaren Durchflusses.	Generator, Batterie, Pumpe, Ventilator, Lüfter, Stromversorgungseinheit, Solarzelle, Brennstoffzelle, Ventilator, Hebezeuge, Fördereinrichtung
H	Behandlung von Stoffen.	3D-Drucker, Presse, Oberflächenbearbeitungsmaschine, Zentrifuge, Destilliersäule, Brechwerk, Schneidmaschine, Mischgerät, Luftbefeuchter, Staubsauger
K	Verarbeitung von Eingangssignalen und Bereitstellung eines geeigneten Ausgangs.	Hilfsschütz, Transistor, Zeitrelais, Verzögerungsglied, Binärelement, Regler, Filter, Operationsverstärker, Mikroprozessor, Mikrocontroller, Zähler, Multiplexer, Computer, Router, Switch, I/O-Modul, Steuerventil
M	Ausübung mechanischer Bewegung oder Kraft.	Elektromotor, Linearmotor, Verbrennungsmotor, Turbine, Hubmagnet, Stellantrieb, Hydraulikzylinder
N	Teilweises oder vollständiges Einschließen (Abdecken) eines anderen Objekts.	Dichtung, Buchse, Schranktür, Verkleidung, Muffe, Bodenbelag
P	Bereitstellung wahrnehmbarer Informationen.	Messgeräte, Klingel, Lautsprecher, Signallampe, LED, Drucker, Manometer, Uhr, Bildschirmgeräte, Beamer
Q	Steuerung von Zugang oder Durchfluss.	Leistungsschalter, Leistungsschütz, Motoranlasser, Thyristor, Leistungstransistor, IGBT, Motorstarter, Ventil, Kupplung, Regelklappe, Trennschalter, Tür
R	Begrenzen oder Stabilisieren.	Widerstand, Drosselspule, Diode, Z-Diode, Rückschlagventil, Schaltung zur Spannungsstabilisierung oder zur Stromstabilisierung, Konstanthalter, USV
S	Erkennen menschlicher Handlung, Bereitstellen einer entsprechenden Reaktion.	Steuerschalter, Tastatur, Maus, Taster, Wahlschalter, Quittierschalter, Lichtstift
T	Transformieren, Umwandeln	Leistungstransformator, Gleichrichter, Modulator, Demodulator, AC-Umsetzer, DC-Umsetzer, Frequenzumformer, Verstärker, Antenne, Telefonapparat, ADU (ADC), DAU (DAC), Stromversorgung
U	Verortung anderer Objekte	Isolator, Kabelwanne, Mast, Spannvorrichtung, Fundament, Aufhängevorrichtung, Kugellager
W	Leiten von einem Ort zu einem anderen.	Leiter, Leitung, Kabel, Lichtwellenleiter, Busleitung, Systembus, Sammelschiene, Zahnrad, Rohr
X	Bereitstellen einer Schnittstelle zu einem anderen Ort.	Steckdose, Klemme, Kupplung, Steckverbinder, Klemmleiste, Anschlusskasten, Signalverteiler
D, J, L, V, Y, Z	Für spätere Normung vorgesehen.	Reserve, falls die oben angeführte Einteilung nicht ausreichend ist.
A, I, O	Nicht für Kennzeichnung anwendbar.	Es besteht Verwechslungsgefahr mit 1 für Input = Eingang und 0 für Output = Ausgang.

Im Schaltplan werden die Objekte (Betriebsmittel) mit demselben Kennbuchstaben durchnummeriert, z. B. C1,C2 usw. Maßgebend für die Kennbuchstaben ist der Verwendungszweck. So wird ein Transistor zur Signalverarbeitung mit z. B. K1 bezeichnet, ein Transistor zum Steuern oder Schalten einer Last mit Q1.

Kennzeichnungen in Schaltplänen — Markings in Circuit Diagrams

System der Kennzeichnung der Betriebsmittel, Referenzkennzeichnung
Siehe auch Seiten 124, 125. vgl. DIN EN IEC 81346-1 und -2

Beispiel, Bezeichnung	Erklärung	Ergänzung
+ Q M R 4 | | | | | 1 2 3 4 5 1 Vorzeichen 2 Klasse (Buchstabe vorhergehende Seite) 3 Unterklasse 4 Nutzerergänzung 5 Zählnummer	Das Vorzeichen steht für den Aspekt (Betrachtung), und zwar = Funktionsbezogenheit − Produktbezogenheit + Ortsbezogenheit # sonstiges. Klasse (Hauptklasse) und Unterklasse nachfolgend. Nutzer kann zusätzliche Unterklasse angeben.	Mit der Zählnummer gibt man die gezählte Nummer der gleichen Betriebsmittel an, z. B. R1, R2, R3. Vorzeichen und Unterklasse sind bei Bedarf anzugeben, Klasse und Zählnummer können in kleinen Schaltplänen das Betriebsmittel meist genau genug angeben. Die Referenzkennzeichnung ist bei industriellen Anwendungen gebräuchlich.

Unterklassen für Aufgaben von Objekten (Auswahl) vgl. DIN EN IEC 81346-1 und -2

Hauptklasse Hkl	Hkl, Ukl	Aufgabe der Unterklasse Ukl	Beispiele für Objekte
B Erfassung und Darstellung von Informationen	BA	elektrisches Potenzial	Kopplungskondensator, Messrelais, Spannungswandler
	BC	elektrischer Strom	Stromwandler, Messwandler, Messrelais, Überlastrelais
	BF	Durchfluss, Durchsatz	Durchflussmesser, Gaszähler,
	BG	physikalische Dimensionen	3D-Scanner, Bewegungssensor
	BP	Druck, Vakuum	Drucksensor, Druckmesser
	BR	Strahlungserkennung	Lichtschranke, Radarsensor
	BY	Informationserkennung	RFID-Lesegerät
C Speichern für späteres Abrufen	CA	Speichern, kapazitiv	Kondensator
	CB	Speichern, induktiv	Spule, Supraleiter
	CC	Speichern, chemisch	Batterie, Akkumulator
	CF	Speichern von Informationen	RAM, EPROM, CD, DVD
	CM	Speichern innerhalb Umschließung	Behälter, Tank, Schrank
	CP	Speichern von thermischer Energie	Heißwasserspeicher, Eisspeicher
E Aussendeobjekte	EA	Bereitstellung elektromagnetischer Strahlung	Glühlampe, Leuchtstofflampe, UV-Strahler
	EB	Bereitstellung von Wärmeenergie	Elektroofen, Boiler, Sauna
	EC	Bereitstellung von Kälteenergie	Kühlschrank, Kühltruhe
F Schutz vor Auswirkungen gefährlicher, unerwünschter Bedingungen	FA	**Schutz gegen** Überspannung	Überspannungsableiter
	FB	Fehlerströme	RCD (FI-Schalter), RCM
	FC	Überstrom	Leitungsschutzschalter
	FL	Druck	Ausdehnungsbehälter
	FM	Brandeinwirkung	Sprinkleranlage Brandschutztür
	FN	mechanische Krafteinwirkung	Kabelschutz, Stoßschutz
	FR	Verschleiß	Schmieröl
	FS	Umgebungseinflüsse	Abdeckung, Opferanode
G Bereitstellen eines steuerbaren Durchflusses		**Elektrischer Energiefluss** durch	
	GA	mechanische Energie	Rotierende elektrische Maschinen
	GB	Chemie	Akkumulatoren, Brennstoffzelle
	GC	Sonnenenergie	Photovoltaik-Modul
	GF	Signalerzeugung	Signalerzeuger
	GP	Flusserzeugung aus Flüssigkeit	Wasserversorgung, Pumpen
	GQ	Flusserzeugung aus Gasen	Gasstrahler, Lüfter
H Behandlung von Stoffen	HJ	Umformen	3D-Drucker, Sinterpresse
	HL	Zusammenbau	Werkzeuge, Roboter
	HM	Fliehkraft-Trennen	Zentrifuge, Absetzbecken
	HP	Thermisches Trennen	Schneidbrenner, Trockner
	HR	Elektro- oder Magnetotrennen	Sortieranlage, Separator
	HS	Chemisches Trennen	Elektrolyse, Ionenaustauscher
	HW	Mischen von Stoffen	Rührwerke, Luftbefeuchter
K Verarbeitung von Eingangssignalen, Bereitstellung eines geeigneten Ausgangs	KE	Verarbeitung elektrischer Signale	Computer, I/O-Gerät, Router, SPS
	KF	Weiterleitung elektrischer Signale	Relais, Transistor, Binärelemente, Empfänger, Sender
	KG	Verarbeitung optischer Signale	Optokoppler, Spiegel
	KH	Verarbeitung fluidischer Signale	Flüssigkeitsregler
	KZ	Mehrfach-Signalverarbeitung	Mehrfachschalter

Kennzeichnungen in Schaltplänen — Markings in Circuit Diagrams

Fortsetzung Unterklassen für Aufgaben von Objekten vgl. DIN EN IEC 81346-1 und -2

Hauptklasse Hkl	Hkl, Ukl	Aufgabe der Unterklasse Ukl	Beispiele für Objekte
M Ausübung mechanischer Bewegung oder Kraft	MA MB MC ML MM MT	elektromagnetisch, rotierend elektromagnetisch, linear magnetisch mechanisch pneumatisch, fluidtechnisch Wärmemaschine	Elektromotor Elektromagnet, Magnetventil, Linearmotor Permanentmagnet Federantrieb, Turbine Hydraulikmotor, Pneumatikmotor Dampfmotor
N Abdecken eines Objektes	NA NB	Füllen von Öffnungen Schließen von Öffnungen	Dichtung, Buchse Gehäuseklappe, Schranktür, Tankdeckel
P Bereitstellung wahrnehmbarer Funktionen	PF PG PH	Sichtbare Zustandsanzeige Skalaranzeige Grafische Anzeige	Signallampe, Stellungsanzeiger Messinstrument, Manometer, Positionsanzeige, Energiezähler Bildschirm, Drucker, Display
Q Steuerung von Zugang oder Durchfluss	QA QB QC QM QN	Schalten und Variieren elektrischer Energiekreise Trennen elektrischer Energiekreise Erden elektrischer Energiekreise Schalten eingeschlossener Flüssig. Variieren eingeschl. Flüssigkeiten	Leistungsschalter, Thyristor, Motoranlasser, Schütz Trennschalter Erdungsschalter Ablaufhahn, Wasserhahn Flüssigkeitsregelventil
R Begrenzen oder Stabilisieren	RA RB RF	Begrenzen des Flusses elektrischer Energie Begrenzen durch Stabilisieren Stabilisieren von Signalen	Widerstand, Drossel, Diode, Konstanthalter USV, Spannungskompensator Tiefpass, Entzerrer, Filter
S Handlung erkennen, Reaktion bereitstellen	SF SG SJ SK	Gesichtsinteraktion Handinteraktion Fingerinteraktion Bewegungsinteraktion	Augenfokus-Lesegerät Aktivierungsgerät mit 2 oder 3 Stellungen, Notfallknopf Schalter, Tastatur, Drehrad Maus, Joystick, Lichtsift
T Transformieren	TA TB TF TM TP	Umwandeln elektrischer Energie unter Beibehalten der Stromart wie bei TA, aber Verändern der Stromart Umwandeln von Signalen (Beibehalten des Informationsinhaltes) Massereduktion Materie-Umformung	Transformator, DC/DC-Umsetzer, Frequenzumrichter Gleichrichter, Wechselrichter, AC/DC-Umsetzer Verstärker, Impulsverstärker, Antenne, U/I-Umsetzer, ADC, DAC Bohrmaschine, Ätzmaschine Biegemaschine, Rändelmaschine
U	UB UG	Trageeinrichtungen Umschließungsobjekt	Kabelkanal, Mast, Tisch Schrank, Gehäuse
X	XD XE XF	Verbindungen bei Niederspannung Potenzialverbindung nicht fest angeschlossener Koppler	Anschlusskasten, Steckdose PE-Anschlusspunkt Fliehkraftkupplung, Magnethub

Die Zweitbuchstaben der Unterklassen sind *bei Bedarf* anzuwenden, wenn die Kennbuchstaben der Hauptklasse für sehr verschiedenartige Objekte angewendet werden. Bei Bedarf *kann* ein Drittbuchstabe angewendet werden.

Kennzeichnung von Leitern und Leiteranschlüssen vgl. DIN EN 60617-2

Leiter		Kennzeichnung		Leiter	Kennzeichnung	
		alphanum.	Schaltzeichen		alphanum.	Symbol
Wechselstromnetz	Außenleiter Außenleiter 1, 2, 3 Neutralleiter	L L1, L2, L3 N		Schutzpotenzialausgleichsleiter	PB PBE PBU	
Gleichstomnetz	Positiv Negativ Mittelleiter	L+ L– M	+ / −	Erder	E	
Schutzleiter (Protective Earth)		PE		Masse	GND, GD MM	
PEN-Leiter (Funktion PE + N)		PEN		E (earthed) geerdet, U (unearthed) ungeerdet PB Protective Bonding, GND Ground		

Zusätzlich können angegeben werden Frequenz, Spannung, Stromart, Querschnitt, Leitung.

Anwenden der Referenzkennzeichnung nach DIN EN 81346 in Anlagen
Usage of Reference Identification DIN EN IEC 81346 in Plants

Merkmal	Erklärung	Bemerkungen, Beispiele
Strukturierung	Das Planen technischer Systeme und Anlagen erfordert deren hierarchisches Gliedern in Unterstrukturen.	Die Objekte eines Systems oder einer Anlage sind entsprechend ihrem Vorkommen bzw. ihrer Anwendung zu kennzeichnen. www.aucotec.com; www.igevu.de
Produktbezogene Struktur	Dokumentiert das Zusammensetzen physikalischer Objekte. Objekte sind Anlagen, Anlagenteile, Baugruppen, Bauteile.	Beispiel: Umspannstation: Schaltanlage 380 kV → Schaltfeld 1 → Leistungsschalter 1 → Meldeschalter 1
Funktionsbezogene Struktur	Legt Objekte für Funktionen und Teilfunktionen unabhängig von ihrer Verwirklichung fest.	Beispiel: Umspannstation: Verteilen 380 kV → Leistung 1 schalten → Leistung schalten → Melden
Ortsbezogene Struktur	Beschreibt die Örtlichkeiten einer Anlage, z. B. Gelände, Gebäude, Etage, Raum, Platz.	Beispiel: Umspannstation: 380-kV-Anlage → Gelände Schaltfeld 1
Aspekte	Sind spezifische Betrachtungsweisen eines Objektes. Die Hauptaspekte werden nach Produkt, Funktion und Ort unterschieden.	Die Aspekte werden als Vorzeichen den Objektkennzeichnungen vorangestellt.
Referenzkennzeichnung Produktbezogene Struktur: –	Ein System besitzt für jedes Objekt innerhalb seiner Struktur eine eigene Kennzeichnung. Das Beschreiben des tiefstgelegenen Objektes einer Struktur erfolgt durch Verketten der Kennzeichnungen der übergeordneten Objekte. Das Minuszeichen (-) zeigt den produktbeschreibenden Aspekt an.	Umspannstation: Schaltanlage 380 kV: -C1 → Schaltfeld 1: -Q1 → Leistungsschalter 1: -QA1 → Meldeleuchte 1: -P1 Referenzkennzeichen des Meldeschalters 1 im Leistungsschalter 1 im Schaltfeld 1 der 380-kV-Anlage: -C1-Q1-QA1-P1 Alternative Schreibweisen: -C1Q1QA1P1; -C1.Q1.QA1.P1
Referenzkennzeichen funktionsbezogene Struktur: =	Ebenfalls verkettetes Kennzeichnen der gesamten Struktur. Das Gleichheitszeichen (=) zeigt den funktionsbeschreibenden Aspekt an.	Umspannstation: Verteilen 380 kV : =C1 → Leistung 1 schalten: =Q1 → Leistung schalten: =QA1 → Melden: = P1 Referenzkennzeichen für das Melden von Leistung 1 schalten der 380-kV-Verteilungsfunktion: =C1=Q1=QA1=P1 oder =C1Q1QA1P1 oder =C1.Q1.QA1.P1
Referenzkennzeichen ortsbezogene Struktur: +	Ebenfalls verkettetes Kennzeichnen der gesamten Struktur. Das Pluszeichen (+) zeigt den ortsbeschreibenden Aspekt an.	Umspannstation: 380-kV-Anlage: +C1 → Gelände Schaltfeld: +Q1 Referenzkennzeichen von Schaltfeld 1 der 380-kV-Anlage: +C1+Q1 oder +C1Q1 oder +C1.Q1
Kabel-Kennzeichnungen	Kabel werden weder einem Startort noch einem Zielort zugeordnet. Sie sind gleichwertiger Bestandteil eines übergeordneten Objektes.	Kabel von: -E2-Q1, -E2Q1, -E2.Q1 / Kabel nach: -E2-Q2, -E2Q2, -E2.Q2 / Kabelkennzeichnung: -E1-W1, -E1W1, -E1.W1

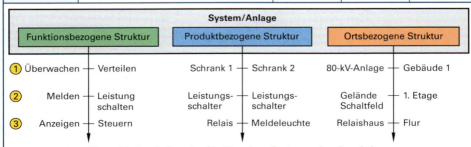

Hierarchischer Aufbau der Struktur eines Systems oder einer Anlage

Bei einfachen Schaltplänen mit ausschließlichem Produktaspekt sind im Buch die Minuszeichen vor den Objektkennzeichnungen aus Gründen der besseren Lesbarkeit gelegentlich weggelassen.

Kontaktkennzeichnung in Stromlaufplänen
Contact Marking in Circuit Diagrams

Stromlaufplan, Art der Schaltung	Erklärung der Ergänzung

Ergänzung durch Schaltzeichen von Schützen und Relais

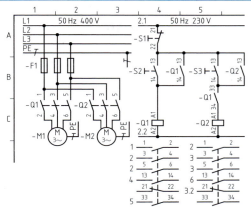

Folgeschaltung mit zwei Stützen

Die Stromlaufpläne können durch die Angabe der Koordinaten 1, 2, 3... und A, B, C... in Felder eingeteilt werden, die den Betriebsmitteln zugeordnet sind. Die senkrechten Streifen, z. B. unterhalb von 1, bezeichnet man als *Stromwege (Strompfade)*.

In umfangreichen Stromlaufplänen müssen Schütze an einer Stelle zusammenhängend angegeben werden. Nach Norm wird im Steuerstromkreis unter die jeweilige Schützspule das vollständige *Schaltzeichen* des betreffenden Schützes gesetzt **(Bild)**. In das Schaltzeichen trägt man die Anschlusskennzeichnungen aller Schützkontakte ein und den *Stromweg*, in dem dieser Kontakt liegt **(Bild)**. Eine 1 im Schaltzeichen bedeutet, dass der Kontakt im senkrechten Streifen 1 liegt. Sind Kontakte in einem anderen Stromlaufplan enthalten, so wird dessen Nummer vor die Stromwegangabe gesetzt. 3.2 bedeutet, dass der betreffende Kontakt im Plan 3 im Stromweg 2 liegt.

In der nebenstehenden Folgeschaltung kann M2 nur arbeiten, wenn M1 schon eingeschaltet ist. M1 kann unabhängig von M2 arbeiten.

K

Ergänzung durch Kontakttabellen

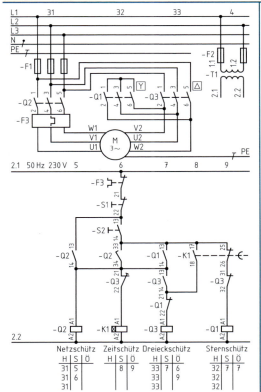

Stern-Dreieck-Schützschaltung für leichten Anlauf

In der Praxis werden anstelle der zusätzlichen Schaltzeichen häufig *Kontakttabellen* (Legenden) unter die Schützspulen gesetzt **(Bild)**. Dabei werden die Stromwege (Streifen des Stromlaufplanes) mit 1, 2, 3... nummeriert. Über die Stromwege des Hauptstromkreises gibt man zusätzlich die Anzahl der Hauptkontakte an **(Bild)**. 31 bedeutet, dass im Stromweg 1 die Anzahl der Hauptkontakte 3 beträgt **(Bild)**.

Hinweis: Das Motorschutzrelais F3 vom Stern-Dreieck-Schutz liegt bei mittelschwerem Anlauf direkt hinter F1 vor dem Abzweig zu Q3 (Seite 245).

Aus der Kontakttabelle kann die Anzahl der Hauptkontakte (H), der Schließer (S) und der Öffner (Ö) *abgezählt* und der Stromweg (Streifen des Stromlaufplanes) entnommen werden, in dem diese Kontakte liegen. Das Schütz Q2 enthält drei Hauptkontakte im Stromweg (Streifen) 1. Deshalb stehen in der Kontakttabelle unter H dreimal 31 **(Bild)**. Q2 enthält einen Schließer im Stromweg 5 und einen im Stromweg 6. Deshalb stehen unter S eine 5 und eine 6. Öffner von Q2 sind nicht angeschlossen. Daher ist die Spalte unter Ö leer **(Bild)**.

Bei der Ergänzung durch Kontakttabellen ist meist nur die Anzahl der verwendeten Kontakte ersichtlich, während bei der Ergänzung durch Schaltzeichen wegen der fehlenden Ziffern vor den Kontakten erkennbar ist, wie viele Kontakte noch verfügbar sind.

Wenn die Anzahl der nicht angeschlossenen Kontakte aus der Kontakttabelle erkennbar sein soll, muss in diese für jeden nicht verwendeten Kontakt das Zeichen „–" eingetragen werden.

Nach EN 61082 werden Anschlussbezeichnungen und Spannungsangaben von senkrechten Stromwegen von rechts lesbar eingetragen. Dieses Verfahren ist noch nicht überall praxisüblich.

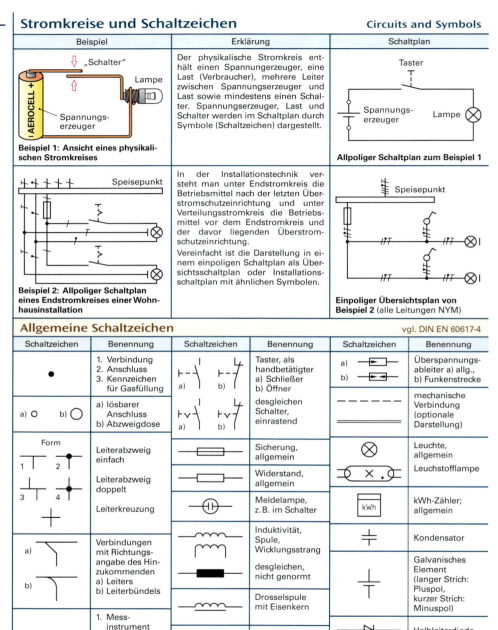

Allgemeine Schaltzeichen — General Circuit Symbols

Schaltungselemente
vgl. DIN EN 60617-2

Schaltzeichen	Benennung	Schaltzeichen	Benennung	Schaltzeichen	Benennung
	Veränderbarkeit, allgemein		stellbarer Widerstand		Kondensator gepolt, z. B. Elektrolytkondensator
	Einstellbarkeit, allgemein		PTC-Widerstand (Widerstandsänderung gleichsinnig mit der Temperatur)		ungepolter Elektrolytkondensator (nur bei Bedarf)
Arten der Veränderbarkeit oder der Einstellbarkeit					
	stetig		NTC-Widerstand (Änderung gegensinnig)		Erdung
	stufig				
	unter Einfluss einer physikalischen Größe, linear		VDR-Widerstand, spannungsabhängig		Körper, Masse (alternative Darstellungen)
	desgleichen, nicht linear				Schutzleiteranschluss (je nach Norm)
Beispiele			Induktivität stufig veränderbar		idealer Spannungserzeuger (Spannungsquelle)
	Widerstand, veränderbar				
	einstellbar als Spannungsteiler		Kondensator einstellbar		idealer Stromerzeuger (Stromquelle)

Schaltzeichen für Schaltgeräte
vgl. DIN EN 60617-7

Schaltzeichen	Benennung	Schaltzeichen	Benennung	Schaltzeichen	Benennung
a) b) c)	verlängerte Kontaktgabe: a) Schließer b) Öffner c) Wechsler		Kennzeichen für „betätigt"		nicht von selbst zurückgehender a) Schließer b) Öffner
			zwangsgeführte Betätigung, z. B. bei NOT-AUS	a) b)	
	Steckerstift	**Beispiele**			a) Zwillingsschließer b) Zwillingsöffner
	Steckbuchse		Öffner, Ausschaltglied	a) b)	
Kennzeichen					
	selbsttätiger Rückgang (nur bei Bedarf)		Wechsler, Umschaltglied		Schließer, schließt verzögert
	nicht selbsttätiger Rückgang (nur bei Bedarf)		Zweiweg-Schließer		Schließer, öffnet verzögert
a) b)	Verzögerung a) nach links b) nach rechts		Doppelschaltglieder: Schließer 1 schließt vor 2	a) b)	Wischer, Kontaktgabe bei a) Anzug b) Rückfall
	mechanische Verriegelung				
a) b)	Bei Bedarf: a) Schützfunktion b) Auslöserfunktion		Wechsler ohne Unterbrechung	a) b)	Endschalter a) Schließer b) Öffner

K

100 Transformatoren, Spulen, drehende elektrische Maschinen
Transformers, Coil, Rotating Electrical Maschines vgl. DIN EN 60617-6

Schaltzeichen	Benennung	Schaltzeichen	Benennung	Schaltzeichen	Benennung
Einphasentransformatoren		**Dreiphasentransformatoren**		**Drehende elektrische Maschinen**	
	Transformator mit getrennter Wicklung, auch Spannungswandler		Drehstromtransformator in Schaltung Dyn5, Unterspannungswicklung in drei Stufen einstellbar	Darstellung nach DIN EN 60617-6	**Wicklungen** allgemein, fremderregt, im Nebenschluss
	alternative Darstellung, insbesondere für Übersichtsschaltplan				im Reihenschluss
	optional, mit Schirm und Kennzeichnung der Phasenlage		alternative Darstellung, insbesondere für Übersichtsschaltplan		Wendepolwicklung, Kompensationswicklung
				Hinweis: In **DIN EN 60034-8** (VDE 0530-8) sind **alle Wicklungen** von drehenden Maschinen einheitlich **mit drei Locken (Halbkreisen)** dargestellt, also anders als oben angegeben.	
	Einphasentransformator, Spannung in Stufen einstellbar		3AC-Trafo, Yz5, 3 Stufen, Stern-Zickzackschaltung, siehe auch Seite 306	1. 2.	Kohlebürste, z. B. am Stromwender, wahlweise Darstellungen
	alternative Darstellung				Kurbelinduktor (Gleichspannungsgenerator mit Handantrieb)
	Einphasentransformator mit veränderbarer Kopplung, Phasenlage gekennzeichnet		Drehstromspartransformator, stufenlos einstellbare Spannung		Drehstrom-Synchronmotor mit Dauermagneterregung, Wicklungsenden herausgeführt
	Spartransformator		alternative Darstellung		Drehstrom-Synchrongenerator in Schaltung Y mit herausgeführtem Sternpunkt
		Messwandler			
	alternative Darstellung		Stromwandler		Drehstrom-Synchronmotor in Schaltung △ und mit Erregerwicklung
	desgleichen, Spannung einstellbar		alternative Darstellung, insbesondere für Übersichtsschaltplan		
Drosselspulen					fremderregter Gleichstrommotor mit Dauermagneterregung und Wendepolwicklung
	Einphasen-Drosselspule		Spannungswandler in V-Schaltung		
	alternative Darstellung				
	desgeichen, insbesondere für Übersichtsschaltplan		desgleichen, Darstellung mit erkennbarer V-Form		Gleichstrom-Doppelschlussgenerator
	Dreiphasen-Drosselspule in Sternschaltung für Übersichtsschaltplan		desgleichen, für Übersichtsschaltplan		Siehe auch Seiten 112, 113.

Vergleich von Schaltzeichen 1 — Comparison of Circuit Symbols 1

Allgemeine Symbole

USA, z.B. ANSI und NEMA	praxisüblich, z.B. EN	Benennung
		Wirkwiderstand, resistance
		Kondensator, capacitor
		Masse, ground
		Wechselspannungs-Erzeuger, AC-Generator
		Gleichspannungs-Erzeuger, DC-Generator
		Diode
		Schottky-Diode
		Z-Diode
		LED light emitting diode
		Schmelzsicherung, fuse

Verstärker

USA, z.B. ANSI und NEMA	praxisüblich, z.B. EN	Benennung
	a) b)	Verstärker, allgemein
a) b)		Operationsverstärker, unbeschaltet. IEC-Symbol auch für beschaltet, wenn ∞ durch Angabe der Verstärkung ersetzt ist.
	a) b)	Verstärker, invertierend, z.B. als Anpassglied (buffer = Puffer)
		Verstärkerelement mit komplementären Ausgängen, z.B. Leitungstreiber

Schaltglieder, Betätigung, Antriebe

USA, z.B. ANSI und NEMA	praxisüblich, z.B. EN	Benennung
a) b)	a) b)	Schließer, make contact
a) b)		Öffner, breaker
a) b)		Wechsler, change-over contact
	a) b)	Schließer mit Verzögerung beim Schließen
a) b) c)	a) b) c)	Handantrieb a) allgemein b) durch Drücken c) durch Ziehen
a) b) OL c) MOT	a) b) c) M	Antrieb a) elektromagnetisch b) durch thermischen Überstromschutz c) durch Motor
a) SO b) SR	a) b)	elektromagnetischer Antrieb a) anzugsverzögert b) rückfallverzögert
		elektrothermischer Antrieb
PB PB	a) b)	Tastschalter, Schließer
	a) b)	Tastschalter, Öffner
LS		Grenzschalter (Endschalter), Schließer
a) b)	a) b)	Näherungsschalter a) Schließer b) Öffner

ANSI — American National Standards Institute
EN — Europäische Norm
NEMA — National Electrical Manufacturers Association
LS — Limit Switch
OL — Overload
PB — Push Button
SO — Switch On-delayed
SR — Switch Refall-delayed

Vergleich von Schaltzeichen 2 — Comparison of Circuit Symbols 2

USA, z.B. ANSI und NEMA	praxisüblich, z.B. EN	Benennung	USA, z.B. ANSI und NEMA	praxisüblich, z.B. EN	Benennung
Relais, Schütze, Schalter			**Analoge Elemente**		
		anzugsverzögertes Relais, 1 Öffner, 1 Schließer			Summierer
		Schütz mit 3 Schließern			Integrierer
		dreipoliges Schütz mit Motorschutzrelais			Komparator
		dreipoliges Schütz mit 2 Hilfskontakten und Motorschutzrelais	**DAU (DAC) und ADU (ADC)**		
					Digital-Analog-Umsetzer DAU, DA-Converter DAC
					Analog-Digital-Umsetzer ADU, AD-Converter ADC
		Motorschutzschalter mit Kurzschluss- und Überlast-Auslöser	**Multiplexer, Demultiplexer**		
					Multiplexer 4 auf 1
		dreipoliger Trennschalter			Demultiplexer 1 auf 4
		dreipoliger Leistungsschalter	**Binäre Elemente**		
			a) b)	a) b)	UND-Element, AND-Element
Elektrische Maschinen			a) b)	a) b) (auch als Rechteck)	ODER-Element, OR-Element, Form b) nur bei Eindeutigkeit
a) b)	a) b)	Transformator mit 2 Wicklungen	a) b) c) d)	a) b)	NICHT-Element, NOT-Element
a) b)		Motor, allgemein			XOR-Element, Exklusiv-ODER, Antivalenz
		Gleichstrommotor, allgemein			
a) b)		drehender Generator, allgemein			Element mit Tristate-Ausgang, hier Invertierer

ANSI   American National Standards Institute   CB   Circuit-Breaker   SO   Switch On-delayed
EN   Europäische Norm   DISC   Disconnector
NEMA   National Electrical Manufacturers Association   OL   Overload

Zusatzschaltzeichen, Schalter in Energieanlagen
Additional Circuit Symbols, Switches in Power Installations

Schaltzeichen	Benennung	Schaltzeichen	Benennung	Schaltzeichen	Benennung
Steller-Antriebe		**Last- und Leistungsschalter**		**Sicherungen**	
	Handantrieb, allgemein		Lasttrennschalter		Sicherung mit Kennzeichnung des Netzanschlusses
	desgl., durch Drücken				
	desgl., durch Ziehen		Leistungsschalter		Sicherung mit Meldekontakt
	desgl., durch Drehen			**Absperrorgane (Ventile)**	
	desgl., durch Kippen		Lastschalter mit selbsttätiger Auslösung, z. B. durch Messrelais		Absperrorgan, allgemein, z. B. geschlossen
	desgl. abnehmb., z. B. Schlüssel				
	desgl., durch Rolle		Leistungskontakt eines Schützes (nur bei Bedarf zur Unterscheidung)		Absperrorgan, offen
	anderer Antrieb, z. B. Pedal			**Kupplungen, Bremsen**	
		temperaturabhängige Schalter			
	Antrieb für NOT-AUS-Schalter	a) b)	a) Thermokontakt, z. B. mit Bimetall b) Öffner Motorschutzrelais		Kupplung, entkuppelt
	Näherungsbetätigung				Kupplung, gekuppelt
	Berührungsbetätigung		gasgefüllter Starter für Leuchtstofflampe mit Thermokontakt		Bremse, eingelegt
	Antrieb mit Rückfallverzögerung				Bremse, gelöst
	Anzugsverzögerung	**Stellungsangabe**		**Beispiele**	
	Antrieb für Stromstoßrelais	1 2 3 4	allgemein, z. B. mit Nummerierung (Stellung 2 ist Grundstellung)	1 2 3 4 2,3	Handantrieb mit 4 Stellungen (2 und 3 sind Raststellungen)
	thermische Betätigung, z. B. beim Motorschutzrelais	2 3 1 4	desgl., alternative Darstellung		Ventil mit Fühler und Antrieb durch Nocken und Rolle
	desgleichen, bei Drehstromgerät	**Sperren und Rasten**			
	elektromagnetische Betätigung, z. B. für Überstromschutz		Schaltschloss mit mechanischer Freigabe	n >	Fliehkraftkupplung, bei Drehzahl > n kuppelnd
Trennschalter			desgl., mit elektromechanischer Freigabe		thermisch betätigter Öffner eines Motorschutzrelais mit Raste
	Trennschalter, Leerschalter		Raste		
	Sicherungstrennschalter		Sperre, in eine Richtung		Öffner eines durch Dauermagnet betätigten Näherungsschalters
			Sperre, in beiden Richtungen		

K

Messgeräte und Messinstrumente, Messkategorien
Measurement Equipment and Measuring Instruments, Measuring Categories

Schaltzeichen	Benennung	Schaltzeichen	Benennung	Schaltzeichen	Benennung
○	Messinstrument oder Messwerk allgemein, insbesondere anzeigend	⌐	Größtwertanzeige	**Messgrößenumformer**	
□	Messgerät, allgemein, insbesondere aufzeichnend	⌐	Kleinstwertanzeige	(Symbol)	Widerstandsstellungssensor, allgemein
⊓	integrierendes Messgerät, insbesondere Zähler	⌙	Drehfeldrichtung		
		⌙	Uhrzeit	(Symbol) Δl	Dehnungsmessstreifen
		Beispiele			
⊙	Impulszähler	(↑)	Messinstrument mit beidseitigem Ausschlag	(Symbol)	Thermoelement, allgemein
⊠	Signalumformer, allgemein	(A)	Strommesser, allgemein	(Symbol)	desgl., dicke Linie Minuspol
⊖	Messwerk mit Anzapfung	(V)	Spannungsmesser, allgemein	−╢╟+	Galvanische Messzelle, z.B. pH-Elektrode
⊖	Messwerk mit einem Strompfad	(mV)	Spannungsmesser mit Angabe der Einheit Millivolt	**Messkategorien**	
⊖	Messwerk mit Summen- oder Differenzbildung	⊡	Impulszähler, elektrisch betätigt	Nach DIN EN 61010-1 sind Messgeräte der Kategorien CAT I bis CAT IV in den entsprechenden Bereichen der Stromversorgung oder niedriger einsetzbar. Die Kategorie ist ein Maß für die Gefährdung beim Messen, z.B. wegen der Folgen eines Kurzschlusses oder wegen der Umwelteinflüsse.	
⊕	Messwerk zur Produktbildung	(V-A-Ω)	Mehrfachinstrument mit Angabe der Einheiten		
⊗	Messwerk zur Quotientenbildung			**CAT I** Stromkreise, die vom Netz getrennt sind, z.B. Batterien, geschützte Elektronikbaugruppen.	
Kennzeichen		(ϑ)	Thermometer		
↖	Anzeige, allgemein	(n)	Drehzahlmessgerät	**CAT II** Steckdosen, die mehr als 10 m von CAT-III-Quellen entfernt sind, Geräte mit Anschluss an Steckdosen, Geräte mit Motoren im Büro oder Haushalt.	
↑	Anzeige mit beidseitigem Ausschlag	(⊤)	Synchronoskop (Synchronanzeige)		
\\|/ *W*	Anzeige durch Vibration	(Ī)	Strommesser mit großer Trägheit u. Schleppzeiger für Größtwert	**CAT III** Fest installierte Verbraucher, Motorantriebe mit direktem Netzanschluss, Motorantriebe mit Anschluss an netzgespeiste Umrichter, Verteiler, Steckdosen für 3 AC.	
⌊000⌋	Anzeige digital (numerisch)	⊠ W-var	Zweifachlinienschreiber für Wirkleistung und Blindleistung		
⌇	Registrierung schreibend	⊕ Ω	Widerstandsmessbrücke	**CAT IV** Leitungen und Kabel im Freien, Hausanschluss, kWh-Zähler.	
∩	Trägheit klein	⊠	Fernmesssender	**Beispiel** Angabe auf dem Messgerät 600V CAT III bedeutet, dass das Gerät maximal bis zu einer Bemessungsspannung von 600 V in den Bereichen CAT I bis CAT III einsetzbar ist, nicht jedoch für Messungen im Freien (CAT IV).	
⊓	Trägheit groß	(⌇)	Messgerät zur Kurvenbildanzeige, Oszilloskop		

Halbleiterbauelemente — Semi-conductor Components

vgl. DIN EN 60617-5

Schaltzeichen	Benennung	Schaltzeichen	Benennung	Schaltzeichen	Benennung
Allgemeine Aufbauelemente			Z-Diode	**Transistoren, unipolar**	
○	Umrahmung (nur bei Bedarf)				selbstsperrender Kanal (beim Anreicherungstyp)
T TT	Halbleiterzone mit Anschlüssen ohne Gleichrichterwirkung		Z-Dioden gegeneinander geschaltet (Begrenzer)		Isoliertes Gate (IG)
a) P/N b) P/N	P-Gebiet beeinflusst N-Zone.		LED, Licht emittierende Diode	Gate, Source, Drain	Sperrschicht-FET mit N-Kanal (Anschlussbezeichnung nur zur Erklärung)
a) N/P b) N/P	N-Gebiet beeinflusst P-Zone.		Fotodiode		Sperrschicht-FET mit P-Kanal
	Halbleiterdiode		Strahlungsdetektor, z.B. für γ-Strahlen		Verarmungs-IGFET mit N-Kanal, Substrat intern mit Source verbunden
Kennzeichen			Fotoelement		Anreicherungs-Isolierschicht-FET mit P-Kanal und Substratanschluss
a) ⌐ b) ⌐	Durchbruch-Effekt, a) in einer Richtung b) in beiden Richtungen		Optokoppler, hier mit LED und Fototransistor		Dual-Gate-Verarmungs-Isolierschicht-FET mit N-Kanal und Substratanschluss
a) b)	a) Schottky-Effekt b) Tunnel-Effekt	**Transistoren, bipolar**		**Thyristoren**	
a) b)	Strahlung a) Licht b) ionisierend	E C B	NPN-Transistor		Thyristor, allgemein
Halbleiter ohne Gleichrichterwirkung			PNP-Transistor		P-Gate-Thyristor (häufigster Typ)
	Feldplatte (flussdichteabhängiger Widerstand)		Schottky-transistor		N-Gate-Thyristor
	Hallgenerator		UJT mit N-Basis (Doppelbasis-Transistor)	a) b)	a) GTO-Thyristor, b) IGC-Thyristor, abschaltbar
	Fotowiderstand		PNP-Fototransistor		Rückwärts leitender P-Gate-Thyristor
	Peltier-Element	**IGBTs**			Spannungsgesteuerter Thyristor
Dioden		C E G	IGBT, Anreicherungstyp mit N-Kanal (C, E, G nur zur Erklärung)		Diac
ϑ	Diode, temperaturabhängig				
B	flussdichteabhängig (Magnetdiode)	C E G	IGBT, Verarmungstyp mit N-Kanal (selbstleitend)		Triac (Zweirichtungsthyristortriode)
	Tunneldiode				
	Kapazitätsdiode	C E G	IGBT, nicht genormtes Symbol		
	Schottkydiode				

105 K

Analoge Informationsverarbeitung, Zähler und Tarifschaltgeräte
Analog Information Processing, Meters and Tariff Switchgears

Symbol	Benennung	Symbol	Benennung	Symbol	Benennung
Kennzeichen vgl. EN 60617-13		Σ ▷ 5 a → +0,1 b → +0,1 c → +0,5 d → +0,5 → u	Summierverstärker $u = -5 \cdot (0{,}1\,a + 0{,}1\,b + 0{,}5\,c + 0{,}5\,d)$ $V = 5$	UCOMP X Y X>Y	Komparator, Spannungsvergleicher
−	Invertierung				
+	Nichtinvertierung				
∩	Analogsignal			#/∩	Digital-Analog-Umsetzer (DA-Umsetzer, DA-Konverter, DAU, DAC)
#	Digitalsignal				
Σ	Summierung	∫ ▷ 10 a → +2 h → # H − → u	Integrierverstärker wenn $h = 1$ $u = -10 \int_0^t 2a\,dt$		
∫	integrierend				
R	Rücksetzen				
S	Setzen			∩/#	Analog-Digital-Umsetzer (AD-Umsetzer, AD-Konverter, ADU, ADC)
H	Halten				
$\frac{d}{dt}$	differenzierend				
Beispiele		−2 x y a → x b → y → u	Multiplizierer $u = -2\,ab$		
Operationsverstärker, unbeschaltet, praxisübliche Form					Verstärker von außen veränderbar
desgleichen, genormtes Symbol					
Invertierender Verstärker $u = -5 \cdot a$		UREG U+ +3V 0V	Spannungsregler, Anschluss 0 V mit Gehäuse verbunden	SH ▷ 1	Sample-and-Hold-Verstärker mit einstellbarer Hysterese

Zähler und Tarifschaltgeräte

Form 1	Form 2	Benennung	Schaltung, Benennung, Bemerkungen
Wh ~	Wh ~	Einphasen-Wechselstromzähler	kWh 3~ — Zähler mit Rücklaufsperre. Im Zählwerk ist eine Rücklaufsperre enthalten. Der Zähler leitet in Rückwärtsrichtung, jedoch dreht sich das Zählwerk nicht. Anwendung in Eigenerzeugungsanlagen.
h	h (MS)	Zeitzähler mit Synchronmotor	Form 1: kWh 3~ / Form 2: kWh 3~ — Zweirichtungszähler. Der Zähler enthält zwei Messsysteme mit zwei Zählwerken jeweils mit Rücklaufsperre. Anwendung in Eigenerzeugungsanlagen für Bezug und Rücklieferung.
Wh ~ 230V 10(40)A	Wh ~ Z zur Schaltuhr 230V 10(40)A	Einphasen-Wechselstrom-Zweitarifzähler	100 % K1 / 60 % K2 / 30 % K3 / 0 % K4 1 2 3 4 5 6 7 8 9 10 11 12 13 14 15
(clock symbol) 6	(M)	Tarifschaltgerät, z. B. für Rundsteueranlage	**Funkrundsteuerempfänger (FRSE) mit Antenne** Beim FRSE wird über Funk von z. B. 129,1 kHz eines der vier Relais angesteuert. Damit wird die zulässige Einspeiseleistung festgelegt. Eine Auswerteeinheit steuert den Regler der Eigenerzeugungsanlage, z. B. PV-Anlage, entsprechend an.

Binäre Elemente 1 — Binary Components 1   vgl. DIN EN 60617-12

Schaltzeichen	Benennung	Schaltzeichen	Benennung	Schaltzeichen	Benennung
Konturen (Grundformen)		▽	Tristate-Ausgang, 3-State-Ausgang (H oder L oder hochohmig)	≥1	NOR-Element
(Quadrat)	Elementkonturen (beliebiges Seitenverhältnis)	◇	offener Ausgang	&	NAND-Element
(Steuerblock)	Steuerblockkontur	◊	offener Ausgang vom L-Typ (z. B. offener Kollektor von NPN-Transistor)	=1	XOR-Element, Exklusiv-ODER-Element (Antivalenz)
(Ausgangsblock)	Ausgangsblockkontur	**Kennzeichen**		⎍	Schmitt-Trigger (Schwellwertelement)
(zwei Baugruppen)	Zwei Baugruppen ohne Logikverbindung (erweiterbar)	&	UND	=	XNOR-Element, Exklusiv-NOR-Element (Äquivalenz)
		≥ 1	ODER		
		1	ODER, falls unverwechselbar	& ≥1	UND-ODER-Inverter
		E	Erweiterung		
(zwei Baugruppen mit Verbindung)	Zwei Baugruppen mit Logikverbindung (erweiterbar)	EN	Freigabe (Enable)	**Codeumsetzer**	
		D, J, K, R, S, T	Art der Eingänge		
Eingänge, Ausgänge, Verbindungen		→	Schiebeeingang, vorwärts	X/Y	Codeumsetzer, allgemein. X und Y können durch Code-Angabe ersetzt werden.
		←	desgleichen, aber rückwärts		
a) b)	Invertierender Eingang	+	Zähleingang, vorwärts	DEC/BCD E0..E9, A0..A3	Code-Umsetzer, Dezimal-BCD-Code. A0 und A1 haben 1-Zustände, wenn E3 den 1-Zustand hat.
		−	desgleichen, aber rückwärts		
a) b)	Invertierter Ausgang	C	Steuerung, Übertrag		
		CT	Inhalt, Zählerstand		
a) b)	Nicht invertierender Eingang	I	Eingang (Input)		
		O, Q	Ausgang (Output)		
		M	Mode (Art)	**Multiplexer, Demultiplexer, Konverter**	
(Dynamischer Eingang)	Dynamischer Eingang, nicht invertiert	G, V	UND, ODER		
		A	Adressen	MUX	Multiplexer, allgemein
(desgleichen invertiert)	desgleichen, aber invertiert	**Kombinatorische Elemente**			
		≥1	ODER-Element mit 4 Eingängen		
(Retardierter Ausgang)	Retardierter (verzögerter) Ausgang	1	wahlweise, wenn keine Verwechslung möglich ist	DX, & EN	Demultiplexer, mit Freigabe-Logik
(Zusammenfassung)	Zusammenfassung (alle Anschlüsse notwendig), nur bei Bedarf	&	UND-Element		
⨯	Verbindung ohne binäres Signal	1	NICHT-Element, Inverter	DA-Umsetzer und AD-Umsetzer vorhergehende Seite, Seiten 102, 423. Kombinatorische Elemente siehe auch Seiten 270, 417.	

K

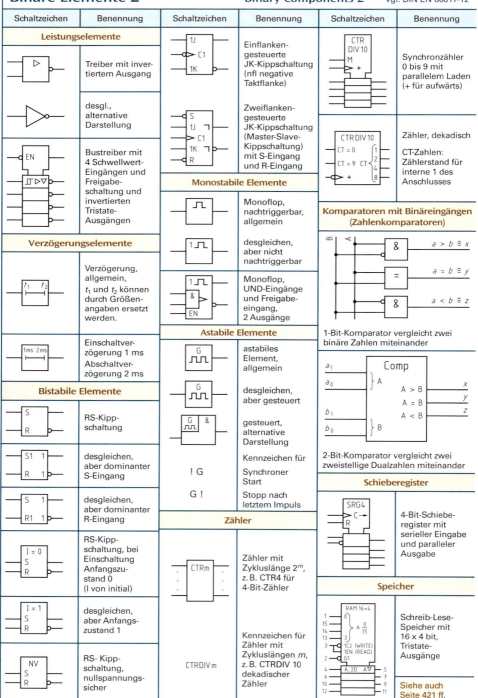

Schaltzeichen für Installationsschaltpläne und Installationspläne
Circuit Symbols for Installation Circuit Diagrams and Installation Diagrams

Schaltzeichen	Benennung	Schaltzeichen	Benennung	Schaltzeichen	Benennung
	Leitung, allgemein	—⫽—	Schutzleiter PE	⊥₃	Mehrfachsteckdose, z. B. 3 Dosen
~~	bewegbar	—⫽—	Neutralleiter N, Mittelleiter M	⊥ 3, N, PE	Schutzkontaktsteckdose für Drehstrom
= =	unterirdisch	—⫽—	PEN-Leiter		
═ ═	oberirdisch			=====	kurze ⎫ geschirmte lange ⎭ Leitung
▨ ▨	auf Putz	⊢·⊣	desgl. bei senkrecht gezeichneten Leitungen		Koaxiale Leitung, geschirmt
▨ ▨	im Putz				
▨ ▨	unter Putz	Die senkrechte Leitung sieht von rechts gesehen aus wie die waagerechte Leitung (DIN EN 61082-1)		—//—	Leitung mit zwei Leitern
—○—	isoliert in Rohr				
(f)	Feuchtraumleitung	—··—··—	Fernsprechleitung	⫟⫟	Zusammenfassung von Leitungen
(k)	Kabel	—···—···—	Rundfunkleitung		
⟋	Leitung nach oben	— — —	Leitung im Bau	#/#/ 5	desgleichen, vereinfacht dargestellt
⟍	Leitung nach unten	— — —	nachträglich zu verlegende Leitung	⊥	Steckdose, abschaltbar
⤢	Leitung nach oben und unten	—∣—∣—	weitere Darstellungsart	⊥	Steckdose, verriegelt
		σ σ σ a) b) c)	Ausschalter a) einpolig b) zweipolig c) dreipolig	⊡	Steckdose mit Trenntrafo
⊖	Abzweigdose für Ton- und Fernsehrundfunk	⟋	Dimmer (Ausschalter)	⎕35A	Zähler mit Schmelzsicherung oder Leitungsschutzschalter 35 A
○	Dose, allgemein	⋈—⟋	Berührungsschalter (Ausschalter)		
⊙	Anschlussdose				
⊞ IP44	Starkstrom-Hausanschlusskasten, Schutzart IP 44	⬥—○ PIR	Bewegungsmelder PIR (Passiv Infrarot)	⊡ t	Zeitrelais, z. B. Treppenhausautomat
⎕⎕⎕⎕⎕	Verteilung	Ƴ	Gruppenschalter, 1-polig	⊡	Stromstoßschalter
⫽ IP42	Schalter, z. B. dreipolig, Schutzart IP 42	Ψ	Serienschalter	—✕	Leuchtenauslass, allgemein
		⟋	Wechselschalter, beleuchtet	—⊗	Leuchte, allgemein
⫽	Leitungsschutzschalter	✕	Kreuzschalter	⤳⤳⤳ ▷▷▷	LED-Modul, z. B. 6 V DC
⫽m	Motorschutzschalter	a) ◎ b) ⊗	a) Taster b) Leuchttaster	⊢—⊣	Leuchte für Leuchtstofflampe
⫽	FI-Schutzschalter (RCD)	a) ⊥ b) ⊥	Einfachsteckdose a) ohne b) mit Schutzkontakt	⊢=⊣	desgl. für 2 Lampen
				⊗	Scheinwerfer, allgemein
△	Sterndreieckschalter	a) ⊥₂ b) ⊥	Doppel-Steckdose	—✕	Sicherheitsleuchte in Bereitschaftsschaltung

K

Schaltzeichen für Übersichtsschaltpläne
Circuit Symbols for Block Diagrams

Schaltzeichen	Benennung	Schaltzeichen	Benennung	Schaltzeichen	Benennung
Grundformen			Fernkopieren	**Speicher**	
□	Funktionseinheit, allgemein				Magnetspeicher, allgemein
▭	alternative Darstellung		Bildübertragung	**Stromversorgung**	
◺	Umsetzer, Umrichter, allgemein		Tonübertragung		Gleichrichter (AC-DC-Umrichter)
◿	desgl. galvanisch getrennter Ausgang		Nummernschalter		Umrichter (Wechselrichter)
◩	Speicher		Radar	U const.	Spannungsgleichhalter
▷	Regler nach DIN EN 61082-1	**Generatoren**		**Umrichter, Umsetzer**	
		G	Generator, Oszillator, allgemein	f_1 / f_2	Frequenzumsetzer, allgemein
◪	Einsteller, allgemein	G 4 kHz	Sinusgenerator für 4 kHz	f / nf	Frequenzvervielfacher, allgemein
◁▷	Modulator, Demodulator, Mischer	G	Sinusgenerator mit Frequenzverstellbarkeit	B6U	Drehstrom-Gleichrichter-Schaltung, ungesteuerte Sechspuls-Brückenschaltung
◁▷	desgleichen, alternative Darstellung	G	Sägezahngenerator	B6C	desgleichen, aber vollgesteuert mit IGBTs
▣	zentrale Einrichtung	**Meldegeräte**			
⊢⊣	Verzögerungselement, allgemein		Anzeigegerät mit beidseitigem Ausschlag und Beleuchtung	(B6H) I (B6U)	desgleichen, aber halbgesteuert mit gegenparallelen Rückstromdioden
Kennzeichen		⊘	Zeigermelder		
←	Übertragungsrichtung; nur erforderlich, wenn nach links oder nach oben.	**Verstärker, Empfänger, Sender**		(B6C) I (B6U)	Wechselrichterschaltung aus IGBTs in Schaltung B6C mit gegenparallelen Rückstromdioden
		▷	Verstärker, allgemein		
⊘	Lichtwellenleitung (LWL)	▷	alternative Darstellung	**Fernsprechtechnik**	
⊘	desgleichen, andere Form (andere Norm)	▷	Verstärker, veränderbar		Telefon, allgemein
⌐	Wertbegrenzung	▷▷	Gegentaktverstärker		mit Tastwahlblock
▷	Verstärkung		Empfänger, allgemein		
∿	Siebung		Sender, Geber, allgemein		Fax (Faksimile-Sender und -Empfänger)
			Wechselsprechstelle für Freisprechen		

Kurzzeichen an elektrischen Betriebsmitteln

Symbols on Electrical Equipment

Kurz-zeichen	Erklärung	Kurz-zeichen	Erklärung	Kurz-zeichen	Erklärung
Prüfzeichen		**Kleintransformatoren**		**Schutzklassen**	
CE	Bescheinigung des Herstellers für Übereinstimmung mit EU-Richtlinien		Offener Sicherheitstransformator	⏚	Schutzklasse I: Schutzmaßnahme mit Schutzleiter
GS	„Geprüfte Sicherheit" Sicherheitszeichen zum Maschinenschutzgesetz		Zeichen für bedingte Kurzschlussfestigkeit	▫	Schutzklasse II: doppelte oder verstärkte Isolierung
◁VDE▷	VDE-Leitungskennzeichen		Steuertransformator (nicht kurzschlussfest)	⟨III⟩	Schutzklasse III: SELV, PELV
◁HAR▷	Zusatz bei harmonisierten Leitungen			**Leuchten**	
	Zulassungszeichen für Messwandler und Elektrizitätszähler der Physikalisch-Technischen Bundesanstalt (PTB)		Spielzeugtransformator (auch Kinderkochgerät, Kinderbügeleisen)	D	Leuchte für feuergefährdete Betriebsstätten
					Einbauleuchte: Zur Montage in nicht brennbaren Baustoffen. Hinweise auf der Leuchte beachten.
	Funkschutzzeichen. Im freien Ausschnitt: Funkstörgrad G, N, K oder Zahl		Haushalt-Spartransformator	T	Leuchte für rauen Betrieb
					Stoßfeste Lampe
EMC	EMV-Funkschutzzeichen (Electromagnetic Compatibility)		Klingeltransformator		Vorschaltgerät wird im Fehlerfall nicht zu heiß
				Sonstige Zeichen	
DVE	Prüfzeichen in: Deutschland		Handleuchtentransformator	EX	Explosionssicher
					Träge Sicherung
ÖVE	Österreich		Auftautransformator		Sicherung enthalten
+S	Schweiz			H	Gerätedosen, Verbindungsdosen, Kleinverteiler für Hohlwandinstallation
		med	Transformator für medizinische und zahnmedizinische Geräte		
	Frankreich			B	Gerätedosen, Verbindungsdosen, Leuchtenanschlussdosen für Installation in Beton
UL	USA		Trenntransformator	**Elektromedizin**	
Schweißmaschinen			Transformator, nicht kurzschlussfest	⚡	Hochspannungsteil eines Gerätes
42V	Die Klemmenspannung von 42 V darf im Leerlauf nicht überschritten werden.			⏚	Anschlussstelle für Betriebserdung
			Transformator, unbedingt kurzschlussfest	CATH	Patientenanschluss an einen Elektrokardiografen, der bei Herzkatheterisierung nicht mit dem Patienten verbunden sein darf.
K	Schweißgleichrichter für Arbeiten in engen Räumen		gekapselter Sicherheitstransformator, kurzschlussfest		
Kondensatoren			Rasiersteckdosen-Einheit	CORT	Patientenanschluss an einen Elektroenzephalografen, der während einer Untersuchung am Gehirn nicht mit dem Patienten verbunden sein darf.
F	Feuersicher				
FP	Feuersicher und platzsicher				

K

Einphasenwechselstrommotoren und Anlasser
Single-phase A.C. Motors and Starters

vgl. DIN EN 60617-7

Schaltplan	Benennung, Erklärung	Schaltplan	Benennung, Erklärung
Kondensatormotoren		**Spaltpolmotoren**	
	Kondensatormotor mit Betriebskondensator und Anlasser (Motorstarter) für eine Drehrichtung mit elektromagnetischem und thermischem Auslöser. Anstelle des Anlasserschaltzeichens dürfen auch die Schaltzeichen der Bestandteile des Motorstarters gezeichnet werden, z. B. ein Schalter.		Spaltpolmotor mit Motorstarter für 3 Stufen (0 und 2 Drehzahlen), z. B. mit einem Vorwiderstand.
	Kondensatormotor mit Betriebskondensator und Motorstarter mit Schütz für beide Drehrichtungen. Darstellung des Motorstarters auch wie beim obigen Kondensatormotor möglich.		Spaltpolmotor mit Motorstarter, stetig veränderbar, z. B. zur Spannungseinstellung mit IGBT-Schaltung zur Drehzahlsteuerung.
	Kondensator-Synchronmotor, dauermagneterregt, mit Motorstarter für Linkslauf und Rechtslauf. Der Motorstarter kann auch durch Anlasserschaltzeichen dargestellt werden. (M: Motor, S: synchron)	**Einphasen-Reihenschlussmotoren**	
			Einphasen-Reihenschlussmotor (Universalmotor) mit Motorstarter für eine Drehrichtung, stetig veränderbar, z. B. zur Spannungseinstellung, mit Spartransformator (Bürstendarstellung wahlweise).
	Drehstrommotor, als Kondensatormotor geschaltet (Steinmetzschaltung), mit Motorstarter, der einen Spartransformator zum Herabsetzen der Anlaufspannung enthält.		Einphasen-Reihenschlussmotor (Universalmotor) mit Motorstarter für beide Drehrichtungen, stetig veränderbar durch Thyristorschaltung (Bürstendarstellung wahlweise).
Motor mit Widerstandshilfsstrang, Anwurfmotor			Einphasen-Reihenschlussmotor mit Wendepolwicklung B1B2 und/oder Kompensationswicklung C1C2. Motorstarter für eine Drehrichtung, stetig veränderbar durch IGBT-Schaltung. Am Klemmenbrett ist der Ankerstromkreis mit A1A2 gekennzeichnet, auch wenn B1B2 bzw. C1C2 vorliegen.
	Einphasenwechselstrommotor mit Widerstandshilfswicklung, einpoliger Schalter als Motorstarter. Bei Anwurfmotoren entfallen R1 und Strang Z1Z2.		

Drehstrommotoren und Anlasser
Three-phase Motors and Starters

vgl. DIN EN 60617-7

Schaltplan	Benennung, Erklärung	Schaltplan	Benennung, Erklärung
Kurzschlussläufermotoren (Käfigläufermotoren)		**Drehstrom-Synchronmotoren**	
Q1, AC 400V, M1 △400V	Drehstrom-Kurzschlussläufermotor mit Motorstarter für Stern-Dreieck-Anlauf, nichtautomatische Umschaltung von Stern in Dreieck. Darstellung des Motorstarters ist auch durch seinen Stromlaufplan möglich.	Q1, AC 400V, M1 Y 400V	Drehstromsynchronmotor mit Dauermagneterregung, Motorstarter für beide Drehrichtungen mit Thyristorschaltung, z.B. zur Frequenzsteuerung. Motorstarter kann auch durch seinen Stromlaufplan dargestellt werden.
Q2, M2 △400V	Desgleichen, in ausführlicher Darstellung, aber mit automatisch ablaufender Umschaltung von Stern in Dreieck. Die Anordnung der Wicklungsstränge kann auch in Sternform oder in Dreieckform erfolgen. Darstellung des Motorstarters ist auch durch seinen Stromlaufplan möglich.	M2 Y 400V	Ausführliche Darstellung des Motors. Ständerwicklung in Stern geschaltet. Die Ständerstränge können im Bild auch anders angeordnet sein, z.B. nebeneinander.
Q3 4/2p, AC 400V, M3 400V	Polumschaltbarer Drehstrom-Kurzschlussläufermotor, Motorstarter für Polumschaltung mit Schützen für beide Drehrichtungen. Darstellung des Motorstarters ist auch durch seinen Stromlaufplan möglich.	Q2, M3 Y 6kV, AC 6kV	Drehstromsynchronmotor mit Gleichstromerregung und Motorstarter für eine Drehrichtung, z.B. mit Stromrichter. Motorstarter kann auch durch seinen Stromlaufplan dargestellt werden.
Q4, AC 400V, M4	Dreiphasiger Linearmotor mit Motorstarter, allgemein. Darstellung des Anlassers kann auch durch seinen Stromlaufplan erfolgen.	Q4, M4	Synchronisierter Drehstrommotor, z.B. Reluktanzmotor (Motor mit ausgeprägten Polen). Motorstarter als Schützschaltung mit selbsttätiger Auslösung.
Schleifringläufermotor			
Q5, AC 400V, M5 400V, R5	Schleifringläufermotor, Ständer über Schützschaltung gesteuert, automatisch ablaufendes Anlassen durch Läuferanlasser mit 3-stufiger Schützschaltung. Darstellung der Anlasser kann auch durch ihre Stromlaufpläne erfolgen.	Q5, M5, AC 400V	Synchron-Reluktanzmotor mit Motorstarter für beide Drehrichtungen und elektronischer Schaltung der IGBTs zum automatischen Anlauf. Der Reluktanzmotor ist erkennbar, weil am Synchronmotor MS weder ein Permanentmagnet für die Erregung eingetragen ist, noch eine Erregerwicklung für eine elektromagnetische Erregung.

K

Motoren mit Stromrichterspeisung — Motors with A.C./D.C. Drive Systems

K

Schaltplan	Erklärung	Schaltplan	Erklärung
Gleichstrommotoren		**Drehfeldmotoren (synchron oder asynchron)**	
AC 250 V — A2 M A1	Gleichstrommotor für DC 220 V mit Dauermagneterregung (fremderregter Gleichstrommotor) an Stromrichterschaltung B2HKF (Zweipulsbrückenschaltung, katodenseitig halbgesteuert mit Freilaufdiode). Darstellung für Stromlaufplan	AC 400 V — L1 L2 L3 — C1 — M1 MS 3~	Synchronmotor M1 mit Dauermagneterregung, z. B. Servomotor, an Umrichter zur Pulsweitenmodulation mit Gleichspannungszwischenkreis (U-Umrichter). Der Umrichter besteht aus dem Netzstromrichter (B6C) I (B6C) (2 Sechspulsbrückenschaltungen antiparallel, siehe Seite 303) für Vierquadrantenbetrieb und Energierücklieferung, dem Gleichspannungszwischenkreis mit Freilaufdiode und dem Maschinenstromrichter B6C aus Transistoren zur Pulsweitenmodulation (PWM).
AC 400 V — B6CF B2UF — M	Fremderregter Gleichstrommotor mit Erregerwicklung. Anker an Stromrichterschaltung B6CF (Sechspulsbrückenschaltung mit Freilaufdiode), Erregerwicklung an ungesteuerter Stromrichterschaltung B2UF (Zweipulsbrückenschaltung mit Freilaufdiode). Darstellung für Übersichtsschaltplan.	3AC 400 V — L1 L2 L3 — T1 B6H — Q1 R1 — C1 — T2 B6C — M	Kurzschlussläufermotor an Umrichter mit Gleichspannungszwischenkreis (U-Umrichter) zur PWM (Pulsweitenmodulation) oder PAM (Pulsamplitudenmodulation) im Vierquadrantenbetrieb. Der Umrichter besteht aus dem Netzstromrichter T1 der Schaltung B6H (Sechspulsbrückenschaltung halb gesteuert), der keine Energierücklieferung ermöglicht, dem Gleichspannungszwischenkreis L_1, L_2, C1 mit Bremskreis Q1, R1 für den Bremsbetrieb und dem Maschinenstromrichter T2 der Schaltung B6C aus IGBTs und Rückstromdioden (Sechspulsbrückenschaltung voll gesteuert mit Rückstromdioden).
AC 250 V — D2 D1 A2 M A1	Gleichstrom-Reihenschlussmotor für DC 220 V an Stromrichterschaltung B2HA (Zweipulsbrückenschaltung, anodenseitig halbgesteuert).		
AC 340 V — A2 M A1 B2 D2 D1 B1 — F2 F1 — AC 250 V	Fremderregter Gleichstrommotor für DC 440 V mit Reihenschluss-Hilfswicklung (Doppelschlussmotor) und Wendepolwicklung. Der Läufer ist an eine Stromrichterschaltung B6CF (sechspulsige voll gesteuerte Brückenschaltung mit Freilaufdiode) angeschlossen, die Erregerwicklung für DC 220 V an eine ungesteuerte Stromrichterschaltung B2UF. Am Klemmenbrett Kennzeichnung Ankerstromkreis nur A1A2.	L1 L2 L3 — 50 Hz 400 V — M3 M 3~ — TB2 B6C — TB1 B6U — I_1 I_3 I_2 I_d	Schleifringläufermotor M3 mit läuferseitigem Gleichspannungszwischenkreis. Die Läuferspannung wird durch einen Gleichrichter B6U gleichgerichtet. Diese Gleichspannung wird durch TB2 (Wechselrichter B6C) in Wechselspannung der Netzfrequenz umgerichtet. Die Schlupfenergie wird zurückgespeist. I_d Gleichstrom

Weitere Stromrichterschaltungen in Teil A „Stromrichter, Gleichrichter".

Ablaufsteuerungen, GRAFCET
Sequential Controls, GRAFCET vgl. DIN EN 60848

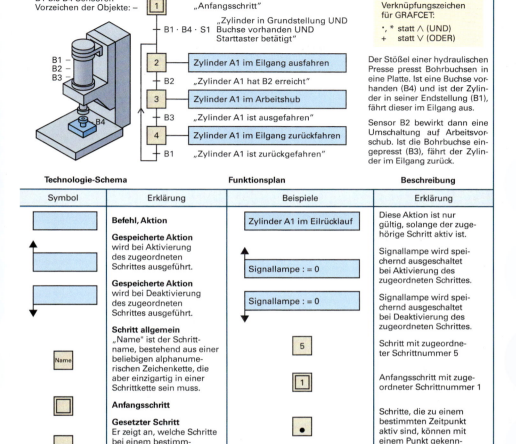

GRAFCET von fr. GRAphe Fonctionnel de Commande Etapes/Transitions. GRAFCET ist eine grafische Entwurfssprache für Ablaufsteuerungen. GRAFCET macht keine Aussage über die Art der verwendeten Geräte, die Führung der Leitungen und den Einbau der Betriebsmittel.

Grundformen von Ablaufsteuerungen
Basic Forms of Sequential Controls
vgl. DIN EN 60848

Symbol	Erklärung	Beispiele	Erklärung
Ablaufsteuerung (Ablaufkette)			
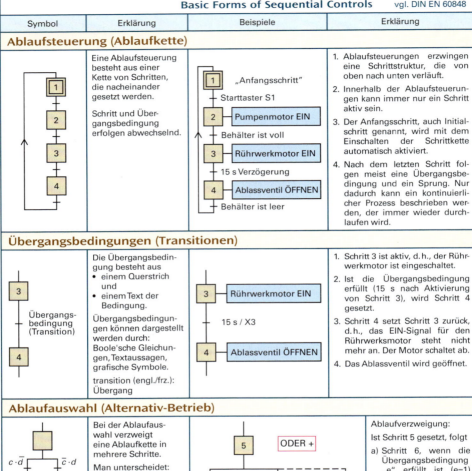	Eine Ablaufsteuerung besteht aus einer Kette von Schritten, die nacheinander gesetzt werden. Schritt und Übergangsbedingung erfolgen abwechselnd.		1. Ablaufsteuerungen erzwingen eine Schrittstruktur, die von oben nach unten verläuft. 2. Innerhalb der Ablaufsteuerungen kann immer nur ein Schritt aktiv sein. 3. Der Anfangsschritt, auch Initialschritt genannt, wird mit dem Einschalten der Schrittkette automatisch aktiviert. 4. Nach dem letzten Schritt folgen meist eine Übergangsbedingung und ein Sprung. Nur dadurch kann ein kontinuierlicher Prozess beschrieben werden, der immer wieder durchlaufen wird.
Übergangsbedingungen (Transitionen)			
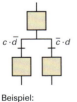 Übergangsbedingung (Transition)	Die Übergangsbedingung besteht aus • einem Querstrich und • einem Text der Bedingung. Übergangsbedingungen können dargestellt werden durch: Boole'sche Gleichungen, Textaussagen, grafische Symbole. transition (engl./frz.): Übergang		1. Schritt 3 ist aktiv, d.h., der Rührwerkmotor ist eingeschaltet. 2. Ist die Übergangsbedingung erfüllt (15 s nach Aktivierung von Schritt 3), wird Schritt 4 gesetzt. 3. Schritt 4 setzt Schritt 3 zurück, d.h., das EIN-Signal für den Rührwerksmotor steht nicht mehr an. Der Motor schaltet ab. 4. Das Ablassventil wird geöffnet.
Ablaufauswahl (Alternativ-Betrieb)			
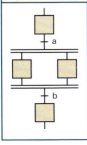 Beispiel: Ablaufverzweigung	Bei der Ablaufauswahl verzweigt eine Ablaufkette in mehrere Schritte. Man unterscheidet: a) Ablaufverzweigung, b) Ablaufzusammenführung. (In GRAFCET wird anstelle von ∧ immer · oder * geschrieben.)		Ablaufverzweigung: Ist Schritt 5 gesetzt, folgt a) Schritt 6, wenn die Übergangsbedingung „e" erfüllt ist (e=1) **oder** (+), b) Schritt 8, wenn die Übergangsbedingung „f" erfüllt ist (f=1).
Gleichzeitige Abläufe (Parallel-Betrieb)			
	Eine Schrittkette verzweigt sich in mehrere Abläufe, die gleichzeitig ausgelöst werden, aber unabhängig voneinander ablaufen. Erst wenn alle Zweige durchlaufen sind, wird der nächste Einzelschritt ausgeführt.	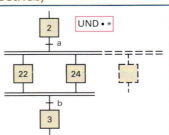	Ein Ablauf vom Schritt 2 zu den Schritten 22, 24 usw., findet nur statt, wenn a) Schritt 2 gesetzt ist **und** (· bzw. *), b) die dem gemeinsamen Übergang zugeordnete Übergangsbedingung „a" erfüllt ist (a=1).

Elemente für Ablaufsteuerungen GRAFCET 1
Elements for Sequential Controls GRAFCET 1 vgl. DIN EN 60848

Darstellung	Bedeutung	Verhalten im Beispiel
Aktion mit Zuweisungsbedingung		
2 — B11 — M1	**Abfrage auf „1"** Die Aktion wird ausgeführt, wenn der Schritt aktiv ist und die Zuweisungsbedingung (1-Signal) erfüllt ist.	Motor M1 ist eingeschaltet, wenn Schritt 2 aktiv und B11 = „1" ist.
2 — $\overline{B11} \cdot \overline{B2}$ — M2	**Abfrage auf „0"** Die Aktion wird ausgeführt, wenn der Schritt aktiv ist und die Zuweisungsbedingung (0-Signale) erfüllt ist.	Motor M2 ist eingeschaltet, wenn Schritt 2 aktiv ist und B11 = „0" und B2 = „0" ist.
Aktion mit zeitabhängiger Zuweisung		
2 — 8s/B11 — M1	**Einschaltverzögerung** Die Zeit, die links neben der Variablen angegeben ist, wird bei steigender Flanke der Variablen gestartet. Nach Ablauf der Zeit wird die Aktion ausgeführt.	Wenn Schritt 2 aktiv ist, startet die Zeit mit der steigenden Flanke an B11. Der Motor wird 8 s später eingeschaltet, wenn B11 immer noch „1" und Schritt 2 immer noch aktiv ist. Wenn B11 während der 8 s wieder zu „0" wird, wird die Zeit abgebrochen und startet mit einer neuen steigenden Flanke an B11 erneut.
2 — B11/8s — M1	**Ausschaltverzögerung** Die Zeit wird bei fallender Flanke der Variablen gestartet und verlängert die Aktionsdauer. Voraussetzung: Der Schritt muss noch aktiv sein.	Wenn Schritt 2 und B11 aktiv sind, wird der Motor M1 eingeschaltet. Bei einer fallenden Flanke von B11 bleibt der Motor für weitere 8 s eingeschaltet.
5 — 8s/X5 — M4	**Verzögerte Aktion** Die Aktion wird zeitverzögert ausgeführt. Als Zuweisungsbedingung wird die Schrittvariable angegeben.	Ist Schritt 5 aktiv, wird nach 8 s der Motor M4 eingeschaltet.
7 — $\overline{9s/X7}$ — M6	**Zeitbegrenzte Aktion** Durch die Negation der Bedingung wird eine zeitlich begrenzte Aktion angegeben.	Ist Schritt 7 aktiv, wird der Motor M6 für 9 s eingeschaltet.
Speichernde Aktionen		
5 — P2 := 1	**Speichernd wirkende Aktion bei Aktivierung des Schrittes (Setzen)** Ist der Schritt aktiv, wird der Variablen im Aktionsfeld der Wert „1" zugewiesen. Der Zustand bleibt beim Verlassen des Schrittes gespeichert.	Im Schritt 5 wird die Meldeleuchte P2 eingeschaltet (gesetzt). Beim Verlassen des Schrittes bleibt sie eingeschaltet, bis P2 in einem anderen Schritt auf „0" gesetzt wird.
9 — P2 := 0	**Speichernd wirkende Aktion bei Aktivierung des Schrittes (Rücksetzen)** Ist der Schritt aktiv, wird der Variablen im Aktionsfeld der Wert „0" zugewiesen.	Im Schritt 9 wird die Meldeleuchte P2 ausgeschaltet (zurückgesetzt). Beim Verlassen des Schrittes bleibt sie ausgeschaltet.

K

Elemente für Ablaufsteuerungen GRAFCET 2
Elements for Sequential Controls GRAFCET 2

vgl. DIN EN 60848

Darstellung	Bedeutung	Verhalten im Beispiel
Speichernde Aktionen		
5 — P2 := 1	Speichernd wirkende Aktion bei Deaktivierung des Schrittes (Setzen) Beim Verlassen des Schrittes 5 wird der Variablen im Aktionsfeld der Wert „1" dauerhaft zugewiesen.	Beim Verlassen von Schritt 5 wird die Meldeleuchte P2 so lange eingeschaltet, bis P2 in einem anderen Schritt auf „0" gesetzt wird.
9 — P2 := 0	Speichernd wirkende Aktion bei Deaktivierung des Schrittes (Rücksetzen) Beim Verlassen des Schrittes 9 wird der Variablen im Aktionsfeld der Wert „0" zugewiesen.	Beim Deaktivieren des Schrittes 9 wird die Meldeleuchte P2 ausgeschaltet (zurückgesetzt). Der Zustand wird gespeichert.
2 — ↑B11 / M1 := 1	Speichernd wirkende Aktion bei einem Ereignis Die Aktion wird nur speichernd ausgeführt, wenn der Schritt aktiv ist und für die Zuweisungsbedingung eine positive Flanke auftritt.	Wenn Schritt 2 aktiv ist und B11 eine steigende Flanke gibt, dann wird der Motor M1 eingeschaltet. Der Zustand wird gespeichert.
2 — ↑10s/X2 / M1 := 1	Verzögert speichernde Aktion Die Aktion wird verzögert speichernd ausgeführt, wenn der Schritt aktiv ist und die Zeit abgelaufen ist (positive Flanke der Zeit).	Wenn Schritt 2 aktiv ist, wird der Motor M1 nach 10 Sekunden eingeschaltet. Der Zustand wird gespeichert.

Beispiel einer GRAFCET-Ablaufsteuerung

- 0
- (Start) — S1
- 1 — P1 := 1 — Meldeleuchte „Anlage in Betrieb"
- (automatische Weiterschaltung nach 5s) — 5s/X1
- 2 — M1 — „Förderband Ein"
- 2 — P2 — Meldeleuchte „Förderband"
- (Objekt erkannt) — B1
- 3 — M2 — „Zylinder ausfahren"
- (Zylinder ausgefahren) — B2
- 4 — M3 — „Zylinder einfahren"
- 4 — P1 := 0
- (Zylinder eingefahren) — B3

Beim Einschalten der Anlage wird automatisch Schritt 0 aktiviert.

Durch Betätigen von S1 wird in Schritt 1 gewechselt. Die Meldeleuchte P1 wird speichernd eingeschaltet.

5 Sekunden nach Beenden von Schritt 1 (X1) werden im Schritt 2 M1 und P2 eingeschaltet.

Durch ein Signal von B1 wird Schritt 2 verlassen, d.h., M1 und P2 werden ausgeschaltet.

Im Schritt 3 wird der Zylinder so lange ausgefahren, bis B2 ein Signal erhält.

Schritt 4 bewirkt ein Einfahren des Zylinders.

Wenn an B3 ein Signal anliegt, wird zu Schritt 0 gesprungen. Die Signallampe wird mit dem Deaktivieren von Schritt 4 speichernd ausgeschaltet.

Darstellung von Verküpfungen bei Transitionen

2 — S1 • B1 — 3	4 — B4 + B5 — 5

Transitionen werden vorzugsweise als Boole'scher Ausdruck geschrieben:

UND: $A \cdot B$ oder $A * B$
Negation: $\overline{A}$
Einschaltverzögerung: $t1/A$
Ausschaltverzögerung: $A/t2$

ODER: $A + B$
Steigende Flanke: ↑A
Fallende Flanke: ↓A
Schrittname als Variable: $3 \rightarrow X3$

Ablauf-Funktionspläne — Process Logic Diagrams

Aktion	Darstellung DIN EN 61131-3	Darstellung GRAFCET
Kontinuierlich wirkende Aktion Die Ausführung der Aktion erfolgt, solange der zugeordnete Schritt aktiv ist. Danach wird die Aktion automatisch beendet. Die Aktion, z.B. das Setzen eines Variablenwertes, ist nicht speichernd.	S_3 — N — Ventil 2 zu	3 — Ventil 2 zu
Verzögerte kontinuierlich wirkende Aktion Eine Aktion wird zeitlich verzögert ausgeführt, wenn der zugeordnete Schritt aktiv ist.	S_3 — D, $t\#5s$ — Motor M1 ein / Programmteil Aktion	5s/X3 — 3 — Motor M1 ein
Zeitbegrenzte kontinuierlich wirkende Aktion Eine Aktion wird eine bestimmte Zeit lang ausgeführt, wenn der zugeordnete Schritt aktiv ist. Ist der Schritt weniger lang aktiv, so wirkt die Aktion entsprechend kürzer.	S_3 — L, $t\#5s$ — Motor M1 ein	$\overline{5s/X3}$ — 3 — Motor M1 ein
Kontinuierlich wirkende Aktion mit Zuweisungsbedingung Eine Aktion wird dann ausgeführt, z.B. das Zuweisen eines Wertes einer Variablen, wenn der zugeordnete Schritt aktiv und die Zuweisungsbedingung erfüllt ist.	S_3 — N — Motor M1 ein / M1: = S_3 & S1	S2 — 3 — Motor M1 ein
Kontinuierlich wirkende Aktion mit zeitabhängiger Zuweisungsbedingung Eine Aktion wird ausgeführt, wenn der zugeordnete Schritt aktiv und die zeitabhängige Zuweisungsbedingung erfüllt ist. Das Verhalten kann einer Einschaltverzögerung oder Abschaltverzögerung entsprechen.	S_3 — D, $t\#5s$ — M1 ein verzögert S2 / Programmteil Aktion	5s/S2 — 3 — Motor M1 ein
Speichernd wirkende Aktion bei Schrittaktivierung Eine Aktion, z.B. das Setzen eines Variablenwertes, wird ausgeführt, wenn der zugeordnete Schritt aktiv wird. Der Variablenwert bleibt so lange gespeichert, bis er von einer anderen Aktion überschrieben wird.	S_3 — S — M1	↑ — 3 — M1: = 1
Speichernd wirkende Aktion bei Schrittdeaktivierung Eine Aktion, z.B. das Setzen eines Variablenwertes, wird ausgeführt, wenn der zugeordnete Schritt deaktiviert wird. Der Variablenwert bleibt gespeichert, bis er von einer anderen Aktion überschrieben wird.	S_3 — R — M1	3 — M1: = 0 ↓
Speichernd wirkende Aktion bei Ereignis Eine Aktion, z.B. das Setzen eines Variablenwertes, wird ausgeführt, wenn der zugeordnete Schritt aktiv ist und das Ereignis für die zugewiesene Bedingung eintritt (steigende Flanke). Der Variablenwert bleibt gespeichert, bis er von einer anderen Aktion überschrieben wird.	S_3 — S — M1 mit S2	↑S2 — 3 — M1: = 1
Verzögert speichernde Aktion Eine Aktion, z.B. das Setzen eines Variablenwertes, wird nach Ablauf einer Zeit nach Aktivwerden des zugeordneten Schrittes ausgeführt. Der Variablenwert bleibt gespeichert, bis er von einer anderen Aktion überschrieben wird.	S_3 — DS, $t\#5s$ — M1	↑5s/X3 — 3 — M1: = 1

Aktionsbestimmungszeichen: N (oder keines): nicht gespeichert, R: Rücksetzen, S: Setzen, L: zeitbegrenzt, P: Impuls, D: zeitverzögert, SD, DS, oder SL sind Kombinationen.

Symbole zur Dokumentation in der Computertechnik
Graphical Symbols for Documentation in Computer Technology

Programmablaufplan

Symbol	Bedeutung	Symbol	Bedeutung	Beispiel Programmablaufplan
	Verarbeitung, allgemein, auch Ein-, Ausgabe	AUSGABE	Hinweis auf Dokumentation an anderer Stelle, z. B. bei Unterprogramm	START → Anlage einschalten → Sensor an Ausfahrt misst U
(Raute)	Verzweigung, genormte Darstellung	(Oval)	Grenzstelle, z. B. für START oder ENDE	
(Sechseck)	Verzweigung, praxisüblich (bei Bedarf)	(Kreis)	Verbindungsstelle	ja ← $U > 0V$? nein
(Schleifensymbol Anfang)	Schleifenbegrenzung *Anfang* (anstelle der gestrichelten Linie sind die Bestandteile der Schleife einzusetzen) *Ende*	⊣⊢	Bemerkung	Signal Rot / Signal Grün
		(Raute mit Pfeil)	Dreifach-Verzweigung, z.B. JA-NEIN-SONST	**Überwachung einer Tiefgarageneinfahrt**
Bild *a*	Hinweis auf detaillierte Darstellung an anderer Stelle derselben Dokumentation	(erweiterte Raute)	desgleichen, andere Darstellung, auch erweiterbar auf weitere Ausgänge	## Zustandsdiagramm Zustand 1 Zustand 2 (Z1)———(Z2) T1 Transitionsbedingung 1 (Übergangsbedingung)

Struktogramm

Symbol	Bezeichnung, Bedeutung	Symbol	Bezeichnung, Bedeutung
Anweisung 1 / Anweisung 2	**Folgeblock** Er enthält Rechenoperationen, Eingabeanweisungen oder Ausgabeanweisungen.	Bedingung / Fall 1, 2, 3 / Anweisung 1, Anweisung 2, Anweisung 3	**Verzweigungsblock, mehrfach** Beim mehrfachen Verzweigungsblock werden in Abhängigkeit von einer Bedingung mehrere Alternativen angeboten.
Bedingung / Ja / Nein / Anweisung 1, Anweisung 2	**Verzweigungsblock (Auswahlblock), zweiseitig** Der Verzweigungsblock enthält eine Verzweigung mit den Alternativen *Ja* und *Nein*.	Wiederhole, solange Bedingung erfüllt ist. / Anweisung 1 / Anweisung 2	**Wiederholungsblock mit Anfangsbedingung** Die Anweisungen dieses Blockes werden wiederholt, solange die Bedingung erfüllt ist.
Bedingung / Ja / Nein / Anweisung	**Verzweigungsblock, einseitig** Bei diesem Verzweigungsblock enthält nur ein Zweig Anweisungen. Der andere Zweig wird ohne Anweisungen durchlaufen.	Anweisung 1 / Anweisung 2 / Wiederhole bis Bedingung erfüllt ist.	**Wiederholungsblock mit Endebedingung** Die Anweisungen dieses Blockes werden wiederholt, bis die Bedingung erfüllt ist. Die Bedingung wird erst am Ende der Schleife geprüft.

Schaltzeichen der Pneumatik und Hydraulik 1
Graphic Symbols of Pneumatics and Hydraulics 1
vgl. DIN ISO 1219

Wegeventile

Grundsymbole

Die 1. Ziffer gibt die Anzahl der Anschlüsse an, die 2. Ziffer die Anzahl der Schaltstellungen. Die Anzahl der Rechtecke ist gleich der Anzahl der Schaltstellungen.

	Grundsymbol für 2-Stellungs-Wegeventil
	Grundsymbol für 3-Stellungs-Wegeventil
	Anschlüsse an Ventile werden mit kurzen Strichen markiert

Durchflusswege

	ein Durchflussweg
	zwei gesperrte Anschlüsse
	zwei Durchflusswege
	zwei Durchflusswege und ein gesperrter Anschluss
	zwei Durchflusswege mit Verbindung zueinander
	ein Durchflussweg in Nebenschlussschaltung und zwei gesperrte Anschlüsse

Bauarten der Wegeventile

2/-Wegeventile

	2/2-Wegeventil mit Sperr-Ruhestellung
	2/2-Wegeventil mit Durchfluss-Ruhestellung

3/-Wegeventile

	3/2-Wegeventil mit Sperr-Ruhestellung
	3/2-Wegeventil mit Durchfluss-Ruhestellung
	3/3-Wegeventil mit Sperr-Mittelstellung

4/-Wegeventile

	4/2-Wegeventil
	4/3-Wegeventil mit Sperr-Mittelstellung
	4/3-Wegeventil mit Schwimm-Mittelstellung

5/-Wegeventile

	5/2-Wegeventil
	5/3-Wegeventil mit Sperr-Mittelstellung

Betätigungsarten

Betätigung durch Muskelkraft

	allgemein
	durch Druckknopf
	durch Hebel
	durch Pedal

mechanische Betätigung

	durch Stößel
	durch Feder
	durch Rolle
	durch Rollenhebel, eine Betätigungsrichtung

Druckbetätigung

	direkt
	indirekt über Vorsteuerventil

elektrische Betätigung

	durch Elektromagnet
	durch Elektromotor

kombinierte Betätigung

	durch Elektromagnet und Vorsteuerventil
	durch Elektromagnet mit Vorsteuerung und Handhilfsbetätigung

mechanische Bestandteile

	Raste

K

Kurzbezeichnung von Wegeventilen

QM1 2

3 / 2 - Wegeventil QM 1

- 3 = Anzahl der Anschlüsse
- 2 = Anzahl der Schaltstellungen
- QM = Bauteil-Kennzeichnung
- 1 = Bauteil-Nummer

Anschlussbezeichnungen

QM3 4 2
14 a b 12
     5 1 3

Wegeventil mit 5 Anschlüssen, 2 Schaltstellungen, Bauteilkennzeichnung QM (Ventil), Bauteilnummer 3.

Ein Impuls an Steueranschluss 12 bewirkt eine Verbindung des Anschlusses 1 mit 2, ein Impuls an 14 eine Verbindung von 1 mit 4.

Schaltzeichen der Pneumatik und Hydraulik 2
Graphic Symbols of Pneumatics and Hydraulics 2
vgl. DIN ISO 1219

Funktionssymbole		Energieumformung		Sperrventile	
	Hydrostrom	**Pumpen, Kompressoren**			Rückschlagventil unbelastet
	Druckluftstrom		Konstant-Hydropumpe, eine Drehrichtung		
	Strömungsrichtung		Verstell-Hydropumpe, zwei Drehrichtungen		Rückschlagventil federbelastet
	Drehrichtung		Kompressor, eine Drehrichtung		Wechselventil (ODER-Funktion)
	Verstellbarkeit				
Energieübertragung		**Motoren**			Schnellentlüftungsventil
	Druckquelle		Konstantmotor, eine Drehrichtung		
			Verstellmotor, zwei Drehrichtungen		Zweidruckventil (UND-Funktion)
	Arbeitsleitung				
	Steuerleitung, Leckstromleitung		Drehantrieb		Drosselrückschlagventil, einstellbar
	Umrahmung von Baugruppen		Elektromotor		
	Leitungsverbindung	**einfach wirkende Zylinder**		**Druckventile**	
	Leitungskreuzung		Rückhub durch Feder, mit Magnet für Positionsabfrage		Druckbegrenzungsventil
	Schnellkupplung		Rückhub durch Feder, mit einstellbarer Endlagendämpfung		Folgeventil
	Entlüftung ohne Anschluss				
	Entlüftung mit Anschluss		Rückhub durch unbestimmte Kraft		2-Wege-Druckreduzierventil, direktwirkend
	Geräuschdämpfer				
	Behälter		a) Vakuumerzeuger (Ejektorprinzip), b) Saugnapf		2-Wege-Druckreduzierventil, vorgesteuert
	Druckbehälter				
	Hydrospeicher	**doppelt wirkende Zylinder**			Druckschalter (gibt bei einem voreingestellten Druck ein elektr. Signal ab)
	Filter oder Sieb		einstellbare beidseitige Endlagendämpfung und Magnet für Positionsabfrage		
	Wasserabscheider		beidseitige nicht einstellbare Endlagendämpfung, gespiegelt	**Stromventile**	
					Drosselventil verstellbar
	Lufttrockner		Schwenkzylinder, Grundstellung durch Dreieck angezeigt		2-Wege-Stromregelventil mit veränderlichem Auslassstrom
	Öler				
	Aufbereitungs-Einheit		mit Schlitten und Endlagendämpfung und Positionsabfrage		3-Wege-Stromregelventil mit veränderlichem Auslassstrom, Entlastungsöffnung zum Behälter

¹ hydraulisch   ² pneumatisch
(siehe Seiten 403 f.)

Pneumatik Grundschaltungen — Basic Pneumatic Circuits

Logische Bausteine kommen in jeder pneumatischen Steuerung vor. Durch die richtige Kombination wird ein hohes Maß an Ablaufsicherheit erreicht.

www.festo-didactic.com; www.boschrexroth.com

UND-Funktion

Betriebsmittel kann man auch durch Zahlen kennzeichnen, z. B. BG1 → 1.1, KH1 → 1.2, (Nummer, Schaltkreis, Bauteil)

siehe auch folgende Seiten

ODER-Funktion

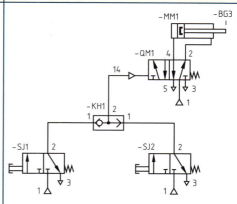

Ein UND-Ventil (KH1) wird dann eingesetzt, wenn **zwei** 1-Signale zur Funktionsausführung nötig sind. Mehrfach-UND zur Erfüllung zusätzlicher Bedingungen. Auch in Kombination mit ODER-Ventilen gebräuchlich.

Ein ODER-Ventil (KH1) wird verwendet, wenn die Funktionsausführung von **2 voneinander unabhängigen** Stellen aus erfolgt. Das Ausgangssignal wird häufig als Eingangsbedingung für weitere ODER-Ventile eingesetzt.

Verzögerungsventil

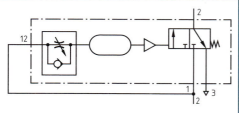

Das Verzögerungsventil schaltet erst nach einer **einstellbaren Zeit** durch.

Folgeventil

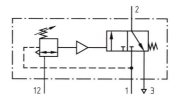

Mit Folgeventilen lässt sich der **Druck einstellen**, mit dem der Schaltvorgang ausgelöst wird.

Ventile zur Geschwindigkeitsregulierung

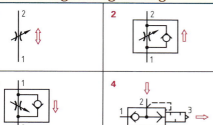

Energieversorgung

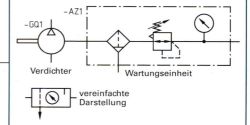

Verdichter — Wartungseinheit — vereinfachte Darstellung

Drosselventile (Bild 1) drosseln den Volumenstrom in beiden Richtungen gleich.
Das **Drosselrückschlagventil** (Bild 2 und 3) wirkt nur in Pfeilrichtung.
Schnellentlüftungsventile (Bild 4) werden für schnelle Zylinderbewegungen und bei langen Druckluftleitungen eingesetzt.

Kolben- oder Schraubenverdichter liefern einen Druck von 700 kPa bis 800 kPa (7 bar bis 8 bar).
Die **Wartungseinheit** beseitigt Schmutzpartikel und Kondensat, Schwankungen im Druckluftnetz werden dabei ausgeglichen.
Der Energieversorgungsteil wird meist vereinfacht dargestellt.

Kennzeichnung von steuerungstechnischen Systemen
Identification of Control Technological Systems

Kennzeichnung industrieller Systeme

Komponenten industrieller Systeme in der Elektrotechnik, Pneumatik oder Hydraulik werden nach DIN EN IEC 81346-2 (2020-10) durch Vorzeichen, Kennbuchstaben 1 und 2 sowie einer Zählnummer gekennzeichnet.

Beispiel einer Benennung: – B G 1

Vorzeichen	Kennbuchstabe 1	Kennbuchstabe 2	Zählnummer
– Komponente + Einbauort = Funktion	B Erfassung und Darstellung von Informationen	G Eingang – Abstand, Lage P Eingang – Druck, Vakuum S Eingang – Geschwindigkeit T Eingang – Temperatur	Fortlaufende Nummer für gleichartige Bauteile

Auswahl von Komponenten und Kennbuchstaben in industriellen Anlagen
(siehe auch Seiten 93 bis 96)

Kennbuchstabe	Komponente	Kennbuchstabe	Komponente
BA	Schutzrelais	KH	Steuerventil
BF	Gasflusssensor	MA	Elektromotor
BP	Druckschalter	MM	Pneumatikzylinder
CA	Kondensator	MS	Verbrennungsmotor
CM	Druckspeicher	NA	Dichtung
EA	Leuchtstoffröhre	PG	Anzeige, z. B. Manometer
GA	Generator	QB	Trennschalter
GQ	Druckluftquelle	RF	analoges oder digitales Filter
GR	Solarpanel	RM	Rückschlagventil
HQ	Filter	SG	Drehschalter
KF	Relais	TB	Wechselrichter

Schaltplan einer pneumatischen Steuerung
vgl. DIN EN IEC 81346-2 (2020-10)

lfd. Nr.	Kennzeichnung	Beschreibung
1	–MM1	Zylinder, doppeltwirkend
2	–GP1	Druckluftquelle
3	–AZ1	Wartungseinheit
4	–SJ1	3/2-Wegeventil
5	–SJ2	3/2-Wegeventil
6	–BG1	3/2-Wegeventil
7	–BG2	3/2-Wegeventil
8	–RM1	Drosselrückschlagventil
9	–KH2	Zweidruckventil
10	–KH1	Wechselventil
11	–QM1	5/2-Wegeventil

Schaltpläne der Pneumatik und Hydraulik
Circuit Diagrams of Pneumatics and Hydraulics vgl. DIN EN 81346-2

Aufbau eines Schaltplanes

- Die Steuerung wird untergliedert in Schaltkreise mit zusammenhängenden Steuerfunktionen.
- Baugruppen, wie z. B. Drosselrückschlagventile, werden durch eine strichpunktartige Linie umgrenzt.

Anordnung der Bauteile

- Die räumliche Anordnung der Bauteile in der Anlage wird nicht berücksichtigt.
- Bauteile eines Schaltkreises werden von unten nach oben in Richtung des Energieflusses und von links nach rechts angeordnet:
  - Energiequellen: unten links,
  - Steuerungselemente in fortlaufender Reihenfolge: aufwärts von links nach rechts,
  - Antriebe: oben von links nach rechts.
- Hydraulikbauteile werden in der Ausgangsstellung der Anlage dargestellt.
- Pneumatikbauteile werden in der Ausgangsstellung der Anlage mit Druckbeaufschlagung dargestellt.
- Gleichartige Bauelemente oder Baugruppen sollen innerhalb eines Schaltkreises in gleicher Höhe dargestellt werden.
- Geräte, die durch Antriebe betätigt werden, z. B. Grenztaster, werden an ihrer Betätigungsstelle durch einen kleinen Markierungsstrich und ihren Kennzeichnungsschlüssel dargestellt.

Bei einseitig arbeitenden Rollenhebelventilen ist ein Richtungspfeil an den Markierungsstrich anzufügen.

Kennzeichnung der Bauteile

Ein Referenzkennzeichen dient zum Auffinden von Informationen zu diesem Objekt. Ein Referenzkennzeichen (siehe Seiten 93 bis 96) muss bestehen aus
- einem, zwei oder drei Kennbuchstaben oder
- Kennbuchstaben mit Nummer oder
- einer Nummer.

Bei Bedarf, vor allem bei umfangreichen Plänen, wird ein Vorzeichen davorgesetzt.
Das Vorzeichen beschreibt die Betrachtungsweise (Aspekt) der Komponente.

= Funktionsaspekt – Produktaspekt
+ Ortsaspekt # andere Aspekte

Die Kennzeichnung von Objekten erfolgt nach dem gewünschten Zweck. Beispiel Ohm'scher Widerstand:

Zweck	Kennbuchstaben
Strombegrenzung	R oder RA
Heizen	E oder EB
Messwiderstand	B oder BA

Weitere Kennbuchstaben und Komponenten:

BG	Endschalter	QM	Wegeventil
GQ	Kompressor	RA	Widerstand
KF	Hilfsschütz, Relais, CPU, SPS	RM	Rückschlagventil
KH	Ventilblock	RN	Pneumatische Drossel
MB	Elektromagnet	SH	Pedalschalter
MM	Zylinder	SJ	Handbetätigte Ventile
QA	Schütz		

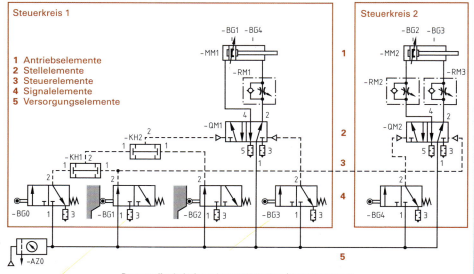

Pneumatikschaltplan mit zwei Zylindern (Hubeinrichtung)

Fließbilder

P&I Diagrams   vgl. DIN EN 62424 (VDE 0810-24)

Ein Fließbild ist die grafische Darstellung eines Prozesses mittels genormter und alphanumerisch beschrifteter Symbole. Die PCE-Aufgabe (PCE: Process Control Engineering) wird durch ein langlochförmiges Oval dargestellt, die PCE-Leitfunktion durch ein rechteckig verlängertes Sechseck. P & I Piping & Instrumentation.

Symbole für PCE-Aufgaben und PCE-Leitfunktion

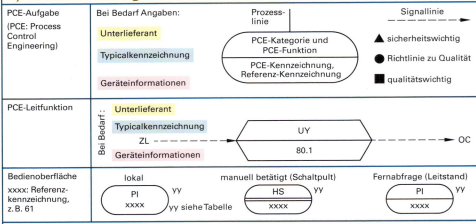

Bedienoberfläche	lokal	manuell betätigt (Schaltpult)	Fernabfrage (Leitstand)
xxxx: Referenz-kennzeichnung, z. B. 61	PI / xxxx / yy yy siehe Tabelle	HS / xxxx / yy	PI / xxxx / yy

Beschriftung im Fließbild

Die Beschriftung der Fließbilder besteht aus einem Erstbuchstaben für die PCE-Kategorie und einem oder mehreren Folgebuchstaben für die Verarbeitungsfunktion, z. B. PI analoge Druckanzeige.

Buch-stabe	Bedeutung des Erstbuchstabens für PCE-Kategorie	Bedeutung der Folgebuchstaben für PCE-Verarbeitungsfunktionen bzw. der Buchstaben außerhalb von Symbolen (yy)
A	Analyse	Alarm, Meldung
B	Flammenüberwachung	Beschränkung, Eingrenzung
C	Anwender definiert und dokumentiert	Regelung
D	Dichte	Differenz
E	elektrische Spannung	N.A.
F	Durchfluss	Verhältnis
G	Abstand, Länge, Stellung	N.A.
H	Handeingabe, Handeingriff	oberer Grenzwert, an (on), offen
I	elektrischer Strom	Analoganzeige (Indicating)
J	elektrische Leistung	N.A.
K	zeitbasierte Funktion	zeitliche Änderungsrate
L	Füllstand	unterer Grenzwert, aus (off), geschlossen
M	Feuchte	N.A.
N	Motor	N.A.
O	Anwender definiert und dokumentiert	Statusanzeige von Binärsignalen
P	Druck	Prozessanschlusspunkt für Prüfzwecke
Q	Menge oder Anzahl	Summe, Integral
R	Strahlungsgrößen	aufgezeichneter Wert
S	Geschwindigkeit, Drehzahl, Frequenz	Schaltfunktion, nicht sicherheitswichtig
T	Temperatur	N.A.
U	Steuerfunktion, Anwender dokumentiert	N.A.
V	Schwingung	N.A.
W	Masse, Gewicht, Kraft	N.A.
X	Anwender definiert und dokumentiert	Anwender definiert und dokumentiert
Y	Stellventil	Rechenfunktion
Z	Anwender definiert und dokumentiert	Schaltfunktion, sicherheitswichtig

N.A.: in der Norm nicht angegebene Buchstaben, die in einem Fließbild ausnahmsweise angegeben werden können, wenn sie der Anwender definiert und dokumentiert hat.

Beispiele von Fließbildern
Examples of P&I Diagrams vgl. DIN EN 62424 (VDE 0810-24)

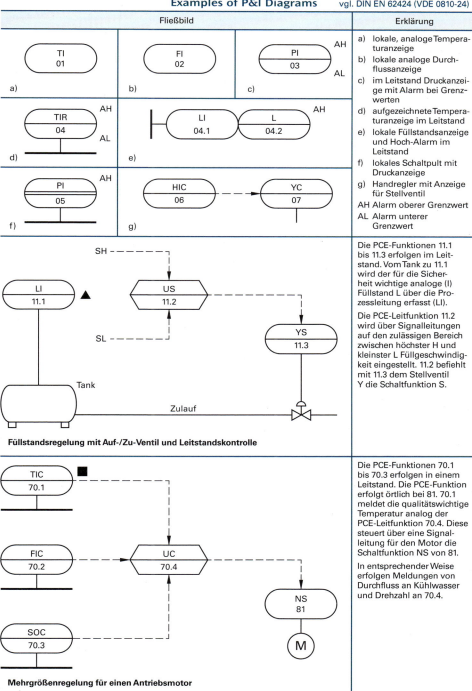

Symbole der Verfahrenstechnik — Symbols in Process Engineering

Symbol	Benennung	Symbol	Benennung	Symbol	Benennung
Leitungen		**Kolonnen (KO)**		**Sieben (SA)**	
1 mm	Leitung für Hauptprodukt		Kolonne mit Einbauten, allgemein		Siebapparat, Rechen, allgemein
0,5 mm	Leitung für Nebenprodukt		Kolonne mit Festbett		
0,25 mm	Steuerleitung				Grobrechen
	Leitungskreuzung		Kolonne mit Fließbett	**Filtern (FL)**	
	Leitungsabzweig	**Heizen und Kühlen**			Filterapparat, allgemein
a) b)	Doppelabzweig		Heizen oder Kühlen, allgemein		Gasfilter, Luftfilter, allgemein
Fließpfeile			Wärmetauscher mit gekreuzten Fließlinien (WT)		
	Fließrichtung, allgemein		desgleichen, ohne Kreuzung (WT)	**Abscheider (SB)**	
	Eingang, Ausgang wichtiger Stoffe		desgleichen, mit Rohrschlange (WT)		Abscheider, Sichter, allgemein
Armaturen (VV)			Doppelrohrwärmetauscher (WT)		Fliehkraftabscheider, Zyklon
	Absperrarmatur, allgemein				
	desgleichen (Eckform)		Dampfkessel (DE)		Elektrostatischer Abscheider
	desgleichen (Dreiwegeform)		Abzugshaube (DE)	**Zentrifugen (ZE)**	
	Absperrschieber				Zentrifuge, allgemein
	Absperrklappe		Schornstein (DE)		desgleichen, mit Siebmantel
Fördereinrichtungen		**Zerkleinerung (ZM)**			
	Pumpe, allgemein (PL)		Zerkleinerungsmaschine, allgemein	**Trocknen (TR)**	
	Verdichter, Vakuumpumpe, allgemein (PC)		Mühle, allgemein		Trockner, allgemein
	Stetigförderer, allgemein (TE)				Zerstäubungstrockner
	Schneckenförderer (TE)		Prallbrecher	**Sortieren (SB)**	
Behälter (BE)					Sortierapparat, allgemein
	Behälter, allgemein		Walzenbrecher		
	Kugelbehälter				

Kennbuchstaben der Verfahrenstechnik in Klammern

Erstellen einer Dokumentation über Geräte und Anlagen
Preparing Documentation for Equipment or Installations

Vorgang	Arbeitsablauf	Bemerkungen, Beispiel
Inhaltsverzeichnis erstellen	• Überschriften der Hauptabschnitte festlegen, • Umfang der Hauptabschnitte festlegen, • Unterteilung der Hauptabschnitte vornehmen und • Seitennummern den Abschnittsnummern zuordnen.	Nummerierung der Hauptabschnitte mit 1, 2, 3 usw., der nachgeordneten Abschnitte mit 1.1, 1.2 ... bzw. 1.1.1, 1.1.2 ... vornehmen. Überschriften in Fettdruck, evtl. nachgeordnete in kleinerer Type. Zuordnung der Seitennummern kann im Laufe der Bearbeitung geändert werden.
Sammlung geeigneter Bilder	• Bilder zu den Hauptabschnitten suchen bzw. Skizzen anfertigen. • Bei als Datei entnommenen Bildern (Computerbilder) soll die Auflösung mindestens 300 dpi betragen. • Aus dem Internet geladene Bilder sind wegen zu geringer Auflösung meist ungeeignet. Viele Betriebe stellen aber gerne geeignete Bilder als Datei zur Verfügung. • Tabellen (soweit nötig) zu den Hauptabschnitten suchen bzw. entwerfen. • Prüfen, ob die wichtigsten Inhalte durch Bilder und Tabellen abgedeckt sind. • Bilder möglichst vereinfachen.	Schraube — Karte am Steckplatz **Freihandskizze**
Bildbearbeitung	• Prüfen, ob einfarbig oder mehrfarbig. • Strichzeichnungen normgerecht erstellen. • Fotos evtl. durch Beschriftung ergänzen. • Bilder gleich breit machen. • Bildunterschriften zu jedem Bild festlegen. • Klären, ob bei Computerbildern die Auflösung genügt. • Sicherstellen, dass durch übernommene Bilder keine fremden Urheberrechte verletzt werden.	Karte am Steckplatz **Reinzeichnung**
Entwurf des Rohtextes	• Anhand der ausgewählten Bilder den Text formulieren. • Dabei für Gleiches immer die gleichen Begriffe verwenden. • Bei gleichen Sachverhalten auch gleiche Satzstrukturen verwenden.	Ergänzungen zu Stellen ohne Bilder vornehmen. In einer Dokumentation können Begriffe beliebig oft wiederholt werden, kein Literaturdeutsch anstreben. Fachworte, insbesondere Fremdworte, Abkürzungen, erklären.
Erstellung des endgültigen Textes	• Rohtext selber korrigieren. • Text durch Sachkundigen überprüfen lassen. • Korrekturen, wenn sinnreich, übernehmen. • Reinschrift vornehmen. • Bei Bedarf in Fremdsprache übersetzen lassen.	Rechtschreibung und Kommasetzung beachten, Wörterbuch, z. B. Duden, gebrauchen. Bildhinweise im Text in einheitlicher Struktur vornehmen. Der endgültige Text wird den Kunden oft als PDF-Datei (Download, USB-Speicher-Stick, CD, DVD) gegeben und nicht in Papierform.
Layout	• Festlegen, ob einspaltiger oder mehrspaltiger Satz. • Angeben, ob Blocksatz oder Flattersatz (linksbündig). • Beim Satz nicht mehr als 60 Zeichen je Zeile und bei mehrspaltigem Satz nicht weniger als 40 Zeichen je Zeile vorsehen.	Bilder einheitlich anordnen, z. B. in einer rechten Spalte oder vor dem entsprechenden Bildhinweis. Hauptabschnitte mit neuer Seite beginnen lassen. Auf eine Seite höchstens drei Überschriften setzen. Raum für Ergänzungen frei lassen.
Bildverzeichnis und Tabellenverzeichnis erstellen	• Nummerierung z. B. nach Seite und dortiger Nummer, z. B. 100/1, 100/2 usw. • Urheberrechte beachten, insbesondere bei Entnahme aus Lehrbüchern oder Internet.	Bildinhalt (Bildunterschrift) und bei Bedarf Quelle des Bildes angeben. Bei Tabellen ist entsprechend zu verfahren.

K

Aufbau und Inhalt einer Betriebsanleitung
Structure and Content of an Operating Manual

Kapitel	Inhalt	Bemerkungen
Beschreibung	Kurze Beschreibung der Bedienungselemente, Anzeigeelemente, Buchsen für Eingangssignale und Ausgangssignale. Grafiken dienen zur Verdeutlichung.	Dieses Kapitel dient der schnellen Orientierung. Es setzt oft mindestens Grundkenntnisse des Gerätes oder der Anlage voraus.
Montage	Hinweise für Aufstellungsbedingungen und den Zusammenbau anhand einer Stückliste, meist mit Explosionszeichnungen ergänzt.	Wichtig sind Abmaße und Umgebungsbedingungen wie Temperatur, Feuchtigkeit. Teilweise wird sogar das zu verwendende Werkzeug beschrieben bzw. abgebildet.
Inbetriebnahme	Reihenfolge der Inbetriebnahmeabläufe, Sicherheitshinweise, Anschlussskizzen, Maßnahmen zum Einschalten, Ausschalten, Prüfen, Überwachen, Korrigieren. Hinweise zum Voreinstellen (Konfigurieren) von Grundfunktionen.	Hierunter ist das erstmalige Einschalten eines Gerätes oder einer Anlage beim Kunden gemeint.
Funktionen	Beschreibung der Funktionen und deren Zusammenwirken. Sind diese vom Benutzer beeinflussbar, so ist deren Bedienung zu beschreiben.	Sie stellen die Leistungsbeschreibung des Gerätes oder der Anlage dar.
Einstellungen	Standardeinstellwerte (Grundeinstellungen) von Komponenten, Baugruppen oder Softwaremodulen.	Zu beschreiben sind Starteinstellwerte bei der Inbetriebnahme und mögliche Einstellwerte im ungestörten Betrieb.
Betrieb	Einschalten, Ausschalten durch den Kunden im ungestörten Betrieb. Verhaltensweisen bei gestörtem Betrieb.	Vorsichtsmaßnahmen für einen ungestörten Betrieb sind zu beschreiben, z. B. bei Temperaturwechsel, Feuchtigkeit, Staub, EMV (Elektromagnetische Verträglichkeit).
Fehlermeldungen, Fehlerbehandlung	Beschreibung der Fehlermeldungen, z. B. Störmeldungen, Alarmmeldungen, und Beschreibung der jeweils einzuleitenden Maßnahmen zur Beseitigung.	Die Fehlermeldungen müssen aussagefähig und vollständig sein. Die Darstellung erfolgt am übersichtlichsten tabellarisch.
Instandhaltung, Wartung	Beschreibung von Wartungsintervallen und den zu wartenden Komponenten oder Baugruppen mit den dazugehörenden Maßnahmen.	Es ist zu unterscheiden, welche Wartungsarbeiten vom Kunden selbst und welche Wartungsarbeiten vom Kundendienstpersonal des Herstellers vorzunehmen sind.
Kundendienst, Ersatzteilhaltung	Angaben über notwendige Daten zur Ersatzteilbeschaffung. Angaben über Kundendienstleistungen, Kundendienstadressen, Adressen zur Ersatzteilbeschaffung, Hotline-Adressen z. B. Telefon, Fax, E-Mail.	Die Adressen für Kundendienst und Ersatzteilbeschaffung sind in Regionen einzuteilen.
Technische Daten	Angaben zur elektrischen Spannungsversorgung, elektrischen Leistungsaufnahme, Kennwerte für Hydraulik- und Pneumatikkomponenten. Angaben zu Schnittstellen, Datenübertragungsraten, Drehzahlen, Drehmomenten, Gewichten, Abmessungen, mitgeliefertem Zubehör.	Die technischen Daten sind oft als Anhang beschrieben. Die angegebenen Werte gelten für den störungsfreien Betrieb. Auf zulässige Toleranzen sollte hingewiesen werden.

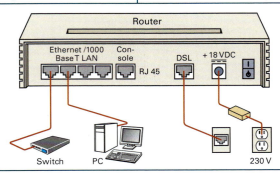

Auszug aus einer Betriebsanleitung für LAN-Router

Teil WF: Chemie, Werkstoffe, Fertigung

Part WF: Chemistry, Materials, Production

Chemie

$^{23}_{11}Na$ $^{238}_{92}U$

Chemie	132
Stoffwerte	134

Werkstoffe

Gefährliche Stoffe	136
Magnetwerkstoffe	137
Bezeichnungssysteme für Stähle	138
Stahl	142
Stahlprofile	145
Bezeichnungssysteme für Gusseisenwerkstoffe	146
Gusseisen	147
Nichteisenmetalle	148
Aluminiumprofile	151
Kunststoffe	152
Kabel und Leitungen	157
Isolierte Starkstromleitungen	158
Starkstromleitungen	159
Leitungen zum Anschluss ortsveränderlicher Betriebsmittel	160
Leitungen und Kabel für Melde- und Signalanlagen	161
Leitungen in Datennetzen	162
Kupferlitzenleiter der Informationstechnik	163
Strahlenoptik	164
Lichtwellenleitungen	165
Trennklassen der Kommunikationsverkabelung	166
Korrosion und Korrosionsschutz	167
Lote und Flussmittel	168
Druckflüssigkeiten	169
Werkstoffprüfung	170

Fertigung

Fertigungsverfahren	172
Rapid Prototyping RP (3D-Druck)	176
Wärmebehandlung von Stahl	177
Montage und Demontage	179
Ergonomie	181
Schneidstoffe	182
Drehzahlnomogramm	183
Kräfte und Leistungen beim Zerspanen	184
Bohren	186
Reiben und Gewindebohren	187
Drehen	188
Drehwerkzeuge	190
Fräsen	191
Schleifen	193
Spanende Formung der Kunststoffe	194
Lehren	195
Biegeumformen	196
Schweißen	197
Druckgasflaschen, Gasverbrauch	199
Gasschweißen	200
Schutzgasschweißen	201
Lichtbogenschweißen	203

Periodisches System der Elemente / Periodic Table of the Elements

Legende:
- Ordnungszahl (= Protonenzahl)
- Relative Atommasse
- Radioaktive Elemente in Rot, z. B. 222
- Künstlich hergestellte Elemente in Klammern, z. B. (261)
- Kurzzeichen
- Elementname; Zustand bei 273 K (0 °C) und 1,013 bar:
  - fest: Schwarze Schrift
  - flüssig: Braune Schrift
  - gasförmig: Blaue Schrift

Beispiel: 13 Al, Aluminium, 26,982

[1] Leichtmetalle ϱ ≤ 5 kg/dm³, Schwermetalle ϱ > 5 kg/dm³

Periode	1 (I A)	2 (II A)	3 (III B)	4 (IV B)	5 (V B)	6 (VI B)	7 (VII B)	8 (VIII B)	9 (VIII B)	10 (VIII B)	11 (I B)	12 (II B)	13 (III A)	14 (IV A)	15 (V A)	16 (VI A)	17 (VII A)	18 (VIII A)
1	1 H Wasserstoff 1,008																	2 He Helium 4,002
2	3 Li Lithium 6,941	4 Be Beryllium 9,012											5 B Bor 10,811	6 C Kohlenstoff 12,011	7 N Stickstoff 14,007	8 O Sauerstoff 15,999	9 F Fluor 18,998	10 Ne Neon 20,179
3	11 Na Natrium 22,989	12 Mg Magnesium 24,305											13 Al Aluminium 26,982	14 Si Silicium 28,086	15 P Phosphor 30,974	16 S Schwefel 32,066	17 Cl Chlor 35,453	18 Ar Argon 39,948
4	19 K Kalium 39,098	20 Ca Calcium 40,078	21 Sc Scandium 44,956	22 Ti Titan 47,867	23 V Vanadium 50,942	24 Cr Chrom 51,996	25 Mn Mangan 54,938	26 Fe Eisen 55,845	27 Co Cobalt 58,933	28 Ni Nickel 58,693	29 Cu Kupfer 63,546	30 Zn Zink 65,390	31 Ga Gallium 69,723	32 Ge Germanium 75,610	33 As Arsen 74,922	34 Se Selen 78,960	35 Br Brom 79,904	36 Kr Krypton 83,798
5	37 Rb Rubidium 85,468	38 Sr Strontium 87,620	39 Y Yttrium 88,906	40 Zr Zirconium 91,224	41 Nb Niob 92,906	42 Mo Molybdän 95,962	43 Tc Technetium (98)	44 Ru Ruthenium 101,070	45 Rh Rhodium 102,906	46 Pd Palladium 106,420	47 Ag Silber 107,868	48 Cd Cadmium 112,410	49 In Indium 114,820	50 Sn Zinn 118,710	51 Sb Antimon 121,760	52 Te Tellur 127,600	53 I Iod 126,905	54 Xe Xenon 131,290
6	55 Cs Cäsium 132,905	56 Ba Barium 137,330	57 … 71 Lanthanoide	72 Hf Hafnium 178,490	73 Ta Tantal 180,948	74 W Wolfram 183,850	75 Re Rhenium 186,207	76 Os Osmium 190,230	77 Ir Iridium 192,220	78 Pt Platin 195,080	79 Au Gold 196,967	80 Hg Quecksilber 200,590	81 Tl Thallium 204,383	82 Pb Blei 207,200	83 Bi Bismut 208,980	84 Po Polonium 210	85 At Astat 210	86 Rn Radon 222
7	87 Fr Francium 223	88 Ra Radium 226,025	89 … 103 Actinoide	104 Rf Rutherfordium (261)	105 Db Dubnium (263)	106 Sg Seaborgium (266)	107 Bh Bohrium (264)	108 Hassium (269)	109 Mt Meitnerium (268)	110 Ds Darmstadtium (281)	111 Rg Roentgenium (280)	112 Cn Copernicium (277)	113 Nh Nihonium (287)	114 Fl Flerovium (289)	115 Mc Moscovium (288)	116 Lv Livermorium (293)	117 Ts Tennessin (292)	118 Og Oganesson (294)

Lanthanoide:

57 La Lanthan 138,906	58 Ce Cer 140,120	59 Pr Praseodym 140,908	60 Nd Neodym 144,240	61 Pm Promethium 145	62 Sm Samarium 150,360	63 Eu Europium 151,960	64 Gd Gadolinium 157,250	65 Tb Terbium 158,925	66 Dy Dysprosium 162,500	67 Ho Holmium 164,930	68 Er Erbium 167,260	69 Tm Thulium 168,934	70 Yb Ytterbium 173,040	71 Lu Lutetium 174,967

Actinoide:

89 Ac Actinium 227,028	90 Th Thorium 232,038	91 Pa Protactinium 231,036	92 U Uran 238,029	93 Np Neptunium 237	94 Pu Plutonium 244	95 Am Americium (243)	96 Cm Curium (247)	97 Bk Berkelium (247)	98 Cf Californium (251)	99 Es Einsteinium (252)	100 Fm Fermium (257)	101 Md Mendelevium (258)	102 No Nobelium (260)	103 Lr Lawrencium (262)

Legende Farben:
- Nichtmetalle
- Halbmetalle
- Leichtmetalle[1]
- Schwermetalle[1]
- Edelmetalle
- Halogene
- Edelgase

Chemie 2

Wichtige Chemikalien

Häufige Bezeichnung	Chemische Bezeichnung	Formel	Eigenschaften	Verwendung
Aceton	Aceton, Propanon	$(CH_3)_2CO$	farblose, brennbare, leicht verdunstende Flüssigkeit	Lösungsmittel für Farben, Acetylen und Kunststoffe
Acetylen	Ethin	C_2H_2	reaktionsfreudiges, farbloses Gas, hoch explosiv	Brenngas beim Schweißen, Ausgangsstoff für Kunststoffe
Borax	Natriumtetraborat	$Na_2B_4O_7$	weißes Kristallpulver, Schmelze löst Metalloxide	Flussmittel beim Hartlöten, zur Wasserenthärtung, Glasrohstoff
Chlorkalk	Calciumhypochlorit	$CaCl(ClO)$	weißes Pulver, spaltet Sauerstoff und hypochlorige Säure ab	Stoff als Bleich- und Desinfektionsmittel, Entgiftung von Bädern
Kochsalz	Natriumchlorid	$NaCl$	farbloses, kristallines Salz, leicht wasserlöslich	Würzmittel für Kältemischungen, zur Chlorgewinnung
Kohlendioxid, Kohlensäure	Kohlenstoffdioxid	CO_2	wasserlösliches, unbrennbares Gas, erstarrt bei $-78\,°C$	Schutzgas beim MAG-Schweißen, Kohlensäureschnee als Kältemittel
Korund	Aluminiumoxid	Al_2O_3	sehr harte, farblose Kristalle, Schmelzpunkt $2050\,°C$	Schleif- und Poliermittel, oxidkeramische Werkstoffe
Kupfervitriol	Kupfersulfat	$CuSO_4$	blaue, wasserlösliche Kristalle, mäßig giftig	galvanische Bäder, Schädlingsbekämpfung, zum Anreißen
Mennige, Bleimennige	Blei(II,IV)oxid	Pb_3O_4	rotes Pulver hoher Dichte, stark giftig, umweltbelastend	Bestandteil von Rostschutzfarben, Glasherstellung
Salpetersäure	Salpetersäure	HNO_3	sehr starke Säure, löst Metalle (außer Edelmetalle) auf	Ätzen und Beizen von Metallen, Herstellung von Chemikalien
Salzsäure	Chlorwasserstoff	HCl	farblose, stechend riechende, starke Säure	Ätzen und Beizen von Metallen, Herstellung von Chemikalien
Schwefelsäure	Schwefelsäure	H_2SO_4	farblose, ölige, geruchlose Flüssigkeit, starke Säure	Beizen von Metallen, galvanische Bäder, Akkumulatoren
Soda	Natriumcarbonat	Na_2CO_3	farblose Kristalle, leicht wasserlöslich, basische Wirkung	Entfettungs- und Reinigungsbäder, Wasserenthärtung
Spiritus	Ethanol	C_2H_5OH	farblose, leicht brennbare Flüssigkeit, Siedepunkt $78\,°C$	Lösungsmittel, Reinigungsmittel, für Heizzwecke, Treibstoffzusatz
Zyankali	Kaliumcyanid	KCN	sehr stark giftiges Salz der Blausäure	Salzbäder zum Carbonitrieren, galvanische Bäder

Häufig vorkommende Molekülgruppen

Molekülgruppe Bezeichnung	Formel	Erläuterungen	Beispiel Bezeichnung	Formel
Carbid	$\equiv C$	Kohlenstoffverbindungen; teilweise sehr hart	Siliciumcarbid	SiC
Chlorid	$-Cl$	Salze der Salzsäure; in Wasser meist leicht löslich	Natriumchlorid	$NaCl$
Hydroxid	$-OH$	Hydroxide entstehen aus Metalloxiden und Wasser; sie reagieren basisch	Calciumhydroxid	$Ca(OH)_2$
Nitrat	$-NO_3$	Salze der Salpetersäure; in Wasser meist leicht löslich	Kaliumnitrat	KNO_3
Nitrid	$\equiv N$	Stickstoffverbindungen; teilweise sehr hart	Siliciumnitrid	SiN
Oxid	$=O$	Sauerstoffverbindungen; häufigste O-Verbindungsgruppe der Erde	Aluminiumoxid	Al_2O_3
Sulfat	$=SO_4$	Salze der Schwefelsäure; in Wasser meist leicht löslich	Kupfersulfat	$CuSO_4$
Sulfid	$=S$	Schwefelverbindungen; wichtige Erze, Spanbrecher in Automatenstählen	Eisen(II)sulfid	FeS

pH-Wert

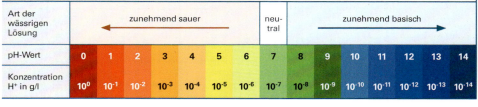

Art der wässrigen Lösung	zunehmend sauer						neutral			zunehmend basisch				
pH-Wert	0	1	2	3	4	5	6	7	8	9	10	11	12	13	14
Konzentration H^+ in g/l	10^0	10^{-1}	10^{-2}	10^{-3}	10^{-4}	10^{-5}	10^{-6}	10^{-7}	10^{-8}	10^{-9}	10^{-10}	10^{-11}	10^{-12}	10^{-13}	10^{-14}

Stoffwerte 1 — Material Characteristics 1

Gasförmige Stoffe

Stoff	Dichte bei 0 °C und 1,013 bar ϱ kg/m³	Dichte-zahl[1] ϱ/ϱ_L	Schmelz-temperatur bei 1,013 bar ϑ °C	Siede-temperatur bei 1,013 bar ϑ °C	Wärmeleit-fähigkeit bei 20 °C λ W/(m·K)	Wärme-leitzahl[2] λ/λ_L	Spezifische Wärmekapazität bei 20 °C und 1,013 bar c_p[3] kJ/(kg·K)	c_v[4] kJ/(kg·K)
Acetylen (C_2H_2)	1,17	0,905	−84	−82	0,021	0,81	1,64	1,33
Ammoniak (NH_3)	0,77	0,596	−78	−33	0,024	0,92	2,06	1,56
Butan (C_4H_{10})	2,70	2,088	−135	−0,5	0,016	0,62	−	−
Kohlenstoff-monoxid (CO)	1,25	0,967	−205	−190	0,025	0,96	1,05	0,75
Kohlenstoff-dioxid (CO_2)	1,98	1,531	−57[5]	−78	0,016	0,62	0,82	0,63
Luft	1,293	1,0	−220	−191	0,026	1,00	1,005	0,716
Methan (CH_4)	0,72	0,557	−183	−162	0,033	1,27	2,19	1,68
Propan (C_3H_8)	2,00	1,547	−190	−43	0,018	0,69	−	−
Sauerstoff (O_2)	1,43	1,106	−219	−183	0,026	1,00	0,91	0,65
Stickstoff (N_2)	1,25	0,967	−210	−196	0,026	1,00	1,04	0,74
Wasserstoff (H_2)	0,09	0,07	−259	−253	0,180	6,92	14,24	10,10

Flüssige Stoffe

Stoff	Dichte bei 20 °C ϱ kg/dm³	Zünd-temperatur ϑ °C	Gefrier- bzw. Schmelz-temperatur bei 1,013 bar ϑ °C	Siede-temperatur bei 1,013 bar ϑ °C	Spezif. Verdampfungswärme[6] r kJ/kg	Wärme-leitfähigkeit bei 20 °C λ W/(m·K)	Spezifische Wärmekapazität bei 20 °C c kJ/(kg·K)	Volumen-ausdehnungs-koeffizient α_v in 1\K
Ethylether($C_2H_5)_2O$	0,71	170	−116	35	377	0,13	2,28	0,001 6
Benzin	0,72...0,75	220	−50...−30	25...210	419	0,13	2,02	0,001 1
Dieselkraftstoff	0,81...0,85	220	−30	150...360	628	0,15	2,05	0,000 96
Heizöl EL	≈ 0,83	220	−10	> 175	628	0,14	2,07	0,000 96
Maschinenöl	0,91	400	−20	> 300	−	0,13	2,09	0,000 93
Petroleum	0,76...0,86	550	−70	> 150	314	0,13	2,16	0,001
Quecksilber (Hg)	13,5	−	−39	357	285	10	0,14	0,000 18
Spiritus 95 %	0,81	520	−114	78	854	0,17	2,43	0,001 1
Wasser, destilliert	1,00[7]	−	0	100	2256	0,60	4,18	0,000 18

Feste Stoffe

Stoff	Dichte ϱ kg/dm³	Schmelz-temperatur bei 1,013 bar ϑ °C	Spezif. Schmelz-wärme bei 1,013 bar q kJ/kg	Wärme-leitfähig-keit bei 20 °C λ W/(m·K)	Mittlere spezifische Wärme-kapazität bei 0...100 °C c kJ/(kg·K)	Längen-ausdehnungs-koeffizient zwischen 0...100 °C α_l 1/K	Spezif. Widerstand[8] bei 20°C ϱ_{20} $\Omega \cdot mm^2/m$	Elastizitätsmodul kN/mm² (GPa)
Aluminium (Al)	2,7	658	398	204	0,94	0,000 023 8	0,0278	72
Antimon (Sb)	6,69	630,5	163	22	0,21	0,000 010 8	0,39	55
Beryllium (Be)	1,85	1280	1087,5	165	1,02	0,000 012 3	0,04	318
Beton	1,8...2,2	−	−	≈ 1	0,88	0,000 01	−	20...40
Bismut (Bi)	9,8	271	55	8,1	0,12	0,000 012 5	1,25	34,8
Blei (Pb)	11,3	327,4	25	34,7	0,13	0,000 029	0,208	19
Cadmium (Cd)	8,64	321	54	91	0,23	0,000 03	0,077	50
Chrom (Cr)	7,2	1903	134	69	0,46	0,000 008 4	0,13	280
Cobalt (Co)	8,9	1493	260	69,1	0,43	0,000 012 7	0,062	208
CuAl-Legierungen	7,4...7,7	1040	−	61	0,44	0,000 019 5	...	105
CuSn-Legierungen	7,4...8,9	900	−	46	0,38	0,000 017 5	0,02...0,03	115

[1] Dichtezahl = Dichte eines Gases ϱ geteilt durch die Dichte der Luft ϱ_L
[2] Wärmeleitzahl = Wärmeleitfähigkeit λ eines Gases geteilt durch die Wärmeleitfähigkeit λ_L der Luft
[3] bei konst. Druck
[4] bei konst. Volumen
[5] bei 5,3 bar
[6] bei Siedetemperatur und 1,013 bar
[7] bei 4 °C
[8] **el. Leitfähigkeit:** $\gamma_{20} = 1/\varrho_{20}$

Stoffwerte 2 — Material Characteristics 2

Feste Stoffe (Fortsetzung)

Stoff	Dichte ρ kg/dm³	Schmelztemperatur bei 1,013 bar ϑ °C	Spezif. Schmelzwärme bei 1,013 bar q kJ/kg	Wärmeleitfähigkeit bei 20 °C λ W/(m·K)	Mittlere spezif. Wärmekapazität bei 0...100 °C c kJ/(kg·K)	Längenausdehnungskoeffizient zwischen 0...100 °C α_l 1/K	Spezif. Widerstand[4] bei 20 °C ρ_{20} $\frac{\Omega \cdot mm^2}{m}$	Elastizitätsmodul kN/mm² (GPa)
CuZn-Legierungen	8,4...8,7	900...1 000	167	105	0,39	0,000 018 5	0,05...0,07	108
Eis	0,92	0	332	2,3	2,09	0,000 051	–	9
Eisen, rein (Fe)	7,87	1 536	276	81	0,47	0,000 012	0,13	210
Eisenoxid (Rost)	5,1	1 570	–	0,58 (pulv.)	0,67	–	–	–
Fette	0,92...0,94	30...175	–	0,21	–	–	–	–
Gips	2,3	1 200	–	0,45	1,09	–	–	20
Glas (Quarzglas)	2,4...2,7	520...550[1]	–	0,8...1,0	0,83	0,000 009	10^{18}	50...90
Gold (Au)	19,3	1 064	67	310	0,13	0,000 014 2	0,022	78
Grafit (C)	12,24	≈ 3 800	–	168	0,71	0,000 007 8	–	27
Gusseisen	7,25	1 150...1 200	125	58	0,50	0,000 010 5	0,6...1,6	90...130
Hartmetall (K 20)	14,8	> 2 000	–	81,4	0,80	0,000 005	–	550
Holz (lufttrocken)	0,20...0,72	–	–	0,06...0,17	2,1...2,9	≈ 0,000 04[2]	–	9
Iridium (Ir)	22,4	2 443	135	59	0,13	0,000 006 5	0,053	218
Iod (I)	5,0	113,6	62	0,44	0,23	–	–	–
Kohlenstoff (C)	3,5	3 800	–	–	0,52	0,000 001 18	–	4,8
Koks	1,6...1,9	–	–	0,18	0,83	–	–	202
Konstantan	8,89	1 260	–	23	0,41	0,000 015 2	0,49	180
Kork	0,1...0,3	–	–	0,04...0,06	1,7...2,1	–	–	0,003
Korund (Al₂O₃)	3,9...4,0	2 050	–	12...23	0,96	0,000 006 5	–	350
Kupfer (Cu)	8,96	1 083	213	384	0,39	0,000 016 8	0,0178	100...130
Magnesium (Mg)	1,74	650	195	172	1,04	0,000 026	0,044	42
Magnesium-Leg.	≈ 1,8	≈ 630	–	46...139	–	0,000 024 5	–	44
Mangan (Mn)	7,43	1 244	251	21	0,48	0,000 023	0,39	195
Molybdän (Mo)	10,22	2 620	287	145	0,26	0,000 005 2	0,054	326
Natrium (Na)	0,97	97,8	113	126	1,3	0,000 071	0,04	9,5
Nickel (Ni)	8,91	1 455	306	59	0,45	0,000 013	0,095	200
Niob (Nb)	8,55	2 468	288	53	0,273	0,000 007 1	0,217	105
Phosphor, gelb (P)	1,82	44	21	–	0,80	–	–	31
Platin (Pt)	21,5	1 769	113	70	0,13	0,000 009	0,098	170
Polystyrol	1,05	–	–	0,17	1,3	0,000 07	10^{10}	3,2
Porzellan	2,3...2,5	≈ 1 600	–	1,6[3]	1,2[3]	0,000 004	10^{12}	–
Quarz, Flint (SiO₂)	2,1...2,5	1 480	–	9,9	0,8	0,000 008	–	76
Schaumgummi	0,06...0,25	–	–	0,04...0,06	–	–	–	0,01
Schwefel (S)	2,07	113	49	0,2	0,70	–	–	18
Selen (Se)	4,4	220	83	0,2	0,33	–	–	10
Silber (Ag)	10,5	961,5	105	407	0,23	0,000 019 3	0,015	83
Silicium (Si)	2,33	1 423	1 658	83	0,75	0,000 004 2	$2,3 \cdot 10^9$	160
Stahl unlegiert	7,85	≈ 1 500	205	48...58	0,49	0,000 011 9	0,14...0,18	200
Stahl legiert	7,9	≈ 1 500	–	14	0,51	0,000 016 1	0,7	210
Steinkohle	1,35	–	–	0,24	1,02	–	–	–
Tantal (Ta)	16,6	2 996	172	54	0,14	0,000 006 5	0,124	150
Titan (Ti)	4,5	1 670	88	15,5	0,47	0,000 008 2	0,08	110
Uran (U)	19,1	1 133	356	28	0,12	–	–	172
Vanadium (V)	6,12	1 890	343	31,4	0,50	–	0,2	125
Wolfram (W)	19,27	3 390	54	130	0,13	0,000 004 5	0,055	405
Zink (Zn)	7,13	419,5	101	113	0,4	0,000 029	0,06	100
Zinn (Sn)	7,29	231,9	59	65,7	0,24	0,000 023	0,115	50

[1] Transformationstemperatur [2] quer zur Faser [3] bei 800 °C [4] el. Leitfähigkeit: $\gamma_{20} = 1/\rho_{20}$

Gefährliche Stoffe — Hazardous Materials

Kennzeichnung und Behandlung gefährlicher Stoffe (Auswahl)

vgl. EG-Richtlinie 1272/2008 CLP

Bezeichnung Signalwort(e)	Piktogramm Code (Seite 537)	Gefahrenhinweise (H-Sätze) (Seite 538)	Sicherheitshinweise P-Sätze (Seite 539)
Acetylen (C_2H_2) Gefahr	GHS02 GHS04	H220; H280	P210; P377; P403
Benzin Gefahr	GHS02 GHS08 GHS09	H340; H350; H304; H411	P210; P241; P280; P281; P301 + P310; P303 + P361 + P353; P405; P501
Kohlenstoffmonoxid (CO) Gefahr	GHS06 GHS02 GHS08 GHS04	H331; H220; H360; H372; H280	P260; P210; P202; P304 + P340 + P315; P308 + P313; P377; P381; P405; P403
Salzsäure (HCl) 32 % zur Analyse Gefahr	GHS05 GHS07	H314, H355, H290	P280; P301 + P330 + P331; P309 + P310; P305 + P351 + P338
Sauerstoff (O) verdichtet Gefahr	GHS03 GHS04	H270; H280	P244; P220; P370 + P376; P403
Schwefelsäure (H_2SO_4) Gefahr	GHS05	H290; H314	P280; P309; P310; P303 + P361 + P353; P301 + P330 + P331; P305 + P351 + P338
Trichloehtylen (Tri) Gefahr, Achtung	GHS08 GHS07	Gefahr: H350; H341 Achtung: H315; H319; H336; H412	P261; P280; P305 + P351 + P338; P321; P405; P501
Wasserstoff (H) verdichtet Gefahr	GHS02 GHS04	H220; H280	P210; P377; P381

Stoffwerte gefährlicher Gase (Auswahl)

Gas	Dichte-verhältnis zur Luft	Zünd-temperatur	theore-tischer Luftbedarf kg/kg Gas	untere Zündgrenze Vol% Gas in Luft	obere Zündgrenze Vol% Gas in Luft	sonstige Hinweise
Acetylen (Ethin)	0,91	305 °C	13,25	1,5	82	Bei einem Druck $p_e > 2$ bar Selbstzerfall und Explosion.
Argon	1,38	unbrennbar	–	–	–	Verdrängt Atemluft, Erstickungsgefahr.
Butan	2,11	365 °C	15,4	1,5	8,5	Narkotische Wirkung, wirkt erstickend.
Kohlenstoff-dioxid	1,53	unbrennbar	–	–	–	Flüssiges CO_2 und Trockeneis führen zu schweren Erfrierungen.
Kohlenstoff-monoxid	0,97	605 °C	2,5	12,5	74	Starkes Blutgift; Seh-, Lungen-, Leber-, Nieren- und Gehörschäden.
Propan	1,55	470 °C	15,6	2,1	9,5	Verdrängt Atemluft, flüssiges Propan verursacht Haut- und Augenschäden.
Sauerstoff	1,1	unbrennbar	–	–	–	Fette und Öle reagieren mit Sauerstoff explosionsartig, brandförderndes Gas.
Stickstoff	0,97	unbrennbar	–	–	–	In geschlossenen Räumen wird Atemluft verdrängt, Erstickungsgefahr.
Wasserstoff	0,07	570 °C	34	4	75,6	Selbstentzündung bei hohen Ausström-geschwindigkeiten; bildet mit Luft, O_2 und Cl explosionsfähige Gemische.

Magnetwerkstoffe / Magnetic Materials

Magnetisierungskennlinien

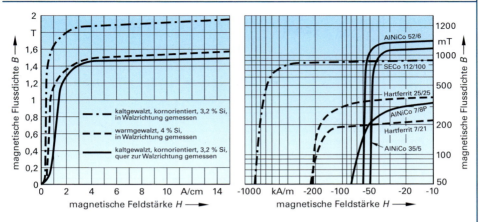

Magnetisierungskennlinien von weichmagnetischen Elektroblechen

Entmagnetisierungskennlinien von Dauermagnetwerkstoffen

Elektromagnetische Werkstoffe

Blech-sorte	Zusammen-setzung	Dichte ϱ kg/dm³	Spezif. Widerst. $\frac{\Omega \cdot mm^2}{m}$	Koerzitiv-feldstärke A/cm	B bei Sättigung T	Curie-Temp.[1] °C	Permeabilität μ_{16}^2 bzw. μ_4	Handels-namen	Verwendung
A0	Stahl mit 2,5% bis 4,5% Si	7,7	0,40	1	2,03	750	400…450	Trafoperm	Kerne für Übertrager, Relais, Mess-wandler, RCDs
A2		7,63	0,55	0,6	2,0	750	700…850		
A3		7,57	0,68	0,35	1,92	750	500…850		
C2	Stahl mit 3,5% bis 4,5% Si	7,55	0,5	0,3	2,0	750	550…1300	Hyperm 4	
C5		7,65	0,45	0,15	2,0	750	–		
D1	Stahl mit 36% bis 40% Ni	8,15	0,75	0,6	1,3	250	1500…2100	Permenorm	Relaisteile, Polschuhe
D3		8,15	0,75	0,15	1,3	250	1000…2900		
F3	Ni-Fe-Legierung mit ≈ 50% Ni	8,25	0,45	0,1	1,5	470	$\mu_4 =$ 1200…4000	Permenorm Hyperm 50	Messwandler-, Übertrager-, Filter-Kerne
E3	Ni-Fe-Legierung mit ≈ 75% Ni Zusätze (Mn, Si, Mo, Cu, Cr)	8,6	0,50	0,02	0,75	400	$\mu_4 =$ 2500…20000	Mumetall Permalloy	NF- und HF-Übertrager, Filter, Drosseln, magnetische Abschirmungen
E4		8,7	0,55	0,01	0,70	270 bis 400	$\mu_4 =$ 4000…40000	Hyperm 766	

[1] Bei der Curie-Temperatur (Curiepunkt) findet eine sprunghafte Entmagnetisierung statt.
[2] μ_{16} bzw. μ_4 bedeutet, dass die Permeabilitätswerte bei der Feldstärke 0,016 $\frac{A}{cm}$ bzw. 0,004 $\frac{A}{cm}$ ermittelt wurden.

Dauermagnetwerkstoffe

Werkstoff	Chemische Zusammensetzung Masse %, Rest Fe					Energie-dichte $(B \cdot H)_{max}$ kJ/m³	Remanenz-flussdichte mT	Koerzitiv-feldstärke kA/m	Permea-bilitäts-zahl μ_r	Dichte ϱ kg/dm³
	Al	Co	Cu	Ni	Ti					
AlNiCo9/5	11…13	bis 5	2…4	21…28	bis 1	9	550	47	4…5	6,8
AlNiCo18/9	6…8	24…34	3…6	13…19	5…9	18	600	86	3…4	7,2
AlNiCo52/6	8…9	23…26	3…4	13…16	–	52	1250	56	1,5…3	7,2
AlNiCo35/5	8…9	23…26	3…4	13…16	–	35	1120	48	3…4,5	7,2
SECo 112/110	Seltenerdmetall-Kobalt-Legierung					112	750	1000	1,1	8,1
Hartferrit 7/21	Zusammensetzung: MeO · x · Fe₂O₃ mit Me = Ba, Sr, Pb mit x = 4,5 … 6,5					6,5	190	210	1,2	4,9
Hartferrit 25/25						25	370	250	1,1	4,8

Bezeichnungssysteme für Stähle 1 — Identification Systems for Steels 1

Erklärung	Darstellung

Aufbau

Die Bezeichnung von Stählen kann sowohl mittels Werkstoffnummern (DIN EN 10027-2) als auch anhand von Kurznamen (DIN EN 10027-1) erfolgen, wobei im Fall der Kurznamen die Bezeichnung nach dem Verwendungszweck oder nach der chemischen Zusammensetzung vollzogen werden kann.

Bezeichnung mittels Werkstoffnummern

vgl. DIN EN 10027-2: 2015-07

Die Werkstoffnummer besteht aus drei Teilen:
1. Werkstoffhauptgruppennummer, 1 für Stahl.
2. Stahlgruppennummer (2-stellig), an der man erkennen kann, um welche Art von Stahl es sich handelt (unlegiert, legiert, Grundstahl, Qualitätsstahl, Edelstahl).
3. Zählnummer (vierstellig, wobei die letzten beiden Stellen gegenwärtig nicht genutzt werden).

Aus praktischen Gründen können besondere Anforderungen auch durch Anhängen eines bestimmten Kennzeichens oder eines Textes an die Werkstoffnummer kenntlich gemacht werden. Derartige Zusatzsymbole können anhand der Tabellen A, B, C auf Seite 140 mittels Pluszeichen (+) angehängt werden, sie sind jedoch kein Bestandteil der Werkstoffnummer.

Die Werkstoffnummern werden auf Antrag durch die Europäische Stahlregistratur vergeben.

Aufbau einer Werkstoffnummer

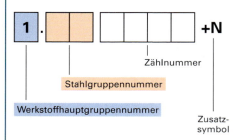

Stahlgruppennummer (SGrNr.) und Stahlsorte

	Unlegierte Stähle		Legierte Stähle
SGrNr.	Stahlsorte[1]	SGrNr.	Stahlsorte
00, 90	Grundstähle		
	Qualitätsstähle	08, 98	**Qualitätsstähle** Stähle mit bes. physikalischen Eigenschaften
01, 91	Allgemeine Baustähle; $R_m < 500$ N/mm²	09, 99	Stähle für verschiedene Anwendungsbereiche
02, 92	Sonstige, nicht für eine Wärmebehandlung vorgesehene Baustähle mit $R_m < 500$ N/mm²		**Edelstähle**
		20 – 28	Legierte Werkzeugstähle
03, 93	Stähle mit C < 0,12 % oder $R_m < 400$ N/mm²	32	Schnellarbeitsstähle mit Cobalt
04, 94	Stähle mit 0,12 % ≤ C < 0,25 % oder 400 N/mm² ≤ R_m < 500 N/mm²	33	Schnellarbeitsstähle ohne Cobalt
		34	Verschleißfeste Stähle
05, 95	Stähle mit 0,25 % ≤ C < 0,55 % oder 500 N/mm² ≤ R_m < 700 N/mm²	35	Wälzlagerstähle
		36, 37	Stähle mit bes. magnetischen Eigenschaften (36: ohne Cobalt, 37: mit Cobalt)
06, 96	Stähle mit C ≥ 0,55 % oder $R_m ≥ 700$ N/mm²	38,39	Stähle mit bes. physikalischen Eigenschaften (38: ohne Nickel, 39: mit Nickel)
07, 97	Stähle mit höherem Phosphor- oder Schwefelgehalt	40 – 45	Nichtrostende Stähle
		46	Chemisch beständige und hochwarmfeste Nickel-Legierungen
	Edelstähle		
10	Stähle mit bes. physikalischen Eigenschaften	47, 48	Hitzebeständige Stähle (47: Nickel < 2,5 %, 48: Nickel ≥ 2,5 %)
11	Bau-, Maschinenbau- und Druckbehälterstähle mit C < 0,5 %	49	Hochwarmfeste Werkstoffe
12	Bau-, Maschinenbau- und Druckbehälterstähle mit C ≥ 0,5 %	50 – 84	Bau-, Maschinenbau- und Behälterstähle geordnet nach Legierungselementen
13	Bau-, Maschinenbau- und Druckbehälterstähle mit besonderen Anforderungen	85	Nitrierstähle
15 – 18	Unlegierte Werkzeugstähle	87 – 89	Hochfeste schweißgeeignete Stähle, nicht für eine Wärmebehandlung bestimmt

[1] R_m = Zugfestigkeit, C = Kohlenstoffgehalt

⇒ **1.3343**: Schnellarbeitsstahl (legierter Edelstahl) ohne Cobalt mit Nummer 43
⇒ **1.8515+QT**: Vergüteter Nitrierstahl mit Nummer 15

Bezeichnungssysteme für Stähle 2 — Identification Systems for Steels 2

Bezeichnung mittels Kurznamen

vgl. DIN EN 10027-1: 2017-01

Die Kurznamen von Stählen sind aus Hauptsymbolen und Zusatzsymbolen zusammengesetzt, wobei die Zusatzsymbole in zwei Gruppen unterteilt sind. Falls die Zusatzsymbole der Gruppe 1 nicht ausreichen, können Zusatzsymbole der Gruppe 2 verwendet werden. Zusatzsymbole der Gruppe 2 sind nur in Verbindung mit Zusatzsymbolen aus Gruppe 1 zulässig und sind an diese anzuhängen. Weitere Zusatzsymbole für Stahlerzeugnisse dürfen durch ein Pluszeichen (+) angehängt werden.

Bezeichnung nach dem Verwendungszweck

Kennbuchstaben für die Stahlgruppe bzw. für den Verwendungszweck

- S Stähle für den Stahlbau
- P Stähle für Druckbehälter
- L Stähle für Leitungsrohre
- E Maschinenbaustähle
- B Betonstähle
- Y Spannstähle
- R Schienenstähle
- D Flacherzeugnisse zum Kaltumformen
- H Flacherzeugnisse aus höherfesten Stählen zum Kaltumformen
- T Verpackungsblech und -band
- M Elektroblech und -band

Hauptsymbole			Zusatzsymbole für Stähle		Zusatzsymbole für Stahlerzeugnisse
			Gruppe 1	Gruppe 2	
G für Stahlguss (wenn nötig)	Kennbuchstabe für die Stahlgruppe	Werte mechanischer und im Falle von Elektroblech und -band Werte magnetischer Eigenschaften	Buchstaben, Ziffern/Zahlen zur Kennzeichnung • der Eignung bzw. Verwendung • des Behandlungszustandes • der Kerbschlagarbeit • der Art des Überzugs • zur Angabe von Legierungselementen mit Gehalt	Buchstaben, Zahlen, von den vorhergehenden Symbolen mit einem Pluszeichen (+) getrennt

Stähle für den Stahlbau

			Kerbschlagarbeit in Joule (J)			Prüftemp.		
			27 J	40 J	60 J	°C		
			JR	KR	LR	20		
G (wenn nötig)	S	Festgelegte Mindeststreckgrenze R_e in N/mm² für den kleinsten Dickenbereich	J0	K0	L0	0	C mit bes. Kaltumformbarkeit D für Schmelztauchüberzüge E für Emaillierung F zum Schmieden H Hohlprofile L für tiefe Temperaturen M thermomechanisch gewalzt N normalgeglüht oder normalisierend gewalzt P für Spundbohlen Q vergütet S für Schiffsbau T für Rohre W wetterfest Chemische Symbole für Elemente, evtl. mit einer Zahl, die den mit 10 multiplizierten Mittelwert des Gehalts des Elements angibt.	Nach Tabellen A, B und C, folgende Seite
			J2	K2	L2	-20		
			J3	K3	L3	-30		
			J4	K4	L4	-40		
			J5	K5	L5	-50		
			J6	K6	L6	-60		
			G andere Merkmale Für Feinkornbaustähle: A ausscheidungshärtend M, N, Q siehe Gruppe 2					

⇒ **S235J2W**: Wetterfester Stahlbaustahl mit R_e von 235 N/mm² und einer Kerbschlagarbeit von 27 J bei -20°C

Stähle für Druckbehälter

G (wenn nötig)	P	Siehe Stähle für den Stahlbau	B Gasflaschen S einfache Druckbehälter M, N, Q, T, G siehe oben (M, N, Q gelten nur für Feinkornstähle)	H Hochtemperatur L Tieftemperatur R Raumtemperatur X Hoch- und Tieftemperatur	Nach Tabellen A, B und C, folgende Seite

⇒ **GP355QH**: Gegossener, vergüteter Druckbehälterstahl für hohe Temperaturen mit R_e von 355 N/mm²

Stähle für den Maschinenbau

G (wenn nötig)	E	Siehe Stähle für den Stahlbau	Kerbschlageigenschaften wie bei Stahlbaustählen G andere Merkmale	C Eignung zum Kaltziehen	Nach Tabelle B, folgende Seite

⇒ **E355K2**: Maschinenbaustahl mit Streckgrenze R_e von 355 N/mm² und einer Kerbschlagarbeit von 40 J bei -20°C

Bezeichnungssysteme für Stähle 3 — Identification Systems for Steels 3

Bezeichnung nach dem Verwendungszweck (Fortsetzung)

Hauptsymbole		Zusatzsymbole für Stähle		Zusatzsymbole für Stahlerzeugnisse
		Gruppe 1	Gruppe 2	
Flacherzeugnisse aus höherfesten Stählen zum Kaltumformen				
-	H	Cnnn[1] CTnnn(n)[2] kaltgewalzt Dnnn[1] DTnnn(n)[2] warmgewalzt Xnnn(n)[1] XTnnn(n)[2] Art des Walzens nicht vorgeschr.	B bake hardening C Komplexphase F ferritisch-bainitisch I isotroper Stahl LA niedrig-/mikrolegiert MP Mehrphase MS martensitisch T TRIP-Stahl X Dualphase Y interstitialfree steel G andere Merkmale	D für Schmelztauchüberzüge	Nach Tabelle C, unten

[1] nnn = Mindeststreckgrenze in N/mm², [2] nnn(n) = Mindestzugfestigkeit in N/mm²
⇒ **HC420LA**: Niedriglegiertes, kaltgewalztes Flacherzeugnis aus höherfestem Stahl zum Kaltumformen mit einer Mindeststreckgrenze von 420 N/mm²

WF

Spannstähle

-	Y	Nennwert für Zugfestigkeit R_m in N/mm²	C kaltgezogener Draht H warmgewalzte Stäbe Q vergüteter Stahl S Litze G andere Merkmale	-	Nach Tabelle B, unten

⇒ **Y1770C**: Kaltgezogener Spannstahl mit einer Zugfestigkeit von 1770 N/mm²

Zusatzsymbole für Stahlerzeugnisse

Tabelle A: Für besondere Anforderungen

+H	mit Härtbarkeit	+CH	mit Kernhärtbarkeit	+Z35	Mindestbrucheinschnürung senkrecht zur Oberfläche 35 %
+Z15	Mindestbrucheinschnürung senkrecht zur Oberfläche 15 %	+Z25	Mindestbrucheinschnürung senkrecht zur Oberfläche 25 %		

Tabelle B: Für den Behandlungszustand[1]

+A	weichgeglüht	+FP	behandelt auf Ferrit-Perlit-Gefüge und Härtespanne	+QA	luftgehärtet
+AC	geglüht zur Erzielung kugeliger Karbide	+HC	warm-kalt-geformt	+QO	ölgehärtet
+AR	wie gewalzt	+I	isothermisch behandelt	+QT	vergütet
+AT	lösungsgeglüht	+LC	leicht kalt nachgezogen bzw. leicht nachgewalzt	+QW	wassergehärtet
+C	kaltverfestigt			+RA	rekristallisationsgeglüht
+Cnnn	kaltverfestigt auf Mindestzugfestigkeit von nnn N/mm²	+M	thermomechanisch umgeformt	+S	behandelt auf Kaltscherbarkeit
+CPnnn	kaltverfestigt auf 0,2%-Dehngrenze von nnn N/mm²	+N	normalgeglüht oder normalisierend umgeformt	+SR	spannungsarm geglüht
		+NT	normalgeglüht und angelassen	+T	angelassen
+CR	kaltgewalzt	+P	ausscheidungsgehärtet	+TH	behandelt auf Härtespanne
+DC	Lieferzustand laut Hersteller	+Q	abgeschreckt	+U	unbehandelt
				+WW	warmverfestigt

[1] Um Verwechslungen mit anderen Symbolen aus den Tabellen A und C zu vermeiden, kann den Zusatzsymbolen für den Behandlungszustand der Buchstabe T vorangestellt werden, z. B. +TA.

Tabelle C: Für die Art des Überzugs[2]

+A	feueraluminiert	+S	feuerverzinkt	+ZA	mit Zn-Al-Legierung überzogen
+AS	mit Al-Si-Legierung überzogen	+SE	elektrolytisch verzinnt	+ZE	elektrolytisch verzinkt
+AZ	mit Al-Zn-Legierung überzogen	+T	schmelztauchveredelt mit Pb-Sn-Legierung	+ZF	diffusionsgeglühte Zn-Überzüge
+CE	elektrolytisch spezialverchromt	+TE	elektrolytisch mit Pb-Sn-Legierung überzogen	+ZM	schmelztauchveredelt mit Zn-Mg-Überzug
+CU	Kupferüberzug	+Z	feuerverzinkt	+ZN	Zn-Ni-Überzug
+IC	anorganisch beschichtet				
+OC	organisch beschichtet				

[2] Um Verwechslungen mit anderen Symbolen aus den Tabellen A und B zu vermeiden, kann den Zusatzsymbolen für die Art des Überzuges der Buchstabe S vorangestellt werden, z. B. +SA.

Bezeichnungssysteme für Stähle 4 — Identification Systems for Steels 4

Bezeichnung nach der chemischen Zusammensetzung

Hauptsymbole			Zusatzsymbole für Stähle		Zusatzsymbole für Stahlerzeugnisse
			Gruppe 1	Gruppe 2	
G für Stahlguss PM für pulvermetallurgische Herstellung	Kennbuchstabe für die Stahlgruppe	Chemisches Symbol, Ziffern/Zahlen zur Angabe von • Kohlenstoffgehalt • Gehalt Legierungselemente	Buchstaben und/oder Ziffern/Zahlen zur Kennzeichnung der Verwendung bzw. zur Angabe von weiteren Legierungselementen und deren Gehalt.		Buchstaben, Zahlen, die von den vorhergehenden Symbolen mit einem Pluszeichen (+) getrennt sind.

Unlegierte Stähle mit einem Mn-Gehalt < 1 %, außer Automatenstähle

G (wenn nötig)	C	Kennziffer/-zahl für den Kohlenstoffgehalt: Kennziffer/-zahl = mittlerer C-Gehalt in % x 100	C zum Kaltumformen D zum Drahtziehen E vorgeschriebener max. S-Gehalt[1] R vorgeschriebener Bereich S-Gehalt[1] S für Federn U für Werkzeuge W für Schweißdraht G andere Merkmale	Chemische Symbole für vorgeschriebene zusätzliche Elemente, z. B. Cu, falls erforderlich mit einer Ziffer/Zahl, die den mit 10 multiplizierten Mittelwert der vorgeschriebenen Spanne des Gehalts des Elements angibt.	Nach Tabelle B, vorhergehende Seite

[1] steht hinter den Symbolen E oder R eine Kennzahl, so gilt: Kennzahl = S-Gehalt in % x 100

⇒ **GC35E4+QT**: Vergüteter, unlegierter Stahlguss mit 0,35 % C und einem maximalen S-Gehalt von 0,04 %

Unlegierte Stähle mit Mn-Gehalt ≥1%, unlegierte Automatenstähle, legierte Stähle (ohne Schnellarbeitsstähle) mit Gehalten der einzelnen Legierungselemente <5%

Hauptsymbole				Stahlerzeugnisse
G (wenn nötig)	–	Kennziffer/-zahl für den Kohlenstoffgehalt: Kennziffer/-zahl = mittlerer C-Gehalt in % x 100	Chemische Symbole für die Legierungselemente mit Kennziffern/-zahlen, durch Bindestrich getrennt, für den mittleren Gehalt der Elemente. Kennziffer/-zahl = mittlerer Gehalt in % x Faktor.	Nach Tabellen A und B, vorhergehende Seite

Element	Faktor
Cr, Co, Mn, Ni, Sn, W	4
Al, Be, Cu, Mo, Nb, Pb, Ta, Ti, V, Zr	10
Ce, N, P, S	100
B	1000

⇒ **13CrMo4-5+QO**: Ölgehärteter, unlegierter Stahl mit 0,13 % C, 1 % Cr und 0,5 % Mo

Nichtrostende und andere legierte Stähle (ohne Schnellarbeitsstähle) mit einem Gehalt mindestens eines Legierungselementes ≥5%

Hauptsymbole				Zusatzsymbole	Stahlerzeugnisse
G und PM (wenn nötig)	X	Kennziffer/-zahl für den Kohlenstoffgehalt: Kennziffer/-zahl = mittlerer C-Gehalt in % x 100	Chemische Symbole für Legierungselemente mit Kennziffern/-zahlen, durch Bindestrich getrennt, für den Gehalt der Elemente.	Chemische Symbole für Elemente, deren Gehalt von 0,2 % bis 1,0 % liegt, gefolgt von einer Kennziffer/-zahl = 10 x %-Gehalt.	Nach Tabellen A und B, vorhergehende Seite

⇒ **X5CrNi18-10**: Legierter Stahl mit 0,05 % C, 18 % Cr und 10 % Ni

Schnellarbeitsstähle

Hauptsymbole			Stahlerzeugnisse
PM (wenn nötig)	HS	Ziffern/Zahlen, durch Bindestrich getrennt, geben den prozentualen Gehalt der Legierungselemente in folgender Reihenfolge an: Wolfram (W) – Molybdän (Mo) – Vanadium (V) – Cobalt (Co)	Nach Tabelle B, vorhergehende Seite

⇒ **PMHS2-9-1-8**: Pulvermetallurgisch hergestellter Schnellarbeitsstahl mit 2 % W, 9 % Mo, 1 % V und 8 % Co

Stahl 1 / Steel 1

Unlegierte Baustähle, warmgewalzt

vgl. DIN EN 10025-2

Stahlsorte			DO[1]	S[2]	Zug-festigkeit R_m[3] N/mm²	Streckgrenze R_e in N/mm² für Erzeugnisdicken in mm			Bruch-dehnung[4] A %	Eigenschaften, Verwendung
Kurzname	Werkstoffnummer	Bisheriger Kurzname				≤ 16	> 16 ≤ 40	> 40 ≤ 63	> 63 ≤ 80		
S185	1.0035	St 33	–	GS	290 bis 510	185	175	–	–	18	untergeordnete Teile, z. B. Geländer
S235JR	1.0038	St 37-2	–	GS	340 bis 470	235	225	–	–	26	Stähle für gering beanspruchte Teile im Maschinen- und Stahlbau; gut bearbeitbar
S235JRG1	1.0036	USt 37-2	FU	GS	340 bis 470	235	225	–	–	26	
S235JRG2	1.0038	RSt 37-2	FN	GS	340 bis 470	235	225	215	215	26	
S235JO	1.0114	St 37-3 U	FN	QS	340 bis 470	235	225	215	215	26	
S235J2G3	1.0116	St 37-3 N	FF	QS	340 bis 470	235	225	215	215	26	
S235J2G4	1.0117	–	FF	QS							
S275JR	1.0044	St 44-2	FN	GS	410 bis 560	275	265	255	245	22	mäßig beanspruchte Teile, z. B. Achsen, Wellen, Hebel
S275JO	1.0143	St 44-3 U	FN	QS							
S275J2G3	1.0144	St 44-3 N	FF	QS	410 bis 560	275	265	255	245	22	
S275J2G4	1.0145	–	FF	QS							
E295	1.0050	St 50-2	FN	GS	470 bis 610	295	285	275	265	20	Teile mit mittlerer Beanspruchung
E335	1.0060	St 60-2	FN	GS	570 bis 710	335	325	315	305	16	Teile mit höherer Beanspruchung; schwer bearbeitbar, verschleißfest
E360	1.0070	St 70-2	FN	GS	670 bis 830	360	355	345	335	11	

[1] DO Desoxidationsart: FU unberuhigter Stahl; FN beruhigter Stahl; FF vollberuhigter Stahl
[2] S Stahlart: GS Grundstahl; QS Qualitätsstahl
[3] Die Werte gelten für Erzeugnisdicken von 3 mm bis 100 mm.
[4] Die Werte gelten für Längsproben und Erzeugnisdicken von 3 mm bis 40 mm.

Automatenstähle

vgl. DIN EN 10277

Stahlsorte		B[5]	Härte HB	Für Erzeugnisdicken von 16 bis 40 mm				Eigenschaften, Verwendung
Kurzname	Werkstoffnummer			Zug-festigkeit R_m N/mm²	Streckgrenze R_e N/mm²	Bruch-dehnung A %		
11SMn30	1.0715	+U	112 bis 169	380 bis 570	–	–		Zur Wärmebehandlung nicht geeignet; Kleinteile mit geringer Beanspruchung; Wellen, Bolzen, Stifte, Schrauben
11SMnPb30[6]	1.0718							
11SMn37	1.0736	+U	112 bis 169	380 bis 570	–	–		
11SMnPb37[6]	1.0737							
10S20	1.0721	+U	107 bis 156	360 bis 530	–	–		Automateneinsatzstähle; verschleißfeste Kleinteile; Wellen, Bolzen, Stifte
10SPb20[6]	1.0722							
15SMn13	1.0725	+U	128 bis 178	430 bis 600	–	–		
35S20	1.0726	+U	146 bis 195	490 bis 660	–	–		Zum Vergüten geeignete Automatenstähle größere Teile mit höherer Beanspruchung; Spindeln, Wellen, Zahnräder
35SPb20[6]	1.0756	+QT	–	600 bis 750	380	16		
38SMn28	1.0760	+U	156 bis 207	530 bis 700	–	–		
38SMnPb28[6]	1.0761	+QT	–	700 bis 850	420	15		

[5] B Behandlungszustand: +U unbehandelt; +QT vergütet
[6] durch Blei-Zusatz besser zerspanbar

Alle Automatenstähle sind unlegierte Qualitätsstähle. Die Ergebnisse der Wärmebehandlung bei Automaten-Einsatz- und Automaten-Vergütungsstählen entsprechen den Anforderungen der Qualitätsstähle.

Stahl 2 — Steel 2

Vergütungsstähle

vgl. DIN EN ISO 683-1 und DIN EN ISO 683-2

Stahlsorte			S^1	B^2	Zug-festigkeit- $R_m{}^3$ N/mm²	Streckgrenze R_e in N/mm² für Walzendurchmesser d in mm			Bruch-dehnung A %	Eigenschaften, Verwendung
Kurzname	Werkstoffnummer	Bisheriger Kurzname				≤ 16	> 16 ≤ 40	> 40 ≤ 100		
Unlegierte Stähle										
C22	1.0402	C 22	QS	+N	410	240	210	210	25	Teile mit geringer Beanspruchung und kleinen Vergütungsdurchmessern; z. B. Schrauben, Bolzen, Achsen, Wellen, Zahnräder
C22E	1.1151	Ck 22	ES	+QT	470 bis 620	340	290	–	22	
C25	1.0406	C 25	QS	+N	440	260	230	230	23	
C25E	1.1158	Ck 25	ES	+QT	500 bis 650	370	320	–	21	
C35	1.0501	C 35	QS	+N	520	300	270	260	19	
C35E	1.1181	Ck 35	ES	+QT	600 bis 750	430	380	320	19	
C45	1.0503	C 45	QS	+N	580	340	305	305	16	
C45E	1.1191	Ck 45	ES	+QT	650 bis 800	490	430	370	16	
C60	1.0601	C 60	QS	+N	670	380	340	340	11	
C60E	1.1221	Ck 60	ES	+QT	800 bis 950	580	520	450	13	
28Mn6	1.1170	28 Mn 6	ES	+N	600	345	310	310	18	
				+QT	700 bis 800	590	490	440	15	
Legierte Stähle										
38Cr2 38CrS2	1.7003 1.7023	38 Cr 2 38 CrS 2	ES	+QT	700 bis 850	550	450	350	15	Teile mit höherer Beanspruchung und größeren Vergütungsdurchmessern; z. B. Getriebewellen, Schnecken, Zahnräder
46Cr2 46CrS2	1.7006 1.7025	46 Cr 2 46 CrS 2	ES	+QT	800 bis 950	650	550	400	14	
34Cr4 34CrS4	1.7033 1.7037	34 Cr 4 34 CrS 4	ES	+QT	800 bis 950	700	590	460	14	
37Cr4 37CrS4	1.7034 1.7038	37 Cr 4 37 CrS 4	ES	+QT	850 bis 1000	750	630	510	13	
41Cr4 41CrS4	1.7035 1.7039	41 Cr 4 41CrS 4	ES	+QT	900 bis 1100	800	660	560	12	
25CrMo4 25CrMoS4	1.7218 1.7213	25 CrMo 4 25 CrMoS 4	ES	+QT	800 bis 950	700	600	450	14	Teile mit höherer Beanspruchung und größeren Vergütungsdurchmessern; z. B. größere Schmiedeteile, Zahnräder, Wellen
34CrMo4 34CrMoS4	1.7220 1.7226	34 CrMo 4 34 CrMoS 4	ES	+QT	900 bis 1 100	800	650	550	12	
42CrMo4 42CrMoS4	1.7225 1.7227	42 CrMo 4 42 CrMoS 4	ES	+QT	1 000 bis 1 200	900	750	650	11	
50CrMo4	1.7228	50 CrMo 4	ES	+QT	1 000 bis 1 200	900	780	700	10	
51CrV4	1.8159	51 CrV 4	ES	+QT	1 000 bis 1 200	900	800	700	10	
36CrNiMo4	1.6511	36 CrNiMo 4	ES	+QT	1 000 bis 1 200	900	800	700	11	Teile mit höchster Beanspruchung; große Vergütungsdurchmesser
34CrNiMo6	1.6582	34 CrNiMo 6	ES	+QT	1 100 bis 1 300	1000	900	800	10	
30CrNiMo8	1.6580	30 CrNiMo 8	ES	+QT	1 250 bis 1 450	1050	1050	900	9	
36NiCrMo16	1.6773	–	ES	+QT	1 250 bis 1 450	1050	1050	900	9	

[1] S Stahlart: QS Qualitätsstahl; ES Edelstahl
[2] B Behandlungszustand: +N normalgeglüht; +QT vergütet
[3] Die Werte gelten für Walzdurchmesser d von 16 mm bis 40 mm. Bei anderen Durchmessern gelten die folgenden Richtwerte: bis 16 mm: Zugfestigkeit R_m = Tabellenwert · 1,1; über 40 mm: Zugfestigkeit R_m = Tabellenwert · 0,9

Stahl 3 / Steel 3

Einsatzstähle (Auswahl)

vgl. DIN EN ISO 683-3 (2018-09)

Stahlsorte		Härtewert im Lieferzustand[1]		Eigenschaften des Kerns nach der Einsatzhärtung[2]			Eigenschaften, Verwendung
Kurzname	Werkstoffnummer	+A HB	+FP HB	Zugfestigkeit R_m N/mm²	Streckgrenze R_e N/mm²	Bruchdehnung A %	
C10E	1.1121	131	–	490 bis 640	295	16	Teile mit geringer Beanspruchung; z. B. Hebel, Zapfen, Bolzen
C15E	1.1141	143	–	590 bis 780	355	14	
17Cr3	1.7016	174	–	800 bis 1050	450	11	Teile mit höherer Beanspruchung und höherer Kernfestigkeit; z. B. Zahnräder, Spindeln, Wellen, Messzeuge
17CrS3[3]	1.7014						
16MnCr5	1.7131	207	156 bis 207	880 bis 1180	590	11	
16MnCrS5[3]	1.7139						
20MnCr5	1.7147	217	170 bis 217	1080 bis 1370	685	8	
20MnCrS5[3]	1.7149						
20MoCr4	1.7321	207	156 bis 207	880 bis 1180	590	10	Teile mit höchster Beanspruchung und teilweise größeren Abmessungen; z. B. Getriebeteile, Zahnräder, Tellerräder, Kegelräder, Wellen, Bolzen
20MoCrS4[3]	1.7323						
17CrNi6-6	1.5918	229	175 bis 229	880 bis 1180 / 1030 bis 1320	635 / 785	9 / 10	
15NiCr13	1.5752						
20NiCrMo2-2	1.6523	212 / 229	161 bis 212 / 179 bis 229	980 bis 1270 / 1180 bis 1420	590 / 785	10 / 8	
18CrNiMo13-4	1.6587						

[1] Lieferzustand: +A weichgeglüht; +FP behandelt auf Ferrit-Perlitgefüge und auf Härtespanne.
[2] Die Festigkeitswerte gelten für Proben mit 30 mm Nenndurchmesser.
[3] Stähle mit geregeltem Schwefelgehalt für bessere Zerspanung.

Die Stahlsorten C10E und C15E sind unlegierte Edelstähle, alle anderen Sorten sind legierte Edelstähle.

Nichtrostende Stähle

vgl. DIN EN 10088-3: 2014

Stahlsorte		B[4]	Dicke d mm	Härte HB	Dehngrenze $R_{p0,2}$ N/mm²	Zugfestigkeit R_m N/mm²	Bruchdehnung A %	Eigenschaften, Verwendung
Kurzname	Werkstoffnummer							
X2CrNi12	1.4003	+A	≤ 100	200	260	450 bis 600	20	**Ferritische Stähle** kaltumformbar, schlecht spanbar, schweißbar; z. B. Beschläge, Verkleidungen, Apparatebau
X6Cr13	1.4000	+A	≤ 25	200	230	400 bis 630	20	
X6Cr17	1.4046	+A	≤ 100	200	240	400 bis 630	20	
X6CrMoS17	1.4105	+A	≤ 100	200	250	430 bis 630	20	
X6CrMo17-1	1.4113	+A	≤ 100	200	280	440 bis 660	16	
X20Cr13	1.4021	+A	–	230	–	≤ 760	–	**Martensitische Stähle** härtbar, gut zerspanbar, bedingt schweißbar, hohe Festigkeit; z. B. Achsen, Wellen, Schrauben, chirurgische Instrumente, Wälzlager
		+QT	≤ 160	–	500	700 bis 850	13	
X30Cr13	1.4028	+A	–	245	–	≤ 800	–	
		+QT	≤ 160	–	650	850 bis 1000	13	
X39Cr13	1.4031	+A	–	245	–	≤ 800	–	
X50CrMoV15	1.4116	+A	–	280	–	≤ 900	–	
X10CrNi18-8	1.4310	+AT	≤ 40	230	195	500 bis 750	40	**Austenitische Stähle** gut kaltumformbar, gut schweißbar, schwer spanbar, z. B. chemische Industrie, Nahrungsmittelindustrie, Fahrzeugbau
X2CrNi18-9	1.4307	+AT	≤ 160	215	175	450 bis 680	45	
X2CrNi19-11	1.4306	+AT	≤ 160	215	180	460 bis 680	45	
X6CrNiTi18-10	1.4541	+AT	≤ 160	215	190	500 bis 700	40	

[4] B Behandlungszustand: +A weichgeglüht, +AT lösungsgeglüht, +QT vergütet
Die Werkstoffkennwerte gelten für Halbzeuge, Stäbe, Walzdrähte und Profile.

Stahlprofile — Steel Sections

Querschnitt	Bezeichnung, Abmessungen in mm	Norm	Querschnitt	Bezeichnung, Abmessungen in mm	Norm
	Rundstahl $d = 10...250$	DIN EN 10060		**U-Profilstahl** geneigte Flanschflächen $h \times b = 30 \times 15...400 \times 110$ parallele Flanschflächen $h \times b = 80 \times 50...115 \times 400$	DIN 1026-1 DIN 1026-2
	Vierkantstahl $a = 8...150$	DIN EN 10059		**Z-Stahl** $h = 30...200$	DIN 1027
	Sechskantstahl $s = 13...103$	DIN EN 10061		**Gleichschenkliger Winkelstahl** $a = 20...300$	DIN 10056-1
	Flachstahl $b = 10...150$ $s = 5...80$	DIN EN 10058		**Ungleichschenkliger Winkelstahl** $a = 30...200$ $b = 20...150$	DIN 10056-1
	Breitflachstahl $b = 150...1250$ $a = 4...80$	DIN 59200		**Gleichschenkliger, scharfkantiger Winkelstahl (LS-Stahl)** $a = 20...50$	DIN 1022
	Quadratisches Hohlprofil warmgefertigt $B = 40...400$ kaltgeformt geschweißt $B = 20...400$	DIN EN 10210-2 DIN EN 10219-2		**Schmaler I-Träger**[1] I-Reihe $h = 80...550$	DIN 1025-1
	Rechteckiges Hohlprofil warmgefertigt $H \times B = 50 \times 30...500 \times 300$ kaltgeformt geschweißt $H \times B = 40 \times 20...400 \times 300$	DIN EN 10210-2 DIN EN 10219-2		**Mittelbreiter I-Träger**[1] IPE-Reihe $h = 80...600$	DIN 1025-5
	Rundes Hohlprofil warmgefertigt $D = 21,3...1219$ kaltgeformt geschweißt $D = 21,3...1219$	DIN EN 10210-2 DIN EN 10219-2		**Breiter I-Träger**[1] IPB-Reihe[2] $h = 100...1000$	DIN 1025-2
	Gleichschenkliger T-Stahl mit gerundeten Kanten und Übergängen $b = h = 30...140$	DIN EN 10055		**Breiter I-Träger**[1] leichte Ausführung IPBl-Reihe[2] $h = 96...990$	DIN 1025-3
	Gleichschenkliger scharfkantiger T-Stahl $b = h = 20...40$	DIN EN 59051		**Breiter I-Träger**[1] verstärkte Ausführung IPBv-Reihe[2] $h = 120...1008$	DIN 1025-4

[1] I-Träger wird oftmals auch als Doppel-T-Träger bezeichnet
[2] Nach Euronorm 53-62: IPB = HE-B, IPBl = HE-A, IPBv = HE-M

WF

Bezeichnungssysteme für Gusseisenwerkstoffe
Identification Systems for Cast Iron Materials

Gusseisenwerkstoffe können sowohl über eine Werkstoffnummer als auch mittels Werkstoffkurzzeichen (Kurznamen) bezeichnet werden. Während das Bezeichnungssystem durch Kurzzeichen für genormte und nichtgenormte Gusseisenwerkstoffe anwendbar ist, gilt das Bezeichnungssystem mittels Nummern nur für genormte Werkstoffe.

Bezeichnung mittels Werkstoffnummern
vgl. DIN EN 1560: 2011-05

Bei den Gusseisenwerkstoffen besteht die Werkstoffnummer aus sechs Positionen (fünf Ziffern und ein Punkt) und beruht auf den Grundsätzen sowie dem Aufbau der Bezeichnung der Stähle durch Werkstoffnummern (siehe Seite 138).

An Position 1 der Werkstoffgruppe steht eine „5" für Gusseisen, an Position 2 befindet sich der Punkt.

Position: 1 2 3 4 5 6
          5 .

Position 3 Graphitstruktur	Position 4 Matrixstruktur	Position 5 und 6 Werkstoffkennziffer
1 lamellar 2 vermikular 3 kugelig 4 Temperkohle 5 graphitfrei	1 Ferrit 2 Ferrit/Perlit 3 Perlit 4 Ausferrit 5 Austenit 6 Ledeburit	00 - 99 zweistellige Kennziffer, wird durch das Europäische Komitee für Normung zugewiesen

⇒ **5.1304**: Gusseisen mit lamellarer Graphitstruktur und perlitischer Matrix, Kennziffer 04

Bezeichnung mittels Werkstoffkurzzeichen (Kurznamen)
vgl. DIN EN 1560: 2011-05

Die Bezeichnung mit Kurzzeichen darf höchstens sechs Positionen ohne Zwischenraum haben, wobei nicht alle Positionen belegt sein müssen. Das Symbol „**EN**" an Position 1 steht für Europäische Norm und darf nur für genormte Werkstoffe verwendet werden. Das Symbol „**GJ**" an Position 2 steht für Gusseisen (G für Guss, J für Eisen bzw. engl. Iron).

Position: 1 2 3 4 5 6
          EN - GJ

Position 3 Graphitstruktur	Position 4 Mikro- oder Makrostruktur	Position 5 Mechanische Eigenschaften oder chemische Zusammensetzung		Position 6 Zusätzliche Anforderungen

L lamellar
S kugelig
M Temperkohle
V vermikular
N graphitfrei
  (Hartguss)
  ledeburitisch
Y Sonderstruktur
	A Austenit
	R Ausferrit
	F Ferrit
	P Perlit
	M Martensit
	L Ledeburit
	Q abgeschreckt
	T abgeschreckt
	  und vergütet
	B nicht entkoh-
	  lend geglüht
	W entkohlend
	  geglüht
		Mechanische Eigenschaften		D Rohgussstück
				H wärme-
				  behandeltes
				  Gussstück
				W Schweißeignung
				  für Verbindungs-
				  schweißen
				Z zusätzliche
				  Anforderungen

		Beispiel	Erläuterungen	
		350	Mindestzugfestigkeit von 350 N/mm²	
		350-22	zusätzliche Mindestbruchdehnung von 22 %	
		350-22C[1]	Probestück am Gussstück entnommen	
		350-22-LT	Tieftemperatur ⎫ Prüftemp. bei Messung	
		350-22-RT	Raumtemperatur ⎭ der Schlagenergie	
		HB155	maximale Brinellhärte von 155HB	
		HV230	maximale Vickershärte von 230HV	
		HR30	maximale Rockwellhärte von 30HRC	
		Chemische Zusammensetzung		
		Angaben analog den Stahlbezeichnungen (Seite 141)[2]		

[1] das „C" entfällt, wenn das Probestück separat gegossen wurde.
[2] Prozentualer C-Gehalt x 100 (falls C-Gehalt angegeben), niedriglegiert: prozentualer Elementgehalt x 10, hochlegiert: prozentualer Elementgehalt x 1 und „X" vorangestellt; die Zahlen sind durch einen Bindestrich zu trennen.

⇒ **EN-GJS-320SiMo45-10**: genormtes, niedriglegiertes Gusseisen mit Kugelgraphit und 3,2 % C, 4,5 % Si, 1 % Mo

⇒ **EN-GJL-XNiMn13-7**: genormtes, hochlegiertes Gusseisen mit Lamellengraphit und 13 % Ni sowie 7 % Mn

⇒ **EN-GJMW-350-22C-RT**: genormtes, entkohlend geglühtes Gusseisen (weißer Temperguss) mit einer Mindestzugfestigkeit von 350 N/mm² sowie einer Mindestbruchdehnung von 22 %, Probe am Gussstück entnommen, Schlagenergie bei Raumtemperatur geprüft.

Gusseisen — Cast Iron

Von Gusseisen spricht man ab einem Kohlenstoffgehalt von über 2,06 % (vgl. Eisen-Kohlenstoff-Diagramm; praktische Bedeutung bis ca. 4 %). Prinzipiell unterscheidet man zwischen grauem (Grauguss) und weißem Gusseisen. Beim Grauguss liegt freier Kohlenstoff vor, während beim weißen Gusseisen der Kohlenstoff in Form von Mischkristallen bzw. intermetallischen Phasen gelöst ist. Daher erscheint die Bruchfläche vom Grauguss eher dunkel, während sie beim weißen Gusseisen hell erscheint. Welche Art des Gusseisens entsteht, hängt in erster Linie von den Erstarrungsbedingungen bzw. der Wärmebehandlung sowie den Legierungselementen ab. Hier spielt insbesondere Silizium (Si) eine entscheidende Rolle. Der Si-Gehalt beträgt bei Gusseisenwerkstoffen in der Regel ca. 2 % bis 3 %.
Stahlguss zählt nicht zu den Gusseisenwerkstoffen.

Einteilung der Gusseisenwerkstoffe

Art des Gusseisens / Norm Werkstoffnummer / Kurzname	Eigenschaften[1]	Anwendungen
Gusseisen mit Lamellengraphit DIN EN 1561 5.11.. – 5.13.. / EN-GJL-...	Sehr gute Gießbarkeit, gut zerspanbar, hohe Druckfestigkeit, sehr gute Dämpfungseigenschaften, gute Selbstschmiereigenschaften, hohe Wärmeleitfähigkeit, hohe Formsteifigkeit, geringe Zugfestigkeit, spröde, schlecht verformbar.	Vielseitig einsetzbar, vor allem im Maschinenbau; komplexe Geometrien; Getriebe-, Turbinengehäuse, Bremsscheiben, Maschinenbetten, Ventile
Gusseisen mit Kugelgraphit DIN EN 1563 5.31.. – 5.33.. / EN-GJS-...	„Sphäroguss", sehr gute Gießbarkeit, gut zerspanbar, bessere mechanische Eigenschaften als GJL aber niedrigere Wärmeleitfähigkeit, gute Wechselfestigkeit, Festigkeit/Zähigkeit ähnlich wie Stahl, sehr gut härtbar, sehr gut vergütbar.	Fahrzeugindustrie, Maschinen-, Schiff- und Bergbau; mechanisch/thermisch belastete Bauteile; Motoren, Getriebe, Turbinen, Radnaben
Gusseisen mit Vermikulargraphit DIN EN 16079 5.21.. – 5.23.. / EN-GJV-...	Sehr gute Gießbarkeit, gut zerspanbar, Eigenschaften liegen zwischen GJL und GJS, günstige Kombination aus Zugfestigkeit, Zähigkeit, Dämpfung und Wärmeleitfähigkeit, gute Temperaturwechselbeständigkeit, geringe Verzugsneigung.	Thermisch belastete Bauteile; Motorenbau, Großmotoren, Dieselmotoren, Motorblöcke, Zylinderköpfe und -buchsen, Bremsscheiben
Temperguss[2] DIN EN 1562 weiß (entkohlend geglüht) 5.42.. / EN-GJMW-... schwarz (nicht entkohlend geglüht) 5.41.. – 5.43.. / EN-GJMB-...	Gut gießbar, Eigenschaften durch Temperbedingungen steuerbar, moderate Duktilität und Zugfestigkeit, hohe Schlagzähigkeit auch bei tiefen Temperaturen. GJMW: dicke entkohlte Randzone, GJMB: flockiger Graphit im gesamten Werkstoff. GJMB ist besser zerspanbar und besser härtbar als GJMW, GJMW ist gut schweiß- und verzinkbar.	Weites Anwendungsfeld je nach Eigenschaften; stoßbeanspruchte Bauteile; Rohrverbindungen (Fittings, Flansche, Verschraubungen); GJMW: dünnwandige Teile GJMB: dickwandige Teile
Verschleißfestes ausferritisches Gusseisen mit Kugelgraphit DIN EN 1564 5.34.. / EN-GJS-...	Manchmal auch als Bainitisches Gusseisen oder auch Austempered Ductile Iron (AID) bezeichnet, attraktive Kombination von hoher Festigkeit und hoher Zähigkeit sowie hoher Wechselfestigkeit, gutes Verschleißverhalten, schwer bearbeitbar.	Hoch beanspruchte Bauteile; Zahnräder, Kurbelwellen, Radnaben, Presswerkzeuge
Verschleißbeständiges Gusseisen (Hartguss) DIN EN 12513 5.56.. / EN-GJN-...	Graphitfreies Gefüge (weißes Gusseisen), hohe Festigkeit, sehr gute Verschleißeigenschaften durch Karbide und z. T. Martensit, meist hohe Gehalte an Si, Mn, Cr, oftmals Ni-legiert, spröde, sehr schlecht zerspanbar.	Mahlscheiben, Erzbrecher (Bergbau), Panzerplatten; Misch- und Förderanlagen; Schalenhartguss: Nockenwellen
Austenitisches Gusseisen DIN EN 13835 5.15.. u. 5.35.. / EN-GJLA-XNi-... bzw. EN-GJSA-XNi-...	Hochlegierte Gusseisen, Ni-Gehalt 12 – 36 %, korrosions- und zunderbeständig, verschleiß- und erosionsbeständig, hohe Warmfestigkeit, gute Temperaturwechselbeständigkeit, hohe Zähigkeit und Kaltzähigkeit, gute Zugfestigkeit, gute Formstabilität, günstige Laufeigenschaften.	Therm. beanspruchte sowie chem. beständige Bauteile; Petro- und Lebensmittelindustrie, chemische Verfahrenstechnik, Kältetechnik; Auspuffsammelrohre, Pumpengehäuse
Niedriglegiertes ferritisches Gusseisen mit Kugelgraphit für Anwendungen bei hohen Temperaturen DIN EN 16124 5.31.. / EN-GJS-SiMo-...	SiMo-Gusseisen mit Kugelgraphit, Si-Gehalt 2,3 – 5,2 %, Mo-Gehalt 0,4 – 1,1 %, beständig gegen Verzug und Korrosion bei hohen Temperaturen, gute Warmfestigkeit, gute Festigkeitseigenschaften bei höheren Temperaturen.	Gasturbinen- und Turboladergehäuse, Kompressorteile, Abgaskrümmer, Gesenke zur Warmumformung

[1] Abhängigkeit der Festigkeitseigenschaften von der Proben(Wand)-dicke und Art bzw. Orientierung der Proben, vor allem der Zugfestigkeit. Dies gilt im Besonderen für GJL.
[2] Zunächst graphitfreie Erstarrung (Temperrohguss, weißes Gusseisen). Durch sehr langes Glühen (Tempern) Zerfall des Zementits mit Ausscheidung von flockigem Graphit (Temperkohle). Anschließende Wärmebehandlung zur Entkohlung der Oberfläche ausgehend (GJMW) bzw. zur Einstellung des gewünschten Gefüges (GJMB).

Nichteisenmetalle 1

Systematische Bezeichnung (Auszug)   vgl. DIN EN 1173: 2008-08

Nach dieser Norm werden die **Kurzzeichen** aller Nichteisenmetalle, mit Ausnahme von Aluminium und Aluminium-Legierungen, gebildet. Kurzzeichen von Aluminium und Aluminium-Legierungen auf den folgenden Seiten.

Beispiele:

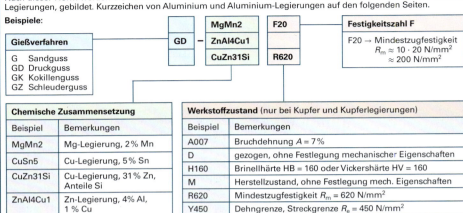

Gießverfahren	
G	Sandguss
GD	Druckguss
GK	Kokillenguss
GZ	Schleuderguss

Festigkeitszahl F
F20 → Mindestzugfestigkeit
$R_m \approx 10 \cdot 20$ N/mm^2
≈ 200 N/mm^2

Chemische Zusammensetzung

Beispiel	Bemerkungen
MgMn2	Mg-Legierung, 2% Mn
CuSn5	Cu-Legierung, 5% Sn
CuZn31Si	Cu-Legierung, 31% Zn, Anteile Si
ZnAl4Cu1	Zn-Legierung, 4% Al, 1% Cu

Werkstoffzustand (nur bei Kupfer und Kupferlegierungen)

Beispiel	Bemerkungen
A007	Bruchdehnung $A = 7\%$
D	gezogen, ohne Festlegung mechanischer Eigenschaften
H160	Brinellhärte HB = 160 oder Vickershärte HV = 160
M	Herstellzustand, ohne Festlegung mech. Eigenschaften
R620	Mindestzugfestigkeit R_m = 620 N/mm^2
Y450	Dehngrenze, Streckgrenze R_e = 450 N/mm^2

Werkstoffnummern (Auszug)   vgl. DIN 17007-4: 2012-12

Nach dieser Norm werden die **Werkstoffnummern** aller Nichteisenmetalle gebildet, mit Ausnahme von
- Aluminium und Aluminium-Legierungen,
- Kupfer und Kupfer-Knetlegierungen (s. unten).

Beispiele:

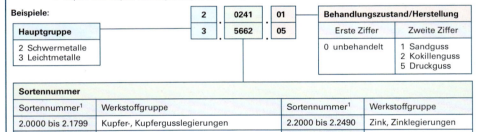

Hauptgruppe	
2	Schwermetalle
3	Leichtmetalle

Behandlungszustand/Herstellung	
Erste Ziffer	Zweite Ziffer
0 unbehandelt	1 Sandguss
	2 Kokillenguss
	5 Druckguss

Sortennummer

Sortennummer[1]	Werkstoffgruppe	Sortennummer[1]	Werkstoffgruppe
2.0000 bis 2.1799	Kupfer-, Kupfergusslegierungen	2.2000 bis 2.2490	Zink, Zinklegierungen
2.3000 bis 2.3499	Blei, Bleilegierungen	2.3500 bis 2.3999	Zinn, Zinnlegierungen
3.5000 bis 3.5999	Magnesium, Magnesiumlegierungen	3.7000 bis 3.7999	Titan, Titanlegierungen

[1] mit Angabe Hauptgruppe, Werkstoffnummernbereiche

Werkstoffnummern für Kupfer und Kupfer-Knetlegierungen   vgl. DIN EN 1412: 2017-01

Beispiel:

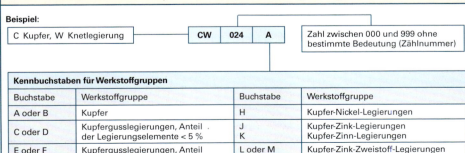

| C Kupfer, W Knetlegierung | | | Zahl zwischen 000 und 999 ohne bestimmte Bedeutung (Zählnummer) |

Kennbuchstaben für Werkstoffgruppen

Buchstabe	Werkstoffgruppe	Buchstabe	Werkstoffgruppe
A oder B	Kupfer	H	Kupfer-Nickel-Legierungen
C oder D	Kupfergusslegierungen, Anteil der Legierungselemente < 5 %	J	Kupfer-Zink-Legierungen
		K	Kupfer-Zinn-Legierungen
E oder F	Kupfergusslegierungen, Anteil der Legierungselemente ≥ 5 %	L oder M	Kupfer-Zink-Zweistoff-Legierungen
		N oder P	Kupfer-Zink-Blei-Legierungen
G	Kupfer-Aluminium-Legierungen	R oder S	Kupfer-Zink-Mehrstoff-Legierungen

WF

Nichteisenmetalle 2 — Nonferrous Metals 2

Bezeichnung von Aluminium und Aluminium-Knetlegierungen

Aluminium und Aluminium-Knetlegierungen werden nach Werkstoffnummern (DIN EN 573-1), nach ihrer chemischen Zusammensetzung (DIN EN 573-2) und eventuell nach dem Werkstoffzustand (DIN EN 515) bezeichnet.

Die Normen **gelten** für:	Die Normen **gelten nicht** für:
• Fertigerzeugnisse, z. B. Bleche, Stangen, Rohre, Bänder, Drähte, • Vormaterial, z. B. Rohteile für Schmiedestücke, • Schmiedeteile.	• Gusserzeugnisse, • Verbundprodukte, • pulvermetallurgische Erzeugnisse.

Bezeichnung nach der chemischen Zusammensetzung   vgl. DIN EN 573-1

Bezeichnungsbeispiele:

Europäische Norm — EN AW- Al 99,98
EN AW- Al Mg1SiCu H111

A Aluminium
W Halbzeug

Chemische Zusammensetzung, Reinheitsgrad			
Beispiel	Bemerkungen	Beispiel	Bemerkungen
Al 99,98	Reinaluminium, 99,98% Al	Al Mg3Mn	3% Mg, Mn < Mg
Al 99,5Ti	99,5% Al, Ti	Al Mg1PbMn	1% Mg, Pb < Mg, Mn < Mg
Al Mg1	1% Mg	Al MgSi	Si < Mg

Werkstoffzustand (Auszug)	vgl. DIN EN 515
Bezeichnung	Bedeutung
Herstellungszustand	
F	ohne Festlegung von Grenzwerten für die mechanischen Eigenschaften
Weichgeglüht zur Erzielung kleinster Festigkeiten	
O	Festigkeitswerte auch durch geeignete Warmumformung erzielbar
O1	lösungsgeglüht mit langsamer Abkühlung auf Raumtemperatur
O2	thermomechanisch behandelt für höchste Umformbarkeit
Kaltverfestigt zur Erzielung festgelegter mechanischer Eigenschaften	
H111	geglüht und geringfügig kaltverfestigt, z. B. durch Recken oder Richten
H112	geringfügig kaltverfestigt
H12	kaltverfestigt $-1/4$ hart
H14	kaltverfestigt $-1/2$ hart
H16	kaltverfestigt $-3/4$ hart
H18	kaltverfestigt $-4/4$ hart
Wärmebehandelt zur Erzielung stabiler Werkstoffzustände	
T1	abgeschreckt aus der Warmformungstemperatur und kaltausgelagert
T2	abgeschreckt wie T1, kaltumgeformt und kaltausgelagert
T3	lösungsgeglüht, kaltumgeformt und kaltausgelagert
T3510	lösungsgeglüht, entspannt und kaltausgelagert, nicht nachgerichtet
T3511	wie T3510 mit anschließendem Nachrichten zur Erhaltung der Grenzabmaße
T4	lösungsgeglüht und kaltausgelagert
T4510	lösungsgeglüht, entspannt und kaltausgelagert, nicht nachgerichtet
T6	lösungsgeglüht und warmausgelagert
T6510	lösungsgeglüht, entspannt und warmausgelagert, nicht nachgerichtet
T6511	wie T6510 mit anschließendem Nachrichten zur Einhaltung der Grenzabmaße
T8	lösungsgeglüht, kaltumgeformt, warmausgelagert
T9	lösungsgeglüht, warmausgelagert und kaltumgeformt

WF

Nichteisenmetalle 3 / Nonferrous Metals 3

Aluminium, Aluminium-Knetlegierungen, nicht aushärtbar

vgl. DIN EN 754-2, 755-2

Bezeichnung nach DIN EN 573 Kurzname (Werkstoffnummer)	A[1]	Werkstoff-zustand[2]	Stangen D[3] mm	Stangen S[4] mm	Zug-festigkeit R_m N/mm²	Dehn-grenze $R_{p0,2}$ N/mm²	Bruch-dehnung A_{50} %	Eigenschaften, Verwendung
EN AW-Al 99,5 (EN AW-1050A)	p	F, H112 O, H111	≤ 200	≤ 200	min. 60 60 bis 95	min. 20 min. 20	25 25	**Reinaluminium** Hohe Wärmeleitfähigkeit, elektrisch gut leitend, korrosionsbeständig, gut schweißbar, z. B. für Verpackungen, Dosen, Zierleisten, elektrische Leiter, geringe mechanische Festigkeit.
	z	O, H111 H14 H18	≤ 80 ≤ 40 ≤ 10	≤ 60 ≤ 10 ≤ 3	60 bis 95 100 bis 135 min. 145	– min. 70 min. 125	25 6 3	
EN AW-Al 99,0 (EN AW-1200)	p	F, H112 O, H111	≤ 200	≤ 200	min. 75 70 bis 105	min. 25 –	20 20	
	z	O, H111 H14 H18	≤ 80 ≤ 40 ≤ 10	≤ 60 ≤ 10 ≤ 3	110 bis 145 min. 150	min. 80 min. 130	5 3	
EN AW-Al Mn1 (EN AW-3103)	p	F, H112 O, H111	≤ 200	≤ 200	min. 95 95 bis 135	min. 35 min. 35	25 25	**AlMn-Legierungen** Gut umformbar, gut schweiß- und lötbar, beständig gegen alkalische Medien; z. B. für Verpackungen.
	z	O, H111 H14 H18	≤ 80 ≤ 40 ≤ 10	≤ 60 ≤ 10 ≤ 3	95 bis 130 130 bis 165 min. 180	min. 35 min. 110 min. 145	25 6 3	
EN AW-Al Mg1 (B) (EN AW-5005)	p	F, H112 O, H111	≤ 200	≤ 200	min. 100 100 bis 150	min. 40 min. 40	18 20	**AlMg- und AlMgMn-Legierungen** Höhere Festigkeiten und höhere Kaltverfestigung als AlMn-Legierungen, gute Zähigkeit bei tiefen Temperaturen, seewasser- und witterungsbeständig; z. B. für Verpackungen, Karosserieteile.
	z	O, H111 H14 H18	≤ 80 ≤ 40 ≤ 15	≤ 60 ≤ 10 ≤ 2	100 bis 145 min. 140 min. 185	min. 40 min. 110 min. 155	18 6 4	
EN AW-Al Mg2 (EN AW-5251)	p	F, H112 O, H111	≤ 200	≤ 200	min. 160 160 bis 220	min. 60 min. 60	16 17	
	z	O, H111 H14 H18	≤ 80 ≤ 30 ≤ 20	≤ 60 ≤ 5 ≤ 3	150 bis 200 200 bis 240 min. 240	min. 60 min. 160 min. 200	17 5 2	

Aluminium, Aluminium-Knetlegierungen, aushärtbar

vgl. DIN EN 754-2, 755-2

Bezeichnung nach DIN EN 573 Kurzname (Werkstoffnummer)	A[1]	Werkstoff-zustand[2]	Stangen[3] D mm	Zug-festigkeit R_m N/mm²	Dehn-grenze $R_{p0,2}$ N/mm²	Bruch-dehnung A_{50} %	Eigenschaften, Verwendung
EN AW-Al CuPbMgMn (EN AW-2007)	p	T4, T4510	≤ 80	min. 370	min. 250	8	**Automatenlegierungen** Auch bei hohen Spanleistungen gut spanbar; z. B. für Drehteile, Frästeile.
	z	T3	≤ 30 30…80	min. 370 min. 340	min. 240 min. 220	7 6	
EN AW-Al Cu4PbMg (EN AW-2030)	p	T4, T4510	≤ 80	min. 370	min. 250	8	
	z	T3	≤ 30 30…80	min. 370 min. 340	min. 240 min. 220	7 6	
EN AW-Al MgSi (EN AW-6060)	p	T4 T6	≤ 150	min. 120 min. 190	min. 60 min. 150	16 8	**AlMgSi-Legierungen** Geringere Festigkeiten, gute Press- und Tiefziehbarkeit, witterungs- und korrosionsbeständig, gut schweißbar; z. B. für Fenster, Türen, Beschläge, Rollläden, Wärmetauscher, Fahrzeugbau, Maschinengehäuse, Walzenrohre.
	z	T4 T6	≤ 80	min. 130 min. 215	min. 65 min. 160	15 12	
EN AW-Al Mg1SiCu (EN AW-6061)	p	O, H111 T4 T6	≤ 200	max. 150 min. 180 min. 260	max. 110 min. 110 min. 240	16 15 8	
	z	O, H111 T4 T6	≤ 80	max. 150 min. 205 min. 290	max. 110 min. 110 min. 240	16 16 10	

[1] Anlieferungszustand: p stranggepresst; z gezogen
[2] Werkstoffzustand nach vorhergehender Seite
[3] Stangendurchmesser
[4] Schlüsselweite von Vier- und Sechskantstangen, Dicke von Rechteckstangen

Aluminiumprofile — Aluminium Sections

Querschnitt	Bezeichnung, Abmessungen	Norm	Querschnitt	Bezeichnung, Abmessungen	Norm
	Rundstangen gezogen d = 3...100 mm	DIN EN 754-3		Bleche, Bänder, Platten kaltgewalzt s = 0,2...50 mm	DIN EN 485-4
	Rundstangen stranggepresst d = 8...320 mm	DIN EN 755-3		L-Profil rundkantig stranggepresst h = 10...80 mm	DIN 1771[1]
	Vierkantstangen gezogen s = 3...100 mm	DIN EN 754-4		L-Profil scharfkantig stranggepresst h = 10...80 mm	DIN 1771[1]
	Vierkantstangen stranggepresst s = 10...220 mm	DIN EN 755-4		U-Profil rundkantig stranggepresst h = 20...140 mm	DIN 9713[1]
	Rechteckstangen gezogen $b \times s$ = 5 × 2...200 × 60 mm	DIN EN 754-5		U-Profil scharfkantig stranggepresst h = 20...140 mm	DIN 9713[1]
	Rechteckstangen stranggepresst $b \times s$ = 10 × 2...600 × 240 mm	DIN EN 755-5		T-Profil rundkantig stranggepresst h = 15...80 mm	DIN 9714[1]
	Sechskantstangen gezogen SW = 3...80 mm	DIN EN 754-6		T-Profil scharfkantig stranggepresst h = 15...80 mm	DIN 9714[1]
	Sechskantstangen stranggepresst SW = 10...220 mm	DIN EN 755-6		I-Profil stranggepresst h = 40...200 mm	DIN 9712[1]
	Rundrohre nahtlos stranggepresst d = 20...450 mm	DIN EN 755-7		Z-Profil rundkantig stranggepresst h = 35...50	DIN 5517-2[1]
	Rundrohre nahtlos gezogen d = 3...350 mm	DIN EN 754-7		Z-Profil scharfkantig stranggepresst h = 13...49 mm	DIN 5517-2[1]
	Quadratrohre stranggepresst a = 15...100 mm	DIN 5517-6[1]		Sechskant-hohlprofile nahtlos gezogen SW = 13...65 mm	DIN 59751[1]
	Rechteckrohre stranggepresst $a \times b$ = 20 × 15...100 × 40 mm	DIN 5517-6[1]		Rohre nahtlos gezogen d = 16...100 mm	DIN 59751[1]

[1] Ersatzlos gestrichen. Der Fachhandel bietet aber weiterhin Profile nach diesen Normen an.

Kunststoffe 1, Übersicht — Plastics 1, Survey

Thermoplaste

Struktur	Temperaturverhalten
amorphe[1] Thermoplaste Makromoleküle ohne Vernetzung [1] amorph = ungeordnete Struktur	spröd-hart — Glasbereich — thermoplastisch — flüssig Zugfestigkeit, Bruchdehnung, Gebrauchsbereich 20°C, Temperatur T a Schweißbereich; b Warmumformen; c Spritzgießen, Extrudieren Zersetzungstemperatur
teilkristalline Thermoplaste Lamellen (kristallin), amorphe Zwischenschichten kristalline Bereiche haben größere Bindungskräfte	spröd-hart — Glasbereich — zäh-hart — Schmelzbereich — flüssig Zugfestigkeit, Bruchdehnung, Gebrauchsbereich 20°C, Temperatur T a Schweißbereich; b Warmumformen; c Spritzgießen, Extrudieren Zersetzungstemperatur

Bearbeitung	Verarbeitung	Recycling
• warm umformbar • schweißbar und klebbar • zerspanbar	• Spritzgießen • Spritzblasen • Extrudieren	• gut recycelbar

Duroplaste

Struktur	Temperaturverhalten
Duroplaste Makromoleküle mit vielen Vernetzungsstellen	hart Zugfestigkeit, Bruchdehnung, Gebrauchsbereich 20°C 50°C, Temperatur T Zersetzungstemperatur

Bearbeitung	Verarbeitung	Recycling
• nicht umformbar und nicht schweißbar • klebbar • zerspanbar	• Presse • Spritzpressen • Spritzgießen, Gießen	• nicht recycelbar • evtl. als Füllstoff verwertbar

Elastomere

Struktur	Temperaturverhalten
fadenförmige Elastomere Makromoleküle in ungeordnetem Zustand mit wenig Vernetzungsstellen	spröd-hart — gummielastisch Bruchdehnung, Gebrauchsbereich, Zugfestigkeit 0°C 20°C, Temperatur T Zersetzungstemperatur

Bearbeitung	Verarbeitung	Recycling
• nicht umformbar und nicht schweißbar • klebbar • zerspanbar bei tiefen Temperaturen	• Presse • Spritzgießen • Extrudieren	• nicht recycelbar

WF

Kunststoffe 2 — Plastics 2

Kurzzeichen für Basis-Polymere
vgl. DIN EN ISO 1043-1

Kurzzeichen	Bedeutung	Art	Kurzzeichen	Bedeutung	Art	Kurzzeichen	Bedeutung	Art
ABS	Acrylnitril-Butadien-Styrol	T	PAK	Polyacrylat	T	PTFE	Polytetrafluorethylen	T
AMMA	Acrylnitril-Methyl-methacrylat	T	PAN	Polyacrylnitril	T	PUR	Polyurethan	D[1]
			PB	Polybuten	T	PVAC	Polyvinylacetat	T
			PBT	Polybutylenterephthalat	T	PVB	Polyvinylbutyrat	T
ASA	Acrylnitril-Styrol-Acrylat	T	PC	Polycarbonat	T	PVC	Polyvinylchlorid	T
CA	Celluloseacetat	T	PCTFE	Polychlortrifluorethylen	T	PVDC	Polyvinylidenchlorid	T
CAB	Celluloseacetatbutyrat	T	PE	Polyethylen	T	PVF	Polyvinylfluorid	T
CF	Cresol-Formaldehyd	D	PET	Polyethylenterephthalat	T	PVFM	Polyvinylformal	T
CMC	Carboxymethylcellulose	AN	PF	Phenol-Formaldehyd	D	PVK	Poly-N-vinylcarbazol	T
CN	Cellulosenitrat	AN	PIB	Polyisobuten	T	SAN	Styrol-Acrylnitril	T
CP	Cellulosepropionat	T	PLA	Polyactonsäure	T	SB	Styrol-Butadien	T
EC	Ethylcellulose	AN	PMMA	Polymethylmethacrylat	T	SI	Silikon	D
EP	Epoxid	D	POM	Polyoxymethylen	T	SMS	Styrol-α-Methylstyrol	T
EVAC	Ethylen-Vinylacetat	E	PP	Polypropylen	T	UF	Urea-Formaldehyd	D
MF	Melamin-Formaldehyd	D	PS	Polystyrol	T	UP	Ungesättigter Polyester	D
PA	Polyamid	T	PSU	Polysulfon	T	VCE	Vinylchlorid-Ethylen	T

[1] auch E, T

Arten: AN abgewandelte Naturstoffe   E Elastomere
       D Duroplaste   T Thermoplaste

Kennbuchstaben zur Kennzeichnung besonderer Eigenschaften
vgl. DIN EN ISO 1043-1

K[2]	Besondere Eigenschaften	K[2]	Besondere Eigenschaften	K[2]	Besondere Eigenschaften	K[2]	Besondere Eigenschaften
B	Block, bromiert	F	flexibel; flüssig	N	normal; Novolak	T	Temperatur
C	chloriert; kristallin	H	hoch; homo	O	orientiert	U	ultra; weichmacherfrei
D	Dichte	I	schlagzäh	P	weichmacherhaltig	V	sehr
E	verschäumt; Elastomer	L	linear, niedrig	R	erhöht; Resol; hart	W	Gewicht
		M	mittel, molekular	S	gesättigt; sulfoniert	X	vernetzt, vernetzbar

[2] Kennbuchstabe

⇒ **PVC-P:** Polyvinylchlorid, weichmacherhaltig;
  PE-LLD: Lineares Polyethylen niedriger Dichte („LLD" = linear low density)

Kurzzeichen für Füll- und Vestärkungsstoffe
vgl. DIN EN ISO 1043-2

Kurzzeichen für Material[3]

Kurzzeichen	Material	Kurzzeichen	Material	Kurzzeichen	Material	Kurzzeichen	Material
B	Bor	G	Glas	P	Glimmer	T	Talk
C	Kohlenstoff	K	Calciumkarbonat	Q	Silikat	W	Holz
D	Aluminiumtrihydrat	L	Cellulose	R	Aramid	X	nicht festgelegt
E	Ton	M	Mineral, Metall[4]	S	Synthet. Stoffe	Z	andere Stoffe[3]

Kurzzeichen für Form und Struktur

Kurzzeichen	Form, Struktur	Kurzzeichen	Form, Struktur	Kurzzeichen	Form, Struktur	Kurzzeichen	Form, Struktur
B	Perlen, Kugeln, Bällchen	G	Mahlgut	N	Faservlies (dünn)	VV	Furnier
C	Chips, Schnitzel	H	Whisker	P	Papier	W	Gewebe
D	Pulver	K	Wirkwaren	R	Roving	X	Nicht spezifiziert
F	Fasern	L	Lagen	S	Schalen, Flocken	Y	Garn
		M	Matte, dick	T	Gedrehtes Garn, Cord	Z	andere[3]

⇒ **GF:** Glasfaser;   **CH:** Kohlenstoff-Whisker;   **MD:** mineralisches Pulver

[3] Diese Materialien können zusätzlich gekennzeichnet werden, z. B. durch ihr chemisches Symbol oder ein anderes Symbol aus entsprechenden internationalen Normen.
[4] Bei Metallen (M) muss die Art des Metalls durch das chemische Symbol angegeben werden.

WF

Kunststoffe 3

Thermoplaste (Auswahl)

Kurz-zeichen	Bezeichnung	Handels-namen	Dichte g/cm³	Zugfestig-keit N/mm²	Schlag-zähigkeit mJ/mm²	Gebrauchs-temperatur, langzeitig °C	Anwendungs-beispiele
ABS	Acrylnitril-Butadien-Styrol	Terluran, Novodur	1,06	35...56	80...k.B.[2]	85...100	Telefongehäuse, Armaturbretter, Surfbretter
PA 6	Polyamid 6	Durethan, Maranyl, Resistan, Ultramid, Rilsan	1,14	43	k.B.[2]	80...100	Zahnräder, Gleitlager, Schrauben, Seile, Gehäuse
PA 66	Polyamid 66		1,14	57	21[1]	80...100	
PE-HD	Polyethylen, hohe Dichte	Hostalen, Lupolen, Vestolen A	0,96	20...30	k.B.[2]	80...100	Batteriekästen, Kraftstoffbehälter, Mülltonnen, Rohre, Kabelisolationen, Folien, Flaschen
PE-LD	Polyethylen, niedere Dichte		0,92	8...10	k.B.[2]	60...80	
PMMA	Polymethyl-methacrylat	Plexiglas, Degalan, Lucryl	1,18	70...76	18	70...100	optische Gläser, Blinklichtgehäuse, Skalengehäuse, Leuchtbuchstaben
POM	Polyoxymethylen	Delrin, Hostaform, Ultraform	1,42	50...70	100	95	Zahnräder, Gleitlager, Ventilkörper, Gehäuseteile
PP	Polypropylen	Hostalen PP, Novolen, Procom, Vestolen P	0,91	21...37	k.B.[2]	100...110	Heizkanäle, Waschmaschinenteile, Fittings, Pumpengehäuse
PS	Polystyrol	Styropor, Polystyrol, Vestyron	1,05	40...65	13...20	55...85	Verpackungsmaterial, Geschirr, Filmspulen, Wärmedämmplatten
PTFE	Polytetrafluor-ethylen	Hostaflon, Teflon, Fluon	2,20	15...35	k.B.[2]	280	Wartungsfreie Lager, Kolbenringe (Maschinenbau), Dichtungen, Pumpen
PVC-P	Polyvinylchlorid, weichmacherhaltig	Vinoflex, Vestolit, Vinnolit, Solvic	1,20...1,35	20...29	2[1]	60...80	Schläuche, Dichtungen, Kabelummantelungen, Rohre, Fittings (Verbindungsstück bei Rohren), Behälter
PVC-U	Polyvinylchlorid, weichmacherfrei		1,38	35...60	k.B.[2]	< 60	Skalenscheiben, Batteriegehäuse, Scheinwerfergehäuse
SAN	Styrol-Acrylnitril Copolymer	Luran, Vestyron, Lustran	1,08	78	23...25	85	Fernsehgehäuse, Verpackungsmaterial, Kleiderbügel, Verteilerdosen
SB	Styrol-Butadien Copolymer	Vestyron, Styrolux	1,05	22...50	40...k.B.[2]	55...75	

[1] Kerbschlagzähigkeit; [2] k.B. = kein Bruch der Probe

Kunststoffe 4 — Plastics 4

Elastomere (Kautschuke)

Kurz-zeichen	Bezeichnung	Dichte g/cm³	Zug-festig-keit[1] N/mm²	Bruch-dehnung %	Anwen-dungs-temperatur °C	Eigenschaften, Verwendung
BR	Butadien-Kautschuk	0,94	2 (18)	450	−60...+90	Hohe Abriebfestigkeit; Reifen, Gurte, Keilriemen.
CO	Epichlorhydrin-Kautschuk	1,27 ...1,36	5 (15)	250	−30...+120	Schwingungsdämpfend, öl- u. benzinbe-ständig; Dichtungen, wärmebeständige Dämpfungselemente.
CR	Chloropren-Kautschuk	1,25	11 (25)	400	−30...+110	Öl- und säurebeständig, schwer entflamm-bar; Dichtungen, Schläuche, Keilriemen.
CSM	Chlorsulfoniertes Polyethylen	1,25	18 (20)	300	−30...+120	Alterungs- und wetterbeständig, ölbestän-dig; Isolierwerkstoff, Formartikel, Folien.
EPM/EPDM	Ethylen-Propyien-Kautschuk	0,86	4 (25)	500	−50...+120	Guter elektrischer Isolator, gegen Öl u. Benzin unbeständig; Dichtungen, Profile, Stoßfänger, Kühlwasserschläuche.
FKM	Fluor-Kautschuk	1,85	2 (15)	450	−10...+190	Abriebfest, beste thermische Beständig-keit; Luft- und Raumfahrt, Kfz-Industrie; Radialwellendichtringe, O-Ringe.
IIR	Isobutan-Isopren-Kautschuk	0,93	5 (21)	600	−30...+120	Wetter- und ozonbeständig; Kabel-solierungen, Autoschläuche.
IR	Isopren-Kautschuk	0,93	1 (24)	500	−60...+60	Wenig ölbeständig, hohe Festigkeit; Kfz-Reifen, Federelemente.
NBR	Acrylnitril-Butadien-Kautschuk	1,00	6 (25)	450	−20...+110	Abriebfest, öl- und benzinbeständig, elek-tr. Leiter; O-Ringe, Hydraulikschläuche, Radialwellendichtringe, Axialdichtungen.
NR	Naturkautschuk	0,93	22 (27)	600	−60...+70	Wenig ölbeständig, hohe Festigkeit; Kfz-Reifen, Federelemente.
PUR	Polyurethan-Kautschuk	1,25	20 (30)	450	−30...+100	Elastisch, verschleißfest; Zahnriemen, Dichtungen, Kupplungen.
SIR	Styrol-Isopren-Kautschuk	1,25	1 (8)	250	−80...+180	Guter elektr. Isolator, wasserabweisend; O-Ringe, Zündkerzenkappen, Zylinder-kopf- und Fugendichtungen.
SBR	Styrol-Butadien-Kautschuk	0,94	5 (25)	500	−30...+80	Wenig öl- und benzinbeständig; Kfz-Rei-fen, Schläuche, Kabelummantelungen.

[1] Klammerwert = mit Zusatz- oder Füllstoffen verstärktes Elastomer

Schaumstoffe

Schaumstoff besteht aus offenen oder aus geschlossenen Zellen oder aus einer Mischung von offenen und geschlos-senen Zellen. Seine Rohdichte ist niedriger als diejenige der Gerüstsubstanz. Man unterscheidet harten, halbharten, weichen, elastischen und weich-elastischen Schaumstoff.

Stei-figkeit, Härte	Rohstoff-Basis des Schaumstoffes	Zellstruktur	Dichte kg/m³	Temperatur-Anwendungs-bereich[2] °C	Wärmeleit-fähigkeit W/(K · m)	Wasseraufnah-me in 7 Tagen Volumen-%
hart	Polystyrol	überwiegend geschlossen	15...30	75 (100)	0,035	2...3
	Polyvinylchlorid		50...130	60 (80)	0,038	<1
	Polyethersulfon		45...55	180 (210)	0,05	15
	Polyurethan		20...100	80 (150)	0,021	1...4
	Phenolharz	offen	40...100	130 (250)	0,025	7...10
	Harnstoffharz		5...15	90 (100)	0,03	>20
halb-hart bis weich-elas-tisch	Polyethylen	überwiegend geschlossen	25...40	bis 100	0,036	1...2
	Polyvinylchlorid		50...70	−60...+50	0,036	1...4
	Melaminharz		10,5...11,5	bis 150	0,033	ca. 1
	Polyurethan Polyester-Typ	offen	20...45	−40...+100	0,045	–
	Polyurethan Polvether-Typ					

[2] Gebrauchstemperatur langzeitig, in Klammern kurzzeitig

Kunststoffe 5 — Plastics 5

Duroplaste

Kurzzeichen, chemische Bezeichnung	Handelsnamen (Auswahl)	Aussehen, Dichte g/cm^3	Bruchspannung[1] N/mm^2	Schlagzähigkeit kJ/mm^2	Gebrauchstemperatur[1] °C
PF Phenol-Formaldehyd	Bakelite, Kerit, Supraplast, Vyncolit, Ridurid	gelbbraun 1,25	40…90	4,5…5,0	140…150
MF Melamin-Formaldehyd Harz	Bakelite, Resopal, Hornit	farblos 1,45	30	6,5…7,0	100…130
UF Urea-Formaldehyd-Harz	Bakelite UF, Resamin, Urecoll	farblos 1,5	35…55	4,5…7,5	80
UP Ungesättigtes Polyester-Harz	Palatal, Rütapal, Polylite, Bakelite, Ampal, Resipol	gelblich, glasklar 1,12…1,27	50…80	5,0…10,0	50
EP Epoxid-Harz	Epoxy, Rütapox, Araldit, Grilonit, Supraplast, Bakelite	gelb, trüb 1,15…1,25	55…80	10,0…22,0	80…100

Kurzzeichen, chemische Bezeichnung	mechanische Eigenschaften	Isoliereigenschaften	Kontakt mit Lebensmitteln; Wasseraufnahme[1]
PF Phenol-Formaldehyd	hart, spröde, Festigkeit vom Füllstoff abhängig	befriedigend	nicht zugelassen; 50…300 mg
MF Melamin-Formaldehyd-Harz	hart, spröde, weniger kerbempfindlich als UF, kratzfest, hohe Nachschwindung	befriedigend; kriechstromfest	teilweise zugelassen; 180…250 mg
UF Urea-Formaldehyd Harz	hart, spröde, kerbempfindlich	befriedigend	nicht zugelassen; 300 mg
UP Ungesättigtes Polyester-Harz	spröde bis zäh, hohe Festigkeit und Steifigkeit, witterungsbeständig	gut; Kriechstromfestigkeit sehr gut	teilweise zugelassen; 30…200mg
EP Epoxid-Harz	spröde bis zäh, hohe Festigkeit und Steifigkeit, witterungsbeständig	sehr gut; kriechstromfest	weitgehend unbedenklich; 10…30mg

Kurzzeichen, chemische Bezeichnung	beständig gegen	nicht beständig gegen	Verarbeitung[3] k	Verarbeitung[3] z	Verwendung
PF Phenol-Formaldehyd	Öl, Fett, Alkohol, Benzol, Benzin, Wasser	starke Säuren und Laugen	++	+	Gehäuse, Lager, Griffe, Pumpen, Zündanlagen, Zahnräder, Lager, Topf- und Pfannengriffe
MF Melamin-Formaldehyd Harz	Öl, Fett, Alkohol, schwache Säuren und Laugen	starke Säuren und Laugen	+	+	hellfarbige Elektroartikel: Schalter, Stecker, Klemmen, Geschirr
UF Urea-Formaldehyd Harz	Lösungsmittel, Öl, Fett	starke Säuren und Laugen, kochendes Wasser	+	+	hellfarbige Verschraubungen, Sanitärartikel, elektrotechnisches Installationsmaterial
UP Ungesättigtes Polyester Harz	Benzin, UV-Licht, Witterung, mineral. Schmierstoffe	Mineralsäuren, Aceton, organische Säuren, starke Laugen	+	++	Silos, Heizöl- und Getränketanks, Karosserien, Spoiler, Sportboote, Relais, Tennisschläger
EP Epoxid Harz	verdünnte Säuren und Laugen, Alkohol, Benzin, Öl, Fett	starke Säuren und Laugen; Aceton	++	+	Gießharze: Lehren, Modelle; Laminate: Fahrzeugindustrie; Formmassen: Präzisionsteile mit Metalleinlagen

[1] je nach Art und Anteil von Verstärkungsfasern und der Verarbeitung (Form- bzw. Spritzpressen)
[2] unverstärkt   [3] k kleben, z zerspanen, + gut, ++ sehr gut

WF

Kabel und Leitungen — Cables and Wires

Kurzzeichen, Abbildungen	Aufbau, Eigenschaften	Verwendung
NYY	Kupferleiter blank, eindrähtig, rund oder sektorförmig mehrdrähtig, gemeinsame Aderumhüllung, Aderisolation und Außenmantel aus PVC, Mantelfarbe bis 1 kV schwarz und über 1 kV rot, UV-beständig.	**Energiekabel** in Kraftwerken, Industrie- und Schaltanlagen sowie in Ortsnetzen. Für feste Verlegung in Erde, in Innenräumen, in Kabelkanälen, im Freien, in Wasser, wenn mechanische Beschädigungen nicht zu erwarten sind.
NYCWY	Wie NYY, jedoch mit zusätzlichem wellenförmig aufgebrachten konzentrischen Leiter und einer Querleitwendel (Kupferband).	Wie NYY, besonders, wenn Schutz gegen mechanische Beschädigungen erforderlich ist.
NSSHöu	Verzinnte feindrähtige Kupferleiter, Aderisolation und Innenmantel aus Gummi, Außenmantel aus Polychloropren, Mantelfarbe schwarz, ölbeständig, flammwidrig, hohe Abriebfestigkeit und Kerbzähigkeit.	**Schwere Gummischlauchleitung** im Bergbau, in der Industrie und auf Baustellen. Einsetzbar in trockenen, feuchten und nassen Räumen sowie im Freien bei sehr hohen mechanischen Beanspruchungen.
H07BQ-F	Verzinnte oder unverzinnte feindrähtige Kupferleiter, Aderisolation aus Gummimischung, innere Schutzhülle aus Kunststoffmischung, Außenmantel aus Polyurethan, Mantelfarbe orange, ölbeständig, hohe Abriebfestigkeit und Kerbzähigkeit, UV-beständig.	**PUR-Schlauchleitung** auf Baustellen, in gewerblichen und landwirtschaftlichen Betrieben. Einsetzbar in trockenen, feuchten und nassen Räumen sowie im Freien bei hohen mechanischen Beanspruchungen.
H05VV5-F	Blanke feindrähtige Kupferleiter, Aderisolation und Außenmantel aus weichem PVC, Mantelfarbe grau, flammwidrig, ölbeständig.	**PVC-Steuerleitung** im Maschinen- und Anlagenbau, sowie an Fertigungsstraßen. Einsetzbar in trockenen, feuchten und nassen Räumen bei geringen und mittleren mechanischen Beanspruchungen, jedoch nicht im Freien.
NYM	Kupferleiter, blank, rund, ein- oder mehrdrähtig. Aderisolation und Außenmantel aus PVC, plastische Füllmischung als gemeinsame Aderumhüllung, Mantelfarbe grau oder lichtgrau, zulässige Leitungstemperatur fest verlegt 70 °C, Bemessungsspannung 300/500 V.	**PVC-Mantelleitung** für die allg. Elektroinstallation. Für feste Verlegung auf, im oder unter Putz in trockenen, feuchten und nassen Räumen. Verwendbar im Freien, sofern vor direkter Sonneneinstrahlung geschützt. Die Verlegung in Erde, Wasser oder direkte Einbettung in Schütt-, Rüttel-, und Stampfbeton ist unzulässig.
LIYCY	Blanke feindrähtige Kupferleiter, Aderisolation und Außenmantel aus PVC, Mantelfarbe lichtgrau, Bewicklung mit Kunststofffolie, mit verzinntem Kupferdraht-Schirmgeflecht.	**Elektronik-Steuerleitung** in der Steuer-, Mess- und Regeltechnik. Geeignet für ortsveränderliche Geräte. Einsetzbar in trockenen, feuchten und nassen Räumen.
AS-i-Busleitung	Feindrähtiger Litzenleiter von $2 \times 1{,}5$ mm², Aderisolation und profilierter Außenmantel aus Gummi, Mantelfarbe gelb, ungeschirmt, verpolungssicher, ölbeständig.	**AS-i-Busleitung** für Verbindungen von AS-i-Komponenten (Sensor/Aktor-Ebene) in der Automatisierungstechnik. Für feste Verlegung in trockenen, feuchten und nassen Räumen.
PROFIBUS-Leitung	Blanke feindrähtige Kupferleiter von $1 \times 2 \times 0{,}64$ mm², Aderisolation aus Polyethylen, Innen- und Außenmantel aus PVC, Mantelfarbe violett, Abschirmung aus Alu-Folie und verzinntem Kupferdrahtgeflecht, flammwidrig, ölbeständig.	**PROFIBUS-Leitung** für Verbindungen von PROFIBUS-Komponenten in der Fertigungs- und Prozessautomation. Für feste Verlegung in trockenen, feuchten und nassen Räumen.

WF

Isolierte Starkstromleitungen — Insulated Power Lines

Kennfarben der Adern von isolierten Starkstromleitungen und Kabeln

Aderzahl	Leitungen mit Schutzleiter	Leitungen ohne Schutzleiter
1	gnge, bl, sw, br, gr, jedoch nicht gelb oder grün oder mehrfarbig	
2	gnge – sw (nur festverlegt ab 10 mm^2)	br – bl (flexibel, für Geräte der Schutzklasse II)
3	gnge – br – bl (flexibel oder verlegt)	
4	gnge – br – sw – gr	Für den Schutzleiter PE ist die Farbkennzeichnung grün-gelb vorgeschrieben.
5	gnge – bl – br – sw – gr	
mehr als 5	gnge – sw mit Zahlenaufdruck 1, 2, 3, 4, 5 …	

Englische Kurzzeichen nach IEC 757 in Klammern: bl (BU für blue) blau, br (BN für brown) braun, gnge (GNYE für green-yellow) grün-gelb, gr (GY für grey) grau, sw (BK für black) schwarz.

Buchstaben-Kurzzeichen für nicht harmonisierte isolierte Starkstromleitungen

WF

Kurz-zeichen	Bedeutung	Beispiel	Kurz-zeichen	Bedeutung	Beispiel
A	Ader	N4**G**A	R	Rohrdraht	N**Y**RAM**Z**
	Aluminium	N**Y**RA**M**A	RU	Rohrdraht mit Umhüllung	N**Y**R**U**ZY
B	Bleimantel	N**B**UY	S	Sonderleitung	N**S**GAöu
BU	Bleimantel mit Umhüllung	N**Y**B**U**Y		Trommelleitung	N**S**HTöu
C	Abschirmung	N**S**H**C**öu	SA	Schnurleitung	N**SA**
	(C = kapazitiver Schutz)		SL	Schweißleitung	N**SL**F
			SS	sehr starke Ausführung	N**SS**Höu
F	Flachleitung, feindrähtig	N**IF**Löu	T	Leitungstrosse	N**T**M
	Stegleitung,	N**YIF**	TK	Theaterkabel	N**TK**
FF	feinstdrähtig	N**SLFF**öu			
G	Gummi-Isolation	N2**G**SA	U	Umhüllung	N**Y**R**U**ZY
GFL	Gummiflachleitung	N**GFL**Göu	V	Verdrehungsbeanspruchung, verdrehungssicher	N**M**H**V**öu
H	Hochfrequenzschutz	N**H**YRUZY			
I	Stegleitung (Impulzleitung)	N**Y**IF	W	Wetterfeste Tränkmasse	N**F**YW
	Illuminationsleitung	N**I**FL	X	Baustellenleitung in Österreich	**X**YMM
J	International gekennzeichneter grüngelber Schutzleiter	N**Y**M-**J**	2X	Motorleitung VPE	**2X**SLCY
			2Y	Motorleitung PVC	**2Y**SLCY
K	Kabel, Leitung	N**TK**	Y	Kunststoffisolierung, Kunststoffmantel	N**YIF** / N**YB**UY
L	Leitung	N**YL**	Z	Zinkmantel	N**Y**RAM**Z**
LI	Steuerleitung	**LI**YCY		Zwillingsader	N**Y**FA**ZW**
LR	Leuchtröhrenleitung	N**YL**R**Z**Y		Zugentlastung (je nach Norm)	N**Y**M**Z**
M	Mantelleitung	N**Y**M	E	eindrähtig	–
MA	Metallmantel aus Aluminium	N**Y**RA**MA**	M	mehrdrähtig	N**Y**M2×10**M**
MZ	Metallmantel aus Zink	N**Y**RA**MZ**	ö	öl- und benzinbeständig	N**SS**H**ö**u
N	Genormte Leitung	**N**…	R	gerillter Metallmantel	N**Y**R**U**Z**Y**R
O	Leitung ohne grüngelben Schutzleiter, nicht mehr vorkommend	N**Y**M-**O**	u	flammwidrig, hitzefest	N**SS**Hö**u**
			öu	ölbeständig und flammwidrig	N**I**FL**öu**
			W	erhöhte Wärmebeständigkeit	N**Y**FA**W**
PL	Pendelschnur (Pendel-Litze)	N**PL**	4	wärmebest. Gummimischung	N**4**GA

Angabe, ob Schutzleiter vorhanden

Anhang bei Leitung mit Schutzleiter	Anhang bei Leitung ohne Schutzleiter
Nach DIN VDE 0250: Anhang – J	Nach DIN VDE 0250: Anhang – O
Nach DIN VDE 0281/0282: Anhang – G	Nach DIN VDE 0281/0282: Anhang – X

Beispiele:
NYM-J 3 × 2,5: Kunststoffmantelleitung 3 × 2,5 mm^2
H07RN-F4G1,5: Schwere Gummischlauchleitung 4 × 1,5 mm^2

Hinweis:
Nach DIN VDE0100-410:10-2018 muss in Niederspannungsanlagen jeder Stromkreis einen geerdeten Schutzleiter enthalten, also bei Mehraderleitungen eine grüngelbe Ader.
Mehraderleitungen zur festen Verlegung gibt es nur noch mit Schutzleiter (siehe auch Seite 256).

Starkstromleitungen — Power Lines

Schlüssel für harmonisierte Starkstromleitungen

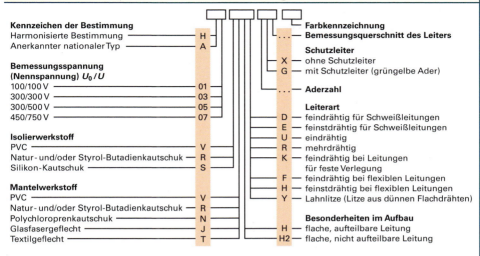

Kennzeichen der Bestimmung
- Harmonisierte Bestimmung — H
- Anerkannter nationaler Typ — A

Bemessungsspannung (Nennspannung) U_0/U
- 100/100 V — 01
- 300/300 V — 03
- 300/500 V — 05
- 450/750 V — 07

Isolierwerkstoff
- PVC — V
- Natur- und/oder Styrol-Butadienkautschuk — R
- Silikon-Kautschuk — S

Mantelwerkstoff
- PVC — V
- Natur- und/oder Styrol-Butadienkautschuk — R
- Polychloroprenkautschuk — N
- Glasfasergeflecht — J
- Textilgeflecht — T

Farbkennzeichnung
- Bemessungsquerschnitt des Leiters — ...

Schutzleiter
- ohne Schutzleiter — X
- mit Schutzleiter (grüngelbe Ader) — G

Aderzahl — ...

Leiterart
- D — feindrähtig für Schweißleitungen
- E — feinstdrähtig für Schweißleitungen
- U — eindrähtig
- R — mehrdrähtig
- K — feindrähtig bei Leitungen für feste Verlegung
- F — feindrähtig bei flexiblen Leitungen
- H — feinstdrähtig bei flexiblen Leitungen
- Y — Lahnlitze (Litze aus dünnen Flachdrähten)

Besonderheiten im Aufbau
- H — flache, aufteilbare Leitung
- H2 — flache, nicht aufteilbare Leitung

WF

Beispiele:
- H07V-U 1,5 BK (NYA) Kunststoffaderleitung, 1,5 mm², schwarz
- H05V-K 0,75 BN (NYAF) Kunststoffverdrahtungsleitung, feindrähtig, 0,75 mm², braun

Anerkannte nationale Typen isolierter Leitungen erhalten anstelle des Anfangsbuchstabens H den Buchstaben A.
Beispiel: A07RN-F 3 × 2,5 (NMHöu)

Leitungen für feste Verlegung

Kurzzeichen	Bezeichnung U_0/U	Aufbau der Leitung	Aderzahl, Querschnitt in mm²	Verwendung
Kunststoffaderleitung				
H07V-U	PVC-Aderleitung (Verdrahtungsleitung) 450/750	Einadrig, ein- oder mehrdrähtige Leiter (siehe oben), Kunststoffisolierhülle.	1 × 1,5 bis 1 × 16	Bei geschützter Verlegung in Geräten sowie in und an Leuchten. Zugelassen für feste Verlegung in Rohren auf und unter Putz. Betriebstemperatur bis 90 °C
H07V-R			1 × 6 bis 1 × 400	
H07V-K			1 × 1,5 bis 1 × 240	
Stegleitungen				
NYIF	Stegleitung 230/400	PVC-isolierte Kupferleiter, Adern mit Abstand flach nebeneinander gelegt, gemeinsamer Steg aus Gummi (F) oder Kunststoff (FY).	3 × 1,5 (J) bis 5 × 1,5	In trockenen Räumen für feste Verlegung in oder unter Putz.
NYIFY			3 × 2,5 (J) bis 5 × 2,5	
			3 × 4,0 (J) bis 4 × 4,0	
Mantelleitungen und Kabel				
NYM	PVC-Mantelleitung 300/500	PVC-isolierte Kupferleiter, Adern verseilt, Füllmantel, Kunststoffaußenmantel.	1 × 1,5 bis 12 × 1,5; 1 × 2,5 bis 5 × 2,5; 1 × 4; 3 × 4; 4 × 4 bis 7 × 1,5	In allen Räumen und im Freien für feste Verlegung über und auf Putz sowie in und unter Putz.
NYY	Kabel mit Isolierung und Mantel aus PVC 0,6/1kV	PVC-isolierte Kupferleiter, einadrig, ein- oder mehrdrähtige Leiter.	Querschnitte in mm² 2,5 bis 150 Aderzahlen 1, 2, 3, 4, 5, 7, 12, 19, 24, 37	In Innenräumen, im Freien (mit Schutz vor Sonneneinstrahlung) in Erde, im Wasser sowie Beton. Mantelfarbe Schwarz

U_0 Spannung zwischen Außenleiter und Erde U Spannung zwischen zwei Außenleitern
U_0/U Spannungsverhältnis, wird hier Nennspannung genannt

Leitungen zum Anschluss ortsveränderlicher Betriebsmittel
Lines for mobile Equipment

Kurzzeichen	Bezeichnung	Aufbau der Leitung	Aderzahl	Querschnitt mm²	Nennspannung U_0/U	Verwendung
Zwillingsleitungen						
H03VH-Y	Leichte Zwillingsleitung	Zweiadrig, Isolierhülle über beide Leiter aus thermoplastischem Kunststoff.	2	etwa 0,1	300/300	Zum Anschluss besonders leichter Handgeräte, z. B. elektrischer Rasierapparate.
H03VH-H	Zwillingsleitung	Wie H03VH-Y	2	0,5 und 0,75	300/300	Bei sehr kleiner mechanischer Beanspruchung in Haushalten oder Büroräumen für leichte Handgeräte.
Gummischlauchleitungen						
H05RR-F	Leichte Gummischlauchleitung	Verzinnte feindrähtige Kupferleiter, Trennschicht um den Leiter erlaubt, Isolierhülle aus Gummi, gummiertes Gewebeband um jeden Leiter zulässig, Mantel aus Gummi.	2 bis 5	0,75 bis 2,5	300/500	Bei kleiner mechanischer Beanspruchung in Haushalt, Küche, Werkstatt und Büroräumen für leichte Handgeräte, Staubsauger, Bügeleisen, Küchengeräte, Lötkolben, Toaster.
H07RN-F	Schwere Gummischlauchleitung	Feindrähtige Kupferleiter, Trennschicht über Leiter, bei verzinnten Leitern nicht erforderlich. Isolierhülle aus Gummi, gummiertes Gewebeband um jede Ader zulässig. Mantel aus Polychloropren.	1 2 3 und 4 5	1,5 bis 400 1...25 1 bis 95 1...25	450/750	Bei mittlerer mechanischer Beanspruchung in trockenen und feuchten Räumen, im Freien, in explosionsgefährdeten Betrieben, z. B. für große Kochkessel, Heizplatten, Handleuchten, Elektrowerkzeuge, Heimwerkergeräte.
Kunststoffschlauchleitungen						
H03VV-F H03VVH2-F	Leichte Kunststoffschlauchleitung (runde Ausführung) Flache Ausführung	Blanker, feindrähtiger Kupferleiter, Kunststoffisolierhülle, Außenmantel rund. Außenmantel flach	2 und 3	0,5 und 0,75	300/300	Bei geringer mechanischer Beanspruchung in Haushalten, Küchen und Büroräumen, für leichte Handgeräte, z. B. für Rundfunkempfangsgeräte, Tischleuchten, Stehleuchten, Büromaschinen.
H05VV-F	Mittlere Kunststoffschlauchleitung	Isolierhülle über jedem Leiter, Zwickelfüllung, Trennschicht um die verseilten Adern zulässig, Kunststoffmantel.	2 bis 5	1 bis 2,5	300/500	Bei mittlerer mechanischer Beanspruchung in Haushalten, Küchen und Büroräumen, für Hausgeräte auch in feuchten Räumen, z. B. Waschmaschinen, Kühlschränke, Heimwerkergeräte.
Silikon-Aderschnüre						
N2GSA	Silikon-Aderschnur	Feindrähtige Cu-Leiter, Isolierhülle aus Silikon.	2 und 3	0,75 bis 1,5	300/300	Bei geringer mechanischer Beanspruchung in Hausgeräten und in gewerblichen Betrieben.
Sonstige Leitungen zum Anschluss ortsveränderlicher Stromverbraucher						
H01N2-D	Schweißleitung	Blanker, feindrähtiger Cu-Leiter, Gewebeband, Gummimantel.	1	16 bis 120 und 25 bis 70	100/200	Hochbewegliche Elektrodenanschlussleitung an Schweißgeräten.
NFLG	Gummischlauchleitung mit Tragorgan	Feindrähtiger umsponnener Cu-Leiter, Gummiisolierhülle, Gewebeband, Tragorgan aus Faserstoff.	ab 6	0,75 bis 6	300/500	Aufzugs- und Förderanlagen, Leitungen an Werkzeugmaschinen, in Innenräumen und feuchten Räumen.

U_0 Spannung zwischen Außenleiter und Erde U Spannung zwischen zwei Außenleitern
U_0/U Spannungsverhältnis, wird hier Nennspannung genannt

Leitungen und Kabel für Melde- und Signalanlagen
Lines and Cables for Alarm and Signalling Systems

Schlüssel der Leitungen und Kabel für Melde- und Signalanlagen

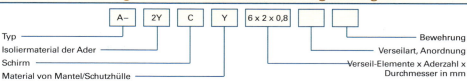

- Typ
- Isoliermaterial der Ader
- Schirm
- Material von Mantel/Schutzhülle
- Bewehrung
- Verseilart, Anordnung
- Verseil-Elemente x Aderzahl x Durchmesser in mm

Es werden meist nicht alle 7 Schlüsselpositionen angegeben.

Kurzzeichen	Bedeutung	Kurzzeichen	Bedeutung	Kurzzeichen	Bedeutung
Typ		3Y	Polystyrol PS	**Mantel, Schutzhülle**	
A-	Außenkabel	4Y	Polyamid PA	Y, 2Y ...	siehe Isoliermaterial
FL-	Flachleitung	5Y	Polytetrafluorethylen PTFE	G, 26 bis 86	Gummi
J- (sprich: „i")	Installationsleitung	8Y	Polyimid PJ	H	halogenfrei
Li-	Litzenleiter	9Y	Polypropylen PP	L	Aluminium
RG-	Koaxialleitung	11Y	Polyurethan PU	M	Bleimantel
S-	Schaltkabel	**Schirm**		**Verseilart, Anordnung**	
Isoliermaterial		C oder Cb (K)	Kupfergeflecht Cu-Band über PE-Mantel	DM	Dieselhorst-Martin (Seite 163)
Y	PVC (Polyvinylchlorid)	(L)	Aluminiumband	P	Paarverseilung
Yu	PVC, flammwidrig	(mS)	Stahlband	St I bis St VI	Sternvierer (nach Frequenz ansteigend) z. B. St VI bis 17 MHz
Yw	PVC, wärmebeständig	(St)	statischer Schirm		
2Y	PE (Polyethylen)	**Bewehrung**		Bd	Bündelverseilung
02Y oder 2X	VPE (vernetztes PE)	A	Al-Drähte	Lg	Lagenverseilung
2HX	YPE, flammwidrig	B	Stahlband	rd	rund
				se	sektorförmig

Leitungen und Kabel für Melde- und Signalanlagen zur festen Verlegung

Kurzzeichen	Bezeichnung	Aufbau	Verwendung
Y	Kunststoff-Aderleitung (Installationsdraht)	Ader: Cu-Draht 0,6 mm oder 0,8 mm, PVC-Isolierung oder PE-Isolierung. 1 Ader oder verseilt 2 bis 4 Adern.	In trockenen Räumen zur festen Verlegung in Isolationsrohren aP und uP.
YR	Kunststoff-Mantelleitung	Ader: Cu-Draht 0,8 mm ⌀, Isolierung wie bei Y, Mantel aus PVC oder PE, 2 bis 24 Adern.	In trockenen und feuchten Räumen zur festen Verlegung aP und uP.
YRE	Schwachstrom-Erdkabel	Aufbau wie YR, aber verstärkter Mantel. Aderzahl 4 bis 16.	Wie YR und zusätzlich zur Verlegung im Erdboden.
IFY	Klingel-Stegleitung	Ader: Wie bei Y. 2 oder 3 Adern verbunden durch flaches Kunststoffband.	In trockenen Räumen zur festen Verlegung iP und uP.
A 2Y (St) 2Y	Außen-Kunststoffkabel	Aufbau wie bei YRE. Aderzahl 2 x 2 bis 100 x 2.	Zur festen Verlegung oberirdisch und unterirdisch.
J-Y (St)Y	Installations-Kunststoffkabel	Adern wie bei Y, Aufbau wie YR, aber verstärkter Mantel mit Schirm. Aderzahl 2 x 2 bis 80 x 2.	Wie YR. Qualitätsleitung, z. B. für KNX.
JE-Y (St)Y	Installationsleitung für Industrieelektronik	Aufbau wie YR, aber verstärkter Mantel mit Schirm.	Wie J-Y (St)Y bei erhöhten Anforderungen.
YCYM	Installations-Kunststoffkabel mit Cu-Schirm	Aufbau wie J-Y (St) Y, aber mit Cu-Schirm.	Wie JE-Y (St)Y, z. B. für KNX mit 2 x 2 x 0,8.
JE-H (St) H	Brandmeldeleitung	Ader: Cu-Draht 0,8 mm ⌀, Isolation: Halogenfreie Polymermischung (Ader und Mantel).	Rote Leitung, Brandmeldeleitung in brandgefährdeten Räumen.

aP auf Putz, iP im Putz, uP unter Putz

WF

Leitungen in Datennetzen — Cables and Lines in Data Networks

Twisted-Pair-Leitungen, TP-Leitungen (verdrillte Doppelader-Leitungen)

Art	Aufbau, Daten	Bemerkungen
U/UTP, U/FTP, S/FTP (Twisted-Pair-Leitungen, mit Al-Folie, Drahtgeflecht, Cu-Draht)	Geschirmte Doppelader U/FTP, ungeschirmte Doppelader U/UTP. Leitung mit Gesamtschirm und mit Doppelader-Schirmung S/FTP, Leitung mit Gesamtschirm aber ohne Doppelader-Schirmung S/UTP. Leitungen enthalten mehrere Doppeladern. U von Unshielded, F von Foil (Folie), T von Twisted, P von Pair, S von Shield (Geflecht). Leitungslänge bis ≤ 100 m. Wellenwiderstand 85 Ω bis 115 Ω, Anschlussbeispiele Seite 515.	Baumförmige oder sternförmige Punkt-zu-Punkt-Verbindung. Bei Ethernet erfolgt der Anschluss ab einem Repeaterport oder Switchport zur Ethernet-Karte des PC. Je höher die Kategorie der Leitung ist (bis Cat 8), umso größer kann die Bitrate sein. **Anwendungsbeispiel:** Twisted-Pair-Ethernet (100 BASE-T, 1000 BASE-T)

Kategorien (3 bis 8) Klassen (C bis G) Frequenz in MHz				
	3	C	< 16	Token Ring Standard
	4		16 < 20	16-MBit-Token-Ring-System
	5	D	20 < 100	100-MBit-Ethernet
	6	E	100 < 250	155-MBit Standard ATM
	7	F	250 < 600	Gigabit-Ethernet
	8	G	600 < 2000	100-Gigabit-Ethernet

Angabe der Leitungsqualität bei Twisted-Pair-Leitungen

Begriff	Erklärung	Daten
Kategorie 5 (Qualitätsstufe 5) Cat 5 (Klasse D)	Leitung geeignet für Frequenzen bis 100 MHz und Bitraten bis 100 Mbit/s. Besser Cat 7 verwenden.	Diagramm: ACR/dB/100 m über f/MHz (0–1000). Kurven: Cat 7 S/FTP, Cat 6 F/FTP, Cat 5 F/UTP.
Nebensprechen, Nebensprechdämpfung in dB (*NEXT*)	Unerwünschter Übergang des Signals von einer Doppelader zur nächsten.	
ACR (Attenuation-to-Crosstalk-Ratio), Signaldynamik in dB	Verhältnis von Dämpfung zu Nebensprechen. ACR = A − NEXT. A Dämpfungsmaß in dB	
Kategorie 6 (Qualitätsstufe 6) Cat 6 (Klasse E)	Geeignet für Duplexbetrieb, Frequenz bis 250 MHz.	
Kategorie 7 (Qualitätsstufe 7) Cat 7 (Klasse F). Steckverbindungssysteme TERA, GG45, nicht RJ45.	Doppelte Bandbreite von Cat 5. Unterstützt Gigabit-Ethernet. ACR-Wert mindestens 10 dB bei 600 MHz.	**Eignung von Datenleitungen** Meist werden Cat-7-Leitungen verlegt (siehe auch Seite 515).
Kategorie 8 Cat 8 (Klasse G)	Meist in Rechenzentren.	

Weitere Datenleitungen

Art	Aufbau, Daten	Bemerkungen		
Lichtwellenleitungen (LWL) — Kunststoff, 5 µm Singlemode-Faser, 62,5 µm Multimode-Faser, siehe auch Seite 165	Multimode-Doppelfaserkabel (Mm) oder Singlemode-Doppelfaserkabel (Sm). Baumförmige oder sternförmige Punkt-zu-Punkt-Verbindung. Anschluss an zwei Repeater-Ports. Meist Verwendung für Primärverkabelung. Anwendung z. B. bei Faseroptik-Ethernet (LWL-Ethernet), Seite 447. S short, L long, E extra long.	Art	Faser	Leitung
		10 BASE-F	Mm	≤ 1000 m
		1000 BASE-SX (S: 850 nm)	Mm	≤ 550 m
		1000 BASE-LX (L: 1300 nm)	Mm Sm	≤ 500 m ≤ 5000 m
		10 GBASE-ER (E: 1550 nm, R: Codierung)	Sm	≤ 40 km

U/FTP 100 BASE- T

U/FTP Unshielded/Foiled Screened Twisted Pair, d. h. Leitung ungeschirmt, Doppelader foliengeschirmt

Name — Bitrate (etwa) in Mbit/s — Kennbuchstaben, z. B. T (Twisted), F (Fiber = Glasfaser), X (extended = erweitert)

Kupferlitzenleiter der Informationstechnik
Copper Cords of Information Engineering

Strombelastbarkeit von Kupferlitzenleitern bei Umgebungstemperaturen bis 25 °C

Querschnitt in mm²	Gruppe 1: I in A	Gruppe 2: I in A	Gruppe 3: I in A
0,14	5	3,5	2,2
0,25	7,5	5,2	3,3
0,34	8,5	5,8	3,7
0,5	11,5	7,8	5,1

Gruppeneinteilung

Gruppe 1
Einzeln frei in Luft verlegte ein- bis dreiadrige geschirmte Schaltlitzen, wenn sie mit Zwischenraum von mindestens Schaltlitzen-Außendurchmesser verlegt sind.

Gruppe 2
2 bis 4 Schaltlitzen, verseilt oder gebündelt, wenn sämtliche Leiter gleichzeitig belastet werden.

Gruppe 3
5 bis 10 Schaltlitzen, verseilt oder gebündelt, wenn sämtliche Leiter gleichzeitig belastet werden.

Belastbarkeit bei Umgebungstemperaturen > 25 °C

Umgebungstemperatur in °C	Belastbarkeit in % der Werte für 25 °C
30	94
35	88
40	82
45	75
50	67
55	58
60	47

Kupferlitzen

Kupferlitzen nach VDE-Normen

Querschnitt in mm²	Litzenaufbau (Drahtzahl x Draht-⌀ in mm)	Litzen-⌀ in mm	Leiterwiderstand bei 20 °C in Ω/km
0,14	f 18 x 0,1	f 0,35	132 bis 138
0,22	m 7 x 0,2	m 0,63	87,2 bis 89,9
0,25	f 14 x 0,15	f 0,66	75,5 bis 77,8
0,34	m 7 x 0,25	m 0,77	55,8 bis 57,5
0,5	m 7 x 0,3; f 16 x 0,2	m 0,91; f 0,94	37,1 bis 39,2

Kupferlitzen nach US-Normen

AWG-Größe	Querschnitt in mm²	Litzenaufbau (Drahtzahl x Draht-⌀ in mm)	Leiterwiderstand bei 20 °C in Ω/km
26	0,141	m 7 x 0,15	137,99
24	0,227	m 7 x 0,2	86,29
22	0,355	m 7 x 0,25	53,69
20	0,563	m 7 x 0,32	33,79
18	0,963	f 19 x 0,25	21,1
16	1,229	f 19 x 0,29	15,59
14	1,941	f 19 x 0,36	0,98

Arten der Verseilung

Art	Erklärung	Bemerkungen
 Zweierverseilung (Paar)	Zur Verringerung der Einstreuung von Feldern werden Adern verseilt (verdrillt). Meist angewendet ist die Zweierverseilung (1 Adernpaar oder mehrere Adernpaare).	Leitungen mit verseilten Doppeladern sind z. B. Twisted-Pair-Leitungen (siehe vorhergehende Seite). Ein vorgesetztes S (von screened = geschirmt) gibt einen Gesamtschirm an, z. B. bei S/FTP.
 Sternverseilung Dieselhorst-Martin-Verseilung Viererverseilung	Bei der Sternverseilung sind 4 Adern miteinander verseilt. Bei der Dieselhorst-Martin-Verseilung (DM-Verseilung) sind je 2 Adern verseilt und die beiden Adernpaare jeweils wieder miteinander.	Geschirmte Leitungen sind gegen induzierte Störspannungen geschützt, haben aber eine größere Dämpfung als nicht geschirmte Leitungen.

AWG von American Wire Gauge = Amerikanisches Drahtmaß (gab ursprünglich die Anzahl der Durchgänge durch Ziehsteine beim Drahtziehen an), f feindrähtig, m mehrdrähtig.

WF

Strahlenoptik — Geometrical Optics

Merkmal	Erklärung	Darstellungen
Reflexion	Bei der Reflexion auf einer ebenen glatten Fläche (Spiegel) sind der einfallende Strahl, der reflektierte Strahl und das Lot in einer Ebene. Das Lot steht senkrecht auf der Spiegeloberfläche und hat somit zwei rechte Winkel zum Spiegel. Es gilt das Reflexionsgesetz: Einfallswinkel = Reflexionswinkel $$\alpha_1 = \alpha_2 \quad (1)$$	
Lichtbrechung • ebene Fläche	Ein Lichtstrahl tritt von einem optisch dünneren Medium mit der Brechzahl n_1 in ein optisch dichteres Medium mit der Brechzahl n_2 ein. Darin breitet er sich geradlinig aus und tritt wieder an einer anderen Stelle in das optisch dünnere Medium aus. Der Lichtstrahl wird gebrochen und es gilt das allgemeine Brechungsgesetz: $$\frac{\sin \alpha_1}{\sin \alpha_2} = \frac{n_2}{n_1} \quad (2)$$	
• Prisma	Beim Glasprisma sind die Durchgangsebenen des Lichtstrahles nicht parallel zueinander, sondern treffen unter einem Winkel γ (Prismenwinkel) aufeinander. Die Brechwinkel α_1 bis α_4 werden beim einfallenden Strahl zum Lot hin gebrochen und beim austretenden Strahl vom Lot weg gebrochen. Der Gesamtablenkungswinkel ε hängt von dem Einfallswinkel α_1, dem Prismenwinkel γ, der Glassorte und der Wellenlänge des Lichtes (Farbe) ab. Kurzwelliges Licht (Violett, ε_1) wird stärker gebrochen als langwelliges Licht (Rot, ε_2) mit $\varepsilon_1 > \varepsilon_2$. Daher wird weißes Licht in die Spektralfarben aufgefächert.	
Sammellinsen	Sammellinsen oder konvexe Linsen sind in der Körpermitte dicker als am Rand. Konkavkonvexe Linsen sind als Sehhilfen in Brillen weit verbreitet. Plankonvexe Linsen werden auch in Handlupen eingesetzt. Die bikonvexe Linse fokussiert parallele Lichtstrahlen in einem Brennpunkt F. Der Abstand der optischen Mittelebene vom Brennpunkt ist die Brennweite f. Eine punktförmige Lichtquelle kann somit in parallele Lichtstrahlen aufgefächert werden.	
Zerstreuungslinsen	Zerstreuungslinsen oder konkave Linsen sind in der Körpermitte dünner als am Rand. Die bikonkave Linse zerstreut parallele Lichtstrahlen nach außen. Die zerstreuten oder gebrochenen Lichtstrahlen scheinen von einem virtuellen Brennpunkt F auszugehen. Die Brennweite f ist der Abstand zwischen optischer Mittelebene der Linse und dem virtuellen Brennpunkt F. Da es sich um einen virtuellen Punkt handelt, hat die Brennweite f negative Werte; z. B. $f = -10$ cm.	
Lichttechnische Größen	Fläche A — $[A] = m^2$ (Quadratmeter) Beleuchtungsstärke E_v — $[E_v] = lx$ (Lux) Belichtung H_v — $[H_v] = lx \cdot s$ (Lux · Sekunde) Lichtstärke I_v — $[I_v] = cd$ (Candela) Strahlungsenergie W — $[W] = Ws = J$ (Joule) Zeit t — $[t] = s$ (Sekunde) Lichtstrom Φ_v — $[\Phi_v] = lm$ (Lumen) Lichtgleichwert K — $[K] = lm/W$ rel. Empfindlichkeit s_v — $[s_v] = 1$ Raumwinkel Ω — $[\Omega] = sr$ (Steradiant)	$$I_v = \frac{\Phi_v}{\Omega} \quad (3) \qquad \Phi_v = \frac{W}{t} \cdot K \cdot s_v \quad (4)$$ $$H_v = E_v \cdot t \quad (5) \qquad E_v = \frac{\Phi_v}{A} \quad (6)$$ $K = 683$ lm/W

Lichtwellenleitungen — Fiber Optic Cables

Art	Erklärung, Wirkungsweise	Bemerkungen
Leitungen, Kabel		
Vollader — Faserkern, Primär-Coating ø 250 μm, Sekundär-Coating ø 1 mm	Die Faser ist mit Kunststoff beschichtet. Durch das Primär-Coating (erste Beschichtung) wird die Faser biegsam. Das Sekundär-Coating sorgt für einen weiteren Schutz der Faser vor äußeren Einflüssen, z. B. mechanischer Biegebeanspruchung oder Nagetieren.	Die Fasern von Lichtwellenleitungen (LWL, Lichtwellenleiter) bestehen aus reinem Quarzglas oder Kunststoff. Sie besitzen einen Kern (Core) und einen Mantel (Cladding). Fasern aus Quarzglas sind gegenüber Kunststofffasern thermisch und chemisch beständiger, durch ihre geringere Dämpfung sind längere Übertragungsstrecken möglich. Kunststofffasern sind kostengünstiger und mechanisch belastbarer. Im strahlungsführenden Kern wird das Strahlungssignal (UV- bis in IR-Bereich) übertragen. Der Mantel ist auch strahlungsführend, hat jedoch eine niedrigere Brechzahl. Der Mantel bewirkt dadurch eine Totalreflexion und somit eine Führung der Strahlung im LWL-Kern. Zwischen dem Mantel und der Beschichtung befindet sich eine 2 μm bis 5 μm dicke Lackierung. Diese dient als Schutz, um Feuchtigkeit von der Faser fernzuhalten.
Hohlader — Faser ø 125 μm, Primär-Coating ø 250 μm, Füllmasse, Kunststoff-Schutzröhrchen ø 1,4 mm	Bei ungefüllter Hohlader ist der Leiter mit Kunststoff lose umhüllt. Die Umhüllung kann mehrschichtig sein. Der Hohlraum innerhalb der Hülle ist ungefüllt. Bei gefüllter Hohlader ist der Hohlraum mit gelartiger Masse gefüllt. Dadurch wird bei Beschädigung der Hülle das Eintreten von Feuchtigkeit verhindert.	
Bündelader — Faser ø 125 μm, Primär-Coating ø 250 μm, Füllmasse, Kunststoff-Schutzröhrchen ø 3 mm	Eine Bündelader enthält zwei bis 48 Lichtwellenleiter (LWL). Zur Unterscheidung der LWL sind diese unterschiedlich eingefärbt. Der Hohlraum innerhalb der Umhüllung kann ungefüllt sein oder mit Gel gefüllt werden.	
Fasern		
Multimodefaser Stufenprofil ø 200 μm	Totalreflexion mit Laufzeitdifferenz	Es werden mehrere Strahlen mittels jeweiliger Totalreflexion übertragen. Anwendung im Nahbereich, z. B. in oder zwischen Gebäuden. n_K Brechzahl Kern, n_M Brechzahl Mantel, Φ Strahlungsleistung, r Radius.
Multimodefaser, Gradientenprofil ø 100 μm	Ablenkung	Es werden mehrere Strahlen mittels jeweiliger Ablenkung übertragen. Der Kern des LWL besitzt eine nach außen hin sich verändernde Brechungszahl. Dadurch wird die Strahlung im LWL abgelenkt. Für z. B. Strecken > 1 km. Faserkategorien: OM1 bis OM5 (bis 400 Gbit/s, Optical Multimode).
Singlemodefaser Stufenprofil ø 9 μm	Totalreflexion ohne Laufzeitdifferenz	Es wird ein Strahl übertragen. Bei Leitungsbiegung tritt Totalreflexion auf. Anwendung im Fernbereich, z. B. Strecke > 100 km. Faserkategorien: OS1 (Vollader); OS2 (Hohlader), Optical Singlemode.
Stecker		
SC-Stecker	Hat ein quadratisches Design und kann für Multimodefasern und Singlemodefasern benutzt werden. Für Simplex-, Duplex- und Mehrfachverbindungen. Einsatz bei LAN. SC von Subscriber Connector.	Einfügedämpfung 0,2 dB bis 0,4 dB, Rückflussdämpfung bei Singlemodefasern 50 dB und bei Multimodefasern mindestens 40 dB.
LC-Stecker	LC von Local Connector. Benötigt halb so viel Platz wie SC-Stecker. Small-Form-Factor-Stecker (SFF). Für Simplex-, Duplex-Betrieb. Angewendet für Singlemode, Multimode. Einsatz bei LAN und WAN.	Einfügedämpfung 0,2/0,12 dB. Rückflussdämpfung bei 55 dB (Verhältnis eingespeiste Lichtenergie zu reflektierte Lichtenergie).

WF

Trennklassen der Kommunikationsverkabelung
Classes of IT-Cabling   vgl. DIN EN 50173-2 (VDE 0800-174-2)

Trennung der Kabel zur Erhöhung der Dämpfung von induktiven Störspannungen

Anordnung von IT-Kabeln im Kabelkanal (bzw. IT-Leitungen)

IT-Kabel in flachem metallischen Kanal

IT-Kabel in hohem metallischen Kanal

Trennung von IT-Kabeln, Kabeln der Stromversorgung sowie sonstigen Kabeln (bzw. Leitungen)

Trennung von IT-Kabel und Kabel der Stromversorung

Trennung IT-Kabel und sonstige Kabel

Erforderliche Dämpfung und Mindesttrennabstände

Trennklasse (etwa Kategorie Cat)	Dämpfung von informationstechnischen Kabeln bei 30 MHz bis 100 MHz		Mindesttrennabstände d von IT- oder Stromversorgungskabeln bei 0 MHz bis 100 MHz		
	Kopplungs- und Schirmdämpfung, Kabel geschirmt	Dämpfung TCL, Kabel unsymmetrisch, ungeschirmt	ohne elektromagnetische Barriere	offener Metall-Kabelkanal	Lochblech-Kabelkanal
a –	< 40 dB	< 50 dB – 10 · lg f	300 mm	225 mm	150 mm
b (Cat 5)	≥ 40 dB	≥ 50 dB – 10 · lg f	100 mm	75 mm	50 mm
c (Cat 6)	≥ 55 dB	≥ 60 dB – 10 · lg f	50 mm	38 mm	25 mm
d (Cat 7)	≥ 80 dB	≥ 70 dB – 10 · lg f	10 mm	8 mm	5 mm

Bei metallischen massiven Kabelkanälen ohne offene Stellen ist der Trennabstand 0 mm. Unsymmetrische Kabel besitzen z. B. nur eine Ader für Nutzdaten, symmetrische Kabel z. B. zwei Adern entgegengesetzter Polraität.

Allgemeine Anforderungen

Begriff	Erklärung	Bemerkungen, Daten
Verkabelung	Verlegen von Kabeln. In der IT-Technik werden unter Kabeln Erdkabel und alle geschützten Leitungen verstanden.	Es kann sich um Kabel mit Kupferleitern oder sonstigen Metallleitern, aber auch mit optischen Faserleitern (Lichtwellenleiter) handeln.
Sicherheit	Die Sicherheit der Anlage muss gewährleistet sein bezüglich Gefahren und Fluchtwegen.	Metallene IT-Verkabelungen und Kabel der Stromversorgung müssen getrennt sein.
Zugänglichkeit	Die Verlegung soll auf Kabelwegen so erfolgen, dass die Kabel bei Störungen zugänglich sind.	Bei umfangreichen Verkabelungen Kabelwege bei Bedarf unter dem Fußboden anordnen.
Schirmung	IT-Kabel müssen gegen EMIs geschützt sein. Schutz gegen Eindringen von Signalen aus benachbarten Leitungen (Nebensprechen) muss durch eine Kopplungsdämpfung erfolgen, bei metallenen Leitungen durch Abschirmung.	Ein Schirm muss lückenlos geschlossen und an beiden Enden geerdet sein. Manche Kabel sind geschirmt gefertigt. Außerdem kann der Kabelweg von mehreren Kabeln durch einen metallenen Kabelkanal geschirmt sein. (siehe S. 374)
Dämpfung	Von einem Kabel zu benachbarten Kabeln tritt Spannungsinduktion auf. Dämpfung (Begrenzung) durch geeignete Maßnahmen.	Je nach Aufgabe der IT-Kabel sind Mindestwerte der Dämpfung erforderlich. Dämpfung wird im logarithmischen Maß dB angegeben.
Trennung	Die Dämpfung wird durch Auswahl der Kabel nach Kabelkategorie und durch räumliche Trennung der Kabel erreicht.	Die räumliche Trennung kann durch metallene Abschirmung und durch Abstand erreicht werden.
Dokumentation	Ist bei Errichtung und Änderung dem Anlagenbetreiber auszuhändigen.	Die Dokumentation besteht aus Schaltplänen und Wartungsplänen.

dB Dezibel	lg Zehnerlogarithmus	EMI Elektromagnetische Interferenzen
f Frequenz	d Mindesttrennabstand	TCL Umwandlungsdämpfung (Transverse Conversion Loss)

Korrosion und Korrosionsschutz
Corrosion and Corrosion Protection

Elektrochemische Spannungsreihe der Metalle

Als **Normalpotenzial** bezeichnet man die Spannung zwischen einem Elektrodenwerkstoff und einer mit Wasserstoff umspülten Platinelektrode in einem Elektrolyt (elektrisch leitende Flüssigkeit) von bestimmter Konzentration.

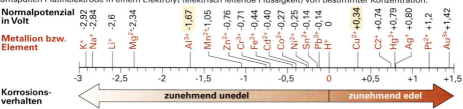

Beispiel: Elektrochemische Spannung Cu-Al = + 0,34 V − (−1,67 V) = 2,01 V

Beständigkeit der Metalle gegen aggressive Stoffe

Aggressive Stoffe	Metalle													
	Ag	Al	Au	Cd	Co	Cr	Cu	Fe	Mg	Mo	Ni	Pb	Sn	Ta	Ti	W
Salzsäure	●	○	●	◐	○	○	◐	○	○	●	◐	◐	●	●	◐	●
Schwefelsäure	◐	○	●	◐	◐	○	●	○	○	●	◐	●	◐	●	◐	●
Salpetersäure	○	◐	●	○	◐	●	○	◐	○	●	○	●	●	●	●	◐
Natronlauge	●	○	●	●	◐	◐	●	●	●	○	●	◐	○	●	◐	○
Luft, feucht	●	●	●	◐	◐	●	◐	○	◐	●	●	●	●	●	●	●
Luft, 400 °C	●	◐	●	◐	○	◐	◐	○	○	◐	●	◐	●	○	●	●

Bedeutung der Zeichen:
- ● beständig, Angriff sehr gering
- ◐ bedingt beständig, Angriff abhängig von Konzentration, Temperatur und Zusammensetzung des aggressiven Stoffes
- ◉ wenig beständig
- ○ unbeständig, rasche Zersetzung

Reine Stoffe; bei Anwesenheit von Beimengungen bzw. Legierungselementen kann sich das Verhalten ändern.

Richtlinien für die Vorbehandlung bei passivem Oberflächenschutz

Grundmetall	Überzug	Behandlungsfolge	Grundmetall	Überzug	Behandlungsfolge
Stahl	Lack, Farbe, Nickel, Chrom, Zink, Cadmium	11-20-1-30-1-3-5-33 10-1-12-1-20-1-31-1 10-1-12-1-20-1-4-1	Reinalumium	Anodisieren	10-1-22-1-26-1-5
			Al-Legierungen, siliciumhaltig	Anodisieren Galvanisieren	11-13-1-25-1-5 10-1-12-1-25-1-32-1
Kupfer	farbloser Lack	11-21-1-2-5	Al-Legierungen, magnesiumhaltig	Anodisieren Galvanisieren	11-13-1-22-1-26-1-5 10-1-12-1-23-1-32-1
CuZn, CuSn	farbloser Lack, Nickel, Chrom	11-24-1-2-5 10-1-13-1-21-1-31-1	Zink	Galvanisieren	10-1-12-1-25-1-31-1

Erläuterung der Kennziffern für Behandlungsfolgen

Kennziffer	Behandlung	Kennziffer	Behandlung
1	Spülen in Kaltwasser	20	Beizen in 10%iger Salzsäure, 20 °C, evtl. mit Zusatz von Phosphorsäure und Reaktionshemmern
2	Spülen in Heißwasser		
3	Spülen in 0,2- bis 1%iger Sodalösung (Passivieren)	21	Beizen in 5- bis 25%iger Schwefelsäure, 40 °C bis 80 °C
4	Spülen in 10%iger Cyanidlösung	22	Beizen in 10%iger Natronlauge, 80 bis 90 °C
5	Trocknen in Warmluft	23	Beizen in 3%iger Salpetersäure, 80 °C
		24	Gelbbrennen in einem Gemisch von konzentr. Salpetersäure mit konz. Schwefelsäure, 1 : 1
10	Kochentfetten in alkalischen Entfettungsbädern	25	Beizen in 3- bis 10%iger Flusssäure
11	Entfetten mit organischen Lösungsmitteln durch Abwaschen, Tauchen, Dampfbad	26	Beizen in 30%iger Salpetersäure
12	Katodische Entfettung in alkalischer Lösung	30	Phosphatieren, Chromatieren
13	Anodische Entfettung in alkalischer Lösung	31	Vorverkupfern als Zwischenschicht
		32	Zinkatbeize (Ausfällen von Zink)
		33	Grundieren mit Rostschutzfarbe

Lote und Flussmittel — Solders and Fluxes

Weichlote
vgl. DIN EN ISO 9453: 2019-10

Legierungs-gruppe	Legierungs-Nr.	Legierungs-kurzzeichen	Schmelz-temperatur °C	Hinweise für die Verwendung
Bleifreie Lote (Biolote)	–	S-Sn42Bi58 S-Sn95,5Ag4Cu0,5 S-Sn96Ag4 S-Sn95Sb5 S-Sn97Cu3	138 217 221 240 250	temperaturempfindliche Bauteile Elektrogeräte, Elektronik Feinwerktechnik, Automobilbereich Elektrogerätebau, Feinwerktechnik Heizungs- und Kältetechnik
Zinn-Blei-Silber	31 33 34	S-Sn60Pb36Ag4 S-Pb95Ag5 S-Pb93Sn5Ag2	178 bis 180 304 bis 365 296 bis 301	bis 2005 in Betriebsmitteln der Elektronik verwendet, seither dort nicht zulässig

Flussmittel zum Weichlöten
vgl. DIN EN ISO 9455-1: 2017-12

Kennzeichen nach den Hauptbestandteilen

WF

Flussmittel-typ	Flussmittel-basis	Flussmittel-aktivator	Flussmittel-typ	Flussmittel-basis	Flussmittel-aktivator
1 Harz	1 Kolophonium 2 ohne Kolophonium	1 ohne Aktivator 2 mit Halogenen aktiviert 3 ohne Halogene aktiviert	3 anorganisch	1 Salze	1 mit Ammoniumchlorid 2 ohne Ammoniumchlorid
2 organisch	1 wasserlöslich 2 nicht wasserlöslich			2 Säuren	1 Phosphorsäure 2 andere Säuren
				3 alkalisch	1 Amine und/oder Ammoniak
siehe auch Weichlot-Flussmittel nach DIN EN ISO 9454-1:2.1.2					

Hartlote für Schwermetalle, silberhaltig
vgl. DIN EN ISO 17672: 2017-01

Gruppe	Lotwerkstoff Kurz-Zeichen	Lotwerkstoff Werkstoff-Nr.	Schmelz-bereich °C	Arbeits-temperatur °C	Lötstoß	Lötzufuhr	Hinweise für die Verwendung Grundwerkstoffe
AgCuCdZn	L-Ag50Cd	2.5143	620 bis 640	640	S	a, e	Edelmetalle, Stähle, Kupferlegierungen
	L-Ag45Cd	2.5146	620 bis 635	620	S	a, e	
	L-Ag40Cd	2.5141	595 bis 630	610	S	a, e	Stähle, Temperguss, Kupfer, Kupferlegierungen, Nickel, Nickellegierungen
	L-Ag20Cd	2.1215	605 bis 765	750	S, F	a, e	
AgCuZn (Sn)	L-Ag45Sn	2.5158	640 bis 680	670	S	a, e	
	L-Ag44	2.5147	675 bis 735	730	S	a, e	Stähle, Temperguss, Kupfer, Kupferlegierungen, Nickel, Nickellegierungen
	L-Ag34Sn	2.5157	630 bis 730	710	S	a, e	
	L-Ag25	2.1216	700 bis 800	780	S	a, e	
AlSi	L-AlSi7,5	3.2280	575 bis 615	610	S	a, e	Aluminium und Al-Legierungen der Typen AlMn, AlMgMn, G-AlSi
	L-AlSi10	3.2282	575 bis 595	600	S	a, e	bedingt für Al-Legierungen der Typen AlMg, AlMgSi bis zu 2% Mg-Gehalt
	L-AlSi12	3.2285	575 bis 590	595	S	a, e	

Flussmittel zum Hartlöten
vgl DIN EN 1045

Flussmittel	Wirktemperatur	Hinweise für die Verwendung
FH10	550 bis 800 °C	Vielzweckflussmittel; Rückstände sind abzuwaschen oder abzubeizen.
FH11	550 bis 800 °C	Cu-Al-Legierungen; Rückstände sind abzuwaschen oder abzubeizen.
FH 12	550 bis 850 °C	Rostfreie und hochlegierte Stähle, Hartmetalle; Rückstände sind abzubeizen.
FH20	700 bis 1000 °C	Vielzweckflussmittel; Rückstände sind abzuwaschen oder abzubeizen.
FH21	750 bis 1100 °C	Vielzweckflussmittel; Rückstände sind mechanisch entfernbar oder abzubeizen.
FH30	über 1100°C	Für Kupfer- und Nickellote; Rückstände sind mechanisch entfernbar.
FH40	600 bis 1000 °C	Borfreies Flussmittel; Rückstände sind abzuwaschen oder abzubeizen.
FL10	–	Leichtmetalle; Rückstände sind abzuwaschen oder abzubeizen.
FL20	–	Leichtmetalle; Rückstände nicht korrosiv, jedoch vor Feuchtigkeit zu schützen.

Druckflüssigkeiten — Hydraulic Fluids

Hydrauliköle

Arten

Typ	Erläuterung
HL (DIN 51524-1)	Druckflüssigkeiten mit Wirkstoffen zur Erhöhung des Korrosionsschutzes und der Alterungsbeständigkeit.
HLP (DIN 51524-2)	Enthalten zusätzliche Wirkstoffe, die den Verschleiß im Mischreibungsbereich mindern. Sie werden in Hydraulikanlagen mit Hydropumpen und Hydromotoren verwendet, die mit mehr als 200 bar betrieben werden.

Eigenschaften

Eigenschaften		HL 10 / HLP 10	HL 22 / HLP 22	HL 32 / HLP 32	HL 46 / HLP 46	HL 68 / HLP 68	HL 100 / HLP 100
Kinematische Viskosität in mm²/s	bei –20 °C	600	–	–	–	–	–
	bei 0 °C	90	300	420	780	1400	2560
	bei 40 °C	10	22	32	46	68	100
	bei 100 °C	2,5	4,1	5,0	6,1	7,8	9,9
Pourpoint[1] gleich oder tiefer als		–30 °C	–21 °C	–18 °C	–15 °C	–12 °C	-12 °C
Flammpunkt höher als		125 °C	165 °C	175 °C	185 °C	195 °C	205 °C

[1] Der Pourpoint (Fließpunkt) ist ein international angewandtes Maß für das Kälteverhalten von Erdölprodukten. Nach DIN 51597 ist der Pourpoint die Temperatur, bei der das Hydrauliköl unter Schwerkrafteinfluss gerade noch fließt. Der Pourpoint ersetzt den früher in der deutschen Norm verwendeten um etwa 3 K niedrigeren Stockpunkt (Erstarrungstemperatur).

⇒ **Hydrauliköl DIN 51524 – HLP 46**: Hydrauliköl vom Typ HLP, kinematische Viskosität = 46 mm²/s bei 40 °C

Viskositäts-Temperatur-Verhalten

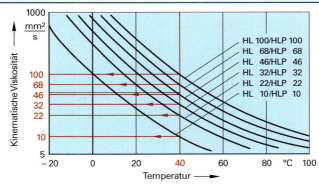

Schwer entflammbare Hydraulikflüssigkeiten

Bezeichnung	ISO-Viskositätsklassen	Eignung für Temperaturen in °C	Eigenschaften	Verwendung
HFAE DIN 24320	(nicht festgelegt)	+ 5 bis + 55	Öl-in-Wasser-Emulsionen, üblicher Ölanteil 2 % bis 3 %, kleine Viskosität, geringe Schmierfähigkeit	Grubenausbau
HFAS	(nicht festgelegt)	+ 5 bis + 55	Lösungen von Flüssigkeitskonzentraten in Wasser, Eigenschaften wie HFAE	Grubenausbau
HFC	15, 22, 32, 46, 68, 100	– 20 bis + 60	Wässrige Monomer- und/oder Polymerlösungen, Verschleißschutz besser als bei HFA	Bergbau, Druckgussmaschinen, Schweißautomaten, Stahlindustrie, Schmiedepressen
HFD	15, 22, 32, 46, 68, 100	– 20 bis + 150	Wasserfreie, synthetische Flüssigkeiten. Gut alterungsbeständig, schmierfähig, großer Temperaturbereich	Hydraulische Anlagen mit hohen Betriebstemperaturen

Werkstoffprüfung 1 — Material Testing 1

Zugversuch
vgl. DIN EN ISO 6892-1: 2017-02

Zweck: Ermittlung des Werkstoffverhaltens bei gleichmäßig zunehmender Zugbeanspruchung.

Durchführung: Eine Zugprobe wird bis zum Bruch gedehnt. Die Änderungen von Zugspannung und Dehnung werden in einem Diagramm dargestellt.

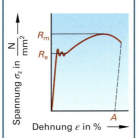

Spannungs-Dehnungs-Diagramm mit ausgeprägter Streckgrenze, z. B. bei weichem Stahl

- F Zugkraft
- F_e Kraft bei Streckgrenze
- F_m Höchstzugkraft
- L Messlänge
- L_0 Anfangsmesslänge
- L_u Messlänge nach Bruch
- d_0 Anfangsdurchmesser der Probe
- S_0 Anfangsquerschnitt der Probe
- S_u kleinster Probenquerschnitt nach Bruch
- ε Dehnung (e)
- A Bruchdehnung
- Z Brucheinschnürung
- σ_z Zugspannung (R)
- R_m Zugfestigkeit
- R_e Streckgrenze
- $R_{p0,2}$ Dehngrenze bei 0,2 % bleibender Dehnung
- E Elastizitätsmodul

Beispiel:
Zugprobe, $L_0 = 125$ mm; $d_0 = 25$ mm
$F_m = 340$ kN; $L_u = 143$ mm; $R_m = ?$; $A = ?$

$$S_0 = \frac{\pi \cdot d_0^2}{4} = \frac{\pi \cdot (25 \text{ mm})^2}{4} = 490{,}9 \text{ mm}^2$$

$$R_m = \frac{F_m}{S_0} = \frac{340\,000 \text{ N}}{490{,}9 \text{ mm}^2} = \mathbf{692{,}6 \text{ N/mm}^2}$$

$$A = \frac{L_u - L_0}{L_0} \cdot 100\,\% = \frac{143 \text{ mm} - 125 \text{ mm}}{125 \text{ mm}} \cdot 100\,\% = \mathbf{14{,}4\,\%}$$

Das Verhältnis der Streckgrenze R_e bzw. Dehngrenze $R_{p0,2}$ zur Zugfestigkeit R_m gibt Aufschluss über den Wärmebehandlungszustand und die Anwendungsmöglichkeiten des Werkstoffs.

Zugspannung
$$\sigma_z = \frac{F}{S_0} \quad (1)$$

Zugfestigkeit
$$R_m = \frac{F_m}{S_0} \quad (2)$$

Streckgrenze
$$R_e = \frac{F_e}{S_0} \quad (3)$$

Dehnung
$$\varepsilon = \frac{L - L_0}{L_0} \cdot 100\,\% \quad (4)$$

Bruchdehnung
$$A = \frac{L_u - L_0}{L_0} \cdot 100\,\% \quad (5)$$

Brucheinschnürung
$$Z = \frac{S_0 - S_u}{S_0} \cdot 100\,\% \quad (6)$$

Elastizitätsmodul
Beanspruchung im elastischen Bereich
$$E = \frac{\sigma_z}{\varepsilon} \cdot 100\,\% \quad (7)$$

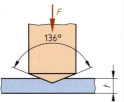

Spannungs-Dehnungs-Diagramm ohne ausgeprägte Streckgrenze, z. B. bei vergütetem Stahl

Härteprüfung nach Vickers
vgl. DIN EN ISO 6507-1: 2018-07

Zweck: Härteprüfung für alle Metalle, besonders für dünne Proben geeignet.

Durchführung: Eine Diamantpyramide mit quadratischer Grundfläche wird in den Probekörper eingedrückt. Aus den Diagonalen d des Eindrucks kann die Vickershärte HV bestimmt werden.

- F Prüfkraft
- d Diagonale des Eindrucks
- t Mindestdicke der Probe

Diagonale des Eindrucks
$$d = \frac{d_1 + d_2}{2} \quad (8)$$

Mindestdicke
$$t \geq 1{,}5 \cdot d \quad (9)$$

Vickershärte
$$HV = 0{,}1891 \cdot \frac{F}{d^2} \quad (10)$$

Beispiele für die Angabe der Vickershärte:

540 HV 1 / 20
650 HV 5

Eindruck der Diamantpyramide

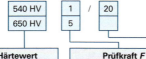

Härtewert	Prüfkraft F	Einwirkdauer
Vickershärte 540	$1 \cdot 9{,}80665$ N = 9,807 N	Wertangabe: 20 s
Vickershärte 650	$5 \cdot 9{,}80665$ N = 49,03 N	ohne Angabe: 10 bis 15 s

Werkstoffprüfung 2 — Material Testing 2

Härteprüfung nach Rockwell

vgl. DIN EN ISO 6508-1: 2016-12

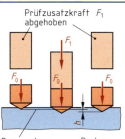

Prüfzusatzkraft F_1 abgehoben
Bezugsebene für Messung
Probenoberfläche

Zweck: Härteprüfung für alle Metalle.

Durchführung: Ein Eindringkörper wird in 2 Stufen in die Probe gedrückt. Aus der bleibenden Eindringtiefe h wird die Rockwellhärte abgeleitet.

F_0 Prüfvorkraft
F_1 Prüfzusatzkraft
h bleibende Eindringtiefe in mm

Beispiel für die Angabe der Rockwellhärte:

65 HR C
Härtewert: 65
Prüfverfahren: Rockwell
Skale: Skale C

Rockwellhärte HR für Skalen A, C
$$HR = 100 - \frac{h}{0{,}002 \text{ mm}}$$

Rockwellhärte HR für Skalen B, E, F, G, H, K
$$HR = 130 - \frac{h}{0{,}002 \text{ mm}}$$

Rockwellhärte HR für Skalen N und T
$$HR = 100 - \frac{h}{0{,}001 \text{ mm}}$$

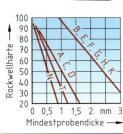

Mindestprobendicke

Skalen und Anwendungsbereiche der Härteprüfverfahren nach Rockwell

Skale	Härte	Eindringkörper	F_0 in N	F_1 in N	Anwendungsbereich
A	HRA	Diamantkegel Kegelwinkel 120°	98	490,3	20 bis 88 HRA
C	HRC		98	1373,0	20 bis 70 HRC
D	HRD		98	882,6	40 bis 77 HRD
B	HRB	Stahlkugel ⌀ 1,5785 mm	98	882,6	20 bis 100 HRB
F	HRF		98	490,3	60 bis 100 HRF
G	HRG		98	1373,0	30 bis 94 HRG
E	HRE	Stahlkugel ⌀ 3,175 mm	98	882,6	70 bis 100 HRE
H	HRH		98	490,3	80 bis 100 HRH
K	HRK		98	1373,0	40 bis 100 HRK
15N	HR15N	Diamantkegel Kegelwinkel 120°	29,4	117,7	70 bis 94 HR15N
30N	HR30N		29,4	264,8	42 bis 86 HR30N
45N	HR45N		29,4	411,9	20 bis 77 HR45N
15T	HR15T	Stahlkugel ⌀ 1,5785 mm	29,4	117,7	67 bis 93 HR15T
30T	HR30T		29,4	264,8	29 bis 82 HR30T
45T	HR45T		29,4	411,9	1 bis 72 HR45T

Härteprüfung nach Brinell

vgl. DIN EN ISO 6506-1: 2015-02

Eindruck der Kugel

Zweck: Härteprüfung für alle Metalle, deren Brinellhärte 650 nicht überschreitet, z. B. für ungehärteten Stahl, Gusseisen und NE-Metalle.

Durchführung: Eine gehärtete Stahlkugel (bis HBS 350) oder Hartmetallkugel (bis HBW 650) mit dem Durchmesser D wird mit einer genormten Prüfkraft F in die Oberfläche einer Probe eingedrückt. Der Eindruckdurchmesser d wird gemessen, der Härtewert HBS oder HBW berechnet oder Tabellen entnommen. Die Einwirkdauer beträgt meist 10 bis 15 s.

F Prüfkraft
D Kugeldurchmesser
d Eindruckdurchmesser
h Eindrucktiefe
s Mindestdicke der Probe

Eindruckdurchmesser
$$d = \frac{d_1 + d_2}{2}$$

$$0{,}24 \cdot D \leq d \leq 0{,}6 \cdot D$$

Mindestdicke
$$s \geq 8 \cdot h$$

Brinellhärte
$$\left.\begin{array}{c} HBS \\ HBW \end{array}\right\} = 0{,}102 \cdot \frac{2 \cdot F}{\pi \cdot D \cdot (D - \sqrt{D^2 - d^2})}$$

Beispiele für die Angabe der Brinellhärte:

220 HB S 10 / 3000
600 HB W 1 / 30 / 25

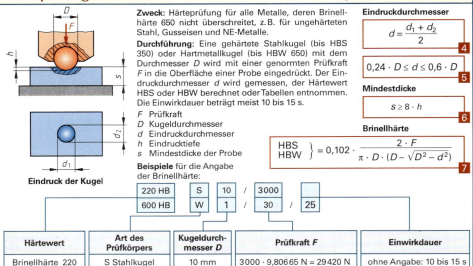

Härtewert	Art des Prüfkörpers	Kugeldurchmesser D	Prüfkraft F	Einwirkdauer
Brinellhärte 220	S Stahlkugel	10 mm	3000 · 9,80665 N = 29420 N	ohne Angabe: 10 bis 15 s
Brinellhärte 600	W Hartmetallkugel	1 mm	30 · 9,80665 N = 294,2 N	Wertangabe: 25 s

Fertigungsverfahren 1 — Production Processes 1

Die Fertigungsprozesse sind in sechs Hauptgruppen zusammengefasst (vgl. DIN 8580). Merkmal der Einteilung ist der Begriff **Zusammenhalt** von Teilchen eines festen oder zusammengesetzten Körpers. Oft müssen mehrere Fertigungsverfahren miteinander kombiniert werden, um fertige Produkte herzustellen.

WF

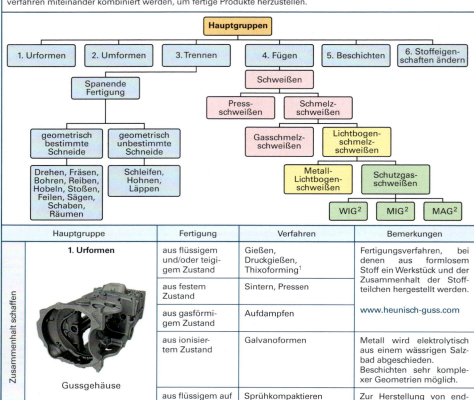

```
                              Hauptgruppen
   ┌─────────┬──────────┬─────────┬─────────┬──────────┬──────────────┐
1. Urformen  2. Umformen 3. Trennen 4. Fügen 5. Beschichten 6. Stoffeigen-
                                                           schaften ändern
             Spanende              Schweißen
             Fertigung          ┌──────┴──────┐
                              Press-       Schmelz-
          ┌──────┴──────┐    schweißen     schweißen
   geometrisch    geometrisch         ┌────────┴────────┐
   bestimmte     unbestimmte      Gasschmelz-       Lichtbogen-
   Schneide       Schneide        schweißen         schmelz-
                                                    schweißen
   Drehen, Fräsen,  Schleifen,              ┌──────────┴──────────┐
   Bohren, Reiben,  Honen,              Metall-               Schutzgas-
   Hobeln, Stoßen,  Läppen              Lichtbogen-           schweißen
   Feilen, Sägen,                       schweißen       ┌──────┼──────┐
   Schaben,                                            WIG²   MIG²   MAG²
   Räumen
```

Hauptgruppe		Fertigung	Verfahren	Bemerkungen
Zusammenhalt schaffen	**1. Urformen** — Gussgehäuse	aus flüssigem und/oder teigigem Zustand	Gießen, Druckgießen, Thixoforming¹	Fertigungsverfahren, bei denen aus formlosem Stoff ein Werkstück und der Zusammenhalt der Stoffteilchen hergestellt werden. www.heunisch-guss.com
		aus festem Zustand	Sintern, Pressen	
		aus gasförmigem Zustand	Aufdampfen	
		aus ionisiertem Zustand	Galvanoformen	Metall wird elektrolytisch aus einem wässrigen Salzbad abgeschieden. Beschichten sehr komplexer Geometrien möglich.
		aus flüssigem auf festen Zustand	Sprühkompaktieren	Zur Herstellung von endkonturnahen Bauteilen wird Metallschmelze aus einer Düse versprüht.
Zusammenhalt beibehalten	**2. Umformen** — Gesenk-Schmiedeteil, Motorhaube	durch Zug	Tiefen, Weiten, Längen, Streckrichten	Fertigungsverfahren, oft als spanlose Formgebung bezeichnet, in denen Werkstücke aus festen Rohteilen durch bleibende Formänderung plastisch erzeugt werden. Voraussetzung ist die plastische (bildsame) Verformbarkeit des Werkstoffes. Das Volumen des Rohteiles entspricht dem Volumen des Fertigteiles. www.dew-stahl.com www.luitpoldhuette.de www.thyssenkrupp.com
		durch Druck	Schmieden, Walzen, Stauchen, Freiformen, Strangpressen, Gesenkformen, Eindrücken, Durchdrücken	
		durch Zug und Druck	Tiefziehen, Durchziehen, Kragenziehen, Drücken, Knickbauchen, Innenhochdruckweitstauchen	
		durch Schub	Durchsetzen, Verdrehen, Verschieben	
		durch Biegen	Freies Biegen, Gesenkbiegen, Schwenkbiegen, Rollbiegen, Runden, Wickeln	
		durch Biegen und Druck	Falten	

¹ Vereint die Vorteile des Gießens und des Schmiedens.   ² Siehe Fertigungsverfahren 3.

Fertigungsverfahren 2 — Production Processes 2

	Hauptgruppe	Fertigung	Verfahren	Bemerkungen
Zusammenhalt vermindern	3. Trennen z. B. Drehen z. B. Senkerodieren	Spanen mit geometrisch bestimmter Schneide	Drehen, Fräsen, Bohren, Senken, Reiben, Räumen, Sägen, Gewindebohren, Gewindeschneiden, Schaben, Feilen, Raspeln, Hobeln, Stoßen, Meißeln	Die Form des Werkstückes ist im Rohteil enthalten und wird durch die Aufhebung des Werkstoffzusammenhalts an der Bearbeitungsstelle geändert. Die Trennkraft des Werkzeugs muss größer sein als die Zusammenhaltkraft des entsprechenden Werkstoffes. Das Volumen des Fertigteiles ist kleiner als das Volumen des Rohteiles. Kriterien der Zerspanung: Werkstoff, Werkstückkonturen, -größe, Wanddicke, Einspannmöglichkeit, Schneidstoff, Werkzeugbeschichtung, Schneidengeometrie, Spanbildung, Spanabfuhr, Oberflächengüte, Maßhaltigkeit, Schnitttiefe, Temperatur, Kühlung, Maschinenleistung, Schnittkräfte, Vibrationen, Arbeitssicherheit. www.remmel.de www.eisenmenger-gmbh.de
		Spanen mit geometrisch unbestimmter Schneide	Schleifen (rotierend), Bandschleifen, Hubschleifen, Läppen, Honen, Strahlspanen, Gleitspanen	
		Zerteilen	Scheren, Brechen, Spalten, Reißen, Lochen	
		Abtragen	Erodieren, Ätzen, Elysieren[1], Brennschneiden, Elektronenstrahlschneiden, Laserstrahlschneiden	
		Zerlegen	Demontieren, Ablöten, Lösen von Klebeverbindungen	
		Reinigen	Reinigungsstrahlen, chemisches Reinigen, thermisches Reinigen, Waschen	
		Evakuieren	Auspumpen, Entleeren	
Zusammenhalt vermehren	4. Fügen z. B. Weichlöten	Stoffschluss	Schweißen, Löten, Kleben	Langfristiges Verbinden mehrerer Werkstücke geometrisch bestimmter fester Formen oder von formlosem Stoff. Eine neue, feste Form wird als unlösbare und/oder lösbare Verbindung geschaffen.
		Formschluss	Kaltnieten, Stiften, Federverbindung, Clinchen[2], Falzen, Ausgießen, Umgießen	
		Kraftschluss	Schrauben, Klemmen, Schrumpfen, Pressen, Warmnieten, Quetschen	
	5. Beschichten z. B. TiN-Beschichtung	Stoffteilchen werden aufgebracht	Galvanisieren, Pulverbeschichten, Feuerverzinken, Auftragsschweißen, Spritzlackieren, Hammerplattieren, Phosphatieren	Aufbringen einer fest anhaftenden Schicht aus formlosem Stoff auf ein Werkstück, z.B. TiN-, TiCN-, TiAlN-Hartstoffschichten auf Wendeschneidplatten, HSS-Werkzeugen mittels PVD3-Technik. Korrosionsschutz, Haftgrund für Anstriche, Gleitschutz für Umformbleche, Erhöhung der Leitfähigkeit. Herstellung von mikroelektronischen Bauelementen und Lichtwellenleitern durch CVD4-Technik.
		Stoffteilchen erfahren neuen Zusammenhalt	Aufdampfen www.hoffmann.group.com www.sandvic.coromant.com	
Werkstoffeigenschaften ändern	6. Stoffeigenschaft ändern z. B. Glühen	Stoffteilchen umlagern	Härten, Glühen, Anlassen, Vergüten, Magnetisieren, Sintern, Brennen, Tiefkühlen, Verfestigung durch Walzen, Ziehen, Schmieden, Verfestigungsstrahlen	Die Lage der Stoffteilchen und die Eigenschaften des Werkstoffes ändern sich, die feste Form des Werkstücks bleibt erhalten. Eine Übersicht, welche Gefügeart ein Eisenwerkstoff mit einem bestimmten Kohlenstoffgehalt bei einer bestimmten Temperatur hat, liefert das Eisen-Kohlenstoff-Zustandsdiagramm.
		Stoffteilchen aussondern	Tempern, Entkohlen	
		Stoffteilchen einbringen	Nitrieren, Aufkohlen (Zementieren)	

[1] Elektromagnetisches Abtragen, [2] form- und kraftschlüssige Verbindung durch punktuelle Umformung des Materials, [3] engl. Physical Vapour Deposition, [4] engl. Chemical Vapour Deposition ([3] und [4] Abscheidung dünner Schichten über die Dampfphase).

Fertigungsverfahren 3 — Production Processes 3

Schweißverfahren
(siehe auch Seite 197)

Verfahren	Komponenten	Arten	Bemerkungen
Elektrodenschweißen	1 Stabelektrode 2 Umhüllung: rutil oder basisch 3 Kernstab 4 Schlacke und Gas 5 Lichtbogen 6 Aufschmelzzone	Schweißelektroden: Rutilelektroden werden am negativen Pol der Gleichstromquelle verschweißt, basische Elektroden am Pluspol.	Für fast alle Metalle geeignet, auch unter Wasser anwendbar. Die Schweißelektrode ist Lichtbogenträger und Zusatzmaterial. Der legierte oder unlegierte Kerndraht bildet die Schweißnaht, die Umhüllung schützt das Schmelzbad vor Luftsauerstoff und stabilisiert den Lichtbogen. Ihre Schlacke schützt und formt die Schweißnaht.
WIG-Schweißen	1 Wolframelektrode 2 Schutzgas 3 Stromquelle 4 Schmelzbad 5 Lichtbogen 6 Schweißzusatz	**Wolfram-Inert-Gas-Schweißen (WIG)** Wechselstromschweißen für Leichtmetalle, Gleichstromschweißen für legierte Stähle und NE-Metalle.	Eingesetzt bei hohen Qualitätsanforderungen an die Schweißnahtgüte, ohne Spritzer und Schlacken, ebene Naht. Anwendungsbereich: Jeder schmelzschweißgeeignete Werkstoff. Minimaler Schweißverzug, geringere Gesundheitsbelastung durch Schweißrauche.
MIG/MAG-Schweißen	1 Schutzgasdüse 2 Stromdüse 3 Elektrode 4 Schutzgas 5 Lichtbogen 6 Aufschmelzzone 7 Grundwerkstoff	**Metall-Inert-Gas-Schweißen (MIG)** **Metall-Aktiv-Gas-Schweißen (MAG)**	Optimal für schnelle, gut haftende Schweißnähte ohne besondere optische Anforderungen. Das MAG-Verfahren eignet sich gut für unlegierten, niedrig- und hochlegierten Stahl, Blechdicken ab 0,6 mm. Das MIG-Verfahren wird für Aluminium- und Kupferwerkstoffe eingesetzt.
Laserschweißen	1 Plasmawolke 2 Schmelze 3 Dampfkanal (keyhole) 4 Schweißtiefe	Linkes Bild: Auftragsschweißen bis etwa 2 mm. Rechtes Bild: Tiefschweißen, bei Stahl bis etwa 25 mm.	Ein fokussierter Laserstrahl wird über die Naht der zu verbindenden Teile geführt. Durch die hohe Temperatur schmelzen beide Werkstücke lokal zusammen. Im Schmelzbad bildet sich eine Dampfkapillare (keyhole) aus, die ein tieferes Eindringen des Laserstrahles ermöglicht. Nach dem Erstarren entsteht eine gute metallurgische Verbindung.

Sonderverfahren

Verfahren	Komponenten	Arten	Bemerkungen
Wasserstrahlschneiden	1 Reinwasser 2 Reinwasserdüse 3 Abrasivmittel 4 Abrasivdüse 5 Fokussierrohr 6 Schneidstrahl 7 Werkstück	• Reinwasserschneiden für weiche Werkstoffe. • Abrasivschneiden (siehe Bild) für harte Werkstoffe. Abrasivmittel: Korund, Granat (abrasiv = abschabend)	Strahlmedien: Druckluft oder Wasser, Wasserstrahldruck bis 6000 bar, Austrittsgeschwindigkeit bis 1000 m/s, Genauigkeit: 0,005 mm/m. Schalldruck beim Wasseraustritt bis 130 dB(A), Reduzierung der Schallemission durch Schneiden unter Wasser. Kanten sind gratfrei ohne Gefügebeeinträchtigung. Für fast alle Materialien geeignet. Komplizierte Formen möglich.
Drahterodieren	• Bearbeitungselektrode ⌀ 0,02 mm bis ⌀ 0,33 mm • flüssiges Dielektrikum (entionisiertes Wasser)	• Drahterodieren • Senkerodieren • Bohrerodieren	Drahterodieren (engl. wirecutting): Temperatur am Entladungskanal 1000 °C bis 5000 °C, der Schnitt erfolgt in einem Dielektrikum. Eine permanente Spülung entfernt den Erodierabfall aus dem Schnittspalt. Anwendung: Werkzeugbau, Miniaturbauelemente.
Plasmaschneiden	1 Elektrode 2 Plasmagas 3 Schneiddüse 4 Pilot-Lichtbogen 5 Plasmastrahl 6 Schnittfuge 7 Werkstück 8 Wasserkühlung	Plasmalichtbogenform	Ein elektrischer Lichtbogen brennt zwischen einer nicht abschmelzenden Elektrode und dem Werkstück. Die durch eine Düse geführte Druckluft schnürt den Lichtbogen zusätzlich ein. Dadurch werden die Energiedichte, Intensität und Stabilität des Lichtbogens erhöht. Es entsteht ein ionisiertes Gas (Plasma) mit hohem Energiegehalt.

Fertigungsverfahren 4 — Production Processes 4

Verfahren	Komponenten	Arten	Bemerkungen
Laserschneiden	1 Laserstrahlquelle 2 Fokussieroptik 3 Schneiddüse 4 Werkstück 5 Laser-/Gasstrahl 6 Schneidgas	a) Laserstrahl-schmelzschneiden b) Laserstrahlbrenn-schneiden c) Laserstrahl-sublimierschneiden	Beim Laserschneiden trifft ein Laserstrahl zusammen mit einem starken Gasstrahl auf das Werkstück. Je nach erreichter Temperatur des abgetragenen Werkstoffes wird dieser als a) Flüssigkeit, b) Oxidationsprodukt oder c) Dampf aus der Schnittfuge geblasen. Gratfreie Schnittfuge 0,1 mm bis 0,3 mm. Schneidgeschwindigkeit bei dünnen Blechen bis 10 m/min.
Laserbeschichten	1 Laserstrahlquelle 2 Fokussieroptik 3 Beschichtungspulver 4 Werkstück 5 Beschichtung 6 Schutzschild 7 Beschichtungsdüse 8 Schutzgas	a) Auftragen von Pulver oder Paste auf das Werkstück b) Aufbringen durch galvanische Weise c) Pulver und Laserstrahl simultan auf die Oberfläche richten (Beispiel)	Beschichtungen sollen die Werkstückoberfläche verbessern. Zugabe von Co, Cr verringert den Verschleiß, Zugabe von Ni steigert den Korrosionswiderstand. Der Laser dient als Wärmequelle, um das Beschichtungsmaterial auf das Trägermaterial aufzuschmelzen. Schichtdicke gut kontrollierbar, nicht porös, perfekte metallische Verbindung.

Vergleich der Sonderverfahren

Verfahren	Materialdicke	Genauigkeit	Bemerkungen
Laserschneiden	Baustahl bis 25 mm, hoch legierter Stahl bis 15 mm, Al bis 10 mm.	bis 1 µm	Für Metalle und Nichtmetalle. Komplexe Umrisse möglich, hohe Prozessgeschwindigkeit, geringe Riefenbildung an der Schneidkante, kaum Nacharbeit. Hoher Energieeinsatz.
Brennplasma-schneiden	bis 160 mm	bis 0,2 mm	Höchste Flexibilität beim Schneiden elektrisch leitfähiger Werkstoffe. Hohe Schneidgeschwindigkeiten im unteren Dickenbereich. Randzone schmilzt auf, teilweise Gratbildung.
Draht-erodieren	bis 120 mm	bis 1 µm	Für alle leitfähigen Materialien aller Härtegrade. Hohe Maß- und Formgenauigkeit. Auch für scharfkantige Konturen. Der Draht ist positiv, das Werkstück negativ gepolt. Der Erodiervorgang beginnt am Werkstückrand oder in einer Startlochbohrung. Lange Bearbeitungszeiten.
Wasserstrahl-schneiden	bis 200 mm	bis 10 µm	Für fast alle Materialien geeignet. Feinste, sehr kleine Konturen möglich, gratfrei, keine Randzonenverhärtung oder Gefügebeeinträchtigung, schmale Fugen, hohe Präzision, verzugfrei. Keine Entstehung von Stäuben, Dämpfen oder Gasen. Geringe Bearbeitungskräfte, geeignet zum Schneiden von empfindlichen Werkstoffen.

Laserarten

Laser	Typ	Betriebsart	Leistung	Wellenlänge	Anwendungen
Gas-Laser	CO_2-Laser	kontinuierlich und gepulst	1 W bis 40 kW, 100 MW im Pulsbetrieb	10,6 µm	Materialbearbeitung, Medizin, Isotopentrennung
	Excimer-Laser[1]	gepulst, 10 ns bis 100 ns	1 kW bis 100 MW	193, 248 nm, 308, 351 nm	Mikrobearbeitung, Laserchemie, Medizin
	HeNe-Laser	kontinuierlich	1 mW bis 1 W	632,8 nm	Messtechnik, Holografie
	Argon-Ionen-Laser	kontinuierlich und gepulst	1 mW bis 150 W	515 nm & 458 nm	Drucktechnik, Medizin
	Farbstoff-Laser	kontinuierlich	1 mW bis 1 W	Infrarot bis UV	Messtechnik, Medizin, Spektroskopie
Festkörperlaser	NdYAG-Laser[2]	kontinuierlich und gepulst	1 W bis 3 kW	1,06 µm	Materialbearbeitung, Messtechnik, Medizin
	Rubin-Laser	gepulst	einige MW	rot	Messtechnik, Holografie
Halbleiter-Dioden-Laser	Einzeldioden-Laser	kontinuierlich und gepulst	1 mW bis 100 mW	Infrarot bis sichtbar	Optoelektronik
	Dioden-Laser-Barren	kontinuierlich und gepulst	bis 100 W	Infrarot bis sichtbar	Pumplichtquelle für Festkörperlaser

[1] laseraktives Medium: Edelgas-Halogenide, [2] Neodym-dotierter Yttrium-Aluminium-Granat-Laser.

WF

Rapid Prototyping RP (3D-Druck) / Rapid Prototyping RP (3D-Printing)

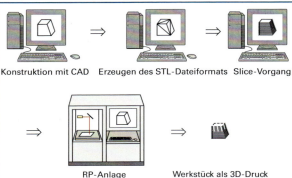

Rapid Prototyping (schneller Prototypenbau) ist ein Verfahren zur schnellen Herstellung von Musterbauteilen, ausgehend von Konstruktionsdaten. RP-Verfahren sind Fertigungsverfahren, die aus vorhandenen CAD-Daten direkt Werkstücke erzeugen.

Die Werkstückherstellung erfolgt durch Aneinanderfügen sehr vieler dünner Schichten (Slicen) oder sehr vieler kleiner Volumenelemente, z. B. aus Kunststoff (additive Fertigung).

Weitere Anwendungen sind Rapid Tooling (Einsatz als Werkzeuge) und Rapid Manufacturing (Einsatz als Fertigteil).

Prinzip des Rapid-Prototyping-Verfahrens

Wichtige Verfahren des Rapid Prototyping

Verfahren	Beschreibung	Bemerkungen
Laminated Objekt Manufacturing LOM (Spiegel, Laser, nicht benötigtes Material, Modell, Restrolle, Trägerplattform, Materialrolle)	Als Ausgangsmaterial beim **LOM** werden Papier oder papierähnliche Folien auf Rollen verwendet. Das Endlospapier wird über Rollen über die Trägerplattform geführt und mit der darunterliegenden Schicht verklebt. Eine beheizte Rolle aktiviert dabei die Binderschicht. Ein CO_2-Laser schneidet die Werkstückinnenkontur und Werkstückaußenkontur aus.	Vorteile: • für große, massive Bauteile geeignet. Nachteile: • Hohlräume nur begrenzt herstellbar, • langer Produktionsprozess. Schichtdicke ~0,2 mm Lasergeschwindigkeit ~0,5 m/s Werkstückgenauigkeit ~0,2 mm Anwendungen: • große, massive Geometrie- und Funktionsmodelle fertigen, • Modelle, die große Sprünge in den Wandstärken aufweisen.
Stereo-Lithography STL (Spiegel, Laser, Badoberfläche, Modell, Bauplattform, Plattformbewegung, Trägerplatte, Harzbad)	Ein Laserstrahl bewegt sich beim **STL** mithilfe numerisch schwenkbarer Spiegel über eine Wanne, die mit flüssigem Kunststoff gefüllt ist. Durch den Energieeintrag wandelt sich der flüssige Kunststoff (Monomer) in ein festes Polymer um. In dem Maße wie das Werkstück wächst, wird die Plattform abgesenkt und neues Monomer zugeführt.	Vorteile: • restlicher Kunststoff muss nur abfließen, • einfache Herstellung von Hohlräumen. Nachteile: • schlechte Werkstoffkennwerte. Schichtdicke ~0,01 mm Lasergeschwindigkeit ~5 m/s Werkstückgenauigkeit ~0,02 mm Anwendungen: • Konzept-, Geometrie-, Anschauungs-, Funktionsmodelle im Maschinenbau, im Automobilbau und in der Medizin • Architekturmodelle.
Fused Deposition Modelling FDM (Rolle mit drahtförmigem Material, beheizbare Düse, Prozesskammer, absenkbare Trägerplattform)	Beim **FDM** wird ein drahtförmiges Material in einer beheizten Düse verflüssigt und schichtweise aufgetragen. Der Düsenkopf wird dabei wie bei einem Plotter in der horizontalen Ebene bewegt. Nachdem eine Lage fertiggestellt ist, wird das Bauteil um die Schichthöhe abgesenkt und die nächste Lage aufgebracht. Es sind Wachs und Thermoplaste sowie NE-Metalle und Stähle verarbeitbar.	Vorteile: • relativ einfache Technik, • kein Laser notwendig, • kein Materialverlust. Nachteile: • dünne Wandstärken nicht darstellbar, • nur für kleinere Teile geeignet. Schichtdicke ~0,1 mm Geschwindigkeit ~0,25 m/s Anwendungen: • dickwandige, voluminöse Bauteile mit geringeren Ansprüchen an die Oberfläche und • Funktionsprototypen.

Wärmebehandlung von Stahl 1 — Heat Treatment of Steel 1

Eisen-Kohlenstoff-Zustandsdiagramm

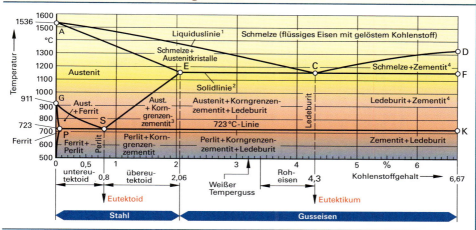

[1] von liquidus (lat.) = flüssig   [2] von solidus (lat.) = fest   [3] Sekundär-Zementit   [4] Primär-Zementit

Gefüge bei der Wärmebehandlung

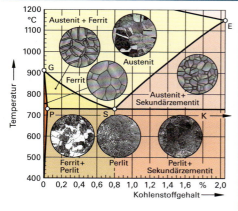

Ferrit (α-**Eisen**)	Kubisch raumzentriertes Gitter (krz), geringe Festigkeit, gut umformbar (Kaltumformung), weich, schwierig zerspanbar (schmiert), magnetisierbar.
Austenit (γ-**Eisen**)	Kubisch flächenzentriertes Gitter (kfz), weich, zäh, gute Warmumformung, nicht magnetisierbar.
Zementit, Eisenkarbid (Fe_3C)	Spröde, sehr hart, verschleißfest, schwer verformbar, magnetisierbar.
Perlit	Kristallgemisch aus Ferrit und Zementit, kaum umformbar, hohe Festigkeit, spröde, schlecht zerspanbar.
Ledeburit	Kristallgemisch aus Zementit mit Austenit (>723°C) bzw. Zementit mit Perlit (<723°C), hart, spröde, nicht umformbar.
Martensit	Entsteht beim Härten während dem raschen Abschrecken aus dem Austenit-Bereich, verzerrtes Gefüge, sehr hart, verschleißfest.

Temperaturbereiche beim Glühen und Härten

(Verfahren siehe Seiten 173, 177)

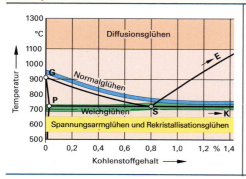
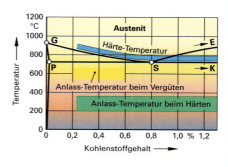

Wärmebehandlung von Stahl 2 — Heat Treatment of Steel 2

Verfahren	Beschreibung
Glühverfahren	
Normalglühen	• **Erwärmen** und Halten auf Glühtemperatur → Gefügeumwandlung (Austenit), • gesteuerte **Abkühlung** auf Raumtemperatur → feinkörniges Normalgefüge. **Ziel:** Erzeugen einer gleichmäßigen Kornstruktur nach vorheriger Warmumformung, z. B. nach Schmieden, Walzen, Gießen, Schweißen.
Weichglühen	• **Erwärmen** auf Glühtemperatur, Halten der Temperatur oder Pendelglühen → kugeliges Einformen des Zementits, • **Abkühlung** auf Raumtemperatur. **Ziel:** Verbessern der Kaltumformbarkeit, Zerspanbarkeit und Härtbarkeit, z. B. vor Biegen, Tiefziehen, Walzen.
Spannungsarmglühen	• **Erwärmen** und Halten auf Glühtemperatur unterhalb der Gefügeumwandlung → Spannungsabbau durch plastische Verformung des Werkstoffs, • **Abkühlung** auf Raumtemperatur. **Ziel:** Vermindern von Eigenspannungen bei gleichbleibendem Gefüge, z. B. nach Schweißen.
Rekristallisationsglühen	• **Erwärmen** und Halten auf Glühtemperatur oberhalb der Rekristallisationstemperatur, • **Abkühlung** auf Raumtemperatur. **Ziel:** Erzeugen einer gleichmäßigen Kornstruktur, z. B. bei mehrstufiger Kaltumformung.
Diffusionsglühen	• **Erwärmen** und Halten auf Glühtemperatur → Rekristallisation des Werkstoffs, • **Abkühlung** auf Raumtemperatur. **Ziel:** Verringern von Konzentrationsunterschieden (Seigerungen) in Werkstücken.
Härteverfahren	
Härten	• **Erwärmen** und Halten auf Härtetemperatur → Gefügeumwandlung (Austenit), • **Abschrecken** in Öl, Wasser, Luft → sprödhartes, feines Gefüge (Martensit), • **Anlassen** bei 100 °C bis 300 °C → Umwandlung von Martensit, höhere Zähigkeit, Gebrauchshärte. **Anwendung:** Verschleißbeanspruchte Teile, z. B. Werkzeuge.
Vergüten	• **Erwärmen** und Halten auf Härtetemperatur → Gefügeumwandlung (Austenit), • **Abschrecken** in Öl, Wasser, Luft → sprödhartes, feines Gefüge (Martensit), • **Anlassen** bei 400 °C bis 650 °C → Martensitabbau, feines Gefüge, hohe Festigkeit. **Anwendung:** Dynamisch beanspruchte Werkstücke mit hoher Festigkeit und guter Zähigkeit, z. B. Wellen, Zahnräder.
Einsatzhärten	• **Aufkohlung** bearbeiteter Werkstücke in der Randschicht, • **Härten** (Ablauf siehe Härten) → **Direkthärten:** Abschrecken aus der Aufkohlungstemperatur (grobes Gefüge), → **Einfachhärten:** Aufkohlung, Abkühlung, Randhärten und Abschrecken (grobes Kern- und feines Randgefüge), → **Doppelhärten:** Aufkohlen, Kernhärten, Randhärten und Abschrecken (homogenes Kern- und feines Randgefüge). **Anwendung:** Werkstücke mit geringem Kohlenstoffgehalt (< 0,22 %) mit verschleißfester Oberfläche, hoher Dauer- und guter Kernfestigkeit, z. B. Zahnräder, Wellen..
Nitrieren	• **Glühen** meist fertig bearbeiteter Werkstücke in Stickstoff abgebender Atmosphäre bei 500 °C bis 550 °C → Bildung harter, verschleißfester und temperaturbeständiger Nitride in der Randschicht, • **Abkühlung** an ruhender Luft oder im Stickstoffstrom. **Anwendung:** Werkstücke mit verschleißfester Oberfläche, hoher Dauerfestigkeit, guteTemperaturbeständigkeit und minimalen Verzug, z. B. Ventile, Spindeln.
Carbonitrieren	• **Erwärmen** meist fertig bearbeiteter Werkstücke in Kohlen- und Stickstoff (Ammoniak NH3) abgebender Atmosphäre bei 800 °C bis 900 °C, • **Abschrecken**, • **Anlassen** bei 150 °C bis 200 °C. **Anwendung:** wie Einsatzhärten, hoher Reibverschleißwiderstand, gute Notlaufeigenschaften, z. B. Zahnräder, Wellen, Kolben.

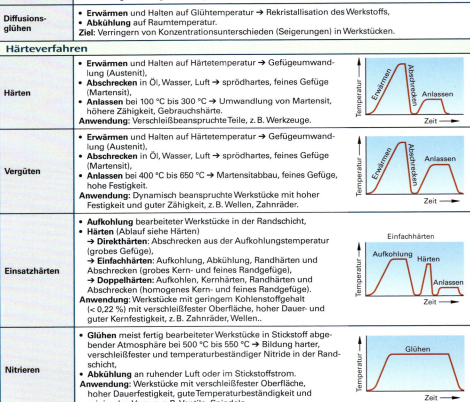

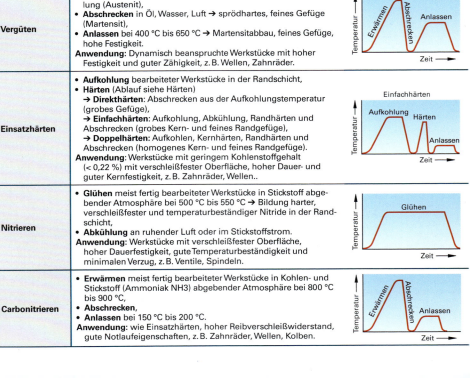

Montage und Demontage — Assembly and Disassembly

Grundlagen

Montage	Demotage	Regeln der Produktgestaltung
Die Montage von Bauteilen erfolgt oft in Handarbeit. Die Serienmontage erfolgt dagegen als Fließmontage und wird häufig mit Robotern oder speziellen Montagemaschinen automatisiert durchgeführt. Hauptfunktionen der Montage: • Fügen (z. B. Schweißen), • Justieren (Einstellen), • Prüfen (Messen), • Handhaben (Greifen), • Sondertätigkeiten (Reinigen).	Demontage tritt bei Wartungs- und Reparaturarbeiten und zunehmend beim Recycling von Werkstoffen auf. Vorteile einfacher Demontage: • kostengünstiger Austausch von Bauteilen, • Wiederverwendung gebrauchter Teile, • einfache Fehlersuche, • Trennung von Schadstoffen, • Recycling wertvoller Werkstoffe.	• Bauteil mit möglichst wenigen Einzelteilen planen. • Komplexe Bauteile in Baugruppen aufgliedern. • Produktvarianten sollen sich in den Unterbaugruppen unterscheiden. • Montage- bzw. Fügerichtung einheitlich, z. B. senkrecht. • Bauteile sollen möglichst symmetrisch sein. • Die Zuführbarkeit der Bauteile soll einfach automatisierbar sein. • Verbundwerkstoffe möglichst vermeiden (Recycling).

Puffer

Durchlaufpuffer	Umlaufpuffer	Direktzugriffspuffer
	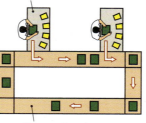	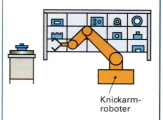
	Arbeitsplatz / Transportband	Knickarmroboter
Ein Durchlaufpuffer gibt die Reihenfolge der Arbeitsabläufe vor. Transporttechniken sind z. B. Rollenbahnen, Gurtförderer, Hängebahnförderer.	Die Umlaufpufferung wird hauptsächlich bei manuellen Montagearbeitsplätzen verwendet, wenn mehrere Arbeitsplätze mit unterschiedlichen Taktzeiten anfallen.	Direktzugriffspuffer, z. B. mit Knickarmrobotern, kommen immer dann zum Einsatz, wenn höchste Flexibilität und Dynamik gleichermaßen gefragt sind.

Pufferspeicher benötigt man zum Überbrücken von Störungen bei automatisierten Montageanlagen, zum Ermöglichen von Pausen bei manueller Montage sowie zum Entkoppeln vom Maschinentakt (lose Verkettung).

Maschinelle Montage

Allgemein	Montage mit Roboter	Rundtaktmontage
Die automatisierte Montage von Aggregaten und Geräten erfolgt im Allgemeinen nur in einer Fügerichtung; vorzugsweise senkrecht oder waagerecht. Besondere Hilfsbewegungen, wie etwa das Verriegeln oder Entriegeln von Verschlüssen, können auch in anderen Richtungen geschehen. Die einzelnen Montagestationen sind entweder in einer Linie, einem Ring, einem Karree oder einem Mix davon angeordnet.	Besonders geeignet sind 4-achsige Waagrechtarmroboter vom Typ **SCARA** (**S**elective **C**ompilance **A**ssembly **R**obot **A**rm), da sie sehr steif in der senkrechten Fügerichtung konstruiert sind und dabei sehr nachgiebig in der Waagerechten sind. Der Nachteil bei einer Montagestation mit Roboter ist, dass nur an der Stelle, an der sich die Roboterhand gerade befindet, gearbeitet wird. Vielfach arbeiten Roboter aber auch in verketteten Montagelinien.	Bei Rundtaktmontagemaschinen wird nach jedem Takt das Montageteil um eine Station weiter gedreht. Der große Vorteil liegt darin, dass jede Montagestation bei jedem Takt arbeitet. Üblich sind Maschinen mit 8, 12, 16 oder bis zu 24 Montagestationen, je nach Aufgabe und Platzverhältnis. Als Materialspeicher werden meist Vibrationsspeicher verwendet. Starre Verkettung: kurze Durchlaufzeiten, der Ausfall einer Station wirkt auf die Gesamtanlage.

Montageplanung — Assembly Planning

Erzeugnisgliederung, Beispiel: Pneumatikzylinder (Teilansicht)

Darstellung	Erklärung
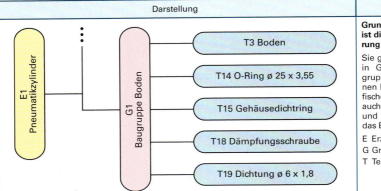	**Grundlage der Planung ist die Erzeugnisgliederung** Sie gliedert ein Erzeugnis in Gruppen und Untergruppen bis zu den einzelnen Bauteilen auf. In grafischer Form enthält sie auch die Montagestruktur und Montageplanung für das Erzeugnis. E Erzeugnis-Nummer G Gruppen-Nummer T Teile-Nummer

WF

Struktur- und Baukastenstückliste, Beispiel: Pnaumatikzylinder (Teilansicht)

Pos.	Stufe	T-Nr.	Benennung		Pos.	T-Nr.	Benennung	Art
1	.1	G1	Baugruppe Boden		1	G1	Baugruppe Boden	E
2	..2	T3	Boden		2	G2	Baugruppe Deckel	E
3	..2	T14	O-Ring		3	G4	Baugr. Kolbenstange	E
4	..2	T15	Gehäusedichtring		4	G5	Baugruppe Zugstange	E
5	..2	T18	Dämpfungsschraube		5	T1	Gehäuse	E
6	..2	T19	Dichtring ø 6 x 18		6	T7	Mutter M8	F
7	.1	G2	Baugruppe Deckel		7	T11	Kolbenstangenmutter	F

Strukturstückliste — **Baukastenstückliste**

Strukturstückliste: gliedert das Erzeugnis durch zusätzliche Stufung und entsprechende Reihenfolge aller Positionen.
Baukastenstückliste: listet die in der Erzeugnisgliederung enthaltenen Baugruppen (→ eigene Stücklisten) und die zum Zusammenbau nötigen Einzelpositionen auf.
E Eigenfertigung
F Fremdfertigung

Montage-Grobarbeitsplan (Auszug), Beispiel Baugruppe Boden G1

Plan-Nr. G1	Benennung Baugruppe Boden		Werkstoff		Abmessung		
Pos.	Platz	Platzbezeichnung	Lohnart	Splitfaktor	Rüstzeit	Zwischenzeit	St.
10	401001	Bereitstelllager	ZL	1		17,25	1
	AVG: Werkstück auf Aufforderung am Arbeitsplatz bereitstellen.						
20	400101	Montageplatz 1	ZL	1		5,75	1
	AVG: Bauteile der Baugruppen fügen.						

Der Montage-Grobarbeitsplan enthält die Arbeitsschritte zur Fertigung oder Montage der Eigenfertigungskomponenten (Teile, Baugruppen und Erzeugnisse).
Bei einem Splitfaktor > 1 werden weitere Arbeitsplätze eingesetzt.
AVG Arbeitsvorgangsbeschreibung

Montage-Feinarbeitsplan (Auszug), Beispiel Baugruppe Boden G1

Platz-Nr. 400101	Platzbezeichnung Montageplatz 1		Benennung Baugruppe Boden		Werkstoff	
Masse 0,35 kg	Verteil- und Erholzeitzuschlag 15 %		Rüstzeit t_r 5,75 min		Stückzeit t_e 1,15 min	
AVG-Nr.	Arbeitsvorgangsbeschreibung		Rüstgrundzeit t_{rg}		Grundzeit t_g	
10	Montageplatz einrichten		5 min			
20	Gehäusedichtung anbringen				0,3 min	
30	O-Ring einlegen				0,3 min	
40	Dämpfungsschraube eindrehen				0,4 min	

Ziel der Montage-Feinplanung ist die Ermittlung der Rüstzeit zum Einrichten des entsprechenden Montageplatzes sowie die Bestimmung der Zeit je Einheit für die Montage einer Baugruppe und des Erzeugnisses. Die Zeitermittlung basiert auf Richtwerttabellen.

Ergonomie — Ergonomics

Merkmal	Erklärung
Begriff/ Definition	✓ Teilgebiet der Arbeitswissenschaft. ✓ Begriff beruht auf den griechischen Wörtern „ergon" (Arbeit) und „nomos" (Gesetz, Regel). ✓ Ergonomie ist die optimale Gestaltung von Arbeitssystemen in Bezug auf die Abstimmung zwischen Mensch, Maschine und Arbeitswelt.
Inhalt	✓ Erforschung der Eigenarten und Fähigkeiten des menschl. Organismus (Leistungsvoraussetzungen). ✓ Anpassung der Arbeit an den Menschen sowie umgekehrt. ✓ Körpergerechte Gestaltung der Arbeitsplätze (Arbeitsplatzgestaltung). ✓ Beschränkung der Beanspruchung durch Arbeit auf ein zulässiges Maß (Humanisierung der Arbeit). ✓ Schnittstelle Mensch-Technik (Mensch-Maschine-Interaktion). ✓ Gestaltung der Umwelteinflüsse. ✓ Auswahl einer geeigneten Arbeitsorganisation. ✓ Wirtschaftlicher Einsatz menschlicher Fähigkeiten.
Ziele	✓ Möglichst hohe Leistungsfähigkeit des gesamten Arbeitssystems gewährleisten. ✓ Arbeit soll unter Berücksichtigung der Arbeitssicherheit menschengerecht und wirtschaftlich sein. ✓ Gute Arbeitsatmosphäre schaffen und die Bedingungen so gestalten, dass möglichst geringe gesundheitliche Belastung, auch bei langfristiger Ausübung einer Tätigkeit, vorliegt. ✓ Reduzierung der physischen und psychischen Belastung auf ein Minimum. ✓ Effizientes und fehlerfreies Arbeiten gewährleisten. ✓ Werkzeuge und Maschinen möglichst langlebig und risikoarm gestalten. ✓ Gut handhabbare und komfortabel zu nutzende Produkte herstellen.
Anwendung	Ergonomie spielt insbesondere immer dort eine wichtige Rolle, wo der Mensch beim Arbeiten oder bei Tätigkeiten mit Maschinen, z. B. Fahrzeugen, Computern, Werkzeugmaschinen, Küchenmaschinen, mit Werkzeugen oder anderen Gegenständen, z. B. Telefonen, Stühlen, Tischen, in Berührung kommt (Mensch-Maschine-Interaktion). Aber auch in der automatisierten Fertigung finden ergonomische Optimierungen Anwendung, beispielsweise um für Roboter lange Wege zu vermeiden. Im Rahmen der Virtualisierung von Entwicklungs- und Planungsprozessen sowie im Zusammenhang mit der rechnergestützten Produkt- und Produktionsgestaltung rücken in den letzten Jahren zunehmend Werkzeuge für die virtuelle Ergonomie (Softwareprogramme) in den Vordergrund, z. B. für Sicht-, Erreichbarkeits- und Belastungsanalysen.

Ergonomische Optimierung des Arbeitssystems

Komponenten des Arbeitssystems	Ansatzpunkte für ergonomische Optimierung Beispiele	Praxisbeispiel Arbeitsmittel (Werkzeug)
Arbeitsraum	Abmessungen, Beleuchtung, Heizung, Lüftung, Wärme- und Schalldämmung, Sichtbeziehungen.	Griffgestaltung einer Zange unter Berücksichtigung der Gelenkwinkel im Handgelenk und der Öffnungsweite.
Arbeitsplatz	Bewegungsraum, Greifräume, Arbeitshöhe, Stühle, Tische, Sehwinkel und -abstand, Beleuchtung.	
Arbeitsumgebung	Immissionen, z. B. Beleuchtung, Gefahrstoffe, Klima, Lärm, Strahlung, Vibrationen, Schwingungen.	
Soziales Umfeld	Kolleg*innen, Unternehmenskultur und -struktur.	
Arbeitsorganisation	Arbeitszeit, -menge, -ablauf, Einzel-/Gruppenarbeit, Arbeitsplatzwechsel, Schicht-, Pausengestaltung.	
Arbeitsmittel	Maschinen, Werkzeuge, Hardware, Software, Abmessungen, Gewichte, Handhabbarkeit, Emissionen (Lärm, Gefahrstoffe, ...), Körperhaltung.	
Arbeitsgegenstand	Abmessung, Gewicht, Handhabbarkeit, Material, Emissionen (Lärm, Gefahrstoffe, ...).	
Mensch	Fähigkeiten, Leistung, Anthropometrie, Demografie.	

Wichtige Normen

Norm	Titel
DIN EN ISO 26800	Ergonomie - Genereller Ansatz, Prinzipien und Konzepte
DIN EN ISO 6385	Grundsätze der Ergonomie für die Gestaltung von Arbeitssystemen
DIN EN 13861	Sicherheit von Maschinen - Leitfaden für die Anwendung von Ergonomie-Normen bei der Gestaltung von Maschinen
DIN EN ISO 14738	Sicherheit von Maschinen - Anthropometrische Anforderungen an die Gestaltung von Maschinenarbeitsplätzen
DIN 33402-2	Ergonomie - Körpermaße des Menschen (Teil 2: Werte)
DIN 33411-1 bis -5	Körperkräfte des Menschen (Teil 1 - 5)

Schneidstoffe — Cutting Materials

Kennzeichnung der Schneidstoffe

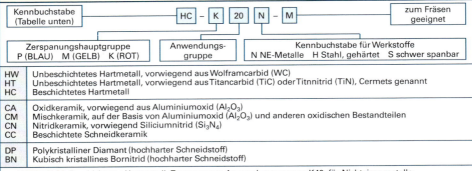

HC – K 20 N – M zum Fräsen geeignet

- Kennbuchstabe (Tabelle unten)
- Zerspanungshauptgruppe: P (BLAU) M (GELB) K (ROT)
- Anwendungsgruppe
- Kennbuchstabe für Werkstoffe: N NE-Metalle   H Stahl, gehärtet   S schwer spanbar

HW	Unbeschichtetes Hartmetall, vorwiegend aus Wolframcarbid (WC)
HT	Unbeschichtetes Hartmetall, vorwiegend aus Titancarbid (TiC) oder Titnnitrid (TiN), Cermets genannt
HC	Beschichtetes Hartmetall
CA	Oxidkeramik, vorwiegend aus Aluminiumoxid (Al_2O_3)
CM	Mischkeramik, auf der Basis von Aluminiumoxid (Al_2O_3) und anderen oxidischen Bestandteilen
CN	Nitridkeramik, vorwiegend Siliciumnitrid (Si_3N_4)
CC	Beschichtete Schneidkeramik
DP	Polykristalliner Diamant (hochharter Schneidstoff)
BN	Kubisch kristallines Bornitrid (hochharter Schneidstoff)

⇒ **HC-K40N-M:** Beschichtetes Hartmetall, Zerspanungs-Anwendungsgruppe K40, für Nichteisenmetalle, zum Fräsen geeignet

Zerspanungs-Hauptgruppen und -Anwendungsgruppen
vgl. DIN ISO 513: 2014-05

Hauptgruppe, Kennfarbe	Kurzzeichen	Schneidstoffeigenschaften	Werkstoffe	Arbeitsverfahren und Schnittbedingungen	Spanungswerte
P BLAU	P01	zunehmende Verschleißfestigkeit ↑ / zunehmende Zähigkeit ↓	Stahl, Stahlguss	Feindrehen und Feinbohren mit hohen Schnittgeschwindigkeiten und kleinen Spanungsquerschnitten.	zunehmende Schnittgeschwindigkeit ↑ / zunehmende Schneidenbelastung ↓
	P10		Stahl, Stahlguss, langspanender Temperguss	Drehen, Fräsen, Gewindeherstellung; hohe Schnittgeschwindigkeit bei kleinen bis mittleren Spanungsquerschnitten.	
	P20		Stahl, Stahlguss, langspanender Temperguss	Drehen, Kopierdrehen, Fräsen mit mittleren Schnittgeschwindigkeiten und mittleren Spanungsquerschnitten; Hobeln mit kleinem Vorschub.	
	P30		Stahl, Stahlguss mit Lunkern	Drehen, Hobeln und Stoßen mit niedrigen Schnittgeschwindigkeiten und großen Spanungsquerschnitten.	
	P40		Stahl, Stahlguss	Bearbeitung unter ungünstigen Spanungsbedingungen; große Spanwinkel möglich.	
M GELB	M10		Stahl, Stahlguss, Gusseisen, Manganhartstahl	Drehen mit mittleren bis hohen Schnittgeschwindigkeiten und kleinen bis mittleren Spanungsquerschnitten.	
	M20		Stahl, Stahlguss, Gusseisen, austenitischer Stahl	Drehen und Fräsen mit mittlerer Schnittgeschwindigkeit und mittlerem Spanungsquerschnitt.	
	M30		Stahl, Gusseisen, hochwarmfeste Legierungen	Drehen, Fräsen, Hobeln mit mittlerer Schnittgeschwindigkeit und mittleren bis großen Spanungsquerschnitten.	
	M40		Automatenstahl, Nichteisenmetalle, Leichtmetalle	Drehen, Abstechen, besonders auf Automaten.	
K ROT	K01		hartes Gusseisen, Al-Si-Legierungen, Duroplaste	Drehen, Schäldrehen, Fräsen, Schaben.	
	K10		Gusseisen HB ≥ 220, harter Stahl, Gestein, Keramik	Drehen, Fräsen, Bohren, Innendrehen, Räumen, Schaben.	
	K20		Gusseisen HB ≤ 220, NE-Metalle	Drehen, Fräsen, Hobeln, Innendrehen; wenn große Zähigkeit des Schneidstoffes erforderlich.	
	K30		Stahl, Gusseisen niedriger Härte	Drehen, Fräsen, Hobeln, Stoßen, Nutenfräsen; große Spanwinkel sind möglich.	
	K40		NE-Metalle, Holz	Bearbeitung mit großen Spanwinkeln.	

WF

Drehzahlnomogramm — Nomogram of Revolutions per Minute (rpm)

Die Bestimmung der Drehzahl (Umdrehungsfrequenz) n einer Werkzeugmaschine aus dem Werkstückdurchmesser d (z. B. Drehen) bzw. dem Werkzeugdurchmesser d (z. B. Bohren) und der gewählten Schnittgeschwindigkeit v_c kann
- rechnerisch mithilfe Formel 1
- oder grafisch mit dem Drehzahlnomogramm erfolgen.

Drehzahlnomogramme enthalten die an der Maschine einstellbaren Lastdrehzahlen. Diese sind geometrisch gestuft. Bei stufenlosen Antrieben kann die ermittelte Drehzahl genau eingestellt werden.

Drehzahl

$$n = \frac{v_c}{\pi \cdot d}$$

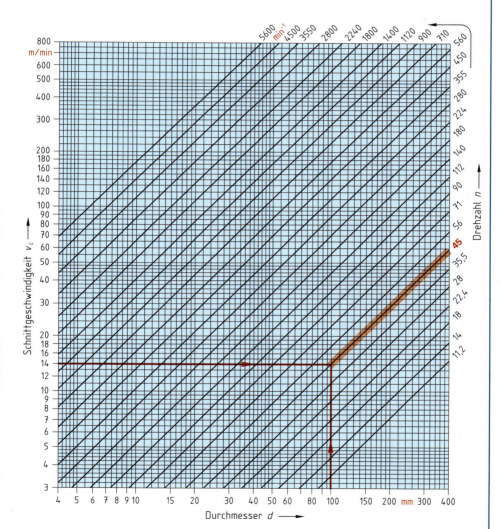

Drehzahlnomogramm mit logarithmisch geteilten Achsen

Berechnungsbeispiel: $d = 100$ mm; $v_c = 14\,\frac{m}{min}$; $n = ?$; $n = \dfrac{v_c}{\pi \cdot d} = \dfrac{14\,\frac{m}{min}}{\pi \cdot 0{,}1\,m} = 44{,}56\,\dfrac{1}{min}$

Ablesebeispiel: $d = 100$ mm; $v_c = 14\,\frac{m}{min}$; $n = ?$;   abgelesen: $n \approx 45\,\dfrac{1}{min}$

Kräfte und Leistungen beim Zerspanen 1
Cutting Forces and Cutting Powers 1

Spezifische Schnittkraft für Hartmetallwerkzeuge

Werkstoff	Spezifische Schnittkraft k_c in N/mm² bei h in mm							$k_{c1.1}$ 1,00	m_c
	0,08	0,10	0,15	0,20	0,30	0,50	0,80	1,50	
S235JR	2735	2633	2458	2340	2184	2003	1850	1780	1661	0,17
E295	3838	3621	3258	3024	2721	2383	2108	1990	1791	0,26
C35	2998	2823	2531	2341	2098	1828	1612	1516	1359	0,27
C60	3356	3224	2996	2846	2645	2413	2215	2130	1980	0,18
11SMnPb30	1891	1816	1688	1603	1490	1359	1250	1200	1116	0,18
16MnCr5	4050	3821	3438	3191	2872	2515	2227	2100	1890	0,26
20MnCr5	3949	3734	3373	3140	2838	2497	2219	2100	1898	0,25
18CrMo4	3518	3387	3162	3011	2810	2576	2381	2290	2137	0,17
42CrMo4	4821	4549	4092	3799	3419	2994	2650	2500	2250	0,26
50CrV4	4281	4040	3635	3374	3036	2658	2354	2220	1998	0,26
X210CrW12	3510	3312	2981	2766	2489	2179	1931	1820	1638	0,26
X5CrNi18-10	3994	3811	3500	3295	3026	2718	2462	2350	2158	0,21
X30Cr13	3510	3312	2981	2766	2489	2179	1931	1820	1638	0,26
GJL-200	1918	1814	1638	1525	1378	1213	1081	1020	922	0,25
GJL-400	2835	2675	2408	2234	2010	1760	1558	1470	1323	0,26
GJS-600	2274	2189	2042	1946	1816	1665	1538	1480	1381	0,17
GJS-800	3439	3118	2608	2298	1923	1536	1250	1132	947	0,44
AlCuMg1	1484	1410	1285	1202	1095	973	873	830	756	0,23
AlMg3	1394	1325	1208	1129	1029	915	819	780	711	0,23
CuZn40Pb2	1229	1181	1096	1042	969	884	812	780	725	0,18

Spezifische Schnittkraft

$$k_c = \frac{k_{c1.1}}{h^{m_c}}$$ [1]

Korrekturfaktor C_1 für Schneidstoff	
Schnellarbeitsstahl	1,2
Hartmetall	1,0
Schneidkeramik	0,9

Korrekturfaktor C_2 für Schneidenverschleiß	
arbeitsscharf	1,0
abgestumpft	1,3

Spanwinkel γ_0 für ausgewählte Werkstoffe	
Stähle	+6°
Gusseisen	+2°
Kupferlegierungen	+8°

Drehen

Beispiel:
Eine Welle aus 16MnCr5 wird mit arbeitsscharfer HM-Wendeschneidplatte gedreht.
a_p = 5 mm, f = 0,21 mm, $\varkappa$ = 75° und v_c = 160 m/min

Gesucht:
h; k_c; A; F_c; P_c

Lösung:
$h = f \cdot \sin \varkappa = 0{,}21 \text{ mm} \cdot \sin 75° = \mathbf{0{,}2 \text{ mm}}$

$$k_c = \frac{k_{c1.1}}{h^{m_c}} = \frac{2100 \frac{N}{mm^2}}{0{,}20^{0,26}} = \frac{2100 \frac{N}{mm^2}}{0{,}658} = 3191 \frac{N}{mm^2}$$

$A = a_p \cdot f = 5 \text{ mm} \cdot 0{,}21 \text{ mm} = \mathbf{1{,}05 \text{ mm}^2}$

$F_c = A \cdot k_c \cdot C_1 \cdot C_2 = 1{,}05 \text{ mm}^2 \cdot 3191 \frac{N}{mm^2} \cdot 1{,}0 \cdot 1{,}0$
$= \mathbf{3351 \text{ N}}$

$P_c = F_c \cdot v_c = \frac{3351 \text{ N} \cdot 160 \text{ m}}{60 \text{ s}} = 8936 \text{ W} = \mathbf{8{,}936 \text{ kW}}$

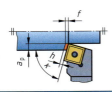

Spanungsdicke

$h = f \cdot \sin \varkappa$ [2]

Spanungsquerschnitt

$A = a_p \cdot f$ [3]

Schnittkraft

$F_c = A \cdot k_c \cdot C_1 \cdot C_2$ [4]

Schnittleistung

$P_c = F_c \cdot v_c$ [5]

Zeitspanungsvolumen

$Q = A \cdot v_c = a_p \cdot f \cdot v_c$ [6]

A	Spanungsquerschnitt in mm²	k_c	Richtwert für die spezifische Schnittkraft in N/mm²
a_p	Schnitttiefe in mm	m_c	Werkstoffkonstante
C_1, C_2	Korrekturfaktoren	P_c	Schnittleistung in kW
f	Vorschub je Umdrehung in mm	Q	Zeitspanungsvolumen in mm³/min
F_c	Schnittkraft in N	v_c	Schnittgeschwindigkeit in m/min
h	Spanungsdicke in mm	v_f	Vorschubgeschwindigkeit in mm/min
h^{m_c}	Umrechnungsfaktor, ohne Einheit	$\varkappa$	Einstellwinkel (Kappa) in Grad
$k_{c1.1}$	Basiswert der spez. Schnittkraft in N/mm²		

Kräfte und Leistungen beim Zerspanen 2
Cutting Forces and Cutting Powers 2

Bohren

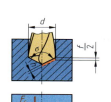

Beispiel:
Eine Platte aus S235JR wird mit arbeitsscharfem HSS-Bohrer gebohrt.
$d = 16$ mm, $v_c = 12$ m/min, $f = 0{,}18$ mm und $\sigma = 118°$ (WAG N).

Gesucht: h, k_c, A, F_c, M_c

Lösung:

$h = \dfrac{f}{2} \cdot \sin\dfrac{\sigma}{2} = \dfrac{0{,}18 \text{ mm}}{2} \cdot \sin 59° =$ **0,08 mm**

$k_c = 2735 \; \dfrac{N}{mm^2}$ (vorhergehende Seite)

$A = \dfrac{d \cdot f}{2} = \dfrac{16 \text{ mm} \cdot 0{,}18 \text{ mm}}{2} =$ **1,44 mm²**

$F_c = A \cdot k_c \cdot C_1 \cdot C_2 = 1{,}44 \text{ mm}^2 \cdot 2735 \; \dfrac{N}{mm^2} \cdot 1{,}2 \cdot 1{,}0$
$=$ **4726 N**

$M_c = \dfrac{F_c \cdot d}{4} = \dfrac{4726 \text{ N} \cdot 0{,}016 \text{ m}}{4} =$ **18,9 Nm**

Spanungsdicke

$$h = \dfrac{f}{2} \cdot \dfrac{\sin\sigma}{2}$$ [1]

Spanungsquerschnitt

$$A = \dfrac{d \cdot f}{2}$$ [2]

Schnittkraft

$$F_c = A \cdot k_c \cdot C_1 \cdot C_2$$ [3]

Spezifische Schnittkraft

$$k_c = \dfrac{k_{c1.1}}{h^{m_c}}$$ [4]

WF

Zerspanungsvolumen

$$Q = \dfrac{A \cdot v_c}{2}$$ [5]

Schnittleistung

$$P_c = \dfrac{F_c \cdot v_c}{2} = Q \cdot k_c$$ [6]

Schnittmoment

$$M_c = \dfrac{F_c \cdot d}{4}$$ [7]

Fräsen

Beispiel:
Ein Werkstück aus 16MnCr5 wird mit abgestumpfter HM-Wendeschneidplatte gefräst.
$D = 160$ mm, $z = 12$, $a_e = 120$ mm, $a_p = 6$ mm, $f_z = 0{,}2$ mm und $v_c = 85$ m/min

Gesucht: h, k_c, F_c, Q, P_c

Lösung:
$h \approx f_z = 0{,}2$ mm

$k_c = 3191 \; \dfrac{N}{mm^2}$

$F_c = A \cdot k_c \cdot C_1 \cdot C_2 = 3{,}88 \text{ mm}^2 \cdot 3191 \; \dfrac{N}{mm^2} \cdot 1{,}0 \cdot 1{,}3$
$=$ **16 095 N**

$Q = a_p \cdot a_e \cdot v_f = 6 \text{ mm} \cdot 120 \text{ mm} \cdot 406 \; \dfrac{mm}{min} =$ **292** $\dfrac{cm^3}{min}$

$P_c = F_c \cdot v_c = \dfrac{16\,095 \text{ N} \cdot 85 \text{ m}}{60 \text{ s}} = 22\,801 \text{ W} =$ **22,8 kW**

Spanungsquerschnitt

$$A = a_p \cdot h \cdot z_e$$ [8]

Spanungsdicke

$$h \approx f_z$$ [9]

Schnittkraft

$$F_c = A \cdot k_c \cdot C_1 \cdot C_2$$ [10]

Spezifische Schnittkraft

$$k_c = \dfrac{k_{c1.1}}{h^{m_c}}$$ [11]

Schnittleistung

$$P_c = F_c \cdot v_c = Q \cdot k_c$$ [12]

Schneidenzahl im Eingriff

$$z_e = z \cdot \varphi / 360°$$ [13]

Vorschubgeschwindigkeit

$$v_f = z \cdot f_z \cdot n$$ [14]

Zeitspanungsvolumen

$$Q = a_p \cdot a_e \cdot v_f$$ [15]

A	Spanungsquerschnitt in mm²	f_z	Vorschub in mm je Schneide	v_f	Vorschubgeschwindigkeit in mm/min
a_e	Arbeitseingriff (Fräsbreite) in mm	h	Spanungsdicke in mm	WAG	Werkstoffauswahlgruppe (H, N, W)
a_p	Schnitttiefe in mm	k_c	Richtwert für die spez. Schnittkraft in N/mm²	z	Schneidenzahl
C_1	Korrekturfaktor Schneidstoff	M_c	Schnittmoment in Nm	z_e	Schneidenzahl im Eingriff
C_2	Korrekturfaktor Schneidenverschleiß	m_c	Werkstoffkonstante	σ	Spitzenwinkel (Sigma) in Grad
D	Fräserdurchmesser in mm	n	Drehzahl in min⁻¹	φ	Winkel (Phi) zwischen Fräsereintritt und -austritt
d	Bohrerdurchmesser in mm	P_c	Schnittleistung in kW		
F_c	Schnittkraft in N	Q	Zeitspanungsvolumen in mm³/min		
f	Vorschub in mm je Umdrehung	v_c	Schnittgeschwindigkeit in m/min		

Bohren — Drilling

Spiralbohrer (vgl. DIN ISO 5419)

Nebenschneide, Querschneide, Hauptschneide, Fase, Bohrer-Ø d h8

σ Spitzenwinkel, ψ Querschneidenwinkel, γ_f Seitenspanwinkel

Winkel am Spiralbohrer (vgl. DIN 1414-1)

Bohrer-Typ	Anwendungs-beispiele	Seitenspan-winkel[1] γ_f	Spitzen-winkel[2] σ
H	harte, zähharte Werkstoffe	10°...19°	118°
N	allg. Baustähle, weiches Gusseisen, mittelharte NE-Metalle	19°...40°	118°
W	weiche, zähe Werkstoffe	27°...45°	130°

[1] abhängig von Bohrerdurchmesser d und Steigung
[2] Regelausführung

⇒ **Bohrer DIN 338 – 9,8 L – H – 140 – B – ML-HSS**: Kurzer Spiralbohrer mit Zylinderschaft, Schneidendurchmesser d = 9,8 mm; linksschneidend, Bohrertyp H; Spitzenwinkel 140° (abweichend von der Regelausführung); Anschliffform B; Mitnehmer ML; Legierungsgruppe Schnellarbeitsstahl HSS.

Schnittdaten für das Bohren mit Spiralbohrern aus Schnellarbeitsstahl[3]

Werkstoffgruppe	Zugfestigkeit R_m N/mm²	Härte HB	Schnittgeschwindigkeit v_c in m/min unbeschichtet	TiN[4]-beschichtet	Vorschub f in mm je Umdrehung bei Bohrerdurchmesser d in mm 2...3,15	>3,15...6,3	>6,3...12,5	>12,5...25	>25...50	Kühlschmierstoffe[5]
Bau- und Automatenstähle	≤850	≤250	30	40	0,06...0,10	0,13...0,16	0,20...0,25	0,32...0,50	0,50...0,80	E
Unlegierte Einsatzstähle	≤750	≤220	30	45						E
Legierte Einsatzstähle	850...<1000 / 1000...1200	250...<300 / 300...360	18 / 10	20 / 16	0,04...0,06	0,08...0,10	0,13...0,16	0,20...0,32	0,32...0,50	Öl
Unlegierte Vergütungsstähle	≤700 / 700...850	≤210 / 210...250	30 / 25	45 / 32	0,05...0,08	0,10...0,13	0,16...0,20	0,25...0,4	0,40...0,63	E
	850...1000	250...300	–	18	0,04...0,06	0,08...0,1	0,13...0,16	0,20...0,32	0,32...0,50	E
Legierte Vergütungsstähle	850...<1000 / 1000...1200	250...<300 / 300...360	– / –	22 / 20	0,03...0,05	0,06...0,08	0,10...0,13	0,16...0,25	0,25...0,40	E
Gusseisen	– / –	≤240 / ≤300	25 / 20	45 / 36	0,04...0,06	0,08...0,10	0,20...0,25	0,32...0,50	0,50...0,80	E, L
Kugelgrafit- und Temperguss	– / –	≤240 / ≤300	30 / 20	40 / 28	0,063...0,10	0,13...0,16	0,20...0,25	0,32...0,50	0,50...0,80	E
Al-Knetlegierungen	≤450	–	70 / 45	– / 90	0,08...0,13	0,16...0,2	0,25...0,32	0,40...0,63	0,63...1,0	E
Al-Gusslegierungen <10%Si / >10%Si	≤600	–	40	80	0,06...0,10	0,13...0,16	0,20...0,25	0,32...0,50	0,50...0,80	E
Cu-Zn-Legierungen	≤600	–	45	55	0,05...0,08	0,10...0,13	0,16...0,20	0,25...0,4	0,40...0,63	E

Schnittdaten für das Bohren mit Spiralbohrern aus Hartmetall[3]

Werkstoffgruppe	R_m N/mm²	HB	v_c m/min		f Vorschub 2...3,15	>3,15...6,3	>6,3...12,5	>12,5...25	>25...50	KSS[5]
Bau-, Einsatz-, Vergütungsstähle	≤850	≤250	70		0,04...0,06	0,08...0,10	0,13...0,16	0,20...0,32	0,32...0,50	E
Gusseisen, Kugelgrafit-, Temperguss	–	≤300	70							Öl, L
Al-Knetlegierungen	≤450	–	180		0,08...0,13	0,16...0,20	0,25...0,32	0,40...0,63	0,63...1,0	E
Al-Gusslegierungen <10%Si / >10%Si	≤600	–	160 / 130		0,063...0,10	0,13...0,16	0,20...0,25	0,32...0,50	0,50...0,80	E
Cu-Zn-Leg.	≤600	–	160		0,05...0,08	0,10...0,13	0,16...0,20	0,25...0,4	0,40...0,63	E
Cu-Sn-Leg.	≤850	–	120							

[3] Die Richtwerte beziehen sich auf eine Standzeit T = 15 min; eine Bohrtiefe ≤3 · d (HSS) bzw. ≤ 5 · d (HM). Die Hinweise der Werkzeughersteller sind zu beachten.
[4] TiN = Titannitrid
[5] E Emulsion; L Luft

Reiben und Gewindebohren — Reaming and Tapping

Schnittdaten für das Reiben mit Maschinenreibahlen aus Schnellarbeitsstahl[1]

Werkstoffgruppe	Zugfestigkeit R_m N/mm²	Härte HB	Schnittgeschwindigkeit v_c in m/min unbeschichtet	Schnittgeschwindigkeit v_c in m/min TiN[2]-beschichtet	Vorschub f in mm je Umdrehung Werkzeugdurchmesser d in mm 2...3,15	>3,15...6,3	>6,3...12,5	>12,5...25	>25...50	Reibzugabe für d bis ≤20 mm	Reibzugabe für d bis ≤50 mm
Unlegierte und legierte Stähle	≤500	≤150	11	15	0,05...0,08	0,10...0,13	0,16...0,2	0,25...0,4	0,4...0,63		
Bau-, Einsatz-, Vergütungsstähle	>500...850	>150...250	7	9	0,4...0,63	0,80...1,0	0,13...0,16	0,20...0,32	0,32...0,50	0,15...0,25	0,3...0,35
Vergütungs- und Werkzeugstähle	>850...1000	>250...300	4	7	0,4...0,63	0,80...1,0	0,13...0,16	0,20...0,32	0,32...0,50	0,15...0,25	0,3...0,35
Gusseisen, Temperguss	– –	≤240 ≤300	9 5	12 7	0,05...0,08	0,10...0,13	0,16...0,2	0,25...0,4	0,4...0,63		
Al-Knetlegierungen	≤450	–	18	–	0,08...0,13	0,16...0,20	0,25...0,32	0,40...0,63	0,63...1,0		
Al-Gussleg. <10%Si	170...280	–	13	–	0,063...0,10	0,13...0,16	0,20...0,25	0,32...0,50	0,50...0,80	0,2...0,35	0,5...0,7
Cu-Zn-Legierung	≤600	–	13	18	0,063...0,10	0,13...0,16	0,20...0,25	0,32...0,50	0,50...0,80		
Thermoplaste	–	–	12	14	0,1...0,16	0,2...0,25	0,32...0,40	0,50...0,8	0,8...1,25		
Duroplaste	–	–	8	12	0,1...0,16	0,2...0,25	0,32...0,40	0,50...0,8	0,8...1,25		

Schnittdaten für das Reiben mit Maschinenreibahlen aus Hartmetall[1]

Werkstoffgruppe	Zugfestigkeit R_m N/mm²	Härte HB	v_c in m/min	Vorschub f in mm je Umdrehung d: 2...3,15	>3,15...6,3	>6,3...12,5	>12,5...25	>25...50	Reibzugabe ≤20 mm	Reibzugabe ≤50 mm
Unlegierte und legierte Stähle	≤500	≤150	13	0,08...0,13	0,16...0,2	0,25...0,32	0,4...0,63	0,63...1,0		
Einsatz- und Vergütungsstähle	>500...1200	>360...550	8	0,05...0,08	0,10...0,13	0,16...0,2	0,25...0,4	0,4...0,63	0,15...0,25	0,3...0,35
Werkzeugstähle	750...1000	220...300	8	0,04...0,06	0,08...0,1	0,13...0,16	0,20...0,32	0,32...0,50	0,15...0,25	0,3...0,35
Gusseisen, Temperguss	– –	≤240 ≤300	10 8	0,08...0,13	0,16...0,20	0,25...0,32	0,40...0,63	0,63...1,0		
Al-Knetlegierungen	≤450	–	25							
Al-Gussleg. <10%Si >10%Si	170...280 180...300	– –	20 20	0,1...0,16	0,2...0,25	0,32...0,40	0,50...0,8	0,8...1,25	0,2...0,3	0,4...0,5
Cu-Zn-Legierungen	≤600	–	20	0,1...0,16	0,2...0,25	0,32...0,40	0,50...0,8	0,8...1,25		
Thermoplaste	–	–	30							
Duroplaste	–	–	30							

Schnittdaten für maschinelles Gewindebohren[1]

Werkstoffgruppe	Zugfestigkeit R_m N/mm²	Härte HB	Schnellarbeitsstahl Schnittgeschwindigkeit v_c in m/min unbeschichtet	Schnellarbeitsstahl TiN[2]-beschichtet	KSS[3]	Hartmetall Schnittgeschwindigkeit v_c in m/min unbeschichtet	Hartmetall TiN[2]-beschichtet	KSS[3]
Unlegierte Stähle	≤700	≤200	10	15	E, S	20	40	E, S
Unlegierte Stähle	≤850	≤250	11	15	E, S	15	35	E, S
Legierte Stähle	≤1200	≤350	6	8		10	20	S
Gusseisen	–	≤150	10	15	E, T, P	30	60	E, T
Gusseisen	–	>150	6	8	E, T, P	15	30	E, T
Cu-Zn-Legierungen	≤550	–	10	15	S, E	35	70	E
Al-Legierungen	≤300	–	10	12	E	30	80	E
Thermoplaste	–	–	20	–	E	40	80	E, T
Duroplaste	–	–	8	15	E, T	20	50	E, T

[1] Die Richtwerte für Schnittdaten müssen den jeweiligen Einsatzbedingungen angepasst werden. Die Hinweise der Werkzeughersteller sind zu beachten.
[2] TiN = Titannitrid   [3] KSS = Kühlschmierstoffe: E Emulsion; T trocken; S Schneidöl; P Petroleum

WF

Drehen 1 / Turning 1

Winkel am Drehmeißel

- α Freiwinkel
- $α_H$ Freiwinkel der Hauptschneide
- $α_N$ Freiwinkel der Nebenschneide
- β Keilwinkel
- γ Spanwinkel
- ε Eckenwinkel
- κ Einstellwinkel der Hauptschneide
- $κ_N$ Einstellwinkel der Nebenschneide
- λ Neigungswinkel
- r Eckenradius
- F Fase an Schneidkante

Rautiefe in Abhängigkeit vom Eckenradius und vom Vorschub

R_{th} theoretische Rautiefe   r Eckenradius   f Vorschub

Beispiel:
R_{th} = 25 µm; r = 1,2 mm; f = ?

$f ≈ \sqrt{8 \cdot r \cdot R_{th}}$

$= \sqrt{8 \cdot 1,2\ mm \cdot 0,025\ mm}$ = **0,5 mm**

[1] Bei kleinen Vorschüben weicht die gemessene Rautiefe von der berechneten (theoretischen) Rautiefe ab.

Theoretische Rautiefe[1]

$$R_{th} = \frac{f^2}{8 \cdot r}$$

Ecken-radius r in mm	Schruppen		Schlichten		Feindrehen	
	R_{th} 100 µm	R_{th} 63 µm	R_{th} 25 µm	R_{th} 16 µm	R_{th} 6,3 µm	R_{th} 4 µm
	Vorschub f in mm je Umdrehung					
0,4	0,57	0,45	0,28	0,2	0,14	0,1
0,8	0,80	0,63	0,4	0,3	0,2	0,16
1,2	1,0	0,8	0,5	0,4	0,25	0,2
1,6	1,13	0,9	0,6	0,45	0,3	0,23
2,4	1,4	1,3	0,7	0,55	0,35	0,28

Schnittdaten für das Drehen mit Schnellarbeitsstahl[2]

Werkstoffgruppe	R_m N/mm²	Härte HB	Bearbei-tungsbedin-gungen	HSS unbeschichtet			HSS beschichtet[3]	
				v_c m/min	f mm	a_p mm	v_c m/min	f mm
Unlegierte und legierte Bau-, Einsatz- und Vergütungsstähle	<500	<150	leicht mittel schwer	70 55 45	0,1 0,5 1,0	0,5 3 6	–	
Unlegierte und legierte Bau-, Einsatz-, Vergütungs- und Werkzeugstähle	500…700	150…200	leicht mittel schwer	60 40 30	0,1 0,5 1,0	0,5 3 6	…80	
Vergütungs- und Nitrierstähle	…1180	>200…350	mittel	–			…60	bis 1,0
Gusseisen-Werkstoffe	–	<250	leicht mittel schwer	35 30 20	0,1 0,3 0,6	0,5 3 6	60 50 35	
Aluminium-Legierungen	–	<90	leicht schwer	180 120	0,3 0,6	3 6	…800	
Kupfer-Legierungen	–	–	leicht schwer	125 100	0,3 0,6	3 6	…200	

[2] Die angegebenen Richtwerte beziehen sich auf eine Standzeit von 15 Minuten. Die Hinweise der Werkzeughersteller sind zu beachten.
[3] MitTiN/TiCN und TiAlN beschichtete HSS-Wendeschneidplatten.

Schnittdaten für das Drehen mit Schneidkeramik

Werkstoffgruppe	Zugfestigkeit R_m N/mm² bzw. Härte HB; HRC	Schnitt-geschwin-digkeit v_c m/min	Schnitttiefe a_p mm		Vorschub f mm		Schneidstoff
			Schruppen	Schlichten	Schruppen	Schlichten	
Einsatz- und Vergütungsstähle	600…1000 >1000…1300	400 250	>1,5	0,3…1	0,3…0,45	0,2…0,35	Oxidkeramik + Zinkoxid
	600…900 >900…1300	250 150	0,5…1,5	0,25…0,8	0,15…0,3	0,1…0,2	Cermets (TiC + TiN)
Gusseisen	140…210 HB	600	>1,5	0,3…1	0,2…0,6	0,2…0,6	Silicium-nitrid- oxid. Zusatz-schneid-stoffen
	>210…240 HB	500					
	>240…280 HB	300					
Gehärteter Stahl	48…67 HRC	130	0,1…0,7		0,2…0,15		Oxidkeramik +TiC

Drehen 2 — Turning 2

Schnittdaten für das Drehen mit Hartmetallschneidplatten[1]

Werkstoffgruppe	Zugfestigkeit R_m N/mm²	Härte HB	Hartmetall	Bearbeitungsbedingungen[2]	Schnittgeschwindigkeit[3] v_c m/min	Vorschub je Umdrehung f mm	Schnitttiefe a_p mm
Allgemeine Baustähle, Einsatz- und Vergütungsstähle	500…850	–	beschichtet	leicht mittel schwer	320 220 180	0,12…0,35 0,2…0,6 0,5…0,8	0,5…2,0 2,0…5,0 4,0…8,0
Nichtrostende Stähle, Automatenstähle, warmfeste Legierungen	<700	–	beschichtet	leicht mittel schwer	220 220 120	0,1…0,3 0,1…0,3 0,4…0,8	1,5…3,0 1,5…3,0 4,0…8,0
Gusseisen, Kugelgrafitguss, Temperguss	–	>180	unbeschichtet beschichtet	leicht schwer	200 140	0,12…0,3 0,20…0,6	0,5…2,2 2,0…6,0
Aluminium-Knetlegierungen	<530	–	unbeschichtet	mittel	700	0,1…0,4	0,5…6,0
Aluminium-Gusslegierungen	<600	–	unbeschichtet	mittel	500	0,1…0,4	0,5…6,0
Magnesium-Legierungen	<280	–	unbeschichtet	mittel	700	0,15…0,4	0,5…6,0
Kupfer-Legierungen, kurzspanend	<600	–	unbeschichtet	mittel	240	0,2…0,5	2,0…5,0
Kupfer-Legierungen, langspanend	<600	–	beschichtet	mittel	250	0,1…0,4	0,5…6,0

[1] Die angegebenen Richtwerte beziehen sich auf eine Standzeit von 15 Minuten. Stabilität und Leistung der Maschine, Einspannung des Werkstücks, Auskraglänge des Werkzeugs, Schnittunterbrechungen sowie Guss- oder Schmiedehäute beeinflussen die Schnittdaten. Die Hinweise der Werkzeughersteller sind zu beachten.

[2] **leicht:** Schlichten, geringe Schnitttiefen und Vorschübe zur Erzielung einer hohen Oberflächengüte,
mittel: häufige Anwendung, größere Schnitttiefen und Vorschübe, kleinere Schnittunterbrechungen,
schwer: Schruppen, große Schnitttiefen und Vorschübe, größere Schnittunterbrechungen.

[3] „Startwerte", die je nach Bedarf nach unten bzw. nach oben zu verändern sind.

Anpassung der Schnittgeschwindigkeit an Härte der Werkstücke

HM Hauptgruppe	Härte-Bezugswert	Faktoren für die Schnittgeschwindigkeit bei einer Abweichung vom Härte-Bezugswert um ←— geringere Härte —— ⊕ —— größere Härte —→								
		−80 HB	−60 HB	−40 HB	−20 HB	0	+20 HB	+40 HB	+60 HB	+80 HB
P	180 HB	1,26	1,18	1,12	1,05	1,0	0,94	0,91	0,86	0,83
M	180 HB	–	–	1,21	1,10	1,0	0,91	0,85	0,79	0,75
K	260 HB	–	–	1,25	1,10	1,0	0,92	0,86	0,80	–

Beispiel: Vergütungsstahl mit 240 HB; mittlere Bearbeitungsbedingungen; angepasste Schnittgeschwindigkeit $v_{c\,240\,HB}$ = ? Härtebezugswert (Hauptgruppe P) = 180 HB; Härteunterschied = 240 HB − 180 HB = + 60 HB. Aus Tabelle: ⇒ + Faktor 0,86. Schnittgeschwindigkeit (Bezugshärte 180 HB) aus obiger Tabelle: $v_{c\,180\,HB}$ = 300 m/min. Angepasste Schnittgeschwindigkeit: $v_{c\,240\,HB}$ = 300 m/min · 0,86 ≈ **260 m/min**

Korrekturfaktoren für die Ermittlung der Schnittgeschwindigkeit bei veränderter Standzeit

Standzeit in min	10	15	20	25	30	45	60
Korrekturfaktor k	1,1	1,0	0,95	0,9	0,87	0,8	0,75

Beispiel: Wie muss die eingestellte Schnittgeschwindigkeit $v_{c\,15}$ = 180 m/min (Standzeit 15 min) verändert werden, damit eine Standzeit von 30 min erreicht wird? ⇒ $v_{c\,30}$ = $v_{c\,15}$ · k = 180 m/min · 0,87 = **157 m/min**

Optimierung der Drehbedingungen und Beseitigung von Drehproblemen[4]

Drehbedingungen und -probleme	v_c	f	a_p	α	ε	$\varkappa$	F
Großer Verschleiß, stumpfe Schneidkante Vibrationen, Rattern (schlechte Oberfläche)	↘ ↘	– ↘	– ↘	↗ ↗	↗ ↘	– ↗	↘ ↘
Erhöhung der Standzeit Vermeidung von Aufbauschneiden	↘ ↗	↘ ↗	↘ –	– –	– –	– –	– ↘
Großer Freiflächenverschleiß Großer Kolkverschleiß	↘ ↘	– ↗	– –	↗ ↗	↗ –	– ↘	– –
Schlechter Spanabfluss, Lange Fließspäne in kurze Späne	↘ –	↗ ↗	↗ ↗	– –	↘ ↗	↗ ↗	– –

[4] Formelzeichen vgl. Bild vorhergehende Seite; ↘ Wert verkleinern; ↗ Wert erhöhen.

WF

Drehwerkzeuge — Turning Tools

Die Produktionsproduktivität wird maßgeblich von der Auswahl der Bearbeitungsmethode, der Bearbeitungsmaschine, der Werkzeugauswahl und den Schnittdaten beeinflusst.

Als Drehwerkzeuge kommen heute fast ausschließlich Klemmhalter mit **Wendeschneidplatten** zum Einsatz. Von diesen sind etwa 80% beschichtet.

Bilder: Sandvik Coromant AB
www.sandvik.coromant.com

Wendeschneidplatten

vgl. DIN ISO 6987

Bezeichnungsbeispiel		C	N	M	W	12	04	10	T	N	P10
Bezeichnung	Spalte 1, Nr.	1	2	3	4	5	6	7	8	9	10
1 Plattenform		A 85°, M 86°	B 82°, O	C 80°, P	D 55°, R	E 75°, S		H, T	K 55°, V 35°	L, W 80°	
2 Freiwinkel		A = 3°	B = 5°	C = 7°	D = 15°	E = 20°	F = 25°	G = 30°	N = 0°	P = 11°	
3 Toleranzen	Nicht anwenderrelevant										
4 Befestigung, Spanfläche		A	B	C β 70° bis 90°	F	G	H β 70° bis 90°	J β 70° bis 90°			
		M	N	Q β 40° bis 60°	R	T β 40° bis 60°	U β 40° bis 60°	W β 40° bis 60°			
5 Plattengröße	Hauptschneidenlänge l in mm (bei ungleichseitigen die längste Seite), bei runden Platten Durchmesser d in mm, unter 10 mm wird eine Null vorangestellt.										
6 Plattendicke	Schneidenplattendicke s in mm, unter 10 mm wird eine Null vorangestellt.										
7 Schneide	Eckenradius r_ε in mm (0,1 x Ziffer der 7. Stelle). 00 = scharfe Ecke, M0 runde Platte (metrisch).										
8 Schneidkante	A gerundet (ANSI)		E gerundet (EN)		F scharf		K doppelt gefast		S gerundet und gefast		T gefast
9 Richtung	**L** linksschneidend				**R** rechtsschneidend				**N** links- und rechtsschneidend		
10 Werkstoff	P Stahl		M rostfreier Stahl		K Gusseisen		N NE-Metalle		H gehärtete Werkstoffe		

Vierkantschaft Klemmhalterbezeichnung

vgl. DIN 4000-90

Bezeichnungsbeispiel		C	T	G	A	R	20	20	K	16
Bezeichnung (unten, z. T. oben)		1	2	3	4	5	6	7	8	9
1	Befestigungsart				4	Freiwinkel an der Platte		7	Klemmhalter Schaftbreite	
2	Wendeschneidplattenform				5	Klemmhalterausführung		8	Klemmhalterlänge	
3	Halterform, Eintrittswinkel				6	Schneideneckenhöhe		9	Wendeschneidplattengröße	

A 90° — B 75° — D 45° — F 90° — G 90° 107°30' — H 93° — J 75° — K

L 95° 95° — N 63° — P 117°30' — R 75° — S 45° — T 60° — V 72°30'

ANSI American National Standards Institute

Fräsen 1 / Milling 1

Schnittdaten für Fräser aus Schnellarbeitsstahl[1]

    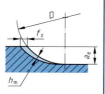

Walzenstirnfräser | Schaftfräser | Scheibenfräser | Kreissägeblatt | Mindestvorschub beim Scheibenfräser

Werkstoffgruppe	Zug-festigkeit R_m N/mm²	Härte HB	Schnittgeschwindigkeit v_c in m/min unbeschichtet	Schnittgeschwindigkeit v_c in m/min beschichtet[2]	Vorschub pro Zahn f_z mm bei $d^3 \leq$ 6	12	20	40	WSF[4]	SF[5]
Baustähle, unlegierte Automatenstähle, Einsatzstähle	500…850	<200	30	65	0,002…0,017	0,013…0,11	0,025…0,16	0,04…0,16	0,06…0,13	0,04…0,13
Baustähle, unlegierte und legierte Einsatz- und Vergütungsstähle	750…850	≤240	30	65						
Unlegierte und legierte Einsatz- und Vergütungsstähle, Nitrierstähle, warmfeste Baustähle	1000…1200	>240…380	20	55						
Vergütete Stähle, Schnellarbeitsstähle, nichtrostende Stähle	1100…1400	>380	15	40						
Gusseisen	–	≤180	20	55						
	–	>180	14	40						
Al-Gusslegierungen < 10% Si	<600	–	190[4]	350[4]	0,003…0,025	0,025…0,09	0,04…0,14	0,06…0,23	0,11…0,18	0,10…0,15
Al-Gusslegierungen > 10% Si	<600	–	37	100						
Al-Knetlegierungen	<530	–	200[4]	350[4]						
Cu-Sn-Legierungen	<600	–	37	90	0,002…0,019	0,019…0,12	0,035…0,2	0,06…0,2	0,08…0,18	0,05…0,16
Cu-Zn-Legierungen	<600	–	55[4]	85[4]						

WF

[1] Richtwerte für eine Standzeit von 60 Minuten. Die Hinweise der Werkzeughersteller sind zu beachten.
[2] Beschichtungen: TiN und TiCN ergeben längere Standzeiten; TiAlCN ist besonders für Trockenbearbeitung geeignet.
[3] d Durchmesser des Schaftfräsers; [4] WSF Walzenstirnfräser; [5] SF Scheibenfräser.

Mindestvorschub bei Scheibenfräsern[6]

Verhältnis $a_e : D$	0,01	0,02	0,04	0,06	0,10	0,30
Mindestvorschub/Zahn	0,10	0,08	0,05	0,04	0,03	0,02

[6] Mindestvorschubwerte sind zu beachten, damit bei Scheibenfräsern eine mittlere Spanungsdicke von 0,01 mm nicht unterschritten wird (siehe auch **Bild oben**).

Schnittdaten für Kreissägen aus Schnellarbeitsstahl (HSS) und Hartmetall (HM)

Werkstoffgruppe	Zug-festigkeit R_m N/mm²	Härte HB	Schnittgeschwindigkeit v_c in m/min HSS	Schnittgeschwindigkeit v_c in m/min HM	Vorschub pro Zahn f_z mm HSS	Vorschub pro Zahn f_z mm HM
Baustähle, unlegierte u. legierte Einsatz- und Vergütungsstähle	500…850	100…270	15…30	100…180	0,005…0,025	
Nichtrostende Stähle	<700	150…210	7…15	60…160	0,005…0,015	
Gusseisen	<180	240…270	25…30	100…150	0,005…0,010	
Cu-Legierungen	<600	–	400…1000	200…600	0,010…0,040	
Al-Legierungen	<530	–	1000	400…2000	0,010…0,040	

Hinweise auf die Auswahl der Schnittdaten

- Für HSS-Fräser gelten dieselben Hinweise wie für die Hartmetall-Werkzeuge (folgende Seite). Bei der Bearbeitung von Stahl und Al-Legierungen muss mit reichlich Kühlschmierstoff gearbeitet werden.
- Bei der Wahl des Fräsers sowie der optimalen Schnittwerte sind die Hinweise der Werkzeughersteller zu beachten.
- Mindestwerte von Spanungsdicke und Vorschub beachten, damit ein günstiger Span entsteht.

Fräsen 2 — Milling 2

Schnittdaten für Fräser mit Hartmetallschneiden[1]

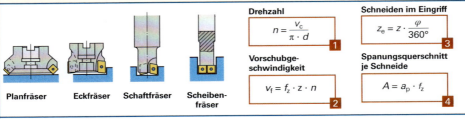

Planfräser — Eckfräser — Schaftfräser — Scheibenfräser

Drehzahl
$$n = \frac{v_c}{\pi \cdot d}$$

Vorschubgeschwindigkeit
$$v_f = f_z \cdot z \cdot n$$

Schneiden im Eingriff
$$z_e = z \cdot \frac{\varphi}{360°}$$

Spanungsquerschnitt je Schneide
$$A = a_p \cdot f_z$$

- A Spanungsquerschnitt je Schneide in mm²
- a Spantiefe in mm
- a_e Fräsbreite (Schnittbreite) in mm
- a_p Schnitttiefe in mm
- d Fräserdurchmesser in mm
- F Fasenbreite an Schneidkante
- f_z Vorschub je Fräserzahn in mm
- n Drehzahl in 1/min
- v_c Schnittgeschwindigkeit in m/min
- v_f Vorschubgeschwindigkeit in mm/min
- z Anzahl der Fräserschneiden
- z_e Anzahl der Schneiden im Eingriff
- α Freiwinkel (Alpha)
- ε Spitzenwinkel (Epsilon)
- φ Eingriffswinkel in Grad (Phi)

WF

Werkstoffgruppe	Zugfestigkeit R_m N/mm²	Härte HB	HM Haupt-Gruppe	Bearbeitungsbedingungen[2]	Schnittgeschwindigkeit[3] v_c in m/min	Vorschub je Zahn[4] f_z mm
Unlegierte und legierte Einsatz- und Vergütungsstähle, Automatenstähle, Nitrierstähle, Werkzeugstähle	500…850	180	P	leicht mittel schwer	270 190 100	0,1…0,3
Hochlegierte nichtrostende und warmfeste Stähle	<700	180	M	leicht mittel schwer	220 190 160	0,09…0,28
Gusseisen, Kugelgrafitguss, Temperguss	<180	260	K	leicht schwer	220 120	0,13…0,23
Aluminium-Knetlegierungen	<530	60			600…800	
Al-Gusslegierungen mit < 10 % Si	<600	75	K	mittel	200…500	0,1…0,31
Al-Gusslegierungen mit > 10 % Si	<600	130			180…420	
Cu-Zn-Legierungen	<600	90			500…700	

[1] Die angegebenen Richtwerte beziehen sich auf eine Standzeit von 15 Minuten. Stabilität und Leistung der Maschine, Einspannung des Werkstücks, Auskraglänge des Werkzeugs sowie Schnittunterbrechungen. Guss- oder Schmiedehäute beeinflussen die Schnittdaten. Die Hinweise der Werkzeughersteller sind zu beachten.
[2] Leicht: Schlichten, geringe Schnitttiefen und Vorschübe → hohe Oberflächengüte; mittel: häufige Anwendung, mittlerer Schnitttiefen- und Vorschubbereich; schwer: Schruppen, große Schnitttiefen und Vorschübe.
[3] „Startwerte" vorwiegend für Planfräser, die je nach Bedarf nach unten bzw. nach oben zu verändern sind.
[4] abhängig von a_e (Fräsbreite)

Optimierung der Fräsbedingungen und Beseitigung von Fräsproblemen

Fräsbedingungen und -probleme[5]	v_c	f_z	a	α	ε	F	z
Erhöhung der Standzeit	↘	↘	↘	–	–	–	–
Bildung von Aufbauschneiden	↗	↗	–	↗	–	↘	–
Extremer Freiflächenverschleiß	↘	–	–	↗	–	↘	–
Extremer Kolkverschleiß	↘	↘	–	–	↗	↗	–
Bruch der Schneidkante	–	↘	↘	↘	↗	↗	–
Schlechte Spanabfuhr, Spänestau	↗	↗	–	–	–	–	↘
Vibrationen, Rattern	↘ (↗)[6]	↘	↘	↗	↘	↘	↘
Schlechte Oberflächengüte	↗	↘	↘	–	↗	–	↘

[5] ↗ Wert vergrößern; ↘ Wert verkleinern; Formelzeichen siehe oben; [6] empirisch ermitteln

Anpassung der Schnittgeschwindigkeit an Härte der Werkstücke: S. 189

Schleifen — Grinding

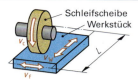

Planschleifen

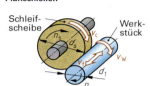

Längsrundschleifen

- v_c Schnittgeschwindigkeit
- d_s Durchmesser der Schleifscheibe
- n_s Drehzahl der Schleifscheibe
- v_f Vorschubgeschwindigkeit
- v_w Werkstückgeschwindigkeit
- L Vorschubweg
- n_H Hubzahl
- d_1 Durchmesser des Werkstücks
- n Drehzahl des Werkstücks
- q Geschwindigkeitsverhältnis

Beispiel:
v_c = 30 m/s, v_w = 20 m/min; q = ?

$$q = \frac{v_c}{v_w} = \frac{30 \cdot 60 \text{ m/min}}{20 \text{ m/min}} = 90$$

Schnittgeschwindigkeit
$$v_c = \pi \cdot d_s \cdot n_s \quad [1]$$

Werkstückgeschwindigkeit

Planschleifen:
$$v_w = L \cdot n_H \quad [2]$$

Längsrundschleifen:
$$v_w = \pi \cdot d_1 \cdot n \quad [3]$$

Geschwindigkeitsverhältnis
$$q = \frac{v_c}{v_w} \quad [4]$$

Schnittgeschwindigkeit v_c, Werkstückgeschwindigkeit v_w, Geschwindigkeitsverhältnis q

Werkstoff	Planschleifen						Längsrundschleifen					
	Umfangsschleifen			Seitenschleifen			Außenrundschleifen			Innenrundschleifen		
	v_c m/s	v_w m/min	q	v_c m/s	v_w m/min	q	v_c m/s	v_w m/min	q	v_c m/s	v_w m/min	q
Stahl	30	10…35	80	25	6…25	50	30…35	10	125	25	19…23	80
Gusseisen	30	10…35	65	25	6…30	40	25	11	100	25	23	65
Hartmetall	10	4	115	8	4	115	8	4	100	8	8	60
Al-Legierungen	18	15…40	30	18	24…45	20	18	24…30	50	16	30…40	30
Cu-Legierungen	25	15…40	50	18	20…45	30	25…35	16	80	25	25	50

Schleifdaten für Stahl und Gusseisen mit Korund- oder Siliciumcarbid-Schleifscheiben

Verfahren	Körnung	Aufmaß in mm	Zustellung in mm	Rautiefe in µm
Vorschleifen	30…46	0,5…0,2	0,02…0,1	5…10
Fertigschleifen	46…80	0,02…0,1	0,005…0,05	2,5…5
Feinstschleifen	80…120	0,005…0,02	0,002…0,008	1…2,5

Hochleistungsschleifen metallischer Werkstoffe mit CBN-Schleifscheiben[1]
vgl. VDI 3411

Bindungsart[3]	B	V	M	G
Höchstzulässige Umfangsgeschwindigkeit in m/s	140	160	180	280

Arbeitshöchstgeschwindigkeit für Schleifkörper in m/s   vgl. DIN EN 12413

Schleifscheibenform	Schleifmaschinenart	Führung[2]	Höchstgeschwindigkeit in m/s bei Bindung[3]						
			B	BF	E	Mg	R	RF	PL	V
Gerade Schleifscheibe	ortsfest	zg oder hg	50	63	40	25	50	–	50	40
	Handschleifmaschine	zg	50	80	–	–	50	80	50	–
Gerade Trennschleifscheibe	ortsfest	zg oder hg	80	100	63	–	63	80	–	–
	Handschleifmaschine	Freihand	–	80	–	–	–	–	–	–

Farbstreifen für höchstzulässige Umfangsgeschwindigkeiten   vgl. DGUV 209-002[4]

Farbstreifen	blau	gelb	rot	grün	blau + gelb	rot	blau + rot	grün
$v_{c\,max}$ in m/s	50	63	80	100	125	140	160	
Farbstreifen	gelb + rot	gelb + grün	rot + grün	blau + blau	gelb + gelb	rot + rot	grün + grün	
$v_{c\,max}$ in m/s	180	200	225	250	280	320	360	

[1] CBN kubisch kristallines Bornitrid;
[2] zg zwangsgeführt: Vorschub d. mechanischer Hilfsmittel; hg handgeführt: Vorschub durch Bedienperson; Freihandschleifen: Schleifmaschine wird vollständig von Hand geführt;
[3] **Bindungsarten:** B Kunstharz, BF Kunstharz faserverstärkt, E Schellack, M Sintermetall, Mg Magnesit, R Gummi, RF Gummi faserverstärkt, PL Plastik, V Keramik;
[4] DGUV Deutsche Gesetzliche Unfallversicherung

Spanende Formung der Kunststoffe — Chip-forming of Plastics

Richtwerte für Drehen und Fräsen

Gruppe	Werkstoff Kurz-zeichen	Werkstoff Bezeichnung	Schneid-stoff[1]	Drehen Schnitt-geschwin-digkeit v_c m/min	Drehen Frei-winkel α Grad	Drehen Span-winkel γ Grad	Drehen Einstell-winkel $\varkappa$ Grad	Fräsen Schnitt-geschwin-digkeit v_c m/min	Fräsen Frei-winkel α Grad	Fräsen Span-winkel γ Grad
Duroplaste	PF, EP MF, UF Hp, Hgw	Press- und Schichtstoffe mit organischen Füllstoffen	HSS / HC	≤ 80 / ≤400	7 / 7	17 / 12	45 bis 60 / 45 bis 60	≤ 80 / ≤1000	≤15 / ≤10	20 / 10
Duroplaste	PF, EP MF, UF Hp, Hgw	Press- und Schichtstoffe mit anorganischen Füllstoffen	HC / D	≤40 / –	8 / –	6 / –	45 bis 60 / –	≤1000 / ≤1500	≤10 / –	10 / –
Thermoplaste	PA PE, PP	Polyamid Polyolefine	HSS	200…500	7	5	45 bis 60	≤1000	10	≤15
Thermoplaste	PC	Polycarbonat	HSS	200…300	7	3	45 bis 60	≤1000	7	≤10
Thermoplaste	PMMA	Polymethylmethacrylat	HSS	200…300	7	2	15	≤2000	6	3
Thermoplaste	POM	Polyoximethylen	HSS	200…300	7	3	45 bis 60	≤ 400	7	≤10
Thermoplaste	PS, ABS SAN, SB	Polystyrol und Styrol-Copolymere	HSS	50…60	7	1	15	≤2000	6	3
Thermoplaste	PTFE	Polytetrafluorethylen	HSS	100…300	12	18	9 bis 11	≤1000	9	≤15
Thermoplaste	PVC	Polyvinylchlorid	HSS	200…500	7	3	45 bis 60	≤1000	9	≤15

Drehen: Der Vorschub kann bis zu 0,5 mm, bei Polystyrol und seinen Copolymeren bis zu 0,2 mm gewählt werden. Die Spanabnahme erfolgt möglichst in einem Schnitt. Eine Spitzenrundung von mindestens 0,5 mm und eine Breitschlichtschneide verbessern die Oberfläche.

Fräsen: Bevorzugt wird Stirnfräsen mit Fräswerkzeugen geringer Schneidenzahl. Der Vorschub kann bis zu 0,5 mm/Zahn betragen.

Richtwerte für Bohren und Sägen

Gruppe	Werkstoff Kurz-zeichen	Werkstoff Bezeichnung	Schneid-stoff[1]	Bohren Schnitt-geschwin-digkeit v_c m/min	Bohren Spitzen-winkel σ Grad	Kreissäge Schnitt-geschwin-digkeit v_c m/min	Kreissäge Span-winkel γ Grad	Bandsäge Schnitt-geschwin-digkeit v_c m/min	Bandsäge Span-winkel γ Grad
Duroplaste	PF, EP MF, UF Hp, Hgw	Press- und Schichtstoffe mit organischen Füllstoffen	HSS / HC	30 bis 40 / 100 bis 120	110 / 110	≤3000 / ≤5000	7 / 5	≤2000 / –	7 / –
Duroplaste	PF, EP MF, UF Hp, Hgw	Press- und Schichtstoffe mit anorganischen Füllstoffen	HC / D	20 bis 40 / ≤1500	90 Hohlbohrer	– / ≤2000	–	– / ≤3000	–
Thermoplaste	PA PE, PP	Polyamid Polyolefine	HSS	50 bis 100	75	≤3000	7	≤3000	4
Thermoplaste	PC	Polycarbonat	HSS	50 bis 120	75	≤3000	7	≤3000	4
Thermoplaste	PMMA	Polymethylmethacrylat	HSS	20 bis 60	75	≤3000	7	≤3000	4
Thermoplaste	POM	Polyoximethylen	HSS	50 bis 100	75	≤3000	7	≤3000	4
Thermoplaste	PS, ABS SAN, SB	Polystyrol und Styrol-Copolymere	HSS	20 bis 80	75	≤3000	7	≤3000	4
Thermoplaste	PTFE	Polytetrafluorethylen	HSS	100 bis 300	130	≤3000	7	≤3000	4
Thermoplaste	PVC	Polyvinylchlorid	HSS	30 bis 80	95	≤3000	7	≤3000	4

Bohren: Der Seitenspanwinkel der Spiralbohrer beträgt 12° bis 16°. Für dünnwandige Teile werden Hohlbohrer (Kronenbohrer) verwendet.

Sägen: Verwendet werden feingezahnte Sägen mit genügendem Freischnitt (geschränkt oder hinterschliffen). Für Duroplaste mit anorganischen Füllstoffen wird Diamant angewandt.

[1] HC beschichtetes Hartmetall; HSS Schnellarbeitsstahl; D Diamant

Lehren — Working Gauges

Beim Prüfen mit Lehren wird festgestellt, ob **Istmaß** oder **Istform** eines Werkstückes vom **Sollmaß** oder der **Sollform** abweicht.

Bilder: www.hahn-kolb.de

Ansichten	Ausführungen	Bemerkungen

Grenzlehren

Ansichten	Ausführungen	Bemerkungen
Grenzlehrdorn	**Lehrdorne:** Grenzlehrdorne, Gutlehrdorne, Ausschusslehrdorne	Die Gutseite soll durch leichtes Drehen in die Bohrung gleiten, die Ausschussseite (roter Ring) darf nur „anschnäbeln". Toleranzfeld, Nennmaß und Abmaße stehen auf dem Lehrengriff.
Gewinde-Grenzlehrdorn	Gewinde-Grenzlehrdorn, Gewinde-Gutlehrdorn, Gewinde-Ausschusslehrdorn	Die Gutseite muss sich leicht einschrauben lassen, die Ausschussseite höchstens zwei Gewindegänge tief. Sie hat nur drei Gewindegänge und trägt einen roten Ring.
Grenzrachenlehre	**Rachenlehren:** Grenzrachenlehren, Gutrachenlehren, Ausschussrachenlehren, Einstellbare Rachenlehren, **Gewinde-Grenzrollenrachenlehren**	Rachenlehren sollen durch ihr Eigengewicht mit der Gutseite über das Prüfteil gleiten. Die Ausschussseite darf nur „einschnäbeln". Sie ist kürzer als die Gutseite, oftmals abgeschrägt und mit einer roten Markierung versehen. Auf den Prüfbacken stehen oberes bzw. unteres Abmaß, Toleranzfeld und Nennmaß auf der Beschriftungsfläche.
Einstellring	**Lehr- und Einstellringe:** Gutlehrring, Ausschusslehrring, Einstellring	Beim Gutlehrring stehen auf einer Seite: Toleranzfeld, Nennmaß und **oberes** Abmaß. Beim Ausschusslehrring Toleranzfeld, Nennmaß und **unteres** Abmaß. Einstellringe dienen zum Einstellen anzeigender Messgeräte.
Gewinde-Grenzlehrring	**Gewinde-Lehrringe:** Gewinde-Gutlehrring, Gewinde-Ausschusslehrring, Gewinde-Grenzlehrring	Geprüft wird die Gängigkeit des Gewindes, nicht das Profil. Die Prüfung der Paarungsfähigkeit des Bolzengewindes mit dem Muttergewinde ist mit Gewindelehrringen genauer als mit Grenzrollenrachenlehren. Ausschusslehrring dünner mit rotem Ring oder Punkt.

Formlehren, Maßlehren

Ansichten	Ausführungen	Bemerkungen
Kegellehrhülse	**Formlehren** verkörpern eine Form: Radienlehren, Kegellehrdorne, -hülsen, Winkellehren, Schleiflehren, Haarlineale, -winkel, Schmiegen	Mit Radien-, Winkellehren, Haarwinkel, -lineal, Schmiegen wird auf Lichtspalt geprüft. Bei Kegelprüfungen müssen sich die Mantelflächen überall berühren. Prüfung: Kreidestrich axial auf den Kegel geben, Hülse auf dem Kegel drehen. Der Strich muss gleichmäßig verwischt sein. An Stellen, wo das nicht der Fall ist, trägt der Kegel nicht.
Parallelendmaße	**Maßlehren** verkörpern ein Maß: Parallelendmaße, Messstifte, Fühlerlehren, Blechdickenlehren, Innenlehren, Außenlehren	Anwendung der Parallelendmaße: • Vor Handwärme und -schweiß schützen. • Mit dem kleinsten Endmaß beginnen, vorsichtig aufschieben. • Nicht unnötig lange aufgeschoben lassen (Kaltverschweißung). • Nach Gebrauch reinigen und einfetten.

WF

Biegeumformen — Bending

Kleinster zulässiger Biegeradius für Biegeteile aus NE-Metallen — vgl. DIN 5520

s Blechdicke
r Biegeradius
α Biegewinkel
β Öffnungswinkel

Werkstoff nach DIN 1745-1	Werkstoffzustand	Dicke s in mm über						
		0,8	1	1,5	2	3	4	5	6
		Mindest-Biegeradius r^1 in mm						
AlMg3W19	weichgeglüht	0,6	1	2	3	4	6	8	10
AlMg3F22	kaltverfestigt	1,6	2,5	4	6	10	14	18	–
AlMg3G22	kaltverfestigt und geglüht	1	1,5	3	4,5	6	8	10	–
AlMg4,5MnW28	weichgeglüht gerichtet	1	1,5	2,5	4	6	8	10	14
AlMg4,5MnG31	kaltverfestigt und geglüht	1,6	2,5	4	6	10	16	20	25
AlMgSi1 F32	lösungsgeglüht und warm ausgelagert	4	5	8	12	16	23	28	36
CuZn37-R600	hart	2,5	4	5	8	10	12	18	24

[1] für Biegewinkel α = 90°, unabhängig von der Walzrichtung

Kleinster zulässiger Biegeradius für das Kaltbiegen von Stahl — vgl. DIN 6935

WF

Mindestzugfestigkeit R_m in N/mm² über … bis	Kleinster Biegeradius[2] r für Blechdickenbereich s (über… bis) in mm												
	0 …1	1 …1,5	1,5 …2,5	2,5 …3	3 …4	4 …5	5 …6	6 …7	7 …8	8 …10	10 …12	12 …14	14 …16	16 …18	18 …20
bis 390	1	1,6	2,5	3	5	6	8	10	12	16	20	25	28	36	40
390…490	1,2	2	3	4	5	8	10	12	16	20	25	28	32	40	45
490…640	1,6	2,5	4	5	6	8	10	12	16	20	25	32	36	45	50

[2] Werte gelten für Biegewinkel α ≤ 120° und Biegen quer zur Walzrichtung. Beim Biegen längs zur Walzrichtung und Biegewinkeln α > 120° ist der Biegeradius der nächsthöheren Blechdicke zu wählen.

Ausgleichswerte v für Biegewinkel α = 90° — vgl. Beiblatt 2 zu DIN 6935

Biege-radius r in mm	Ausgleichswert v je Biegestelle in mm für Blechdicke s in mm											
	0,4	0,6	0,8	1	1,5	2	2,5	3	3,5	4	4,5	5	6	8	10
1	1,0	1,3	1,7	1,9	–	–	–	–	–	–	–	–	–	–	–
1,6	1,3	1,6	1,8	2,1	2,9	–	–	–	–	–	–	–	–	–	–
2,5	1,6	2,0	2,2	2,4	3,2	4,0	4,8	–	–	–	–	–	–	–	–
4	–	2,5	2,8	3,0	3,7	4,5	5,2	6,0	6,9	–	–	–	–	–	–
6	–	–	3,4	3,8	4,5	5,2	5,9	6,7	7,5	8,3	9,0	9,9	–	–	–
10	–	–	–	5,5	6,1	6,7	7,4	8,1	8,9	9,6	10,4	11,2	12,7	–	–
16	–	–	–	8,1	8,7	9,3	9,9	10,5	11,2	11,9	12,6	13,3	14,8	17,8	21,0
20	–	–	–	9,8	10,4	11,0	11,6	12,2	12,8	13,4	14,1	14,9	16,3	19,3	22,3
25	–	–	–	11,9	12,6	13,2	13,8	14,4	15,0	15,6	16,2	16,8	18,2	21,1	24,1
32	–	–	–	15,0	15,6	16,2	16,8	17,4	18,0	18,6	19,2	19,8	21,0	23,8	26,7
40	–	–	–	18,4	19,0	19,6	20,2	20,8	21,4	22,0	22,6	23,2	24,5	26,9	29,7
50	–	–	–	22,7	23,3	23,9	24,5	25,1	25,7	26,3	26,9	27,5	28,8	31,2	33,6

Zuschnittsermittlung für 90°-Biegeteile — vgl. DIN 6935

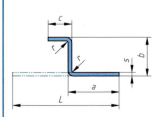

L gestreckte Länge
a, b, c Längen der Schenkel
s Dicke
r Biegeradius
n Anzahl der Biegestellen
v Ausgleichswert

Gestreckte Länge

$$L = a + b + c + \ldots - n \cdot v$$

[1] L auf volle mm aufrunden

Beispiel (vgl. Bild):

a = 25 mm; b = 20 mm; c = 15 mm; n = 2; s = 2 mm;
r = 4 mm; Werkstoff: S235JR (St 37-2); v = ?; L = ?

v = 4,5 mm (aus Tabelle)

L = a + b + c − n · v = (25 + 20 + 15 − 2 · 4,5) mm = **51 mm**

Schweißen / Welding

Schweißverfahren und Ordnungsnummern N
vgl. DIN EN ISO 4063

N	Schweißverfahren	N	Schweißverfahren	N	Schweißverfahren
1	**Lichtbogenschweißen**	**2**	**Widerstandsschweißen**	**4**	**Pressschweißen**
101	Metall-Lichtbogenschweißen	21	Widerstands-Punktschweißen	41	Ultraschallschweißen
111	Lichtbogenhandschweißen	22	Rollennahtschweißen	42	Reibschweißen
114	Metall-Lichtbogenschweißen mit Fülldrahtelektrode	225	Foliennahtschweißen	45	Diffusionsschweißen
		23	Buckelschweißen	47	Gaspressschweißen
12	Unterpulverschweißen	24	Abbrennstumpfschweißen	**7**	**Andere Schweißverfahren**
13	Metall-Schutzgasschweißen	25	Pressstumpfschweißen		
131	Metall-Inertgasschweißen	291	Widerstandspressschweißen mit Hochfrequenz	73	Elektrogasschweißen
135	Metall-Aktivgasschweißen			74	Induktionsschweißen
136	Metall-Aktivgasschweißen mit Fülldrahtelektrode	**3**	**Gasschmelzschweißen**	75	Lichtstrahlschweißen
				751	Laserstrahlschweißen
14	Wolfram-Schutzgasschw.	311	Gasschweißen mit Sauerstoff-Ethin-Flamme	752	Lichtbogenstrahlschweißen
141	Wolfram-Inertgasschweißen			753	Infrarotschweißen
149	Wolfram-Wasserstoffschw.	312	Gasschweißen mit Sauerstoff-Propan-Flamme	76	Elektronenstrahlschweißen
151	Plasma-MIG-Schweißen			78	Bolzenschweißen

Gasschmelzschweißen
Hierbei wird das Metall durch ein Acetylen-Sauerstoff-Gemisch erhitzt. Meist wird ein Schweißdraht als Zusatzwerkstoff verwendet. Durch den großen Wärmeeinflussbereich wird ein hoher Verzug am Werkstück hervorgerufen. Das relativ langsame Verfahren ist zum Schweißen dünner Bleche und einiger NE-Metalle geeignet.

Metalllichtbogenschweißen
Ein elektrischer Lichtbogen zwischen einer als Zusatzwerkstoff abschmelzenden Elektrode und dem Werkstück wird als Wärmequelle genutzt. Je nach Anwendung und Elektrodentyp kann mit Gleichstrom oder Wechselstrom geschweißt werden. Die Gase aus der Stabumhüllung stabilisieren den Lichtbogen und schirmen das Schweißbad vor der Oxidation durch den Luftsauerstoff ab. Hauptanwendungsbereich ist der Stahl- und Rohrleitungsbau.

Wolfram-Inert-Gas-Schweißen (WIG)
Beim WIG-Schweißen brennt ein Lichtbogen zwischen dem Werkstück und einer nicht abschmelzenden Wolframelektrode. Meist wird zum Schweißen Argon, Helium oder ein Gemisch aus beiden Edelgasen eingesetzt. Stabförmige Zusatzwerkstoffe können seitlich zugeführt werden. Anwendungsbereiche sind beispielsweise im Rohrleitungs- und Apparatebau im Kraftwerksbau oder der chemischen Industrie.

Metallschutzgasschweißen (MSG): Metall-Inert-Gas-Schweißen (MIG), Metall-Aktiv-Gas-Schweißen (MAG)
Beim MSG wird der abschmelzende Schweißdraht von einem Motor mit veränderbarer Geschwindigkeit kontinuierlich nachgeführt. Gleichzeitig mit dem Drahtvorschub wird der Schweißstelle über eine Düse das Schutz- oder Mischgas zugeführt. Dieses Gas schützt das flüssige Metall unter dem Lichtbogen vor Oxidation. Beim MAG wird entweder mit reinem CO_2 oder einem Mischgas gearbeitet, beim MIG wird überwiegend Argon verwendet. Das MAG-Verfahren wird in erster Linie bei Stählen eingesetzt, das MIG-Verfahren bevorzugt bei NE-Metallen.

Allgemeintoleranzen für Schweißkonstruktionen
vgl. DIN EN ISO 13920

		Zulässige Abweichungen								
		für Längenmaße Δl in mm Nennmaßbereich l^1						für Winkelmaße $\Delta \alpha$ in ° und ' Nennmaßbereich l^1		
	Genauigkeitsgrad	bis 30	über 30 bis 120	über 120 bis 400	über 400 bis 1000	über 1000 bis 2000	über 2000 bis 4000	bis 400	über 400 bis 1000	über 1000
	A	±1	±1	±1	±2	±3	±4	±20'	±15'	±10'
	B	±1	±2	±2	±3	±4	±6	±45'	±30'	±20'
	C	±1	±3	±4	±6	±8	±11	±1°	±45'	±30'

[1] Länge des längeren Schenkels

Schweißnähte — Welded Joints

Nahtvorbereitung

vgl. DIN EN ISO 9692-1: 2013-12

Benennung, Symbol der Schweißnaht	Werkstückdicke t mm	A[1]	Nahtvorbereitung Fugenform	Maße Spalt b mm	Maße Steg c mm	Maße Winkel α in °	Empfohlene Schweißverfahren[2], Ord.-Nr.	Bemerkungen
Bördelnaht ⋀	0 … 2	e		–	–	–	3, 111, 141, 131, 135	Dünnblechschweißung, meist ohne Zusatzwerkstoff
I-Naht ‖	0 … 4	e		≈ t	–	–	3, 11, 141	wenig Zusatzwerkstoff, keine Nahtvorbereitung
	0 … 8	b		≈ $t/2$	–	–	111, 141	
				≤ $t/2$	–	–	31, 135	
V-Naht V	3 … 10	e		≤ 4	$c ≤ 2$	40° bis 60°	3	–
	3 … 40	b		≤ 3	$c ≤ 2$	≈ 60°	111, 141	mit Gegenlage
						40° bis 60°	131, 135	
Y-Naht Y	5 … 40	e		1 … 4	2 … 4	≈ 60°	111, 131, 135, 141	–
	> 10	b		1 … 3	2 … 4	≈ 60°	111, 141	mit Wurzel- und Gegenlage
						40° bis 60°	131, 135	
D-V-Naht X	> 10	b		1 … 3	$c ≤ 2$	≈ 60°	111, 141	symmetrische Fugenform, $h = t/2$
						40° bis 60°	131, 135	
HV-Naht V	3 … 10	e		2 … 4	1 … 2	35° bis 60°	111, 131, 135, 141	–
	3 … 30	b		1 … 4	$c ≤ 2$	35° bis 60°	111, 131, 135, 141	mit Gegenlage
D-HV-Naht K	> 10	b		1 … 4	$c ≤ 2$	35° bis 60°	111, 131, 135, 141	symmetrische Fugenform, $h = t/2$
Kehlnaht ⊿	> 2	e		≤ 2	–	70° bis 100°	3, 111, 131, 135, 141	T-Stoß
	> 3	b		≤ 2	–	70° bis 110°	3, 111, 131, 135, 141	Doppelkehlnaht, Eckstoß

[1] A Ausführung; e einseitig geschweißt, b beidseitig geschweißt
[2] Schweißverfahren, vorhergehende Seite

Druckgasflaschen, Gasverbrauch
Compressed Gas Cylinders, Gas Consumption

Druckgasflaschen

vgl. DIN EN 1089-3: 2011-10

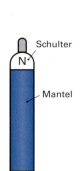

Schulter
Mantel

Gasart	Farbkennzeichnung nach DIN EN 1089-3		bisher	Anschluss-gewinde	Volumen V l	Fülldruck p_F bar	Füll-menge
	Mantel	Schulter					
Sauerstoff	blau	weiß	blau	R3/4	40 / 50	150 / 200	6 m³ / 10 m³
Ethin (Acetylen)	kastanien-braun	kastanien-braun	gelb	Spannbügel	40 / 50	19 / 19	8 kg / 10 kg
Wasserstoff	rot	rot	rot	W21,80×1/14	10 / 50	200 / 200	2 m³ / 10 m³
Argon	grau	dunkel-grün	grau	W21,80×1/14	10 / 50	200 / 200	2 m³ / 10 m³
Helium	grau	braun	grau	W21,80×1/14	10 / 50	200 / 200	2 m³ / 10 m³
Argon/CO_2-Gemisch	grau	leuchtend-grün	grau	W21,80×1/14	20 / 50	200 / 200	4 m³ / 10 m³
Kohlenstoff-dioxid CO_2	grau	grau	grau	W21,80×1/14	10 / 50	58 / 58	7,5 kg / 20 kg
Stickstoff	grau	schwarz	dunkel-grün	W24,32×1/14	40 / 50	150 / 200	6 m³ / 10 m³

Gasverbrauch

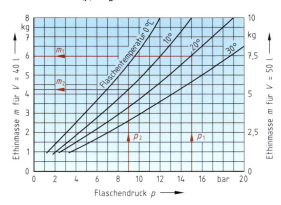

m(p)-Diagramm von Ethinflaschen

Beispiel: Ethinflasche V = 40 l, p_1 = 15 bar, p_2 = 9 bar, t_1 = 20 °C, t_2 = 10 °C; m_1 = ?; m_2 = ?; Δm = ?; ΔV = ?

Lösung: Aus Schaubild: m_1 = **6 kg**, m_2 = **4,3 kg**
$\Delta m = m_1 - m_2$ = 6 kg – 4,3 kg = **1,7 kg**
$\Delta V = K \cdot \Delta m$ = 910 $\frac{l}{kg}$ · 1,7 kg = **1547 l**

K = 910 l/kg

Über K wird die Ethinmasse (kg) in den Ethinverbrauch (l = Liter) umgerechnet.

Maximale Ethinentnahme bei Ethinflaschen mit V = 40 l und V = 50 l

Schweiß-trieb	Entnahme in Liter/h bei 15 °C und 1 bar
kurzzeitig	1000
Einschicht-betrieb	500
Dauer-betrieb	350

Gasverbrauch (Sauerstoff) bei konstanter Temperatur

$$\Delta V = \frac{V \cdot (p_1 - p_2)}{p_{amb}}$$ **1**

Ethinverbrauch bei 15 °C und 1 bar

$$\Delta V = K \cdot \Delta m$$ **2**

Verbrauchte Ethinmasse

$$\Delta m = m_1 - m_2$$ **3**

V	Volumen der Gasflasche
ΔV	Gasverbrauch
Δm	Verbrauchte Gasmasse
K	Umrechnungskoeffizient 910 l/kg
p_{amb}	Atmosphärendruck, ca. 1 bar
p_1	Flaschendruck vor dem Schweißen
p_2	Flaschendruck nach dem Schweißen
t_1	Flaschentemperatur vor dem Schweißen
t_2	Flaschentemperatur nach dem Schweißen
m_1	Gasmasse vor dem Schweißen
m_2	Gasmasse nach dem Schweißen

WF

Gasschweißen — Gas Welding

Gasschweißstäbe für das Verbindungsschweißen von Stählen

Einteilung und Eignung

Stahlart	Grundwerkstoffe Norm	Stahlsorte	Schweißstabklasse G I	G II	G III	G IV	G V	G VI
Unlegierte Baustähle	DIN EN 10025	S235JR, S235JRG 1, S275JR S235JO, S275JO, S355JO		•	• •	• •		
Stahlrohre	DIN 10224	St 37-0, St 44-0, St 52-0	•	•	•	•		
Rohre	DIN EN 10216-2	St 35.8 St 45.8			•	• •		
Blech, Band	DIN EN 10028	H I, H II			•	•		
Blech, Band, Rohre	EN 10028 DIN EN 10216-2	16Mo3 13CrMo4-5 10CrMo9-10, 11CrMo9-10				•	•[1]	•[1]

[1] bei Mehrlagenschweißung   • gut geeignet

Kennzeichnung und Schweißverhalten

Schweißstabklasse	G I	G II	G III	G IV	G V	G VI
Einprägung	I	II	III	IV	V	VI
Farbkennzeichnung	–	grau	gold	rot	gelb	grün
Fließverhalten	dünn fließend	weniger dünnfließend	zähfließend			
Spritzer	viel	wenig	keine			
Porenneigung	ja	ja	gering	nein		
Abmessungen	Nenndurchmesser: 1,6; 2; 2,5; 3; 4; 5 mm			Länge: 1000 m		

⇒ **Schweißstab DIN 8554 – G III – 2:** Schweißstabklasse G III, Durchmesser 2 mm

Richtwerte für das Gasschmelzschweißen

Werkstoff: unlegierter Baustahl
Schweißposition: PA (w)
Betriebsüberdruck: Sauerstoff: 2,5 bar
Ethin (Acetylen): 0,03 bis 0,8 bar

Nahtform	Nahtplanung Nahtdicke a mm	Spalt s mm	SR[2]	Einstellwerte Brennergröße	Stab-⌀ mm	Verbrauchswerte Sauerstoff l/h	Acetylen l/h	Leistungswerte Abschmelzleistung kg/h	Schweißzeit min/m
	0,8 1	0 0	NL NL	0,5 bis 1 0,5 bis 1	1,5 2	90 100	80 90	0,17 0,19	8,5 7,5
	1,5 2 3	1,5 2 2,5	NL NL NL	1 bis 2 1 bis 2 2 bis 4	2 2 2,5	150 165 260	135 150 235	0,25 0,25 0,36	10 11,5 12,3
	4 6	2 bis 4 2 bis 4	NR NR	2 bis 4 4 bis 6	3 4	320 520	300 490	0,33 0,68	15 22
	8 10	2 bis 4 2 bis 4	NR NR	6 bis 9 9 bis 14	5 6	840 1300	800 1250	0,95 1,2	28 35

[2] SR Schweißrichtung: NL Nachlinksschweißen; NR Nachrechtsschweißen

Schutzgasschweißen 1 — Gas-shielded Welding 1

Schutzgase zum Lichtbogenschweißen und Schneiden vgl. DIN EN ISO 14175: 2008-06

Kurzbezeichnung		Zusammensetzung in Volumen-%					Gasgruppe, Wirkung	Anwendung
Gruppe	Kennzahl	CO_2	O_2	Ar	He	H_2		
R	1			Rest[1]		> 0 bis 15	Mischgase reduzierend	WIG, Plasmaschweißen
R	2			Rest[1]		>15 bis 35		
I	1			100			inerte Gase, inerte Mischgase	MIG, WIG, Plasmaschweißen, Wurzalschutz
I	2				100			
I	3			Rest	> 0 bis 95			
M1	1	> 0 bis 5		Rest[1]	> 0 bis 5		Mischgase, schwach oxidierend	
M1	2	> 0 bis 5		Rest[1]				
M1	3		> 0 bis 3	Rest[1]				
M2	1	> 5 bis 25		Rest[1]				MAG
M2	2		> 3 bis 10	Rest[1]				
M2	3	> 0 bis 5	> 3 bis 10	Rest[1]				
M3	1	>25 bis 50		Rest[1]				
M3	2		>10 bis 15	Rest[1]				
M3	3	> 5 bis 50	> 8 bis 15	Rest[1]				
C	1	100					stark oxidierend	
C	2	Rest	> 0 bis 30					

[1] Argon kann bis zu 95 % durch Helium ersetzt werden.

⇒ **Schutzgas DIN EN ISO 14175 – M13 – ARO – 3:** Mischgas aus 3 % Sauerstoff, Rest Argon

Drahtelektroden und Schweißgut zum Metall-Schutzgasschweißen
vgl. DIN EN ISO 14341: 2011-04

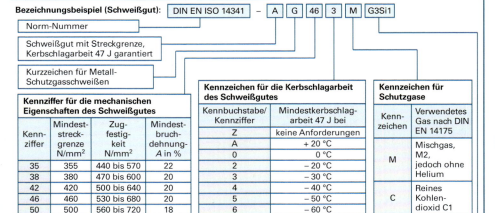

Bezeichnungsbeispiel (Schweißgut): DIN EN ISO 14341 – A G 46 3 M G3Si1

- Norm-Nummer
- Schweißgut mit Streckgrenze, Kerbschlagarbeit 47 J garantiert
- Kurzzeichen für Metall-Schutzgasschweißen

Kennziffer für die mechanischen Eigenschaften des Schweißgutes

Kennziffer	Mindeststreckgrenze N/mm²	Zugfestigkeit N/mm²	Mindestbruchdehnung A in %
35	355	440 bis 570	22
38	380	470 bis 600	20
42	420	500 bis 640	20
46	460	530 bis 680	20
50	500	560 bis 720	18

Kennzeichen für die Kerbschlagarbeit des Schweißgutes

Kennbuchstabe/Kennziffer	Mindestkerbschlagarbeit 47 J bei
Z	keine Anforderungen
A	+ 20 °C
0	0 °C
2	– 20 °C
3	– 30 °C
4	– 40 °C
5	– 50 °C
6	– 60 °C

Kennzeichen für Schutzgase

Kennzeichen	Verwendetes Gas nach DIN EN 14175
M	Mischgas, M2, jedoch ohne Helium
C	Reines Kohlendioxid C1

Chemische Zusammensetzung der Drahtelektroden

Kurzzeichen	Hauptlegierungselemente	Kurzzeichen	Hauptlegierungselemente
G0	Jede vereinbarte Zusammensetzung	G3Ni1	0,5 bis 0,9 % Si, 1,0 bis 1,6 % Mn, 0,08 bis 1,5% Ni
G2Si1	0,5 bis 0,8 % Si, 0,9 bis 1,3 % Mn	G2Ni2	0,4 bis 0,8 % Si, 0,8 bis 1,4 % Mn, 2,1 bis 2,7% Ni
G3Si1	0,7 bis 1,0 % Si, 1,3 bis 1,6 % Mn	G2Mo	0,3 bis 0,7 % Si, 0,9 bis 1,3 % Mn, 0,4 bis 0,6 % Mo
G3Si2	1,0 bis 1,3 % Si, 1,3 bis 1,6 % Mn	G4Mo	0,5 bis 0,8 % Si, 1,7 bis 2,1 % Mn, 0,4 bis 0,6% Mo
G2Ti	0,4 bis 0,8 % Si, 0,9 bis 1,4 % Mn, 0,05 bis 0,25 % Ti	G2Al	0,3 bis 0,5% Si, 0,9 bis 1,3 % Mn, 0,35 bis 0,75 % Al

⇒ **DIN EN ISO 14341-A G 46 3 M G3Si1:** Drahtelektrode für Metall-Schutzgasschweißen mit 0,8 % Si und 1,5 % Mn

Schutzgasschweißen 2 — Gas-shielded Welding 2

Nahtform	Nahtplanung			Einstellwerte				Leistungswerte	
	Nahtdicke a mm	Drahtdurchmesser mm	Anzahl der Lagen	Spannung V	Strom A	Draht-[1] vorschubgeschw. m/min	Schutzgas l/min	Schweißzusatz g/m	Hauptnutzungszeit min/m

Richtwerte für das MAG-Schweißen

Werkstoff: unlegierter Baustahl Schweißzusatz: Drahtelektrode DIN EN ISO 14341 – A – G 46 M G3Si1
Schweißposition: PB (h) Schutzgas: DIN EN ISO 14175

Nahtform	a mm	Draht mm	Lagen	U (V)	I (A)	m/min	l/min	g/m	min/m
	2	0,8	1	20	105	7	10	45	1,5
	3	1,0		22	215	11		90	1,4
	4	1,0		23	220	11		140	2,1
	5	1,0	1					215	2,6
	6	1,0	1	30	300	10	15	300	3,5
	7	1,2	3					390	4,6
WF	8	1,2	3	30	300	10	15	545	6,4
	10		4					805	9,5

Richtwerte für das MIG-Schweißen

Werkstoff: Aluminium, Aluminiumlegierungen Schweißzusatz: DIN EN ISO 18273 – A – S Al5754 (AlMg3)
Schweißposition: PA (w) Schutzgas: DIN EN ISO 14175

Nahtform	a mm	Draht mm	Lagen	U (V)	I (A)	m/min	l/min	g/m	min/m
	4	1,2	1	23	180	3	12	30	2,9
	5	1,6	1	25	200	4	18	77	3,3
	6	1,6	1	26	230	7	18	147	3,9
70°	5	1,6	1	22	160	6	18	126	4,2
	6	1,6	2	22	170	6	18	147	4,6
	8	1,6	2	26	220	7	18	183	5,0
60°	10	1,6	1	26	220	6	20		
		1,6	2	24	200	6	20	190	5,4
		1,6	1 G[2]	26	230	7	20		
	12	2,4	1	27	260	4	25	345	7,6
		2,4	2	27	280	4	25		

Richtwerte für das WIG-Schweißen

Werkstoff: Aluminiumlegierungen, nicht aushärtbar Schweißzusatz: DIN EN ISO 18273 – A – S Al5754 (AlMg3)
Schweißposition: PA (w) Schutzgas: DIN EN ISO 14175

Nahtform	a mm	Draht mm	Lagen	U (V)	I (A)	m/min	l/min	g/m	min/m
	1	3	1	–	75	0,3	5	19	3,8
	1,5	3	1	–	90	0,2	5	22	4,3
	2	3	1	–	110	0,2	6	28	4,8
	3	3	1	–	125	0,2	6	28	5,9
	4	3	1	–	160	0,2	8	38	6,7
	5	3	1	–	185	0,1	10	47	7,1
	6	3	1	–	210	0,1	10	47	12
70°	5	4	1. Lage	–	165	0,1	12	105	13
			2. Lage	–		0,2			
	6	4	1. Lage	–	165	0,1	12	190	16
			2. Lage	–		0,2			

[1] Beim MIG-Schweißen: Schweißgeschwindigkeit [2] G Gegenlage h horizontal w waagerecht

Lichtbogenschweißen 1 — Arc Welding 1

Umhüllte Stabelektroden für unlegierte Stähle und Feinkornbaustähle
vgl. DIN EN ISO 2302: 2018-03

Bezeichnungsbeispiel: DIN EN ISO 2302 – A – E 46 3 1Ni B 5 4 H5

- Norm-Nummer
- Kurzzeichen für umhüllte Stabelektrode
- A: Schweißgut mit Streckgrenze, Kerbschlagarbeit 47 J garantiert

Kennziffer für die mechanischen Eigenschaften des Schweißgutes

Kennziffer	Mindeststreckgrenze N/mm^2	Zugfestigkeit N/mm^2	Mindestbruchdehnung A in %
35	355	440 bis 570	22
38	380	470 bis 600	20
42	420	500 bis 640	20
46	460	530 bis 680	20
50	500	560 bis 720	18

Kennzeichen für die Kerbschlagarbeit des Schweißgutes

Kennbuchstabe/Kennziffer	Mindestkerbschlagarbeit 47 J bei
Z	keine Anforderungen
A	+ 20 °C
0	0 °C
2	– 20 °C
3	– 30 °C
4	– 40 °C
5	– 50 °C
6	– 60 °C

Hinweis: Ist eine Elektrode für eine bestimmte Temperatur geeignet, ist sie auch für jede höhere Temperatur verwendbar.

Kurzzeichen für die chemische Zusammensetzung des Schweißgutes

Legierungskurzzeichen	Chemische Zusammensetzung in %		
	Mn	Mo	Ni
Kein Kurzz.	2,0	–	–
Mo	1,4	0,3 bis 0,6	–
MnMo	>1,4 bis 2,0	0,3 bis 0,6	–
1Ni	1,4	–	0,6 bis 1,2
2Ni	1,4	–	1,8 bis 2,6
3Ni	1,4	–	>2,6 bis 3,8
Mn1Ni	>1,4 bis 2,0	–	0,6 bis 1,2
1NiMo	1,4	–	0,6 bis 1,2
Z	Vereinbarte Zusammensetzung		

Kennzeichen für den Wasserstoffgehalt

Kennzeichen	Wasserstoffgehalt in ml/100 g Schweißgut
H 5	5
H 10	10
H 15	15

Kennziffer für die Schweißposition

Kennziffer	Schweißposition
1	Alle Positionen
2	Alle Positionen, außer Fallnaht
3	Stumpfnaht in Wannenposition, Kehlnaht in Wannen- u. Horizontalposition
4	Stumpf- u. Kehlnaht in Wannenposition
5	Für Fallnaht und wie Ziffer 3

Kennziffer für Ausbringung und Stromart

Kennziffer	Ausbringung	Stromart
1	> 105	Wechsel- u. Gleichstrom
2	> 105	Gleichstrom
3	> 105 ≤ 125	Wechsel- u. Gleichstrom
4	> 105 ≤ 125	Gleichstrom
5	> 125 ≤ 160	Wechsel- u. Gleichstrom
6	> 125 ≤ 160	Gleichstrom
7	> 160	Wechsel- u. Gleichstrom
8	> 160	Gleichstrom

Kurzzeichen für den Umhüllungstyp

Kurzzeichen	Art der Umhüllung
A	sauerumhüllt
C	zelluloseumhüllt
R	rutilumhüllt
RR	dick-rutilumhüllt
RC	rutilzellulose-umhüllt
RA	rutilsauer-umhüllt
RB	rutilbasisch-umhüllt
B	basisch-umhüllt

WF

⇒ DIN EN ISO 2303 – A – E 42 A RR 12: Schweißguteigenschaften: Mindeststreckgrenze = 420 N/mm^2, Kerbschlagarbeit bei 20 °C = 47 J; Umhüllungstyp: dick-rutil; Ausbringung > 105 %; für alle Schweißpositionen, außer für Fallnähte (senkrechte Nähte).

Abmessungen umhüllter Stabelektroden
vgl. DIN EN ISO 2302: 2018-03

Durchmesser d in mm	Länge l im mm			Durchmesser d in mm	Länge l im mm			Durchmesser d in mm	Länge l im mm		
2,0	225	250	300	350	3,2	300	350	400	450	5,0	350	400	450
2,5	–	250	300	350	4,0	–	350	450	450	6,0	350	400	450

Lichtbogenschweißen 2 — Arc Welding 2

Umhüllungstypen der Stabelektroden

Kurz-zeichen	Schweißtechnische Eigenschaften, Anwendungsbereiche	Kurz-zeichen	Schweißtechnische Eigenschaften, Anwendungsbereiche
A	feiner Tropfenübergang, flache, glatte Schweißnähte, begrenzter Einsatz in Zwangslagen	RR	vielseitig anwendbar, feinschuppige Nähte, gutes Wiederzünden
C	optimale Eignung zur Fallnahtschweißung	RA	hohe Abschmelzleistung, glatte Nähte
R	Dünnblechschweißung, alle Schweißpositionen außer Fallnaht	RB	gute Kerbschlagzähigkeit, rissicher, alle Schweißpositionen außer Fallnaht
RC	auch für Fallpositionen geeignet, mitteltropfig	B	beste Kerbschlagzähigkeit, rissicher

Neue und alte Bezeichnungen bei Stabelektroden (Beispiele)

Bezeichnung nach DIN EN ISO 2302	Bezeichnung alt DIN 1913 T1	Bezeichnung nach DIN EN ISO 2302	Bezeichnung alt DIN 1913 T1	Bezeichnung nach DIN EN ISO 2302	Bezeichnung alt DIN 1913 T1
E 35 Z A 12	E 43 00 A 2	E 42 2 RB 12	E 51 43 RR(B) 7	E 38 5 B 73 H10	E 51 55 B(R) 12 160
E 38 0 RC 11	E 43 22 R(C)	E 38 2 RA 12	E 43 33 AR 7	E 42 6 B 42 H10	E 51 55 B 10
E 42 0 RC 11	E 51 32 R(C) 3	E 38 2 RA 73	E 51 43 AR 11 160	E 38 6 B 42 H10	E 53 55 B 10
E 38 A R 12	E 43 21 R 3	E 38 2 RA 73	E 43 43 AR 11 160	E 42 3 B 42 H10	E 51 54 B 10
E 46 0 RR 12	E 51 32 RR 5	E 38 0 RR 53	E 51 22 RR 11 160	E 46 3 B 83 H10	E 51 43 B 12 160
E 42 0 RC 11	E 51 22 RR(C) 6	E 42 0 RR 73	E 51 32 RR 11 160	E 42 4 B 32 H10	EY42 53 Mn B
E 42 0 RR 12	E 51 22 RR 6	E 38 0 RR 73	E 51 32 RR 11 160	E50 6 B 34 H10	EY46 54 Mn B
E 42 A RR 12	E 51 21 RR 6	E 42 2 B 15 H10	E 51 43 B 9	E 42 6 B 42 H 5	E SY42 76 Mn B H5
E 42 0 RR 12	E 51 32 RR 6	E 38 2 B 12 H10	E 51 43 B(R) 10	E 42 6 B 32 H 5	E SY42 76 Mn B
E 38 2 RB 12	E 43 43 RR(B) 7	E 42 4 B 32 H10	E 51 54 B(R) 10	E 46 6 1 Ni B 42 H 5	E SY42 76 1 Ni B H5

Schadstoffe beim Schweißen und Schneiden

Beim Schweißen und Schneiden entstehen Rauche, Gase und Dämpfe, die gesundheitsgefährdend sind. Schwellenwerte für die Konzentration gesundheitsgefährdender Stoffe in der Atemluft sind festgelegt in der EG-Richtlinie R 67/548 EWG, gemäß §1a der Gefahrstoffverordnung in Deutschland gültig.
AGW (**A**rbeitsplatz **G**renz**w**ert), **BGW** (**B**iologischer **G**renz**w**ert)

Schadstoffkomponenten beim Schweißen von Stahl

Einflussgröße	Gliederung	Schadstoffkomponenten, Wirkung	Grenzwert
Grundwerkstoff, Schweißzusatz	unlegiert	Schweiß-Rauchgase, lungenbelastend	AGW 6 mg/m^3
	hochlegiert	Neben den üblichen Schweiß-Rauchgasen entstehen: • Chromate, evtl. krebserzeugend, • Nickelverbindungen, evtl. krebserzeugend, • Mangan, Manganverbindungen, giftig, • Fluoride, giftig.	BGW 0,2 mg/m^3 BGW 0,5 mg/m^3 AGW 5 mg/m^3 AGW 2,5 mg/m^3
	Elektrodenumhüllung	rutil – sauer – basisch – Zellulose → zunehmende Rauchgasentwicklung Bei basisch umhüllten Elektroden entstehen zusätzlich: • Fluoride, giftig.	AGW 2,5 mg/m^3
Schweißverfahren	MIG, MAG	Neben den üblichen Schweiß-Rauchgasen entsteht • Eisenoxid in großer Menge, lungenbelastend. Aus den Reaktionen mit dem Schutzgas bilden sich • Kohlenmonoxid, giftig, • Ozon, giftig.	AGW 6 mg/m^3 AGW 30 ml/m^3 AGW 0,1 ml/m^3
Beschichtung des Grundwerkstoffes		Anstriche, Metallüberzüge, Beschichtungen und Verunreinigungen verbrennen im Lichtbogen. Dabei können gesundheitsgefährdende Verbindungen entstehen.	

Teil BM: Bauelemente, Messen, Steuern, Regeln
Part BM: Discrete Components, Measuring, Open-loop and Closed-loop Control

Bauelemente

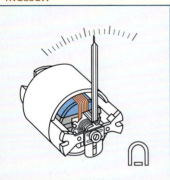

Widerstände und Kondensatoren	206
Batterien, Batteriezellen	209
Von physikalischen Größen abhängige Halbleiter-Bauelemente	210
Dioden	211
Feldeffekttransistoren FET, IGBTs	212
Bipolare Transistoren und HEMT	213
Thyristoren und Triggerdiode	214
Fotoelektronische Bauelemente	215
Bauelemente für Überspannungsschutz	216
Grundlagen des Operationsverstärkers	217

Messen

Elektrische Messgeräte	219
Schaltungen zur Bestimmung von U, I und R	221
Messwandler	222
Messen mit Multimeter	223
Wattstundenzähler	224
Sensoren	225
Kraftmessung und Druckmessung	226
Bewegungsmessung, Wegmessung, Winkelmessung	227
Temperaturmessung	229
Durchflusssensoren, Ultraschallsensoren, Radarsensoren	230
Näherungsschalter (Sensoren)	231
Smarte Sensorik und Aktorik, optoelektronische Sensoren	233
Vernetzung von Sensoren und Aktoren	235
Energieüberwachung in Smart-Grid-Anlagen	236
Oszilloskop	237
Messwerterfassung mit dem PC	239

Steuern und Regeln

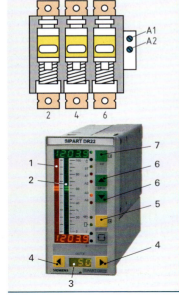

Elektromagnetische Schütze	242
Gebrauchskategorien und Antriebe von Schützen	243
Vakuumschütze, Halbleiterschütze	244
Hilfsstromkreise	246
Polumschaltbare Drehstrommotoren	248
Ausschaltung, Serienschaltung, Wechselschaltung, Kreuzschaltung	250
Stromstoßschaltungen	251
Dimmen	252
Steuerung mittels Funk	254
Elektroinstallation mit Funksteuerung von konventionellen Lampen	255
Ausführung von Installationsschaltungen	256
Steuerungs- und Regelungstechnik	258
Analoge Regler	260
Digitale Regelung	263
Steuern und Regeln mit dem PC	264
Lageregelung bei Arbeitsmaschinen	266
Logikmodul LOGO!	267
Binäre Verknüpfungen der Steuerungs- und Regelungstechnik	270
Speicherprogrammierbare Steuerung SPS	271
TIA-Portal	275
Programmiersprachen, Strukturierter Text (ST), Ablaufsprache AS	279
SPS-Programmierung (nach DIN EN 61131-3)	282
Regelung mittels SPS	285

Widerstände und Kondensatoren — Resistors and Capacitors

Normreihen (Bemessungswerte) de.wikipedia.org/wiki/E-Reihe

E-Reihen und Toleranzen											
E6 ± 20 %	1,0		1,5		2,2		3,3		4,7		6,8
E12 ± 10 %	1,0	1,2	1,5	1,8	2,2	2,7	3,3	3,9	4,7	5,6	6,8	8,2
E24 ± 5 %	1,0	1,2	1,5	1,8	2,2	2,7	3,3	3,9	4,7	5,6	6,8	8,2
	1,1	1,3	1,6	2,0	2,4	3,0	3,6	4,3	5,1	6,2	7,5	9,1
E48 ± 2 %	1,00	1,21	1,47	1,78	2,15	2,61	3,16	3,83	4,64	5,62	6,81	8,25
	1,05	1,27	1,54	1,87	2,26	2,74	3,32	4,02	4,87	5,90	7,15	8,66
	1,10	1,33	1,62	1,96	2,37	2,87	3,48	4,22	5,11	6,19	7,50	9,09
	1,15	1,40	1,69	2,05	2,49	3,01	3,65	4,42	5,36	6,49	7,87	9,53
E96 ± 1 %	1,00	1,21	1,47	1,78	2,15	2,61	3,16	3,83	4,64	5,62	6,81	8,25
	1,02	1,24	1,50	1,82	2,21	2,67	3,24	3,92	4,75	5,76	6,98	8,45
	1,05	1,27	1,54	1,87	2,26	2,74	3,32	4,02	4,87	5,90	7,15	8,66
	1,07	1,30	1,58	1,91	2,32	2,80	3,40	4,12	4,99	6,04	7,32	8,87
	1,10	1,33	1,62	1,96	2,37	2,87	3,48	4,22	5,11	6,19	7,50	9,09
	1,13	1,37	1,65	2,00	2,43	2,94	3,57	4,32	5,23	6,34	7,68	9,31
	1,15	1,40	1,69	2,05	2,49	3,01	3,65	4,42	5,36	6,49	7,87	9,53
	1,18	1,43	1,74	2,10	2,55	3,09	3,74	4,53	5,49	6,65	8,06	9,76

Beispiele Werte E192: 1,00 1,01 1,02 1,04 1,05 1,06 1,07 1,09 1,10 1,11 1,13 1,14 1,15 1,17 1,18 1,20 1,21 1,23 1,24 1,26 1,27 1,29 1,30 1,32 1,33 1,35 1,37 1,38 1,40 1,42
Weitere Werte: de.wikipedia.org/wiki/E-Reihe

Toleranzen innerhalb der Reihen:
E6: ± 20 % (ohne Farbe, d.h. nur 3 Farbringe); E12: ± 10 % (Silber); E24: ± 5 % (gold); E48: ± 2 % (rot); E96: ± 1 % (braun); E192: ± 0,5 % (grün).

Leistungsnormwerte: 0,125 W; 0,25 W; 0,5 W; 1 W; 2 W; 5 W usw.

Die Werte erhält man aus $R = \sqrt[m]{10^n}$ nach Rundung, wobei m der Reihe entspricht, z.B. 24, und n eine ganze Zahl ist, mit $0 \leq n \leq m - 1$, Anzahl der Werte einer Dekade mit $z = 3 \cdot 2^n$ mit $n = 0, 1, 2, 3, 4, 5, 6$.

R-Reihen									
R10	1,00	1,25	1,60	2,00	2,50	3,15	4,00	5,00	6,30	8,00
R20	1,00	1,25	1,60	2,00	2,50	3,15	4,00	5,00	6,30	8,00
	1,12	1,40	1,80	2,24	2,80	3,55	4,50	5,60	7,10	9,00

Bei den R-Reihen können die Toleranzen der E-Reihen gewählt werden, z.B. ± 5 %.

Alphanumerische Kennzeichnung von Widerständen und Kondensatoren

Widerstände	R27	2R7	27R	K27	2K7	27K	M27	2M7	27M
	0,27 Ω	2,7 Ω	27 Ω	0,27 kΩ	2,7 kΩ	27 kΩ	0,27 MΩ	2,7 MΩ	27 MΩ
Kondensatoren	3p9	39p	n39	3n9	39n	µ39	3µ9	39µ	m39
	3,9 pF	39 pF	0,39 nF	3,9 nF	39 nF	0,39 µF	3,9 µF	39 µF	0,39 mF

Farb-Kennzeichnung von Widerständen, keramischen Kondensatoren und Dünnfilmkondensatoren

(Werte für 1. und 2. Ring in Ω oder pF)

Farbe der Ringe oder Punkte		schwarz (sw)	braun (br)	rot (rt)	orange (or)	gelb (gb)	grün (gn)	blau (bl)	violett (vl)	grau (gr)	weiß (ws)	ohne Farbe	rosa (pk)	silber (ag)	gold (au)
1. Ring	1. Ziffer	–	1	2	3	4	5	6	7	8	9	–	–	–	–
2. Ring	2. Ziffer	0	1	2	3	4	5	6	7	8	9	–	–	–	–
3. Ring[1]	Multiplikator	10^0	10^1	10^2	10^3	10^4	10^5	10^6	10^7	10^8	10^9	–	0,001	0,01	0,1
4. Ring[1]	Toleranz in %	–	±1	±2	–	–	±0,5	±0,25	±0,1	±0,05	–	±20	–	±10	±5
5. Ring[1]	Zul. Betriebsspannung in V	–	100	200	300	400	500	630	700	800	900	500	–	2000	1000
6. Ring	TK[2] in ppm[3]	250	100	50	15	25	20	10	5	1	–	–	–	–	–

[1] Bei Widerständen mit kleiner Toleranz (meist Metallfilm-Widerstände) ist der 3. Ring eine weitere Ziffer. Der 4. Ring gibt dann den Multiplikator an, der 5. Ring die Toleranz in %. Bei Kondensatoren bedeutet der 5. Ring oder Punkt die zulässige Betriebsspannung in V.
[2] TK von Temperaturkoeffizient, TK auch α, wird in 1/K angegeben.
[3] ppm = parts per million = 10^{-6}.   Abkürzungen der Farben siehe folgende Seite.

Farbkennzeichnung von Widerständen und Kondensatoren
Color Identification of Resistors and Capacitors

Prinzip, Leserichtung, Ziffernreihenfolge	Beispiele	Bemerkungen
Widerstände		
Leserichtung **Kohleschichtwiderstand** (1 2 3 4)	Ziffernreihenfolge in Leserichtung: 1 2 3 4 rt rt sw sr 2 2 10^0 10 % ⇒ 22 Ω ± 10 % (E12)	Der 4. Ring bedeutet 10 % Toleranz. Sonstige Kennzeichnung der Toleranz siehe vorhergehende Seite. ⇨ Leserichtung
Metallglasurschichtwiderstand (1 2 3 4)	Ziffernreihenfolge in Leserichtung: 1 2 3 4 gr rt sw au 8 2 10^0 5 % ⇒ 82 Ω ± 5 %	Der Farbstreifen 4 mit Unterbrechungen entspricht dem 4. Ring und kennzeichnet die Toleranz des Widerstandswertes.
Metallfilmwiderstand (1 2 3 4 5)	Ziffernreihenfolge in Leserichtung: 1 2 3 4 5 gn bl rt rt rt 5 6 2 10^2 2 % ⇒ $562 \cdot 10^2$ Ω ± 2 % = 56 200 Ω ± 2 % = 56,2 kΩ ± 2 % (E 48)	Der Abgleich auf den genauen Widerstandswert erfolgt durch Verkleinern der Widerstandsfläche mit einem Laserstrahl.
Metallschichtwiderstand (1 2 3 4 5 6)	Ziffernreihenfolge in Leserichtung: 1 2 3 4 5 6 bl ws gr rt br rt 6 9 8 10^2 1 % 50 ppm ⇒ $698 \cdot 10^2$ Ω ± 1 % = 69 800 Ω ± 1 % = 69,8 kΩ ± 1 % mit $\alpha = 50 \cdot 10^{-6}$ 1/K	Bei einer Temperaturänderung von 20 K ändert sich der Widerstand um $698 \cdot 10^2 \cdot 20 \cdot 50 \cdot 10^{-6}$ Ω = 6,98 Ω. α Temperaturkoeffizient in ppm
NTC-Widerstand (1 2 3 4)	Ziffernreihenfolge in Leserichtung: 1 2 3 4 bl gr sw – 6 8 10^0 20 % ⇒ 68 Ω ± 20 %	NTC von engl. Negative Temperature Coefficient, negativer Temperatur-Koeffizient. NTC-Widerstände sind Heißleiter. Angaben für 20 °C. 4 ist Grundfarbe, d. h. kein Farbring.
Kondensatoren		
Dünnfilmkondensator (1 2 3 4 5)	Ziffernreihenfolge in Leserichtung: 1 2 3 4 5 rt vl rt rt bl 2 7 10^2 2 % 630 V ⇒ $27 \cdot 10^2$ pF ± 2 % = 2700 pF ± 2 % = 2,7 nF ± 2 %	Für die Betriebsspannungen gilt meist bl = 630 V oder rt = 250 V an 5. Stelle. Der Wert muss nicht mit dem theoretischen Wert der Reihe übereinstimmen.
Keramikkondensator (1 2 3 4)	Ziffernreihenfolge in Leserichtung: 1 2 3 4 bl gr rt – 6 8 10^2 20 % ⇒ 6800 pF ± 20 % = 6,8 nF ± 20 %	Die Spannungsangabe erfolgt meist mit Kleinbuchstaben, z. B. mit a für 50 V, d für 250 V, f für 500 V, h für 1000 V. 4 ist Grundfarbe, d. h. kein Farbring.
Tantalkondensator (1 2 3 4 5 6)	Ziffernreihenfolge in Leserichtung: 1 2 3 4 5 6 bl gr gb – ws rt 6 8 10^4 20 % 50 V + Pol ⇒ $68 \cdot 10^4$ pF ± 20 % = 0,68 µF ± 20 %	Es werden meist firmeneigene Farbkennzeichnungen verwendet. Bei gepolten Tantalkondensatoren wird der Anschluss für die positive Elektrode durch den 6. Ring und/oder einen längeren Anschlussdraht gekennzeichnet.

Abkürzungen der Farben: deutsch (englisch)

sw (BK) schwarz	rt (RD) rot	gb (YE) gelb	bl (BU) blau	gr (GY) grau	au (GD) gold
br (BN) braun	or (OG) orange	gn (GN) grün	vl (VT) violett	ws (WH) weiß	ag (SR) silber

Bauarten von Widerständen und Kondensatoren
Types of Resistors and Capacitors

Bezeichnung	Aufbau	Daten	Bemerkungen

Bauarten von Widerständen

Bezeichnung	Aufbau	Daten	Bemerkungen
SMD-Metallschichtwiderstände / MELF-Metallschichtwiderstände	Widerstandsschicht, Keramik, Schutzüberzug (Glasur), Abgleichschlitz	Widerstandswerte bis Reihe E192, Temperaturbereich −55 °C bis 125 °C, Toleranzen 0,01 % bis 10 %, zul. Betriebsspannung ≤ 500 V, Bemessungsleistungen von 0,03 W bis 1 W. Wird bei Überlastung hochohmig	SMD von Surface Mounted Device = Oberfläche montiertes Bauelement, quaderförmig. Nachteil: Bauelement kann bei Überlastung hochohmig oder niederohmig werden. MELF von Metal Electrode Leadless Face = Metall-Elektrode ohne Anschlussdraht.
Metallschichtwiderstand	Metallglasurwiderstand / Keramikkörper mit Metallglasur, gewendelt	Widerstandswerte bis Reihe E192, Temperaturbereich −55 °C bis 125 °C, Toleranzen ±0,01 % bis ±5 %, Isolationswiderstand > 10^2 GΩ, Isolationsspannung AC 1000 V, Bemessungsleistung bis 6 W.	Metalloxid-Schichtwiderstände (Metalloxidschicht auf Keramik, darüber Silikonzement-Überzug) sind mechanisch robust und höher belastbar als Kohleschichtwiderstände. EMS-Widerstände (**E**del**m**etall-**S**chicht) sind Präzisionswiderstände.
Drahtwiderstand	Keramikkörper mit Wickeldraht	Widerstandswerte bis Reihe E24, Toleranzen ±0,5 % bis ±10 %, Bemessungsleistung 0,5 W bis 17 W, Hochlastwiderstände bis 500 W, nicht induktionsfrei.	Drahtwiderstände haben bei gleicher Belastbarkeit kleinere Abmessungen als Schichtwiderstände. Zementierte Drahtwiderstände sind luftdicht, nicht feuchtigkeitsfest (nicht tropenfest). Glasierte Drahtwiderstände sind feuchtigkeitsfest.
Trimmwiderstand		Kohleschicht-Trimmwiderstände: Bemessungsbelastbarkeit 0,05 W bis 0,5 W, Temperaturbereich −55 °C bis 125 °C, Widerstandsverlauf linear und logarithmisch, Draht-Trimmwiderstände: Bemessungsleistung bis 1 W.	Schicht-Trimmwiderstände in liegender und stehender Ausführung. Beide Arten auch voll gekapselt. Es gibt Präzisionstrimmwiderstände in Drahtausführung oder mit Cermetschicht (Cermet von Ceramic-Metall = Keramikmetall (TiN)).

Bauarten von Kondensatoren

Bezeichnung	Aufbau	Daten	Bemerkungen
Metallisierter Kunststofffolienkondensator mit Polypropylen-Dielektrikum (MKP-Kondensator)	Folien / Metallbelag	Kapazität 1 nF bis 500 µF, Bemessungsspannung 25 V bis 20 kV, bei 50 Hz Verlustfaktor tan δ = 0,2 · 10^{-3} = 0,2 W/kvar. Große MKP sind runde Zylinder, kleine sind flach oder rund im Rastermaß. Die MKP sind bei Neuanlagen vorherrschend. www.schneider-electric.de	**Aufbau:** Zwei Polypropylenfolien von etwa 0,6 µm Dicke, einseitig metallisiert, ohne Tränkung. Im Fehlerfall verdampft die Metallisierung (Selbstheilung). Bei zu hoher Temperatur verdampft auch der Kunststoff. Dann trennt eine Überdrucksicherung den Kondensator vom Netz.
Metallpapierkondensator (MP)	Isolation Ölspalt / Metallbelag	Kapazität 10 nF bis 500 µF, Bemessungsspannung 250 V bis 20 kV, nachlassende Bedeutung der mit PCB (Polychlorierte Biphenyle) getränkten MP, da große Verluste und PCB krebserregend.	MP: **M**etall-**P**apier. Der Verlustfaktor tan δ bei 50 Hz beträgt etwa 4 · 10^{-3} = 4 W/kvar. Er nimmt mit steigender Frequenz stark zu. Selbstheilend bei Durchschlag.
Doppelschichtkondensatoren, Speicherkondensatoren, UltraCap-Kondensatoren	Aktivkohleelektroden, durchlässige Trennschicht, Zelle	Kapazität 0,1 F bis 500 F, Bemessungsspannung U_N = 2,5 V, U_{Nmax} = 3 V, Temperaturbereich −25 °C bis 70 °C, Toleranzen −20 % bis +80 %, Verlustwiderstand (ESR, Equivalent Series Resistance) 15 mΩ bis 150 mΩ bei DC.	Bauformen: Massekondensatoren für kleinere Kapazitäten, Wickelkondensatoren für große Kapazitäten, Module für hohe Spannungen und sehr große Kapazitäten durch Serienschaltung und Parallelschaltung, bis 12000 F. Bis 10^6 Ladezyklen möglich.
Tantal-Sinterkondensator (Elektrolytkondensator)	fester Elektrolyt	Kapazität 0,1 µF bis 1 F, Bemessungsspannung 3 V bis 100 V, Temperaturbereich −55 °C bis 125 °C, Toleranzen −20 % bis +50 %.	Tantal-Kondensatoren mit Sinteranode und festem Elektrolyt haben eine sehr große Betriebssicherheit. Flüssiger Elektrolyt ermöglicht bei gleicher Baugröße größere Kapazität und höhere Bemessungsspannung.

Batterien, Batteriezellen — Batteries, Battery Cells

Merkmal, Typ	Erklärung	Spannung je Zelle	Bemerkungen, Beispiele
Primärbatterien, Primärzellen			de.farnell.com
Funktionsweise	Primärbatterien bzw. Primärzellen sind nicht wiederaufladbar. Koppeln mehrerer Zellen ermöglicht höhere Kapazitäten und Spannungen.	siehe Tabelle unten 1 bis 5	Angaben zu Größe, Kapazität erfolgen über Kennungen. Zu unterscheiden IEC, ANSI, Hersteller-Beispiele ANSI: AAA für $\varnothing\,10{,}3 \times h\,45$ mm (Micro), C für $\varnothing\,27 \times h\,50$ mm (Baby).
Zink-Braunstein $ZnMnO_2$	Für weniger anspruchsvolle Anwendungen. Preisgünstig. Haltbarkeit ohne Last 2 Jahre.	1,5 V	Taschenlampen, Warnleuchten, Spielzeuge, Fernbedienungen. Auch als Zink-Kohle-Element bezeichnet, da die Ableitung von MnO_2 durch Kohlestab erfolgt.
Alkali-Mangan	Für hohe Stromanforderung und Dauernutzung. Haltbarkeit 5 Jahre.	1,5 V	Tragbare Audio-Geräte, Spielzeuge.
Zink-Luft Zn-Luft	Hohe Belastbarkeit. Ohne Last unbegrenzte Haltbarkeit.	1,4 V	Personenrufgeräte, Hörgeräte.
Lithium Li	Hohe Belastbarkeit, niedrige Selbstentladung. Haltbarkeit 10 Jahre.	3 V	Elektronische Datenspeicher, Fotoapparate, Computer. Lithium ist entzündbar durch Wasser.
Silberoxid AgO	Hohe bis mittlere Belastbarkeit. Haltbarkeit ohne Last 5 Jahre.	1,55 V	Uhren, Fotoapparate, Taschenrechner.
Sekundärbatterien, Sekundärzellen			
Funktionsweise	Sekundärbatterien sind wiederaufladbar, auch Akkumulatoren (Akku) genannt. Große Selbstentladung möglich (bis 30 % je Monat). Explosionsgefahr bei Lithium-Akkus.	z.T. entsprechend Primärbatterien	Durch Zuführung von Strom kann die elektrochemische Reaktion in der Batterie umgekehrt werden. Ein Energiefluss in zwei Richtungen ist möglich.
Blei Pb	Sehr hohe Belastbarkeit. Bis 1000 mal auf volle Kapazität aufladbar, kein Memory-Effekt. Selbstentladung 5 %/Monat.	2 V	Fahrzeuge, Notstromanlagen, Notbeleuchtungsanlagen. Dauernde Erhaltungsladung (Daueraufladung) möglich.
Nickel-Cadmium NiCd	Sehr hohe Belastbarkeit. Wegen Memory-Effekt Dauerauladung vermeiden. Laden erst wenn leer, Ladegerät mit Entladefunktion einsetzen. Selbstentladung 10 %/Monat.	1,2 V	Schnurlostelefone, Akku-Werkzeuge, Notbeleuchtungen. Gemäß Richtlinie 2006/66/EG seit 2008 Verkauf verboten, da Cd ein Umweltgift ist.
Nickel-Metall-Hydrid NiMH	Hohe Belastbarkeit. Memory-Effekt geringer (Lazy-Effekt). Ca. 1000 Ladezyklen. Selbstentladung 4 % bis 30 %/Monat.	1,2 V	Handys, Smartphones, Schnurlostelefone, Camcorder, Digitalkameras, Notebooks, Elektrofahrzeuge.
Lithium-Eisen-Phosphat $LiFePO_4$	Belastbarkeit, Energiedichte hoch. Aufladezeit 15 min, sonstige Akkus > 1 h. Geringe Selbstentladung, ca. 1500 Ladezyklen.	3,3 V	Akku-Werkzeuge, Hilfsantrieb, z. B. Fahrrad, Hybridfahrzeuge. Lithium entzündet sich bei Wasserzutritt. Brandgefahr bei Überlastung.
Lithium-Polymer LiPO	Belastbarkeit, Energiedichte hoch. Kein Memory-Effekt, geringe Selbstentladung. Auslaufsicher, da fester Elektrolyt.	3,7 V	Handys, Smartphones, Akku-Werkzeuge, Camcorder, Digitalkameras, Notebooks. Lithium entzündet sich bei Wasserzutritt. Brandgefahr bei Überlastung.
Lithium-Ionen Li-Ion	Belastbarkeit, Energiedichte hoch. Kein Memory-Effekt, geringe Selbstentladung, ca. 1000 Ladezyklen.	3,7 V	Smartphones, Akku-Werkzeuge, Camcorder, Digitalkameras, Notebooks, Hybridfahrzeuge. Brandgefahr bei Überlastung, Beschädigung.

Wichtige Batteriegrößen

Bild	①	②	③	④	⑤
Spannung	1,5 V	1,5 V	1,5 V	1,5 V	9 V
Typ	Micro	Mignon	Baby	Mono	E-Block
ANSI	AAA	AA	C	D	9 V
IEC	LR03	LR6	LR14	LR20	6LR61
Panasonic	S	M	L	XL	9 V

BM

Von physikalischen Größen abhängige Halbleiter-Bauelemente
Semiconductor Components Dependent on Physical Quantities

Namen, Symbole	Erklärung	Kennlinien	Aufbau, Bemerkungen, Anwendung
Temperaturabhängige Widerstände			
Heißleiterwiderstand / NTC-Widerstand (NTC von Negative Temperature Coefficient)	Die Eigenleitung des Halbleitermaterials nimmt mit der Temperatur zu, sodass der Ohm'sche Widerstand abnimmt. **Temperaturkoeffizient** je nach Halbleitermaterial $-0{,}02/K$ bis $-0{,}06/K$. **Bemessungswiderstände** bei $20\,°C$ etwa $4\,\Omega$ bis $470\,\Omega$.	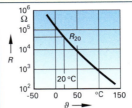 R_{20} Kaltwiderstand bei $20\,°C$	**Werkstoffe** Halbleitermaterialien sind verschiedene Metalloxide, die zu Scheibchen oder Perlen durch Sintern keramisch verbunden sind. **Anwendungsbeispiele** Fremderwärmt als Temperatursensor, eigenerwärmt zur Begrenzung des Einschaltstromes.
Kaltleiterwiderstand / PTC-Widerstand (PTC von Positive Temperature Coefficient)	Die Eigenleitung nimmt mit der Temperatur bis etwa $40\,°C$ zu, danach aber infolge Kristallumwandlung stark ab, sodass der Ohm'sche Widerstand stark zunimmt. **Temperaturkoeffizient** je nach Halbleitermaterial $0{,}07/K$ bis $-0{,}6/K$. **Bemessungswiderstände** bei $20\,°C$ etwa $4\,\Omega$ bis $1{,}2\,k\Omega$. R_N Bemessungswiderstand R_E Endwiderstand	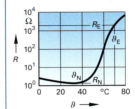	**Werkstoffe** Halbleitermaterialien sind Bariumtitanat mit Metalloxiden oder Salzen, die zu Scheibchen oder Perlen durch Sintern keramisch verbunden sind. **Anwendungsbeispiele** Übertemperaturschutz, Stromregelung, selbstregelnde Heizkörper.
Spannungsabhängige Widerstände			
Varistor / VDR-Widerstand (von Variable Resistor / Voltage Dependent Resistor)	Der Ohm'sche Widerstand fällt ab der Bemessungsspannung ab, weil dann zwischen den Teilchen des Materials die Isolierung einbricht. **Bemessungsspannungen** SiC-VDR $8\,V$ bis $300\,V$, ZnO-VDR $60\,V$ bis $600\,V$. **Maximalströme** SiC-VDR $1\,A$ bis $10\,A$, ZnO-VDR bis $4500\,A$.		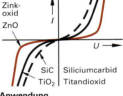 Zinkoxid ZnO SiC Siliciumcarbid TiO₂ Titandioxid **Anwendung** Überspannungsschutz
Magnetfeldabhängige Bauelemente			
Magnetfeldabhängiger Widerstand / Feldplatte	Mit zunehmender Flussdichte des Magnetfeldes wird der Strom so abgelenkt, dass er eine längere Strecke durch das schlecht leitende InSb (Indiumantimonid) fließen muss. Dadurch steigt der Ohm'sche Widerstand mit der magnetischen Flussdichte an. R_0 Widerstand ohne Feld R_B Widerstand mit Feld	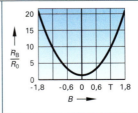	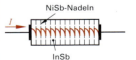 NiSb-Nadeln InSb **Anwendung** Messung von Magnetfeldern, Erfassung von Magnetfeldern.
Hallgenerator / Hallsonde	Der Strom wird abgelenkt, wenn er quer durch ein Magnetfeld geführt wird. Bei einem N-leitenden Halbleiterplättchen werden dann die Elektronen in die Ablenkungsrichtung bewegt, sodass eine Spannung (Hallspannung nach Physiker Hall) zwischen den beiden Seiten entsteht.	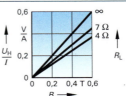	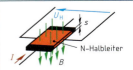 N-Halbleiter **Anwendung** Erfassung von Magnetfeldern, z. B. in RCDs Typ B.

Dioden / Diodes

Prinzip, Bezeichnung	Gehäuse (Beispiele)	Schaltzeichen, Bezugspfeile	Typische Kennlinie	Anwendung, Spezialformen
Flächendiode, z. B. Siliciumdiode (Sperrschicht, P-N)	M 2:1; M 1:1	U_F, I_F; $U_R = -U_F$; $I_R = -I_F$	Si / Schottky Kennlinie	Si-Gleichrichterdiode $U_{Rmax} = 100\,V \ldots 3{,}5\,kV$ $I_{Fmax} = 150\,mA \ldots 3\,kA$ Scheibendiode, für Höchstleistung wassergekühlt.
Z-Diode (P-N)	M 1:2	U_Z, I_Z	U_Z, I_Z	Spannungsbegrenzung, Stabilisierung, Überlastungsschutz. $U_Z = 1{,}8\,V \ldots 200\,V$ Betrieb in Rückwärtsrichtung.
Suppressordiode (P-N)	gepolt; ungepolt	U_F, I_R; I, U	① gepolt, ② ungepolt	Schutzbeschaltung vor zu hohen Spannungsspitzen. $U_R = 20\,V \ldots 600\,V$ $I_R = 6\,A \ldots 50\,A$ Betrieb in Rückwärtsrichtung.
Spitzendiode, Kleinflächendiode (Sperrschicht, N)		U_F, I_F	I_F, U_F	Universaldioden in der Hochfrequenz (HF)-Technik, z. B. für HF-Gleichrichtung, Modulation, Demodulation, Schalter.
Kapazitätsdiode (P-N)		U_R	C, U_R	Abstimmung von Schwingkreisen anstelle von Drehkondensatoren $U_R = 2\,V \ldots 30\,V$ $C = 3\,pF \ldots 300\,pF$ Betrieb in Rückwärtsrichtung.
Schottky-Diode (Sperrschicht Metall, N^+ N^-)	A K	U_F, I_F	I_F, $-U_R$, U_F, 0,4 V	Die nach ihrem Erfinder benannte Diode ist unipolar (nur N-Leiter). Der Metallkontakt wirkt als starker N-Leiter. Kleine Schleusenspannung $U_S = 0{,}4\,V$, auch geeignet für kleine Spannungen. $U_R \approx 70\,V$, $I_F \leq 3000\,A$
PIN-Diode (Intrinsic-Zone, eigenleitend, P I N)	M 1:1 bis M 1:5	PIN I_F; nicht genormt	R, I_F	In der Hochfrequenztechnik ab 10 MHz als veränderliche Widerstände in Dämpfungsgliedern und als Schalter.
Magnetdiode (Rekombinationszone, P I N)	Doppeldiode M 1:1 bis M 2:1	B, U	R bei U = const., B	Fühler für Magnetfeld, z. B. in Elektronikmotoren.

A Anode, B magnetische Flussdichte, C Kapazität, Ge Germanium, I_F Vorwärtsstrom (Durchlassstrom), I_R Rückwärtsstrom (Sperrstrom), I_Z Zener-Strom, K Katode, R Widerstand, Si Silicium, U_F Vorwärtsspannung (Durchlassspannung), U_R Rückwärtsspannung (Sperrspannung), U_Z Z-Spannung

Feldeffektransistoren FET, IGBTs — Field-effect Transistors FET, IGBTs

Prinzip, Bezeichnung	Gehäuse (Beispiele)	Schaltzeichen, Bezugspfeile	Typische Kennlinie	Anwendung, Spezialformen
J-FET mit N-Kanal	statt SGD auch SDG	(G, I_G, U_{GS}, I_D, U_{DS}, I_S)	U_{GS} = 0V, −2V, −4V; I_D vs U_{DS}	Verstärkerschaltungen, Analogschalter, Mikrofon-Vorverstärker, HF-Verstärker, Oszillatoren, Quarzoszillatoren, Mischstufen, Stellglieder bei Reglern.
J-FET als Strombegrenzer	K, S / A, D	Ersatzschaltung (I_D)	I_A vs U_{DS}	Stabilisierung, Strombegrenzung. J von junction = Verbindung
Selbstleitender IG-FET mit N-Kanal		(I_D, Su, U_{GS}, U_{DS})	U_{GS} = +2V, +1V, 0V, −1V, −2V, −4V; I_D vs U_{DS}	Verstärkerschaltungen, insbesondere für Eingangsstufen, HF-Verstärker, Regelglieder, Leistungsverstärker. Typische Grenzwerte für Leistungsverstärker: U_{DS} = 50 V, U_{GS} = ± 20 V, I_D = 25 A
Selbstsperrender IG-FET mit P-Kanal		(I_D, Su, U_{GS}, U_{DS})	U_{GS} = −7V, −5V, −3V, −1V; $−I_D$ vs $−U_{DS}$	Maximale Verlustleistung P_{tot} = 75 W. In Operationsverstärkern, in integrierten Schaltungen.
Selbstleitender IGBT	z.B. TO 220	(I_C, U_{GE}, U_{CE})	U_{GE} = 2V, 0V, −2V, −4V; I_C vs U_{CE}	IGBT von Insulated Gate Bipolar Transistor = Bipolarer Transistor mit isoliertem Gate. U_{GE} von −4 V bis 2 V, $U_R \leq 1600$ V, $I_F \leq 1$ kA, Frequenzen bis 20 kHz. In IGBT-Modulen sind oft Freilaufdioden oder Rückstromdioden enthalten.
Selbstsperrender IGBT	etwa M 1:2; TO Transistor Outline	(I_C, U_{GE}, U_{CE})	U_{GE} = 10V, 8V, 6V; I_C vs U_{CE}	U_{GE} von 6 V bis 10 V, $U_R \leq 1600$ V, $I_F \leq 1$ kA, Frequenzen bis 20 kHz. U_R Rückwärtsspannung (Sperrspannung), I_F Vorwärtsstrom (Durchlassstrom)

A Anode, C Kollektor, D Drain, E Emitter, G Gate, Is Isolierung mit SiO_2, K Katode, N N-dotiert, N^+ stark N-dotiert, P P-dotiert, P^+ stark P-dotiert, S Source, Su Substrat. Formelzeichen aus den Bildern erkennbar.

BM

Bipolare Transistoren und HEMT
Bipolar Transistors and High Electron Mobility Transistor

Prinzip, Bezeichnung	Gehäuse (Beispiele)	Schaltzeichen, Bezugspfeile	Typische Kennlinie	Anwendung, Bemerkungen
NPN-Transistor	B / E⊕C	I_C, I_B, U_{BE}, U_{CE}, I_E	I_C vs U_{CE}, U_{BE}/V = 0,7; 0,6	Verstärkerschaltungen, Oszillatoren, Leistungsstufen in Netzteilen. Typische Daten: β = 100 ... 500; B = 50 ... 700; NPN-Transistoren: I_C = 10 mA ... 30 A; U_{BE} = 0,7 V
PNP-Transistor	C B E	I_C, I_B, U_{BE}, U_{CE}, I_E	I_C vs U_{CE}, U_{BE}/V = −0,7; −0,6	PNP-Transistoren: I_C = −10 mA ... −30 A; U_{BE} = −0,7 V. Bei Leistungstransistoren U_{BE} bis 1 V.
[1] Darlington-Transistor	B C E	I_C, I_B, U_{BE}, U_{CE}, I_E	I_C vs U_{CE}, U_{BE}/V = 0,7; 0,6	Leistungsverstärker für Relaissteuerungen, Motorsteuerungen. Darlingtonstufen[1] bestehen aus zwei Transistoren in einem Gehäuse. Der Stromverstärkungsfaktor ist sehr groß.
Komplementär-Darlington-Transistor	(TO-3) B⊕ C E⊕	I_C, I_B, U_{BE}, U_{CE}, I_E	I_C vs U_{CE}, U_{BE}/V = 0,7; 0,6	Typische Daten: β = 200 ... 1000; B = 100 ... 30000; I_C = 0,1 A ... 30 A. Nachteile: $U_{BED} \approx 2 \cdot U_{BE}$; $U_{CED} \approx 0,9$ V bis 2 V. [1] Sidney Darlington, amerikan. Ingenieur 1906 bis 1997
Foto-Transistor	E⊕C lichtdurchlässig	I_C, U_{BE}, U_{CE}	I_C vs U_{CE}, E_V/lx = 200 lx; 100 lx	Optische Abtastung von Barcodes, Optokoppler. Fototransistoren gibt es als NPN- oder PNP-Transistoren mit und ohne Basisanschluss. Bei unbeschalteter Basis: langsameres Ausschaltverhalten.
HEM-Transistor (Source-Anschluss, Gate, N+, Source, Isolierschicht, Substrat, Drain-Anschluss)	TO 247	I_D, I_G, U_{GS}, U_{DS}, I_S	I_{DS} vs U_{GS}, U_{DS} = −14,5 V; −13,5 V; −12,5 V	HEMT von High Electron Mobility Transistor = Transistor mit großer Elektronenbeweglichkeit. SiC-JFET, SiCMOSFET: I_{DS} > 100 A bei U_{DS} bis 1,2 kV oder GaN: I_{DS} > 7,5 A bei U_{DS} bis 125 V; f_{max} = 2690 MHz

B Basis, *B* Gleichstromverhältnis, C Kollektor, E Emitter, E_v Beleuchtungsstärke, β Kurzschluss-Stromverstärkungsfaktor, I_C Kollektorstrom

BM

Thyristoren und Triggerdiode — Thyristors and Trigger Diode

Prinzip, Bezeichnung	Gehäuse (Beispiele)	Schaltzeichen, Bezugspfeile	Typische Kennlinie	Anwendung, Bemerkungen
P-Gate-Thyristor	z. B. TO 48; bis etwa M 1:5; TO Transistor Outline; A an Gehäuse		mit I_G	Steuerbarer Gleichrichter, kontaktloser Wechselstromschalter. Von 100 V bis 8000 V, 0,4 A bis 4500 A. Scheibenthyristor für höchste Leistungen, meist mit Wasserkühlung.
N-Gate-Thyristor	z. B. TO 66; etwa M 1:2		mit I_G	Wie P-Gate-Thyristor, jedoch nur für kleinere Leistungen. Beschaltet mit Spannungsteiler als PUT bezeichnet (Programmierbarer UJT).
IGC-Thyristor	etwa M 1:1		mit I_G / nach $-I_G$	Kontaktloser Schalter für Gleichstrom, z. B. in Stromrichtern mit Pulsweitenmodulation. Von 100 V bis 5000 V, 0,4 A bis 5000 A. Weiterentwicklung des GTO-Thyristors.
Rückwärts leitender Thyristor	z. B TO 220			Für Wechselrichterschaltungen anstelle von P-Gate-Thyristor mit gegenparalleler Diode.
Triac	etwa M 1:2			Wechselstromsteller für Dimmer und Drehzahlsteller bei Elektrowerkzeugen. Von 100 V bis 1200 V, 1 A bis 120 A.
Gategesteuerter Thyristor MCT	z. B. TO 126; etwa M 2:1	U_{GA}	U_{GA}	MCT von MOS-Controlled-Thyristor = MOSFET-gesteuerter Thyristor. Enthält einen FET zum Einschalten ($U_{GA} < 0$) und einen FET zum Ausschalten ($U_{GA} > 0$). U_{GA} muss dauernd anstehen. $U_F \leq 1{,}5$ V, $U_R \leq 1{,}6$ kV, $I_F \leq 800$ A.
Diac	etwa M 2:1			Triggerdiode, z. B. für Triacs. Schaltspannung 35 V, 1 mA bis 10 mA.

A Anode, A1 Hauptanschluss 1, A2 Hauptanschluss 2, G Gate, GA anodenseitiges Gate, GTO von Gate Turn Off = über Gate abschaltbar, IGC Integrated Gate-Commutated, K Katode, UJT Unijunction Transistor = Transistor mit einer Sperrschicht, I_F Vorwärtsstrom, I_G Gatestrom, U_F Vorwärtsspannung, U_R Rückwärtsspannung

Fotoelektronische Bauelemente — Opto-Electronic Components

Schaltzeichen, Bezugspfeile	Typische Kennlinie	Daten	Anwendungen
Fotowiderstand	R vs E_v	Dunkelwiderstand > 10 MΩ nach 10 s, Hellwiderstand < 1 kΩ, Betriebsspannung bis 300 V, Temperaturbereich −20 °C bis +80 °C, Belastbarkeit bis 500 mW.	Bei Gleichspannung und Wechselspannung. CdS- und CdSe-Zellen für den sichtbaren Strahlungsbereich, PbS- und InSb-Zellen für den Infrarotbereich. Für Beleuchtungsstärkemessgeräte.
Fotodiode	I_R vs E_v	Maximale Empfindlichkeit: Si bei 800 nm bis 850 nm, Ge bei 1,5 µm, Betriebsspannung bis 25 V, wird in Sperrrichtung betrieben, Grenzfrequenz 10 MHz, Verlustleistung bis 105 mW, stark temperaturabhängig.	Für Messzwecke, z. B. Helligkeitsmessung, in Optokopplern, bei Datenübertragung über Lichtwellenleiter.
Fotoelement	I_k, U_0 vs E_v	Leerlaufspannung bei 1 klx: Si: $U_0 \approx 0{,}4$ V, GaAs: $U_0 \approx 0{,}9$ V, Se: $U_0 \approx 0{,}3$ V. Solarzellen aus polykristallinem Si: $U_0 \approx 0{,}55$ V; $P \approx 10$ mW/cm^2; $\eta \approx 12$ %.	Parallelschaltung erhöht die Stromstärke, Reihenschaltung die Spannung. Bei Solarmodulen in Solaranlagen, Leistungen bis in den MVA-Bereich.
Fototransistor	I_C vs E_v, $U_{CE} = 10$ V	Sperrspannung 30 V, Verlustleistung 300 mW, Grenzfrequenz 0,5 MHz, Fotoempfindlichkeit bis zu 500-mal höher als bei Fotodioden.	Optische Signalübertragung und Datenübertragung, in Optokopplern, Lichtschranken.
Fotothyristor	I_F vs U_F, I_G/mA	Durchlassstrom bis 10 A, sicheres Zünden bei ≈ 1000 lx. Grenzfrequenz ≈ 1 kHz, Verlustleistung bis 0,5 W.	Strahlungsgesteuerter elektronischer Schalter zum Schalten großer Ströme, z. B. in der Hochspannungstechnik, Vorteil: Galvanische Trennung. Auch zusammen mit LED bzw. IRED in Optokopplern.
LED, IRED	I_F vs U_F, GaP, GaAsP	LED: Durchlassstrom bis 100 mA, Durchlassspannung bis 2 V je nach Farbe. Farben je nach Dotierung: rt, ge, or, gn, bl. Grenzfrequenz ≈ 20 MHz, Lebensdauer bei $I_F = 15$ mA etwa 10^5 h. IRED: Strahldichte bis zu 200 kW/(sr · cm^2).	LED = Licht emittierende Diode: Ziffernanzeige, Signal- und Anzeigelampen, Beleuchtung. IRED = Infrarot emittierende Diode: in Optokopplern, Lichtschranken. Werkstoff: GaAs, GaAsP, GaAlAs, GaN, InGaN. Farbe weiß z. B. durch RGB-LED.

A Anode, B Basis, C Kollektor, E Emitter, E_v Beleuchtungsstärke, G Gate, I_C Kollektorstrom, I_F Durchlassstrom, I_G Gatestrom, I_K Kurzschlussstrom, I_R Rückwärtsstrom, K Katode, P Leistung, RGB Rot-Grün-Blau, U_{BE} Basis-Emitterspannung, U_{CE} Kollektor-Emitterspannung, U_F Vorwärtsspannung, U_R Rückwärtsspannung, η Wirkungsgrad

Bauelemente für Überspannungsschutz — Surge Protection Components

Art	Schaltung, Ansicht	Kennlinie	Bemerkungen

Bauelemente gegen Schaltüberspannungen

Art			Bemerkungen
RC-Element			Die beim Schalten entstehende Überspannung lädt den Kondensator C auf, der sich über den Widerstand R und die Spule L entlädt. RC-Element oft ersetzt durch Varistor. Anwendung insbesondere bei AC.
Freilaufdiode			Die beim Schalten von Induktivitäten, z.B. Schützspulen, entstehende Spannung bewirkt ein Weiterfließen des Stromes bis zum Abklingen. Anwendung nur bei DC.

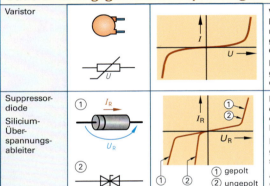

Bauelemente gegen Netzüberspannungen und Schaltüberspannungen

Art			Bemerkungen
Varistor			Varistoren sind VDR-Widerstände (Seite 210). Sie haben eine symmetrische $I(U)$-Kennlinie und sind robust, werden aber nicht so schnell leitend wie gasgefüllte Überspannungsableiter, Funkenstrecken oder Suppressordioden. Im leitenden Zustand treten je nach Netzimpedanz große Ströme auf. Abhilfe durch thermische Trenneinrichtung.
Suppressordiode / Silicium-Überspannungsableiter		① gepolt ② ungepolt	Die Suppressordiode (lat. suppressor = Unterdrücker) verhält sich wie eine Z-Diode, kann aber mit einem höheren Strom belastet werden (je nach Typ bis 100 A). Die ungepolte Suppressordiode entspricht zwei gegeneinander geschalteten gepolten Suppressordioden. Ansprechspannungen bis 3 kV. Der Silicium-Überspannungsableiter hat einen PNP-Aufbau.

Bauelemente gegen Netzüberspannungen (siehe auch Seite 338)

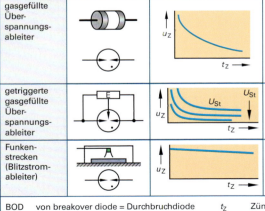

Art			Bemerkungen
gasgefüllte Überspannungsableiter			Zwei Plattenelektroden sind in einem mit Edelgas gefüllten Rohr. Je nach Typ erfolgt Zündung bei Spannungen von 70 V bis einige Hundert Volt. Der entstehende Lichtbogen erlischt danach von selbst (Selbstlöschung).
getriggerte gasgefüllte Überspannungsableiter			Zwischen den beiden Plattenelektroden liegt eine Zündelektrode, die über eine Elektronik E dauernd an Spannung liegt. Mit der Höhe dieser Spannung U_{St} ist die Ansprechspannung des Überspannungsableiters einstellbar.
Funkenstrecken (Blitzstromableiter)			Bei genügend hoher Überspannung erfolgt die Zündung der gekapselten oder offenen Funkenstrecken am Ende vom Isoliersteg. Der entstehende Lichtbogen wird zum offenen Ende der Funkenhörner getrieben und an der Prallplatte zerschmettert.

BOD von breakover diode = Durchbruchdiode
I, i Stromstärke
I_D Blockierstrom (Strom in Vorwärtsrichtung ohne Zündung)
I_F Vorwärtsstrom
I_R Rückwärtsstrom
t_Z Zündimpulsdauer
U, u Spannung
U_{B0} Kippspannung (Spannung, bei der die BOD leitend wird)
U_F Vorwärtsspannung
U_R Rückwärtsspannung
u_S Schalterspannung
U_{St} Steuerspannung
u_Z Zündspannung

Grundlagen des Operationsverstärkers — Basics of Operational Amplifier

Schaltung, Kennlinie	Erklärung	Bemerkungen

Differenzverstärker

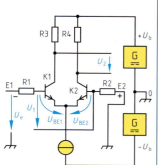

Differenzverstärker als Invertierer geschaltet

Ein Differenzverstärker besteht aus zwei Transistorstufen mit einer gemeinsamen Konstantstromquelle. R3 und K1 sowie R4 und K2 lassen sich als Zweige einer Brückenschaltung auffassen. Die Basis E2 des Transistors K2 wird an Masse gelegt. Die zweite Basis dient als Eingang E1. Durch Anlegen einer kleinen Spannung an E1 wird K1 angesteuert, d. h., sein Durchlasswiderstand ändert sich. Dadurch ändern sich gleichzeitig U_{BE2} gegensinnig und damit auch der Widerstand von K2. Die Ausgangsspannung U_2 ist proportional zur Differenz U_1 der Eingangsspannungen an E1 und E2. Je nach Eingangssignal liegt die Ausgangsspannung zwischen einem positiven und negativen Maximalwert ($\pm U_b$).

Meist werden zur Spannungsversorgung zwei Spannungsquellen benötigt, z. B. $U_b = \pm 15$ V.

Die Eingänge werden nach ihrer Wirkung auf den Ausgang als „–Eingang" (invertierender Eingang) oder „+Eingang" (nicht invertierender Eingang) bezeichnet.

Die Eingangsströme können bei bipolaren Transistoren bis zu 100 µA betragen, bei Feldeffekttransistoren weniger als 10 pA.

Die meisten Verstärker-IC haben als erste Stufe eine Differenzverstärkerschaltung.

Verhalten des Operationsverstärkers

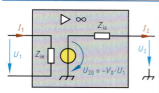

Ersatzschaltung des Operationsverstärkers

Ein Operationsverstärker besteht meist aus einem Differenzverstärker als Eingangsschaltung und mehreren gleichspannungsgekoppelten Verstärkerstufen, sodass sein Leerlaufverstärkungsfaktor V_0 sehr groß ist. Selbst sehr kleine Eingangsspannungen bewirken recht große Ausgangsspannungsänderungen, die nur durch U_b begrenzt werden. Daher wird der Operationsverstärker beschaltet.

Ein Operationsverstärker wirkt invertierend, da U_2 positiv bei negativer Ansteuerung an E1 ist. Der Eingang E1 erhält im Schaltzeichen deshalb ein Minuszeichen. Ein Operationsverstärker wirkt dann nicht invertierend, wenn bei positiver Ansteuerung an E2 auch die Ausgangsspannung U_2 positiv ist.

Kenngrößen

Größe	Typischer Wert	Näherung
V_0	10^4 bis 10^6	∞
Z_{ie}	100 kΩ bis 10^3 GΩ	∞
Z_{ia}	10 Ω bis 5 kΩ	0

Schaltzeichen und Formelzeichen

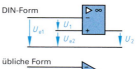

DIN-Form

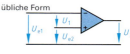

übliche Form

Ausgangsspannung U_2 des Invertierers als Funktion von U_1

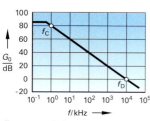

Frequenzverhalten

Infolge interner Phasendrehung bei hohen Frequenzen besteht Schwingneigung. Daher ist eine Reduzierung der Verstärkung um z. B. 20 dB/Dekade notwendig. Es wird dazu eine Gegenkopplung mit einer RC-Schaltung verwendet. Meist ist diese bereits im IC vorhanden.

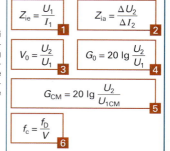

$$Z_{ie} = \frac{U_1}{I_1} \quad\boxed{1}$$

$$Z_{ia} = \frac{\Delta U_2}{\Delta I_2} \quad\boxed{2}$$

$$V_0 = \frac{U_2}{U_1} \quad\boxed{3}$$

$$G_0 = 20\ \lg \frac{U_2}{U_1} \quad\boxed{4}$$

$$G_{CM} = 20\ \lg \frac{U_2}{U_{1CM}} \quad\boxed{5}$$

$$f_c = \frac{f_D}{V} \quad\boxed{6}$$

f_c	Grenzfrequenz (c von cut-off)	
f_D	Durchtrittsfrequenz	
G_0	Leerlauf-Spannungsverstärkungsmaß in dB	
G_{CM}	Gleichtaktverstärkungsmaß in dB	
I_1	Eingangsstrom	
I_2	Ausgangsstrom	
U_{e1}, U_{e2}	Eingangsspannungen	
U_1	Differenzeingangsspannung	
U_2	Ausgangsspannung	
U_{1CM}	Eingangsspannung bei gleichphasiger Ansteuerung beider Eingänge	
U_b	Betriebsspannung	
V	Spannungsverstärkungsfaktor	
V_0	Leerlauf-Spannungsverstärkungsfaktor	
Z_{ie}	Eingangsinnenwiderstand bei Differenzansteuerung	
Z_{ia}	Ausgangsinnenwiderstand	
Δ	Zeichen für Differenz	

Schaltungen mit Operationsverstärkern
Circuits with Operational Amplifiers

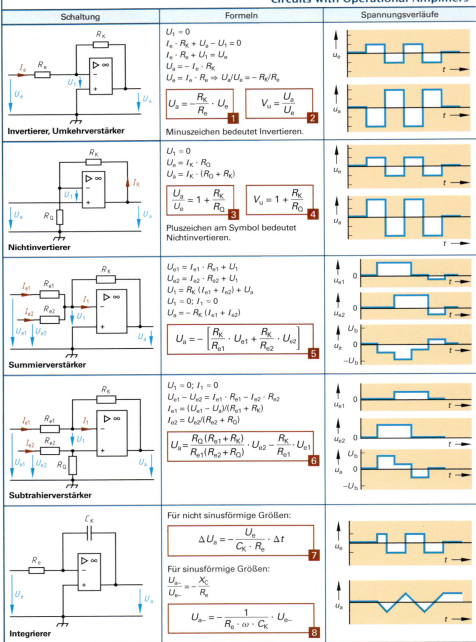

Schaltung	Formeln	Spannungsverläufe
Invertierer, Umkehrverstärker	$U_1 \approx 0$ $I_e \cdot R_K + U_a - U_1 = 0$ $I_e \cdot R_e + U_1 = U_e$ $U_a = -I_e \cdot R_K$ $U_e = I_e \cdot R_e \Rightarrow U_a/U_e = -R_K/R_e$ $U_a = -\dfrac{R_K}{R_e} \cdot U_e$ **1** $\quad V_u = \dfrac{U_a}{U_e}$ **2** Minuszeichen bedeutet Invertieren.	
Nichtinvertierer	$U_1 \approx 0$ $U_e = I_K \cdot R_Q$ $U_a = I_K \cdot (R_Q + R_K)$ $\dfrac{U_a}{U_e} = 1 + \dfrac{R_K}{R_Q}$ **3** $\quad V_u = 1 + \dfrac{R_K}{R_Q}$ **4** Pluszeichen am Symbol bedeutet Nichtinvertieren.	
Summierverstärker	$U_{e1} = I_{e1} \cdot R_{e1} + U_1$ $U_{e2} = I_{e2} \cdot R_{e2} + U_1$ $U_1 = R_K(I_{e1} + I_{e2}) + U_a$ $U_1 \approx 0;\ I_1 \approx 0$ $U_a = -R_K(I_{e1} + I_{e2})$ $U_a = -\left[\dfrac{R_K}{R_{e1}} \cdot U_{e1} + \dfrac{R_K}{R_{e2}} \cdot U_{e2}\right]$ **5**	
Subtrahierverstärker	$U_1 \approx 0;\ I_1 \approx 0$ $U_{e1} - U_{e2} = I_{e1} \cdot R_{e1} - I_{e2} \cdot R_{e2}$ $I_{e1} = (U_{e1} - U_a)/(R_{e1} + R_K)$ $I_{e2} = U_{e2}/(R_{e2} + R_Q)$ $U_a = \dfrac{R_Q(R_{e1} + R_K)}{R_{e1}(R_{e2} + R_Q)} \cdot U_{e2} - \dfrac{R_K}{R_{e1}} \cdot U_{e1}$ **6**	
Integrierer	Für nicht sinusförmige Größen: $\Delta U_a = -\dfrac{U_e}{C_K \cdot R_e} \cdot \Delta t$ **7** Für sinusförmige Größen: $\dfrac{U_{a\sim}}{U_{e\sim}} = -\dfrac{X_C}{R_e}$ $U_{a\sim} = -\dfrac{1}{R_e \cdot \omega \cdot C_K} \cdot U_{e\sim}$ **8**	

I_e Eingangsstrom, I_K Kopplungsstrom, R_e Eingangswiderstand, R_K Rückkopplungswiderstand, R_Q Querwiderstand, U_1 Spannung zwischen invertierendem und nicht invertierendem Eingang, U_a Ausgangsspannung, $U_{a\sim}$ Ausgangswechselspannung, U_e Eingangsspannung, $U_{e\sim}$ Eingangswechselspannung, V_u Spannungsverstärkungsfaktor, X_C kapazitiver Blindwiderstand.

Elektrische Messgeräte — Electrical Meters

Ansicht, Name	Aufbau	Wirkungsweise	Eigenschaften
Drehspulmesswerk	Drehspule, auf Aluminiumrahmen gewickelt, im homogenen Magnetfeld zwischen zylindrischem Dauermagnet und äußerem Weicheisenrohr. Zeiger fest mit Drehspule verbunden. Stromzuführung über gegensinnig gewickelte Spiralfedern (Spitzenlagerung) oder Spannband (keine Lagerreibung).	Der Spulenstrom (Messstrom) verursacht ein proportionales Drehmoment, welches die Spule so weit dreht, bis das von den Federn oder von den Spannbändern erzeugte Rückstellmoment gleich groß ist. Die Dämpfung des Zeigerausschlags wird durch Wirbelströme im Aluminiumrahmen bewirkt.	Eignet sich zur Messung von Gleichstrom und Gleichspannung (lineare Skala). Die Richtung des Zeigerausschlags ist abhängig von der Stromrichtung (Nullpunkt in Skalenmitte möglich). Das Messwerk misst den arithmetischen Mittelwert. Kleiner Eigenverbrauch: 1 µW bis 100 µW. Für Wechselstrommessungen ist ein vorgeschalteter Gleichrichter nötig.
Dreheisenmesswerk	In feststehender Spule festes, trapez- oder dreieckförmiges Weicheisenplättchen und drehbar gelagertes zweites Plättchen, das über einen Hebelarm mit der Zeigerachse verbunden ist. Gegenmoment durch Spiralfeder und Spannband. Keine beweglichen stromführenden Teile.	Der Spulenstrom (Messstrom) magnetisiert die Weicheisenplatten gleichsinnig, die sich dadurch abstoßen. Ändert sich die Stromrichtung, stoßen sich die Platten ebenfalls ab. Das entstehende Drehmoment spannt die Spiralfeder. Die Luftkammerdämpfung lässt Zeigerschwingungen rasch abklingen.	Das Messwerk misst den Effektivwert. Für Gleich- und Wechselstrom sowie Gleich- und Wechselspannung geeignet. Gleichmäßige Skalenteilung beginnt nach 1. oder 2. Zehntel der Skala. Mechanisch und elektrisch robust. Bis zum 10-fachen Bemessungsstrom überlastbar. Hoher Eigenverbrauch (0,5 VA bis 1 VA als Strom- und 2 VA bis 5 VA als Spannungsmesser).
Digitalmultimeter	Das Digitalmultimeter (DMM) ist ein elektronisches Messgerät. Es besteht im Prinzip aus einem Eingangsverstärker, einem Analog-Digital-Wandler, einem Mikrocontroller, einem LCD-Display, einer Stromversorgung und einem Bedienfeld mit Auswahlschalter und Anschlussbuchsen.	Vor einer Messung müssen die Messleitungen in die entsprechenden Anschlussbuchsen gesteckt werden und am Messbereichsschalter muss der richtige Messbereich ausgewählt werden. Die analogen Eingangsmesswerte werden in einem Analog-Digital-Wandler in digitale Messwerte umgewandelt und auf einem mehrstelligen LCD-Display angezeigt.	Ein DMM ist ein digital anzeigendes Messgerät zur Messung elektrischer Größen. Die Grundfunktionen sind Messung von Strom, Spannung und Widerstand. Darüber hinaus bieten viele DMM noch weitere Funktionen wie Diodentest und Durchgangsprüfer. TRMS/Echt-Effektivwert-Multimeter für nichtlineare Lasten. TRMS True Root Mean Squared = Echt-Effektivwert
Zangenamperemeter	Ein Zangenamperemeter ist ein elektronisches Messgerät. Es besteht im Prinzip aus einer Stromzange mit Kern, einer Sekundärwicklung als magnetischer Messwandler oder einem Hallsensor, einem Analog-Digital-Wandler, einem Mikrocontroller, einem LCD-Display, einer Stromversorgung, einem Bedienfeld mit Auswahlschalter.	Der Strom wird indirekt über das Magnetfeld, welches jeden stromdurchflossenen Leiter umgibt, ohne Auftrennung des Stromkreises gemessen. Die Stromzange muss einen Leiter umschließen. Umschließt die Zange Leiter und Rückleiter, misst sie lediglich Ableitströme. Zangen mit einem Hallsensor können Gleich- und Wechselströme messen.	Zangenamperemeter, auch Zangenstrommesser oder Strommesszange genannt, gibt es mit einer offenen oder geschlossenen Stromzange. Zangenmultimeter mit Anschlussbuchsen haben zusätzliche Funktionen zur Messung von Spannung und Widerstand. Bei nichtlinearen Lasten sollte ein TRMS/Echt-Effektivwert-Multimeter ausgewählt werden. Siehe auch Seite 459

Leistungsmessgeräte — Wattage Meters

Schaltungen von Wirkleistungsmessgeräten

Schaltung AC: 3200 DC: 1210

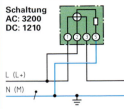

für Einphasenwechselstrom oder Gleichstrom

Schaltung 4251

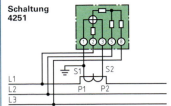

für Dreileiterdrehstrom mit gleicher Leiterbelastung

Schaltung 4260

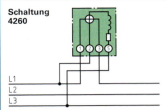

für Dreileiterdrehstrom gleicher Belastung mit eingebauter Kunstschaltung

Schaltung 5201

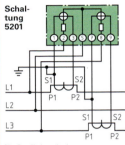

für Dreileiterdrehstrom mit Stromwandlern

Schaltung 6200

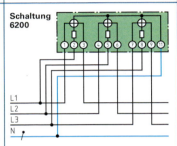

für Vierleiterdrehstrom mit beliebiger Belastung

Schaltung 6201

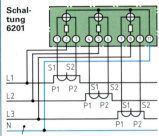

für Vierleiterdrehstrom mit Stromwandlern

Schaltungen von Blindleistungsmessgeräten

Schaltung 3301

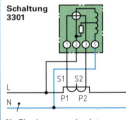

für Einphasenwechselstrom

Schaltung 5301

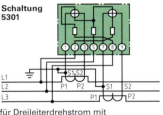

für Dreileiterdrehstrom mit beliebiger Belastung

Leistungsfaktormessgerät

Schaltung 3401

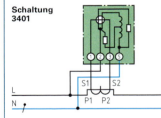

für Einphasenwechselstrom

Schaltungen von Wirkleistungsmessgeräten mit Messzusatz (mit Hall-Generatoren)

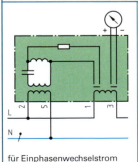

Beim Messzusatz mit Hallgeneratoren wird das einzelne analoge Messwerk zur Multiplikation von U und I durch je einen Hallgenerator (Seite 210) ersetzt. Dabei erzeugt der Strompfad des Messzusatzes das Magnetfeld des Hall-Generators und sein Strom wird aus der Messspannung gebildet. Die Spannung des Hall-Generators ist das Produkt von U und I.

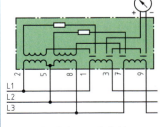

für Einphasenwechselstrom

für Dreileiterdrehstrom beliebiger Belastung (Aron-Schaltung)

Anschlusskennzeichnung bei Stromwandlern:
Je nach Norm stehen für die Anschlüsse P1, P2 (primär) auch K, L und für S1, S2 (sekundär) auch k, l.

Schaltungen zur Bestimmung von U, I und R — Measuring of U, I, R

Direkte Messung der Grundgrößen Spannung, Strom und Widerstand

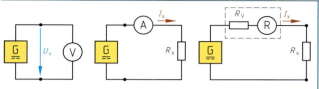

Spannung — Strom — Widerstand

Spannung messen:
Messgerät parallel schalten.
Strom messen:
Messgerät seriell in den Stromkreis einfügen.
Widerstand ermitteln:
Strommessung der Reihenschaltung von bekanntem R_V und R_x.
Messgeräteskala mit Widerstandswerten, $R_x = 0$ am rechten, $R_x = \infty$ am linken Skalenbereich.

Indirekte Widerstandsbestimmung

Schaltung	Erklärung	Formeln
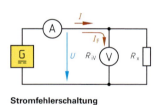 **Spannungsfehlerschaltung**	**Nicht elektronische Spannungsmessgeräte** Die *Spannungsfehlerschaltung* wird für große Widerstände verwendet ($R_x >$ etwa 20 R_{iA} des Strommessers). Bei kleineren Widerständen wird das Messergebnis durch die Fehlerspannung U_F verfälscht. In diesem Fall sind die Formeln für $R_x < 20\,R_{iA}$ zu verwenden.	Bei $R_x > 20\,R_{iA}$: $R_x \approx \dfrac{U}{I}$ **1** Bei $R_x < 20\,R_{iA}$: $R_x \approx \dfrac{U - U_F}{I}$ **2** $R_x = \dfrac{U}{I} - R_{iA}$ **3**
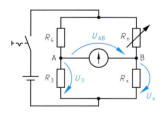 **Stromfehlerschaltung**	Die *Stromfehlerschaltung* wird für kleine Widerstände verwendet ($R_x <$ etwa $1/20\,R_{iV}$ des Spannungsmessers). Bei größeren Widerständen wird das Messergebnis durch den Fehlerstrom I_F verfälscht. In diesem Fall sind die Formeln für $R_x > 1/20\,R_{iV}$ zu verwenden.	Bei $R_x < 1/20\,R_{iV}$: $R_x \approx \dfrac{U}{I}$ **4** Bei $R_x > 1/20\,R_{iV}$: $R_x \approx \dfrac{U}{I - I_F}$ **5** $R_x = \dfrac{U}{I - U/R_{iV}}$ **6**
Spannungsfehlerschaltung oder Stromfehlerschaltung	**Elektronischer Spannungsmesser** Bei Verwendung von digitalen Spannungsmessern mit hochohmigem R_{iV} ist die Schaltungsart beliebig.	$R_x = \dfrac{U}{I}$ **7**

Wheatstone-Messbrücke

	Bei der abgeglichenen Brücke ist der Brückenpfad stromlos und spannungslos. Die Spannungsteiler $R_3 R_4$ und $R_x R_n$ sind bei abgeglichener Brücke unbelastet und auf gleiches Teilerverhältnis eingestellt. **Anwendungen:** Dehnungsmessstreifen DMS	$U_{AB} = U_3 - U_x$ Bei Abgleich: $U_{AB} = 0\,\text{V} \Rightarrow U_3 = U_x$ $\dfrac{R_4}{R_3} = \dfrac{R_n}{R_x}$ $R_x = R_n \dfrac{R_3}{R_4}$ **8**

I	Stromstärke	R_x	gesuchter Widerstand	U_3	Spannung an R_3
R_{iV}	Innenwiderstand des Spannungsmessers	R_n	Abgleichwiderstand	U_x	gemessene Spannung
R_{iA}	Innenwiderstand des Strommessers	R_3, R_4	Wirkwiderstände	U	Spannung am Spannungsmesser
		U_{AB}	Brückenspannung		
		U_b	Betriebsspannung	U_F	Fehlerspannung

Messwandler — Transducer

Spannungswandler, Stromwandler

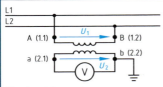

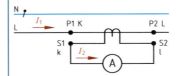

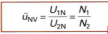

$$\ddot{u}_{NV} = \frac{U_{1N}}{U_{2N}} = \frac{N_1}{N_2} \quad \boxed{1}$$

$$U_1 = \ddot{u}_{NV} \cdot U_2 \quad \boxed{2}$$

Messbereichserweiterung mit Spannungswandler

Messbereichserweiterung mit Stromwandler bei Niederspannung

Bei Hochspannung ist k bzw. S1 zu erden.

Bei hohen Wechselspannungen werden Spannungswandler und Stromwandler zur Potenzialtrennung verwendet, bei großen Wechselströmen nur Stromwandler.

Beim Durchsteckstromwandler wird $\ddot{u}_{NA}$ für einfaches Durchstecken angegeben. Bei z Durchgängen wird $\ddot{u}_{NA}$ um z verkleinert zu $\ddot{u}_{NA}/z$.

Beim Durchsteckstromwandler:

$$I_{2N} = \frac{I_{1N} \cdot z}{\ddot{u}_{NA}} \quad \boxed{6}$$

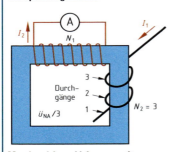

$$\ddot{u}_{NA} = \frac{I_{1N}}{I_{2N}} = \frac{N_2}{N_1} \quad \boxed{3}$$

$$I_1 = \ddot{u}_{NA} \cdot I_2 \quad \boxed{4}$$

Bei Wirkverbrauchsmessung:

$$c_a = \ddot{u}_{NV} \cdot \ddot{u}_{NA} \quad \boxed{5}$$

$$W_1 = c_a \cdot W_2 \quad \boxed{7}$$

Messbereichsverkleinerung mit Durchsteckstromwandler

c_a Ablesekonstante
N_1 Windungszahl der Eingangswicklung
N_2 Windungszahl der Ausgangswicklung
$\ddot{u}_N$ Bemessungsübersetzung

W_1 elektrische Arbeit am Wandlereingang
W_2 elektrische Arbeit am Wandlerausgang
z Anzahl d. Durchgänge beim Durchsteckstromwandler

Indizes:
A Strommesser
N Bemessungs-
V Spannungsmesser

Anschlussbezeichnung der Messwandler je nach Norm verschieden, z.B. P1, P2 für K, L; S1, S2 für k, l; A, B und a, b für 1.1, 1.2 und 2.1, 2.2

Beispiel eines Messwandlers

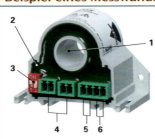

AC/DC-Messwandler

Erzeugung der Hall-Spannung

Der Laststrom I_L wird erfasst durch einen Hall-Generator (Seite 210) hinter der Hall-Geberöffnung. I_L bewirkt ein kreisförmiges Magnetfeld B um den Leiter. B drängt in Halbleiterplättchen den Steuerstrom I_{St} der Stromversorgung (rechte Handregel) nach einer Seite. Dadurch entsteht die Hall-Spannung U_H zwischen zwei Elektroden (**Bild**). Je nach I_L ist U_H eine Gleichspannung oder eine Wechselspannung.
Spannungsversorgung DC 9 V bis 30 V. Netzspannung z.B. bis AC 800 V oder DC 1000 V, Stromstärke bis AC 300 A, DC 400 A. Messwerte auslesbar über RS485-Modbus/RTU.

Die zu überwachende Netzspannung U wird direkt am Gerät angeschlossen. Dadurch können mithilfe von I_L vom Gerätecomputer die Größen $R, Z, X, f, P, S, Q, W, \cos\varphi$ und $\sin\varphi$ erfasst werden.
Wegen der Vielseitigkeit des Gerätes bezeichnet es der Hersteller GAVAZZI als CPA-Energiezähler (Certified Public Accountant).
www.gavazzi.com

B magn. Flussdichte, F_G Gerätekoeffizient, I_L Laststrom, I_{St} Steuerstrom, R_H Hall-Koeffizient, s Dicke Halbleiterplättchen, U_H Hallspannung

1 Hall-Geberöffnung zur Leiterdurchführung,
2 Anzeige LED (dunkel: Strom aus, hell: Strom an, blinkend: Datenkommunikation),
3 RS485-Parametereinstellung,
4 Spannungseingang,
5 Anschluss für Kommunikation RS485-Modus/RTU,
6 Stromversorgung DC

Hall-Spannung

$$U_H = \frac{R_H}{s} \cdot I_{St} \cdot B \quad \boxed{8}$$

B ist proportional I_L. Damit ist die **erfasste Spannung**

$$U_H = F_G \cdot I_{St} \cdot I_L \quad \boxed{9}$$

Messen mit Multimeter — Measuring by Multimeter

Messung, Test	Vorgehensweise	Bemerkungen
Gleichspannung DC V	Rotes Prüfkabel in Buchse V/Ω, schwarzes Prüfkabel in Buchse „COM" (Masse) stecken. Drehschalter in Position DC V oder V₌ drehen. Die Prüfkabel mit dem Messobjekt verbinden, an dem die Gleichspannung gemessen werden soll. Spannungswert am Display des Messinstrumentes ablesen.	Sofern die zu messende Spannung nicht bekannt ist, ist mit höchstem Messbereich zu beginnen. Dieser ist zu reduzieren, bis die Anzeige passend ist. www.gmc-instruments.de
Wechselspannung AC V	Gleiches Vorgehen wie bei Messung von Gleichspannung. Drehschalter in Position AC V oder V~ drehen. Angezeigt wird der Effektivwert.	Siehe Messung einer Gleichspannung. Effizienzwert → RMS, Root Mean Squared, TRMS, True RMS, mit Berücksichtigung von DC-Anteilen.
Gleichstrom DC A	Rotes Prüfkabel in Buchse 10 A bzw. 2 A, schwarzes Prüfkabel in Buchse „COM" stecken. Drehschalter in Position DC A oder A₌ drehen. Die Prüfkabel mit der zu messenden Gleichstromquelle in Reihe setzen.	Für Messungen zwischen 200 mA und 10 A ist das rote Prüfkabel in die Buchse 10A zu stecken, für kleinere mA-Messungen in Buchse 2A. Die Zahlenangaben stellen obere Grenzwerte der Bereiche dar.
Wechselstrom AC A	Sofern mit dem Messgerät möglich, ähnliches Vorgehen wie Gleichstrommessung. Drehschalter auf Position AC A bzw. A~ stellen.	Der Strom kann auch aus gemessener Spannung und dem Widerstand nach dem Ohm'schen Gesetz berechnet werden.
Widerstand	Rotes Prüfkabel in Buchse V/Ω, schwarzes Prüfkabel in Buchse „COM" stecken. Drehschalter in Ohm-Position drehen. Die Prüfkabel an den zu messenden Widerstand legen.	Der zu messende Stromkreis muss beim Messen von Widerständen absolut spannungsfrei sein. Alle Kondensatoren müssen entladen sein.
Frequenz	Sofern mit dem Messgerät möglich, Drehschalter auf Frequenzmessbereich stellen, rotes Prüfkabel in Buchse z.B. „V Ω Hz", schwarzes Prüfkabel in Buchse „COM". Prüfkabel mit Messobjekt verbinden.	Spannungshöchstwerte des Messgerätes sind zu beachten. www.ett-online.de www.elv.de
Diode	Rotes Prüfkabel in Buchse V/Ω, schwarzes Prüfkabel in Buchse „COM" stecken. Drehschalter in Position Diode drehen. Rotes Prüfkabel mit Anode, schwarzes Prüfkabel mit Katode verbinden. Durchlassspannung in mV wird angezeigt.	Bei unsinnigem Anzeigewert Prüfkabel an der Diode vertauschen.
Transistor	Drehschalter in Position h_{FE} drehen, sofern Funktion vorhanden ist. Entscheiden, ob Transistor Typ NPN oder PNP ist. Anschlüsse Basis, Emitter, Kollektor in Sockel des Messgerätes stecken.	Das Messgerät zeigt den h_{FE}-Wert (Stromverstärkungsfaktor) bei z.B. Basisstrom 10 µA, Kollektor-Emitter-Spannung 2,8V an.
Temperatur	K-Typ-Thermofühler in Buchsen V/Ω und „COM" stecken. Drehschalter in Position Temperaturmessung drehen. Temperaturwert wird in °C angezeigt.	
Durchgang	Rotes Prüfkabel in Buchse V/Ω, schwarzes Prüfkabel in Buchse „COM" stecken. Drehschalter in Position 5 drehen. Die Prüfkabel an zwei Punkte der zu prüfenden Schaltungsstrecke legen. Kondensatoren vor Test entladen. Prüfspannung 1,5 V bis 4 V, Prüfstromstärke ≥ 200 mA. Summer ertönt, wenn Widerstand z. B. < 30 Ω.	
Multimeter (Beispiel)	1 Umschalter für Messbereiche 2 gemeinsame Masse COM 3 Eingang zur Messung von Spannung und Widerstand 4 Eingänge für Stromstärken max. 10 A oder 2 A 5 Schalterstellung für Durchgangsprüfung 6 Steckplatz für Messungen an Transistoren 7 Display 8 Schalter On/Off (Ein/Aus) 9 Angabe Messgerätekategorie	

Wattstundenzähler — Watt Hour Meters

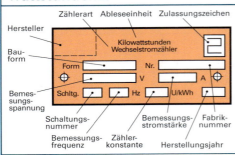

Hersteller, Bauform, Bemessungsspannung, Zählerart, Ableseinheit, Zulassungszeichen, Kilowattstunden Wechselstromzähler, Form, Nr., V, A, Schltg., Hz, U/kWh, Schaltungsnummer, Bemessungsfrequenz, Zählerkonstante, Bemessungsstromstärke, Fabriknummer, Herstellungsjahr

Zählerkonstanten C_z

C_z in Umdrehungen je kWh
120; 150; 187,5; 240; 300; 375; 480; 600; 750; 960

Es werden auch dekadische Vielfache (10-fach, 100-fach usw.) oder dekadische Teile (1/10, 1/100 usw.) von C_z verwendet, z. B. 1200; 60.

Bemessungsströme (Nennströme) I_N in A

5; 10; 15; 20; 30; 40; 50

Bei größeren Stromstärken werden Stromwandler verwendet. (siehe auch Seite 222).

Fehlergrenzen

Einphasenzähler und Mehrphasenzähler mit symmetrischer Belastung			Mehrphasenzähler bei unsymmetrischer Last		
Stromstärke	Leistungsfaktor	Fehlergrenze in %	Stromstärke	Leistungsfaktor	Fehlergrenze in %
$0,05 \cdot I_N$	1	±2,5	von $0,2 \cdot I_N$ bis I_N	1	±3
von $0,1 \cdot I_N$ bis I_{max}	1	±2,0	I_N	0,5 induktiv	±3
$0,1 \cdot I_N$	0,5 induktiv	±2,5	von I_N bis I_{max}	1	±4
von $0,2 \cdot I_N$ bis I_{max}	0,5 induktiv	±2,0			

Zählerschaltungen (Auswahl, siehe Seite Leistungsmessgeräte)

Schaltung 1000

Anschluss einpolig

Schaltung 1101

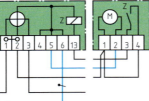

Anschluss zweipolig mit Zweitarifeinrichtung

Schaltung 4000

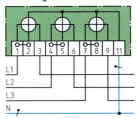

Anschluss dreipolig

Nach EnWG sind seit 2016 eHZ (elektronische Haushaltszähler) bei Neueinbau oder Zählerwechsel zu verwenden.

Bezeichnungen:

k S1	K P1
l S2	L P2
1.1 A	2.1 a
1.2 B	2.2 b
je nach Norm verschieden	

Schaltung 3020

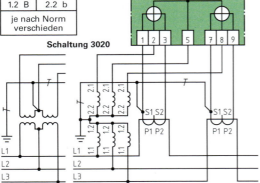

Anschluss an Stromwandler und Spannungswandler

Schaltung 4010

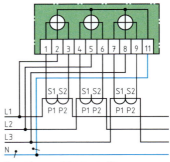

Anschluss an Stromwandler

Sensoren

Prinzip von Sensoren

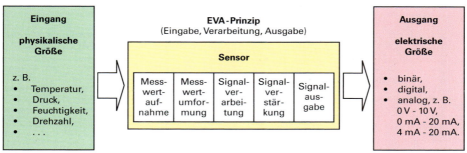

Anmerkung: Sensoren bestehen eigentlich aus Sensorelementen und einer Sensorbeschaltung, welche ein Anschließen über z. B. USB-Schnittstelle ermöglicht. Sensorelemente werden oft kurz nur Sensoren genannt.

Begriffe und Anwendungen

Bereich	Erklärung	Bemerkungen, Beispiel
Wort-erklärung	von lat. sentire = fühlen, sensus = Gefühl	Sensor = fühlendes Bauteil, Messfühler, Messaufnehmer, Detektor.
Messtechnik	Der Sensor setzt eine zu messende physikalische Größe in eine elektrische Größe um und stellt diese als elektrisches Signal zur Verfügung.	Temperaturmessung mit Thermoelement (direkte Berührung an der Messstelle) oder mit Fernthermometer (Pyrometer, Messung der Infrarotstrahlung).
konventionelle Steuerungstechnik	Der Senor setzt eine zu messende Größe, z. B. den Abstand zu einem Werkstück, in ein elektrisches Signal um und sendet dieses direkt an einen Aktor, z. B. ein Relais.	Erfassung eines Abstandes induktiv, kapazitiv, durch Ultraschall, durch Infrarot, optoelektronisch (Seiten 231 bis 234).
Bustechnik	Wie bei der Messtechnik und der Steuerungstechnik. Zusätzlich erzeugt die Betätigung durch den Benutzer die Eingangsgröße.	Die Befehlsschalter (Taster) des Bussystems geben die Befehle an die Aktoren weiter und werden ebenfalls als Sensoren bezeichnet.
computergestütztes Automatisieren	Die Sensoren setzen die Messgrößen in elektrische Signale um und stellen diese digital einem Computer zur Verfügung. Dieser veranlasst die Steuerungs- und Regelungsmaßnahmen.	Als Computer kommen je nach Umfang der Anlage und der Aufaben PC, Einbau-Computer (embedded PC), SPS oder Universalregler zum Einsatz.

Sensoren der Steuerungs- und Regelungstechnik

Sensortyp	induktiv	kapazitv	Ultraschall	Optoelektr.	Infrarot (IR)	magnetisch	mechanisch
Schaltzeichen					PIR		
Schaltung durch	Einfluss auf elektromagnetisches Wechselfeld des Sensors. Induktiv durch Metalle. Kapazitiv durch Metalle oder Nichtmetalle sowie Flüssigkeiten.		Ermittlung der Laufzeit von Ultraschallimpulsen bis zum Messobjekt und zurück.	Reflexion eines Lichtstrahls von der Sensorstelle zum Messobjekt und zurück zur Messstelle.	Aktiv: Wie bei Optoelektronik, aber mit IR. Passiv PIR: IR von bewegten Wärmestrahlern.	Dauermagnet, der dem Schaltaktor genähert und von diesem erkannt wird.	direkte Betätigung über Stößel, Rollen, Hebel und Schwimmer.
Objektdistanz	bis etwa 15 mm	bis etwa 70 mm	bis etwa 15 m	bis etwa 6 m	bis etwa 12 m	bis etwa 70 mm	Berührung

Kraftmessung und Druckmessung — Force and Pressure Measurement

Prinzip, Art	Wirkungsweise	Eigenschaften	Messgröße, Anwendung
Foliendehnungsmessstreifen (DMS) (Messgitterlänge, Folie, Dehnleiter)	Der Widerstand eines metallischen Leiters erhöht sich, wenn er durch Dehnung verlängert und damit gleichzeitig im Querschnitt verkleinert wird. Mäanderförmige Anordnung des Leiters ergibt eine größere wirksame Leiterlänge.	Längenänderung 0,1 µm bis 10 µm. Nennwiderstände $R = 120\,\Omega$, $350\,\Omega$ und $600\,\Omega$.	Kraft, Druck, Biegemoment, Torsion. Dehnungsmessungen an Maschinen und Brückenträgern. Messen von statischer oder wechselnder (dynamischer) Belastung, Kraftmessdosen, Eigenspannungsmessung. Druck, Geschwindigkeit.
Reckdrahtdehnungssensor (Reckdraht, Keramikröhrchen)	Der Widerstand eines metallischen Leiters, z. B. eines Konstantan-Leiters, erhöht sich durch Recken (Verlängern).	Drahtdurchmesser 20 µm bis 30 µm.	Zylinderdruckmessungen an Kolbenprüfständen bei häufigem Lastwechsel, Geschwindigkeitsmessungen bei Hubschraubern (Staudruckmessung).
Halbleiter-Dehnungsmessstreifen (Träger, Halbleiter, Anschluss)	Der Widerstand eines Silicium-Streifens ändert sich durch Dehnung.	Dicke des Silicium-Streifens 15 µm.	Öldrucküberwachung bei Getriebeprüfständen.
Piezoelektrischer Sensor (Kristall, Metall, $\vec{F}$)	Bei Belastung durch Zugkräfte, Druckkräfte oder Schubkräfte wird eine elektrische Ladungsverschiebung und dadurch eine elektrische Spannung erzeugt. Meist werden Piezo-Element und Ladungsverstärker zu einer Einheit zusammengefasst.	Druck $p = 0{,}01$ MPa bis 275 MPa, große Linearität, kleine Hysterese, große Temperaturbeständigkeit.	Druck, Kraft. Messen von Schockwellen. Messen von Verbrennungsdrücken, z. B. in Verbrennungsmotoren. Messen der Drücke bei Wirbelbildung in Gasen oder Flüssigkeiten. www.ctscorp.com
Piezoresistiver Sensor (Dehnzone, Stauchzone, Silicium-biegebalken, Widerstandsnester, Übertragungsstab zur Membran, Halterung, Membran)	Durch Druckkraft von der Membran erfährt der Biegebalken eine s-förmige Auslenkung. In der Stauchzone und in der Dehnzone werden die dort integrierten Widerstände verändert.	$p_{rel} = -0{,}1$ MPa bis $+0{,}2$ MPa, $U_b = 7{,}5$ V Empfindlichkeit $s = 95$ mV/MPa $\pm 15\,\%$ bei $\vartheta_u = 25\,°C$. Hysterese $\pm 0{,}2\,\%$ von s (Empfindlichkeit) Berstdruck $p_{berst} > 1$ MPa, kleine Abmessungen.	Füllstandsüberwachung, Wasserspiegelmessungen bei Trinkwasserbrunnen, Überwachung von Drücken in Schiffsdieselmotoren, Fernwärmenetzen und Gasverteilungssystemen. www.hamamatsu.com
Kapazitiver Sensor (Elektrode 2, Isolation, Druck, Membran (Elektrode 1), Dielektrikum)	Durch Verändern des Abstandes der Kondensatorplatten (Elektroden) wird eine Kapazitätsänderung hervorgerufen. Die Druckänderung und damit die Kapazitätsänderung wird mit einer Wechselspannungsmessbrücke gemessen.	Frequenzbereich (± 2 dB) $f = 0{,}4$ Hz bis 200 kHz. Übertragungskoeffizient 1 mV/Pa bis 100 mV/Pa. Polarisationsspannung 28 V bis 200 V, teilweise werden dauerpolarisierte Mikrofone (Elektretmikrofone) verwendet. Hydrophone (Unterwasserschallaufnehmer) für Wassertiefen bis 1000 m.	Druck. Messung von Pegeln, Messung von Frequenzen (Mikrofone). Schalldruckmessungen, z. B. von Überschallknall oder Wasserschallmessungen. Schallpegelmessungen, Sprach- und Musikaufnahmen.

F Kraft
f Frequenz
k Widerstandsänderungsfaktor
p_{rel} Druckbereich
p_{berst} Berstdruck
s Empfindlichkeit
U_b Betriebsspannung
ϑ_u Umgebungstemperatur

Bewegungsmessung — Motion Measurement

Prinzip, Art	Wirkungsweise	Eigenschaften	Messgröße, Anwendung
Drehzahlmessung mit Hallsensor	Jeder Zahn erzeugt bei Annäherung an den Sensor eine Spannung. Diese wird verstärkt und mit Schwellwertschaltern in ein rechteckförmiges Ausgangssignal umgeformt.	Hohe Empfindlichkeit, Magnetfelder von $B = 2,5$ mT bis $B = 20$ mT, Bemessungsstrom $I_N = 5$ mA.	Drehzahlmessung durch Zählen der Zahnradzähne. In der Kfz-Mechatronik, z. B. Zündzeitpunktbestimmung, Prüfungstechnik, ABS-Sensor. www.hallsensors.de
Wechselspannungstachogenerator	Durch Drehen des dauermagnetischen Läufers wird in die Ständerwicklung eine Spannung induziert. Zur Auswertung kann die Wechselspannung gleichgerichtet werden.	Drehzahlmessung $n = 0,1$/min bis $n = 100000$/min. Restwelligkeit der Ausgangsspannung $< 1\%$.	Drehzahl. Drehzahlmessung bei geregelten Antrieben für eine Drehrichtung. www.ltn-servotechnik.de
Impulsdrahtsensor (Wieganddraht)	Ein Spannungsimpuls in der Spule wird durch ein ummagnetisierendes Feld ausgelöst. Der Impuls entsteht, wenn der senkrechte Teil der Hysteresekurve (Bild) durchfahren wird. Dabei ändert sich die Induktion sprunghaft. Die Rückmagnetisierung erfolgt ohne sprunghafte Änderung der Induktion.	Hysteresekurve	Digitale Drehzahlerfassung, z. B. bei Fahrzeugantrieben. Spannungsimpuls
Tauchmagnetsensor	Tauchmagnetsensoren bestehen aus einer Spule, in die ein Magnet eintaucht. Die induzierte Spannung ist verhältnisgleich zur Bewegungsgeschwindigkeit des Magneten. Ist v konstant, ergibt sich für kurze Zeit eine konstante Spannung.	Messlänge $l = 1$ mm bis $l = 500$ mm. Messbereich $v = 1$ mm/s bis $v > 10$ m/s. Genauigkeit 1 %. Grenzfrequenz $f = 100$ kHz.	Geschwindigkeit. Geschwindigkeitsmessung bei kleinen Hublängen. Messen von Schwingungsgeschwindigkeiten. www.sensotech.com
MEMS-Feder-Masse-System mit Kondesatoren Fall 1: $C_1 > C_{1R}$ $C_2 < C_{2R}$ Fall 2: $C_1 < C_{1R}$ $C_2 > C_{2R}$ Ruhelage	Drei Platten bilden zwei Kondensatoren C_1 und C_2. Die Kapazitäten ändern sich bei Bewegung. Fall 1: Sensor bewegt sich nach links: Beschleunigung a nach rechts. Fall 2: Sensor bewegt sich nach rechts: Beschleunigung a nach links. a ist ~ zur Auslenkung der mittleren Platte.	Frequenzbereich $f = 0,5$ Hz bis 26 kHz je nach Anwendung. Beschleunigungsbereich: $a = -50\,g$ bis $+50\,g$. Überlast: $> 3000\,g$. $g \approx 9,81\,\frac{m}{s^2} \approx 10\,\frac{m}{s^2}$	Beschleunigungsmessung. Messen mechanischer Stöße und Schwingungen, Aufprallverzögerung zur Auslösung von Airbags (Luftsäcken) in Sicherheitssystemen von Autos und Flugzeugen, Erkennen der Drehungen von Smartphones. www.nxp.com

B magnetische Flussdichte, f Frequenz, g Fallbeschleunigung, Ortskoeffizient, H magnetische Feldstärke, I Stromstärke, I_N Bemessungsstrom, l Länge, n Drehzahl, s Weg, t Zeit, U_s Sensorspannung, v Geschwindigkeit.

Wegmessung, Winkelmessung
Distance Measurement, Angular Measurement

Merkmal	Erklärung	Bemerkungen
Aufgabe Anforderung	Wegmessung und Winkelmessung finden Anwendung z. B. bei CNC-Bearbeitungsmaschinen zum Positionieren der Werkzeugachsen und Maschinenachsen. Hierbei müssen μm-Längsbewegungen oder Winkelsekunden-Drehbewegungen möglich und messbar sein.	Zur Wegmessung dienen Linear-Maßstäbe sowie scheibenförmige Maßstäbe, z. B. bei Vorschubspindeln. Scheibenförmige Maßstäbe dienen auch zur Winkelmessung. Anschlussmöglichkeiten der Messgeräte z. B. an PROFINET, CAN, RS484. www.renishaw.de
Optisch inkremental Durchlichtverfahren Auflichtverfahren	Optisch inkrementale Sensoren (Inkremente = Zuwachswerte) besitzen beim Durchlichtverfahren einen Strichmaßstab aus Glas (linear oder kreisringförmig) mit lichtundurchlässigen Strichen. Der Strichmaßstab wird zur Messung an einer Abtastplatte aus Glas mit ebenfalls lichtundurchlässigen Strichen vorbeibewegt. Eine Abtasteinrichtung erkennt dies über Fotodioden bei Belichtung inkremental. Die Abtastplatte ist zum Erkennen der Bewegungsrichtung des Strichmaßstabes zweigeteilt. Beim Auflichtverfahren besteht der bewegbare Strichmaßstab aus Stahl mit lichtreflektierenden Strichen und lichtabsorbierenden Strichen.	**Optisch inkrementelles Winkelmesssystem**
Magnetisch inkremental Hall-Sensoren	Magnetisch inkrementale Sensoren besitzen eine Metallschiene oder Metallscheibe mit magnetischen Nordpolen und Südpolen im Abstand von etwa 0,5 mm. Das magnetische Streufeld wird über Hall-Sensoren erfasst. Bei Bewegung der Metallschiene oder Metallscheibe werden von den Hall-Sensoren Signale mit periodisch unterschiedlicher Stärke gemäß der inkrementalen Änderung erzeugt. www.balluff.com	**Magnetisch inkrementeller Sensor**
Digital absolut Codierung	Die digitale absolute Messung beruht auf codierten Maßstäben (lineare oder scheibenförmige Maßverkörperungen), die sich gemeinsam mit z. B. einer Maschinenachse oder Spindelachse bewegen. Jeder Maßstabsposition ist eindeutig ein codierter Zahlenwert zugeordnet. Häufige Codierungen sind ein 5-Bit-Dualcode, 5-Bit-Gray-Code oder ein serieller Code mit 2 Strichspuren. Die Codierungen sind als schwarze und weiße bzw. lichtundurchlässige und lichtdurchlässige Felder am Maßstab abgebildet und werden über eine Abtasteinrichtung ausgewertet.	**Codelineal**
Zyklisch analog Drehmelder Linearinduktosyn	Mittels Drehmelder werden zwei Wicklungen des Stators mit zwei um 90° phasenverschobenen Sinusspannungen gespeist. In der Rotorwicklung wird bei Drehung eine Spannung mit Phasenverschiebung zwischen 0° und 360° induziert, was dem Drehwinkel entspricht. Maßstab und Gleiter mit mäanderförmigen Leiterbahnen. Die Phasenverschiebung der induzierten Spannungen wiederholt sich zyklisch, z. B. alle 2 mm.	**Linearinduktosyn**

Temperaturmessung — Temperature Measuring

Ansicht, Prinzip, Schaltzeichen	Wirkungsweise	Eigenschaften	Anwendung, Schaltung
Widerstandsthermometer (Pt)	Der Widerstand einer Platinschicht nimmt fast linear mit der Temperatur zu. Platinschicht auf Aluminiumoxid, durch Glasüberzug oder Keramik geschützt. Für genaue Messungen geeignet.	$\alpha = 3{,}85 \cdot 10^{-3}$/K (etwa 0,4 %/K). Temperaturbereich $-50\,°C$ bis $600\,°C$. Bemessungswiderstände R_N: 100 Ω, 500 Ω, 1000 Ω. Pt100 bedeutet: $R_0 = 100\,\Omega$ bei $0\,°C$.	(Brückenschaltung mit Pt-Widerstand)
Silicium-Temperatursensor (N-Si)	N-leitendes Silicium hat zwischen zwei Kontaktflächen einen positiven Temperaturkoeffizienten. Dieser ist erheblich größer als der Temperaturkoeffizient von Metallen. Kennlinie muss linearisiert werden.	Je nach Reinheit ist $\alpha \leq 200 \cdot 10^{-3}$/K. Temperaturbereich $-50\,°C$ bis $150\,°C$. Wegen der Eigenerwärmung darf der Messstrom nur etwa 0,1 mA betragen.	Messen, Steuern und Regeln der Temperatur von Luft, Gasen oder Flüssigkeiten. Temperaturüberwachung im Auto und in Heißwassergeräten.
Heißleiter-Temperatursensor	Heißleiterwiderstand (NTC-Widerstand) mit großem Temperaturkoeffizienten. Dadurch hohe Empfindlichkeit, sodass kleine Temperaturänderungen von 0,1 mK erfassbar sind.	Temperaturkoeffizient von $\alpha = -30 \cdot 10^{-3}$/K bis $\alpha = -50 \cdot 10^{-3}$/K. Temperaturbereich $-50\,°C$ bis $120\,°C$. Durch kleine Bauform ist schnelles Erfassen der Temperaturänderung möglich.	Messen, Steuern und Regeln der Temperatur in Automobilen, Klimaanlagen, Kühlschränken und Waschmaschinen. Temperaturkompensation in elektronischen Schaltungen.
Thermoelement-Sensor (Mantel, Isolierung, z. B. Cu, z. B. Fe, Thermopaar)	Zwei miteinander verschweißte Leiter von unterschiedlicher Elektronenkonzentration liefern beim Erwärmen eine Spannung, die proportional zur Temperatur ist. Anschluss an die kalte Messeinrichtung mit einer Ausgleichsleitung aus den Werkstoffen des Thermoelements.	Platin-Rhodium (+) zu Platin (–) 12 µV/K für $-200\,°C$ bis $1600\,°C$. Eisen (+) zu Kupfernickel (–) 56 µV/K für $-200\,°C$ bis $700\,°C$. Wolfram (+) zu Rhenium (–) 56 µV/K für $-200\,°C$ bis $2200\,°C$.	Genaue Temperaturmessung an festen Körpern und Gasen. Thermopaar Ausgleichsleitung (Cu, Fe, heiß/kalt, Spannung/keine Spannung). **Prinzipieller Aufbau**
Infrarot-Thermometer (IR-Strahlung bei verschiedenen Temperaturen, 200 °C, 100 °C, Wellenlänge λ)	Jeder Körper, der wärmer als $-273\,°C$ (0 K) ist, sendet Infrarot-Strahlung (IR-Strahlung) mit Wellenlängen von 1 µm bis 1000 µm aus. Infrarot-Thermometer verwerten IR-Strahlung von z. B. 8 µm bis 14 µm. Die Wellenlänge der stärksten Strahlung nimmt mit steigender Temperatur ab, hängt aber auch vom Material der strahlenden Oberfläche ab. Deshalb muss der Emissionsgrad je nach Material eingestellt werden. www.advancedenergy.com	Oft Zielhilfe durch Laserstrahl. Stromversorgung z. B. zwei Zellen (AA) Alkali. **Typische Werte:** Temperaturbereich z. B. $-40\,°C$ bis $1500\,°C$. Auflösung $0{,}1\,°C$. Einstellzeit 500 ms. Betriebstemperatur $0\,°C$ bis $50\,°C$. Ungenauigkeit bei IR-Thermometer 0,4 % vom Messwert, mindestens aber $1\,°C$. Masse 300 g, Batterie-Betriebsdauer 8 h, Datenspeicher für 100 Messpunkte.	IR-Thermometer geeignet für schnelle Messungen aus kurzer oder großer Entfernung. Berührungslose Messung heißer oder unter elektrischer Spannung stehender Teile, z. B. bei der vorausschauenden Instandhaltung (Predictive Maintenance). Bei manchen IR-Thermometern ist ein Kontaktthermometer mit Thermoelement sowie eine Digitalkamera zur Dokumentation eingebaut.

α Temperaturkoeffizient, Bezugstemperatur meist $20\,°C$

Durchflusssensoren, Ultraschallsensoren, Radarsensoren
Flow Sensors, Ultrasonic Sensors, Radar Sensors

Art	Erklärungen, Prinzip	Bemerkungen
Durchflusssensor (Kalorimetrisches Messprinzip)	Durchflusssensoren messen den Durchfluss von Flüssigkeiten, Gasen oder Dämpfen. Je nach Anwendung und Medium gibt es verschiedene Messprinzipien. **Geeignet für Flüssigkeiten, Gase und Dämpfe:** Wirbel- und Dralldurchflusssensor, Schwebekörper-Durchflusssensor, Wirkdruck-Durchflusssensor. **Geeignet nur für leitende Flüssigkeiten:** Elektromagnetischer Durchflusssensor. **Geeignet für Flüssigkeiten:** Flügelrad-Durchflusssensor, Ultraschall-Durchflusssensor, Coriolis-Massendurchflusssensor. **Geeignet für Flüssigkeiten und Gase:** Kalorimetrischer Durchflusssensor.	**Auswahlkriterien für Durchflusssensoren:** • Eigenschaften des Mediums bzw. Fluids, • Zweck der Messung und technisch mögliche Messverfahren, • Produktspezifikationen, • Kosten. **Störungsursachen für Durchflusssensoren:** • Kalkablagerungen, • Schlamm, • Rost, • Biofilm (z.B. Mikroorganismen), • Luftblasen, • Strömungsschwankungen oder -abweichungen, • pulsierende Strömung, • Rohrvibrationen.
Ultraschallsensor	Neben den Ultraschall-Näherungsschaltern (folgende Seite) zur Positionserkennung von Objekten, gibt es auch Ultraschallsensoren zur Bestimmung der Entfernung, der Anwesenheit, der Lage oder des Niveaus eines Objekts. Ultraschallsensoren sind in der Lage, Objekte (fest, flüssig, körnig oder pulverförmig) berührungslos zu erkennen und ihre Entfernung zum Sensor zu messen. Der Sensorkopf sendet hochfrequente kegelförmige Schallwellen aus, die vom Objekt zurückreflektiert werden. Der Sensor arbeitet nach dem Prinzip der Puls-Laufzeitmessung. Dabei wird die Zeit zwischen dem Aussenden der Schallwellen bis zum Empfang der vom Objekt reflektierten Echo-Schallwelle gemessen.	**Typische Anwendungen für Ultraschallsensoren sind:** • Füllstandsmessungen und Füllstandskontrollen von Flüssigkeiten oder Feststoffen, • Antikollisionssysteme in der Robotik und bei Fahrzeugen, • Sicherheitsüberwachung, • Abstandsmessung und Erkennung von Objekten, • Werkstoffprüfung wie z.B. Schweißnahtprüfung, • Sonografie als bildgebendes Verfahren in der Medizin. **Umgebungseinflüsse auf den Ultraschallsensor:** • Lufttemperatur, • Fremdschall mit der gleichen Frequenz, • starker Regen oder Schneefall.
Radarsensor 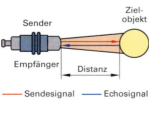	Radarsensoren arbeiten präzise bei fast allen Witterungsbedingungen. Sie messen Lage, Abstand, Entfernung, Distanz, Bewegung und Geschwindigkeit. Radar steht für „radio detection and ranging" (Funkortung und Abstandsmessung). Der Radarsensor stößt kontinuierlich gebündelte, hochfrequente elektromagnetische Funkwellen in Radio- und Mikrowellenfrequenzbereich als Signal aus und misst die Zeit, welche das vom Objekt reflektierte Echosignal braucht. Aus diesem errechnet das Gerät dann Winkel, Entfernung oder die Geschwindigkeit des angepeilten Objektes zum Sender. In der Luft bewegen sich diese Radarwellen mit Lichtgeschwindigkeit.	**Typische Anwendungen für Radarsensoren sind:** • Bewegungsmelder, • Füllstandsmelder, • Antikollisionssysteme und Assistenzsysteme bei Fahrzeugen (Abstandstempomaten und Notbremsassistenten), • Radarortung- und überwachung (Überwachung von Schiffs- und Flugverkehr), • Geschwindigkeitsmessung und Abstandsmessung im Straßenverkehr. **Umgebungseinflüsse auf den Radarsensor:** • Andere Radarsensoren mit der gleichen Frequenz, • starker Regen oder Schneefall.

Näherungsschalter (Sensoren) 1   Proximity Switches (Sensors) 1

Arten von Näherungsschaltern

Schaltung	Erklärungen	Bemerkungen
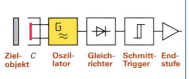 Ziel- L Oszil- Gleich- Schmitt- End- objekt lator richter Trigger stufe **Induktiver Näherungsschalter**	Die Schwingkreisspule des Oszillators erzeugt ein hochfrequentes, elektromagnetisches Streufeld. Dies tritt aus der aktiven Fläche des Schalters heraus. Ein Metallteil, das in das Streufeld eintaucht, dämpft den Schwingkreis und durch die Signaländerung schaltet der Schmitt-Trigger.	Induktive Näherungsschalter erfassen alle Metalle. Der Sensor arbeitet berührungslos und verschleißfrei. Die Schaltfunktion am Ausgang ist als Schließer (NO, normally open) oder als Öffner (NC, normally closed) wählbar. Betriebsspannungen: DC 10 V bis 60 V, AC 20 V bis 250 V, Strombelastbarkeit bis 500 mA, Schaltabstand bis 70 mm.
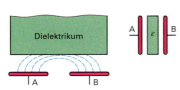 Ziel- C Oszil- Gleich- Schmitt- End- objekt lator richter Trigger stufe 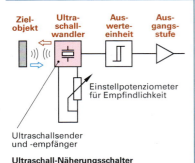 **Kapazitiver Näherungsschalter**	Der Schwingkreis des Oszillators ist nach dem Kondensatorprinzip aufgebaut. Gelangt ein Gegenstand in das elektrische Feld vor der aktiven Fläche, erhöht sich die Kapazität des Kondensators. Dadurch ändert sich der Schwingkreis und damit das Signal. Diese Signaländerung schaltet den Schmitt-Trigger und somit ändert sich der Ausgangszustand. Die Kapazität und damit der Schaltabstand ist abhängig von der Permittivitätszahl des zu erfassenden Gegenstandes.	Kapazitive Näherungsschalter erfassen alle Stoffe, auch flüssige. Der Sensor arbeitet berührungslos und verschleißfrei. Die Schaltfunktion am Ausgang ist als Schließer oder als Öffner wählbar. Betriebsspannungen: DC 10 V bis 60 V, AC 20 V bis 250 V, Strombelastbarkeit bis 500 mA, Schaltabstand abhängig vom Material bis 70 mm. Faktoren zur Berechnung des Schaltabstandes (Bemessungs-Schaltabstand des Sensors x Reduktionsfaktor): | Metalle etwa 1	Wasser 1,0
Holz 0,2 bis 0,7	PVC 0,6
Glas 0,5	Öl 0,1	

Schaltung	Erklärungen	Bemerkungen
Ziel- Ultra- Aus- Aus- objekt schall- werte- gangs- wandler einheit stufe Einstellpotenziometer für Empfindlichkeit Ultraschallsender und -empfänger **Ultraschall-Näherungsschalter**	Ein Ultraschall-Wandler sendet Ultraschallimpulse aus, schaltet dann auf Empfang um und wertet die vom Objekt reflektierten Signale aus. Die Zeit bis zum Eintreffen des Echos ist proportional zum Abstand des Objektes vom Näherungsschalter.	Möglich sind Schaltsignale sowie analoge Signale zur Entfernungsbestimmung oder digitale Signale zur Objekterkennung. Das Material des Objekts muss Ultraschallwellen reflektieren können. Der Sensor arbeitet berührungslos und verschleißfrei. Betriebsspannungen: DC 20 V bis 30 V, Bemessungsspannung: DC 24 V, Strombelastbarkeit bis 300 mA. Schaltabstand abhängig von der Größe und Oberflächenbeschaffenheit bis 15 m.

Mögliche Störbeeinflussungen von Näherungsschaltern

Induktiver Sensor

Beeinflussung durch
- fremde magnetische Felder (Motoren, elektrisches Schweißen),
- weichmagnetische Werkstoffe (magnetische Werkstücke, Bauteile und Werkzeuge),
- Ablagerungen und Verschmutzungen durch Metallstaub und -Späne,
- andere induktive Sensoren.

Kapazitiver Sensor

Beeinflussung durch
- Schmutz,
- Luftfeuchtigkeit,
- externe elektromagnetische Störquellen (Frequenzumrichter).

Ultraschall-Sensor

Beeinflussung durch
- gegenüberliegende oder parallele Ultraschall-Näherungsschalter,
- benachbarte Wände oder Körper.

Näherungsschalter (Sensoren) 2 — Proximity Switches (Sensors) 2

Optoelektronische Näherungsschalter

Schaltung	Erklärungen	Bemerkungen
Einweglichtschranke (Sender, Empfänger, Gabellichtschranke)	Sender und Empfänger sind räumlich getrennt und einander gegenüberliegend montiert. Der Sender strahlt seine IR-Strahlung (Infrarot-Strahlung) gebündelt auf den gegenüberliegenden Empfänger. Die Unterbrechung des Lichtstrahls löst beim Empfänger den Schaltvorgang aus.	Hohe Störsicherheit gegen Fremdlicht. Großer Montageaufwand durch exakte Ausrichtung von Sender und Empfänger (Ausnahme Gabellichtschranke). Erkennung kleinster Gegenstände bei kleinen Abständen. Sehr große Reichweite möglich (bis 2500 m, meist bis ca. 20 m).
Reflexionslichtschranke (Sender, Empfänger, Reflektor)	Sender und Empfänger sind in einem Gehäuse untergebracht. Der Sender strahlt die gebündelte IR-Strahlung auf einen gegenüberliegenden Reflektor aus Glas oder Kunststoff. Dieser wirft den Lichtstrahl in die Empfängeroptik zurück. Eine Unterbrechung löst im Empfänger den Schaltvorgang aus.	Hohe Störsicherheit gegen Reflexionsverwechslungen. Weniger Montageaufwand als bei der Einweglichtschranke. Geringere Reichweite (bis 65 m, meist bis ca. 10 m).
Reflexionslichttaster (Sender, Empfänger, Gegenstand)	Sender und Empfänger sind in demselben Gehäuse untergebracht. Der vom Sender ausgesandte IR-Strahl wird von einem Gegenstand auf den Empfänger reflektiert. Um unempfindlich gegen Störlicht zu sein, wird der IR-Strahl mit einer hohen Frequenz gepulst.	Einfacher Montageaufwand, deshalb flexibel in der Anwendung. Da jede Oberfläche verschieden reflektiert, ist ein Erkennen verschiedener Objekte möglich. Große Abhängigkeit der Reichweite (max. bis 6 m, meist bis 2 m) von der Farbe, Oberflächenbeschaffenheit und Größe des zu erfassenden Objektes.

Lichtschranken sind sehr störanfällig gegen Verschmutzung der Optik. Technische Daten je nach Typ unterschiedlich:
- Betriebsspannungen DC 10 V bis 240V/ AC 20 V bis 250 V,
- Strombelastbarkeit bis 250 mA.

Anschlussmöglichkeiten von Näherungsschaltern

2-Leiter-Anschluss	3- und 4-Leiter-Anschluss
Der Anschluss des Näherungsschalters (auch Sensor genannt) erfolgt wie bei mechanischen Grenztastern in Reihe zur Last. Seine Versorgungsspannung (DC 10 V bis 60 V oder AC 20 V bis 250 V) erhält der Sensor über den Verbraucher. Es fließt deshalb ein Ruhestrom von etwa 3 mA bis 5 mA auch im gesperrten Zustand. Im durchgeschalteten Zustand tritt am Sensor bei maximalem Strom ein Spannungsfall von 5 V bis 10 V auf. Gegen Spannungsspitzen (z. B. aus dem Netz) sind Wechselspannungsschalter meist geschützt. Wechselspannungsschalter sind oft für den 2-Leiter-Anschluss ausgelegt. Gleichspannungsschalter sind verpolungssicher oder mit beliebiger Polarität anschließbar.	Beim 3-Leiter-Anschluss wird die Versorgungsspannung dem Sensor über einen zusätzlichen Leiter zugeführt. Im gesperrten Zustand ist der Reststrom über den Verbraucher vernachlässigbar klein. Im durchgeschalteten Zustand beträgt der Spannungsfall bei maximalem Strom nur 2 V bis 4 V. Sensoren mit 4-Leiter-Anschluss können als Wechselschalter eingesetzt werden. Gegen Kurzschluss, Überlast und Zerstörung durch Spannungsspitzen (z. B. beim Schalten induktiver Lasten) sind beide Ausführungen geschützt. Gleichspannungsschalter sind verpolungssicher oder mit beliebiger Polarität anschließbar.

Näherungsschalter können auch in den AS-i-Bus integriert oder an ein SPS-Eingangsmodul angeschlossen werden.

2-Leiter-Anschluss	3-Leiter-Anschluss	3-Leiter-Anschluss	4-Leiter-Anschluss
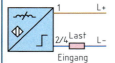	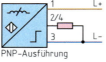	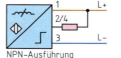	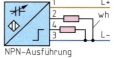
Eingang	PNP-Ausführung	NPN-Ausführung	NPN-Ausführung

Schaltungsbeispiele von Näherungsschaltern

PNP, NPN positiv, negativ schaltend; 2/4 Öffner-/Schließerfunktion; wh weiß

Smarte Sensorik und Aktorik

smart sensors and actors

Smarte Sensoren

Definition/ Arten	Ein Smart-Sensor (= intelligenter Sensor) enthält neben der Messgrößenerfassung auch die Signalaufbereitung und Signalverarbeitung für mehrere Messgrößen in einem Gehäuse.	
Beispiel	**Darstellung, Wirkungsweise**	**Erklärungen, Daten**
Druck- und Temperatursensor	Temperatur-Sensor, Kapazitiver Drucksensor, Multiplexer, Mux, ADC, Digitaler Signal-Prozessor DSP, Linearisierungskoeffizienten, FIFO-Speicher, Speicherverwaltung, Spannungsregler, µC, I²C/SPI, VDDIO, VDD	Der ADC wandelt analoge Messwerte in 24-Bit-Worte. Im DSP (Digital Signal Processort) werden z.B. Rauschanteile entfernt. Die Kennlinienwerte werden aus den Kalibrierungskoeffizienten für Temperatur ϑ und Druck p berechnet. Mittels Mikrocomputer μC werden 32 Messwerte im FIFO-Speicher (First In First Out) gespeichert und über I²C-Bus (Inter Integrated Circuit) oder SPI (Serial Peripheral Interface) ausgegeben.
Abmessungen: 2 mm x 2,5 mm x 1,1 mm	Infineon DPS368. Pinbelegung: VDD (8), GND (7), VDDIO (6), SDO (5), Vent Hole, GND (1), CSB (2), SDI (3), SCK (4). Vent Hole= Lüftungsöffnung. 1,7 GND (Masse); 2 Chip Select; 3 SDI Serial Data In/Out; 4 SCK Serial Clock; 5 SDO Serial Data Out; 6 VDDIO Spannungsversorgung für digitale Baugruppen und digitale Schnittstelle; 8 Spannungsversorgung für analoge Baugruppen	Messbereiche: Druck p = 300 hPa bis 1200 hPa mit Δp = ± 0,002 hPa, Temperatur ϑ = -40 °C bis 85 °C mit $\Delta \vartheta$ = ± 0,5 °C. Anwendungen: Messen von Höhen, Luftstrom und Körperbewegungen in Smartwatches, Smartphones, Haushaltsgeräten und Drohnen.
Bewegungssensoren	• Beschleunigungssensoren, Gyroscope • Geomagnetische Sensoren • Imu (Inertial Measurement Unit = Trägheitsmesseinheit)	3-Achsen-Messsysteme 3-Achsen Magnetfeldsensoren Beschleunigungs- und Winkelgeschwindigkeitsmesser
Umgebungssensoren	• Drucksensor, Höhenmessung (Barometer) • Umgebungssensoren für Gas, Druck, Feuchtigkeit, Temperatur	Höhenmessungen 300 hPa bis 1250 hPa zwischen 0°C und 65°C. Steuerung Heizung, Lüftung.

Smarte Aktoren (Aktuatoren)

Definition	Ein Smart-Aktor (= intelligenter Aktor) ist eine Baugruppe, die z.B. lokale Antriebstechnik mit internen und externen Sensoren kombiniert. Intelligente Aktoren können Diagnosen durchführen und enthalten Lernfunktionen und Speicherfunktionen.	
Beispiel	**Darstellung, Wirkungsweise**	**Erklärungen, Daten**
Smarter Linear-Aktuator	Eingänge: analog, digital, CAN-Bus → Aktuator → Ausgänge: Rückmeldung der Daten, mechanische Bewegung	Mechanischer Linear-Aktuator, der durch Steuersignale eine manuelle Steuerung unterstützt. Durch Rückmeldung der Bewegungsdaten, z.B. des Pedaldrucks, wird die elektronisch-mechanische Betätigung erleichtert. Smarte Sensoren und Aktoren können mittels Draht oder Funk verbunden oder vernetzt werden.
Beispiel SA4 www.glenndinningprods.com	Mechanischer Linearaktuator	Betriebsspannung 10 V bis 36 V DC Steuereingänge: CAN-Bus, analog oder geschaltet. Messbereiche: Mechanische Geschwindigkeit bis 60 mm/s, Mechanische Kraft bis 400 N.

BM

Spezielle optoelektronische Sensoren
Special Optoelectronic Sensores

Art	Erklärung	Bemerkungen
Licht-laufzeit-sensor	Mittels Messen der Lichtlaufzeit wird zwischen Sensor und Objekt die Entfernung berührungslos gemessen. Zu unterscheiden sind die Anwendungen *Entfernungsmessung* und *Objekterkennung*. Laserimpulse werden vom erkannten Objekt reflektiert und über eine Linse auf einen optoelektronischen Empfänger fokussiert. Aus Lichtgeschwindigkeit und gemessener Laufzeit der Impulse sowie mit zusätzlicher Messung der Phasenverschiebungen zwischen gesendeten und reflektierten Laserimpulsen wird die Entfernung bzw. Vermessung berechnet.	**Phasenverschiebung φ bei Lichtreflexion** Anwendungen: Objekthöhen messen, Objekte zählen, Abstände regeln, Zugriffe kontrollieren, Kollisionsschutz an fahrerlosen Transportsystemen. www.wenglor.com; www.sick.com; www.leuze.de
Lichtgitter Lichtvorhang Muting Blanking	Funktion als Lichtschranke mit mehreren Lichtstrahlen. Soll Material aus oder in eine Gefahrenzone transportiert werden, kann das Lichtgitter über Muting-Sensoren (stumm geschaltet) gesteuert werden. Unterscheidung zwischen Einwirken von Mensch und Material möglich. Bei Blanking (Unterdrückung) sind einzelne Strahlen im Lichtgitter abschaltbar. Überwachen von Sicherheitszonen, z. B. bei Roboterarbeitsplätzen, Zugangsabsicherungen.	**Lichtgittersteuerung über Muting-Sensoren** www.schmersal.com
Spiegel-reflex-schranke	Lichtschranke mit Reflektor und Rotlicht oder Laserlicht. Mittels Polarisationsfilter glänzende Oberflächen erkennbar.	Anwendungen: Erkennen von Objekten auf Förderbändern, Durchführen von Zufuhrkontrollen.
Farb-sensor	Die Sensoren senden gepulstes Weißlicht auf das zu prüfende Objekt. Das reflektierte Licht wird von drei Empfängern (rot, grün, blau) aufgenommen. Die Farbwertanteile werden berechnet und mit zuvor gespeicherten Referenzfarbwerten (Teach-in) verglichen.	Die erkannten Farben werden z. B. über RS232, USB als Digitalwerte oder durch unterschiedliche Spannungen an einem Schaltausgang abgebildet. Anwendungen: Erkennen farbiger Objekte, Flüssigkeiten, Farbcodierungen.
Glanz-sensor	Unter 60° zur Senkrechten strahlt z. B. eine Weißlicht-LED auf die zu kontrollierende Oberfläche. Ein Teil des reflektierten Lichts wird von einem 60° zur Senkrechten angeordneten Empfänger aufgenommen, die diffuse Reflexion von einem Empfänger unter 15° → Glanzgradermittlung.	Die Kalibrierung erfolgt auf Schwarzglas unter 60°. Dieser Wert dient als prozentualer Glanzwert (100%). Während der Kalibrierung wird als Referenzwert für die späteren Messungen abgespeichert. Anwendungen: Für Bewertungen metallischer Oberflächen, lackierter Oberflächen.
Lichtleit-kabel-sensor	Sensoren zum Anschluss an Lichtleitkabel aus Kunststoff oder Glasfasern. Auswertung des vom Objekt reflektierten Lichtes (Tastbetrieb, Tastweite → Entfernung) oder unterbrochenen Lichtes (Schrankenbetrieb). Anwendung bei engen Platzverhältnissen.	**Anwendung Lichtleitkabel-Sensor**
Vision-Sensoren (Vision = Sehkraft)	Besitzen CCD-Sensoren (charged coupled device, lichtempfindliches Bauelement zur Bildaufnahme), Objektiv, Speicher, zur Beleuchtung Leuchtdioden. Farbige Bildverarbeitung. Arbeitsweise z. B. mit gesendetem Weißlicht. Unabhängigkeit des Objektes von Position und Drehwinkel. Die Sensor-Einstellung erfolgt über PC.	**Vision-Sensor zu Objekterkennung**

Als Schnittstellen zur Datenkommunikation mit PC oder SPS sind bei den Sensoren, z. B. RS232, USB, IO-Link, Schaltausgänge mit unterschiedlichen Spannungen verfügbar, auch Anschluss an Industrial Ethernet möglich.

Vernetzung von Sensoren und Aktoren
Interconnection of Sensors, Actuators

Merkmal	Erklärung	Bemerkungen
Aufgabenstellung	Maschinelle und elektrische Anlagen sind unter verschiedenen Optimierungsgesichtspunkten zu betreiben, z. B. Kosten, Personal, Energie oder Komfort. Hierbei müssen die Sensoren und Aktoren der Anlagen für Aufgaben zum Steuern, Regeln, Überwachen oder Auswerten mit Computern (PC, SPS) vernetzt werden.	Das Einbinden der Internet-Technik ermöglicht von entfernten Stellen aus über PCs, Tablets, Smartphones auf Anlagen einzuwirken, oft infolge von Auswertung zuvor erfasster Daten. Derartige sensorbasierte Automatisierungen fallen in der Industrie unter den Begriff *Industrie 4.0* und in der Wohnbau-Gebäudetechnik unter *Smart Home*.
Kommunikationstechnik Feldbus Bussystem Router Gateway Buskopplung	Die Sensoren und Aktoren werden je nach Anwendung an einen Feldbus, z. B. AS-i, Gebäudebus, z. B. KNX, oder Messgerätebus, z. B. M-Bus, angeschlossen. Für diese Busse gibt es entweder für PCs oder SPS Bus-Schnittstellen oder Koppelgeräte mit z. B. USB-Schnittstelle zum Anschluss an PCs. Diese sind schließlich über Router und Internet weltweit vernetzbar. Bus-Gateways erlauben ein Koppeln unterschiedlicher Busse. Sensoren und Aktoren werden mit ihren analogen Signalen entweder an Buskoppelmodule angeschlossen oder besitzen selbst geeignete Busschnittstellen. Zu unterscheiden sind leitungsgebundene Schnittstellen und Funk-Schnittstellen	**Vernetzung von Sensoren und Aktoren**
Industrielle Komponenten Sensormodule Aktormodule	Im betrieblichen Bereich werden Sensoren z. B. zur Messung von Drehzahl, Drehmoment, Druck, Bewegung, Geschwindigkeit, Position, Winkel, Durchfluss oder zur Objekterkennung verwendet. Lichtgitter, Scanner oder ähnliche Betriebsmittel besitzen eine Vielzahl von Sensoren. Sensoren werden meist über zwei, drei oder vier Drähte angeschlossen. Sensormodule oder analoge Eingangsmodule ermöglichen ein Anschließen an Bussysteme wie AS-i, PROFIBUS oder PROFINET. Oft sind die Sensoren auch für direktes Anschließen an Bussysteme ausgerüstet Manche Sensoren besitzen auch USB-Schnittstellen.	Sensoren bestehen aus dem Sensorelement sowie der Sensorsignalverarbeitung. Diese kann ggf. die Signale auch gemäß entsprechender Standardschnittstellen aufbereiten. Als Aktoren (Aktuatoren) werden Schütze, Drehgeber, Motoren und pneumatische oder hydraulische Zylinder und Ventile verwendet. Über Aktormodule oder analoge Ausgangsmodule können Aktoren an Bussysteme angeschlossen werden. Auch Ventile können über sogenannte Ventilinseln an ein Bussystem angeschlossen werden. www.siemens.com, www.festo.de
Smart-Home-Komponenten Zentrale Schaltstelle System Access Point	Im Bereich der Gebäudeautomatisierung sind Sensoren zum Erfassen von z. B. Temperatur, Wind, Regen, Sonneneinstrahlung, Rauch, Tast-Betätigungen im Einsatz. Die Sensorsignalweitergabe an Aktoren/Aktoreinheiten erfolgt mittels Leitung oder Funk. Verfügbare Bussysteme sind z. B. KNX, LCN, HomeMatic und Loxone. Gesteuert werden Jalousien, Rollläden, Beleuchtungen, Sirenen, Steckdosen, Heizkörper. Bei Einsatz verschiedener Bussysteme in einer Anlage sind Bus-Gateways erforderlich. Auch bei erweiterter Ansteuerung über Smartphones. Als zentrale Schaltstellen, die über Router mit dem Internet verbunden werden können, dienen Server, auch Master, Steuereinheit, Management-System, System Access Point genannt. Über Aktoreinheiten werden die Aktoren, z. B. Schütze, Dimmer, Motoren, angesteuert.	Wichtige Installationskomponenten für Busankopplungen sind z. B. analoge Sensor-Schnittstellenmodule, Sensor-/Aktoreinheiten, Schaltaktoren, Tastaktoren, Dimmer, Installationsverteiler mit Reiheneinbau-Aktoren. www.gira.de, www.busch-jaeger.de **Smart-Home-Installation**

Energieüberwachung in Smart-Grid-Anlagen
Power Monitoring in Smart Grid Systems

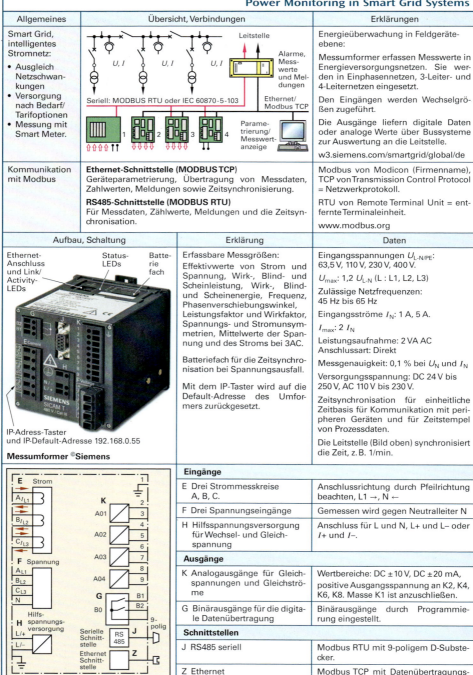

Allgemeines	Übersicht, Verbindungen	Erklärungen
Smart Grid, intelligentes Stromnetz: • Ausgleich Netzschwankungen • Versorgung nach Bedarf/Tarifoptionen • Messung mit Smart Meter.	Leitstelle / Alarme, Messwerte und Meldungen U, I / U, I / U, I Seriell: MODBUS RTU oder IEC 60870-5-103 Ethernet/Modbus TCP 1 2 3 4 5 Parametrierung/Messwertanzeige	Energieüberwachung in Feldgeräteebene: Messumformer erfassen Messwerte in Energieversorgungsnetzen. Sie werden in Einphasennetzen, 3-Leiter- und 4-Leiternetzen eingesetzt. Den Eingängen werden Wechselgrößen zugeführt. Die Ausgänge liefern digitale Daten oder analoge Werte über Bussysteme zur Auswertung an die Leitstelle. w3.siemens.com/smartgrid/global/de
Kommunikation mit Modbus	**Ethernet-Schnittstelle (MODBUS TCP)** Geräteparametrierung, Übertragung von Messdaten, Zahlwerten, Meldungen sowie Zeitsynchronisierung. **RS485-Schnittstelle (MODBUS RTU)** Für Messdaten, Zahlwerte, Meldungen und die Zeitsynchronisation.	Modbus von Modicon (Firmenname), TCP von Transmission Control Protocol = Netzwerkprotokoll. RTU von Remote Terminal Unit = entfernte Terminaleinheit. www.modbus.org
Aufbau, Schaltung	**Erklärung**	**Daten**
Ethernet-Anschluss und Link/Activity-LEDs, Status-LEDs, Batteriefach **Messumformer ©Siemens** IP-Adress-Taster und IP-Default-Adresse 192.168.0.55	**Erfassbare Messgrößen:** Effektivwerte von Strom und Spannung, Wirk-, Blind- und Scheinleistung, Wirk- und Scheinenergie, Frequenz, Phasenverschiebungswinkel, Leistungsfaktor und Wirkfaktor, Spannungs- und Stromsymmetrien, Mittelwerte der Spannung und des Stroms bei 3AC. Batteriefach für die Zeitsynchronisation bei Spannungsausfall. Mit dem IP-Taster wird auf die Default-Adresse des Umformers zurückgesetzt.	Eingangsspannungen $U_{\text{L-N/PE}}$: 63,5 V, 110 V, 230 V, 400 V. $U_{\max}$: 1,2 $U_{\text{L-N}}$ (L : L1, L2, L3) Zulässige Netzfrequenzen: 45 Hz bis 65 Hz Eingangsströme I_N: 1 A, 5 A. $I_{\max}$: 2 I_N Leistungsaufnahme: 2 VA AC Anschlussart: Direkt Messgenauigkeit: 0,1 % bei U_N und I_N Versorgungsspannung: DC 24 V bis 250 V, AC 110 V bis 230 V. Zeitsynchronisation für einheitliche Zeitbasis für Kommunikation mit peripheren Geräten und für Zeitstempel von Prozessdaten. Die Leitstelle (Bild oben) synchronisiert die Zeit, z. B. 1/min.
Anschlussplan	**Eingänge**	
E Strom: A_{IL1}, B_{IL2}, C_{IL3} F Spannung: A_{L1}, B_{L2}, C_{L3}, N H Hilfsspannungsversorgung L/+, L/− K A01, A02, A03, A04 G B1, B0 Serielle Schnittstelle RS 485 Ethernet-Schnittstelle	E Drei Strommesskreise A, B, C.	Anschlussrichtung durch Pfeilrichtung beachten, L1 →, N ←
	F Drei Spannungseingänge	Gemessen wird gegen Neutralleiter N
	H Hilfsspannungsversorgung für Wechsel- und Gleichspannung	Anschluss für L und N, L+ und L− oder I+ und I−.
	Ausgänge	
	K Analogausgänge für Gleichspannungen und Gleichströme	Wertbereiche: DC ±10 V, DC ±20 mA, positive Ausgangsspannung an K2, K4, K6, K8. Masse K1 ist anzuschließen.
	G Binärausgänge für die digitale Datenübertragung	Binärausgänge durch Programmierung eingestellt.
	Schnittstellen	
	J RS485 seriell	Modbus RTU mit 9-poligem D-Substecker.
	Z Ethernet	Modbus TCP mit Datenübertragungsrate 10/100 Mbit/s.

Oszilloskop — Oscilloscope

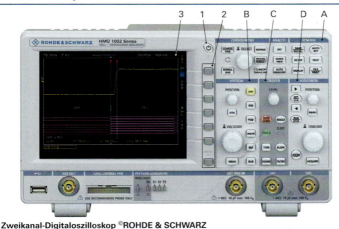

Zweikanal-Digitaloszilloskop ©ROHDE & SCHWARZ

Bedienung, Bedienbereiche
1 Ein-/Ausschalter
2 Wahl der Bedienfelder
3 Softmenü-Tasten (Touchscreen)
A CURSOR/MENU, ANALYZE, GENERAL: Drehgeber für Auflösung, Anzeige der Parameter dargestellter Kurven, Speicherfunktionen
B VERTICAL: Einstellmöglichkeiten der analogen Kanäle
C TRIGGER: Triggerpegel, Auto-/Normalbetrieb, Flanken
D HORIZONTAL: Trigger-Level, Triggermarken, Run/Stopp-Modus, Zeitbasis, Zoom-Taste

Englische Bezeichnung	Deutsche Bezeichnung, Wirkung	Englische Bezeichnung	Deutsche Bezeichnung, Wirkung
Allgemeine Bezeichnungen		**Zeitablenkung, Triggerung**	
AC	Wechselspannung	Ȳ und INVERT	invertierender Eingang
CAL	Kalibriert	+/−	positive/negative Flanke
CH(ANNEL)	Kanal	AUTO, AT	freischwingend
CHOP(PED)	bei Zweikanalbetrieb	DLY'D TRIG	verzögerte Triggerung
DEFL(ECTION)	Ablenkung	DLY-TIME	Verzögerungszeit
FOCUS	Schärfe	EXT(ERNAL)	von außen
HOR(IZONTAL)	Horizontal-	HF/LF	hohe/tiefe Frequenzen
ILLUM(INATION)	Rasteraufhellung	INT(ERNAL)	intern, geräteeigen
INP(UT)	Eingang	LEVEL	Pegel der Triggerung
INTENS(ITY)	Helligkeit	MAINS, LINE	Triggern mit Netzfrequenz
INVERT, INV	Signalumkehr	MODE	Art des Triggersignals
MAG(NIFICATION)	Vergrößerung	NORM(AL)	normal triggerbar
POWER(ON)	Netzschalter	SINGLE SWEEP	einmalige Ablenkung
VOLT/DIV	VOLT je Teileinheit	SLOPE	Anstieg des Triggersignals
X-Y	XY-Betrieb	SOURCE	Quelle des Triggersignals
Y-POS(ITION)	Senkrechte Verschiebung	TIME/DIV	Zeit je Teileinheit
		TRIG I/II	Triggerung durch Kanal I/II

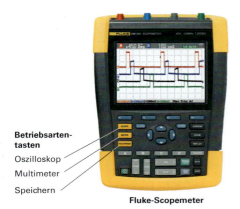

Betriebsartentasten
Oszilloskop
Multimeter
Speichern

Fluke-Scopemeter

Zweikanaloszilloskop
- Eingangsempfindlichkeit 2 mV/div bis 100 V/div (direkt). Mit 10:1-Tastkopf 20 mV bis 1 000 V.
- Zeitbasisbereich von 2 ns/div bis 2 min/div,
- 2 elektrisch isolierte Eingänge,
- Abtastrate bis 2,5 GSample/s,
- Auflösung 400 ps,
- Speicher für 10000 Samples je Kanal, zoombar,
- Triggerarten z. B.: Freilauf, Ein-Flanken, Verzögert, Zwei Flanken, wählbare Impulsbreite.
- Oszilloskopvorsätze für PC mit USB-Schnittstelle verfügbar.

Digitalmultimeter
- Auflösung 5000 Digits.
- V DC, V AC, V AC + DC, Effektivwerte, Widerstand, Durchgängigkeit, Strom mit Zange oder Shunt.

Scope-Record (Datenlogger)
- Aufzeichnen von Signalform-Sampledaten bis zu 48 h,
- bis 30000 Signalwerte bei Multimeterbetrieb,
- bis 10000 Signalwerte je Kanal bei Oszilloskopbetrieb.

Scopemeter sind für den mobilen Einsatz in rauhen und schmutzigen Umgebungen konzipiert. Mit ihnen können Spannungen bis zu 100 V direkt gemessen werden.

Messen mit dem Oszilloskop — Measuring by Oscilloscope

Spannungsmessung

Ohne X-Ablenkung

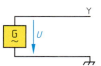
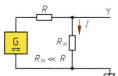

$\hat{u}$ Spitze-Tal-Spannung
l Strichlänge
A_y Y-Ablenkkoeffizient
U Spannung (Effektivwert)

$$\hat{u} = l \cdot A_y$$

$$U = \frac{\hat{u}}{2 \cdot \sqrt{2}}$$ **1**

Strommessung (mit Hilfswiderstand)

U Spannung
I Stromstärke
R_H Hilfswiderstand
A_y Y-Ablenkkoeffizient
l Länge der Nulllinien-Verschiebung

$$U = l \cdot A_y$$

$$I = \frac{U}{R_H}$$ **2**

Frequenzmessung mit Zeitablenkung

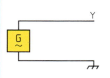

T Periodendauer
l_x Abstand in cm bzw. DIV
A_x Zeitablenkkoeffizient in s/cm bzw. s/DIV
f Frequenz

$$T = l_x \cdot A_x$$ **3**

$$f = \frac{1}{T}$$ **4**

Messung der Phasenverschiebung mit Zweikanaloszilloskop

Beispiel: Phasenverschiebung von U und I an Kondensator, $R_H \ll X_C$

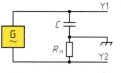

l_x Periodendauer
Generator mit erdfreiem Ausgang verwenden.

$$\frac{\varphi}{x} = \frac{360°}{l_x}$$

$$\varphi = \frac{x}{l_x} \cdot 360°$$ **5**

$U(I)$-Kennlinie einer Diode

Zeitablenkung abgeschaltet

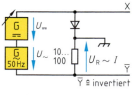

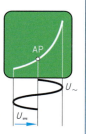

Mit DC-Vorspannung gewünschten Ausschnitt der Kennlinie einstellen. Oszilloskop mit Trenntransformator betreiben.

$U(I)$-Kennlinie eines Diac

Zeitablenkung abgeschaltet

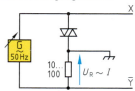

Wechselspannung bis zum Erreichen der Schaltspannung des Diac steigern.
Oszilloskop mit Trenntransformator betreiben.

Messung der Impulsanstiegszeit eines Verstärkers

t_r Anstiegszeit
l Länge in cm bzw. DIV
A_x Zeitablenkkoeffizient in s/cm bzw. s/DIV

$$t_r = l \cdot A_x$$ **6**

Messung des Impuls-Tastgrades

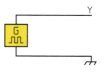

t_i Impulsdauer
$l_1\ l_2$ Abstände in cm bzw. DIV
T Periodendauer
A_x Zeitablenkkoeffizient in s/cm bzw. s/DIV
g Tastgrad

$$t_r = l \cdot A_x$$

$$T = l_2 \cdot A_x$$

$$g = \frac{l_1}{l_2} = \frac{t_i}{T}$$ **7**

Messwerterfassung mit dem PC

Hardware zur Messwerterfassung

Art	Erklärung	Beispiel, Daten
Sensoren (jeweils aus Sensorelement und Signalverarbeitungsstufe)	Umsetzung der Messgrößen in ein elektrisches Signal.	Piezoelektrischer Sensor zur Messung von Kräften.
Signal-Konditionierung	Umsetzung der Signale in eine Form, die zur Weiterverarbeitung in der folgenden Stufe geeignet ist.	Potenzialfreiheit herstellen, Verstärkung, Rauscheinfluss durch Filter beseitigen, auch Spannungs-Strom-Umsetzung.
Steckkarte für PC bzw. Datenerfassungsmodul Anschlüsse: PCI-Bus, USB, RS 232, RS 485, CAN-Bus	Umsetzung des konditionierten Signals z. B. in Bitfolgen, die vom PC weiterverarbeitet werden können.	Das analoge konditionierte Signal wird durch einen AD-Umsetzer digitalisiert.
Modul mit analogen Eingängen und digitalen Ausgängen	Modul mit z. B. 64 Analogeingängen, die z. B. über einen Multiplexer und AD-Umsetzer an die Ausgänge gelegt werden.	Die Wortbreite jedes Kanals beträgt 8 bit bis 32 bit. Die Abtastrate beträgt bis 500 MS/s. (S = Samples = Abtastungen)
Multifunktionskarte	Karte mit allen Arten von Eingängen und Ausgängen.	Die Werte entsprechen denen der übrigen Karten.
Digitales Messgerät mit Schnittstelle	Übliche Messgeräte mit geeigneter Schnittstelle, z. B. USB oder RS 232, können ihre Messwerte an die Datenerfassungskarte des PC abgeben.	Das Messgerät arbeitet z. B. meist unabhängig vom PC (Stand-Alone-Betrieb). Die Messwerte werden aber durch den PC von Zeit zu Zeit abgerufen, erfasst und ausgewertet.

Virtuelle Instrumente (VI)

Bildschirmansicht	Erklärung
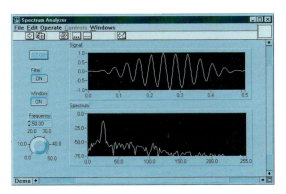 Front Panel (Benutzeroberfläche) eines virtuellen Instruments (VI)	Auf dem PC wird eine spezielle Software betrieben, welche auf dem Bildschirm die Ansicht der Frontseite (Front Panel) eines Messgerätes erzeugt **(Bild)**. Die Schalter und Drehköpfe können mit der Maus betätigt werden. Über Buttons (Schaltflächen) können weitere Parameter verändert werden. Bekannte Systeme sind • LabVIEW und • DASYLab. Die Aufgabe wird in einem Blockdiagramm am Bildschirm angegeben (programmiert) und mit Paletten (z. B. Bedienelementepalette) in das Front-Panel umgesetzt. Ein VI besteht aus einem Front-Panel und dem Blockdiagramm. www.ni.com

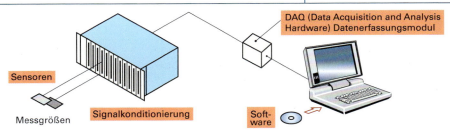

Bestandteile eines Datenerfassungssystems (DAQ-Systems)

Messkarten für den PC — Measuring Cards for PCs

Allgemeine Begriffe bei Messkarten

Begriff	Erklärung	Bemerkungen, typische Beispiele
AD-Umsetzer, ADU, ADC	Modul zur Umsetzung (*Conversion*) von Analogsignalen in Digitalsignale.	Bei sehr hoher Umsetzrate Parallel-Umsetzer, sonst Umsetzer für schrittweise Ergebnis-Annäherung (mit SAR).
Bandbreite	Frequenzbereich der erfassbaren Signale.	30 Hz bis 200 MHz. In diesem Bereich gilt aber nicht die angegebene Genauigkeit.
CMRR	Common Mode Rejection Ratio (Gleichtakt-Unterdrückungsverhältnis), Kenngröße des auf der Messkarte enthaltenen Operationsverstärkers.	70 dB bei Verstärkungsfaktor 1
Eingangsimpedanz	Scheinwiderstand, der am Eingang der Messkarte gemessen werden kann.	100 kΩ, 1 MΩ, 10 GΩ
Eingangskanal	Weg für die Erfassung der Messdaten eines Sensors.	8, 12, 16, 24, 32 Kanäle
Einstellzeit	Zeit, welche bis zur Ausgabe eines Ergebnisses vergeht.	0,1 ms
Externer Speicher	Speicher außerhalb der Datenerfassungskarte.	bis TB-Bereich
Messbereich	Bereich, für den die angegebene Genauigkeit gilt.	-10 V bis $+10$ V und 0 Hz bis 1 MHz
On-Board-Speicher	Speicher auf der Datenerfassungskarte.	je nach Art, z. B. 4 GB
Quantisierungsfehler	Fehler, der bei der Quantisierung eines bisherigen Analogsignals entstehen kann.	maximal 1 % oder 0,1 % bei Verstärkungsfaktor 1000
Wandlungsrate, Abtastrate	Anzahl der je Sekunde maximal durchführbaren AD-Umsetzungen.	bis 500 kHz bzw. 500 kSPS = 500 Kilosamples Per Second (500000 Abtastungen je Sekunde)

Genauigkeit bei Messungen mit dem PC

Begriff	Erklärung, Beispiel	Formel, Daten
Auflösung	Anzahl der Abschnitte, in die der Messbereich unterteilt wird. Bei einer 12-Bit-Karte ist $A = 2^n = 2^{12} = 4096$.	Auflösung $\quad A = 2^n$
Auflösung in Bits	Gleichbedeutend mit der Bitzahl der Karte.	Bei einer 12-Bit-Karte ist die Auflösung 12 bit.
Auflösung in Volt	Messbereich geteilt durch Auflösung. Bei einer 8-Bit-Karte mit dem Messbereich -5 V bis $+5$ V ist $A = A_V = B_M/2^n = 10\,V/2^8 = 39$ mV.	Auflösung in V $\quad A_V = \dfrac{B_M}{2^n}$
Eingangsgenauigkeit, Messgenauigkeit, absoluter Messfehler	Angaben sind nicht einheitlich. Möglich ist Angabe in % ± LSB, z. B. 0,24 % ± 1 LSB, oder in Bits, z. B. +2 Bits, oder in FSR (Full Scale Range = gesamter Messbereich), z. B. +0,048 %. Alle diese Beispiele geben dieselbe Genauigkeit an.	• bei Angabe in % ± LSB: $F = B_M \cdot (f/100 \pm 1/2^n)$ • bei Angabe in Bits: $F = 2\,(B_M/2^n)$ • bei Angabe in FSR: $F = B_M \cdot f/100$
Genauigkeit	siehe Eingangsgenauigkeit	Eigentlich wird der Messfehler angegeben.
LSB	Least Significant Bit = Bit mit der niedrigsten Wertigkeit.	Bei einer 12-Bit-Karte hat das LSB den Wert $1/2^{12}$.
Spannungsbereich, Eingangsbereich	Messbereich, in dem die Spannungen der Sensorsignale liegen.	Wenn z. B. Bereich von -10 V bis $+10$ V, dann $B_M = 20$ V.

A Auflösung, A_V Auflösung in Volt, B_M Messbereich, F absoluter Messfehler, f relativer Messfehler in %, n Anzahl der Bits, SAR Succesive Approximation Register = schrittweises Annäherungsregister

Begriffe der Mess- und Prüftechnik
Terms of Measuring and Testing Technology

Begriff	Erklärung	Begriff	Erklärung
Ansprechschwelle	Kleinste Wertänderung der Eingangsgröße des Messgerätes, welche zu einer wahrnehmbaren Wertänderung der Ausgangsgröße des Messgerätes führt.	Messspanne	Differenz zwischen Endwert und Anfangswert des Messbereichs.
Anzeigebereich	Bereich zwischen größter und kleinster Anzeige, bei dem Fehlergrenzen meist eingehalten werden.	Messunsicherheit	Angabe des Messfehlers, der mit einer bestimmten Wahrscheinlichkeit nicht überschritten wird.
Eichen	Amtliche Prüfung eines Messgerätes anhand von Eichvorschriften.	Messwertumkehrspanne	Anzeigen-Unterschied bei Messungen zwischen fallenden und steigenden Messwerten.
Empfindlichkeit	Änderung der Ausgangsgröße dividiert durch Änderung der Eingangsgröße eines Messgerätes.	Normal	Messmittel, mit welchem eine Einheit oder bekannte Werte einer Größe dargestellt werden kann/können, um diese anderen Messmitteln zum Vergleichen bereitzustellen.
Einflussgröße	Beeinflusst fälschlicherweise die Messgröße.		
Einstelldauer	Zeit, bis nach sprunghafter Änderung des Wertes der Eingangsgröße die Werte der Ausgangsgröße dauerhaft innerhalb vorgegebener Grenzen bleiben.	Prüfen	Feststellung, inwieweit ein Prüfobjekt Forderungen erfüllt.
		Prüfmittel	Messmittel zur Ermittlung der Erfüllung gestellter Anforderungen an ein Objekt.
Erwartungswert	Ihm nähert sich das arithmetische Mittel einzelner Messwerte.	Referenzbedingung	Vorgeschriebene Bedingungen zum Prüfen eines Messmittels oder zum Vergleichen von Messergebnissen.
Genauigkeit	Grad der Übereinstimmung eines angezeigten Wertes mit dem wahren Wert.	Richtiger Wert	Bekannter Wert für Vergleiche, dessen Abweichung vom wahren Wert vernachlässigbar ist.
Genauigkeitsklasse	Fehler in % bei Messungen im Messbereichs-Endwert.	Richtigkeit	Fähigkeit, ohne systematische Messabweichungen zu messen.
Hysterese	Anzeige-Differenz für gleichen Wert der Messgröße, wenn a) von kleineren zu größeren Werten und b) von größeren zu kleineren gemessen wird.	Rückverfolgbarkeit	Aufzeichnung von Messergebnissen unter Angabe der Messbedingungen.
		Rückwirkung des Messgerätes	Beeinflussung der Messung der physikalischen Größe durch das Messgerät.
Justieren	Einstellen und Abgleichen eines Messgerätes, um systematische Messabweichungen zu minimieren.	Validierung	Bestätigung durch Untersuchung, dass die gestellten Anforderungen erfüllt sind.
Kalibrieren	Ermitteln der systematischen Messabweichung durch Vergleich der durch Normale festgelegten Messwerte.	Wahrer Wert	Messwert, den man in einer absolut fehlerfreien Messung erhalten würde.
Konformität	Erfüllung festgelegter Anforderungen.	Wiederholbarkeit	Grad der Übereinstimmung von Messergebnissen mehrerer Messungen für denselben Eingangswert und unter denselben Betriebsbedingungen (Reproduzierbarkeit).
Linearität	Konstanter Zusammenhang von Ausgangsgröße zu Eingangsgröße.		
Maßverkörperung	Messmittel, welches eine Maßeinheit verkörpert, z. B. eine Lehre.		
Messabweichung	Abweichung eines aus Messungen gewonnenen und der Messgröße zugeordneten Wertes vom wahren Wert. Unterschieden werden systematische (Mittelwert von Messungen minus wahrer Wert der Messgröße), zufällige (Messergebnis minus Mittelwert von Messungen) und messgeräteresultierende Messabweichungen.	Wiederholpräzision	Eigenschaft, dass das Ausgangssignal eines Messgerätes bei mehrfachen Messungen der gleichen Messgröße unter gleichen Bedingungen fast denselben Wert hat.
Messbereich	Wertebereich für die zu messende Größe, für den die Messabweichungen des Messgerätes innerhalb vereinbarter Grenzen liegen.		
Messbeständigkeit	Fähigkeit eines Messgerätes, dauerhaft gleiche Messergebnisse unter gleichen Voraussetzungen zu liefern.		
Messgröße	Zu messende physikalische Größe.		
Messmittel	Messgeräte, Messeinrichtungen, Referenzmaterialien, Hilfsmittel zum Messen physikalischer Größen.		

Systematische Messabweichung (systematischer Fehler)

Elektromagnetische Schütze — Electromagnetic Contactors

Arten und Wirkungsweise

Diagramm, Schaltung	Erklärung	Bemerkungen
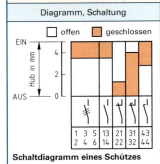 Schaltdiagramm eines Schützes	Elektromagnetische Schütze sind elektromagnetisch betätigte Fernschalter und bestehen aus Erregerspule, beweglichem Anker, festen und beweglichem Schaltstücken (Kontakten). Je nach Art des Schützes erfolgen die Schaltvorgänge der Schaltstücke getrennt oder überlappt (Bild). Schütze haben für den Hauptstromkreis meist drei Schaltstrecken 1-2, 3-4, 5-6 und für die Hilfsstromkreise (Steuerstromkreise) mehrere Hilfskontakte.	Wechselstromschütze werden durch AC gesteuert, Gleichstromschütze durch DC. AC-Steuerung verursacht Brummen, DC-Steuerung ist geräuschlos. Es gibt elektromagnetische Schütze mit elektronischem Eingangskreis für AC- und DC-Ansteuerung in einem breiten Spannungsbereich und auch zur direkten Ansteuerung durch SPS. Hilfsschütze sind kleine Schütze mit mehreren Hilfskontakten zum Steuern des Erregerstromes von großen Schützen.
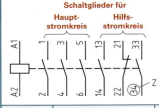 Verklinkbares Hilfsschütz	Verklinkte Hilfsschütze werden eingesetzt, wenn nach Ausfall der Steuerspannung die Schaltstellung erhalten bleiben soll. Nach Anlegen der Steuerspannung verklinken sie mechanisch.	Zum Entklinken muss ein Spannungsimpuls an die Anschlüsse einer Entklinkspule E1-E2 gelegt werden. Meist ist über eine Betätigungstaste auch Entklinken von Hand möglich.

Kennzeichnung der Schaltglieder

vgl. DIN EN 50012 und DIN EN 50013

Einzelheit Z

34
 └ **Funktionsziffer** (hier Schließeranschluss)
 └ **Ordnungsziffer** (hier 3. Hilfsschaltglied)

Die Ordnungsziffer nummeriert die Hilfsschaltglieder.
Die Funktionsziffer gibt deren Aufgabe an.

Anschlüsse	Art des Schaltgliedes	Anschluss mit Ordnungsziffer	Art des Schaltgliedes	Anschluss mit Funktionsziffer	Art des Schaltgliedes
1–2 3–4 5–6	Schaltglied (meist Schließer) für den Hauptstromkreis	1X, 2X, 3X ... z. B. 11, 12...	Hilfsschaltglieder in der Reihenfolge der Anordnung	Y1, Y2 Y3, Y4 Y1, Y2, Y4	Öffner-Hilfsschaltglied Schließer-Hilfsschaltglied Wechsler-Hilfsschaltglied
Zwei Ziffern, z. B. 11, 21 ...	Hilfsschaltglieder z. B. Öffner-Eingänge	9 X z. B. 95, 96	Hilfsschaltglieder für Überlast-Schutzeinrichtung	Y5, Y6 Y7, Y8	Öffner- Schließer- } Hilfsschaltglied mit besonderer Funktion

Grundschaltung von Schützen mit Schaltfunktion

Hauptstromkreis, Schaltfunktion	Steuerstromkreis, Schaltfunktion	Benennung, Bemerkungen
L1, L2, L3 50 Hz 400 V -F1 -Q1 -M1 M 3~ 2.1 2.2 $y_{M1} = \overline{F}_1 \wedge q_1$	2.1 50 Hz 230 V -F2 -S1 -S2 -Q1 2.2 -Q1 $y_{K1} = \overline{F}_2 \wedge \overline{s}_1 \wedge (s_2 \vee q_1)$	*Schütz mit Haltekontakt* Betätigung von S2 bringt Q1. Q1 schaltet M1 ein und hält sich über den Haltekontakt (Schließer) Q1. Betätigen von S1 führt zur Abschaltung von Q1 und damit von M1. Übliche Grundschaltung der Schützschaltungen. Haupt- und Steuerstromkreis ohne Motorschutz dargestellt. Anwendungen der Grundschaltung siehe Seite 245.

Verriegelte Schützschaltung: Zwei Schütze, bei denen vor der Antriebsspule der Öffner des anderen Schützes in Reihe geschaltet ist, z. B. Wendeschützschaltung Seite 245.

Entriegelte Schützschaltung (Folgeschaltung): Zwei Schütze, bei denen vor der Antriebsspule eines der beiden Schütze ein Schließer in Reihe geschaltet ist.

Gebrauchskategorien und Antriebe von Schützen
Application Categories and Excitations of Contactors

Gebrauchskategorien von Schützen, Motorstartern und Hilfsstromschaltern

Kategorie	Typische Anwendungsfälle	Kategorie	Typische Anwendungsfälle
AC-1	Nicht induktive oder leicht induktive Lasten, Widerstandsöfen.	DC-1	Nicht induktive oder leicht induktive Lasten, Widerstandsöfen.
AC-2	Schleifringläufermotoren mit Anlassen und Reversieren (Drehrichtungsumkehr).	DC-2	Fremderregte Motoren (Nebenschlussmotoren) mit Anlassen und Ausschalten von laufenden Motoren.
AC-3	Käfigläufermotoren mit Anlassen und Ausschalten des laufenden Motors.	DC-3	Motoren wie bei DC-2, aber zusätzlich mit Reversieren (Drehrichtungsumkehr) und Tippbetrieb.
AC-4	Käfigläufermotoren mit Anlassen, Reversieren (Drehrichtungsumkehr) und Tippbetrieb.	DC-4	Reihenschlussmotoren mit Anlassen und Ausschalten von laufenden Motoren.
		DC-5	Reihenschlussmotoren mit Anlassen, Reversieren und Tippbetrieb.
AC-11	Elektromagnete, z. B. für Spannzeuge oder Hubmagnete.	DC-11	Elektromagnete, z. B. für Spannzeuge oder Hubmagnete.

Antriebe von elektromagnetischen Schützen

Antrieb	Erklärung	Bemerkungen
AC-Antrieb, konventionell	Antrieb durch AC-Magneten. Beim Einschalten hat das Magnetsystem einen großen Luftspalt. → Kleine Impedanz → großer Einschaltstrom → ruckartiges Anziehen. Nach dem Anziehen ist der Luftspalt sehr klein. → Große Impedanz → kleiner Haltestrom → kleine Halteleistung. Im Eisenkern ist ein Spaltpolring angeordnet. → Induzierter Strom im Spaltpolring mit Phasenverschiebung gegen den Spulenstrom → Magnetwirkung auch beim Nulldurchgang des Spulenstroms → bessere Gleichförmigkeit der Haltekraft. **Vorteil:** Einfacher Aufbau. **Nachteil:** Brummgeräusch, Schlag beim Einschalten, enger Spannungsbereich der Magnetspule.	Kern der Schützspule **Anordnung des Spaltpolrings** Der konventionelle AC-Antrieb ist am weitesten verbreitet, wird aber bei Neukonstruktionen oft ersetzt.
DC-Antrieb, konventionell	Antrieb durch DC-Magneten. Der Einschaltstrom steigt wegen der Induktivität langsam an. → Sanfter Anzug. Nach dem Anziehen wird der Spulenstrom mittels Widerstand verkleinert **(Bild)**. → Kleiner Haltestrom und kleine Halteleistung. **Vorteil:** Kein Brummgeräusch, kaum Einschaltschlag. **Nachteil:** Hilfskontakt und Widerstand erforderlich, enger Spannungsbereich der Magnetspule.	
UC-Antrieb, konventionell	Antrieb durch DC-Magneten, der an eine Dioden-Brückenschaltung angeschlossen ist **(Bild)**. Wirkung wie beim DC-Antrieb. Wird die DC-Spannung an die Brückenschaltung angeschlossen, so kann diese beliebig gepolt sein. **Vorteil:** Wie bei DC-Antrieb, auch bei AC-Ansteuerung.	
elektronischer Antrieb	Vor der DC-Antriebsspule liegt eine elektronische Schaltung mit Stromversorgung vom Netz zur Verstärkung der Steuerspannung oder zur Regelung des Spulenstromes **(Bild)**. Stromverkleinerung mittels Widerstand wie beim DC-Antrieb ist überflüssig. Die kleine Steuerleistung der Antriebsschaltung ermöglicht direkten Anschluss an SPS oder an Kleinsteuerungen.	
Weitbereichsantrieb	Aufbau wie bei beschriebenem elektronischen Antrieb. Die elektronische Schaltung ist erweitert um eine Weitbereichsstufe, die aus einer fast beliebig hohen Eingangsspannung eine konstante Ausgangsspannung für die Magnetspule erzeugt. Im Prinzip besteht die Weitbereichsstufe aus Gleichrichterbrücke und geregeltem Gleichstromsteller zur Pulsweitenmodulation.	

AC Wechselstrom (von Alternating Current), DC Gleichstrom (von Direct Current), UC Universalstrom

Vakuumschütze, Halbleiterschütze
Vakuum Contactors, Semiconductor Contactors

Prinzip, Ansicht	Erklärung	Bemerkungen
## Vakuumschütze		
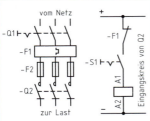 Ansicht eines Vakuumschützes bei abgenommenem Deckel	*Antrieb*: Elektromagnetisch; Schützspule UC (AC oder DC); seltener elektronisch (Elektronik vorgeschaltet). *Lastdaten* 3 AC 400 V, je nach Typ 185 A bis 820 A. Für DC nicht geeignet. *Steuerspannungen* DC 24V bis 250 V, AC 48 V bis 600 V. Der Hauptkontakt jedes Pols bewegt sich in einer luftdichten Vakuumschaltröhre. Dadurch entsteht beim Abschalten kein Lichtbogen, der Strom reißt beim folgenden Richtungswechsel ab. Die Schaltüberspannung wird durch Überspannungsableiter begrenzt.	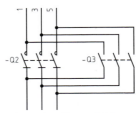 1 beweglicher Leiter 2 Faltenbalg 3 Vakuum 4 Getter (bindet eindringende Luft) 5 beweglicher Kontakt 6 Fenster für Stellungsanzeige 7 fester Kontakt Vakuumschaltröhre eines Poles des Vakuumschützes
## Halbleiterschütze		
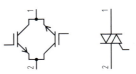 Stromlaufplan eines Halbleiterschützes	*Vorteil von Halbleiterschützen*: geräuschloses Schalten. *Nachteile von Halbleiterschützen*: keine sichere Trennung vom Netz, in jedem Fall zusätzliche trennende Schalter nötig. Die große Wärmeentwicklung erfordert meist Kühlkörper. Abhilfe: elektromagn. Bypass-Schütz. Die Empfindlichkeit gegen Überströme erfordert Sicherungen vom Typ Z und meist getrennte Bimetallrelais.	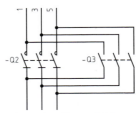 Schaltung eines Bypass-Schützes ohne Eignung als Wendeschütz
Bestandteile eines Halbleiterschützes	*Eingangskreis* zur Anpassung des Steuersignals, z.B. durch Gleichrichtung eines AC-Signals. *Optokoppler* zur Potenzialtrennung der Steuerspannung. *Ausgangskreis* zur Erzeugung der Steuerspannungen für die bis sechs Thyristoren des Lastkreises in der Weise, dass der Laststrom beim Nulldurchgang der Spannung einsetzt (Nullspannungsschalter). *Lastkreis* zur Steuerung der Last mittels Thyristoren. Überspannungsableiter sind zum Schutz der Last integriert (eingebaut).	Leistungsteil je Pol von Halbleiterschützen Jeder Pol des Schützes steuert eine Phase des Laststromes mittels Einphasenwechselwegschaltung von Thyristoren oder bei kleiner Leistung mittels Triac.
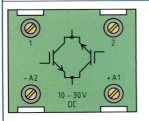 Ansicht eines einpoligen Halbleiterschützes	*Lastdaten* 3AC 400 V/230 V, bis 50 A. *Steuerspannungen* DC oder AC von 10 V bis 240 V. *Kühlkörper* bei kleiner Leistung, z.B. 0,55 kW, nicht erforderlich. *Einpoliges Halbleiterschütz*, z.B. zur Steuerung von Einphasenstrom. *Zweipoliges Halbleiterschütz* zur Steuerung von Drehstrom, auch mit zwei zusätzlichen Wechselschaltungen als Wendeschütz. *Dreipoliges Halbleiterschütz* zur Steuerung von Drehstrom.	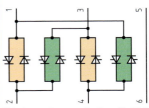 Schaltung eines zweipoligen Halbleiterschützes für Drehstromantrieb als Wendeschütz

Schützschaltungen — Circuits for Contactors

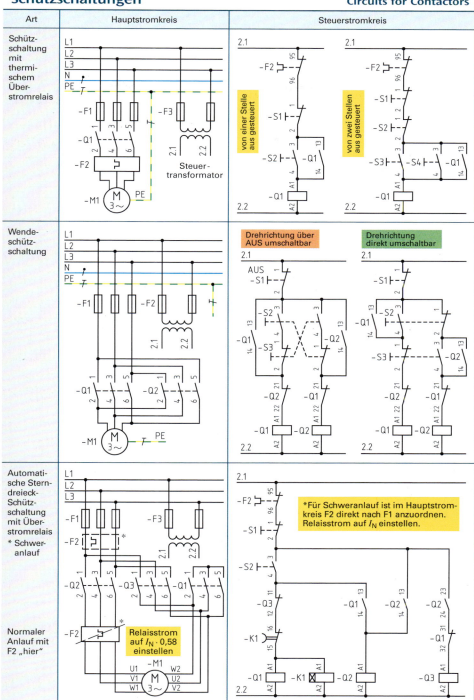

Hilfsstromkreise

Auxiliary Circuits vgl. DIN VDE 0100-557

Begriff	Erklärung	Schaltungen
Hilfs-stromkreis Stromver-sorgung Transformator	Ein *Hilfsstromkreis* ist ein Stromkreis, der kein Hauptstromkreis ist. *Steuerstromkreise* und *Messstromkreise* sind Hilfsstromkreise. *Stromversorgung* des Hilfsstromkreises erfolgt durch AC 50 Hz bis 230 V, AC 60 Hz bis 227 V oder DC bis 220 V. Meist erfolgt sie aus dem Hauptstromkreis, bei DC über einen Gleichrichter. Ein *Transformator* bewirkt die erwünschte *Trennung* vom Hauptstromkreis. Bei SELV oder PELV muss das ein Sicherheitstransformator sein.	**Stromversorgungen für den Hilfsstromkreis**
Trennung vom Hauptstromkreis Überstrom-Schutzeinrichtung	Die Transformatoren müssen beim Drehstromnetz eingangsseitig (primärseitig) an zwei Außenleiter angeschlossen sein. Hilfsstromkreise ohne Trennung vom Hauptstromkreis muss man an einen Außenleiter und den Neutralleiter anschließen. Ungeerdete Hilfsstromkreise erfordern eine Isolationsüberwachungseinrichtung. Überstromschutz dient nur dem Kurzschlussschutz.	**Anordnung der Überstrom-Schutzeinrichtungen**
Einschalten Abschalten Wirkglieder, z. B. Schützspulen	Hilfsstromkreise müssen so ausgeführt sein, dass ein einzelner Leiterbruch, Körperschluss oder Erdschluss die Anlage in einem sicheren Zustand, z. B. AUS, erhält oder in einen solchen überführt. Deshalb erfolgt das Abschalten durch Öffner und das Einschalten durch Schließer. *Wirkglieder*, z. B. Schützspulen, sind auf einer Seite direkt (ohne Schaltglieder) mit dem geerdeten Leiter zu verbinden. Beim IT-System dürfen Wirkglieder an zwei Außenleiter angeschlossen sein. Dann sind die Außenleiter durch zweipolige Schaltglieder zu schalten. Die Außenleiter sind gegen Kurzschluss zu sichern.	üblich im IT-System zulässig **Anordnung der Taster (ohne Haltestromkreis)**
Doppelte Schlüsse (Körperschlüsse, Erdschlüsse)	Hilfsstromkreise müssen auch bei doppelten Schlüssen gegen Fehlschaltungen, z. B. Einschalten ohne Einschaltsignal, geschützt sein. Das wird bei geerdeten Hilfsstromkreisen durch Überstrom-Schutzeinrichtungen bewirkt, die beim 1. Körperschluss oder Erdschluss innerhalb von 5 s die Stromversorgung abschalten. Bei ungeerdeten Hilfsstromkreisen muss eine Anzeige den Isolationsfehler optisch und/oder akustisch melden. Der Isolationswiderstand muss je V der Nennspannung mindestens 100 Ω betragen.	① oder ② löst F1 aus ③ löst F1 aus, wenn S2 betätigt **Verhinderung von Fehlschaltungen bei Erdschluss**
Messstromkreis Direktmessung Wandlermessung	Bei direktem Anschluss von Messstromkreisen an den Hauptstromkreis sind anzuwenden • Überstrom-Schutzeinrichtungen zum Kurzschlussschutz oder • kurzschluss- und erdschlusssichere Verlegung, z. B. Mantelleitung, Verlegung nicht in der Nähe von brennbaren Stoffen. Bei *Spannungswandlern* muss die Ausgangsseite (Sekundärseite) geerdet und gegen Kurzschluss gesichert sein. Bei *Stromwandlern* erfolgt nie eine Sicherung gegen Kurzschluss und bei Niederspannung auch keine Erdung.	**Anschluss Strom- und Spannungswandler**

Schützschaltungen mit Motorschutzschalter
Circuits for Contactors with Motor Protection Switch

Hauptstromkreise	Steuerstromkreise

Manuelle Stern-Dreieck-Anlassschaltung mit Motorschutzschalter

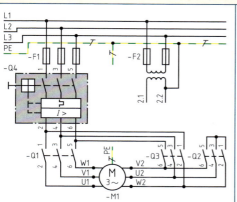
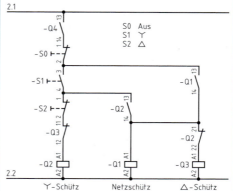

Dahlanderschaltung mit Motorschutzschalter

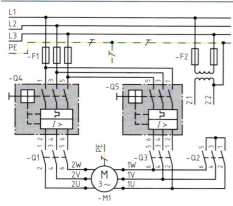
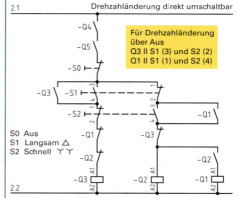

Schleifringläufer-Selbstanlasserschaltung mit Motorschutzschalter

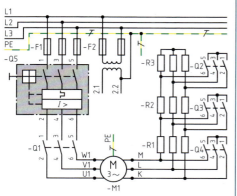
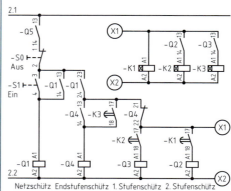

Polumschaltbare Drehstrommotoren — Chance-Pole Motors

Motorart	Dahlandermotor	Motor mit zwei getrennten Wicklungen und zwei Drehzahlen	Motor mit zwei getrennten Wicklungen und drei Drehzahlen
Anschluss für Rechtslauf	L1, L3, L2 mit 1W, 2W, 2U, 1U, 2V, 1V — △: niedrige Drehzahl; L2, L3, L1 mit 1W, 2W, 2U, 1U, 2V, 1V — YY: hohe Drehzahl	L3, L1, L2 mit 1W, 1U, 1V; L3, L1, L2 mit 2W, 2U, 2V	L3, L1, L2 mit 1U, 3W, 3V, 1W, 3U, 1V; L2, L1, L3 mit 3U, 1V, 1W, 3V, 1U, 3W; L3, L1, L2 mit 2U, 2W, 2V
Drehmomentkennlinie	Drehmoment-Drehzahl-Kennlinie mit M_A, M_S, M_K, M_N und Bemessungsdrehzahl. M_A Anzugsmoment, M_S Sattelmoment, M_K Kippmoment, M_N Bemessungsmoment		
Drehrichtungsumkehr	Durch Vertauschen von zwei der drei Anschlussleiter kehrt sich die Drehrichtung des Drehfeldes und damit die Läuferdrehrichtung um.		
Anschlüsse am Motorklemmbrett	1U 1V 1W / 2U 2V 2W PE	1U 1V 1W / 2U 2V 2W PE	1U 1V 1W / 3U 3V 3W / 2U 2V 2W PE
Eigenschaften der drei Asynchronmotoren	Dahlandermotoren können nur mit zwei Drehzahlen im Verhältnis 1:2 betrieben werden. Die Dahlanderschaltung erlaubt durch Halbieren der Polzahl eine Drehzahlverdopplung.	Zwei getrennte Ständerwicklungen mit verschiedenen Polzahlen ermöglichen zwei Drehzahlen, die in einem beliebigen, ganzzahligen Verhältnis zueinander stehen können. Nur die Wicklung mit der benötigten Drehzahl wird an die Betriebsspannung angeschlossen.	Zwei getrennte Ständerwicklungen mit verschiedenen Polzahlen ermöglichen drei Drehzahlen. Die Ständerwicklung mit den Anschlüssen 1U, 1V, 1W, 3U, 3V, 3W ist als Dahlanderwicklung ausgeführt und ermöglicht 2 Drehzahlen. Die Anschlüsse 2U, 2V, 2W gehören zur zweiten Wicklung mit der 3. Drehzahl.
Anwendungen	Werkzeugmaschinen (Dreh- und Fräsmaschinen) mit zwei Grunddrehzahlen (langsam- oder schnelllaufend), 2-stufige Lüfterantriebe.	Werkzeugmaschinen, Hub- und Fahrwerke, Maschinen für Großküchen, Transportbänder, Ständerbohrmaschinen.	Werkzeugmaschinen, Hub- und Fahrwerke, Maschinen für Großküchen, Transportbänder, Ständerbohrmaschinen.

BM

Steuerungen mit Motorschalter — Controls with Motor Switches

Wendeschaltungen

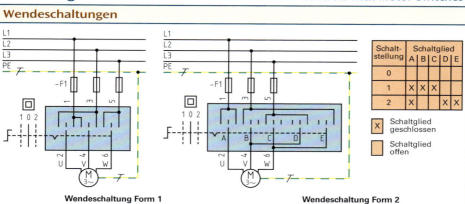

Wendeschaltung Form 1

Wendeschaltung Form 2

Stern-Dreieckschaltungen

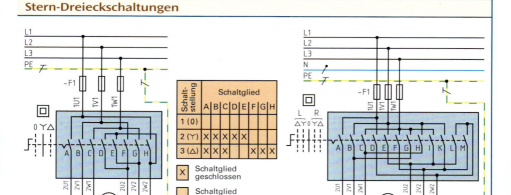

Stern-Dreieckschaltung

Stern-Dreieck-Wendeschaltung

Polumschaltungen

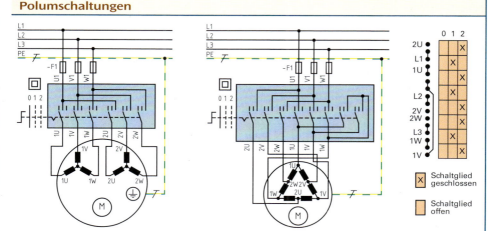

Polumschaltung mit zwei getrennten Wicklungen

Dahlanderschaltung

BM

Ausschaltung, Serienschaltung, Wechselschaltung, Kreuzschaltung
On-off-Circuit, Series Connection, Two-way Switch Circuit, Four-way Switch Circuit

Schaltung	Übersichtsschaltplan	Stromlaufplan
Ausschaltung		
Ausschaltung mit Wechselschalter (siehe auch Seite 256)		mit Ausschalter / mit Wechselschalter
Ausschaltung mit Kontroll-Ausschalter (siehe auch Seite 256)		
Serienschaltung mit beleuchtetem Serienschalter (siehe auch Seite 256)		
Wechselschaltung mit beleuchteten Wechselschaltern (siehe auch Seite 256)		Korrespondierende
Kreuzschaltung mit äußeren Wechselschaltern (siehe auch Seite 256)		Bei A können weitere Kreuzschalter angeschlossen werden, Anschluss wie Q2. PE-Anschluss an Q1, Q3 nicht dargestellt.

BM

Stromstoßschaltungen
Installationsschaltungen

Stromlaufplan 230 V **Übersichtsschaltplan 230 V** **Stromlaufplan 230 V/24 V** **Übersichtsschaltplan**

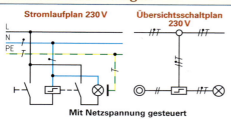
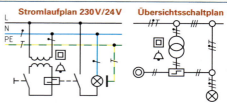

Mit Netzspannung gesteuert — Mit Kleinspannung gesteuert

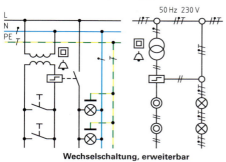
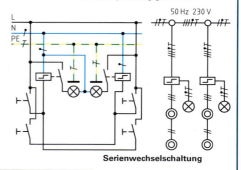

Wechselschaltung, erweiterbar — Serienwechselschaltung

Starkstromanlage und Schwachstromanlage kombiniert

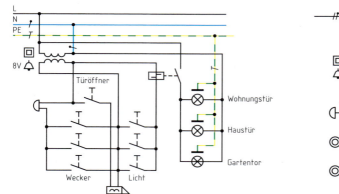
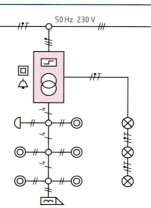

Beispiel: Eine Wechselschaltung ist mit vieradriger Leitung ausgeführt. Nachträglich soll unter jedem Schalter eine Steckdose angebracht werden.
Lösung: Mit Stromstoßschaltern und Tastern.

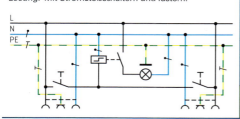

Daten von Stromstoßschaltern

Schaltleistung	Arbeitskontakte 10 A bei AC 250 V, Hilfskontakte 1 A
Steuerspannung	AC 8 V — AC 24 V — AC 230 V
Steuerstrom	380 mA — 140 mA — 15 mA
Einschaltdauer	100 %
Betriebsbereich	von AC 6 V bis AC 230 V (3,5 VA) von DC 1,6 V bis DC 60 V (2 W)

Es gibt Stromstoßschalter mit Steuereingängen für Netzspannung und Kleinspannung.

Dimmen konventioneller Lampen — Dimming of Conventional Lamps

Art	Bemerkungen, Übersichtsschaltplan	Schaltung
Prinzip der Dimmerschaltung Nicht für LEDs	R3 Triggerdiode (Diac) Q1 Triac R1 Ladewiderstand für C1 R2 C2 Netzwerk zur Verhinderung der Schalthysterese Je nach Einstellung von R1 findet ein symmetrischer Phasenanschnitt statt.	
Dimmer mit Leistungszusatz (Innenschaltung dargestellt) Nicht für LEDs	Dimmer haben eine Bemessungsleistung von 300 W bis 1000 W bei Glühlampenlast. Sind 4 Anschlussklemmen vorhanden, kann ein Leistungszusatz angeschlossen werden. Die Wirk-Grundlast muss mindestens 20 W betragen.	
Dimmer mit Leistungszusatz (Dimmer beleuchtet) Nicht für LEDs (siehe auch Seite 256)		
Wechselschaltung mit beleuchtetem Wechselschalter und beleuchtetem Dimmer Nicht für LEDs (siehe auch Seite 256)		
Schaltung von Leuchtstofflampen an dimmbaren EVG (Elektronischen Vorschaltgeräten) (siehe auch Seite 256). Schutzleiter PE nicht dargestellt.	Schaltung mit sogenanntem elektronischem Potenziometer	Anschluss an Steuereinheit für 1 V bis 10 V Steuerspannung

BM

Dimmen von LED-Lichtquellen — Dimming of LED-Lighting

Begriffe	Erklärung	Bemerkungen, Daten
Vorwärtsstrom I_F	Wenn durch die LED ein Vorwärtsstrom (Durchlassstrom) I_F fließt, entsteht ein Lichtstrom Φ_v.	zum Vergleich Glühlampe 230 V
Lichtstrom Φ_v (Phi)	Im Betrieb der LED ist der Lichtstrom Φ_v proportional dem Vorwärtsstrom I_F.	
$\Phi_v \sim I_F$ Schleusenspannung	Gemäß I-U-Kennlinie ist I_F im Gegensatz zur Glühlampe erst ab einer Schleusenspannung von z. B. 1,4 V vorhanden und steigt steil an. Deshalb ist das Dimmen von LEDs anspruchsvoll.	**I-U-Kennlinien von Lichtquellen**
Steuerung des Lichtstroms Φ_v Analoge Steuerung Pulsweitenmodulation PWM	Zum Dimmen wird I_F der LED gesteuert, sodass sich auch Φ_v ändert. Steuerung von Φ_v erfolgt analog durch I_F oder durch Pulsweitenmodulation PWM von I_F und Φ_v, Taktfrequenz 100 Hz bis 1 kHz. PWM ist wegen I-U-Kennlinie vorteilhaft. Bei Phasenab- und -anschnittsteuerung werden die abgeschnittenen Halbperioden in glatte DC-Steuerspannung umgesetzt. Meist wird der Phasenabschnitt angewendet.	Φ_v Puls 1 Pause 1 Puls 2 Pause 2 **Pulsweitenmodulation**
Dimmen bei Retrofit-LEDs Kompatibilität	Retrofit-LED-Lampen an 230 V und 50 Hz ermöglichen konventionelles Dimmen durch Dimmen der LED-Netzgeräte.	Dimmbare Lampen sind mit „dimmbar" gekennzeichnet. Es ist zu püfen, ob Dimmer und Lampe zueinander passen (Kompatibilität).
LED-Universal-Tastdimmer Freischalten Dimm-Art Automatische Einstellung	LED-Universal-Tastdimmer kann man umschalten auf die Arten des Dimmens von Lichtquellen. Das abgebildete Gerät ist nicht zum Freischalten (Trennen) geeignet. Vor Arbeiten am Gerät oder am Stromkreis muss man deshalb den Stromkreis abschalten. Die Dimm-Art wird durch Betätigen von (4) eingestellt. Die Einstellung kann auch automatisch erfolgen und wird durch farbige LEDs angezeigt.	1 UP-Einsatz 2 Rahmen 3 Aufsatz 4 Taste Dimm-Mode 5 Anschlussklemmen 6 Anzeige Dimm-Art
Integrierte LED-Dimmer	LED-Leuchten mit integriertem Dimmer und integrierter Funkantenne über Smartphone-Apps ansprechbar. Gruppierungen von Lichtquellen damit möglich. Gateway zwischen LED-Funknetz(BigZee) und lokalem LAN/WLAN. Auch Bluetooth-Verbindungen.	**Aufbau des LED-Universal-Tastdimmers** www.jung.de
Anschlussplan Netz- und Steuergerät PWM-Dimmer Dimmer für 3 Farben Nebenstelle	(Schaltplan AC 230 V~, N 1 L, Nebenstelle 1 L)	+12…24 V DC C001 PWM-Dimmer +Ch 1-3 / +Ch 1 / +Ch 2 / +Ch 3 LED-Leuchte/LED-Modul rot LED-Leuchte/LED-Modul grün LED-Leuchte/LED-Modul blau
	Anschlussplan mit Nebenstelle (PE-Anschluss nicht dargestellt)	**Anschlüsse von Netzgerät für PWM-Dimmer mit bis 3 Farben** www.jung.de; www.tridonic.ch

BM

Steuerung mittels Funk — Wireless Control

Art	Erklärung, Prinzip	Bemerkungen
Eigenschaften elektromagnetischer Wellen		
Entstehung	Jeder Wechselstrom ruft ein sich änderndes Magnetfeld und damit ein elektrisches Feld hervor. Beide zusammen bilden ein elektromagnetisches Feld.	Das elektromagnetische Feld wird umso leichter wellenförmig abgestrahlt, je höher die Frequenz des erregenden Stromes ist.
Frequenzen der Funksteuerung	Es werden immer Frequenzen im ISM-Band (ISM von Industrial Scientific Medicine) von etwa 434 MHz, 868 MHz oder etwa 2,5 GHz verwendet.	Funkbus der Elektroinstallation 434 MHz, Bluetooth 2,4 GHz bis 2,48 GHz, ZigBee 868 MHz und 2,4 GHz, Wireless LAN 2,4 GHz bis 2,483 GHz, auch 5 GHz.
Ausbreitung der abgestrahlten Wellen	dämpfendes Material — transmittierte Strahlung — direkte Strahlung — reflektierte Strahlung — Sender	**Ausbreitung:** Im freien Raum direkte (geradlinige) Strahlung, an leitenden Flächen, z. B. Beton, durchgeleitete (transmittierte) Strahlung und durch Reflexion reflektierte Strahlung. Bei der Reflexion kann nicht vorhersehbare Dämpfung (bei Gegenphasigkeit) oder Verstärkung (bei Gleichphasigkeit) eintreten. **Dämpfung** durch leitende Körper umso stärker, je besser die Leitfähigkeit ist. **Metall:** Direkte Strahlung wird abgeschirmt, starke Reflexion.
Anwendungen bei der Elektroinstallation		
1,75 mm	Je nach Hersteller sind verschiedene Bezeichnungen gebräuchlich. Teilweise kompatible Module.	Funkbus (Berker), Funk-Management (Jung), Funk-Bussystem (Gira).
Sender zur Einleitung des Steuervorgangs	Gruppen-LED, EIN-Taste, Kanal-Taste, Master-Taste, AUS-Taste, Gruppen-Taste, Lichtszenen-Taste — **8-Kanal-Handsender**	**Frequenz:** etwa 434 MHz oder 868 MHz. **Modulation:** Amplitudentastung ASK, Kanalunterscheidung durch verschiedene Bitmuster der ASK-Impulspakete. **Handsender:** 8, 4 oder 2 Kanäle, Stromversorgung durch Batterie oder Piezo-Signalgeber. Bedienung auch mittels Smartphone und App (Voraussetzung Gateway). **Wandsender:** je nach Typ bis 8 Kanäle, Stromversorgung durch Batterie, vom Netz oder Piezo-Signalgeber. **Programmierung** nur vom Hersteller durch fest eingegebenen Sendertyp und jeweilige Seriennummer.
Aktor mit Empfänger zum Steuern des Verbrauchsmittels, z. B. der Beleuchtung	GIRA Funk-Schaltaktor Mini 2 Kanal 424 00 — **Funk-Schaltaktor für 2 Kanäle**	**Typen:** Einbaugeräte EG, Schalterdosengeräte UP (Unterputz), **Anschluss** an das 230-V-Netz, **Kanalzahl** 1 oder 2, **Aufgabe:** je nach Typ Schalten oder Dimmen, **Schaltleistung:** bei UP-Geräten z. B. Halogen-Glühlampen 1000 W oder unkompensierte Leuchtstofflampen 500 W, bei EG-Geräten meist das Doppelte. **Nebenstellen:** mechanische Taster. **Programmierung** durch Anwender. Aktor auf Lernmodus schalten (LED blinkt) und mit Sender den gewünschten Kanal einstellen, nach Abschluss der Programmierung den Lernmodus abschalten. www.gira.de www.busch-jaeger.de www.jung.de
Einschränkung der Anwendung	Nicht für Zwecke geeignet, die der Sicherheit von Personen dienen, weil Funkübertragung nicht so sicher ist wie leitungsgebundene Übertragung.	Nicht ohne Weiteres geeignet für Notrufanlagen, NOT-AUS-Schaltung, NOT-HALT-Schaltung, Signalanlagen, Warnlampen.

Elektroinstallation mit Funksteuerung von konventionellen Lampen
Electrical Installation with Wireless Control of Conventional Lamps

Art der Schaltung	Übersichtsschaltplan	Stromlaufplan in halb zusammenhänger Darstellung (Ausführung von Installationsschaltungen siehe auch folgende Seite)
Funksender der Elektroinstallation als Wandsender		
Funksender für Tasterbetrieb von zwei Kanälen		
Funkaktoren bei der Elektroinstallation		
Funk-Schaltaktor UP für 2 Kanäle z.B. für Serienschaltung		
Funk-Schaltaktor für 1 Kanal mit Nebenstelle		
Funk-Universal-Dimmer mit Nebenstelle		

Schutzleiteranschlüsse teilweise nicht dargestellt.

Ausführung von Installationsschaltungen

Execution of Installation Circuits

Anlass, Begriff	Erklärung	Beispiel
Grundschaltungen, Fehlerschutz	Bei Installationsschaltungen wird in Prospekten und Schaltungsbüchern meist nur der für den Betriebsstrom wichtige Stromweg angegeben, also z. B. vom Außenleiter L über Schalter und Last zum Neutralleiter N. Die für den Fehlerschutz erforderlichen Leitungen sind oft nicht oder nur teilweise angegeben.	
Forderungen von DIN VDE 0100-410	• „In jedem Stromkreis muss ein Schutzleiter vorhanden sein". • Bei Schutzklasse II: „Ein Schutzleiter muss in der gesamten Leitungsanlage mitgeführt werden".	**Dreiadriger Schalteranschluss**
Leiter für den Fehlerschutz	Der PE wird deshalb oft bei der Grundschaltung zu jeder Last und jeder Steckdose angegeben.	Ein nicht benötigter PE ist am Schalter an einer festen oder in die Schalterdose eingelegten (losen) Klemme zu befestigen und an der Abzweigdose an der PE-Klemme.
Mehraderleitung, Aderleitung	Die 2. Forderung legt nahe, den PE bei Schalterleitungen mitzuführen. Das ist bei Mehraderleitungen mit PE gegeben, während bei Aderleitungen der PE als weitere Ader eingezogen werden muss.	
Lagerhaltung des Materials	Die Anzahl der vorzuhaltenden Leitungen sollte wegen der Kosten möglichst niedrig bleiben. So wird in vielen Betrieben die Aderzahl von vorrätigen Mehraderleitungen auf 3 und 5 beschränkt. Dabei ist eine Ader grüngelb, also nur als PE, PB oder Erde verwendbar. Die blaue Ader kann als N verwendet werden oder anderweitig, nicht aber als PE oder PEN.	
grüngelbe Ader, blaue Ader		**Ausschaltung mit fünfadriger Schalterleitung und Steckdose**
dreiadrige Leitung anstelle einer zweiadrigen	Für die Leitung zu einem Ausschalter oder Taster kann eine dreiadrige Leitung verwendet werden, wobei die grüngelbe Ader am Ausschalter bzw. Taster nicht zur Stromleitung angeschlossen werden darf.	
PE erleichtert die Überwachung	Ein PE in der Schalterleitung dient der Überwachung der Leitungsanlage. Der PE ermöglicht z. B. die Messung des Isolationswiderstandes.	
RCD verhindert Missbrauch	Die missbräuchliche Verwendung des PE als PEN-Leiter wird verhindert, wenn der Fehlerschutz durch Abschaltung mittels RCD erfolgt.	
fünfadrige Leitung anstelle von dreiadriger	Ermöglicht bei der Ausschaltung eine Steckdose und außerdem die Verwendung des Ausschalters als Kontrollschalter. Eine übrig bleibende Ader ist an eine zusätzliche lose Klemme zu legen oder zu isolieren, sofern keine Klemme verfügbar ist.	**Serienschaltung mit fünfadriger Schalterleitung und Steckdose.**

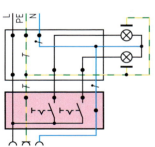

Sparwechselschaltung mit Steckdosen an beiden Schaltern

Bei der *üblichen Wechselschaltung* ermöglichen fünfadrige Schalterleitungen eine Steckdose nur unter dem Schalter, der an L angeschlossen ist. Als Kontrollschalter ist nur der Schalter möglich, an den der Schalterdraht angeschlossen ist. Dasselbe gilt für die Wechselschalter einer *Kreuzschaltung*.

Die *Sparwechselschaltung* erlaubt bei fünfadrigen Schalterleitungen unter jedem Schalter eine Steckdose. Dabei geht der Außenleiter bei beiden Schaltern zu einem Anschluss für Korrespondierende (Schalter verbindende Leiter).

Steuerungstechnik — Control Technology

Begriff	Beispiel	Bemerkungen
Steuerkette international gebräuchliche Zeichen[1]	**Offener Wirkungsweg einer Steuerkette** — Steuereinrichtung (Steuergerät, Stelleinrichtung), Steuerstrecke; w Führungsgröße, y, x, z Störgröße. [1]statt y auch u; statt x auch y; statt z auch d; statt w auch r. Stellgröße, Steuergröße.	Die Steuergröße x, meist gleichzeitig die Aufgabengröße x, soll der Führungsgröße w in vorgegebener Abhängigkeit folgen. Die Führungsgröße w ist Eingangsgröße der Steuerkette. Die Aufgabengröße x wird von der Steuerung beeinflusst. Die Steuerstrecke ist der gemäß Aufgabe zu beeinflussende Teil der Steuerungsanlage. Die Störgröße z wirkt auf die Steuerkette von außen in unerwünschter Weise ein.
Führungssteuerung	**Dämmerungsschalter** — Führungsgröße, Aufgabengröße; L, N.	Bei der Führungssteuerung wird durch Änderung der Führungsgröße die Aufgabengröße unmittelbar geändert. Bei einem Dämmerungsschalter ist die Führungsgröße das Tageslicht oder die Objekthelligkeit.
Haltegliedsteuerung	**Motorschützschaltung** — S1, S2; Steuergerät, Stellglied, Aufgabengröße.	Eine Haltegliedsteuerung ist z. B. eine Schützschaltung mit Selbsthaltekontakt. Das Schütz bleibt auch dann angesteuert, wenn die Führungsgröße nicht mehr wirkt. Die Ausgangslage muss dann durch ein entsprechendes Signal erwirkt werden. Eine Motorschützschaltung besitzt einen Taster für EIN → S2 und einen Taster für AUS → S1. Die Abschaltung erfolgt meist von Hand.
Ablaufsteuerung (Folgesteuerung)	**Funktionsplan für Teil einer Förderanlage** — 1 Motor läuft nicht, Einschalten; 2 Motor an 400 V, Anfahren beendet; 3 Motor an 0 V, Abschalten beendet.	Bei einer Ablaufsteuerung (Folgesteuerung) erfolgt der nächste Steuerungsschritt erst, wenn der vorhergehende Schritt abgeschlossen ist. Das Weiterschalten kann zeitabhängig oder prozessabhängig erfolgen. Ablaufsteuerungen werden mit Wegdiagrammen, Zustandsdiagrammen oder Funktionsplänen dargestellt. Beispiele von Ablaufsteuerungen sind Förderanlagen, Ampelsteuerungen, maschinelle Anlagen.
Zeitgeführte Ablaufsteuerung	**Treppenhausschaltung** — Steuergerät, Stellglied, Führungsgröße, Aufgabengröße; 3 min.	Bei einer zeitgeführten Ablaufsteuerung sind die Steuerschritte von der Zeit abhängig. Zum Einsatz kommen hierzu Uhrwerke, Zeitrelais, Nockenschaltwerke oder Programmanweisungen, die auf den Timer des Mikrocontrollers zugreifen. Beispiele mit zeitgesteuerten Führungsgrößen sind Treppenhausschaltungen, Heizungsanlagen.
Wegplansteuerung	**Nachformfräsen** — Führungsgröße, Steuerung, Aufgabengröße, Fräser, Modell, Werkstück.	Bei der Wegplansteuerung liefert z. B. eine Schablone eine wegabhängige Führungsgröße. Wegplansteuerungen sind Ablaufsteuerungen. Typische Anwendungen sind Nachformfräsmaschinen, Graviermaschinen, in der Vergangenheit waren Anwendungsbeispiele auch Nachformdrehmaschinen (Kopierdrehmaschinen).

Führungssteuerungen und Ablaufsteuerungen werden oft durch Mikrocomputer, PCs oder Speicherprogrammierbare Steuerungen (SPS) verwirklicht. Funktionspläne sind zu unterscheiden nach GRAFCET und DIN EN 61131-3.

Steuerungs- und Regelungstechnik — Open-Loop and Closed-Loop Control

Grundbegriffe
vgl. DIN IEC 60050-351

Beim **Steuern** wird die Ausgangsgröße der Steuerstrecke, z. B. die Temperatur in einem Härteofen, von der Eingangsgröße, z. B. dem Strom in der Heizwicklung, beeinflusst. Die Ausgangsgröße wird nicht gemessen und wirkt nicht auf die Eingangsgröße zurück. Die Steuerung hat einen offenen Wirkungsweg.

Beim **Regeln** wird die Ausgangsgröße der Regelstrecke, z. B. die Ist-Temperatur in einem Härteofen, fortlaufend erfasst, mit der Soll-Temperatur als Führungsgröße verglichen und bei Abweichungen angeglichen. Die Regelung hat einen geschlossenen Wirkungsweg.

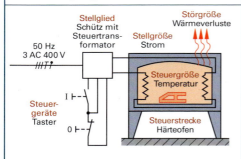
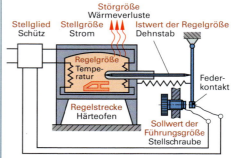

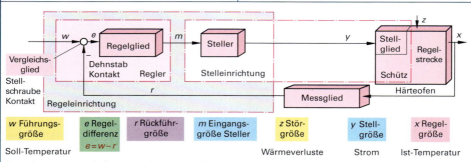

w Führungsgröße	e Regeldifferenz	r Rückführgröße	m Eingangsgröße Steller	z Störgröße	y Stellgröße	x Regelgröße
Soll-Temperatur	e = w − r			Wärmeverluste	Strom	Ist-Temperatur

Anmerkung: statt z auch d, statt y auch u, statt x auch y, statt r auch y_M, statt w auch r → so international oft angewendet.

Bestandteile des Regelkreises

Automatisierung technischer Prozesse

Art	Beschreibung
Produktions- und Fertigungsautomation	Sie umfasst die Bearbeitung und Herstellung von Einzelstücken in einer Sonderanfertigung oder eine Vielzahl von Stücken bei der Massenproduktion. Steuerungs- und Regelungstechnik finden Anwendungen in der Handhabungstechnik und bei Robotersystemen, Transportsystemen, CNC und Sondermaschinen.
Verfahrens- und Prozessautomation	Die chemische Industrie, Nahrungsmittelindustrie und Papierherstellung sind Beispiele für die Automation von kontinuierlichen Prozessen; von einfachen Regelungen bis hin zu Kaskadenregelungen bei verfahrenstechnischen Prozessen.
Netzautomation	Steuerung und Regelung von Energieströmen (Wärme, elektrischer Strom) oder Materialflüssen (Wasser, Gas) über große Entfernungen. SCADA-Systeme (Supervision Control And Data Acquisition) werden eingesetzt, um dem Netzbetreiber die Datenerfassung, Datenübertragung und Steuerung zu ermöglichen.
Verkehrsleitsysteme	Steuerung des Individualverkehrs auf dem Straßennetz. Durch eine Wegeplanung jedes einzelnen Fahrzeuges sollen Staus verhindert und Hindernisse umfahren werden.
Gebäudeautomation	Sie beinhaltet z. B. Jalousiensteuerungen, effiziente Nutzung der Wärmeenergie, optimal ausgeleuchtete Räume. KNX z. B. zur Datenübertragung innerhalb von Gebäuden.

Grafische Symbole der Prozessleittechnik
Graphical Symbols of Process Control Engineering

Symbole in RI-Fließbildern
vgl. DIN 62424

Symbol	Erläuterung	Symbol	Erläuterung	Symbol	Erläuterung
PCE-Aufgabe und Bedienort		**Messort, Signallinien**		**Einwirkung auf die Strecke**	
⬭	vor Ort	– – – –	Signallinie	○⤓	Stellantrieb, allgemein
⊖	Prozessleitwarte	———	Prozesslinie	○↓	Stellantrieb; bei Ausfall der Hilfsenergie wird die Stellung für minimalen Massenstrom oder Energiefluss eingestellt.
⊜	örtlicher Leitstand	○	Messort, Fühler		
⬡	PCE-Leitfunktion zur Steuerung von Stellgliedern	**Beispiele**			
Einzelheiten Seite 126		Durchflussmessung, Registrierung, Regelung und Alarmmeldung bei Erreichen des unteren Grenzwertes in der Prozessleitwarte; Messstelle 570		Temperaturregelung; Registrierung und Bedienung im örtlichen Leitstand: Messstelle 310	
Aufnehmer		**Regler**		**Stell- und Bediengeräte**	
⊡ϑ	Aufnehmer für Temperatur	▱	Regler, allgemein	Ⓜ valve	Ventilstellglied mit Motor-Antrieb
ΔP p	Aufnehmer für Druck	▱	Zweipunktregler mit schaltendem Ausgang	valve pneum	Ventilstellglied mit pneumatischem Antrieb
V̇ F	Aufnehmer für Durchfluss	**Umformer, Transmitter**		⊠ ε	Signaleinsteller für elektrisches Signal
⌂ L	Aufnehmer für Stand mit Schwimmer	∩/ε	Messumformer für analoges in elektr. Einheitssignal	**Signalkennzeichen**	
▱ W	Aufnehmer für Gewichtskraft, Waage, anzeigend			ε	Signal, elektrisch
▱	Anzeiger allgemein	p/A	Messumformer für Druck mit pneumatischem Signalausgang	A	Signal, pneumatisch
				∩	Analogsignal
Ausgeber				#	Digitalsignal
▱	Basissymbol, Anzeiger allgemein				
⌇ 6 ⌇	Schreiber, analog, Anzahl der Kanäle als Ziffer				
▭	Bildschirm				

Beispiel: Temperaturregelung eines Wasserbades

(PID-Regler mit Messumformer für Temperatur und elektr. Signalausgang, Führungsgröße w, Regelgröße x, Stellgröße y, Signalverstärker für Stellsignal, Ventilstellglied motorgetrieben, Heißwasser, Temperaturfühler, Wasserbad, Signaleinsteller für elektr. Signal zur Einstellung der Führungsgröße w)

Analoge Regler — Analog Controller

vgl. DIN IEC 60050-351

Bei analogen Reglern kann die Reglerausgangsgröße m im Regelbereich jeden Wert annehmen.

Reglerart	Beispiel, Beschreibung	Übergangsfunktion	Symbol, Blockdarstellung
P-Regler (Proportional wirkender Regler) Die Ausgangsgröße ist proportional der Eingangsgröße. Bei P-Regelstrecken verbleibt eine Regeldifferenz.	Zuflussventil, Schwimmer, Abflussventil	Sprungfunktion, Sprunganwort; x Regelgröße, m R-Ausgangsgröße, e Regeldifferenz	P
I-Regler Integral wirkender Regler. I-Regler sind langsamer als P-Regler, beseitigen aber bei Regelstrecken mit P-Verhalten die Regeldifferenz vollständig.	Spindel, Potenziometer		I
PI-Regler Proportional-integral wirkender Regler. Beim PI-Regler werden ein P-Regler und ein I-Regler parallel geschaltet.	Spindel		PI
D-Regler Differenzierend wirkender Regler	D-Regeleinrichtungen kommen nur zusammen mit P- oder PI-Regeleinrichtungen vor, da reines D-Verhalten bei konstanter Regeldifferenz keine Stellgröße und damit keine Regelung liefert.		D
PD-Regler Proportional-differenzierend wirkender Regler	PD-Regler entstehen durch die Parallelschaltung eines P-Reglers mit einem D-Glied. Der D-Anteil ändert die Ausgangsgröße proportional zur Änderungsgeschwindigkeit der Eingangsgröße. Der P-Anteil ändert die Ausgangsgröße proportional zur Eingangsgröße. PD-Regler wirken schnell.		PD
PID-Regler Proportional-integral-differenzierend wirkender Regler	PID-Regler entstehen durch die Parallelschaltung eines P-, eines I- und eines D-Reglers. Am Anfang reagiert der D-Anteil mit einer großen Steuersignaländerung, danach wird diese Veränderung etwa bis zum Anteil des P-Gliedes verringert, um anschließend durch den Einfluss des I-Gliedes linear anzusteigen.		PID

Schaltende Regler, Regelstecken — Switching Controllers, Controlled Systems

Schaltende (unstetige) Regler

Schaltende Regler verändern die Reglerausgangsgröße m unstetig durch Schalten in mehreren Stufen.

Reglerart	Beispiel, Beschreibung	Übergangsfunktion, Schaltverhalten	Symbol, Blockdarstellung
Zweipunktregler (2P)	Bimetall-Regler — Heizwicklung, Schütz, Wärme, Kontakte, Bimetall, Sollwerteinsteller	Temp. x; Strom m; Schaltstellung 2 / Schaltst. 1; e Regeldifferenz	$x \rightarrow$ [1/0] $\rightarrow m$
Dreipunktregler (3P)	Klima-Anlage — Bei einer Klima-Anlage können den drei Temperaturbereichen drei Schaltstellungen zugeordnet werden: • Heizung EIN • Heizung/Kühlung AUS • Kühlung EIN	Schaltstellung 3 / Schaltstellung 2 / Schaltst. 1; e Regeldifferenz	$x \rightarrow$ [1/0/-1] $\rightarrow m$

Regelstrecken

Regelstrecke	Beispiel	Übergangsfunktion	Anwendungsbeispiele

Regelstrecken mit Ausgleich (P-Strecken)

ohne Verzögerung (P_0)	Drehzahlregelung — Drehzahl $n_2 \triangleq$ Ausgangsgröße x; Drehzahl $n_1 \triangleq$ Eingangsgröße y	y, x über t	Eine Änderung der Drehzahl n_1 bewirkt eine sofortige Änderung der Drehzahl n_2. Bei zusätzlicher Totzeit T_t folgt x bei allen Regelstrecken um T_t verzögert y.
mit Verzögerung erster Ordnung (PT_1)	Füllen eines Gasbehälters — p_1, p_0	y, x über t	Wird der Druckbehälter über ein Ventil durch einen Gasstrom gefüllt, erreicht der Druck p_1 im Behälter allmählich den Druck des Gasstroms (Signalverzögerung).
mit Verzögerung zweiter Ordnung (PT_2)	Füllen von zwei Gasbehältern — 1, 2; p_1, p_2, p_0	y, x über t	Werden zwei Behälter hintereinander geschattet, steigt der Druck p_2 im zweiten Behälter noch langsamer an als der Druck p_1 im ersten Behälter.

Regelstrecken ohne Ausgleich (I-Strecken)

ohne Verzögerung (I_0)	Spindelantrieb für Vorschub — Weg $s \triangleq$ Ausgangsgröße x; Drehzahl $n \triangleq$ Eingangsgröße y	y, x über t	Wird beim Vorschubantrieb der Vorschubmotor eingeschaltet, vergrößert sich der Weg des Maschinentisches stetig.

BM

Reglereinstellungen, Reglerauswahl — Adjustment, Selection of Controllers

Merkmal	Erklärung	Bemerkungen
Reglereinstellungen		
Verfahren nach Ziegler und Nichols	Zwei Verfahren sind möglich. Beide Verfahren sind für stark verzögernde Prozesse geeignet. **Verfahren 1:** Sind die Daten der Regelstrecke nicht bekannt, ist wie folgt vorzugehen: Regler als P-Regler betreiben, d. h. $T_i = \infty$, $T_d = 0$, K_{PR} klein wählen, sodass der Regelkreis stabil ist.	**Verfahren 2:** Mittels Sprungantwort sind von der Regelstrecke (PT_1T_t-Glied) mittels Wendetangentenverfahren Verstärkung K_{PS}, Zeitkonstante Strecke T_S und Totzeit T_t zu ermitteln.
Schwingungen	Dann K_{PR} erhöhen, bis Dauerschwingungen der Regelgröße entstehen (Instabilität) → K_{PRK}. T_k ist die Periodendauer dieser Dauerschwingung. Beiwerte und Zeitwerte der entsprechenden Regler erhält man anhand K_{PRK} und T_k.	Wendetangentenverfahren anhand der Sprungantwort der Regelstrecke
Einstellwerte für Regler	P: $K_{PR} = 0{,}5\ K_{PRK}$ — PI: $K_{PR} = 0{,}45\ K_{PRK}$; $T_i = 0{,}85\ T_k$ PID: $K_{PR} = 0{,}6\ K_{PRK}$; $T_i = 0{,}5\ T_k$; $T_d = 0{,}12\ T_k$	P: $K_{PR} = T_S/(K_{PS} \cdot T_t)$ — PI: $K_{PR} = 0{,}9\ T_S/(K_{PS} \cdot T_t)$; $T_i = 3{,}3\ T_t$ PID: $K_{PR} = 1{,}2\ T_S/(K_{PS} \cdot T_t)$; $T_i = 2\ T_t$; $T_d = 0{,}5\ T_t$
Verfahren nach Chien, Hrones, Reswick	Zu unterscheiden sind aperiodischer Regelgrößenverlauf oder periodischer mit 20 % Überschwingen, ferner Regeln von Störungen oder nach Führungsgröße.	Kennwerte der Regelstrecke nach Wendetangentenverfahren bestimmen. **Regelbar:** gut $T_b/T_{tE} \geq 10$; mäßig $T_b/T_{tE} \geq 4$ bis 9; schlecht $T_b/T_{tE} < 4$. $T_{tE} = T_t + T_e$.

Einstellkriterien für Strecke mit Ausgleich, Verzögerung 1. Ordnung (nicht integrierendes Verhalten)

Regler	(Aus-)Regeln von Störungen		Regeln nach Führungsgröße	
	aperiodisch	periodisch 20 % Ü	aperiodisch	periodisch 20 % Ü
P	$K_{PR} = 0{,}3 \cdot \dfrac{T_b}{K_{PS} \cdot T_{tE}}$	$K_{PR} = 0{,}7 \cdot \dfrac{T_b}{K_{PS} \cdot T_{tE}}$	$K_{PR} = 0{,}3 \cdot \dfrac{T_b}{K_{PS} \cdot T_{tE}}$	$K_{PR} = 0{,}7 \cdot \dfrac{T_b}{K_{PS} \cdot T_{tE}}$
PI	$K_{PR} = 0{,}6 \cdot \dfrac{T_b}{K_{PS} \cdot T_{tE}}$; $T_i = 4 \cdot T_{tE}$	$K_{PR} = 0{,}7 \cdot \dfrac{T_b}{K_{PS} \cdot T_{tE}}$; $T_i = 2{,}3 \cdot T_{tE}$	$K_{PR} = 0{,}35 \cdot \dfrac{T_b}{K_{PS} \cdot T_{tE}}$; $T_i = 1{,}2 \cdot T_b$	$K_{PR} = 0{,}6 \cdot \dfrac{T_b}{K_{PS} \cdot T_{tE}}$; $T_i = T_b$
PID	$K_{PR} = 0{,}95 \cdot \dfrac{T_b}{K_{PS} \cdot T_{tE}}$; $T_d = 0{,}42 \cdot T_{tE}$; $T_i = 2{,}4 \cdot T_{tE}$	$K_{PR} = 1{,}2 \cdot \dfrac{T_b}{K_{PS} \cdot T_{tE}}$; $T_d = 0{,}42 \cdot T_{tE}$; $T_i = 2 \cdot T_{tE}$	$K_{PR} = 0{,}6 \cdot \dfrac{T_b}{K_{PS} \cdot T_{tE}}$; $T_d = 0{,}5 \cdot T_{tE}$; $T_i = T_b$	$K_{PR} = 0{,}95 \cdot \dfrac{T_b}{K_{PS} \cdot T_{tE}}$; $T_d = 0{,}47 \cdot T_{tE}$; $T_i = 1{,}35 \cdot T_b$

Zusammenwirken von Reglern und Regelstrecken, stabile und instabile Regelgrößen x

Regelstrecken	Regler (– ungeeignet, + geeignet)					
	P	I	PI	PD	PID	2P
P_0	–	+	++	–	–	–
PT_1	+	+	+	–	–	+
PT_2	–	–	+	–	++	+
PT_t	–	+	++	–	–	–
PT_1T_t [1]	+	–	++	+	+	+
PT_1T_t [2]	–	–	+	–	+	–
I_0	+	–	+	–	–	+
IT_1	–	–	+	+	++	+
IT_t	–	–	–	+	+	–

periodisch stabil · aperiodisch stabil · instabil · stabil

K_{PR} P-Beiwert Regler, K_{PRK} kritischer K_{PR}, K_{PS} Proportionalbeiwert Regelstrecke, T_b Ausgleichszeit Strecke, T_d Vorhaltezeit, T_e Verzugszeit Strecke, T_i Nachstellzeit, T_k kritische Schwingungszeit (Instabilität), T_S Zeitkonstante Strecke, T_t Totzeit Strecke, T_{tE} Ersatztotzeit Strecke, Ü Überschwingen.
[1] Zeitkonstante $T_S \gg T_t$, [2] Zeitkonstante $T_S > T_t$

Digitale Regelung

Digital Closed Loop Control

Beispiel	Erläuterung

Digitale Hardware-Regler

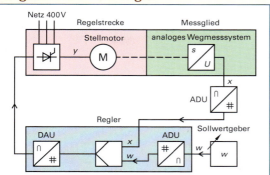

Bei digitalen Hardware-Reglern sind die Eingangssignale und Ausgangssignale digital. Die Regelparameter und der Regelalgorithmus können oft nicht verändert werden.

Beispiel: Die vom analogen Messwertgeber erzeugte Regelgröße „Weg" wird im Analog-Digital-Umsetzer ADU in ein digitales Signal umgewandelt. Im Vergleicher wird in digitaler Form die Differenz zwischen diesem Eingangssignal und dem Sollwertsignal gebildet. Diese Regelabweichung $e = w - x$ wird dann durch den Regelalgorithmus bearbeitet. Der Digital-Analog-Umsetzer DAU wandelt diesen Digitalwert in ein analoges Ausgangssignal um.

Digitale Regelung durch Computer (Software-Regler)

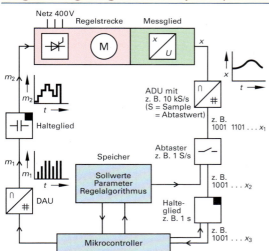

Bei der Regelung durch Computer sind die Regelparameter, die Sollwerte und der Regelalgorithmus als Programm im Computer abgelegt.

Beispiel: Das analoge Prozesssignal x wird über den Analog-Digital-Umsetzer in ein digitales Signal x_1 umgewandelt. Ein Impulsgeber tastet in bestimmten Zeitabständen diese Digitalwerte ab (x_2). Der Signalspeicher hält diesen Wert bis zur nächsten Abtastperiode aufrecht (x_3). Entsprechend dem Regelalgorithmus werden die Stellgrößen errechnet, danach im DA-Umsetzer digital-analog umgewandelt und nach dem analogen Signalspeicher der Regelstrecke zugeführt.

Man unterscheidet zwischen:

DDC-Betrieb (Direct Digital Control), bei dem der Computer unmittelbar auf die Stellglieder einwirkt, und dem SPC-Betrieb (Set Point Control), bei dem der Computer nur die Führungsgrößen gespeichert hat.

PID-Regelalgorithmus im Computer

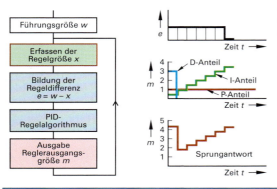

Aufgaben des Computerprogramms:
- Bildung der Regeldifferenz e,
- Berechnung der Reglerausgangsgrößen m aufgrund der Regelalgorithmen.

Bei der Sprungantwort werden alle P-, D- und I-Anteile aufsummiert.

Die Abtastung der analogen Signale und deren Umwandlung in digitale Werte sowie der interne Programmablauf bewirken eine zeitliche Verzögerung bei der Berechnung der Reglerausgangsgröße m.

$$m_n = K_p \left[e_n + \frac{T_A}{T_i} \sum_{i=0}^{n} e_i + \frac{T_d}{T_A} (e_n - e_{n-1}) \right]$$

T_A Abtastzeit, T_i Nachstellzeit, T_d Vorhaltezeit
Index n   Zeitpunkt n

Steuern und Regeln mit dem PC — Controlling by PC

Schaltung, Benennung	Erklärung	Bemerkungen

Steuerung mit dem PC

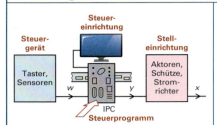

Steuerkette mit PC

Der PC (meist IPC) wird von Steuergeräten angesteuert, z. B. von Tastern oder Sensoren. Er verarbeitet deren Signale nach seinem Programm, das vorher eingegeben wurde, und steuert die Stelleinrichtung, z. B. Aktoren, an. Diese steuern ihrerseits die Steuerstrecke an, z. B. einen oder mehrere Motoren. Eine Rückwirkung der Steuergröße zum Eingang findet nicht statt.

Die Leistungsschalter, z. B. Schütze oder Stromrichter, für die Steuerstrecke, z. B. Motoren, sind getrennt vom PC angeordnet. Sie können als Teil der Steuerstrecke aufgefasst werden. Dagegen sind die Aktoren zum Ansteuern der Leistungsschalter meist auf Steckplatinen (Boards) im PC angeordnet. Der PC ist also die Steuereinrichtung. Mittels Monitor ist eine Visualisierung möglich.

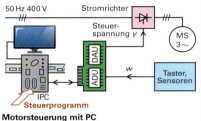

Motorsteuerung mit PC

Die Steuersignale, z. B. von Tastern oder Sensoren, sind meist Analogsignale. Deshalb muss der PC eine Datenerfassungskarte mit einem ADU besitzen. Seine verarbeiteten Ausgangssignale sind Digitalsignale. Da die Aktoren mit Analogsignalen anzusteuern sind, muss der PC ein Output-Board (Ausgangskarte) mit einem DAU enthalten.

ADU und DAU können auf verschiedenen Boards oder auf einem einzigen Board angeordnet sein.
Auf den Boards sind zusätzliche Module zur Anpassung (Konditionierung) der Input-Signale und der Output-Signale, z. B. zur Verstärkung oder zur Potenzialtrennung.

Regelung mit dem PC

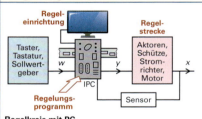

Regelkreis mit PC

Der PC (meist IPC) ist die *Regeleinrichtung*. Im PC ist ein *Regelungsprogramm* gespeichert, das über Datenträger, Internetdownload oder über Tastatur eingegeben wurde.
Der PC wird angesteuert von
- *Sollwert* über Tastatur (Simulation) oder Sollwertgeber,
- *Regelgröße* der Regelstrecke durch Sensor.

Der PC muss Boards (Karten) für Signaleingabe und Signalausgabe enthalten **(Bild unten)**. Unterschiedlich zur Steuerung mit dem PC ist nur das Regelungsprogramm und die Erfassung der Regelgröße über einen Sensor. Den *Regelkreis* bilden PC, Regelstrecke und Sensor.

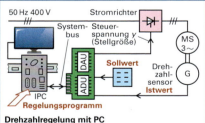

Drehzahlregelung mit PC

Bei der Drehzahlregelung wird der Sollwert über einen Sollwertgeber, z. B. Tastatur, eingegeben und über einen ADU dem Systembus des PC zugeführt. Ebenfalls über ADU zugeführt wird die Regelgröße (Drehzahl). Das digitale Ausgangssignal vom Systembus wird über eine DAU der Stelleinrichtung zugeführt.

Der Leistungsteil für die Stelleinrichtung, z. B. die Thyristoren des Stromrichters, ist meist getrennt vom PC angeordnet, weil in ihm Wärme und EMIs (electromagnetic interference) entstehen. Dagegen können die Baugruppen zur Ansteuerung des Leistungsteils, z. B. für den Phasenanschnitt, auf den Boards des PC angeordnet sein oder außerhalb des PC liegen.

Industrie-PC (IPC)

Industrie-PCs (IPCs)
- mechanisch und elektrisch widerstandsfähiger als Büro-PCs
- mit oder ohne Display,
- mit oder ohne Tastatur,
- meist ohne rotierende Festplatte.

Verbreitet sind IPCs mit Festplatte (SSD) und ohne Display und Tastatur. Man kann sie in Schaltschränke einbauen, z. B. auf die Hutschiene stecken.

Parametrierung und evtl. Programmeingabe erfolgen ggf. über Laptop, sofern der IPC ohne Tastatur, Bildschirm ist.
www.addi-data.com
www.beckhoff.de

| ADU Analog-Digital-Umsetzer | w Führungsgröße, Sollwert | y Stellgröße |
| DAU Digital-Analog-Umsetzer | x Regelgröße, Istwert | SSD Solid state Disc |

Stellungsregler SIPART — Process Loop Controller SIPART

Merkmal	Erklärung	Darstellungen, Bemerkungen
Aufbau	Der digitale Stellungsregler SIPART besteht aus einem Grundgerät mit Bedienfeld, analogen und binären Eingängen und Ausgängen, in welches rückseitig Steckkarten für DAU (Digital-Analog-Umsetzer), ADU (Analog-Digital-Umsetzer), weitere Eingänge und Ausgänge (analog, digital), Schnittstellen für RS 232 oder für PROFIBUS gesteckt werden können. Verschiedene Messwertaufnehmer sind anschließbar. **1** Anzeige Regelgröße, **2** Anzeige Sollwert, **3** Anzeige Stellgröße, **4** Taster für Stellgröße, **5** Taster Hand/Automatik, **6** Taster für Sollwert, **7** Taster intern/extern. www.siemens.com	**Bedienfeld des Stellungsreglers SIPART** Mit einem digitalen Regler können meist mehrere Regelkreise unabhängig voneinander betrieben werden.
Funktionen	SIPART besitzt folgende Reglerfunktionen: Handregelung, automatische Regelung, Festwertregelung, Folgeregelung, Zweipunktregelung, Dreipunktregelung, Regelungen P, PI, PD und PID. SIPART enthält eine Bibliothek von Grundfunktionen, z. B. Absolutwertbildung, Addition, Subtraktion, Division, Multiplikation, Wurzelberechnung, Logarithmusberechnung, e-Funktion, UND, ODER, NICHT. Auch Zählerfunktionen, Zeitfunktionen und Filterfunktionen sind vorhanden. SIPART kann über spezielle Baugruppen an den PROFIBUS-DP oder an Geräte mit einer Schnittstelle RS 232 oder RS 485 angeschlossen werden. Eine zeitliche Aufzeichnung der Regelgröße ist bei digitalen Reglern möglich.	
Bedienung	Mit drei Bedienebenen erfolgt das Einstellen des Reglers. In der Auswahlebene wird eine Parameterliste ausgewählt, deren Parameter in der Konfigurierebene geändert und aktiviert werden können. Es gibt Listen für Parameter des Online-Betriebs, des Offline-Betriebs, von Zeitprogramm-Reglern sowie der Strukturschalter. Mit Strukturschaltern (menügeführter Dialog) werden die Funktion und Struktur des Reglers, z. B. Festwertregler, Folgeregler, Zweipunktregler, P-Regler und Ansprechschwellen, einschließlich der Art der Eingangssignale und Ausgangssignale, festgelegt. In der Liste für die Parameter des Online-Betriebs sind z. B. die Reglerparameter K_p, T_i, T_d, V_d enthalten. In der Konfigurierebene werden den jeweiligen Parametern der ausgewählten Liste ihre Werte manuell zugewiesen.	**Prozessbedienebene:** Anzeige und Bedienung von z. B. Sollwert, Stellwert, Istwert **Auswahlebene:** Strukturschalter, On-line-Betrieb Parameter **Konfigurierebene:** Parametername: xxx, Parameterwert: yyy **Bedienebenen des digitalen Reglers SIPART**
Einstellung eines PID-Reglers	Zu Beginn des Einstellvorganges wird der Sollwert der Regelgröße eingestellt und die Regeldifferenz im Handbetrieb automatisch ausgeregelt. Der werkseingestellte K_p (0,1) wird dann im Automatikbetrieb vergrößert, bis der Regelkreis zum Schwingen neigt. Dann T_d auf 1 s stellen (werkseitige Einstellung off = aus). T_d langsam vergrößern, bis die Schwingungen beseitigt sind. K_p langsam vergrößern, bis wieder Schwingungen einsetzen. Diese beiden Vorgänge so oft wiederholen, bis die Schwingungen nicht wieder beseitigt werden können. T_d und K_p dann verkleinern, bis die Schwingungen aufhören. T_i verringern, bis der Regelkreis wieder zum Schwingen neigt, geringfügig vergrößern, bis die Schwingungsneigung beseitigt ist. e Regeldifferenz, m Reglerausgangsgröße	**Sprungantwort des PID-Reglers**

K_p Proportionalbeiwert Regler (Verstärkungsfaktor) T_i Nachstellzeit, T_d Vorhaltezeit, V_d Vorhalteverstärkung

Lageregelung bei Arbeitsmaschinen — Position Control for Work Machines

Begriff	Erklärung	Bemerkungen
Lageregelung	Mithilfe der Lageregelung sollen z. B. Werkstück und Werkzeug derart bewegt werden, dass bei Werkzeugeingriff die gewünschte Kontur im Werkstück entsteht. Die Vorschubbewegung und das Bewegen des Maschinentisches mit aufgespanntem Werkstück oder des Werkzeugs in eine vorgegebene Position erfolgt durch Eingabe von Lage-Sollwerten.	Eine Längsbewegung kann durch Antreiben der Vorschubspindel durch einen Motor (Servoantrieb) erfolgen. Leistungsmerkmale der Lageregelung sind • exaktes Verfahren sehr kleiner und großer Wege, • hohe Positioniergeschwindigkeit, • hohe Einlaufgeschwindigkeit, • großer Geschwindigkeitsstellbereich, • überschwingungsfreies Einlaufen in die Zielposition.
Kaskadenregelung	In der Kaskadenregelung können mehr Regelgrößen zurückgeführt werden als im einschleifigen Regelkreis. Das erlaubt ein genaueres Beschreiben des Zustandes und damit ein Verbessern des dynamischen Verhaltens des Gesamtsystems.	Störungen werden z. T. bereits in den inneren Regelkreisen ausgeregelt. Die Regelkreise werden von innen (Stromregelkreis) nach außen (Lageregelkreis) eingestellt (unterlagerte Regelkreise). Nachteil: zeitlicher Versatz der Wirkung der einzelnen Regelungen.
Lageregler	Meist ein P-Regler, der die Differenz (Schleppfehler) aus Lage-Sollwert und Lage-Istwert, z. B. des Maschinentisches, berechnet. Lage kann auch ein Drehwinkel eines Antriebs sein.	Die Lagedifferenz wird mit der einstellbaren Proportionalverstärkung multipliziert und stellt die Ausgangsgröße des Lagereglers dar. Sie ist die Eingangsgröße des Drehzahlreglers.
Drehzahlregler	Meist ein PI-Regler, der die Differenz von Sollwert und Istwert der Drehzahl bzw. Winkelgeschwindigkeit des Motors berechnet. Ausgangsgröße Drehmoment-Sollwert ist bei Gleichstrommotoren dem Strom-Sollwert proportional.	Auch Geschwindigkeitsregler genannt. Wegen des I-Anteils entsteht mit zunehmender Zeit ein zunehmender Strom-Sollwert, was zum Ansteuern des Stellers bzw. Umrichters führt.
Beschleunigungsregler	Meist ein PI-Regler, der die Differenz von Beschleunigungs-Sollwert und Beschleunigungs-Istwert berechnet. Er soll das als Störgröße wirkende Lastmoment ausgleichen. Nicht immer vorhanden.	Der Beschleunigungs-Istwert kann entweder direkt über einen externen Beschleunigungsaufnehmer (Drehmoment-Aufnehmer) an der Welle oder indirekt durch Differenziation der Drehzahl gewonnen werden.
Stromregler, Drehmomentregler	Meist ein PI-Regler, der die Differenz von Strom-Sollwert und Strom-Istwert berechnet. Der Steller bzw. Umrichter wird damit angesteuert. Bei Stromregler bei Drehfeldmotoren ist im Frequenzumrichter integriert.	Wegen der Proportionalität von Drehmoment und Strom bei Gleichstrommotoren wird hier auch von Drehmomentregelung gesprochen. Bei Drehstromantrieben wirkt der Stromregler auf Stromstärke und Phasenlage des Stromes.
Vorsteuerung	Steuert unterlagerte Regelkreise in der Weise, dass z. B. aus dem Verlauf der Lage-Sollwerte die theoretischen Drehzahl-Sollwerte berechnet und diese direkt dem Drehzahlregler zugeführt werden. Damit wird die zeitlich versetzte Wirkung der unterlagerten Regelkreise umgangen.	Eine Vorsteuerung ruft bei Lageregelungen einen kleineren Schleppfehler hervor als die reine Kaskadenregelung. Bei starken Änderungen im Verlauf der Lage-Sollwerte entstehen jedoch starke Schwingungen.

ε_s → Lageregler → ω_s → Drehzahlregler → α_s → Beschleunigungsregler → M_s (I_s) → Stromregler → Stromrichter → I_i → M 3~

ε_i — ω_i — α_i — M_i

Differenziation — Glättung ← M_i — Drehmomentaufnehmer
Glättung ← ω_i — Drehzahlgeber
Glättung ← ε_i — Winkel-Encoderer (Drehgeber)

ε Drehwinkel
ω Winkelgeschwindigkeit I Strom   Index i Ist
α Winkelbeschleunigung M Drehmoment   Index s Soll

Kaskadenregelung bei einer Werkzeugmaschine

Logikmodul LOGO! — Logic Module LOGO!

Merkmal	Übersicht	Bemerkungen, Anwendung

Ausführungen und Zubehör

Produkt-familie		• Modulare Familie von SPS-Kleinsteuerungen, • maximal 20 binäre und 8 analoge Eingänge, 16 binäre und 2 analoge Ausgänge, Bus-Schnittstellen, • Schutzart IP20, • Betrieb mit 12/24 V⎓, 24 V⎓, 24 V~ oder 230 V~, • Anwendung z.B. zum Steuern von Förderbändern, Rollladen, Rührwerken, Beleuchtungsanlagen.
Grund-Module „Basic"	mit Display — ohne Display	• 8 binäre Eingänge I, 4 binäre Ausgänge Q, mit und ohne Display, Tasten, • bei DC-Typen 2 Eingänge I, auch analog AI, • Programmierschnittstelle, auch für Programmmodul „Memory Card" (mit Ausleseschutz), • Programmierung mit „LOGO!Soft" über Laptop; bei Display-Typen auch über die Bedien-Tasten, • Reiheneinbaugerät 72 mm für 35-mm-Hutschienen- und Wandmontage, • bei Betrieb mit 230 V~ nur eine Phase zulässig.
Zusatz-Module	analog — digital — Schnittstelle	• Diverse binäre und analoge Module, • Schnittstellen-Module zu KNX und AS-i, • Netzteil-Module für 12 V und 24 V⎓ LOGO!, • Belastbarkeit Relais-Kontakt 3 A bei induktiver und 5 A bei Ohm'scher Last, Absicherung nötig, • Belastbarkeit Transistorausgang 0,3 A überlastfest, • spezielles Modul zum Schalten von Motoren bis 3 x 20 A bzw. 4 kW erhältlich, • Verbindung mit LOGO! und weiteren Modulen durch Anstecken von links mit Verriegelung verbundener Module durch ein Schiebestück.

Programmierung

Vorbereitung		• LOGO!Soft auf Programmier-PC installieren, • Anschluss des PCs mit LOGO!-PC-Kabel, • LOGO! mit Display in Betriebsart PC ↔ LOGO schalten. Achtung: Version der LOGO! beachten, • LOGO!-Version an der Endziffer der Teilenummer 0BA0 (älteste) bis 0BAxx (neueste) identifizieren, • LOGO!-Handbuch beachten.
Programmierung (Beispiel)	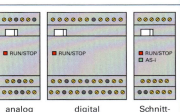 Eingänge 1 bis 6 — Ausgang 5	• Programmierung grafisch ähnlich SPS-FUP, • keine numerischen Funktionen (außer Sonderfunktion „Analogverstärker"), • logische Grundfunktionen AND, NAND mit und ohne Flankenauswertung, OR, NOR, XOR, NOT, Softwareschalter und Schieberegister, • Sonderfunktionen Ein-/Ausschaltverzögerungen, Wischer, Impulsgeber, Zufallsgenerator, Zähler, Schwellwertschalter für Frequenzen, • analoger Schwellwertschalter, Komparator, Analogverstärker und -wertüberwachung, • Selbsthalte- und Stromstoßrelais, • vorprogrammierte Komfortfunktionen Treppenlichtschalter, Komfortschaltuhr, Wochen- und Jahresschaltuhr, Betriebsstundenzähler, • logische Funktionen haben feste Anzahl Eingänge, unbenutzte Eingänge bleiben frei („x"), • Eingänge I, AI und Ausgänge Q, AQ liegen gemäß der Reihenfolge der Anschlüsse fest, • Schaltzustände und Zählerinhalte auch remanent.
Sonderfunktion (Beispiel)	 RS-Flipflop — Analogverstärker Par remanenter — Par Parameter Speicher — A→Verstärkung	

BM

Funktionen von LOGO! 1 / Functions of LOGO! 1

Symbol	Erklärung	Symbol	Erklärung
Konstanten, Klemmen			
I	**Eingang** digitaler Eingang	Q	**Ausgang** digitaler Ausgang
C	**Cursortaste** Cursortasten C1 bis C4 auf dem LOGO!-Basismodul	X	**Offene Klemmen** Platzhalter für nicht genutzte Ausgänge
S	**Schieberegisterbit** Schieberegisterbit S1 bis S8	M	**Merker** Zwischenspeicher
lo	**Zustand 0 (low)** dauerhaftes 0-Signal	AQ	**Analogausgang** Ausgang mit analogem Signal
hi	**Zustand 1 (high)** dauerhaftes 1-Signal	AM	**Analoger Merker** Zwischenspeicher für analoges Signal
AI	**Analogeingang** Eingang für analoges Signal	F	**LOGO! TD-Funktionstaste** Taste auf dem LOGO!-Textdisplay (TD)
Grundfunktionen			
&	**AND (UND)** UND-Verknüpfung mit 4 Eingängen	&↑	**AND mit Rankenauswertung pos. Flanke)** Das Ausgangssignal ist kurzzeitig „1" bei Signalwechsel von „0" auf „1" (positive Flanke) am Eingang.
≥1	**OR (ODER)** ODER-Verknüpfung mit 4 Eingängen	=1	**XOR** Exklusiv-ODER-Verknüpfung
1	**NOT (NICHT, Inverter, Negation)** Negierung des Eingangssignals.	&	**NAND (UND NICHT)** UND-Verknüpfung mit negiertem Ausgang
&↓	**NAND mit Flankenauswertung (negative Flanke)** Das Ausgangssignal ist kurzzeitig „1" bei Signalwechsel von „1" auf „0" (negative Flanke) am Eingang.	≥1	**NOR (ODER NICHT)** ODER-Verknüpfung mit negiertem Ausgang
Sonderfunktionen			
	Einschaltverzögerung Der Ausgang wird erst nach einer parametrierbaren Zeit eingeschaltet.		**Ausschaltverzögerung** Der Ausgang wird erst nach einer parametrierbaren Zeit ausgeschaltet.
	Ein-/Ausschaltverzögerung Der Ausgang wird erst nach einer parametrierbaren Zeit ein- bzw. ausgeschaltet.		**Speichernde Einschaltverzögerung** Der Ausgang wird erst nach einem Eingangsimpuls und einer parametrierbaren Zeit geschaltet.
	Wischrelais/Impulsausgabe Ein Eingangssignal erzeugt am Ausgang ein parametrierbares Signal.		**Wischrelais, flankengetriggert** Ein Eingangsimpuls erzeugt nach einer einstellbaren Zeit ein parametrierbares Ausgangssignal.

BM

Funktionen von LOGO! 2 — Functions of LOGO! 2

Symbol	Erklärung	Symbol	Erklärung

Sonderfunktionen (Fortsetzung)

Symbol	Erklärung	Symbol	Erklärung
⎍⎍	**Impulsgeber** Erzeugung eines Ausgangssignals mit parametrierbarem Impuls-/Pausen-Verhältnis.	⎍	**Zufallsgenerator** Der Ausgang wird innerhalb einer parametrierbaren Zeit ein- bzw. ausgeschaltet.
⎍⎍	**Treppenlichtschalter** Automatisches Ausschalten eines Ausganges nach einer parametrierbaren Zeit.	⎍⎍	**Komfortschalter** Kombination aus Stromstoßschalter mit Ausschaltverzögerung und Schalter für Dauerlicht.
🕒	**Wochenschaltuhr** Schaltuhr mit einstellbarem Wochentag und parametrierbarer Zeit.	MM DD	**Jahresschaltuhr** Schaltuhr mit einstellbarem Monat und Tag.
+/−	**Vor-/Rückwärtszähler** Zähler zum Vor- und Rückwärtszählen. Der Ausgang wird bei einem Schwellwert gesetzt.	h	**Betriebsstundenzähler** Erfassung von Betriebsstunden. Der Ausgang wird nach einstellbarer Zeit gesetzt.
	Schwellwertschalter Der Ausgang wird in Abhängigkeit von zwei parametrierbaren Frequenzen geschaltet.	+= A→	**Analoge Arithmetik** Der analoge Ausgang gibt den Wert einer benutzerdefinierten Gleichung wieder.
ΔA	**Analogkomparator** Der Ausgang wird in Abhängigkeit der Differenz zweier Analogeingänge geschaltet.	/A	**Analoger Schwellwertschalter** Der Ausgang wird in Abhängigkeit zweier Schwellwerte geschaltet.
A→ ▷	**Analogverstärker** Der Wert eines Analoginganges wird verstärkt und an einen analogen Ausgang ausgegeben.	∫A ±Δ	**Analogwertüberwachung** Vergleich eines aktuellen Analogwertes mit einem gespeicherten Analogwert.
/A ΔΓ	**Analoger Differenz-Schwellwertschalter** Der Ausgang schaltet abhängig vom Schwell-/Differenzwert.	=− =− A→	**Analoger Multiplexer** Einer von vier einstellbaren Analogwerten wird an einen analogen Ausgang ausgegeben.
A→	**Analogrampe** Der Ausgang kann mit einer parametrierbaren Geschwindigkeit diverse Stufen anfahren.	A→	**PI-Regler** Die Proportional- und Integralregler können einzeln oder auch kombiniert eingesetzt werden.
+= E→	**PWM-Impulsdauermodulator** Der digitale Ausgang wird anhand eines analogen Einganges gesetzt.	RS	**Selbsthalterelais (RS-Flipflop)** Rücksetzdominantes Flipflop mit einstellbarer Remanenz.
⎍⎍ RS	**Stromstoßrelais** Ein- und Ausschalten des Relais durch einen Impuls am Eingang.	.. ..	**Meldetext** Meldetexte/Parameter werden auf dem LOGO!-Display oder auf dem externen Display angezeigt.
/	**Softwareschalter** Die Funktion hat die Wirkung eines mechanischen Tasters bzw. Schalters.	>>	**Schieberegister** Mit der Funktion kann der Wert eines Einganges ausgelesen und bitweise verschoben werden.

BM

Binäre Verknüpfungen der Steuerungs- und Regelungstechnik
Binary Logic Operations of Control Engineering
vgl. DIN EN 60617-12

Funktion	Schaltzeichen Schaltfunktion	Funktionstabelle	technische Realisierung pneumatisch	technische Realisierung elektrisch
UND (AND)	$A = E1 \wedge E2$	E2 E1 A / 0 0 0 / 0 1 0 / 1 0 0 / 1 1 1	Form 1, Form 2	
ODER (OR)	$A = E1 \vee E2$	E2 E1 A / 0 0 0 / 0 1 1 / 1 0 1 / 1 1 1		
NICHT (NOT)	$A = \overline{E}$	E A / 0 1 / 1 0		
UND-NICHT (NAND)	$A = \overline{E1 \wedge E2}$	E2 E1 A / 0 0 1 / 0 1 1 / 1 0 1 / 1 1 0		
ODER-NICHT (NOR)	$A = \overline{E1 \vee E2}$	E2 E1 A / 0 0 1 / 0 1 0 / 1 0 0 / 1 1 0		
exclusiv ODER (XOR)	$A = (E1 \wedge \overline{E2}) \vee (\overline{E1} \wedge E2)$	E2 E1 A / 0 0 0 / 0 1 1 / 1 0 1 / 1 1 0		
Speicher (RS-Kippglied)	S Setzen, R Rücksetzen	E2 E1 A2 A1 / 0 0 ● ● / 0 1 0 1 / 1 0 1 0 / 1 1 □ □		

● Zustand unverändert
□ Zustand unbestimmt

Speicherprogrammierbare Steuerung SPS 1
Programmable Logic Control PLC 1

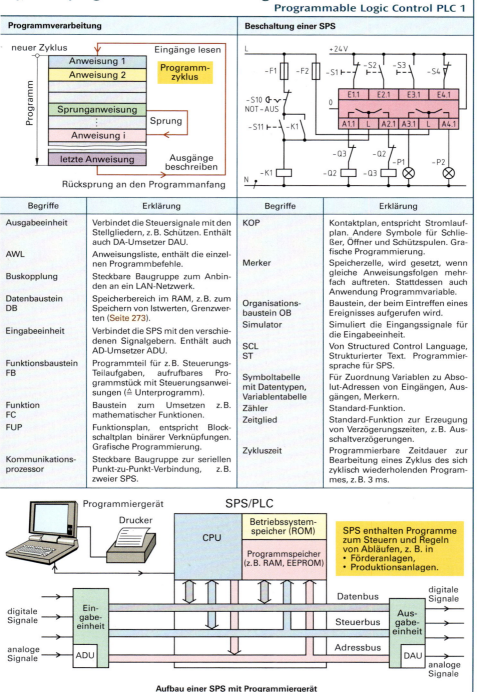

Begriffe	Erklärung	Begriffe	Erklärung
Ausgabeeinheit	Verbindet die Steuersignale mit den Stellgliedern, z. B. Schützen. Enthält auch DA-Umsetzer DAU.	KOP	Kontaktplan, entspricht Stromlaufplan. Andere Symbole für Schließer, Öffner und Schützspulen. Grafische Programmierung.
AWL	Anweisungsliste, enthält die einzelnen Programmbefehle.	Merker	Speicherzelle, wird gesetzt, wenn gleiche Anweisungsfolgen mehrfach auftreten. Stattdessen auch Anwendung Programmvariable.
Buskopplung	Steckbare Baugruppe zum Anbinden an ein LAN-Netzwerk.		
Datenbaustein DB	Speicherbereich im RAM, z. B. zum Speichern von Istwerten, Grenzwerten (Seite 273).	Organisationsbaustein OB	Baustein, der beim Eintreffen eines Ereignisses aufgerufen wird.
Eingabeeinheit	Verbindet die SPS mit den verschiedenen Signalgebern. Enthält auch AD-Umsetzer ADU.	Simulator	Simuliert die Eingangssignale für die Eingabeeinheit.
Funktionsbaustein FB	Programmteil für z. B. Steuerungs-Teilaufgaben, aufrufbares Programmstück mit Steuerungsanweisungen (≙ Unterprogramm).	SCL ST	Von Structured Control Language, Strukturierter Text. Programmiersprache für SPS.
		Symboltabelle mit Datentypen, Variablentabelle	Für Zuordnung Variablen zu Absolut-Adressen von Eingängen, Ausgängen, Merkern.
Funktion FC	Baustein zum Umsetzen z. B. mathematischer Funktionen.	Zähler	Standard-Funktion.
FUP	Funktionsplan, entspricht Blockschaltplan binärer Verknüpfungen. Grafische Programmierung.	Zeitglied	Standard-Funktion zur Erzeugung von Verzögerungszeiten, z. B. Ausschaltverzögerungen.
Kommunikationsprozessor	Steckbare Baugruppe zur seriellen Punkt-zu-Punkt-Verbindung, z. B. zweier SPS.	Zykluszeit	Programmierbare Zeitdauer zur Bearbeitung eines Zyklus des sich zyklisch wiederholenden Programmes, z. B. 3 ms.

Speicherprogrammierbare Steuerung SPS 2
Programmable Logic Control PLC 2

Symbole für SPS

Benennung	Symbol für FUP	Symbol für KOP	Benennung	Symbol, Bemerkung
UND	E1.1, E2.1 & A1.1 =	E1.1 E2.1 A1.1 ⊢⊣⊢⊣⊢( )	Zeitglied	Kennzeichnung des Zeitverhaltens ist einzutragen (vom Hersteller abhängig)
ODER	E1.1, E2.1 >=1 A1.1 =	E1.1 A1.1 ⊢⊣ E2.1 ⊢⊣( )	Impuls	TP IN Q PT ET — Impulsdauer gesetzt mit PT (nach DIN EN 61131-3)
NICHT Eingang	E1.1 ○— A1.1 =	E2.1 ⊢/⊣	Einschaltverzögerung	TON IN Q PT ET — Verzögerungszeit, z. B. 100 ms, gesetzt mit PT (nach DIN EN 61131-3)
NICHT Ausgang	○— A1.1 =	A1.1 —(/)	Ausschaltverzögerung	TOF IN Q PT ET — Verzögerungszeit, z. B. 50 ms, gesetzt mit PT (nach DIN EN 61131-3)
Exklusiv ODER	E1.1, E2.1 =1 A1.1 =	E1.1 E2.1/ A1.1 ⊢⊣⊢/⊣ E1.1/ E2.1 ⊢/⊣⊢⊣( )	RS-Speicher	RS S R1 Q1 — dominierendes Rücksetzen (nach DIN EN 61131-3)
Zuweisung	A1.1 =	A1.1 —( )	SR-Speicher	SR S1 Q1 R — dominierendes Setzen (nach DIN EN 61131-3)
Setzen	—S	—(S)	Zählen vorwärts	+m — Zählen (+1) bei Signalwechsel von „0" nach „1"
Rücksetzen	—R	—(R)	Zählen rückwärts	-m — Zählen (–1) bei Signalwechsel von „0" nach „1"

Zeichen für Anweisungen der AWL

Zeichen	Benennung	Zeichen	Benennung
U, AND, &	UND-Verknüpfung	NE	Not equal, Vergleich ungleich, <>
O, OR, >=	ODER-Verknüpfung	LE	Less equal, Vergleich kleiner gleich, ≤
XOR	Exklusiv-ODER-Verknüpfung	LT	Less than, Vergleich kleiner als, <
LD, L	Load, Wert laden in Akkumulator	CALL	Call, Aufruf von FB, FC
ST, =	Store, Speichern eines Wertes unter eine Adresse	RET	Return, Rücksprung aus Funktion oder Funktionsbaustein
ADD	Addition	JMP	Jump, Sprung auf eine Marke
SUB	Subtraktion	S, SL	Setzen eines Speichers, set latch
MUL	Multiplikation	R, RL	Rücksetzen eines Speichers, reset latch
DIV	Division	SIN	Sinusfunktion
GT	Greater than, Vergleich größer als, >	COS	Kosinusfunktion
GE	Greater equal, Vergleich größer gleich, ≥	SHL	Shift left, Bits im Akkumulatorregister nach links schieben
EQ	Equal, Vergleich gleich, =		
NOP	No Operation, leere Anweisung		

Aufbau einer Steueranweisung

Ein SPS-Programm besteht aus einer Folge von Steueranweisungen. Diese setzen sich aus dem Operationsteil und dem Operandenteil zusammen. Der Operationsteil gibt die auszuführende Operation an, z. B. eine UND-Verknüpfung. Der Operandenteil enthält die Adresse, auf welche die Operation wirken soll, z. B. den Eingang E 0.2. (direkte, absolute Adressierung, oft markiert (je nach SPS-Typ) mit % → % E 0.2).
Bei Signalgabe durch (externe) Schließer oder Öffner ist zu berücksichtigen, dass die SPS nur prüft, ob an den Eingängen Spannung für den erforderlichen Schaltvorgang vorhanden ist oder nicht.

Operation	Operand	
	Kennzeichen	Parameter

Beispiel für Einschalten durch Schließer an E0.1 und Abschalten (ohne Rücksetzen) durch Öffner an E0.2:

U	E 0.1		U	%E0.1	nach	LD	%IX0.1
U	E 0.2	oder:	U	%E0.2	DIN EN	AND	%IX0.2
=	A 0.1		=	%A0.1	61131-3:	ST	%QX0.1

Programmstruktur der SPS S7 — Program Structure of PLC S7

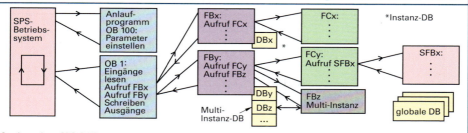

Struktur eines SPS-S7-Programms

Programmelement	Erklärung	Bemerkungen
Organisations-bausteine OB	Organisationsbausteine werden vom SPS-Betriebssystem aufgerufen. Mit ihnen wird die zyklische Programmbearbeitung gesteuert, ferner die Alarmbehandlung. Das Anwenderprogramm besteht aus dem OB 1 und meist noch anderen Programmelementen (Bild).	Unterschieden werden neben dem zyklischen OB1 OB für z.B. Uhrzeitalarme, Verzögerungsalarme, Prozessalarme, Fehleralarme, z.B. bei Zeitfehler, Stromversorgungsfehler, CPU-Hardwarefehler, oder Hintergrundzyklus. Dieser besitzt die niederste Priorität bzgl. des Unterbrechens anderer OB. Die Prioritäten sind vorgegeben. Von manchen OB können sie verändert werden.
OB1	Der OB 1 wird zyklisch vom Betriebssystem aufgerufen und abgearbeitet und nur von alarmbehandelnden OB unterbrochen.	
OB Main	OB1 wird auch als OB Main (Haupt-OB) bezeichnet.	Daneben gibt es noch OB für Neustart (OB 100) und Wiederanlauf (OB 101). Diese OB werden, z.B. nach Netz-EIN, vom SPS-Betriebssystem gestartet.
Funktionsbausteine FB	FB besitzen zugeordnete Datenbausteine (DB) zur Speicherung von Daten (Instanz-Datenbausteine). Ein FB kann auch auf verschiedene DB zugreifen. Nur im FB wirksame (lokale) Variable sind mit # gekennzeichnet. Globale Variablen sind mit " begrenzt.	Anwendung für Programmabläufe. FB können wiederum FB oder FC, SFB, SFC aufrufen. FB sind Multiinstanzen, wenn sie keinen eigenen DB besitzen und den DB des aufrufenden FB nutzen. Werden vom Anwender programmiert oder beim SPS-Hersteller erworben.
Funktionen FC (function)	Der Aufruf erfolgt in anderen Programmelementen (Bausteinen). Während dem Programmlauf erzeugte Daten gehen nach dem Programmlauf verloren. Zur Speicherung von Daten muss auf globale Datenbausteine zugegriffen werden.	Anwendung für Steuerungsprogramm und z.B. für mathematische Funktionen (Wurzelziehen, Logarithmieren, trigonometrische Funktionen). Werden vom Anwender programmiert oder beim SPS-Hersteller erworben.
Datenbausteine DB	DB dienen zur Speicherung von Daten, mit denen das Anwenderprogramm arbeitet. Auf DB können OB, FB und FC zugreifen. Unterschieden werden Instanz-Datenbausteine und globale Datenbausteine. Auf globale DB können alle OB, FB und FC zugreifen.	In den Instanz-Datenbausteinen sind die aktuellen Parameterwerte und statischen Daten der zugeordneten FB gespeichert. Einem FB können mehrere Instanz-DB zugeordnet sein. Mehrere Instanz-DB können zu einem Multiinstanz-DB zusammengefasst werden.
Systemfunktions-bausteine SFB	SFB sind Teil des SPS-Betriebssystems. Sie werden vom Hersteller mitgeliefert und können vom Anwenderprogramm aus aufgerufen werden. Für SFB müssen mit dem Anwenderprogramm zugeordnete Instanz-Datenbausteine angelegt werden.	SFB gibt es z.B. zum Datenaustausch mit externen Geräten, zum Betreiben externer Geräte (Remotebetrieb, von remote = entfernt).
Systemfunktionen SFC	SFC sind ebenfalls Teil des SPS-Betriebssystems.	SFC gibt es z.B. zum Kopieren von Daten, zum Übertragen von Daten von und zu Signalbaugruppen, zum Meldungserzeugen, zum Verändern von Baugruppenparametern, zum Aktualisieren von Uhrzeiten.
Systemdaten-bausteine SDB	SDB werden nur vom SPS-Betriebssystem ausgewertet. In SDB sind z.B. Zuordnungslisten bzgl. Peripheriegeräten und Schnittstellen sowie Parameterlisten von Baugruppen mit ihren Voreinstellwerten (Defaultwerten) gespeichert.	Jede CPU besitzt eigene SDB. Beim Speichern veränderter Voreinstellwerte werden SDB erzeugt, auf die dann bei Neustart oder Wiederanlauf zugegriffen wird.

Verwendung von Variablen bei der SPS-Programmierung
Usage of Variables at PLC Programming

Merkmal	Erklärung	Bemerkungen			
Variable	Variable sind Datenspeicher, welche beim Programmablauf unterschiedliche Werte annehmen können, z. B. Breite 16 bit.	**Datentypen und Größen-Präfixe**			
		Datentyp	Bits	Präfix	Beispiel
		BOOL	1	x	xSchalter
Konstante	Konstante bekommen einen festen Wert zugewiesen und behalten diesen während des Programmablaufs.	BYTE	8	b	bZustand
		WORD	16	w	wZustand
		DWORD	32	dw	dwVerteiler1
Globale Variable	Sind in allen (Code-)Bausteinen eines Programms bekannt, Kennzeichnung mit Hochkommas, z.B. "S1". Ihre Werte sind in allen Bausteinen verarbeitbar.	LWORD	64	lw	lwVerteiler2
		SINT	8	si	siTemperatur
		USINT	8	usi	usiZähler
		INT	16	i	iZähler
Lokale Variable	Sind nur in dem Baustein bekannt, in dem sie vereinbart (deklariert) wurden. Wird ihr Wert auch in anderen Bausteinen benötigt, muss dieser beim Bausteinaufruf übergeben werden. Kennzeichnung mit vorangestelltem Zeichen #, z. B. #S1.	UINT	16	ui	uiZähler
		DINT	32	di	diStück
		REAL	32	r	rGewicht
		STRING	254 Zch	s	sKommentar
		TIME	32	t	tAus
		DATE	16	date	dateStatus1
		TIMER	32	ton	tonLicht1
			32	tof	tofLicht2
			32	tp	tpLicht3

Deklaration	Variable, Konstanten müssen mit Anweisungen bei der Programmierung in SCL, sonst in zentraler Symboltabelle für globale Variablen oder in einem Variablendeklarationsfenster bei der Bausteindefinition für lokale Variable mit ihrem Datentyp vereinbart werden.	VAR
		   Drehzahl : REAL := 0;
		   Vorschub: REAL := 0;
		   Vorschubgeschwind : Real := 0;
		END_VAR
		CONST
		   PI := 3,1416
		END_CONST
		Beispiel von Deklarationen in SCL			

Datentypen	Variable, Konstanten sind je nach Anwendung für Boole'sche, ganzzahlige, reelle Werte oder für Zeitwerte, Datumswerte, Zeichen zu definieren.				
Größen-Präfix Orts-Präfix	Ein dem ursächlichen Variablennamen vorangestellter Kleinbuchstabe, der den Datentyp im Variablennamen kennzeichnet.	Größen-Präfixe sind nicht genormt, angelehnt an Ungarische Notation. Orts-Präfixe sind z. B. I, Q, M für Eingänge, Ausgänge, Merker.			
Absolute Adresse	Gibt die direkte Adresse eines Datenspeichers an. Bei SPS werden hier die Angaben für Eingänge, Ausgänge, Merker verstanden, z. B. E1.2, A2.3, M4.5, z.T. auch mit vorangestelltem %-Zeichen (je nach SPS-Typ).	**Symboltabelle (Beispiel)**			
		Symbol	Adresse	Datentyp	Kommentar
		Schalter1	%E2.0	BOOL	Für Licht R1
		Schalter2	%E2.1	BOOL	Für Licht R2
Symboltabelle ST	Ordnet den Variablen mit symbolischen Namen (verständlichen Namen) deren absolute Adressen zu. Für globale Variablen erfolgt dies in zentraler ST (auch PLC-Variablentabelle), für lokale Variablen in der ihrem Baustein zugeordneten ST.	LED1	%A2.0	BOOL	Licht Raum 1
		LED2	%A2.1	BOOL	Licht Raum 2
Variablentabelle					
Zuordnungstabelle					
Formalparameter FP	Sind die Eingangsvariablen und Ausgangsvariablen innerhalb von Bausteinen (Unterprogrammen). Sie sind bezeichnet mit IN, OUT, IN_OUT für Variable zur Eingabe, Ausgabe und Ein- und Ausgabe.	%DB1 "Bandsteuerung_DB" %FB1 "Bandsteuerung" EN — ENO %E1.0 "Starttaster" — xStart %E1.1 "Stopptaster" — xStopp xMotorrechts — %A1.4 "Rechtslauf" xMotorlinks — %A1.5 "Linkslauf" AP FP AP **Aktualparameter und Formalparameter** (EN enable, ENO enable output)			
Aktualparameter AP	Sind die Variablen, die von außen die Variablen eines Bausteins (Formalparameter) mit Werten versorgen oder von seinen Ausgangsvariablen Werte übernehmen. Aktualparameter und Formalparameter müssen vom gleichen Datentyp sein.				

TIA-Portal

Merkmal	Erklärung	Bemerkungen
Anwendung TIA-Portal	Das TIA-Portal (Totally Integrated Automation) dient zum Verwalten und Entwickeln von Automatisierungsprojekten. Bestandteile sind SPS-Programmierung, Visualisierung von Steuerungs- und Regelungsprozessen, Parametrierung elektrischer Antriebssysteme sowie deren Regelungen. www.siemens.com	STEP 7, C/C++ — TIA-Portal — Cloud; SPS SIMATIC STEP 7; Steuerung Maschinenachsen SIMOTION; Prozessvisualisierung SIMATIC WIN CC; Motorsteuerung SIMOCODE; Energieverteilung SIMATIC Energy Manager; Regelung Antriebe SINAMICS; Schaltgeräte SIRIUS. **Systemintegration mittels TIA-Portal**
Multi-User-Engineering	Mehrere Benutzer (User) können gleichzeitig an gleichen Projekten arbeiten. Die Projektverwaltung liegt z.B. auf einem zentralen Server. Die Anwender arbeiten unabhängig voneinander an lokalen Geräten über das TIA-Portal mit den vom zentralen Server verwalteten Daten.	TIA — Projekt auf Server; Änderungen speichern; aktualisierte Daten; Lokale Daten; FB/FC.
Einchecken	Über die lokalen Geräte vorgenommene Änderungen werden durch Einchecken (Anmelden) in den Server übertragen und bei anderen Bearbeitern zum Übernehmen angezeigt.	**Paralleles Arbeiten über das TIA-Portal**
Programmierarten	Programmierung KOP, FUP, AWL, SCL und Graph für Steuerungen SIMATIC S7 mit STEP 7. C/C++ ist integrierbar.	Programmieren mit Variablen (symbolische Adressierung) → bessere Lesbarkeit, globales Verwenden. Merker und absolute Adressen sind im Ablaufprogramm nicht programmierbar.
Ablauf der Programmierung (nach Projektanlage, Hardwareauswahl)	• Vereinbarung der SPS (PLC)-Variablen in der PLC-Variablentabelle. • Bausteine erstellen, → Organisationsbausteine, Funktionsbausteine, Funktionen. • Bausteinschnittstellen vereinbaren, d.h. Eingangsvariablen, Ausgangsvariablen festlegen (deklarieren). • Bausteine programmieren. • Bausteinaufrufe ggf. im OB1 (MAIN).	Die PLC-Variablentabelle enthält die Variablennamen, Datentypen und Adressen der Variablen. Beispiel: Variablenname, Datentyp, Adresse → EIN, Bool, %E2.4 (% für absolute Adresse). Den Bausteinen müssen die jeweiligen Datenbausteine zugeordnet werden. Mittels Beobachtungstabelle sind die Speicherinhalte der Adressbereiche beim Programmtest ansehbar.
Allgemeine Datentypen Siehe auch Seite 282	Ganzzahl (Integer, Int) von 8 bit bis 64 bit Breite, Gleitpunktzahl (Real) mit 32 bit oder 64 bit Breite, Wort (Word) von 16 bit bis 64 bit Breite. Datentypen für Systemzeit, Zeiten mit 64 bit Breite. Ferner Datentypen Bool, Char, String.	UInt, SInt, USInt, UDInt, ULInt, LInt. Real, LReal. DWord, LWord. U unsigned, S signed, L long, D double. Date, Date-Time-Long, Time, LTime. WChar, WString für Unicode-Zeichen, W wide.
Datentyp Variant	Kann mit Variablen verschiedener Datentypen umgehen.	Anwendung z.B. als Eingangs-, Ausgangsparameter von Anweisungen zum Datenaustausch.
Datentyp Struct	Umfasst Datenstruktur mit Elementen verschiedener Datentypen.	Die Definition der Datenstruktur erfolgt im entsprechenden Baustein.
PLC-Datentyp	Dient zum Zusammenfassen von zusammengehörigen Daten, z.B. Drehrichtung, Sollwerte Drehzahl, Temperatur.	Die Definition erfolgt zentral im Ordner PLC-Datentypen des TIA-Portals. Zentrales Ändern möglich.
Besondere Anweisungen	CALCULATE für mathematische Berechnungen. RUNTIME zum Messen der Programmlaufzeit eines Bausteins.	Beispiele sind Grundrechenarten, trigonometrische Funktionen, Runden, Logarithmus. Es können auch minimale, maximale Baustein-Laufzeiten ermittelt werden.
Bibliotheken	Zu unterscheiden Projekt-Bibliothek und Globale Bibliothek für z.B. Anweisungen und Funktionen.	Projektbibliothek ist Bestandteil eines Projektes und wird mit diesem Projekt verwaltet. Wiederverwendung nur innerhalb dieses Projektes möglich.

Programmierregeln für SPS — Programming Rules for PLC

Regel	Kontaktplan	Funktionsplan	Anweisungsliste
Verknüpfungen beginnen geräteabhängig mit dem UND-, dem Lade- oder dem ODER-Befehl und enden mit einer Zuweisung. Alternativ mit lokaler Variable bei S7: statt E1.1, E2.1, E3.1 → z. B. #S1, #S2, #S3; A1.1, A2.1 → z. B. #Q1, #Q2.	E1.1 E2.1 A1.1 ─┤├──┤├──( )─ A1.1 ─┤├─ A2.1 E3.1 ─┤├──┤├─	E1.1 ─┐ E2.1 ─┤ & ├─ A1.1 = A1.1 ─┐ A2.1 ─┤ ≥1 ├─┐ E3.1 ──────┤ & ├─ A2.1 =	U E1.1 / U #S1 U E2.1 / U #S2 = A1.1 / = #Q1 U A1.1 / U #Q1 O A2.1 / O #Q2 U E3.1 / U #S3 = A2.1 / = #Q2
Ein Operand kann mehrfach programmiert werden. Alternativ mit globaler Variable bei S7: statt E1.1, E2.1, E3.1 → z. B. "S1", "S2"; A1.1, A2.1, A3.1 → z. B. "Q1", "Q2", "Q3".	E1.1 A1.1 ─┤/├────────( )─ A1.1 E2.1 A2.1 ─┤├──┤├──( )─ A1.1 A3.1 ─┤├──────( )─	E1.1 ─┤ ≥1 ├─ A1.1 = A1.1 ─┐ E2.1 ─┤ & ├─ A2.1 = A1.1 ─┤ ≥1 ├─ A3.1 =	UN E1.1 / UN "S1" = A1.1 / = "Q1" UN A1.1 / UN "Q1" U E2.1 / U "S2" = A2.1 / = "Q2" UN A1.1 / UN "Q1" = A3.1 / = "Q3"
Geräteabhängig kann ein Befehl bzw. eine Verknüpfung von Befehlen mehrere Operanden, z. B. Ausgänge, ansteuern. Mit E1.1, A1.1., A2.1 → #xS1, #xQ1, #xQ2, x Datentyp BOOL	E1.1 A1.1 ─┤├──────( )─ A1.1 ─( )─ A2.1 ─( )─	E1.1 ─┤ ≥1 ├─ A1.1 = A1.1 A2.1 =	U E1.1 / U #xS1 O A1.1 / O #xQ1 = A1.1 / = #xQ1 = A2.1 / = #xQ2
BM Zum Speichern von Zwischenergebnissen dienen Merker (Hilfsspeicher). Anmerkung: Bei Programmierung über TIA-Portal müssen anstelle Merker und direkten (absoluten) Adressen Variable verwendet werden.	E1.1 M1.1 ─┤├──────( )─ M1.1 E2.1 M1.1 ─┤├──┤├──( )─ E3.1 ─┤├─ A1.1 M1.1 A1.1 ─┤├──┤/├──( )─	E1.1 ─┤ ≥1 ├─ M1.1 = M1.1 ─┐ E2.1 ─┤ & ├─ M1.1 = E3.1 ─┐ A1.1 ─┤ ≥1 ├──┤ & ├─ A1.1 = M1.1	U E1.1 / U %E1.1 O M1.1 / O %M1.1 = M1.1 / = %M1.1 U E2.1 / U %E2.1 = M1.1 / = %M1.1 U E3.1 / U %E3.1 O A1.1 / O %A1.1 UN M1.1 / UN %M1.1 = A1.1 / = %A1.1
Eine ODER-Verknüpfung muss vor einer UND-Verknüpfung programmiert werden, wenn keine Klammern gesetzt oder keine Merker verwendet werden. # für lokale Variable	#S1 ─┤├─ #Q1 #S2 #Q1 ─┤├──┤├─	#S1 ─┐ #Q1 ─┤ ≥1 ├──┐ #S2 ──────┤ & ├─ #Q1 =	U #S1 O #Q1 U #S2 = #Q1
Falls die Klammertechnik angewandt wird, ist die ODER-vor-UND-Regel nicht zu beachten. Allerdings wird dadurch etwas mehr Rechenzeit benötigt. " " für globale Variable	"S2" "S1" "Q1" ─┤├──┤├──( )─ "Q1" ─┤├─	"S2" ─┐ "S1" ─┤ & ├─ "Q1" "Q1" ─┤ ≥1 ├─┘ =	U "S2" U(U "S1" O "Q1") = "Q1"
Programmierung mit Speicher: Es dominiert (herrscht vor) die Funktion, die in AWL nach nicht dominierender Funktion steht. Dominierendes Rücksetzen: • oben nach Siemens S7 • unten nach DIN EN 61131-3	E2.1 M2.0 ─┤├─ SR E1.1 S A1.1 ─┤/├─ R1 Q ─( )─ %IX2.1 R_FF ─┤├─ RS %IX1.1 S %QX1.1 ─┤/├─ R1 Q1 ─( )─	E2.1 ─ SR ─ A1.1 E1.1 ─ S R1 Q ─ = %IX2.1 ─ R_FF ─ %IX1.1 ─ RS S R1 Q1 ─ %QX1.1 =	dominierendes Rücksetzen: U E2.1 S M2.0 UN E1.1 R M2.0 U M2.0 = A1.1 (nach Siemens S7)

Je nach Hersteller unterscheidet sich die Programmierung der SPS. Statt E1.1 auch %E1.1. Für Variable zur Beschreibung von Eingangssignalen, Ausgangssignalen, Zeiten und Zählwerten können neben Standardnamen oft beliebige Namen verwendet werden. Die Variable sind dann mit ihrem Datentyp zu vereinbaren (deklarieren), z. B. BOOL, INT, REAL, TIME, STRING, BYTE, WORD. Beispiel: VAR E_LED1, EIN1: BOOL; Aus3: BOOL; END_VAR;
Der Datentyp kann auch als Vorsatz (Präfix) zum Variablennamen dargestellt werden, z. B. xS1 (siehe Seite 274).

Zähler und Zeitglieder in SPS — Counters and Time Elements in PLC

Funktion	Kontaktplan	Anweisungsliste	Bemerkungen
Vorwärtszähler mit Startwert 20	#VZ Z_VORW #Q1 #Zählen —ZV Q—( ) —ZR #Setzen —S DUAL —#VZDU C#20 —ZW DEZ —R	U #Zählen ZV #VZ U #Setzen L C#20 S #VZ L #VZ T #VZDU U #VZ = #Q1	Der Vorwärtszähler VZ wird mit dem Startwert 20 geladen, wenn *Setzen* von 0 auf 1 wechselt. Wechselt der Signalzustand an *Zählen* von 0 auf 1, wird der Zähler VZ um 1 erhöht. Q1 ist 1, wenn der Zählerwert ungleich Null ist. Mit L #VZ wird der Zählerwert dualcodiert in den Akkumulator geladen, dann ins Merkerwort 2, mit LC #VZ ist BCD-codiertes Auslesen möglich. www.siemens.com
Rückwärtszähler von 10 bis 0	#RZ Z_RUECK #Q1 —ZV Q—( ) #Zählen —ZR #Setzen —S DUAL —#RZDU C#10 —ZW DEZ —R	U #RZählen ZR #RZ U #Setzen L C#10 S #RZ L #RZ T #RZDU U #RZ = #Q1	Der Rückwärtszähler RZ wird mit dem Startwert 10 geladen, wenn *Setzen* von 0 auf 1 wechselt. Wechselt der Signalzustand an *RZählen* von 0 auf 1, wird der Zählerwert um 1 erniedrigt. Q1 ist 1, wenn der Zählerwert ungleich Null ist. Mit L #RZ wird der Zählerwert dualcodiert in den Akkumulator geladen, mit LC #RZ1 BCD-codiert.
Einschaltverzögerung mit Zeitwert 100 ms	#TE #S1 —S_EVERZ #Q1 —S Q—( ) S5T#100MS —TW DUAL —#TEDU #S2 —R DEZ	U #S1 L S5T#100MS SE #TE U #S2 R #TE L #TE T #TEDU U #TE = #Q1	Wechselt der Signalzustand an S1 von 0 nach 1, wird die Zeit im Zeitglied TE gestartet. Wechselt der Signalzustand an S1 erneut von 0 nach 1, bevor die Zeit abgelaufen ist, wird sie erneut gestartet. Mit SE #TE wird die Einschaltverzögerungsfunktion programmiert. Stunden (H), Minuten (M), Sekunden (S) und Millisekunden (MS) können eingestellt werden, z.B. 1 h, 5 min, 10 s mit L S5T#1H5M10S. # steht für lokale Variable
Ausschaltverzögerung mit Zeitwert 10 s	#TA #S1 —S_AVERZ #Q1 —S Q—( ) S5T#10S —TW DUAL —#TADU #S2 —R DEZ	U #S1 L S5T#10S SA #TA U #S2 R #TA LC #TA T #TADU U #TA = #Q1	Wechselt der Signalzustand an S1 von 1 nach 0, wird die Zeit im Zeitglied TA gestartet. Mit SA #TA wird die Ausschaltverzögerungsfunktion programmiert. Das Signal an Q1 bleibt bis zum Ablauf der Zeit auf 1. Der verbliebene Restzeitwert kann über L bzw. LC dualcodiert oder BCD-codiert abgefragt werden. # steht für lokale Variable

DEZ	aktueller Wert BCD-codiert	R	Rücksetzen
DUAL	aktueller Wert dualcodiert	T	Transferieren, Übertragen
L	Laden dualer Wert	TW	Zeitwert Voreinstellung
Q	binärer Ausgang	ZV	Vorwärtszählen
S	Setzen	ZR	Rückwärtszählen
ZW	Zählerwert		
LC	Laden BCD-codiert		
SA	Setze Ausschaltverzögerung		
SE	Setze Einschaltverzögerung		
#	Zeichen für lokale Variable		

BM

SPS-Funktionsbausteine — PLC Function Blocks

Anwendung bei SPS SIMATIC S7

Begriff	Erklärung	Bemerkungen
Technologie-objekt	Die physikalischen Antriebe sind als Technologieobjekte derart abgebildet, dass ihre Eigenschaften über Parameterwerte eingestellt werden können. Softwaretechnisch sind Technologieobjekte Datenbausteine (Technologie-Datenbausteine).	Technologieobjekte können Achsen (Drehzahlachse, Positionierachse, Gleichlaufachse), Nocken, Messtaster oder Geber (Messsystem) darstellen. Die Technologieobjekte werden in einem Bereich innerhalb der SIMATIC-SPS angelegt und dort zusammen mit ihren Funktionen ausgeführt. Im SPS-Anwenderprogramm erfolgt deren Aktivierung.
Technologie-funktion	Technologiefunktionen werden auf Technologieobjekte angewendet und im Anwenderprogramm als Funktionsbausteine aufgerufen. Sie steuern auch z. B. die Frequenzumrichter SIMODRIVE, SINAMICS an.	Beispiele für Technologiefunktionen sind: Positionieren, Fahren auf Festanschlag, Drehzahlvorgabe, Vorschubvorgabe, Geschwindigkeitsvorgabe, Referenzpunkt anfahren.
Technologie-Datenbaustein (DB)	Die aktuellen Werte eines Technologieobjekts stehen im zugeordneten Technologie-Datenbaustein. Statusmeldungen und Fehlermeldungen, die sich während der Programmabarbeitung ergeben, werden ebenfalls in den Technologie-DB geschrieben.	Das Beschreiben der Technologie-DB erfolgt während der Ausführung der Technologiefunktionen nach Aktivierung im SPS-Anwenderprogramm. Im SPS-Anwenderprogramm werden die Zustandsmeldungen und Fehlermeldungen der Technologie-DB ausgewertet.
Projektieren	Mit dem SIMATIC-Manager bzw. dem TIA-Portal wird ein Projekt angelegt, d. h. eine Ordnerstruktur, welche den gewünschten Hardwareaufbau (Baugruppen) wiedergibt.	Über den PROFIBUS, PROFINET erfolgt die Kommunikation zwischen SPS und dem Frequenzumrichter für den Antriebsmotor, z. B. SIMODRIVE.
Konfigurieren / Schnittstellen	Ferner werden die Schnittstellen, z. B. zum PROFIBUS, PROFINET in Abhängigkeit der gewünschten Antriebstechnik sowie die Achsen, Nocken, Messtaster oder Geber konfiguriert und Anpassungen bzgl. der zu bewegenden Mechanik vorgenommen.	Das Konfigurieren (Anpassen) der Technologieobjekte umfasst z. B. die Art des Antriebs und des Motors mit Nenndrehzahl, die Zuordnung des passenden Gebers inkl. Datentelegramm und Adresse, die Eingabe von Spindelsteigung und Übersetzungsverhältnissen, das Festlegen von Geschwindigkeitsprofilen, Endschalterpositionen, Reglereinstellungen und Achsen-Nullpunkten.
Auswahl-felder	Auswahlfelder stehen in den Bediendialogen zur Verfügung. www.siemens.com	Auf Konsistenz (Gleichheit) der eingegebenen Daten in unterschiedlichen Bediendialogen ist zu achten.
| Programmieren | Neben dem zyklischen Bearbeiten der unterschiedlichen Organisationsbausteine erfolgt auch das Aktualisieren der Technologie-DB zyklisch. Hierzu können verschiedene Systemtakte genutzt werden. Im SPS-Anwenderprogramm sind folgende Schritte umzusetzen:<br>• Aktivierung der Technologieobjekte über die Technologiefunktionen.<br>• Zustand, Fehler der Technologieobjekte/Technologiefunktionen abfragen und auswerten.<br>Das Überprüfen der Ausgabemeldungen erfolgt im Anschluss an den Aufruf der Technologie-Funktionsbausteine im SPS-Anwenderprogramm. | Auswertung einer Fehlermeldung aus Funktionsbaustein (BIE-Bit, Binärergebnis-Bit) ist im SPS-Anwenderprogramm möglich.<br><br>```
CALL  "MC_Power" , DB401
  Axis       : = 1
  Enable     : = #FREI2
  Mode       : = 0
  StopMode   : = 0
  Status     : = #Status2
  Busy       : = #StatusB2
  Error      : = #FEHLER
  ErrorID    : = #F-Kenn
UN    BIE
=     "ACHSE2"
```<br>Aufruf FB — Übergabe Parameterwerte — Auswertung Fehlermeldung<br>Aufruf eines Technologie-Funktionsbausteins im SPS-Anwenderprogramm |

Auswahl von Technologie-Funktionsbausteinen

FB 401	MC_Power; Achse freigeben, sperren	FB 414	MC_MoveVelocity; Fahren mit Drehzahlvorgabe
FB 403	MC_Home; Achse referenzieren		
FB 405	MC_Halt; Normalhalt	FB 432	MC_ExternalEncoder; externen Geber freigeben, sperren
FB 410	MC_MoveAbsolute; absolut positionieren	FB 433	MC_MeasuringInput; Messtaster
FB 411	MC_MoveRelative; relativ positionieren	FB 437	MC_SetTorqueLimit; Drehmomentbegrenzung aktivieren/deaktivieren
```

Programmiersprachen, Strukturierter Text (ST), Ablaufsprache AS
Structured Control Language SCL, Sequence Language AS

Strukturierter Text für SPS

Anweisungen

Schlüsselwort	Anweisung	Beispiel	Erklärung
IF..THEN... END_IF	IF *Bedingung* THEN *Anweisung 1*; [ELSE *Anweisung 2*;] END_IF;	IF temp<17 THEN heizen:=true; END_IF;	Wenn-Dann-Anweisung. Wenn Temperatur kleiner als 17 °C ist, Ausgang heizen ansteuern.
CASE...OF... END_CASE	CASE Var OF Wert 1: *Anweisung 1*; Wert n: *Anweisung n*; [ELSE *Anweisung*;] END_CASE;	CASE wert OF 1: ausg1:=true; ausg2:= true; 2: ausg3:= true; END_CASE;	Anweisung für Fallunterscheidungen. Ist wert = 1, Variablen ausg1, ausg2 setzen. Bei wert = 2 ausg3 setzen.
FOR...TO... END_FOR	FOR *Zählervar.* = *Startwert* TO *Endwert* [BY *Schrittweite*] DO *Anweisungen*; END_FOR;	FOR i:= 1 TO 10 DO ausg[i]:= true; END_FOR;	Zählschleife. Vom Feld ausg[i] werden die ersten 10 Elemente mit dem Wert true belegt.
WHILE...DO... END_WHILE	WHILE *Bedingung* DO *Anweisungen*; END_WHILE;	WHILE eing1 DO sum:= sum + 1; END_WHILE;	Schleife mit Bedingungsprüfung am Anfang. Solange eing1 true ist, wird sum hochgezählt.
REPEAT... UNTIL... END_REPEAT	REPEAT *Anweisungen*; UNTIL *Bedingung* END_REPEAT;	REPEAT sum:= sum + 1; UNTIL eing1:=false END_REPEAT;	Schleife mit Bedingungsprüfung am Ende. Sum wird hochgezählt bis eing1 false ist.

Operatoren

Schlüsselwort	Erklärung	Beispiel	Bemerkung
AND, &	UND	a:= b AND c;	UND wirkt auf jedes Bit.
OR	ODER	a:= b OR c;	ODER wirkt auf jedes Bit.
XOR	Exklusiv-ODER	a:= b XOR c;	XOR wirkt auf jedes Bit.
NOT	Negation	a:= b NOT b;	NOT wirkt auf jedes Bit.
+, –, *, /	Grundrechenarten	a:= b+3*4;	a = b+12
**	Potenzieren	a:= b**2;	a = b^2
MOD	Modulofunktion	a:= b MOD 2;	Restermittlung bei Division
<, >	kleiner, größer	IF a > b THEN...	Wenn $a > b$ dann ...
<=, >=	kleiner gleich, größer gleich	IF a >= c THEN...	Wenn $a \geq c$ dann ...
=, <>	gleich, ungleich	IF a <> b THEN...	Wenn $a \neq b$ dann ...

Ablaufsprache AS für SPS

Beschreibung	Parallelverzweigung	Alternativverzweigung
Die Ablaufsprache wird zur Strukturierung eines Programmes in Schritte S bzw. Aktionen eingesetzt, die über Weiterschaltbedingungen T (Transitionen) verknüpft sind. Jede Aktion und jede Transition muss entweder in AWL, KOP, FUP oder ST geschrieben sein. Aktionen sind SPS-Programmteile. Zum nächsten Schritt bzw. zur nächsten Aktion wird weitergeschaltet, wenn z. B. eine Variable > 0. *Parallelzweige* hängen an einer gemeinsamen Transition T_m. An der Stelle, an der die Parallelzweige Zusammenkommen, wird gewartet, bis die Aktion des letzten Schrittes abgearbeitet worden ist. *Alternativzweige* besitzen jeweils an ihrem Eingang eine eigene Transition $T_{m1}, T_{m2},...$ Es ist immer nur ein Zweig in Bearbeitung.	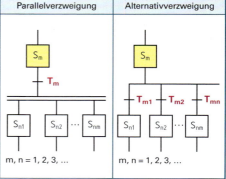 m, n = 1, 2, 3, ...	m, n = 1, 2, 3, ...

[] in Spalte Anweisung: optional, wahlweise bei Bedarf. Variable sind je nach Datentyp mit INT, REAL, BOOL, BYTE, STRING, DATE oder TIME zu vereinbaren sowie mit #, " " für lokale, globale Variablen zu kennzeichnen.

Anwenden von SPS-Bausteinen in ST — Usage of PLC moduls in SCL

Vorgehen	Erklärung	Bemerkungen
Bausteinstruktur festlegen Bausteinarten	Mittels SPS-Programm zu lösende Aufgaben werden in Teilaufgaben strukturiert. Diese werden dann soweit als möglich als SPS-Bausteine abgebildet. Hierbei erfolgt die Auswahl und Zuordnung möglicher Bausteinarten (OB, FB, FC, DB, SFC, SFB, siehe Seite Programmstruktur der SPS S7). Festzulegen ist, welche Aufgaben z. B. zyklisch, als Ablauf oder als mathematische Funktionen umzusetzen sind und wie das Speichern der Daten erfolgen soll. www.siemens.com	OB (Zyklisch) → Daten eingeben → FB (Erfassen) → Messwerte → FB (Auswerten) → Messwerte → FC (Rechnen) → Wurzel, Quadrat Daten ausgeben ← Ergebnis Datenbaustein ← Daten speichern **Bausteinstruktur anhand von Teilaufgaben**
Vorhandene Bausteine bewerten Bausteinbibliothek	Standardmäßig gibt es bei den SPS-Herstellern fertig programmierte SPS-Bausteine als Baustein-Bibliothek zu kaufen. Die Bausteine besitzen definierte Schnittstellen in Form von Eingangs-Parametern und Ausgangs-Parametern. Diese sind mit Werten zu versorgen. Alternativ werden die bereitgestellten Ausgabe-Werte weiterverarbeitet werden. Manche SPS-Bausteine sind abhängig von der eingesetzten SPS-CPU, z. B. S7-400. Zur Auswahl sind die CPU-Datenblätter erforderlich.	OB: zyklische Programmbearbeitung, Prozessalarme, Zeitfehlermeldungen FB: Achse freigeben/sperren, absolutes Positionieren, fahren mit Drehzahlvorgabe SFB: Daten speichern, Daten senden, empfangen, drucken Gerätestatus von Partner abfragen **Beispiele von Hersteller-SPS-Bausteinen**

Bausteine programmieren
 	
Zähler, Funktionen
 	
Variablen
	Das Programmieren der Bausteine kann in der ST-Hochsprache erfolgen. Neben Anweisungen wie IF, CASE, FOR, WHILE sind SPS-typische Funktionen verfügbar. Für das Programmieren von SPS-Bausteinen ist eine vorgegebene Struktur für Baustein-Anfang und Baustein-Ende einzuhalten.
	
	SPS-typische Funktionen sind Zähler, Zeitverzögerungen, Datenkonvertierer oder Logikfunktionen. Darüber hinaus sind auch mathematische Funktionen, z. B. Wurzelziehen, Quadrieren, Logarithmus, Absolutbetrag, e-Funktion, trigonometrische Funktionen, verfügbar.
	
	Die Variablen sind bzgl. ihres Datentyps zu vereinbaren. Ebenso ist zu vereinbaren, ob es sich um globale Variablen, also bausteinübergreifende Variablen, oder um bausteininterne (lokale) Variablen handelt.
		`ORGANIZATION_BLOCK ob_name`
		…
		`END_ORGANIZATION_BLOCK`
		Organisationsbaustein OB
		
		`FUNCTION fc_name:functionstyp`
		…
		`END_FUNCTION`
		Funktion FC
		
		`FUNCTION_BLOCK fb_name`
		…
		`END_FUNCTION_BLOCK`
		Funktionsbaustein FB
		
		`DATA_BLOCK db_name`
		…
		`END_DATA_BLOCK`
		Datenbaustein DB

Bausteine aufrufen
 	
Parameterwerte
	Bausteine können mit einem symbolischen Namen oder mit absoluter Nummer in einer Programmanweisung als Prozedur aufgerufen werden. Beim Aufruf müssen den Parametern der Schnittstelle, deren Namen und Datentypen bei der Erstellung des Bausteins festgelegt wurden, die entsprechenden Parameterwerte vom aufrufenden Programm zugeordnet werden. Mit diesen Werten arbeitet der Baustein dann zur Laufzeit des Programmes.	`FUNCTION_BLOCK FB30`
		`VAR`
		`  ERGEBNIS: INT;`
		`END_VAR`
		`BEGIN`
		…
		`ERGEBNIS:=`
		`  SPC31(OB_NR:=10, STATUS:=#STATUS2);`
		…
		`END_FUNCTION_BLOCK`
		Aufbau eines Funktionsbausteins mit SFC

ST-Programm testen	Syntaxfehler werden beim Übersetzen des ST-Programmes erkannt und angezeigt. Laufzeitfehler in der Ausführung des ST-Programms werden durch Systemalarme angezeigt. Logische Programmierfehler können mit Testfunktionen (Debug-Funktionen) gefunden werden.	Als Debug-Funktionen stehen zur Verfügung: Einzelsatzbetrieb, Setzen von Haltepunkten (Breakpoints), Variablen beobachten/verändern. Test mit Simulationsprogramm. Alternativ ist das SPS-Programm in die SPS-CPU zu laden, eine Online-Verbindung zwischen Programmier-PC und SPS-CPU muss hergestellt sein.

ST Strukturierter Text, SCL Structured Control Language, SFB Systemfunktionsbaustein, SFC Systemfunktion

Bibliotheksfähige Bausteine
Libary-compatible modules

Anlagenschema (Zwei Förderbänder)

Zwei Förderbänder werden durch mehrfache Verwendung eines Funktionsbausteins FB1 gesteuert.

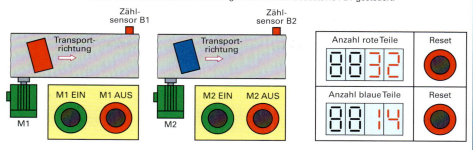

- Bibliotheksfähige Bausteine sind wiederverwendbar und können in einem SPS-Programm mehrfach aufgerufen werden.
- In einem bibliotheksfähigen Baustein dürfen keine globalen Variablen für Eingänge, Ausgänge, Merker, Timer und Zähler verwendet werden.
- Globale Variablen sind in allen Proarammteilen bekannt.
- Im Beispiel unten wird zuerst der Funktionsbaustein FB1 erstellt und dieser dann zweimal in den Organisationsbaustein OB1 eingefügt.

Variablentabelle des FB1

Deklaration	Name	Datentyp
in	Motor_EIN	BOOL
in	Motor_AUS	BOOL
in	Zaehler	COUNTER
in	Zaehlsensor	BOOL
in	Ruecksetzen	BOOL
inout	Motor	BOOL
out	Anzahl	WORD

Den Eingangsvariablen (in) werden Werte aus dem aufrufenden Baustein übergeben. Die Ausgangsvariablen (out) übergeben Werte an den aufrufenden Baustein.

Funktionsbaustein FB1

Netzwerk 1

```
# Motor_EIN  ─ S
                        # Motor
# Motor_AUS ─○R    Q ─
```

Netzwerk 2

```
                        # Zaehler
# Zaehlsensor ─ ZV
               ─ S
               ─ ZW   DUAL
                      DEZ  ─ # Anzahl
# Ruecksetzen ─ R     Q
```

Lokale Variablen werden mittels Raute (#) gekennzeichnet.

Symboltabelle (Zuordnungsliste)

Symbol	Operand	Kommentar
M1_EIN	%E 1.0	Taster M1 EIN (Schließer)
M1_AUS	%E 1.1	Taster M1 AUS (Öffner)
B1	%E 1.2	Zählsensor B1 (Schließer)
Reset_rT	%E 1.3	Reset rote Teile (Schließer)
M1	%A 0.1	Motor 1
Anz_rot	%AW 2	Anzahl rote Teile
M2_EIN	%E 2.0	Taster M2 EIN (Schließer)
M2_AUS	%E 2.1	Taster M2 AUS (Öffner)
B2	%E 2.2	Zählsensor B2 (Schließer)
Reset_bT	%E 2.3	Reset bl. Teile (Schließer)
M2	%A 0.2	Motor 2
Anz_blau	%AW 4	Anz. blaue Teile

Bei den Symbolen bzw. Operanden handelt es sich um globale Variablen.

Organisationsbaustein OB1

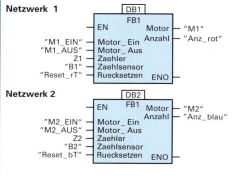

Beim Aufruf eines Funktionsbausteins muss ein Datenbaustein (DB1, DB2) angegeben werden. Globale Symbole werden zwischen Anführungszeichen geschrieben.

BM

SPS-Programmierung 1 (nach DIN EN 61131-3)
PLC Programming 1 (according to DIN EN 61131-3)

Schlüssel-wort	Erklärung	Beispiele
Datentypen		
BOOL	Bool'sch, Werte wahr oder nicht wahr.	VAR
INT	Integer, ganzzahlige Werte (16 Bits), auch SINT Short Integer (8 Bits), DINT Double Integer (32 Bits), LINT Long Integer (64 Bits), UINT (USINT, UDINT, ULINT) Unsigned Integer, vorzeichenlose ganze Zahl.	A : INT; B : TIME := 10ms; C : BOOL;
REAL	Reelle Zahl (32 Bits), auch LREAL Long Real (64 Bits).	D : REAL;
TIME	Time, Zeit. Zeitdauer in Stunde, Minute, Sekunde, Millisekunde.	END_VAR
DATE	Date, Datum. Datum in Tag, Monat, Jahr oder Jahr, Monat, Tag.	
STRING	String, Zeichenkette. Je Zeichen 1 Byte, bis zu 256 Zeichen.	**Deklarationen**
BYTE	Folge mit 8 Bits (Byte).	**(Vereinbarungen)**
WORD	Folge mit 16 Bits (Wort), auch DWORD Double Word (32 Bits), LWORD Long Word (64 Bits) möglich.	
Funktionen		
ABS	Absolut. Bilden des Absolutwertes.	
SQRT	Square Root. Berechnen der Quadratwurzel.	REAL — SIN — REAL
SIN	Sinusfunktion. Ebenfalls verfügbar sind COS, TAN.	
ASIN	Funktion Arkussinus. Ebenfalls verfügbar sind die Umkehrfunktionen ACOS, ATAN.	A: = SIN (B);
LEN	Length, Länge. Ermittlung der Länge eines Strings.	
LEFT	Left, links. Ermittlung des linken Teils eines Strings. Auch verfügbar sind Funktionen RIGHT und MID für Ermittlung des rechten und mittleren Teils eines Strings.	STRING — LEN — INT
INSERT	Insert, einfügen eines Strings in einen anderen String.	
FIND	Find, finden. Suchen eines Teilstrings innerhalb eines Strings.	A: = LEN ('WLAN'); → A = 4
REPLACE	Replace, ersetzen eines Teilstrings in einem String.	
Operatoren		
ADD	Addition von Zahlen, auch Subtraktion SUB verfügbar.	
MUL	Multiplikation von Zahlen, auch Division DIV verfügbar.	Bits — AND — Bits
MOD	Modulofunktion	
MOVE	Zuweisung eines Wertes in z. B. den Akkumulatorspeicher.	Bits
SHL	Shift Left. Schieben der Bits in einem Wort um *x* Stellen nach links. Auch Schieben nach rechts mit SHR möglich.	Bits
AND	UND-Verknüpfung von Bitfolgen (Bits).	
OR	ODER-Verknüpfung von Bitfolgen (Bits).	
XOR	Exklusiv-ODER-Verknüpfung von Bitfolgen (Bits).	Zahl — MUL — Zahl
NOT	NICHT-Verknüpfung von Bitfolgen (Bits).	
MAX, MIN	Ermittlung des Maximal-Wertes von Zahlen. Mit Operator MIN auch minimaler Wert ermittelbar.	Zahl
GT	Greater Than, Vergleich zweier Zahlen auf größer als, auch LT (Less Than) für Vergleichen auf kleiner als verfügbar.	Zahl — GT — BOOL
GE	Greater Equal, Vergleich zweier Zahlen auf größer gleich, auch LE (Less Equal) für Vergleichen auf kleiner gleich verfügbar.	Zahl
EQ	Equal, Vergleich zweier Zahlen auf gleich, mit NE (not equal) auch Vergleich auf ungleich möglich.	
Speicherorte		
I	Input, Eingang, Zusatzkennung X, B, W, D, L und Nummer werden ergänzt.	VAR
O	Output, Ausgang, Zusatzkennung X, B, W, D, L und Nummer werden ergänzt.	AT QW5 : Word; AT MW6 : INT;
M	Merker, Zusatzkennung X,B,W,D,L und Nummer werden ergänzt.	AT QX7.1 : Bool;
X,B,W,D,L	X Bit, B Byte, W Wort, D Doppelwort, L Langwort.	AT IW4 : INT;
Nummer	Die Nummer, ggf. durch Punkte unterteilt, gibt eine hierarchische physikalische und logische Adresse an, z. B. Kanal, Modul, Baugruppenträger, EA-Port.	END_VAR
Variable	Speichern von Werten in beliebige Variablen ist möglich. Definition des Datentyps siehe oben.	**Deklaration (Vereinbarung) von Ausgängen, Merker, Eingängen**

EA Eingabe, Ausgabe, FBS Funktionsbausteinsprache, ST Strukturierter Text (SCL Structured Control Language)

SPS-Programmierung 2 (nach DIN EN 61131-3)
PLC Programming 2 (according to DIN EN 61131-3)

Funktion	Grafische Darstellung	Bemerkungen, Darstellung SCL (ST)
Speicher (Flipflop) RS-Flipflop, SR-Flipflop	FF-Name Bool — S Q1 — Bool Bool — R1 — (RS)	Zu unterscheiden sind vorrangiges Setzen (SR; S1/R) oder Rücksetzen (RS; R1/S). Für nachfolgendes Beispiel sind %IX1, %IX2, %QX1 als Datentyp Bool zu vereinbaren, der FB (Funktionsbaustein) RS_FF als RS-Funktion. VAR RS_FF ; RS; END_VAR RS_FF (S := %IX1,R1 := %IX2); %QX1 := RS_FF.Q1
Teilstring LEFT, RIGHT, MID	LEFT String — IN — String Integer — L	Aus einem String kann ein Teil ausgeschnitten werden, entweder von links, rechts oder der Mitte her beginnend. A := LEFT (IN := abcde, L := 2); Ergebnis: A := ab;
Zeitgeber TON, TOF, TP	T-Name * für ON, OF, P T* Bool — IN Q — Bool TIME — PT ET — TIME	Unterschieden werden Einschaltverzögerung TON, Ausschaltverzögerung TOF, Zeitimpuls TP. Der FB mit T-Name, z. B. TEIN, ist zu vereinbaren und als FB aufzurufen. VAR a, out :BOOL; b:TIME := 5ms; TEIN :TON; END_VAR TEIN (IN := a, PT := b); out :=TEIN.Q
Zähler CTU, CTD, CTUD	CT-Name * für U, D CT* Bool — C* Q — Bool Bool — R (LD) CV — INT INT — PV bei CTUD: CU- und CD-Eingang, QU- und QD-Ausgang, R- und LD-Eingang	Unterschieden werden Vorwärtszähler CTU (counter up), Rückwärtszähler CTD (counter down), Vorwärts-Rückwärtszähler CTUD. Ein FB für einen Vorwärtszähler enthält z. B. die folgenden Programmzeilen: IF R THEN CV := 0 ; ELSEIF CU AND (CV < PVmax) THEN CV := CV + 1; END_IF; Q := (CV >= PV);

Flankenerkennung
 	
 F-Trig, R-Trig
	TRG-Name
	 F-TRIG
	 BOOL — CLK Q — BOOL
	
	 CLK clock
		Unterschieden werden Erkennen der fallenden Flanke (F, falling edge) und der steigenden Flanke (R, rising edge). Folgende Programmzeilen definieren den FB für fallende Flankenerkennung:
		
		 FUNCTION_BLOCK F_TRIG
		    VAR_INPUT CLK: BOOL; END_VAR
		    VAR_OUTPUT Q: BOOL; END_VAR
		    VAR M: BOOL; END_VAR
		 Q := NOT CLK AND NOT M;
		 M := NOT CLK;
		 END_FUNCTION_BLOCK

Schritt
 	
 Aktion
 	
 Transition
	S8 | L T#10 s | ACTION_1
	 | P | ACTION_2
	 | N | ACTION_3
	
	 L zeitbegrenzt (time limited), P Puls, N nicht gesichert
		Schritte/Aktionen/Transitionen, können grafisch oder textuell dargestellt werden:
		
		 STEP S8
		    ACTION.1 (L; t#10s);
		    ACTION.2 (P);
		    ACTION.3 (N);
		 END_STEP
		 Aktionen werden mit ACTION ... END_ACTION und Transitionen mit
		 TRANSITION ... END_TRANSITION dargestellt.

C, CT counter CV counter value, ET elapsed time, IN Eingang (input), LD Load, PT preset time, PV preset value, Q Ausgang, R Rücksetzen, S Setzen

Phasen der SPS-Programmentwicklung
Sequences of the Development of PLC Programs

Phase	Erklärung	Bemerkungen, Hilfsmittel
Vorbereitung	Die zu lösende Aufgabe muss durch den Auftraggeber in Form eines Lastenheftes beschrieben sein. Durch den Auftragnehmer muss das Lastenheft auf Verständlichkeit und Vollständigkeit geprüft werden.	Häufig sind die Auftraggeber nicht in der Lage, aussagekräftige Lastenhefte zu erstellen. Der Auftragnehmer muss hier meist mitwirken.
Analyse	Machbarkeitsuntersuchungen sind vorzunehmen. Randbedingungen, z. B. für notwendige SPS-Hardware, Peripheriegeräte, Sensoren, Aktoren und Datenschnittstellen, Richtlinien, sind zu untersuchen. Durch Programmentwicklung oder Softwarebeschaffung umzusetzende Funktionen und Prozesse (Abläufe) sind zu analysieren. Lösungsvarianten sind zu bewerten. Notwendige Personalkapazitäten, Realisierungstermine (Meilensteintermine) und eine mögliche Projektorganisation sind festzulegen.	Die gestellten Anforderungen müssen für Auftragnehmer und Auftraggeber klar sein. Soll-Abläufe müssen grob grafisch dargestellt sein. Auf den Ergebnissen dieser Phase muss eine Auftragserteilung durch den Auftraggeber möglich sein. Internetrecherchen, Dokumentationen, Handbücher, Office-Systeme, grafische Dokumentationssysteme.
Konzeption	Genaue Beschreibung und Bewertung der Lösungsansätze zum Umsetzen der geforderten Funktionen und Abläufe. Erstellen von Funktionsplänen und detaillierten Ablaufplänen. Festlegen von Eingabemasken, Ausgabelisten, Datenstrukturen, Datenschnittstellen und Hardwareschnittstellen. Planung der Automatisierungsinfrastruktur sowie der Durchführung von Tests und Anwenderschulungen.	Ergebnis dieser Phase ist das ausführliche Pflichtenheft, anhand dessen die Umsetzung erfolgt. Erstellen von Programmablaufplänen, Funktionsplänen, Datenflussplänen, Zustandsdiagrammen durch Office-Systeme und grafische Dokumentationssysteme.
Umsetzung	Notwendige Beschaffungen sind zu tätigen. Festlegen von Programmmodulen, Programmstrukturen, Programmvariablen und Datenformaten. Programmieren von Programmmodulen, Datenstrukturen und Dateistrukturen. Programmtechnische Anpassung (Customizing, Parametrierung) von Programmmodulen. Bei Bedarf Übertragen von Daten eines Altsystems.	Ergebnis dieser Phase ist der Aufbau eines Testsystems (Testumgebung). Einsatz von Softwaremodellierungswerkzeugen, Compilern. Nutzung von Handbüchern, Internetrecherchen für downloadbare Programmmodule.
Test	Erstellen von Testplänen, Testfällen und Testbeschreibungen. Testen der entwickelten und angepassten Programmmodule gemäß der Aufgabenstellung hinsichtlich Funktionen und Abläufen. Beseitigen von Fehlern. Das Testen erfolgt z. B. in zwei Stufen. Zunächst wird vom Entwickler schrittweise in der Entwicklungsumgebung mit Testdaten getestet. Anschließend erfolgen, sofern möglich, in einer produktiven Testumgebung Tests durch den Entwickler und den Anwender mit Testdaten und realen Daten (entsprechend den später benutzten Daten). Je mehr die Testsysteme dem späteren produktiven System entsprechen, desto effizienter können die Tests durchgeführt werden. Die Testfälle und Testergebnisse sind zu dokumentieren.	Bei erfolgreichen Tests in der Entwicklungsumgebung erfolgt durch den Auftraggeber eine Freigabe. Danach erfolgen die Tests in der produktiven Testumgebung. Ergebnis dieser Phase ist die Freigabe (Abnahme) durch den Anwender. Zum Einsatz kommen Entwicklungssysteme, Debugsysteme, Emulationssysteme. Bereits während der späten Testphase sollte der Aufbau einer Schulungsumgebung erfolgen und mit den Schulungen der Anwender begonnen werden.
Produktivstellung, Inbetriebnahme	Die Produktivstellung erfolgt am späteren produktiven System. Die anhand von Testplänen durchgeführten Tests müssen zu einer Abnahme durch den Auftraggeber führen.	Zur Abnahme durch den Auftraggeber müssen alle Dokumentationen einschließlich Schulungsunterlagen und Bedienungsanleitungen vorliegen.

Ablauf der SPS-Programmentwicklung

Vorbereitung	Analyse	Konzeption	Umsetzung	Test	Produktivstellung
– Aufgabe beschreiben – Randbedingungen klären	– Lösungsvarianten – Kapazitäten – Termine – Aufwände	– Lösung detaillieren – Tests planen – Schulungen planen	– beschaffen – programmieren – dokumentieren – Daten laden	– Fehler beseitigen – Laufzeiten optimieren – schulen – dokumentieren	– Live-Tests – Berechtigungen einrichten – Dokumentation übergeben
↓	↓	↓	↓	↓	↓
Lastenheft	Angebot	Pflichtenheft	Programme, Testsystem	getestete Programme	Abnahme Auftraggeber

Regelung mittels SPS 1 — Closed-Loop Control by PLC 1

Merkmal	Darstellung, Bemerkungen

Aufgabenstellung

Eine Füllstandsregelung soll im linken Tank CM2 realisiert werden. Ein Schwimmerschalter B2 zeigt an, ob CM2 leer ist. Ein Motor treibt eine Pumpe GP1 an und fördert ein Medium vom Tank CM1 in den Tank CM2. Ein Ultraschallsensor B1 misst den Füllstand in CM2. Mit einem Handventil SJ2 wird eine Störgröße simuliert, so dass der Ist-Wert vom Soll-Wert abweicht. Die Regelgröße muss ständig nachgeführt werden.

Dazu sind ein P-Reglerbaustein innerhalb einer SPS zu programmieren und der ganze Regelungsablauf zu projektieren.

In Normen der Verfahrenstechnik findet man für Betriebsmittel meist andere Kennbuchstaben als nach DIN EN 81346-2, z.B. BE für Tank, PL für Pumpe, VV für Ventil.

DIN EN 81346-2 gilt generell für industrielle Systeme. Daher wird sie auch nachfolgend im R&I-Fließbild angewendet. Für Tanks also CM, handbetätigte Ventile SJ, pneumatisch betätgte Ventile QM, Pumpe GP, Sensor B. Das Zeichen – steht nachfolgend für Produktbezogenheit.

Das pneumatisch betätigte Kugelhahnventil QM1 wird mit einem Impulsventil angesteuert.

Füllstandsregelung www.festo.de

Analyse und Aufbau

In der Verfahrenstechnik wird das R&I-Fließbild (Seite 126) angewendet. Die Kreiselpumpe GP1 ist das Stellglied. Die Regelstrecke beginnt bei GP1 und führt durch die Rohrleitung über SJ1 in den Tank CM2. Die Regelgröße ist der Füllstand (L für Level) in CM2.

Die drei Buchstaben der Messstelle LIC 103.1 zeigen an, dass der Füllstand gemessen wird, das Messsignal angezeigt (I für Instrument) und es von einer Regelung verarbeitet wird (C für Control). Dessen Ausgangssignal wird als Stellgröße dem Stellglied Motor zugeführt (Strichlinie).

Nach der verfahrenstechnischen Analyse werden die elektrischen Komponenten verdrahtet. Grundlage ist der EMSR-Stellenplan.

Im Feld werden der Ultraschallsensor und die Fördereinrichtung installiert.

Der analoge Sensor ist im Schaltraum mit dem Transmitter zu verdrahten. Hier werden die Komponenten auch an 24 V DC angeschlossen.

Das elektrische Einheitssignal des Transmitters wird dem analogen Input-Modul der SPS zugeführt. Ein P-Regler als Funktionseinheit regelt die Füllstandshöhe und über ein Bussystem gelangen die Anzeigen zum Bildschirm des Prozessleitsystems.

Das Output-Modul steuert den Motor über einen Stellantrieb mit einer galvanischen Trennung an.

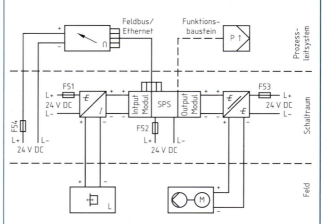

R&I-Fließbild (Rohrleitungs- und Instrumentenschema)

EMSR-Stellenplan (Elektro-, Mess-, Steuer- und Regelungstechnik)

Regelung mittels SPS 2 — Closed Loop Control with PLC 2

Merkmal	Darstellung, Bemerkungen

Regelgröße in SPS einlesen

Der Füllstand L im Tank beträgt maximal 300 mm. Die Messkette aus Füllstandsensor und Transmitter wandelt diesen Längenwert (0 mm bis 300 mm) in ein elektrisches Einheitssignal von 0 V bis 10 V um. Dieses ist das Eingangssignal in das Analog-Input-Modul (AI) der SPS.
Dargestellt ist ein AI-Modul mit zwei Eingangskanälen. Somit können zwei analoge Messgrößen an dieses Modul angeschlossen werden. In diesem Beispiel ist der obere Kanal belegt.

Eingangskanäle 0 und 1 → Analog-Digital-Umsetzer → Speicher-Adresse 272/274

Technologieschema eines Analog-Input-Moduls

Die CPU verarbeitet Digitalwerte. Daher enthält das AI einen Analog-Digital-Umsetzer (ADU). Er wandelt das analoge Eingangssignal in einen Digitalwert aus dem Bereich von 0 bis 32767 um. Dieser Zahlenwert wird in einem 16 Bit breiten Peripherieeingangswort (PEW) gespeichert (15 bit + Vorzeichen).
In der Hardware-Projektierung der SPS erhält jedes PEW eine Speicheradresse, unter der das Programm den digitalisierten Messwert einlesen kann.

Die Funktionsplanblöcke MOVE, I_DI und DI_R wandeln den anliegenden digitalen Füllstandswert vom Datentyp Word in eine Gleitpunktzahl vom Datentyp Real.
Erst mit diesem Datentyp können Rechnungen mit Dezimalzahlen durchgeführt werden.

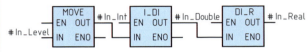

Umwandlung Typ Word nach Typ Real

Die MOVE-Funktion wandelt vom Typ Word in den Datentyp Int (Integer). Die Funktion I_DI erweitert den 16 Bit breiten Datentyp (Integer) auf 32 Bit (Double Integer). Die Funktion DI_R bildet natürliche Zahlen auf Dezimalzahlen ab.
markiert die lokale Variable.

Die Division DIV_R teilt die maximale Füllstandshöhe (Max_Level) durch die möglichen digitalen Werte 27648. Diese digitale Teilung (mm/Digit) wird dann mit der digitalen Füllstandshöhe (In_Real) multipliziert. Dies ergibt die normierte Füllstandshöhe in mm.
Normierung: Umrechnung des Digitalwertes in den physikalischen Wert, z. B. mm.

DIV_R: #Max_Level 2.764800e+004, IN1/IN2 → OUT #Dig_Step
MUL_R: #Dig_Step, #In_Real IN1/IN2 → OUT #Out_Level

Normierung des digitalen Messwertes

Die Funktion FC1 "Normiertes Input_Signal" muss vom Organisationsbaustein OB1 aufgerufen werden. Der OB1 ist das *Hauptprogramm*, aus dem die *Unterprogramme* aufgerufen werden. Im Online-Modus werden das digitale Eingangssignal, das am PEW 272 anliegt, und das normierte Füllstandssignal (globale Variable "IW_Level") angezeigt.

"Normiertes Input_Signal"
13824 PEW272 — In_Level — Out_Level — 150 "IW_Level"
3.000000e+002 — Max_Level — ENO

Funktionsaufruf FC1 „Normiertes Input_Signal" (im Online-Modus)

Aufgabe der Funktion FC3 ist es, die Regeldifferenz ($e = w - x$) zu berechnen und diese mit dem Proportionalbeiwert K_{PR} zu multiplizieren. Es ist wichtig, ob die Regeldifferenz $e \geq 0$ oder < 0 ist. Die temporäre boolsche Variable e_neg speichert den Zustand. Der Reglerbaustein hat die drei Eingangsgrößen x_in, w_in und K_{PR}. Die Ausgangsgröße Stellsignal y_out in den Grenzen von 0 V bis 10 V für die Ansteuerung der Pumpe über die Funktion FC2.

Name	Datentyp	Name	Datentyp
IN		TEMP	
x_in	Real	e	Real
w_in	Real	y_r	Real
K_{PR}	Real	ok_yes	Bool
OUT		ok_no	Bool
y_out	Real	e_neg	Bool

Variablendeklaration der Funktion FC3 „P-Regler"

Regelung mittels SPS 3 — Closed Loop Control with PLC 3

Merkmal	Darstellung, Bemerkungen

P-Regler programmieren

Der Regelalgorithmus eines P-Reglers darf eine Pumpe nicht mit negativen Werten ansteuern. Der Pumpenmotor ist ein Gleichstrommotor und wird mit 0 V bis 24 V betrieben.
Wenn der Ist-Wert größer als der Soll-Wert ist, dann soll die Stellgröße den Wert 0 V besitzen. Daher wird am Beginn der Funktion die Regeldifferenz berechnet und der Wert kontrolliert.

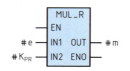

Kontrolle der Regelabweichung

Die Funktion SUB_R subtrahiert den Inhalt des Register IN2 vom Register IN1 und speichert das Ergebnis im Register OUT. Die Vergleichsfunktion CMP<R vergleicht den Inhalt der beiden Register IN1 und IN2. Falls IN1 kleiner als der Wert von IN2 ist, wird der Ausgang (*e_neg*) auf 1 gesetzt.

Die Multiplikation der Regeldifferenz mit dem Proportionalbeiwert K_{PR} ist die charakteristische Funktion eines P-Reglers.
Das Ergebnis wird der reglerinternen Stellgröße *m* zugeordnet.

Berechnung der reglerinternen Stellgröße *m* durch die Funktion MUL_R.
Das Register IN1 (*e*) wird mit dem Register IN2 (K_{PR}) multipliziert und das Ergebnis wird im Register OUT (*m*) gespeichert.

SPS Operation Multiplikation

Bei großem Wert der Regeldifferenz *e* und der Multiplikation mit K_{PR} kann *m* > 10 sein.
Eine Kontrolle des Wertebereiches erlaubt die Begrenzung auf 0 V bis 10 V.

Kontrolle des Wertes der berechneten Stellgröße

Aufgerufen wird diese Funktion FC3 im Organisationsbaustein OB1 im SPS-Programm. Mit einem Schlüsselschalter kann der Bediener von der manuellen Reglung zur automatischen Reglung umschalten. Der Soll-Wert ist auf 150 mm eingestellt und K_{PR} hat den Wert 2. Die Funktion FC1 "Normiertes Input-Signal" liefert den Ist- Wert in der Variablen IW_Level. Der P-Reglerbaustein hat drei Eingangsgrößen (*x_in*, *w_in* und K_{PR}). Die Ausgangsgröße *y_out* ist das normierte Stellsignal für die Pumpe.

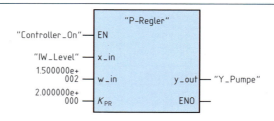

Funktionsaufruf FC3 „P-Regler"

Mit der Variablen Controller_On am Freigabeeingang EN wird der Reglerbaustein ein- und ausgeschaltet.

Stellgröße skalieren (an eine Skale anpassen)

Die Reglerfunktion FC3 ermittelt den normierten Wert der Stellgröße für den Bereich von 0 bis 10 V (Norm_Pumpe). Daher muss durch die Funktion FC2 für die Weitergabe an ein Analog-Ausgabemodul der SPS der normierte Wert auf den digitalen Wertebereich von 0 bis 27648 skaliert werden (DI_Pumpe). Ferner wandelt FC2 eine Variable vom Datentyp Real in eine Variable vom Datentyp Word um.

Name	Datentyp	Name	Datentyp
IN		TEMP	
Norm_Pumpe	Real	Dig_Step	Real
Max.Pumpe	Real	Real_Pumpe	Real
OUT		DI_Pumpe	Dint
DIG_Out	Word		

Variablendeklaration der Funktion FC2 „Analoges Stellsignal"

Regelung mittels SPS 4 — Closed Loop Control with PLC 4

Merkmal	Darstellung, Bemerkungen

Stellgröße skalieren (Fortsetzung)

Der erste Schritt ist die Berechnung der digitalen Teilung des Wertebereiches der Pumpe (10 V) auf 27648. Danach folgt die Multiplikation der Teilung mit dem normierten Stellsignal für die Pumpe. Die Funktion DIV_R dividiert den Inhalt des Registers IN1 durch den Inhalt des Registers IN2. Die digitale Teilung je 1 V wird mit dem normierten Stellsignal multipliziert.

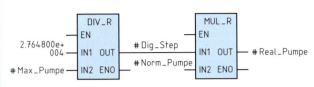

Berechnung des digitalen Wertes der Stellgröße

Letzter Schritt ist die Umwandlung vom Datentyp Real nach Datentyp Word. Das hier verwendete Analog-Ausgabemodul erfordert Daten, die im Datentyp Word vorliegen.
Die Funktion ROUND trennt die Stellen hinter dem Komma ab und erzeugt einen Wert vom Datentyp Double Integer.
Die Funktion MOVE entfernt das Vorzeichen und erzeugt einen Wert vom Datentyp WORD.

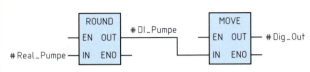

Zuweisung des digitalen Wertes zum Datentyp Word

BM

Aufgerufen wird die Funktion FC2 im Organisationsbaustein OB1. Am Eingang Max_Pumpe wird das maximale Stellsignal für die Pumpe eingetragen. Es beträgt 10 V.
Den Wert für den Eingang Norm_Pumpe liefert die Funktion FC3 "P-Regler" mit Y-Pumpe.
Die Funktion FC2 "Analoges Stellsignal" hat zwei Eingangsgrößen (Norm_Pumpe und Max_Pumpe). Ausgang Dig_Out liefert den Wert für das Analog-Ausgabemodul der SPS, welches einen Digital-Analog-Umsetzer (DAU) enthält.

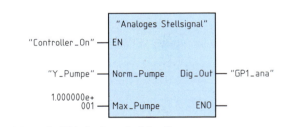

Funktionsaufruf FC2 „Analoges Stellsignal"

Steuerung des Prozesses

Nachdem die Regelungsaufgabe gelöst ist, muss die Steuerung ein Bedienen der Anlage ermöglichen. Das Blinken der Startleuchte P1 zeigt an, dass die Anlage im Zustand *Bereit* ist. Der Bediener startet den Prozess mit dem Betätigen des Tasters Start.

Bedienfeld

P1 leuchtet und zeigt an, dass die Anlage im Zustand Ablauf ist. Die Pumpe GP1 fördert das Medium in den Tank 2. Mit Druck auf die Taste Stopp stoppt der Förderprozess. Das Kugelhahnventil QM1 öffnet und das Medium fließt zurück in den Tank 2.

Die Anlage befindet sich im Zustand *Bereit*, wenn der untere Schwimmschalter B2 im Tank 2 nicht betätigt ist und der Merker Ablauf nicht gesetzt ist.
Der erste Schritt (SM_1) der Ablaufkette setzt den Merker Ablauf und der zweite und auch letzte Schritt (SM_2) setzt ihn wieder zurück.
SM_1 aktiviert auch den Reglerbaustein "P-Regler".

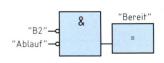 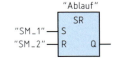

Zwei Zustandsmerker: Bereit und Ablauf

Teil A: Elektrische Anlagen und Antriebe, mechatronische Systeme
Part A: Electric Installations and Drives, Mechatronic Systems

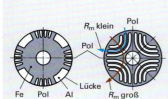

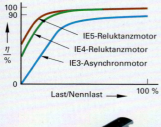

Netze der Energietechnik	290
Arbeiten in elektrischen Anlagen	292
Messungen in elektrischen Anlagen	293
Alphanumerische Kennzeichnung der Anschlüsse	296
Schutzarten IP elektrischer Betriebsmittel, ENEC-Zeichen	297
Elektronische Steuerungen von Verbrauchsmitteln	299
Stromrichter, Gleichrichter	300
Transformatoren der Energietechnik	305
Regelung der Netzspannung	307
Betriebsarten	309
Isolierstoffklassen, Bemessungsleistungen	310
Betriebsdaten von Käfigläufermotoren	311
Bauformen von drehenden elektrischen Maschinen	312
Einphasen-Wechselstrommotoren	314
Drehstrommotoren, Gleichstrommotoren	315
Servomotoren	318
Prüfung elektrischer Maschinen	320
Schrittmotoren	321
Kleinstantriebe	322
Getriebe	324
Linearantriebe	325
Effizienz von elektrischen Antrieben	329
Wahl des Antriebsmotors	330
Motorschutz	331
Anlassen von Kurzschlussläufermotoren	332
Sanftanlasser	333
Überlastschutz und Kurzschlussschutz von Leitungen	334
Mindest-Leiterquerschnitte, Leitungsschutzschalter	335
Niederspannungs-Schmelzsicherungen	336
Überstrom-Schutzeinrichtungen für Geräte	337
Schutz gegen thermische Auswirkungen	339
Brandschutz, Brandschutzleitungen	340
Leitungsberechnung	341
Verlegearten von Leitungen für feste Verlegung	345
Strombelastbarkeiten	346
Oberschwingungen OS	351
Stromgefährdung, Berührungsarten, Fehlerarten	353
Schutzmaßnahmen, Schutzklassen	355
Systeme und Fehlerschutz mit Schutzleiter	356
Basisschutz und Fehlerschutz	357
Differenzstromschutzschalter RCD	358
Differenzstromüberwachungsgerät RCM	359
Prüfung der Schutzmaßnahmen	363
Wiederkehrende Prüfungen	365
Spezielle Niederspannungs-Anlagen	366
Elektroinstallation in Unterrichtsräumen mit Experimentiereinrichtungen	367
Stromversorgung elektronischer Geräte	368
Sicherheits-Stromversorgungsanlagen	369
Akkumulatorenräume	371
Elektromagnetische Verträglichkeit EMV	373
Schaltschrankaufbau	375
Klimatisierung von Schaltschränken	378
Instandsetzung, Änderung und Prüfung elektrischer Geräte	379
Elektrische Ausrüstung von Maschinen	380
Prüfung der elektrischen Ausrüstung von Maschinen	382
Sicherheits-NOT-AUS-Relais	383
Sicherheitsbezogene Teile von Steuerungen	384
Mechatronische Systeme	389
Funktionsdiagramme	391
Ablaufsteuerung	392
Inbetriebnahme mechatronischer Systeme	406
Instandhaltung mechatronischer Systeme	411

Netze der Energietechnik — Mains of Energy Engineering

Netzformen (Topologie)

Art	Kennzeichen	Anwendung	Vorteile und Nachteile
Strahlennetz	Die Energieversorgung verteilt sich strahlenförmig von einem gemeinsamen Einspeisepunkt aus. An jedem Strahl sind ein oder mehrere Verbraucher angeschlossen.	In Mittel- und Niederspannungsnetzen. Zur Energieversorgung von Reihendörfern oder Siedlungen in engen Tälern.	Hoher Spannungsfall am Ende der Leitung. Große Spannungsschwankungen abhängig von den Anschlusswerten der Verbraucher. Sichere Energieversorgung ist nicht gewährleistet. Große Leiterquerschnitte sind erforderlich.
Ringnetz	Das Ende eines Versorgungsstrahls wird an den Einspeisepunkt zurückgeführt. Mehrere Einspeisungen sind möglich.	Bei flächenförmiger Anordnung weniger Verbraucher, die weit auseinander liegen, z. B. Aussiedlerhöfe oder verteilte Industrieanlagen. Mittel- und Niederspannungsnetze.	Aufwendiger als das Strahlennetz, da Rückführung erforderlich. Größerer Aufwand am Einspeisepunkt. Hohe Versorgungssicherheit, da von beiden Seiten eingespeist werden kann, falls in einem Teilstück eine Störung vorliegt.
Maschennetz	Mehrere Einspeisepunkte. Diagonalverbindungen versorgen die in der Masche liegenden Verbraucheranlagen.	Für Hoch-, Mittel- und Niederspannungsanlagen. Versorgung von Großstädten.	Hohe Spannungskonstanz. Kleine Leitungsverluste. Große Versorgungssicherheit. Hoher Aufwand für Schutzgeräte und Netzschalteinrichtungen durch hohe Kurzschlussströme.

Unterscheidung nach Spannung

Bezeichnung	Bemessungsspannung in kV	Anwendung	Mastbauart	Spannweite in m
Niederspannungsnetz	0,23/0,4	Energieversorgung von Wohnungen, Gewerbebetrieben und Landwirtschaft.	Holz, Beton, Stahlrohr	40 bis 80
Mittelspannungsnetz	6, 10, 20, 30, 60 (66, 69)	Energieversorgung von Ortsnetzstationen, Industriebetrieben und großen Wohneinheiten. Regionalnetz.	Holz, Beton, Stahlgitter	80 bis 220
Hochspannungsnetz 1	110, 220, 380	Energieversorgung von Großstädten, großen Industriebetrieben. Kraftwerksverbund.	Stahlgitter, Stahlbeton	200 bis 350
Hochspannungsnetz 2 (Höchstspannungsnetz) HGÜ	500, 750	Energieübertragung über große Strecken, z. B. von Offshore-Windenergie-Anlagen zum Verbundnetz.	Stahlgitter, Stahlbeton	bis 750

Unterscheidung nach Leitungsart

Bezeichnung	Spannungsbereich	Anwendung	Bemerkungen
Freileitungsnetz			Alte Anlagen u. Erweiterungen. Billiger als Kabelnetze.
	Niederspannung	Ortsnetze	
	Mittelspannung	Regionale und überregionale Energieversorgung. Europäisches Verbundnetz zur Absicherung nationaler Versorgung.	Preisgünstiger als Kabelnetz. Weniger Verluste. Kleinere Kapazität. Leicht überwachbar.
	Hochspannung		
Kabelnetz			
	Niederspannung	Ortsnetze	Kunststoffisolierte Kabel (PVC oder VPE)
	Mittelspannung	Verbindungskabel zu den Umspannstationen in Ortsnetzen oder großen Industrieanlagen.	Anlagen bis 1980 erstellt: bis 60 kV Massekabel, darüber Gasdruck- und Öldruckkabel. Neue Anlagen: Meist VPE-Kabel.
	Hochspannung	Über 110 kV sind nur kurze Verbindungsstrecken möglich.	

A

Grenzwerte der Anschlussleistung im öffentlichen Netz
Limit Values for Loads Connected to the National Grid

Geräte mit Anschnittsteuerung oder Abschnittsteuerung, Gleichrichtung

Steuereinrichtung	Maximale Anschlussleistung je Verbrauchseinheit		
	AC 230 V	AC 400 V	3 AC 400 V
Steller für Glühlampen	1,7 kW	3,4 kW	5,1 kW
Steller für Motoren oder Entladungslampen mit induktivem Vorschaltgerät	1,7 kVA	6,8 kVA	5,2 kVA
Röntgengeräte, Tomographen und ähnliche medizinische Geräte	1,7 kVA	–	5 kVA
Kopiergerät	4 kVA	–	7 kVA
symmetrische Anschnittsteuerung bzw. Abschnittsteuerung	bei Wärmegeräten 200 W		
symmetrische Anschnittsteuerung bzw. Abschnittsteuerung nur während des Einschaltvorganges	bis zur zulässigen Bemessungsleistung		
unsymmetrische Gleichrichtung (Einwegschaltung) bei Wärmegeräten	bei Wärmegeräten 100 W		
Gleichrichtung in Netzteilen zur Stromversorgung elektronischer Geräte, z. B. in Computern	Keine Begrenzung in TAB, da nach EN 61000 ab 75 W der Aufnahmestrom oberschwingungsarm, also sinusförmig, sein muss.		

Geräte mit Schwingungspaketsteuerung

Schalthäufigkeit je Minute	Maximale Anschlussleistung je Verbrauchseinheit bei		
	AC 230 V	AC 400 V	3 AC 400 V
≥ 1000	0,4 kW	1,0 kW	2,0 kW
300 bis < 1000	0,6 kW	1,5 kW	3,2 kW
55 bis < 300	1,0 kW	2,4 kW	4,8 kW
7,5 bis < 55	1,7 kW	4,3 kW	8,7 kW
4,5 bis < 7,5	2,3 kW	5,6 kW	11,3 kW
3,5 bis < 4,5	2,5 kW	6,0 kW	12,0 kW
2,5 bis < 3,5	2,7 kW	6,6 kW	13,3 kW
1,5 bis < 2,5	2,9 kW	7,3 kW	14,7 kW
0,76 bis < 1,5	3,7 kW	9,2 kW	18,7 kW
< 0,76	4,0 kW	10,0 kW	20,0 kW

Motoren, Schweißgeräte

Art	Maximale Leistung oder maximaler Anzugstrom		
	AC 230 V	AC 400 V	3 AC 400 V
gelegentlich geschalteter Motor	1,7 kVA	–	5,2 kVA oder $I_a = 60$ A
Motoren mit störender Netzrückwirkung (häufiges Schalten, schwankende Last)	$I_a = 30$ A	–	$I_a = 30$ A
Schweißgeräte	2 kVA	2 kVA	2 kVA

AC 230 V: Anschluss an einen Außenleiter und den Neutralleiter.
AC 400 V: Anschluss an zwei Außenleiter und evtl. Neutralleiter.
3 AC 400 V: Anschluss an drei Außenleiter und evtl. Neutralleiter, Belastung gleichmäßig auf die Außenleiter verteilt.

I_a Anzugstrom; cos φ Verschiebungsfaktor (bei Sinusform Leistungsfaktor).

TAB Technische Anschlussbedingungen für den Anschluss an das Niederspannungsnetz des VDEW (Verband der Elektrizitätswirtschaft).

Die angegebenen Grenzwerte dürfen nur mit Genehmigung des VNB (Verteilungsnetzbetreiber) überschritten werden.

Arbeiten in elektrischen Anlagen
Working in Electric Installations
vgl. DIN VDE 0105-100

Allgemeine Sicherheitsregeln

Regel	Erklärung	Bemerkungen
1. Freischalten	Allseitiges *Abschalten* und *Abtrennen* aller nicht geerdeter Leiter. Das Abtrennen muss zuverlässig erfolgen.	Nicht geeignet zum Trennen sind Installationsschalter und Halbleiterschalter. Geeignet sind z. B. Leitungsschutzschalter und RCDs.
2. Gegen Wiedereinschalten sichern	Sichern z. B. durch Mitnahme der Schmelzsicherungen, Abschließen oder Zukleben der Verteilung.	Zusätzlich soll ein Warnschild mit Text „Nicht Schalten, es wird gearbeitet" oder mit Symbol „durchgestrichener Schalter" angebracht sein.
3. Spannungsfreiheit feststellen	Die Spannungsfreiheit muss an der Arbeitsstelle mit einem zweipoligen Spannungsmesser oder Spannungsprüfer festgestellt werden. Diese Prüfgeräte müssen unmittelbar vorher überprüft worden sein.	Prüfgeräte
4. Erden und Kurzschließen	Erforderlich in Anlagen bis AC 1 000 V bzw. DC 1 500 V nur bei *Freileitungen* und in *Kabelnetzen*. Bei höheren Spannungen immer erforderlich. Erst erden, dann kurzschließen.	Kurzschlusseinrichtung
5. Benachbarte unter Spannung stehende Teile abdecken oder abschranken	Anwendung nur, wenn benachbart zur Arbeitsstelle führende Teile *anderer Stromkreise* oder anderer Spannungsquellen vorliegen.	Bei unmittelbarer Nähe zur Arbeitsstelle erfolgt das Abdecken mit Gummiisoliermatten oder Formstücken. Bei größerem Abstand, z. B. in Prüffeldern, kann abgeschrankt werden.

Arbeiten unter Spannung

Spannung	Elektrofachkraft (EFK)	unterwiesene Person	Laie
Bis AC 50 V oder DC 120 V	Alle Arbeiten		
Über AC 50 V oder DC 120 V bis AC 1 000 V oder DC 1 500 V	1. Heranführen von geeigneten Prüf- und Justiereinrichtungen, z. B. Spannungsprüfern. 2. Heranführen von geeigneten Werkzeugen und Hilfsmitteln zum Reinigen oder zum Bewegen von Teilen. 3. Herausnehmen und Einsetzen von nicht gegen zufälliges Berühren geschützten Sicherungen mit geeigneten Hilfsmitteln. 4. Anspritzen von unter Spannung stehenden Teilen bei der Brandbekämpfung. 5. Arbeiten an Akkumulatoren bei Beachten geeigneter Vorsichtsmaßnahmen. 6. Arbeiten in Prüffeldern und Laboratorien unter Beachtung geeigneter Vorsichtsmaßnahmen, wenn es die Arbeitsbedingungen erfordern.	nicht zulässig	
	Elektrofachkraft mit besonderen Kenntnissen, Erfahrung, Ausbildung für Arbeiten unter Spannung (AuS) außerdem: 7. Fehlereingrenzung in Hilfsstromkreisen (z. B. Signalverfolgung in Stromkreisen, Überbrückung von Teilstromkreisen). 8. Sonstige Arbeiten, auch bei Hochspannung, wenn a) zwingende Gründe und b) Anweisung vorliegen.	nicht zulässig	nicht zulässig
Über AC 1 000 V, DC 1 500 V	Alle Arbeiten, wenn eine Spezialausbildung für AuS (Arbeiten unter Spannung) vorliegt, und unter Anwesenheit einer zweiten EFK und mit spezieller Schutzausrüstung.	nicht zulässig	nicht zulässig
	Arbeiten zum Abwenden erheblicher Gefahren, z. B. für Leben und Gesundheit von Personen oder Brand- und Explosionsgefahren.	nicht zulässig	nicht zulässig

Messungen in elektrischen Anlagen 1

Measurement in Electrical Installations 1

| Messschaltung | Planen und Durchführen | Messwertanalyse |

Messung der Durchgängigkeit des Schutzleiters
vgl. DIN VDE 0100-600

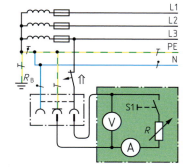

1. Messung

2. Messung

Messung des Schutzleiterwiderstandes

- Niederohmige Widerstandsmessung
- Widerstandsmessgerät entsprechend der Sicherheitsnorm DIN EN 61557-4; VDE 0413-4: 2017-12 verwenden.
- Funktionstüchtigkeit des Widerstandsmessgeräts vor der ersten Messung prüfen.
- Multimeter sind für diese Messungen ungeeignet.
- Messung der Schutzleiter PE, Potenzialausgleichsleiter PB.
- Messung der niederohmigen Verbindung von Anlagenteil zu Anlagenteil sowie zu Schutzleitern und Erdern.
- Korrodierende Messpunkte verursachen große Messwerte, deshalb diese Stellen vor dem Messen freikratzen.

Messspannung	Messstrom	Mess- und Prüfmittel
≥ 4 V bis 24 V DC	≥ 0,2 A	Widerstandsmessgerät

Plausibilität der Messergebnisse

Beispiel: Kupferleiter, Schutzleiterquerschnitt 1,5 mm², Länge 18 m

$$R = \frac{l}{\gamma \cdot A}$$

$$R = \frac{18\,m}{56\,\frac{m}{\Omega \cdot mm^2} \cdot 1{,}5\,mm^2} = \mathbf{0{,}21\,\Omega}$$

Praxis: Messwert und errechneter Wert müssen annähernd übereinstimmen.

Fazit: Bei deutlich überhöhtem Messwert liegt ein Fehler vor, z. B. lose Klemmstelle.

Messung der Schleifenimpedanz
vgl. DIN VDE 0100-600

Messung der Schleifenimpedanz

Schleifenimpedanz

$$Z_{Sm} = \frac{U_0 - U}{I}$$

U Lastspannung bei der Messung
I Stromstärke bei der Messung

(siehe auch Seite 360).

- Schleifenimpedanz, Fehlerschleifenimpedanz und „Schleifenwiderstand" sind für den Messpraktiker gleichbedeutend.
- Schleifenwiderstands-Messgerät entsprechend der Sicherheitsnorm DIN EN 61557-4; VDE 0413-4: 2017-12 verwenden.
- Die Anlage muss am Netz und unter Spannung sein.
- Die Schleifenimpedanz Z_{Sm} ist der resultierende Messwert der Fehlerschleife.
- Die Fehlerschleife besteht aus Leitungswiderständen, Impedanz des Ortsnetztrafos und Übergangswiderständen (z. B. Sicherungen) sowie ggf. angeschlossenen Verbrauchern.
- Gemessen wird in jedem Stromkreis am entferntesten Punkt (z. B. Steckdose).
- Wenn bei Messung vorhandene RCD abschaltet, anstelle von PE den Neutralleiter N anschließen (Netz-Innenwiderstand ≈ Z_S).

- Im Kurzschlussfall begrenzt die Schleifenimpedanz Z_S den Kurzschlussstrom I_k.
- Der Kurzschlussstrom I_k muss im Fehlerfall am entferntesten Punkt des Netzes bis zum erforderlichen Abschaltstrom I_a der vorgelagerten Überstrom-Schutzeinrichtung ansteigen, um auszulösen.

Zulässige Schleifenimpedanz bei Messung mit Universalprüfgeräten

$Z_{Sm} \leq \frac{2}{3} \cdot \frac{U_0}{I_a}$ $I_k = \frac{U_0}{Z_S}$ $I_k > I_a$

Z_{Sm} gemessene Schleifenimpedanz
Z_S Schleifenimpedanz ($Z_S \leq U_0/I_a$)
U_0 Bemessungsspannung Außenleiter L gegen Schutzleiter PE
I_a Abschaltstrom der Schutzeinrichtung
I_k Kurzschlussstrom

Maximale Abschaltzeiten t_a im TN-System

Endstromkreise $I_N \leq 32\,A$
- $U_0 = 130\,V$ ($t_a \leq 0{,}8\,s$)
- $U_0 = 230\,V$ ($t_a \leq 0{,}4\,s$)
- $U_0 = 400\,V$ ($t_a \leq 0{,}2\,s$)
- $U_0 = 690\,V$ ($t_a \leq 0{,}1\,s$)

Messungen in elektrischen Anlagen 2
Measurement in Electrical Installations 2

Messung des Isolationswiderstands
vgl. DIN VDE 0100-600

Messschaltung	Planen und Durchführen	Messwertanalyse		
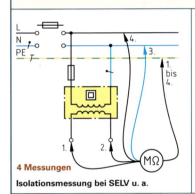 Isolationsmessung bei TN	• Isolationsmessgeräte messen mit Gleichspannung, um kapazitive Einflüsse zu vermeiden. • Funktionstüchtigkeit des Messgeräts vor der ersten Messung prüfen. • Die Anlage muss vom Netz getrennt und spannungsfrei sein. • Stromkreise schließen, um die Schalterleitungen mitzumessen. • Die Verbraucher, z. B. Lampen, von der Anlage trennen. • Stromkreise mit Überspannungs-Schutzeinrichtungen dürfen nur mit 250 V geprüft werden.	Stromkreis	Messspannung	Isolationswiderstand
		Bemessungsspannung $U_N \leq 500$ V	500 V DC	≥ 1 MΩ
		Bemessungsspannung $U_N \leq 500$ V	1000 V DC	≥ 1 MΩ
		FELV	500 V DC	≥ 1 MΩ

Messung des Isolationswiderstands bei SELV, PELV, Schutztrennung
vgl. DIN VDE 0100-600

Messschaltung	Planen und Durchführen	Messwertanalyse		
Isolationsmessung bei SELV u. a.	• Funktionstüchtigkeit des Messgeräts vor der ersten Messung prüfen. • Die Anlage muss vom Netz getrennt und spannungsfrei sein. • Bei SELV und Schutztrennung ist die sichere Trennung der aktiven Teile aller Stromkreise voneinander und gegen Erde nachzuweisen. • Bei PELV ist die sichere Trennung der aktiven Teile aller Stromkreise nachzuweisen.	Stromkreis	Messspannung	Isolationswiderstand
		SELV	250 V DC	$\geq 0{,}5$ MΩ
		PELV	250 V DC	$\geq 0{,}5$ MΩ
		Schutztrennung, $U_N \leq 500$ V	250 V DC	≥ 1 MΩ

Messung des Isolationswiderstands von Fußböden und Wänden
vgl. DIN VDE 0100-600

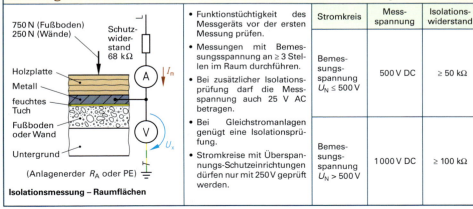

Isolationsmessung – Raumflächen

Planen und Durchführen	Stromkreis	Messspannung	Isolationswiderstand
• Funktionstüchtigkeit des Messgeräts vor der ersten Messung prüfen. • Messungen mit Bemessungsspannung an ≥ 3 Stellen im Raum durchführen. • Bei zusätzlicher Isolationsprüfung darf die Messspannung auch 25 V AC betragen. • Bei Gleichstromanlagen genügt eine Isolationsprüfung. • Stromkreise mit Überspannungs-Schutzeinrichtungen dürfen nur mit 250 V geprüft werden.	Bemessungsspannung $U_N \leq 500$ V	500 V DC	≥ 50 kΩ
	Bemessungsspannung $U_N > 500$ V	1000 V DC	≥ 100 kΩ

Messungen in elektrischen Anlagen 3
Measurement in Electrical Installations 3

| Messschaltung | Planen und Durchführen | Messwertanalyse |

Messungen und Prüfung bei Anlagen mit Fehlerstromschutzschalter (RCD)

vgl. DIN VDE 0100-600

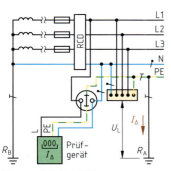

Messung bei einer RCD

- ΔI Differenzstrom (Messwert)
- $I_{\Delta N}$ Bemessungsdifferenzstrom (Beschriftung auf der RCD)
- Δt Auslösezeit (Messwert)
- t_a maximal zulässige Abschaltzeit (DIN VDE 0100-410)
- U_F Fehlerspannung (Messwert)
- U_L maximal zulässige Berührungsspannung (DIN VDE 0100-410)

RCD-Messgerät entsprechend der Sicherheitsnorm DIN EN 61557-3; VDE 0413-3: 2017-12. Messung zum Nachweis, dass die RCD mindestens beim Bemessungsdifferenzstrom $I_{\Delta N}$ auslöst.	Ein Fehlerstromschutzschalter muss auslösen, wenn aufgrund eines Körperschlusses ein genügend hoher Differenzstrom entsteht. Dieser Teilstrom ΔI fließt dann über den Schutzleiter ab. Bedingung erfüllt, wenn $0{,}5 \cdot I_{\Delta N} \leq \Delta I \leq I_{\Delta N}$.
Messung zum Nachweis, dass die RCD innerhalb der geforderten Abschaltzeit t_a auslöst.	Die Auslösezeit Δt muss innerhalb der maximal zulässigen Abschaltzeit t_a liegen. Bedingung erfüllt wenn: $\Delta t \leq t_a$
Messung zum Nachweis, dass dabei die höchstzulässige Berührungsspannung U_L nicht überschritten wird.	Die RCD schaltet bei einer Fehlerspannung (z. B. 2 V) nach 50 ms den Fehlerstromkreis ab. Bedingung erfüllt wenn: $U_F \leq U_L$
Prüfung (ohne RCD-Messgerät) zum Nachweis, dass beim Betätigen der Prüftaste die RCD auslöst. Messung mit ansteigendem Prüfstrom → Anstieg auf Bemessungsdifferenzstrom. Impulsmessung → Messimpuls in Höhe des Bemessungsdifferenzstroms.	Bei der Prüfung einer RCD wird durch einen künstlich erzeugten Fehler der Auslösemechanismus getestet. Dabei wird nur die Funktionstüchtigkeit der RCD überprüft. Bedingung erfüllt wenn: Prüftaste betätigt. RCD löst sofort aus.

Messung des Erdungswiderstandes

vgl. DIN VDE 0100-600

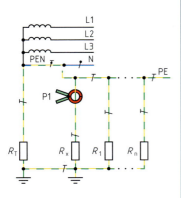

- R_T Trafoerdung
- R_x zu messender Erdungswiderstand
- $R_1 \ldots R_n$ parallele Erder

Messung Erdungswiderstand

Die Erdungsmessung erfolgt vielfach mit einer Strommesszange (P1), die zwei Wicklungen im Zangenkopf (Zange) besitzt. Eine Wicklung dient dem Spannungserzeugen, eine Wicklung der Strommessung. Über $R_x = U/I$ wird im Kleincomputer der Strommesszange der Erdungswiderstand berechnet.

Im Eisenkern der Zange wird über die eine Wicklung mit Wechselrichter und Batterie ein magnetisches Wechselfeld erzeugt, das im von der Zange umschlossenen Erdungsleiter eine Spannung induziert. Dadurch entsteht in der anderen Wicklung der Zange ein Strom, der vom Messgerät der Strommesszange gemessen wird.

- Der Erdungswiderstand setzt sich aus dem Ausbreitungswiderstand des Erders und dem Widerstand der Erdleitung zusammen.
- Erdungsmessungen sind von der Leitfähigkeit des Erdreichs abhängig.
- Bodenfeuchtigkeit, Temperatur und Beschaffenheit des Erdreichs beeinflussen das Messergebnis.
- Wiederholt durchgeführte Erdungsmessungen führen oft zu verschiedenen Ergebnissen.
- Der zulässige Erdungswiderstand ist vom Netzsystem oder Anlagentyp abhängig.
- Höchstzulässige Erdungswiderstände sind in der DIN VDE 0100 sowie in den TAB (Techische Anschlussbedingungen) der EVU (Energieversorgungsunternehmen) festgeschrieben.
- Ein anderes Verfahren beruht auf z. B. drei Messungen zwischen Erder, Hilfserder (Abstand 40 m) und einer Sonde dazwischen mit Abstand 14 m bis 20 m.

Alphanumerische Kennzeichnung der Anschlüsse
Alphanumeric Identification of Connectors

Elektrische Maschinen

Kennzeichen	Bei drehenden Maschinen		Bei Transformatoren	Beispiele
Ziffer vor dem Kennbuchstaben (Vorsetzzeichen)	Unterscheidung gleichartiger Wicklungen, z. B. für verschiedene Drehzahlen.		Unterscheidung von Oberspannung (kleinere Ziffer) und Unterspannung (größere Ziffer).	1W 2W / 1V 2V / 1U 2U
Kennbuchstabe (für Art der Wicklung)	A	Ankerwicklung	U Strang 1	
	B	Wendepolwicklung	V Strang 2	
	C	Kompensationswicklung	W Strang 3	
	D	Reihenschluss-Feldwicklung	N Sternpunkt	
	E	Nebenschluss-Feldwicklung	Bei Spannungswandlern entfällt der Kennbuchstabe, z. B.	
	F	Fremderregte Feldwicklung	1.1 Anfang Oberspannung	
	H	Hilfswicklung Längsachse	2.2 Ende Unterspannung	
	J	Hilfswicklung Querachse	Bei Stromwandlern je nach Norm:	
	K	auf der Sekundärseite von		
	L	Induktionsmaschinen, z. B.	K, L Primärwicklung	
	M	Schleifringläufermotoren	P1, P2 (K Kraftwerksseite)	P1, K P2, L
	Z	Hilfswicklung Kondensatormotor	k, l Sekundärwicklung	S1, k S2, l
	U, V, W, N wie bei Transformatoren		S1, S2	
			Bei Drosselspulen wie bei Transformatoren.	
Ziffer nach dem Kennbuchstaben (Nachsetzzeichen)	1 Anfang		1 Anschluss an Netzleiter (Anfang)	Form 1: U1 U2 / U11
	2 Ende		2 Anschluss an Sternpunkt oder Netzleiter (Ende)	Form 2: U1 U2 / U3
	Weitere Ziffern für Abgriffe zwischen 1 und 2 (Form 1)		Weitere Ziffern für Abgriffe zwischen 1 und 2 (Form 2)	

Bei drehenden Maschinen sind nach VDE 0530-8 alle Wicklungen mit 3 Locken (Halbkreisen) gezeichnet, nach DIN EN 60617-6 sind es 4 bei Fremderregung, 3 bei Reihenschluss, 2 bei Wendepolen und Kompensation.

Stromrichtersätze und Stromrichtergeräte

Kennzeichen	Bei Stromrichtersätzen		Bei Stromrichtergeräten		Beispiele
Kennbuchstabe (Art des Anschlusses)	A	Anodenseitiger Anschluss	C	Gleichstromanschluss (bei Gleichrichterbetrieb auch + zulässig)	
	K	Katodenseitiger Anschluss			
	G	Steueranschluss 1 (Gate)	D	Gleichstromanschluss (bei Gleichrichterbetrieb auch − zulässig)	
	H	Steueranschluss 2 (Hilfskatode)			
	M	Zusammenschaltung zu Gleichstromanschluss	U, V W, N	Wechselstromanschlüsse (entsprechend wie bei Transformatoren)	
Ziffer nach dem Kennbuchstaben	Reihenfolge der Pulszahl		1	Eingang	
			2	Ausgang	

Fremderregter Motor mit Reihenschluss-Hilfswicklung

Reihenschlussmotor

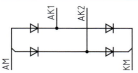

Stromrichter B2U
(fremdgeführt, ungesteuert)

Schutzarten IP elektrischer Betriebsmittel, ENEC-Zeichen
Types of Protection IP of Electrical Equipment, ENEC-Mark

Alphanumerische Kennzeichnung zur Angabe der Schutzart

vgl. DIN EN 60529

Kennbuchstaben IP	Schutz gegen Berühren und gegen Eindringen von Fremdkörpern und Wasser, Flüssigkeiten. IP (International Protection) = Internationale Schutzart, geregelt durch zwei Schutzgrade.		
Erste Kennziffer	Berührungsschutz (Personenschutz) Fremdkörperschutz (für Betriebsmittel)	Zweite Kennziffer	Wasserschutz (auch Schutz vor Flüssigkeiten)
IP 0X	Kein Berührungsschutz Kein Fremdkörperschutz	IP X0	Kein Wasserschutz
IP 1X	Handrückenschutz Schutz gegen Fremdkörper $\geq \varnothing$ 50 mm	IP X1	Schutz gegen senkrecht fallendes Tropfwasser
IP 2X	Fingerschutz (Prüffinger, $\varnothing$ 12 mm, l = 80 mm)	IP X2	Schutz gegen schräg fallendes Tropfwasser (bis 15° gegen die Senkrechte)
IP 3X	Schutz gegen Fremdkörper $\geq \varnothing$ 12,5 mm Werkzeugschutz (Zugangssonde, $\varnothing$ 2,5 mm, l = 100 mm) Schutz gegen Fremdkörper $\geq \varnothing$ 2,5 mm	IP X3	Schutz gegen Sprühwasser (bis 60° gegen die Senkrechte)
		IP X4	Schutz gegen Spritzwasser
		IP X5	Schutz gegen Strahlwasser
IP 4X	Drahtschutz (Zugangssonde, $\varnothing$ 1,0 mm) Schutz gegen Fremdkörper $\geq \varnothing$ 1,0 mm	IP X6	Schutz gegen starkes Strahlwasser
		IP X7	Schutz gegen zeitweiliges Untertauchen
IP 5X	Drahtschutz (wie IP 4X), staubgeschützt	IP X8	Schutz gegen dauerndes Untertauchen
IP 6X	Drahtschutz (wie IP 4X), staubdicht	IP X9K	Schutz gegen Hochdruck-, Dampfstrahlreinigung

Wenn nur eine Kennziffer für den Schutzgrad gebraucht, so wird die andere durch ein X ersetzt.

Dritte Stelle	Zusätzlicher Berührungsschutz	Dritte Stelle	Ergänzende Buchstaben
A	Handrückenschutz (Zugangssonde, $\varnothing$ 50 mm)	H	Hochspannungs-Betriebsmittel
B	Fingerschutz (Prüffinger, $\varnothing$ 12 mm, l = 80 mm)	M	Geprüft, wenn bewegliche Teile in Betrieb sind.
C	Werkzeugschutz (Zugangssonde, $\varnothing$ 2,5 mm; l = 100 mm)	S	Geprüft, wenn bewegliche Teile im Stillstand sind.
D	Drahtschutz (Zugangssonde, $\varnothing$ 1,0 mm; l = 100 mm)	W	Geprüft bei festgelegten Wetterbedingungen.

Die dritte und vierte Stelle sind fakultativ (freigestellt).

Sinnbilder zur Angabe des Schutzgrades

Sinnbild	Tropfwassergeschützt	Regengeschützt	Spritzwassergeschützt	Strahlwassergeschützt	Wasserdicht	Druckwasserdicht ...kPa	Staubgeschützt	Staubdicht
Beispiel: IP	X1	X3	X4	X5	X7	X8	5X	6X

Wassereinwirkung beim Wasserschutz

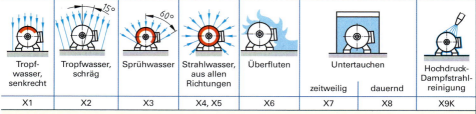

Tropfwasser, senkrecht	Tropfwasser, schräg	Sprühwasser	Strahlwasser, aus allen Richtungen	Überfluten	Untertauchen zeitweilig	Untertauchen dauernd	Hochdruck-Dampfstrahlreinigung
X1	X2	X3	X4, X5	X6	X7	X8	X9K

ENEC-Zeichen

ENEC (European Norms Electrical Certification), vergebene Zertifizierung durch unabhängige Prüfinstitute. 10 = Deutschland
Gilt für folgende Produktarten:
- Leuchten und -bauteile
- Transformatoren
- Netzteile
- Geräteschalter
- IT-Geräte
- Automatische elektronische Steuerungen
- Haushaltsgeräte
- Verbrauchsgeräte, Endstörkondensatoren, Filter

Kennzeichnung elektrischer explosionsgeschützter Betriebsmittel nach ATEX
Identification of electrical explosion-proof Equipment according ATEX

Kennzeichnung explosionsgefährdeter Bereiche

Stoff	Verhalten	Zone	Gerätegruppe, Gerätekategorie	Geräteschutzniveau
Gase Nebel Dämpfe	häufig oder ständig vorhanden	Zone 0	II 1G	Ga
	gelegentlich vorhanden	Zone 1	II 1G; II 2G	Ga; Gb
	häufig oder ständig vorhanden	Zone 2	II 1G; II 2G; II 3G	Ga; Gb; Gc
Stäube	häufig oder ständig vorhanden	Zone 20	II 1D	Da
	gelegentlich vorhanden	Zone 21	II 1D; II 2D	Da; Db
	nur selten oder kurzzeitig vorhanden	Zone 22	II 1D; II 2D; II 3D	Da; Db; Dc

Gerätegruppe I ist für Geräte in Bergwerken (Übertage-/Untertagebetriebe); G von Gas, D von Dust = Staub

Kennzeichnung von Explosionsgruppen

Explosionsgruppe	Beispiele von Stoffen					
IIA; IIB; IIC	Ammoniak Methan Ethan Propan	Ethylalkohol Cyclohexan n-Butan	Benzin Diesel Heizöl n-Hexan	Acetaldehyd	–	–
IIB; IIC	Stadtgas Acrylnitril	Ethylen Ethylenoxid	Ethylglycol Schwefelwasserstoff	Ethylether	–	Schwefelkohlenstoff
IIC	Wasserstoff	Acetylen				
Temperaturklasse	T1 < 450 °C	T2 < 300 °C	T3 < 200 °C	T4 < 135 °C	T5 < 100 °C	T6 < 85 °C

Kennzeichnung von Staubgruppen

Staubgruppe	Erklärung	Temperaturangabe	Bemerkungen
IIA; IIB; IIC	brennbare Flusen	Txx°C	Die maximale Oberflächentemperatur wird beim Staubexplosionsschutz direkt in °C angegeben, z. B. T80°C.
IIB; IIC	nicht leitfähiger Staub	Txx°C	
IIC	leitfähiger Staub	Txx°C	

Kennzeichnung von Zündschutzarten

Zündschutzart	druckfeste Kapselung	erhöhte Sicherheit	Eigensicherheit	Überdruck-Kapselung	Verguss-Kapselung
Kennzeichen	Ex d	Ex e	Ex ia / Ex iaD	Ex p / Ex pD	Ex ma / Ex maD
Zone	1;2	1;2	0;1;2 / 20;21;22	1;2 / 21;22	0;1;2 / 20;21;22
Zündschutzart	Öl-Kapselung	Sand-Kapselung	Zündschutzart n (Normalbetrieb)	Schutz durch Gehäuse	
Kennzeichen	Ex o	Ex q	Ex n	Ex ta	
Zone	1;2	1;2	2	20;21;22	

Zonen der Anwendung für Kennzeichen ib,mb,tb → 1;2 / 21; 22, für Kennzeichen ic,mc, tc → 2; 22.

Explosionsschutzkennzeichen / Gerätegruppe / Zündschutzart / Temperaturklasse
Ex / II 2G / Ex d / IIC / T6 / Gb
Gerätekategorie / Explosionsgruppe / Geräteschutzniveau

Erklärung:
- Gerätegruppe 2
- gelegentlich, selten vorhandene Gase, Nebel, Dämpfe
- druckfeste Kapselung
- Schwefelkohlenstoff
- Temperatur < 85 °C

ATEX   atmosphere explosible

Elektronische Steuerungen von Verbrauchsmitteln
Electronic Controls of Loads

Name	Liniendiagramme	Bemerkungen, Schaltungsprinzip
Symmetrische Sektorsteuerung	(Diagramm mit u, i über ωt, mit Winkeln α und β)	Steuerung von Wechselstromlasten, z. B. mit Dimmern vom Typ RLC. Die Sektorsteuerung ist eine Kombination von Anschnittsteuerung und Abschnittsteuerung. Sie hat den Vorteil, dass sie keine Phasenverschiebung hervorruft. Sie erzeugt aber eine impulsartige Netzbelastung und Oberschwingungen. Die Anwendung nimmt zur Zeit stark zu.
Symmetrische Anschnittsteuerung (symmetrische Phasenanschnittsteuerung)	(Diagramm mit u, i über t, mit Winkel α)	Verfahren zur Steuerung von Wechselstromlasten, insbesondere von Beleuchtungsanlagen mittels Dimmer. Nachteil: Induktiver Blindleistungsbedarf und Oberschwingungen. (Schaltbild mit L, N, R_L, R1, R2, R3, C1, C2, Q1)
Symmetrische Abschnittsteuerung (symmetrische Phasenabschnittsteuerung)	(Diagramm mit u, i über t)	Weniger häufiges Verfahren zur Steuerung von Wechselstromlasten. Das Einschalten erfolgt mittels Nullspannungsschalter, das Abschalten mit IGBT oder Transistor. Vorteile gegen Anschnittsteuerung: Weniger Oberschwingungen. Aufnahme von kapazitiver Blindleistung wie Kondensator.
Symmetrische Vielperiodensteuerung (symmetrische Schwingungspaketsteuerung)	(Diagramm mit u, i über t)	Häufiges Verfahren zur Steuerung von Wechselstromlasten, insbesondere von elektrischen Heizungsanlagen. Nicht geeignet zur Beleuchtungssteuerung und zur Drehzahlsteuerung. Einschalten erfolgt durch Nullspannungsschalter, Abschalten durch Thyristor infolge Unterschreiten des Haltestroms.
Unsymmetrische Anschnittsteuerung	(Diagramm mit u, i über t, mit Winkel α)	Stromrichter zur Steuerung kleiner Gleichstromlasten. Nachteil: Magnetisierung des vorgeschalteten Transformators. Ohne Magnetisierung des Transformators arbeiten die Schaltungen B2H (folgende Seite). (Schaltbild mit L, N, R_L, R1, R2, R3, C1, C2, Q1)
Unsymmetrische Vielperiodensteuerung	(Diagramm mit u, i über t)	Verfahren zur Steuerung von Gleichstromlasten, bei denen stromlose Pausen von mehreren Perioden möglich sind, z. B. beim Laden von Akkumulatoren. Einschalten und Abschalten wie bei der symmetrischen Vielperiodensteuerung. Nachteil ihr gegenüber: Magnetisierung vorgeschalteter Transformatoren.

Anschnittsteuerung und Abschnittsteuerung dürfen nur angewendet werden, wenn eine andere Steuerung, z. B. mit Schwingungspaketen, nicht ausreicht, z. B. bei der Helligkeitssteuerung von Lampen. Alle elektronischen Steuerungen rufen störende Einflüsse im Netz (Netzrückwirkung) hervor. Deshalb gelten Grenzwerte der Anschlussleistung (siehe Seite 291).

i Stromstärke, t Zeit, u Spannung, α Zündwinkel, Steuerwinkel.

Stromrichter, Gleichrichter — Converters, Rectifiers

Benennung	Schaltplan	Spannungsverlauf	Formeln	Bemerkungen
Einwegschaltung E1	(Schaltplan mit U_1, I_d, Diode, u_{di})	$u(t)$ mit C / ohne C, Periode T	$P_T/P_d = 3{,}1$ Ohne C: $U_{di}/U_1 = 0{,}45$ Mit C: $U_{di}/U_1 = 1{,}41$ $I_Z = I_d$	Belastung mit Gegenspannung, z. B. mit C, verdoppelt die Sperrspannung.
Zweipuls-Mittelpunktschaltung M2	(Schaltplan mit Mittelabgriff, zwei Dioden)	$u(t)$ Halbwellen	$U_{di}/U_1 = 0{,}45$ $P_T/P_d = 1{,}5$ $I_Z = I_d/2$	Transformator muss einen Mittelabgriff haben.
Dreipuls-Mittelpunktschaltung (Sternschaltung) M3	(Schaltplan mit drei Dioden, Sternpunkt)	$u(t)$ drei Halbwellen pro Periode	$U_{di}/U_1 = 0{,}676$ $P_T/P_d = 1{,}5$ $I_Z = I_d/3$	Im Sternpunktleiter fließt der gesamte Gleichstrom.
Zweipuls-Brückenschaltung B2	(Brückenschaltung, vier Dioden)	$u(t)$ Halbwellen	$U_{di}/U_1 = 0{,}9$ $P_T/P_d = 1{,}23$ $I_Z = I_d/2$	Für niedrige Spannungen (< 5 V) weniger geeignet, weil U_d um das Doppelte der Schleusenspannung kleiner ist als U_{di}. Dadurch wäre der Wirkungsgrad klein. Anmerkung: Gleichrichter-Bauelemente sind Schaltungen mit einzelnen Bauelementen zu bevorzugen.
Sechspuls-Brückenschaltung B6	(Brückenschaltung mit sechs Dioden)	$u(t)$ flache Welligkeit	$U_{di}/U_1 = 1{,}35$ $P_T/P_d = 1{,}1$ $I_Z = I_d/3$	
Einpuls-Verdopplerschaltung D1 (Ladungspumpe)	(Schaltplan mit Kondensatoren, einer Diode)	$u(t)$ welliger Gleichspannungsverlauf	$U_{di}/U_1 = 2{,}82$ $P_T/P_d = 1{,}55$ $I_Z = I_d$	Sperrspannung ist gleich der Summe von der abgegebenen Gleichspannung U_d und Anschlusswechselspannung.
Zweipuls-Verdopplerschaltung D2 (Ladungspumpe)	(Schaltplan mit Kondensatoren, zwei Dioden)	$u(t)$ Welligkeit mit doppelter Frequenz	$U_{di}/U_1 = 2{,}82$ $P_T/P_d = 1{,}55$ $I_Z = I_d$	
Gesteuerte Stromrichterschaltungen, z. B. B2C, B2H				Die ungesteuerten (fremdgeführten) Schaltungen E1, M2, M3, B2 und B6 werden zu gesteuerten Stromrichterschaltungen, wenn Dioden durch IGBTs oder Einrichtungsthyristoren ersetzt werden. Dabei gilt für die Schaltungen: Bei voll gesteuerten Schaltungen (Kennzeichen C) sind in E1, M2, M3, B2 und B6 alle Dioden ersetzt durch IGBTs oder Einrichtungsthyristoren. Bei halbgesteuerten Schaltungen (Kennzeichen H) sind in B2 und B6 die Hälfte der Dioden ersetzt durch IGBTs oder Einrichtungsthyristoren.

C Kapazität
I_d Gleichstrom
I_Z Stromstärke im Zweig
P_d Gleichstromleistung
P_T Transformatorbauleistung
T Periodendauer
t Zeit
u Spannung
U_1 Anschlussspannung
U_d Gleichspannung
U_{di} ideelle Leerlauf-Gleichspannung

Benennung von Stromrichtern — Identification Codes for Converters

Kennzeichnung	Bedeutung	Kennzeichnung	Bedeutung
Kennzeichen der Grundschaltungen			vgl. DIN IEC 60971
E	Einwegschaltung mit einzelnem Hauptzweig	Pulszahl p ($p = 1, 2, 3, 6$)	p-Puls-Mittelpunktschaltung
M	Mittelpunktschaltung		p-Puls-Brückenschaltung
B	Brückenschaltung		Zweipuls-Verdopplerschaltung
D	Verdopplerschaltung (praxisüblich, nicht genormt)		p-Puls-Vervielfacherschaltung
		Phasenzahl m	m-Phasen-Wechselwegschaltung
			m-Phasen-Polygonschaltung
V	Vervielfacherschaltung (praxisüblich, nicht genormt)	**Beispiel Bezeichnung von Gleichrichterschaltungen:**	
W	Wechselwegschaltung	B 6 H K → Brückenschaltung, Pulszahl 6, katodenseitig halbgesteuert	
Ergänzende Kennzeichen			
A	anodenseitig gesteuert	P	Parallelschaltung
C	vollgesteuerte Schaltung	Q	Löschzweig
D	Polygonschaltung, z. B. Dreieck	R	Rücklaufzweig
F	Freilaufzweig	S	Reihenschaltung
FC	gesteuerter Freilaufzweig	U	ungesteuerte Schaltung
G	Hauptzweig in Polygonschaltung	Y	Sternschaltung ohne Neutralleiteranschluss
H	halb gesteuerte Schaltung		
HA	anodenseitig halb gesteuert	+	Verbindungszeichen für mehrere Grundschaltungen oder Sätze
HK	katodenseitig halb gesteuert		
HZ	im Zweigpaar halb gesteuerte Zweipuls-Brückenschaltung	**Beispiel Kennzeichnung Gleichrichter-Bauelement:**	
I	Gegenparallelschaltung (I von invers)	B 250 C 1000 → Brückenschaltung, 250 V Anschlussspannung, C geeignet für Kondensatorlast (auch B Batterie, M Gleichstrommaschine, Li Lichtbogenschweißeinrichtung), max. Stromaufnahme 1000 mA.	
K	katodenseitig gesteuert		
L	Zweigpaar in Zweiwegschaltungen		
N	Sternschaltung mit Neutralleiteranschluss	Gleichrichter-Bauelemente sind den Schaltungen aus Einzel-Bauelementen zu bevorzugen.	

Benennungsbeispiele

Benennung, Kennzeichen	Schaltung	Benennung, Kennzeichen	Schaltung
Zweipuls-Mittelpunktschaltung M2CK oder M2C oder M2K oder M2	(Schaltbild)	Einphasen-Wechselwegschaltung W1C oder W1	(Schaltbild)
Zweipuls-Brückenschaltung vollgesteuert B2C oder B2	(Schaltbild)	Dreiphasen-Polygonschaltung G3C-3D oder G3-3D	(Schaltbild)
Sechspuls-Brückenschaltung halbgesteuert mit Freilaufdiode B6HKF oder B6HF oder B6KF oder B6F oder B6	(Schaltbild)	Zweipuls-Brückenschaltung mit steuerbarem Kurzschlusszweig B2U + E1C	(Schaltbild)

In Niederspannungsanlagen werden anstelle der Thyristoren IGBTs eingesetzt.

U-Umrichter, Gleichstromsteller — U-Converter, DC-Chopper

U-Umrichter (Umrichter mit Gleichspannungs-Zwischenkreis)

Art, Eignung	Schaltung des Leistungsteils	Bemerkungen
Prinzip eines Umrichters mit Gleichspannungs-Zwischenkreis	z.B. 50 Hz — Gleichrichter — Zwischenkreis — Wechselrichter — z.B. 1 kHz. Netzstromrichter / Maschinenstromrichter	**Gleichrichter** einphasige oder dreiphasige Brückenschaltung aus Dioden oder/und Thyristoren. **Zwischenkreis** mit Energiespeicherung durch Induktivität und/oder Kapazität. **Wechselrichter** Brückenschaltung z.B. aus IGBTs oder Thyristoren und Dioden.
Gleichrichter T1 bei Bedarf mit Rückspeise-Wechselrichter T2, bezeichnet als Netzstromrichter (B6U) I (B6C) (I gegenparallel)	T2 nur bei Vierquadrantenbetrieb mit Rückspeisung. z.B. 50 Hz, L1, L2, L3, U_Z, L+, L–	**Netzstromrichter ohne Rückspeisung** T1 für konstante U_Z mit sechs (für Dreiphasenbrücke) bzw. vier (für Einphasenbrücke) Dioden. Für steuerbare U_Z zur Hälfte ersetzt durch Thyristoren bzw. IGBTs. Dann ist *Zweiquadrantenbetrieb* möglich. **Netzstromrichter mit Rückspeisung** Zusätzlich T2 aus Thyristoren oder IGBTs gegenparallel zur Stromrückspeisung beim Bremsen. *Vierquadrantenbetrieb.*
Wechselrichter mit Rückstromdioden, bezeichnet als Maschinenstromrichter (B6C) I (B6U) (I gegenparallel) Benennung nach vorhergehender Seite	L+, U_Z, L–, z.B. 1 kHz, L1, L2, L3	**Maschinenstromrichter** Wechselrichter für *Vierquadrantenbetrieb* als voll gesteuerte Brückenschaltung aus sechs (für Dreiphasenbrücke) bzw. vier (für Einphasenbrücke) gesteuerten Elementen, z.B. IGBTs oder GTOs, IGCs. Wegen der induktiven Last sind sechs bzw. vier *Rückstromdioden* (Blindleistungsdioden) gegenparallel zu den gesteuerten Elementen integriert. Diese bewirken beim Bremsbetrieb die Rückspeisung des Stromes in den Zwischenkreis durch Gleichrichtung. Die Ansteuerung der steuerbaren Elemente erfolgt durch einen Steuergenerator.

Gleichstromsteller

Art, Eignung	Schaltung des Leistungsteils	Bemerkungen
Prinzip (Gleichstromsteller mit Thyristor oder IGBT für Einquadrantenbetrieb)	Steuergenerator, U, i, M. u,i Diagramme: Mittelwert klein / Mittelwert groß	
Gleichstromsteller für Einquadrantenbetrieb	L+, Q1, R1, M1, M, L–	Der Gleichstromsteller für einen Gleichstrommotor besteht aus einem elektronischen *Schalter* und einer *Freilaufdiode*. Die Speisung der gesamten Schaltung erfolgt z.B. aus einem Akkumulator oder aus einem vorgeschalteten Gleichrichter. Meist arbeitet der Gleichstromsteller mit gleichbleibender Frequenz des Steuergenerators.
Gleichstromsteller mit IGBT-Brücke für Vierquadrantenbetrieb ohne Totzeit	L+, Q1, Q2, I_1, I_2, A1, M, A2, Q3, Q4, L–. I_1 für Rechtslauf, I_2 für Linkslauf	Thyristor-Gleichstromsteller arbeiten nicht verzögerungsfrei, weil *innerhalb* des Taktes die Zündung erfolgt. Fast verzögerungsfrei arbeiten dagegen Gleichstromsteller mit Transistoren oder IGBTs. Diese werden in einer Brückenschaltung betrieben. Freilaufdioden sind wegen der Induktivität des Motors erforderlich. Q1, Q4 EIN: Rechtslauf. Q2, Q3 EIN: Linkslauf

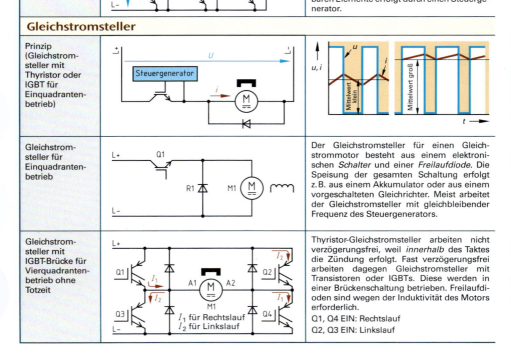

U-Umrichter — U-Converter

Art, Eignung	Schaltung des Leistungsteils	Bemerkungen, Anwendungen

Zwischenkreisumrichter (U-Umrichter) mit Pulsamplitudenmodulation PAM

Maschinenstromrichter eines U-Umrichters für Vierquadrantenbetrieb ohne Energierückspeisung, mit Blindleistungsdioden

(Netzstromrichter B6U oder B6C, Seite 301)

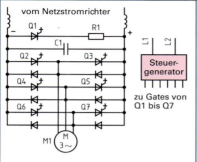

Für Energierückspeisung entfallen R1 und Q1, jedoch muss dann der Netzstromrichter ein gegenparalleler Stromrichter sein.

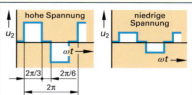

Wegen C1 besteht nicht dauernd eine Verbindung zwischen Last und Netz. Deshalb werden *Blindleistungsdioden* gegenparallel zu den Thyristoren bzw. IGBTs geschaltet.

Bei der *Pulsamplitudenmodulation* (PAM) wird die Höhe der Rechteckimpulse je nach Spannungsbedarf durch Steuern der Zwischenkreisspannung eingestellt.

Zwischenkreisumrichter (U-Umrichter) mit Pulsweitenmodulation PWM

Maschinenstromrichter eines U-Umrichters für Vierquadrantenbetrieb

(Netzstromrichter B6U oder B6C, Zwischenkreis wie bei Pulsamplitudenmodulation)

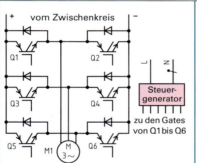

Für Vierquadrantenbetrieb mit Energierückspeisung muss der Netzstromrichter eine Gegenparallelschaltung von (B6U) I (B6C) oder (B6C) I (B6C) sein.

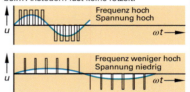

Maschinenstromrichter mit Transistoren haben beim Ansteuern fast keine Totzeit.

Bei der *Pulsweitenmodulation* (PWM) wird innerhalb jeder Halbperiode die Weite der Impulse der erforderlichen Spannung angepasst. Die *Spannungssteuerung* erfolgt oft (siehe auch weiter unten) durch Einstellung der Pausendauer, die *Frequenzsteuerung* durch Steuerung der Impulszahl einer Halbperiode.

U-Umrichter für PWM mit variabler Amplitude für Zweiquadrantenbetrieb

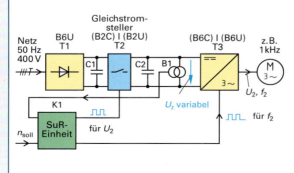

Am Ausgang von T1 liegt wegen B6U eine konstante U_Z. Diese wird von einem Gleichstromsteller T2 je nach Bedarf herabgesetzt. In T3 wird die variable U_Z mit hoher Frequenz (bis 50 kHz) so getaktet, dass eine PWM entsteht, bei der aber je nach Funktion von T2 die Höhe des Pulses verschieden ist. Die Spannungssteuerung erfolgt durch Steuerung der Pausendauer und durch Steuerung der Höhe von U_Z.

B1	Spannungswandler DC/DC	U_Z	Zwischenkreis-Spannung
SuR	Steuern und Regeln	I	Gegenparallelschaltung

Stromrichter für Antriebe — Converter for Drives

Quadranten der Antriebstechnik

Erklärung	Form 1 (zu bevorzugende Form)	Form 2
Quadranten 1 bis 4 von elektrischen Antrieben je nach Art der Motorkennlinie (Unterschiede in Quadranten 2 und 4)	Linkslauf / Bremsen ② — Rechtslauf / Treiben ① — Linkslauf / Treiben ③ — Rechtslauf / Bremsen ④	Rechtslauf / Bremsen ② — Rechtslauf / Treiben ① — Linkslauf / Treiben ③ — Linkslauf / Bremsen ④

Stromrichter für Gleichstromantriebe

Art, Eignung	Schaltung des Leistungsteils	Bemerkungen, Anwendungen
Halbgesteuerte Brückenschaltung B6HK für den Anker und ungesteuerte Brückenschaltung B2U für die Erregerwicklung Quadrant 1 oder 3	L1, L2, L3 — 50 Hz 400 V; Ausgänge I_A an A2–A1 (M), I_e an F2–F1	Diese Gleichrichterschaltung dient zur Drehzahlsteuerung von fremderregten Gleichstrommotoren, die nur in einer Drehrichtung arbeiten müssen. Die Gleichrichterschaltung B2U wird bei Motorleistungen bis etwa 4 kW angewendet, darüber Schaltung B6U. Die Drehrichtung kann mit einem Wendeschalter im Ankerkreis oder im Erregerkreis geändert werden. Nutzbremsung ist nicht möglich. Die Schaltung wird nur bei einfachen Antrieben angewendet. Anstelle der Thyristoren werden in Niederspannungsanlagen IGBTs eingesetzt.
Halbgesteuerte Brückenschaltung (B2HK) I (B2HK) für den Anker Quadranten 1 und 3	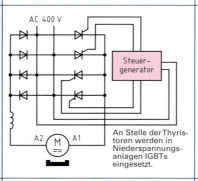 AC 400 V; Steuergenerator; A2–A1 (M). An Stelle der Thyristoren werden in Niederspannungsanlagen IGBTs eingesetzt.	Bei diesem Umkehrgleichrichter sind zwei Brückenschaltungen gegenparallel an den Anker des fremderregten Motors angeschlossen. Der Steuergenerator für die Anschnittsteuerung muss so beschaffen sein, dass entweder nur die eine oder die andere Brückenschaltung arbeitet. Die Drehrichtung des Motors kann durch Änderung der Ansteuerung beeinflusst werden. Bei Motorleistungen über etwa 4 kW werden B6-Schaltungen verwendet. Nutzbremsung ist nicht möglich. Die Schaltung wird bei Antrieben mit beiden Drehrichtungen verwendet. I (von invers) Gegenparallelschaltung
Vollgesteuerte Brückenschaltung (B6C) I (B6C) für den Anker Quadranten 1, 2, 3, 4	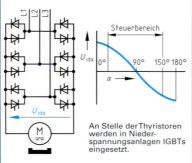 L1, L2, L3; Steuerbereich $U_{id\alpha}$ über α = 0°, 90°, 150°, 180°; $U_{id\alpha}$ am Motor M. An Stelle der Thyristoren werden in Niederspannungsanlagen IGBTs eingesetzt.	Für diesen Zweirichtungs-Stromrichter für beide Drehrichtungen (Umkehrstromrichter) ist je nach Ansteuerung für einen oder den anderen vollgesteuerten Brückenschaltung Gleichrichterbetrieb oder Wechselrichterbetrieb möglich. Wird immer mit derselben Drehrichtung gearbeitet, dann genügt eine voll gesteuerte Brückenschaltung B6C. Nutzbremsung ist möglich. Bei Motorleistungen bis etwa 4 kW verwendet man B2-Schaltungen. Anwendung bei hochwertigen Antrieben, z. B. von Werkzeugmaschinen. I (von invers) Gegenparallelschaltung

Transformatoren der Energietechnik
Transformers for Power Engineering

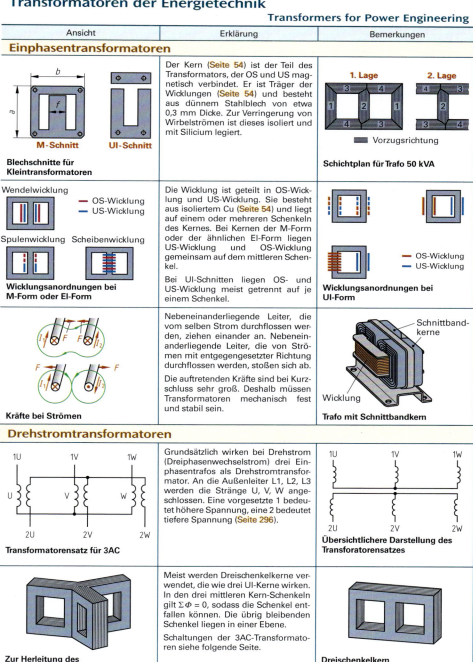

Ansicht	Erklärung	Bemerkungen

Einphasentransformatoren

Blechschnitte für Kleintransformatoren (M-Schnitt, UI-Schnitt)

Der Kern (Seite 54) ist der Teil des Transformators, der OS und US magnetisch verbindet. Er ist Träger der Wicklungen (Seite 54) und besteht aus dünnem Stahlblech von etwa 0,3 mm Dicke. Zur Verringerung von Wirbelströmen ist dieses isoliert und mit Silicium legiert.

Schichtplan für Trafo 50 kVA (1. Lage, 2. Lage, Vorzugsrichtung)

Wicklungsanordnungen bei M-Form oder EI-Form (Wendelwicklung, Spulenwicklung, Scheibenwicklung; OS-Wicklung, US-Wicklung)

Die Wicklung ist geteilt in OS-Wicklung und US-Wicklung. Sie besteht aus isoliertem Cu (Seite 54) und liegt auf einem oder mehreren Schenkeln des Kernes. Bei Kernen der M-Form oder der ähnlichen EI-Form liegen US-Wicklung und OS-Wicklung gemeinsam auf dem mittleren Schenkel.

Bei UI-Schnitten liegen OS- und US-Wicklung meist getrennt auf je einem Schenkel.

Wicklungsanordnungen bei UI-Form (OS-Wicklung, US-Wicklung)

Kräfte bei Strömen

Nebeneinanderliegende Leiter, die vom selben Strom durchflossen werden, ziehen einander an. Nebeneinanderliegende Leiter, die von Strömen mit entgegengesetzter Richtung durchflossen werden, stoßen sich ab.

Die auftretenden Kräfte sind bei Kurzschluss sehr groß. Deshalb müssen Transformatoren mechanisch fest und stabil sein.

Trafo mit Schnittbandkern (Schnittbandkerne, Wicklung)

Drehstromtransformatoren

Transformatorensatz für 3AC (1U, 1V, 1W; 2U, 2V, 2W; U, V, W)

Grundsätzlich wirken bei Drehstrom (Dreiphasenwechselstrom) drei Einphasentrafos als Drehstromtransformator. An die Außenleiter L1, L2, L3 werden die Stränge U, V, W angeschlossen. Eine vorgesetzte 1 bedeutet höhere Spannung, eine 2 bedeutet tiefere Spannung (Seite 296).

Übersichtlichere Darstellung des Transforatorensatzes (1U, 1V, 1W; 2U, 2V, 2W)

Zur Herleitung des Dreischenkelkerns

Meist werden Dreischenkelkerne verwendet, die wie drei UI-Kerne wirken. In den drei mittleren Kern-Schenkeln gilt $\Sigma \Phi = 0$, sodass die Schenkel entfallen können. Die übrig bleibenden Schenkel liegen in einer Ebene.
Schaltungen der 3AC-Transformatoren siehe folgende Seite.

Dreischenkelkern

| AC | Wechselstrom | 3AC | Drehstrom | Cu | Kupfer | Σ | Summe (Sigma) |
| OS | Oberspannung | US | Unterspannung | | | Φ | magnetischer Fluss (Phi) |

Transformatoren für Drehstrom — Transformers for Three-phase Current

Leistungsschild

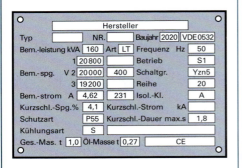

Angegeben sind Name des Herstellers, Transformatortyp, Herstellungsnummer, Baujahr, zugrunde liegende VDE-Bestimmung, Bemessungsleistung, Art des Transformators, z.B. LT für Leistungstransformator, Frequenz, Bemessungsbetriebsart, Oberspannungen (je nach Einstellung des Umspanners), Unterspannung, Schaltgruppe, Reihe (für Isolation maßgebende Spannung in kV), Bemessungsströme, Isolationsklasse, Schutzart IP, Kühlungsart, z.B. S für Selbstkühlung, relative Kurzschlussspannung.

Weitere Angaben sind möglich. Einzelne Angaben können aber auch fehlen.

Statt „Bemessungs-", z.B. Bemessungsleistung, verwenden manche Bestimmungen auch „Nenn-", z.B. Nennleistung.

Die Angaben auf Leistungsschildern können herstellerabhängig verschieden angeordnet sein.

Übliche Drehstromtransformatoren

Zeigerbild OS	Übersetzung $U_1 : U_2$	Schaltgruppe	Schaltung OS — US	Zeigerbild US	Schaltgruppe	Schaltung OS — US	Zeigerbild US
1V / 1U 1W (Δ)	$\dfrac{N_1}{N_2}$	Dreieck-Dreieck **Dd0**	1U 2U / 1V 2V / 1W 2W	2V / 2U 2W (Δ)	Dreieck-Dreieck **Dd6**	1U 2U / 1V 2V / 1W 2W	2W 2U / 2V (Δ inv.)
1V / 1U 1W (Δ)	$\dfrac{N_1}{N_2}$	Stern-Stern **Yy0**	1U 2U / 1V 2V / 1W 2W	2V / 2U 2W (Y)	Stern-Stern **Yy6**	1U 2U / 1V 2V / 1W 2W	2W 2U / 2V (Y inv.)
1V / 1U 1W (Δ)	$\dfrac{N_1}{\sqrt{3}\,N_2}$	Dreieck-Stern **Dy5**	1U 2U / 1V 2V / 1W 2W	2U / 2W 2V (Y)	Dreieck-Stern **Dy11**	1U 2U / 1V 2V / 1W 2W	2V / 2W 2U (Y)
1V / 1U 1W (Y)	$\dfrac{\sqrt{3}\,N_1}{N_2}$	Stern-Dreieck **Yd5**	1U 2U / 1V 2V / 1W 2W	2U / 2W 2V (Δ)	Stern-Dreieck **Yd11**	1U 2U / 1V 2V / 1W 2W	2V / 2W 2U (Δ)
1V / 1U 1W (Y)	$\dfrac{2\,N_1}{\sqrt{3}\,N_2}$	Stern-Zickzack **Yz5**	1U 2U / 1V 2V / 1W 2W	2U / 2W 2V	Stern-Zickzack **Yz11**	1U 2U / 1V 2V / 1W 2W	2V / 2W 2U

N_1 und N_2 sind Windungszahlen je Strang; U_1 und U_2 sind Leiterspannungen (Dreieckspannungen) bei Leerlauf. Ist der Sternpunkt herausgeführt, wird an die betreffende Schaltung ein n bzw. N angehängt, z.B. Dyn5 oder YNd5.

Spartransformator, Transformatorensätze

Schaltgruppe	Zeigerbild OS	Schaltung OS — US	Zeigerbild US	Schaltgruppe	Zeigerbild OS	Schaltung OS — US	Zeigerbild US
Y0	1V, 2V, 2U 2W / 1U 1W	1U 2U / 1V 2V / 1W 2W		**Ii0**	2V / 2U 2W	1.1 2.1 / 1.2 2.2 Einphasentransformator für Drehstromsätze	2.1 / 1.2 / 2.2

Transformatorensätze (Transformatorenbänke) bestehen aus Einphasentransformatoren, die wie die Wicklungen eines Drehstromtransformators geschaltet sind, z.B. zu Dy11 (Oberspannungsseiten OS in Dreieck, Unterspannungsseiten US in Stern).

Regelung der Netzspannung — Controlling of Grid Voltage

Begriffe	Erklärung	Schaltung, Daten
Umsteller	Die Änderung der Spannung erfolgt durch Änderung der Windungszahl durch einen „Umsteller" genannten Schalter, und zwar über Anzapfungen der OS-Wicklung in Stufen bis etwa 4 % der Nennspannung des Trafos.	
stromlose Betätigung	Der Umsteller darf gegen Kurzschlüsse beim Umschalten nur stromlos betätigt werden und ist deshalb ungeeignet für eine fortlaufende Regelung.	
nicht für Regelung		**Schaltung des Umstellers**
Stelltransformator	Für die fortlaufende Regelung sind *Stelltransformatoren* geeignet, bei denen die Windungszahl unter Netzspannung geändert werden kann. Dafür wird wegen des kleineren Stroms die Windungszahl der Oberspannungswicklung über Anzapfungen mittels eines Stufenschalters eingestellt. Meist genügt eine Änderung der Windungszahl bis etwa 4 %. Deshalb sind etwa 4 % der OS-Wicklung als Stufenwicklung mit Anzapfungen ausgeführt. Der Anteil der OS-Wicklung ohne Anzapfungen wird als *Stammwicklung* bezeichnet.	
Wicklungsanzapfung		
Stufenwicklung		
Stammwicklung		**Anschluss des Stufenschalters am Stelltransformator**
Stufenschalter	Die Trafospannung muss wegen der täglichen Änderung von Last und Einspeisung, z.B. bei Änderung von Wind oder Beleuchtung, täglich bis zu 1000 Mal geregelt werden. Dazu wird die Spannung im 400-V-Netz gemessen und elektronisch im Oberspannungsnetz geregelt. Beim dafür erforderlichen Stufenschalter wird die beabsichtigte Windungszahl der Stufenwicklung stromlos über Stufenwähler eingestellt und dann über dämpfende Widerstände durch Lastwähler umgeschaltet. Die Umschaltung erfolgt z. B. mit Thyristoren. Ein Wendeschalter Q1 ermöglicht das Umschalten der Stufenwicklung von Erhöhung der Spannung auf Herabsetzung derselben.	
häufige Spannungsänderung		
elektronische Regelung		
Stufenwähler		
Lastwähler		
Wendeschalter		**Prinzip eines Stranges des Stufenschalters für 3AC-Trafo**
Zusatztransformator	Beim obigen Stelltransformator haben die Spannungszeiger von Stufen- und Stammwicklungen dieselbe Richtung. Man spricht von Längsrichtung und *Längsregelung*.	
Längsregelung		
Querregelung	Man kann aber die Stränge der Stufenwicklung mit Teilen der Stammwicklung zu einem *Zusatztransformator* schalten. Hat dieser statt der Sternschaltung die Dreieckschaltung, so können die Zeiger der Spannungen von Stamm- und Stufenwicklung quer zueinander liegen. Die Regelung ist dadurch eine *Querregelung*.	**Zeiger bei Längs- und Querregelung von Drehstromtransformatoren**

Regelung der Netzfrequenz — Control of Grid Frequency

Begriffe	Erklärung	Bemerkungen, Daten, Bilder
Frequenzhaltung 50 Hz	Unter Frequenzhaltung des Netzes versteht man Regelvorgänge, die zu einer an den Hausanschlüssen annähernd konstanten Frequenz von 50 Hz führen.	Die Netzfrequenz ist durch die Synchrongeneratoren der Großkraftwerke vorgegeben. Deren Frequenz f ist proportional der Drehzahl n ihrer Läufer.
Toleranz, ± 0,2 Hz	Im europäischen Verbundnetz beträgt die Toleranz ± 0,2 Hz. Die Frequenz soll also mindestens 49,8 Hz und höchstens 50,2 Hz betragen.	**Netzfrequenz** f Frequenz; n Drehzahl; p Zahl der Polpaare $$f = n \cdot p \quad [1]$$
Netzlast	Netzlast bremst die Synchrongeneratoren → ihre Drehzahl und Frequenz sinken. Bei abnehmender Netzlast nehmen die Generatordrehzahl und Frequenz zu. Es muss also die Drehzahl der Turbinen in von Großkraftwerken auf konstante Drehzahl nach Formel 1 geregelt werden.	
Großkraftwerke		
Primärregelung Sekundärregelung Tertiärregelung	Bei der *Primärregelung* wird die Leistung der Turbinen geregelt, bei der *Sekundärregelung* die Netzfrequenz. Die *Tertiärregelung* dient als Minutenreserve und wird durch zusätzliche Energieeinspeisung oder Reduktion der Energieeinspeisung gewährleistet.	*Primärregelung eines Synchrongenerators*
Dämpfung von Laststößen	Zu einer Dämpfung von Laststößen führt die mechanische Energie der rotierenden Läufer von Generatoren und Motoren im Netz (Rotationsträgheit).	
Primärregelung P-Regelung Sekundärregelung PI-Regelung	Für die *Primärregelung* liegt eine *P-Regelung* vor, die einen Fehler schnell, aber nicht vollständig, ausregelt. Bei der *Sekundärregelung* ist die zusätzliche Regelgröße die Netzfrequenz. Hier liegt die *PI-Regelung* vor, die den Fehler der P-Regelung langsam ausgleicht.	
positive Regelenergie	Bei zu niedriger Netzfrequenz wird zusätzliche Einspeisung oder eine kleinere Netzlast gebraucht (*positive Regelenergie*).	
Spannungsregelung	Bei zu kleiner Netzfrequenz ist auch die Generatorspannung zu klein, sodass die Spannungsregelung des Netzes wirksam wird.	*Wirkungsweise der Sekundärregelung*
negative Regelenergie Zuständigkeit ÜNB Sekundenreserve	Bei zu hoher Netzfrequenz wird kleinere Einspeisung oder eine größere Netzlast gebraucht (*negative Regelenergie*). Zuständig für die Netzregelung sind die ÜNB. Die Primärregelung erfolgt dezentral in für die Regelung vorgesehenen Großkraftwerken, die ihre Netzfrequenz messen und danach die Leistung steuern.	Die Primärregelung muss innerhalb von 30 Sekunden wirksam werden, wenn $\Delta f \geq 20$ mHz = 0,02 Hz. Diese *Sekundenreserve* muss mindestens für 15 Minuten verfügbar sein zum Aufwärtsregeln von großen Wärmekraftwerken mit über 1 000 MW Leistung oder zum Abwärtsregeln auch von Wasserkraftwerken der ÜNB.
Pumpspeicherkraftwerke Gaskraftwerke Minutenreserve	Die *Sekundärregelung* erfolgt im Übertragungsnetz in Pumpspeicherkraftwerken, Windkraftwerken, PV-Anlagen und Gaskraftwerken innerhalb von maximal 15 Minuten (*Minutenreserve*).	Für die Sekundärregelung wird ein PI-Regler eingesetzt. Der Betrag des I-Regelwertes (Integralreglers) steigt zeitweise ständig an, auch wenn 50 Hz erreicht sind. Dadurch schwankt die Frequenz um etwa 10 mHz = 0,01 Hz um 50 Hz.
Übertragungsdistanzen	Ein *zentraler Regler* erfasst die Netzfrequenz und die Leistungen der verschiedenen Regionen und regelt in diesen die Frequenz so, dass Leistungen möglichst über kurze Übertragungsdistanzen bewegt werden.	Die Regelung soll den Mittelwert der Netzfrequenz längere Zeit hindurch bei 50 Hz halten, damit die mit Netzfrequenz gesteuerten Uhren genau gehen.
Tertiärregelung	Zur Ablösung der Sekundärregelung wird die Tertiärregelung durch manuellen Kraftwerkseinsatz aktiviert. Sie wird wirksam direkt in der betroffenen Regelzone. Je nach Fehlerfall wird zusätzliche Energieeinspeisung oder Energiereduktion im Netz erreicht.	Im Unterschied zur automatisch aktivierten Primär- und Sekundärregelung der Netzfrequenz wird die Tertiärregelung manuell aktiviert. Sie erfolgt nach mehr als 15 Minuten, meist durch Pumpspeicherkraftwerke oder Kernkraftwerke.

e	Regeldifferenz	n Drehzahl, Umdrehungsfrequenz	PI-Regler	Proportional-Integral-Regler
f	Frequenz	p Polpaarzahl, halbe Polzahl	P-Regler	Proportionalregler
Δf	Frequenzabweichung	P Leistung	ÜNB	Übertragungsnetzbetreiber

Betriebsarten — Operating Modes

Betriebsarten S1 bis S10

Betriebsart	Leistung, Temperatur	Betriebsbedingungen, Bemerkungen, Anwendungen
Dauerbetrieb **S1**		Unter Bemessungslast wird eine gleichbleibende Temperatur erreicht, die auch bei längerem Betrieb nicht mehr ansteigt. Das Betriebsmittel kann pausenlos unter Bemessungslast arbeiten, ohne dass die zulässige Temperatur überschritten wird. **Beispiel:** Antriebsmotor für Wasserwerkspumpe.
Kurzzeitbetrieb **S2**		Die Betriebsdauer unter Bemessungslast ist kurz im Vergleich zur folgenden Pause. Bei Betriebsdauern von 10 min, 30 min oder 90 min kann das Betriebsmittel unter Bemessungslast arbeiten, ohne dass die zulässige Temperatur überschritten wird. **Beispiel:** Antriebsmotor für Garagentor.
Aussetzbetriebe[1] **S3, S4, S5**		Betriebsdauer unter Bemessungslast und die folgende Pause sind kurz. Das Betriebsmittel kann unter Bemessungslast nur während der angegebenen ED (Einschaltdauer) in % der Spieldauer arbeiten. Genormte ED: 15 %, 25 %, 40 %, 60 %. Die Spieldauer beträgt 10 min, wenn nicht anders angegeben. **Beispiele:** Hebezeugmotor (S3), Antriebsmotor für Schalttisch (S4), Antriebsmotor für Positionierung (S5).
Ununterbrochener periodischer Betrieb mit Aussetzbelastung **S6**		Diese Betriebsart entspricht S3, jedoch bleibt in den Belastungspausen das Betriebsmittel eingeschaltet, arbeitet also im Leerlauf. Einschaltdauer und Spieldauer werden wie bei S3 angegeben. **Beispiel:** Bohrmaschine (sofern leer durchlaufend).
Ununterbrochener periodischer Betrieb mit elektrischer Bremsung **S7**		Die Maschine läuft dauernd unter wechselnder Last und mit häufig wechselnder Drehzahl. Die Maschine kann in dieser Weise pausenlos arbeiten, wenn für jede Drehzahl die angegebenen Werte nicht überschritten werden (Trägheitsmomente J_M Motor und J_{ext} Last, Spieldauer, wenn von 10 min abweichend, Bemessungsleistungen und Einschaltdauer). **Beispiel:** Aufzugsmotor.
Ununterbrochener periodischer Betrieb mit Drehzahländerung **S8**		Die Maschine läuft an, wird belastet und danach elektrisch gebremst, z.B. durch Einspeisen von Gleichstrom. Anschließend läuft sie sofort wieder hoch. Die Maschine kann in dieser Weise pausenlos arbeiten, wenn die angegebenen Trägheitsmomente des Motors und J_{ext} der Last sowie die Spieldauer nicht überschritten werden. Wenn keine Spieldauer angegeben ist, so beträgt sie 10 min. **Beispiel:** Antriebsmotor für Fertigungseinrichtung.
Ununterbrochener Betrieb mit nichtperiodischer Last- und Drehzahländerung **S9**		Ein Betrieb, bei dem sich Last und Drehzahl innerhalb des Betriebsbereiches nichtperiodisch ändern. Dabei treten Lastspitzen auf, die weit über der Bemessungsleistung liegen können. **Beispiel:** Motor für Presse.
Betrieb mit einzelnen konstanten Lasten **S10**		Bei S10 sind bis zu vier verschieden große Lasten vorhanden. Jede dieser Lasten hält so lange an, bis die Maschine eine konstant bleibende Temperatur erreicht hat. Die kleinste Last darf den Wert null haben, z.B. stromlose Pause. Die Kennzeichnung S10 muss ergänzt werden durch die Angabe von $P_v/\Delta t$ (Verlustleistung je Zeitanteil der Spieldauer, z.B. S10 1,2/0,4).

[1] Bei S3 ist der Anlaufstrom für die Erwärmung unerheblich. Bei S4 ist der Anlaufstrom für die Erwärmung erheblich. Bei S5 erwärmt zusätzlich der Bremsstrom die Maschine. Bei S4 und S5 sind zusätzlich zur Einschaltdauer ED das Trägheitsmoment J_M des Motors und das externe (äußere) Trägheitsmoment J_{ext} der Last angegeben.

Thermische Klassen, Bemessungsleistungen Thermal Classes, Rated Powers

Temperaturbeständigkeitsklassen von Isolierstoffen

Thermische Klasse, Isolierstoffklasse	Höchst zulässige Dauertemperatur in °C	Isolierstoffe (Beispiele)	Zulässige Übertemperatur bei Wicklungen in K	
			mit Widerstandsmessung gemessen	mit Temperaturfühlern gemessen
90 Y	< 105	Organische Faserstoffe (Baumwolle, Seide, Papier), Polyvinylchlorid, Polystyrol	50	55
105 A	< 120	Organische Faserstoffe, getränkt	60	65
		Abgewandelte Öllacke für Drähte		
		Zelluloseacetatfolien, Polyester-Harze, synthetischer Gummi		
120 E	< 130	Hartpapier, Hartgewebe, ausgehärtete Pressmassen (Phenol-, Melamin-, Polyester-, Epoxid-Harze), Kunstharzlacke	75	–
		Elektropressspan in Verbindung mit Folien Kl. E		
		Triacetatfolien, Spritzgussmassen aus Polyamid		
130 B	< 155	Glas, Glimmer mit Bindemitteln der Klasse E, Kunstharzlacke der Klasse B, getränkt	80	85
		Polycarbonatfolien, Spritzgussmassen aus Polycarbonat, getränkt		
155 F	< 180	Glas, Glimmer mit abgewandelten Silikonharzen, Terephthalsäureesterlacke, getränkt	105	110
180 H	< 200	Glas, Glimmer mit Silikonharzen, Silikon-Kautschuk, aromatische Polyamide, getränkt	125	130
C	< 220	Glas, Glimmer, Keramik, Quarz, Polyimide, Polytetrafluorethylen, getränkt	begrenzt durch Einfluss auf benachbarte Isolierung	

Thermische Klasse ist nach DIN EN 60085 ein Zahlenwert, der mit dem Zahlenwert derjenigen *Temperatur* in Grad Celsius identisch (übereinstimmend) ist, die von dem elektrischen Isoliermaterial EIM auf Dauer ausgehalten wird, ohne dass die *Lebensdauer* der Isolierung verkürzt wird. Daneben wird nach DIN EN 60085 ein *relativer thermischer Lebensdauer-Beständigkeitsindex RTE* (RTE von Relative Thermal Existance) angegeben, der den Bereich angibt, in dem das EIM verwendet werden kann, allerdings je nach Höhe der Temperatur zu Lasten der Lebensdauer. Für die thermische Klasse 90 reicht der RTE von > 90 °C bis < 105 °C. Die zweite Temperatur von < 105°C bezeichnen wir hier als *höchstzulässige Dauertemperatur*. Diese kann lange Zeit auf das EIM wirken, jedoch ist die Lebensdauer der Isolierung dann kürzer als bei 90 °C.

Isolierstoffklasse ist die frühere Bezeichnung nach DIN VDE, die aber noch häufig angewendet wird.

Drehende elektrische Maschinen, Bemessungsleistungen bei Dauerbetrieb

Leistungsabgabe (Bem.-leistung)	Ströme in A bei Motoren mit voller Belastung bei cos φ = 0,8								
	Drehstrommotoren				Einphasenmotoren		Gleichstrommotoren		
kW	400 V	Läuferspannung und -strom beim Schleifringläufer		bei η	230 V	bei η	110 V	220 V	440 V	bei η
		V	A							
0,06	0,3			0,4	1,1	0,3	1,5	0,7	0,4	0,4
0,09	0,4			0,4	1,6	0,3	2,0	1,0	0,5	0,4
0,12	0,5			0,5	1,7	0,4	2,2	1,1	0,6	0,5
0,18	0,7			0,5	2,4	0,4	3,5	1,6	0,8	0,5
0,25	0,8			0,6	2,7	0,5	4,0	1,9	1,0	0,6
0,37	1,2	49	5	0,6	4,0	0,5	5,8	2,8	1,4	0,6
0,55	1,7	53	7	0,6	6,0	0,5	7,5	3,6	1,8	0,7
0,75	2,0	57	10	0,7	6,8	0,6	10	4,9	2,4	0,7
1,1	2,5	65	12	0,8	10	0,6	13	6,3	3,1	0,8
1,5	3,4	80	14	0,8	14	0,6	17,5	8,6	4,3	0,8
2,2	5,0	82	19	0,8	17	0,7	24	12	6,3	0,8
3	6,8	100	21	0,8	23	0,7	34	17	8,5	0,8
4	9,0	114	23	0,8	31	0,7	46	23	11	0,8
5,5	12,4	145	26	0,8	37	0,8	62	31	16	0,8
7,5	16,9	160	32	0,8	51	0,8	84	42	21	0,8
11	24	184	40	0,8	78	0,8	–	59	29	0,85
15	30	220	44	0,9	106	0,8	–	80	40	0,85
18,5	37	240	47	0,9	–	–	–	99	49	0,85
22	44	270	52	0,9	–	–	–	118	59	0,85
30	60	310	59	0,9	–	–	–	160	80	0,85

Betriebsdaten von Käfigläufermotoren

Operating Data of Squirrel Cage Motors

Größe	P_N in kW	n_N in 1/min	I_N in A	M_N in Nm	η in %	$\cos\varphi$	$\frac{I_A}{I_N}$	$\frac{M_A}{M_N}$	$\frac{M_K}{M_N}$	m in kg
Drehstrommotoren S1 bei 50 Hz/400 V, nicht polumschaltbar, IP55, Oberflächenkühlung										
Drehfelddrehzahl n_s = 3000/min										
56	0,12	2760	0,4	0,42	55	0,80	4,5	2,0	2,0	3,5
63	0,25	2765	0,7	0,86	65	0,81	4,5	2,3	2,2	4,0
71	0,55	2800	1,3	1,88	70	0,85	4,9	2,3	2,2	6,5
80M	1,1	2885	2,26	3,64	82,6	0,85	7,1	3,0	2,3	11
90S	1,5	2920	3	4,91	83,9	0,86	8,1	2,7	2,4	13
90L	2,2	2920	4,2	7,19	85,9	0,88	8,2	2,7	2,6	16
100L	3	2920	5,65	9,81	87,1	0,88	8,1	3,2	2,6	26
112M	4	2955	7,4	12,9	87,7	0,89	8,0	2,9	2,8	34
132S	5,5	2950	9,9	17,8	89,1	0,9	7,3	2,4	2,6	43
132M	7,5	2950	13,1	24,3	89,8	0,92	8,3	2,7	2,6	57
160M	15	2935	29	49	90	0,84	7,1	2,1	3,0	82
160L	18,5	2940	34	60	91	0,86	7,5	2,3	3,1	92
Drehfelddrehzahl n_s = 1500/min										
56	0,09	1300	0,3	0,66	52	0,75	2,7	1,7	2,0	3,3
63	0,18	1325	0,6	1,30	60	0,77	2,7	1,7	2,0	3,8
71	0,37	1375	1,1	2,6	62	0,78	3,2	1,7	2,0	4,5
80M	0,75	1455	1,73	4,92	82,3	0,76	6,8	2,6	2,1	11
90S	1,1	1445	2,4	7,27	83,7	0,79	7,2	2,7	2,2	13
90L	1,5	1445	3,18	9,91	85,1	0,8	7,7	2,8	2,2	16
100L	3	1460	5,9	19,6	88,4	0,83	8,3	2,5	2,5	30
112M	4	1460	7,9	26,2	89,1	0,82	7,1	2,4	2,6	34
132S	5,5	1475	10,5	35,6	90,0	0,84	8,2	2,8	2,3	64
132M	7,5	1465	14,3	48,9	90,1	0,84	8,2	2,6	2,7	74
180S	18,5	1460	35	121	91	0,85	6,2	2,6	2,8	165
180M	22	1460	41	144	91	0,85	6,4	2,6	2,8	180
Polumschaltbare Drehstrommotoren in Dahlanderschaltung n_s = 1500/min bzw. 3000/min										
71	0,37	1370	1,2	2,6	61,8	0,72	3,2	1,6	2,0	5,0
	0,55	2760	1,7	1,9	63,1	0,74	3,3	1,7	2,0	
80	0,55	1400	1,6	3,8	66,1	0,75	4,3	1,7	1,9	8,0
	0,75	2850	2,0	2,5	70,3	0,77	4,5	1,8	2,0	
90S	1,0	1430	2,7	6,7	69,4	0,77	5,3	1,8	2,0	13
	1,2	2890	3,0	4,0	74,0	0,78	5,4	1,9	2,0	
100L	2,0	1450	5,0	13	72,2	0,80	5,9	2,1	2,1	21
	2,6	2900	5,8	8,6	76,1	0,85	6,6	2,2	2,1	

Größe	P_N in kW	n_N in 1/min	I_N in A	$\cos\varphi$	$\frac{I_A}{I_N}$	$\frac{M_A}{M_N}$	C_B in µF	U_C in V	$\frac{M_K}{M_N}$	m in kg
Einphasenwechselstrommotoren mit Betriebskondensator bei 50 Hz/230 V										
63	0,12	2800	1,2	0,94	3,0	0,6	4	400	2,0	5
71	0,5	2760	2,4	0,95	3,0	0,45	10	400	2,0	8
80	0,9	2800	6,2	0,97	4,0	0,35	20	400	2,0	11
90S	1,1	2820	7,4	0,97	3,4	0,38	30	400	2,6	14
90L	1,7	2800	11	0,97	3,5	0,35	40	400	2,8	17
63	0,12	1390	1,2	0,94	2	0,54	5	400	3,0	5
71	0,3	1380	1,6	0,95	2,6	0,52	12	400	3,0	8
80	0,6	1380	4,1	0,94	3,3	0,64	16	400	2,9	11

C_B Kapazität des Betriebskondensators, $\cos\varphi$ Leistungsfaktor, I_A Anzugsstrom, I_N Bemessungsstrom, m Masse, M_A Anzugsmoment, M_K Kippmoment, M_N Bemessungsmoment, n_A Bemessungsdrehzahl, n_S Drehfelddrehzahl, P_N Bemessungsleistung, U_C Kondensatorspannung, η (Eta) Wirkungsgrad, φ (Phi) Phasenverschiebungswinkel.
S von short = kurz, L von long = lang, M von medium = mittel
Die Werte der Tabelle wurden Firmenkatalogen entnommen und entsprechen nicht immer den Normen.

Bauformen von drehenden elektrischen Maschinen
Types of Construction of Rotating Electrical Machines
vgl. DIN EN 60034-7

Bild	Erklärung IM-Code I / IM-Code II	Bild	Erklärung IM-Code I / IM-Code II	Bild	Erklärung IM-Code I / IM-Code II
Maschinen ohne Lager			Wie IM B35, aber ohne Füße		Wie IM VI, aber Wellenende oben
	Ohne Welle, Füße hochgezogen A2, IM 5510		IM B10, IM 4001		IM V2, IM 3231
Maschinen mit Schildlagern für waagerechte Anordnung B			Wie IM B34, aber ohne Füße IM B14, IM 3601		Wie IM V2, aber mit Flansch oben IM V3, IM 3031
	2 Schildlager, 1 freies Wellenende IM B3, IM 1001		Wie IM B3, aber ohne Lager auf Antriebsseite IM B15, IM 1201		Wie IM V3, aber Wellenende unten
	Flanschmotor mit Füßen IM B35, IM 2001		Ohne Füße, ohne Flansch (Einbau in Rohr) IM B30, IM 9201		IM V4, IM 3211
	Wie IM B35, aber kein Zugang von der Gehäuseseite IM B34, IM 2101	**Maschinen mit Schildlagern und/oder Stehlagern**			Wie IM V15, aber ohne Flansch IM V5, IM 1011
	Wie IM B35, aber ohne Füße (Flanschanbau) IM B5, IM 3001		2 Schildlager, 1 Stehlager, Grundplatte C2, IM 6010		Wie IM V5, aber Wellenende oben IM V6, IM 1031
	Wie IM B3, aber für Wandbefestigung; Füße links IM B6, IM 5051		2 Stehlager, mit Füßen D5, IM 7201		1 Schildlager, ohne Wälzlager am Wellenende IM V8, IM 9111
	Wie IM B3, aber für Wandbefestigung; Füße rechts IM B7, IM 1061	**Maschinen für senkrechte Anordnung V**			Wie IM VI, aber Flansch in Gehäusenähe IM V10, IM 4011
	Wie IM B3, aber für Deckenbefestigung IM B8, IM 1071		Mit 2 Führungslagern, Flansch und Wellenende unten, Flansch in Lagernähe IM V1, IM 3011		Ohne Füße, ohne Flansch, zum Einbau in Rohr IM V31, IM 9231
	Wie IM B5, aber nur 1 Schildlager IM B9, IM 9101		2 Schildlager, Flansch unten, mit Füßen zur Wandbefestigung IM V15, IM 7201		Querlager oben, Kupplungsflansch unten W1, IM 8015

A

IM-Code I (alphanumerisch = Buchstabe + Zahl)
Grundzeichen: IM 1 + 2
Buchstabe 1 : B mit Lagerschildern, Welle horizontal
V mit Lagerschildern, Welle vertikal
Bauformen mit A, C, D, W nur in alten Anlagen.
Zahl 2 : codiert Lager, Befestigung, Wellenende

IM-Code II (numerisch = nur Zahlen)
Grundzeichen: 1 + 2 + 3 + 4
1 Fußanbau, Flanschanbau, Lager (codiert)
2 Befestigung, Lager
3 Lage Wellenende und Befestigung
4 Art Wellenende

Leistungsschilder von drehenden elektrischen Maschinen
Nameplates of Rotating Electrical Machines

Motoren, Generatoren, Umformer

Feld	Erklärung		
1	Firmenzeichen		
2	Typenbezeichnung, CE-Kennzeichnung		
3	Stromart		
4	Arbeitsweise (z. B. Motor, Generator)		
5	Maschinennummer der Fertigung		
6	Schaltart der Ständerwicklung bei Synchron- und Induktionsmaschinen:		
	Phasenzahl (Strangzahl)		Zeichen
	1 ~	Hauptstrang	I
		mit Hilfsstrang	⊥
	3 ~	unverkettet	III
	3 ~ verkettet in Schaltung	Stern	Y
		Dreieck	△
		Stern mit herausgeführtem Mittelpunkt	⅄
	6 ~ verkettet in Schaltung	Doppeldreieck	✪
		Sechseck	⬡
		Stern	✶
	2 ~	unverkettet	I^2
		verkettet, allgemein, z. B. in L-Schaltung	L
	n ~	unverkettet	I^n
7	Bemessungsspannung		
8	Bemessungsstrom		
9	Bem.leistung (Abgabe). Bei Synchrongeneratoren in kVA oder VA, sonst in kW oder W.		
10	Einheiten kW, W, kVA, VA		
11	Betriebsart (entfällt bei S1 = Dauerbetrieb) und Bemessungs-Betriebszeit bzw. relative Einschaltdauer. Beispiel: S2 30 min		

Feld	Erklärung	
12	Bemessungs-Leistungsfaktor cos φ. Bei Synchronmaschinen ist das Zeichen u (untererregt) anzufügen, wenn Blindleistung aufgenommen werden soll.	
13	Drehrichtung (auf die Antriebseite gesehen): → (Rechtslauf) ← (Linkslauf)	
14	Bem.-Drehzahl. Außerdem wird angegeben: Bei Motoren mit Reihenschlussverhalten die Höchstdrehzahl n_{max}; bei Generatoren, die von Wasserturbinen angetrieben werden, die Durchgangsdrehzahl n_d der Turbine; bei Getriebemotoren die Enddrehzahl n_z des Getriebes.	
15	Bemessungsfrequenz	
	bei Schleifringläufer	bei Gleichstrommaschine und Synchronmaschine
16	„Läufer" bzw. „Lfr"	„Erreger" bzw. „Err"
17	Schaltart, wenn keine 3 AC-Schaltung	–
18	Läuferstillstandsspannung in V	Bemessungs-Erregerspannung in V
19	Läuferstrom	Erregerstrom
	in Bemessungsbetrieb. Angabe entfällt, falls Ströme kleiner als 10 A.	
20	Thermische Klasse (Isolierstoffklasse). Gehören Ständer und Läufer zu verschiedenen Klassen, wird zuerst die Klasse des Ständers, dann die des Läufers angegeben (z. B. E/F).	
21	Schutzart IP, z. B. IP23	
22	a) IE-Klasse (Seiten 317, 329), b) angenähertes Gewicht, nur wenn ≥1 t.	
23	Zusätzliche Vermerke, z. B. VDE 0530/...	

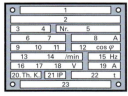

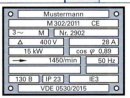

Die erforderlichen Angaben auf Leistungsschildern (Felder 1 bis 23) sind in Normen, z. B. DIN VDE 0530, genannt. Gestaltung ist nicht genormt.

Wird die Wicklung einer Maschine neu gewickelt oder umgeschaltet, so ist zusätzlich ein weiteres Schild mit Firmenbezeichnung, Jahreszahl und ggf. neuen Angaben anzubringen. Auch digitale Leistungsschilder → QR-Code, RFD.

Anordnung der Felder beim Leistungsschild

Geräte mit elektrischen Maschinen

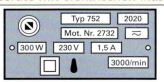

Leistungsschild einer Handbohrmaschine

Außerdem sind anzugeben:
Bemessungsaufnahme in W;
bei Schutzklasse II Sinnbild ▫;
ein Sinnbild für die Feuchtigkeits-Schutzart, z. B. ⬛.

Bei Kleingeräten, wie tragbaren Elektrowerkzeugen, Staubsaugern, Küchenmaschinen, wird kein genormtes Leistungsschild verwendet.

Die Inhalte folgender Felder sind aber meist auf dem Leistungsschild angegeben: Felder 1, 2, 3, 6, 7, 11, 14, 15 (teilweise).

Einphasen-Wechselstrommotoren — Single-phase Motors

Motorart	Asynchronmotoren mit Käfigläufer	Drehstrom-Käfigläufermotor in Steinmetzschaltung	Universalmotor
Schaltzeichen und Anschluss für Rechtslauf (Wicklung nach VDE 0530-8)	Spaltpolmotor / Kondensatormotor (U1, U2, Z1, Z2, M1, M2)	Betrieb in Steinmetzschaltung (U1, V1, W1)	Feldwicklung D1D2 meist in zwei Hälften geteilt und eine Hälfte vor A1, die andere nach A2 geschaltet (Funkentstörung).
Drehmomentkennlinien $M(n)$	M1, M2 Kennlinie	Drehstrombetrieb	DC / AC
Drehrichtungsumkehr	Kondensatormotor M1: Umpolen der Hilfswicklung Z1 Z2. Spaltpolmotor M2: meist nicht umschaltbar.	Kondensator am anderen Netzleiter anschließen.	Umpolen des Ankers A1 A2 oder der Erregerwicklung (Feldwicklung) D1 D2.
Schaltung an den Anschlussklemmen	Kondensatormotor M1: Linkslauf / Rechtslauf (U1, Z1, Z2, U2)	Linkslauf (U1, V1, W1) / Rechtslauf	Linkslauf / Rechtslauf (A1, A2, D1, D2)
Anzugsmoment / Bem.moment M_A/M_r	M1: ohne Anlaufkondensator 0,3 bis 0,5; mit Anlaufkondensator bis 3,5	0,2 bis 0,7	bis 3; abhängig von der Spannung
		abhängig von der Kondensatorkapazität	
Anzugsstrom / Bem.strom I_A/I_r	M2: bis 2; M1: bis 5	2 bis 5; abhängig von der Kondensatorkapazität	bis 4; abhängig von der Spannung
Kurzzeitige Überlastbarkeit	M1: bis 2,5-fach; M2: bis 1,5-fach	bis 2,2 x Bemessungsleistung	bis 3 x Bemessungsleistung
Steuern der Drehzahl durch	Polumschaltung, Frequenzänderung	Polumschaltung, Frequenzänderung	Steuern der Anschlussspannung
	Änderung der Anschlussspannung, z. B. mit Thyristoren, Vorwiderständen, Stelltransformatoren.		
Drehzahlstellbereich	1 : 2 bis 1 : 4; geregelt bis 1 : 1000	1 : 2; geregelt bis 1 : 1000	1 : 10 bis 1 : 50
Elektrisches Bremsen	Polumschaltung beim Herunterschalten, Gleichstrombremsung	Polumschaltung beim Herunterschalten, Gleichstrombremsung	nicht üblich
Anwendungsbeispiele	Kleinmaschinen bis etwa 2 kW	Umwälzpumpe, Ölbrenner, Kleinmaschinen bis etwa 1 kW	Haushaltsmaschinen, Hand-Werkzeugmaschinen

Drehstrommotoren, Gleichstrommotoren
Three-phase Motors, Direct Current Motors

Motorart	Drehstrom-Käfigläufermotor	Drehstrom-Synchronmotor	Fremderreger Gleichstrommotor	Gleichstrom-Reihenschlussmotor
Anschluss für Rechtslauf (Wicklung nach VDE 0530-8, Seite 296)	L1, L2, L3 / V1 / U1, W1, M	L1, L2, L3 / V1 / U1, W1, F2−, +F1, M; auch mit Dauermagneterregung	L−, L+, A1, F2, F1, A2, M; auch mit Dauermagneterregung	L+, L−, A1, D2, D1, A2, M; in Reihe B1B2, C1C2 für Wende-/Kompensationspole
Drehmomentkennlinie	M vs n, Nutform	M/M_N vs n/n_s (0 bis 3)	U_{AN}, $0{,}5 \cdot U_{AN}$, M vs n	U_N, $0{,}5 \cdot U_N$, M vs n
Drehrichtungsumkehr	Durch Vertauschen von zwei Netzleitern, z. B. L1 und L2.		Umpolen des Ankerstromkreises oder des Erregerstromkreises.	
Schaltung an den Anschlüssen / Anschlussbezeichnung Seite 296	bei Sternschaltung: U1 V1 W1 / W2 U2 V2; bei Dreieckschaltung: U1 V1 W1 / W2 U2 V2	Anschluss des Ständers wie beim Drehstrom-Käfigläufermotor. Siehe auch Reluktanzmotor, folgende Seite. F1 F2 (+ −)	A1 A2 F1 F2 für Rechtslauf; A1 A2 F1 F2 für Linkslauf. A1, A2 Anschlüsse des Ankerstromkreises, auch mit Wicklungen B und C (VDE 0530-8)	A1 D1 A2 D2 für Rechtslauf; A1 D1 A2 D2 für Linkslauf
Häufigster Anlauf (Anlassen)	Direktes Einschalten mit Motorstarter, ab 7,5 kW auch Stern-Dreieck-Anlauf.	Servomotoren: Anlauf mit zunehmender Frequenz. Sonst mit Anlauf-Käfig wie Käfigläufer.	Anlauf mit zunehmender Ankerspannung bei fester Erregung.	Anlauf mit zunehmender Spannung.
M_A/M_N	0,4 bis 3	Servomotoren: bis 5 sonst mit Anlaufkäfig 0,5 bis 1	Je nach Anlassschaltung bis 2,5	
I_A/I_N	3 bis 7	3 bis 7	Je nach Anlassschaltung bis 2,5	
Steuern der Drehzahl	Häufig durch Polumschaltung. Durch Änderung der Netzfrequenz mit Umrichter.	Durch Änderung der Netzfrequenz mit Umrichter, insbesondere bei Servomotoren.	Durch Steuern der Ankerspannung, z. B. mit Thyristor-Stromrichter oder durch Steuern der Erregerspannung.	Durch Steuern der Netzspannung.
Drehzahlstellbereich	Bei Polumschaltung bis 1 : 8 sonst bis 1 : 50	Bis 1 : 10000	Ohne Drehzahlregler bis 1 : 10, mit Drehzahlregler bis 1 : 5000	
Elektrisches Bremsen	Nutzbremsung durch Generatorbetrieb; Gegenstrombremsung.	Nutzbremsung durch Generatorbetrieb.	Widerstandsbremsung und Nutzbremsung durch Generatorbetrieb.	

I_A Anzugsstrom
I_N Bemessungsstrom
M Drehmoment, Kraftmoment
M_A Anzugsmoment
M_N Bemessungsmoment
n Drehzahl, Umdrehungsfrequenz
n_S Drehfelddrehzahl
U_{AN} Ankerbemessungsspannung
U_N Bemessungsspannung

Betrieb von Drehstrom-Asynchronmotoren DASM
Operation of Three-Phase Induction Motors

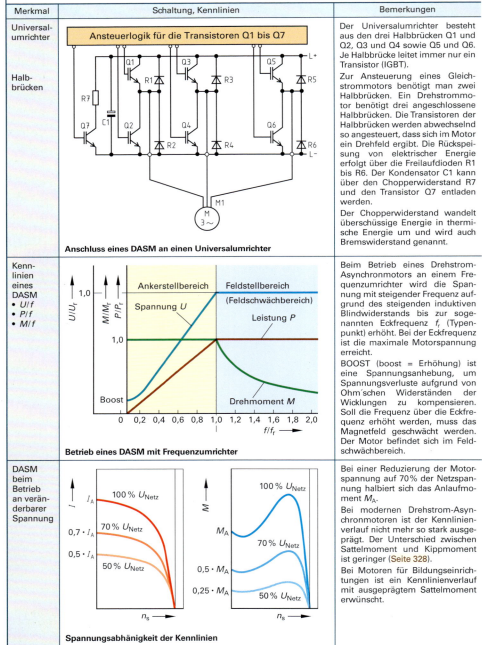

Merkmal	Schaltung, Kennlinien	Bemerkungen
Universalumrichter / **Halbbrücken**	Anschluss eines DASM an einen Universalumrichter	Der Universalumrichter besteht aus den drei Halbbrücken Q1 und Q2, Q3 und Q4 sowie Q5 und Q6. Je Halbbrücke leitet immer nur ein Transistor (IGBT). Zur Ansteuerung eines Gleichstrommotors benötigt man zwei Halbbrücken. Ein Drehstrommotor benötigt drei angeschlossene Halbbrücken. Die Transistoren der Halbbrücken werden abwechselnd so angesteuert, dass sich im Motor ein Drehfeld ergibt. Die Rückspeisung von elektrischer Energie erfolgt über die Freilaufdioden R1 bis R6. Der Kondensator C1 kann über den Chopperwiderstand R7 und den Transistor Q7 entladen werden. Der Chopperwiderstand wandelt überschüssige Energie in thermische Energie um und wird auch Bremswiderstand genannt.
Kennlinien eines DASM • U/f • P/f • M/f	Betrieb eines DASM mit Frequenzumrichter	Beim Betrieb eines Drehstrom-Asynchronmotors an einem Frequenzumrichter wird die Spannung mit steigender Frequenz aufgrund des steigenden induktiven Blindwiderstands bis zur sogenannten Eckfrequenz f_r (Typenpunkt) erhöht. Bei der Eckfrequenz ist die maximale Motorspannung erreicht. BOOST (boost = Erhöhung) ist eine Spannungsanhebung, um Spannungsverluste aufgrund von Ohm'schen Widerständen der Wicklungen zu kompensieren. Soll die Frequenz über die Eckfrequenz erhöht werden, muss das Magnetfeld geschwächt werden. Der Motor befindet sich im Feldschwächbereich.
DASM beim Betrieb an veränderbarer Spannung	Spannungsabhängigkeit der Kennlinien	Bei einer Reduzierung der Motorspannung auf 70% der Netzspannung halbiert sich das Anlaufmoment M_A. Bei modernen Drehstrom-Asynchronmotoren ist der Kennlinienverlauf nicht mehr so stark ausgeprägt. Der Unterschied zwischen Sattelmoment und Kippmoment ist geringer (Seite 328). Bei Motoren für Bildungseinrichtungen ist ein Kennlinienverlauf mit ausgeprägtem Sattelmoment erwünscht.

f Frequenz, f_r Bemessungsfrequenz, I_A Anlaufstrom, M_A Anlaufmoment, M_r Bemessungsmoment, n Drehzahl, n_s synchrone Drehzahl (Drehfelddrehzahl), P Leistung, P_r Bemessungsleistung, U Spannung, U_r Bemessungsspannung; Index r von rated

Drehstrommotoren für Stromrichterspeisung
Three-phase Motors for Converter Feed

Benennung	Aufgabe, Ausführung	Darstellung, Symbol, Daten, $M(n)$-Kennlinien
Geeignete Motoren, Effizienz und Wirtschaftlichkeit		
Käfigläufer-motor	Häufigster Drehstrommotor. Effizienzklassen bis IE 3 sind erreichbar.	Anlaufmoment, Sattelmoment, Nennmoment, Kippmoment Seite 328
Permanent-erregter Synchronmotor	Motor, der mit entsprechender Elektronik den höchsten Wirkungsgrad erzielt. Effizienzklassen bis IE4, IE5 sind möglich. Erforderlich ist ein Stromrichter zur Frequenzregelung. Zum Anlauf wird, gesteuert von einem Sensor, die Frequenz von 0 Hz an hochgefahren bis zur Frequenz der erforderlichen Arbeitsdrehzahl des Motors. Nachteilig sind aufwendige und anfällige Elektronik sowie Bedarf an teuren Permanentmagneten mit Elementen der seltenen Erden.	(Schaltbild: 3AC → DC → DC → 3AC → M, mit Sensor n, n_{soll}, n_{ist})
Reluktanzmotor	Die hohen Beschaffungskosten der permanent-erregten Synchronmotoren führten zur Wiederentdeckung der Reluktanzmotoren. Wegen der kleinen Läuferverluste sind Effizienzklassen bis IE4, IE5 möglich. Der Motor ist über Frequenzumrichter in seiner Drehzahl steuerbar und dabei ohne Sensor und Computerprogramm selbstanpassend. Es liegt ein sychronisierter Asynchronmotor mit sychroner Drehzahl vor.	(Diagramm $\eta/\%$ über Last/Nennlast): IE5-Reluktanzmotor, IE4-Reluktanzmotor, IE3-Asynchronmotor
Bestandteile der geeigneten Motoren		
Ständer (Stator)	Erzeugung des magnetischen Ständerdrehfeldes. Enthält die dreiphasige Wicklung mit den Strängen U1U2, V1V2, W1W2. Diese können je nach Spannung in Stern Y oder in Dreieck △ geschaltet sein (Seite 56).	(Stern- und Dreieckschaltung U1, U2, V1, V2, W1, W2)
Läufer (Rotor) als Käfigläufer (Induktionsmotor, Asynchronmotor)	Das magnetische Ständerdrehfeld induziert in den Stäben des Käfigs eine Spannung, wenn das Drehfeld des Ständers sich schneller dreht als der Läufer. Dadurch entsteht ein magnetisches Läuferdrehfeld mit derselben Polzahl wie das Ständerdrehfeld. Ständerdrehfeld und Läuferdrehfeld bewirken zusammen das Drehmoment auf den Läufer.	Kurzschlussring 2, Läuferstäbe, Kurzschlussring 1. Symbol
Läufer (Rotor) beim permanent-erregten Synchronmotor	Der Läufer enthält so viele Pole aus Permanentmagneten, wie das Ständerdrehfeld Pole hat, z. B. 4 Pole (2 Polpaare). Der sich drehende Läufer dreht sich auch unter Belastung durch eine Arbeitsmaschine synchron (mit derselben Drehzahl) zum Ständerdrehfeld. Allerdings ist eine Anlaufhilfe erforderlich, da im Stillstand des Läufers die Drehmomente in zu schneller Folge die Richtung ändern.	(N-S-Polanordnung, Welle). Symbol
Läufer beim Reluktanzmotor (Reluktanz = magnetischer Widerstand)	Beim Reluktanzmotor ist der magnetische Widerstand R_m quer zur Läuferachse verschieden, sodass Polpaare wie beim Synchronmotor entstehen. Anlasshilfen sind Läuferstäbe wie beim Käfigläufer oder ein spezieller Ständer-Stromrichter. Der Motor läuft asynchron an, geht dann bei einer Drehzahl nahe der Drehfelddrehzahl in den Synchronismus.	Fe, Pol, Al, Lücke, Pol; R_m klein, R_m groß

Servomotoren — Servomotors

Aufbau, Benennung	Erklärung	Typische Daten, Anwendung
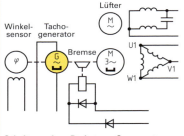 **Drehstrom-Servomotor** (Wicklung, Gehäuse, Samarium-Kobalt-Magnete, Ständerblech, Läuferblech)	*Drehstrom-Servomotoren* haben oft einen dauermagneterregten Läufer (**Bild**). Oft ist eine Fremdbelüftung vorhanden (**Bild**). Ein *Tachogenerator* gibt die Ist-Drehzahl an die elektronische Steuerung. Drehzahl und Drehrichtung werden durch Pulsweitenmodulation vom Steuergerät eingestellt. Beim Anlauf wird die Frequenz schnell von null zum Sollwert hochgefahren.	$J = 0{,}006\ \text{kgm}^2$ $n_{max} = 3000/\text{min}$ $m = 22\ \text{kg}$ $M_N = 11\ \text{Nm}$ $I_N = 22\ \text{A}$ $I_{max} = 105\ \text{A}$ $K = 0{,}5\ \text{Nm/A}$ $(M_{max} = 53\ \text{Nm})$ $\tau_{mech} = 5\ \text{ms}$ $\tau_{el} = 10\ \text{ms}$
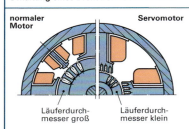 **Schaltung eines Drehstrom-Servomotors** (Winkelsensor, Tachogenerator, Lüfter, Bremse)	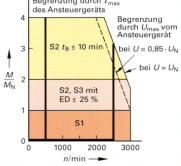 **Arbeitsbereich eines Drehstrom-Servomotors mit Ansteuergerät** (Begrenzung durch I_{max} des Ansteuergeräts; Begrenzung durch U_{max} vom Ansteuergerät; S2 $t_B \leq 10$ min; S2, S3 mit ED ≤ 25 %; S1; bei $U = 0{,}85 \cdot U_N$; bei $U = U_N$)	Für Vorschubantriebe, Positionierungsantriebe und Roboterantriebe in Verbindung mit Getrieben. Servomotoren als Reluktanzmotoren (vorhergehende Seite) haben eine einfachere Steuerung und werden oft eingesetzt.
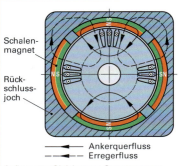 **Aufbau von Gleichstrommotoren** (normaler Motor / Servomotor; Läuferdurchmesser groß / klein)	*Gleichstrom-Servomotoren* sind fremderregte Gleichstrommotoren (**Bild**). Wegen der möglichen Überlastbarkeit ist eine *Kompensationswicklung* vorhanden. Das verfügbare Drehmoment hängt von der Betriebsart (S1, S2, S3) und der Drehzahl ab (**Bild**). Die Ansteuerung erfolgt fast verzögerungsfrei über *Transistor-Stellglieder* oder mit einer Totzeit von einigen Millisekunden über *Thyristor-Stellglieder*.	$J = 0{,}008\ \text{kgm}^2$ $n_{max} = 6000/\text{min}$ $m = 30\ \text{kg}$ $M_N = 9\ \text{Nm}$ $I_N = 15\ \text{A}$ $I_{max} = 100\ \text{A}$ $K = 0{,}6\ \text{Nm/A}$ $(M_{max} = 60\ \text{Nm})$ $\tau_{mech} = 7\ \text{ms}$ $\tau_{el} = 10\ \text{ms}$
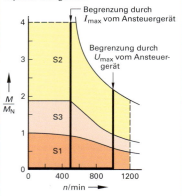 **Aufbau von Gleichstrom-Servomotoren mit Dauermagneterregung** (Schalenmagnet, Rückschlussjoch; Ankerquerfluss, Erregerfluss)	**Arbeitsbereich eines Gleichstrom-Servomotors** (Begrenzung durch I_{max} vom Ansteuergerät; Begrenzung durch U_{max} vom Ansteuergerät; S1, S2, S3)	τ_{mech} erhöht sich durch zusätzliche Trägheitsmomente erheblich. Eisenloser Läufer: für besonders reaktionsschnelle Antriebe. Läufer mit Eisen: wie bei Drehstrom-Servomotoren, aber weniger reaktionsschnell.

I_{max} maximale Stromstärke, I_N Bemessungsstromstärke, J Trägheitsmoment des Läufers, K Drehmomentkoeffizient, m Masse, M_{max} maximales Drehmoment, M_N Bemessungsmoment, n Drehzahl, n_{max} maximale Drehzahl, ED Einschaltdauer, S1 Dauerbetrieb, S2 Kurzzeitbetrieb, S3 Aussetzbetrieb, t_B Betriebsdauer, τ_{el} elektrische Zeitkonstante, τ_{mech} mechanische Zeitkonstante.

Ansteuerung von Servomotoren — Activation of Servomotors

Komponente	Erklärung	Bemerkungen
Steuerung	Zum Steuern eines Servomotors werden eine Steuerung, ein Frequenzumrichter und Messsysteme benötigt. Das Ansteuern des Frequenzumrichters kann über SPS mit Funktionen bzgl. Positionierung und Regelungen oder über eine vergleichbare Multifunktionsbaugruppe, z. B. das Motion-Control-System SIMOTION, erfolgen. Als Schnittstellen sind bei SIMOTION analoge und digitale Eingänge und Ausgänge, PROFIBUS, PROFINET sowie eine Onboard-Antriebsschnittstelle für Antriebssysteme mit Analogschnittstelle oder mit Puls-Richtungsschnittstelle (Schrittantriebe) verfügbar.	Möglichkeiten zum Ansteuern von Servomotoren mit den Schnittstellen A bis E (**Bild**): • A als Onboard-Antriebsschnittstelle mit C, E ohne B, D. • Oder: mit B, C ohne D, E. • A als PROFIBUS-Schnittstelle mit C, D ohne B, E. Lage-Istwert wird über A zurückgemeldet. • A als PROFINET-Schnittstelle mit C, D ohne B, E. Lage-Istwert wird über A zurückgemeldet. www.siemens.com
Frequenzumrichter Umrichtersystem	Die Frequenzumrichter z. B. der Umrichtersysteme SIMODRIVE, SIMATIC ET 200, SINAMICS (SIMOTION integriert), steuern den Servomotor an. Diese Umrichter besitzen Funktionen zur • Motordatenidentifikation, • Überwachung, z. B. Lastmoment, Überlast, Temperatur, insbesondere als Motorschutz, • Wiedereinschaltung, • elektromechanischen Bremsung, • Regelung, z. B. Drehzahlregelung, Drehmomentregelung, $U(f)$-Regelung (Schlupfkompensation). Ferner ermöglichen sie auch die Betriebsart JOG (Tipp-Betrieb, to jog = trotten).	Die Betriebsart JOG ermöglicht das Positionieren des Motors in eine bestimmte Lage. Über eine Winkelschrittgeberschnittstelle (WSG) können Lage-Istwert und Nullpunkt an die SIMOTION-Steuerung übertragen werden. Umrichtersysteme werden mithilfe von Parametern an ihre Aufgaben angepasst. Das Eingeben von Parameterwerten erfolgt über spezielle Bediengeräte, z. B. einen anzuschließenden PC. Parameter gibt es z. B. bzgl. anzuschließendem Motor, Gebern, Umrichterfunktionen, Sollwerten, Motorsteuerung, Motorregelung, Datenübertragung.
Servomotor	Als Servomotoren kommen meist Synchronmotoren zum Einsatz, die mit integrierten Gebern (Einbaugeber) zum Erfassen der Lage und der Geschwindigkeit (Drehzahl) des Rotors ausgestattet sind.	An Einbausensoren werden hohe Anforderungen bzgl. der zulässigen Betriebstemperatur gestellt, da sie in unmittelbarer Umgebung der aktiven Motorteile betrieben werden.
Messsystem (Sensor)	Angewendet werden optoelektronische inkrementelle oder absolute Messsysteme linearer oder rotatorischer Ausprägung, induktive Messsysteme (Resolver) und kapazitive Messsysteme. Die Lageerfassung mit Einbausensoren ist nicht immer ausreichend genau. Die Drehbewegung des Servomotors kann über Getriebe oder Riemen auf Kugelrollspindeln übertragen werden. Um nun die Lage auch z. B. bei Elastizität oder Schlupf korrekt zu erfassen, werden Messsysteme direkt an der Maschine angebracht (Anbausensoren).	Der optoelektronische Sensor beruht z. B. auf Glasmaßstäben mit Strichteilungen oder auf Codescheiben, über die durch Lichtbestrahlung bei Lageänderungen Lichtwechsel erzeugt werden, die durch Fotodioden in elektrische Signale umgesetzt werden und dadurch auswertbar sind. www.asm-sensor.com

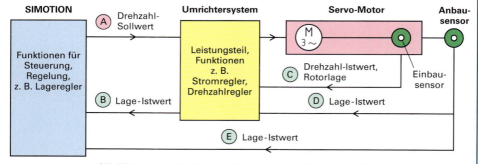

Möglichkeiten zum Antrieb eines Servomotors mit Frequenzumrichter

Prüfung elektrischer Maschinen — Testing of Electrical Machines

Prüfungsart	Zweck der Prüfung	Anwendung der Prüfung
Erwärmungsprüfung	Nachweis, dass in der Bemessungsbetriebsart die höchstzulässige Übertemperatur nicht überschritten wird.	Bei Großmaschinen und Neukonstruktionen, sonst nur Stichproben (Typenprüfung).
Wicklungsprüfung	Nachweis des Isoliervermögens der Wicklungsisolation.	Bei allen gefertigten oder reparierten Maschinen (Serienprüfung).
Stromüberlastbarkeitsprüfung	Nachweis, dass die Maschine gelegentlich kurzzeitig überlastbar ist.	Wie bei Erwärmungsprüfung.
Kurzschlussprüfung	Nachweis der mechanischen Festigkeit gegenüber dem Kurzschlussstrom.	Nur bei Synchrongeneratoren.
Schieflastprüfung	Nachweis, dass die Maschine an einem Netz mit unsymmetrischer Last arbeiten kann.	Nur bei Drehstrom-Synchrongeneratoren.
Kommutierungsprüfung	Nachweis, dass die Kommutierung vom Leerlauf bis zur zulässigen Überlastung einwandfrei (feuerfrei) arbeitet.	Wie bei der Erwärmungsprüfung, aber nur bei Stromwendermaschinen.
Kurvenformprüfung	Nachweis, dass die Maschine nicht unzulässig starke Oberschwingungen von 200 Hz bis 5 kHz (Fernsprechbereich) erzeugt.	Nur bei Synchronmaschinen $\geq$ 300 kVA.

Wicklungsprüfung

Wicklungsart	Bem.werte der Maschine, Bemerkungen	Prüfspannung in V
Alle Wicklungen außer den nachfolgend genannten	< 1 kW bzw. < 1 kVA, < 100 V < 10 MW bzw. 10 MVA $\geq$ 10 MW (MVA) und $U_N \leq$ 24 kV $\geq$ 10 MW (MVA) und $U_N >$ 24 kV	$U_p = 2\,U_N + 500$ V $U_p = 2\,U_N + 1000$ V (mind. aber 1,5 kV) $U_p = 2\,U_N + 1000$ V nach Vereinbarung mit Besteller
Schleifringläuferwicklung	Falls Drehfeldumkehr möglich: Falls Drehfeldumkehr nicht möglich:	$U_p = 4\,U_{L0} + 1000$ V $U_p = 2\,U_{L0} + 1000$ V
Erregerwicklung von Synchronmaschinen	Bei Synchronmaschinen für asynchronen Anlauf. Die Erregerwicklung muss dabei auf einen äußeren Widerstand geschaltet sein.	$U_p = 10\,U_e$ mindestens 1,5 kV, höchstens 3,5 kV
Fremderregte Erregerwicklung	Bei Gleichstrommaschinen.	$U_p = 2\,U_e + 1000$ V (mindestens aber 1,5 kV)
Ständig kurzgeschlossene Wicklungen	Z. B. bei Kurzschlussläufern.	Keine Wicklungsprüfung erforderlich.
Teilweise erneuerte Wicklungen	Alter Wicklungsteil ist zu reinigen und zu trocknen.	$U_{PT} = 0{,}75\,U_p$ (U_p von oben)
Wicklungen bei Maschinenrevision	$U_N <$ 100 V $U_N \geq$ 100 V	Nach Reinigung u. Trocknung: $U_P = 500$ V $U_p = 1{,}5\,U_N$ (mindestens 1 kV)

Prüfdauer	Anlegen von U_p, Maschinennennwerte	Prüfschaltung
1 min (nach Erreichen von U_p) Einminutenprüfung	Bei allen Maschinen: Man beginnt mit $U_p/2$ bzw. $U_{PT}/2$ oder weniger und steigert dann innerhalb von $t \geq$ 10 s allmählich auf die volle Prüfspannung.	
5 s (nur bei Serienprüfung)	Maschinen $\leq$ 200 kW (kVA) und $U_N <$ 660 V können anstelle der Einminutenprüfung sofort an die volle Prüfspannung gelegt werden.	
1 s (nur bei Serienprüfung)	Maschinen $\leq$ 5 kW (kVA) können anstelle der Einminutenprüfung auch für nur 1 s sofort an die 1,2-fache Prüfspannung gelegt werden.	

U_e Erregerspannung (Nennerregerspannung bzw. höchste Erregerspannung), U_{L0} Läuferstillstandsspannung, U_N Bemessungsspannung, Nennspannung, U_p Prüfspannung, U_{PT} Prüfspannung bei teilweise erneuerter Wicklung.

A

Schrittmotoren — Stepping Motors

Art, Benennung	Wirkungsweise, Erklärung
Unipolar / Bipolar 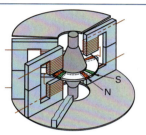 **Zweistrang-Schrittmotoren**	**Prinzip:** Der Dauermagnetläufer dreht sich bei jedem Rechteckimpuls einer Gleichspannung um den Schrittwinkel weiter. **Betrieb:** Eine elektronische Ansteuerschaltung liefert die Impulse in der richtigen Reihenfolge. **Arten:** Es gibt Einstrang-Schrittmotoren, Zweistrang-Schrittmotoren, Vierstrang-Schrittmotoren und Fünfstrang-Schrittmotoren. Anstelle von Strang spricht man bei den Schrittmotoren oft von Phase, z. B. Zweiphasenmotoren. **Wicklung:** Die Wicklung jedes Stranges kann unipolar oder bipolar ausgeführt sein. Bei der unipolaren Form fließt der Strom im Wicklungsstrang in derselben Richtung, bei der bipolaren Form auch in wechselnden Richtungen. **Anwendung der Schrittmotoren:** Genaues Positionieren (Erreichen einer vorgegebenen Lage) z. B. bei Druckern, Plottern, Büromaschinen, Vorschub von Werkzeugmaschinen, Zuführen von Schweißdraht.
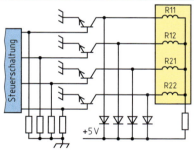 **Scheibenmagnet-Schrittmotor**	**Taktfolge für einen Zweistrang-Schrittmotor** | Schritt-Nr., Reihenfolge		Vollschrittbetrieb	
		Halbschrittbetrieb	
Linkslauf	Rechtslauf	Schalter Q1	Schalter Q2
---	---	---	---
0 ≙ 4	0 ≙ 4	←	←
3 ½	½	←	Mitte
3	1	←	→
2 ½	1 ½	Mitte	→
2	2	→	→
1 ½	2 ½	→	Mitte
1	3	→	←
½	3 ½	Mitte	←	 Die Schalter Q1 und Q2 sind durch die Transistoren der Steuerschaltungen verwirklicht (Schalterstellungen rechts →, links ←).
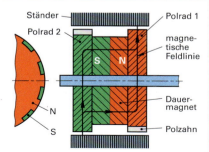 **Prinzip einer unipolaren Schrittmotor-Steuerschaltung** **Läufer mit Gleichpolprinzip für Schrittmotor mit kleinem Schrittwinkel**	**Bei Halbschrittbetrieb:** $$\alpha = \frac{180°}{2p \cdot m} \quad \boxed{1}$$ $$z_u = 2 \cdot 2p \cdot m \quad \boxed{3}$$ $$n = \frac{f_{sch}}{2 \cdot 2p \cdot m} \quad \boxed{5}$$ **Bei Vollschrittbetrieb:** $$\alpha = \frac{360°}{2p \cdot m} \quad \boxed{2}$$ $$z_u = 2p \cdot m \quad \boxed{4}$$ $$n = \frac{f_{sch}}{2p \cdot m} \quad \boxed{6}$$ Schrittmotoren mit z. B. 200 Rotorzähnen benötigen für eine Umdrehung der Motorwelle 200 Vollschritte (Schrittwinkel 1,8°), im Halbschrittbetrieb 400 Schritte. Der Mikroschrittbetrieb erlaubt Schrittwinkel von z. B. 0,007°.

$2p$ Polzahl, f_{sch} Schrittfrequenz, m Strangzahl, n Drehzahl (Umdrehungsfrequenz), z_u Schrittzahl/Umdrehung, α Schrittwinkel

Kleinstantriebe 1 — Microdrives 1

Begriffe	Erklärung, typische Daten	Ansichten
Leistungs-arten	*Typenleistung* ist die im empfohlenen Leistungsbereich maximale Abgabeleistung. Dauerbetriebsbereich ist der Bereich für dauernde Belastung bei einer Umgebungstemperatur von 25 °C.	Betriebsbereiche eines Kleinstmotors 0,5 W
Umgebungs-temperatur		
Leistungs-bereich	*Empfohlener Leistungsbereich* ist kleiner als der Dauerbetriebsbereich.	
Kurzzeit-betrieb	Motor darf *kurzzeitig* und wiederholt überlastet werden.	
Anwendungen	Roboter, Positionierungsantriebe, zahnärztliche Geräte, Dialysegeräte, Lüfter, Kfz-Mechatronik, Nivelliergeräte, Beamer, Fahrtenschreiber, Lesegeräte.	
EC-Motor elektronische Kommutierung	Im Prinzip liegt ein dreiphasiger Synchronmotor vor, der über die Elektronik mit Gleichspannungen angesteuert wird. Die drei Stränge sind in Stern oder in Dreieck geschaltet.	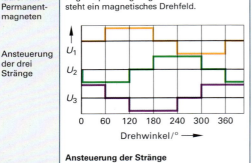 EC-Motor mit Innenläufer 1 Flansch, 2 Gehäuse, 3 Ständerpaket, 4 Wicklung, 5 Permanentmagnet (Läufer), 6 Welle, 7 Leiterplatte mit Hall-Sensoren, 8 Kugellager www.maxonmotor.com
Ständer mit Spezialwicklung	P_{typ} = 1,5 W bis 400 W, z. B. bei P_{typ} = 15 W: n < 50000/min, T ≤ 44 mNm bei 10000/min, η = 0,68, U_N = 24 V	
Innen- oder Außenläufer mit Permanentmagneten	Je nach Elektronik der Steuerschaltung wird jeder Strang mit blockförmiger oder sinusförmiger Spannung angesteuert. Dadurch entsteht ein magnetisches Drehfeld.	
Ansteuerung der drei Stränge	Ansteuerung der Stränge	
DC-Motor mit Edelmetallbürsten	Der Läufer ist eisenlos mit einer Spezialwicklung aus Cu-Drähten und läuft als Außenläufer um den innen liegenden Dauermagnet-Ständer. Die Welle besteht oft aus Keramik.	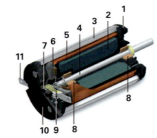 DC-Motor mit Edelmetallbürsten www.maxonmotor.com
Permanentmagnete	P_{typ} = 0,5 W bis 8 W, z. B. bei P_{typ} = 0,5 W: n < 16000/min, T ≤ 0,6 mNm η = 0,6, U_N = 12 V, I_a ≤ 130 mA	
eisenloser Außenläufer		
Spezialwicklung	1 Flansch, 2 Permanentmagnet, 3 Gehäuse (magnetischer Rückschluss), 4 Welle, 5 Wicklung, 6 Kollektor-Wicklung-Platte, 7 Kollektor, 8 Gleitlager, 9 Bürsten, 10 Deckel, 11 Anschluss	
DC-Motor mit Grafitbürsten	P_{typ} = 1,5 W bis 250 W, z. B. bei P_{typ} = 60 W: n ≤ 7800/min, T ≤ 47 mNm η = 0,79, U_N = 12 V, I_a ≤ 60 mA	Aufbau entsprechend wie bei DC-Motor mit Edelmetallbürsten, jedoch hier mit Grafitbürsten, Kupferkollektor und Kugellagern. Geeignet für größere Leistungen.

I_a maximaler Anlaufstrom n Grenzdrehzahl P_{typ} Typenleistung
T maximales Dauerdrehmoment U_N Bemessungsspannung η Wirkungsgrad

A

Kleinstantriebe 2

Getriebe von Kleinstmotoren

Stirnradgetriebe

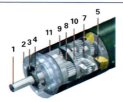

Planetengetriebe

Oft sollen Kleinstmotoren ein größeres Drehmoment abgeben als ihrer Baugröße entspricht. Mechanische Getriebe setzen die Drehzahl herunter, das Drehmoment aber fast im umgekehrten Verhältnis herauf.

Wird z. B. die Drehzahl auf 1/10 herabgesetzt, steigt das Drehmoment auf das 10-Fache. Besonders große Untersetzungsverhältnisse bis 6000 : 1 sind mit Planetengetrieben möglich (siehe folgende Seite). Diese besitzen mehrere Planetenzahnräder, die um ein Sonnenzahnrad kreisen.

1 Abgangswelle, 2 Flansch, 3 Lager Abgangswellie, 4 axiale Sicherung, 5 Zwischenplatte, 6 Zahnrad, 7 Motorritzel, 8 Planetenräder, 9 Sonnenrad, 10 Planetenträger, 11 Hohlrad

Stirnradgetriebe bestehen meist aus mehreren Stufen. Jede Stufe besteht aus der Paarung eines kleinen Zahnrades mit einem großen. Das erste Zahnrad ist direkt auf die Motorwelle gesetzt. Je nach Stufenzahl sind Untersetzungen bis etwa 5000 : 1 möglich.

www.maxonmotor.com

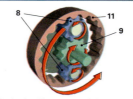

Prinzip des Planetengetriebes

Getriebedaten

Typ	Ø in mm	Länge in mm	Getriebeart	Moment (je nach Länge) in Nm	Masse (je nach Länge) in g	Untersetzung (je nach Länge)
GP6	6	7 bis 17,3	PG	0,002 bis 0,03	1,8 bis 3,4	3,9 : 1 bis 854 : 1
GS 16 K	16	11,8 bis 20,8	SG	0,01 bis 0,03	9 bis 11,7	12,1 bis 5752 : 1
GP 81	81	84 bis 127	PG	20 bis 120	2300 bis 3700	3,7 : 1 bis 308 : 1

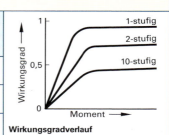

Wirkungsgradverlauf

Daten von Kleinantrieben

Typ	Ø in mm	Länge in mm	Kommutierung	Typenleistung in W	Masse in g	maximaler Wirkungsgrad in %	Schaltung zur Stromversorgung www.maxonmotor.com
RE8	8	16	EB	0,5	4,1	68	4-Q-Servoverstärker DC-Motor
RE13	13	19,2/21,6	EB	1,2	12/15	68/70	
RE13	13	31,4/33,8	EB	2,5	12–15	78/80	
RE15	15	22,3	EB CLL	1,6	20	71 bis 74	
RE35	35	70,9	GB	90	340	66 bis 68	
RE40	40	71	GB	150	480	83 bis 92	
RE75	75	201,5	GB	250	2800	77 bis 84	
EC6	6	21	BL	1,2	2,8	41 bis 50	4-Q-EC-Servoverstärker EC-Motor
EC16	16	40,2	BL	15	34	67 bis 68	
EC22	22	bis 67,2	BL	bis 50	85 bis 130	73 bis 86	
EC6 flach	6	2,2	BL	0,03	0,32	–	
EC14 flach	13,6	11,7	BL	1,5	8,5	39,4	
EC20 flach	20	9,5	BL	3	15	62,5	
EC90 flach	90	27,1	BL	90	648	86	

BL	bürstenlos	EC	elektronisch kommutiert	RE	Rotor, eisenlos (rare earth)
CLL	Capacitor Long Life	GB	Grafitbürsten	SG, GS	Stirnradgetriebe
DC	Gleichstrom	K	Kunststoffausführung	Q	Quadrant
EB	Edelmetallbürsten	PG, GP	Planetengetriebe		

Getriebe — Gears

Planetengetriebe

Funktion: Das Planetengetriebe ist eine besondere Bauform der Zahnradgetriebe. Die Änderung der Übersetzung erfolgt durch Verbinden oder Festhalten einzelner Zahnräder bzw. deren Träger.

Merkmale: Koaxiale Lage von Antrieb und Abtrieb, kompakte Bauweise, hoher Wirkungsgrad, schaltbar unter Last, leise, einfache Umkehr der Drehrichtung.

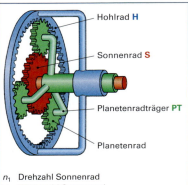

- Hohlrad **H**
- Sonnenrad **S**
- Planetenradträger **PT**
- Planetenrad

n_1 Drehzahl Sonnenrad
z_1 Zähnezahl Sonnenrad
n_2 Drehzahl Planetenradträger
z_2 Zähnezahl Planetenräder
n_3 Drehzahl Hohlrad
z_3 Zähnezahl Hohlrad

Übersetzungen am einfachen Planetenradsatz

Antrieb	fest	Abtrieb	Übersetzung	Bereich
S	H	PT	$i = \dfrac{n_1}{n_2} = 1 + \dfrac{z_3}{z_1}$	Übersetzung ins Langsame
S	PT	H	$i = \dfrac{n_1}{n_3} = -\dfrac{z_3}{z_1}$	langsamer Rückwärtsgang
PT	H	S	$i = \dfrac{n_2}{n_1} = \dfrac{1}{1 + \dfrac{z_3}{z_1}}$	große Übersetzung ins Schnelle
PT	S	H	$i = \dfrac{n_2}{n_3} = \dfrac{1}{1 + \dfrac{z_1}{z_3}}$	Übersetzung ins Schnelle
H	S	PT	$i = \dfrac{n_3}{n_2} = 1 + \dfrac{z_1}{z_3}$	kleine Übersetzung ins Langsame
H	PT	S	$i = \dfrac{n_3}{n_1} = -\dfrac{z_1}{z_3}$	schneller Rückwärtsgang
S + H + PT verbunden			$i = 1$ $n_1 = n_2 = n_3$	direkte Übersetzung

Wechselgetriebe

Aufgaben: Drehzahl wandeln, Drehmoment wandeln, Leerlauf ermöglichen, Drehsinn umkehren.

Übersetzungsverhältnis:
- $i < 1$ Drehzahl wird größer, Drehmoment wird kleiner, z. B. $i = 0{,}55$,
- $i = 1$ Drehzahl und Drehmoment bleiben gleich,
- $i > 1$ Drehzahl wird kleiner, Drehmoment größer, z. B. $i = 3{,}3$.

A

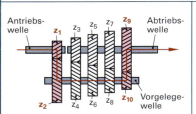

Gleichachsiges Wechselgetriebe (5-Gang)

Bei gleichachsigen Getrieben liegen die An- und die Abtriebswelle (AnW, AbW) in der gleichen Ebene.

Die Übersetzung i_G der einzelnen Gänge erfolgt jeweils über zwei Zahnradpaarungen. Dabei ist die Zahnradpaarung z_1/z_2 immer wirksam.

$$i_G = \frac{n_{an}}{n_{ab}} \quad \boxed{1} \qquad i_G = \frac{M_{ab}}{M_{an} \cdot \eta} \quad \boxed{2}$$

z. B. Kraftfluss für 4. Gang:
AnW → z_1 → z_2 → z_9 → z_{10} → AbW

z. B. Übersetzung 4. Gang:

$$i_{4.\,\text{Gang}} = \frac{z_2 \cdot z_{10}}{z_1 \cdot z_9} \quad \boxed{3}$$

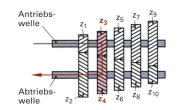

Ungleichachsiges Wechselgetriebe (5-Gang)

Bei ungleichachsigen Getrieben liegen die An- und die Abtriebswelle (AnW, AbW) in verschiedenen Ebenen.

Die Übersetzung i_G der einzelnen Gänge erfolgt über je eine Zahnradpaarung.

$$i_G = \frac{n_{an}}{n_{ab}} \quad \boxed{4} \qquad i_G = \frac{M_{ab}}{M_{an} \cdot \eta} \quad \boxed{5}$$

z. B. Kraftfluss für 4. Gang:
AnW → z_3 → z_4 → AbW

z. B. Übersetzung 5. Gang:

$$i_{5.\,\text{Gang}} = \frac{z_4}{z_3} \quad \boxed{6}$$

AnW	Antriebswelle	$z_1, z_3, z_5, z_7, z_9, z_{11}$	Zahnräder (treibend)
AbW	Abtriebswelle	$z_2, z_4, z_6, z_8, z_{10}, z_{12}$	Zahnräder (getrieben)
i	Übersetzung	z	Rücklaufrad
η	Wirkungsgrad	M_{an}	Antriebsdrehmoment
i_G	Getriebeübersetzung		
n_{an}	Drehzahl Antriebswelle		
n_{ab}	Drehzahl Antriebswelle		
M_{ab}	Abtriebsdrehmoment		

Linearantriebe 1 — Linear Drives 1

Begriff, Name	Erklärung, Prinzip	Bemerkungen, Ansichten, Daten

Arten der Linearantriebe LA

Linearmotoren	Elektromagnetischer, nicht drehender Motor, beruhend auf der Kraftwirkung von Strom im Magnetfeld.	AC-Linearmotoren und DC-Linearmotoren. (Siehe Seite 327)
Hydraulische LA	Lineare Verstellung eines Kolbens durch eine Flüssigkeit unter Wirkung einer Pumpe.	Ähnliche Wirkung durch Pneumatik möglich. (Siehe Seite 403)
LA mit drehendem Motor	Die Drehbewegung des drehenden Motors wird durch mechanische Mittel in eine Linearbewegung (Längsbewegung) umgesetzt.	Typische Größen: Geschwindigkeiten 0,2 mm/s bis 150 mm/s, Positioniergenauigkeit 0,04 mm.
Sonstige LA	Wirkung von Piezoeffekt und Ultraschall oder Wirkung von Joule-Effekt (Magnetostriktion).	Beim Piezo-LA erreichbare Genauigkeit bis 0,02 μm.

Linearantriebe mit drehenden Elektromotoren

Spindelantriebe	Bei Spindelantrieben wird eine *Mutter* durch die Spindeldrehung axial zur Spindel bewegt. Die Mutter ist dabei verbunden mit dem zu bewegenden Teil, z. B. einem Werkzeugträger.	
Spindelarten	• Metrische Spindel mit metrischem Gewinde, • Trapezspindel mit Trapezgewinde, • Kugelumlaufspindel (Kugelspindel) mit Rundgewinde.	**Teile des Spindelantriebs**
Spindelmutter	Die *Spindelmutter* hat ein entsprechendes Gewinde.	
metrische Spindel	• Preiswert, einfache Herstellung, • selbsthemmend, • niedriger Wirkungsgrad, nicht spielfrei, geringe Genauigkeit.	
Trapezspindel	• Wie metrische Spindel aber • stärker belastbar.	
Kugelumlaufspindel (Kugelspindel, Kugelgewindetrieb)	In der Kugelspindel wälzen sich Kugeln durch die geschliffenen Laufrinnen der Spindel und der Mutter und gelangen anschließend über einen Rückführkanal in der Mutter zurück (**Bild**). Es ist im Gegensatz zu den anderen Spindeln fast nur Rollreibung vorhanden. Spielfreiheit erreicht man durch zwei gegeneinander verdrehte Spindelmuttern (Doppelspindelmutter). Die Spindelmutter darf man wegen der Kugeln nicht von der Spindel trennen. • Hoher Wirkungsgrad, • nicht selbsthemmend, • hohe Tragfähigkeit, • aufwendige Herstellung.	**Metrische Spindel mit Spindelmotor** www.maxonmotor.de Teile der Kugelumlaufspindel
Antriebsmotor	Synchronmotor mit Dauermagneterregung oder Asynchronmotor, meist über Elektronik (Zwischenkreisumrichter) vom Netz gespeist. Oft mit Untersetzungsgetriebe des Motors, z. B. Planetengetriebe. Motordrehzahl bis 8000 /min.	**Daten von Spindelantrieben**
Anwendung	Antriebe an Maschinen für die Zustellung von Werkzeugen oder Bearbeitungsmodulen in beliebigen Richtungen mit Verschiebewegen von 0,10 m bis etwa 2 m.	

Daten von Spindelantrieben

Spindel	i	F	v mm/s	η
M6 × 1	1 : 1 bis 850 : 1	350 N	0,2 bis 5,6	0,2 bis 0,35
Kugeluml.sp. 6 × 2		500 N	0,3 bis 150	0,47 bis 0,81

F max. Vorschubkraft, i Untersetzung, v Vorschubgeschwindigkeit, η Wirkungsgrad

Linearantriebe 2

Begriff, Name	Erklärung, Prinzip	Ansichten
Linearantriebe mit drehenden Elektromotoren (Fortsetzung)		
Zahnriemenantrieb Zahnriemen, Antriebswelle, Schlitten	Die motorisch angetriebene Antriebswelle greift mit ihren Zähnen in einen Zahnriemen ein und bewegt ihn. Am Zahnriemen ist ein Schlitten befestigt. Dieser bewegt sich mit dem Zahnriemen in einer Führung und trägt das Arbeitsgerät, z. B. eine Transportwanne oder auch ein Werkzeug.	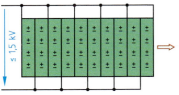 Zahnriementrieb
Zahnstangentrieb	Beim Zahnstangentrieb greift ein Zahnrad als Antrieb in eine Zahnstange ein, sodass ein Schlitten bewegt wird. Die Genauigkeit ist wegen des Spiels der Antriebe gering.	
Piezo-Aktoren und Piezo-Antriebe		
Piezo-Effekt Piezokeramik	Bei manchen Kristallen, z. B. Quarz SiO_2, und an speziellen Keramiken entsteht eine Ladungsverschiebung, wenn sie durch eine Kraft verformt werden. Dadurch entsteht zwischen leitenden Begrenzungen des Kristalls eine Spannung. Dieser Piezo-Effekt (von griech. pièzein = drücken) ist umkehrbar. Wenn an derartige Piezo-Stoffe eine Spannung angelegt wird, entsteht eine Längenänderung und damit eine Kraft. Die Längenänderung ist klein, wirkt aber sehr schnell.	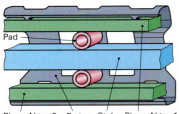 Aufbau eines Piezo-Aktors
Piezo-Aktor	Beim Piezo-Aktor werden dünne Piezoscheiben aufeinander geschichtet und parallel an Spannung angeschlossen (**Bild**). Piezo-Aktoren verwendet man zur Feineinstellung, z. B. bei der Chipherstellung.	
Daten eines Piezo-Aktors		
Längenänderung je Aktorlänge 1 kV/mm	0,0005 = 0,05 %	
Stellkraft je Aktorquerschnitt	20 N/mm²	
Grenzfrequenz	bis 100 kHz	
		Aufbau eines Piezo-Ultraschallmotors www.faulhaber.com
Piezo-Ultraschallmotor Reibschiene	Beim Piezo-Ultraschallmotor wirken zwei oder mehr Piezo-Aktoren von beiden Seiten auf einen Stab (**Bild**). Mittels einer Feder ist jeder Aktor über Polster (engl. Pads) gegen den Stab gespannt und bewirkt so die Selbsthaftung. Die Aktoren werden elektrisch mit hoher Frequenz erregt. Dabei schwingen sie mechanisch, z. B. in Form einer Wanderwelle (**Bild**) oder einer Ellipse. Je nach der Frequenz der elektrischen Ansteuerung der Piezo-Aktoren verläuft die Schwingung in die gewünschte Richtung und bewegt so den Stab. Antriebe mit Piezo-Legs finden auch Anwendung.	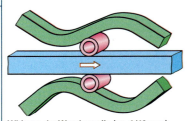 Wirkung der Wanderwelle (ca. 1/10 mm)
Piezo-Legs		 Piezo-Ultraschallmotor www.physikinstrumente.de
Daten Piezo-Ultraschallmotor		
Geschwindigkeit	bis 0,15 m/s	
Auflösung	0,02 µm	
Stellweg	unbegrenzt	
Ansteuerung	Generator für Ultraschallfrequenz	

Linearmotoren — Linear Motors

Aufbau, Bezeichnung	Wirkungsweise	Bemerkungen
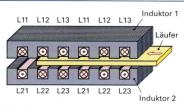 **Entstehung des Linearmotors aus dem Kurzschlussläufermotor** 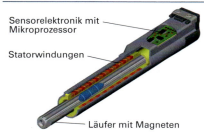 **Wechselstrom-Linearmotor mit zwei Induktoren** 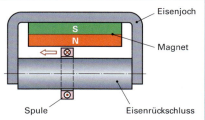 **Schnittmodell eines Synchron-Linearmotors** 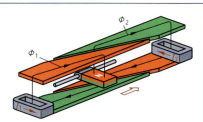 **Gleichtrom-Linearmotor in Gleichpolausführung** 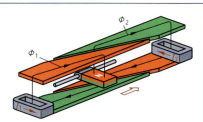 **Gleichstrom-Linearmotor in Wechselpolausführung (obere Polbleche angehoben dargestellt)**	Linearmotoren sind Antriebsmaschinen, die eine lineare (gerade) Bewegungskraft hervorrufen. Lineare Maschinen besitzen fast die gleichen Baukomponenten wie herkömmliche Elektromotoren. Sie unterscheiden sich lediglich in ihrem geometrischen Aufbau. Normale Elektromotoren besitzen einen Ständer und einen sich darin drehenden Läufer. Zum Verständnis des Linearmotors denkt man sich den Ständer eines Drehstrommotors am Umfang aufgeschnitten und gestreckt. Wird die in eine Ebene gestreckte Drehstromwicklung mit Drehstrom gespeist, so bewegt sich das Magnetfeld in eine Richtung. Somit wird die elektrische Energie direkt in eine lineare Bewegung umgewandelt. Statt eines Drehfeldes entsteht also ein Wanderfeld. Während der Läufer eines Asynchron-Linearmotors aus einer leitenden Metallplatte besteht, besitzt der Läufer eines Synchron-Linearmotors Elektro- oder Permanentmagnete. Gleichstrom-Linearmotoren besitzen ein mit Gleichstrom durchflossenes Spulensystem und Permanentmagnete. Der Gleichstrom muss bei Bewegungsänderung umgepolt werden. Bei der Gleichpolausführung sind die Dauermagnete im Stator und die Spulen im Läufer angebracht (Stromzuführung über Schleppkabel, Schleifkontakte). Bei der Wechselpolausführung ist die Anordnung umgekehrt (keine Stromzuführung zu beweglichen Teilen). Linearmotoren werden über ein Motorkabel zusammen mit der zugehörigen Regelelektronik betrieben. Ein Lagemesssystem misst und überwacht die aktuelle Position des Linearmotors nicht nur im Stillstand, sondern auch während der Bewegung.	Als Motorprinzipien werden Asynchron-Linearmotoren, permanenterregte Synchron-Linearmotoren und Gleichstrom-Linearmotoren verwendet. Bei den linearen Maschinen muss man zwischen zwei Ausführungsmöglichkeiten unterscheiden: **Langstatorbauweise:** Wird der Ständer längs der Strecke verlegt, so spricht man bei Linearmotoren von der Langstatorbauweise. Hier wird der Stator direkt mit einer Drehstromquelle versorgt, sodass bewegte Kontakte zum Läufer vollständig entfallen. **Kurzstatorbauweise:** Wird der Rotor längs der Strecke verlegt, so spricht man von der Kurzstatorbauweise. Bei dieser Variante werden Schleifringe, die den bewegten Ständer mit elektrischer Energie versorgen, benötigt. Linearmotoren werden in unterschiedlichen Anwendungen eingesetzt und lösen Aufgaben, die zuvor mit Pneumatikzylindern, Servomotoren oder mechanischen Kurvenscheiben gelöst wurden. **Vorteile** von Linearmotoren: • hohe Geschwindigkeiten und Beschleunigungen, • dynamische und präzise Positionierung der Last, • hohe Dauerkräfte, • überlastsicher, • keine Haft- und Gleitreibung, • geringer Verschleiß, • hohe Energieausbeute, • hohe Verfügbarkeit. **Nachteile** des Linearmotors: • hohe Kosten (Betriebskosten der Anlage können aber geringer sein), • sensibler und aufwendiger bezüglich der Regelung, • wenige Möglichkeiten zur Kraftübersetzung. **Typische Anwendungen:** • Transport- und Positioniersysteme, • Magnetschwebebahn, • Automatisierungstechnik.

Antriebstechnik — Drive Engineering

Momente von Arbeitsmaschinen und Elektromotoren

Widerstandsmoment von Arbeitsmaschinen			Drehmoment von Elektromotoren	
M_N Losreißmoment, Leeranlauf	b) Schweranlauf M_N / a) Voll-Lastanlauf	M_N Lastanlauf	M_A Anzugsmoment, M_K Kippmoment, M_S Sattelmoment, M_N Bemessungsmoment	Drehmoment steigt mit abnehmender Drehzahl.
Belastung erst nach dem Hochlauf, z.B. Drehmaschinen, Fräsmaschinen, Sägen, Pressen, Stanzen.	Widerstandsmoment a) fast so groß wie Bemessungsmoment des Motors M_N. b) größer als M_N.	Widerstandsmoment steigt mit Drehzahl, z.B. bei Lüftern, Kreiselpumpen, Verdichtern.	Kurzschlussläufermotor.	Reihenschlussmotor, Universalmotor.

M Drehmoment, M_N Motorbemessungsmoment, M_w Widerstandsmoment der Arbeitsmaschine, n Drehzahl.

Bremsen von Antrieben mit Drehstromasynchronmotoren

Bezeichnung	Erklärung	Schaltung (Prinzip)	Anwendung
Bremslüftmagnet (Federdruckbremsung)	Bremskraft durch Feder. Sobald die Erregerspule eingeschaltet ist, wird die Bremse gelöst (gelüftet). Verlustbremsung.		Werkzeugmaschinen, Hebezeuge. Sonderform: Bremsmotor (Stopp-Motor).
Gegenstrombremsung	Die Bremskraft wird vom Motor hervorgerufen, weil dessen Drehfeld durch Vertauschen zweier Außenleiter einen anderen Drehsinn erhält. Nach Stillsetzen des Antriebes muss abgeschaltet werden, da sonst Anlauf in umgekehrter Drehrichtung erfolgt. Verlustbremsung.		Maschinen mit großer Schwungmasse, z.B. Bandsägen, Pressen; auch Hebezeuge beim Kontern (Gegensteuern).
Übersynchrone Bremsschaltung	Motor wird von der Last angetrieben und arbeitet als Asynchrongenerator. Nutzbremsung.	wie bei Motorbetrieb	Hebezeuge (beim raschen Senken), besonders bei polumschaltbaren Motoren.
Untersynchrone Bremsschaltung	Schleifringläufermotor, mit großem Widerstand im Läuferkreis und als Einphasenmotor geschaltet, entwickelt bei Rechtslauf ein Drehmoment nach links. Im Stillstand keine Bremskraft. Verlustbremsung.		Hebezeuge (beim langsamen Senken).
Gleichstrombremsung	Ständerwicklung des Motors wird an niedrige Gleichspannung gelegt. Der durch Induktion entstehende Läuferstrom bremst. Verlustbremsung.	Ständerschaltungen	Werkzeugmaschinen, Fördermaschinen.
Geregelter Drehstrommotor (Synchronmotor oder Asynchronmotor)	Die Bremskraft wird durch fortlaufendes Einregeln einer niedrigeren Drehzahl bis null erreicht. Vom Regler werden die Frequenzen beider Stromrichter herabgesetzt, M1 arbeitet dann als Generator, U2 als Gleichrichter und U1 als Wechselrichter. Nutzbremsung.	U1 U2 M1	Universelle Anwendung mit Bemessungsleistungen von 200 W bis 200 kW.

Effizienz von elektrischen Antrieben — Efficiency of Electrical Drives

Daten	Erklärung	Bemerkungen

Standards für effiziente Antriebe

IEC-Bezeichnung	US-Bezeichnung	alte EU-Bezeichnung	Elektromotoren benötigen weltweit etwa die Hälfte des erzeugten Stromes. Bei Antrieben besteht ein großes Potenzial zum Energiesparen. Deshalb werden elektrische Antriebe nach ihrer Effizienz unterschieden. Bei Neuanlagen ist seit 2011 mindestens IE2 erforderlich.	Eine Möglichkeit zur Erhöhung der Effizienz ist der Einsatz von Cu anstelle von Al für den Läuferkäfig und von besserem Magnetmaterial (Elektroblech) mit kleineren Verlusten bei Käfigläufermotoren.
IE1	Standard Efficiency	EFF3		
IE2	High Efficiency	EFF2		
IE3	Premium Efficiency	EFF1		
IE4/IE5	Super/Ultra Premium Efficiency	–		

Mindestwirkungsgrade η von Motoren verschiedener Klassen, Polzahlen und Frequenzen

vgl. EN DIN 60034-30-1, DIN VDE 0530-30-2[1]

Klasse	IE1			IE2			IE3			IE4			IE5
P_N in kW	Anzahl der Pole (doppelte Polpaarzahl)												
	2	4	6	2	4	6	2	4	6	2	4	6	4
Motoren für 50 Hz													
0,12	45,0	50,0	38,3	53,6	59,1	50,6	60,8	64,7	57,7	66,5	69,8	64,9	74,3
0,75	72,1	72,1	70,0	77,4	79,6	75,9	80,7	82,5	78,9	83,5	85,7	82,8	88,2
1,5	77,2	77,2	75,2	81,3	82,8	79,8	84,2	85,3	82,5	86,5	88,2	85,9	90,4
4	83,1	83,1	81,4	85,8	86,6	84,4	88,1	88,6	86,8	90,0	91,1	89,5	92,8
7,5	86,0	86,0	84,7	88,1	88,7	87,2	90,1	90,4	89,1	91,7	92,6	91,3	94,0
30	90,7	90,7	90,2	92,0	92,3	91,7	93,3	93,6	92,9	94,5	94,9	94,2	95,5
160	93,8	93,8	93,8	94,8	94,9	94,8	95,6	95,8	95,6	96,3	96,6	96,2	97,2
800	94,0	94,0	94,0	95,0	95,1	95,0	95,8	96,0	95,8	96,5	96,7	96,6	97,4
Motoren für 60 Hz													
0,75	74,0	77,0	72,0	75,5	78,0	73,0	77,0	83,5	82,5	82,5	85,5	84,0	–
1,5	81,0	81,5	77,0	84,0	84,0	86,5	85,5	86,5	88,5	88,5	88,5	88,5	–
7,5	87,5	87,5	86,0	89,5	89,5	89,5	90,2	91,7	91,0	91,0	92,4	92,4	–
30	90,2	91,7	91,7	91,7	93,0	93,0	92,4	94,1	94,1	94,1	95,0	95,0	–
800	94,1	94,5	94,1	95,4	95,8	95,0	95,8	96,2	95,8	96,2	96,8	96,5	–

Bei 50 Hz, 60 Hz entsprechen 2 Pole der synchronen Drehzahl (Drehfelddrehzahl) von 3000/min, 3600/min,
4 Pole der synchronen Drehzahl (Drehfelddrehzahl) von 1500/min, 1800/min und
6 Pole der synchronen Drehzahl (Drehfelddrehzahl) von 1000/min, 1200/min.

[1] Für Wechselstrommotoren mit variabler Frequenz und Spannung, meist mit Bemessungslast betrieben: Mindestwirkungsgrad = 50-Hz-Angaben von IE1 bis IE4 verringert um 15 % bis P_N = 90 kW, darüber um 25 %, wegen Oberschwingungsverlusten. Werte IE5 in DIN VDE 0530-30-2. Pole 6 = 901/min bis 1200/min, 4 = 1201/min bis 1800/min, 2 = 1801/min bis 6000/min. IE5-Verluste um ca. 20 % geringer als bei IE4.

Wirkungsgrade nach IEC 60034 bei vierpoligen Motoren (gerundete Werte)

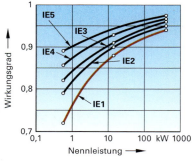

Mindestwirkungsgrade von vierpoligen Elektromotoren bei voller Last für Nennleistungen von 0,75 kW bis 370 kW für 50 Hz

Wirkungsgrad großer Motoren ist höher als der kleiner Motoren, weil durch die kompakte Bauart vom Magnetfeld und von der magnetischen Wirkung des Stromes weniger verloren geht. Wirkungsgrad vierpoliger Motoren meist am größten, weil günstigere Abmessungen als bei anderen Motoren möglich sind. Bei sechspoligen Motoren ist Wirkungsgrad kleiner, weil bei gleicher Leistung Drehmoment größer sein muss. Wirkungsgrad von Motoren für 60 Hz größer als der von 50 Hz, weil bei 60 Hz die Drehzahl größer ist. Hohe Wirkungsgrade bei Synchron-, Reduktanzmotoren.

Die angegebenen Wirkungsgrade gelten nur für den Betrieb bei Nennlast. Bei herabgesetzter Belastung sinkt der Wirkungsgrad stark ab, weil dann der Leistungsfaktor der Maschine sinkt. Deshalb wird bei von Umrichtern gespeisten Antrieben bei Teillast die Spannung oft herabgesetzt. Dadurch verhält sich der Motor wie ein Motor mit kleinerer Nennlast.
Für niedrige Drehzahlen sind Motoren mit großer Polzahl weniger geeignet als Getriebemotoren mit hoher Drehzahl.

Wahl des Antriebsmotors — Selection of the Drive Motor

Wichtige Motorarten für Antriebe

Art	Vorteile	Nachteile
Drehstrom-Kurzschlussläufer	Wartungsarm, robust, preiswert, funkstörfrei.	Großer Einschaltstrom. Drehzahl beim polumschaltbaren Motor in 2 (selten in 3 oder 4) Stufen steuerbar. Sonst nur über Umrichter steuerbar.
Synchronmotor	Konstante Drehzahl. Drehmoment von Spannungsschwankung wenig abhängig. Bei Permanentmagneten großer Wirkungsgrad bis IE5.	Drehzahl über Umrichter steuerbar, z. B. Zwischenkreisumrichter mit Pulsweitenmodulation. Moderner Antriebsmotor mit angebautem Umrichter für AC, 3AC und DC. Reluktanzmotor bis IE5.
Drehstrom-Schleifringläufer	Sehr großes Anzugsmoment bei kleinem Anlaufstrom. Drehzahl beschränkt steuerbar.	Anlasser erforderlich, Kohlebürsten brauchen Wartung. Im Betrieb Bürstenfeuer. Gesteuerte Drehzahl ist lastabhängig.
Fremderregter Motor für Gleichstrom	Drehzahl sehr gut steuerbar. Nutzbremsung unter Energierücklieferung möglich. Häufiges Einschalten möglich.	Gleichstrom nötig. Erfordert sorgfältige Wartung. Anlasseinrichtung, z. B. steuerbarer Gleichrichter, notwendig. Teuer in der Anschaffung. Im Betrieb Bürstenfeuer.
Reihenschlussmotor für Gleichstrom	Sehr großes Anzugsmoment. Mit geblechtem Ständer Universalmotor (für Gleich- und Wechselstrom geeignet).	Wie bei den anderen Gleichstrommotoren. Ferner: Geht im Leerlauf durch, daher sind Riementrieb oder Kettentrieb unzulässig. Drehzahl ist stark lastabhängig.

Motordaten für Antriebe

Art der Arbeitsmaschine	Motorart	Betriebsart	Bem.leistung in kW	Art der Arbeitsmaschine	Motorart	Betriebsart	Bem.leistung in kW
Aufzüge Speiseaufzug sonstige Aufzüge mit Gegengewicht	Dk, Dkp	S 2 30 min S 2 60 min	0,55 bis 1,1 2,2 bis 11	**Lüfter**	Dk, S, Dkp	S 1	bis 1,1
Baumaschinen Betonmischmaschine	Dk	S 1	3 bis 7,5	**Metallbearbeitungsmaschinen** Bohrmaschine Drehmaschine Fräsmaschine Kaltsäge Schlagschere Schleifbock	Dk, Dkp, S	S 1	0,12 bis 5,5 0,55 bis 45 0,75 bis 45 1,1 bis 7,5 1,1 bis 11 1 bis 3
Hebezeuge Kran, Hubwerk Kranfahrwerk Drehwerk	Dk, S	S 3 60 % ED 40 % ED	3 bis 30 4 bis 15 0,75 bis 5,5				
Holzbearbeitungsmaschinen Bandsäge Hobelmaschine Fräsmaschine Kreissäge	Dk, Dkp, S	S 1	2,2 bis 5,5 3 bis 15 3 bis 11 4 bis 15	**Nahrungsmittelmaschinen** Fleischwolf Teigknetmaschine	Dk, S	S 1	0,75 bis 5,5 1,1 bis 7,7
				Pumpen Kolben- und Kreiselpumpe	Sy, Dk, S	S 1, selten S 2	0,12 bis 200
Landwirtschaftsmaschinen Gebläsehäckselmaschine Heubelüfter Melkmaschine	Dk	S 1	15 bis 22 4 bis 11 1,1 bis 2,2	**Textilmaschinen** Spinnereimaschine Webmaschine Flachstrickmaschine	Dk, S, Sy	S 1	0,55 bis 3 0,25 bis 5,5 0,55 bis 1,1

Dk Drehstromkurzschlussläufer; Dkp Drehstromkurzschlussläufer, polumschaltbar; S über Stromrichter gespeister Drehstrommotor oder Stromwendermotor für Gleichstrom; Sy Synchronmotor. Betriebsarten Seite 309.

Vibrationsantriebe

Vibrationsantriebe verwendet man für Rüttler, Förderer, Sortierer, Entwässerer, Siebe.

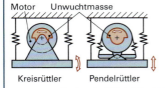
Kreisrüttler Pendelrüttler

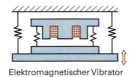
Elektromagnetischer Vibrator

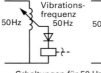
Schaltungen für 50 Hz und 100 Hz

Motorschutz — Motor Protection

Schaltung	Wirkungsweise	Bemerkungen
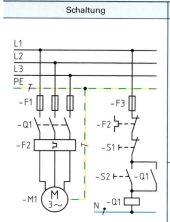 **Motorschutzrelais**	Fließt bei Überlastung des Motors ein zu großer Strom durch das Bimetall, so biegt es sich und betätigt einen Öffner. Bei welcher Stromstärke dies geschieht, ist mithilfe einer Einstellvorrichtung am Motorschutzrelais wählbar. Der Öffnerkontakt unterbricht die Stromzufuhr zum Steuerstromkreis des Schützes, das den Motor schaltet. Das Schütz fällt ab und trennt den Motor vom Netz. Bei Handbetrieb muss die Rückstellung der Wiedereinschaltsperre manuell erfolgen.	Motorschutzrelais, auch Bimetall- oder Überlastrelais genannt, schützen den Motor vor Überlast. Sie sind mit einer thermischen Auslöseeinrichtung (Bimetallauslöser) ausgestattet und überwachen die Motortemperatur über den Motorstrom. Die Bimetallauslösung ist nicht für den Kurzschlussschutz geeignet, deshalb sind Sicherungen vorzusehen. Die Abschaltung erfolgt indirekt über den Steuerstromkreis. Es kann die Betriebsart Hand- oder Automatikbetrieb gewählt werden.
	Der Einstellstrom des Motorschutzes ist bei der Sterndreieckschützschaltung (**Seite 245**) je nach Einbauort wie folgt einzustellen. Vor dem Netzschütz in der Zuleitung (Standardausführung): Einstellstrom = Motor-Bemessungsstrom. Nach dem Netzschütz vor den Motoranschlüssen: Einstellstrom = Motor-Bemessungsstrom · 0,58.	
Motorschutzschalter (schematic)	Die thermische Auslösung eines Motorschutzschalters funktioniert nach dem Prinzip eines Motorschutzrelais. Anstatt des Öffnerkontakts wird aber ein Schaltschloss betätigt. Der elektromagnetische Auslöser besteht aus einer Spule mit einem beweglichen Anker. Wird die Spule von einem ausreichend großen Strom (Kurzschlussstrom) durchflossen, zieht sie den Anker an, der mechanisch auf das Schaltschloss einwirkt. Das öffnet die Schaltkontakte und trennt den Motor vom Netz. Über die Handbetätigung kann man den Motor einschalten und ausschalten.	Motorschutzschalter sind Leistungsschalter und schützen den Motor vor Überlast und Kurzschluss. Sie sind mit einer thermischen (Überlastungsschutz) und einer elektromagnetischen (Kurzschlussschutz) Auslöseeinrichtung ausgerüstet. Die Abschaltung erfolgt direkt über den Hauptstromkreis. Durch Hilfsanbauschalter kann man zusätzlich den Steuerstromkreis abschalten. Soll ein selbsttätiger Wiederanlauf eines Antriebsmotors nach einem Spannungsausfall vermieden werden, kann man Motorschutzschalter mit einem zusätzlichen Unterspannungsauslöser ausrüsten.

Hinweis: Bei einphasiger Last muss der Verbraucherstrom durch alle drei in Reihe zu schaltende Bimetallelemente fließen, um die Auslösecharakteristik des Motorschutzes zu garantieren.

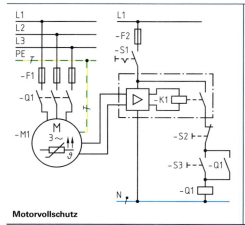 **Motorvollschutz**		Im Betriebszustand ist das Relais K1 angezogen. Der Widerstand der in Reihe geschalteten Kaltleiter ist niedrig. Die Schaltung arbeitet nach dem Ruhestromprinzip (drahtbruchsicher). Wird die zulässige Temperatur in einer oder mehreren Wicklungen überschritten, so steigt der Widerstandswert der Kaltleiter stark an. Infolgedessen fällt K1 ab. Dadurch wird der Steuerstromkreis des Hauptschützes Q1 unterbrochen. Q1 fällt ab und trennt den Motor vom Netz. Der Motorvollschutz wird auch Thermistor-Motorschutz genannt und schützt den Motor vor Überlast und unzulässiger Temperaturerhöhung durch verminderte Kühlung. Beim Motorvollschutz wird die Wicklungstemperatur des Motors überwacht, nicht seine Stromaufnahme. In allen Motorwicklungen sind temperaturabhängige Widerstände (PTC) eingebaut und erfassen jeden Temperaturanstieg. Die Abschaltung erfolgt indirekt über den Steuerstromkreis. Den Kurzschlussschutz müssen Schmelzsicherungen übernehmen.

Anlassen von Kurzschlussläufermotoren — Start-up of Squirrel-cage Motors

Prinzip

Ursache	Bedingung		Folgerung
Einschaltstrom / Anzugsstrom / Betriebsstrom **Stromverlauf**	**Anschluss an das öffentliche Niederspannungsnetz nach TAB**		Bei Drehstrom-Kurzschlussläufermotoren mit einer Bemessungsleistung von mehr als 4 kW muss beim Einschalten die Spannung heruntergesetzt sein, damit der Einschaltstrom, der bis zum 10-Fachen des Bemessungsstromes betragen kann, begrenzt bleibt. Der Einschaltstrom sinkt im selben Verhältnis, wie die Spannung herabgesetzt wird. Dagegen sinkt das Drehmoment etwa quadratisch, bei halber Spannung also auf ein Viertel.
	Motorenart	Bedingung	
	Einphasen-Wechselstrommotoren	Bemessungsleistung nicht über 1,7 kVA.	
	Drehstrommotoren	Anzugsstrom nicht über 60 A oder Bemessungsleistung bis 5,2 kVA bei gelegentlichem Schalten (bei 400 V Bemessungsstrom 7,5 A).	

Anlaufschaltungen

Schaltung	Erklärung	Bemerkungen
Direktes Einschalten	Einschalten z. B. mit Motorschalter oder Schützschaltung.	Am öffentlichen Netz bei Drehstrommotoren bis 4 kW möglich.
Einschalten mit Stern-Dreieck-Schalter	In der Sternschaltung beträgt der Einschaltstrom nur ein Drittel des Einschaltstroms wie in der Dreieckschaltung.	Am öffentlichen Netz für Bemessungsleistung bis 11 kW. (Anzugsstrom < 60 A)
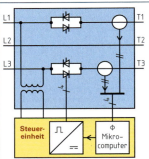 **Elektronischer Motorstarter**	Der *Steuerteil* enthält einen Mikrocomputer und eine Steuereinheit zur Erzeugung der Zündimpulse für die IGBTs oder Thyristoren. T1, T2, T3 Lastanschlüsse. Elektronische Motorstarter erhöhen während der Anlaufzeit die Spannung an den Motorklemmen von etwa 40 % auf 100 % der Bemessungsspannung U_N des Motors; meist mit Abschnittsteuerung. Elektronische Motorstarter sind zweiphasig (**Bild links**) ausgeführt (zwei Antiparallelschaltungen von IGBTs oder Thyristoren) oder einphasig bis dreiphasig. Immer muss ein Schalter mit Trennvermögen vorgeschaltet sein.	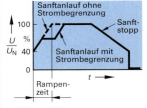 **Spannungsverlauf beim elektronischen Motorstarter** Am öffentlichen Netz für Drehstrom-Kurzschlussläufermotoren bis zu einer Bemessungsleistung von 11 kW.
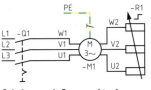 **Schaltung mit Sternpunktanlasser**	Herabsetzung der Spannung durch drei Drosselspulen, drei Wirkwiderstände oder einen Flüssigkeitsanlasser mit Elektrolyt. Bei Drehstrommotoren mit der Angabe Y 400 V kann am 400-V-Netz ein Sternpunktanlasser verwendet werden. Für Motoren bis 2 kW kann die Kusa-Schaltung (Kusa von Kurzschlussläufer-Sanftanlauf) mit nur einem Widerstand verwendet werden.	**Kusa-Schaltung**
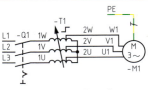 **Schaltung mit Anlauftransformator**	Herabsetzung der Spannung durch einen stellbaren Drehstromtransformator, meist in Sternschaltung. Der Einschaltstrom aus dem Netz wird dabei herabgesetzt durch die kleinere Spannung und durch die Stromübersetzung des Transformators. Nimmt der Motor bei halber Netzspannung z. B. 60 A auf, so nimmt der Transformator aus dem Netz nur etwa 30 A auf.	Mit Anlauftransformatoren können Drehstrom-Kurzschlussläufermotoren bis zu einer Bemessungsleistung von 15 kW angelassen werden. Nachteilig beim Anlassen mit Transformator sind die hohen Anschaffungskosten. Deshalb werden Anlauftransformatoren vor allem bei Hochspannungsmotoren großer Leistung verwendet und sind sonst ziemlich selten.

Sanftanlasser — Softstarter

Prinzip

Begriff	Erklärung, Schaltung	Bemerkungen, Daten
Elektronik Anschnittsteuerung zweipolige Steuerung	Einfacher Fall wie beim Motorstarter siehe vorhergehende Seite. Dabei wird meist die Anschnittsteuerung (Seite 299) angewendet, und zwar mit zweipoliger oder dreipoliger Steuerung. www.eaton.de	zweipolig dreipolig Steuerungsarten bei Anschnittsteuerung

Wirkungsweise, Beurteilung

Spannungsherabsetzung Drehfelddrehzahl Schlupf Wicklungsverluste Drehzahlsteuerung durch Spannungsänderung	Der Anlauf erfolgt ruckfrei, da die Spannung durch Steuerung herabgesetzt wird, sodass der Motor nur ein kleineres Drehmoment als bei voller Spannung entwickelt. Während der Zeit des Hochlaufens bleibt der Läufer hinter dem Drehfeld zurück. Dadurch bleibt ein Schlupf, weil der Läufer langsamer ist als das Drehfeld. Je größer der Schlupf ist, desto größer ist der Strom im Läufer, sodass die Wicklungsverluste mit dem Schlupf zunehmen. Das führt zur Erwärmung der Läuferwicklung, sodass bei länger anhaltendem Schlupf die zulässige Temperatur überschritten wird. Durch die Ständerspannung kann die Drehzahl des Induktionsmotors deshalb nicht längere Zeit gesteuert werden.	Dabei bleibt die Drehfelddrehzahl unverändert, da sich weder an der Polpaarzahl p der Wicklung noch an der Frequenz f etwas ändert. n_s Drehfelddrehzahl n Läuferdrehzahl f Frequenz p Polpaarzahl s Schlupf 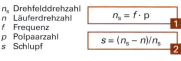 $n_s = f \cdot p$ [1] 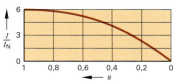 $s = (n_s - n)/n_s$ [2] Strom bei verschiedenem Schlupf

Verbesserter Softstarter

Frequenzumrichter Direktumrichter Schaltungen des PSTX Zusätzliche Funktionen: Überstromschutz Fehlerstromschutz	Es liegt nahe, den Sanftanlasser durch Frequenzumrichter mit Steuerbereich von wenigen Hertz bis zur mehrfachen Bemessungsfrequenz des Netzes zu verbessern. Davon wird aber kaum Gebrauch gemacht, da Frequenzumrichter teuer sind und nicht ganz einfach zu steuern. Für den Sanftanlasser genügt aber ein einfacher Direktumrichter mit Bereich von wenigen Hertz bis zur Netzfrequenz. Der Softanlasser PSTX kann in Wurzel-3-Schaltung (Sechs-Leiter-Anschluss) betrieben werden. Die Phasen des Sanftstarters sind in Reihe mit den Motorwicklungen, d.h. der Sanftstarter führt nur Strangstrom, also ca. 58 % des Motornennstromes (Leiterstrom). Dadurch sind kleinere Anlasser-Geräte möglich. 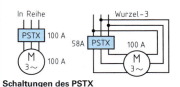 Schaltungen des PSTX Über die Tastatur können Daten des Anlaufs sowie Überstromschutz, Fehlerstromschutz und sonstige Schutzfunktionen aufgerufen und angepasst werden.	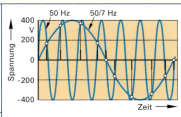 Schwingungen des Sanftanlassers PSTX Die erforderliche niedrige Frequenz kann mittels einfacher Elektronik aus der Netzfrequenz gewonnen werden.  Sanftanlasser PSTX www.abb.com

Überlastschutz und Kurzschlussschutz von Leitungen
Overload Protection and Short Circuit Protection of Conductors

Art	Erklärung	Bemerkungen, Formeln

Überlastschutz

Art	Erklärung	Bemerkungen, Formeln
Bedingungen	*Bemessungsstromregel, Nennstromregel:* Bei Überlastung muss die Überstrom-Schutzeinrichtung ansprechen, bevor die Leitung unzulässig heiß wird. Auslösestrom I_t (t von tripping) oft auch I_2.	$I_B \leq I_N \leq I_Z$ [1] $I_t \leq 1{,}45 \cdot I_Z$ $I_Z \geq 0{,}69 \cdot I_t$ [2]
Anwendung	Die Bedingungen sind erfüllt, wenn I_N der Überstrom-Schutzeinrichtungen höchstens so groß ist wie I_Z.	Dabei müssen Überstrom-Schutzeinrichtungen nach den VDE-Bestimmungen verwendet werden.
Anordnung der Überstrom-Schutzeinrichtung	Grundsätzlich am Anfang des Stromkreises und dort, wo die Strombelastbarkeit verringert wird.	Versetzen der Überstrom-Schutzeinrichtungen zum Verbrauchsmittel hin ist zulässig, wenn der Schutz bestehen bleibt.
Wegfall der Überstrom-Schutzeinrichtung	Soll erfolgen, wenn eine Abschaltung gefährlicher ist als Überlastung, z. B. bei Hubmagneten.	Darf erfolgen, wenn eine Überlastung ausscheidet, z. B. bei Hilfsstromkreisen.

Kurzschlussschutz

Art	Erklärung	Bemerkungen, Formeln
Normalfall	Schutz bei Kurzschluss (Ksch.) erfolgt zugleich durch den Überlastschutz am Stromkreisanfang. Die Leitungen dürfen nicht zu lang sein (Tabelle unten).	Einpoliger Ksch.: $I_k = \dfrac{U_0}{Z_S}$ [3] Dreipoliger Ksch.: $I_k = \dfrac{2 \cdot U_0}{Z_S}$ [4]
Ausschaltzeit (höchstzulässige Erwärmungszeit bei Kurzschluss)	Bei sehr kurzen Ausschaltzeiten ist zu prüfen, ob der I^2t-Wert (Herstellerangabe) genügt. $I^2t < (k \cdot A)^2$	$t \leq (k \cdot A / I_k)^2$ [5] Bei PVC: $k = 115 \cdot \sqrt{s}$ A/mm² bei Gummi: $k = 141 \cdot \sqrt{s}$ A/mm²
Anwendung	Die Ausschaltzeit ist nicht zu prüfen, wenn Leitungsschutzschalter (LS-Schalter) eingesetzt werden. LS-Schalter Typen B und C.	Bei Leiterquerschnitten $\geq 1{,}5$ mm² Cu sind die Bedingungen erfüllt, wenn $I_N \leq 63$ A ist.
Anordnung der Überstrom-Schutzeinrichtung	Am Anfang des Stromkreises und dort, wo Belastbarkeit verringert ist und der Kurzschlussschutz nicht ausreicht.	Versetzung bis 3 m ist zulässig, wenn die Leitung vor der Schutzeinrichtung kurzschlusssicher ist.
Wegfall der Überstrom-Schutzeinrichtung	Wie beim Überlastschutz, z. B. bei Sicherheitsbeleuchtungen, Erregerstromkreisen, Stromwandler-Sekundärkreisen.	Verzicht darf erfolgen, wenn Leitung kurzschlusssicher und nicht in Nähe von brennbaren Stoffen ist.

Größte Leitungslängen l_{max} von Kupferleitungen

vgl. DIN VDE 0100-520 Bbl. 2

A in mm²	I_N in A	l_{max} in m ($Z_S = 300$ mΩ, $t = 0{,}4$ s)/I_{kmin} in A			l_{max} in m ($Z_S = 600$ mΩ, $t = 0{,}4$ s)/I_{kmin} in A		
		LS-Sch. B	LS-Sch. C	Sicherung gG	LS-Sch. B	LS-Sch. C	Sicherung gG
1,5	16	82/80	36/160	59/107	73/80	27/160	49/107
	20	64/100	27/200	41/145	54/100	17/200	31/145
2,5	20	104/100	44/200	67/145	89/100	29/200	52/145
	25	80/125	32/250	51/180	65/125	17/250	36/180
4	25	131/125	53/250	83/180	106/125	28/250	58/180
	35	86/175	30/350	41/295	61/175	6/350	16/295
6	35	129/175	45/350	61/295	92/175	8/350	24/295
	40	109/200	35/400	56/310	72/200	0	19/310
10	40	181/100	58/400	94/310	117/200	0	30/310
	50	132/250	33/500	41/460	68/250	0	0/460
16	50	209/250	51/500	65/460	102/250	0	0/460

A	Leiterquerschnitt	I_{kmin}	Mindest-I_k
I_t	Auslösestrom der Überstrom-Schutzeinrichtung	I_N	Bemessungsstrom der Überstrom-Schutzeinrichtung
I_B	Betriebsstrom	I_Z	Strombelastbarkeit der Leitung
I_k	Kurzschlussstrom		
k	Material-Koeffizient		
t	Ausschaltzeit		
U_0	Netz-Sternspannung		
Z_S	Schleifenimpedanz vor der Schutzeinrichtung		

Mindest-Leiterquerschnitte, Leitungsschutzschalter
Minimum Conductor Cross Sections, Protective Circuit Breakers

Mindest-Leiterquerschnitte

Verlegung	Querschnitt in mm²	Verlegung	Querschnitt in mm²
feste geschützte Verlegung	Cu 1,5, Al 2,5	bewegliche Leitungen für den Anschluss von	
Leitung in Schaltanlagen und Verteilern		• leichten Handgeräten bis 1 A, Länge der Anschlussleitung ≤ 2 m	Cu 0,5
• bis 2,5 A	Cu 0,5	• Geräten bis 2,5 A, Länge der Anschlussleitung ≤ 2 m	Cu 0,5
• über 2,5 A bis 16 A	Cu 0,75	• Geräten bis 10 A	Cu 0,75
• über 16 A	Cu 1,0	• Gerätesteckdosen und Kupplungsdosen bis I_N = 10 A	Cu 0,75
offene Verlegung auf Isolatoren mit Isolatorabstand bis 20 m über 20 m bis 45 m	Cu 4,0 Cu 6,0	• Geräten über 10 A	Cu 1,0
Fassungsadern	Cu 0,75	• Mehrfachsteckdosen, Gerätesteckdosen und Kupplungsdosen bis I_N = 10 A	Cu 1,0
Starkstromfreileitungen aus		Lichtketten für Innenräume	
• Kupfer	16	• zwischen Lichtkette und Stecker	Cu 0,75
• Stahl	16	• zwischen den einzelnen Lampen	Cu 0,5
• Aluminium	25		
• Aluminium/Stahl	25/4		

Leitungsschutzschalter (LS-Schalter)

vgl. VDE 0641/Teil 11 und VDE 0660/Teil 101

Typ	Anwendung	Auslösekennlinien
B	Leitungsschutz, hauptsächlich Licht- und Steckdosenkreise	
C	Leitungsschutz, bei höheren Einschaltströmen (Lampengruppen, Motoren)	
D	Leitungsschutz, bei sehr hohen Einschaltströmen (Schweißtrafos, Motoren)	
E	selektiver Hauptsicherungsautomat (Vorzählerbereich und Hauptverteilungen)	
K	Leitungsschutz, bei hohen Einschaltströmen (Kraftstromkreise, Motoren, Trafos)	
Z (A)	Halbleiterschutz und Schutz von Messkreisen mit Spannungswandlern. Auch Typ A genannt.	

Typ (Auslösecharakteristik)	Thermischer Auslöser			Elektromagnetischer Auslöser		
	Prüfströme I_{nt} I_t	Auslösezeit		Prüfströme	Auslösezeit	
		I_N ≤ 63 A	I_N ≤ 125 A	halten	auslösen	
B	1,13 · I_N 1,45 · I_N	> 1 h < 1 h	> 2 h < 2 h	3 · I_N	5 · I_N	je nach Typ ≤ 0,1 s oder ≤ 0,2 s
C				5 · I_N	10 · I_N	
D				10 · I_N	20 · I_N	
K	1,05 · I_N 1,20 · I_N	> 1 h < 1 h	> 2 h < 2 h	10 · I_N	14 · I_N	
Z (A)				2 · I_N	3 · I_N	

Bemessungsspannung 230/400 V ~
B 16
6000
3

Kenngrößen eines LS-Schalters

Auslösecharakteristik
Selektivitätsklasse
Bemessungsstromstärke I_N
Bemessungsschaltvermögen

Bemessung von Überstrom-Schutzorganen
1. Bemessungsstromregel: $I_B ≤ I_N ≤ I_Z$
2. Auslösestromregel: $I_t ≤ 1,45 · I_Z$

Bemessungsströme von Leitungsschutzschaltern in A:
0,5; 1; 1,6; 2; 3; 4; 6; 8; 10; 13; 16; 20; 25; 32; 35; 40; 50; 63

I	Stromstärke	I_Z	zulässige Strombelastbarkeit der Leitung
I_B	Betriebsstrom	I_{nt}	Nichtauslösestrom der Schutzeinrichtung, kleiner Prüfstrom (I_1)
I_N	Bemessungsstrom der Schutzeinrichtung	I_t	Auslösestrom der Schutzeinrichtung, großer Prüfstrom (I_2), t von tripping = Auslösen
		t	Auslösezeit

Niederspannungs-Schmelzsicherungen — Low Voltage Melting Fuses

Sicherungseinsätze

System, Bemessungsspannung	Bemessungsstrom in A	Farbe des Kennmelders	Größe des Schmelzeinsatzes System D	Größe des Schmelzeinsatzes System D0	Bemessungsverlustleistung in W System D	Bemessungsverlustleistung in W System D0	Schraubkappe System	Schraubkappe Gewinde	Schraubkappe Passeinsatz
D-System Diazed, 500 V bis 100 A, AC 660 V, DC 600 V bis 63 A	2	Rosa	ND und DII	D0 1	3,3	2,5	ND	E 16	Passring
	4	Braun			2,3	1,8	DII	E 27	Passschraube
	6	Grün			2,3	1,8			
	10	Rot			2,6	2,0	DIII	E 33	Passschraube
	16	Grau			2,8	2,2			
							DIV H	R 1¼″	Passhülse
	20	Blau	DII		3,3	2,5	D0 1	E 14	Hülsenpasseinsatz
	25	Gelb			3,9	3,0			
	35	Schwarz		D0 2	5,2	4,0	D0 2	E 18	Hülsenpasseinsatz
	50	Weiß	DIII		6,5	5,0	D0 3	M30×2	Hülsenpasseinsatz
	63	Kupfer			7,1	5,5			
D0-System Neozed, AC 400 V, DC 250 V bis 100 A	80	Silber	DIV H	D0 3	8,5	6,5	Die Abmessungen der Sicherungseinsätze hängen vom Bemessungsstrom ab.		
	100	Rot			9,1	7,0			

NH-Sicherungen (Niederspannungs-Hochleistungs-Sicherungen)

Kenngrößen	Baugröße	Bemessungsstrom	Bemessungsspannung	Schwertlänge *l*
	000/00	2 A bis 160 A	500 V AC / 250 V DC oder 690 V AC	78 mm
	0	6 A bis 160 A	500 V AC / 440 V DC	125 mm
NH00 - gL/gG ~500 V/120 kA	1	16 A bis 250 A	500 V AC / 440 V DC oder 690 V AC	135 mm
NH-Sicherung	2	35 A bis 400 A	500 V AC / 440 V DC oder 690 V AC	150 mm
	3	315 A bis 630 A	500 V AC / 440 V DC oder 690 V AC	150 mm
	4/4a	500 A bis 1250 A	500 V AC / 440 V DC	200 mm

Betriebsklassen bei Niederspannungssicherungen

Die Auslösecharakteristik der Schmelzsicherungen wird in Betriebsklassen unterteilt. Diese sind durch zwei Buchstaben gekennzeichnet. Der erste Buchstabe gibt die Funktionsklasse, der zweite das Schutzobjekt an.

Betriebsklasse	Funktionsklasse	Schutzobjekt
gG (alt gL)	g = Ganzbereichsschutz	G = Kabel- und Leitungsschutz
gR		R = Halbleiterschutz
gTr	Sicherungen schützen vor Überlastung und Kurzschluss.	Tr = Transformatorenschutz
gB		B = Bergbau-Anlagenschutz
aM	a = Teilbereichsschutz	M = Schaltgeräteschutz, Motorschutz
aR	Sicherungen schützen nur vor Kurzschluss.	R = Halbleiterschutz

Selektivität bei Sicherungen

Selektivität bedeutet, dass wenn mehrere Sicherungen in Serie geschaltet sind, ein fehlerbehafteter Stromkreis nur durch die unmittelbar vor der Fehlerquelle liegende Überstrom-Schutzeinrichtung abgeschaltet wird. Bei Schmelzsicherungen ist selektives Abschalten gewährleistet, wenn die vorgeschaltete Sicherung beide nahezu unverzögert aus und die Bemessungsstromstärken der Sicherungen sich um den Faktor ≥ 1,6 unterscheiden.

Zwischen zwei Leitungsschutzschaltern ist die Selektivität nicht durch diese einfache Bedingung zu erfüllen. Die thermischen Bimetall-Auslöser der LS-Schalter lösen zueinander bei Überstrom zwar immer selektiv aus. Bei Kurzschluss hingegen lösen sie aufgrund der elektromagnetischen Schnellauslösung beide nahezu unverzögert aus. Daher muss in den Herstellertabellen (Zeit/Strom-Kennlinien) geprüft werden, bis zu welchem Kurzschlussstrom zwei aufeinanderfolgende LS-Schalter selektiv arbeiten. Alternativ kann auch ein selektiver Leitungsschutzschalter oder eine Schmelzsicherung vorgeschaltet werden, um Selektivität zu erreichen.

Überstrom-Schutzeinrichtungen für Geräte

Fuses and Protection Switchgears

Schmelzsicherungen, Feinsicherungen

Ansicht, Kennlinie	Erklärung	Bemerkungen, Daten
Metallkappe mit Daten – Schmelzdraht – Glas oder Keramik; Abmessungen 5 / 10 / 20, ⌀ 5,2	Bei Überstrom schmilzt der Schmelzdraht bzw. Schmelzleiter und unterbricht den Stromkreis. Bei Nennströmen über etwa 500 mA ist der Körper (Glas oder Keramik) mit Sand gefüllt, damit der Lichtbogen gelöscht wird. Auf den Metallkappen stehen die Daten der Sicherung.	**Größte Ausschaltströme**
Auslösekennlinie (Zeit: 1 ks, 100 s, 10 s, 1 s, 100 ms, 10 ms, 1 ms; I/I_N: 0,1,2,3,4,6,10; Kurven TT, T, M, F, FF)	**Nennströme in mA:** 25 / 32 / 40 / 50 / 56 / 71 / 80 / 91 / 100 / 112 / 140 / 160 / 200 / 224 / 250 / 280 / 315 / 365 / 450 / 500 / 560 / 630 / 710 / 800 **Nennströme in A:** 1 / 1,12 / 1,25 / 1,4 / 1,6 / 1,8 / 2,5 / 3,15 / 4 / 5 / 6,3 / 8 Diese Nennströme sind nicht für jeden Sicherungstyp lieferbar. Die Einheit ist meist nicht angegeben, sondern aus der Zahl erkennbar.	

Größte Ausschaltströme

Typ	Erklärung
H (High)	AC 1 550 A
L (Low)	AC 10 · I_N, mindestens AC 35 A
E (Extended)	gegenüber L erhöht AC 150 A

Sicherungstypen

Kennzeichnung	Auslöseverhalten, I_a
FF	superflink, $I_a = 3 \cdot I_N$
F	flink, $I_a = 10 \cdot I_N$
M	mittelträge, $I_a = 20 \cdot I_N$
T	träge, $I_a = 30 \cdot I_N$
TT	superträge, $I_a \approx 100 \cdot I_N$

I_a Auslösestrom für Abschaltung innerhalb etwa 10 ms

Kleinstsicherungen	Kleinsicherungen	Flachsicherungseinsätze

Geräteschutzschalter (GS-Schalter)

Ansicht, Name	Erklärung	Schaltung
 GS-Schalter Typ STM	GS-Schalter mit elektromagnetischer Auslösung schalten bei Überschreitung des Nennstromes sofort ab, solche mit thermischer Auslösung schalten je nach Überschreitung mehr oder weniger verzögert ab. Solche mit elektromagnetischer und thermischer Auslösung schalten entsprechend wie Leitungsschutzschalter. GS-Schalter mit Unterspannungsauslöser schalten bei Unterschreitung des unteren Grenzwertes der Nennspannung ab.	Netz 11 / 21; Last 12 / 22. GS-Schalter mit thermischem Auslöser und Unterspannungsauslöser

Typ	Bedeutung nach IEC 934	Typ	Bedeutung nach IEC 934	Typ	Bedeutung nach IEC 934
R	manuell nur Rückstellung	TO	nur thermische Auslösung	HM	elektromagnetische Auslösung, hydraulische Dämpfung
M	gelegentliche manuelle Schaltung	TM	Auslösung thermisch und elektromagnetisch	EH	elektronische Überstromerkennung und elektromagnetische Abschaltung
S	häufige manuelle Schaltung	MO	nur elektromagnetische Auslösung		

Sonderformen von GS-Schaltern ohne galvanische Trennung

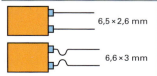

	Erklärung	Daten
6,5 × 2,6 mm	**Limitor:** Bei Temperaturanstieg öffnet ein Kontakt. Oft für Abschalten der Stromversorgung verwendet.	Nennstrom typisch 5 A Größe 6,5 x 2,8 mm Abschaltvermögen 240 V
6,6 × 3 mm	**Elektronische Sicherung:** PTC-Widerstand, schnelle Umschaltung in den hochohmigen Zustand.	maximale Spannung AC 60 V Haltestrom je nach Typ 0,05 A – 9 A max. Abschaltstrom typisch 40 A

Schutz gegen Überspannungen von außen
Protection against External Overvoltage Glitches

Art	Schaltung	Erklärung, Daten
Netz-Überspannungsschutz		Der dreipolige oder vierpolige Ableiter enthält Gleitableiter und Zinkoxid-Varistoren sowie eine Überwachungs-Trennvorrichtung. Er wird in der Nähe der Haupterdungsschiene installiert. Bei Ferneinschlägen arbeiten die Varistoren, bei direktem Einschlag zusätzlich die Gleitableiter. Bei Beschädigung trennt die Trennvorrichtung die Varistoren ab und öffnet zur Signalgabe einen Öffner. **Schutzpegel:** 2 kV, Ansprechzeit 25 ns **Bemessungsspannung:** 280 V/50 Hz **Prüfstrom:** 100 kA
Steckbare Schutzkaskade		**Bauelemente:** Gasableiter, Varistoren, Suppressordioden, Induktivitäten. **Module:** Adapter mit Schutzleiterfuß und eigentliches, steckbares Modul. **Erdung** über die Tragschiene des Basiselements. Je nach Anforderung sind die steckbaren Teile verschieden. Sie können auch weniger Bauelemente enthalten. **Bemessungsspannungen:** 5 V, 12 V, 24 V bis 220 V DC **Spannungsbegrenzung:** etwa $1{,}8 \cdot U_N$ Auch in Form von Leiterplatten mit bis 8 Kanälen.

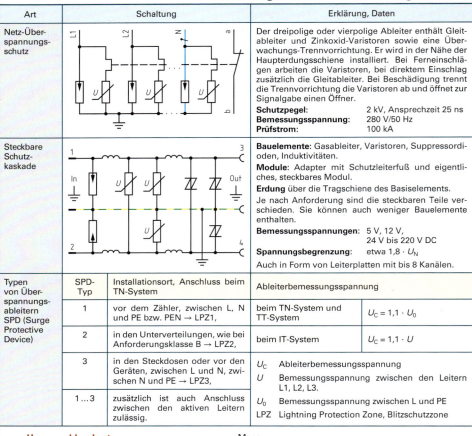

Typen von Überspannungsableitern SPD (Surge Protective Device)	SPD-Typ	Installationsort, Anschluss beim TN-System	Ableiterbemessungsspannung	
	1	vor dem Zähler, zwischen L, N und PE bzw. PEN → LPZ1,	beim TN-System und TT-System	$U_C = 1{,}1 \cdot U_0$
	2	in den Unterverteilungen, wie bei Anforderungsklasse B → LPZ2,	beim IT-System	$U_C = 1{,}1 \cdot U$
	3	in den Steckdosen oder vor den Geräten, zwischen L und N, zwischen N und PE → LPZ3,	U_C Ableiterbemessungsspannung U Bemessungsspannung zwischen den Leitern L1, L2, L3.	
	1...3	zusätzlich ist auch Anschluss zwischen den aktiven Leitern zulässig.	U_0 Bemessungsspannung zwischen L und PE LPZ Lightning Protection Zone, Blitzschutzzone	

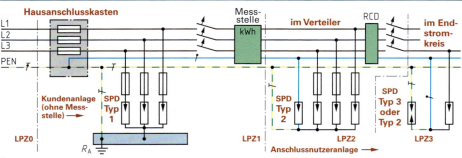

Überspannungs-Schutzeinrichtungen SPDs der Typen 1, 2, 3 bei TN-Systemen (vgl. DIN VDE 0100-534)

Verwendete Schaltzeichen (meist nicht genormt):

| Ableiter, allgemein Gasableiter, Gleitableiter | Überwachungs-Trennvorrichtung | Funkenstrecke | Suppressordiode, ungepolt | Varistor |

In   Anschluss des Netzes   Out   Anschluss des zu schützenden Anlagenteils   Siehe auch Seite 216.

Schutz gegen thermische Auswirkungen 1
Protection against Thermal Effects 1
vgl. DIN EN 0100-420

Aufgaben

Schutz gegen	Erklärung	Bemerkungen
Verbrennung	In elektrischen Anlagen kann der Strom Verbrennungen und Brände hervorrufen, z.B. durch Überstrom, Überspannung, Wärmestau oder Isolationsfehler.	Dieselbe Folge kann auch eintreten durch Oberschwingungen, Blitzeinschlag, Isolationsfehler, fehlerhafte Schutzgeräte, z.B. Leistungsschutzschalter.
Flammen	Im Brandfall treten Flammen und Rauch auf. Gegenmaßnahmen sind einzuhalten.	Brandausbreitung muss begrenzt bleiben. Fluchtwege sind vorzubereiten.
problematische Funktion	Die Anlage muss sicher funktionieren, insbesondere die Sicherheitseinrichtungen.	Installation muss die thermischen Wirkungen begrenzen, z.B. durch Brandschutzschalter.

Maßnahmen gegen Brände und Verbrennungen in elektrische Anlagen

Mittel	Erklärung	Beispiele
Kabel und Leitungen	Auf Flucht- und Rettungswegen dürfen nur Kabel und Leitungen mit wenig Rauchentwicklung im Brandfall verlegt werden. Blanke Leitungen sind unzulässig.	Halogenfreie Kabel und Leitungen mit verbessertem Brandverhalten sind z.B. NHXMH, NHMH, H05Z-U, H05Z-K, H07Z-U, H07Z-R, NHXH, N2XH, N2XCH.
Verbindungsklemmen	Dürfen nur zur Stromversorgung des jeweiligen Raumes verwendet werden. Sonst müssen sie feuerbeständig umhüllt sein.	Verbindungsklemmen können sich lockern oder korrodieren und rufen dann Störungen bis zu kleinen Lichtbögen hervor.
Leuchten und Zubehör	Die Befestigung auf brennbarer Unterlage ist bei Dreieck-Kennzeichnung der Leuchte zulässig, wenn Bauanweisungen des Herstellers eingehalten werden.	▽ D ▽ M ▽ P **Symbole für Leuchten u. Zubehör**
Endstromkreise	In TN- und TT-Systemen müssen RCDs mit $I_{\Delta N} \leq 300$ mA eingesetzt sein und bei Brandgefahr RCDs mit $I_{\Delta N} \leq 30$ mA.	Durch RCDs werden Isolationsfehler aufgespürt, die einen Fehlerstrom im PE oder zur Erde hervorrufen, nicht aber im Neutralleiter.
Fehlerlichtbogenschutz	Trotz Leitungsschutzschalter und RCDs können in elektrischen Anlagen kleine Lichtbögen entstehen zwischen Außenleiter und Neutralleiter, z.B. durch Korrosion der Verbindungsklemmen. Diese kleinen Lichtbögen rufen z.B. im Netz für Informations- und Kommunikationstechnik (IKT) Störungen hervor, die durch Filterung und Verstärkung mittels AFDD (Arc Fault Detection Device) erkannt werden.	**Serielle Fehlerlichtbögen** ① **Parallele Fehlerlichtbögen** ②
Prinzip der Störlichtbogenschutzeinrichtung	Diese Einrichtungen enthalten AFDDs, die einen Leitungsschutzschalter und eine RCCB (RCD, Fehlerstromschutzeinrichtung) oder eine RCBO (BO von Break Out, RCD mit Leitungsschutzschalter) ansteuern.	**AFDD mit LS-Schalter** **AFDD mit RCBO**
Brandschutzschalter In einphasigen Endstromkreisen ≤ 16 A zulässig.	Brandschutzschalter sind Kombinationen von AFDD mit Schutzschaltern zum Aufbringen auf die Hutschiene in einer Verteilung. Sie sollen nach DIN VDE 0100-420 in Anlagen mit Brandgefahr angewendet werden, z.B. in Betrieben der Holzverarbeitung, aber auch in Schlafräumen, Aufenthaltsräumen von Heimen. Risikobetrachtungen sind hierzu vorab vorzunehmen und zu dokumentieren. Von den in Deutschland elektrisch hervorgerufenen Bränden gehen etwa 40 000 auf Installationsfehler zurück und davon etwa 30 % auf Störlichtbögen. Deshalb wurden Brandschutzschalter entwickelt. www.siemens.com	AFDD —— —— RCBO **Brandschutzschalter**

Schutz gegen thermische Auswirkungen 2
Protection against Thermal Effekts 2

Brandschutz bei besonderen Risiken oder Gefahren
vgl. DIN VDE 0100-420

Maßnahmen	Erklärung	Bemerkungen, Darstellungen
Schutz durch Rauchwarnmelder	Rauchwarnmelder RWM werden auch Rauchmelder genannt. Die Sensorik der RWM besteht aus einer LED oder IRED, deren Strahlung erst durch Rauch zu einer Fotodiode als Empfänger gelangt. Bei manchen RWM ist zusätzlich ein thermischer Sensor enthalten, der eine Temperaturzunahme meldet.	mit Rauch Raucheingang Rauch
Ansaugmelder	Ansaugmelder enthalten einen Lüfter.	Wirkungsweise des Rauchsensors
Brandlast verringern	Kabel und Leitungen mit geringer Brandlast sind schwer entflammbar, setzen wenig toxische und säurehaltige Gase frei. Des Weiteren hemmen sie die Brandausbreitung.	Gebäude sind in Bauabschnitte eingeteilt, z.B. Wohneinheiten, Treppenhäuser. Bei der Elektroinstallation ist dies zu berücksichtigen. Kabel und Leitungen planen und so verlegen, dass sie den Anforderungen der vorgeschriebenen Euroklassen genügen.
	In Hochhäusern und Krankenhäusern müssen Kabel und Leitungen in Flucht- und Rettungswegen auf kürzesten Wegen verlegt werden und dürfen nicht flammenausbreitend sein.	Kabel und Leitungen in Flucht- und Rettungswegen dürfen im Brandfall nur eine schwache Rauchentwicklung aufweisen.
Kabel- und Leitungsauswahl optimieren	Je nach Sicherheitsbedarf sind entsprechende Kabel und Leitungen zu verwenden. Diese sind demzufolge ihrer Flammausbreitung und Wärmeentwicklung Euroklassen (Baustoffklassen) zugeordnet.	Angabe zur Euroklasse erfolgt vom Hersteller der Kabel und Leitungen gemäß den Prüf- und Bewertungskriterien nach DIN EN 50575 (DIN VDE 0482-575).

Euroklassen von Kabeln und Leitungen in Gebäuden

Festlegungen	zusätzliche Angaben (Zuordnungsvorschlag)				Zuordnung von Euroklassen zu Gebäuden
Flammausbreitung, Wärmeentwicklung	Rauchentwicklung *smoke*	brennendes Abtropfen *droplets*	Säureentwicklung *acid*	Leitungen bzw. Kabel, Beispiele	Gebäude, Beispiele
A_{CA}	absolut brandsichere Leitungen und Kabel gibt es (noch) nicht				nicht relevant
$B1_{CA}$	s1	–	–	2GTL	Kraftwerksnetze
$B2_{CA}$	s1	d1	a1	NHXMH N2XH H05Z1Z1-F J-H(ST)H	Pflegeheime, Krankenhäuser, Kitas, Lagerstätten für Stoffe mit erhöhter Brandgefahr, Straßentunnels, IT-Serverräume, Schaltschränke
C_{CA}	s1	d2	a1	NHXMH N2XH H07ZZ-F J-H(ST)H	Hochhäuser höher 22 m, Büro- und Verwaltungsgebäude, Versammlungsstätten über 200 Personen, Hotels, Wohnheime, Tiefgaragen
D_{CA}	s2	d2	a1	NHXMH	Regallager höher 7,5 m
E_{CA}	–	–	–	NYM, NYY	Eigenheime, Garagen, Nebengebäude
F_{CA}	–	–	–	NYIF	Wohnzimmer, im oder unter Putz verlegt

(nicht brennbar: A_{CA} bis D_{CA}; leicht entflammbar: E_{CA}, F_{CA})

Nur bei $B1_{CA}$ ... D_{CA}, z.B. $B1_{Ca}$ s1 d1 a1, werden zusätzliche Angaben zur Präzisierung vorgenommen:
s1 Rauchentwicklung < 0,25 m²/s, **s2** Rauchentwicklung < 1,5 m²/s, **s3** weder s1 noch s2;
d0 brennendes Abtropfen < 1200 /s, **d1** brennendes Abtropfen < 1200/s und < 10 s, **d2** weder d0 noch d1;
a1 Leitfähigkeit < 2,5 µS/mm und pH-Wert > 4,3, **a2** Leitfähigkeit < 10 µS/mm und pH-Wert > 4,3, **a3** weder a1 noch a2

A

Leitungsberechnung — Calculation of Lines

Ermittlung des Leiterquerschnitts, Strombelastbarkeit mit Umrechnungsfaktoren

Bedingung	Häufigste Bemessungsgrundlage	Beispiel
Bemessungsstrom sehr klein, Leitung nicht sehr lang	Mechanische Festigkeit (Mindestquerschnitt) siehe Seite 335	Handgerät mit $I_N = 5$ A $l = 2$ m
Bemessungsstrom beliebig, Leitung mit normaler Länge	Strombelastbarkeit, siehe Seiten 346 bis 349	Beleuchtungsanlage mit $I_N = 16$ A, $l = 30$ m
Sehr lange Leitung, Bemessungsstrom beliebig	Spannungsfall, siehe unten	Motor mit $I_N = 16$ A, $l = 150$ m
Leitung zwischen normal und sehr lang	Größerer Querschnitt aus Strombelastbarkeit und Spannungsfall	Motor mit $I_N = 16$ A, $l = 80$ m

Bei Abweichung von den Betriebsbedingungen der Seiten 346 bis 349 bildet man mithilfe der Tabellen der Seiten 349, 350 (z. B. von 30 °C abweichende Umgebungstemperatur, Häufung von Leitungen) das Produkt F aus den Umrechnungsfaktoren $f_1, f_2 \ldots$ und berechnet aus der Strombelastbarkeit I_r von Seiten 346 bis 348 die Strombelastbarkeit I_Z.

$$F = f_1 \cdot f_2 \cdot \ldots \quad \boxed{1}$$

Hinweis zur Leitfähigkeit γ: Zur genauen Berechnung des Spannungsfalls ist γ für die anzunehmende Betriebstemperatur ϑ_b der Leitung einzusetzen. Für $\vartheta_b = 50$ °C ist bei Cu-Leitungen $\gamma_{50} = 50$ m/($\Omega \cdot$ mm²), bei $\vartheta_b = 20$ °C ist $\gamma_{20} = 56$ m/($\Omega \cdot$ mm²).

$$I_Z = F \cdot I_r \quad \boxed{2}$$

Spannungsfall und Leistungsverlust

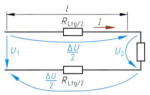

Schaltung bei DC und AC

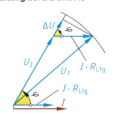

Zeigerbild bei AC

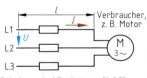

Schaltung bei Drehstrom (3 AC)

Alle Stromarten

$$\Delta U \approx U_1 - U_2 \quad \boxed{3}$$

$$P_{v\%} = \frac{P_v \cdot 100\%}{P} \quad \boxed{4}$$

$$\Delta u = \frac{\Delta U \cdot 100\%}{U} \quad \boxed{5}$$

Gleichstrom DC

$$\Delta U = \frac{2 \cdot P \cdot l}{\gamma \cdot A \cdot U} \quad \boxed{6}$$

$$P_v = \frac{2 \cdot I^2 \cdot l}{\gamma \cdot A} \quad \boxed{7}$$

$$P_{v\%} = \Delta u \quad \boxed{8}$$

γ siehe Hinweis oben und Seiten 134, 135

$$\Delta U = \frac{2 \cdot I \cdot l}{\gamma \cdot A} \quad \boxed{9}$$

$$A = \frac{2 \cdot I \cdot l}{\gamma \cdot \Delta U} \quad \boxed{10}$$

Einphasenwechselstrom AC

$$\Delta U = \frac{2 \cdot P \cdot l}{\gamma \cdot A \cdot U} \quad \boxed{11}$$

$$P_v = \frac{2 \cdot I^2 \cdot l}{\gamma \cdot A} \quad \boxed{12}$$

$$P_{v\%} = \frac{\Delta u}{\cos^2 \varphi} \quad \boxed{13}$$

γ wie bei DC

$$\Delta U = \frac{2 \cdot I \cdot l \cdot \cos \varphi}{\gamma \cdot A} \quad \boxed{14}$$

$$A = \frac{2 \cdot I \cdot l \cdot \cos \varphi}{\gamma \cdot \Delta U} \quad \boxed{15}$$

Dreiphasenwechselstrom 3 AC

$$\Delta U = \frac{P \cdot l}{\gamma \cdot A \cdot U} \quad \boxed{16}$$

$$P_v = \frac{3 \cdot I^2 \cdot l}{\gamma \cdot A} \quad \boxed{17}$$

$$P_{v\%} = \frac{\Delta u}{\cos^2 \varphi} \quad \boxed{18}$$

γ wie bei DC

$$\Delta U = \frac{\sqrt{3} \cdot I \cdot l \cdot \cos \varphi}{\gamma \cdot A} \quad \boxed{19}$$

$$A = \frac{\sqrt{3} \cdot I \cdot l \cdot \cos \varphi}{\gamma \cdot \Delta U} \quad \boxed{20}$$

A	Leiterquerschnitt	
$\cos \varphi$	Wirkfaktor	
$f_1, f_2 \ldots$	Umrechnungsfaktoren, z. B. wegen Leitungshäufung	
F	Produkt der Umrechnungsfaktoren	
I	Leiterstrom (Bemessungsstrom der Last)	
I_r	Strombelastbarkeit nach Seiten 346 bis 348	
I_N	Bemessungsstrom	
I_Z	Strombelastbarkeit der Leiter	
L	Länge der Leitung	
P	Leistung der Last	
P_v	Leistungsverlust in der Leitung	
$P_{v\%}$	prozentualer Leistungsverlust (bezogen auf Leistung der Last)	
U	Nennspannung des Netzes oder der Last	
U_1	Spannung am Leitungsanfang	
U_2	Spannung am Leitungsende	
ΔU	Spannungsfall (Spannungsunterschied)	
Δu	prozentualer Spannungsfall (bezogen auf U)	
ϑ_b	Betriebstemperatur	
γ	elektrische Leitfähigkeit	
φ	Phasenverschiebungswinkel	

Spannungsfall an Leitungen mit Blindwiderstand (1)
Voltage Drop with Wire Inductance (1)

Begriffe	Erklärungen	Formeln, Ersatzschaltung, Bemerkungen
Spannungsfall an einphasigen Leitungen		
Ersatzschaltung Elektrische Leitung	Eine Ersatzschaltung gibt durch bekannte Bauelemente an, wie sich grundsätzlich ein elektrisches Objekt verhält. Eine elektrische Aderleitung verhält sich wie eine Schaltung aus Widerstand und Induktivität. Zwischen den Adern entsteht eine Kapazität, die einen kapazitiven Blindwiderstand zur Folge hat. Der ist meist nur bei langen Leitungen, z. B. Freileitungen, zu berücksichtigen.	Ersatzschaltung mit X_C, R, X_L. **Ersatzschaltung einer Aderleitung**
Spannungsfall an R in einphasigen AC-Anlagen (siehe auch vorhergehende Seite)	In elektrischen Anlagen versteht man unter Spannungsfall den Spannungsunterschied $U_1 - U_2$ am Speisepunkt (Formel 1). Der Faktor 2 ist eine Folge vom Strom zur Last und zurück in der Leitung. Der $\cos \varphi$ rührt her vom Blindwiderstand in Last und Leitung. R ersetzt durch $\frac{l}{\gamma \cdot A}$ gibt Formel 2.	$\Delta U \approx U_1 - U_2$ $\Delta U_R = 2 \cdot R \cdot I \cdot \cos \varphi$ **1** $\Delta U_R = \frac{2 \cdot l \cdot I \cdot \cos \varphi}{\gamma \cdot A}$ **2**
Spannungsfall an Induktivität L in Anlagen Gesamter Spannungsfall	Auch am induktiven Blindwiderstand der Leitung entsteht zusätzlich ein Spannungsfall (Formel 3). $\sin \varphi$ rührt her vom Blindwiderstand der Last und der Leitung. Aus Formeln 2 und 3 folgt die Formel 4, die mit anderen Formelzeichen in DIN VDE 0100-520 enthalten ist.	$\Delta U_L = 2 \cdot X_L \cdot I \cdot \sin \varphi$ **3** $X_L = X_L' \cdot l \qquad \Delta U = \Delta U_R + \Delta U_L$ $\Delta U = 2 \cdot l \cdot I \cdot \left(\frac{\cos \varphi}{\gamma \cdot A} + X_L' \cdot \sin \varphi \right)$ **4**
Beispielrechnung	Zweiadrige Installationsleitung Länge 10 m, 1,5 mm² Cu. X_L' gemessen zu 0,2 mΩ/m, $I = 16$ A, $f = 50$ Hz, $\cos \varphi = 0{,}8$, $\sin \varphi = 0{,}6$ $X_L = X_L' \cdot l = 0{,}2\ \text{mΩ/m} \cdot 20\ \text{m} = 4\ \text{mΩ}$	Spannungsfall nach Formel 2: $\Delta U_R = \frac{2 \cdot 16\ \text{A} \cdot 10\ \text{m} \cdot 0{,}8}{50\ \text{m/(Ω mm}^2) \cdot 1{,}5\ \text{mm}^2} = \mathbf{3{,}4\ V}$ Zusätzlicher induktiver Spannungsfall nach Formel 3: $\Delta U_L = 2 \cdot X_L \cdot I \cdot \sin \varphi$ $= 2 \cdot 4\ \text{mΩ} \cdot 16\ \text{A} \cdot 0{,}6$ $= 76{,}8\ \text{mV} = \mathbf{0{,}077\ V}$
Folgerung Freileitung	Bei Aderleitungen der Installation ist der induktive Widerstand vernachlässigbar klein. Bei Freileitungen ist X_L' wegen der größeren Leiterabstände viel größer, sodass die induktiven Einflüsse auf den Spannungsfall zu beachten sind.	$\Delta U = \Delta U_R + \Delta U_L$ $= 3{,}4\ V + 0{,}077\ V = \mathbf{3{,}477\ V}$
zulässiger Spannungsfall in % von U_n	Von Zähler zu Steckdose $\Delta u \leq 3\%$. Ab Hausanschluss bis Verbraucher $\Delta u \leq 4\%$. Ab Hausanschluss bis Zähler: $\leq 0{,}5\%$.	Nach DIN 18015. Nach E DIN VDE 0100-530. Abweichungen erlaubt beim Anlauf von Motoren oder hohen Einschaltströmen. Nach TAB/TAEV.

A	Leiterquerschnitt	X_C	kapazitiver Blindwiderstand	γ	elektrische Leitfähigkeit (Gamma)
f	Frequenz	X_L	induktiver Blindwiderstand	$\cos \varphi$	Wirkfaktor
I	Stromstärke	X_L'	Blindwiderstandsbelag (folgende Seite)	$\sin \varphi$	Blindfaktor
L	Induktivität	Δu	Spannungsfall in %	μ_0	magnetische Feldkonstante (Mü, 1,257 µH/m)
L'	Induktivität je Leiterlänge	ΔU	Spannungsfall (Delta U)	π	(Pi) 3,1415...
l	Leiterlänge	ΔU_L	Spannungsfall an X_L	ω	Kreisfrequenz (Omega)
U_1	Spannung ohne Last	ΔU_R	Spannungsfall an R		
U_2	Spannung mit Last				
U_n	Nennspannung				

Spannungsfall an Leitungen mit Blindwiderstand (2)
Voltage Drop with Wire Inductance (2)

Begriffe	Erklärungen	Formeln, Ersatzschaltung

Induktivitätsbelag und Spannungsfall

Widerstandsbelag	Der Belag ist jeweils die Größe von einer Längeneinheit, z. B. von 1 m oder 1 km, z. B. Ω/m oder mH/m. Als Formelzeichen für den Belag verwendet man das Formelzeichen für die Größe mit einem ', z. B. R' oder L'.	$L' = L/l \qquad X_L' = X_L/l$ $L' = \dfrac{\mu_0}{\pi} \cdot \ln \dfrac{2a}{d}$ **1**
Induktivitätsbelag	Formeln für den Induktivitätsbelag findet man in Formelsammlungen.	$X_L' = 2\pi f \cdot L'$ **2**
Blindwiderstandsbelag	Für 50-Hz-Paralleldrahtleitungen gelten **Formel 1** und **Formel 2**. Diese Leitung kann für die einphasige Freileitung von AC-Lasten eingesetzt werden.	für $l \gg a \gg d$
Beispielrechnung	Zweiadrige Freileitung Al/St 25/4, Länge 100 m, 25 mm² Al, $d = 6{,}8$ mm, $a = 800$ mm, $\gamma = 32$ m/(Ω mm²), $I = 50$ A, 50 Hz, $\mu_0 = 1{,}257$ µH/m, $\cos\varphi = 0{,}8$, $\sin\varphi = 0{,}6$.	Spannungsfall nach Formel 2, vorhergehende Seite: $\Delta U_R = \dfrac{2 \cdot 50\,\text{A} \cdot 100\,\text{m} \cdot 0{,}8}{32\,\text{m/(Ω mm}^2\text{)} \cdot 25\,\text{mm}^2} = \mathbf{10\,V}$
Induktivitätsbelag	$L' = \dfrac{\mu_0}{\pi} \cdot \ln \dfrac{2a}{d}$ µH/m $= 2{,}18$ µH/m $X_L' = 2\pi f \cdot L'$ $= 314/\text{s} \cdot 2{,}18$ µH/m $= 0{,}684$ mΩ/m	Zusätzlicher Spannungsfall nach Formel 3, vorhergehende Seite: $\Delta U_L = 2 \cdot X_L \cdot I \cdot \sin\varphi$ $= 2 \cdot 68$ mΩ $\cdot 50$ A $\cdot 0{,}6 = \mathbf{4\,V}$
Folgerung	Bei Freileitungen sind a, l und I größer als bei Installationsleitungen, sodass die induktiven Einflüsse zu beachten sind.	$\Delta U = \Delta U_R + \Delta U_L$ $= 10\,V + 4\,V = \mathbf{14\,V}$

Spannungsfall an Drehstromleitungen

Dreiphasenwechselstrom	Bei Drehstromleitungen gelten ähnliche Formeln wie bei einphasigen AC-Leitungen, weil Drehstrom (Dreiphasenwechselstrom) drei Einphasenströme enthält.	$\Delta U_R = \dfrac{\sqrt{3} \cdot l \cdot I \cdot \cos\varphi}{\gamma \cdot A}$ **3**
	Jedoch entfällt der nutzbare Strom im Neutralleiter, sodass hier der Faktor 2 der Formel 1, vorhergehenden Seite, entfällt.	$\Delta U_L = \sqrt{3} \cdot X_L \cdot I \cdot \sin\varphi$ **4**
Spannungsfall an Induktivität L in Anlagen	Ohne Faktor würde man für die Drehstromleitung den Spannungsfall bis zum Sternpunkt erhalten.	$X_L = X_L' \cdot l \qquad \Delta U = \Delta U_R + \Delta U_L$
Gesamter Spannungsfall	Den Spannungsfall misst man aber zwischen zwei Außenleitern. Dadurch beträgt er das √3-Fache. Deshalb steht bei Drehstrom an Stelle des Faktors 2 der Faktor √3 in den Formeln.	$\Delta U = \sqrt{3} \cdot l \cdot I \cdot \left(\dfrac{\cos\varphi}{\gamma \cdot A} + X_L' \cdot \sin\varphi \right)$ **5**

Hinweis: Bei Aderleitungen und mehradrigen Leitungen der Elektroinstallation in Gebäuden ist der induktive Spannungsfall meist so klein, dass Formel 2, vorhergehende Seite, bzw. Formel 3 dieser Seite ausreichend genau ist.

A	Leiterquerschnitt	l	Leiterlänge	γ	Leitfähigkeit (Gamma)
a	Leiterabstand voneinander	ln	natürlicher Logarithmus	$\cos\varphi$	Wirkfaktor
d	Leiterdurchmesser	X_L	induktiver Widerstand	$\sin\varphi$	Blindfaktor
f	Frequenz	X_L'	induktiver Widerstandsbelag	μ_0	magnetische Feldkonstante (Mü, 1,257 µH/m)
I	Stromstärke	ΔU	Spannungsfall		
L	Induktivität	ΔU_L	Spannungsfall an X_L	π	(Pi) 3,1415...
L'	Induktivitätsbelag	ΔU_R	Spannungsfall an R	ω	Kreisfrequenz (Omega)

Ablauf der Leitungsberechnung — Process of Line Calculation

Schritt 1: Leitungsauswahl nach Strombelastbarkeit

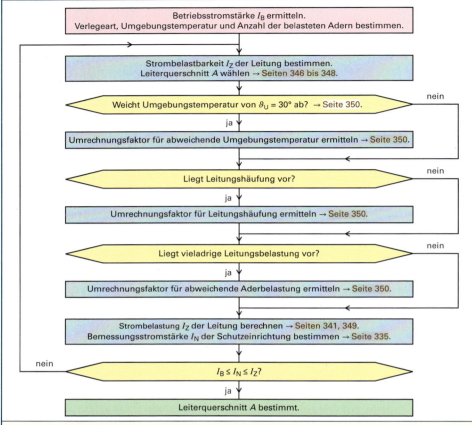

Schritt 2: Leitungauswahl nach höchstzulässigem Spannungsfall

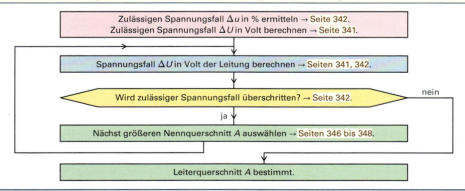

Schritt 3 ist die Berechnung der Schleifenimpedanz Z_S, um festzustellen, ob die Abschaltbedingungen einer Niederspannungsanlage erfüllt sind. Nach der Errichtung ist dann eine Messung durchzuführen.

I_B Betriebsstrom I_N Bemessungsstrom der Schutzeinrichtung I_Z zulässige Strombelastberkeit der Leitung

Verlegearten für feste Verlegung
Installation Methods for Fixed Installation
vgl. DIN VDE 0298-4

Verlegeart	Beschreibung	Verlegeart	Beschreibung
A	Verlegung in einer Wand mit wärmedämmendem Material mit dem spezifischen Wärmeleitwiderstand für die Wandinnenseite $R_K \leq 0{,}1 \frac{K \cdot m}{W}$ • sehr schlechte Wärmeabfuhr	A	Verlegung von Aderleitungen • in Formleisten oder Formteilen, • im Elektroinstallationsrohr in Türfüllungen, • im Elektroinstallationsrohr in Fensterrahmen.
B	Verlegung im geschlossenen Elektroinstallationskanal • auf Putz, • vertikal oder horizontal. Verlegung im Elektroinstallationsrohr • unter Putz, wenn $R_K \leq 2 \frac{K \cdot m}{W}$ • auf Putz, • vertikal oder horizontal. Unterflurverlegung	B	Verlegung von Aderleitungen, einadrigen Kabeln, mehradrigen Kabeln • im Fußbodenleistenkanal, • im abgehängten Elektroinstallationskanal.
C	Verlegung von ein- oder mehradrigem Kabel oder Mantelleitungen • auf einer Wand, • mit Abstand zur Wand, • unter der Decke, • mit Abstand zur Decke, • auf einer Kabelwanne, wenn $A_{Löcher} < 0{,}3 \cdot A$.	C	Verlegung von ein- oder mehradrigem Kabel oder Mantelleitungen • unter Putz, wenn $R_K \leq 2 \frac{K \cdot m}{W}$ • mit und ohne zusätzlichen mechanischen Schutz. Verlegung von Stegleitungen im und unter Putz.
D belastbar etwa wie Gruppe A2	Verlegung von mehradrigem Kabel im Elektroinstallationsrohr oder Kabelschacht im Erdboden. Verlegung von ein- oder mehradrigem Kabel oder Mantelleitungen • auf gelochter Kabelwanne, wenn $A_{Löcher} \geq 0{,}3 \cdot A$, • auf Kabelkonsolen, • auf Kabelpritschen.	E F G	Verlegung von ein- oder mehradrigem Kabel oder Mantelleitungen • abgehängt an einem Trageseil, • bei eingebautem Trageseil. Blanke Leiter oder Aderleitungen auf Isolatoren.

A Fläche, d Durchmesser, R_K spezifischer Wärmeleitwiderstand in Kelvin · Meter je Watt (K · m/W)
Kabel und Leitungen, z. B. NYM, NYMT, NYIF, NYDY, NYBUY, NHMH, NYY, H07V-U, H07V-R, H07V-K
Weitere Verlegearten sind DIN VDE 0298-4 zu entnehmen.

 Aderleitung   Mantelleitungen   Stegleitung   Elektroinstallationsrohr   Elektroinstallationskanal

Strombelastbarkeiten I_r für Kabel und Leitungen für $\vartheta_U = 25\,°C$
Ampacities of Cables and Wires for $\vartheta_U = 25\,°C$

vgl. DIN VDE 0100 Teil 430 Bbl. 1

Bemessungs-querschnitt in mm²	Höchstzulässige Belastbarkeit I_r in A bei Betriebstemperatur $\vartheta_B \leq 70\,°C$														
	Bemessungsstrom I_N der Überstrom-Schutzeinrichtung in A														
	Verlegeart, Anzahl der Strom führenden Leiter aus Kupfer Cu														
	A1		A2		B1		B2		C		E		F	G	
	2	3	2	3	2	3	2	3	2	3	2	3	2	3[1]	3h[2]	3v[2]
1,5	16,5	14,5	16,5	14	18,5	16,5	17,5	16	21	18,5	23	19,5	–	–	–	–
	16	10	16	10	16	16	16	16	20	16	20	16	–	–	–	–
2,5	21	19	19,5	18,5	25	22	24	21	29	25	32	27	–	–	–	–
	20	16	16	16	25	20	20	20	25	25	32	25	–	–	–	–
4	28	25	27	24	34	30	32	29	38	34	42	36	–	–	–	–
	25	25	25	20	32	25	32	25	35	32	40	35	–	–	–	–
6	36	33	34	31	43	38	40	36	49	43	54	46	–	–	–	–
	35	32	32	25	40	35	40	35	40	40	50	40	–	–	–	–
10	49	45	46	41	60	53	55	49	67	60	74	64	–	–	–	–
	40	40	40	40	50	50	50	40	63	50	63	63	–	–	–	–
16	65	59	60	55	81	72	73	66	90	81	100	85	–	–	–	–
	63	50	50	50	80	63	63	63	80	80	100	80	–	–	–	–
25	85	77	80	72	107	94	95	85	119	102	126	107	139	117	155	138
	80	63	80	63	100	80	80	80	100	100	125	100	125	100	125	125
35	105	94	98	88	133	117	118	105	146	126	157	134	172	145	192	172
	100	80	80	80	125	100	100	100	125	125	125	125	160	125	160	160
50	126	114	117	105	160	142	141	125	178	153	191	162	208	177	232	209
	125	100	100	100	160	125	125	125	160	125	160	160	200	160	224	200
70	160	144	147	133	204	181	178	158	226	195	246	208	266	229	298	269
	150	125	125	125	200	160	160	125	224	160	224	200	250	224	250	250
95	193	174	177	159	246	219	213	190	273	236	299	252	322	280	361	330
	160	160	160	125	224	200	200	160	250	224	250	250	315	250	355	315
120	223	199	204	182	285	253	246	218	317	275	348	293	373	326	420	384
	200	160	200	160	250	250	224	200	300	250	315	250	355	315	400	355

Die Strombelastbarkeiten für andere Verlegearten, weitere Bemessungsquerschnitte der Kupferleiter, vieladrige Kabel oder Leitungen und für andere Betriebstemperaturen sowie Betriebsbedingungen sind DIN VDE 0298-4 zu entnehmen.

[1] Dreiadriges Kabel oder Mantelleitung, mit einem Abstand zur Wand, der dem Durchmesser entspricht.

[2] 3h = drei einadrige Kabel oder Mantelleitungen, horizontal verlegt, mit einem Abstand untereinander und zur Wand, der dem Durchmesser entspricht.

3v = wie bei 3h, jedoch vertikal und nebeneinander verlegt.

Strombelastbarkeiten I_r für Kabel und Leitungen für $\vartheta_U = 30$ °C
Ampacities of Cables and Wires for $\vartheta_U = 30$ °C

vgl. DIN VDE 0298-4

Bemessungs-querschnitt in mm²	Höchstzulässige Belastbarkeit I_r in A bei Betriebstemperatur $\vartheta_B \leq 70$ °C													
	Bemessungsstrom I_N der Überstrom-Schutzeinrichtung in A													
	Verlegeart, Anzahl der Strom führenden Leiter													
	A1		A2		B1		B2		C		E		F	G	
	2	3	2	3	2	3	2	3	2	3	2	3	2	3[1]	3h[2]	3v[2]

Werkstoff: Kupfer Cu

mm²	A1-2	A1-3	A2-2	A2-3	B1-2	B1-3	B2-2	B2-3	C-2	C-3	E-2	E-3	F-2	F-3[1]	G-3h[2]	G-3v[2]
1,5	15,5	13,5	15,5	13	17,5	15,5	16,5	15	19,5	17,5	22	18,5	–	–	–	–
	13	13	13	13	16	13	16	13	16	16	20	16	–	–	–	–
2,5	19,5	18	18,5	17,5	24	21	23	20	27	24	30	25	–	–	–	–
	16	16	16	16	20	20	20	20	25	20	25	25	–	–	–	–
4	26	24	25	23	32	28	30	27	36	32	40	34	–	–	–	–
	25	20	25	20	32	25	25	25	35	32	40	32	–	–	–	–
6	34	31	32	29	41	36	38	34	46	41	51	43	–	–	–	–
	32	25	32	25	40	35	35	32	40	40	50	40	–	–	–	–
10	46	42	43	39	57	50	52	46	63	57	70	60	–	–	–	–
	40	40	40	35	50	50	50	40	63	50	63	50	–	–	–	–
16	61	56	57	52	76	68	69	62	85	76	94	80	–	–	–	–
	50	50	50	50	63	63	63	50	80	63	80	80	–	–	–	–
25	80	73	75	68	101	89	90	80	112	96	119	101	131	110	146	130
	80	63	63	63	100	80	80	80	100	80	100	100	125	100	125	125
35	99	89	92	83	125	110	111	99	138	119	148	126	162	137	181	162
	80	80	80	80	125	100	100	80	125	100	125	125	160	125	160	160
50	119	108	110	99	151	134	133	118	168	144	180	153	196	167	219	197
	100	100	100	80	125	125	125	100	160	125	160	125	160	160	200	160
70	151	136	139	125	192	171	168	149	213	184	232	196	251	216	281	254
	125	125	125	125	160	160	160	125	200	160	224	160	250	200	250	250

Werkstoff: Aluminium Al

mm²	A1-2	A1-3	A2-2	A2-3	B1-2	B1-3	B2-2	B2-3	C-2	C-3	E-2	E-3	F-2	F-3[1]	G-3h[2]	G-3v[2]
25	63	57	58	53	79	70	71	62	83	73	89	78	98	84	112	99
	63	50	50	50	63	63	63	50	80	63	80	63	80	80	100	80
35	77	70	71	65	97	86	86	77	103	90	111	96	122	105	139	124
	63	63	63	63	80	80	80	63	100	80	100	80	100	100	125	100
50	93	84	86	78	118	104	104	92	125	110	135	117	149	128	169	152
	80	80	80	63	100	100	100	80	125	100	125	100	125	125	160	125
70	118	107	108	98	150	133	131	116	160	140	173	150	192	166	217	196
	100	100	100	80	125	125	125	100	160	125	160	125	160	160	200	160
95	142	129	130	118	181	161	157	139	195	170	210	183	235	203	265	241
	125	125	125	100	160	160	125	125	160	160	200	160	224	200	250	224

Die Strombelastbarkeiten für andere Verlegearten, weitere Bemessungsquerschnitte, vieladrige Kabel oder Leitungen und für andere Betriebstemperaturen sowie Betriebsbedingungen sind DIN VDE 0298-4 zu entnehmen. Umrechnungsfaktoren bzgl. anderer Temperaturen ϑ_U siehe übernächste Seite.

[1] Dreiadriges Kabel oder Mantelleitung, mit einem Abstand zur Wand, der dem Durchmesser entspricht.

[2] 3h = drei einadrige Kabel oder Mantelleitungen, horizontal verlegt, mit einem Abstand untereinander und zur Wand, der dem Durchmesser entspricht.

3v = wie bei 3h, jedoch vertikal und nebeneinander verlegt.

Strombelastbarkeiten I_r für Kabel und Leitungen für $\vartheta_U = 30\,°C$
Ampacities of Cables and Wires for $\vartheta_U = 30\,°C$

vgl. DIN VDE 0298-4

Höchstzulässige Belastbarkeit I_r in A bei Betriebstemperatur $\vartheta_B \leq 90\,°C$

Bemessungsstrom I_N der Überstrom-Schutzeinrichtung in A

Verlegeart, Anzahl der Strom führenden Leiter

Bemessungs-querschnitt in mm²	A1		A2		B1		B2		C		E		F		G		
	2	3	2	3	2	3	2	3	2	3	2	3	2	3[1]	3h[2]	3v[2]	
Werkstoff: Kupfer Cu																	
1,5	19,0	17,0	18,5	16,5	23	20	22	19,5	24	22	26	23	–	–	–	–	
	16	16	16	16	20	20	20	16	20	20	25	20	–	–	–	–	
2,5	26	23	25	22	31	28	30	26	33	30	36	32	–	–	–	–	
	25	20	25	20	25	25	25	25	32	25	35	32	–	–	–	–	
4	35	31	33	30	42	37	40	35	45	40	49	42	–	–	–	–	
	35	25	32	25	40	35	40	35	40	40	40	40	–	–	–	–	
6	45	40	42	38	54	48	51	44	58	52	63	54	–	–	–	–	
	40	40	40	35	50	40	50	40	50	50	63	50	–	–	–	–	
10	61	54	57	51	75	66	69	60	80	71	86	75	–	–	–	–	
	50	50	50	50	63	63	63	50	80	63	80	63	–	–	–	–	
16	81	73	76	68	100	88	91	80	107	96	115	100	–	–	–	–	
	80	63	63	63	100	80	80	80	100	80	100	100	–	–	–	–	
25	106	95	99	89	133	117	119	105	138	119	149	127	161	135	182	161	
	100	80	80	80	125	100	100	100	125	100	125	125	160	125	160	160	
35	131	117	121	109	164	144	146	128	171	147	185	158	200	169	226	201	
	125	100	100	100	160	125	125	125	160	125	160	125	200	160	224	200	
50	158	141	145	130	198	175	175	154	209	179	225	192	242	207	275	246	
	125	125	125	125	160	160	160	125	200	160	224	160	224	200	250	224	
70	200	179	183	164	253	222	221	194	269	229	289	246	310	268	353	318	
	200	160	160	160	250	200	200	160	250	200	224	200	250	250	315	315	
Werkstoff: Aluminium Al																	
25	84	76	78	71	105	93	94	84	101	90	108	97	121	103	138	122	
	80	63	63	63	100	80	80	80	100	80	100	80	100	100	125	100	
35	103	94	96	87	130	116	115	103	126	112	135	120	150	129	172	153	
	100	80	80	80	125	100	100	100	125	100	125	100	125	125	160	125	
50	125	113	115	104	157	140	138	124	154	136	164	146	184	159	210	188	
	125	100	100	100	125	125	125	100	125	125	160	125	160	125	200	160	
70	158	142	145	131	200	179	175	156	198	174	211	187	237	206	271	244	
	125	125	125	125	200	160	160	125	160	160	200	160	224	200	250	224	
95	191	171	175	157	242	217	210	188	241	211	257	227	289	253	332	300	
	160	160	160	125	224	200	200	160	224	200	250	224	250	250	315	250	

Die Strombelastbarkeiten für andere Verlegearten, weitere Bemessungsquerschnitte, vieladrige Kabel oder Leitungen und für andere Betriebstemperaturen sowie Betriebsbedingungen sind DIN VDE 0298-4 zu entnehmen. Umrechnungsfaktoren bzgl. anderer Temperaturen siehe nächste Seite.

[1] Dreiadriges Kabel oder Mantelleitung, mit einem Abstand zur Wand, der dem Durchmesser entspricht.

[2] 3h = drei einadrige Kabel oder Mantelleitungen, horizontal verlegt, mit einem Abstand untereinander und zur Wand, der dem Durchmesser entspricht.

3v = wie bei 3h, jedoch vertikal und nebeneinander verlegt.

Strombelastbarkeit von flexiblen oder wärmefesten Leitungen
Ampacity of flexible or heat-resitant Cords

vgl. DIN VDE 0298-4

Belastbarkeit flexibler Leitungen mit $U_N \leq 1000$ V bei Umgebungstemperatur $\vartheta_U = 30$ °C

Anzahl stromführender Leiter, Verlegeanordnung	ϑ_B in °C Isolierwerkstoff	Bauart-Kurzzeichen Beispiele	Belastung in A bei einem Bemessungsquerschnitt in mm²											
			0,75	1	1,5	2,5	4	6	10	16	25	35	50	70	95
1 V1	70 Polyvinylchlorid	H05V-U H07V-U H07V-K	15	19	24	32	42	54	73	98	129	158	198	245	292
2 oder 3 V2, V3	60 Gummi	H05RN-F H07RN-F NMHVÖU	6 (6)	10 (10)	16 (16)	25 (20)	32 (25)	40 –	63 –	– –	– –	– –	– –	– –	– –
2 oder 3 V2, V3	70 Polyvinylchlorid	H05VVH6-F H07VVH6-F NYMH11Yö	12	15	18	26	34	44	61	82	108	135	168	207	250

Belastbarkeit flexibler Leitungen ab 6 kV/10 kV bei Umgebungstemperatur $\vartheta_U = 30$ °C

Anzahl stromführender Leiter, U_N, Verlegeanordnung	ϑ_B in °C Isolierwerkstoff	Bauart-Kurzzeichen Beispiele	Belastung in A bei einem Bemessungsquerschnitt in mm²										
			2,5	4	6	10	16	25	35	50	70	95	120	150	185
3 ≤ 6 kV/10 kV V2	80 Ethylenpropylen-Kautschuk	NSSHöu	30	41	53	74	99	131	162	202	250	301	352	404	461
3 > 6 kV/10 kV V2	80 Ethylenpropylen-Kautschuk	NSSHöu	–	–	–	–	105	139	172	215	265	319	371	428	488

Umrechnungsfaktoren für die Belastbarkeit von wärmebeständigen Leitungen

Siehe auch Seite 341.

Anzahl stromführender Leiter, Verlegeanordnung	ϑ_B in °C Isolierwerkstoff	Bauart-Kurzzeichen Beispiele	Umrechnungsfaktoren bei ϑ_U in °C											
			50	60	70	80	90	100	110	120	130	140	150	160	170
1, 2 oder 3 V1, V2	90 Polyvinylchlorid	NYFAFW NYPLYW	1,00	0,87	0,71	0,50	–	–	–	–	–	–	–	–	–
1 V1	110 Ethylen-Vinyl-acetat-Copolymer	N4GA N4GAF	1,00	1,00	1,00	1,00	0,82	0,58	–	–	–	–	–	–	–
1 V1	135 Ethylen-Tetrafluorethylen	N7YA N7YAF	1,00	1,00	1,00	1,00	0,94	0,79	0,61	0,35	–	–	–	–	–
1, 2 oder 3 V1, V2	180 Silikon-Kautschuk	H05SJ-K N2GSA	1,00	1,00	1,00	1,00	1,00	1,00	1,00	1,00	1,00	1,00	1,00	0,82	0,58

Verlegeanordnungen von Leitungen

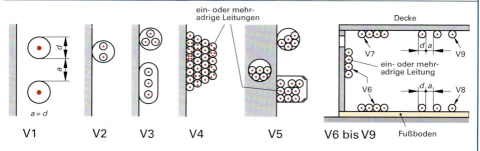

V1   V2   V3   V4   V5   V6 bis V9   Fußboden

a = d

a Leiterabstand
d Durchmesser des Leiters
U_N Bemessungsspannung
V Verlegeanordnung
ϑ_B höchstzulässige Betriebstemperatur
ϑ_U Umgebungstemperatur

Umrechnungsfaktoren für die Strombelastbarkeit
Correction Factors for the Ampacity
vgl. DIN VDE 0298-4

Umrechnungsfaktoren[1] für andere Umgebungstemperaturen ϑ_U

Isolierwerkstoff	ϑ_B in °C	Umrechnungsfaktoren bei ϑ_U in °C								
		10	15	20	25	**30**	35	40	45	50	60
Naturkautschuk, synthetischer Kautschuk	60	1,29	1,22	1,15	1,08	**1,0**	0,91	0,82	0,71	0,58	–
Polyvinylchlorid	70	1,22	1,17	1,12	1,06	**1,0**	0,94	0,87	0,79	0,71	0,5
Ethylenpropylenkautschuk	80	1,18	1,14	1,10	1,05	**1,0**	0,95	0,89	0,84	0,77	0,63

Umrechnungsfaktoren[1] bei Häufung von Leitungen

Verlegeanordnung	Verlegeanordnung[2]	Umrechnungsfaktoren bei Anzahl der mehradrigen Leitungen oder Anzahl der Wechselstromkreise oder Drehstromkreise aus einadrigen Leitungen						
		1	2	3	4	6	8	10	14
Gebündelt direkt auf der Wand, dem Fußboden, im Elektroinstallationsrohr oder Elektroinstallationskanal, auf oder in der Wand	V4, V5	1,00	0,80	0,70	0,65	0,57	0,52	0,48	0,43
Einlagig auf Wand oder Fußboden mit gegenseitiger Berührung	V6	1,00	0,85	0,79	0,75	0,72	0,71	0,70	0,70
Einlagig unter Holzdecke mit gegenseitiger Berührung	V7	0,95	0,81	0,72	0,68	0,64	0,62	0,61	0,61
Einlagig auf der Wand oder auf dem Fußboden $a = d$	V8	1,00	0,94	0,90	0,90	0,90	0,90	0,90	0,90
Einlagig unter der Decke $a = d$	V9	0,95	0,85	0,85	0,85	0,85	0,85	0,85	0,85

Die Umrechnungsfaktoren gelten für Leitungen für feste Verlegung und für flexible Leitungen, wenn die Anzahl der belasteten Adern, die Art der Leitung und die Verlegeanordnung übereinstimmen.

Umrechnungsfaktoren[1] bei Häufung von Leitungen auf Kabelwannen und Kabelpritschen

Art	Verlegeanordnung	Anzahl der Pritschen	Umrechnungsfaktoren bei Anzahl der Leitungen				
			1	2	3	4	6	9
Unperforierte Kabelwanne		1	0,97	0,84	0,78	0,75	0,71	0,68
		2	0,97	0,83	0,76	0,72	0,68	0,63
		3	0,97	0,82	0,75	0,71	0,66	0,61
		6	0,97	0,81	0,73	0,69	0,63	0,58
Perforierte Kabelwanne (Kabelroste)		1	1,0	0,87	0,81	0,78	0,75	0,73
		2	1,0	0,86	0,79	0,76	0,72	0,68
		3	1,0	0,85	0,78	0,75	0,70	0,66
		6	1,0	0,84	0,77	0,73	0,68	0,64
Kabelpritsche		1	1,0	0,88	0,83	0,81	0,79	0,78
		2	1,0	0,86	0,81	0,78	0,75	0,73
		3	1,0	0,85	0,79	0,76	0,73	0,70
		6	1,0	0,83	0,76	0,73	0,69	0,66

Die Kabelwanne hat hochgezogene Seitenteile, aber keine Abdeckung. Die Perforation muss 30 % der Gesamtfläche betragen. Bei Kabelpritschen darf die Auflagefläche 10 % der Gesamtfläche der Konstruktion betragen.

Umrechnungsfaktoren[1] für vieladrige Leitungen mit Leiter-Bemessungsquerschnitten ≤ 10 mm²

Anzahl der Strom führenden Leiter						
5	7	10	14	19	24	40	61
0,75	0,65	0,55	0,50	0,45	0,40	0,35	0,30

Umrechnungsfaktoren[1] für aufgewickelte Leitungen

Anzahl der Lagen			
1	2	3	4
0,80	0,61	0,49	0,42

a Leiterabstand
d Durchmesser des Leiters
ϑ_B höchstzulässige Betriebstemperatur
ϑ_U Umgebungstemperatur

[1] Formelzeichen f, Leitungsberechnung siehe Seite 341. [2] Verlegeanordnungen siehe vorhergehende Seite.

Strombelastbarkeit von mehradrigen Leitungen mit Oberschwingungen OS

Ampacity of multcore Wires with Harmonics
vgl. DIN VDE 0298-4

Bild, Tabelle, Erklärungen	Bemerkungen	Ergänzungen, Formeln
Anlage mit Oberschwingungen	Betriebsmittel mit Oberschwingungen OS sind meist über mehradrige Leitungen angeschlossen, und zwar einphasige Geräte über dreiadrige Leitungen (L, N und PE) und Drehstromgeräte über vier- und fünfadrige Leitungen (L1, L2, L3, N und PE).	Bei mehradrigen Leitungen haben alle Leiter der Leitung denselben Querschnitt A (mögliche Querschnitte der Leitungen siehe z.B. Seite 347). Den Leiterquerschnitt entnimmt man z.B. der Seite 347 nach der Nennstrombelastbarkeit I_r der Leitung (Tabellenwert).

Tabelle 1: Reduzierte Strombelastbarkeiten I_Z

Grund	Seite
höhere Umgebungstemperatur	350
Häufung von Leitungen	350
Leiterstrom mit Oberschwingungen OS	hier

Leiterquerschnitt und Bemessungsstrom gelten bei Mehraderleitungen für alle Adern (alle Leiter).

Durch die genannten Umstände ist die tatsächliche Strombelastbarkeit I_Z der Leitung kleiner als z.B. die in der Tabelle der Seite 347 genannte Nennstrombelastbarkeit I_r.

Man erhält I_Z, wenn man I_r mit dem Umrechnungsfaktor (Reduktionsfaktor) f des Anlasses, z.B. von Seite 350, multipliziert (Formel 1).

Meist ist die Strombelastbarkeit bekannt und der erforderliche Bemessungsstrom I_r zum Aufsuchen des Querschnitts von z.B. Seite 347 gesucht (Formel 2).

Strombelastbarkeit

$$I_Z = f \cdot I_r \quad \boxed{1}$$

Bemessungsstrom

$$I_r = \frac{I_Z}{f} \quad \boxed{2}$$

Die Faktoren der Norm gelten für OS der Ordnungszahl 3. Für diese ist im Neutralleiter der Strom I_3 so groß wie die Summe der OS in den 3 Außenleitern.

Ermittlung des Umrechnungsfaktors (Reduktionsfaktors) aufgrund von Oberschwingungen

$I_3' = \dfrac{I_3}{I_L}$

Bei I_3' bis 33 % f aus Tabelle 2 für I_L entnehmen, für $I_3' > 33$ % f für I_{NL} entnehmen.

Tabelle 2: Umrechnungsfaktoren

Oberschwingungsanteil I_3'	Reduktionsfaktoren f für den Strom	
	Außenleiterstrom I_L	Neutralleiterstrom I_{NL}
≤ 15 %	1,0	–
> 15 % bis 33 %	0,86	–
> 33 % bis 45 %	–	0,86
> 45 %	–	1,0

Berechnung der Leiterquerschnitte I_N bei $I_3' < 33$ % für 4- und 5-adrige Leitungen

Hier haben alle Leiter den Querschnitt der Außenleiter.

1. Ermittlung von I_L,
2. f aus Tabelle 2 entnehmen,
3. I_r berechnen (Formel 2),
4. Querschnitt aus Seiten 347, 348 entnehmen.

$$I_Z = f \cdot I_L \quad \boxed{3}$$

Bei OS-Anteil < 15 % bleibt die Strombelastbarkeit der Leitung unverändert.

Berechnung der Leiterquerschnitte I_{NL} bei $I_3' > 33$ % für 4- und 5adrige Leitungen

Hier haben alle Leiter den Querschnitt des Neutralleiters.

1. Ermittlung von I_L,
2. f aus Tabelle 2 entnehmen,
3. I_{NL} berechnen (Formel 4),
4. I_r berechnen (Formel 5),
4. Querschnitt aus Seiten 347 bzw. 348 entnehmen.

$$I_{NL} = 3 \cdot I_L \cdot I_3' \quad \boxed{4}$$

$$I_r = \frac{I_{NL}}{f} \quad \boxed{5}$$

A	Leiterquerschnitt	I_Z	Strombelastbarkeit	
f	Umrechnungsfaktor, Reduktionsfaktor bzw. Produkt der Faktoren	I_3	OS-Strom mit $v = 3$	
		I_3'	Oberschwingungsanteil	
I_L	Außenleiterstrom, Laststrom	OS	Oberschwingung	
I_{NL}	Neutralleiterstrom	v	Ordnungszahl der OS (Nüh)	
I_r	Bemessungsstrom, Tabellenwert			

Bei unsymmetrischer Belastung der Außenleiter oder bei Auftreten von OS mit weiteren Ordnungszahlen müssen die Umrechnungsfaktoren f verkleinert werden.

Messen von Oberschwingungen — Measurement of Harmonic Distortion

Vorgang, Aufgabe	Erklärung, Lösung	Bilder, Formeln
Zum Messen der Oberschwingungen verwendet man Netzanalysegeräte, z. B. beim Einphasennetz einen speziellen Zangenstromwandler (**Bild**). Dieser hat ein Display zur Darstellung von Strom- und Spannungsverlauf wie bei einem Oszilloskop. Außerdem können die Oberschwingungsanteile grafisch als Histogramm angezeigt werden (**Bild unten**). www.fluke.de	Aus dem Oszillogramm von U und I kann der Anwender erkennen, ob Oberschwingungen enthalten sind. Diese können getrennt nach ihren Ordnungszahlen als Effektivwerte gemessen werden, z.B. die Grundschwingung und die 3. Teilschwingung. Auch der gesamte Effektivwert (THD-Wert, von Total Harmonic Distortion) ist messbar und ist zusammen mit den einzelnen Effektivwerten als Histogramm anzeigbar.	**Netzqualitätsmesszange**
Zur Bestimmung des Oberschwingungsanteiles in einem elektrischen Signal werden folgende Parameter (Verzerrungsfaktoren) verwendet: Total Harmonic Distortion (THD) und Total Demand Distorsion (TDD). Verschiedene Definitionen sind gebräuchlich. **Beispiel 1:** In einer Einphasenanlage werden gemessen $U_1 = 230$ V, $U_3 = 120$ V, $U_5 = 50$ V, $U_7 = 8$ V. Wie groß ist der THD_V-Wert?	THD = Vehältnis des Effektivwertes aller Oberschwingungen zum Effektivwert der Grundschwingung. Üblicherweise für Spannung und Strom. *Lösung Beispiel 1:* $THD = \dfrac{\sqrt{U_3^2 + U_5^2 + U_7^2}}{U_1} =$ $\dfrac{\sqrt{(120)^2 + (50\,V)^2 + (8\,V)^2}}{230} = 0{,}566$ in Prozent: $THD_V = 56{,}6\,\%$	**THD-Wert der Spannung** $$THD = \dfrac{\sqrt{U_2^2 + U_3^2 + \ldots + U_n^2}}{U_1}$$ **1** **THD-Wert des Stromes** $$THD = \dfrac{\sqrt{I_2^2 + I_3^2 + \ldots + I_n^2}}{I_1}$$ **2** U_x bzw. I_x mit $x = 1, 2, \ldots$ Spannungs- bzw. Stromeffektivwert, x Ordnungszahl
Für die Energietechnik ist der THD-Wert der Spannung und des Stromes als THD_V- bzw. THD_I-Wert festgelegt. **Beispiel 2:** Effektivwert der Spannung: 232 V, Effektivwert der Grundschwingung: 230 V. Wie groß ist der THD_V-Wert?	*Lösung:* $THD_V = \dfrac{\sqrt{U^2 - U_1^2}}{U_1}$ $= \dfrac{\sqrt{(232\,V)^2 - (230\,V)^2}}{230\,V} = 0{,}132$ in Prozent: $THD_V = 13{,}2\,\%$ U bzw. I Spannungs- bzw. Stromeffektivwert mit Oberschwingungen.	**THD_V- und THD_I-Wert** $$THD_V = \dfrac{\sqrt{U^2 - U_1^2}}{U_1}$$ **3** $$THD_I = \dfrac{\sqrt{I^2 - I_1^2}}{I_1}$$ **4** U_1 bzw. I_1 Grundschwingungseffektivwert
Der THD-Wert als effektive Methode, um Spannungsverzerrungen anzugeben. Bei sehr kleinen Strömen (≈ 0) kann der THD-Wert zu Fehlinterpretation führen, da THD $\to \infty$, wenn $I_1 \to 0$. Daher wird für Ströme der TDD-Wert verwendet.	TDD = Verhältnis zwischen Stromoberschwingungen (Effektivwerte) zu durchschnittlich in einem Testintervall auftretendem Stromnennwert I_{nenn} unter Volllastbedingungen.	**TDD-Wert des Stromes** $$TDD = \dfrac{\sqrt{I_2^2 + I_3^2 + \ldots + I_n^2}}{I_{nenn}}$$ **5** I_x mit $x = 2, 3, \ldots$ Stromeffektivwert, x Ordnungszahl
Histogramm zu Beispiel 1 (Balkendiagramm: U_v/V über v; 230 V bei $v=1$, 120 V bei $v=3$, 50 V bei $v=5$, 8 V bei $v=7$)	Bei Erzeugungsanlagen, z.B. PV-Anlagen, Biogasanlagen oder Windrädern, dürfen die Oberschwingungsströme Grenzen nach Tabelle 1 nicht überschreiten, da sonst die Oberschwingungsspannungen im Netz zu groß werden würden. Wenn durch Messungen festgestellt wird, dass zulässige Grenzen überschritten werden, muss der Anteil an Oberschwingungen reduziert werden, z.B. durch Kompensation (Seite 57).	**Tabelle 1:** **Zulässige Oberschwingungsströme bei Erzeugungsanlagen** vgl. VDE-AR-N 4105 | v | 3 | 5 | 7 | 9 | 11 | | I_v | 3 | 1,5 | 1 | 0,7 | 0,5 | v Ordnungszahl (griech. Nü) I_v in mA je kVA der Anlage

Stromgefährdung, Berührungsarten, Fehlerarten
Endangering by Current, Kinds of Touches, Types of Faults

Stromgefährdung

vgl. DIN VDE 0140-479-1

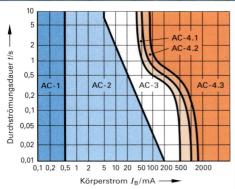

Sicherheitskurven nach VDE V 0140-479-1 für AC 15 Hz bis 100 Hz, Stromweg von der linken Hand zu den Füßen

Zone	Physiologische Wirkung
AC-1	Normalerweise keine Wirkung.
AC-2	Meist keine schädliche Wirkung.
AC-3	Meist kein organischer Schaden, krampfartige Muskelreaktionen möglich und Schwierigkeiten beim Atmen.
AC-4	Umfasst Bereiche AC-4.1, AC4.2, AC-4.3. Herzstillstand, Atemstillstand und schwere Verbrennungen möglich.
AC-4.1	Wahrscheinlichkeit von Herzkammerflimmern, ansteigend bis etwa 5 %.
AC-4.2	Wahrscheinlichkeit von Herzkammerflimmern, ansteigend bis etwa 50 %.
AC-4.3	Wahrscheinlichkeit von Herzkammerflimmern, über 50 %.

In kleinen Strombereichen hat erst die dreifache Gleichstromstärke dieselbe Wirkung wie ein Wechselstrom.

Berührungsarten

vgl. DIN VDE 0100-410

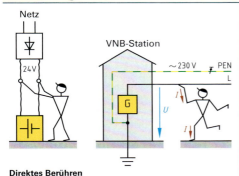

Direktes Berühren

Direktes Berühren: Berühren aktiver Teile, z. B. eines blanken Außenleiters (**Bild links**).

Indirektes Berühren: Berühren eines leitenden Teiles, das erst infolge eines Fehlers („Schlusses") eine Berührungsspannung führt (**Bild unten**).

Basisschutz nennt man den Schutz gegen direktes Berühren. Er wird meist durch Isolieren, Abdecken oder Umhüllen aktiver (unter Spannung stehender) Teile bewirkt (Seiten 355, 357).

Fehlerschutz nennt man den Schutz gegen indirektes Berühren (Schutz gegen Berühren von erst durch einen Fehler unter Spannung gesetzten Teilen, Seite 355).

Bei allen Anlagen und Betriebsmitteln müssen Basisschutz, Fehlerschutz und meist zusätzlicher Schutz erfüllt sein.

Fehlerarten

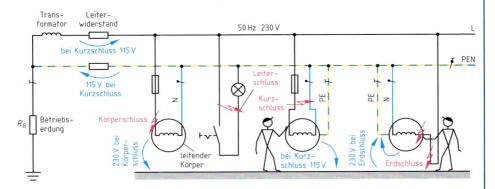

Indirektes Berühren der Spannung bei Körperschluss, Kurzschluss und Erdschluss ohne ordnungsgemäße Schutzmaßnahmen gegen indirektes Berühren

Weitere Stromgefährdungen — Other Endangerings by Current

Stromgefährdung bei verschiedenen Wegen des Körperstroms

Der Stromweg des Körperstroms ist umso gefährlicher, je mehr er zu einem Stromweg über das Herz führt. Der Herzfaktor F gibt an, um welchen Faktor die Stromwirkung anders ist als bei einem Strom derselben Größe, der von der linken Hand zum Fuß fließt.

Herzstromfaktor

I_{BN} Körperstrom von linker Hand zu Fuß
I_B Körperstom (Stromweg nach Tabelle)

$$F = \frac{I_{BN}}{I_B}$$

Beispiel 1: Bei einer sitzend verrichtenden Arbeit erhält ein Techniker bei Arbeit unter Spannung einen elektrischen Schlag von Hand zu Hand mit AC 50 mA. Wie groß hätte der Schlag bei gleicher Wirkung sein können, wenn der Techniker auf einem leitenden Fußboden gestanden wäre und er mit der linken Hand einen Schlag erhalten hätte?

Lösung: $F = 0{,}4 \rightarrow I_{BN} = 50\ \text{mA} \cdot 0{,}4 = $ **20 mA**

Stromweg bei AC oder DC	Herzstromfaktor F
Linke Hand zu einem Fuß oder beiden Füßen	1,0
Beide Hände zu beiden Füßen	1,0
Linke Hand zur rechten Hand	0,4
Rechte Hand zu einem oder beiden Füßen	0,8
Rücken zur rechten Hand	0,3
Rücken zur linken Hand	0,7
Brust zur rechten Hand	1,3
Brust zur linken Hand	1,7
Gesäß zu linker Hand, rechter Hand oder beiden Händen.	0,8; 0,6; 0,7
Linker Fuß zum rechten Fuß	0,04

Stromgefährdung bei Gleichstrom

vgl. VDE V 0140-479-1

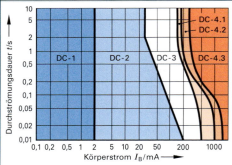

Sicherheitskurven nach VDE V 0140-479-1 für DC von linker Hand zu den Füßen

Bereiche	physiologische Wirkung
DC-1	Leicht stechende Empfindung bei schneller Änderung des Stroms.
DC-2	Unwillkürliche Muskelreaktion bei schneller Stromänderung, aber meist nicht schädliche Wirkung.
DC-3	Starke Muskelkontraktion und Störungen der Reizleitung im Herzen können mit zunehmender Stromstärke und Dauer auftreten, meist aber noch kein organischer Schaden.
DC-4	Schädliche Wirkungen wie Herzstillstand, Atemstillstand, Zellschäden und Verbrennungen. Herzkammerflimmern-Wahrscheinlichkeit: DC-4.1 ≤ 5 %, DC-4.2 ≤ 50 %, DC-4.3 ≥ 50 %

Sich ändernde Bedeutung von Gleichstrom

Jahre	Anwendungsbeispiele
bis 1800	Entwicklung der Elektrophysik mit DC, Anwendung von DC z. B. Telegrafie. DC-Generatoren.
1801 bis 1900	Entwicklung Nachrichtentechnik mit DC, Antriebe mit DC wegen Steuerbarkeit, sonst AC und 3AC. Netztechnik zunehmend 3AC.
1901 bis 2000	AC und 3AC haben sich durchgesetzt bis auf DC-Anwendungen bei Fahrzeugen und Kommunikationstechnik.
seit 2001	DC wird wichtiger, bleibt aber bisher für die Energietechnik weiter hinter AC und 3AC. Ausnahmen: Netztechnik über große Entfernung (HGÜ = Hochspannungs-Gleichstrom-Übertragung). Photovoltaik, Elektromobilität und Energieausgleich mit Akkumulatoren („Energiewende").

Einige Normen bzgl. Gleichstrom

Norm	Bezeichnung (gekürzt)
VDE-0122-1	Laden von Elektrofahrzeugen an DC bis 1 500 V.
VDE-AR-E 2100-712	Maßnahmen für den DC-Bereich einer PV-Anlage zum Einhalten der elektrischen Sicherheit bei einer technischen Hilfeleistung.
VDE 0117-3	Sicherheitsanforderungen mit Nennspannungen bis 240 V für Flurförderfahrzeuge.
VDE 05531-1	Hochspannungs-Gleichstrom-Energieübertragung HGÜ.
DIN EN ISO 16230-1	Sicherheit in Landmaschinen mit DC 75 V bis 1 500 V.
VDE 0845-3-1	Überspannungsschutzgeräte in IT-Netzwerken mit DC bis 1 500 V.

Schutzmaßnahmen, Schutzklassen

Protective Measures, Classes of Protection

Schutzmaßnahmen-Übersicht

Schutz	Schutz durch	Bemerkungen
Basisschutz (Schutz gegen direktes Berühren), allgemein	Isolierung aktiver Teile	Farben und Lacke sind kein ausreichender Basisschutz.
	Abdeckung oder Umhüllung	Schutzart mindestens IP 2X. Sichere Befestigung. Entfernung darf nur mithilfe von Werkzeugen oder nach Abschaltung möglich sein.
	Schutzkleinspannung SELV	Speisung aus besonders zuverlässigen Stromquellen mit Bemessungsspannung von höchstens AC 25 V oder DC 60 V.
	Zusätzlicher Schutz durch Fehlerstrom-Schutzeinrichtung (RCD, Seite 358)	Ergänzung von Schutzmaßnahmen gegen direktes Berühren. Ist als alleinige Schutzmaßnahme nicht zulässig.
Fehlerschutz (Schutz bei indirektem Berühren), allgemein	Abschalten oder Meldung	Im Fehlerfall soll durch automatisches Abschalten verhindert werden, dass eine Berührungsspannung so lange fortbesteht, bis sich daraus eine Gefahr ergibt.
	Schutzklasse II	Schutz durch doppelte oder verstärkte Isolierung.
	Zusätzlicher Schutz durch örtlichen Schutzpotenzialausgleich.	Alle gleichzeitig berührbaren Körper und fremde leitfähige Teile müssen durch Schutzpotenzialausgleichsleiter verbunden werden. Das örtliche Potenzialausgleichsystem darf weder über Körper noch über leitfähige Teile mit der Erde verbunden sein.
	RCD mit $I_{\Delta N} \leq 30$ mA	Zusätzlicher Schutz, vorgeschrieben in Steckdosenstromkreisen bis AC 32 A und Endstromkreisen im Außenbereich bis 32 A für tragbare Betriebsmittel.
	Schutzerdung / Automatische Abschaltung der Stromversorgung	Erdung über den Schutzleiter zur automatischen Abschaltung der Stromversorgung oder Meldung. Begriff „Schutzerdung" durch „Automatische Abschaltung der Stromversorgung" ersetzt.
	Schutztrennung	Verhindert Gefahren beim Berühren von Körpern, die durch Fehler in der Basisisolierung Spannung annehmen können. **Nur ein Verbrauchsmittel**: Fehlerschutz bei $U_N \leq 500$ V, keine Verbindung mit Erde oder dem PE. **Mehrere Verbrauchsmittel**: Zusätzlich Verbindung der Körper mit nicht geerdeten Schutzpotenzialausgleichsleiter. Nur bei fachlicher Überwachung.
	Schutzkleinspannung SELV oder PELV (Seite 357)	Wie gegen direktes Berühren, aber höchstens AC 50 V oder DC 120 V, wenn nicht kleinere Spannung vorgeschrieben ist.
Weitere Möglichkeiten für den Schutz in fachlich überwachten Anlagen (siehe auch Seite 362)	**Basisschutz:** Hindernisse	Z. B. Schutzleisten, Geländer, Gitterwände. Müssen absichtliches Berühren nicht ausschließen.
	Abstand	Im Handbereich ($\leq 2{,}50$ m) dürfen sich keine gleichzeitig berührbaren Teile verschiedenen Potenzials befinden.
	Fehlerschutz: Isolierende Umgebung	Leitfähige Körper sind so angeordnet, dass sie nicht gleichzeitig berührbar sind.
	Örtlicher, erdfreier Schutzpotenzialausgleich	Alle Körper sind an einen Schutzpotenzialausgleichsleiter anzuschließen.

Schutzklassen elektrischer Betriebsmittel

Klasse	Art	Kennzeichen	Beispiel
I	Schutzleiterschutz	⏚	Elektromotor mit Metallgehäuse
II	Schutz durch doppelte oder verstärkte Isolierung, Schutzklasse II	⬜	Haushaltsgeräte mit Kunststoffgehäuse, z. B. Küchengeräte, Rasierapparate, Staubsauger (nicht Bügeleisen)
III	Schutzkleinspannung SELV oder PELV	⬦	Handleuchten in Kesseln, z. B. 50 V AC bzw. 120 V DC

Systeme und Fehlerschutz mit Schutzleiter
Systems and Fault Protection with Protective Conductor

Schutz durch	TN-Systeme	TT-System	IT-System
Abschaltung durch Fehlerstrom-Schutzeinrichtung (RCD)	TN-S-System		
Abschaltung durch Überstrom-Schutzeinrichtung, z. B. Leitungsschutzschalter	TN-S-System		Anschluss einphasiger Wechselspannungsverbraucher über Trenntransformator zwischen zwei Außenleitern → 230 V.
	TN-S-System / TN-S-S-System TN-C-System nur, wenn PEN > 10 mm², fest verlegt und keine Gefährdung.	Meist nicht anwendbar, da die erforderlichen kleinen Erdungswiderstände kaum erreichbar sind. Sicherung des Neutralleiters entfällt, wenn bei einem Körperschluss Abschaltung innerhalb von 0,2 s erfolgt bei $U_0 \leq 230$ V, aber 0,07 s bei 230 V $\leq U_0 \leq$ 400 V und 0,04 s bei $U_0 >$ 400 V (AC).	Erdungswiderstände müssen so klein sein, dass 2. Fehler zur Abschaltung führt.
Meldung durch Isolationsüberwachungseinrichtung	IT-System In jedem Fall ist ein zusätzlicher Schutzpotenzialausgleich erforderlich. Überstrom-Schutzeinrichtungen sind erforderlich gegen Kurzschluss und meist auch gegen Überlast. Siehe auch Seiten 361, 364.		
Bedingungen	Messungen Schleifenimpedanz und Gesamterdungswiderstand nach Seiten 293, 295. PEN-Leiter darf allein nicht schaltbar sein. Im Netz Anschluss des PEN an alle Fundamenterder.	Alle Körper, die von derselben Schutzeinrichtung geschützt werden, müssen an einen gemeinsamen Erder angeschlossen werden. Messung Erdungswiderstand nach Seite 295.	IT-System entweder gegen Erde isoliert oder über große Impedanz geerdet. Körper sind einzeln, gruppenweise oder insgesamt mit einem PE zu verbinden.

Basisschutz und Fehlerschutz — Basic Protection and Fault Protection

Schutzart	Erklärung	Bemerkungen, Ansichten

Höchstzulässige bestehenbleibende Berührungsspannungen
Bemessungsspannungen von SELV und PELV

Schutzart	Erklärung	Bemerkungen, Ansichten
AC 50 V, DC 120 V	Übliche Anlage, z. B. Wohnhausinstallation, in Werkstätten.	Beleuchtungsstromkreise, Steckdosenstromkreise, Motorstromkreise.
AC 25 V, DC 60 V	Anlagen, in denen mit niedrigem Körperwiderstand der Menschen zu rechnen ist.	Stromkreise in medizinisch genutzten Bereichen, Stromkreise in unmittelbarer Nähe zu Schwimmbecken.
AC < 25 V, DC < 60 V	Anlagen, in denen mit extrem niedrigem Körperwiderstand zu rechnen ist.	AC ≤ 12 V bzw. DC ≤ 30 V für Stromkreise z. B. in Schwimmbecken und in der Nähe von Wasser-Fontänen.

Maßnahmen für Basisschutz und Fehlerschutz

Schutzart	Erklärung	Bemerkungen, Ansichten
Normaler (allgemeiner) Basisschutz	**Basisisolierung** verhindert das Berühren aktiver (unter Spannung stehender) Teile. Die Isolierung muss so beschaffen sein, dass sie nur durch Zerstörung entfernt werden kann. **Abdeckung oder Umhüllung** verhindert ebenfalls direktes Berühren. Es muss mindestens die Schutzart IP 2X vorhanden sein, bei horizontalen Abdeckungen IP 4X. Öffnen oder Entfernen darf nur mit Werkzeug oder Schlüssel möglich sein.	Isolierung, Umhüllung, L, N, IP2X, PE, IP 4X **Beispiel der Basisisolierung**
Basisschutz in fachlich überwachten Anlagen	**Schutz durch Anordnung außerhalb des Handbereiches** muss das *unbeabsichtigte Berühren* aktiver Teile verhindern. **Schutz durch Hindernisse** muss nur die *unbeabsichtigte* Annäherung an aktive Teile verhindern. Hindernisse müssen so gesichert sein, dass sie nicht *unbeabsichtigt* entfernt werden können. **Fachliche Überwachung** (kein Normbegriff) ist gegeben, wenn die Anlage von einer Elektrofachkraft oder elektrotechnisch unterwiesenen Person betrieben und beaufsichtigt wird (VDE 0100-410).	0,75 m; R 2,50 m; R 1,25 m; Standfläche; Grenze des Handbereichs; Handbereich. Beim Schutz durch Anordnung außerhalb des Handbereiches dürfen innerhalb des Handbereiches gleichzeitig berührbare Teile verschiedener Potenziale nicht vorhanden sein.
Schutz durch Kleinspannungen SELV und PELV	**SELV (Sicherheitskleinspannung)** ist als Basisschutz meist geeignet bis AC 25 V bzw. DC 60 V, als Fehlerschutz bis AC 50 V bzw. DC 120 V. Aktive Teile nicht mit PE oder Erde verbinden. Leitungen getrennt von anderen Stromkreisen verlegt. SELV-Stromkreise sind gegen Erde ohne Spannung. **PELV (Schützende Kleinspannung)** Der Stromkreis und die Betriebsmittel können geerdet sein. Basisschutz, z. B. durch Isolierung, ist erforderlich. Isolationswiderstand ≥ 0,5 MΩ. Getrennte Verlegung wie bei SELV. Beim geerdeten PELV-Stromkreis führt ein Fehler, z. B. ein Erdschluss, zur Abschaltung. Für PELV:	Kennzeichen für Sicherheitstransformator **Stromquellen für SELV und PELV**
Doppelte oder verstärkte Isolierung	Eine zusätzliche oder verstärkte Isolation der aktiven Teile verhindert eine gefährliche Spannung auch bei schadhafter Basisisolierung. Alle leitfähigen Teile eines Betriebsmittels, die von aktiven Teilen nur durch die Basisisolierung getrennt sind, müssen in Schutzart IP2X umhüllt sein. Isolationswiderstand ≥ 2 MΩ. Leitfähige Teile dürfen nicht an den PE angeschlossen sein. Enthält die Anschlussleitung einen PE, so wird dieser an den Stecker angeschlossen, nicht aber an das Betriebsmittel der Schutzklasse II.	gekapselter Motor, Schutz durch Isolierumhüllung, isolierstoffgekapselter Schalter, Isolierung zwischen Motor und Getriebe, Kennzeichnungen für Schutzklasse II. **Handwerkzeug mit Schutzklasse II**

AC Alternating Current
DC Direct Current
SELV Safety Extra Low Voltage
PELV Protective Extra Low Voltage

A

Differenzstromschutzschalter RCD — Residual Current Protective Device RCD

Schaltung, Kennzeichnung	Erklärung	Ergänzung, Bemerkungen

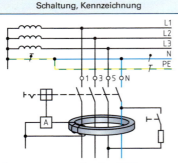

Summenstromwandler einer RCD vom Typ A

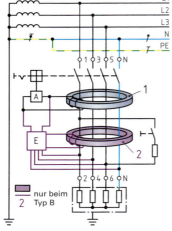

Aufbau einer allstromsensitiven RCD Typ B

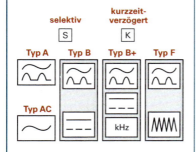

Kennzeichnungen an RCDs

Ergänzungen zu Fehlerströmen AC, pulsierende DC:
Typ A: glatte DC ≤ 6 mA
Typ B, B+: glatte DC ≤ 0,4 · $I_{\Delta N}$
Typ F: glatte DC ≤ 10 mA

Differenzstromschutzschalter (nach Norm *Fehlerstromschutzschalter*, FI-Schutzschalter, *I* Stromstärke) erfassen Fehlerströme in elektrischen Niederspannungs-Anlagen, die z. B. durch Isolationsfehler entstehen. Sie enthalten einen *Summenstromwandler*. Durch ihn werden alle Außenleiter L und der Neutralleiter N zu der Anlage geführt, nicht aber der Schutzleiter PE (**Bild links**). A Auslösespule.

Der Summenstromwandler summiert die *Augenblickswerte* der Leiterströme, die zur Anlage hinein- oder aus ihr herausfließen. Im fehlerfreien Zustand der Anlage ist die Summe null.

Fließt aber ein Teil des Stromes über Erde oder den PE zurück, so ruft der *Differenzstrom* ein magnetisches Wechselfeld hervor, das in der Wandlerwicklung Spannung erzeugt. Diese löst mittels Auslösespule A das Schaltschloss eines Schalters, der die Anlage abschaltet.

Geräte mit dem Eisenkern nur eines Summenstromwandlers sind vom Typ A (VDE 0100-530). Sie erfassen Wechselströme AC und pulsierende DC-Ströme (**Bild rechts**). Sollen auch „glatte" DC-Ströme von 0,4 · $I_{\Delta N}$ (**Bild rechts**) erfasst werden, so sind Geräte vom Typ B (VDE 0100-530) erforderlich. Bei diesen ist ein zweiter Eisenkern mit Hall-Generator und elektronischer Schaltung E (**Bild links**) vorhanden.

Bei „glattem" DC-Fehlerstrom entsteht im zweiten Eisenkern ein magnetisches Gleichfeld, das von einem Hall-Generator erfasst wird. Dessen Ausgangsspannung wird über eine Elektronik E verstärkt und als DC-Fehlerstrom ausgegeben und zum Abschalten verwendet.

Der Typ B+ ist wie Typ B, allerdings für vorbeugenden, gehobenen Brandschutz, z. B. mit angebautem AFDD. AC bis 20 kHz.

Der Typ F entspricht dem Typ A, ist aber besonders für Stromkreise nach einphasigen Umrichtern bis 1 kHz, z. B. bei Waschmaschinen, geeignet.

Der Typ AC erfasst nur Wechselströme und ist in Deutschland nicht zugelassen.

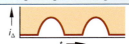

Pulsierender DC-Strom

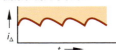

„Glatter" DC-Strom

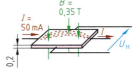

Halleffekt beim N-Leiter

Hinweise
Differenzstromgeräte sind nur in AC-Netzen verwendbar, nicht in DC-Netzen.

Vom Speisepunkt aus gesehen dürfen Geräte vom Typ A nicht nach Geräten vom Typ B angeordnet werden, da sonst falsche Spannung bzw. Abschaltung.

Bemessungsströme I_N: 25 A, 40 A, 63 A, 80 A, …

Bemessungsdifferenzströme $I_{\Delta N}$: (10 mA), 30 mA, 0,1 A, 0,3 A, 0,5 A, 1 A (Klammerwert nicht bei Typ B) Bei Brandrisiken sind RCDs Typen A, B, B+ mit $I_{\Delta N}$ ≤ 300 mA zu verwenden.

Ausführungsformen von RCDs:
- **RCCB** Residual Current operated Circuit-Breaker,
- **RCBO** RCD mit Overload Breaker (Overcurrent Protection) = RCD mit LS-Schalter,
- **PRCD**[1] Portable RCD,
- **SRCD**[1] Socket Outlet RCD, ortsfeste RCD für Steckdosen.
- **CBR** Circuit Breaker, für I_N > 63 A ist ein Leistungsschalter mit RCU (Residual Current Unit) zur Fehlerstromauslösung.

Anwendungen der RCD-Typen:
Typ A: Schwimmbäder, Hausinstallationen, Büros.
Typ B: Für Anlagen mit elektronischen Betriebsmitteln wie linearer Lasten, z. B. in Laboren, bei Antrieben.
Typ B+: z. B. in Schreinereien, vorbeugender gehobener Brandschutz.
Typ F: bei einphasigen Umrichtern, Mischfrequenz sensitiv.

[1] nicht zum Schutz durch automatisches Abschalten nach DIN VDE 0100-410

Differenzstromüberwachungsgerät RCM — Residual Current Monitor RCM

Schaltung, Kennzeichnung	Erklärung	Ergänzung, Bemerkungen

Prinzip

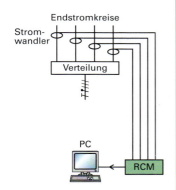

RCM-System für vier Stromkreise

Ein RCM-System besteht aus einem Summenstromwandler für jeden zu überwachenden Stromkreis und einer Auswerteeinheit, bis zu 20 Summenstromwandler für 20 Stromkreise. Die Eingabe der Programmier-Software und die Ausgabe der Messdaten erfolgen am PC.

Für kleine Anlagen gibt es Stromwandler kombiniert mit einer Auswerteeinheit als Differenzstrommelderelais.

www.doepke.de

Beim RCM (von Residual Current Monitor) werden wie beim RCD die durch einen Summenstromwandler erfassten Ströme summiert. Der Summenstromwandler kann hier, anders als beim RCD, getrennt von der Auswerteeinheit sein.

Bei einem Isolationsfehler entsteht ein Differenzstrom. Die Auswerteeinheit RCM gibt je nach Einstellung ein Signal z. B. an eine Abschalteinrichtung ab und/oder leitet die Messwerte über eine verdrillte Aderleitung zur weiteren Auswertung und zur Anzeige an ein Anzeigegerät, z. B. einen PC.

Anwendungsbeispiele für RCM
- RCD-ungeeignete Anlagen, z.B. Großküchen wegen ihrer hohen Ableitstromwerte,
- medizinisch genutzte Bereiche,
- Versorgungsnetze für Anlagen im IT-System,
- Sicherheitseinrichtungen.

Vorteile der RCM-Überwachung
- Abnahme der Isolationsfestigkeit wird rechtzeitig erkannt,
- Erdschlüsse werden beim Entstehen erkannt,
- Instandsetzung kann geplant werden.

RCMs können auch in der Gebäude-Hauptverteilung eingebaut sein. Zur Fehlerlokalisierung ist aber der Einbau in die zu überwachenden Endstromkreise notwendig.

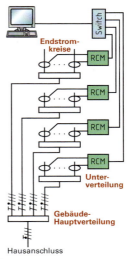

Überwachung eines TN-S-Systems

Hinweise

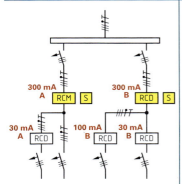

Anlage mit RCDs und RCM

RCMs sind wie RCDs im Typ A oder B lieferbar. Wie bei den RCDs darf ein Gerät vom Typ A vom Speisepunkt aus gesehen nicht hinter einer RCM oder RCD vom Typ B liegen.

RCMs sind geeignet zur Fehleranzeige in Anlagen, die beim Auftreten eines Fehlers nicht sofort abgeschaltet werden können. RCMs sind aber nicht geeignet für die Schutzmaßnahme „Schutz durch automatische Abschaltung der Stromversorgung".

Einsatzgebiete sind
- Stromversorgungen im TN-S-, TN-C-S- und IT-System, z. B. in Serverräumen von Rechenzentren,
- vorbeugende Instandhaltung durch Erkennen von einer Isolationsalterung.

Nicht geeignet sind Anlagen
- mit TN-C-System,
- mit Gleichstromnetzen.

Differenzstrommelderelais DMD2 mit Durchsteckstromwandler

www.doepke.de

Die Höhe des Differenzstromes wird auf einer LED-Balkenanzeige fortlaufend angezeigt. Bei Überschreitung eines einstellbaren Schwellenwertes schließt und öffnet ein Relais-Wechselkontakt etwas zeitverzögert. Kurzzeitige Stromimpulse bleiben dadurch ohne Folge.

Fehlerschutz 1 — Fault Protection 1

vgl. DIN VDE 0100-410

Schaltung, Formeln	Erklärung	Ergänzung, Bemerkungen

Fehlerschutz durch automatische Abschaltung der Stromversorgung durch RCD

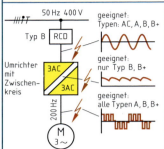

Fehlerströme bei einem Umrichter

Fehlerstrom

$$I_F \geq I_a$$ [1]

Isolationsfehler rufen im AC-Stromkreis je nach Fehlerort hervor
- AC-Fehlerströme,
- pulsierende DC-Fehlerströme und
- „glatte" DC-Fehlerströme.

„Glatte" Fehlerströme treten bei Umrichtern mit DC-Zwischenkreis auf.

Bedingungen für Fehlerschutz durch automatische Abschaltung der Stromversorgung:
- Verbindung der Körper über den PE mit dem Erdungssystem („Schutzerdung" nach DIN VDE 0100-410),
- Schutzpotenzialausgleich über die Haupterdungsschiene: Verbinden der Erdungsleiter mit allen metallenen Systemen an einer Haupterdungsschiene,
- Abschaltung innerhalb der maximalen Abschaltzeit (**Tabelle**).

Maximale Abschaltzeiten

Stromkreis	System TN	System TT
AC-Endstromkreise mit $I_N \leq 32\,A$ [1]		
$U_0 \leq 120\,V$	0,8 s	0,3 s
$U_0 \leq 230\,V$	0,4 s	0,2 s
$U_0 \leq 400\,V$	0,2 s	0,07 s
$U_0 \geq 400\,V$	0,1 s	0,04 s
DC-Endstromkreise mit $I_N \leq 32\,A$		
$U_0 \leq 230\,V$	1 s	0,4 s
$U_0 \leq 400\,V$	0,4 s	0,2 s
$U_0 \geq 400\,V$	0,1 s	0,1 s
sonstige Stromkreise		
alle U_0	5 s	1 s

U_0 Leiterspannung gegen Erde

Im TT-System ist eine kleinere Abschaltzeit als im TN-System erforderlich, da im Fehlerfall größere Spannungen als im TN-System.

[1] und Steckdosenstromkreise mit $I_N \leq 63\,A$.

Automatische Abschaltung durch Fehlerstrom-Schutzeinrichtung RCD

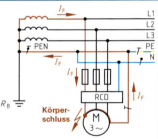

Fehlerschutz durch RCD im TN-System

Fehlerstrom

$$I_F \geq I_{\Delta N}$$ [2]

Spannungswaage

$$\frac{R_B}{R_E} \leq \frac{50\,V}{U_0 - 50\,V}$$ [3]

Schleifenimpedanz

$$Z_S \leq \frac{U_0}{I_a}$$ [4] $$Z_{Sm} \leq \frac{2}{3} \cdot \frac{U_0}{I_a}$$ [5]

$$Z_{Sm} = \frac{U_0 - U}{I}$$ [6] $$Z_S = \frac{U_0}{I_K}$$ [7]

Meist erfolgt der Fehlerschutz durch automatische Abschaltung der Stromversorgung durch RCDs (von Residual Current protective Device = Reststrom-Schutzgerät). Oft sind auch für Teile von alten Anlagen die RCDs bindend vorgeschrieben.

Bei einem Fehlerstrom (Differenzstrom) I_Δ wird der Eisenkern im RCD magnetisiert, sodass bei ausreichender Stärke des Magnetfeldes Abschaltung erfolgt (Seite 358).

Die Verteilungsnetzbetreiber halten die Widerstände der Erder im öffentlichen Netz durch Erdungen bei Hausanschlüssen so klein, dass die Spannungswaage erfüllt ist. Dadurch erfolgt die Abschaltung durch RCDs mit $I_{\Delta N} \leq 300\,mA$ in jedem Fall < 50 V Berührungsspannung.

Beim Fehlerschutz durch RCD im TT-Netz muss dagegen der Anlagenerderwiderstand oder die Schleifenimpedanz genügend klein sein, also bei Errichtung gemessen werden. Um unerwünschtes Abschalten durch Ableitströme zu vermeiden, müssen diese $\leq 0,3 \cdot I_{\Delta N}$ sein.

Die gemessene Fehlerschleifenimpedanz Z_{Sm} muss Formel 5 erfüllen, da die Messung im kalten Zustand der Anlage erfolgt.

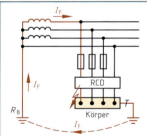

Fehlerschutz durch RCD im TT-System

Anlagenerderwiderstand im TT-System

$$R_A \leq \frac{50\,V}{I_{\Delta N}}$$ [8]

Wenn R_A nicht bekannt oder nicht messbar ist, kann er durch Z_{Sm} nach Formel 5 ersetzt werden.

Schleifenimpedanz

$$Z_S \leq \frac{U_0}{I_{\Delta N}}$$ [9]

Messung von Z_S s. folgende Seite

I_a Abschaltstrom, I_K Kurzschlussstrom, I_N Bemessungsstrom, Nennstrom, I_F Fehlerstrom, I gemessener Strom, I_Δ Differenzstrom, $I_{\Delta N}$ Bemessungsdifferenzstrom, R_A Anlagen-Erderwiderstand, R_B Erdwiderstand aller paralleler Erder des Netzes, R_E kleinster Widerstand fremder leitfähiger Teile mit Erdkontakt, U_0 Leiterspannung gegen Erde, U Lastspannung bei Messung, Z_S Fehlerschleifen-Impedanz, Z_{Sm} gemessene Schleifenimpendanz

Fehlerschutz 2 — Fault Protection 2

vgl. DIN VDE 0100-410

Schaltung	Erklärung	Ergänzung, Bemerkungen

Automatische Abschaltung durch Überstrom-Schutzeinrichtung

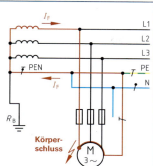

Fehlerschutz durch Überstrom-Schutzeinrichtung im TN-C-S-System

Bedingung:

$I_F \geq I_a$

Abschaltströme der Überstromschutzeinrichtungen Seiten 335, 337

Die Abschaltung durch Überstrom-Schutzeinrichtung muss wie bei der RCD kurzzeitig erfolgen. Dazu ist eine erheblich größere Stromstärke als bei der RCD erforderlich. Deshalb muss hier die Fehlerschleifenimpedanz Z_S genügend klein sein, sodass man sie messen muss. Die Temperatur der Leitung ist im Fehlerfall größer als bei der Messung, sodass für die genaue Bemessung im TN-System $Z_S = 1{,}5 \cdot Z_{Sm}$ gesetzt wird.

Die kalt gemessene Fehlerschleifenimpedanz muss also sein:

$$Z_{Sm} \leq \frac{2}{3} \cdot \frac{U_0}{I_a}$$

Im TT-System ist der erforderliche kleine Erdungswiderstand kaum erreichbar, sodass im TT-System meist eine RCD erforderlich ist.

Siehe auch zusätzlicher Schutz (Seite 367).

Beim TN-System

$$Z_S \leq \frac{U_0}{I_a} \qquad 1{,}5 \cdot Z_{Sm} \leq \frac{U_0}{I_a}$$

Beim TT-System

$$R_A \leq \frac{50\,V}{I_a}$$

Z_S wie beim TN-System

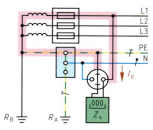

Direkte Messung der Fehlerschleifen-Impedanz

Schutz durch Meldung

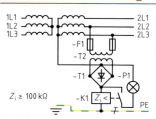

Isolationsüberwachungseinrichtung

Schutz durch Meldung ist in einem IT-System (Seite 356) vorgeschrieben. Bei diesem wird der Endstromkreis durch einen nicht geerdeten Trafo gespeist. Eine Isolationsüberwachungseinrichtung gibt beim 1. Fehler nur ein optisches und akustisches Signal. Fehlerbehebung dann möglich. Erst bei einem 2. Fehler erfolgt Abschaltung, z. B. durch eine RCD. Anwendung z. B. in Operationsräumen.

Beim IT-System bei AC

$$R_A \cdot I_d \leq 50\,V$$

Bei DC keine Begrenzung, da I_d sehr klein.

I_d enthält für den 1. Fehler den Ableitstrom einschließlich seines kapazitiven Anteils. Deshalb kann die Anlage nicht umfangreich sein, weil sonst auch ohne Fehler eine Abschaltung erfolgt.

Schutztrennung

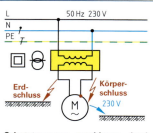

Schutztrennung unwirksam durch Schlüsse

Der Fehlerschutz erfolgt hier durch Trennung vom Netz meist mittels Trenntransformator nach VDE 0550.
- Ausgangsspannung ≤ 500 V,
- aktive Teile dürfen nicht mit Erde oder anderen Stromkreisen verbunden sein.
- Körper der Verbrauchsmittel dürfen nicht am PE angeschlossen sein.
- Flexible Leitungen müssen bei mechanischer Beanspruchung gesichert sein.

Die Schutztrennung ist bei einem Erdschluss unwirksam. Deshalb darf im Allgemeinen an eine Sekundärwicklung des Trenntrafo nur ein Verbrauchsmittel angeschlossen werden. Bei mehreren Sekundärwicklungen dürfen dann an den Trafo auch mehrere Verbrauchsmittel angeschlossen sein.

Siehe auch folgende Seite.

I_a Abschaltstrom der Überstrom-Schutzeinrichtung, I_d Fehlerstrom nach dem 1. Fehler, I_F Fehlerstrom, R_A Anlagen-Erderwiderstand mit PE, U_0 Nennspannung Außenleiter gegen Erde, Z_S Fehlerschleifen-Impedanz, Z_{Sm} kalt gemessene Fehlerschleifen-Impedanz

Weiterer Fehlerschutz in fachlich überwachten Anlagen
More Fault Protection in Expert Controlled Installations

Schutz durch	Schaltung, Anlage	Erklärung
Isolierende Umgebung	*Schutz durch isolierende Umgebung* (Maße: ≥ 1,25; > 2,5; < 2,5; < 1,25; < 1,25; ≥ 1,25; ≥ 1,25; < 1,25 — Isolierung, Maße in m)	**Bedingungen** • Betriebsmittel haben Basisschutz, • leitfähige Körper sind so angeordnet, dass Personen nicht gleichzeitig zwei Körper oder einen Körper und ein fremdes leitfähiges Teil berühren können, • leitfähige Umgebung ohne PE. Die Isolierung muss eine Prüfspannung von 2 kV aushalten. Der Ableitstrom darf nicht größer als 1 mA sein. Der Isolationswiderstand darf folgende Werte nicht überschreiten: • 50 kΩ bei Anlagen bis 500 V, • 100 kΩ bei Anlagen über 500 V.
Örtlicher, erdfreier Schutzpotenzialausgleich	*Erdfreier örtlicher Schutzpotenzialausgleich bei einer Ersatzstromversorgung* (400 V 50 Hz, L1, L2, L3, PE; Ersatzstromversorgung; örtlicher Schutzpotenzialausgleich)	Für diesen Schutz in fachlich überwachten Anlagen[1] müssen • die Betriebsmittel einen Basisschutz haben, • gleichzeitig berührbare Körper und fremde leitfähige Teile über Schutzpotenzialausgleichsleiter verbunden sein, • die Schutzpotenzialausgleichsleiter ohne Verbindung zur Erde sein, • Personen vor Potenzialunterschieden geschützt sein, z. B. beim Betreten der Anlage.
Schutztrennung mit mehreren Verbrauchsmitteln	*Schutztrennung mit mehreren Verbrauchsmitteln* (AC 230V, L, N, RCD, 2.1, 2.2, PBU)	Der Schutz durch Schutztrennung ist eingeschränkt, wenn mehrere Verbrauchsmittel an dieselbe Sekundärwicklung eines Trenntransformators angeschlossen werden. Tritt ein Erdschluss an einem Verbrauchsmittel auf, so bleibt dieser meist unbemerkt. Jedoch haben jetzt die aktiven Leiter aller Verbrauchsmittel Spannung gegen Erde. **Bedingungen** • Betriebsmittel müssen Basisschutz haben. • Getrennter Stromkreis muss mechanisch geschützt sein. • Körper sind über ungeerdete, isolierte Schutzpotenzialausgleichsleiter zu verbinden. • Beim Auftreten von je einem Fehler in verschiedenen Außenleitern muss automatische Abschaltung erfolgen. • Die Leitungslängen des getrennten Stromkreises sollen 500 m nicht übersteigen. • Produkt aus Leitungslängen und Nennspannung soll 100 kVm nicht übersteigen.
Schutztrennung bei metallischer Umgebung	*Schutztrennung bei metallischem Standort* (AC 230V, Metall)	In beengter Umgebung sind die Körper des getrennten Stromkreises über einen Schutzpotenzialausgleichsleiter mit dem metallischen Standort zu verbinden.

[1] Fachlich überwachte Anlagen sind Anlagen, die „von Elektrofachkräften oder elektrotechnisch unterwiesenen Personen betrieben und beaufsichtigt werden" (DIN VDE 0100-410).

Wegfall von Bestimmungen: Die außerhalb von fachlich überwachten Anlagen gültigen Bestimmungen des zusätzlichen Schutzes für Steckdosenstromkreise und Stromkreise in Außenanlagen durch RCDs entfallen bei fachlicher Überwachung.

Prüfung der Schutzmaßnahmen
Verification of Protective Measures
vgl. DIN VDE 0100-600

Merkmal	Prüfung	Bemerkungen
Besichtigen ①	Muss vor Erproben und Messen durchgeführt werden. Dabei ist zu prüfen, ob Stecker, Leitungen und Spannungserzeuger bzgl. Strombelastbarkeit und Spannungsfall richtig ausgewählt und dokumentiert sind, die Schutzisolierung nicht beschädigt und bei Schutz durch nicht leitende Umgebung die Standortisolierung richtig ausgeführt ist. Ferner sind Schutzmaßnahmen gegen elektrischen Schlag, Schutz gegen thermische Einflüsse, Maßnahmen gegen elektromagnetische Störung, leichte Zugänglichkeit der Betriebsmittel wegen Instandhaltung zu prüfen. Ebenso ist zu prüfen, ob Schutzeinrichtungen, z. B. RCD, SPD, richtig ausgewählt und eingestellt sind, Schutzleiter, Schutzpotenzialausgleichsleiter und Erdungsleiter den richtigen Querschnitt haben und richtig gekennzeichnet sind.	
Durchgängigkeit ②	Die Durchgängigkeit von Schutzleitern PE und Schutzpotenzialausgleichsleitern PB ist mit Messgeräten von mind. 4 V bis 24 V Leerlaufspannung durch einen Strom DC oder AC > 0,2 A nachzuweisen. Ferner durch Widerstandsmessung bei Körpern.	Prüfung, ob PE nicht mit Neutralleiter oder Außenleiter verbunden ist, z.B. durch Spannungsmessung gegen Erde. Anzuwenden sind Durchgangsprüfer, Widerstandsmesser, jedoch nicht hochohmige Widerstandsmesser von wenigen mA.
Isolationswiderstand ③	Muss gemessen werden zwischen aktiven Leitern sowie aktiven Leitern und dem mit der Erdungsanlage verbundenen Schutzleiter. Bei Bedarf dürfen aktive Leiter verbunden sein. Neutralleiter kann von Haupterdungsschiene für Messung getrennt werden. FELV-Stromkreise mit gleicher Messgleichspannung prüfen, auch angewendet für Primärstromkreis der Stromquelle.	Isolationsmessung in der Verteilung (bei $U_n \leq 500$ V messen mit DC 500 V, Isolationswiderstand $R_{iso} \geq 1$ MΩ. Ist $U_n > 500$ V, messen mit DC 1000 V und $R_{iso} \geq 1$ MΩ). Bei Bedarf sind Überspannungsschutzeinrichtungen SPDs vor der Messung abzuklemmen. Siehe Seite 294.
Nicht leitende Umgebung	Messung des Isolationszustandes. (Als Fehlerschutz ausreichend nur in fachlich überwachten Anlagen).	Messung des Isolationswiderstandes von Fußboden und Wänden (bei $U_n < 500$ V erforderlicher Widerstand $R_{iso} \geq 50$ kW).
SELV und PELV ④	Messung, ob Bemessungsspannung $U_N \leq$ AC 50 V bzw. AC 25 V oder DC 120 V bzw. DC 60 V ist. Prüfung des Sekundärkreises auf Erdschluss oder auf Verbindung mit höherer Spannung.	Spannungsmessung, Isolationsmessung gegen aktive Teile und gegen Erde (mit $U \geq$ DC 250 V, Isolationswiderstand ≥ 500 kΩ).
Schutztrennung ⑤	Prüfung, ob Sekundärstromkreis ohne Erdschluss ist. Prüfung, ob Produkt aus Spannung und Leitungslänge ≤ 100000 Vm ist. Prüfung, ob Erdfreiheit des Schutzpotenzialausgleichsleiters mit seinen angeschlossenen Körpern gegeben ist.	Nachweis der sicheren Trennung aktiver Teile durch Isolationsmessung gegen andere Stromkreise und gegen Erde mit DC 500 V bei $U_n \leq 500$ V, Isolationswiderstand ≥ 1 MΩ.
Spannungspolarität ⑥	Durch Prüfung der Spannungspolarität ist festzustellen, dass einpolige Schalteinrichtungen nur in den Außenleitern angeordnet sind.	Sicherungen und einpolige Steuer- und Schutzeinrichtungen dürfen nur im Außenleiter angeordnet sein.
Automatische Abschaltung durch Überstrom-Schutzeinrichtung ⑦	Prüfung, ob bei einpoligem Kurzschluss genügend schnell Abschaltung erfolgt (Seite 361). Prüfung, ob beim TN-System die gemessene Schleifenimpedanz Z_{Sm} und beim TT-System der Erdwiderstand der Anlagenerder ausreichen. Da Z_{Sm} bei einer kleineren Leitungstemperatur als der Betriebstemperatur gemessen wird, muss sein: $\boxed{Z_{Sm} \leq \dfrac{2\, U_0}{3\, I_a}}$ **1**	Schleifenimpedanzmessung an der entferntesten Stelle. Erderwiderstandsmessung. Isolationsmessung bei Erstprüfung. Siehe Seiten 293 bis 295. Bei $U_n \leq 500$ V messen mit DC 500 V für den Isolationswiderstand $R_{iso} \geq 1$ MΩ. Bei $U_n > 500$ V messen mit DC 1.000 V und $R_{iso} \geq 1$ MΩ. Bei Wiederholungsprüfung: $R_{iso} \geq 1$ kΩ/V (von U_n), bei Feuchtigkeit $R_{iso} \geq 0,5$ kΩ/V.
Automatische Abschaltung durch RCD (Fehlerstrom-Schutzeinrichtung) ⑧	Prüfung, ob RCD richtig arbeitet. Ob Fehlerspannung beim Auslösen durch künstlichen Fehler $\leq$ AC 50 V ist mit ansteigendem Prüfstrom oder Stromimpuls $I_{\Delta N}$ als Fehlerstrom. Beim TT-System auch Messung des Erderwiderstands R_A der Körper. Prüfung, ob RCD vom richtigen Typ ist (Typ B, wenn glatte DC-Fehlerströme auftreten können, sonst Typ A).	Betätigung der Prüftaste. Messung der Fehlerspannung oder Messung des Erderwiderstandes. Beim TT-System muss sein: $\boxed{R_A \leq \dfrac{50\,V}{I_{\Delta N}}}$ **2**

I_a Abschaltstrom, $I_{\Delta N}$ Bemessungsdifferenzstrom der RCD (Residual Current protective Device = Reststrom-Schutzgerät), R_A Anlagenerderwiderstand; R_{iso} Isolationswiderstand; SPD Surge Protective Device; U_n Nennspannung, U_N Bemessungsspannung, U_0 Bemessungsspannung gegen Erde, Z_{Sm} gemessene Schleifenimpedanz

Prüfung der Schutzmaßnahmen
Verification of Protective Measures
vgl. DIN VDE 0100-600

Merkmal	Prüfung	Bemerkungen				
Messung Fehlerschleifenimpedanz ⑨ Korrekturfaktor	Vor Messung der Fehlerschleifenimpedanz ist eine elektrische Durchgangsprüfung vorzunehmen. Bei Netzschwankungen sind mehrere Messungen durchzuführen. Bei sinusförmigen Strömen ist für Messgeräte Betriebsmessunsicherheit von ± 30% erlaubt. Messung zwischen Außenleitern und PE. Wegen Messungen meist bei Umgebungstemperatur 20°C ggf. Umrechnung mittels Korrekturfaktor k_S auf 80°C, um Wertevergleich Z_S mit Abschaltstromtabellen gemäß DIN VDE 0100-600 oder Vergleich mit Z_{Sm} nach Formel 1 Seite 363 vorzunehmen. $k_S = 1 + \alpha \cdot (80°C - \vartheta)$ **1** α bei Cu = 0,00393 K⁻¹ Siehe auch Seiten 293, 361. Sind RCDs mit $I_{\Delta N} \leq 500$ mA als Abschalteinrichtung eingesetzt, kann Messung der Fehlerschleifenimpedanz im TN-System meist entfallen.	Abschaltströme Schmelzsicherungen gG					
		I_n in A	\multicolumn{2}{c}{I_a in A}		
			$t_a = 0{,}4$ s	Z_S in Ω	$t_a = 5$ s	Z_S in Ω
		16	107	2,15	65	3,54
		20	145	1,59	85	2,71
		25	180	1,28	110	2,09
		32	265	0,87	150	1,53
		63	550	0,42	320	0,72
		Abschaltströme Leitungsschutzschalter, Leistungsschalter in Systemen TT, TN					
		I_n in A	Charakteristik B		Charakteristik C	
			$I_a = 5 \, I_n$	Z_S in Ω	$I_a = 10 \, I_n$	Z_S in Ω
		16		2,88		1,44
		20		2,30		1,15
		25		1,84		0,92
		32		1,44		0,72
		63		0,73		0,36
Erderwiderstand (Erdungswiderstand) ⑩	Messen des Erderwiderstandes siehe Seite 295. Ggf. ergibt Messung der Fehlerschleifenimpedanz einen brauchbaren Näherungswert. Raum zwischen zu messendem Erder, Hilfserder sollte frei von metallenen Rohrleitungen sein.	Wird der Widerstand berechnet, ist die Berechnung zu dokumentieren. Messung auch mit zwei Stromzangen möglich. Erste Zange induziert Messspannung, zweite misst den Strom in Schleife.					
Schutz infolge Meldung durch Isolationsüberwachungseinrichtung (IMD) ⑪	Prüfung, ob Isolationsüberwachungsgerät richtig arbeitet. Prüfung, ob Isolationsüberwachung bei Erdschluss arbeitet, z. B. bei IT-System (siehe Seite 361). Messung, ob Erdungswiderstand R_A genügend klein ist ($R_A \leq U_L/I_{\Delta N}$). Prüfung, ob alle leitfähigen Konstruktionsteile miteinander niederohmig verbunden sind.	Betätigen der Prüftaste. Künstlichen Fehler über Widerstand zwischen Außenleiter und PE herstellen. Erdungswiderstandsmessung. Widerstandsmessung, z. B. zur Hauptdungsschiene.					
Zusätzlicher Schutz ⑫	Die Wirksamkeit der Maßnahmen zum zusätzlichen Schutz sind durch Besichtigen, Erproben, Messen zu prüfen.	RCDs als zusätzlicher Schutz erfordern das Prüfen der automatischen Abschaltung der Stromversorgung mit geeigneten Messgeräten.					
Phasenfolge, Drehfeld ⑬	Bei mehrphasigen Stromkreisen ist die Einhaltung der Reihenfolge der Phasen zu prüfen.	Dazu ist ein Rechtsdrehfeld an Drehstrom-Steckdosen mittels Drehfeldrichtungsanzeiger nachzuweisen.					
Funktionsprüfungen ⑭	Betriebsmittel, z. B. Schaltgeräte, Antriebe, Stelleinrichtungen, Verriegelungen, Systeme für Not-AUS, Isolationsüberwachung, RCDs, Melde- und Anzeigeeinrichtungen müssen auf Funktion geprüft werden.	Es ist nachzuweisen, dass sie nach DIN VDE 0100 richtig montiert, eingestellt und errichtet sind.					
Spannungsfall ⑮	Zu messen sind Spannungen mit und ohne Nennlast, Spannungen mit und ohne Verbraucher mit anschließender Hochrechnung auf die Nennlast, Impedanz des Stromkreises.	Zulässige Spannungsfälle sind zu beachten. Im öffentlichen Netz ab Hauseinführung $\leq$ 4%, Zähler zu Steckdose $\leq$ 3%. Siehe auch Seite 342.					
Prüfbericht (Dokumentation, Zustandsbericht) ⑯	Nach Beenden der Prüfungen einer neuen oder geänderten elektrischen Anlage ist ein Prüfbericht mit Aufzeichnungen bzgl. des Besichtigens und Darstellens der Ergebnisse des Messens und Erprobens zu erstellen. Dies betrifft alle geprüften Stromkreise mit ihren zugehörigen Schutzeinrichtungen.	Erkannte Fehler müssen korrigiert sein, bevor die Anlage endgültig abgenommen werden kann. Eine Empfehlung für den Zeitraum zwischen Erstprüfung und erster wiederkehrender Prüfung sollte gegeben sein. Prüfberichte sind von Elektrofachkräften mit Prüferfahrung zusammenzustellen und zu unterschreiben.					
Doppelte oder verstärkte Isolierung	Entspricht Schutzklasse II. Prüfung der Verbrauchsmittel ist nur nach Reparatur nötig. Der Netzanschluss ist zu prüfen.							

I_a Abschaltstrom, I_n Nennstrom; $I_{\Delta N}$ Bemessungsdifferenzstrom der RCD (Residual Current protective Device = Reststrom-Schutzgerät), IMD Isolation Monitoring Device, k_S Korrekturfaktor, R_A Anlagenerdwiderstand, t_a Abschaltzeit, U_L höchstzulässige Berührungsspannung, Z_S Schleifenimpedanz, α Temperaturkoeffizient; ϑ Umgebungstemperatur in °C

Wiederkehrende Prüfungen   Repetitive Testing   vgl. DIN VDE 0105-100

Aufgaben

Art	Erklärung	Bemerkungen
Zweck der wiederkehrenden Prüfung: Elektrische Anlagen (auch nichtgewerbliche Anlagen) sind in ordnungsgemäßem Zustand zu erhalten. Deshalb müssen sie in geeigneten Zeitabständen geprüft werden.	Die Prüfung erfolgt durch • Besichtigen, • Erproben und • Messen. Durchführung von Elektrofachkräften, die Kenntnisse durch Prüfung vergleichbarer Anlagen haben. Die Führung eines Protokollbuches mit Unterschrift ist erforderlich.	In gewerblichen und landwirtschaftlichen Anlagen ist der Unternehmer (Betreiber) verantwortlich für die Durchführung der wiederkehrenden Prüfung. Nach DGUV V3 (Deutsche Gesetzliche Unfallversicherung Vorschrift 3) müssen Anlagen ständig durch eine Elektrofachkraft überwacht werden oder bestimmte Prüffristen eingehalten werden.
Messungen: Ermitteln der Werte, die eine Beurteilung der Schutzmaßnahmen bei indirektem Berühren ermöglichen.	Vor allem ist eine regelmäßige Messung des Isolationszustandes vorgeschrieben, ferner der RCDs, AFDDs, Frequenzumrichter. Erforderliche Messwerte siehe weiter unten.	Der Isolationszustand ist beim AC-230-V-Netz mit DC 500 V zu messen. Die Spannungsquelle muss bei einer Belastung von 1 mA mindestens eine Spannung in Höhe der Bemessungsspannung der zu prüfenden Anlage abgeben.

Maximalzulässige Prüffristen   vgl. DGUV V3

Betriebsmittel, Anlage	Prüffrist, Prüfer	Art der Prüfung
RCDs bei nicht stationären Anlagen	An jedem Arbeitstag durch Benutzer. Durch Elektrofachkraft monatlich.	Erproben der Prüfeinrichtung der RCDs. Prüfung der Wirksamkeit durch Messung, z. B. der Auslösespannung.
RCDs bei stationären Anlagen	Alle 6 Monate durch Benutzer.	Erproben der Prüfeinrichtung.
Bewegliche Anschlussleitungen und Verlängerungsleitungen einschließlich der Steckverbinder	Wenn benutzt, alle 6 Monate durch Elektrofachkraft.	Besichtigen auf ordnungsgemäßen Zustand, bei Bedarf Messen z. B. des Schutzleiterwiderstands.
Isolierende Schutzkleidung	Vor jeder Benutzung durch Benutzer. Wenn benutzt, alle 6 Monate durch Elektrofachkraft.	Prüfen auf auffällige Mängel. Prüfen auf Zustand.
Spannungsprüfer, isolierte Werkzeuge	Vor jeder Benutzung durch Benutzer.	Prüfung auf Mängel und Funktion.
Anlagen und ortsfeste Betriebsmittel	Alle 4 Jahre durch Elektrofachkraft.	Prüfung auf ordnungsgemäßen Zustand, auch mit Messungen.

Kleinstzulässiger Isolationswiderstand bei wiederkehrenden Messungen

Anlage	Mindest-Isolationswiderstand bezogen auf die Bemessungsspannung des Stromkreises	Schaltungsbeispiel
Normale Räume, Verbrauchsmittel eingeschaltet.	300 Ω/V (am 230-V-Netz also 69 kΩ)	
Normale Räume, Verbrauchsmittel abgeschaltet.	1 000 Ω/V (am 230-V-Netz also 230 kΩ)	50 Hz 400 V
Anlagen im Freien, Räume in denen zur Reinigung Fußboden oder Wände besprizt werden.	Verbrauchsmittel EIN: 150 Ω/W Verbrauchsmittel AUS: 500 Ω/V (bei 230 V also 115 kΩ)	
IT-System	50 Ω/V	
SELV und PELV (ELV Extra Low Voltage, S safety, P Protective)	250 kΩ bei Messgleichspannung 250 V	
FELV (Functional ELV, Funktionskleinspannung), hat selbst keine Schutzwirkung.	Wie beim System mit höherer Spannung, dessen Schutzleiter mit den Körpern des FELV-Stromkreises verbunden ist.	Messung des Isolationswiderstandes bei einem Motorstromkreis

Spezielle Niederspannungs-Anlagen — Special Low-Voltage Installations

Anlage	Beispiele, Schutz gegen elektrischen Schlag	Überstromschutz, Geräteschutz	Norm, Bemerkungen, Material
Medizinisch genutzte Bereiche	Untersuchungsräume, Arztpraxen, Operationsräume. Basisschutz immer durch Isolierung, Fehlerschutz je nach Gefährdung durch RCDs, SELV und PELV, IT-Systeme.	Es muss dafür gesorgt sein, dass bei Überlastung die Überstrom-Schutzeinrichtung abschaltet, die dem Fehlerort am nächsten ist (Selektivität).	DIN VDE 0100-710. Die IT-Systeme müssen Isolationsüberwachungseinrichtungen haben. In Behandlungsräumen ist Sicherheitsstromversorgung erforderlich.
Ausstellungen, Vorführungen und Stände	Messestände, Verkaufsbuden. Trenneinrichtung muss leicht erreichbar sein. Basisschutz nur durch Isolierung. TN-System muss TN-S-System sein. Für Endstromkreise Schutz durch RCDs mit $I_{\Delta N} \leq 30$ mA.	Motoren müssen durch Schutzeinrichtung gegen hohe Temperaturen geschützt sein. Leuchten müssen so beschaffen sein, dass keine Brandgefahr entsteht.	DIN VDE 0100-711. Kabel und Leitungen müssen besonders widerstandsfähig sein. Ohne Feueralarmsystem müssen Leitungen raucharm oder in Rohren verlegt sein.
Elektrische Anlagen auf Fahrzeugen oder in transportablen Baueinheiten	Wohncontainer auf Baustellen, Toilettenwagen. Betrifft Ausrüstung mit Steckdosen für 400 V/230 V. Zusätzlicher Schutz durch RCDs mit $I_{\Delta N} \leq 30$ mA für Steckdosen für Verwendung außerhalb.	Stromversorgung über $\geq 2{,}5$ mm^2 H07RN-F. Überstrom-Schutzeinrichtungen nach DIN VDE 0100-430. Zu empfehlen sind RCBOs (FI/LS-Schalter, Seite 358).	DIN VDE 0100-717. Leitungen und Kabel wie bei feuchten Bereichen. Stecker und Steckdosen innerhalb $\geq$ IP 44, Steckdosen außerhalb $\geq$ IP 54, Gerätegehäuse $\geq$ IP 55.
Öffentliche Einrichtungen und Arbeitsstätten	Bahnhöfe, Flughäfen, Theater. Schutzmaßnahmen von DIN VDE 0100-410. Die dem Fehlerort vorgeschaltete Schutzeinrichtung muss zuerst abschalten (selektiv wirken). Der Kurzschlussstrom an jeder Stelle der Anlage muss nach maximal < 5 s abschalten.	Überstromschutz nach DIN VDE 0100-430. In DC-Stromkreisen für Sicherheitszwecke muss Überstromschutz zweipolig sein. Nicht dauernd beaufsichtigte Motoren mit $P_N \geq 500$ W müssen thermisch geschützt sein, z. B. mit Motorschutzschalter.	DIN VDE 0100-718. Sicherheit muss gewährleistet sein (Sicherheitsanlage mit Brandschutz). Schaltpläne der Sicherheitsanlage müssen vorhanden sein.
Unterrichtsräume	siehe folgende Seite		DIN VDE 0100-723
Feuchte und nasse Bereiche, Anlagen im Freien	Duschräume, Wagenwaschräume, Weinkeller. Schutz der Steckdosenstromkreise in Wohnhäusern durch RCDs mit $I_{\Delta N} \leq 30$ mA.	Schutzart (Seite 297), mindestens IPX1, im Freien ohne Dach IPX3, in Wagenwaschräumen IPX4. Bei direktem Abspritzen mit Wasserschlauch oder Hochdruckreiniger ist mehr als IPX5 nötig.	DIN VDE 0100-737. Für feste Verlegung Feuchtraumleitung mit Kunststoffumhüllung oder Kabel. Als bewegliche Leitungen mindestens H07RN-F oder gleichwertige.
Vorübergehend errichtete elektrische Anlagen	Vergnügungsparks, Zirkusse. Basisschutz durch Isolierung, Fehlerschutz durch zeitverzögerte RCD mit $I_{\Delta N} \leq 300$ mA am Anlagenanfang und zusätzlicher Schutz durch RCDs mit $I_{\Delta N} \leq 30$ mA für Steckdosen und ortsveränderliche Betriebsmittel $I_{\Delta N} \leq 32$ A und für Beleuchtungsstromkreise.	Betriebsmittel mindestens IP44. Motoren, Trafos und Umrichter, die nicht dauernd beaufsichtigt sind, müssen gegen zu hohe Temperaturen geschützt sein, z. B. durch Motorschutzschalter. Das System TN-C darf nicht verwendet werden, Verbindung von N mit PE unzulässig.	DIN VDE 0100-740. Die Anlage muss einen leicht zugänglichen Trennschalter haben, z. B. den RCD mit $I_{\Delta N} \leq 300$ mA. Kabel und Leitungen im Freien mit $U_N \geq 450/700$ V, z. B. H07RN-F oder gleichwertig. Im Inneren mit $U_N \geq 300/500$ V, z. B. H05RN-F.

I_N Bemessungsstrom, Nennstrom
$I_{\Delta N}$ Bemessungsdifferenzstrom, Nennfehlerstrom
P_N Bemessungsleistung, Nennleistung
U_N Bemessungsspannung, Nennspannung

Siehe auch Seite 360.

Elektroinstallation in Unterrichtsräumen mit Experimentiereinrichtungen
Electrical Installation in Teaching Rooms with Experimental Equipment   vgl. DIN VDE 0100-723

Begriff	Erklärung	Beispiele
Unterrichtsräume	Räume zur Wissensvermittlung in Schulen (auch Hochschulen) und Bildungsstätten.	Schulsaal, Vorlesungssaal, Elektrolabor, Physiklabor, Praktikumsraum.
Experimentieren	Vorführen, Beobachten und Üben zum Verständnis naturwissenschaftlicher oder technischer Vorgänge.	Messen von Strömen, Spannungen und Leistungen in elektrotechnischen oder mechanischen Anlagen.
Experimentiereinrichtung EE	Einrichtung, mit der Experimente oder Vorführungen möglich sind.	Platz mit Stromversorgung zum Vorführen oder Experimentieren.
Geltungsbereich von DIN VDE 0100-723	Unterrichtsräume mit EE, in denen berührungsgefährliche Spannungen auftreten können.	Alle Unterrichtsräume mit Stromversorgungen, deren Nennspannung größer ist als AC 50 V bzw. DC 120 V.
SELF oder PELV	Räume, in denen für EE die Stromversorgung nur aus SELF oder PELV besteht, unterliegen nicht der DIN VDE 0100-723 und erfordern nicht deren zusätzliche Maßnahmen.	Spannungen nach SELV oder PELV ermöglichen außerhalb der elektrotechnischen Fachausbildung die meisten Grundlagen-Versuche und alle elektrochemischen Übungen.
Basisschutz	Zunächst gelten alle Bestimmungen von DIN VDE 0100-410. Zusätzlich müssen einpolige Anschlussstellen berührungssicher sein.	Es werden berührungssichere Laborsteckbuchsen verwendet. www.conrad.de
Zusätzlicher Schutz durch RCDs	Ein zusätzlicher Schutz durch allstromsensitive RCDs (Typ B) mit einem Bemessungsdifferenzstrom $I_{\Delta N} \leq 30$ mA ist vorzusehen. Auf diesen Schutz darf verzichtet werden, wenn die Stromversorgung durch ein IT-System erfolgt, bei den die Isolationsüberwachungseinrichtung beim 1. Fehler eine Abschaltung bewirkt. www.doepke.de	**Symbol für allstromsensitive RCD vom Typ B**
Fehlerschutz (Schutz bei indirektem Berühren)	Zusätzlich zu DIN VDE 0100-410 gilt Folgendes: Werden bei der Fachausbildung Messungen vorgenommen, die mit RCD nicht möglich sind, z. B. Messung der Schleifenimpedanz, dann muss bei überbrücktem RCD die Stromversorgung sicher abschaltbar sein, z. B. über ein Schütz, das über einen Schlüsseltaster angesteuert wird. Eine befugte Aufsichtsperson muss stets anwesend sein.	**Schlüsseltaster**
Zusätzlicher Schutzpotenzialausgleich ZSPA	Alle fremden leitfähigen Teile, die ein Potenzial einbringen können, z. B. Heizkörper, müssen untereinander durch Schutzpotenzialausgleichsleiter von mindestens 4 mm² Cu verbunden sein. An den Schutzpotenzialausgleich ist der PE anzuschließen.	**Schutzpotenzialausgleichsschiene des ZSPA**
Trennen und Schalten	Die EE müssen durch Trenneinrichtungen (trennende Schalter) von allen aktiven Leitern der Stromversorgung (einschließlich N-Leiter) getrennt werden können. www.siemens.de	Schalter zum Trennen müssen eine Trennstrecke haben. Geeignet sind die ohnehin vorhandenen RCDs. Nicht geeignet sind Halbleiterschütze.
Handlungen im Notfall	Jede EE muss eine NOT-AUS-Einrichtung haben. Über deren Betätigungseinrichtung, z. B. den NOT-AUS-Taster, werden alle EE des Raumes von der Stromversorgung getrennt. Zusätzlich muss an jedem Raumausgang eine Betätigungseinrichtung für NOT-AUS vorhanden sein. Die NOT-AUS-Einrichtung besteht dann aus NOT-AUS-Tastern und einem zuverlässigen Schütz.	**NOT-AUS-Taster**
Zusätzliche Maßnahmen	Gefahr bei einpoligem Berühren wird durch isolierenden Fußboden besonders wirksam verringert, wenn die Bestimmungen über nicht leitende Umgebung nach DIN VDE 0100-410 eingehalten werden (Seite 362).	Ein isolierender Fußboden wird im Gegensatz zu früheren Ausgaben von DIN VDE 0100-723 nicht mehr verlangt, kann aber empfohlen werden.

A

Stromversorgung elektronischer Geräte
Power Supply for Electronic Devices

Name	Erklärung	Schaltung, Bemerkungen
Linearer Spannungsregler	Lineare Spannungsregler geben eine fast konstante Ausgangsspannung U_2 ab, auch bei sich ändernder Eingangsspannung U_1 und Last. Die Regelung erfolgt durch Ändern des Spannungsfalls vom Regler, z. B. bei zunehmendem Laststrom durch abnehmenden Spannungsfall. Die Regler bestehen aus mit Kondensatoren und Widerständen beschalteten ICs. Da U_1 größer als U_2 sein muss, ist der Wirkungsgrad klein.	LM 317, R1 240 Ω, I_v, 0,1 µF, R2 5 kΩ, 1 µF, $U_e = 28\,V$, U_a **Einstellbarer Spannungsregler 1,2 V bis 25 V**
Netzteil mit linearem Spannungsregler	Das Netzteil besteht im Prinzip aus einem Transformator, einer Gleichrichterschaltung, einem Ladekondensator und dem Spannungsregler. Der Ladekondensator C_L wird immer dann nachgeladen, wenn die Gleichrichterspannung die Kondensatorspannung übersteigt. Der Netzstrom ist nicht sinusförmig und enthält starke Oberschwingungen. Nach EN 61000 nur zulässig bis Bemessungsleistung 75 W.	AC 42 V, C_L, einstellbarer Spannungsregler, U_a **Prinzipschaltung eines Netzteils mit linearem Spannungsregler**
Schaltregler, Schaltnetzteil ohne PFC (PFC von Power Factor Correction)	Schaltregler bzw. Schaltnetzteile arbeiten mit Energiespeicherung in Kondensatoren und Spulen. Die Netzspannung wird gleichgerichtet und über Q1 und L_1 an C2 gelegt. Die Schaltspannung von Q1 wird durch K1 auf U_a geregelt. Sobald diese an C2 erreicht ist, öffnet Q1. Die Last wird über R1, L_1, C2 weiter versorgt, bis die Spannung an C2 abnimmt und Q1 leitet. Wirkungsgrade bis 0,92, jedoch ist wegen C1 und C2 der Netzstrom nicht sinusförmig. Nur zulässig bis Bemessungsleistung 75 W.	AC 230 V, Q1, L_1, C1, R1, K1, C2, U_a **Prinzipschaltung eines Netzteils mit Sperrwandler (Schaltnetzteil)**
Schaltnetzteil mit PFC (Schaltnetzteil mit Leistungsfaktor-Korrektur)	Das Schaltnetzteil mit PFC enthält einen Sperrwandler aus L_1, elektronischen Schalter Q1 und R1. Schließt Q1, nimmt L_1 Strom auf und lädt sein Magnetfeld auf. Öffnet Q1, so wird in L_1 eine Spannung induziert, die über R1 den Ladekondensator C2 auflädt. Man nennt den Sperrwandler *Hochsetzsteller* oder *Boost-Converter* (engl. to boost = hochschieben). Q1 kann mit hoher Frequenz in PWM (Pulsweitenmodulation) so angesteuert werden, dass der Gleichrichter einen Strom aufnimmt, dessen Sinuslinie gegen die Spannung keine Phasenverschiebung hat. Es erfolgt also Leistungsfaktor-Korrektur PFC. Die Ansteuerung von Q1 erfolgt durch einen PWM-PFC-IC. PFC ist für elektrische Geräte über 75 W bis 16 A je Leiter erforderlich, nicht bei Anlagen mit Transformatorstation (DIN EN 61000).	u, i, u, i, u_d, t **Netzstrom bei Gerät mit Gleichrichter und Glättungskondensator ohne PFC** I_1, U_1, L_1, R1, Q1, C1, PWM-PFC-IC, C2, U_a **Prinzipschaltung eines Schaltnetzteils mit PFC**
Stromversorgung mit Weitbereichs-Eingangsspannung und PFC	Ein Sperrwandler erlaubt auch den Aufbau einer Stromversorgung für den *Weitbereichs*-Eingang (Eingang mit verschiedenen Eingangsspannungen). Die Bemessungs-Eingangsspannung von z. B. 110 V bis 260 V ergibt mit einer Schaltung B2U eine Bemessungs-Zwischenkreisspannung von DC 130 V bis 373 V. Mit einem Sperrwandler wird diese Spannung mittels PWM über einen Transformator und eine Gleichrichterschaltung auf eine Spannung von DC 24 V heruntergesetzt. Die Regelung erfolgt mittels eines PWM-IC, der von einem analogen Spannungsregler am Ausgang angesteuert wird. Der Sperrwandler wird so lange an Spannung gelegt, bis beim jeweiligen Laststrom die Ausgangsspannung DC 24 V beträgt. Anwendung: Netzteile für Notebooks www.deutronic.de	u, i, u_1, U_a, i_1, t **Eingangsspannung, Eingangsstrom und Ausgangsspannung beim Schaltnetzteil mit PFC**

A

Sicherheits-Stromversorgungsanlagen — Safety Power Supply Systems

Prinzipschaltung	Erklärung	Bemerkungen
Anlagen mit Umschaltzeit		
SSV-Anlage mit Akkumulator	Bei vorhandener Netzspannung liegt die Last über ein Schütz direkt am Netz. Am Netz liegt auch ein Gleichrichter, der eine Akkumulatorenbatterie auf voller Ladung hält. Bei Netzausfall schaltet die Schützschaltung die Last an den Wechselrichter. www.rs-components.com	Umschaltzeit je nach Ausführung bei *Handstart* > 15 s, *Ersatzstromversorgung* < 15 s, *Schnellbereitschaftsanlage* ≤ 1 s oder ≤ 0,5 s. Anwendung z.B. in Krankenhäusern, nicht ausreichend bei Computeranlagen (folgende Seite).
SSV-Anlagen mit Verbrennungsmotor	Bei Netzspannung liegt die Last wie bei der Anlage mit Akkumulator am Netz. Am Netz liegt auch ständig ein Motor, der einen Generator mit Schwungrad im Leerlauf treibt. Bei Netzausfall wird der Verbrennungsmotor angeworfen und der Generator an die Last geschaltet.	Umschaltzeit je nach Ausführung bei *Handstart* > 15 s, *Ersatzstromversorgung* ≤ 15 s. Wird nur bei großen Anlagen verwendet, z.B. Flugplatzbeleuchtung. Vorteil gegenüber Anlagen mit Akkumulator: Kleinere Verlustleistung.
Sicherheitsbeleuchtung mit Akkumulator	Ein Akkumulator wird ständig über einen Gleichrichter auf voller Ladung gehalten. Bei Netzausfall wird der Akkumulator, bei Gleichstrombedarf direkt oder bei Wechselstrombedarf über einen Wechselrichter, mit der Sicherheitsbeleuchtung verbunden. Q2 dient zum Prüfen.	Die Sicherheitsbeleuchtung schaltet sich meist nur bei Netzausfall ein. Anwendung z.B. in Krankenhäusern und in Gebäuden für Menschen-Ansammlungen, z.B. Schulen oder Warenhäusern. Für Halogen-Glühlampen genügt Speisung mit Gleichstrom, ebenso für LEDs mit geeigneten Vorschaltgeräten.

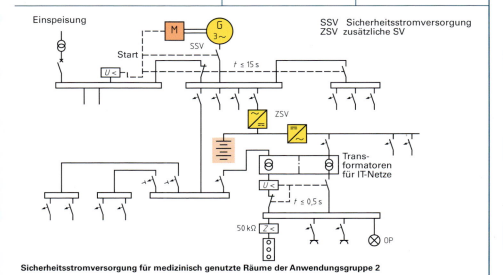

SSV Sicherheitsstromversorgung
ZSV zusätzliche SV

Sicherheitsstromversorgung für medizinisch genutzte Räume der Anwendungsgruppe 2

Unterbrechungsfreie Stromversorgungssysteme USV
Power Supply Systems Free of Interruption

Klassifizierung der USV

vgl. DIN EN 62040-3

Netz-störung	Vorgang	Zeit	Klassifizierungscode, z. B. VFD SS 333		
			Stufe 1	Stufe 2	Stufe 3
1	Netzausfall	> 10 ms	U_{out} abhängig von U_{Netz}, f_{Netz} **VFD**	Kurvenform U_{out} 2 Buchstaben: – Netzbetrieb – Batteriebetrieb	Verhalten U_{out} 3 Ziffern: – Wechsel Betriebsart
2	Spannungseinbruch	≤ 16 ms			
3	Spannungsspitze	≤ 16 ms			
1 bis 3	siehe oben, wie VFD	siehe oben	U_{out} abhängig von f_{Netz} **VI**	S Sinus X kein Sinus bei nichtlinearer Last Y kein Sinus	– Lastsprung (LS) linear – LS nicht linear 1 unterbrechungsfrei 2 U-br. < 1 ms 3 U-br. < 10 ms 4 nach Hersteller
4	Unterspannung	dauernd			
5	Überspannung	dauernd			
1 bis 5	siehe oben, wie VI	siehe oben	U_{out} unabhängig von U_{Netz}, f_{Netz} **VFI**		
6	Blitzeinwirkungen	sporadisch			
7	Spannungsstöße (Surges)	< 4 ms			
8	Frequenzschwankung	sporadisch	VFD Voltage Frequency Dependent, VI Voltage Independent, VFI Voltage Frequency Independent		
9	Spannungsverzerrung (Burst)	periodisch			
10	Spannungsoberschwingungen	dauernd			

Schaltungen

Schaltung, Bezeichnung	Erklärung	Bemerkungen
Prinzipielle Schaltung 50 Hz 230 V – T1 – T2 – 50 Hz 230 V, L_1, G1	Der Akkumulator G1 (meist Blei-Akkumulator) wird vom Gleichrichter T1 ständig geladen und speist über L_1 und Wechselrichter T2 die Last. L_1 ist erforderlich, damit im Netz keine impulsartige Belastung auftritt (**Bild**). **Vorteil:** Preiswert. **Nachteile:** Kleiner Wirkungsgrad, wegen L_1 kleiner cos φ, beim Akkumulator tritt bei Teilentladung ein Kapazitätsverlust ein (Memory-Effekt).	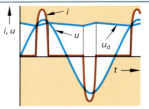 **Stromverlauf bei zu kleiner Glättungsdrossel**
Schaltung mit überwachten Akkumulatoren 50 Hz 230 V – T1 – Q1 – T2 – 50 Hz 230 V, L_1, K1 µC, Q2, Q3, G1, G2	Die Last wird über L_1 und den Wechselrichter T2 ständig aus den Akkumulatoren G1 und G2 gespeist. G1 und G2 werden bei Bedarf über T1 und Q1 geladen. Ein Mikrocontroller K1 überwacht die Spannung von G1 und G2 und steuert die Schalter Q1, Q2, Q3 an. Q2 und Q3 sind abwechselnd geschlossen, sodass abwechselnd G1 oder G2 entladen werden. Nennleistung S_n von 200 VA bis 200 kVA. **Vorteil:** Kein Memory-Effekt.	Bei vorhandener Netzspannung sind Q1 und z. B. Q3 offen und G1 trägt die Last. Bei sinkender Spannung von G1 schließt Q1, sodass G1 geladen wird. Nach Volladung von G1 öffnen Q1 und Q2 und G2 trägt die Last. Bei sinkender Spannung von G2 schließt Q1 und der Vorgang wiederholt sich entsprechend. **Nachteile:** Kleiner Wirkungsgrad, wegen L_1 kleiner cos φ. www.piller.com, www.socomec.de
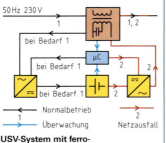 **USV-System mit ferroresonantem Transformator**	Der ferroresonante Transformator gleicht Spannungsschwankungen aus. Bei Netzausfall speist die Energie der Felder des Kernes und des Kondensators für einige Halbperioden die Last. Während dieser Zeit steuert ein Mikrocontroller den Wechselrichter an, der nach seinem Anlauf die Last übernimmt. S_n von 500 VA bis etwa 20 kVA. **Vorteile:** Akkumulator arbeitet nur bei Netzausfall, großer Wirkungsgrad, Memory-Effekt durch entsprechende Steuerschaltung vermeidbar.	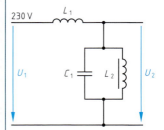 **Magnetischer Spannungskonstanthalter**

Akkumulatorenräume — Rooms for Accumulators

Akkumulatorenräume mit offenen Zellen

Art	Erklärung	Bemerkungen, Formeln	
Batterieraum	Raum, in dem Batterien für den Betrieb aufgestellt oder eingebaut sind.	Einen Batterieladeraum, in dem auch die Ladeanlage untergebracht ist, nennt man eine Ladestation.	**Ladeleistung** $$P_L = U_N \cdot I_{Lmax}$$ [1]
Batterieladeraum	Raum, in dem Batterien nur zum Laden aufgestellt sind.		
Belüftung	Natürliche oder künstliche Belüftung muss die explosiven Gase auf ungefährliche Mischung verdünnen.	Durch Belüftung ist z.B. ein Wasserstoff-Luftgemisch auf unter 3,8 % zu verdünnen.	Für künstliche Belüftung: **Volumenstrom**
Natürliche Belüftung	Lüftung durch Fenster und/oder Türen, evtl. verstärkt durch Abzugsrohre oder Abzugskanäle.	Natürliche Belüftung ist anzustreben. Für Wasserfahrzeuge oder in Behältern oder Schränken ist sie nur bis zu einer Ladeleistung P_L von 2 kW zulässig.	$$\frac{V}{t} \geq s \cdot n \cdot I_L$$ [2]
Künstliche Belüftung	Lüfter sind vor Beginn des Ladens einzuschalten.		$s = 55\ \text{l/(Ah)}$ für Anlagen an Land und in Landfahrzeugen,
Batterieaufstellung	Batterien sind so unterzubringen, dass sie leicht zugänglich und zu warten sind.	Abzugskanäle oder Abzugsrohre dürfen nicht in Schornsteine oder Feuerungen münden.	$s = 110\ \text{l/(Ah)}$ für Wasserfahrzeuge.

Für Akkumulatorenräume mit gasdichten Batterien gelten keine zusätzlichen Bestimmungen. Dabei werden auch keine Anforderungen an die Belüftung gestellt.

Ladekennlinien von Akkumulatoren

Bezeichnung	Kennlinie	Erklärung, Anwendungen
Konstantstrom-Kennlinie	(U, I vs. t: I konstant, dann fallend; U steigt auf Gasung)	Das Ladegerät arbeitet bis zur konstant bleibenden Spannung mit eingeprägtem Strom, d.h., es ändert die Ladespannung so, dass der Ladestrom konstant bleibt. Laden von Blei-Starterbatterien, Ausschalten meist von Hand. Laden von Nickel-Cadmium-Batterien, Nickel-Metallhydrid-Batterien und Nickel-Eisen-Batterien, ausgenommen gasdichte Batterien.
Konstantspannungs-Kennlinie	(U konstant, I fällt; Gasung)	Das Ladegerät arbeitet mit eingeprägter Spannung, sodass der Ladestrom mit zunehmender Ladung abnimmt. Laden parallel geschalteter Bleibatterien oder Nickel-Cadmium-Batterien bzw. Nickel-Eisen-Batterien jeweils gleicher Zellenzahl unabhängig vom Ladezustand oder von der Kapazität.
Fallende Kennlinie W	(U steigt, I fällt; Gasung)	Das Ladegerät ist so gesteuert, dass bei ansteigender Spannung der Ladestrom bis auf den Ladeschlussstrom abfällt. Laden von GiS- und PzS-Fahrzeugbatterien, Starterbatterien bzw. offenen Nickel-Cadmium-Batterien. Abschalten meist von Hand. (Gi Gitterplatten, Pz Panzerplatten, S Spezialseparation)

a selbsttätige Ausschaltung	Reihenfolge der Kurzzeichen entspricht dem Ladeverlauf, z.B. W O W a (fallende Kennlinie, selbsttätige Umschaltung, fallende Kennlinie, selbsttätige Ausschaltung).	
O selbsttätige Umschaltung	Beim Laden ist die Wärmeentwicklung in der Batterie zu beachten. Thermisches Durchgehen: In der Batterie entsteht größere Wärme als die Zündtemperatur des Elektrolyten.	

I_L	Ladestrom	P_L	Ladeleistung	s	Luftbedarfskoeffizient
I_{Lmax}	maximaler Ladestrom	$\frac{V}{t}$	Volumenstrom der Luft l/h	U_N	Bemessungsspannung
n	Anzahl der Zellen				

Elektrische Energieversorgung von Werkstätten und Maschinenhallen
Electrical Power Supply in Workshops and Machine Halls

Anordnung der Schienensysteme

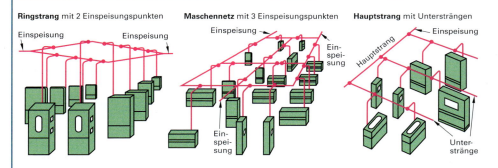

Ringstrang mit 2 Einspeisungspunkten

Maschennetz mit 3 Einspeisungspunkten

Hauptstrang mit Untersträngen

Der Spannungsfall muss erst ab 100 m Leitungslänge berücksichtigt werden.

Stromschienensysteme

Bezeichnung		Anwendung	Bemerkungen
Schienenverteiler, fabrikfertig	ohne Abgänge	Stromversorgung in Gebäuden	Horizontale oder vertikale Anordnung, Ersatz für Kabel.
	mit Abgängen	Hauptleitungen in Hochhäusern	Ersatz für Kabel.
	mit veränderbaren Abgängen	Versorgung von Verbrauchsmitteln	Maschinen, leicht umstellbar.
	mit Stromabnehmerwagen	Versorgung ortsveränderlicher Verbraucher	Für Elektrowerkzeuge.
	für Leuchten	Lichtbänder	Auch kombiniert mit Kraftversorgung.
Stromschienensystem, nicht fabrikfertig	abgedeckt, umhüllt, z.T. offen	Verbindung von Transformator mit Niederspannungs-Hauptschaltanlage	Ersatz für Kabel, Ersatz für Hauptleitungen in Hochhäusern.
Schleifleitungen	abgedeckt, z.T. offen	Stromversorgung von Hebezeugen	Nur außerhalb des Handbereichs zulässig.

Schutzmaßnahmen:	Körper der Stromschienensysteme Schutzklasse I müssen an der gekennzeichneten Stelle mit dem Schutzleiter verbunden werden.
	Für Stromschienensysteme der Schutzklasse II gelten die Bestimmungen für Schaltanlagen und Verteiler.
Anschlussstellen:	Müssen auch nach dem Errichten der Anlage ohne Schwierigkeiten zugänglich sein.
Befestigung:	Zuverlässig. Bei Übergang von horizontal in vertikal muss gewichtsbedingte Verschiebung berücksichtigt werden.
Längendehnung:	Abhilfe durch Einbau von Dehnungsbändern.

Schienensysteme

Bemessungsstrom der Schienen in A		125	250	400	Anbringung				
Bemessungsstrom der Vorsicherung in A		125	225	355	an der Decke	an der Wand	auf Stützen	zwischen Maschinen	unter dem Boden
Höchste entnehmbare Leistung in kVA	bei 230 V	47	95	150					
	bei 400 V	82	165	260					
Höchstzulässige Transformatorleistung in kVA	bei 230 V	$u_k =$ 8 %	1250 2000	$u_k =$ 8 %	800 1250				
	bei 400 V								
Zulässiger Stoßkurzschlussstrom		50000 A			U_k Kurzschlussspannung in %				

Elektromagnetische Verträglichkeit EMV — Electromagetic Compatibility

Art	Erklärung	Bemerkungen, Ergänzung
Definition von EMV	Fähigkeit der elektrotechnischen Einrichtungen, ohne Probleme in einem elektromagnetischen Umfeld zu arbeiten und selbst keine elektromagnetischen Probleme hervorzurufen.	1. Zufriedenstellende Arbeit trotz elektromagnetischem Störfeld, 2. Umgebung wird nicht zusätzlich elektromagnetisch belastet.
Elektromagnetische Störbeeinflussung	Von einer Störquelle Q gehen Störungen aus, die zu einer Störsenke S über eine Kopplung K gelangen. Dabei kann von S nach Q eine Rückwirkung auftreten. www.dehn.de www.phoenixcontact.com	Störgröße — Rückwirkung **Prinzip der Störbeeinflussung**
Atmosphärische Störungen	Siehe Blitzstromableiter Seite 216. LEMP (Lightning Electromagnetic Pulse)	Hervorgerufen durch Blitzeinschläge in die Anlage oder entfernt von der Anlage.
Störungen durch elektrostatische Entladung	**Elektrostatische Körperentladung**	**Elektrostatische Mobiliarentladung**
Störungen durch elektrische Anlagen	Vor allem treten durch das Schalten impulsartige Ströme auf, die wegen ihrer steilen Flanken hochfrequente Anteile haben (SEMP). Insbesondere bei • Abschalten von Induktivitäten, • Einschalten von Kondensatoren, Lampen.	Die Störungen sind fortdauernd, wenn fortdauernd geschaltet wird, z.B. bei der Anschnittsteuerung oder im kleineren Umfang bei der Abschnittsteuerung. SEMP von Switching Electromagnetic Pulse.
Störfestigkeit und Zerstörfestigkeit von Störsenken	Überschreiten Spannungen gegen Erde bzw. Masse die Störfestigkeit, so treten Funktionsstörungen auf. Überschreiten diese Spannungen die Zerstörfestigkeit, so sind die Betriebsmittel unbrauchbar bzw. zerstört.	Anhaltswerte der Spannungsfestigkeit: • Starkstromleitungen, Signalkabel bis 20 kV, • Fernmeldekabel, Starkstromgeräte 5 kV bis 8 kV, • Fernmeldegeräte 1 kV bis 3 kV, • integrierte Schaltkreise, Operationsverstärker 50 V bis 500 V (energieabhängig).
Beeinflussung der auftretenden Störspannungen	Vor allem muss die Kopplung für die Störgrößen zwischen Quelle Z_Q und Senke Z_S möglichst klein sein. Dabei ist auf galvanische, kapazitive und induktive Kopplung sowie Kopplung durch elektromagnetische Strahlung zu achten. Verteilungssysteme TN-C und TN-C-S können zu galvanischer Kopplung führen und sollen daher in Fabrikanlagen durch TN-S ersetzt werden.	**Galvanische Kopplung durch Erdschleife**
Abschirmung	Verringert die Kopplung durch Strahlung.	Leitende Folien oder Drahtgeflechte.
Überspannungsbegrenzer	Begrenzen die Störspannung auf die Zerstörfestigkeit des Betriebsmittels.	Siehe Seite 216, 338.
Netzentstörfilter (Tiefpass-Filter)	Anordnung an der Quelle und/oder an der Senke. Im einfachsten Fall werden Induktivitäten, z.B. Ferritperlen, in den Stromweg oder Kapazitäten (Kondensatoren) parallel zur Quelle oder Senke geschaltet. Bei höheren Anforderungen müssen auch die Störspannungen zur Erde erfasst und überbrückt werden.	**LC-Tiefpassfilter**

Elektromagnetische Störungen EMI — Electromagnetic Interferences EMI

Art	Erklärung	Bemerkungen, Ergänzung
Auftreten von EMI, Kopplungsarten		
Ursachen von EMI	EMI werden hervorgerufen durch alle elektromagnetischen Vorgänge, z. B. • nahe oder entfernte Blitzeinschläge, • Schalthandlungen, • Kurzschlussströme. Jede *steile Stromflanke* bedeutet das Auftreten hoher Frequenzen wie bei einem Funksender.	Auch *elektronische Steuerungen*, z. B. die Anschnittsteuerung, rufen EMI hervor, weil bei ihnen in jeder Halbperiode geschaltet wird. Dasselbe gilt für den Betrieb von Maschinen mit *Stromwendern*, weil die Stromwender laufend den Strom umschalten. Die zulässigen Höchstwerte der EMI sind durch Normen und Gesetze beschränkt.
Kopplungen	EMI werden von der *Störquelle* zur *Störsenke* durch Kopplungen übertragen. **Galvanische Kopplung** erfolgt zwischen elektrisch leitenden Stellen, die miteinander mäßig leitend verbunden sind, z. B. bei Erdschleifen (siehe vorhergehende Seite). **Induktive Kopplung** erfolgt über das magnetische Feld, das bei jedem elektrischen Strom auftritt. **Kapazitive Kopplung** erfolgt bei jedem unter Spannung stehenden Leiter zu jedem elektrisch leitenden Gegenstand, wenn Leiter und Gegenstand voneinander elektrisch isoliert sind wie bei einem Kondensator.	**Induktive und kapazitive Kopplung**
Maßnahmen gegen EMI		
Vermeiden der Ursache	Betriebsmittel ohne steile Stromflanken rufen keine EMI hervor, z. B. Kurzschlussläufermotoren. Nur beim Einschalten können EMI auftreten.	Durch elektronische Schaltungen für Sanftanlauf (Abschnittsteuerung mit flacher Abschaltflanke) kann der Einschaltstrom so geformt werden, dass keine EMI auftreten.
Vermeiden der galvanischen Kopplung	Galvanische Kopplung wird durch *Potenzialausgleichsleitungen PB* zwischen den zu entkoppelnden Geräten beseitigt. • Bei geschirmten Leitungen muss der Schirm als PB verwendet werden. • Der Schirm ist einseitig zu erden. • PB müssen an die *Haupterdungsschiene* und damit an den PE angeschlossen sein. • PB müssen von den Geräten *einzeln* zu einem Bezugspunkt geführt werden.	**Maßnahmen gegen galvanische Kopplung**
Vermeiden der induktiven Kopplung	Induktive Kopplung erfolgt vor allem durch Induktionsschleifen (Bild oben). Deshalb • dichte Leiterführung, Verdrillen, getrennte Leiterführung je Stromkreis, Trennbleche in Kabelkanälen, • kopplungsarme Leitungen verwenden, z. B. Twisted-Pair-Leitungen (S/FTP, U/UTP), • Schirme beidseitig erden, evtl. dabei eine Seite über Kondensator. Bei Twisted-Pair-Leitungen wechselt in jedem Drall die Kopplung die Richtung des Magnetfeldes, sodass die Kopplung unwirksam bleibt.	**Maßnahmen gegen induktive Kopplung**
Vermeiden der kapazitiven Kopplung	Kapazitive Kopplung wird durch Schirmung oder durch Abstände verringert. Schirmung erfolgt durch leitendes Material, z. B. metallenes Gehäuse, Geflecht oder Folie. Sie verhindert auch Übertragung durch elektromagnetische Strahlung. In IT-Anlagen sind die Geräte je nach Wichtigkeit in räumlich getrennten EMI-Zonen 0 bis 2, die gegeneinander geschirmt sind.	**Ausbreitung von Störungen**
Entstörfilter	Filter sind Tiefpässe. Sie verhindern die Ausbreitung von EMI über das Stromnetz.	

Schaltschrankaufbau — Switch Cabinet Construction

Einteilung des Schaltschranks in EMV-Zonen

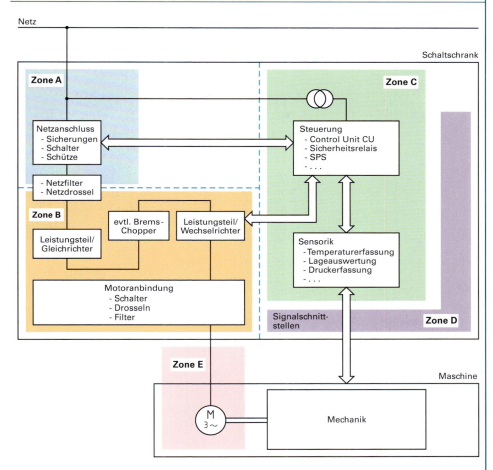

– – – – – geerdetes Trennblech

Bedeutung der Zonen

Zonen	Erklärungen	Bemerkungen
A	Netzanschluss	Grenzwerte der leitungsgebundenen Störaussendung und Störfestigkeit müssen eingehalten werden.
B	Leistungselektronik	Störquellen: Frequenzumrichter bestehend aus Gleichrichter, evtl. Brems-Chopper, Wechselrichter sowie evtl. motorseitige Drosseln und Filter.
C	Steuerung und Sensorik	Störsenken: Empfindliche Steuerungs- und Regelungselektronik sowie die Sensorik.
D	Signalschnittstellen zur Peripherie	Störsenken: Grenzwerte der Störfestigkeit müssen eingehalten werden.
E	Motor und Motorleitung	Störquellen: Grenzwerte der Störaussendung müssen eingehalten werden.

Leitungsverlegung im Schaltschrank — Routing of Cables in a Switchboard

Merkmal	Erklärung	Bemerkungen
Konzeption	Ausgehend von der Aufgabenstellung, z. B. in einem Schaltschrank die entsprechenden Leitungen zu verlegen und anzuschließen, wird mittels CAD-System, z. B. EPLAN, das Layout bzgl. Leitungsverbindungen, Kabelbäumen erstellt.	Die zu installierenden elektrischen Betriebsmittel im Schaltschrank, der Schaltplan sowie die Maße des Schaltschrankes müssen bekannt sein. Hiervon können die Schaltschranktemperatur, Leitungslängen, Leitungsarten, Leitungsquerschnitte, Leitungshäufungen abgeleitet werden. www.eplan.com, www.zuken.com
Vorschriften	Zu berücksichtigen sind die Vorschriften nach DIN VDE 0100-520 Kabel- und Leitungssysteme, DIN EN 50173 Anwendungsneutrale Kommunikationskabelanlagen, DIN EN 50174 Installation von Verkabelungsanlagen, DIN VDE 0298 Verwendung von Kabeln und isolierten Leitungen für Starkstromanlagen.	Weiter von Interesse sind DIN EN 60204-1, VDE 0113-1 Sicherheit von Maschinen, Elektrische Ausrüstung von Maschinen, DIN VDE 0472 Prüfung an Kabeln und isolierten Leitungen, DIN EN 61439 Niederspannungs-Schaltgerätekombinationen (VDE 0660-600, DIN VDE 0660-507), DIN EN 61000-3-2 Elektromagnetische Verträglichkeit (EMV).
Vorbereitung Material	Die zur Leitungsinstallation außer den Leitungen selbst erforderlichen Komponenten sind zu planen: Leitungsanschlüsse (Schraubklemmen, Steckklemmen, Schneidklemmen), Leitungsführungssysteme (Kanäle, Stromschienen), Befestigungselemente, Kennzeichnungsetiketten, Kabelbinder, Zugentlastungen, Crimpverbinder, Isoliermaterial, Schrauben.	 **Steckklemmen**
Werkzeug	Die zur Leitungsinstallation benötigten Werkzeuge sind zu planen, z. B. für Schneiden, Abisolieren, Abmanteln, Crimpen sowie Lötkolben, Lötpumpe, Schraubendreher, Zangen, Antistatik-Ausrüstung. Für die spätere Inbetriebnahme ist ein Universalmessgerät erforderlich.	  **Abisolierzange** **Crimpzange**
Temperaturen EMV	Bei der Leitungsauswahl/Leitungsbemessung sind spätere Schaltschranktemperaturen, Leitungshäufungen, EMV zu beachten.	
Ausführung Erdung räumliche Trennung Leitungen Geschirmte Kabel/ Leitungen Netzfilter	Wegen EMV ist zu beachten: Schaltschranktüren und Seitenwände über Massebänder mit Schaltschrankkörper verbinden. Leitungsschirme sind großflächig an Steckern aufzulegen. Netzfilter unmittelbar in der Nähe der Leitungsdurchführung in den Schaltschrank anbringen und mit diesem verbinden. Leistungs- und Steuer- bzw. Logikkomponenten im Schaltschrank räumlich getrennt anordnen. Verteilung der Versorgungsspannungen von zentralem Punkt aus, z. B. Sammelschiene. Leitungen möglichst kurz ausführen. Ungeschirmte Aderenden von geschirmten Leitungen kurz halten. Leistungs- und Steuerkabel getrennt verlegen, nach Möglichkeit nicht parallel, sondern in getrennten, geschirmten Kammern bzw. mit Mindestabstand 20 cm. Leitungskreuzungen mit Winkel 90°. Leitungsführungen waagrecht, senkrecht. Geschirmte Kabel/Leitungen für z. B. Datenleitungen, Motorleitungen von Stromrichtern (Servo-Endstufen, Frequenzumformer), Leitungen zwischen Komponenten und Entstörfiltern. Hauptversorgungsleitungen und Erdung über ein Netzfilter in den Schaltschrank führen. Leiter idealerweise verdrillen.	Auf durchgängiges Verwenden gleicher Aderfarben ist zu achten. Für die Biegeradien der Leitungen wird folgendes gefordert: • mehradrige Leitungen kunststoffisolierter Kabel $4 \times \varnothing$ (äußerer Leitungsdurchmesser), • flexible Leitungen bei flexibler Verlegung $\varnothing = 8$ mm bis 12 mm: $4 \times \varnothing$, $\varnothing = 12$ mm bis 20 mm: $5 \times \varnothing$, • flexible Leitungen bei fester Verlegung $\varnothing = 8$ mm bis 12 mm: $3 \times \varnothing$, $\varnothing = 12$ mm bis 20 mm: $4 \times \varnothing$. • Lichtwellenleitungen Biegeradien etwa 10- bis 15-facher Außen-$\varnothing$. 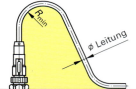 **Anfertigen von Leitungs-Biegeradien** Datenleitungen verändern nach mechanischen Belastungen durch Ziehen oder Biegen ihre übertragungstechnischen Eigenschaften. Dadurch sind Störungen und längere Antwortzeiten möglich.

Schaltschrank-Klimatisierung — Switchboard Air Conditioning

Schrankkühlverfahren, allgemein	Ursache	Maßnahmen
Temperatur-Überwachungsbereiche (Beispiele): 25 °C / 60 °C, −2 °C / 8 °C	• Elektrische und elektronische Bauteile strahlen thermische Energie ab. • Hohe Temperaturen beeinflussen die Lebensdauer der eingebauten Komponenten äußerst negativ. • Geschlossene Schaltschränke und Gehäuse behindern die Wärmeabfuhr. • Überhitzung führt oftmals zur Einschränkung der Funktion oder zum Totalausfall.	• Innerhalb des Schaltschrankes verursachen elektronische Bauteile die meiste Wärme. Diese wird u. a. mit Kühlkörpern und Kleinstventilatoren im Schrank verteilt. • Die erzeugte Wärme wird durch passive oder aktive Kühlung dem Schaltschrank entzogen. • Wärmeabgabe (z. B. Gleichrichter) und Luftbelastung (z. B. Staub) sind beim Auswählen der optimalen Kühlungsvariante vorrangig zu berücksichtigen.

Aufstellungsart für Schaltschränke nach IEC 890	Schaltschrankoberfläche	Effektive Schaltschrankoberfläche A in m²
a)	a) Einzelgehäuse allseitig freistehend	$A = 1{,}8 \cdot H \cdot (B + T) + 1{,}4 \cdot B \cdot T$
b)	b) Einzelgehäuse für Wandeinbau	$A = 1{,}4 \cdot B \cdot (H + T) + 1{,}8 \cdot T \cdot H$
c)	c) Anfangs- oder Endgehäuse freistehend	$A = 1{,}4 \cdot T \cdot (H + B) + 1{,}8 \cdot B \cdot H$
d)	d) Anfangs- oder Endgehäuse für Wandeinbau	$A = 1{,}4 \cdot H \cdot (B + T) + 1{,}4 \cdot B \cdot T$
e)	e) Mittelgehäuse freistehend	$A = 1{,}8 \cdot B \cdot H + 1{,}4 \cdot B \cdot T + T \cdot H$
f)	f) Mittelgehäuse für Wandeinbau	$A = 1{,}4 \cdot B \cdot (H + T) + T \cdot H$
g)	g) Mittelgehäuse für Wandeinbau, abgedeckte Dachflächen	$A = 1{,}4 \cdot B \cdot H + 0{,}7 \cdot B \cdot T + T \cdot H$

Symbole Schaltschrank-Montage

A Effektive Schaltschrankoberfläche in m²
B Schaltschrankbreite in m
H Schaltschrankhöhe in m
T Schaltschranktiefe in m

Wärmeübertragung	Konvektion	Wärmeleitung	Wärmestrahlung
Arten der Wärmeübertragung (Konvektion, Wärmeleitung, Wärmestrahlung)	• Kennzeichnet eine Wärmeströmung, deren Mechanismus zur Wärmeübertragung von thermischer Energie von einem Ort zum anderen dient. • Thermische Energie wird mittels Teilchen transportiert. • Die Eigenschaft der Konvektion tritt bei Gasen und Flüssigkeiten auf.	• Eine Form der Wärmeübertragung, bei der thermische Energie ohne Transport von Teilchen durch Körper hindurch von Bereichen höherer Temperatur zu Bereichen niedrigerer Temperatur übertragen wird. • Es werden gute (z. B. Stahl) und schlechte Wärmeleiter (z. B. Luft) unterschieden.	• Eine Art der Wärmeübertragung, bei der Wärme durch elektromagnetische Wellen (z. B. infrarote Strahlung) übertragen wird. • Im Unterschied zur Konvektion und Wärmeleitung breitet sich Wärmestrahlung auch im Vakuum aus. • Beispiele für Wärmestrahlung: Feuer und Glühdraht.

Klimatisierung von Schaltschränken — Air Conditioning of Switchboards

Art	Erklärung	Prinzip, Bemerkungen			
Passive Klimatisierung	Unter passiver Klimatisierung versteht man das Abführen von Wärme ausschließlich über die Schaltschrankwände bzw. infolge natürlicher Luftzirkulation über Öffnungen in den Schaltschrankwänden (Eigenkonvektion). www.rittal.com	**Verlustleistungen P_v (Beispiele)**			
		P_n, I_n, S_n	P_v	I_n	P_v
		Frequenzumrichter		Leistungsschütz AC	
		2,2 kW	110 W	25 A	9 W
		45 kW	1 100 W	80 A	30 W
Aktive Klimatisierung	Bei der aktiven Klimatisierung sind Lüfter, Wärmeüberträger oder Kühlgeräte im oder am Schaltschrank eingebaut. Die Differenz aus der installierten Verlustleistung P_v aller Bauelemente sowie der von der Schaltschrankoberfläche abgeführten Wärmeleistung Q_S ist durch ein wärmeabführendes Gerät abzuführen.	NH-Sicherungen		Sicherungsautomat	
		16 A	3 W	16 A	3 W
		500 A	35 W	500 A	27 W
		Transformatoren		Netzteil 24 V	
		100 VA	25 W	5 A	35 W
		1 000 VA	100 W	20 A	110 W
Luft-Luft-Wärmetauscher	Die Wärme der den Luft-Luft-Wärmetauschern über Lüfter zugeführten Schaltschrankluft wird an die noch kalte ihnen ebenfalls über Lüfter zugeführte Zuluft abgegeben. Beide Luftströme sind durch wärmeleitendes Material voneinander getrennt und werden nicht miteinander vermischt. Einsatz in durch Staub und aggressive Gase belasteten Umgebungen, wenn $\vartheta_I > \vartheta_U$.	**Funktion des Luft-Luft-Wärmetauschers** (Außenluft ϑ_U, Raum-Abluft ϑ_I, Raum-Zuluft, Fortluft, dünne Metall- oder Kunststoffplatten)			
Heatpipe	Eine Heatpipe (Hitzerohr) nimmt die Wärme im Inneren des Schaltschranks auf und gibt sie über Kühlrippen oder Lüfter am anderen Ende der Heatpipe an die Außenluft ab. Die Heatpipe ist z. B. mit Wasser oder Ammoniak gefüllt. Dieses verdampft durch die zugeführte Wärme. Der Dampf kondensiert über einen Docht, gibt dabei Wärme ab und wird wieder flüssig. Diese Flüssigkeit wird dann zum Verdampfer in der Heatpipe zurückgeführt.	**Wirkungsweise einer Heatpipe** (Verdampfer-Zone, Docht, Wärmeabgabe, Wärmezufuhr, Flüssigkeit, Dampf, Kondensation)			
Luft-Wasser-Wärmetauscher	Die Innenluft des Schaltschranks wird von einem Lüfter angesaugt und an den Wärmetauscher geblasen. Eine Rückkühlanlage sorgt für das Abkühlen (Entwärmen) des erwärmten Kühlwassers. Die angesaugte Innenluft wird nach Kühlung wieder in den Schaltschrank eingeführt. Geeignet für Einsatz in extremen Umgebungen bzgl. Schmutz und Temperaturen, bei $\vartheta_I < \vartheta_U$.	**Funktion des Luft-Wasser-Wärmetauschers** (Schaltschrank, Kühlanlage)			
Kühlgerät	Kühlgeräte als Kompressionskälteanlagen bestehen aus Verdampfer, Kältemittelverdichter (Kompressor), Verflüssiger (Kondensator) sowie Drosselventil. Rohrleitungen mit leicht siedendem Kältemittel verbinden diese Komponenten.	**Wirkungsweise eines Kühlgerätes** kalte Stelle — Verdampfer — Wärme Q_{zu} — Wärmetauscher 2 Energiezufuhr W, Antrieb warme Stelle — Verflüssiger — Q_{ab}, $Q_{ab} = Q_{zu} + W$ — Wärmetauscher 1 verdichten, verdampfen, verflüssigen, entspannen — Drosselventil			
Kältemittel	Flüssiges Kältemittel geht im Verdampfer durch Wärmeentzug der Schaltschrankluft in den gasförmigen Zustand über. Im Verdichter wird es komprimiert, dadurch im Verflüssiger höher temperiert als die Umgebungsluft. Die überschüssige Wärme wird über die Oberfläche des Verflüssigers an die Umgebungsluft abgegeben. Das Kältemittel wird dabei abgekühlt, wieder verflüssigt und dem Verdampfer zugeführt. Wenn $\vartheta_I < \vartheta_U$.				

A

Instandsetzung, Änderung und Prüfung elektrischer Geräte
Repair, Modification and Check of Electrical Devices

vgl. VDE 0701/0702

Prüfungen	Erklärungen	Messschaltungen
Sichtkontrolle	Die zur Sicherheit des Betreibers beitragenden Teile dürfen weder sichtbar beschädigt noch ungeeignet sein. Die Geräteanschlussleitung ist auf Beschädigung und auf wirksamen Sitz in den Zugentlastungen zu überprüfen. Der Schutzleiter muss im gesamten Verlauf in ordnungsgemäßem Zustand sein. Schutzleiteranschlüsse müssen kritisch besichtigt und durch Handprobe auf richtigen Sitz geprüft werden. Fehlende oder unleserliche Typenschilder sind anzubringen oder zu ersetzen.	Messen des Schutzleiterwiderstandes
Messung des Schutzleiterwiderstandes [1]Sonst gilt: $R = \rho \dfrac{l}{A} + 0{,}1\ \Omega$	Der Widerstand des Schutzleiters muss bei Querschnitt ≤ 1,5 mm² ≤ 0,3 Ω sein. Je weitere 7,5 m Leitungslänge darf ein zusätzlicher Widerstand von 0,1 Ω sein[1]. Insgesamt dürfen aber nicht mehr als 1 Ω gemessen werden. Er ist zu messen zwischen dem Gehäuse und dem • Schutzkontakt des Netzsteckers, • Schutzkontakt des Gerätesteckers oder dem • Schutzleiter am netzseitigen Ende des festen Anschlusses.	
Messen des Isolationswiderstandes	Der Isolationswiderstand wird zwischen den betriebsmäßig unter Spannung stehenden Teilen eines Gerätes und dem Metallgehäuse bei Geräten der SK (Schutzklasse) I bzw. den berührbaren Metallteilen bei SK II oder III gemessen.	Messen des Isolationswiderstandes bei dreiphasigen Geräten der Schutzklasse I

Isolationswiderstand bei Schutzklasse SK

I	II	III
≥ 1 MΩ	≥ 2 MΩ	≥ 250 kΩ

Die Messspannung des Isolationsmessgerätes muss mindestens 500 V Gleichspannung betragen.
Die Messung des Isolationswiderstandes muss bei vom Netz getrennten, aber eingeschaltetem Gerät erfolgen.

Achtung! Elektronikkomponenten müssen vor der hohen Messspannung geschützt werden.

Messen des Isolationswiderstandes bei Geräten der Schutzklasse II

Messung des Schutzleiterstromes	Sie ist durchzuführen bei Geräten der SK I. Die Messung des Schutzleiterstromes ist an Netzspannung bei eingeschaltetem Gerät vorzunehmen. Bei ungepoltem Netzstecker muss die Messung in allen Positionen des Netzsteckers vorgenommen werden. Ergeben die Messungen unterschiedliche Werte, so ist der größte Wert als Messergebnis zu betrachten. Folgende drei Messverfahren sind zulässig: • die direkte Messung, • das Differenzstrommessverfahren, • das Ersatz-Ableitstrommessverfahren.	Messen des Isolationswiderstandes bei Geräten der Schutzklasse III
Ersatz-Ableitstrommessung	Der Schutzleiterstrom darf 3,5 mA nicht überschreiten. Ausnahmen sind Geräte mit Heizelementen mit einer Gesamtleistung > 3,5 kW. Bei diesen Geräten darf der Schutzleiterstrom nicht größer als 1 mA je kW Heizleistung mit einem Höchstwert von 10 mA sein.	
Messung des Berührungsstromes	Die Messung des Berührungsstromes ist an allen berührbaren leitfähigen Teilen von Geräten der SK II durchzuführen. Das gilt auch für berührbare leitfähige Teile von Geräten der SK I, die nicht an den Schutzleiter angeschlossen sind. Die Durchführung des Messverfahrens ist identisch wie bei der Schutzleiterstrommessung. Der Grenzwert des Berührungsstromes darf aber 0,5 mA nicht überschreiten.	
Funktionsprüfung	Das reparierte oder geänderte Gerät ist gemäß den Bestimmungen des Herstellers zu betreiben. Es muss kontrolliert werden, ob ein bestimmungsgemäßer Gebrauch des Gerätes möglich ist. Das Gerät muss auf Sicherheitsmängel überprüft werden.	Messen des Ersatz-Ableitstromes bei dreiphasigen Geräten

Elektrische Ausrüstung von Maschinen 1
Electrical Equipment of Machines 1
vgl. VDE 0113-1 / EN 60204 Teil 1

Begriff	Erklärungen	Bemerkungen
Allgemeine Anforderungen		
Netzanschluss	Die elektrische Ausrüstung einer Maschine sollte man nur an eine einzige Energieversorgung anschließen. Die Zuleitung ist direkt an die Netz-Trenneinrichtung (Hauptschalter) anzuschließen.	Ausnahme: Ein Stecker ist für den Anschluss der Maschine an die Versorgung vorgesehen.
Hauptschalter Netz-Trenn-einrichtung	Ein Hauptschalter muss für jeden Netzanschluss einer Maschine vorgesehen werden. Der Hauptschalter muss zuverlässig die Maschine vom Netz trennen können (Netz-Trenneinrichtung). Meist ist der Hauptschalter von Hand zu betätigen. Bei mehreren Hauptschaltern sind Schutzverriegelungen vorzusehen. Der Hauptschalter darf nur eine EIN- und AUS-Stellung besitzen und muss in der AUS-Stellung abschließbar sein. Stromkreise zur Beleuchtung und für Ausrüstungen zum sicheren Betrieb sowie Steckdosen, die zur Instandhaltung benötigt werden, müssen/sollten in der AUS-Stellung nicht abgeschaltet werden.	Zulässige Arten von Netz-Trenneinrichtungen: • Lasttrennschalter mit oder ohne Sicherung, • Trennschalter mit oder ohne Sicherung bzw. mit Lastabwurf, • Leistungsschalter. • Stecker/Steckdosen-Kombination mit einem Bemessungsstrom von max. 16 A und einer Gesamtbemessungsleistung von max. 3 kW.
Schutz gegen elektrischen Schlag	Schutz von Personen gegen elektrischen Schlag: • Basisschutz (Schutz bei direktem Berühren), • Fehlerschutz (Schutz gegen indirektes Berühren).	Gliederung und Einzelheiten siehe Schutzmaßnahmen (ab Seite 355).
Schutz der Ausrüstung Schutzeinrich-tungen	Die elektrische Ausrüstung muss gegen folgende Einflüsse geschützt werden: • Kurzschlussstrom, • Überlaststrom, • Erdschluss, • Überspannung, • anormale Temperatur, • Ausfall oder Absinken der Versorgungsspannung, • Überdrehzahl von Maschinen, • falsches Drehfeld.	Arten von Schutzeinrichtungen: • Leitungsschutzschalter, • Schmelzsicherungen, • Motorschutzschalter, • Bimetallrelais, • Fehlerstrom-Schutzeinrichtung RCD, • Isolationswächter, • Bauelemente gegen Überspannung (z. B. Varistoren), • Thermistorschutzgeräte, • Unterspannungsauslöser, • Fliehkraftschalter.
Schutzpoten-zialausgleich Schutzleiter-system	Schutzleiteranschlusspunkte müssen gekennzeichnet sein und dürfen keine andere Funktion haben, z. B. nicht gleichzeitig als Befestigungspunkte für Geräte oder Teile dienen. Alle leitfähigen Körper der elektrischen Ausrüstung und der Maschine müssen mit dem Schutzleitersystem durchgehend verbunden sein. Wo ein Teil aus irgendeinem Grund entfernt wird, darf das Schutzleitersystem für die verbleibenden Teile nicht unterbrochen werden. Im Schutzleitersystem dürfen keine Schaltgeräte vorhanden sein.	Das Schutzleitersystem besteht aus: • PE-Klemme(n), • den leitfähigen Konstruktionsteilen der elektrischen Ausrüstung und der Maschine. • den Schutzleitern in der Ausrüstung der Maschine. Man unterscheidet den Schutzpotenzialausgleich über die Haupterdungsschiene und den zusätzlichen Schutzpotenzialausgleich.
Verdrahtung		
Verdrahtungs-technik Zugentlastung	Alle Anschlüsse, besonders die des Schutzleitersystems, sind gegen Selbstlockern zu sichern. Es darf nur ein Schutzleiter je Klemmanschlusspunkt angeschlossen werden. Die Anschlüsse müssen für den Querschnitt, die Art und die Anzahl der anzuschließenden Leiter geeignet sein. Kabel und Leitungen sind mit Zugentlastungen zu versehen, um mechanische Beanspruchungen der Leiteranschlüsse vorzubeugen. Die Verlegung von flexiblen Elektro-Installationsrohren sowie Kabeln und Leitungen muss derart sein, dass über Verschraubungen keine Flüssigkeiten eindringen können und bei Vorhandensein fortlaufen/ablaufen.	Vorschriften zu Kennzeichnung: Klemmen an Klemmleisten müssen deutlich gekennzeichnet sein und mit den Kennzeichnungen auf den Plänen übereinstimmen. Kabel und Leitungen müssen mit dauerhaft lesbaren Kennzeichnungsanhängern versehen werden. Vorschriften für Anschlüsse: Gelötete Anschlüsse sind nur erlaubt, wenn die Anschlüsse zum Löten geeignet sind. Flexible Leitungen müssen mit Aderendhülsen, Kabelschuhen oder Ähnlichem versehen werden. Lötzinn darf für diesen Zweck nicht verwendet werden.

Elektrische Ausrüstung von Maschinen 2
Electrical Equipment of Machines 2
vgl. VDE 0113-1 / EN 60204 Teil 1

Farbkennzeichnung

Farben der Leitungen	Farbe		Verwendung
	Schwarz		Hauptstromkreis für Gleich- und Wechselspannung
	Blau		Neutralleiter
	Grüngelb		Schutzleiter
	Rot		Steuerstromkreis für Wechselspannung
	Blau		Steuerstromkreis für Gleichspannung
	Orange		Verriegelungsstromkreise, extern gespeist
	Achtung! In der Industrie gelten zum Teil betriebsinterne Sonderregelungen.		

Farben der Taster, Leuchtmelder und Leuchttaster	Farbe	Taster	Leuchtmelder	Leuchttaster
	Rot	HALT, AUS, STOPP	Gefahr, Alarm	HALT, AUS, STOPP
	Gelb	Eingriff zur Beseitigung abnormaler Zustände	Vorsicht abnormaler, kritischer Zustand	Achtung, Vorsicht (Start einer Handlung zur Vermeidung gefährlicher Zustände)
	Grün	START, EIN	Normaler, sicherer Betriebszustand	Maschine oder Einheit einschaltbereit
	Blau	Zwingend betätigen, wenn Handlung erforderlich	Zwingende Aufforderung zum Handeln	Zwingende Aufforderung zum Handeln
	Keiner speziellen Bedeutung zugeordnet sind Schwarz und Weiß.			
	Weiß	z.B. START, EIN	Neutral, allgemeine Information	Neutral, Bestätigung
		z.B. STOPP, AUS		

Steuerfunktionen

Begriff	Erklärungen	Bemerkungen
Grundanforderungen an die NOT-HALT-Einrichtung	Der NOT-HALT-Schalter muss überall leicht erreichbar sein. NOT-HALT-Schalter müssen selbsttätig einrasten und die Kontakte zwangsöffnend sein. Der NOT-HALT-Stromkreis darf nach Unterbrechung nur zurückgestellt werden können, wenn dieser von Hand quittiert wurde.	Die Farbe des NOT-HALT-Schalters muss auffällig rot auf gelbem Hintergrund sein. Der Auslöser muss vom Standplatz des Bedienenden schnell und gefahrlos erreichbar sein. Es sind nur mit Drucktasten betätigte Schalter und Reißleinenschalter zulässig.
NOT-HALT-Funktion	Das Stillsetzen im Notfall muss • nach Kategorie 0 oder 1 erfolgen, • gegenüber allen anderen Funktionen Vorrang haben und • alle Antriebe abschalten, die gefährliche Zustände verursachen können.	Das Rücksetzen der NOT-HALT-Funktion darf keinen Wiederanlauf einleiten. Für die NOT-HALT-Funktion dürfen nur fest verdrahtete, elektromechanische Betriebsmittel verwendet werden.
Start-Funktion	Start-Funktionen müssen durch Erregen des entsprechenden Kreises erfolgen. Betriebsstart darf nur möglich sein, wenn alle Schutzeinrichtungen funktionsbereit sind.	Als Ausnahmen zur Aufhebung von technischen Schutzmaßnahmen sind z.B. Einrichtarbeiten oder Instandhaltungsarbeiten möglich.
Stopp-Funktion	Es gibt folgende drei Kategorien von Stopp-Funktionen (siehe auch Seite 387): • **Kategorie 0**: ungesteuertes Stillsetzen, • **Kategorie 1**: gesteuertes Stillsetzen, • **Kategorie 2**: gesteuertes Stillsetzen.	**zu 0**: Die Energiezufuhr zu den Antrieben wird sofort abgeschaltet. **zu 1**: Die Energie wird erst unterbrochen, wenn der Stillstand erreicht ist. **zu 2**: Die Energiezufuhr zu den Antrieben wird bei behalten.

Begriffsdefinitionen NOT-HALT-Funktion und NOT-AUS-Funktion

Für das „Stillsetzen im Notfall" wird neben dem Begriff NOT-HALT häufig auch der Begriff NOT-AUS verwendet, auch wenn damit nur das ungesteuerte Stillsetzen gemeint ist. Doch beide Begriffe haben unterschiedliche Definitionen.

Durch das „Stillsetzen im Notfall"(NOT-HALT) sollen Risiken, die durch gefahrbringende Bewegungen hervorgerufen werden, so schnell wie möglich beseitigt werden. Im Gegensatz dazu bezieht sich das „Ausschalten im Notfall" (NOT-AUS) auf Risiken, die durch elektrische Spannungen verursacht werden. Es ist in diesem Fall das Ziel, die gesamte Maschine ohne Verzögerung von der Versorgungsspannung zu trennen. In vielen Fällen lassen sich beide Forderungen nicht gleichzeitig umsetzen. Im Rahmen einer Risikobeurteilung muss daher entschieden werden, welche der genannten Gefährdungen höher einzustufen ist.

A

Prüfung der elektrischen Ausrüstung von Maschinen
Check of the Electrical Equipment of Machines

vgl. VDE 0113-1 / EN 60204 Teil 1

Prüfungen	Erklärungen	Hinweise
Prüfen, ob die el. Ausrüstung mit der technischen Dokumentation übereinstimmt	Der Anlagenverantwortliche muss dafür Sorge tragen, dass bei Änderungen und Umbauten die technische Dokumentation immer auf den neuesten Stand gebracht wird. Die Rückverfolgbarkeit muss möglich sein.	Der Hersteller oder Händler muss sicherstellen, dass bei der Übergabe die komplette technische Dokumentation in der landesüblichen Sprache ausgeliefert wird.
Prüfen und Messen der durchgehenden Verbindung des Schutzleitersystems	Das Schutzleitersystem muss einer Sichtprüfung unterzogen werden. Die Durchgängigkeit des Schutzleitersystems muss durch Einspeisung eines Prüfstromes von AC 10 A 50/60 Hz aus einer PELV-Stromquelle überprüft werden. Die Prüfungen müssen zwischen der PE-Klemme und allen relevanten Prüfpunkten des Schutzleitersystems erfolgen. Schutzleiterwiderstand und Spannungsfall werden gemessen. Ist die Maschine oder Anlage > 30 m, dann ggf. Schleifenimpedanzmessung durchführen. **Grenzwerte Spannungsfall** | Kleinster wirksamer Querschnitt des Schutzleiters für den zu prüfenden Zweig	Maximaler gemessener Spannungsfall
---	---
1 mm²	3,3 V
1,5 mm²	2,6 V
2,5 mm²	1,9 V
4,0 mm²	1,4 V
≥ 6,0 mm²	1,0 V		Bei der Prüfung des Schutzleiters mit einem Prüfstrom von 10 A können angebrochene Kabel und Leitungen sowie Oxidschichten erkannt werden. Durch den hohen Prüfstrom kann der Kontakt „freigebrannt" werden. Es kann dadurch zur Funkenbildung kommen. Aufgrund des hohen Prüfstromes muss der Schutzleiterquerschnitt (≥ 1 mm²) beachtet werden. Es besteht die Gefahr, dass an fest mit der Anlage verbundenen Geräten der Prüfstrom über die Schirme von Datenleitungen fließen kann. Bei der Prüfung sind die Prüfspitzen gut leitend und fest aufzusetzen oder anzuklemmen.
Isolationswiderstandsmessungen	Der Isolationswiderstand ist zwischen den Leitern der Hauptstromkreise und dem Schutzleitersystem zu messen, also zwischen allen aktiven spannungsführenden Teilen und dem Schutzleiter. Es sind alle Verbindungen der Hauptstromkreise zu messen, auch hinter allpoligen Schaltern oder Schützen. Gemessen wird mit einer Prüfspannung von 500 V DC. **Grenzwerte Isolationswiderstand** • ≥ 1 MΩ oder • ≥ 50 kΩ bei Stromkreisen mit Sammelschienen, Schleifleitungssystemen und -ringkörpern	Vorsicht bei der Messung in Stromkreisen, wenn elektronische Bauteile oder Geräte vorhanden sind. Hier kann alternativ auch eine Differenzstrommessung mit einer Ableitstromzange (Leckstromzange) angewandt werden. Die elektronischen Betriebsmittel können aber auch abgeklemmt werden. Das ist in der Praxis aber kaum möglich!
Spannungsprüfungen	Die elektrische Ausrüstung muss für die Dauer von mindestens 1 s einer Prüfspannung standhalten, die zwischen den aktiven Leitern aller Stromkreise und dem Schutzleitersystem angelegt wird (außer Stromkreise mit PELV-Spannung). Die zu verwendende Prüfspannung muss das Doppelte der Bemessungsspannung der Ausrüstung betragen, mindestens aber AC 1000 V mit 50/60 Hz, je nachdem welcher Wert der größere ist. Die Trafoleistung muss mindestens 500 VA betragen.	Da hier mit Hochspannung geprüft wird, muss auf die persönliche Sicherheit geachtet werden. Es muss ein Prüfplatz aufgebaut werden und die Prüfumgebung ist abzusperren. Betriebsmittel, die nicht für diese hohen Prüfspannungen ausgelegt sind, müssen während der Prüfung abgeklemmt sein. Das ist in der Praxis aber kaum möglich!
Schutz gegen Restspannungen	Nach Abschalten der Versorgungsspannung darf kein berührbares aktives Teil nach 5 s eine Restspannung von mehr als 60 V haben. Für Maschinen mit Steckvorrichtung gilt 1 s. Eventuell ist eine Entladungseinrichtung nötig.	Falls die erforderliche Entladungseinrichtung die Funktion der Maschine stört, kann die längere Entladezeit der Restspannung mit einem Warnhinweis auf der Maschine angebracht sein.
Funktionsprüfungen	Die Funktionen der elektrischen Ausrüstung, insbesondere solche, die sich auf elektrische Sicherheit und technische Schutzmaßnahmen beziehen, müssen geprüft werden.	Es sind die Funktionen für den ordnungsgemäßen Ablauf zu testen, vor allem die Funktionen von Lichtvorhängen, NOT-HALT oder NOT-AUS.

Sicherheits-NOT-AUS-Relais — Emergency Switching-off Device

Art	Schaltung	Art	Schaltung
Einkanalige NOT-AUS-Schaltung mit Masseanschluss-Überwachung Kategorie 1, PL c (PL Performance Level)	Schaltung mit NOT-AUS-Taster, SR3C, Anschlüsse A1, S11, S21, S12, S14, A2, S10, S13	**Einkanalige NOT-AUS-Schaltung ohne Fehlerüberwachung von NOT-AUS-Taster und Zuleitungen** Kategorie 2, PL c	Schaltung mit N, L, NOT-AUS, SR3C, Anschlüsse A1, S11, S14, S21, S12, S13, A2, S10
Zweikanalige NOT-AUS-Schaltung mit Masseanschluss-Überwachung Kategorie 3, PL d	Schaltung SR3C, A1, S11, S21, S12, S14, A2, S10, S13	**Zweikanalige NOT-AUS-Schaltung ohne Fehlerüberwachung von NOT-AUS-Taster und Zuleitungen** Kategorie 3, PL d	Schaltung N, L, NOT-AUS, SR3C, A1, S11, S14, S21, S12, S13, A2, S10
Zweikanalige NOT-AUS-Schaltung mit Querschluss- und Masseanschluss-Überwachung Kategorie 4, PL e	Schaltung SR3C, A1, S11, S14, S21, S12, S14, A2, S10	**Zweikanalige Schiebeschutztür-Überwachung mit Querschluss- und Masseanschluss-Überwachung** Kategorie 4, PL e	Schaltung SR3C, A1, S11, S14, S21, S12, S14, A2, S10
Manueller Start Überwachung des Öffnens des Start-Tasters vor Schließen des NOT-AUS-Tasters	Schaltung S11, S21, S12	**Automatischer Start** Verzögerungen beim Schließen der Sicherheitsschalter: S12 vor S13 300 ms S13 vor S12 beliebig	Schaltung S11, S21, S12
Überwachung extern angeschlossener Schütze oder Erweiterungsmodule Rückführkreis	Schaltung K_A, K_B, S11, S21	Mittels Start-Taster werden die zwangsgeführten Sicherheitskontakte durch die schalterinterne Logikschaltung geschlossen. Durch Öffnen des Sicherheitsschalters werden die zwangsgeführten Sicherheitskontakte geöffnet und führen zur sicheren Anlagenabschaltung. Die Anschlüsse sind herstellerabhängig verschieden.	
Blockschaltplan Einsatz: • NOT-AUS, • Schutztürüberwachung www.zander-aachen.de	**Blockschaltplan des Sicherheitsrelais SR3C** A1 A2 S21 S13 S12 — Safety-Out 13 23 33 — AUX 41 — LOGIC K1 K2 — S11 S10 S14 — 14 24 34 42	**Sicherheitsrelais SR3C**	

© H. ZANDER GmbH & Co. KG 2015

Sicherheitsbezogene Teile von Steuerungen 1
Safety Related Machine Controls 1

Sicherheitskategorien, Performance-Levels (PL)

Kategorie	Erklärung	Bemerkungen
B PL a, b	Basiskategorie, Grundlage der nachfolgenden Kategorien. Sicherheitsbezogene Teile von Steuerungen und/oder deren Schutzeinrichtungen sowie deren Bauteile müssen den zu erwartenden Einwirkungen standhalten, z. B. Schalthäufigkeiten, elektromagnetische Felder, Vibrationen. Ihr Aufbau und ihre Auswahl sind entsprechend zu gestalten. Das Auftreten eines Fehlers kann zum Verlust der Sicherheitsfunktion führen. Das Erreichen der Sicherheit erfolgt u. a. durch die Auswahl geeigneter Bauteile, z. B. Sicherheitsrelais. Je nach Ausfallwahrscheinlichkeit der Bauelemente können in einer Kategorie verschiedene Performance-Levels (PL, Leistungsklasse) erreicht werden.	Im Gegensatz zu üblichen Koppelrelais existiert bei Sicherheitsrelais eine Zwangsführung der Kontakte, sodass Öffnerkontakte und Schließerkontakte nie gleichzeitig geschlossen sein können. Sicherheitsrelais — Zwangsführung übliches Koppelrelais
1 PL c	Anforderungen von B müssen erfüllt sein. Bewährte Bauteile und Sicherheitsprinzipien sind anzuwenden. Kategorie 1 zielt auf Vermeidung von Fehlern ab. Auftreten eines Fehlers kann zum Verlust der Sicherheitsfunktion führen. Wahrscheinlichkeit für Ausfall geringer als bei B.	Bewährte Sicherheitsprinzipien sind z. B. Überdimensionierung der Bauteile oder Beanspruchung der Bauteile unterhalb ihrer Bemessungsgrenze. Das Erreichen der Sicherheit erfordert die Auswahl geeigneter Bauteile.
2 PL a, b, c, d	Wie bei Kategorie 1. Außerdem: In geeigneten Zeitabständen muss die Sicherheitsfunktion durch die Maschinensteuerung selbst überprüft werden.	Das Auftreten eines Fehlers kann zum Verlust der Sicherheitsfunktion zwischen den Überprüfungsabständen führen. Durch die Prüfung wird der Verlust der Sicherheitsfunktion erkannt.
3 PL b, c, d, e	Wie bei Kategorie 1. Außerdem: Sicherheitsbezogene Teile sind so auszulegen, dass • ein einzelner Fehler in einem Teil nicht zum Verlust der Sicherheitsfunktion führt und dass • der einzelne Fehler mit nach dem Stand der Technik geeigneten Mitteln erkennbar ist, sofern die Prüfung in angemessener Weise durchführbar ist.	Die Sicherheitsfunktion muss bei Auftreten eines einzelnen Fehlers immer erhalten bleiben. In Kategorie 3 werden nicht alle Fehler erkannt. Eine Anhäufung von Fehlern kann zum Verlust der Sicherheitsfunktion führen. Maßnahmen: Redundante (überreichliche) Schaltungen, z. B. Reihenschaltung von Schaltgliedern zum Abschalten, Parallelschaltung von Schaltgliedern zum Einschalten.
4 PL e	Wie bei Kategorie 1. Außerdem: Sicherheitsbezogene Teile sind so auszulegen, dass • ein einzelner Fehler in jedem dieser Teile nicht zum Verlust der Sicherheitsfunktion führt und dass • der einzelne Fehler vor oder bei der nächsten Anforderung der Sicherheitsfunktion erkannt wird. Eine Anhäufung von Fehlern darf nicht zum Verlust der Sicherheitsfunktion führen.	Um den Verlust der Sicherheitsfunktion zu verhindern, müssen Fehler rechtzeitig erkannt werden. Bei Kategorie 2, 3 und 4 ist gefordert, dass Fehler erkannt werden. Maßnahmen: Steuerung so aufbauen, dass das Einschalten nur bei voller Funktion erfolgen kann, z. B. durch selbst kontrollierende Relais.

Festlegen des sicherheitstechnischen Performance-Levels

S	Mittels des Risikographen kann der erforderliche Performance Level einer Steuerung festgestellt werden. Schwere der Verletzung: S1 leichte, heilbare Verletzung, S2 schwere Verletzung mit meist bleibender Schädigung, auch Todesfall.	Performance-Level / PL / etwa Kategorie a — B b — B c — 1 d — 2 e — 3 e — 4

F	Häufigkeit und/oder Dauer der Gefährdung:
	F1 selten bis öfter auftretende Gefährdung kurzer Dauer oder eine Gefährdung kurzer Dauer,
	F2 häufige bis dauernde Gefährdung langer Dauer oder eine Gefährdung langer Dauer.
		Start → S1 → F1 → P1 (a) / P2 (b)
		         S1 → F2 → P1 (b) / P2 (c)
		         S2 → F1 → P1 (c) / P2 (d)
		         S2 → F2 → P1 (d) / P2 (e)

P	Möglichkeit des Vermeidens der Gefährdung: P1 möglich unter bestimmten Voraussetzungen, P2 kaum möglich.	**Risikograph**

Sicherheitsbezogene Steuerung: Steuerungsfunktion beliebig umsetzbar, z. B. durch SPS. Sicherheitsfunktion nur durch Komponenten (Taster, Schütze) nach Sicherheitskategorien B, 1 bis 4 umsetzbar.

Sicherheitsbezogene Teile von Steuerungen 2

Safety Related Machine Controls 2

Steuerungsstrukturen	Schaltungsmaßnahmen

Sicherheitskategorien B und 1

Kategorie B und Kategorie 1 haben dieselben Steuerungsstrukturen (Architektur). Die Anforderungen an die Sicherheitsfunktionen sind jedoch verschieden. Kommen Sicherheitsrelais zum Einsatz, so sind diese meist je nach Beschaltung bis zu Kategorie 4 geeignet.
www.pilz.com; www.schmersal.com

Sicherheitskategorie 2

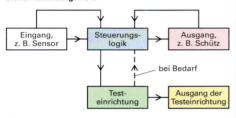

Bevor mit einer Maschine produziert werden kann, muss z. B. die Sicherheitsfunktion „Schutztüre" getestet werden.

Sicherheitskategorie 3

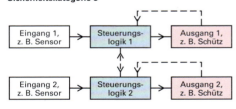

Die sicherheitsbezogenen Teile sind doppelt ausgeführt. Die Ausgänge werden, wenn möglich, von der Steuerungslogik überwacht. Die doppelt ausgelegten Steuerungslogiken überwachen sich, wenn möglich, gegenseitig.

Sicherheitskategorie 4

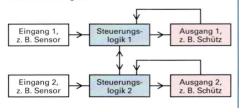

Die sicherheitsbezogenen Teile sind doppelt ausgeführt. Die Ausgänge werden von der Steuerungslogik ständig oder häufig überwacht. Die doppelt ausgelegten Steuerungslogiken überwachen sich gegenseitig.

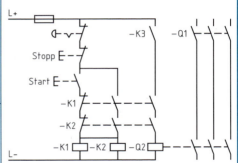

Redundanz ohne Rückmeldung, z. B. in Kategorie 1

Redundanz mit Rückmeldung (Kategorie 3)

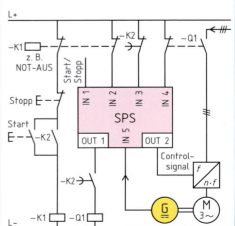

Einbindung der SPS in die Sicherheitsfunktion (Kategorie 4)

Funktionale Sicherheit nach SIL

Functional Safety – SIL Ranking

Merkmal	Erklärung	Bemerkungen
SIS Safety Instrumented System	Sicherheitstechnisches, sicherheitsbezogenes, sicherheitsgerichtetes System zum Verwirklichen von Sicherheitsfunktionen. Technische Anlagen, Maschinen werden damit überwacht und beim Erkennen definierter Gefahrensituationen abgeschaltet oder in einen sicheren Zustand überführt. Das SIS besteht aus • Sensoren, • fehlersicheren Verarbeitungseinheiten und • Aktoren. Ein Restrisiko des Ausfalls der Sicherheitsfunktionen bleibt dennoch bestehen.	Diagramm: Risiko über Risikoreduzierung – ohne Schutzmaßnahmen – mit Notfallplänen – mit mechanischen Schutzmaßnahmen – mit sicherheitsbezogenem elektronischem System **Möglichkeiten zur Risikoreduzierung**
SIL Safety Integrity Level	Mit zunehmendem Gefahren-Risiko von Anlagen, Maschinen oder Anlagenteilen bei Ausfall von Sicherheitsfunktionen steigen die Anforderungen an die Fehlersicherheit des SIS. Man unterscheidet vier Sicherheitsstufen zum Beschreiben der Maßnahmen zur Risikobeherrschung → Safety Integrity Levels (SIL). Je höher der SIL-Zahlenwert, desto kleiner muss die Fehlerrate (Wahrscheinlichkeit) für einen Ausfall einer Sicherheitsfunktion sein. www.pilz.com; www.dke.de	Die SIL-Werte 1 bis 4 (DIN EN IEC 62061) finden Anwendung bei komplexen Anlagen, Maschinen mit SPS und Bussystemen für das Umsetzen von Sicherheitsfunktionen. Nicht elektrische Technologien (Hydraulik, Pneumatik, Mechanik) sind nicht abgedeckt. Anwendung der Performance-Level PL (DIN EN ISO 13849-1) auch für diese Technologien. Beide Normen entsprechen einander mit weitgehend gleichem Ziel: | SIL | – | 1 | 1 | 2 | 3 | 4 | | PL | a | b | c | d | e | – |
SIL-Werte Ausfallgrenzwerte	Unterschieden werden Ausfallgrenzwerte niederer und höherer Anforderungen für Sicherheitsfunktionen (SIS), je nach deren Inanspruchnahme. Für SIS mit maximal einer Aktivierung im Jahr wird die zulässige Fehlerrate der Sicherheitsfunktion zum Zeitpunkt der Inanspruchnahme angegeben. Beispiel: Prozessindustrie. Für Sicherheitsfunktionen, die sehr häufig (mehrmals im Jahr) oder dauernd aktiv sind, wird die zulässige gefährliche Fehlerrate der Sicherheitsfunktion PFH_d bezogen auf eine Zeiteinheit, z.B. Stunde oder Jahr, angegeben. J Jahre, h Stunden	**Ausfallgrenzwerte bzgl. niederer Anforderung** | SIL | PFD | max. akzept. Ausfall des SIS | |---|---|---| | 1 | $\geq 10^{-2}$ bis $< 10^{-1}$ | 1 gefährl. Ausfall in 10 J | | 2 | $\geq 10^{-3}$ bis $< 10^{-2}$ | 1 gefährl. Ausfall in 10^2 J | | 3 | $\geq 10^{-4}$ bis $< 10^{-3}$ | 1 gefährl. Ausfall in 10^3 J | | 4 | $\geq 10^{-5}$ bis $< 10^{-4}$ | 1 gefährl. Ausfall in 10^4 J | **Ausfallgrenzwerte bzgl. hoher Anforderung** | SIL | PFH_d | max. akzept. Ausfall des SIS | |---|---|---| | 1 | $\geq 10^{-6}$ bis $< 10^{-5}$ | 1 gefährl. Ausfall in 10^5 h | | 2 | $\geq 10^{-7}$ bis $< 10^{-6}$ | 1 gefährl. Ausfall in 10^6 h | | 3 | $\geq 10^{-8}$ bis $< 10^{-7}$ | 1 gefährl. Ausfall in 10^7 h | | 4 | $\geq 10^{-9}$ bis $< 10^{-8}$ | 1 gefährl. Ausfall in 10^8 h |
PFD PFH_d $MTTF_d$	Probability of a Failure on Demand, Wahrscheinlichkeit eines Ausfalls einer Sicherheitsfunktion bei Anforderung (Aktivierung). PFH_d Probability of a dangerous failure per Hour, Wahrscheinlichkeit eines gefährlichen Ausfalls einer Sicherheitsfunktion je Stunde. Ggf. Addition der Einzelwerte der Teilsysteme. Mean Time To a dangerous Failure. Mittlere Betriebsdauer bis zum gefährlichen Ausfall einer Sicherheitsfunktion. Anwendung insbesondere bei PL (Performance Level).	Die Ausfallwahrscheinlichkeit je Stunde kann in eine Betriebsdauer bis zum Ausfall umgerechnet werden → $MTTF_d$. **Betriebsdauern bis zum gefährlichen Ausfall** | $MTTF_d$ | Betriebsdauer | |---|---| | niedrig | 3 Jahre bis 10 Jahre | | mittel | 10 Jahre bis 30 Jahre | | hoch | 30 Jahre bis 100 Jahre |
Diversität	Zum Erfüllen der Sicherheitsaufgabe mit hoher Zuverlässigkeit sind die Betriebsmittel derart redundant auszulegen, dass die Umsetzung mit ungleichartigen Mitteln erfolgt.	Eine Drehzahlüberwachung wird z.B. durch einen analogen Tachogenerator und einen digitalen Impulszähler verwirklicht.
Fehlerarten	Zu unterscheiden sind in einem SIS systematische und zufällige Fehler. Beide Fehlerarten sind zum Erfüllen eines SIL jeweils für sich zu betrachten.	*Systematische* Fehler sind schon bei der Auslieferung eines Gerätes vorhanden, z.B. Entwicklungsfehler bzgl. Software, Geräte-Auslegung. *Zufällige* Fehler treten *zufällig* während des Betriebes auf, z.B. ein Kurzschluss.
FMEA	Failure Mode Effect Analysis = Fehlermöglichkeits- und Einflussanalyse. Methode zum systematischen Erfassen potenzieller Fehler und Ausfallzuständen von Anlagen-Komponenten.	Eine FMEA ist während der Konzeptionsphase einer Anlage durchzuführen.

Sicherheitsfunktionen SF — Safety Functions

vgl. EN IEC 61800-5-2

Funktion	Erklärung	Diagramme, Bemerkungen
STO (Stopp-Kategorie SK 0)	Safe Torque Off. Bei der Sicherheitsfunktion[1] (SF) wird die Energieversorgung des Antriebs sofort unterbrochen, der Antrieb ungesteuert stillgesetzt. Kein Erzeugen von Drehmoment oder Bremsmoment, daher mechanische Bremse erforderlich. Anwendung bei NOT-AUS.	Drehmoment und Geschwindigkeit bei STO
SS1 (SK 1)	Safe Stop 1. Antrieb wird geregelt zum Stillstand gebracht, dann Aktivieren von STO.	
SS2 (SK 2)	Safe Stop 2. Antrieb wird geregelt stillgesetzt und im Stillstand geregelt. Stillstand wird sicher überwacht. Kleine Lageänderung um den Sollwert ist erlaubt. Zwischenkreis von Umrichtern wird nicht entladen, Antrieb ist sofort betriebsbereit. Darf nicht für NOT-HALT eingesetzt werden.	Drehmoment und Geschwindigkeit bei SS1
SOS	Safe Operation Stop. Antrieb wird auf sicheres Nicht-Verlassen einer Position überwacht. Bewegung in definiertem Positionsbereich erlaubt, andernfalls Abschalten nach z.B. STO. Es kann auf Stillstand oder Verbleiben in bestimmtem Positionsbereich überwacht werden. Der Antrieb bleibt mit Energie versorgt, Drehmoment kann erhalten bleiben.	Drehmoment, Geschwindigkeit, Position bei SOS
SLS	Safely Limited Speed. Antrieb wird auf Überschreiten einer Maximalgeschwindigkeit überwacht, andernfalls erfolgt Fehlerreaktion z.B. nach STO, SS1.	Geschwindigkeitsverlauf bei SLS
SSM	Safe Speed Monitor. Überwachen auf Unterschreiten einer Minimalgeschwindigkeit.	
SLP	Safely Limited Position. Antrieb wird auf Nicht-Überschreiten definierter Endlagen überwacht → Endschalterfunktion.	
SP	Safe Position. Über sicheren Feldbus werden Positionsdaten des Antriebs zur Verfügung gestellt, die von einer Sicherheitssteuerung verwendbar sind, z.B. zur Endlagenüberwachung, für positionsabhängiges Aktivieren von Sicherheitsfunktionen.	Positionsüberwachung bei SLP
SDI	Safe Direction. Sichere Bewegungsrichtung. Antrieb wird auf freigegebene Richtung überwacht, z.B. Drehen im Uhrzeigersinn.	SDI kann z.B. zusammen mit SLS wirken, d.h. bei Geschwindigkeitsüberwachung in einer Bewegungsrichtung.
SBC/SBT	Safe Brake Control/Safe Brake Test. Beide Funktionen werden meist gemeinsam eingesetzt. SBC steuert eine Bremse an. Damit Sicherstellung, dass z.B. angehobene Lasten nach STO nicht absinken. SBT testet die Bremse z.B. mit Statorstrom. Bei Durchrutschen der Bremse wird Fehlerreaktion eingeleitet, z.B. Anfahren einer sicheren Position.	Bremsentest über Stomänderung (SBT)

[1] Die Sicherheitsfunktionen SF sind in Steuerungen oder Umrichtern realisiert. Sie dienen der Risikominimierung an Maschinen, z.B. im Anlauf bei geöffneter Schutztüre.

I_S Statorstrom, M Drehmoment, Pos Position, t Zeit, v Geschwindigkeit

Sicherheits-SPS — Safety PLC

Merkmal	Erklärung	Diagramme, Bemerkungen
Architekturen getrennte Busse, getrennte Eingabe-/Ausgabeeinheiten EA	SPS — Sicherheits-SPS Ein-/Ausgänge — Sicherheits-EA **Standardbereich, Sicherheitsbereich getrennt**	Sicherheits-SPS Ein-/Ausgänge — Sicherheits-EA **Sicherheits-SPS mit getrennten EA und Bussen**
gemeinsamer Sicherheitsbus	SPS — Sicherheits-SPS Ein-/Ausgänge — Sicherheits-EA **Gemeinsamer Bus, getrennte SPS und Eingänge/Ausgänge**	Sicherheits-SPS Ein-/Ausgänge mit Sicherheits-Modulen **Sicherheits-SPS, gemeinsamer Bus, gemischte Eingänge/Ausgänge**
Hardwaremodule F-Komponenten	Sicherheits-SPS arbeiten mit fehlersicheren Controllern (F-Controller, F-CPU) und fehlersicheren Peripheriemodulen (F-Module: Eingänge, Ausgänge, Schnittstellen). Diese sind zweikanalig (redundant, diversitär) aufgebaut, d. h. zwei Prozessoren überwachen und testen sich gegenseitig. Selbsttests der SPS von z. B. Datenspeichern, Schnittstellen, übertragenen Daten erfolgen zyklisch. SPS-Sicherheitsmodule besitzen meist ein gelbes Gehäuse.	Eine Sicherheits-SPS ermöglicht das gleichzeitige Verarbeiten von Standard-SPS-Anwendungsprogrammen und SPS-Sicherheitsprogrammen. Im Fehlerfall kann ein sicherer Systemzustand gewährleistet werden. Sollten im Fehlerfall die vom Anwender programmierten Sicherheitsfunktionen nicht mehr ausführbar sein, schaltet die SPS z. B. entsprechende Ausgänge ab, die F-CPU geht in STOPP-Zustand.
Programmierung Sicherheitsprogramm	Das Programmieren von Sicherheits-SPS wird durch Anwenden TÜV-zertifizierter Sicherheits-Funktionsbausteine (F-Bibliothek, z. B. der SPS-Hersteller) unterstützt. Diese werden gemäß üblicher SPS-Programmierung im SPS-Sicherheitsprogramm aufgerufen. Das SPS-Sicherheitsprogramm wird z. B. über einen OB (Organisationsbaustein) aufgerufen, der auch Funktionsbausteine des Standard-SPS-Anwendungsprogrammes für die allgemeinen Automatisierungsaufgaben aufruft.	Die Aktualisierungszeitpunkte der Prozessabbilder (Eingänge, Ausgänge) bzgl. Standard-SPS-Anwenderprogramm und SPS-Sicherheitsprogramm sind verschieden. Sollen im Standard-Anwenderprogramm Daten des Sicherheitsprozessabbildes (Ein-/Ausgangsdaten der Sicherheitsfunktionen) verarbeitet werden, sind entsprechende Programmiervorkehrungen zu treffen. www.siemens.com; www.pilz.com; www.eckelmann.de; www.abb.com
Projektierung	Mittels eines Sicherheits-Projektierungssystems (z. B. S7 Distributed Safety, PASmulti), können für die funktionalen Einheiten einer Anlage Programmmodule mit Untermodulen erstellt werden. Diese Module werden mit Symbolen grafisch am Bildschirm dargestellt und mittels Maus „verdrahtet".	Letztlich werden Symbole für z. B. Eingänge, Ausgänge, Funktionsbausteine (FB) am Bildschirm platziert und gemäß Funktion „verdrahtet" und parametriert. Es können vom Projektierungssystem bereitgestellte Sicherheits-FB eingefügt werden. Eigene FB werden gemäß üblicher SPS-Programmierung erstellt.
Anwendung	Sicherheitsfunktionen einer Anlage (z. B. NOT-AUS, Abschaltungen über Lichtvorhang oder Schutztür-Kontakte, Einschalten/Freischalten über Zweihandbedienung), können mittels Sicherheits-SPS ausgeführt werden.	Der Einsatz von Sicherheits-SPS ermöglicht Einsparungen bzgl. Schützen und Leitungen. Die Verdrahtung von Bauelementen ist weniger komplex. Sicherheits-SPS wirken meist zusammen mit Sicherheitsfeld-Bussen, z. B. Powerlink Safety oder PROFINET, PROFIBUS mit PROFI-Safe-Protokoll.

Mechatronische Systeme — Mechatronic Systems

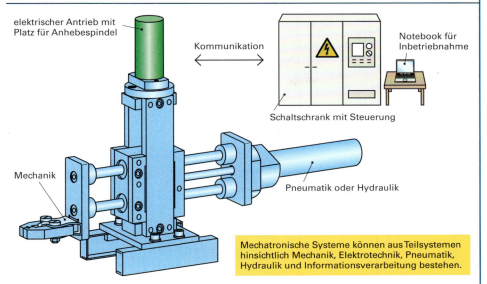

Mechatronische Systeme können aus Teilsystemen hinsichtlich Mechanik, Elektrotechnik, Pneumatik, Hydraulik und Informationsverarbeitung bestehen.

Mechatronisches System am Beispiel eines Handhabungsgerätes

Teilsystem	Erklärungen	Merkmale
Mechanik	Die Mechanik beschäftigt sich mit dem Gleichgewicht und der Bewegung von Körpern unter dem Einfluss von Kräften. Sie wird eingeteilt in die Mechanik der ... ... festen Körper (Statik, Kinematik, Dynamik), ... Flüssigkeiten (Hydrostatik, Hydrodynamik), ... Gase (Aerodynamik).	Energieträger: Wellen, Zahnräder Energiequelle: Elektromotor Energiespeicherung: Federn, Pendel Energieleitung: Wellen, Gestänge
Pneumatik/Hydraulik	Das Wort **Pneumatik** bezeichnet den Einsatz von Druckluft. Sie kann zum Antrieb von Druckluftmotoren in Werkzeugen oder als Linearantriebe in Form von Pneumatikzylindern verwendet werden. Die **Hydraulik** bezeichnet die technischen Bestandteile von Antrieben und Kraftübertragungen, die mit Flüssigkeiten erfolgen.	Energieträger: Luft, Öl Energiequelle: Verdichter, Pumpe Energiespeicherung: Druckflaschen, Kessel Energieleitung: Rohre, Schläuche
Informationsverarbeitung	Die **Informationsverarbeitung** beschäftigt sich mit der systematischen Verarbeitung von Informationen, insbesondere der automatischen Verarbeitung mithilfe von Computern und Computerprogrammen (Software). Historisch hat sich die Informatik aus der Mathematik entwickelt, während die ersten Computer aus der Elektrotechnik entstanden.	Energieträger: Strom, Licht, Strahlung Energiequelle: Batterie, Fotodiode Datenspeicherung: Festplatte, USB-Stick Energieleitung: Leitungen, Lichtquellen
Elektrotechnik	Die **Elektrotechnik** befasst sich mit der elektrischen Energieerzeugung, der Energieübertragung sowie mit allen Arten ihrer Nutzung. Dies reicht von den elektrisch betriebenen Maschinen über alle Arten elektrischer Schaltungen für die Steuer-, Mess-, Regelungs- und Computertechnik bis hin zur Kommunikationstechnik.	Energieträger: elektrischer Strom Energiequelle: Generator, Batterie Energiespeicherung: Akkumulatoren Energieleitung: leitende Drähte

Mechatronisches System mit Steuerrelais LOGO!
Mechatronical System with Control Relay LOGO!

Merkmal	Erklärung, Aktion	Bemerkungen
Techno-logie-Schema	• Band M1 EIN • 10 s zeitverzögert Zerkleinerer M2 EIN, • Messungsende 0-Signal B4, • Füllhöhe erreicht 0-Signal B3. **Zerkleinerer von Steinen mit automatischem Beladen und Wiegen**	In Ladeposition des Lkw gibt der Näherungssensor B1 den Start des Transportbandes durch S1 für M1 frei. Nach 10 s wird der Zerkleinerer gestartet nach Freigabe durch die Waage. Wird das eingestellte Ladegewicht erreicht oder die Füllhöhe überschritten, wird der Zerkleinerer ausgeschaltet, das Förderband 10 s später. Die Hupe P1 signalisiert für 3 s das Ende des Beladens.
Sensoren	Lkw-Annäherung B1 Signal 1 Anlage einschaltbar Signal 0 Anlage nicht einschaltbar Überwachung B2 Signal 1 Band mit Material gefüllt, Band läuft Bandbefüllung Signal 0 Band ist leer, Band stoppt Überlauf B3 Signal 1 Zerkleinerer bis zur Füllhöhe EIN Füllhöhe Signal 0 Bei Erreichen der Füllhöhe, Zerkleinerer AUS Waage B4 Signal 1 Gewicht 0, Zerkleinerer EIN Ladegewicht Signal 0 Ladegewicht erreicht, Zerkleinerer AUS	B1 Näherungssensor, erkennt Ladeposition des Lkw. B2 Lichtschranke am Ladeband. B3 Lichtschranke über Ladefläche. B4 Druckmessung mit Waage.
Zuordnungsliste	**Baugruppe** **Eingänge** **Baugruppe** **Ausgänge** Taster S0 I1 Bandmotor M1 Q1 Taster S1 I2 Signalhupe H1 Q2 Sensor B1 I3 Zerkleinerer- Sensor B2 I4 Motor M2 Q3 Sensor B3 I5 Sensor B4 I6	Vor Beginn der Programmierung muss für die Eingänge und Ausgänge der Steuerung eine feste Zuordnung bzgl. der Betriebsmittel vorgenommen werden.
Programmierschritte Programmauszug bis zu Schritt 4	1. Eingänge I2 ∧ I3 (B001, UND) → von RS-FF (B002) → Q1 2. Eingänge I4 ∨ I6 (B003, NOR) → R von RS-FF B002 3. RS-FF B004 einfügen, Ausgang von B001 → S von RS-FF (B004), Ausgang von RS-FF → Zeitglied (B005, Einschaltverzögerung 3 s) → Q2. 4. Eingang I6 und Eingang I5 negieren mit B007, B008 → B009 → R von RS-FF (B004). 5. Eingang I1 mit B011 negieren → B006 und I1 → B010 6. Eingänge I4 ∨ I6 (B012, NOR) → Zeitglied (B013, Verzögerungszeit 3s) → Q3	1. Sensor B1 und Taster S1 mit UND verknüpfen. RS-Flipflop B002 (RS-FF, RS-Kippglied) setzen, ⇒ Band EIN. 2. Sensor B2 und Sensor B4 mit ODER verknüpfen. RS-Flipflop zurücksetzen ⇒ Band AUS. 3. Zerkleinerer verzögert über RS-Flipflop B004 einschalten. 4. Wenn Füllhöhe und Ladegewicht erreicht, Zerkleinerer ausschalten. 5. Band und Zerkleinerer ausschalten. 6. NOT-AUS schaltet Band und Zerkleinerer sofort ab. 7. Signalhupe P1 für 3 s einschalten. → Verbindung im LOGO!-Programm erzeugen, ∨ ODER, ∧ UND. **Siehe auch Seiten 267 ff.**

Funktionsdiagramme — Function Diagrams

Folgen (Abläufe) von Funktionen können durch Funktionsdiagramme oder bevorzugt durch GRAFCET-Pläne (Seite 115) dargestellt werden.
In Funktionsdiagrammen werden die Zustände und Zustandsänderungen von Arbeitsmaschinen und Fertigungsanlagen grafisch dargestellt. *Wegdiagramme* stellen die Wege eines Arbeitsgliedes durch Bildzeichen dar. *Zustandsdiagramme* stellen die Funktionsfolgen einer oder mehrerer Arbeitseinheiten und die steuerungstechnische Verknüpfung der zugehörigen Bauglieder in zwei Achsen dar. Auf der senkrechten Achse wird der Zustand der Bauglieder, auf der waagrechten werden die Zeit und/oder die Schritte des Steuerungsablaufes aufgetragen.

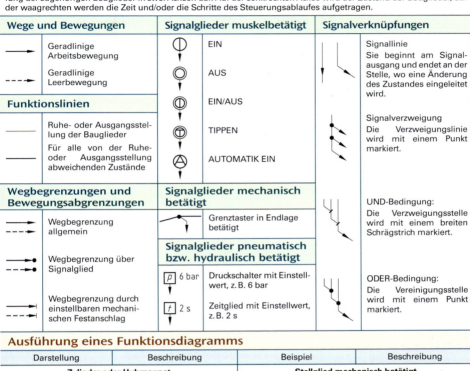

Ausführung eines Funktionsdiagramms

Darstellung	Beschreibung	Beispiel	Beschreibung
Zylinder oder Hubmagnet		**Stellglied mechanisch betätigt**	
Lage, Schritt 0 1 2 3 4 5 6 7	Schritt 1: von der Ausgangsstellung 1 zur Lage 2 fahren. Schritt 2 und 3: Verharren. Schritt 4: von der Lage 2 zur Ausgangsstellung 1 fahren.	a) Zustand, Schritt 0 1 2 3 4 5 6 7 — MM1, BG1, t, 2s	a) Funktionsdiagramm FD Form 1 b) FD Form 2 als Signal-Schritt-Diagramm Schritt 1 (S1): Stellglied MB1 schaltet von b nach a und bewirkt Ausfahren von Zylinder MM1.
Ventil mit zwei Schaltstellungen			
Stellung, Schritt 0 1 2 3 4 5 6 7	Schritt 1: Umschalten von Ausgangsstellung b in Stellung a. Schritt 2 und 3: Verharren. Schritt 4: Umschalten von Stellung a in Ausgangsstellung b.	b) MB1, MM1, BG1, ZF1 — S1 S2 S3, 2s	Schritt 2 (S2): Zylinder betätigt Bewegungsmelder BG1; BG1 steuert Zeitglied ZF1 (t) an; Zeitglied läuft ab (2 s).
Signalglied muskelbetätigt			
Stellung, Schritt 0 1 2 3 4 5 6 7	Schritt 3: Einschalten; Steuerglied schaltet von b nach a.		Schritt 3 (S3): Zeitglied steuert Stellglied MB1 von a nach b; Zylinder MM1 fährt wieder ein.

Ablaufsteuerung einer Biegevorrichtung 1
Sequence Control of a Bending Fixture 1

Phase	Ansicht/Plan	Bemerkungen
Lageplan und Aufgabenbeschreibung (Layout and Task Description)	-MM1, -MM2 (Biegevorrichtung mit zwei pneumatischen Zylindern)	Eine Biegevorrichtung nutzt zwei pneumatische Antriebe: Zylinder -MM1 sorgt für die erste Biegung, Zylinder -MM2 für die zweite. Die Einspannung des Werkstücks und Sicherheitseinrichtungen, wie z. B. Zwei-Hand-Sicherheit, werden hier nicht berücksichtigt. Die Aufgabe wird auf unterschiedliche Arten gelöst: • rein pneumatisch, • mittels einer SPS mit löschender Taktkette, • mit einer SPS in Ablaufsprache, • mit einer SPS in Anweisungsliste mit Sprungleiste (Sprungverteiler).
„Weg-Schritt-Diagramm (Displacement Step Diagram)	Biegevorrichtung Start 1 2 3 4 5 = 1 -MM1 erste Biegung -MM2 zweite Biegung	Das Weg-Schritt-Diagramm WSD ist eine Form des Funktionsdiagramms. In diesem WSD werden nur die Bewegungen der Aktoren sowie die Abhängigkeiten der Bewegungen zueinander gezeigt. Nach Betätigen von „Start" erfolgt die erste Biegung. Wenn diese ausgeführt ist, erfolgt die zweite. **Hinweis** Vorzeichen der Kennzeichnungen siehe folgende Seite.
GRAFCET Siehe auch Seite 115.	Init —S0 · -BG1 · -BG3 "Start UND Grundstellung" 1 — -MM1 "Erste Biegung" —-BG2 "Erste Biegung vollständig" 2 "-MM1 zurückfahren" —-BG1 "-MM1 ist in Grundstellung" 3 — -MM2 "Zweite Biegung" —-BG4 "Zweite Biegung vollständig"	Der GRAFCET zeigt den Ablaufteil einer Steuerung. Dieser GRAFCET zeigt die Schrittkette, ohne darauf einzugehen, wie die Zylinder angesteuert werden. Der GRAFCET benutzt kontinuierlich (nicht speichernd) wirkende Aktionen. Beispiel: Die Aktion zu Schritt 1 (-MM1) ist nur genau so lange '1' (TRUE, WAHR), wie Schritt 1 aktiv ist. Im Weg-Schritt-Diagramm wie im GRAFCET ist zu erkennen, dass es Signalüberschneidungen gibt: • Wenn Zylinder -MM2 und -MM1 eingefahren sind, soll in Schritt 1 der Zylinder -MM1, in Schritt 3 der Zylinder -MM2 ausfahren. • Wenn Zylinder -MM1 wieder eingefahren ist (Schritt 3), soll Zylinder -MM2 erst ausfahren und dann einfahren. Daher muss das Programm die Schrittstruktur abbilden. Ein Schritt kann nur gesetzt werden, wenn der vorherige Schritt gesetzt und die Weiterschaltbedingung erfüllt ist.

Ablaufsteuerung einer Biegevorrichtung 2
Sequence Control of a Bending Fixture 2

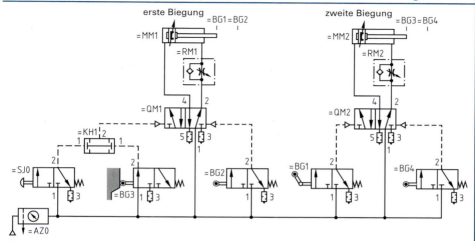

Pneumatische Lösung (Pneumatic Solution)

Die Grenztaster sind mechanische Grenztaster, =BG1 mit Leerrücklaufrolle. Mithilfe der Leerrücklaufrolle wird die Signalüberschneidung aufgelöst: =BG1 löst nur ein Signal aus, wenn der Zylinder einfährt, und nicht wenn er eingefahren ist (Transition von Schritt 2 nach Schritt 3).

Leistungsteil (Power Section)

Sobald die Anlage elektrisch gesteuert wird, ist der Pneumatikplan auf den Leistungsteil reduziert.

Die Vorzeichen stehen für die Aspekte (Betrachtungsweisen) der Objekte eines Systems, bezogen bei
– auf Produkt, = auf Funktion, + auf Ort, # auf Sonstiges.
Wenn die Objekte eines Systems dasselbe Vorzeichen haben, kann dieses auf dem Dokument gemeinam angegeben sein.

Vorzeichen der Objekte: =

Stromlaufplan

In diesem Beispiel werden Ein-/Ausgangsadressen einer modularen SPS benutzt.

Vorzeichen der Objekte: =

GRAFCET

Auf die Wiederholung des GRAFCET wird verzichtet. Der als Programmiervorlage dienende GRAFCET benutzt in den Aktionen die Bezeichnungen der Ventilspulen statt der Zylinder. Im übrigen entspricht er dem GRAFCET auf der vorhergehenden Seite.

Ablaufsteuerung einer Biegevorrichtung 3
Sequence Control of a Bending Fixture 3

Lösung	Programm	Bemerkungen
Programmierung mit löschender Taktkette	Bei der Programmierung mit löschender Taktkette werden die Schrittkette (Schritte und Transitionen) und die Aktionen getrennt programmiert. Für jeden Schritt wird ein eigener Speicher benutzt. Die Verknüpfung der lokalen Variablen mit Eingängen und Ausgängen erfolgt in einer Variablentabelle.	Der Speicher wird • gesetzt durch den vorherigen Schritt UND die vorangehende Transition, • zurückgesetzt durch den nachfolgenden Schritt.

Netzwerk: 1   Initialisierungsschritt

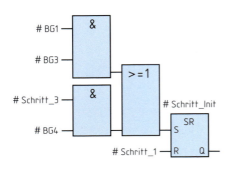

Netzwerk: 2   Schritt 1: Erste Biegung

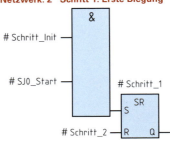

Netzwerk: 3   Schritt 2: Zylinder =MM1 in Grundstellung fahren

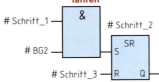

Netzwerk: 4   Schritt 3: Zweite Biegung

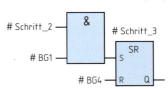

Im Aktionsbaustein wird für jeden Ausgang (Aktor) genau ein Netzwerk programmiert.

Netzwerk: 1
=MB1: Zylinder für die erste Biegung

Netzwerk: 2
=MB2: Zylinder für die zweite Biegung

| Programmierung in Ablaufsprache AS

Sequential Function Chart SFC | 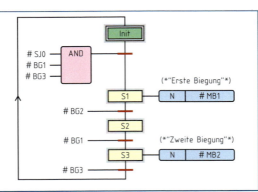 | Die Ablaufsprache (DIN IEC 61131-3) ähnelt dem GRAFCET. Die Transitionen werden aber meist grafisch dargestellt, die Aktionen bestehen aus zwei Feldern, dem Qualifizierer (hier N für Nichtspeichernd) und dem Namen der Aktion oder des Aktors (hier z. B. =MB1).

Erstellt mit Multiprog (www.kw-software.com).

SJ0 entspricht SJ0_Start von oben. |

Ablaufsteuerung einer Biegevorrichtung 4
Sequence Control of a Bending Fixture 4

Lösung	Programm	Bemerkungen
Programmierung in Anweisungsliste	Die „Sprungleiste" sorgt für kürzere Zykluszeiten als die Programmierung mit einer Taktkette, weil immer nur exakt das Netzwerk mit dem gerade aktiven Schritt bearbeitet wird.	Die Sprungleiste ist ein Step7-eigener Befehl. Die Schritte werden mit einem Schrittzähler verwaltet.

Anweisungsliste mit der Sprungleiste	**Netzwerk 1: Sprungleiste**
	    L #Schrittzähler MW0
	    SPL Fehl //Sprung bei falschem Zählwert
	    SPA Init //Initialisierungsschritt
	    SPL S1 //Schritt 1
	    SPL S2
	    SPL S3
	Fehl: BEA //Baustein beeinden im Fehlerfall
		Im ersten Netzwerk wird für jeden Schritt ein Sprungziel angegeben sowie der Inhalt des Schrittzählers geprüft. Ist der Inhalt des Schrittzählers unsinnig, wird zu Fehl: gesprungen und der Baustein abgebrochen (BEA).

Die nachfolgenden Netzwerke beginnen mit dem zum Schritt gehörenden Sprungziel, z. B. S1.
Ist die Transitionsbedingung zum nachfolgenden Schritt WAHR, dann wird der Schrittzähler um 1 hochgezählt.
Ist die Transitionsbedingung UNWAHR, wird die Bearbeitung des Bausteins beendet (BEB).
Beim nächsten Aufruf wird über den Sprungverteiler wieder an den Beginn dieses Netzwerkes gesprungen.

Netzwerk 2: Initialisierungsschritt
Init: U(
      U   # SJ0_Start
      U   #BG1
      U   #BG3
)
      NOT
      BEB
      L   #Schrittzähler
      +   1
      T   #Schrittzähler
	Netzwerk 3: Schritt 1: Erste Biegung
	S1: U #BG2
	     NOT
	     BEB
	     L #Schrittzähler
	     + 1
	     T #Schrittzähler

Netzwerk 4: Schritt 2: Erster Zylinder zurück
S2: U   #BG1
     NOT
     BEB
     L   #Schrittzähler
     +   1
     T   #Schrittzähler
	Netzwerk 5: Schritt 3: Zweite Biegung
	S3: U #BG4
	     NOT
	     BEB
	     L 0
	     T #Schrittzähler

Im Aktionsbaustein wird für jeden Ausgang (Aktor) genau ein Netzwerk programmiert. Der Ausgang wird geschaltet, wenn der Schrittzähler im gewünschten Schritt steht.

Netzwerk 1: Erste Biegung **Wenn der Zählerstand des Schrittzählers auf 1 steht, dann ...** L #Schrittzähler L 1 ==I = #MB1	**Netzwerk 2: Zweite Biegung** L #Schrittzähler L 3 ==I = #MB2

Aktionsbaustein in Anweisungsliste

Netzwerk: 1
Erste Biegung: Wenn der Zählerstand des Schrittzählers auf 1 steht, dann . . .

Netzwerk: 2
Zweite Biegung

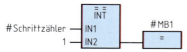

Aktionsbaustein in Funktionsplan

Ablaufsteuerung einer Vorschubeinrichtung
Sequence Control of a Feed Unit

Vorzeichen der Objekte: =

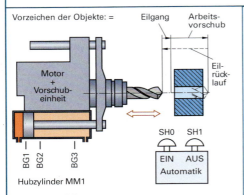

Hubzylinder MM1

Technologie-Schema

Der Hydraulikzylinder fährt im Eilgang aus und wird durch den Näherungsschalter =BG2 auf Arbeitsvorschub umgeschaltet. In der vorderen Endlage wird durch den Näherungsschalter =BG3 nach einer Zeitverzögerung von 4 s auf Eilrücklauf geschaltet.

Vorzeichen der Objekte: =

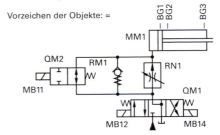

Hydraulik-Schaltplan

Vorzeichen der Objekte: =

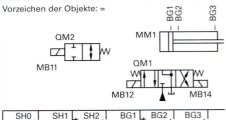

Bauteil und Aktion	Symbol	Adresse
Taster EIN	SH0	%E1.0
Taster AUS	SH1	%E1.1
Näherungsschalter Zylinder eingef. auf =BG 1	BG1	%E1.3
Näherungsschalter Zylinder eingef. auf =BG2	BG2	%E1.4
Näherungsschalter Zylinder eingef. auf =BG3	BG3	%E1.5
Magnetventil =MB11 Zylinder =MM1 längs, ausf.	MB11	%A1.0
Magnetventil =MB12 Zylinder =MM1 ausfahren	MB12	%A1.1
Magnetventil =MB14 Zylinder 1A einfahren	MB14	%A1.2

Belegungsliste

Netzwerk 1: Grundstellung (= Schritt 1)
Grundstellung, wenn Zylinder eingefahren.
```
0001      U       #xBG1
0002      =       #xGrundstellung
0003
```
Netzwerk 2: Im Eilgang ausfahren
```
0001      U       #xGrundstellung
0002      U       #xSH0
0003      S       #xEilgang
0004      U       #xBG2
0005      R       #xEilgang
```
Netzwerk 3: Arbeitsvorschub
```
0001      U       #xEilgang
0002      U       #xBG2
0003      S       #xArbeitsvorschub
0004      U       #xEilrücklauf
0005      R       #xArbeitsvorschub
```
Netzwerk 4: Eilgang Rücklauf
```
0001      U       #xBG3
0002      U       #xArbeitsvorschub
0003      L       #xZeitverzögerung
0004      SE      #xZeitglied
0005      S       #xEilrücklauf
0006      U       #xBG1
0007      R       #xEilrücklauf
```
Anweisungsliste AWL (unvollständig)

Schaltplan

Netzwerk 1: Schritt 1 (Grundstellung)
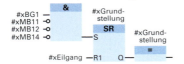

Netzwerk 2: Im Eilgang ausfahren, bis Sensor BG2 betätigt ist

Netzwerk 3: Im Arbeitsgang ausfahren
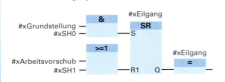

Funktionsbaustein-Sprache FBS (unvollständig)

Ablaufsteuerung eines Rührwerks — Sequence Control of an Agitator

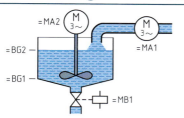

Technologie-Schema

Bohremulsion soll im Automatikbetrieb in einen Behälter gepumpt, dort umgerührt und danach wieder abgelassen werden.

Durch Einschalten des Pumpenmotors =MA1 läuft die Emulsion bis zur Füllstandsmarke =BG2 ein.

Danach wird der Rührwerkmotor =MA2 eingeschaltet und die Emulsion 15 Sekunden gemischt. Danach öffnet das Ablassventil =MB1, bis der Behälter leer ist. Danach schließt wegen =BG1 das Ablassventil =MB1.

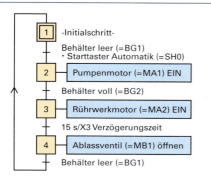

Funktionsplan der Ablaufsteuerung GRAFCET

Belegungsliste

Bauteil und Aktion	Symbol	Adresse	Bemerkung
Taster Automatik START	SH0	%E1.0	Schließer
Taster Automatik STOPP	SH1	%E1.1	Öffner
Drucksensor Behälter leer	BG1	%E1.2	Schließer
Füllstandssensor Behälter voll	BG2	%E1.3	Schließer
Pumpenmotor =MA1 Flüssigkeit einfüllen	MA1	%A1.0	Schließer
Rührwerkmotor =MA2 Flüssigkeit rühren	MA2	%A1.1	Schließer
Ablassventil Flüssigkeit ablassen	MB1	%A1.2	Öffner

Netzwerk 1: Initialschritt (Grundstellung)
```
U    #xBG1
UN   #xBG2
UN   #xMA1
UN   #xMA2
U    #xMB1
S    #xSchritt_1
O    #xSchritt_2
ON   #xSH1
R    #xSchritt_1
```

Netzwerk 2: Schritt 2 (Einfüllen)
```
U    #xSchritt_1
U    #xSH0
S    #xSchritt_2
O    #xSchritt_3
ON   #xSH1
R    #xSchritt_2
```

Netzwerk 3: Schritt 3 (Rühren)
```
U    #xSchritt_2
U    #xBG2
S    #xSchritt_3
O    #xSchritt_4
ON   #xSH1
R    #xSchritt_3
```

Netzwerk 4: Schritt 4 (Ablassen)
```
U    #xSchritt_3
U    #xZeitglied
S    #xSchritt_4
O    #xSchritt_5
ON   #xSH1
R    #xSchritt_4
```

Die Schritte 2, 3, 4 steuern MA1, MA2, MB1:
z. B.   U   #xSchritt_2
        =   #xMA1

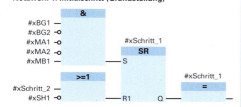

Funktionsbaustein-Sprache FBS (unvollständig)

Anweisungsliste AWL (unvollständig)

Ablaufsteuerung eines Prägewerkzeugs — Sequence Control of a Mint Tool

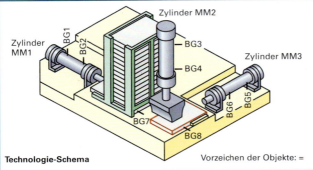

In einem Prägewerkzeug sollen Werkstücke eine Werkstücknummer erhalten.
Der Sensor BG7 kontrolliert, ob noch Material im Stapelmagazin vorhanden ist. Der Pneumatikzylinder MM1 schiebt nun das Werkstück aus dem Magazin in die Arbeitsposition. Anschließend fährt der Prägezylinder MM2 aus und prägt das Werkstück. Zuerst fährt dann der Prägezylinder MM2 und danach der Schiebezylinder MM1 zurück. Zylinder MM3 dient als Auswerfer für das geprägte Werkstück. Sensor BG8 stellt fest, ob das Werkstück tatsächlich ausgeworfen wurde.

Technologie-Schema

Vorzeichen der Objekte: =

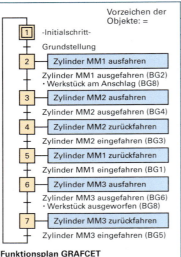

Vorzeichen der Objekte: =

Funktionsplan GRAFCET

Belegungsliste

Bauteil und Aktion	Symbol
Taster START (Schließer)	SH0
Taster STOPP (Öffner)	SH1
Sensoren (Schließer)	BG1 bis BG8
Zylinder MM1 mit Magnetventil MB1 und MB2	MB1 und MB2
Zylinder MM2 mit Magnetventil MB3 und MB4	MB3 und MB4
Zylinder MM3 mit Magnetventil MB5 und MB6	MB5 und MB6

Netzwerk 2: Initialschritt, d. h. Grundstellung vorhanden, wenn alle Zylinder eingefahren sind.

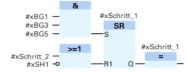

Netzwerk 3: Zylinder MM1 ausfahren:

Netzwerk 4: Zylinder MM2 ausfahren:

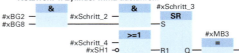

Netzwerk 5: Zylinder MM2 zurückfahren:

Netzwerk 1: Funktionsbaustein

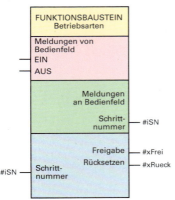

Programmierung der Steuerung in Funktionsbaustein-Sprache FBS (unvollständig)

Ablaufsteuerung einer Paket-Hebeanlage 1
Sequencial Control of a Parcel Lifting Station 1

Phase	Ansicht/Plan	Bemerkungen
Lageplan und Aufgabenbeschreibung (Layout and Task Description)	=BG21, =BG22, Verschiebezylinder =MM2, =BG12, =BG11, Hubzylinder =MM1	Pakete werden mit dem Hubzylinder =MM1 angehoben und durch den Verschiebezylinder =MM2 auf eine Rollenbahn verschoben. Der Hubzylinder fährt aus, wenn ein Sensor =BG0 (nicht im Bild zu erkennen) ein Paket erkannt hat, und betätigt in der Endlage den Grenztaster =BG12. Darauf schiebt der Verschiebezylinder das Paket auf die obere Rollenbahn und betätigt =BG22. Der Hubzylinder fährt in Grundstellung, betätigt =BG11, woraufhin auch der Verschiebezylinder wieder in Grundstellung fährt.
Weg-Schritt-Diagramm (Displacement Step Diagram) Schritt-Nummer	Hubvorrichtung =BG0 Schritte 1 2 3 4 5=1 =MM1 Hubzylinder: Arbeitsstellung / Grundstellung =MM2 Schiebezylinder: Arbeitsstellung / Grundstellung	Das Weg-Schritt-Diagramm WSD ist eine Form des Funktionsdiagramms. In diesem WSD werden nur die Bewegungen der Aktoren sowie die Abhängigkeiten der Bewegungen zueinander gezeigt. Die Wirklinien zeigen die Abhängigkeiten: =BG0 startet =MM1, die Arbeitsstellung von =MM1 startet =MM2, die Arbeitsstellung von =MM2 lässt =MM1 in Grundstellung fahren, die Grundstellung von =MM1 lässt =MM2 in Grundstellung fahren.
GRAFCET (Grafcet) Initialisierungsschritt Transition (Übergangsbedingung) Schritt Aktion Aktion wird ausgeführt bei Aktivierung des Schritts	Init =BG0 · =BG11 · =BG21 "Paket vorhanden UND Zylinder in Grundstellung" 1 =MM1 := 1 "Hubzylinder fährt aus" =BG12 "Hubzylinder ist oben" 2 =MM2 := 1 "Schiebezylinder fährt aus" =BG22 "Schiebezylinder ist ausgefahren" 3 =MM1 := 0 "Hubzylinder fährt ein" =BG11 "Hubzylinder ist unten" 4 =MM2 := 0 "Schiebezylinder fährt ein" =BG21 "Schiebezylinder ist eingefahren"	Der GRAFCET zeigt den Ablaufteil einer Steuerung. Dieser GRAFCET zeigt die Schrittkette, ohne darauf einzugehen, wie die Zylinder angesteuert werden. Im Weg-Schritt-Diagramm wie im GRAFCET ist zu erkennen, dass kein Signal mehrfach genutzt wird. Es liegt also keine Signalüberschneidung vor. Bei der Realisierung der Steuerung muss kein Schritt zwischengespeichert werden. Die Aktionen in diesem Beispiel sind speichernd („Zuordnung"), in Schritt 1 wird Zylinder =MM1 gesetzt, in Schritt 3 zurückgesetzt, entsprechend wird =MM2 in Schritt 2 gesetzt, in Schritt 4 zurückgesetzt.

A

Ablaufsteuerung einer Paket-Hebeanlage 2
Sequencial Control of a Parcel Lifting Station 2

Lösung	Schaltung, Plan	Bemerkungen
Pneumatisch (Pneumatic Solution) Ein Pneumatikplan wird in Grundstellung und unter Druck gezeichnet.	Vorzeichen der Objekte: =	
Leistungsteil (Power Section) Sobald die Anlage elektrisch gesteuert wird, ist der Pneumatikplan auf den Leistungsteil reduziert.		Die Zylinder sind doppeltwirkende Zylinder mit einstellbarer beidseitiger Endlagendämpfung und Permanentmagnet für die Positionsabfrage. Die Ventile sind 5/2-Wegeventile, beidseitig elektrisch angesteuert (Impulsventile) mit Vorsteuerung und Handhilfsbetätigung.
GRAFCET Kontinuierlich wirkende Aktion	Init — "Initialisierungsschritt" = BG0 · = BG11 · = BG21 — "Paket vorhanden UND Zylinder in Grundstellung" 1 → = MB1 — "Hubzylinder fährt aus" = BG12 — "Hubzylinder ist oben" 2 → = MB3 — "Schiebezylinder fährt aus" = BG22 — "Schiebezylinder ist ausgefahren" 3 → = MB2 — "Hubzylinder fährt ein" = BG11 — "Hubzylinder ist unten" 4 → = MB4 — "Schiebezylinder fährt ein" = BG21 — "Schiebezylinder ist eingefahren"	Dieser GRAFCET (im Gegensatz zum GRAFCET auf vorheriger Seite) ist die Vorlage für die Programmierung der Steuerung. Da die pneumatischen Stellglieder die Speicherfunktion übernehmen (Impulsventile), kann die speichernde Aktion (Zuordnung) zugunsten der nichtspeichernden (Zuweisung) entfallen. In den Transitionen und Aktionen werden exakt die Bauteilebezeichnungen benutzt, die auch im Stromlaufplan (Anschluss an die Steuerung) und in der Symboltabelle der Steuerung benutzt werden. Damit kann der Ablaufteil einer Steuerung mithilfe des GRAFCET direkt programmiert werden.

Ablaufsteuerung einer Paket-Hebeanlage 3
Sequencial Control of a Parcel Lifting Station 3

401

Lösung	Schaltung, Schaltplan, Vorzeichen der Objekte: =

Relaissteuerung
(relais control)

Direkte Ansteuerung der Verbraucher ohne Hilfsrelais.

Das Relais KF1 dient der Kontaktvervielfachung.

Programmierbare Steuerung:

Stromlaufplan
(circuit diagram)

Voraussetzung für die Nutzung einer speicherprogrammierbaren Steuerung (SPS) ist die Kenntnis der Anschlüsse und damit der Adressierung.

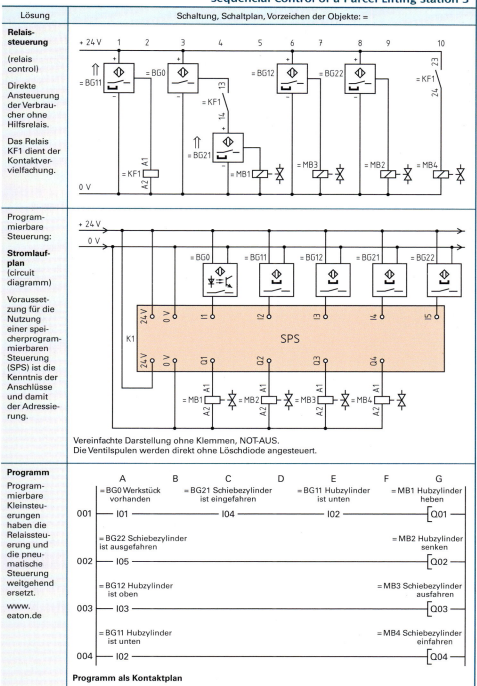

Vereinfachte Darstellung ohne Klemmen, NOT-AUS.
Die Ventilspulen werden direkt ohne Löschdiode angesteuert.

Programm

Programmierbare Kleinsteuerungen haben die Relaissteuerung und die pneumatische Steuerung weitgehend ersetzt.

www.eaton.de

Programm als Kontaktplan

Druckluftaufbereitung — Compressed-air Conditioning

Bauteil	Schaltzeichen	Erklärung
Druckluftfilter	mit manueller Entwässerung / mit automatischer Entwässerung	Die Luft strömt seitlich in das Druckluftfilter ein und wird verwirbelt. Dabei werden grobe Schmutz- und Flüssigkeitsteilchen durch die Fliehkraft an die Behälterwand geschleudert. Sie können bei Bedarf über die Ablassschraube am Behälterboden abgelassen werden. Entsprechend der Porengröße des Filtereinsatzes werden die kleineren Partikel im auswechselbaren Filter zurückgehalten. Die Filtereinsätze bestehen hauptsächlich aus Bronze-, Messing- oder Stahlsieben. Der Einsatz eines Druckluftfilters führt zu einer von dampfförmigen, flüssigen und festen Fremdstoffen freien Druckluft. Bauarten und Anwendungen: • Mehrzweckfilter: als Einzelfilter zur Abscheidung von Kondensat und Ölaerosolen. • Aktivkohlefilter: in der Pharma-, Elektro- und Lebensmittelindustrie. • Staubfilter: zur Abscheidung von Staub- und Schmutzpartikeln. • Hochleistungsfilter: vor Druckluftwerkzeugen, pneumatischen Fördereinrichtungen.
Druckregelventil	allgemein / mit Abflussöffnung	Die Regelung erfolgt durch den großen Ventilteller, dessen eine Seite durch eine einstellbare Feder und dessen zweite Seite vom Arbeitsdruck beaufschlagt wird. Sinkt der Arbeitsdruck unter den voreingestellten Wert, so drückt die Feder über den Ventilteller den Stift nach unten und öffnet das Ventil. Jetzt strömt durch den geöffneten Ringspalt so lange Druckluft ein, bis der Arbeitsdruck wieder erreicht ist und das Ventil sich schließt. Das System Feder/Ventilteller erreicht eine Gleichgewichtslage und hält so weitgehend den Arbeitsdruck konstant. Der Einsatz eines Druckluftregelventils führt zu einer Druckluft mit annähernd konstantem Druck, der unabhängig von Schwankungen des Primärdrucks und vom Luftbedarf gehalten werden soll. Im Gegensatz dazu sorgt ein Druckminderer (Druckminderungsventil, Reduzierventil) dafür, dass trotz unterschiedlich hoher Drücke auf der Eingangsseite ein bestimmter Ausgangsdruck auf der Ausgangsseite nicht überschritten wird. www.festo.com
Druckluftöler		Der Druckluftöler erzeugt einen ununterbrochenen Ölnebel. Er arbeitet dabei nach dem Venturiprinzip, d. h. durch die Verkleinerung des Leitungsquerschnittes entsteht an der Engstelle eine Erhöhung der Strömungsgeschwindigkeit, wodurch ein Unterdruck entsteht. Durch diesen Effekt wird aus dem unteren Behälter Öl durch ein Steigrohr nach oben gedrückt, tropft in die Strömung und wird dabei vernebelt. Durch eine Drossel kann die Anzahl der Öltropfen, die in den Luftstrom gelangen, dosiert werden. Der Einsatz eines Druckluftölers führt zu einer schmiermittelhaltigen oder schmiermittelfreien Druckluft. Die vom Kompressor ankommende Druckluft ist meist noch nicht in dem Zustand, um die nachfolgenden Geräte einwandfrei und störungsfrei arbeiten zu lassen. Man setzt daher Druckluftaufbereitungsgeräte ein, nämlich Filter und Regler als Einzelgeräte oder ein Kombinationsgerät, den Filterregler und den Öler. Der Öler in der Druckluft hat in den letzten Jahren an Bedeutung verloren, da der Trend zu ölungsfreien Pneumatikkomponenten geht.

A

Zylinder und Pumpen — Cylinders and Pumps

Bauteil	Schaltzeichen	Erklärung
Einfachwirkender Zylinder		Einfachwirkende Zylinder gibt es als Kolben- oder Membranzylinder. Da nur eine Seite des Kolbens oder der Membrane mit Druck beaufschlagt wird, können diese Zylinder nur auf einer Seite Arbeit verrichten. Je nach Bauart ist dies die Ausfahr- oder die Einfahrbewegung. Eine eingebaute Feder auf der anderen Seite schiebt den Kolben nach erfolgter Entlüftung in die Ausgangsstellung zurück. Einfach wirkende Zylinder werden zum Spannen, Pressen, Zuführen oder Auswerfen eingesetzt.
Doppeltwirkender Zylinder		Der Kolben eines doppeltwirkenden Zylinders wird wechselseitig mit Druckluft beaufschlagt. Somit ist an beiden Seiten ein Arbeitshub möglich. Da auf der einen Seite der Kolbenboden um die Fläche der Kolbenstange kleiner ist, entstehen beim Einfahren und Ausfahren des Kolbens unterschiedlich große Kräfte. Vorteile: • längere Hublänge, • Kolbengeschwindigkeiten können in beiden Richtungen eingestellt werden.
Zylinder mit zweiseitiger Kolbenstange		Da die durchgehende Kolbenstange auf beiden Seiten des Kolbens die gleiche Ringfläche hat, ergeben sich für beide Bewegungsrichtungen die gleichen Kräfte. Durch die beidseitige Lagerung der Kolbenstange können größere Querkräfte aufgenommen werden. Zylinder mit zweiseitiger Kolbenstange werden z. B. als Betätigungselemente für Spannfutter eingesetzt. www.festo-didactic.com www.boschrexroth.com
Schraubenpumpe		Sie besitzt mehrere Spindeln, die wie schrägverzahnte Zahnräder die Flüssigkeit in den Gewindelücken entlang der Gehäusewand fördern. Die Spindeln sind besonders passgenau gearbeitet, sodass sie eine gegeneinander abdichtende Form besitzen, die ein Rückströmen der Flüssigkeit verhindert. Vorteile: • geringe Laufgeräusche, • pulsationsfreier Förderstrom. Nachteile: • hohe Herstellungskosten, • niedriger Wirkungsgrad.
Zahnradpumpe		Bei der Zahnradpumpe wird ein Zahnrad angetrieben und dreht das andere Zahnrad mit. Die bei der Drehbewegung auseinander laufenden Zähne lassen neue Zahnkammern frei werden. Diese Kammern werden befüllt und das Medium wird von der Saug- zur Druckseite befördert. Hier greifen die Zähne wieder ineinander und verdrängen z. B. die Flüssigkeit aus den Zahnkammern. www.linn-pumpen.de
Lamellenpumpe		Bei der Lamellenpumpe dreht sich ein Rotor exzentrisch in einem Gehäuse. Die in Schlitzen radial beweglichen Schieber werden durch die Zentrifugalkraft nach außen gedrückt und dichten somit die einzelnen Zellen ab. Vorteile: • gleichmäßige Förderung, • kleine Baugröße. Nachteil: • schlechter Wirkungsgrad.

Druckventile und Wegeventile — Pressure and Direction Control Valves

Bauteil	Schaltzeichen	Erklärung
Drosselrückschlagventil		Das Drosselrückschlagventil kombiniert ein Drosselventil und ein Rückschlagventil. In einer Strömungsrichtung hat die Druckluft ungestört Durchgang, während in der Gegenrichtung eine stufenlose Einstellung des Durchflusses möglich ist. Drosselrückschlagventile werden zur Geschwindigkeitssteuerung in die Arbeitsleitungen von Zylindern in Zylindernähe eingebaut, z. B. Eilvorlauf, Eilrücklauf oder Arbeitsgeschwindigkeit. www.festo.com
Wechselventil		Das Wechselventil erfüllt in einer pneumatischen Steuerung die Funktion eines ODER-Gliedes. Dazu besitzen Wechselventile zwei Steueranschlüsse und einen Arbeitsanschluss. Druckluft strömt zum Arbeitsanschluss, wenn eine der beiden Eingangsleitungen oder beide gleichzeitig unter Druck stehen. Dabei verhindert das Wechselventil, dass die mit Druck beaufschlagte Steuerleitung über den parallel geschalteten Steueranschluß entlüftet wird.
Zweidruckventil		Das Zweidruckventil erfüllt in einer pneumatischen Steuerung die Funktion eines UND-Gliedes. Dazu besitzen Zweidruckventile zwei Steueranschlüsse und einen Arbeitsanschluss. Druckluft strömt nur dann zum Arbeitsanschluss, wenn beide Eingangsleitungen gleichzeitig unter Druck stehen. Bei unterschiedlich großen Steuerdrücken schließt der größere Steuerdruck das Ventil und der kleinere gelangt zum Ausgang. www.hawe.com
4/2-Wegeventil mit Federrückstellung und elektromagnetischer Betätigung	Verbindung nicht angesteuert / angesteuert	Sitzventile zeichnen sich durch einen dicht schließenden Ventilkörper aus, wobei sie oft nur unter großem Kraftaufwand zu schalten sind, da der Systemdruck den Ventilkörper belastet. Bei der elektromagnetischen Ansteuerung wird in spannungslosem Zustand der Kolben durch eine Feder auf den Ventilsitz gedrückt. Nach Betätigung wird der Kolben durch die Magnetkraft angezogen und gibt eine andere Verbindung frei.
5/2-Wegeventil mit Federrückstellung und mechanischer Betätigung durch Stößel	Verbindung angesteuert / nicht angesteuert	Da Kolbenschieberventile druckentlastet sind, lassen sie sich mit einer vom Betriebsdruck nahezu unabhängigen Betätigungskraft schalten. Wegen des Bewegungsspiels des Kolbenschiebers kann es zu Abdichtungsproblemen kommen. www.esska.de

Automatisierte Schraubersysteme — Automated Wrench Systems

Begriff	Erklärung	Bemerkungen
Schrauberantrieb	Der Antrieb eines Elektroschraubers erfolgt durch einen bürstenlosen Servomotor, der von einer Schraubersteuerung überwacht wird. Bei Erreichen z. B. des vorgegebenen Drehmomentes wird der Motor abgeschaltet. Wegen Linkslauf, Rechtslauf können Schrauben angezogen bzw. gelöst werden. www.bosch-professional.com www.atlascopco.com	Momenthaltezeit, Drehmoment, Wiederanlaufzeit, Drehzahl und Drehrichtung werden von der Schraubersteuerung vorgegeben. Elektronische Schrauber kommen insbesonders dann zum Einsatz, wenn hohe Drehmomentgenauigkeit und Dokumentation der Verschraubung gefordert sind. Das Umsetzen der Motordrehzahlen in kleinere Schrauberdrehzahlen mit notwendigem Moment erfolgt über Planetengetriebe.
Schraubersteuerung Auswertungen Protokollierung	Die Steuerungen sind speziell für das Ansteuern der Antriebe der Schrauberspindeln ausgelegt. Über Schnittstellen sind IT-Geräte anschließbar. Daten für statistische Auswertungen werden gespeichert und z. B. an einen angeschlossenen PC wegen erforderlicher Nachweispflicht übertragen: Auftragsnummer, Anzugsdaten (Drehmoment, Drehwinkel), Datum. Das Protokollieren der Schraubzyklen umfasst auch Meldungen zu überschrittenen Grenzwerten. Ein Schraubzyklus wird ggf. dann abgebrochen.	PC — serielle Verbindung — Steuerung Schrauber **Schraubersystem**
Schrauberprogrammierung Sollwerte, Grenzwerte	Die Programmierung des Schraubers erfolgt an der Steuerung oder über einen daran angeschlossenen PC. Parameter für die Schrauberspindel sind einzugeben. Das Anziehen der Schrauben ist z. B. als drehmomentgesteuert, kraftgesteuert mit Drehwinkelkontrolle oder drehwinkelgesteuert mit Drehmomentkontrolle programmierbar. Hierbei werden Drehmomente, Drehwinkel, Drehzahlen und zugehörige Grenzwerte programmiert (konfiguriert). Ferner ist die Anzahl der Verschraubungen programmierbar (Satzzählung).	max. Drehmoment M_{max} 22 min. Drehmoment M_{min} 18 Abschaltwinkel ω_A 90 Drehzahl 1 200 Drehzahl 2 50 **Programierung Schraubprozess**
Schnittstellen Schraubersteuerung Anschluss, Schrauber	Mittels Bus-Steckkarten sind Anbindungen über Ethernet, PROFIBUS, CAN-Bus möglich. Ferner sind die Schnittstellen V.24, USB, WLAN, Bluetooth verfügbar. Auch über digitale EA (Eingänge, Ausgänge, 0 V, 24 V) können z. B. bei angeschlossener SPS Ansteuersignale erzeugt und Rückmeldesignale geliefert werden. Der Schrauber ist mit Schraubersteuerung über Bluetooth, WLAN oder Anschlusskabel (inkl. Spannungsversorgung) verbunden.	Die Anbindung der Schraubersteuerung an einen PC erfolgt z. B. über Ethernet, WLAN. Mit den anderen Schnittstellen können z. B. Drucker oder Barcodescanner angeschlossen werden. Mittels Barcode kann das einem Auftrag zugeordnete Schrauberprogramm aktiviert werden.
Messsensorik Drehmoment Drehwinkel	Das Messen des Drehmomentes erfolgt während des Schraubvorganges kontinuierlich direkt über eine Messbrücke aus Dehnungsmessstreifen, die an der rotierenden Welle angebracht sind, oder indirekt über den Motorstrom, der dem Drehmoment proportional ist (geringere Wiederholgenauigkeit). Das Messen des Drehwinkels erfolgt über Resolver oder Inkremental-Geber. www.ibes-electronic.de	M_{max} — nicht o. k. — o. k. M_{min} M M_S nicht o. k. $\omega \rightarrow$ ω_{min} ω_{max} ω_A **Drehwinkelgesteuertes Anziehverfahren mit Drehmomentüberwachung**
Schrauber im Prozess Poka Yoke	Schrauber werden in Montageprozessen eingesetzt. Abhängig von eingestellten Grenzwerten oder Anzahl durchzuführender Verschraubungen werden von der Schraubersteuerung Meldungen erzeugt, die von einem angeschlossenen Computer (PC, SPS) derart ausgewertet werden können, dass z. B. ein Montageband angehalten wird.	Das gezielte Reagieren auf Meldungen der Schraubersteuerung im Montageprozess wirkt sich auf die Produktqualität infolge Fehlervermeidung aus (Poka-Yoke-Prinzip, jap. Poka = unbeabsichtigter Fehler, jap. Yoke = Verhinderung).

Inbetriebnahme mechatronischer Systeme
Start-Up of Mechatronic Systems

Phase	Elektrotechnik	Pneumatik	Hydraulik
Einbau und Ausbau	• Die Überprüfung der technischen Kenndaten der einzubauenden Anlagenteile unter Spannung erfolgt meist schon beim Hersteller, z.B. bei Motoren die elektrische und mechanische Festigkeit, Betriebstemperatur, Überlastbarkeit. • Spannungsart, Spannungshöhe und Netzfrequenz der anzuschließenden Anlagenteile sind einzuhalten.	• Einbau und Ausbau der Anlagenkomponenten müssen gemäß der Bedienungsanleitung des Herstellers erfolgen. • Stabile Befestigung der Druckluftleitungen ist erforderlich, um Leckagen an Lötstellen und Verschraubungen zu verhindern. • Bewegte Anlagenteile, wie z.B. freiliegende Teile der Zylinder, sind entsprechend den Unfallverhütungsvorschriften, z.B. durch Abdeckungen, zu sichern.	• Überprüfung der technischen Kenndaten der gelieferten Anlagenteile. • Rohrleitungen sind so zu befestigen, dass Bewegungen oder Schwingungen verhindert werden. • Bei Schlauchleitungen ist der minimale Biegeradius zu beachten und Knickstellen oder Scheuerstellen sind zu vermeiden.
Vorarbeiten	• Prüfen der verwendeten Schutzmaßnahmen durch Besichtigen, Messen und Erproben; vgl. Erstprüfung. • Überstrom-Schutzeinrichtungen auf Bemessungswerte einstellen, z.B. Motorschutzrelais auf Bemessungsstrom. • SPS-Programme auf typische Fehler, z.B. fehlende Zuweisung für Ausgänge oder Mehrfachzuweisung von Adressen für Merker, überprüfen.	• Anlage in drucklosen Zustand bringen. • Alle Arbeitselemente in Grundstellung fahren, z.B. remanente Speicher der SPS durch gezielte Richtimpulse oder Handhilfsbetätigung umsteuern, Drosselventile für Kolbengeschwindigkeit schließen.	• Leitungen, Filter und Behälter auf Verunreinigen prüfen und gegebenenfalls reinigen. • Ventile in vorgeschriebene Grundstellungen (OFFEN, GESCHLOSSEN) bringen, z.B. Stromventile und Drosselventile voll öffnen.
Inbetriebnahme	• SPS-Software getrennt von der Hardware zuerst mittels Simulator und dann anschließend mit angeschlossener Hardware testen. • SPS-Programm im Online-Betrieb beobachten. • Elektromotoren mit vorgesehener Last anfahren und mit Bemessungslast betreiben, bei Sanftanlauf Drehzahl langsam hochfahren. • Motor auf erhöhte Temperatur überprüfen.	• Anlagenlauf ohne Werkstück. • Über Handbetätigung am Druckregler oder automatisch durch ein Sicherheitseinschaltventil die Druckluft für Ventile und Zylinder allmählich erhöhen. • Drosselventile schrittweise öffnen. • Anlage auf mögliche Fehler prüfen, z.B. unkorrekte Einstellung bzw. Funktion der Grenztaster kontrollieren. • Anlagenanlauf mit Werkstück und dabei Kenndaten, z.B. Geschwindigkeit, kontrollieren.	• Ventile in Arbeitsstellung bringen. • Sicherheits-, Strom-, Druck- und Drosselventile auf Grenzwerte bzw. Kenndaten einstellen und mit einer Plombe versehen. • Anlage für mehrere Stunden im Schwachlastbereich (Leerlauf) betreiben und mögliche Fehlerstellen wie Druckabfall, Leckage oder zu hohe Temperaturen von Anlagenteilen kontrollieren. • Beim Anfahren auf Bemessungslast (Volllast) System wiederholt entlüften.
Wartung, Inspektion	• Während des Betriebs regelmäßige Kontrolle von Maschinentemperatur, Leistung, Leistungsfaktor und Stromstärke. • Periodische Prüfung der angewendeten Schutzmaßnahmen (vgl. wiederkehrende Prüfungen) und gegebenenfalls Erneuerung von beweglichen Anlagenteilen, z.B. Lager von Motoren oder deren Zuleitungen sowie Bürsten.	• Während des Betriebs regelmäßige Kontrolle von Leistung, Temperatur, Druck und Dichtheit der Anlage. • Periodische Prüfung von Filtern, Kondensatablass, Funktion der Messgeräte, Zustand und Gasfülldruck im Druckflüssigkeitsspeicher.	• Während des Betriebs regelmäßige Kontrolle von Leistung, Temperatur, Druck und Dichtheit der Anlage. • Periodische Prüfung von Filtern, Sieben, Magnetabscheidern, Funktion der Messgeräte, Zustand und Druck.

A

Fehler bei Inbetriebnahme mechatronischer Teilsysteme
Errors at Start-Up of Mechatronic Subsystems

Teil	Elektrotechnik	Pneumatik	Hydraulik
Antriebsteil	**Elektromotoren:** • Einbauvorschriften nicht beachtet, • Anschlussleitung nicht richtig montiert, • Drehsinn vertauscht, • Fremdkühlung nicht angeschlossen. **Linearantriebe:** • Linearachse nicht richtig eingebaut, • Motor nicht richtig aufgestellt und ausgerichtet.	**Pneumatikmotoren:** • Fehlerhafte Montage des Antriebs (Spindel oder Zahnriemen, Riementrieb, Kupplungen), • Rohrleitungen und Schlauchleitungen (Abluft) falsch montiert. **Pneumatikzylinder:** • Befestigung des Zylinders unzureichend, • Rohrleitungen und Schlauchleitungen nicht richtig montiert (Abluft), • falsche Einstellung der Endlagendämpfung.	**Hydraulikmotoren:** • Drehsinn vertauscht, • Lecköanschluss nicht montiert, • fehlerhafte Montage des Antriebs (Kupplungen, Spindel oder Zahnriemen, Riementrieb). **Hydraulikzylinder:** • Ungenaue Ausrichtung des Zylinders, • Luft im Zylinder, • falsche Grundstellung der Zylinder, • falsche Einstellung der Endlagendämpfung.
Energiesteuerteil	**Elektrische Schaltgeräte (Schütze, Relais):** • Schaltgerät für falsche Stromart (Wechselstrom oder Gleichstrom) ausgewählt, • Anschlussspannung nicht richtig gewählt, • nicht richtig nach Stromlaufplan verdrahtet. **Eingabegeräte, Sensoren:** • Schließer und Öffner vertauscht. **Schutzgeräte:** • Motorschutzrelais nicht auf Bemessungsstrom eingestellt.	**Stromventile:** • Anschlüsse falsch verlegt, • nicht richtig eingestellt. **Druckventile:** • Verschraubungen nicht richtig montiert, • vorgeschriebene Werte nicht richtig eingestellt. **Sperrventile:** • Rückschlagventil nicht richtig eingebaut, • Verschraubungen fehlerhaft montiert (undicht), • Anschlüsse falsch verlegt.	**Stromventile:** • Rückschlagventil nicht richtig angeordnet, • nicht richtig eingestellt. **Druckventile:** • Verschraubungen nicht richtig montiert, • vorgeschriebene Werte nicht richtig eingestellt. **Sperrventile:** • Rückschlagventil nicht richtig eingebaut, • falsche Schaltstellung des Absperrventils, • fehlende Sicherung der Endlagendämpfung.
Energieversorgungsteil	**Energiespeicherung:** • Notstromaggregat Akkumulator oder Batterie nicht richtig aufgestellt und angeschlossen. **Energieverteilung:** • Falscher Leitungstyp gewählt, • Leiterquerschnitt, Leiterlänge und Schleifenimpedanz falsch gewählt, • Leitungen/Kabel beim Verlegen beschädigt, • minimale Biegeradien von Leitungen/Kabeln nicht beachtet, • Lötstellen, Klemmverbindungen nicht sauber ausgeführt, • Kabelbefestigungen, Kabelabdeckungen nicht vorschriftsmäßig angebracht, • vorgeschriebene Zugentlastung bei Kabeln und Leitungen bei ortsveränderlichen Betriebsmitteln nicht eingehalten.	**Verdichteranlage mit Filter und Trockner:** • Plombe am Druckbegrenzungsventil (Sicherheitsventil) nicht angebracht, • Ansaugfilter nicht eingebaut, • Messbereich des Manometers falsch gewählt, • falsche Drehrichtung des Verdichters, • Kühlmedium nicht eingefüllt, • Ablassventil am Wasserabscheider nicht geschlossen oder nicht dicht. **Rohr- und Schlauchleitungen:** • Verschraubungen nicht richtig angezogen, • Leitungsknick. **Wartungseinheit:** • Kondensatablass des Filters der Wartungseinheit offen, • Füllstand des Nebelölers nicht korrekt.	**Hydraulischer Antrieb mit Zubehör:** • Filtereinsatz nicht eingebaut, • Temperaturschalter der Heizung/Kühlung auf falschen Wert eingestellt, • fehlerhafte Einstellung des Druckbegrenzungsventils (Sicherheitsventil), • falsche Drehrichtung der Pumpe, • Saugleitung der Pumpe locker montiert, • Nullpunkt des Druckmessers falsch eingestellt. **Flüssigkeitsbehälter:** • Behälter nicht richtig aufgestellt, • falsche Abdichtung eingelegt, • elektrische Füllstandsanzeige nicht richtig angeschlossen, • Luftfilter vor Einbau nicht gereinigt. **Rohr- und Schlauchleitungen:** • Rohrleitungen nicht spannungsfrei verlegt.

Fehlerdiagnose in mechtronischen Systemen
Error Diagnosis in Mechtronic Systems

Fehlerart	Prüfen, Messen	mögliche Ursache, Diagnose, Abhilfe
Hydraulik		
Kein Anlagendruck vorhanden.	1. Betriebszustand Pumpe prüfen. 2. Ölstand messen. 3. Stellung des Handhebelventils und der Wegeventile kontrollieren. 4. Funktionsfähigkeit des Öldruckmessers prüfen.	→ Pumpe einschalten. → Öl auffüllen. → Ventile gemäß Ölflussdiagramm einstellen. → Manometer reparieren/tauschen.
Zylinder fährt nicht gleichförmig (also ruckweise) aus.	1. Schaltung des Wegeventils prüfen. 2. Anlage auf Undichtigkeiten besichtigen. 3. Kontrolle, ob Zylinder mechanisch gebremst wird. 4. Kontrolle, ob Arbeitskolben oder Kolbenstange festgefressen sind.	→ Steuerdruck zu niedrig, Drosselventil nicht richtig eingestellt, Drosselspalt verschmutzt, kein ausreichender Gegendruck am Druckdifferenzventil. → Luft in Leitung und Zylinder vorhanden. → Kolbenstange und Führung nicht gefluchtet, kein ausreichender Schmierölfluss, minderwertiges Schmieröl, Dichtung verschlissen. → Kolbenstange, Arbeitskolben und Zylinderbohrung reparieren/tauschen.
Anlagentemperatur zu hoch.	1. Kühlung der Behälter prüfen. 2. Ölqualität kontrollieren. 3. Druckventileinstellung ablesen.	→ Luftzirkulation für Behälter durch falschen Standort zu gering, Behälteroberfläche zu klein, Kühllamellen verschmutzt, Lüftermotor ausgefallen. → Falsche Ölviskosität. → Druck zu hoch eingestellt, schlechte Ventilcharakteristik.
Anlage erzeugt zu laute Geräusche.	1. Ölstand messen. 2. Saugstrom messen/prüfen. 3. Öl auf Luftfreiheit prüfen.	→ Ölstand zu niedrig. → Saugfilter verschmutzt, Pumpendrehzahl zu hoch. Saugleitungsschlauch eingeschnürt/geknickt, Speisepumpe arbeitet nicht. → Dichtung Pumpe oder Verbindungsteile Saugrohr defekt. Saugrohrende oder Rücklaufrohrende über Mindestölstand.
Pneumatik		
Zylinder fährt nicht aus.	1. Steuerspannung messen. 2. Druckluft vor Wartungseinheit messen. 3. Stellung des Absperrventils der Wartungseinheit prüfen. 4. Einstellung des Druckminderungsventils kontrollieren. 5. Filter kontrollieren. 6. Schaltzustand des Magneten kontrollieren. 7. Einbau des Drosselrückschlagventils kontrollieren. 8. Druckluftmanometer kontrollieren.	→ Steuerspannung zuschalten, evtl. Spannungsquelle reparieren/tauschen, Spannung wegen Fehler in der Steuerung nicht vorhanden, Magnetspule defekt, Anker klemmt. → Verdichteranlage reparieren/tauschen, Undichtigkeiten beseitigen, Absperrventil Druckluft Wartungseinheit öffnen. → Ventil öffnen. → Druckminderungsventil auf richtigen Betriebswert einstellen. → Filter reinigen/tauschen. → Ansteuerschaltung für Magnet ändern, Magnet tauschen, Ventil tauschen. → Drosselrückschlagventil richtig einbauen. → Druckluftmanometer tauschen.
Zylinder läuft unruhig.	Kolbendichtung auf Undichtigkeit prüfen.	→ Kolbendichtung verschlissen, tauschen.
Starkes Zischen beim Austreten der Luft aus dem Zylinder.	Ventil/Zylinder auf Undichtigkeit prüfen.	→ Dichtungen beschädigt, tauschen. → Schalldämpfer fehlt.
Kolben fährt nicht ein.	1. Steuerspannung messen. 2. Funktion Vorsteuerventil prüfen.	→ Elektrische Spannung aufgrund Fehler in der Steuerung nicht vorhanden. → Ventilsitz undicht, Entlüftung am Pilotventil geschlossen.

A

Fehlerdiagnose der Elektrik in mechatronischen Systemen
Error Diagnosis of Electric Equipment in Mechatronic Systems

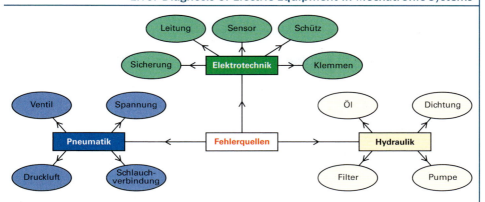

Fehlerquellen in mechatronischen Systemen

Fehlerart	Prüfen, Messen	mögliche Ursache, Diagnose, Abhilfe
Motor läuft beim Einschalten nicht an.	1. Überstrom-Schutzeinrichtungen besichtigen. 2. Spannungen am Motor messen. 3. Widerstandsmessung.	→ Schmelzsicherung, Leitungsschutzschalter, Motorschutzschalter, Motorschutzrelais, elektronischer Motorvollschutz ausgelöst bzw. defekt. → Leitung oder Schalter der Zuleitung defekt, Klemmen am Motorklemmbrett gelöst. → Wicklungsunterbrechung.
Motor läuft zögernd an und brummt, Überstromschutzeinrichtungen lösen sofort oder nach kurzer Zeit aus.	1. Motorwelle von Hand nur schwer drehbar. 2. Spannung am Motor zu klein.	→ Achslager defekt. → Leiterschluss Leitung überprüfen bzw. ersetzen.
Motor brummt und/oder ist heiß.	1. Überstrom-Schutzeinrichtung überprüfen. 2. Spannungen am Motor zu klein oder fehlen teilweise. 3. Widerstandsmessung, Strommessung. 4. Isolationsmessung.	→ Überstromschutzeinrichtung einer Phase defekt oder ausgelöst. → Schaltgerät oder Zuleitung fehlerhaft. → Wicklungsschluss, Wicklungsunterbrechung bzw. Körperschluss. → Genaue Eingrenzung von Isolationsfehlern.
Thermischer Überlastschutz schaltet Motor trotz Normallauf nach einiger Zeit ab.	Daten Motorschutzschalter ablesen, Einstellung des Motorschutzrelais berichtigen.	→ Thermischer Überlastschutz nicht auf Motorbemessungsstrom eingestellt.
Schütz zieht nicht an.	1. Antriebsspannung messen. 2. Schützart prüfen. 3. Spulenwiderstand messen. 4. Verbindungsklemmen an Kontakten kontrollieren.	→ Sicherung ausgelöst, betätigter Verriegelungskontakt (Öffner) eines anderen Schützes unterbricht Stromkreis. → Gleichstromschütz, Wechselstromschütz nicht zu passender Stromart eingesetzt. → Spule durchgebrannt, z.B. eines Wechselstromschützes im Gleichstromkreis. → Verbindung lose, Anschlussleitung mit Isolation untergeklemmt.
Schütz zieht an, aber Kontakte werden nicht betätigt.	Schaltmechanismus prüfen, sofern zugänglich.	→ Schaltmechanismus defekt. Schütz ersetzen.
Schütz fällt nicht ab („klebt").	1. Drucktasterkontakt kontrollieren. 2. Unterlegblech bei Gleichstromschützen besichtigen.	→ Schließer mit Öffner vertauscht, Selbsthaltung parallel zum Öffner geschaltet. → Unterlegblech verschlissen. → Schützkontakte verschweißt.

Diagnose von Anlagen — Diagnosis of Plants

Merkmal	Erklärung	Bemerkungen
Arten	Diagnosen (Untersuchungsergebnisse) zur Zustandsermittlung von Anlagen werden meist aufgrund automatisierter Abläufe durchgeführt. Insbesondere *Ferndiagnose*, und auch die sich anschließende *Fernwartung*, sind von Bedeutung.	Eine hohe Anlagenverfügbarkeit erfordert das ständige Wissen um den Zustand einer Anlage und ihrer Prozesse (Condition Monitoring).
Strategien Überwachen	Fehler entdecken: Aufzeichnen und Beobachten von Messwerten. Überwachen von Sollwerten und Istwerten bzgl. erlaubter Grenzwerte (Monitoring).	Zu überwachen sind z. B. Drücke, Durchflüsse, Endschalter, Stromverläufe bzgl. Kurzschluss, Überlast, Spannungen, Laufzeiten, Schwingungen, Schall, Temperaturen, Drehzahlen, Drehmomente.
Auswerten	Fehler lokalisieren: Auswerten der gemessenen Signale und Datenwerte, insbesondere auch die Beziehung von Messwerten an unterschiedlichen Messstellen.	Fehler, die zu sicherheitskritischen Situationen führen, erfordern besondere Maßnahmen. • Festlegen zu überwachender Zustände. • Festlegen zu überwachender Komponenten. • Planen von Zugangspunkten/Messpunkten. • Planen der später einzuleitenden Maßnahmen abhängig vom Diagnoseergebnis.
Sensoren	Fehler identifizieren: Durch Anbringen zusätzlicher Sensoren, z. B. für Druck, Durchfluss, in eine Anlage.	**Überlegungen zur Diagnosefähigkeit**
Hilfsmittel	Grundlegende Diagnose-Hilfsmittel sind Sensoren und Messgeräte, die z. T. Computer besitzen (intelligente Feldgeräte) oder an Computer angebunden werden können. Dadurch können Messergebnisse angezeigt, ausgewertet und ggf. sogar Maßnahmen eingeleitet werden. Mittels IT-Programmen können Situationen auch durch Simulation vorausberechnet werden.	IT-unterstützte Diagnose erfolgt über zentrale Computer oder dezentrale, intelligente Feldgeräte vor Ort. Hierarchische Diagnose ist die Kombination davon. Auf Feldbusebene, z. B. PROFIBUS, CAN-Bus, sind Diagnosemodule verfügbar, die Statusinformationen überwachen und protokollieren können.
Ergebnisse E-Mails, SMS Smartphones, Tablets	*Alarmmeldungen* werden automatisch erzeugt, wenn ein Prozess oder Bauelement vom Sollverhalten abweicht. *Störungsmeldungen* zeigen an, dass ein Prozess oder Bauelement in seiner Funktionsfähigkeit beeinträchtigt ist. Bei Nichterfüllung einer Funktion liegt ein Ausfall vor. Angezeigt werden Betriebszustände grundsätzlich, z. B. betriebsbereit, in Betrieb, unterbrochener Betrieb, gestörter Betrieb. Durch Internet-/Intranet-Anschluss von Anlagen können Meldungen von Alarmen und Störungen mittels E-Mail, SMS oder Portalen dem Servicepersonal des Herstellers oder im Unternehmen, auch Vorgesetzten, bereitgestellt werden. Die E-Mails können auch Speicheraufzeichnungen und Signalverläufe als Dateianlage enthalten. Smartphones und Tablets sind geeignet, um dem mobil eingesetzten Service-Personal rasch derartige Meldungen bereitzustellen.	Datenspeicher, Server, PC, Internet, Switch, Stationsleitrechner, Intranet, Feldbus, Sensoren, Aktoren Erzeugen von • Auswertungen, • E-Mails, • SMS, • Fax **Netzwerk mit Feldbus**
Darstellungen Trends	Das einfachste Darstellen von Diagnoseergebnissen erfolgt durch LEDs an der Anlage. In einer Anlagenübersicht am Bildschirm eines zentralen Computers können z. B. durch Ampeldarstellung Zustände von Komponenten einer Anlage abgebildet (visualisiert) werden. Listen, Berichte (Reports) geben Auskunft über aufgetretene Meldungen. Mit geeigneter Programmunterstützung können auch Trendangaben erfolgen, basierend z. B. auf Erkenntnissen und Ergebnissen der Vergangenheit.	Interessant sind Zustandsmeldungen von z. B. Feldgeräten, I/O-Karten, Feldbus, Controllern und Netzwerkskomponenten. Kontinuierliches Überwachen von Messgrößen ermöglicht ein Früherkennen schleichender Veränderungen, die z. B. auch auf Verschmutzungen zurückzuführen sind. Die Ergebnisdarstellung erfolgt meist mittels Signalverläufen, bekannter Diagrammarten (Linien, Balken, Trend, Radar), Histogrammen, Spektren.

Instandhaltung mechatronischer Systeme
Maintenance of Mechatronic Systems

Art	Erklärung	Bemerkungen
Instandhaltung	Instandhaltung einer technischen Anlage umfasst nach DIN 31051 die Tätigkeiten Inspektion (Feststellen des Ist-Zustandes), Wartung (Bewahren des Soll-Zustandes) und Instandsetzung (Wiederherstellen des Soll-Zustandes). Es ist zweckmäßig, dass ein Instandhalter seine durchgeführten Tätigkeiten in Bezug zu den Schadensfällen unter Angabe der Schadensursache mittels eines IT-Systems (Datenbank) dokumentiert.	Man unterscheidet vorbeugende oder präventive (inkl. vorausschauende) Instandhaltung und korrektive oder operative Instandhaltung. Die Anwendung der jeweiligen Instandhaltungsart hängt von Kriterien wie Inspektionsaufwand, Erkennbarkeit von Schäden, Ersatzteilkosten und Anlagenausfallkosten ab. Der Einsatz von IT-Systemen mit dem Wissen über durchgeführte Instandhaltungseinsätze erleichtert die Arbeit im Wiederholungsfall oder bei ähnlichen Fällen.
periodische Instandhaltung	Vorbeugende Instandhaltung wird in festgelegten Zeitabständen oder Nutzungseinheiten einer Anlage vor Eintritt eines Schadensfalles ausgeführt. Verschleißteile werden unabhängig von ihrer Abnutzung ersetzt, oft unnötigerweise. Sinnvoll z. B. bei Ölwechsel, Reinigung von Filtern. Die Planung der Zeitperioden bzw. Nutzungseinheiten, z. B. Betriebsstunden Bh, für die Instandhaltungstätigkeit muss gut durchdacht werden.	Betriebsstunden Bh / Tätigkeit: 800 Bh, 1800 Bh, 3600 Bh, 5400 Bh, 7200 Bh Batterie prüfen: ×, ×, ×, ×, × Ölfilter wechseln: ×, , ×, , × Ölstand prüfen: ×, ×, ×, ×, × Motor wechseln: , , , ×, Gasfilter wechseln: ×, , ×, , × **Auszug aus einem Wartungsplan**
zustandsorientierte Instandhaltung	Vorbeugende Instandhaltung, die aus der Überwachung der Arbeitsweise einer Maschine und/oder der sie darstellenden Messgrößen sowie aus den daraus nachfolgend eingeleiteten Maßnahmen besteht. Reparatur und Einbau von Ersatzteilen erfolgen nur bei Bedarf. Wichtig ist richtiges Maß an Inspektionen bzgl. der verschiedenen Komponenten zu finden, die ausfallen können. Leider kündigen sich herannahende Komponentenausfälle oft kurzfristig an. Die Inspektionen erfolgen nach Kalender oder dauernd mittels Sensorik (Condition Monitoring). Dann auch als vorausschauende Instandhaltung bezeichnet. Mittel zur vorbeugenden/vorausschauenden Instandhaltung siehe folgende Seite.	Beobachtung → Analyse, Diagnose, Prognose → Reparatur? (nein: zurück / ja: Funktionsprüfung) **Ablauf der zustandsorientierten Instandhaltung**
zuverlässigkeitsbezogene Instandhaltung	Vorbeugende Instandhaltung, bei der die Zuverlässigkeit von Komponenten und Bauteilen untersucht wird, z. B. durch dauernde Messung des Ableitstromes oder der Vibration → vorausschauende Instandhaltung. Abgeleitet davon wird insbesondere bei unzuverlässigen Bauteilen intensiver Instandhaltungsaufwand getrieben. Zu prüfen ist, ob Bauteile wirklich unzuverlässig sind oder ob die Ausfallursache anders begründet ist. Statistische Auswertungen von Ausfällen von Bauteilen sind hierzu notwendig. Nur durch Inspektionen wird ein Drittel der Schäden bei mechatronischen Komponenten rechtzeitig erkannt.	elektrische Komponenten 36%; mechanische Komponenten 30%; rechtzeitig erkennbar 34%; nicht rechtzeitig erkennbar 66%; mechanische Komponenten 30%; elektrische Komponenten 4% **Schäden durch Inspektionen erkennbar**
risikobasierte Instandhaltung	Instandhaltungsmethode, bei der das Risiko monetärer Schäden und Schadenshäufigkeit abgewogen wird. Es gibt Untersuchungen, wonach nur 20 % aller Anlagen ein hohes Ausfallrisiko besitzen. Diese Anlagen sind besonders zu beobachten, z. B. bei elektrischen Systemen durch Überwachen der Isolation oder bei mechanischen Systemen durch Überwachen der Vibration, des Geräusches oder der Schall-Reflexion.	Risiko für Ausfall (%): 100, 50, 0 gegen Anzahl Anlagen 0, 25, 50, 75, 100 % **Risikobewertung von Anlagenausfällen**
korrektive Instandhaltung	Instandhaltung, die nach Eintritt des Schadensfalles ausgeführt wird. Eigentlich handelt es sich hierbei um Instandsetzung.	Findet Anwendung bei 30 % der schadensanfälligen Bauteile, die zu bevorraten sind. Die Stillstandszeiten sind unplanmäßig.

Mittel zur vorausschauenden Instandhaltung
Equipment for Preventive Maintenance

Mittel	Erklärung	Prinzip, Bemerkungen
Überwachung des Isolationszustandes		Siehe auch Seiten 363 ff, 379 ff.
Alle Mittel	Die häufigste Fehlerquelle von elektrischen Betriebsmitteln ist eine schadhafte Isolation. Dabei nimmt die Qualität der Isolation meist allmählich durch Alterung und Verschmutzung ab, selten sprunghaft. Der Isolationswiderstand R_{iso} ist ein Maß für die Qualität der Isolation.	Eine *ununterbrochene* Feststellung des R_{iso} und dessen zeitlichen Verlaufs ist sehr aufwendig. Deshalb beschränkt man sich oft auf die fortlaufende Messung des Ableitstromes I_{ab}, der ein Maß für den Kehrwert des R_{iso} ist.
Messung des R_{iso}	Bei Betriebmitteln mit Nennspannungen bis AC 500 V erfolgt die Messung durch einen Widerstandsmesser mit einer Nennspannung von wenigstens DC 500 V. Bei Drehstrommaschinen erfolgt die Messung zwischen den 3 Strängen U-V, U-W und V-W sowie zwischen U, V, W und Körper. Treten größere Abweichungen auf oder ist R_{iso} < 1 MΩ, liegt ein Isolationsfehler vor, der das Betriebsmittel alsbald unbrauchbar macht.	Messung Wicklung zu Körper / Messung Strang zu Strang **Messung des Isolationswiderstandes**
Messung des Ableitstromes I_{ab}	Der Ableitstrom ist der im Betrieb über die Isolation von den aktiven Teilen zur Erde fließende Strom. Er kann z. B. mit einem Strommesser zwischen leitendem Gehäuse und Schutzleiter PE gemessen werden, wenn der Körper gegen Erde isoliert ist. Da hier mit AC gemessen wird, hat der Ableitstrom einen kapazitiven Teil und ist größer als der durch einen Isolationsfehler hervorgerufene Teil des I_{ab}. Die Messung kann fortlaufend erfolgen.	**Messung des Ableitstromes**
Messung des Ersatzableitstromes mit DC-Hochspannung	Wird der Ableitstrom mittels Prüfgerät mit eigenem Spannungserzeuger gemessen, spricht man von Ersatzableitstrommessung. Bei einer Messung mit DC-Hochspannung muss ein genügend großer Widerstand den Ersatzableitstrom I_{eab} begrenzen. Steigt der I_{eab} mit Erhöhung der Spannung mehr als proportional an, liegt Isolationsfehler vor. In absehbarer Zeit ist mit Ausfall zu rechnen, sodass jetzt Ersatz des Betriebsmittels zweckmäßig ist. Die Messung erfolgt mit Zeitabstand von z. B. 1 Jahr → nur vorbeugende Instandhaltung.	Isolation schadhaft / Isolation einwandfrei **Ersatzableitstrom abhängig von der Spannung**
Überwachung des Ableitstromes mit Differenzstromgerät RCM	Bei dem RCM wird erfasst, wie groß der Ableitstrom (Differenzstrom zwischen Stromaufnahme und Stromabgabe über die Leitung) ist und damit der Isolationszustand. Die Messung kann bei festem Einbau des RCM fortlaufend erfolgen. Die Stromwandler sind unmittelbar an der zu überwachenden Maschine zu installieren, das Auswertegerät kann getrennt aufgestellt sein (siehe auch Seite 359). www.doepke.de, www.siemens.com	Stromwandler Auswertegerät RCM Anzeige z. B. PC Endstromkreise **Anlage mit RCM und 4 Stromwandlern**
Überwachung der mechanischen Abnutzung		
Sensoren für • Vibration, • Geräusch, • Wärme, • Gefügeänderung	Durch mechanische Abnutzung entstehen z. B. raue Gleitflächen, die Geräusch oder Schwingung hervorrufen. Außerdem wird durch stärkere Reibung mehr Wärme erzeugt. Gefügeänderungen können durch Ultraschall erkannt werden. Diese Folgen der Abnutzung werden durch Sensoren erfasst, deren Signale in Auswertegeräten erfasst werden. www.caq.de, www.bertschinnovation.com, www.i-care-deutschland.de, www.microsonic.de, www.panasonic-electric-works.com	Anlage Sensoren Multiplexer z. B. Maschine MUX Anzeige z. B. PC **Prinzip der Überwachung mit Sensoren**

AC Wechselstrom (von Alternating Current), DC Gleichstrom (von Direct Current)
I_{ab} Ableitstrom, I_{eab} Ersatzableitstrom, R_{iso} Isolationswiderstand

Teil D: Digitalsierung, Informationstechnik
Part D: Digitalization, Information Technology

Digitaltechnik

Digitalisierung und Industrie 4.0	414
Internet	415
Binäre Verknüpfungen	417
KV-Diagramme	418
Code-Umsetzer	419
ASCII-Code und Unicode	420
Bistabile Kippschaltungen	421
Digitale Zähler und Schieberegister	422
DA-Umsetzer und AD-Umsetzer	423
Komparatoren, S & H-Schaltungen	424
Halbleiterspeicher	425
Mobile Datenspeicher	426
Optische Speicher DVD, CD, Blu Ray	427

Informationstechnik

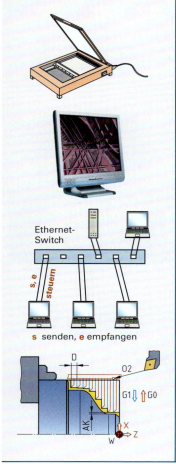

s senden, e empfangen

Begriffe der Informationstechnik	429
PC-Hauptplatine und PC-Anschlüsse	431
Betriebssysteme	432
Windows-10-Tasten-Kürzel	433
PowerPoint	434
Arbeiten mit Excel	435
Gefahren der Computersabotage	436
Maßnahmen gegen Computerviren	437
Industriespionage	438
Datensicherung, Kopierschutz	439
Netzformen der Informationstechnik	440
Komponenten für Datennetze	441
AS-i-Bussystem	442
Linien und Bereiche beim KNX-TP	443
Local Control Network LCN	446
Ethernet-Netzwerke	447
PROFIBUS, PROFINET	449
IO-Link	450
CAN-Bus	451
Sicherheits-Bussysteme	452
Identifikationssysteme	453
Anwendung von Bluetooth in Betrieben	454
Störungen bei Funkübertragungen in Werkstätten	455
Segmentierung von (W)LAN	456
IT-Ausstattung eines Service-Mitarbeiters	457
Fernwartung mit Windows	458
Elektronik-Werkzeuge	459
Struktur der Numerischen Steuerung	460
Koordinaten bei CNC-Maschinen	461
Programmaufbau bei CNC-Maschinen	462
Arbeitsbewegungen bei Senkrecht-Fräsmaschinen	466
Werkzeugkorrekturen	468
Handhabungstechnik	469
Industrieroboter	470
Arbeitsräume, Koordinatensysteme bei Industrierobotern	471
Arbeitssicherheit	472
Grenztaster	474

Digitalisierung und Industrie 4.0 — Digitalization and Industy 4.0

Begriff	Erklärung	Bemerkungen, Darstellung
Digitalisierung Prozesskette Transformation	Informationen (Daten) können in digitaler (lat. digitus = Finger → zählen) Form computerunterstützt (maschinell) verarbeitet, verteilt und weiterverarbeitet werden entlang einer Folge von einzelnen Prozessen (Prozesskette). Dadurch sind Prozesse z. B. im Umfeld von Verwaltung und Produktion automatisierbar und werden somit rasch und genau ausgeführt. In diesem Zusammenhang wird auch von digitaler Transformation gesprochen (lat. transformis = übergeformt), d. h. der Abkehr von manuell unterstützten Abläufen.	Das Thema Digitalisierung existiert, seit es Computer gibt, also seit 1941 durch Konrad Zuse. Infolge immer leistungsfähigerer Computer und Kleinstcomputer, die auch in Produkten, Sensoren, Aktoren und sonstigen Komponenten eingebaut sind, können große Datenmengen Daten (Big Data) gesammelt und in Verbindung mit Datennetzen weltweit verarbeitet werden. Dies wird unterstützt durch Methoden der künstlichen Intelligenz (KI) und Datenanalytik (Data Analytics).
Smart ...	Smart = intelligent. Voraussetzung zur Digitalisierung sind Komponenten, ausgestattet mit Computern, Speichern und Netzwerkfähigkeit, z. B. LAN, WLAN, GPS, Bluetooth → smarte Komponenten.	Beispiele: Smart Meter → intelligente Messgeräte, Smart Products → intelligente Produkte; Smart Factory → intelligente Fabrik, Smart Home → intelligente Heim-Installation, Smart Grids → intelligente Stromnetze.
Künstliche Intelligenz KI Big Data	KI (artificial intelligence AR) bedeutet softwarebasiertes Nachbilden menschlicher Entscheidungslogik. KI ist auch bei der Datenanalytik der Big Data wesentlich, um aus den großen unstrukturierten Datenmengen brauchbare Ergebnisse (Smart Data) zu erhalten.	Maschinelles Lernen ist ein Teil von KI. Dabei werden Lerndaten nach Mustern statistisch ausgewertet und diese Ergebnisse dann auf andere Daten bei deren Analyse angewendet. Auch diese Ergebnisse sind dann für spätere Analysen zum Vergleichen wieder verfügbar.
Cyber Physical Systems CPS	Verbund aus mechanisch elektronischen Komponenten, die an Datennetze angeschlossen sind und miteinander kommunizieren.	Einzelne Komponenten sind dabei meist über eigene Datennetze, z. B. Feldbusse, zu Teilsystemen des gesamten Systems verbunden.
Digital Twin	Digitaler Zwilling. Ein physisches System besitzt als Zwillingssystem ein digitales Computermodell für Computersimulationen.	Dadurch sind Reduzierungen von Entwicklungszeiten, Testzeiten und Prototyp-Kosten möglich.
Industrie 4.0	Gilt als vierte industrielle Revolution (iR) mit umfänglich vernetzten und kommunikationsfähigen Geräten, Maschinen und Anlagen. In Anlehnung daran gibt es heute viele Bereiche 4.0, z. B. Landwirtschaft 4.0, Küche 4.0.	Die erste iR war geprägt durch die Mechanisierung mit Dampf- und Wasserkraft, die zweite iR durch die Fließbandfertigung, die dritte iR durch die Automatisierung von Maschinen und Anlagen mittels z. B. SPS, CNC.
Augmented Reality AR	AR steht für eine erweiterte Realität. Dies erfolgt z. B. über eine Datenbrille, welche nach Objektanvisierung Informationen, z. B. Arbeitsanweisungen, in das Sehfeld einblendet. Bekannte Datenbrillen sind Google Glass und Microsoft HoloLens. Anvisieren, Einblenden von Informationen ist auch mittels Tablet möglich.	Datenbrille bei Schaltschrankinstallation

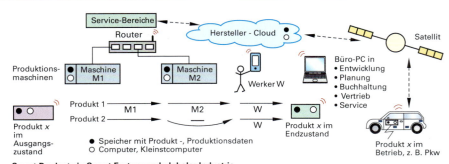

Smart Products in Smart Factory und globaler Industrie

Internet und seine Dienste — Internet and it's Services

Begriff	Erklärung	Bemerkungen
Internet	Das Internet (von Interconnected Networks) ist ein weltweites Computernetzwerk, über welches die Anwender von ihren Computern aus auf andere an dieses Netz (Web) angeschlossene Computer, meist Web-Server mit Webserver-Software, zugreifen und dabei Daten austauschen können. Jeder Computer im Netz besitzt eine eindeutige IP-Adresse (Internet-Protokoll).	
Web-Server		
IP-Adresse	Die IP-Adressen werden von Internet-Einwahldiensten (Providern), z. B. Telekom, dynamisch bei jeder Einwahl ins Internet oder einmal statisch durch einen Registrar, z. B. RIPE, für Web-Server von Unternehmen/Organisationen vergeben.	
DNS	In einem Domain-Name-System (DNS) wird den IP-Adressen ein sprechender Name, z. B. microsoft.com, zugewiesen (Adressenübersetzer). www.wieistmeineip.de; www.ripe.net	**Computerverbund im Internet**
Infra-struktur	Auf Anwenderseite werden zur Internetnutzung alle Arten von PCs sowie Smartphones verwendet.	Die Internet-Server von Unternehmen/Organisationen sind über Firewalls (Computer mit Filterwirkung) mit den internen Netzen der Unternehmens-/Organisationen verbunden, sodass die internen Netze von außen (Internet) nicht zugänglich sind. www.bullguard.com
IXP	Über z. B. Router im Netz (Vermittlungscomputer, Internet Exchange Points IXP) erfolgt die Vernetzung aller Internet-Computer. Die Anwender-PC können mittels Leitung (Kupfer, Lichtwellenleiter) oder wireless (drahtlos) mit einem Router in ihrer Nähe verbunden werden, die Smartphones wireless mit solch einem Router oder mit direkter Internet-Einwahl bei einem Provider.	
Router		
Browser	Dies ist eine Software zum Anzeigen von Webseiten sowie zum interaktiven Kommunizieren über diese mit den Web-Servern.	Bekannte Browser sind Edge, Chrome, Firefox, Safari, Opera. Durch Eingabe einer www-Adresse (World Wide Web) nach Aufruf eines Browsers können die Server von Unternehmen, Organisationen angewählt werden.
Formate Applets	Die Webseiten-Inhalte werden über Datenformate wie z. B. HTML, XML, JPEG und auch kleine Java- oder PHP-Programme (Applets) dargestellt und bearbeitet.	
Kommuni-kation	Kommunikation über das Internet erfolgt mittels • E-Mails (elektronische Post), • Blogs oder Foren, also Diskussions-, Informationsplattformen zu bestimmten Themen, z. B. SPS-Forum, Twitter, oft mit unbekannten Teilnehmern (www.sps-forum.de, www.twitter.com), • Chats (Chatrooms) zum Online-Datenaustausch mit gerade im Chat anwesenden, bekannten Personen oder Personengruppen, z. B. Facebook, • Telefonie (Voice over IP, VoIP).	Zur E-Mail-Kommunikation benötigt man ein Konto (Account, Berechtigung) auf einem Internetserver eines Providers oder Unternehmens mit diesem Dienst. Anwahl z. B. über www.aol.com. Bei Blogs, Foren, Chats muss man sich registrieren, meist kostenfrei. Anwahl über entsprechende www-Adresse. In Blogs, Foren erhält man im Gegensatz zum Chat nicht sofort eine Antwort auf eine Frage. Twitter, Facebook sind soziale Netzwerke.
Blogs		
Chats		
Anwen-dungen	Bedeutende Anwendungen außerhalb der Kommunikation sind im Internet: Suchen/Finden, Einkaufen, Planen von Straßen-Routen, Downloads von Software, Musik, Dokumenten, Apps (our application, kleine Softwareanwendung), Streamen von Filmen. Derartige Anwendungen werden insbesondere von Web-Portalen spezialisierter Software-Unternehmen angeboten, die damit meist auch die genannten Kommunikationsmöglichkeiten anbieten. Jedoch bieten auch Unternehmen, deren Kerngeschäft nicht die IT ist, für ihre Produkte unter ihrer Web-Adresse vergleichbare Anwendungen an.	Suchen/Finden im Internet siehe folgende Seite. Bekannte Einkaufsportale sind: www.ebay.de, www.amazon.de. Für Musikdownloads sind bekannt: www.onlinestreet.de, iTunes bei www.apple.com. Bekannte Videoportale sind www.clipfish.de und www.youtube.de. Tickets für Bahn und Flugzeug sind über die Portale der Anbieter (www.bahn.de, www.lufthansa.de) beziehbar.
Web-Portal		
Cloud Computing	Mittels Cloud Computing (cloud = Wolke) werden Anwendern Rechenkapazität, Speicherkapazität, Netzwerke und Anwendungen zur Verfügung gestellt. Der Anwender kümmert sich nicht um den Betrieb. Dies erledigt ein Dienstleister. Die Anbindung an diese „gemietete" Computerwelt „in der Wolke" erfolgt z. B. mittels Internet. Typische Cloud-Anwendungen sind z. B. E-Mail, Office, Datenbanken bei einem Provider (Software as a Service, SaaS).	**Cloud Computing**
SaaS		

Internet der Dinge — Internet of Things (IoT)

Merkmal	Erklärung	Bemerkungen
Zielsetzung Dinge	Geräte oder Objekte („Dinge") mit integrierten (eingebetteten) Computern kommunizieren direkt oder indirekt, z. B. per Smartphone, über das Internet miteinander.	Der Mensch soll bei seinen Tätigkeiten unterstützt werden, ohne dass er dabei wissentlich Computer bedient.
Anwendungen	Zustandsinformationen von Geräten/Objekten und deren Aktivitäten in Prozessen werden gespeichert und lösen bei anderen Geräten/Objekten oder Menschen Reaktionen aus.	Anwendungsgebiete sind Diagnose und Wartungsaufgaben, Steuerung von Industrie-Prozessen, Einschalten/Ausschalten von Geräten in Haushalt und Gebäuden, Überwachung von Körperfunktionen bei Patienten oder Sportlern.
Datensicherheit	Die Datensicherheit ist hierbei eine Herausforderung.	www.itwissen.info
Voraussetzungen Speicher Big Data	Die Dinge (Geräte/Objekte) müssen zur Kommunikation eindeutig identifizierbar sein und Informationen speichern können. Codierungen, Speicherchips, z. B. RFID, sind daher erforderlich.	Von wesentlicher Bedeutung sind Sensoren und Aktoren. Riesige Datenmengen (Big Data) müssen rasch verarbeitet werden z. T. über Cloud Computing (angemietete zentrale Computersysteme im Internet, z. B. bei Google). Dabei kommen Hochleistungs-Datenbanken zum Einsatz.
Wearable Computer	Tragbare Geräte mit Kleinstcomputern, Sensoren, Aktoren, die den Menschen „nebenbei" unterstützen. Erfassen, Verarbeiten und Bereitstellen/Anzeigen von Informationen. Nanotechnologie.	Kommunikation über WLAN, Bluetooth. Beispiele sind Brillen mit Projektor, Hörgeräte, Armbandgeräte, Schuhe, Kleider, Kontaktlinsen mit Messfähigkeit. Anwendung in industriellen Prozessen, im Gesundheitswesen zur Patientenüberwachung.
Anwendung in Industrie	Behälter, Paletten, Produkte sind mit Speicherchips ausgestattet. Diese erhalten z. B. Zielinformationen und Prioritäten, Umweltbedingungen, Materialangaben bei ihrer Bestellung oder Produktion. Dadurch können logistische Prozesse und Produktionsprozesse sich selbst steuern.	Brille als Wearable mit Projektor und Prisma (Touchpad, CPU, RAM, WLAN, GPS, Kamera, Brillengestell, Batterie, Lautsprecher, USB-Anschluss, Mikrofon, Projektor (intern), Prisma)
Brillen	Brillen als *Wearables* (am Körper tragbare Computer) führen den Menschen, z. B. beim Teilehandling.	
Anwendung im Haushalt Smart Grids	Mit allen Arten von Haushaltsgeräten, also Küchenmaschinen, Kaffeemaschinen, Kühlschränken, Waschmaschinen kann über das Internet kommuniziert werden. Der Mensch kann z. B. über Smartphones steuernd eingreifen. Ideale Kombination mit der Smart-Grid-Technologie (intelligente Stromnetze). Hierbei stellen die Energieversorger für Haushaltungen und Industrie Informationen bereit hinsichtlich tagesgünstiger Stromtarife. Anhand dieser können z. B. Waschmaschinen aktiviert werden.	Internet-Kommunikation mit Haushaltsgeräten (Router, Lampe, Jalousie, Waschmaschine, Kaffeemaschine, Kühlschrank, Steckdose, Wearable, Smartphone, ENB, Polizei, Arzt) ENB – Einspeisenetzbetreiber
Notruf Smart Home	Kleinstcomputer und Sensoren in Kleidungen, Fußböden können z. B. Stürze von Personen erkennen und Notrufe senden, auch über Smartphones. WLAN- oder Funkanbindungen von Geräten der Elektroinstallation, z. B. Taster, ermöglichen automatisiertes Schalten oder manuelle Internetkommunikation.	
Anwendung im Kfz Connected Car/Drive GPS	Gebräuchlicher Begriff ist Connected Car (vernetztes Fahrzeug). Die Fahrzeugsensoren, -aktoren sind über einen Fahrzeugbus (CAN oder Flexray) vernetzt. Mittels Wireless-Internet-Kommunikation über Router im Fahrzeug sind z. B. fahrzeugexterne Diagnose, automatischer Notruf, mobile Kommunikation möglich. Zusammen mit GPS (global positioning system) erfolgt die computerunterstützte Verkehrsführung. Langfristiges Ziel ist das autonome Fahren, also ohne Eingreifen des Menschen.	Internet-Fahrzeug-Kommunikation (Diagnose, Verkehrsregelung, Internet, Notruf, Freunde, Car-to-Car, Sensoren, Aktoren)

Binäre Verknüpfungen — Binary Logic Operations

DIN EN 60617-12

Schaltzeichen	Benennung der Verknüpfung	Kontaktschaltung	Schaltfunktion (Sprechweise)	Wertetabelle b	a	x
a —[1]— x	NICHT (Negation)	$\bar{a}$ — x	$x = \bar{a}$ oder $x = \neg a$ (a nicht) nicht genormt: $x = a\backslash$ oder $x = \backslash a$		0 1	1 0
a, b —[&]— x	UND (Konjunktion)	a — b — x	$x = a \wedge b$ (a und b) anstelle $\wedge$ auch $\cdot$, wie bei GRAFCET	0 0 1 1	0 1 0 1	0 0 0 1
a, b —[≥1]— x	ODER (Adjunktion, Disjunktion)	a ∥ b — x	$x = a \vee b$ (a oder b) anstelle $\vee$ auch $+$, wie bei GRAFCET	0 0 1 1	0 1 0 1	0 1 1 1
a, b —[&]○— x	NAND	$\bar{a}$ ∥ $\bar{b}$ — x	$x = \bar{a} \vee \bar{b} = \overline{a \wedge b} = \overline{a \wedge b}$ (a nand b)	0 0 1 1	0 1 0 1	1 1 1 0
a, b —[≥1]○— x	NOR	$\bar{a}$ — $\bar{b}$ — x	$x = \bar{a} \wedge \bar{b} = \overline{a \vee b} = \overline{a \vee b}$ (a nor b)	0 0 1 1	0 1 0 1	1 0 0 0
a, b —[=1]— x	Exklusiv-ODER Antivalenz, Exklusiv-OR, XOR	a, $\bar{b}$ ∥ $\bar{a}$, b — x	$x = (a \wedge \bar{b}) \vee (\bar{a} \wedge b)$ $= a \leftrightarrow b$ (a xor b)	0 0 1 1	0 1 0 1	0 1 1 0
a, b —[=]— x	Exklusiv-NOR, Äquivalenz, XNOR	a, b ∥ $\bar{a}$, $\bar{b}$ — x	$x = (a \wedge b) \vee (\bar{a} \wedge \bar{b})$ $= a \leftrightarrow b$ (a Doppelpfeil b)	0 0 1 1	0 1 0 1	1 0 0 1
a○, b —[&]— x	Inhibition (Sperrelement)	$\bar{a}$ — b — x	$x = \bar{a} \wedge b$	0 0 1 1	0 1 0 1	0 0 1 0
a○, b —[≥1]— x	Implikation, Subjunktion	$\bar{a}$ ∥ b — x	$x = \bar{a} \vee b = a \rightarrow b$ (a Pfeil b)	0 0 1 1	0 1 0 1	1 0 1 1
a, b, m:, n: —[=m]— x	(m aus n)-Element	$\bar{a}$ b c, $\bar{b}$ a c, $\bar{c}$ a b — x	z.B. bei 2 aus 3: $x = (a \wedge b \wedge \bar{c})$ $\vee (a \wedge \bar{b} \wedge c)$ $\vee (\bar{a} \wedge b \wedge c)$	\multicolumn{3}{l	}{$x = 1$, nur wenn an m von n Eingängen Wert 1 anliegt $(m < n)$}

Gleichwertige Darstellung von binären Verknüpfungselementen mit & und ≥ 1

Ein gleichwertiges Schaltzeichen wird entsprechend den de Morgan'schen Regeln (De Morgan, brit. Mathematiker, 1806 bis 1871) wie folgt gebildet (Ausnahme beim NICHT-Element):

1. **Alle & werden ≥ 1;**
2. **Alle ≥ 1 werden &;**
3. **Alle Anschlüsse werden gegenüber dem Ausgangszustand invertiert.**

E1, E2 —[&]— A ⇒ E1○, E2○ —[≥1]— A○

E1, E2 —[&]— A○ ⇒ E1○, E2○ —[≥1]— A

E1, E2 —[≥1]— A ⇒ E1○, E2○ —[&]— A○

E1, E2 —[≥1]— A○ ⇒ E1○, E2○ —[&]— A

Ausnahme

E —[1]○— A ⇒ E○ —[1]— A

D

KV-Diagramme — KV Diagrams

Wertetabelle, KV-Diagramme	Erklärungen

Wertetabelle

Wertetabelle zum Beispiel

Eine Schaltfunktion kann meist mittels einer Wertetabelle minimiert (vereinfacht) werden. In der Wertetabelle erhält jede Variable eine Spalte. In die rechte Spalte der Eingangsvariablen (Ziffer 1 im Kreis, **Bild**) wird von oben nach unten abwechselnd 0 und 1 eingetragen, in der Spalte links daneben abwechselnd 00 und 11 (Ziffer 2 im Kreis) usw.

Beispiel: Eine LED soll leuchten, wenn 0-Signale von den Fühlern B1 UND B2 UND B3 kommen ODER allein B3 ein 1-Signal abgibt ODER 1-Signale von B1 UND B3 UND 0-Signal von B2 kommen (**Bild**). Die dazugehörende Schaltfunktion lautet:

$$y_{p1} = (\overline{b}_1 \wedge \overline{b}_2 \wedge \overline{b}_3) \vee (\overline{b}_1 \wedge \overline{b}_2 \wedge b_3) \vee (b_1 \wedge \overline{b}_2 \wedge b_3)$$

abhängige Variable — verknüpfte unabhängige Variablen

Von der Wertetabelle zum KV-Diagramm („KV" von Karnaugh, Veitch)

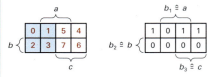

KV-Diagramm für zwei und drei Variable

Jede Zeile der Wertetabelle enthält eine Information über die abhängige Variable. Diese Information jeder Zeile lässt sich in das KV-Diagramm (Erfinder: Karnaugh und Veitch) übertragen. Dabei muss die Felderbezeichnung (z. B. b_1, b_2, b_3) der Reihenfolge in der Wertetabelle entsprechen. Steht in der Zeile der Wertetabelle eine 1 für die abhängige Variable, dann wird in das entsprechende Feld des KV-Diagramms ebenfalls eine 1 eingetragen (**Bild**).

Die Zahlen in den Feldern des linken Diagramms geben die Zeilennummern der Wertetabelle an.

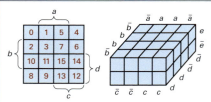

KV-Diagramme für vier und fünf Variable

Für vier unabhängige Variable können nach dem gleichen Schema die Zeilen der Wertetabelle in die Felder des KV-Diagramms übertragen werden (**Bild**). Die Zahlen in den Feldern geben die Zeilennummern der dazugehörenden Wertetabelle an.

Ein KV-Diagramm mit fünf unabhängigen Variablen kann dreidimensional dargestellt werden. Jedem Feld e, $\overline{e}$ ist ein eigenes KV-Diagramm für die vier Variablen a bis d zugeordnet. Die Verknüpfung der (maximalen) 5er-UND-Terme erfolgt mit ODER.

Minimieren mit KV-Diagrammen

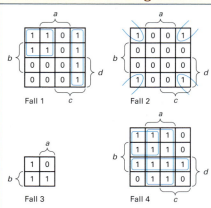

Beispiele für Minimierungen mit KV-Diagrammen

Schaltfunktionen lassen sich minimieren, wenn man im KV-Diagramm mehrere Felder zusammenfassen kann.

Im Fall 1 kann man die vier Einsen links oben als $\overline{c} \wedge \overline{d}$ zusammenfassen. Die vier untereinanderstehenden Einsen können als $c \wedge \overline{a}$ ausgedrückt werden. Die so minimierte Schaltfunktion lautet $y = (\overline{c} \wedge \overline{d}) \vee (c \wedge \overline{a})$. Mit UND zusammengefasste Blöcke werden mit ODER verknüpft.

Im Fall 2 können die an den Kanten stehenden Einsen zu Blöcken zusammengefasst werden. Die dazugehörende Schaltfunktion lautet $y = \overline{a} \wedge \overline{b}$.

Sind die Nullen im KV-Diagramm leichter zusammenzufassen als die Einsen, dann bildet man mit den Nullen die Schaltfunktion.

Im Fall 3 lautet die Schaltfunktion

$$\overline{y} = a \wedge \overline{b} \Rightarrow \overline{\overline{y}} = \overline{a \wedge \overline{b}} \Rightarrow y = \overline{a} \vee b.$$

Den vereinfachten Ausdruck nennt man konjunktive Normalform.

Für den Fall 4 lautet die Schaltfunktion

$$y = a \vee (b \wedge d) \vee (\overline{c} \wedge \overline{d}).$$

Code-Umsetzer — Code Converter

Aufgabe und Anwendung

Aufgabe	Anwendungsbeispiel	Realisierung
Umsetzung eines vorhandenen Codes in einen anderen Code. Meist ist der Code der Eingangsseite ein Binärcode mit Tetraden (Vierergruppen).	Umsetzung eines BCD-Codes, z.B. 8-4-2-1-Code, in 1-aus-8-Code, in 1-aus-10-Code oder in Siebensegment-Code.	IC für Siebensegmentcode. $\overline{LT}$, $\overline{BI}/\overline{RBO}$, $\overline{RBI}$ Anschlüsse zur Steuerung und Prüfung

Entwurf eines Code-Umsetzers

Arbeitsschritte	Ausführung	Bemerkungen
Aufstellen der Wertetabelle für alle Ausgangsvariablen und die erforderlichen Eingangsvariablen.	Wertetabelle mit 8-4-2-1-Code (D C B A), 7-Segment-Code (a b c d e f g), Dezimalzahl und Zeile: 0000 1111110 0/0; 0001 0110000 1/1; 0010 1101101 2/2; 0011 1111001 3/3; 0100 0110011 4/4	Wenn 10 verschiedene Zustände am Ausgang vorkommen, genügt eine Tetrade eingangsseitig. Von den möglichen $4^2 = 16$ Zuständen werden aber nur 10 gebraucht. Es genügen also 10 Zeilen.
Übertragen der Zeilen der Wertetabelle für jede Ausgangsvariable in ein KV-Diagramm. Nicht vorhandene Zeilen werden mit X markiert.	KV-Diagramme für a (Block 1, 2, 3, 4) und für b (Block 1, 2, 3)	X kann beliebig zu 1 oder 0 gesetzt werden.
Bilden von Blöcken und Entnehmen der Schaltfunktionen aus den Blöcken.	Für a: Block 1: $A \wedge C$ Block 2: B Block 3: $\overline{A} \wedge \overline{C}$ Block 4: D — Für b: Block 1: $\overline{C}$ Block 2: $A \wedge B$ Block 3: $\overline{A} \wedge \overline{B}$	Es müssen alle 1 in den Blöcken stehen. Die X dürfen beliebig durch 1 oder 0 ersetzt werden.
Bilden der Schaltfunktionen.	$a = (A \wedge C) \vee B \vee (\overline{A} \wedge \overline{C}) \vee D$ $b = \overline{C} \vee (A \wedge B) \vee (\overline{A} \wedge \overline{B})$	Die Blöcke sind durch ODER zu verbinden.
Entwickeln der Schaltung aus der Schaltfunktion für jede Ausgangsvariable. Bei Bedarf umformen für vorgesehene binäre Elemente (hier NAND-Elemente).	Schaltung mit &- und ≥1-Gattern, entsprechend für b bis g	Umformung bei Bedarf: Alle & werden ≥1 und alle ≥1 werden & und alle Anschlüsse werden gegenüber Ausgangszustand invertiert. Gilt aber nicht für NICHT-Elemente.

ASCII-Code und Unicode — ASCII-Code and Unicode

Genormter ASCII-Code (7-Bit-Code)

Dez	Hex	Zch	Dez	Hex	Zch	Dez	Hex	Zch	Dez	Hex	Zch	Dez	Hex	Zch	Dez	Hex	Zch
0	0	NUL	22	16	SYN	44	2C	,	65	41	A	86	56	V	107	6B	k
1	1	SOH	23	17	ETB	45	2D	-	66	42	B	87	57	W	108	6C	l
2	2	STX	24	18	CAN	46	2E	.	67	43	C	88	58	X	109	6D	m
3	3	ETX	25	19	EM	47	2F	/	68	44	D	89	59	Y	110	6E	n
4	4	EOT	26	1A	SUB	48	30	0	69	45	E	90	5A	Z	111	6F	o
5	5	ENQ	27	1B	ESC	49	31	1	70	46	F	91	5B	[	112	70	p
6	6	ACK	28	1C	FS	50	32	2	71	47	G	92	5C	\	113	71	q
7	7	BEL	29	1D	GS	51	33	3	72	48	H	93	5D	]	114	72	r
8	8	BS	30	1E	RS	52	34	4	73	49	I	94	5E	^	115	73	s
9	9	TAB	31	1F	US	53	35	5	74	4A	J	95	5F	_	116	74	t
10	A	LF	32	20		54	36	6	75	4B	K	96	60	`	117	75	u
11	B	VT	33	21	!	55	37	7	76	4C	L	97	61	a	118	76	v
12	C	FF	34	22	"	56	38	8	77	4D	M	98	62	b	119	77	w
13	D	CR	35	23	#	57	39	9	78	4E	N	99	63	c	120	78	x
14	E	SO	36	24	$	58	3A	:	79	4F	O	100	64	d	121	79	y
15	F	SI	37	25	%	59	3B	;	80	50	P	101	65	e	122	7A	z
16	10	DLE	38	26	&	60	3C	<	81	51	Q	102	66	f	123	7B	{
17	11	DC1	39	27	'	61	3D	=	82	52	R	103	67	g	124	7C	|
18	12	DC2	40	28	(	62	3E	>	83	53	S	104	68	h	125	7D	}
19	13	DC3	41	29	)	63	3F	?	84	54	T	105	69	i	126	7E	~
20	14	DC4	42	2A	*	64	40	@	85	55	U	106	6A	j	127	7F	∆
21	15	NAK	43	2B	+												

Erweiterungen im Unicode

Dez	Hex	Zch	Dez	Hex	Zch	Dez	Hex	Zch	Dez	Hex	Zch	Dez	Hex	Zch	Dez	Hex	Zch
128	80	€	150	96	–	172	AC	¬	193	C1	Á	214	D6	Ö	235	EB	ë
129	81	®	151	97	—	173	AD		194	C2	Â	215	D7	×	236	EC	ì
130	82	‚	152	98	˜	174	AE	®	195	C3	Ã	216	D8	Ø	237	ED	í
131	83	ƒ	153	99	™	175	AF	¯	196	C4	Ä	217	D9	Ù	238	EE	î
132	84	„	154	9A	š	176	B0	°	197	C5	Å	218	DA	Ú	239	EF	ï
133	85	…	155	9B	›	177	B1	±	198	C6	Æ	219	DB	Û	240	F0	ð
134	86	†	156	9C	œ	178	B2	²	199	C7	Ç	220	DC	Ü	241	F1	ñ
135	87	‡	157	9D		179	B5	³	200	C8	È	221	DD	Ý	242	F2	ò
136	88	ˆ	158	9E	ž	180	B4	´	201	C9	É	222	DE	Þ	243	F3	ó
137	89	‰	159	9F	Ÿ	181	B5	µ	202	CA	Ê	223	DF	ß	244	F4	ô
138	8A	Š	160	A0		182	B6	¶	203	CB	Ë	224	E0	à	245	F5	õ
139	8B	‹	161	A1	¡	183	B7	·	204	CC	Ì	225	E1	á	246	F6	ö
140	8C	Œ	162	A2	¢	184	B8	¸	205	CD	Í	226	E2	â	247	F7	÷
141	8D		163	A3	£	185	B9	¹	206	CE	Î	227	E3	ã	248	F8	ø
142	8E	Ž	164	A4	¤	186	BA	º	207	CF	Ï	228	E4	ä	249	F9	ù
143	8F		165	A5	¥	187	BB	»	208	D0	Ð	229	E5	å	250	FA	ú
144	90		166	A6	¦	188	BC	¼	209	D1	Ñ	230	E6	æ	251	FB	û
145	91	'	167	A7	§	189	BD	½	210	D2	Ò	231	E7	ç	252	FC	ü
146	92	'	168	A8	¨	190	BE	¾	211	D3	Ó	232	E8	è	253	FD	ý
147	93	"	169	A9	©	191	BF	¿	212	D4	Ô	233	E9	é	254	FE	þ
148	94	"	170	AA	ª	192	C0	À	213	D5	Õ	234	EA	ê	255	FF	ÿ
149	95	•	171	AB	«												

ASCII-Steuerzeichen (Beispiele)

Dez	Befehl	Bedeutung	Dez	Befehl	Bedeutung
2	STX	Start of Text = Textanfang	13	CR	Carriage Return = Wagenrücklauf
3	ETX	End of Text = Textende	17	DC1	Device Control = Gerätesteuerzeichen (weitere 18, 19, 20 = DC2, DC3, DC4)
7	BEL	Bell = Klingel			
10	LF	Line Feed = Zeilenvorschub	26	SUB	Substitution = Zeichen ersetzen
12	FF	Form Feed = Formularvorschub	27	ESC	Escape = Entkommen (Taste)

Der Unicode mit 17 Ebenen zu je 16-Bit wurde als internationaler Standard definiert, um die Zeichen aller europäischen Sprachen sowie insbesondere die Zeichen im Arabischen, Chinesischen, Japanischen oder Koreanischen abzubilden. Abbildbar sind 1.114.112 Zeichen. Derzeit werden meist nur vier Ebenen benutzt.

Die ersten 32 Zeichen sind meist Steuerzeichen, die anderen Zeichen sind auch Bestandteil des ANSI-Codes (American National Standards Institut).

Bistabile Kippschaltungen — Flip-flops

Benennungen	Schaltzeichen	Wertetabelle				Zeitablaufdiagramm

Asynchrone Flipflops (Flipflops ohne Takteingang)

Benennungen	Schaltzeichen	S	R	Q	Q*	Zeitablaufdiagramm
SR-Flipflop, RS-Flipflop, Set-Reset-Flipflop, Latch	S—S Q; R—R Q*	0	0	q_n	$\overline{q}_n$	
		0	1	0	1	
		1	0	1	0	
		1	1	0	0	
		$1 \to 0$	$1 \to 0$	0 oder 1	1 oder 0	
				(nicht definierter Zustand)		

Benennungen	Schaltzeichen	S	L	Q	Q*	Zeitablaufdiagramm
$\overline{SL}$-Flipflop, $\overline{RS}$-Flipflop mit dominierendem S-Eingang	S—S1 1 Q; L—R 1 Q*	0	0	q_n	$\overline{q}_n$	
		0	1	0	1	
		1	0	1	0	
		1	1	1	0	

Synchrone Flipflops (Flipflops mit Takteingang)

Benennungen	Schaltzeichen	C	J	K	Q	Q*	Zeitablaufdiagramm
Einflankengesteuertes JK-Flipflop, mit negativer (n) Flanke (fl) gesteuert. JK-FF, nfl	J—1J Q; C—C1; K—1K Q*	0,1	X	X	q_n	$\overline{q}_n$	
		↓	0	0	q_n	$\overline{q}_n$	
		↓	0	1	0	1	
		↓	1	0	1	0	
		↓	1	1	$\overline{q}_n$	q_n	

Benennungen	Schaltzeichen	C¹	J	K	Q	Q*	Zeitablaufdiagramm
Zweiflankengesteuertes JK-Flipflop (Master-Slave-JK-Flipflop) mit positiver Flanke[1] gesteuert	J—1J Q; C—C1; K—1K Q*	0,1	X	X	q_n	$\overline{q}_n$	
		↑	0	0	q_n	$\overline{q}_n$	
		↑	0	1	0	1	
		↑	1	0	1	0	
		↑	1	1	$\overline{q}_n$	q_n	

Kombinierte Flipflops

Benennungen	Schaltzeichen	Wertetabelle	Zeitablaufdiagramm
Zweiflankengesteuertes JK-Flipflop, mit positiver Flanke[1] gesteuert, S-Eingang und R-Eingang taktunabhängig (tu)	S—S; J—1J Q; C—C1; K—1K Q*; R—R	Für den JK-Teil gilt die Wertetabelle des entsprechenden JK-Flipflops, für den RS-Teil die Wertetabelle des entsprechenden asynchronen Flipflops. Vorrang haben die Eingänge R, S. Sehr häufiges Flipflop, da allgemein zu verwenden.	

D

[1] Angegeben ist die Ansteuerung des Master-Flipflops, am Ausgang des Slave-Flipflops erscheint das Signal um die Dauer eines Taktimpulses verzögert.

▇ Im Zeitablaufdiagramm Kennzeichen für angenommenen Anfangszustand des Flipflops.

C Takteingang (von Clock = Uhr, Taktgeber), J J-Eingang, K K-Eingang, D D-Eingang, Q Ausgang, Q* komplementärer (gegensätzlicher) Ausgang, q_n Signal an Q beim vorhergehenden Takt, $\overline{q}_n$ Signal an Q* beim vorhergehenden Takt, R Rücksetzeingang, S Setzeingang, X beliebig 0 oder 1.

↓ negative Flanke, ↑ positive Flanke

Digitale Zähler und Schieberegister — Digital Counters and Shift Registers

Schaltung	Bemerkungen

Asynchrone Zähler

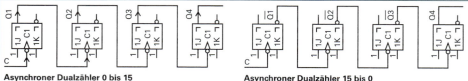

Am einfachsten geht man vom asynchronen Zähler 0 bis 7 bzw. 0 bis 15 oder vom entsprechenden Rückwärtszähler aus und setzt über die R-Eingänge zurück, sobald der gewünschte Zählerstand erreicht ist.

1. Ermittlung der Anzahl n der Flipflops (Kippstufen), wobei die Zählstufenzahl $z \leq 2^n$ sein muss.
2. Zeichnung des asynchronen Zählers für den vollen Zählbereich für n Flipflops.
3. Überlegung, bei welchem Zählerstand Rücksetzen oder erneutes Setzen erforderlich ist, hier im Beispiel bei 6.
4. Verwirklichung des Rücksetzens bzw. Setzens durch UND-Elemente.

Asynchroner Zähler 1 bis 5 mit zweiflankengesteuerten JK-Flipflops

Asynchroner Dualzähler 0 bis 15   Asynchroner Dualzähler 15 bis 0

Schieberegister

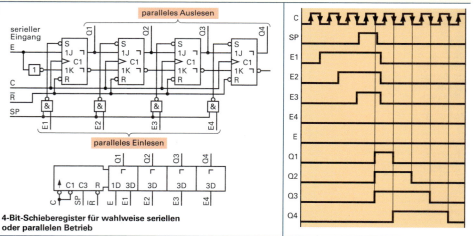

4-Bit-Schieberegister für wahlweise seriellen oder parallelen Betrieb

Neben 4-Bit-Schieberegister als IC gibt es auch 8-Bit-, 16-Bit-, 64-Bit-Schieberegister als IC. Durch ensprechendes Zusammenschalten einzelner IC kann man mehrstufige Schieberegister aufbauen.

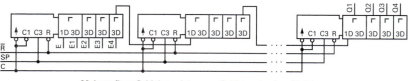

Mehrstufiges Schieberegister zum Schieben in einer Richtung

C Takt-, Clockeingang, E serieller Eingang, E1 bis E4 parallele Eingänge, H H-Pegel, Q1 bis Q4 parallele Ausgänge, Q4 serieller Ausgang, R Rücksetzeingang, S Setzeingang, SP Betriebsarteneinstellung seriell, parallel.

DA-Umsetzer und AD-Umsetzer — DA-Converter and AD-Converter

Schaltung, Prinzip	Erklärung, Wirkungsweise	Daten

Dialog-Analog-Umsetzer (DAU, DAC)

DA-Umsetzer mit Stromwichtung

Der stromgewichtete DA-Umsetzer besteht aus transistorgeschalteten Stromquellen, die binär gewichtet sind und von den Eingängen E0, E1 und E2 geschaltet werden. Die binäre Wichtung erfolgt durch die Emitterwiderstände mit den Werten $R, 2R, 4R \ldots 2^n R$. Die Summe der Kollektorströme wird von einem Operationsverstärker in die Ausgangsspannung U_a umgesetzt.

Wortlänge
6 bit bis 8 bit
Linearität
0,5 ‰ bis 2 ‰
Umsetzfrequenz
bis 100 MHz
Netzwerkwiderstandswerte entsprechend der Bitzahl
$R, 2R, 4R \ldots$

DA-Umsetzer mit Kettenleiter (R-2R-Leiternetzwerk)

Der R-2R-Umsetzer enthält ein Netzwerk aus Längswiderständen mit dem Wert R und den Nebenschlusswiderständen mit dem Wert $2R$. Das offene Ende der Widerstände $2R$ wird über einen elektronischen Schalter an Masse oder an den Stromsummenpunkt S gelegt.

Einzelstrom:

$$I_S = \frac{U_{ref}}{R} \cdot \left(\frac{1}{2} + \frac{1}{4} + \ldots + \frac{1}{2^n} \right) \quad \boxed{1}$$

Summe aller Ströme:

$$I_S = \frac{U_{ref}}{R} \cdot \left(1 - \frac{1}{2^n} \right) \quad \boxed{2}$$

Wortlänge
6 bit bis 11 bit
Linearität
0,2 ‰ bis 0,5 ‰
Umsetzfrequenz
bis 15 MHz
Widerstände des Netzwerks
R und $2R$

Analog-Digital-Umsetzer (ADU, ADC)

Sukzessiver-Approximations-Umsetzer

Der Sukzessive-Approximations-Umsetzer ist ein Stufenumsetzer mit einem SAR (von engl. Successive Approximation Register = Register für schrittweise Annäherung). Dabei steuert das SAR einen DA-Umsetzer DAC. Das Ausgangssignal des DA-Umsetzers wird mit der Messspannung im Vergleicher K1 verglichen. Das SAR beginnt mit seinem MSB (most significant bit, höchstwertiges Bit). Je nach Ausgangsspannung des Vergleichers gibt das SAR die Werte 0 oder 1 für die jeweiligen Bits aus. Dadurch wird in immer kleineren Stufen die Ausgangsspannung an die Messspannung angenähert.

Umsetzschritte n bei n Stellen.
Auflösung:
8 bit bis 18 bit
In Mikrocontrollern 10 bit in zwei Stufen mit
2 bit und 8 bit
Umsetzfrequenz:
bis 4 MHz bei 8 bit
bis 10 kHz bei 18 bit

Parallel-Umsetzer für 2 Bits

Das Verfahren arbeitet nach dem Prinzip des unmittelbaren Vergleichs der Eingangsspannung mit den n Referenzspannungswerten bei einem n-Bit-Umsetzer. Für eine n-Bit-Auflösung werden $2^n - 1$ Komparatoren benötigt, deren Schaltschwellen in Stufen entsprechend dem Widerstandswert auseinanderliegen. Die Komparatorausgangssignale steuern einen Decoder an, an dessen Ausgang das gewandelte Signal in binärer Form zur Verfügung steht.

Umsetzfrequenz
bis 100 MHz
Komparatorenzahl für
2 bit: 3
3 bit: 7
4 bit: 15
8 bit: 255
10 bit: 1023
Auflösung
bis 12 bit

I_S Summenstrom, u_e Eingangsstrom, u_a Ausgangsstrom, U_{ref} Referenzspannung, C von engl. Clock = Takt

Komparatoren, S & H-Schaltungen — Comperators, Sample-and-Hold Circuits

Schaltung	Erklärung	Ergänzungen und Bemerkungen
## Komparatoren		
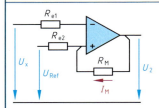 **Bipolarer Komparator mit Hysterese**	Komparatoren mit Analogeingang sind 1-Bit-AD-Umsetzer. Sie vergleichen eine Eingangsspannung U_x mit einer Referenzspannung U_{Ref} und geben ein Binärsignal U_2 ab. Sie bestehen aus einem beschalteten Operationsverstärker. Wird ein Widerstand zur Mitkopplung verwendet, so tritt eine Schaltdifferenz ΔU auf. Diese Hysterese ist umso kleiner, je kleiner die Mitkopplung ist. Ohne den Mitkopplungswiderstand R_M liegt keine Hysterese vor.	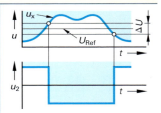 **Schaltverhalten mit Hysterese**
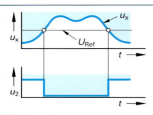 **Unipolarer Komparator zur Batterieüberwachung**	Bei den handelsüblichen Komparator-ICs werden Operationsverstärker mit nur positiver Betriebsspannung verwendet, die ein unipolares Binärsignal abgeben. Oft ist eine Referenzspannung im IC integriert. Diese Komparatoren arbeiten mit einer Betriebsspannung von z. B. 1,8 V bis 5 V bei einem Betriebsstrom von 0,6 µA. Anwendung: z. B. Überwachung einer Batteriespannung. Umsetzung von bipolaren Signalen in unipolare.	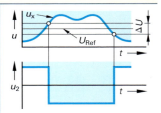 **Schaltverhalten**
## Sample-and-Hold-Schaltungen (S & H-Schaltungen)		
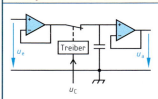 **Prinzip einer S & H-Schaltung**	Die S&H-Schaltung dient zum Abtasten (bestehend aus Sample = Probe nehmen und Hold = Halten) von analogen Signalen und Ausgeben als wertdiskrete (aus einzelnen Werten bestehende) und zeitdiskrete (mit Abstand aufeinander folgende) Signale. S&H-Schaltungen (S&H-Verstärker) bestehen aus zwei Operationsverstärkern, einem Kondensator, einem elektronischen Schalter (Analogschalter) und einem Treiber.	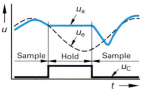 **Spannungen bei der S & H-Schaltung bei einer Abtastung**
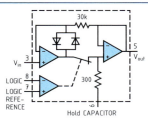 **S & H-Schaltung**	Im S&H-IC werden meist unipolare Operationsverstärker verwendet. Diese werden mit starker Gegenkopplung betrieben, sodass sie als Impedanzwandler und mit einem Verstärkungsfaktor $V \approx 1$ arbeiten. Ihr Eingangswiderstand ist dadurch sehr hoch, sodass die Signalspannung wenig belastet wird und während der Hold-Zeit die Kondensatorspannung fast gleich bleibt.	Der Kondensator für Hold (Haltekondensator C_h) kann im IC eingebaut sein oder muss getrennt angeschlossen werden. Eine kleine Kapazität von C_h erhöht die Schnelligkeit der Abtastung und verringert die Genauigkeit. Eine große Kapazität verhält sich dazu entgegengesetzt. *Anwendung:* Erfassung von Analogsignalen zur Umwandlung in Binärsignale, z. B. bei der digitalen Regelung (Multiplextechnik).
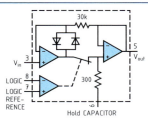 **Schnelle S & H-Schaltung**	Für besonders schnelle S&H-Schaltungen wird die Gegenkopplung des ersten Operationsverstärkers durch gegenparallele Dioden verringert. Das wird aber durch eine zusätzliche Gegenkopplung vom Ausgang der Schaltung ausgeglichen. Deshalb ist hier der Eingangswiderstand groß, obwohl die erste Operationsverstärker wegen der kleineren Gegenkopplung schneller arbeitet als ohne Dioden.	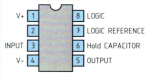 **Gehäuse einer S & H-Schaltung** Erfassungszeit (Zeit für Umstellung von Sample zu Hold) unter 4 µs. Entladestrom während Hold 6 pA.

Halbleiterspeicher — Semiconductor Memories

Begriff	Erklärung	Bemerkungen, Daten, Ansicht
Speicherelemente		
RAM	Flüchtiger Speicher, der seine Daten im spannungslosen Zustand verliert. Bei Bedarf Datenspeicherung durch an RAM angeschlossene Batterie. Verfügbare Typen: SRAM, DRAM, SDRAM. DDR-RAM: arbeiten mit doppelter Datenrate, z. B. des Systembusses.	SRAM (statistic RAM): besteht aus bistabiler Kippschaltung, die über zwei FETs angesteuert werden kann. DRAM (dynamic RAM): ein Bit ist als Ladung auf einer Kapazität von etwa 50 aF gespeichert, angesteuert über einen FET. Die Ladungen der Kapazität sind alle 2 ms aufzufrischen. SDRAM (Synchronous DRAM): über z. B. Systembus getakteter DRAM.
ROM	Festwertspeicher, Nur-Lese-Speicher, nichtflüchtiger Speicher, d. h. nur lesender Zugriff möglich. Behält Daten auch im spannungslosen Zustand.	Ähnlich wie beim Foto-Negativ liegen die Daten in einer Maske und werden bei der ROM-Produktion fest in der Halbleiterstruktur abgelegt → Unveränderbarkeit.
PROM	Einmal-programmierbarer Speicher. Behält Daten auch im spannungslosen Zustand. Im Auslieferungszustand enthalten alle Speicherzellen eines PROM eine logische Eins.	Programmierung der Null-Speicherzellen, indem an den Kreuzungspunkten der gitterartig angeordneten Leitungen die Metallverbindungen durch Anlegen einer höheren Spannung durchgebrannt werden.
EEPROM	Mehrfach elektrisch programmierbare Speicher. Behalten ihre Daten auch im spannungslosen Zustand. Schreibzyklen auf etwa 1.000.000 begrenzt wegen Veränderungen in der FET-Halbleiterstruktur.	Besteht aus FETs mit besonderem Gate zur Ladungsspeicherung (Floating Gate). Jeder FET repräsentiert 1 Bit. Byteweises Schreiben (Programmieren), Lesen und Löschen.
Flash-EEPROM	Mehrfach elektrisch programmierbare Speicher. Behalten ihre Daten auch im spannungslosen Zustand. Schnelleres Schreiben als bei EEPROM. Schreibzyklen begrenzt auf etwa 1.000.000. Flash = Blitz, Bezug zu Löschvorgang.	Besteht aus FETs mit Floating Gates. Jeder FET repräsentiert 1 Bit. Blöcke für Schreiben/Lesen z. B. 4 KB, für Löschen 64 KB. Anwendungen: Speicherkarten, USB-Speicherstick, Smartphone, SSD.
Speicheraufbau		
3-D-Matrix	Die Speicherelemente sind in einer *dreidimensionalen Matrix* angeordnet (**Bild**). Je nach Typ bilden 4, 8, 16 bis 64 Speicherelemente in z-Richtung eine Speicherzelle. Der Spaltendecoder legt den Ort der Speicherzelle in x-Richtung fest, der Zeilendecoder in y-Richtung. Bei beiden Decodern ist jeweils nur ein Ausgang aktiv.	Spaltendecoder 0 ... 31, A0 ... A4
Spaltendecoder, Zeilendecoder		
Speicherzelle	Es ist jeweils die Speicherzelle ausgewählt, die am Kreuzungspunkt der aktiven Decoderausgänge liegt.	Zeilendecoder A5 255 ... A12 0
wortweise Speicherorganisation	Bei *wortweiser Speicherorganisation* wird jeweils ein ganzes Wort von z. B. 8 bit in die gewählte *Speicherzelle* geschrieben. Die *Speicherkapazität* wird in Byte angegeben, z. B. zu 64 MB (Megabyte) oder 1,6 TB (Terabyte).	Speicherelement, Speicherzelle. Speicher mit wortweiser Einteilung bei Wortbreite von 4 bit
Speichermodule	Bestehen aus mehreren Halbleiterspeicherelementen → RAM- oder Flash-EEPROM-Speichermodule. Werden in Slots (Schlitze) gesteckt, z. B. vom PC-Motherboard.	DIMM-Speichermodule → Anschlusskontakte auf Vorder- und Rückseite. Kapazität bis in TB-Bereich. Anschlusspins z. B. 200.

DDR Double Date Rate, DIMM von Dual In Line Memory Module, EEPROM Electrical Erasable PROM, PROM Programmable ROM, ROM von Read Only Memory = Nur-Lese-Speicher (Festwertspeicher), RAM von Random Access Memory = Speicher mit freiem Zugriff (flüchtiger Speicher, Schreib-Lesespeicher)

Mobile Datenspeicher — Portable Data Storages

Art, Prinzip	Erklärung, Verwendung	Typische Daten
Festplattenspeicher (Zylinder, Sektor, Spuren, 1 bis 8 Trägerplatten)	Trägerplatte aus Aluminium oder Glaskeramik, mit Eisenoxid beschichtet. Die Magnetschichten werden in Spuren (tracks) und Sektoren eingeteilt (**Bild**). Information in den Spuren gespeichert. Schreibköpfe, Leseköpfe schreiben bzw. lesen berührungslos.	Plattengröße: 5,25", 3,5" und 2,5" M 200 GB bis 8 TB n 3800/min bis 10000/min r_b 1 MB/s bis 16 MB/s t_z 8 ms bis 26 ms L_{pB} 35 dB(A) bis 56 dB(A) Plattenzahl je Laufwerk: 1 bis 8 Lebensdauer: ≥ 5 Jahre
Wechselfestplatten-Speicher	Aufbau siehe **Bild** Festplattenspeicher. Sie werden für den Datentransport oder die Datensicherung verwendet. 3,5"-Laufwerke mit externem Netzteil. Versorgung der 2,5"-Laufwerke über USB-Anschluss mit Energie.	M > 3 TB n 4600/min bis 5400/min r_b > 22 MB/s beim Lesen r_b > 22 MB/s beim Schreiben t_z 10 ms bis 18 ms Plattenzahl je Laufwerk: 1 bis 2
USB-Speicherstick (LED, 4-poliger USB-Anschluss)	USB-Sticks (stick = Stab) bestehen aus einer Platine mit dem USB-Controller-Chip und Anwendungs-Chips: • Speichersticks, • Fingerprint-Reader-Sticks, • LTE-Sticks für Internet-Zugang, • WLAN-Sticks, • Kopierschutzsticks, • Bluetooth-Sticks.	Speichersticks können die Daten bis zu 10 Jahre speichern. Kapazität bis 1 TB. Bitrate für Lesen: bis 220 MB/s Bitrate für Schreiben: z. B. 130 MB/s. Bei entsprechendem BIOS zum Booten verwendbar. Abmessung (z. B.): Länge 50 mm, Breite 20 mm, Höhe 7 mm.

SD-Karte und MicroSD-Karte 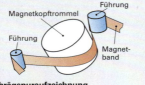	Memory Cards werden in mobilen Geräten zum Schreiben und Lesen von Daten vewendet.
	Anwendungen:
	MP3-Player, Tablet-PCs, Tablet-Pads, Smartphones, digitale Kameras, Camcorder.
		SD Memory Card (Secure Digital Memory Card)
		SD-Karten: Kapazität bis 1 TB
		MicroSD-Karten: 512 GB und 1 TB.
		• A1 Lesen/Schreiben
		   1500 IOPS/500 IOPS
		• A2 Lesen/Schreiben
		   4000 IOPS/2000 IOPS
		Karten mit 3 Bit- und 4 Bit-Speicherzellen.

SSD (Solid State Disk)	SSD haben keine beweglichen Teile. Sie sind robust, lautlos und benötigen wenig Leistung. SSD speichern Daten bis 16 TB in EEPROM (Flash-Speichertyp) mit geringen Zugriffszeiten. Vor dem Schreiben neuer Daten müssen die alten Daten erst gelöscht werden, das verringert die Lebensdauer. Schreibzugriffe werden deshalb auf alle Speicherzellen gleichmäßig verteilt.	1-Bit-Flash-Speicherzelle (Oxidschicht, Control Gate, Floating Gate, Source S, Drain D, R_{DS}, P)
Schrägspuraufzeichnung beim Magnetband (Magnetkopftrommel, Führung, Magnetband)	**Schrägspurverfahren (DAT)** DAT von engl. Digital Audio Tape (Digitales Audioband). Das Band wird mit einem Winkel von 6° an einer Magnetkopftrommel mit je einem Lesekopf und Schreibkopf vorbeigeführt. Für Backups von Daten.	Schrägspurverfahren: M 1,3 GB bis 20 GB r_b 180 KB/s bis 4 MB/s t_z 62 s Bandlänge 90 m bis 120 m m 25 Kopfdrehzahl n 2000/min bis 8500/min Lagerzeit: ≥ 10 Jahre

L_{pB} Laufgeräusch in Betrieb	n Drehzahl	m Anzahl der Aufzeichnungen je Band
M Speicherkapazität	r_b Bitrate, Übertragungsrate	USB Universal-Serial-Bus
	t_z mittlere Zugriffszeit	IOPS Input/Output Operations per Second
		A1, A2 App Perfomance Klassen

Optische Speicher DVD, CD, Blu Ray — Optical Memories DVD, CD, Blu Ray

Merkmale, Maße	Erklärung	Bemerkungen, Darstellung
DVD, CD		
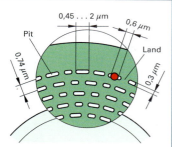 Pits und Lands bei einer DVD	Die DVD (Digital Versatile Disc = digital vielseitig benutzbare Scheibe) ist eine Weiterentwicklung der CD, es gelten dieselben Begriffe. **Unterschiede zur CD:** • Laser mit kleinerer Wellenlänge (z.B. 635 nm statt 780 nm), • kleinerer Spurabstand, kleinere Pitbreite, kleinere Pitlänge, • Datenreduktion nach MPEG (Normungsgremium Moving Picture Expert Group), • weniger Steuerbits, • Modulation mit 16-Bit-Code und • viel größere Speicherkapazität.	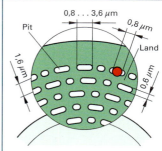 Pits und Lands bei einer CD
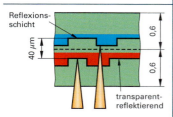 Einschicht-DVD (DVD 5)	Der durch Linsen fokussierte Laserstrahl von 0,6 μm Durchmesser wird in den Pits (Gruben) weniger reflektiert. Jeder Übergang von Pit zu Land oder Land zu Pit entspricht einer 1, die Länge der Pits gibt die Anzahl der 0 an. Die reflektierende Schicht ist z.B. aufgedampftes Metall. Die Pits entstehen z.B. durch „Brennen". Kapazität DVD etwa 4,7 GB, CD 700 MB.	Werden zwei Hälften dieser einseitig bespielbaren Einschicht-DVDs gegeneinander angeordnet, entsteht eine zweiseitig bespielbare Zweischicht-DVD. Kapazität etwa 9,5 GB. Die Abspielgeräte der DVDs sind meist auch für CDs geeignet. Je nach Ausführung sind die Abspielgeräte für alle DVD-Arten und CD-Arten geeignet. Dagegen sind Abspielgeräte nur für CDs nicht geeignet für DVDs.
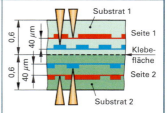 Zweischicht-DVD (DVD 9)	Bei der einseitig bespielbaren Zweischicht-DVD ist die untere reflektierende Schicht aus Silicium oder Gold transparent, sodass der Laserstrahl für die obere Schicht durchgelassen wird. Kapazität etwa 9 GB. Zwei derartige Anordnungen, gegenseitig aneinander geklebt, ergeben eine zweiseitig bespielbare Vierschicht-DVD. Kapazität etwa 18 GB.	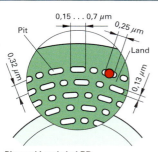 Vierschicht-DVD (DVD 18)
Blu Ray Disk BD		
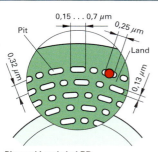 Pits and Lands bei BD	Blu Ray ist von der blauen Farbe des Laserstrahles abgeleitet. Entwickelt für hochauflösende Videodaten. In PC-Welt auch als Datenspeicher verbreitet. Wellenlänge Laserstrahl 405 nm, Speichergröße bei einlagiger, einseitig beschreibbarer BD 25 GByte, bei zweilagiger BD 50 GByte. Für die höhere Datendichte gegenüber DVD wurde die Struktur der BD verkleinert.	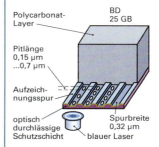 Struktur einer einlagigen BD
Kopierschutz BD+: Bei der Produktion der BD wird eine unsichtbare Markierung aufgebracht, die 1:1-Kopien verhindert.	Diese Markierung wird beim Kopieren von BDs nicht mitkopiert, wird beim Abspielen jedoch auf Vorhandensein geprüft.	BD besitzt gleiche Form wie CD, DVD: Durchmesser 12 cm, Dicke 1,2 mm. Es gibt Laufwerke, die BDs, CDs, DVDs lesen / beschreiben können.

Berührungsbildschirme, Bediengeräte — Touch-Screens, Operational Panels

Ansicht, Prinzip	Erklärung	Bemerkungen

Abtastungen bei Touchscreens

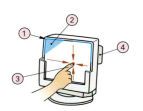

1. Spannung wird an den 4 Ecken angelegt.
2. Gleichmäßiges Spannungsfeld am Bildschirm wird durch geeignete Form der Elektroden erzeugt.
3. Berührung, z. B. durch Finger, ruft je einen Strom in x-Richtung und in y-Richtung hervor.
4. Controller berechnet die Fingerposition aus den Strömen.

Resistive und kapazitive Abtastung

Resistive Abtastung: Bei Berührung durch Finger oder Berührungsstift biegt sich die Widerstandsfolie durch und berührt die Widerstandsschicht. Dadurch fließt je ein Strom in x-Richtung und in y-Richtung aus der Widerstandsschicht im Verhältnis vom Abstand zur Kante.

Vorteil: Die Betätigung ist auch mit Handschuhen möglich.

Nachteil: Folie ist empfindlicher als Schutzglas.

Kapazitive Abtastung: Berühren mit dem Finger leitet von der x-Richtung und von der y-Richtung je einen minimalen kapazitiven Strom über den Finger ab. Beide Ströme stehen jeweils im Verhältnis der Abstände.

Vorteil: Unempfindliches Schutzglas.

Nachteil: Berührung muss mit bloßer Hand erfolgen.

www.medien.ifi.lmu.de

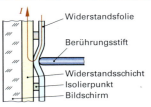

Resistive Abtastung

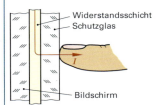

Kapazitive Abtastung

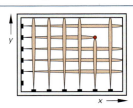

IR-Abtastung

Ultraschall-Abtastung

Bei der *IR-Abtastung* (Infrarot-Abtastung) sind auf zwei Seiten IREDs (IR-emittierende LEDs) angeordnet und jeweils gegenüber IR-empfindliche Dioden. Berühren führt zur Dämpfung der Strahlung und damit zu Signalen entsprechend den x-y-Koordinaten.

Bei einfachen Versionen werden LEDs (Licht aussendende Dioden) und Fotodioden verwendet.

Bei der *Ultraschallabtastung* sind an zwei Seiten Ultraschallsender mit Ultraschallsensoren angebaut. Die Ultraschallwellen im Bildschirmglas werden an der gegenüberliegenden Seite reflektiert und gelangen zurück zum Sensor. Berühren des Glases führt zu Dämpfung und damit zu schwächeren Signalen.

Die IR-Abtastung und die Ultraschallabtastung erfolgen unabhängig vom Widerstand des Abtastelementes, sodass z. B. mit Handschuhen gearbeitet werden kann.

Die Parametrierung (Zuordnung der x-y-Koordinaten zu den Bedienteilen, z. B. virtuellen Tasten), erfolgt menügeführt mittels der vom Hersteller gelieferten Software.

www.all-electronics.de
www.beckhoff.de
www.br-automation.com
www.deltalogic.de
www.beijerelectronics.de
www.graf-syteco.de
www.spectra.de
www.visam.de

Bediengeräte

Bediengerät mit Touchscreen

Bediengeräte, z. B. in Schaltschränken, dienen zur Eingabe und zur Visualisierung (Sichtbarmachen von Vorgängen). Eingabe über Folientasten (durch darüber liegende Folie geschützte Tasten) oder/und über Softkeys (virtuelle Tasten) des Touchscreen. Visualisierung über LCD.

Parametrierung (Texteingabe und Zuordnung der Bedienteile) menügeführt mittels der vom Hersteller gelieferten Software.

Bediengeräte mit Touchscreens sind meist voll grafikfähig, z. B. mit 1024 x 1024 Pixel. Der Touchscreen arbeitet meist mit resistiver Abtastung oder mit IR-Abtastung.

Daten des Beispiels:
Schnittstellen Ethernet, USB, Spannung DC 24 V,
Schutzart IP65 (Front), IP20 (hinten)

www.phoenixcontact.com

Begriffe der Informationstechnik 1 — Terms of Information Technology 1

Begriff	Erklärung	Begriff	Erklärung
Informationsdarstellung, Zahlendarstellung		Leitwerk	Steuert Reihenfolge der Befehlsausführung, entschlüsselt Befehle, führt sie aus.
alphanumerische Zeichen	Zeichen aus Zeichenvorrat, der Buchstaben, Ziffern und Sonderzeichen enthält.	Modulo-n-Zähler	Kehrt nach n Schritten der Zähleinheit 1 in seinen ursprünglichen Zustand zurück.
Binärzeichen	Zeichen aus Zeichenvorrat mit zwei Zeichen, meist 0 und 1.	Multiplexer	Übergibt die Nachrichten mehrerer Nachrichtenkanäle an einen Nachrichtenkanal.
Bit	Kurzform für Binärzeichen.		
bit	Einheit für die Anzahl der Stellen eines Binärwortes.	Peripheriegerät	Gerät zur Dateneingabe, Datenausgabe oder Datenspeicherung außerhalb des Computers.
Byte	1 Byte enthält 8 Bits.		
Code	Zuordnung von Zeichen eines Zeichenvorrats zu denjenigen eines anderen Zeichenvorrates.	Prozessor	Umfasst Leitwerk, Rechenwerk.
		Puffer	Speicher zur vorübergehenden Datenaufnahme.
Daten	Zeichen, die eine Information darstellen.	Rechenwerk	Führt Rechenoperationen durch.
digital	Darstellung mit Ziffern.	Taktgeber	Steuert den zeitlichen Ablauf der einzelnen Operationen.
Festpunktschreibweise	Punkt/Komma der an der Rechnung beteiligten Zahlen ist an festem Platz relativ zum Zahlenanfang oder Zahlenende.	Zentraleinheit (CPU)	Umfasst Prozessoren, Eingabewerke, Ausgabewerke, Zentralspeicher (CPU = Central Processing Unit).
Gleitpunktschreibweise	Exponentielle Zahlendarstellung mit $x \cdot b^y$		
		Zentralspeicher	Speicher, zu dem Leitwerk, Rechenwerk, Eingabewerk, Ausgabewerk Zugriff haben.
	x Mantisse, b Basis, y Exponent, b ist natürliche Zahl, z. B. E für 10; x, y sind Festpunktzahlen.		
numerische Zeichen	Zeichenvorrat aus Ziffern und Sonderzeichen zur Zahlendarstellung.	Zugriffszeit	Zeitdauer, um Daten von einem Speicher zu holen.
Signal	Physikalische Darstellung von Nachrichten.	**Betriebsarten**	
Wort	Größte von einem Prozessor auf einmal verarbeitbare Bitfolge, z. B. 8, 16, 32, 64, 128 bit.	Batchbetrieb	Vor der Programmabarbeitung müssen alle Daten vorliegen.
		Dialogbetrieb/ Interaktivbetrieb	Wechsel von Fragen und Antworten zwischen Benutzer und Computer.
Ziffer	Element einer Zahl.		
Digitale Rechensysteme		Mehrbenutzerbetrieb	Mehrere Benutzer arbeiten gleichzeitig an einer Computeranlage (Multiuserbetrieb).
Akkumulator	Speicher in Rechenwerk, der zuerst den Operanden und später das Ergebnis enthält.	Mehrprogrammbetrieb	Gleichzeitige Verarbeitung mehrerer Programme auf einer Datenverarbeitungsanlage im Multiplexbetrieb (Multitasking-Betrieb).
ALU	Arithmetisch-logische Einheit, für arithmetische Berechnungen und logische Verknüpfungen.		
Ausgabewerk	Überträgt Daten von der Zentraleinheit nach außen.	Multiplexbetrieb, Multitasking	Bearbeitung mehrerer Aufgaben (Tasks) abwechselnd in Zeitabschnitten versetzt (quasiparallel).
Befehlszähler	Enthält die Adresse des nächsten auszuführenden Befehls.	Mulitprocessing	Echt-paralleles Bearbeiten von Tasks in mehreren CPU-Kernen.
Code-Umsetzer, Coder (Encoder)	Den Zeichen des einen Codes werden die Zeichen eines anderen Codes zugeordnet.	Offline-Betrieb	Betrieb eines Gerätes ohne ständige Verbindung zu einem Computer.
Controller	Einrichtung zum Steuern von Abläufen.	Online-Betrieb	Betrieb eines Gerätes mit ständiger Verbindung zu einem Computer.
Dateisystem	Dateiverwaltung auf Datenträger, Beziehung von Dateiname und Dateiadresse.	Realzeitbetrieb	Die Programme zur Verarbeitung anfallender Daten sind ständig betriebsbereit (Echtzeitbetrieb).
Decodierer, Decoder	Code-Umsetzer, welcher die durch den Coder bewirkte Funktion rückgängig macht.	Remotebetrieb	Fernbedienung eines Computers über ein Netzwerk, auch Internet.
Eingabewerk	Überträgt die Daten aus den Eingabeeinheiten in die Zentraleinheit.	Singleuserbetrieb	Ein Benutzer arbeitet mit einem Computer (Einbenutzerbetrieb).
Flipflop	Speicher für ein Bit, Kippschaltung.		

D

Begriffe der Informationstechnik 2 — Terms of Information Technology 2

Begriff	Erklärung
Programmierung	
Adresse	Wort zur Kennzeichnung eines Speicherplatzes.
Adressteil, Adressenteil	Enthält die Adresse von Operanden oder Befehlswörtern.
Algorithmus	Rechenvorschrift zum Lösen einer Aufgabe in einer Reihe von aufeinanderfolgenden Schritten.
Anweisung	Arbeitsvorschrift in einer beliebigen Programmiersprache.
Assemblierer	Übersetzt Assemblerprogramm in (binäre) Maschinensprache.
Befehl	Anweisung, die sich in der benutzten Sprache nicht mehr in Unteranweisungen zerlegen lässt.
Befehlswort	Wort, das vom Computer als Befehl interpretiert wird.
Betriebssystem	Programm, das den Betrieb eines Computers ermöglicht.
Datenfluss	Organisatorischer Ablauf von Daten.
Datenflussplan	Darstellung des Datenflusses mithilfe von Sinnbildern, Text und Verbindungslinien.
Emulator	Hardware-Software-System, mit dem die Eigenschaften eines Computers nachgebildet werden.
Interpreter, Interpretierer	Programm zur Übersetzung eines Programmes in einer höheren Programmiersprache in die Maschinensprache, jedoch erst bei der Programmbearbeitung.
Compiler, Kompilierer	Programm zur Übersetzung eines Programmes in einer höheren Programmiersprache (Quellcode) in die Maschinensprache vor dem eigentlichen Programmablauf.
Maschinensprache	Maschineninterne Codierung der Befehle, meist im Binärcode. Die Codierung ist anlagenabhängig (maschinenorientiert).
Operandenteil	Teil des Befehlswortes, in dem der Operand oder seine Adresse steht.
Operationsteil	Teil des Befehlswortes, der die auszuführende Operation angibt.
Programm	Folge von Anweisungen zur Lösung einer bestimmten Aufgabe.
Programmbaustein	Ein funktionsmäßig geschlossener Programmblock.
Programmiersprache	Sprache zum Abfassen von Programmen.
Register	Kleine Einheit zur Informationsspeicherung, meist eines Wortes.
Strukturierte Programmierung	Aufbau eines Programms aus möglichst einfachen Unterprogrammen (Prozeduren).
Task	Computerprogramm, das eine Aufgabe erledigt.
Thread	Abfolge von Anweisungen eines Computerprogramms; Teil eines Tasks.
UML	Unified Modelling Language. Grafische Darstellung von Abläufen, Zuständen, Zusammenhängen beim Softwareentwurf.
Kommunikation, Internet	
Firewall	Software, über die Zugriffe vom und zum Internet gefiltert und gesteuert werden (Brandschutzwand).
Domäne (dt.), Domain (engl.)	Adress-Bereich in einem Netzwerk, in dem mehrere Computer organisatorisch eingebunden sind.
Download	Herunterladen von Software, die auf einem anderen Computer (Server) gespeichert ist.
FTP	File Transfer Protocol. Dienst zum Übertragen von Dateien zwischen Computern.
Host	Computer, der übergeordnete Dienste anbietet, z. B. zur Speicherung, Bereitstellung und Übertragung von Daten.
HTML	Hypertext Markup Language. Sprache (Datenformat) zur Darstellung von Dokumenten, die durch einen Browser (Programm, to browse = blättern) gelesen werden können.
Hyperlink, Link	Verknüpfen von z. B. einem Text mit der Adresse einer anderen Datei, auf die durch Mausklick gesprungen werden kann.
JPEG	Joint Photographic Experts Group. Format für komprimierte Darstellung von Bildern.
Phishing	Erschleichen persönlicher Daten mittels gefälschter E-Mails (von Passwort fischen).
Provider	Dienstleister, der den Zugang zum Internet anbietet.
Proxi-Server	Vermittler, Übergangsserver in/zwischen Netzwerken. Auch Zwischenspeicher häufig abgerufener Web-Seiten.
Spam	Spam = Müll. E-Mail mit uninteressantem/gefährlichem Inhalt.
Trojanisches Pferd, Trojaner	Ein bei einer Programminstallation unbemerkt mitinstalliertes Virusprogramm.
Wurm	Zerstörerisches Programm, welches sich über das Netzwerk oder das Internet weiterverbreitet.
XML	Extensible Markup Language. Sprache zum Beschreiben von Dokumenten, Lesen durch Browser.

PC-Hauptplatine und PC-Anschlüsse — PC Mainboard and PC-connections

Auswahlkriterien für ein PC-Mainboard	Bemerkungen
1. Welches PC-Gehäuse wird verwendet?	Formfaktor (Format) wählen: ATX MiniATX MicroATX
2. Welche Anwendungen sind vorgesehen?	z. B. bei CAD: Leistungsfähiger Chipsatz und CPU-Steckplätze für RAM
3. Nachrüsten von Steckkarten erwünscht?	z. B. für 2. Grafikkarte: Erweiterungsslots
4. Welche Peripherie-Anschlüsse werden benötigt?	z. B. SATA-Anschlüsse auf dem PC-Mainboard
5. Welcher Festplattentyp und wie viele?	SSD, Magnetfestplatten

Aufbau und Anschlussbezeichnungen einer PC-Hauptplatine (vereinfachte Darstellung)

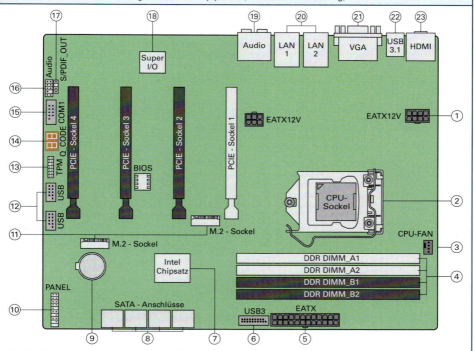

Vereinfachte Darstellung einer PC-Hauptplatine

Wichtige Anschlüsse:
1. Stromversorgungsanschlüsse vom PC-Netzteil.
2. CPU-Sockel.
3. Fan connector = Lüfterstecker.
4. Steckfassungen für DDR4-DIMM-Module.
5. EATX-, ATX-Anschlüsse.
6. USB-3.0-Anschlüsse.
7. Chip-Satz-IC für PCIE, SATA, RAM und USB 3, Gigabit-Ethernet.
8. SATA-Anschlüsse, bis 6 GB/s.
9. Lithium-Batterie.
10. LEDs für Betrieb, Festplatten, Lautsprecher, Ein/Aus, Energiesparmodus, Soft-Aus am PC-Gehäuse.
11. M.2-Sockel für SSD-Module.
12. USB-2.0-Anschlüsse.
13. Anschluss für TPM (Trusted Platform Module). Stellt z. B. Sicherheits-Krypto-Schlüssel bereit.
14. Fehlercode-Display, Q-Code, POST.
15. Seriell-Port COM1.
16. Frontseiten-Audio-Anschluss.
17. Digitalstecker Ausgang (S/PDIF) (Sony/Philips Digital Interface).
18. Super I/O, Anschlüsse für Tastatur, Maus, COM.
19. Audio-Anschlüsse.
20. LAN-Anschlüsse.
21. VGA-Buchse.
22. USB-3.1-Anschlüsse.
23. HDMI-Anschluss.

Varianten von Peripherie-Anschlussmöglichkeiten

1. Optischer S/PDIF-Anschluss
2. USB 3.1 Type A
3. VGA-Port
4. LAN-Anschlüsse
5. HDMI 1
6. DisplayPort
7. USB 3.1 Type C
8. DVI-D-Anschluss
9. USB-3.0-Anschlüsse
10. Audio-EA-Anschlüsse: grün NF-Ausgang, pink NF-Eingang, braun, schwarz, blau, orange für Dolby-Systeme 2.1- bis 7.1-Kanal.

Betriebssysteme — Operating Systems

Typische Aufgaben von Betriebssystemen	Arten von Betriebssystemen
• Starten, Beenden des Computerbetriebs, • Betreiben von Anwendungsprogrammen, z. B. Office-Programme (Excel, Word, Powerpoint), CAD-Programme, Berechnungsprogramme, Verwaltungsprogramme, • Verwalten von Programmen und Dateien, • Betreiben von Schnittstellen, z. B. USB, LAN, WLAN, Bussysteme, für Eingabe, Ausgabe von Daten (z. B. Tastatur, Drucker, Bildschirmgerät, Festplatte, Sensoren, Aktoren), • Steuern von Zugriffsrechten.	• Für PCs meist Windows, auch macOS, Linux → Multitaskingfähigkeit (gleichzeitiges Bearbeiten mehrerer Programme), z. T. Multiuserfähigkeit (gleichzeitges Arbeiten mehrerer Anwender). • Echtzeit-Betriebssysteme insbesondere für zeitkritische Signalverarbeitung von Sensoren, Aktoren in industriellen Anlagen, Kfz, z. B. VxWorks, QNX, VRTX.

Betriebssystem Windows

Aufgabe	Aktionen	Bemerkungen
Programme (Apps) starten	Kachel oder Windows-Symbol (Start) klicken → Alle Apps → Programm anklicken	Start ist aus allen Anwendungen heraus anklickbar, Maus in linke untere Bildschirmecke.
Neuen Ordner anlegen	Windows-Symbol → Explorer gewünschte Ordnerposition anklicken mit rechter Maustaste → Neu → Ordner	Ordner werden auch als Verzeichnis bezeichnet. Durch Anklicken des Textrahmens *Neuer Ordner* kann ein Name vergeben werden.
Ordner kopieren	Explorer öffnen → gewünschten Ordner anklicken → rechte Maustaste drücken und gedrückt das Zielverzeichnis anfahren → Maustaste loslassen → Kopieren	Alle im Ordner enthaltenen Dateien werden mitkopiert. Durch Markieren von mehreren Ordnern können mehrere Ordner samt Dateien auf einmal kopiert werden.
Datei kopieren	Explorer öffnen → gewünschten Ordner anklicken → zu kopierende Datei anklicken → rechte Maustaste drücken und gedrückt das Zielverzeichnis anfahren → Maustaste loslassen → Kopieren	Sollen mehrere Dateien kopiert werden, sind diese zu markieren, z. B. durch Shift-Taste und Cursor-Taste abwärts. Mit gedrückter Maustaste Cursor ins Zielverzeichnis ziehen, alle diese Dateien werden dann kopiert.
Datei verschieben	Explorer öffnen → gewünschten Ordner anklicken → zu verschiebende Datei anklicken → linke Maustaste drücken und gedrückt in Zielverzeichnis ziehen.	Beim Verschieben einer Datei in einen anderen Ordner wird die Datei im ursprünglichen Ordner gelöscht.
Datei löschen	Explorer öffnen → gewünschten Ordner anklicken → zu löschende Datei mit rechter Maustaste anklicken → löschen	Die Datei wird zunächst in den Papierkorb geschoben und muss zur vollständigen Löschung dort nochmals gelöscht werden.
Programm-Icon auf Desktop bringen	Explorer öffnen → gewünschten Ordner → zu verschiebende Datei anklicken → Maustaste drücken und gedrückt Desktop anfahren, Maustaste loslassen	Hier wird eine Datei in den Ordner Desktop verschoben. Die in Desktop befindlichen Dateien erscheinen mit Symbol auf dem Desktop-Bildschirm.
Software installieren, deinstallieren	Rechte Maustaste auf Windows-Symbol → Einstellungen → Apps → Programme und Features → Startseite der Systemsteuerung → Programme → Installieren von Programmen bzw. → Programme deinstallieren	Aus einer Programmliste können z. B. Programme entfernt werden. Startseite der Systemsteuerung: Rechte Maustaste → Windows-Symbol → Apps und Features → Programme und Features.
Drucker installieren, Geräte installieren	Einstellungen → Geräte → Geräte und Drucker → Drucker hinzufügen bzw. → Gerät hinzufügen	Oft muss nur die gelieferte CD gestartet werden, dann dem Dialog folgen bis der Treiber installiert ist.
Bildschirmschoner einstellen	Mit rechter Maustaste in leeren Bildschirm klicken → Anpassen → Bildschirmschoner	Die Art des Bildschirmschoners sowie dessen Aktivierungszeit können ausgewählt werden.
Datum, Uhrzeit einstellen	Einstellungen → Zeit und Sprache → Datum und Uhrzeit	Datum, Uhrzeit verändern durch Anklicken. Auch durch Klick auf Zeitangabe in Taskleiste.
MS-DOS-Modus aktivieren	Rechte Maustaste → Windows-Symbol → Ausführen → *cmd* eingeben.	MS-DOS-Modus danach aktiv. MS-DOS-Modus beenden durch Eingabe *exit*, dann Return-Taste oder Fenster schließen.
Netzwerk verbinden, trennen	Systemsteuerung → Netzwerk und Internet → Verbindung mit Netzwerk herstellen	Mit Trennen (Netzwerkanwahl mit rechter Maustaste) erfolgt das Trennen.

Windows 10 – Tasten-Kürzel   Windows 10 Shortcuts

Tastenkürzel für	Funktion	Tastenkürzel für	Funktion
Desktop und virtueller Desktop		**Explorer**	
Strg + Alt + Entf	Öffnet den Dialog zum Sperren, Nutzerwechsel, Abmelden und Task-Manager.	F1	Öffnet die Hilfe; auch programmspezifisch.
		F2	Zum Umbenennen des markierten Objekts.
Strg + Esc	Alternative zu ⊞. Öffnet das Startmenü/die Startseite.	F3 / Strg + E	Springt in das Suchfeld. (/ für oder)
Strg + F4	Schließt den aktiven Reiter/das aktive Dokument, nicht das Programm.	Entf + ⇧	Löscht die Datei ohne Umweg über den Papierkorb.
Strg + ⇧ + Esc	Öffnet den Task-Manager.	× (Mal-Taste auf dem Zehnerblock)	Öffnet in der Spalte links das komplette Baummenü.
⊞ + Alt + ↵	Öffnet das Media Center.	+ (Plus-Taste auf dem Zehnerblock)	Öffnet in Spalte links das Baummenü des markierten Ordners.
⊞ + D	Springt auf den Desktop, minimiert alle Fenster; erneut drücken, um an den Ausgangspunkt zurückzukehren.	Pos1	Springt zum ersten Element im Ordner.
		Strg + A	Markiert alle Elemente im geöffneten Ordner.
⊞ + R	Öffnet den Befehl „Ausführen".	Strg + C	Kopieren.
⊞ + H	Öffnet den Befehl „Teilen".	Strg + N	Öffnet ein zusätzliches Explorer-Fenster.
⊞ + I	Öffnet die „Einstellungen".	Strg + V / ⇧ + Einfg	Einfügen. (/ für oder)
⊞ + ,	Blendet den Desktop ein, solange die Tasten gedrückt werden.		
		Strg + Z	Macht die letzte Aktion rückgängig.
⊞ + Strg + D	Erstellt einen neuen virtuellen Desktop und zeigt ihn an.	Strg + ⇧ + N	Erzeugt einen neuen Unter-Ordner im geöffneten Ordner.
⊞ + Strg + F4	Schließt den aktuellen virtuellen Desktop.	Alt + ↑	Springt eine Ordner-Ebene höher.
⊞ + Strg + →	Wechselt zum nächsten virtuellen Desktop rechts.	Alt + P	Blendet den Vorschaubereich ein und aus.
⊞ + Strg + ←	Wechselt zum nächsten virtuellen Desktop links.	**Anordnen von Fenstern, Fensterwechsel**	
Taskleiste		⊞ + ↑	Maximiert das angewählte Fenster.
Klick	Startet die Anwendung.	⊞ + ↓	Verkleinert das Fenster, minimiert verkleinerte Fenster.
⇧ + Klick	Startet eine zusätzliche Instanz der Anwendung.	⊞ + ←	Verschiebt das aktive Fenster an linken/rechten Bildschirmrand; zweites Mal: verschiebt das Fenster auf den nächsten Bildschirm.
Strg + ⇧ + Klick	Startet die Anwendung als Administrator.	⊞ + →	
⊞ + 1 (oder 2, 3 ...)	Startet das erste (zweite oder dritte ...) Programm auf der Taskleiste.	⊞ + Pos1	Minimiert alle Fenster außer dem aktiven.
⊞ + Alt + 1 (oder 2, 3 ...)	Öffnet das Kontextmenü des ersten (zweiten oder dritten ...) Programms auf der Taskleiste.	⊞ + M	Minimiert alle Fenster.
		⊞ + ⇧ + M	Macht die Aktion ⊞ + M rückgängig.
Screenshots		⊞ + ⇧ + ↑	Vergrößert das aktive Fenster nach oben und unten.
Druck	Kopiert einen Screenshot des aktuellen Desktops in die Zwischenablage.	⊞ + ⇧ + ↓	In 7 + 8.1: macht die Vergrößerung nach oben/unten rückgängig; in 10: minimiert das Fenster.
Alt + Druck	Kopiert einen Screenshot des aktiven Fensters in die Zwischenablage.	Alt + F4	Schließt das aktive Fenster.
⊞ + Druck	Speichert einen Screenshot des Desktops als PNG-Datei in C:\Benutzer\<Benutzername>\Bilder\Screenshots.	Alt + Esc	Wechselt zwischen den geöffneten Fenstern.
		Alt + ⇄	Zeigt Vorschau aller geöffneten Fenster.

PowerPoint

Aufgabe	Aktionen	Bemerkungen
Programm starten	Start → Alle Apps → Microsoft Office Programme → PowerPoint anklicken.	Für Bildschirmpräsentationen, Prospekte.
Neue Folie erstellen	Im Menüreiter Start in der Gruppe Folien → Neue Folie anklicken, Design wählen.	Es gibt 9 Design-Vorlagen, z.B. von Larissa bis Haemera. Folien werden auch Slides genannt.
Folienlayout festlegen	Menüreiter Entwurf → In Designs → geeignete Layoutvorlage anklicken → Folie mit Feldern zur Bearbeitung wird geöffnet (**Bild**).	Es gibt z.B. Vorlagen für Text, Text und Diagramm, Text und Bild, Text und Medien Clip (Ton, Musik oder Film) im Menüreiter (Menüband) Einfügen.
Folie mit Texten bearbeiten	Textfelder mit Maus anordnen, Texte in die Textfelder eingeben.	Schriftart, Schriftgröße, Schriftfarbe einstellen.
Textfeld einfügen	Im Menüreiter Einfügen → Textfeld → linke Maustaste drücken → Textfeldgröße einstellen.	Textfelder können in eine leere Seite oder in eine Layoutvorlage eingefügt werden.
Text in Textfelder eingeben	In das zu bearbeitende Textfeld klicken, dann Text eingeben.	Kurze, aussagekräftige Texte verwenden.
Aufzählungszeichen eingeben	In ein Textfeld klicken, im Menüreiter Start in der Gruppe Absatz → Aufzählungszeichen, ein Zeichen auswählen → OK, Text eingeben und jede Zeile mit Return abschließen.	Man kann z.B. für jede Zeile der Strichaufzählung ein eigenes Zeichen wählen.
Schattierten Rahmen um Text legen	Zu schattierendes Textfeld anklicken, dann in Gruppe Zeichnung im Menüreiter Start → Formeffekte anklicken, dann eine Schattenart anklicken.	Es gibt 20 verschiedene Möglichkeiten zur Auswahl, einen Rahmen mit einer Schattierung zu versehen.
Präsentation starten	Im Menüreiter Bildschirmpräsentation → Icon Von Beginn an wählen.	Man kann auch mit einer beliebigen Folie starten oder nur ausgewählte Folien zeigen.
Ablauf der Präsentation festlegen	Im Menüreiter Animation im Bereich Nächste Folie → ☑ Bei Mausklick, ☑ Automatisch, z.B. 5 s einstellen.	Die Präsentation läuft automatisch ab oder es wird mit Mausklick weitergeschaltet.
Schaltflächen einfügen	Im Menüreiter Einfügen bei ⬚ Illustrationen → Formen anklicken, in der Zeile Interaktive Schaltflächen → eine Schaltfläche wählen, auf der Folie platzieren und den Hyperlink → Nächste Folie anklicken.	Es gibt z.B. Schaltflächen für: Zurück, Weiter, Anfang, Ende, Start (home) ◁ ▷ ◁| |▷ 🏠 **Auswahl von Schaltflächen**
Elemente hinzufügen	Im Menüreiter Einfügen in der Gruppe Bilder → z.B. Grafik wählen, dann Bild aus dem entsprehenden Ordner anklicken, mit dem Cursor auf der Folie platzieren.	Vom Untermenü Illustrationen aus können Grafiken, ClipArts, Diagramme und Formen eingebunden werden. Bei Formen findet man z.B. Pfeile, Linien, Rechtecke und Zeichen für Flussdiagramme.
Folien sortieren	Menüreiter Ansicht, Gruppe Präsentationsansichten → Foliensortierung → gewünschte Folie anklicken, linke Maustaste drücken, Folie an neue Stelle ziehen, Maustaste loslassen.	In verkleinerter Darstellung werden die nummerierten Folien der Reihe nach gezeigt. Einzelne Folien können beliebig einsortiert werden.

Titelfolie

Titel und Inhalt

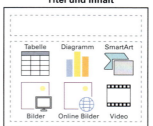

Abschnittsüberschrift

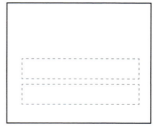

Beispiele von Folienvorlagen (Templates)

Arbeiten mit Excel — Working with Excel

Aufgabe	Aktionen	Bemerkungen, Beispiele
Text eingeben	Leere Zelle anklicken, Text eingeben.	Das erste Zeichen einer Zelle darf kein mathematisches Operatorzeichen sein.
Spaltenbreite einstellen	Mit Maus die Spaltenübergänge bei z. B. A und B anfahren und mit gedrückter linker Maustaste die gewünschte Spaltenbreite einstellen.	<table><tr><td></td><td>A</td><td>B</td></tr><tr><td>1</td><td>Artikel</td><td>Sachnummer</td></tr><tr><td>2</td><td>Stromstoss-Schalter</td><td>1256498737</td></tr></table>
Zeilenumbruch einstellen	Betroffene Zelle mit rechter Maustaste anklicken → Zellen formatieren → Ausrichtung, Zeilenumbruch anwählen → OK.	Werden mehrere Zellen angewählt, z. B. durch Überfahren mit gedrückter linker Maustaste, wirkt die Formatierung auf alle diese Zellen.
Rahmen festlegen	Mit Rahmen zu versehende Zellen mit rechter Maustaste anwählen, → Zellen formatieren → Rahmen, Rahmen gestalten, → OK.	Das Anwählen der Zellen kann durch Überfahren der Zellen mit gedrückter linker Maustaste erfolgen.
Rechnen in einer Zelle	Leere Zelle anklicken, dann „=" eintragen, 1. Zahl, arithmetischer Operator, 2. Zahl. Nach Betätigung der Taste Return oder Anklicken einer anderen Zelle erscheint das Ergebnis.	Es können beliebig viele arithmetische Verknüpfungen in einer Zelle vorgenommen werden. Die üblichen Vorrangregeln beim Rechnen gelten auch hier.
Rechnen mit Zellen eines Blattes	Leere Zelle für Ergebnis anklicken, dann „=" eintragen, Zelle mit 1. Operand anklicken, arithmetischen Operator eingeben, Zahl für 2. Operand eingeben oder 2. Zelle mit 2. Operand anklicken. Anstelle bei der mathematischen Verknüpfung die Zellen anzuklicken, können auch die Zellennummern, z. B. A2, direkt eingegeben werden.	SUMME ▼ × ✓ fx =A2+A1*A3 <table><tr><td></td><td>A</td><td>B</td><td>C</td></tr><tr><td>1</td><td>15</td><td></td><td></td></tr><tr><td>2</td><td>20</td><td></td><td></td></tr><tr><td>3</td><td>25</td><td>=A2+A1*A3</td><td></td></tr></table> **Das Ergebnis (395) steht in Zelle B3.**
Summenbildung einer Spalte	Leere Zelle für Ergebnis anklicken, meist unterhalb der letzten Zelle mit Operand, dann eintragen: =summe (*Startzelle:Endzelle*)	Anstelle des Summen-Eintrages in die Zelle kann auch das Summenzeichen-Symbol Σ in der Symbolleiste angeklickt werden.
Rechnen mit Zellen verschiedener Excel-Blätter	Leere Zelle für Ergebnis anklicken, dann „=" eintragen, Zelle mit 1. Operand anklicken, arithmetischen Operator eingeben, *Blattname ! Zelle mit 2. Operand auf anderem Blatt* eingeben.	Inhalte von Zellen eines Excel-Blattes können mit Inhalten von Zellen eines anderen Excel-Blattes verknüpft werden. SUMME ▼ × ✓ fx =A1+Tabelle2!A1 <table><tr><td></td><td>A</td><td>B</td><td>C</td></tr><tr><td>1</td><td>20</td><td>=A1+Tabelle2!A1</td><td></td></tr></table>
Aus Zelleninhalt mit mathematischer Verknüpfung eine Konstante erzeugen	Betroffene Zelle mit rechter Maustaste anklicken → Kopieren, nochmals mit rechter Maustaste anklicken → Inhalte einfügen → Werte → OK.	Konstante in Zellen zu erzeugen ist dann wichtig, wenn Beziehungen von Zellen untereinander unterbunden werden sollen. Man kann z. B. Inhalte von Ursprungszellen sonst nicht löschen.
Formel kopieren	Zelle mit hinterlegter Formel anklicken → Kopieren, neue Zelle anklicken → Einfügen.	Die Formel in einer Zelle kann in mehrere Zellen kopiert werden, indem diese vor Klick → Einfügen markiert werden.
Filter setzen	Zelle in zu filternder Spalte mit rechter Maustaste anklicken → Filter. Die zu filternde Spalte muss mit Zahlen oder Zeichen gefüllt sein. Zum Filtern in einer Spalte ist die Combo-Box der Spalte zu öffnen und die gewünschte Filterkennung anzuklicken. Danach erscheint gefiltertes Ergebnis.	<table><tr><td></td><td>A</td><td>B</td><td>C</td></tr><tr><td>1</td><td>Priorität</td><td>Thema</td><td>Zuständig</td></tr><tr><td>2</td><td>1</td><td>Funktionsanalyse</td><td>Müller</td></tr><tr><td>3</td><td>2</td><td>Kosten</td><td>Maier</td></tr><tr><td>4</td><td>3</td><td>Performance</td><td>Müller</td></tr><tr><td>5</td><td>4</td><td>Testaufwand</td><td>Schulz</td></tr></table>
Sortieren	Zu sortierenden Bereich von Zellen mit gedrückter linker Maustaste markieren, rechte Maustaste → Sortieren, Sortierart auswählen → OK.	Der zu sortierende Bereich kann mehrere Spalten umfassen. Es ist zweckmäßig, vor dem Sortieren die Excel-Datei zu speichern, der Sortiervorgang kann nämlich misslingen.

Gefahren der Computersabotage — Dangers of Computer Sabotage

Möglichkeit	Erklärung	Bemerkungen
Computervirus	Ist ein Programm mit zerstörerischem Auftrag, welches selbst oder als Aufruf in einem Programm versteckt ist. Ein Verbreiten in andere Programme erfolgt durch unbemerktes Kopieren.	Virus = Krankheitserreger. Man unterscheidet z. B. Bootsektorviren, Dateiviren, Makroviren, E-Mail-Viren.
Würmer	Computer-Würmer sind Programme, die sich selbst über das Computernetz verbreiten. Man unterscheidet Würmer, die auf Netzwerk-Prozessen basieren und Würmer, die sich über E-Mail verschicken. E-Mail-Würmer nisten sich in E-Mails ein und erzeugen E-Mail-Anhänge, die unbemerkt ausführbare Programme sind, z. B. erstellt in C#.	Prozess-Würmer besitzen einen Prozess zur Fortpflanzung im Netzwerk und andere Prozesse zum Anrichten von Schäden. Die Schadensprogramme nützen Schwachstellen in Systemprogrammen aus, z. B. Erzeugen von Überläufen in Speicherbereichen, unerlaubte Kommunikation über nicht passwortgeschützte Schnittstellen.
Trojanische Pferde	Der Begriff Trojanisches Pferd geht auf ein Geschenk der Griechen an die Trojaner zurück, nämlich ein hölzernes Pferd, in dem Soldaten versteckt waren.	Ein Trojanisches IT-Pferd ist ein schädlicher Code, der in vermeintlich hilfreichen Programmen verborgen ist, z. B. Bildschirmschoner, Spiele. Trojanische IT-Pferde werden über Internet-Downloads verteilt.
Sniffer	Sniffer (Schnüffler) sind Programme, mit denen Hacker z. B. Passwörter und Kreditkartennummern ausspionieren. Dabei werden mittels Software die Tastenbetätigungen der Tastatur, z. B. beim Online-Banking, überwacht und aufgezeichnet. Über eine E-Mail oder eine HTML-Verbindung zum Web-Server des Hackers werden die Daten zur Auswertung weitergeleitet. Sniffer sind als Tools des Internet-Browsers, z. B. Edge, getarnt und werden deshalb beim Internet-Verbindungsaufbau von Firewalls oft nicht erkannt. Das Verschlüsseln von E-Mails vermindert die Wirksamkeit von Sniffern.	**infizierter PC** — **Internet** — Erfassungsprogramm → Aufbau Internet-Verbindung — Tastatur — **Hacker** **Wirkungsweise eines Sniffers**
Phishing-Mails	Phishing-Mails (von *password fishing* = Passwort angeln) locken den Empfänger über Links zu einer Internet-Seite, die z. B. der einer Bank gleicht. Im Absender ist eine Bank genannt. Ziel ist, geheime Daten, z. B. Kennwörter, zu erfassen. Banken verschicken keine Werbe-E-Mails an ihre Kunden. E-Mails, die Kontendaten, auch z. B. von Ebay, erfragen, sind Phishing-Mails, die umgehend zu löschen sind.	**Subject:** Deutsche Bank Important Information **From:** Deutsche Bank <info.db@deutsche-bank.de> **Date:** Mon, 22 June, 202x 14:25:32 **TO:** otto.müller@t-online.de Dear Deutsche Bank Customer, we have to check your client data. Send this letter back after verifying your data... **Beispiel für Auszug aus einer Phishing-Mail**
DDoS	Distributed Denial-of-Service-Attacken (DDoS) werden nicht über einen Angriffscomputer gefahren, sondern gleichzeitig über mehrere Computer. Ein Angreifer platziert ein Trojanisches IT-Pferd auf verschiedenen Computern im Internet. Dadurch wird ein großes Angriffsvolumen erzeugt.	Der Angreifer installiert auf den Angriffscomputern Programme, die zeitgesteuert oder auf Kommando einen gemeinsamen DDoS-Angriff gegen das gewünschte Ziel führen. DDoS-Angriffe erzeugen Computerstillstände oder Computerabstürze (DoS bedeutet Service-Verweigerung).

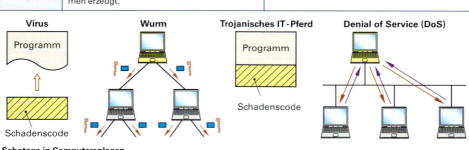

Sabotage in Computeranlagen

Maßnahmen gegen Computerviren — Measures against Computer Viruses

Art	Maßnahme, Aufgabe	Bemerkungen
Organisatorische Maßnahmen **Auf Verbote und Richtlinien hinweisen!**	• Verbot der Verwendung privat beschaffter Software, Daten auf unternehmenseigenen Computeranlagen. • Einrichten von Zugangskontrollen und Zugriffskontrollen. • Wiederkehrende Kontrollen der Softwarebestände auf dem Computer. • Test neu zu installierender Software auf einem Testcomputer. • Zentrale Unterverschlusshaltung der Original-CDs oder Original-DVDs. • Zusätzliches Abspeichern wichtiger Programme und Daten von Zeit zu Zeit auf z. B. DVD, Server. • Neu zu installierende Programme und über E-Mail empfangene Daten mit Anti-Viren-Programmen prüfen. • Ausschließliches Zulassen verschlüsselter USB-Sticks. • Firewallsysteme installieren.	Insbesondere Software für Spiele und Billigsoftware von unbekannten Softwarehäusern sind häufig mit Viren verseucht. Durch das genannte Verbot wird erreicht, dass keine Viren von verseuchten Privat-PCs über USB-Sticks, DVDs oder CDs in ein Unternehmen gelangen. Mit Passwörtern wird der Zugang zu einer Computeranlage für nicht autorisierte (berechtigte) Personen und somit das Installieren unerlaubter Software erschwert. Softwareinstallation sollte nur mit Administratorrechten möglich sein. Vom Verantwortlichen der Computeranlage sollte von Zeit zu Zeit die Software auf dem Computer geprüft und auch der verbrauchte und noch freie Speicherplatz abgeglichen werden. Auf das Antwort-Zeitverhalten des Computers ist zu achten, da dieses sich bei Virenbefall oft deutlich verschlechtert. Firewalls (Brandschutzmauern, auch Sicherheitsgateways genannt) können Computerzugriffe von außen steuern und ggf. Daten auf Computerviren prüfen und blockieren.
Prüfprogramme, Scanner	• Überprüfen von Datenträgern, z. B. Festplatten, auf Bitfolgen, denen Viren zugeordnet werden. • Alle Verzeichnisse und Dateien werden gescannt (to scan = abtasten).	Prüfprogramme, die nach Bitfolgen Dateien durchsuchen, besitzen den Nachteil, dass nur bekannte alte Viren erkannt werden. Nur durch regelmäßige Updates (neu überarbeitete Softwareversionen) des Prüfprogrammes können neue Viren erkannt werden.
Checksummer (Summenprüfer)	• Bilden von Prüfsummen von Dateien und Abspeichern dieser Prüfsummen in getrennten Dateien. • Überprüfen der Prüfsummen von Dateien durch Neuberechnung und Vergleich mit in getrennten Dateien abgespeicherten, zugehörigen Prüfsummen.	Das getrennte Speichern der Prüfsummen ist wichtig, da viele Viren nach Befall einer Datei deren Prüfsumme korrigieren. Anhand einer Neuberechnung der Prüfsumme kann dann auf „kein Virus" geschlossen werden. Ideal ist, wenn der Checksummer (von engl. to check a sum = eine Summe prüfen) zwei Prüfsummen mit zwei verschiedenen Berechnungsalgorithmen ermittelt. Mit diesem Verfahren können auch neue Viren erkannt werden.
Wächterprogramme	• Überwachen von Betriebssystemfunktionen, z. B. BIOS-UEFI-Aufrufe und Schreibzugriffe auf Dateien, indem eine Bestätigung durch den Nutzer verlangt wird. • Unmittelbares Feststellen des Virenbefalls, z. B. einer Datei.	Wächterprogramme sind speicherresidente Programme. Sie werden beim Hochfahren des Computers aktiviert. Sie reagieren allerdings nur auf besondere Betriebssystemabläufe beim Beschreiben von Speichern. Leider kann es hierbei auch zu Fehleinschätzungen durch das Wächterprogramm kommen.
Anti-Virenprogramme	• Erkennen von Computerviren. • Entfernen von Computerviren und Herstellen des ursprünglichen Zustandes einer Datei. (siehe auch Prüfprogramme, Scanner)	Anti-Virenprogramme arbeiten auf Basis der Prüfsummenberechnung und auf Abgleich der Speicherinhalte auf Bitfolgen, die bei bekannten Viren auftreten. Neue, unbekannte Viren werden oft nicht erkannt. Deshalb sind Updates zu empfehlen. Häufig können Anti-Virenprogramme das Virus entfernen und die beschädigte Datei wiederherstellen.

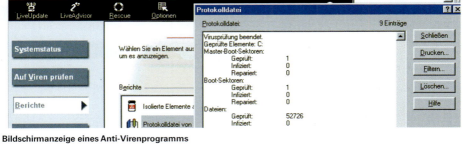

Bildschirmanzeige eines Anti-Virenprogramms

Industriespionage — Industrial Spying

Risiko	Erklärung, Auswirkung	Maßnahmen
Unbekannte Personen Passwort	Unbekannte bewegen sich frei im Firmengelände oder in Bürogebäuden. Unbekannte geben sich am Telefon bei internen Mitarbeitern als Mitarbeiter, z. B. des Rechenzentrums, aus und erbitten die Preisgabe des Passwortes unter dem Vorwand, Softwareinstallationen vorzunehmen.	Unbekannte ansprechen, z. B. fragen, wen sie suchen. Besucher immer in der Firma begleiten. Unbekannten keine Auskünfte geben, auf keinen Fall Passwörter preisgeben.
Papierdokumente Notizen, Boards	Vertrauliche Papierdokumente finden sich oft in Abfalleimern, auch an Kopiergeräten, verlassenen Schreibtischen, in Besprechungsräumen, an Flip-Charts und sind damit frei zugänglich. Gleiches gilt auch für Notizen von Schreibtafeln (Boards) und Pinnwänden.	Vertrauliche Papierdokumente nicht frei liegen lassen. *Clean-Desk-Policy* mit den Mitarbeitern abschließen, d. h., vereinbaren, den Schreibtisch nach Arbeitsende aufzuräumen. Aktenvernichter verwenden. Schreibtafeln nach Besprechungsende abwischen, Flip-Charts, Pinnwände ohne Informationen zurücklassen.
Computer Datenträger, E-Mail Laptop, PC,	Die Daten frei zugänglicher Computer können z. B. auf USB-Memory-Sticks oder Wechsel-Festplatten rasch kopiert werden. Auch ein Versenden der Daten über E-Mail ist einfach. Datenträger können kopiert werden. Im Zug oder Flugzeug können Fremde Bildschirminhalte von Laptops bequem mitlesen.	PC nicht in ungesperrtem Zustand unbeaufsichtigt zurücklassen. USB-Memory-Sticks, CDs, DVDs nicht herumliegen lassen. Zugangsberechtigungen einrichten, z. B. Passwörter mit Sonderzeichen ergänzen. Sichtschutzfolien (Blickschutzfilter) am Bildschirm anbringen.
Telefon, Smartphone Akku	Telefonanlagen und Smartphones können derart manipuliert werden, dass die Freispracheinrichtung im Gerät aktiviert wird und somit ein ständiges Mithören von außen möglich ist. Ferner gibt es Smartphone-Akkus mit eingebautem Abhörsender (Wanze).	Fremden den Zugang zu Telefonanlagen oder Smartphones verwehren. Smartphones nicht unbeaufsichtigt liegen lassen. Akku-Tausch durch Fremde verhindern.
Hotels Internet Personal	Hotelräume können mit Abhörsendern (Wanzen) ausgestattet sein. Die Hotel-Internetanschlüsse sind als nicht geschützt zu betrachten. Auch mit kleinen Videokameras über den Schreibtischen der Hotelzimmer ist zu rechnen. Zimmerpersonal ist z. T. auf Datendiebstahl geschult.	Festplatten und E-Mails verschlüsseln. Laptop nicht unbeaufsichtigt lassen. Hotel selbst buchen und nicht über Geschäftspartner buchen lassen.
Internetzugang Manipulation	Hacker können sich über Internet-Zugänge Zugriff auf angeschlossene Computer verschaffen. Zugewiesene Internetzugänge in fremden Firmen und Hotels können manipuliert sein und Datenströme abfangen.	Einrichten von Firewall-Computern und Zugriffsschlüsseln. Computer nicht ständig eingeschaltet lassen. Sich dem Risiko manipulierter Zugänge bewusst sein.
Software Trojaner	Im Internet über Download angebotene Software kann sogenannte Trojaner (versteckte Softwarekomponenten) enthalten, mit der nach der Installation Spionage-Prozesse gestartet werden.	Software-Downloads aus dem Internet vermeiden oder unmittelbar auf Viren prüfen.
Funkgeräte	Die Datenströme zwischen WLAN-Geräten oder auch von Funkmikrofonen können mit geeigneten Geräten (Scannern) abgegriffen werden. Auf WLAN ist wegen großer Reichweite der Access-Points (100 m) Zugriff von außerhalb des Firmengeländes möglich.	Verschlüsselungen der Datenströme verwenden und Sicherheitsschlüssel an den Funk-Geräten einrichten. Mit Frequenzwechseln arbeiten, sofern möglich.
Social Engineering	Gezieltes Ausfragen von Personen durch Aufbau und Ausnützen zwischenmenschlicher Beziehungen, z. B. auf Messen, während arrangierter Events oder Geschäftsessen.	Generell ist Vorsicht geboten. Geheimhaltungsverpflichtungen mit Partnern abschließen. Geeignete Verfahrensanweisungen erarbeiten und durch eine Sicherheitsorganisation überprüfen lassen.

Spionage		Mittel		Ziele		Maßnahmen
• Mitarbeiter von innen • Fremde von außen	⇒	• Fotoapparat • Smartphone • Memory-Stick • E-Mail • Bestechung • Hacker	⇒	• Dokumente • Dateien • Informationen	⇒	• gesichertes Ablegen • Zugriffskontrollen • Zugangskontrollen • Verschlüsselung • Sensibilisierung der Mitarbeiter

Spionage und Gegenmaßnahmen

Datensicherung, Kopierschutz — Backup, Copy Protection

Verfahren	Prinzip	Bemerkungen, Anwendung
Einrichtungen zur Datensicherung (Magnetbandlaufwerk, Cloud, externe Festplatte, Kassette)	Datensicherung mittels Magnetbändern, -kassetten (Streamer), externer Festplatten, Backup-Servern, Servern in der Cloud (Internet), z. B. Drop-Box. Datensicherung nach Generationenprinzip: für je 4 Tage → Sohn, 4 Wochen → Vater, 12 Monate → Großvater.	Bei Serveranlagen mit Speichersystemen Datensicherung täglich auf Magnetbänder, DVDs oder Netzwerkspeicher mit Festplatten-NAS (Network Attached Storage). Datenspeicherung (Backup): Vollbackup, differenzielles Backup → Veränderung zu Vollbackup, inkrementelles Backup → Veränderung zu letzter Sicherung.
Sicherungskopie auf CD, DVD oder USB-Stick	Zu sichernde Software wird mittels Brenner auf CD oder DVD geschrieben.	Datenspeicherung auf unbeschädigter CD, DVD für etwa 10 Jahre.
	Eine zusätzliche Datenspeicherung/Datensicherung kann auch über einen USB-Stick erfolgen. Passwortschutz, Verschlüsselung ist möglich. Leider erfolgt über diese Sticks auch Datendiebstahl.	USB-Sticks besitzen eine Speicherkapazität von vielen GB. Zeitlich schneller Speichervorgang. Sticks auch mit Codiertasten erhältlich. www.kingston.com
Doppelte Dateienhaltung (Datei 1;n, Datei 1;2, Datei 1;1, Datei 7;n, Datei 7;2, Datei 7;1)	Wird eine bestehende Datei mittels eines Editors verändert, dann wird beim Abspeichern diese Datei automatisch unter einer anderen Versionsnummer oder Extension (Dateinamenserweiterung) abgelegt.	Wird eine Datei, z. B ein Programm, umfangreich verändert, so kann auf die ursprüngliche Datei im Bedarfsfall noch zugegriffen werden. Die alten Dateiversionen sind zu gegebener Zeit zu löschen.
Regelung der Dateizugriffe Bildschirmanzeige nach z. B.: $ SHOW PROTECTION name.pas rwed zugriff.pas r . e . Lager.dat r . . . adressen.dat r . . . zins.dat rwed	Die meisten Betriebssysteme unterscheiden Dateizugriffe wie Lesen (read), Schreiben (write), Ausführen (execute) und Löschen (delete). Diese Zugriffsarten sind mittels Betriebssystemkommando veränderbar. Ferner ist auch der erlaubte Benutzerkreis festlegbar.	Die Erlaubnis zum Verändern der Zugriffsarten und zugriffsberechtigten Personenkreise ist durch Passwortprogramme oder durch Schlüsselschalter, z. B. bei NC, geregelt.
Dongle (Version 6.21, AN: 363628SA)	Ein Dongle ist eine kleine Hardwarebox, meist bestehend aus einem Mikrocontroller, die z. B. in eine USB-Schnittstelle des Computers gesteckt werden muss. Eine mit Dongle ablauffähige Software steuert von Zeit zu Zeit diese Schnittstelle an und erwartet Antwortsignale.	Durch den Vertrieb von Software mit zugehörendem Dongle werden Raubkopien der Software erschwert. Die Software ist zwar kopierbar, aber ohne Dongle nicht lauffähig. Der Datenaustausch zwischen Software und Dongle erfolgt verschlüsselt.
Installationsschutz (Installationsbeginn → i := i+1 (Installationszähler) → i ≥ 4? (max. erlaubte Installationen) — ja → Abbruch der Installation; nein → Installation des Programmes → Ende)	Der Installationsschutz einer Software ist programmtechnisch realisiert. Entweder wird mit einem Installationszähler gearbeitet oder die mit dem Installationsschutz versehene Software prüft z. B. die Identifikationsnummer der Computeranlage oder zum Freischalten der Software ist eine Schlüsselnummer (Key) einzugeben.	Software, die einen Installationsschutz besitzt, ist nicht beliebig oft installierbar bzw. aufrufbar oder nur auf einem speziellen Computer installierbar. In Netzwerken verwalten Lizenzserver die erlaubten Zugriffe auf die Software.

Netzformen der Informationstechnik — Pattern of IT-Networks

Topologie (Netzform)	Anwendungen	Bemerkungen
Punkt-zu-Punkt-Verbindung (Teilnehmer)	Computertechnik: Von Computer 1 zu Computer 2, von Computer zu Peripheriegerät, von NC (numerische Steuerung) zu PC (Personalcomputer), von PC zu SPS (Speicherprogrammierbare Steuerung). Telekommunikation: Von Sprechstelle 1 zu Sprechstelle 2.	Technisch am einfachsten zu realisieren. Je nach Schnittstellenspezifikation begrenzter Datenübertragungsweg, z. B. bei V.24-Schnittstelle gesichert bis 30 m angewendet meist bis 8 m. Ständig bestehende Punkt-zu-Punkt-Verbindungen bezeichnet man als Standverbindungen.
Sternstruktur	Computertechnik: Mehrere Computer sind über einen Sternkoppler (Switch oder Hub) gekoppelt. Telekommunikation: Von Teilnehmer 1 bis Teilnehmer n. Zentrale Einheit: Vermittlungsstelle (Betriebstelle).	Alle Teilnehmer sind durch eine eigene Übertragungsleitung mit einer zentralen Einheit verbunden. Abhängig von deren Leistungsfähigkeit erhalten die Teilnehmer zyklische (aufeinander folgende) Übertragungsberechtigungen oder werden über den Sternkoppler ähnlich einer Telefonverbindung durchgeschaltet. Nachteil: hoher Leitungsaufwand.
Maschenstruktur	Computertechnik: Im Internet. Telekommunikation: Für Vermittlungsstellen (Betriebstellen) vorkommend, nicht für Teilnehmer.	Die Maschenstruktur ist nur sinnvoll, wenn aufgrund umfangreicher Datenübertragungen die Leitungen stark benützt werden. Vorteil: kürzest mögliche Verbindungswege sowie große Ausfallsicherheit. Nachteil: hoher Leitungsaufwand, aufwendige Erweiterung.
Baumstruktur (Knoten)	Computertechnik: Knoten sind Computer, Hubs oder Switches. Aufbau eines LAN (Local Area Network). USB-Hub-Kaskaden. Telekommunikation: Die Vermittlungsstellen stellen Knoten dar, z. B. das Netz der Telekom (Internet).	Hierarchische (nach Rangordnung gegliederte) Systemstrukturen sind sichergestellt. In der Computertechnik dezentrale Ausführung der Anwendungen. Kaskadierung ermöglicht Netzsegmentierung. Anbindung der Endgeräte über Twisted-Pair-Leitungen oder WLAN.
Ringstruktur	Computertechnik: Angeschlossen sind Computer 1 bis Computer n. Bekannt: Tokenring, FDDI-Ring, Industrial Ethernet. Telekommunikation: Keine Anwendung.	Alle Teilnehmer sind ringförmig miteinander verbunden und wiederholen jeweils die Nachrichten zum Nachbarn. Weite Übertragungswege sind somit möglich. Nachteil: Es kann immer nur ein Teilnehmer senden.
Busstruktur	Computertechnik: • Mikroprozessorbusse: Datenbus, Adressbus, Steuerbus. • Systembus in Steuerungen. • Prozessbus, Feldbus, z. B. AS-i, CAN. • Serielles LAN, z. B. Ethernet, für Vernetzung von PC, NC, SPS. Telekommunikation: DSL ab Netzabschluss zum Endgerät.	Alle Teilnehmer sind durch einen gemeinsamen Übertragungsweg miteinander verbunden. Über definierte Buszugriffsverfahren müssen sich die Teilnehmer zur Datenübertragung anmelden. Vorteil: rasche Datenübertragung bei hoher Ausfallsicherheit. Neue Teilnehmer lassen sich einfach zuschalten. Nachteil: Es kann nur ein Teilnehmer senden.
Zellstruktur (Maschenstruktur)	Computertechnik: WLAN (Wirless Local Area Network) Telekommunikation: Mobilfunknetze Kombination mit anderen Strukturen möglich.	Die Teilnehmer kommunizieren drahtlos. Der Aufbau derartiger Netzwerke erfolgt über WLAN-Access-Points. Diese decken Bereiche ab (Funkzellen). Die Bereiche sind überlappend. Andernfalls kommt es zu „Funklöchern". Innerhalb einer Zelle z. B. Bus-Topologie.

Komponenten für Datennetze — Components for Data Networks

Bezeichnung	Erklärung	Bemerkungen, Anwendung, Daten
Bridge	Von engl. bridge = Brücke. Eine Bridge kann zwei LAN-Segmente miteinander verbinden, die entkoppelt arbeiten können. LAN von Local Area Network = Netz für örtlichen Bereich.	Sobald die Bridge mit dem Netzwerk verbunden ist, lernt sie automatisch die Adressen der Teilnehmer. Bridges arbeiten protokollunabhängig. Störungen auf der einen Seite der Bridge werden nicht auf die andere Seite übertragen.
Ethernet-Switch	Der Ethernet-Switch übernimmt die Datenpakete und verschickt sie entsprechend der Adresse. Anzahl der Ports z. B. 4, 12, 48.	Jeder Port am Switch stellt bei gleichem Protokoll einen Weg mit der vollen Bitrate dar, z. B. 10 Mbit/s, 1 Gbit/s oder 10 Gbit/s.
Hub	Engl. hub = Mittelpunkt, Radnabe. Gerät, über das mehrere PCs dieselben Datenpakete erhalten. Abnehmende Bedeutung.	Beim Repeater-Hub erfolgt zusätzlich eine Regenerierung der zum Hub eintreffenden Signale.
Load Balancer	Lastverteiler, der Antwortzeiten und Auslastung (Performance) von Netzwerk-Servern beurteilt und Anfragen aus dem Internet zum Server mit aktuell bester Performance weiterleitet.	Die öffentliche Internet-Domain einer Firma ist dem Load-Balancer-Computer zugewiesen. Die eigentlichen Firmen-Web-Server besitzen nach außen nicht bekannte Adressen.
Medienkonverter	Erlaubt den Übergang von einem Übertragungsmedium auf ein anderes, z. B. von Twisted-Pair-Leitung auf Fiberoptikkabel (LWL) und umgekehrt.	Medienkonverter unterstützen auch z. B. den Übergang verschiedener Wellenlängen bei Fiberoptikkabel (LWL).
Netzwerkanalysator	Messen von Spannungen, Leistungen, Dämpfungen, Transmissions-, Reflexionsmessungen, Lokalisierung der Fehlerstelle im Netzwerk.	Interner Speicher, Anschluss externer Speicher, Anschluss an LAN mit RJ45, USB-Schnittstelle.
OPC UA Service (IEC 62541)	Open Platform Communications Unified Architecture. Software-Dienst (Protokoll) zur Datenübertragung zwischen Geräten der Feldbusebene, Steuerungsebene, Leitebene.	Daten der Produktions- und Prozessebene stehen der Planungsebene (Leitebene) zur Verfügung (vertikale Konnektivität).
Router	Von engl. route = Weg. Gerät zur Verbindung verschiedener LANs. Untersuchen zu sendende Pakete und stellen sie bei Fehlern wieder her. In Routern sind unter anderem Verstärker (im Sinne der Datentechnik) enthalten.	Router müssen umfangreich konfiguriert werden. Sie ermitteln den kürzesten Weg zwischen Teilnehmern in unterschiedlichen Netzsegmenten.
Patchfeld (Rangierfeld)	Ein Umsteckfeld, das dem Anschluss, dem Verteilen und Rangieren (Verändern) von Netzwerkverbindungen mittels Patch-Kabeln dient.	Das Patchfeld erleichtert durch das Umstecken ein Anpassen der Anlage, auch den Anschluss von Analysegeräten. Patchkabel z. B. bis 10 m.
Repeater	Von engl. to repeat = wiederholen. Gerät, welches Signale regeneriert, verstärkt und so umbildet, dass verschiedene Netzsysteme miteinander kommunizieren können.	Über Repeater können z. B. verschieden verkabelte Ethernet-Segmente miteinander kommunizieren. Infolge Signaldämpfung sind Netzsegmente ohne Repeater in der Länge begrenzt, z. B. auf 500 m.
Transceiver, Sende-Empfänger	Kunstwort von to transmit = übertragen und to receive = empfangen. Gerät wird in den Datenweg geschaltet, um die Übertragung zu ermöglichen oder zu verbessern.	Z. B. setzen Fiberoptik-Transceiver die elektrischen Signale in Lichtsignale oder Infrarot-Signale zur Übertragung über LWL um und optische Signale der LWL in elektrische Signale.

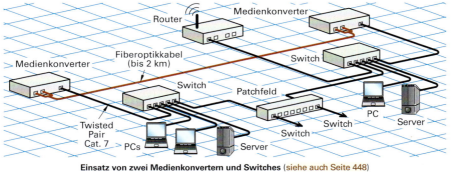

Einsatz von zwei Medienkonvertern und Switches (siehe auch Seite 448)

AS-i-Bussystem

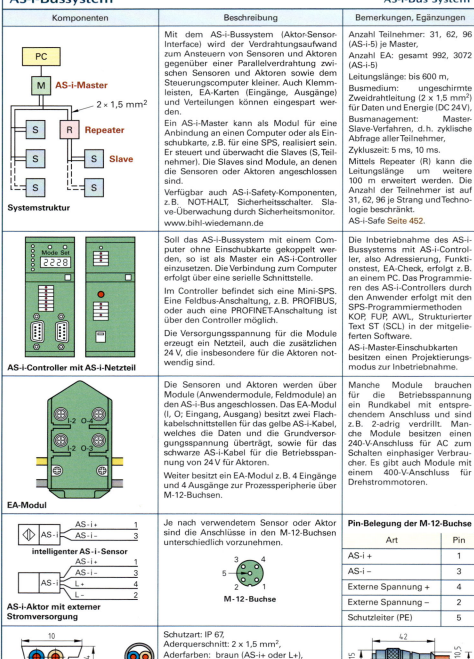

Komponenten	Beschreibung	Bemerkungen, Ergänzungen
Systemstruktur	Mit dem AS-i-Bussystem (Aktor-Sensor-Interface) wird der Verdrahtungsaufwand zum Ansteuern von Sensoren und Aktoren gegenüber einer Parallelverdrahtung zwischen Sensoren und Aktoren sowie dem Steuerungscomputer kleiner. Auch Klemmleisten, EA-Karten (Eingänge, Ausgänge) und Verteilungen können eingespart werden. Ein AS-i-Master kann als Modul für eine Anbindung an einen Computer oder als Einschubkarte, z.B. für eine SPS, realisiert sein. Er steuert und überwacht die Slaves (S, Teilnehmer). Die Slaves sind Module, an denen die Sensoren oder Aktoren angeschlossen sind. Verfügbar auch AS-i-Safety-Komponenten, z.B. NOT-HALT, Sicherheitsschalter. Slave-Überwachung durch Sicherheitsmonitor. www.bihl-wiedemann.de	Anzahl Teilnehmer: 31, 62, 96 (AS-i-5) je Master, Anzahl EA: gesamt 992, 3072 (AS-i-5) Leitungslänge: bis 600 m, Busmedium: ungeschirmte Zweidrahtleitung (2 x 1,5 mm^2) für Daten und Energie (DC 24V), Busmanagement: Master-Slave-Verfahren, d.h. zyklische Abfrage aller Teilnehmer, Zykluszeit: 5 ms, 10 ms. Mittels Repeater (R) kann die Leitungslänge um weitere 100 m erweitert werden. Die Anzahl der Teilnehmer ist auf 31, 62, 96 je Strang und Technologie beschränkt. AS-i-Safe Seite 452.
AS-i-Controller mit AS-i-Netzteil	Soll das AS-i-Bussystem mit einem Computer ohne Einschubkarte gekoppelt werden, so ist als Master ein AS-i-Controller einzusetzen. Die Verbindung zum Computer erfolgt über eine serielle Schnittstelle. Im Controller befindet sich eine Mini-SPS. Eine Feldbus-Anschaltung, z.B. PROFIBUS, oder auch eine PROFINET-Anschaltung ist über den Controller möglich. Die Versorgungsspannung für die Module erzeugt ein Netzteil, auch die zusätzlichen 24 V, die insbesondere für die Aktoren notwendig sind.	Die Inbetriebnahme des AS-i-Bussystems mit AS-i-Controller, also Adressierung, Funktionstest, EA-Check, erfolgt z.B. an einem PC. Das Programmieren des AS-i-Controllers durch den Anwender erfolgt mit den SPS-Programmiermethoden KOP, FUP, AWL, Strukturierter Text ST (SCL) in der mitgelieferten Software. AS-i-Master-Einschubkarten besitzen einen Projektierungsmodus zur Inbetriebnahme.
EA-Modul	Die Sensoren und Aktoren werden über Module (Anwendermodule, Feldmodule) an den AS-i-Bus angeschlossen. Das EA-Modul (I, O; Eingang, Ausgang) besitzt zwei Flachkabelschnittstellen für das gelbe AS-i-Kabel, welches die Daten und die Grundversorgungsspannung überträgt, sowie für das schwarze AS-i-Kabel für die Betriebsspannung von 24 V für Aktoren. Weiter besitzt ein EA-Modul z.B. 4 Eingänge und 4 Ausgänge zur Prozessperipherie über M-12-Buchsen.	Manche Module brauchen für die Betriebsspannung ein Rundkabel mit entsprechendem Anschluss und sind z.B. 2-adrig verdrillt. Manche Module besitzen einen 240-V-Anschluss für AC zum Schalten einphasiger Verbraucher. Es gibt auch Module mit einem 400-V-Anschluss für Drehstrommotoren.
intelligenter AS-i-Sensor / AS-i-Aktor mit externer Stromversorgung	Je nach verwendetem Sensor oder Aktor sind die Anschlüsse in den M-12-Buchsen unterschiedlich vorzunehmen. M-12-Buchse	**Pin-Belegung der M-12-Buchse** Art | Pin AS-i + | 1 AS-i – | 3 Externe Spannung + | 4 Externe Spannung – | 2 Schutzleiter (PE) | 5
AS-i-Flachkabel, Rundkabel	Schutzart: IP 67, Aderquerschnitt: 2 x 1,5 mm^2, Aderfarben: braun (AS-i+ oder L+), hellblau (AS-i– oder L–), Material: Ethylen-Propylen-Gummimischung oder thermoplastisches Elastomer.	M-12-Anschluss der Sensoren, Aktoren an AS-i-Modul

Linien und Bereiche beim KNX-TP — Lines and Areas for KNX-TP

Netzform, Schaltung	Erklärung
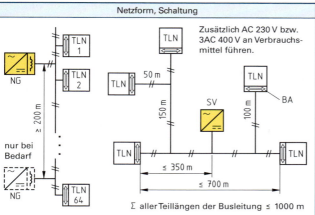 **Linie beim KNX-TP** — Leitungslängen bei einer Linie	Der Europäische Installationsbus EIB wird als KNX bezeichnet (KNX von Konnex Association = Verbindungs-Vereinigung). KNX-TP bedeutet KNX mit Twisted Pair. Meist eine Spannungsversorgungseinheit je Linie. Teilnehmer TLN: Sensoren und Aktoren. Teilnehmerzahl je Linie: Maximal 64 (bei Neuanlage nur 50 wegen Erweiterungsmöglichkeiten ansetzen), mit Linienverstärker LV maximal 252. **Hinweis:** Die Daten des KNX-TP bezüglich Leitungslängen und Teilnehmerzahlen sind je nach Version verschieden. Die hier angegebenen Zahlenwerte geben also nur einen Hinweis auf die Größe.
Verbindung von Linien zu Bereichen (Hauptlinie eines Bereiches)	Über Koppler und Hauptlinie können bis 15 Linien zu einem Bereich verbunden werden. Spannungsversorgung der Koppler: Eigenes Netzgerät der Hauptlinie. Teilnehmeranzahl eines Bereichs: ≤ 15 · 64 = 960 Sensoren oder Aktoren. Die Grenze von 64 Teilnehmern je Linie ist einzuhalten. Bei Neuanlagen für Erweiterungsmöglichkeiten nur ≤ 15 · 50 = 750 ansetzen. Kopplerbezeichnung: Linienkoppler LK. Zusätzlich sind 230-V-Leitungen bzw. 400-V-Leitungen zu verlegen, z. B. zu den Aktoren.
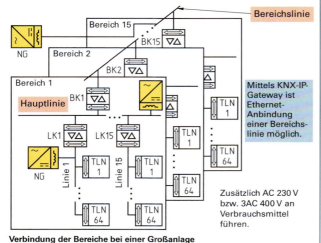 **Verbindung der Bereiche bei einer Großanlage** (Bereichslinie, Hauptlinie)	Mittels Koppler und Bereichslinie können bis 15 Bereiche zusammengefasst werden. Spannungsversorgung der Koppler: Eigenes Netzgerät der Bereichslinie. Teilnehmeranzahl: ≤ 64 · 15 · 15 = 14400 Sensoren oder Aktoren. Kopplerbezeichnung: Bereichskoppler BK (es handelt sich um dasselbe Gerät wie beim Linienkoppler). Aufgabe der Koppler: Verbindung der Linien bzw. der Bereiche und je nach Programmierung der Koppler Filterung der Signale (Weiterleiten oder Sperren). Mittels KNX-IP-Gateway in Bereichslinie Ethernet-, Internet-Anbindung möglich. **Hinweis** oben beachten. www.knx.de, www.hager.de

BA Busankoppler, BK Bereichskoppler, LK Linienkoppler, LV Linienverstärker, NG Netzgerät (Spannungsversorgungseinheit mit Drossel), SV Spannungsversorgung (ohne Drossel), TLN Teilnehmer (Sensor oder Aktor)

Projektierung und Inbetriebnahme beim KNX
Projecting and Startup of KNX

Vorgang	Erklärung	Bemerkungen, Beispiele
ETS auf den PC installieren (sofern noch nicht geschehen)	ETS (von Engineering Tool Software) der KNX-Association. Lieferung erfolgt auf DVD, CD oder per Internet-Download. Die Installation erfolgt menügeführt. ETS gilt für alle für KNX zertifizierten Geräte. www.knx.org	KNX ist Standard nach DIN EN 50090. Übertragungsmedien sind Twisted-Pair-Leitungen (KNX-TP), KNX-RF (Radio Frequency) oder 230-V-Netz (KNX-PL, Powerline).
Einlesen der Produktdaten in die ETS-Produktdatenbank Importieren	Die Produktdaten werden von den Geräteherstellern auf CD geliefert oder sind direkt aus dem Internet ladbar. Von den Produktdaten werden die erforderlichen Teile in die ETS-Produktdatenbank übernommen (importiert). Das Importieren erfolgt über das Menü *Kataloge → Importieren*.	Es können nur Daten KNX-zertifizierter Geräte in die Produktdatenbank übernommen werden. Diese Busteilnehmer (Geräte) sind hauptsächlich Aktoren und Sensoren. Aktoren sind z. B. die Leistungsschalter zum Steuern der Verbrauchsmittel. Sensoren sind beim KNX auch die Bedienelemente.
Projekt erstellen Gebäudestruktur festlegen	Über das Menü *Neues Projekt* wird für ein Projekt der Projektname sowie das Medium, z. B. TP, und über *Projekteigenschaften* die Stufigkeit der Gruppenadressen angelegt.	Anschließend ist die Gebäudestruktur gemäß ihren Geschossen und Räumen, z. B. EG mit Wohnen, Schlafen, im Projekt festzulegen.
Linien, Bereiche festlegen	Je nach Anlagenumfang Zahl und Art der Linien und Bereiche festlegen.	Die Festlegung erfolgt menügeführt.
Auswahl der Geräte	Für das aktuelle Projekt werden die erforderlichen Busteilnehmer aus der ETS-Produktdatenbank ausgewählt (exportiert).	Die Auswahl erfolgt menügeführt. Die Geräte werden den Räumen zugeordnet.
Energieversorgung der Verbrauchsmittel	Bei der Planung ist zu berücksichtigen, dass die Verbrauchsmittel über die Aktoren mit dem Energienetz (230-V-Netz bzw. 400-V-Netz) zu verbinden sind. Dessen Leitungen werden meist gleichzeitig mit der Busleitung verlegt. Anzuschließen an das Energienetz sind insbesondere die Aktoren des KNX und die Netzgeräte. Dagegen erfolgt die Stromversorgung der Geräte der Teilnehmer, z. B. der Sensoren, über die Busleitung. Die Sensoren erfordern deshalb keinen Anschluss an das Energienetz.	230/400 V AC 50/60 Hz; 16 A 3/N/PE L1 L2 L3 N PE Ab Auf **Mehrfachschaltaktor**
Auswahl der Applikationen	Für die Busteilnehmer gibt es meist mehrere Anwendungen (Applikationen). Bei einem Sensortaster z. B. Schalten oder Dimmen.	Die Auswahl der Applikation des Busteilnehmers erfolgt menügeführt durch die ETS.
Parametrieren der Geräte	Vorgang, bei dem die Busteilnehmer (Geräte) ihre Adressen und (bei Bedarf) die Anwendungssoftware zugeteilt bekommen.	Die Parameter der Anwendungssoftware legen z. B. die Abschaltverzögerung bei Schaltaktoren fest.
Zuordnen der physikalischen Adresse	Jeder Busteilnehmer erhält eine physikalische Adresse, die unverändert bleibt. Die Adresse hat den Aufbau: *Bereich.Linie.Teilnehmer*.	Nummerierung aller Busteilnehmer, z. B. nach Geschoss, Raum und Stelle möglich, z. B. 1.1.1, 1.1.2 … 1.2.1 … 3.2.5.
Zuordnen der Gruppenadresse	Adresse, mit der mehrere Busteilnehmer vom selben Telegramm angesprochen werden, z. B. zum Ansteuern desselben Aktors.	Ein Sensortaster und ein ihm zugewiesener Schaltaktor müssen der gleichen Gruppe zugeordnet sein. Die Zuteilung erfolgt menügeführt.
Inbetriebnahme	Menügeführt werden die Anwendungsprogramme und die physikalischen Adressen in die Busteilnehmer über z. B. USB-Schnittstellen geladen. Dazu muss die Programmiertaste der Busteilnehmer gedrückt werden.	Der Anschluss des Computers mit den projektierten Daten an den KNX erfolgt über Datenschnittstellen-Module. Bei kleinen Projekten kann auch die Projektierung im Inbetriebnahmeprogramm erfolgen.
Dokumentation	Änderungen oder Erweiterungen einer KNX-Anlage sind effizient nur möglich, wenn die Programmierung der Busteilnehmer einwandfrei dokumentiert ist.	Zur Dokumentation gehören DVDs oder CDs mit auch Änderungen der Anlage. Außerdem sollten Pläne und sonstige Ausdrucke vorhanden sein.

KNX-PL mit FSK-Steuerung

KNX-PL, KNX-Powerline

Prinzipdarstellung	Erklärung
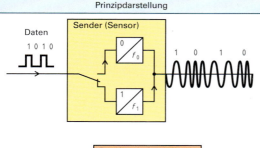 Signalübertragung beim KNX-PL	Beim KNX mit FSK-Steuerung (von Frequency Shift Keying = Frequenzumtastung), KNX-PL, sind wie beim KNX mit Busleitung die Teilnehmer (Sensoren und Aktoren) so „intelligent", dass sie miteinander kommunizieren (in Verbindung treten) können. Im Gegensatz zum KNX mit Busleitung ist aber keine Busleitung vorhanden. Die Teilnehmer sind nur mit dem 230-V-Netz verbunden. Die Stromversorgung aller Teilnehmer erfolgt aus dem 230-V-Netz. Ein besonderes Netzgerät ist also nicht erforderlich. Ansonsten ist der Netzaufbau mit Linien und Bereichen wie beim KNX mit Busleitung. Beim KNX-PL können unter günstigen Bedingungen z. B. acht Bereiche zu 16 Linien mit je 256 Teilnehmern betrieben werden. Es wird aber empfohlen, jedes KNX-PL auf wenige Tausend Teilnehmer zu beschränken. Alle Teilnehmer (Sensoren und Aktoren) enthalten einen Bandpass für den Bereich von etwa 104 kHz bis 118 kHz, der die Netzspannung mit 50 Hz von ihnen fernhält. Die Sensoren enthalten einen Generator, der beim Datenbit 0 eine Frequenz von 105,6 kHz und beim Datenbit 1 aber 115,2 kHz abgibt. Die Netzankoppler der Aktoren bilden aus den Impulspaketen die Datensignale. Eine spezielle Schaltung (Korrelator) erkennt und berichtigt durch Störungen beschädigte Bitfolgen.
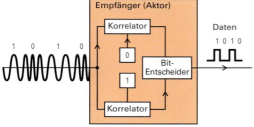 Anschluss der Bandsperren und Phasenkoppler bzw. Repeater	Wegen der kleinen Leistung der Generatoren müssen zum öffentlichen Netz hin Bandsperren für die Signalfrequenzen (105,6 kHz und 115,2 kHz) eingebaut werden. Die Außenleiter der Abnehmeranlage müssen durch Phasenkoppler (Bandpässe) oder durch Repeater (siehe Seite Komponenten der Datennetze) verbunden sein, weil die Außenleiter auf verschiedene Stromkreise verteilt sind. Bei Repeatern können mehr Geräte oder längere Leitungen zwischen den am weitesten entfernten Teilnehmern verwendet werden als bei Phasenkopplern. Bandsperren, Phasenkoppler und Repeater sind Reiheneinbaugeräte REG zum Aufschnappen auf die Schienen der Verteilungen.
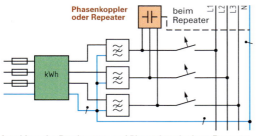 Anschluss eines Dimm-Aktors	Aktoren bei KNX-PL sind Reiheneinbaugeräte REG, Einbaugeräte oder AP-Geräte (Aufputzgeräte). Die Parametrierung der Teilnehmer kann erfolgen • über einen PC oder • über ein spezielles Steuergerät (Controller). Die Ankopplung an das Netz erfolgt dabei über eine Datenschnittstelle. Für die Parametrierung ist eine spezielle Software erforderlich.
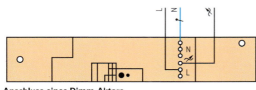 Größtmögliche Belastungszahl bei Anlage mit Phasenkoppler	**Belastungszahlen z** | Gerät | z | |---|---| | KNX-Geräte | 1 | | Glühlampen | 1 | | Elektrokleingeräte | 10 | | HiFi-Geräte | 10 | | Video-Geräte | 10 | | Elektronische Trafos | 50 | | Elektronische Vorschaltgeräte | 50 | | Fernsehgerät | 50 | | PC, Monitor | 50 |

Belastungszahlen z

Gerät	z
KNX-Geräte	1
Glühlampen	1
Elektrokleingeräte	10
HiFi-Geräte	10
Video-Geräte	10
Elektronische Trafos	50
Elektronische Vorschaltgeräte	50
Fernsehgerät	50
PC, Monitor	50

Local Control Network LCN

Schaltung	Erklärung	Bemerkungen

Netzaufbau

Kleine bis mittlere LCN-Anlage

Grundbestandteile des LCN sind Module. Das gleiche Modul wird zum Anschluss der Befehlsgeräte (Sensoren) oder Aktoren verwendet oder wirkt selbst als Aktor.

An jedes Modul wird die Installationsleitung, z.B. NYM oder NYIF, angeschlossen. Diese muss eine zusätzliche Ader als Datenleitung, also bei Einphasenwechselstrom einschließlich PE vier Adern, haben.

An dasselbe Modul können mehrere Sensoren, z. B. Taster, angeschlossen werden. Als Aktor hat ein Modul eine Ausgangsspannung von AC 230 V.

Erfordern die anzuschließenden Lasten eine größere Leistung, so steuert das LCN-Modul z. B. ein Schütz bzw. ein Relaismodul an.

Die *Datenübertragung* erfolgt über den Datenleiter und den Neutralleiter.

Große LCN-Anlage (LCN-Segmentbus, je maximal 250 Module)

Bei Anlagen mit mehr als 250 Modulen müssen *Segmentkoppler* mit einem LCN-Segmentbus verwendet werden. In einer Anlage können bis 120 Segmentkoppler eingesetzt sein, und zwar auch in Stromkreisen mit verschiedenen Außenleitern.

Zur Verhinderung von Spannungsverschleppung können *LCN-Trennverstärker* verwendet werden.

Die Segmentkoppler werden z. B. mit IY(St)Y2 × 2 × 0,8 oder einer gleichwertigen Leitung untereinander verbunden.

Für Reichweiten eines Leitungsstranges über 1 km müssen *LCN-Trennverstärker* und *Lichtleiterkoppler* für Glasfaserkabel eingesetzt werden. Diese sind REG (Reiheneinbaugeräte).

Module und Parametrierung

Modul LCN-UP

Das Modul LCN-UP ist ein kombiniertes *Sensor-Aktor-Modul* für Unterputz-Einbau. Es hat zwei Ausgänge mit AC 230 V und Schaltleistungen von je bis 300 VA.

Am Eingang T können bis zu 10 Taster angeschlossen werden. Der Eingang I (Impulsmesseingang) dient zum Anschluss eines Infrarot-Empfängermoduls.

Bei Ansteuerung von Motoren oder Induktivitäten und beim Dimmen ist ein zusätzliches *Störfiltermodul* erforderlich.

Das eingebaute Betriebsprogramm umfasst Schalten und Dimmen der Ausgänge. Helligkeit und Änderungsgeschwindigkeit sind getrennt einstellbar.

Modul LCN-SH

Das Modul LCN-SH ist ein kombiniertes Sensor-Aktor-Modul zum Aufschnappen auf die Hutschiene. Seine Daten entsprechen weitgehend denen des Moduls LCN-UP, jedoch ist ein Störfiltermodul eingebaut und zusätzlich können am Anschluss P digitale *Ein-Ausgangs-Signale* eingegeben oder ausgegeben werden.

Bei der Ansteuerung von Relais ist ein *LCN-Grundlastmodul* erforderlich.

Maximal 32 Verbraucher können gesteuert werden, wobei zahlreiche Funktionen, z. B. schonendes Hochfahren der Spannung (Rampenverlauf), möglich sind. Beim Schalten wirkt LCN-SH als *Nullspannungsschalter*.

Bestandteile des Moduls (Eingangsbaugruppen, Leistungsteil mit Dimmer, Mikrocomputer mit Konfigurationsspeicher, Netzteil, Bus-Ankoppler)

Die Sensor-Aktor-Module enthalten ein Netzteil mit Überspannungsschutz und Spannungsregler. Der Busankoppler besteht aus Verpolungsschutz, Überspannungsschutz und Zugriffsteuerung. Er steuert den Mikrocontroller mit dem Konfigurationsspeicher (Speicher für das einzugebende Programm, Konfiguration = Gestaltung) an.

Der Mikrocontroller wird auch von den Eingangsbaugruppen angesteuert (P nur beim Modul LCN-SH). Er steuert selbst den Leistungsteil mit Dimmer an.

www.lcn.eu

Das *Konfigurationsprogramm* wird über einen PC bzw. Laptop eingegeben. Zu diesem Zweck wird ein *Koppelmodul* an die LCN-Anlage angeschlossen.

Das Parametrieren der verschiedenen Sensor-Aktor-Module erfordert eine spezielle Software, die vom Hersteller der LCN-Module geliefert wird.

Das PC-Programm für den Elektriker sucht über ein Menü alle Module im Netz und bietet sie zur Parametrierung an.

Ethernet-Netzwerke Ethernet Networks

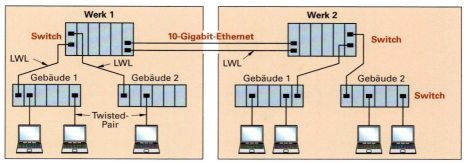

Beispiel einer Ethernet-Vernetzung von Computern über Switches

Begriff	Erklärung	Bemerkungen
CSMA/CD-Verfahren	CSMA/CD steht für Carrier Sense Multiple Access/Collision Detection (Träger für Vielfachzugriff mit Kollisionserkennung). Jeder sendewillige Busteilnehmer prüft, ob über den Bus eine Datenübertragung erfolgt. Ist der Bus frei, werden die Daten paketweise gesendet. Ein gleichzeitiges Senden zweier Busteilnehmer führt zu Datenkollisionen. Die Datenübertragungen werden dann abgebrochen und nach einer mittels Zufallsgenerator im Sender festgelegten Zeit neu gestartet.	Anwendung bei Ethernet-Netzen, z. T. Fast-Ethernet-Netzen und Gigabit-Ethernet-Netzen. Die Bitrate beträgt bei einfachen Ethernet-Netzen 10 Mbit/s, bei Fast-Ethernet-Netzen 100 Mbit/s und bei Gigabit-Ethernet-Netzen 1000 Mbit/s. Beim CSMA/CA-Verfahren (collision avoid = Kollisionsvermeidung) unterbricht nur ein Teilnehmer das Senden. Anwendung z. B. beim KNX-TP.
Switch, Hub mit angeschlossenen PCs	Ein Switch (switch = Schalter) ist ein Sternkoppler, der Sender und Empfänger entsprechend der Nachrichtenadresse durchschaltet. An einem Switch sind sternförmig mehrere Teilnehmer zu einem Netzsegment verbunden. Bei Ethernet-Netzen keine Datenkollisionen an den Switch-Anschlüssen (Punkt-zu-Punkt-Verbindungen). Hubs (engl. hub = zentrale Stelle) leiten die Nachrichten an alle Teilnehmer.	Ein Switch kann Anschlüsse für Twisted-Pair-Leitungen (bis 90 m) 10-BASE-T (10 Mbit/s), 100-BASE-T (100 Mbit/s), 1000-BASE-T (1000 Mbit/s) oder Glasfaserleiter (LWL, bis 2 km) 100-BASE-F, 1000-BASE-F besitzen.
Switch mit Full-Duplex-Betrieb s senden, e empfangen	10-Gigabit-Ethernet-Netzwerke und die meisten Fast-, Gigabit-Ethernet-Netzwerke arbeiten nicht mit dem CSMA/CD-Zugriffsverfahren. Sie arbeiten im Voll-Duplex-Betrieb und benötigen daher Switches mit der Fähigkeit zur Flusskontrolle. Hierbei existiert zusätzlich zum Sende- bzw. Empfangskanal ein Rückkanal zwischen Teilnehmer und Switch zur Synchronisation von Sender und Empfänger. Der Empfänger kann dadurch dem Sender mitteilen, dass sein Datenpuffer z. B. voll ist. Der Sender reduziert daraufhin seine Datenrate.	Für 10-Gigabit-Ethernet immer LWL: 10 GBase-xx, z. B. 10 GBase-SR. xx steht für 2 Zeichen: 1. Wellenlänge E 1550 nm, L 1310 nm, S 850 nm, 2. Codierung R serielle Codierung ohne WAN-Anpassung, W serielle WAN-Codierung, X LAN-Codierung. Je nach LWL Reichweiten bis über 40 km.

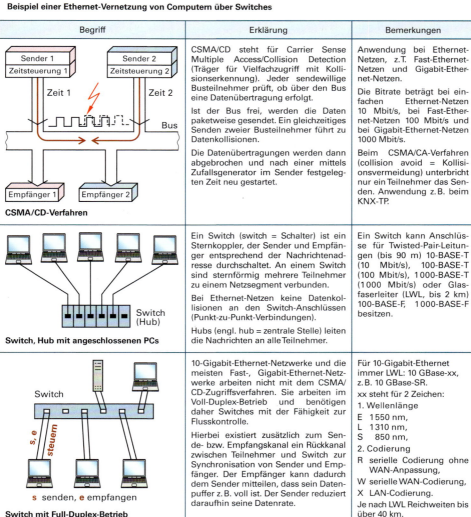

Errichten eines Ethernet-Netzwerkes
Implementation of an Ethernet Network

Ablauf	Erklärung	Bemerkungen
Planung	Erfassen der vorhandenen Computer und der Peripheriegeräte einschließlich der Betriebssysteme. Prüfung, ob Erweiterung geplant werden soll. Danach Festlegung, was in das Ethernet aufzunehmen ist.	Dabei ist zu entscheiden, welche Bestandteile der vorhandenen Einrichtung weiterverwendet, aufgerüstet oder ausgetauscht werden sollen. Litzenleiterkabel nur für kurze Strecken vorsehen, da Dämpfung größer ist als bei Massivleiterkabel.
Information	Informationen über Ethernet sind vor allem über das Internet zu erhalten. Das betrifft sowohl allgemeine Informationen über die Technik als auch Informationen über Anbieter von Komponenten.	Aufruf einer Suchmaschine, z. B. www.duckduckgo.com, www.google.de, danach Eingabe des Suchbegriffes, z. B. ethernet
Entscheidung über System	Für kleine einfache Netzwerke kommen Bustopologie und Sterntopologie in Betracht, für größere ist nur die Sterntopologie sinnreich. Ggf. Patchfeld planen → flexibles Anpassen der Anlage. Zu entscheiden ist auch, ob Wireless-Anschlüsse (WLAN) zu realisieren sind.	Meist wird bei Leitungsverbindung das System 100 Base-TX mit Kupferleitungen U/UTP oder U/FTP der Kategorie 7 aufgebaut. Auch 100 Base FX und 1000 Base SX finden Anwendung. Bei Kategorie 7 ist auf Steckbverbindung GG45 oder Tera zu achten. Fälschlicher Weise wird oft RJ45 verwendet.
Einholung von Angeboten	Es ist empfehlenswert, für die erforderlichen Komponenten ein schriftliches Angebot einzuholen. Vorab sind zu klären z. B. Anzahl Sternkoppler (meist Switches), Router, Server, Software, Leitungslängen, Kabelkanäle, Patchfelder, Leerrohre, Dosen.	Beispiele von Anbietern: www.black-box.de www.rs-components.com www.bb-elec.com www.schukat.com
Beschaffungsbedarf bei Sterntopologie mit Leitungen	Für n anzuschließende PC sind n Netzwerkkarten zu beschaffen (sofern nicht im PC enthalten) und als Sternkoppler mindestens 1 Switch bzw. 1 Hub, ggf. WLAN-fähig. Zum Anschluss der PC an den Sternkoppler sind n Patchkabel nötig, die in der erforderlichen Länge konfektioniert (mit Steckern versehen) geliefert werden oder selbst aus Meterware mit speziellem Werkzeug zu fertigen sind. Zum Anschluss von k tragbaren PC in zwei Räumen sind 2k Datensteckdosen und 2k Patchkabel zum Anschluss an diese nötig. Die Datensteckdosen sind paarweise miteinander über Meterware von U/UTP oder U/FTP zu verbinden.	Anschlus von Netzwerk-Anschlussdosen über ein Patchfeld an Switches
Bestellung	Die Bestellung der Komponenten und bei Bedarf der Software sollte schriftlich erfolgen.	Es ist darauf hinzuweisen, dass gemäß Angebot ein Netzwerkbetrieb möglich sein muss.
Leitungsverlegung	Die Leitungen zwischen den Datensteckdosen sollten in einem Elektro-Installationskanal verlegt werden, auch lange Patchkabel. Dadurch wenigstens teilweise geschützt verlegt.	Bei Lichtwellenleitungen muss der Biegeradius r mindestens das 4-Fache des Leitungsdurchmessers betragen.
Inbetriebnahme	Alle PC und der Switch sind vom 230-V-Netz zu trennen. Danach sind die Stecker der Patchkabel in die Steckbuchsen der PC zu führen. Anschließend sind die PC und die Sternkoppler einzuschalten.	Das Einbinden der Netzwerkkarten bzw. PCs erfolgt menügeführt durch die Software, z. B. das Betriebssystem Windows, oder weitgehend automatisch von selbst bei Plug-and-Play.

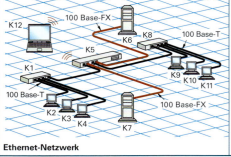

K1	Minihub (kleiner Hub)
K2, K3, K4	PCs
K5	Switch
K6	Server 1
K7	Server 2
K8	Minihub (kleiner Hub)
K9, K10, K11, K12	PCs

Der Switch K5 gibt die empfangenen Telegramme nur an den im Telegramm genannten Empfänger bzw. an seinen Sternkoppler, z. B. bei einem Empfänger K2 nur an K1. Die Minihubs geben alle empfangenen Signale weiter, z. B. K1 an K2, K3 und K4.
Anstelle von Hubs verwendet man meist Switches.

Ethernet-Netzwerk

PROFIBUS, PROFINET

Begriff	Erklärung	Struktur, Bemerkungen
PROFIBUS DP (process field bus decentral periphery)	Dient zum zyklischen Übertragen der Daten von Sensoren und Aktoren. Diese werden an PROFIBUS-Anschlussmodule (Slaves) angeschlossen. Die Module kommunizieren drahtlos oder mit RS-485-Schnittstellen über den PROFIBUS. Der PROFIBUS-Master ist in eine SPS oder einen PC integriert. Die Bitrate beträgt bei Leitungen mit 1200 m ohne Repeater 9,6 kbit/s und bei 100 m bis 12 Mbit/s. Als Busleitung werden geschirmte verdrillte Zweidrahtleitungen oder Lichtwellenleitungen verwendet. www.siemens.de, www.profibus.com	**Beispiel eines PROFIBUS DP**
PROFIBUS PA (process field bus process automation)	Daten und Energie werden über dieselbe Leitung übertragen. Die PROFIBUS-PA-Feldgeräte benötigen einen PROFIBUS-DP-Master. Die Kopplung der beiden Busse erfolgt über einen DP/PA-Koppler (Segmentkoppler) mit den Schnittstellen RS 485 und IEC 61158-2. Die Bitrate beim PROFIBUS PA beträgt 31,25 kbit/s auf 1900 m Leitungslänge. Das Einspeisen der Versorgungsspannung für die PROFIBUS-PA-Feldgeräte auf die Busleitung mit einem Versorgungsstrom von max. 400 mA (nicht eigensicher) bzw. 100 mA (eigensicher) erfolgt über die DP/PA-Koppler. Bei geeigneter Auslegung auch Einsatz in explosionsgefährdeten (eigensicheren) Bereichen mit bis zu 1000 m Leitungslänge.	**Beispiel eines PRORBUS PA**
PROFINET (process field net)	Vollduplexe Variante des Industrial Ethernet (IE) mit Bitrate von z.B. 100 Mbit/s zum Anschluss von Automatisierungsgeräten und Feldgeräten sowie über Koppelgerät (PROFI-BUS-Master mit PROFINET-Anschluss) auch Geräte eines PROFIBUS DP. Das TCP/IP-Protokoll (Transmission Control Protocol/Internet Protocol) wurde so erweitert, dass zeitkritische EA-Daten übertragbar sind (Realtime (RT), Isochronous RT (IRT) → Motion Control, Bewegungssteuerung, -regelung).	
PROFINET-Geräte	Ein PROFINET-Gerät besitzt einen Anschluss für IE, zusätzlich oft auch einen Anschluss für den PROFIBUS. Es besteht aus Steckplätzen, in die Module mit Kanälen zum Einlesen und Ausgeben von Prozesssignalen gesteckt werden können. Man unterscheidet PROFINET IO und PROFINET CbA.	
PROFINET IO (process field net input output)	PROFINET IO ermöglicht das Anschließen von Feldgeräten an Ethernet. Die Feldgeräte (IO-Device) sind einer Steuerung (SPS, IO-Controller) zugeordnet. Sie übertragen zyklisch ihre Nutzdaten zur Steuerung über Twisted Pair, LWL, Wireless.	
PROFINET CbA (component based automation)	PROFINET CbA findet Anwendung beim Anschluss von programmierbaren Feldgeräten und Automatisierungsgeräten. Die für eine verteilte Automatisierung benötigten Funktionen werden modular programmiert und als Komponenten (Module) ausgeführt.	**Beispiel für PROFINET** (FU Frequenz-Umrichter) Mittels der Protokollerweiterung PROFIsafe sind zusammen mit Sicherheitskomponenten Sicherheitsfunktionen möglich, z.B. NOT-AUS.
Projektierung	Die Projektierung einer Automatisierungsanlage erfolgt z.B. über TIA Portal, STEP7 (10-Supervisor). Dabei wird das Anwendungsprogramm erstellt und den Geräten z.B. Gerätename, Gerätenummer, PROFIBUS-Adresse oder IP-Adresse, Ethernet-Subnetz zugeordnet.	Die Kommunikationsverbindungen der Geräte mit ihren MAC-Adressen (Media Access Control, Geräte-Identifikation ab Werk) müssen programmiert oder können grafisch durch Verschaltungslinien über einen Editor markiert werden.

Anbindung über IO-Link / Connection via IO-Link — IEC 61131-9

Merkmal	Eigenschaft	Bemerkungen
Aufgabe	Sensoren, Aktoren müssen in Automatisierungsanlagen mit übergeordneten Computern (Industrie-PC, SPS) über geeignete Schnittstellen kommunizieren. Dies kann über einen Feldbus erfolgen oder, wie nachfolgend beschrieben, über IO-Link. www.siemens.com	Mit Sensoren und Aktoren, die einen Microcontroller besitzen, können nicht nur Prozesswerte, z. B. Distanzwerte, ausgetauscht, sondern z. B. auch Diagnosedaten (z. B. Überlast), Ereignisdaten (z. B. Kurzschluss) ausgewertet werden. Hierzu ist eine entsprechende Kommunikation (Input, Output, IO) erforderlich.
Mastermodul IO-Link-Master	Die Verbindung der Sensoren, Aktoren mit dem übergeordneten Computer erfolgt über den IO-Link-Master oder über mit diesem verbundene IO-Link-Module und Funktionsmodule. Der IO-Link-Master besitzt mehrere IO-Link-Anschlüsse (Ports, Kanäle, 5-polige M12-Buchsen). Drahtlos (wireless) auch möglich. Die an ihn angeschlossenen IO-Link-Geräte können vom Master zeitlich unterschiedlich angesprochen werden.	
Busteilnehmer	Der Master kann ein Busteilnehmer, z. B. im PROFINET, AS-i-Bus, oder Teil eines IO-Systems sein, das mit einem (Feld-)Bus verbunden ist, z. B. des dezentralen IO-Systems ET 200SP.	
Sensorsignalverarbeitung IO-Link-Modul	IO-Link-Module bieten Anschluss für binäre Sensoren mit den Funktionen Öffner, Schließer (M8-, M12-Anschlüsse). Teilweise sind auch analoge Sensoren anschließbar. Sensoren mit IO-Link-Schnittstelle (drahtgebunden, drahtlos) sind verfügbar aus dem Umfeld optoelektronischer Sensoren, Näherungssensoren, Drucksensoren, Wegmessungssensoren. www.ifm.com, www.pepperl-fuchs.com, www.balluff.com, www.leuze.de, www.wenglor.com	**Anschluss von Sensoren, Aktoren über IO-Link**
Aktoransteuerungen, Funktionsmodule	Funktionsmodule dienen zum Aufstecken von Schützen, sodass diese dadurch mit dem IO-Link-Master verbunden werden können. Somit ist auch ein Schalten von Motoren über Leistungsschütze möglich.	Motorstarter, Überlastrelais für den Überlastschutz von Motoren, Überwachungsrelais für elektrische und mechanische Größen bzgl. Störungsüberwachung sowie Ventile sind ebenfalls in IO-Link-Systeme integrierbar.
Schnittstelle	IO-Link ist eine serielle, bidirektionale Punkt-zu-Punkt-Verbindung zur Signalübertragung und Energieversorgung über ungeschirmte Leitung mit drei bis fünf Leitern. Ports des Masters einstellbar für Kommunikation, Digitaleingang, Digitalausgang.	Die Sensoren besitzen 4-polige Stecker, die Aktoren 5-polige Stecker. Anschlussbelegung Pin 1 für 24 V, Pin 3 für 0 V, Pin 4 als Schalt- und Kommunikationsleitung. In der Betriebsart „IO-Link" befindet sich der Port Pin 4 in der IO-Link-Kommunikation.
Betriebsarten	Datenübertragungsraten 4,8 kBit/s, 38,4 kBit/s, 230 kBit/s. Max. Leitungslänge zu Master 20 m. Zweimalige Wiederholung der Datenübertragung im Fehlerfall.	In der Betriebsart „DI" verhält sich Port Pin 4 wie im Digitaleingang, in der Betriebsart „DQ" wie ein Digitalausgang. In der Betriebsart „Deaktiviert" können herstellerspezifisch die unbenutzten Ports Pin 2, Pin 5 verwendet werden.
Datenübertragung wireless	Übertragen werden Prozessdaten, Statusdaten (gültig/ungültig), Gerätedaten (Parameter, Diagnosedaten), Ereignisdaten (Fehlermeldungen).	IO-Link-Wireless-Master können mit geeigneten Aktoren, Sensoren drahtlos über Funk (Bluetooth Low Energy LE) kommunizieren. Auch wireless IO-Link-Hubs sind zum Anschluss mehrerer drahtbundener Sensoren, Aktoren verfügbar. Sichere Datenübertragung durch Frequenzsprungverfahren (Seiten 454, 455).
Konfiguration	Das Einbinden der Sensoren, Aktoren, IO-Link-Module, Funktionsmodule in das IO-Link-System erfolgt über ein PC-Konfigurationstool, z. B. PCT (Port Configuration Tool). Hierzu sind diese Geräte den Ports des IO-Link-Masters zuzuordnen und diesen Ports Adressen im Adressbereich des IO-Link-Masters.	Das Konfigurationstool besitzt einen Gerätekatalog zur Auswahl der in das IO-Linksystem einzubindenden Geräte. Auch der IO-Link-Master muss mittels Konfigurationstool parametriert werden, z. B. Einstellen der Anschlüsse auf Eingang/Ausgang oder bzgl. einer PROFINET-Anbindung durch entsprechende Adresszuweisung.

CAN-Bus[1]
Conroller Area Network

Frame-Format

Kennfeld	Erklärung	Kennfeld	Erklärung
Beginn des Datenübertragungsblocks (Start of Frame)	Das Startbit markiert den Beginn einer Botschaft und synchronisiert alle Stationen.	Fehlererkennungsfeld (CRC Field)	Dieses CRC-Feld[2] enthält das Rahmensicherungswort zur Erkennung von Störungen.
Entscheidungsfeld (Arbitration Field)	Das Arbitration Field stellt fest, wer senden darf.	Rückmelderate (Ack Field)	Enthält die Bestätigungssignale aller Teilnehmer, dass die Botschaft fehlerfrei empfangen wurde (Ack von Acknowledge).
Kontrollfeld (Control Field)	Das Control Field enthält die Anzahl der Datenbytes, die im Datenfeld folgen werden.	Ende des Datenübertragungsblocks (End of Frame)	End of Frame markiert das Ende der Botschaft.
Datenfeld (Data Field)	Im Datenbereich werden zwischen 0 Byte und 8 Bytes übertragen.	Zwangspause (Intermission)	Erfolgt nach der Zwangspause kein Buszugriff, so bleibt der *Bus in Ruhe* (Bus idle).

Der CAN-Bus wird oft als robuster Datenbus im industriellen Bereich eingesetzt. Er überträgt die Daten mithilfe von zwei Datenleitungen, die miteinander verdrillt oder durch eine Ummantelung abgeschirmt werden.

Beim CAN-Bus sind mehrere Teilnehmer als gleichberechtigte Stationen verbunden. Dabei ist die Adressierung der Daten *botschaftsbezogen*. Somit empfängt jede Station alle Daten, überprüft, ob die Daten für sie relevant sind und speichert sie dann gegebenenfalls ab. Herrscht kein Datenverkehr, können alle Stationen senden. Wollen mehrere Stationen gleichzeitig Daten senden, so werden die einzelnen Stationen anhand einer Prioritätenliste abgearbeitet. Stationen mit einer hohen Priorität (wichtige Daten) bekommen zuerst Zugriff auf den Bus.

Die Übertragungsgeschwindigkeit ist abhängig von der Leitungslänge und reicht von 1 Mbit/s (bei 40 m) bis zu 50 kbit/s (bei 1000 m).

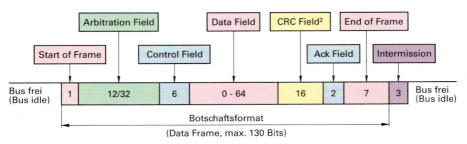

Datenübertragungseinheit bei CAN

Datenbusse in Kraftfahrzeugen

Benennung	Übertragungsgeschwindigkeit	Anwendungsbeispiele
Multiplex (Low-Speed-CAN[1])	10 kbit/s bis 125 kbit/s	Steuerung von Klimaanlagen, Sitzverstellungen, Zentralverriegelungen.
CAN-Bus[1] (High Speed CAN)	125 kbit/s bis 1 Mbit/s	Motorsteuerung von PKW, Antischlupfregelung ASR.
D2B-Optical Bus[3] (Lichtwellenleiter)	bis 5,6 Mbit/s	Kommunikationssysteme wie Internet, Telefon oder Video.
MOST-System[4] (Lichtwellenleiter)	über 20 Mbit/s	Informations- und Navigationssysteme.
Flex Ray	bis 10 Mbit/s je Kanal	Systeme mit hoher Datenübertragungsrate, Echtzeit-Fähigkeit, Ausfallsicherheit.

[1] CAN von Controller Area Network
[2] CRC von Cyclic Redundancy Check
[3] D2B von Domestic Data Bus, Digital Data Bus
[4] MOST von Multimedia Oriented System Transport

Sicherheits-Bussysteme — Safety Bus Systems

Merkmal	Erklärung	Bemerkungen
Aufgabe	Automatisierte Anlagen besitzen Feldbusse, über welche Sensoren und Aktoren angesteuert werden. Das Ansteuern und Überwachen sicherheitsrelevanter Komponenten mittels Feldbussen erfordert fehlersichere Kommunikation.	Durch Übertragen sicherheitsrelevanter Signale über den bereits vorhandenen Feldbus einer Anlage können durch Verzicht auf einen zusätzlichen Sicherheitsbus Kosten vermieden werden. Von Vorteil auch bei Anlagen-Modernisierungen.

PROFIsafe

Funktion F-Produkte	Kommunikation mit fehlersicheren Produkten (F-Produkte) mittels PROFIsafe-Protokoll, d.h., diese müssen das PROFIsafe-Protokoll verstehen. Wird über die PROFIBUS-Leitungen und PROFINET-Leitungen übertragen. www.profisafe.net; www.siemens.com	F-Produkte sind F-SPS, F-Motorstarter für Drehstromverbraucher, F-Eingänge/Ausgänge (F-EA). Damit ist z.B. Kommunikation mit Lichtvorhängen oder mit sicherheitsrelevanten Geräten für NOT-HALT, NOT-AUS, Schutztürüberwachung möglich.
Protokoll Time Out	Datenübertragungsfehler dürfen bei der Kommunikation mit sicherheitsrelevanten Komponenten nicht auftreten. Das PROFIsafe-Protokoll ermöglicht hierzu Maßnahmen der Überprüfung: • übertragene Datenblöcke werden nummeriert, • Senden/Empfangen erfolgt mittels Zeitüberwachung/Quittierung, • Sender/Empfänger arbeiten zur eindeutigen Kennung mit Losungswort, • Datensicherung über CRC-Prüfwert (cyclic redundancy check).	Im Fehlerfall erfolgt z.B. fehlersichere Abschaltung. Die Datenblocknummern ermöglichen das Prüfen auf vollständiges Empfangen, die Zeitüberwachung (Time Out) das Prüfen auf Reaktionszeiten, das Losungswort das Prüfen auf fehlgeleitete Datenblöcke. Die CRC-Prüfung stellt durch Berechnung eines Prüfwertes vor dem Senden und nach dem Empfangen die Richtigkeit der übertragenen Nutzdaten sicher.
Projektierung TIA-Portal	Parametrierung, Diagnose von PROFIsafe-fähigen Komponenten erfolgt am PC, der z.B. über PROFIBUS, PROFINET mit den Komponenten vernetzt ist. Mittels Software, z.B. TIA-Portal (Totally Integrated Automation), und den von den Komponentenherstellern erhältlichen Komponentenstammdaten sind die Parameter für Bearbeitungszeiten/Reaktionszeiten der Sensoren, Aktoren mit Werten zu versehen. Somit sind die Reaktionszeiten der gesamten Sicherheitskette berechenbar.	**Projektierung PROFIsafe** — F-SPS, PROFINET, PROFIsafe-Prozessdaten, Lichtgitter, PC, PROFIsafe-Parametrierung, Diagnose

AS-i-Safe

Funktion	Integration von sicherheitsrelevanten Geräten (Sicherheits-Slaves) wie NOT-HALT, NOT-AUS, Schutztür-Schalter oder Sicherheits-Lichtgitter direkt in den AS-i-Bus. Sogenannter Sicherheitsmonitor kommuniziert über AS-i-Bus mit den Sicherheits-Slaves.	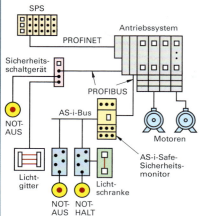
Gateway	Kann auch als Gateway PROFIBUS/PROFINET mit AS-i-Bus verbinden. Dadurch kann mit dezentralen EA über zwei Netzwerke kommuniziert werden.	
Sicherheitsmonitor SM Freigabekreis Rückführkreis	Ihm sind die Sicherheits-Slaves über Parameterwerte bei Inbetriebnahme bekannt zu machen. Die Slaves besitzen eine Codetabelle, deren Inhalt vom Kommunizieren geprüft wird. Bei Abweichungen, Zeitüberschreitungen erfolgt über den SM die sichere Abschaltung über 2-kanalig ausgeführte Freigabekreise (Stromkreise zur Ansteuerung der Sicherheits-Slaves). Der SM wertet zum Steuern der Freigabekreise die Eingangssignale der Sicherheits-Slaves und die Signale aus dem Rückführkreis (Stromkreis zur Überwachung der angesteuerten Schütze) aus.	**Sicherheits-Komponenten an PROFINET gekoppelt mit AS-i-Bus, PROFIBUS**

Identifikationssysteme — Identification Systems

Merkmal	Erklärung	Bemerkungen

RFID-Systeme

Techno-logie	Ein RFID-Transponder (RFID von Radio Frequency Identification, transponder von transmitter = Sender, responder = Antwortsender, abfragbarer Datenträger) besteht aus Antenne, analogem Schaltkreis zum Empfangen und Senden sowie digitalem Schaltkreis mit Speicher bis 1 MB, z. T. mit Mikrocontroller. Daten werden mit Funk übertragen. Basisstationen besitzen Baugruppen zum Lesen, ggf. Schreiben.	
Energie-versorgung	Man unterscheidet Transponder mit eigener Energieversorgung und ohne eigene Energieversorgung. Batterielose Transponder erhalten ihre Versorgungsspannung aus den Funksignalen der Basisstationen (hier Lesestationen). Die Daten können oft nur gelesen werden. Batteriebetriebene Transponder können sowohl gelesen als auch beschrieben werden. Im Ruhezustand senden sie keine Informationen. Wird ein Aktivierungssignal empfangen, aktiviert sich der Sender im Transponder.	Daten; 230 V 50 Hz; induktive Kopplung; **Basisstation**; **Transponder**; Antenne; Stromkreis für Signalübertragung und Stromversorgung; Binärsignal; Controller
Frequenz-bänder	Frequenzen von 30 kHz bis 500 kHz mit Reichweiten bis 1 cm, Frequenzen von 10 kHz bis 15 MHz mit Reichweiten bis 1 m, Frequenzen von 850 MHz bis 950 MHz oder 2,4 GHz bis 2,5 GHz und 5,8 GHz mit Reichweiten über 100 m.	
Anwen-dungen	Produktkennzeichnungen im Einzelhandel und in automatisierten Transportanlagen, Werkzeugkennzeichnungen, Tierkennzeichnungen, Patientenkennungen, Chipkarten für Zugangskontrollen, Mautsysteme. Die Baugrößen reichen von wenigen Millimetern bis zu einigen Zentimetern. Bedeutend für Anwendungen bei Industrie 4.0.	**Basisstation und Transponder**

Barcode-Systeme

Code 2/5	Der Code 2/5 Interleaved (überlappend) ist ein numerischer Code mit zwei breiten und drei schmalen Strichen bzw. zwei breiten und drei schmalen Lücken. Die erste Ziffer wird mit fünf Strichen dargestellt, die folgende zweite durch die Lücken der ersten. 1 bedeutet ein breites Element E (Strich oder Lücke), 0 bedeutet ein schmales Element. Die Informationsfolgen beginnen mit einem Startzeichen und enden mit einem Endezeichen. Der Code 2/5 Industrial ist je Ziffer mit zwei breiten und drei schmalen Strichen aufgebaut. Die Lücken enthalten keine Informationen. Ein breiter Strich bedeutet eine 1, ein schmaler Strich bedeutet eine 0. Das Zeichen 1 wird codiert als 10001, dargestellt mit der Strichfolge breit, dreimal schmal und wieder breit.	Zeichen / E1 / E2 / E3 / E4 / E5: 1: 1 0 0 0 1; 2: 0 1 0 0 1; 3: 1 1 0 0 0; 4: 0 0 1 0 1; 5: 1 0 1 0 0; 6: 0 1 1 0 0; 7: 0 0 0 1 1; 8: 1 0 0 1 0; 9: 0 1 0 1 0; 0: 0 0 1 1 0. Start 1 2 3 4 Stopp. **Code 2/5 Interleaved**
EAN-Code	Europäischer Artikel-Nummerierungs-Code. Striche bedeuten binär 1, Lücken binär 0. Die Verschlüsselung erfolgt mit 12 Ziffern.	Umfasst Zeichensätze A,B,C. Zeichensatzfolge ABA ABB für deutsche Artikel. Ziffer 1 bei Zeichensatz A ist 00110001, bei B 0110011
zwei-dimen-sionaler Code	Bei zweidimensionalen Codes, z. B. QR-Code, Data Matrix Code, wird die Information sehr kompakt in horizontaler und vertikaler Richtung verschlüsselt, z. B. für 2000 Zeichen. Lesbar in allen Richtungen.	**Beispiele QR-Code, Matrix-Code**

Anwendung von Bluetooth in Betrieben — Usage of Bluetooth in Companies

Merkmal	Erklärung	Bemerkungen
Bluetooth Classic	Geeignet für periodische Übertragung kleiner Datenpakete. Streaming (kontinuierlicher Datenfluss) von Audio-, Videodaten sowie Übertragung von Dateien. Bis zu 255 Geräte (Slaves), 7 können gleichzeitig aktiv sein, sind als Piconetz mit einem Master-Gerät verbunden.	Reichweite 10 m bis 100 m (Idealfall), typisch sind 10 m. Datenübertragung 2 Mbit/s. 79 Kanäle mit Bandbreite 1 MHz im 2,4-GHz-Frequenzbereich. Anwendung in Smartphones, Tablet-Pads, Notebooks, Headsets. Mehrere Piconetze bilden ein Scatternetz.
Bluetooth Low Energy BTLE	Auch Bluetooth Smart genannt. Geeignet für periodische Übertragung kleiner Datenmengen. Größere Anzahl Netzwerkteilnehmer als bei Bluetooth Classic. Sehr geringer Energiebedarf. Rascher Verbindungsaufbau aus „Schlafmodus", z. B. in 1 ms. Alle BTLE-Geräte erzeugen Aufmerksamkeitsmeldungen (Advertising-Events) auf einem der drei Advertising-Kanäle. Nach einer Verbindungsanfrage wird zum Übertragen der Nutzdaten auf einen der anderen 37 Kanäle gewechselt.	Reichweite 10 m bis 100 m (Idealfall), typisch 30 m. Datenübertragung 100 kbit/s. 40 Kanäle mit Bandbreite 2 MHz im 2,4-GHz-Frequenzbereich, davon 3 Advertising-Kanäle. BTLE-Geräte werden als Bluetooth-Smart-Devices bezeichnet (Single-Mode-Devices). Dual-Mode-Devices können parallel mit BTLE-Geräten und mit Bluetooth-Classic-Geräten betrieben werden. Ein BTLE-Piconetz kann z. B. 1 000 Geräte umfassen. www.bluetooth.com
Adaptive Frequency Hopping (AFH)	Adaptives Frequenzsprungverfahren, auch Frequenzspreizverfahren. Die Informationen werden zu einem Zeitpunkt über *einen* Frequenzkanal übertragen. Rasche Wechsel zu anderen freien Frequenzkanälen nach Zufallsauswahl, 1 600 Wechsel je s → Kollisionsverhinderung verschiedener Bluetooth-Datenübertragungen. Die Zahl der Frequenzsprünge wird reduziert, wenn ein WLAN die Übertragungsfrequenzen von Bluetooth beeinträchtigt.	Frequenzsprungverfahren für Trägerfrequenz (2,402 … 2,480 GHz) Ist ein WLAN-Kanal durch Bluetooth belegt, gehen die WLAN-Geräte kurzzeitig in Wartestellung.
Kopplung Bluetooth zu anderen Schnittstellen	Gateways ermöglichen ein Koppeln von Bluetooth-Netzen mit z. B. Industrial Ethernet-Netzwerken. Neben einer Kopplung LAN/Bluetooth – Bluetooth/LAN sind auch serielle Kopplungen wie RS232, RS422, RS485 oder USB zu Bluetooth möglich. www.anybus.de	Bluetooth-LAN-Gateway (PC – Switch – SPS – Bluetooth-LAN-Gateway – SPS – Bluetooth-Gerät)
Abgrenzung Bluetooth/WLAN	Reichweite von WLAN-Geräten im Idealfall bis 400 m, Datenübertragung bis 54 Mbit/s. WLAN-Datenübertragung für große Datenmengen alternativ zu LAN. Bluetooth zum Koppeln von Geräten im nahen Umfeld.	Die höhere Übertragungsrate bei WLAN gegenüber Bluetooth beruht auf dem größeren Frequenzbereich von 22 MHz. Die unempfindlichere Übertragung bei Bluetooth beruht auf dem Frequenzsprungverfahren. Bluetooth Klasse 1 bis 100 m Reichweite, Klasse 2 bis 50 m, Klasse 3 bis 10 m.
Anwendungsbeispiel BTLE-Chips	BTLE-Chips (Tags) können z. B. an Behältern oder Ladungsträgern angebracht werden, sodass eine Bluetooth-Verbindung möglich ist. Neben Identifikationen können mit geeigneter Sensorik im Chip z. B. Temperaturwerte oder Feuchtigkeitswerte an andere Bluetooth-Geräte übermittelt werden. www.zf.com	Identifizierung von Ladungsträgern (Scanstation, Bluetooth, Router, Logistik-Computer, Cloud)

Störungen bei Funkübertragungen in Werkstätten
Disturbances at Radio Transmissions on Shop Floors

Merkmal	Erklärung	Bemerkungen
RFID (Radio Frequency Identification)		
Problematik Frequenzeinflüsse Tag	Die Datenübertragung mittels elektromagnetischer Wellen ist störanfällig wegen beeinflussender Frequenzen von Motoren, Frequenzumformern, Bildschirmen, WLANs sowie infolge umgebender Feuchtigkeit, Temperatur. Ferner bestimmen das Oberflächenmaterial, auf welchem der Transponder (Tag) befestigt ist, das Abstandsmaterial zwischen Tag und Objektoberfläche sowie die Luft zwischen Tag und Schreib-/Lesegerät die wirksame Leistungsfähigkeit.	Die Tags arbeiten meist auf für Industrie, Wissenschaft (Science), Medizin reservierten Frequenzen (ISM-Band). Metallische Befestigungs-Oberflächen (Entstehung von Wirbelströmen) oder Behälter mit Flüssigkeiten (Dämpfung) sind für RFID-Tags mit 2,4 GHz ungeeignet. Besser geeignet sind hier RFID-Tags für 125 kHz oder 13,56 MHz. Bei mehreren Tags auf engem Raum → Datenkollisionen oder kein Adressieren von Tags. www.fml.mw.tum.de
Maßnahmen Tag-Befestigung	Teil-Abschirmung bei Transponder, Schreib-/Lesegerät und ggf. der Funkstrecke vornehmen. Auf Anordnung, Anbringung der Tags am Objekt achten, ggf. Abstandsmaterial anbringen. Die Orientierung der Antenne hat Einfluss auf den Erfassungsbereich. Tags besitzen verschiedene Arten von Antennen.	Geeignetes Abstandsmaterial ist zu wählen, ggf. erfolgen sonst Verstimmungen und somit reduzierte Reichweiten. Durch Verringern der relativen Geschwindigkeit zwischen Tag und Schreib-/Lesegerät erfolgt eine sicherere Datenkommunikation.
Wireless LAN (WLAN)		
Problematik Signalüberlagerung	Die WLAN-Kommunikation wird durch funkabschirmende Materialien in ihrer Reichweite behindert, z. B. durch armierte Betonböden, -decken, -wände. Störungen entstehen auch durch Überlagerung von Funksignalen benachbarter Systeme, die im selben Frequenzband bzw. Frequenzkanal arbeiten, z. B. • Bluetooth-Geräte, • Mikrowellengeräte, • industrielle Anlagen, welche elektromagnetische Störungen hervorrufen, oder • unterschiedliche gleichzeitig parallel betriebene WLANs.	Die Teilnehmer im Netzwerk können ihre Position verändern und wechseln daher von einem Access-Point zum anderen (Rapid Roaming mit Wechselzeiten < 50 ms), z. B. Flurförderfahrzeuge. *Bewegtes Flurförderfahrzeug*
Maßnahme IWLAN Nutzung Sende-Lücken	Beim Industrial WLAN (IWLAN) besitzen die Access Points mehrere Antennen und z. T. ein Metallgehäuse. Zeitüberwachtes Signalübermitteln mit zyklisch zugeteilten Senderechten (industrial point coordination function). Dadurch Vermeidung von Datenkollisionen. Nutzung von Sendelücken anderer Übertragungen durch Wechseln der Frequenzkanäle, auch zwischen Frequenzbändern 2,4 GHz und 5 GHz, gesteuert durch die Access Points. Ein Wechseln der Frequenzkanäle (channel hopping) erfolgt auch bei Auftreten von Störungen. Frequenzband 900 MHz auch möglich.	Elektromagnetische Wellen werden insbesondere im GHz-Bereich an metallischen Gegenständen unterschiedlich wirksam reflektiert → unterschiedliche Laufzeiten, Interferenzen. Im 2,4-GHz-Frequenzband sind in Europa die Frequenzkanäle 1 bis 13, in den USA bis 11, in Japan bis 14 verfügbar. Wegen Verbreitung der US-WLAN-Geräte meist Nutzung der überlappungsfreien Frequenzkanäle 1, 6, 11. Im 5-GHz-Frequenzband gibt es 19 überlappungsfreie Frequenzkanäle. www.siemens.com, www.welotec.com
Frequenzkanäle mit/ohne Überlappung	2,4-GHz-Frequenzband mit Frequenzkanälen: Kanäle 1 (2,412), 6 (2,437), 11 (2,462), 14 (2,484 GHz); 22 MHz Breite; überlappungsfreier Kanal.	
Optisches WLAN	Datenübertragung mittels Lichtimpulsen aus LEDs. Die rasch wechselnden Impulse werden vom Mensch nicht wahrgenommen.	Voraussetzung ist freie Sichtstrecke zwischen Sender und Empfänger. www.fraunhofer.com

Segmentierung von (W)LAN — Segmentation of (W)LAN

Merkmal	Erklärung	Bemerkungen
Sicherheitsproblematik Versteckte Firmwarefunktionen	In drahtlosen Netzwerken erfolgt die Datenübertragung zwischen Sendern und Empfängern mittels elektromagnetischer Wellen. Daher kann der Datenaustausch durch geeignete Geräte unbemerkt kontrolliert und manipuliert werden. Infolge der Möglichkeit, Sensoren und Aktoren über WLAN zu betreiben, nimmt die Gefahr unerwünschter Beeinflussung des Netzwerks von außen zu.	Im Zusammenhang mit IoT (Internet of Things) und Smart Home ermöglichen WLAN-fähige Sensoren und Aktoren ein vernetztes Schalten von Geräten wie Leuchten, Jalousien oder Tastern. Diese Geräte besitzen von den Herstellern installierte Software (Firmware), deren Umfang dem Nutzer unbekannt ist. Insbesondere vernetzbare billige Massenartikel besitzen wenig Schutzfunktionen bzw. Sicherheitsmechanismen gegenüber ungewollten Zugriffen.
Sicherheitsmechanismen Authentifizierung Firewall	Beruhen für Netzwerk-Zugriffe auf verschiedenen Arten der Authentifizierung (Überprüfen der Zugangsberechtigung) verbunden mit Verschlüsselungsmethoden. Bekannt sind z.B. WPA 2 (Wi-Fi Protected Access 2), EAP (Extensible Authentication Protocol), AES (Advanced Encryption Standards). Die Firewalls der Router filtern die zu übertragenden Daten z.B. nach Adressen und Datenmustern (Inhalten).	Die Verschlüsselungsmethoden unterscheiden sich in der Bitlänge der Schlüssel und der Art des Erzeugens der Schlüssel, z.B. dynamisch, temporär. Das Authentifizieren erfolgt z.B. mittels Passwort, Biometrie, Zertifikat im Gerät. Auch gegenseitige Authentifizierung von Gerät und Netzwerk. Firewalls sind insbesondere zum Aufbau demilitarisierter Zonen (DMZ) von Bedeutung. www.elektronik-kompendium.de
Zonen www.avm.de	Die Sicherheit eines Netzwerkes wird durch Bilden von Zonen (Segmenten) mit verschiedenen Authentifizierungen verbessert. In Industriebetrieben ist meist ein Industrienetzwerk für Maschinen, ein davon getrenntes Büronetzwerk für Büro-PC sowie ein Gäste-Netzwerk eingerichtet. Im Heimbereich sollte man eine Trennung von ggf. Bürobereich, Gästebereich, IoT-Bereich, z.B. Smart-Home-Geräte (Heizungssteuerung, Jalosiesteuerung, Taster) vornehmen.	Bei unerwünschtem Eindringen in ein Netzwerk durch einen Angreifer ist bei entsprechender Segmentierung nur ein Netzwerk-Segment betroffen, auch bei Ausbreitung von Viren. **Zoneneinteilung mit Routerkaskade**
Routerkaskade www.heise.de www.avm.de	Eine Netzsegmentierung kann durch eine Kaskade (cascade = stufenförmiger Wasserfall) von Routern vorgenommen werden. Es gibt auch Router für den Heimbereich, die eine getrennte Gastnetz-Einstellung mit eigener SSID (Service Set Identifier, WLAN-Name) ermöglichen, also 2 Netzwerke mit 2 SSIDs verwalten können.	
Smart-Home-Router (SHM)	Sie besitzen neben der klassischen (W)LAN-Schnittstelle auch die für den Smart-Home-Bereich bekannten Schnittstellen Zigbee, Z-Wave, KNX und stellen die Smart-Home-Bedienzentrale dar.	
Multi-LAN-Router VLAN www.admin-magazin.de	Ermöglichen das Verwalten von mehreren Netzwerken nach innen und nach außen ins Internet. Mehrere Zonen mit eigenen SSIDs können als virtuelle Netzwerke (VLAN) nach innen über eine LAN-Leitung abgebildet werden. Über Multi-SSID-fähige Access Points (AP) können die Benutzer/Netzteilnehmer in unterschiedlichen Netzen (Segmenten) über teilweise gleiche Hardwarekomponenten kommunizieren.	
DMZ	In einer demilitarisierten Zone DMZ steht z.B. ein Server zwischen zwei datenfilternden Routern mit Firewallfunktionen. Auf den Server kann nur vom Internet und vom internen Netzwerk (Intranet) zugegriffen werden. Auf das Intranet kann nicht direkt vom Internet aus zugegriffen werden.	**Server in demilitarisierter Zone**

IT-Ausstattung eines Service-Mitarbeiters
IT-Equipment of a Maintenance Employee

Komponente	Erklärung	Bemerkungen, Daten
Notebook, Laptop	Tragbarer PC, Spannungsversorgung über Netz oder Akku. Installierte Anwendungsprogramme auf dem Notebook sowie auf den Servern, mit denen kommuniziert werden soll, legen den Funktionsumfang fest. Kommunikation mit Internet oder direkt mit externen Unternehmens-Servern erfordert Kopplung mit Smartphone oder Internet-USB-Stick.	8 GB RAM, 1 TB Festplatte, Schnittstellen USB, DisplayPort, HDMI, RJ-45-Buchse für Ethernet-Anbindung, Wireless-LAN, Steckplatz für SD-Karte. Mittels Notebook werden Inbetriebnahmen und Erweiterungen von Steuerungsanlagen durchgeführt, z. B. PROFIBUS/PROFINET-Systeme mit SPS.
Smartphone Internet-USB-Stick	Internet-Kommunikation möglich. Kommunikation Smartphone zu Notebook über WLAN-Schnittstelle, Bluetooth oder USB.	Sofern kein Netzwerkanschluss verfügbar ist, kann die Verbindung über einen Internet-Provider zum eigenen Unternehmen über Smartphone als Hotspot oder einen Internet-USB-Stick hergestellt werden.
USB-Adapter	USB-Adapter gibt es z. B. für die Schnittstellen z. B. RS-232, RS-485, eSATA, LAN (RJ 45).	Über diese Adapter kann die Kommunikation vom Notebook zu verschiedenen IT-Geräten aufgebaut werden.
Mini-Drucker	Zum Drucken vor Ort, z. B. von Messdaten.	Anschluss an IT-Geräte über USB-Schnittstelle.
USB-Hub	Ermöglicht das Anschließen mehrerer USB-fähiger Geräte.	USB ist die am meisten verbreitete Schnittstelle bei IT-Geräten. Oft besitzen Notebooks zu wenige USB-Schnittstellen.
Telefon-Headset	Mittels Telefon-Headset kann über einen PC telefoniert werden, sofern der PC mit einem Computernetzwerk bzw. dem Internet verbunden ist. www.skype.com, www.microsoft.com	Auch Meetings über Skype, Teams, Zoom (Bildtelefonie) sind möglich. Kommunikation zwischen Headset und PC erfolgt z. B. über USB-Bluetooth-Stick.
Adapter-Spannungs-versorgung	Stecker zum Einbringen in die Wandbuchsen der Netz-Spannungsversorgung.	Jedes Land besitzt seine eigenen Adapter. Vor Reiseantritt sind diesbezüglich Informationen einzuholen.
Sonstige Komponenten	Ersatz-Akku, USB-Stick oder externes Festplattengerät zur externen Datenspeicherung.	Ersatz-Akku im Handgepäck sinnvoll, da ein Akku nach ein bis zwei Stunden Arbeit entladen ist.

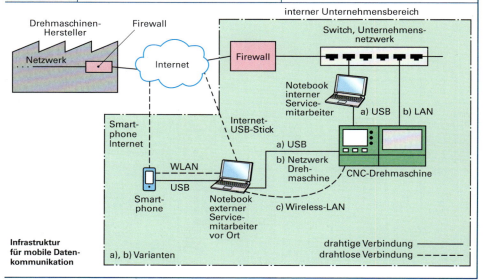

Infrastruktur für mobile Datenkommunikation

Fernwartung mit Windows — Remote Maintenance with Windows

Begriffe	Darstellung, Vorgehen	Bemerkungen
Fernwartung (remote support maintenance)	Fernwartung ist der räumlich getrennte Zugriff auf Systeme der IT-Technik zur Wartung von Anlagen, Maschinen und Computern durch den Anwender.	Zur Desktopsteuerung wird das Fernsteuerprotokoll *RDP* (von Remote Desktop Protocol) meist am Port 3389 (d3d hex) bereitgestellt.
Offline-Fernwartung	Auftretende Störungen werden intern erfasst und dem Anwender mittels Diagnoseprogramm übermittelt, z. B. Maschinendaten.	Auch zur vorausschauenden Wartung (Predictive Maintenance) eingesetzt.
Online-Fernwartung	Der Servicetechniker kann z. B. mittels Notebook online auf Maschinen, Anlagen oder den digitalen Zwilling zugreifen und sieht die Auswirkungen seiner Aktionen.	Für Wartungsarbeiten, Reparaturen und Einstellungen, z. B. Schnittwerte bei Drehmaschinen.
Aufgaben der Fernwartung	• Datensicherung, • Virenschutz, • Monitoring (Überwachung) von Maschinen, • Fehler- und Störungsanalyse, • Support, • Fernbedienung von Produktionsanlagen.	Einspielen von Sicherheits-Patches, Software-Updates, Parameteroptimierungen. Gemeldete Fehler, Störungen beseitigen. Sicherheitsaspekte sind zu beachten.
Remote-Verbindung Einrichten am Client-PC und Remote-PC Remote-Desktop zur Fern-Hilfestellung	Client — gleicher, aktueller Desktop — Server; LAN/WLAN; „Lokaler Nutzer", Client-PC, Server-PC, „Chef"	**Am Client:** *Systemsteuerung* öffnen → *System* wählen → *Erweiterte Systemeinstellungen* → Reiter *Remote* wählen und Einstellungen vornehmen. **Am Server:** ☑ Remoteverbindungen zulassen, ⊙ Verbindungen von Computern zulassen für eine Remote-Desktop-Version. **Fernhilfe:** Der Client-PC erlaubt dem Server-PC die Steuerung (**Bild**).
Remote-Desktop-Betrieb mit Zugriff auf alle Programme, Dateien und Netzwerkressourcen des Client-PCs	Client — Server; LAN/WLAN; PC 1 (wird ferngesteuert benutzt), PC 2 (steuert den Client fern)	Client C und Server S verbinden: • *remote* in den Suchfenstern von C,S der Startmenüs eingeben, • im C-Fenster Ausführen: *mstsc*, • PC-Namen in C, S eintragen, • Sicherheitsangaben, z. B. PC-Name, Kennwort eingeben in C, verbinden, → Button *Verbinden*, • Zertifikat akzeptieren im Client, • Sicherheitsangaben, z. B. PC-Name, Kennwort eingeben in S, verbinden, → Button *Verbinden*.
VPN (Virtuelles Privates Netz) Die Daten werden gleichzeitig in beide Richtungen übertragen.	Systemtechniker — Server und VPN-Software — Firewall — Tunnel — Internet — Firewall — VPN-Gateway — Router — Notebook; Maschine	Bei VPN werden die Daten, z. B. einer Maschine oder eines PC, im VPN-Gateway verschlüsselt, in IP-Pakete gepackt und über ein virtuelles Netzwerk zum Empfänger übertragen. Das virtuelle Netzwerk wirkt wie ein abgeschirmtes Netzwerkkabel (Tunnel) zwischen Sender und Empfänger im Internet, sodass die Daten nicht verfälscht werden. Empfängerseits werden die Daten in einem Server, z. B. mit VPN-Software, entschlüsselt und an den Empfänger, z. B. den Notebook eines Servicetechnikers, weitergeleitet.

Elektronik-Werkzeuge

Tools in Electronics

Art	Werkzeug	Anwendung
Werkzeuge		
Handwerkzeuge	Werkzeugkoffergrundausstattung: VDE-Schraubendrehersatz, Innensechskantschlüsselsatz, Schlosserhammer, Wasserpumpenzange, Seitenschneider, Kombizange, Rundzange, Abisolierzange, Quetschzange für Aderendhülsen, Gabelschlüsselsatz, Gliedermaßstab, Lötkolben mit Wechselspitzen, Kabelschere, Kabelmesser, Schutzbrille, Schutzhandschuhe.	Öffnen und Schließen von Gehäusen und Geräten, Montagen und Demontagen, Reparaturen, Störungsbeseitigungen, Zurichten von Kunststoffmantelleitungen, Leitungsinstallationen. www.boersch-werkzeuge.de www.wiha.com www.werkzeugkoffer-shop.de
RJ-Crimpzange	Crimpzange für Western-Stecker RJ10, RJ11, RJ12, RJ45 und DEC bzw. MMP. **Hinweis**: Bei verschiedenen Herstellern wie Telegärtner, Hirose sind für RJ45-Stecker jeweils spezielle Crimpwerkzeuge nötig. www.knipex.de	Anschließen von RJ-Steckern aller Art für Netzwerk- und Telefonleitungen DSL, ISDN und analoge Leitungen abmanteln, RJ-Stecker in die Zange einstecken, Adern in RJ einführen, crimpen. Bei einigen Steckern sind die Adern zuvor in einen Fädelkamm einzuführen.
Auflegewerkzeug	LSA[1]-Auflegewerkzeug zur Schneidklemmenbefestigung in Verteilschränken, Patchfeldern und Anschlussdosen. [1] LSA = **L**öt-, **S**chraub- und **A**bisolierfreie Technik. www.pollin.de	Leitung abmanteln, Adern in Kerbe einlegen, Auflegewerkzeug ansetzen und durchdrücken. Max. Draht-$\varnothing$ 0,8 mm, bis $\varnothing$ 0,6 mm können zwei Drähte in einem Anschluss aufgelegt werden.
Mess- und Prüfgeräte		(siehe auch Seiten 219, 223)
Digitales Stiftmultimeter	Digitales Stiftmultimeter. Maximale Eingangsspannung: AC und DC 1 000 V, Eingangswiderstand: 10 MΩ, maximaler Eingangsstrom: AC und DC 400 mA. Diodentestspannung 3,4 V.	Messen von Strom und Spannung (AC und DC), Widerstandsmessung, Durchgangsprüfung, Diodentest. www.pce-instruments.com
Spannungsprüfer	Zweipoliger Spannungsprüfer mit optischer Anzeige ohne eigene Energiequelle. Nennspannungsbereich: AC 12 V bis 690 V, DC 12 V bis 750 V. Maximal zulässige Einschaltdauer (ED) 30 s. www.benning.de	Prüfung von Wechselspannungen, Polaritätsprüfung bei Gleichspannung. Phasenprüfung bei Wechselspannung oder Anzeige der Drehfeldrichtung bei 3 AC. Kapazitive Erdung über Handgriffe und Benutzer.
Leitungs- und Netzwerk-Tester	Netzwerk-Tester: Mit RJ45-, RJ22-, RJ11-, Firewire IEEE 1394-, USB- und BNC-Steckern. Leitungstester: Nicht in spannungführenden Stromkreisen benutzen! www.myvolt.de www.reichelt.de	Netzwerk-Tester: Für die Prüfung von geschirmten Patchkabeln. Leitungstester: Durchgangsprüfung von Adern und Aderpaaren, Prüfung von Cross-Over-Schaltungen, Kurzschlussprüfung. Fehlersuche bei beschädigten Leitungen. Adapterüberprüfungen.
Verbrauchsmaterialien		
	Isolierband, Lötzinn, Kontaktspray, Kältespray, Kabelbinder, Aderendhülsen, gängige Klemmen und Stecker, Buchsen, Leitungsstücke, Satz Feinsicherungen 5x20 und 5,3x32 träge bis flink, Putztücher, Reiniger, Klebstoff, Klebeband und Markierstifte.	Reparatur kleinerer Schäden, Austausch defekter Sicherungen, reinigen, gängig machen, schmieren, verbinden und isolieren von Leitungen und Steckverbindern. www.conrad.de

Struktur der Numerischen Steuerung
Structure of the Numeric Control

Modul	Erklärung	Darstellung, Bemerkungen
CNC	Computerized Numeric Control. Computerunterstützte Steuerung von Arbeitsmaschinen, z. B. Werkzeugmaschinen, Messmaschinen, Robotern. Besteht aus Bedienfeld mit PC und speziellen steckbaren Computerkarten bzw. Modulen.	Die notwendigen Verfahrwege z. B. der Werkzeuge einer Werkzeugmaschine zum Herstellen einer Werkstückkontur werden in einem NC-Programm beschrieben (programmiert). Dieses wird von der CNC ausgewertet. Die Antriebe der Achsen der Werkzeugmaschine werden dann entsprechend angesteuert.
Hardwarebaugruppen	Die Hardware einer CNC ist entsprechend ihrer Funktionssoftware modular gegliedert. Funktionserweiterungen erfolgen z. T. durch Stecken neuer Hardwarebaugruppen, z. B. für Ansteuern weiterer Achsantriebe.	www.siemens.com
Mensch-Maschine-Kommunikation (MMC, HMC)	Bedienfeld (Bedientafel). Ermöglicht Eingaben durch den Bediener einschließlich der Anwahl der Betriebsart sowie die Anzeige von z. B. NC-Programmen, Werkzeuginformationen, Maschineninformationen, Fehlermeldungen, Alarmmeldungen.	**Struktur einer CNC mit integrierter SPS**
Nahtstellen NC-Kern, SPS	Über die Nahtstelle (Schnittstelle) zum NC-Kern (NCK) werden insbesondere die NC-Programmdaten und Werkzeugkorrekturdaten bereitgestellt, über die Nahtstelle zur SPS die Maschinendaten, Werkzeugkorrekturdaten, Magazindaten und Tastsignaldaten und umgekehrt dem Bedienfeld vom NC-Kern und der SPS die Anzeigeinformationen.	
NC-Kern (NCK)	Umfasst den Interpreter (Übersetzer des NC-Programmes (NC-Programmsätze)), berechnet die Interpolationspunkte (Zwischenpunkte) zwischen den im NC-Programm programmierten Positionen der NC-Achsen und Spindeln und führt die Lageregelung zum Erreichen der programmierten Zielpositionen durch. Über eine Nahtstelle zu den Antrieben werden diese berechneten Daten ausgegeben.	
Nahtstelle Antriebe		
Nahtstelle SPS	Über die Nahtstelle zur SPS werden die im NC-Programm programmierten Informationen bzgl. der auszuführenden Schaltfunktionen bereitgestellt. Ferner werden der SPS Werkzeugkorrekturdaten, Maschinendaten, allgemeine Parameterdaten (R-Parameter) bereitgestellt.	
SPS (PLC)	Führt Schaltfunktionen aus, z. B. Ansteuerung der Kühlmittelzufuhr, Spannelemente, Werkzeugmagazine. Abläufe von Überwachungseinrichtungen werden gesteuert.	
Nahtstelle Antriebe	Über Nahtstellen zu Spindelantrieb, Antrieben linearer Maschinenachsen und Rundachsentrieb erfolgt Bereitstellen der Daten zur Ansteuerung, z. B. Nummer von Spindel oder Achse, Spindeldrehzahl, Spindeldrehrichtung, Achse im Sollbereich, Software-Endschalter erreicht, Handradanwahl, Vorschubsperre, Vorschubkorrektur (Override).	**Werkzeugmaschine CNC** www.index-werke.de
Externe Schnittstellen	Eine CNC besitzt Schnittstellen zum Anschluss von IT-Peripheriegeräten, z. B. Datenspeicher, Drucker, sowie an Ethernet-Netzwerke, z. B. zur Anbindung an Fertigungsleitrechner, CAD-Systeme, für DNC (Distributed Numerical Control), BDE (Betriebsdatenerfassung), MDE (Maschinendatenerfassung).	Bei Anschluss an ein Ethernet-Netzwerk können zwischen CNC-Maschine und anderen Computern NC-Programme, Betriebsdaten, z. B. gefertigte Stückzahlen, oder Störungsmeldungen, z. B. bei Ferndiagnose, übertragen werden.

Koordinaten bei CNC-Maschinen   Coordinates at CNC Maschines

Koordinatenachsen

vgl. DIN 66217

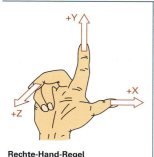
Rechte-Hand-Regel

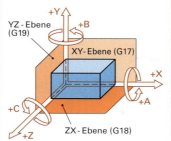
Kartesisches Koordinatensystem

Die Koordinatenachsen X, Y und Z stehen senkrecht aufeinander.

Die Zuordnung kann durch Daumen, Zeigefinger und Mittelfinger der rechten Hand dargestellt werden.

Die Drehachsen A, B und C werden den Koordinatenachsen X, Y und Z zugewiesen.

Blickt man bei einer Achse vom Nullpunkt in positiver Richtung, so erfolgt die positive Drehung im Uhrzeigersinn.

Koordinatenachsen beim Programmieren

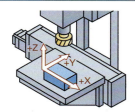
Senkrecht-Fräsmaschine

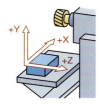
Waagrecht-Fräsmaschine

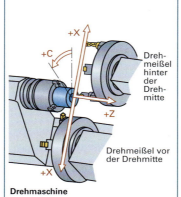
Drehmaschine

Die Koordinatenachsen und die daraus resultierenden Bewegungsrichtungen sind auf die Hauptführungsbahnen der CNC-Maschine ausgerichtet und beziehen sich grundsätzlich auf das aufgespannte Werkstück mit dessen Werkstücknullpunkt.

Positive Bewegungsrichtungen ergeben immer eine Vergrößerung der Koordinatenwerte am Werkstück.

Die Z-Achse verläuft immer in Richtung der Hauptspindel.

Um das Programmieren zu vereinfachen, nimmt man an, dass das Werkstück still steht und sich nur das Werkzeug bewegt.

Beispiel:
2-Schlitten-Drehmaschine mit programmierbarer Hauptspindel

Bezugspunkte

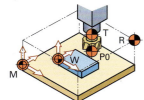
Fräsmaschine

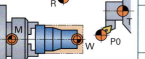
Drehmaschine

 M   **Maschinennullpunkt M**
Ursprung des Maschinen-Koordinatensystems, wird vom Maschinenhersteller festgelegt.

 P0[1]   **Programmnullpunkt P0**
Gibt die Koordinaten des Punkts an, an dem sich das Werkzeug vor Beginn des Programmstarts befindet.
[1] nicht genormt

 R   **Referenzpunkt R**
Ursprung des inkrementalen Wegmesssystems mit vom Hersteller festgelegtem Abstand zum Maschinennullpunkt. Ist zur Eichung des Wegmesssystems in allen Maschinenachsen mit Werkzeugträger-Bezugspunkt T anzufahren.

 T[1]   **Werkzeugträger-Bezugspunkt T**
Liegt mittig auf der Anschlagfläche der Werkzeugaufnahme. Bei Fräsmaschinen ist dies die Spindelnase, bei Drehmaschinen die Anschlagfläche des Werkzeughalters am Revolver.

W   **Werkstücknullpunkt W**
Ursprung des Werkstück-Koordinatensystems, wird vom Programmierer festgelegt.

Programmaufbau bei CNC-Maschinen 1 — Program Structure of CNC Machines 1

Im Ausbildungsberuf Zerspanungsmechaniker ist das **PAL-Programmiersystem Drehen und Fräsen** eng an die **DIN 66025** angepasst und diese integriert. Die Dreh- und Fräszyklen entsprechen dem heutigen Stand der CNC-Steuerungstechnik und sind bundesweit einheitlich. Grundlage der Programmierung ist ein **rechtsdrehendes**, dreidimensionales, kartesisches XYZ-Koordinatensystem.
PAL = Prüfungsaufgaben- und Lehrmittelentwicklungsstelle.

Programmaufbau

vgl. DIN 66025-1

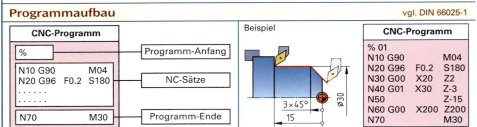

Satzaufbau

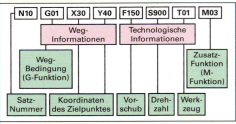

Erläuterung der Worte:
- N10 — Satznummer 10
- G01 — Vorschub, Geradeninterpolation
- X30 — Koordinate des Zielpunktes in X-Richtung
- Y40 — Koordinate des Zielpunktes in Y-Richtung
- F150 — Vorschub 150 mm/min
- S900 — Drehzahl der Hauptspindel 900/min
- T01 — Werkzeug Nr. 1
- M03 — Spindel im Uhrzeigersinn

Wortaufbau

Beispiele:
- G1 XA23 ZA43; P3 — Punkt 3 (Erläuterung) wird im Arbeitsgang linear auf die absoluten Werkstückkoordinaten angefahren.
- G23 N31 N42 H2 — Der Programmteil von Satz 31 bis Satz 42 wird zweimal wiederholt.

Ziffernfolgen ohne Vorzeichen sind positive Werte.

Adressbuchstaben

A	Dreh-/Schwenkachse um X	K/KA	Z-Mittelpunktkoordinate	Q	Ebenen-Lösungsauswahl, Objektorientierung Teilkreis
B	Dreh-/Schwenkachse um Y	L	Unterprogrammnummer	R	Kreisradius, Kreisbogenradius, Lochkreisradius
C	Dreh-/Schwenkachse um Z	M	Maschinenbefehle		
D	An- und Abfahrtlänge, Verfahrstreckenlänge, Zyklenzustelltiefe, Gewindesteigung	N	Satznummer, Wiederholungen, Sprungbefehl	S	Kreistaschenradius, Aktuelle Spindeldrehzahl/ Schnittgeschwindigkeit
E	Feinkonturvorschub, Eintauchvorschub, Rückzugsvorschub (Reiben)	O	Zustellbewegung, Achsrichtungsauswahl, Zustellrichtungsauswahl, Vergleichsrelation, Öffnungswinkel, Objektanzahl (Lochkreis), Objektanzahl (Linie), Bogenlängenkriterium	T	Werkzeugnummer
F	Vorschub, Gewindesteigung			U	Verweildauer in Sekunden oder Umdrehungen
G	Wegebedingungen, Zyklen			V	Sicherheitsebenenabstand, Vergleichsadresse
H	Bearbeitungsart, Ebenen-Einschwenkverhalten, Anzahl der Wiederholungen, Rückfahrposition, Startwinkelkriterium, Werkstückauszugsmodus			W	Höhe der Rückzugsebene, Vergleichsadresse
		P	Benutzerparameter		
I/IA	X-Mittelpunktkoordinate	Q	Bearbeitungsrichtung, Achsauswahl beim Skalieren	X, XI, XA	Koordinatenangabe in X[1]
J/JA	Y-Mittelpunktkoordinate			Y, YI, YA	Koordinatenangabe in Y
				Z, ZI, ZA	Koordinatenangabe in Z

Weitere Adressen und **Adressenkombinationen** stehen in den Bearbeitungszyklen. Die **Reihenfolge** der Adressen in einem Satz hat keine Bedeutung. Führende Nullen und das Pluszeichen können weggelassen werden, z. B. G1 statt G01. Leerzeichen vor Adressen erhöhen die Lesbarkeit.

[1] **X** Koordinateneingabe gesteuert durch G90/G91, **XI** Inkrementalmaß zur aktuellen Position, **XA** Absolutmaß; auch **gemischt** programmierbar; ebenso Y, Z, I, J, K.

Programmaufbau bei CNC-Maschinen 2 — Program Structure of CNC Machines 2

PAL-Wegbedingungen Drehen

vgl. DIN 66025-2

G0	Verfahren im Eilgang	G50	Aufheben von inkrementellen Nullpunkt-Verschiebungen und Drehungen
G1	Linearinterpolation im Arbeitsgang		
G2	Kreisinterpolation im Uhrzeigersinn	G53	Alle Nullpunktverschiebungen und Drehungen aufheben
G3	Kreisinterpolation im Gegenuhrzeigersinn		
G4	Verweildauer	G54 – G57	Einstellbare absolute Nullpunkte
G9	Genauhalt	G59	Inkrementelle Nullpunkt-Verschiebung kartesisch und Drehung
G14	Konfigurierten Werkzeugwechselpunkt anfahren		
G17	Stirnseitenbearbeitungsebenen	G61	Linearinterpolation für Konturzüge
G18	Drehebenenanwahl	G62	Kreisinterpolation im Uhrzeigersinn für Konturzüge
G19	Mantelflächen /Sehnenflächenbearbeitungsebenen	G63	Kreisinterpolation entgegen dem Uhrzeigersinn für Konturzüge
G22	Unterprogrammaufruf	G70	Umschaltung auf Maßeinheit Zoll (Inch)
G23	Programmteilwiederholung	G71	Umschaltung auf Maßeinheit Millimeter (mm)
G29	Bedingte Programmsprünge	G90	Absolutmaßangabe einschalten
G30	Umspannen/Gegenspindelübernahme/ Reitstockposition	G91	Kettenmaßangabe einschalten
		G92	Drehzahlbegrenzung
G40	Abwahl der Schneidenradiuskorrektur SRK	G94	Vorschub in mm/Minute
G41	Anwahl der Schneidenradiuskorrektur (links der Kontur)	G95	Vorschub in mm/Umdrehung
		G96	Konstante Schnittgeschwindigkeit
G42	Anwahl der Schneidenradiuskorrektur (rechts der Kontur)	G97	Konstante Drehzahl

PAL-Zusatzfunktionen Drehen

M0	Programmstopp	M9	Kühlmittelpumpe ausschalten
M3	Spindel einschalten, rechts (im Uhrzeigersinn)	M10	Reitstock-Pinole lösen
M4	Spindel einschalten, links (im Gegenuhrzeigersinn)	M11	Reitstock-Pinole setzen
		M17	Unterprogramm-Ende
M5	Spindel ausschalten	M30	Hauptprogramm-Ende, Rücksetzen auf den Einschaltzustand[1]
M7	2. Kühlmittelpumpe einschalten		
M8	1. Kühlmittelpumpe einschalten		

PAL-Sonderzusatzfunktionen Drehen

M21	Klemmen der C-Achse in G17 C und G19 C	M64	Einspannrichtung Hauptspindel außen und Gegenspindel innen
M22	Freigeben der C-Achse in G17 C und G19 C		
M23	Werkzeugspindel aus G18 in Rechtslauf schalten	M65	Einspannrichtung Hauptspindel innen und Gegenspindel außen
M24	Werkzeugspindel aus G18 in Linkslauf schalten	M66	Einspannrichtung Hauptspindel innen und Gegenspindel innen
M25	Werkzeugspindel aus G18 ausschalten		
M63	Einspannrichtung Hauptspindel außen und Gegenspindel außen		

PAL-Drehbearbeitungszyklen (Ebene G18)

G31	Gewindezyklus	G83	Konturparalleler Schruppzyklus
G32	Gewindebohrzyklus	G84	Bohrzyklus
G33	Gewindestrehlgang	G85	Freistichzyklus
G80	Abschluss einer Bearbeitungszyklus-Konturbeschreibung	G86	Radialer Stechzyklus
		G87	Radialer Konturstechzyklus
G81	Längsschruppzyklus	G88	Axialer Stechzyklus
G82	Planschruppzyklus	G89	Axialer Konturstechzyklus

Sonderzeichen Drehen/Fräsen

%	Programmanfang	+	Addition
;	Kommentaranfangszeichen[2]	–	Subtraktion
( )	Arithmetischer Ausdruck, Abarbeitungsreihenfolge	*	Multiplikation
		/	Division, Ausblendebene
~	Fortsetzungszeichen	=	Wertzuweisung

[1] **Einschaltzustand** beim Start eines CNC-Programmes **Drehen: G18, G90, G53, G71, G40, G1, G97, G95, M5, M9, M60, F0,0/E0,0/S0** (für Werkstückspindeln **und** angetriebene Werkzeuge).
[2] Kommentare werden von der Steuerung überlesen (ignoriert).

Programmaufbau bei CNC-Maschinen 3 — Program Structure of CNC Machines 3

PAL-Wegbedingungen Fräsen

vgl. DIN 66025-2

Code	Bedeutung	Code	Bedeutung
G0	Verfahren im Eilgang	G48	Tangentiales Abfahren von einer Kontur im ¼-Kreis
G1	Linearinterpolation im Arbeitsgang		
G2	Kreisinterpolation im Uhrzeigersinn	G50	Aufheben von inkrementellen Nullpunkt-Verschiebungen und Drehungen
G3	Kreisinterpolation im Gegenuhrzeigersinn		
G4	Verweildauer	G53	Alle Nullpunktverschiebungen und Drehungen aufheben
G9	Genauhalt		
G10	Verfahren im Eilgang in Polarkoordinaten	G54 – G57	Einstellbare absolute Nullpunkte
G11	Linearinterpolation mit Polarkoordinaten	G58	Inkrementelle Nullpunkt-Verschiebung polar und Drehung
G12	Kreisinterpolation im Uhrzeigersinn mit Polarkoordinaten		
G13	Kreisinterpolation entgegen dem Uhrzeigersinn mit Polarkoordinaten	G59	Inkrementelle Nullpunkt-Verschiebung kartesisch und Drehung
		G61	Linearinterpolation für Konturzüge
G17	Ebenenanwahl 2½ D-Bearbeitung[1], XY	G62	Kreisinterpolation im Uhrzeigersinn für Konturzüge
G18	Ebenenanwahl 2½ D-Bearbeitung, XZ		
G19	Ebenenanwahl 2½ D-Bearbeitung, YZ	G63	Kreisinterpolation entgegen dem Uhrzeigersinn für Konturzüge
G22	Unterprogrammaufruf		
G23	Programmteilwiederholung	G66	Spiegeln an X- und/oder Y-Achse, oder Aufheben der Spiegelung
G29	Bedingte Programmsprünge		
G40	Abwahl der Fräserradiuskorrektur	G67	Skalieren (vergrößern/verkleinern) oder Aufheben der Skalierung
G41	Anwahl der Fräserradiuskorrektur (links der Kontur)		
		G70	Umschaltung auf Maßeinheit Zoll (Inch)
G42	Anwahl der Fräserradiuskorrektur (rechts der Kontur)	G71	Umschaltung auf Maßeinheit Millimeter (mm)
		G90	Absolutmaßangabe einschalten
G45	Lineares tangentiales Anfahren an eine Kontur	G91	Kettenmaßangabe einschalten
		G94	Vorschub in mm/Minute
G46	Lineares tangentiales Abfahren von der Kontur	G95	Vorschub in mm/Umdrehung
		G96	Konstante Schnittgeschwindigkeit
G47	Tangentiales Anfahren an eine Kontur im ¼-Kreis	G97	Konstante Drehzahl

PAL-Zusatzfunktionen Fräsen

Code	Bedeutung	Code	Bedeutung
M0	Programmstopp	M13	Spindeldrehung rechts, Kühlmittel ein
M3	Spindel einschalten, rechts (im Uhrzeigersinn)	M14	Spindeldrehung links, Kühlmittel ein
M4	Spindel einschalten, links (im Gegenuhrzeigersinn)	M15	Spindel und Kühlmittel ausschalten
		M17	Unterprogramm-Ende
M5	Spindel ausschalten	M30	Hauptprogramm-Ende, Rücksetzen auf den Einschaltzustand[1]
M6	Werkzeug einwechseln		
M7	2. Kühlmittelpumpe einschalten	M60	Konstanter Vorschub (Werkzeugschneide)
M8	Kühlmittelpumpe einschalten	M61	Konstanter Vorschub mit Beeinflussung an Innen- und Außenecken
M9	Kühlmittelpumpe ausschalten		

PAL-Bearbeitungszyklen Fräsen

Code	Bedeutung	Code	Bedeutung
G34	Eröffnung des Konturtaschenzyklus	G78	Zyklusaufruf an einem Punkt (Polarkoordinaten)
G35	Schrupptechnologie des Konturtaschenzyklus		
		G79	Zyklusaufruf an einem Punkt (kartesische Koordinaten)
G36	Restmaterialschrupp-Technologie des Konturtaschenzyklus	G80	Abschluss einer G38-Taschen-/Insel-Konturbeschreibung
G37	Schlichttechnologie des Konturtaschenzyklus		
G38	Konturbeschreibung des Konturtaschenzyklus	G81	Bohrzyklus
G39	Konturtaschenzyklusaufruf mit konturparalleler oder mäanderförmiger Ausräumstrategie	G82	Tiefbohrzyklus mit Spanbruch
		G83	Tiefbohrzyklus mit Spanbruch und Entspänen
G72	Rechtecktaschenfräszyklus		
G73	Kreistaschen- und Zapfenfräszyklus	G84	Gewindebohrzyklus
G74	Nutenfräszyklus	G85	Reibzyklus
G75	Kreisbogennut-Fräszyklus	G86	Ausdrehzyklus
G76	Mehrfachzyklusaufruf auf Gerade (Lochreihe)	G87	Bohrfräszyklus
G77	Mehrfachzyklusaufruf auf Teilkreis (Lochkreis)	G88	Innengewindefräszyklus
		G89	Außengewindefräszyklus

[1] **Einschaltzustand** beim Start eines CNC-Programmes **Fräsen: G17, G90, G53, G71, G40, G1, G97, G94, M5, M9, M60, F0,0/E0,0/S0**

CNC-Bearbeitungszyklen

CNC Processing Cycles

PAL-Zyklen Fräsen (Auswahl)

G72 Rechtecktaschenfräszyklus

ZA	Tiefe absolut
ZI	Tiefe inkrementell ab Materialoberfläche
LP	Länge der Tasche
BP	Breite der Tasche
D	Zustelltiefe
V	Abstand der Sicherheitsebene zur Materialoberfläche
RN	Eckenradius
W	Rückzugsebene
EP	Setzpunktfestlegung für den Taschenfräszyklus
E	Eintauchvorschub
H1	Schruppen
H4	Schlichten (Abfräsen des Aufmaßes)
H14	Schruppen und anschl. Schlichten (gleiches Werkzeug)

G73 Kreistaschen- und Zapfenfräszyklus

ZA	Tiefe absolut
ZI	Tiefe inkrementell ab Materialoberfläche
R	Radius der Kreistasche
D	Zustelltiefe
V	Abstand der Sicherheitsebene zur Materialoberfläche
RZ	Radius des Zapfens
AK	Aufmaß der Berandung
AL	Aufmaß auf dem Taschenboden
E	Eintauchvorschub
H1	Schruppen
H4	Schlichten (Abfräsen des Aufmaßes)
H14	Schruppen und anschl. Schlichten (gleiches Werkzeug)

G74 Nutenfräszyklus

ZA	Tiefe absolut
ZI	Tiefe inkrementell ab Materialoberfläche
LP	Länge der Nut
BP	Breite der Nut
D	Zustelltiefe
V	Abstand der Sicherheitsebene zur Materialoberfläche
EP	Setzpunktfestlegung
AK	Aufmaß der Berandung
AL	Aufmaß auf dem Taschenboden
E	Eintauchvorschub
H1	Schruppen
H4	Schlichten (Abfräsen des Aufmaßes)
H14	Schruppen und anschl. Schlichten (gleiches Werkzeug)

PAL-Zyklen Drehen (Auswahl)

G81 Längsschruppzyklus

D	Zustellung
H2	Bearbeitungsart: Stufenweises Auswinkeln entlang der Kontur
AK	Konturparalleles Aufmaß auf die Bearbeitungskontur
AZ	Aufmaß durch Bearbeitungskonturverschiebung in Z
AX	Aufmaß durch Bearbeitungskonturverschiebung in X
AE	Eintauchwinkel
AS	Austauchwinkel
O2	Bearbeitungsstartpunkt aus Kontur berechnet
E	Eintauchvorschub
F	Feinkonturvorschub

G82 Planschruppzyklus

D	Zustellung
H2	Bearbeitungsart: Stufenweises Auswinkeln entlang der Kontur
AK	Konturparalleles Aufmaß auf die Bearbeitungskontur
AZ	Aufmaß durch Bearbeitungskonturverschiebung in Z
AX	Aufmaß durch Bearbeitungskonturverschiebung in X
AE	Eintauchwinkel
AS	Austauchwinkel
O2	Bearbeitungsstartpunkt aus Kontur berechnet
E	Eintauchvorschub
F	Feinkonturvorschub

Arbeitsbewegungen bei Senkrecht-Fräsmaschinen
Working Motions in Vertical Milling Machines

vgl. DIN 66025-2

G01 — Linearbewegung

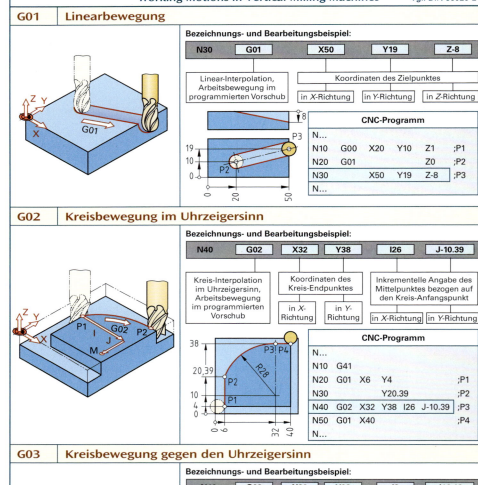

Bezeichnungs- und Bearbeitungsbeispiel:

N30	G01	X50	Y19	Z-8
Linear-Interpolation, Arbeitsbewegung im programmierten Vorschub		Koordinaten des Zielpunktes		
		in X-Richtung	in Y-Richtung	in Z-Richtung

CNC-Programm

```
N...
N10    G00    X20    Y10    Z1    ;P1
N20    G01                  Z0    ;P2
N30           X50    Y19    Z-8   ;P3
N...
```

G02 — Kreisbewegung im Uhrzeigersinn

Bezeichnungs- und Bearbeitungsbeispiel:

N40	G02	X32	Y38	I26	J-10.39
Kreis-Interpolation im Uhrzeigersinn, Arbeitsbewegung im programmierten Vorschub		Koordinaten des Kreis-Endpunktes		Inkrementelle Angabe des Mittelpunktes bezogen auf den Kreis-Anfangspunkt	
		in X-Richtung	in Y-Richtung	in X-Richtung	in Y-Richtung

CNC-Programm

```
N...
N10    G41
N20    G01    X6     Y4                    ;P1
N30           Y20.39                        ;P2
N40    G02    X32    Y38    I26   J-10.39  ;P3
N50    G01    X40                           ;P4
N...
```

G03 — Kreisbewegung gegen den Uhrzeigersinn

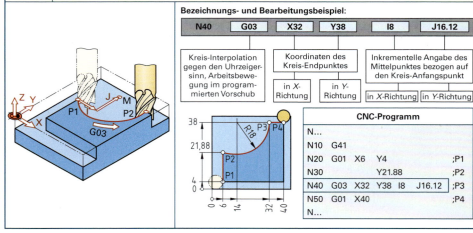

Bezeichnungs- und Bearbeitungsbeispiel:

N40	G03	X32	Y38	I8	J16.12
Kreis-Interpolation gegen den Uhrzeigersinn, Arbeitsbewegung im programmierten Vorschub		Koordinaten des Kreis-Endpunktes		Inkrementelle Angabe des Mittelpunktes bezogen auf den Kreis-Anfangspunkt	
		in X-Richtung	in Y-Richtung	in X-Richtung	in Y-Richtung

CNC-Programm

```
N...
N10    G41
N20    G01    X6     Y4                   ;P1
N30           Y21.88                       ;P2
N40    G03    X32    Y38    I8    J16.12  ;P3
N50    G01    X40                          ;P4
N...
```

Arbeitsbewegungen bei Drehmaschinen
Working Motions in Lathes vgl. DIN 66025-2

G01 — Linearbewegung

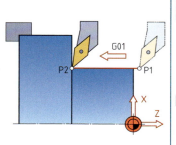

Bezeichnungs- und Bearbeitungsbeispiel

N20	G01	X60	Z-50
Linear-Interpolation, Arbeitsbewegung im programmierten Vorschub		Koordinaten des Zielpunktes	
		in X-Richtung	in Z-Richtung

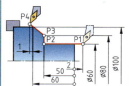

CNC-Programm

```
N...
N10   G00   X60    Z2           ;P1
N20   G01          Z-50         ;P2
N30         X80                 ;P3
N40         X102   Z-61         ;P4
N...
```

G02 — Kreisbewegung im Uhrzeigersinn

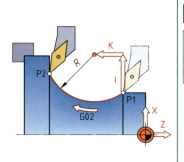

Bezeichnungs- und Bearbeitungsbeispiel

N30	G02	X100	Z-60	I20	K0
Kreis-Interpolation im Uhrzeigersinn, Arbeitsbewegung im programmierten Vorschub		Koordinaten des Kreis-Endpunktes		Inkrementelle Angabe des Mittelpunktes bezogen auf den Kreis-Anfangspunkt	
		in X-Richtung	in Z-Richtung	in X-Richtung	in Z-Richtung

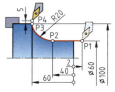

CNC-Programm

```
N...
N10   G00   X60    Z2                ;P1
N20   G01          Z-40              ;P2
N30   G02   X100   Z-60   I20   K0   ;P3
N40   G01   X110                     ;P4
N...
```

G03 — Kreisbewegung gegen den Uhrzeigersinn

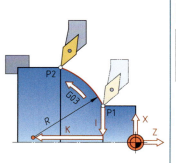

Bezeichnungs- und Bearbeitungsbeispiel

N40	G03	X90	Z-55	I0	K-15
Kreis-Interpolation gegen den Uhrzeigersinn, Arbeitsbewegung im programmierten Vorschub		Koordinaten des Kreis-Endpunktes		Inkrementelle Angabe des Mittelpunktes bezogen auf den Kreis-Anfangspunkt	
		in X-Richtung	in Z-Richtung	in X-Richtung	in Z-Richtung

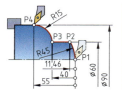

CNC-Programm

```
N...
N10   G01   X0     Z0                   ;P1
N20   G03   X60    Z-11.46   I0   K-45  ;P2
N30   G01          Z-40                 ;P3
N40   G03   X90    Z-55      I0   K-15  ;P4
N...
```

Werkzeugkorrekturen — Tool Offsets

Schneidenradiuskorrektur SRK und **Fräsradiuskorrektur FRK** bewirken, dass die CNC-Steuerung den **Werkzeugschneidenpunkt** und nicht den **Werkzeugträgerbezugspunkt** verwendet. Dadurch kann die **Fertigkontur** ohne Rücksicht auf Werkzeuglänge und Werkzeugradius nach Zeichnung programmiert werden. Die Steuerung berücksichtigt **Werkzeuglänge** und versetzt die Äquidistante[1] um den Wert des **Schneidenradius** nach innen oder außen.

Schneidenradiuskorrekturen
vgl. DIN 66025-1

Werkzeugvoreinstell- und messgerät

www.zoller.info

Werkzeugdatenerfassung

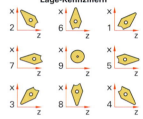

Werkzeugvoreinstellung

Werkzeugdaten
Um die Schneidenlage zu bestimmen, muss das Werkzeug so betrachtet werden, wie es an der Maschine eingespannt wird. Die Steuerung erhält die Information, aus welcher **Richtung** die Schneide auf die Kontur trifft.
Die Daten können auf einem **RFID**[2]-Chip (im Werkzeugträger) gespeichert und dort von der Bearbeitungsmaschine automatisch gelesen oder direkt in den **Werkzeugspeicher** eingegeben werden.

Lage-Kennziffern

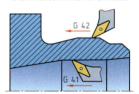

Werkzeugschneidenpunkte

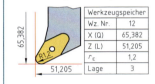

Werkzeugspeicher	
Wz. Nr.	12
X (Q)	65,382
Z (L)	51,205
r_ε	1,2
Lage	3

Bedeutungen in den Bildern
- **1-9** Lage-Kennziffern
- **D** Länge
- **E** Werkzeug-Bezugspunkt
- **L** Längenkorrektur **Z-Achse**
- **M** Schneidenradius-Mittelpunkt
- **P** Werkzeug-Schneidenpunkt
- **Q** Querablage **X-Achse**
- **r_ε** Schneidenradius
- **R** Werkzeugradius, Anfahrradius
- **T** Werkzeugträger-Bezugspunkt
- **Z** Werkzeuglänge

Drehmeißel hinter Drehmitte

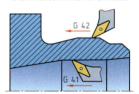

G40 Abwahl der SRK
G41 SRK links der Kontur

Drehmeißel vor Drehmitte

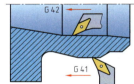

G42 SRK rechts der Kontur
SRK Schneidenradiuskorrektur

Fräsradiuskorrekturen
vgl. DIN 66025

Bahnkorrekturen
- **G40** Abwahl der Fräsradiuskorrektur **FRK**
- **G41** Anwahl der FRK links der Kontur, **Gleichlauffräsen**
- **G42** Anwahl der FRK rechts der Kontur, **Gegenlauffräsen**
- **G45** Lineares tangentiales Anfahren an eine Kontur
- **G46** Lineares tangentiales Abfahren von der Kontur
- **G47** Tangentiales Anfahren im Viertelkreis
- **G48** Tangentiales Abfahren im Viertelkreis

Gleichlauf-, Gegenlauffräsen

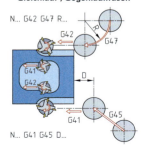

N... G42 G47 R...

N... G41 G45 D...

Werkzeugvoreinstellung

Bei älteren Steuerungen noch im Einsatz: **G43**: Bis an die Kontur fahren, **G44**: Über die Kontur fahren.
G41/G42 und **G45/G47** stehen in **einem** NC-Satz (z.B. N... G41 G45 D...).
[1] Linie gleichen Abstandes (Fräsmittelpunktsbahn), [2] **RFID** Radio Frequency Identification.

Handhabungstechnik — Handling Technology

Symbole für Handhabungsfunktionen (Auswahl)

Art	Mengen verändern		Bewegen		Sichern		Kontrollieren		Speichern	
Elementarfunktionen	Teilen	Vereinigen	Drehen	Verschieben	Halten	Lösen	Prüfen	Messen		
Zusammengesetzte Funktionen	Abteilen	Zuteilen	Schwenken	Positionieren	Spannen		Identität prüfen	Position prüfen	geordnetes Speichern	teilgeordnetes Speichern
	Sortieren	Verzweigen	Fördern	Orientieren	Entspannen		Position messen	Orient. messen		
	Zusammenführen		Führen	Ordnen			Form prüfen	Anwesenheit prüfen	ungeordnetes Speichern	

Beschickung einer Fertigungseinrichtung

Aufgabenstellung: Flexibles Ordnen und Beschicken einer Rundtaktmaschine

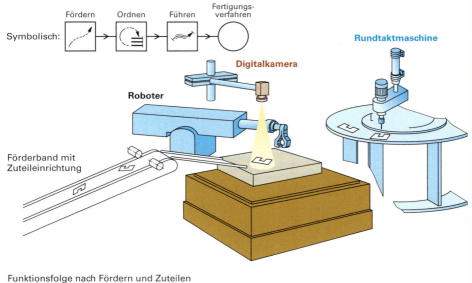

Funktionsfolge nach Fördern und Zuteilen

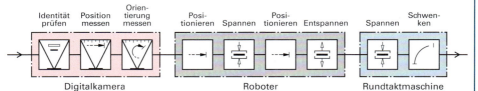

Industrieroboter — Industrial Robots

Koordinatensysteme und Drehbewegungen
vgl. ISO 9787

Beispiel	Erläuterung
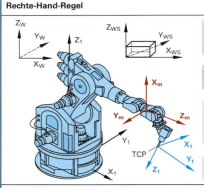	Koordinatenachsen X, Y, Z stehen senkrecht aufeinander → Zuordnung durch Rechte-Hand-Regel. Ein Körper im Raum kann sechs unabhängige Bewegungen ausführen: • 3 Verschiebungen (translatorisch), • 3 Drehungen (rotatorisch). Mehrere Koordiantensysteme → Koordinatentransformationen durch Robotersteuerung. Das Basis-Koordinatensystem des Roboters (Roboterkoordinatensystem) bezieht sich in der X-Y-Ebene auf die ebene Aufstellfläche und bei der Z-Achse auf die Robotermitte. Das Flansch-Koordinatensystem bezieht sich auf die Abschlussfläche der letzten Roboterachse. Der Ursprung des Werkzeug-Koordinatensystems liegt im Werkzeugmittelpunkt TCP (Tool Center Point). Werkstück-Koordinatensystem WS Geschwindigkeit Werkzeugspitze → Robotergeschwindigkeit, Wegverlauf → Roboterbewegungsbahn.

Rechte-Hand-Regel

Welt-Koordinatensystem w, z.B. Arbeitsraum

Basis-Koordinatensystem

Flansch-Koordinatensystem m, (mechanische Schnittstelle)

Werkzeug-Koordinatensystem (t)

Symbole zur Darstellung von Robotern

Bezeichnung	Symbol	Beispiel	Bezeichnung	Symbol	Beispiel
Translationsachse (T-Achse)			Werkzeuge	⊐	Spritzpistole, Schweißzange
Translation fluchtend			Greifer	⊲	Zangengreifer
Translation nicht fluchtend			Systemgrenzen	—|—	Trennstrich Schnittstelle, z.B. für Werkzeuge
Verfahrachse					
Rotationsachse (R-Achse)			**Trennung von Haupt- und Nebenachsen**		Nebenachse / Hauptachse
Rotation fluchtend	⊲▷⊙	⊲▷ ⊙			
Rotation nicht fluchtend					

Transformation von Achsbezeichnungen

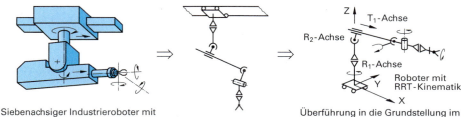

Siebenachsiger Industrieroboter mit zwei translatorischen und fünf rotatorischen Achsen in hängender Arbeitsstellung

Symbolische Darstellung

Überführung in die Grundstellung im Bezugs-Koordinatensystem zur Bestimmung der Achsbezeichnungen

Arbeitsräume, Koordinatensysteme bei Industrierobotern
Workspace und Coordinate Systems of Industrial Robots

Begriff	Erklärung, Darstellungen	Darstellungen
Arbeitsraum	Raum, der von der Schnittstelle zum Effektor (lat. efficere = bewirken), z. B. Greifer, einschließlich dessen geometrischer Auslage, bei minimalen und maximalen Endlagen der Hauptachsen des Roboters gebildet wird.	Quader — Hohlzylinder — Hohlkugel
Bewegungsraum	Raum, der von allen bewegten Roboterelementen einschließlich Effektor im Betrieb eingenommen werden kann.	
Kinematik: TTT (3 translatorische Hauptachsen) **Arbeitsraum:** Quader **Koordinaten:** kartesische	Kartesischer Roboter (TTT)	
Kinematik: RTT (Hauptachsen: 1 rotatorisch, 2 translatorisch) **Arbeitsraum:** Hohlzylinder **Koordinaten:** zylindrisch		Zylindrischer Roboter (RTT)
Kinematik: RRT (Hauptachsen: 2 rotatorisch, 1 translatorisch) **Arbeitsraum:** Hohlzylinder **Koordinaten:** Kugel	Polarroboter (RRT)	
Kinematik: RRR (3 rotatorische Hauptachsen) **Arbeitsraum:** Hohlkugel **Koordinaten:** Winkel		Gelenkroboter (RRR)
Kinematik: RRT (Hauptachsen: 2 rotatorisch, 1 translatorisch) **Arbeitsraum:** Hohlzylinder **Koordinaten:** zylindrisch/Winkel	Scararoboter (RRT)	Kinematikstruktur Scararoboter — Vorderansicht — Draufsicht — Arbeitsraum Scararoboter

Arbeitssicherheit bei Robotern — Operational Safety at Robots

Merkmal	Erklärung	Anwendung
Arbeitsraum und Schutzmaßnahmen		
Maximaler Raum	Überstrichener Bereich von: • beweglichen Teilen des Roboters, • Werkzeugflansch, • Endeffektor, z. B. Greifer, • Werkstück.	Lichtvorhang, der bei Werkstückwechsel die Anlage nicht abschaltet (Muting, bereichsweises Stummschalten): Unterscheidung zwischen Einwirken Mensch, Material, Werkstück ist möglich.
Eingeschränkter Raum	Ein Teil des maximalen Raums, dem durch Begrenzungseinrichtungen nicht übersteigbare Grenzen gegeben sind (besonderer aufgabenspezifischer Raum).	Sicherheits-Lichtvorhang
Trennende Schutzeinrichtungen	Sperrzäune, Abdeckungen, feste Verkleidungen, Verriegelungseinrichtungen.	
Berührungslos wirkende Schutzeinrichtungen	Gefahrbereichssicherung: • Lichtvorhänge und Lichtgitter, • Flächenüberwachung: Laserscanner, • Zugangssicherung: Lichtgitter und Lichtschranken, Lichtvorhänge, z. B. Schaltmatte.	
Sensitive Schutzmaßnahmen am Roboter www.bosch.com www.kuka.com	Sensorelemente am Roboter in Sensorhaut auf seiner Oberfläche zum Erkennen von • Drücken, Kräften, Drehmomenten → Dehnungsmessstreifen, piezoelektrische Elemente (auch in Robotergelenken), • menschlicher Anwesenheit → Näherungssensorik.	Abgegrenzter Raum durch Schutzzaun
Greifer und Greifsicherheit		vgl. EN ISO 14539
Fingergreifer	1 bis 6 Beweglichkeitsgrade www.schunk.de	
Zangengreifer	Scherengreifer: Die beiden Greiffinger drehen sich um eine gestellfeste Achse. Häufig eingesetzter Greifer. Parallelgreifer: Die beiden Greiffinger werden parallel zueinander gegenüber dem Greifergehäuse verschoben.	Scherengreifer — Parallelgreifer
Klemmgreifer	Klemmgreifer federbelastet: Klemmkraft wird durch eine Feder erzeugt. Öffnung des Greifers durch Druckluft. Klemmgreifer gewichtsbelastet: Klemmkraft wird durch das Eigengewicht des Greifobjekts erzeugt. Öffnung des Greifers durch Druckluft.	federbelastet — gewichtsbelastet
Sensitive Sicherheitsmaßnahmen am Greifer www.schunk.de	Sensorelemente am/beim Greifer zum Auswerten von Greifsicherheit mittels • Dehnungsmessstreifen, piezoelektrischer Elemente (Kraftermittlung), • induktiver Näherungsschalter (Positionserkennung), • Kamera (Positionserkennung, Erkennung Greifstatus).	

Schutzmaßnahmen zur Arbeitssicherheit
Protection Methods for Work Safety

Merkmal	Erklärung	Bemerkungen, Darstellungen
Aufgabe	Beim Arbeiten an Maschinen ist sicherzustellen, dass der Bediener nicht durch Maschinenbewegungen verletzt wird.	Neben den elektrischen Schutzmaßnahmen gemäß z. B. DIN VDE 0100 sind auch weitere technische Schutzmaßnahmen erforderlich.
Taktbetrieb ein Takt zwei Takte	Realisiert mittels Lichtvorhang. Beim Ein-Takt-Betrieb wird die Maschinenfunktion ausgelöst, nachdem der Bediener seinen Eingriff in den Arbeitsraum der Maschine beendet hat. Beim Zwei-Takt-Betrieb wird die Maschinenfunktion erst nach dem zweiten Eingriff freigegeben, z. B. zuerst Werkstückentnahme, dann Rohling-Zuführung.	Über Lichtvorgang gesteuerter Taktbetrieb
Zweihandeinrichtung Schutz der zweiten Hand Mindestabstand	Eine Gefahr bringende Maschinenbewegung darf nur durch bewusstes beidhändiges Betätigen der Zweihandeinrichtung gestartet werden. Die Bewegung muss gestoppt werden, sobald eine Hand die Einrichtung loslässt. Je Bedienelement können ein Schließer und ein Öffner ausgewertet werden. Ein erneuter Start der Maschinenbewegung kann ein Loslassen beider Bedienelemente erfordern. Auf einen Mindestabstand zwischen der Zweihandeinrichtung und der Gefahrenstelle ist zu achten.	Taster links NOT-HALT Taster rechts **Zweihandbedienung**
Zustimmeinrichtung	Dient beim Einrichten oder Instandhalten von Maschinen für zeitweiliges Aufheben von Schutzfunktionen. Ausgeführt mittels Drucktaster oder Fußschalter und wirksam während der Betätigung.	Bei dreistufiger Zustimmeinrichtung: Stellung 1: nicht betätigt; Stellung 2: Zustimmposition; Stellung 3: NOT-HALT(AUS).
Schaltmatten Schaltleisten Bumper	Mittels elastischer Verformung eines Kunststoffkörpers löst mindestens einer der innen liegenden Sensoren bei Betreten der Schaltmatte die Sicherheitsfunktion aus. Sicherheits-Schaltleisten stoppen bei Berührung gefahrbringende Bewegungen. Sind Stoßfänger mit Annäherungsfunktion, welche die Sicherheitsfunktion z. B. bei Flurförderfahrzeugen auslöst. www.haake-technik.com	Keilelement Kontaktplatte mit Kontaktelement Kontaktelement geschlossen Kontaktelement geöffnet **Funktion einer Schaltmatte**
Sicherheits-Fußschalter	Dienen zum Steuern von Arbeitsabläufen an Maschinen. Oft in Verbindung mit anderen technischen Schutzmaßnahmen, z. B. langsame Geschwindigkeit.	Pedal des Fußschalters mit zwei Schaltstellungen für z. B. Einschalten, Ausschalten im Gefahrenfall. Pedal mit Öffner-Schließer-Kombination. Schutzhaube gegen unbeabsichtigtes Betätigen.
Schutzfelder durch Lichtvorhänge Durchgreifen	Lichtvorhänge können Arbeitsräume von Maschinen vor Eingriffen durch den Bediener abschotten. Auf eine richtige Anordnung der Lichtvorhänge (Lichtgitter) ist zu achten. Zu verhindern sind • Über-, Umgreifen des Lichtvorhanges, • Hintertreten des Lichtvorhanges. Wesentlicher Sicherheitsaspekt ist auch der Abstand der Strahlen im Lichtvorhang (Auflösung), um sicherzustellen, dass Finger, Hand oder Arm ein Auslösen der Sicherheitsfunktion bewirken. Ein gefahrbringendes Durchgreifen ist zu verhindern. Siehe auch oben Taktbetrieb.	richtig falsch Durchgreifen Übergreifen **Anbringen eines Lichtvorhanges** www.sick.com

Grenztaster — Limit Switch

Merkmal	Erklärung, Daten (Beispiele)	Bemerkungen, Darstellungen

Grenztaster (Endtaster, Endlagenschalter, Positionsschalter)

Merkmal	Erklärung, Daten (Beispiele)	Bemerkungen, Darstellungen
Druckbolzen	Reagiert auf senkrechte Druckbetätigung. Bei Rollenstößel, Kugelstößel senkrechtes oder seitliches Betätigen möglich (bis 30° bzw. 15°). Schalten: Druckbetätigung des Bolzens, Stößels. • Schaltelemente: 1 Schließer, 1 Öffner • Betätigungskraft min. 17 N • Schutzart IP 65 • Betätigungsgeschwindigkeit 1 mm/min bis 1 m/s • zwangsöffnender Kontakt	Bewegungsrichtung ► ◄ 0 2 6 mm 13 14 / 21 22 13 14 / 21 22 Taster / Schaltdiagramm
Kugelstößel	(siehe oben)	
Rollenhebel	Schalten: Druckbetätigung des Schalthebels. • Schaltelemente: 1 Schließer, 1 Öffner, • Betätigungskraft min. 19 N, • Schutzart IP 65, • Betätigungsgeschwindigkeit 1 mm/min bis 1 m/s • zwangsöffnender Kontakt, • seitliches Betätigen (bis 40° Schräge).	0 2,2 9 mm 13 14 / 21 22 13 14 / 21 22 1,2 Taster / Schaltdiagramm
Rollen-schwenk-hebel	Auch Drehhebel genannt. Schalten: Winkelveränderung des Schalthebels. • Schaltelemente 1 Schließer, 1 Öffner, • Auslenkung bis 90° nach links/rechts, • Betätigungsdrehmoment 50,5 Ncm, • Schutzart IP 67, • Betätigungsgeschwindigkeit 1 mm/min bis 1 m/s • zwangsöffnender Kontakt (sicher geöffnet in AUS-Stellung). www.schmersal.net; www.distronmatic.com	90° 24° 0° 24° 90° Grad 13 14 / 21 22 13 14 / 21 22 14° 14° Taster / Schaltdiagramm

Näherungssensoren als Grenztaster (Endtaster)   (siehe auch Seite 231)

Merkmal	Erklärung, Daten (Beispiele)	Bemerkungen, Darstellungen
Auswahl	Ist das zu erfassende Objekt aus Metall, so sind induktive oder kapazitive Näherungssensoren geeignet. Magnetfeldsensoren können meist ebenfalls verwendet werden. Die Auswahl des Sensors hängt auch von dessen gefordertem Schaltabstand, z. B. 0 mm bis 40 mm, ab.	Abhängig vom Bauraum können quaderförmige oder zylinderförmige Näherungssensoren eingesetzt werden. Weiter werden schlitzförmige oder ringförmige Näherungsschalter unterschieden. Die Anwendung bestimmt die Form und das Material des Gehäuses. www.pepperl-fuchs.de
Schaltabstand Einbau	Das Schalten des Sensors hängt vom axialen sowie vom radialen Abstand des zu erfassenden Objektes sowie von dessen auf den Sensor wirkender Oberfläche ab. Auch die Materialbeschaffenheit hat Einfluss. Je weiter das zu erfassende Objekt vom Näherungssensor entfernt ist, desto größer muss die Überlappungsfläche sein. Die Art des Einbauens und die Nähe zu benachbarten Sensoren ist nach Herstellerangaben vorzunehmen. Zwischen Annähern und Entfernen wirkt eine Schalthysterese (Datenblatt).	axialer Abstand / Objekt / Ob-jekt / Schaltpunkt / Hysterese / Sensoroberfläche / Durchmesser der aktiven Sensorfläche **Ansprechkurve eines Näherungssensors**
Schaltungen in Reihe parallel	Näherungssensoren können, um Funktionen wie UND, ODER zu realisieren, parallel oder in Reihe geschaltet werden. Begrenzung der Anzahl Sensoren durch angeschlossenen Verbraucher. Laststrom ist bei parallelgeschalteten Dreileitersensoren von den Sensorströmen weniger abhängig.	L+ / L− **Parallelschaltung von Dreileitersensoren**

Die Grenztasterfunktion kann auch durch sicherheitsgeregeltes Positionieren (Seite 387 Sicherheitsfunktionen → SP, SLP, SOS) in mehrkanaliger Ausführung in Verbindung mit Weg- oder Winkelmesssystemen umgesetzt werden.

Teil V: Verbindungstechnik

Part V: Connection Technology

475

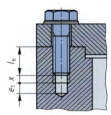

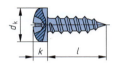

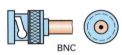

BNC

RJ-12   RJ-45

SMA 906

Verbindungen der Mechanik

Kleben 476

Gewindearten, Übersicht 477

Ausländische Gewinde. 478

Metrische Gewinde. 479

Whitworth-Gewinde, Rohrgewinde 480

Schrauben 481

Schraubenübersicht 482

Sechskantschrauben 483

Passschrauben, Senkschrauben 484

Schrauben, Blechschrauben 485

Dübel 486

Gewindestifte 487

Senkungen. 488

Muttern. 490

Scheiben. 492

Sicherheit von Schraubensicherungen. 494

Stifte 495

Passfedern, Scheibenfedern 497

Federn. 498

Übersicht von Wälzlagern 499

Einbau und Ausbau von Wälzlagern. 501

Kugellager, Nadellager. 502

Gleitlager, Nutmuttern 503

Sicherungsringe, Sicherungsscheiben, Sicherungsbleche 504

Dichtelemente 505

ISO-System für Grenzmaße und Passungen. 506

Passungen, System Einheitsbohrung. 508

Passungen, System Einheitswelle 510

Passungsempfehlungen, Passungsauswahl 512

Allgemeintoleranzen. 513

Verbindungen der Elektrotechnik

Steckverbinder. 514

TAE-Anschlüsse, TAE-Anschluss-Stecker 516

Schnittstellenkopplungen 517

Schnittstellen USB, Firewire 518

Steckvorrichtungen der Energietechnik 519

Kleben — Splicing

Verarbeitung, Eigenschaften und Anwendung von Klebstoffen

Klebstoff Grundstoff	Komponenten	Abbinden[1] Temperatur °C	Abbinden[1] Druck N/cm²	Klebstoff-Eigenschaften[2] Festigkeit	Klebstoff-Eigenschaften[2] Verformbarkeit	Klebstoff-Eigenschaften[2] Alterungsbeständigkeit	Grenztemperatur ca. °C	Vorzugsweise Verwendung
Epoxidharz	2	20	–	◕	●	○	55	Metalle, Duroplaste, Keramik
	1	150	–	●	●	◐	120	Metalle, Keramik
Epoxid-Polyaminoamid	2	20	–	◕	◕	●●	55	Metalle, Duroplaste, PVC
	1	150	5	●	●		80	Metalle
Epoxid-Polyamid	1	175	10…30	●	◕	●	80	Aluminium, Titan, Stahl
Phenolharz	1	150	80	●	○	◐	250	Metalle, Holz, Duroplaste
PVC	1	180	–	◔	●	●	20	Dünnbleche
Polyurethan	2	20	–	○	●	◔	55	Metalle, Holz, Schaumstoffe
Methylmethacrylat	2	20	–	●	●	○	80	Metalle, Kunststoffe, Keramik
	1	120	–	●	◕	◐	100	Metalle, Glas
Polychloroprene	1	20	< 100	◔	●	●	80	Kontaktkleber, Metalle, Plaste
Cyanacrylat	1	20	–	◕	◕	○		Schnellbinder, Metalle, Gummi
Schmelzkleber	1	120	2	●	●	◕		Werkstoffe aller Art

[1] Die genauen Verarbeitungsvorschriften sind den Vorschriften des Herstellers zu entnehmen.
[2] Zugfestigkeit Schaubild unten; Bedeutung in Tabelle oben: ● sehr gut; ◕ gut; ◐ mittel; ◔ gering

Vorbehandlung von Fügeteilen für Klebeverbindungen

Werkstoff	Behandlungsfolge[3] für Beanspruchungsart[4] niedrig	mittel	hoch	Werkstoff	Behandlungsfolge[3] für Beanspruchungsart[4] niedrig	mittel	hoch
Al-Legierungen		1-6-5-3-4	1-2-7-8-3-4	Stahl, blank		1-6-2-3-4	1-7-2-3-4
Mg-Legierungen	1-2-3-4	1-6-2-3-4	1-7-2-9-3-4	Stahl, verzinkt	1-2-3-4	1-2-3-4	1-2-3-4
Ti-Legierungen		1-6-2-3-4	1-2-10-3-4	Stahl, phosphatiert		1-2-3-4	1-6-2-3-4
Cu-Legierungen	1-2-3-4	1-6-2-3-4	1-7-2-3-4	Übrige Metalle	1-2-3-4	1-6-2-3-4	1-7-2-3-4

[3] Erläuterung der Kennziffern für Behandlungsfolgen
1 Reinigen von Schmutz, Zunder, Rost, Farbresten
2 Entfetten mit organischen Lösungsmitteln oder wässrigen Reinigungsmitteln
3 Spülen mit klarem Wasser, Nachspülen mit entsalztem oder destilliertem Wasser
4 Trocknen in Warmluft bis 65 °C
5 Entfetten unter gleichzeitigem chemischen Angriff der Oberfläche (Beiz-Entfetten)
6 Mechanisches Aufrauen durch Schleifen (Körnung 100 bis 150) oder Bürsten
7 Mechanisches Aufrauen durch Strahlen
8 Beizen 30 min, bei 60 °C in wässriger Lösung von 27,5 % Schwefelsäure und 7,5 % Natriumdichromat
9 Beizen 1 min bei 20 °C in einer Lösung von 20% Salpetersäure und 15% Kaliumdichromat in Wasser
10 Beizen 3 min bei 20 °C in 15%iger Flusssäure

[4] Erläuterung der Beanspruchungsarten für Klebeverbindungen
niedrig: Zugscherfestigkeit bis 5 N/mm²; trockene Umgebung; für Feinmechanik, Elektrotechnik
mittel: Zugscherfestigkeit bis 10 N/mm²; feuchte Luft; Kontakt mit Öl; für Maschinen- und Fahrzeugbau
hoch: Zugscherfestigkeit über 10 N/mm²; direkte Berührung mit Flüssigkeiten; für Flugzeug-, Schiffs- und Behälterbau

Verhalten von Klebeverbindungen – Prüfverfahren

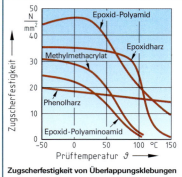

Zugscherfestigkeit von Überlappungsklebungen

Norm	Inhalt
DIN EN ISO 11339	**Winkelschälversuch:** Bestimmung des Widerstandes von Klebeverbindungen gegen abschälende Kräfte
DIN EN 1465	**Zugscherversuch:** Bestimmung der Zugscherfestigkeit hochfester Überlappungsklebungen
DIN EN 15336	**Zeitstandversuch:** Bestimmung der Zeitstand- und Dauerfestigkeit von einschnittig überlappten Klebungen
DIN EN ISO 9664	**Ermüdungsprüfung:** Bestimmung der Ermüdungseigenschaften von Strukturklebungen
DIN EN 15870	**Zugversuch:** Bestimmung der Zugfestigkeit von Stumpfklebungen rechtwinklig zur Klebefläche
DIN EN 1464	**Rollenschälversuch:** Bestimmung des Widerstandes gegen abschälende Kräfte
DIN 15337	**Druckscherversuch:** Bestimmung der Scherfestigkeit vorwiegend anaerober Klebstoffe

Gewindearten, Übersicht — Screw Thread Types, Survey

Rechtsgewinde, eingängig
vgl. DIN 202

Gewindebenennung	Gewindeprofil	Kennbuchstabe	Bezeichnungsbeispiel	Nenngröße	Anwendung
Metrisches ISO-Gewinde	 60°	M	DIN 14–M 08	0,3 bis 0,9 mm	Uhren, Feinwerktechnik
			DIN 13–M 30	1 bis 68 mm	allgemein (Regelgewinde)
			DIN 13–M 20 × 1	1 bis 1000 mm	allgemein (Feingewinde)
Metr. Gewinde mit großem Spiel			DIN 2510–M 36	12 bis 180 mm	Schrauben mit Dehnschaft
Metr. zylindrisch. Innengewinde			DIN 158–M 30 × 2	6 bis 60 mm	Verschlussschrauben und Schmiernippel
Metrisches kegeliges Außengewinde	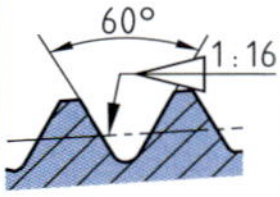 60° 1:16	M	DIN 158–M 30 × 2 keg	6 bis 60 mm	Verschlussschrauben und Schmiernippel
Rohrgewinde, zylindrisch	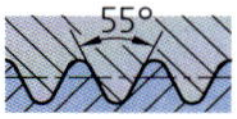 55°	G	DIN ISO 228–G1½ (innen) DIN ISO 228–G½A (außen)	⅛ bis 6 inch	nicht im Gewinde dichtend
Zylindrisches Rohrgewinde (Innengewinde)	 55°	Rp	DIN 2999–Rp ½	1/16 bis 6 inch	Rohrgewinde, im Gewinde dichtend
			DIN 3858–Rp ⅛	⅛ bis 1½ inch	
Kegeliges Rohrgewinde (Außengewinde)	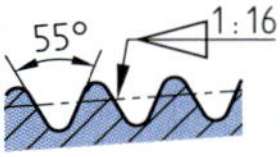 55° 1:16	R	DIN 2999–Rp ½	1/16 bis 6 inch	für Gewinderohre, Fittings, Rohrverschraubungen
			DIN 3859–Rp ⅛–1	⅛ bis 1½ inch	
Metrisches ISO-Trapezgewinde	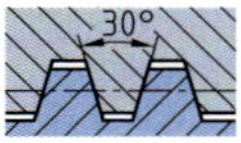 30°	Tr	DIN 103–Tr 40 × 7	8 bis 300 mm	allgemein als Bewegungsgewinde
Sägengewinde	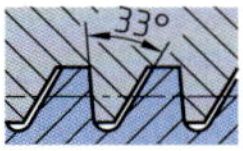 33°	S	DIN 513–S 48 × 8	10 bis 640 mm	allgemein als Bewegungsgewinde
Rundgewinde	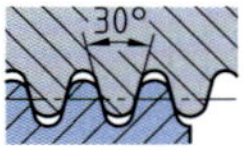 30°	Rd	DIN 405–Rd 40 × 1/6	8 bis 200 mm	allgemein
			DIN 20400–Rd 40 × 5	10 bis 300 mm	Rundgewinde mit großer Tragtiefe
Blechschraubengewinde	 60°	St	ISO 1478–ST 3,5	1,5 bis 9,5 mm	für Blechschrauben

Linksgewinde und mehrgängige, metrische Gewinde
vgl. DIN ISO 965-1

Gewindeart	Erläuterung	Kurzbezeichnung (Beispiele)
Linksgewinde	Das Kurzzeichen LH ist hinter die vollständige Gewindebezeichnung zu setzen (LH = Left-Hand).	M30-LH Tr 40 × 7-LH
Mehrgängiges Rechtsgewinde	Hinter dem Kurzzeichen und dem Gewindedurchmesser folgt die Steigung Ph und die Teilung P.	M 16 × Ph 3 P 1,5 oder M 16 × Ph 3 P 1,5 (zweigängig)
Mehrgängiges Linksgewinde	Hinter die Gewindebezeichnung des mehrgängigen Gewindes wird LH gesetzt.[1]	M 14 × Ph 6 P 2-LH oder M 14 × Ph 6 P 2 (dreigängig)-LH

[1] Bei Teilen mit Rechts- und Linksgewinde ist hinter die Gewindebezeichnung des Rechtsgewindes RH (RH = Right-Hand) und hinter das Linksgewinde LH (LH = Left Hand) zu setzen.

G Gangzahl, mehrgängiges Gewinde
Ph Steigung
P Teilung

$$G = \frac{Ph}{P}$$

Ausländische Gewinde[1] — Foreign Screw Threads

Gewinde-benennung	Gewindeprofil	Kurz-zeichen	Bezeichnungs-beispiel	Bedeutung	Länder[2]
Einheitsgewinde, grob (UNC von Unified National Coarse Thread)	Innengewinde / Außengewinde, 60°, P	UNC	$1/4$–20 UNC–2A	ISO-UNC-Gewinde mit $1/4$ inch Nenndurchmesser, 20 Gewindegänge/inch, Passungsklasse 2A	AR, AU, GB, IN, JP, NO, PA, SE u.a.
Einheits-Feingewinde (UNF von Unified National Fine Thread)		UNF	$1/4$–28 UNF–3A	ISO-UNF-Gewinde mit $1/4$ inch Nenndurchmesser, 28 Gewindegänge/inch, Passungsklasse 3A	AR, AU, GB, IN, JP, NO, PK, SE u.a.
Einheitsgewinde, extra fein (UNEF von Unified National Extrafine Thread)		UNEF	$1/4$–32 UNEF–3A	ISO-UNEF-Gewinde mit $1/4$ inch Nenndurchmesser, 32 Gewindegänge/inch, Passungsklasse 3A	AU, GB, IN, NO, PK, SE u.a.
Einheits-Sondergewinde, besondere Durchmesser/Steigungskombinationen (UNS von Unified National Special Thread)		UNS	$1/4$–27 UNS	UNS-Gewinde mit $1/4$ inch Nenndurchmesser, 27 Gewindegänge/inch	AU, GB, NZ, US
Zylindrisches Rohrgewinde für mechanische Verbindungen (NPSM von American National Standard Straight Pipe Threads for Mechanical Joints)	zylindrisches Innengewinde / zylindrisches Außengewinde, 60°, P	NPSM	$1/2$–14 NPSM	NPSM-Gewinde mit $1/2$ inch Nenndurchmesser, 14 Gewindegänge/inch	US
Amerikanisches Standard-Rohrgewinde, kegelig (NPT von American National Standard Taper-Pipe Thread)	kegeliges Innengewinde / kegeliges Außengewinde, 1:16, 60°, P	NPT	$3/8$–18 NPT	NPT-Gewinde mit $3/8$ inch Nenndurchmesser, 18 Gewindegänge/inch	BR, FR, US u.a.
Amerikanisches kegeliges Fein-Rohrgewinde (NPTF von American National Standard Taper-Pipe Thread, Fuel)		NPTF	$1/2$–14 NPTF (dryseal)	NPTF-Gewinde mit $1/2$ inch Nenndurchmesser, 14 Gewindegänge/inch (trocken dichtend)	BR, US
Amerikanisches Trapezgewinde (American National Standard Acme Screw Thread) $h = 0{,}5 \cdot P$	Innengewinde / Außengewinde, 29°, P	Acme	$1\,3/4$–4 Acme-2G	Acme-Gewinde mit $1\,3/4$ inch Nenndurchmesser, 4 Gewindegänge/inch, Passungsklasse 2G	AU, GB, NZ, US
Amerikanisches abgeflachtes Trapezgewinde (American National Standard Stub Acme Screw Thread) $h = 0{,}3 \cdot P$		Stub-Acme	$1/2$–20 Stub-Acme	Stub-Acme-Gewinde mit $1/2$ inch Nenndurchmesser, 20 Gewindegänge/inch	US

[1] vgl. Wegweiser zu den Gewindenormen verschiedener Länder, DIN Kommentar, 2000.
[2] Zwei-Buchstaben-Codes für Ländernamen, vgl. DIN EN ISO 3166-1.

Metrische Gewinde — Metric Screw Threads

Metrisches ISO-Gewinde allgemeiner Anwendung, Nennprofile — vgl. DIN 13-19

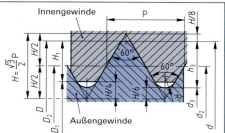

Gewinde-Nenndurchmesser $d = D$
Steigung P
Gewindetiefe des Außengewindes $h_3 = 0{,}6134 \cdot P$
Gewindetiefe des Innengewindes $H_1 = 0{,}5413 \cdot P$
Rundung $R = 0{,}1443 \cdot P$
Flanken-⌀ $d_2 = D_2 = d - 0{,}6495 \cdot P$
Kern-⌀ des Außengewindes $d_3 = d - 1{,}2269 \cdot P$
Kern-⌀ des Innengewindes $D_1 = d - 1{,}0825 \cdot P$
Kernlochbohrer-⌀ $d_k = d - P$
Gewindeprofil-(Flanken-)Winkel $\alpha = 60°$
Spannungsquerschnitt $S = \dfrac{\pi}{4} \cdot \left(\dfrac{d_2 + d_3}{2}\right)^2$

Nennmaße für Regelgewinde Reihe 1[1] Maße in mm vgl. DIN 13-1

Gewinde-bezeichnung $d = D$	Steigung P	Flanken-⌀ $d_2 = D_2$	Kern-⌀ Außengewinde d_3	Kern-⌀ Innengewinde D_1	Gewindetiefe Außengewinde h_3	Gewindetiefe Innengewinde H_1	Rundung R	Spannungsquerschnitt S mm²	Bohrer-⌀ für Gewindekernlöcher[2]	Sechskantschlüsselweite[3]
M 1	0,25	0,84	0,69	0,73	0,15	0,14	0,04	0,46	0,75	–
M 1,2	0,25	1,04	0,89	0,93	0,15	0,14	0,04	0,73	0,95	–
M 1,6	0,35	1,38	1,17	1,22	0,22	0,19	0,05	1,27	1,25	3,2
M 2	0,4	1,74	1,51	1,57	0,25	0,22	0,06	2,07	1,6	4
M 2,5	0,45	2,21	1,95	2,01	0,28	0,24	0,07	3,39	2,05	5
M 3	0,5	2,68	2,39	2,46	0,31	0,27	0,07	5,03	2,5	5,5
M 3,5[4]	0,6	3,11	2,76	2,85	0,37	0,33	0,09	6,77	2,8	–
M 4	0,7	3,55	3,14	3,24	0,43	0,38	0,10	8,78	3,3	7
M 5	0,8	4,48	4,02	4,13	0,49	0,43	0,12	14,2	4,2	8
M 6	1	5,35	4,77	4,92	0,61	0,54	0,14	20,1	5,0	10
M 7[4]	1	6,35	5,77	5,92	0,61	0,54	0,14	28,84	6,0	11
M 8	1,25	7,19	6,47	6,65	0,77	0,68	0,18	36,6	6,8	13
M 10	1,5	9,03	8,16	8,38	0,92	0,81	0,22	58,0	8,5	16
M 12	1,75	10,86	9,85	10,11	1,07	0,95	0,25	84,3	10,2	18
M 14[4]	2	12,70	11,55	11,84	1,23	1,08	0,29	115,47	12	21
M 16	2	14,70	13,55	13,84	1,23	1,08	0,29	157	14	24
M 20	2,5	18,38	16,93	17,29	1,53	1,35	0,36	245	17,5	30
M 24	3	22,05	20,32	20,75	1,84	1,62	0,43	353	21	36
M 30	3,5	27,73	25,71	26,21	2,15	1,89	0,51	561	26,5	46
M 36	4	33,40	31,09	31,67	2,45	2,17	0,58	817	32	55
M 42	4,5	39,08	36,48	37,13	2,76	2,44	0,65	1121	37,5	65

Nennmaße für Feingewinde Maße in mm vgl. DIN 13-2…10

Gewinde-bezeichnung $d \times P$	Flanken-⌀ $d_2 = D_2$	Kern-⌀ Außengew. d_3	Kern-⌀ Innengew. D_1	Gewinde-bezeichnung $d \times P$	Flanken-⌀ $d_2 = D_2$	Kern-⌀ Außengew. d_3	Kern-⌀ Innengew. D_1	Gewinde-bezeichnung $d \times P$	Flanken-⌀ $d_2 = D_2$	Kern-⌀ Außengew. d_3	Kern-⌀ Innengew. D_1
M 2×0,25	1,84	1,69	1,73	M 10×0,25	9,84	9,69	9,73	M 24×2	22,70	21,55	21,84
M 3×0,25	2,84	2,69	2,73	M 10×0,5	9,68	9,39	9,46	M 30×1,5	29,03	28,16	28,38
M 4×0,2	3,87	3,76	3,78	M 10×1	9,35	8,77	8,92	M 30×2	28,70	27,55	27,84
M 4×0,35	3,77	3,57	3,62	M 12×0,35	11,77	11,57	11,62	M 36×1,5	35,03	34,16	34,38
M 5×0,25	4,84	4,69	4,73	M 12×0,5	11,68	11,39	11,46	M 36×2	34,70	33,55	33,84
M 5×0,5	4,68	4,39	4,46	M 12×1	11,35	10,77	10,92	M 42×1,5	41,03	40,16	40,38
M 6×0,25	5,84	5,69	5,73	M 16×0,5	15,68	15,39	15,46	M 42×2	40,70	39,55	39,84
M 6×0,5	5,68	5,39	5,46	M 16×1	15,35	14,77	14,92	M 48×1,5	47,03	46,16	46,38
M 6×0,75	5,51	5,08	5,19	M 16×1,5	15,03	14,16	14,38	M 48×2	46,70	45,55	45,84
M 8×0,25	7,84	7,69	7,73	M 20×1	19,35	18,77	18,92	M 56×1,5	55,03	54,16	54,38
M 8×0,5	7,68	7,39	7,46	M 20×1,5	19,03	18,16	18,38	M 56×2	54,70	53,55	53,84
M 8×1	7,35	6,77	6,92	M 24×1,5	23,03	22,16	22,38	M 64×2	62,70	61,55	61,84

[1] Reihe 2 und Reihe 3 enthalten auch Zwischengrößen (z. B. M 7, M 9, M 14)
[2] vgl. DIN 336   [3] vgl. DIN ISO 272   [4] Gewindedurchmesser der Reihe 2, möglichst vermeiden

Whitworth-Gewinde, Rohrgewinde — Whitworth Screw Threads, Pipe Threads

Whitworth-Gewinde (nicht genormt)

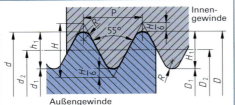

Außengewinde

- Außendurchmesser: $d = D$
- Kerndurchmesser: $d_1 = D_1 = d - 1{,}28 \cdot P = d - 2 \cdot H_1$
- Flankendurchmesser: $d_2 = D_2 = d - 0{,}640 \cdot P$
- Gangzahl je Inch (Zoll): Z
- Steigung: $P = \dfrac{25{,}4\ \text{mm}}{Z}$
- Gewindetiefe: $h_1 = H_1 = 0{,}640 \cdot P$
- Radius: $R = 0{,}137 \cdot P$
- Gewindeprofil-(Flanken-)Winkel: $\alpha = 55°$

Gewinde-bezeichnung	Maße in mm für Außen- und Innengewinde					Gewinde-bezeichnung	Maße in mm für Außen- und Innengewinde				
	Außen-⌀	Kern-⌀	Flanken-⌀	Gangzahl je Inch	Gewindetiefe	Kernquerschnitt		Außen-⌀	Kern-⌀	Flanken-⌀	Gangzahl je Inch	Gewindetiefe	Kernquerschnitt
d	$d = D$	$d_1 = D_1$	$d_2 = D_2$	Z	$h_1 = H_1$	mm²	d	$d = D$	$d_1 = D_1$	$d_2 = D_2$	Z	$h_1 = H_1$	mm²
1/4"	6,35	4,72	5,54	20	0,81	17,5	1 1/4"	31,75	27,10	29,43	7	2,32	577
5/16"	7,94	6,13	7,03	18	0,90	29,5	1 1/2"	38,10	32,68	35,39	6	2,71	839
3/8"	9,53	7,49	8,51	16	1,02	44,1	1 3/4"	44,45	37,95	41,20	5	3,25	1131
1/2"	12,70	9,99	11,35	12	1,36	78,4	2"	50,80	43,57	47,19	4,5	3,61	1491
5/8"	15,88	12,92	14,40	11	1,48	131	2 1/4"	57,15	49,02	53,09	4	4,07	1886
3/4"	19,05	15,80	17,42	10	1,63	196	2 1/2"	63,50	55,37	59,44	4	4,07	2408
7/8"	22,23	18,61	20,42	9	1,81	272	3"	76,20	66,91	72,56	3,5	4,65	3516
1"	25,40	21,34	23,37	8	2,03	358	3 1/2"	88,90	78,89	83,29	3,25	5,00	4888

Rohrgewinde

vgl. DIN ISO 228-1, DIN EN 10226-1

Rohrgewinde DIN ISO 228-1
für nicht im Gewinde dichtende Verbindungen;
Innen- und Außengewinde zylindrisch

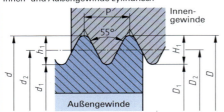

Außengewinde

vgl. amerikanisches kegeliges Standard-Rohrgewinde NPT
Seite 458

Whitworth-Rohrgewinde DIN EN 10226-1
im Gewinde dichtend;
Innengewinde zylindrisch, Außengewinde kegelig

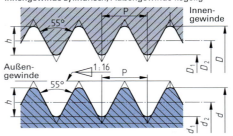

Kurzzeichen			Außen-durch-messer	Flanken-durch-messer	Kern-durch-messer	Steigung	Anzahl der Teilungen auf 1" (25,4 mm)	Profil-höhe	Nutzbare Länge des Außenge-windes
DIN ISO 228-1	DIN EN 10226-1								
Außen- und Innengewinde	Außen-gewinde	Innen-gewinde	$d = D$	$d_2 = D_2$	$d_1 = D_1$	P	Z	$h = h_1 = H_1$	$\geq$
G 1/16	R 1/16	Rp 1/16	7,72	7,14	6,56	0,91	28	0,56	6,5
G 1/8	R 1/8	Rp 1/8	9,73	9,15	8,57	0,91	28	0,56	6,5
G 1/4	R 1/4	Rp 1/4	13,16	12,30	11,45	1,34	19	0,86	9,7
G 3/8	R 3/8	Rp 3/8	16,66	15,81	14,95	1,34	19	0,86	10,1
G 1/2	R 1/2	Rp 1/2	20,96	19,79	18,63	1,81	14	1,16	13,2
G 3/4	R 3/4	Rp 3/4	26,44	25,28	24,12	1,81	14	1,16	14,5
G 1	R 1	Rp 1	33,25	31,77	30,29	2,31	11	1,48	16,8
G 1 1/4	R 1 1/4	Rp 1 1/4	41,91	40,43	38,95	2,31	11	1,48	19,1
G 1 1/2	R 1 1/2	Rp 1 1/2	47,80	46,32	44,85	2,31	11	1,48	19,1
G 2	R 2	Rp 2	59,61	58,14	56,66	2,31	11	1,48	23,4
G 2 1/2	R 2 1/2	Rp 2 1/2	75,18	73,71	72,23	2,31	11	1,48	26,7
G 3	R 3	Rp 3	87,88	86,41	84,93	2,31	11	1,48	29,8
G 4	R 4	Rp 4	113,03	111,55	110,07	2,31	11	1,48	35,8
G 5	R 5	Rp 5	138,43	136,95	135,47	2,31	11	1,48	40,1
G 6	R 6	Rp 6	163,83	162,35	160,87	2,31	11	1,48	40,1

Schrauben — Screws

Bezeichnung von Schrauben
vgl. DIN 962

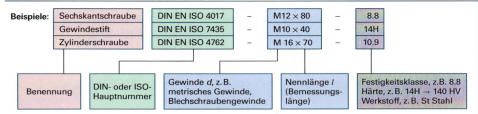

Beispiele:
- Sechskantschraube — DIN EN ISO 4017 — M12 × 80 — 8.8
- Gewindestift — DIN EN ISO 7435 — M10 × 40 — 14H
- Zylinderschraube — DIN EN ISO 4762 — M 16 × 70 — 10.9

- **Benennung**
- **DIN- oder ISO-Hauptnummer**
- **Gewinde d, z. B.** metrisches Gewinde, Blechschraubengewinde
- **Nennlänge l** (Bemessungslänge)
- **Festigkeitsklasse, z.B. 8.8** Härte, z. B. 14H → 140 HV Werkstoff, z. B. St Stahl

Schrauben, die nach DIN EN oder DIN EN ISO genormt sind, erhalten in der Bezeichnung die ISO-Hauptnummer. Sie wird nach folgenden Regeln bestimmt:

DIN-EN-Norm:	ISO-Hauptnummer	= (DIN-EN-Hauptnummer) − 20000
Beispiel: DIN EN 24017:	ISO-Hauptnummer	= 24017 − 20000 = 4017
DIN-EN-ISO-Norm:	ISO-Hauptnummer	= DIN-EN-ISO-Hauptnummer

Festigkeitsklassen und Produktklassen von Schrauben
vgl. DIN EN ISO 898-1
DIN EN ISO 4759-1

Festigkeitsklasse	3.6	4.6	4.8	5.6	5.8	6.8	8.8	9.8	10.9	12.9
Zugfestigkeit R_m in N/mm²	300	400		500		600	800	900	1000	1200
Streckgrenze R_e in N/mm²	180	240	320	300	400	480	640	720	900	1080
Bruchdehnung A in %	25	22	14	20	10	8	12	10	9	8

Die Produktklassen A, B, C legen die Qualität und die Toleranzklassen der Schrauben fest. Im Vergleich zur bisherigen Bezeichnung gilt folgende Zuordnung: A → m (mittel), B → mg (mittelgrob), C → g (grob).

Durchgangslöcher für Schrauben
vgl. DIN EN 20273

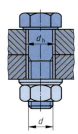

Gewinde d	Durchgangsloch d_h[1] Reihe			Gewinde d	Durchgangsloch d_h[1] Reihe			Gewinde d	Durchgangsloch d_h[1] Reihe		
	fein	mittel	grob		fein	mittel	grob		fein	mittel	grob
M1	1,1	1,2	1,3	M5	5,3	5,5	5,8	M24	25	26	28
M1,2	1,3	1,4	1,5	M6	6,4	6,6	7	M30	31	33	35
M1,6	1,7	1,8	2	M8	8,4	9	10	M36	37	39	42
M2	2,2	2,4	2,6	M10	10,5	11	12	M42	43	45	48
M2,5	2,7	2,9	3,1	M12	13	13,5	14,5	M48	50	52	56
M3	3,2	3,4	3,6	M16	17	17,5	18,5	M56	58	62	66
M4	4,3	4,5	4,8	M20	21	22	24	M64	66	70	74

[1] Toleranzklassen für d_h; Reihe fein: H12, Reihe mittel: H13, Reihe grob: H14

Mindesteinschraubtiefen in Grundlochgewinde

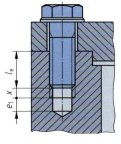

$x \approx 3 \cdot P$ P Steigung
e_1 nach DIN 76-1

Anwendungsbereich	Mindesteinschraubtiefe l_e für Festigkeitsklasse			
	8.8	8.8	10.9	10.9
Gewindefeinheit $\dfrac{d}{P}$	< 9	≥ 9	< 9	≥ 9
Harte Al-Legierungen, z. B. AlCuMg1	1,1 · d	1,4 · d	—	
Gusseisen mit Lamellengrafit, z. B. EN-GJL-250 (GG-25)	1,0 · d	1,25 · d		1,4 · d
Stahl niederer Festigkeit, z. B. S235 (St 37), C15	1,0 · d	1,25 · d		1,4 · d
Stahl mittlerer Festigkeit, z. B. E295 (St 50), C35+N	0,9 · d	1,0 · d		1,2 · d
Stahl hoher Festigkeit, mit R_m > 800 N/mm², z. B. 34Cr4	0,8 · d	0,9 · d		1,0 · d

Schraubenübersicht — Synopsis of Screws

Sechskantschrauben

Ansicht	Ausführung, Normbereich von ... bis	Norm	Festigkeitsklasse	Ansicht	Ausführung, Normbereich von ... bis	Norm	Festigkeitsklasse
	mit Schaft und Regelgewinde, M1,6 bis M64	DIN EN ISO 4014	5.6 / 8.8 / 10.9		Regelgewinde bis zum Kopf, M1,6 bis M64	DIN EN ISO 4017	5.6 / 8.8 / 10.9
	mit Schaft und Feingewinde, M8×1 bis M64×4	DIN EN ISO 8765			Feingewinde bis zum Kopf, M8×1 bis M64×4	DIN EN ISO 8676	
	mit Dünnschaft, M3 bis M20	DIN EN ISO 4015	5.8 / 6.8 / 8.8		Passschraube, langer Gewindezapfen, M8 bis M48	DIN 609	5.8

Sechskantschrauben für den Metallbau (HV-Schrauben)

Ansicht	Ausführung	Norm	FK	Ansicht	Ausführung	Norm	FK
	große Schlüsselweite, M12 bis M36	DIN EN ISO 14399-4	10.9		Passschraube, große Schlüsselweite, M12 bis M30	DIN EN ISO 14399-8	10.9

Zylinderschrauben

Ansicht	Ausführung	Norm	FK	Ansicht	Ausführung	Norm	FK
	Innensechskant, M1,6 bis M36	DIN EN ISO 4762	8.8 / 10.9 / 12.9		mit Schlitz, M1,6 bis M10	DIN EN ISO 1207	4.8 / 5.8
	niedriger Kopf, M3 bis M24	DIN 7984	8.8				

Flachkopfschrauben / Verschlussschrauben

Ansicht	Ausführung	Norm	FK	Ansicht	Ausführung	Norm	FK
	mit Schlitz, M1,6 bis M10	DIN EN ISO 1580	–		mit Bund, M10×1 bis M52×1,5	DIN 908 / DIN 910	–
	mit Kreuzschlitz, M1,6 bis M10	DIN EN ISO 7045			Rohrgewinde, R3/8 bis R1 1/2	DIN 906	

Senkschrauben

Ansicht	Ausführung	Norm	FK	Ansicht	Ausführung	Norm	FK
	mit Schlitz, M1,6 bis M10	DIN EN ISO 2009	4.8 / 5.8		Linsensenkkopf mit Schlitz, M1,6 bis M10	DIN EN ISO 2010	4.8 / 5.8
	Innensechskant, M3 bis M20	DIN EN ISO 10642	8.8 / 10.9 / 12.9		Linsensenkkopf mit Kreuzschlitz, M1,6 bis M10	DIN ISO 7047	4.8

Blechschrauben

Ansicht	Ausführung	Norm	FK	Ansicht	Ausführung	Norm	FK
	Linsenkopfschraube, ST2,2 bis ST9,5	DIN ISO 7049	–		Linsensenkschraube, ST2,2 bis ST9,5	DIN ISO 7051	–
	Senkschraube, ST2,2 bis ST9,5	DIN ISO 7050	–				

Vierkantschrauben / Stiftschrauben

Ansicht	Ausführung	Norm	FK	Ansicht	Ausführung	Norm	FK
	mit Bund, M5 bis M24	DIN 478			$e \approx 2 \cdot d$, M4 bis M24	DIN 835	5.6 / 8.8 / 10.8
	mit Kernansatz, M5 bis M24	DIN 479	5.6 / 5.8 / 8.8		$e \approx d$, M3 bis M48	DIN 938	
	mit Ansatzkuppe, M8 bis M24	DIN 480			$e \approx 1{,}25 \cdot d$, M4 bis M48	DIN 939	

Sechskantschrauben — Hexagonal Screws

Sechskantschrauben mit Schaft
vgl. DIN EN ISO 4014

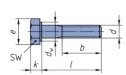

d		M1,6	M2	M2,5	M3	M4	M5	M6	M8	M10
SW		3,2	4	5	5,5	7	8	10	13	17
k_{max}		1,1	1,4	1,7	2	2,8	3,5	4	5,3	6,4
d_w		2,3	3,1	4,1	4,6	5,9	6,9	8,9	11,6	14,6
e		3,4	4,3	5,5	6	7,7	8,8	11,1	14,4	17,8
b		9	10	11	12	14	16	18	22	26
l	von	12	16	16	20	25	25	30	40	45
	bis	16	20	25	30	40	50	60	80	100
d		M12	M16	M20	M24	M30	M36	M42	M48	M56
SW		19	24	30	36	46	55	65	75	85
k_{max}		7,5	10	12,5	15	18,7	22,5	26	30	35
d_w		16,6	22	27,7	33,3	42,8	51,1	60	69,5	78,7
e		20	26,2	33	39,6	50,9	60,8	71,3	82,6	93,6
b^1		30	38	46	54	66	–	–	–	–
b^2		–	44	52	60	72	84	96	108	–
b^3		–	–	–	73	85	97	109	121	137
l	von	50	65	80	90	110	140	160	180	220
	bis	120	160	200	240	300	360	440	480	500
Nennlängen l		12, 16, 20, 25, 30, 35 bis 60, 65, 70, 80, 90 bis 140, 150, 160, 180, 200 bis 460, 480, 500 mm								

Verdrehwinkel beim Nachfassen mit Gabelschlüssel kleiner als bei Vierkantschrauben → Vorteil bei räumlicher Enge.

[1] für $l < 125$ mm
[2] für $l = 125 \ldots 200$ mm
[3] für $l > 200$ mm
SW Schlüsselweite
k Kopfhöhe

⇨ **Sechskantschraube ISO 4014 – M10 × 60 – 8.8**
$d = $ M10, $l = 60$ mm, Festigkeitsklasse 8.8
Sechskantschraube mit Gewinde M10,
Schaftlänge 60 mm, Mindestzugfestigkeit 800 N/mm²,
Mindeststreckgrenze 640 N/mm²

Sechskantschrauben mit Gewinde bis zum Kopf
vgl. DIN EN ISO 4017

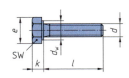

d		M1,6	M2	M2,5	M3	M4	M5	M6	M8	M10
SW		3,2	4	5	5,5	7	8	10	13	17
k		1,1	1,4	1,7	2	2,8	3,5	4	5,3	6,4
d_w		2,3	3,1	4,1	4,6	6	6,9	8,9	11,6	14,6
e		3,4	4,3	5,5	6	7,7	8,8	11,1	14,4	17,8
l	von	2	4	5	6	8	10	12	16	20
	bis	16	20	25	30	40	50	60	80	100
d		M12	M16	M20	M24	M30	M36	M42	M48	M56
SW		19	24	30	36	46	55	65	75	85
k		7,5	10	12,5	15	18,7	22,5	26	30	35
d_w		16,6	22,5	27,7	33,3	42,8	51,1	60	69,5	78,7
e		20	26,2	33	39,6	50,9	60,8	71,3	82,6	93,6
l	von	25	30	40	50	60	70	80	100	110
	bis	120	150	200	200	200	200	200	200	200
Nennlängen l		2, 3, 4, 5, 6, 8, 10, 12, 16, 20, 25, 30, 35 bis 60, 65, 70, 80, 90 bis 140, 150, 160, 180, 200 mm								

SW Schlüsselweite
k Kopfhöhe

⇨ **Sechskantschraube ISO 4017 – M8 × 40 – 10.9**
$d = $ M8, $l = 40$ mm, Festigkeitsklasse 10.9
Sechskantschraube mit Gewinde M8 bis zum Kopf,
Schaftlänge 40 mm, Mindestzugfestigkeit 1 000 N/mm²,
Mindeststreckgrenze 900 N/mm²

Passschrauben, Senkschrauben — Fit Bolts, Flat Head Screws

Sechskant-Passschrauben mit langem Gewindezapfen

vgl. DIN 609

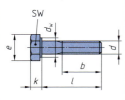

d / $d \times P$	M8 / M8 ×1	M10 / M10 ×1	M12 / M12 ×1	M16 / M16 ×1,5	M20 / M20 ×1,5	M24 / M24 ×2	M30 / M30 ×2	M36 / M36 ×3	M42 / M42 ×3	M48 / M48 ×3
SW	13	17	19	24	30	36	46	55	65	75
k	5,3	6,4	7,5	10	12,5	15	19	22	26	30
d_s k6	9	11	13	17	21	25	32	38	44	50
e	14,4	17,8	19,9	26,2	29,6	40	50,9	60,8	71,3	82,6
b^1	14,5	17,5	20,5	25	28,5	–	–	–	–	–
b^2	16,5	19,5	22,5	27	30,5	36,5	43	49	56	63
b^3	–	–	–	32	35,5	41,5	48	54	61	68
l von bis	25 / 80	30 / 100	32 / 120	38 / 150	45 / 150	55 / 150	65 / 200	70 / 200	80 / 200	85 / 200
NL⁴	25, 28, 30, 32, 35, 38, 40, 42. 45, 48, 50, 55, 60 bis 150, 160 bis 200 mm									

SW Schlüsselweite
¹ für $l \leq 50$ mm
² für $l = 50 \ldots 150$ mm
³ für $l > 150$ mm
⁴ NL Nennlängen l (Bemessungslänge)

⇒ **Passschraube DIN 609 – M16 × 1,5 × 125 – 8.8**
$d = M16 \times 1,5$; $l = 125$ mm; Festigkeitsklasse 8.8

Zylinderschrauben mit Innensechskant

DIN EN ISO 4762

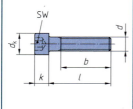

Für schwer zugängliche Stellen, benötigen beim Anziehen und Lösen wenig Platz.

d	M1,5	M2	M2,5	M3	M4	M5	M6	M8	M10
SW	1,5	1,5	2	2,5	3	4	5	6	8
d_k	3	3,8	4,5	5,5	7	8,5	10	13	16
k	1,6	2	2,5	3	4	5	6	8	10
b^1 für l	15 / 16	16 / 20	17 / 25	18 / ≥ 25	20 / ≥ 30	22 / ≥ 30	24 / ≥ 35	28 / ≥ 40	32 / ≥ 45
l von bis	2,5 / 16	3 / 20	4 / 25	5 / 30	6 / 40	8 / 50	10 / 60	12 / 80	16 / 100

d	M12	M16	M20	M24	M30	M36	M42	M48	M56
SW	10	14	17	19	22	27	32	36	41
d_k	18	24	30	36	45	54	63	72	84
k	12	16	20	24	30	36	42	48	56
b^5 für l	36 / ≥ 45	44 / ≥ 65	52 / ≥ 80	60 / ≥ 90	72 / ≥ 110	84 / ≥ 120	96 / ≥ 140	108 / ≥ 160	124 / ≥ 180
l von bis	20 / 120	25 / 160	30 / 200	35 / 200	40 / 200	45 / 200	60 / 300	70 / 300	80 / 300
NL⁶	2,5, 3, 4, 5, 6, 8, 10, 12, 16, 20, 25, 30 bis 65, 70, 80 bis 150, 160, 180, 200 bis 280, 300 mm								

⁵ sonst Gewinde annähernd bis zum Kopf
⁶ NL Nennlängen l (Bemessungslänge)

⇒ **Zylinderschraube ISO 4762 – M10 × 55 – 10.9**
$d = M10$, $l = 55$ mm, Festigkeitsklasse 10.9

Senkschrauben mit Innensechskant

vgl. DIN EN ISO 10642

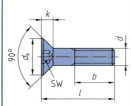

d	M3	M4	M5	M6	M8	M10	M12	M16	M20
SW	2	2,5	3	4	5	6	8	10	12
d_k	6,7	9	11,2	13,4	17,9	22,4	26,9	33,6	40,3
k	1,9	2,5	3,1	3,7	5	6,2	7,4	8,8	10,2
b^7	18	20	22	24	28	32	36	44	52
l von bis	8 / 30	8 / 40	8 / 50	8 / 60	10 / 80	12 / 100	20 / 100	30 / 100	35 / 100
NL⁶	8, 10, 12, 16, 20, 25 bis 65, 70 bis 80, 90, 100 mm								

⁷ für $l \leq b$: Gewinde annähernd bis zum Kopf

⇒ **Senkschraube ISO 10642 – M5 × 30 – 8.8**
$d = M5$, $l = 30$ mm, Festigkeitsklasse 8.8

Schrauben, Blechschrauben — Studs, Tapping Screws

Linsen-Schrauben mit PZ Kreuzschlitz
vgl. DIN EN ISO 7045

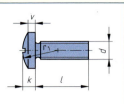

d	M1,6	M2	M2,5	M3	M4	M5	M6
k	1,3	1,6	2	2,4	3,1	3,8	4,3
v	0,8	1,1	1,3	1,6	2	2,5	3
r_1	3	4	5	6	8	10	12
Bit PZ	PZ 0	PZ 1	PZ 1	PZ 1	PZ 1	PZ 2	PZ 2
l von	3	3	3	4	4	6	8
bis	12	20	20	30	50	60	80

⇨ **Linsen-Schraube DIN 7985 – M4 × 20PZ**
d = M4; l = 20 mm; PZ = Pozidriv

Flachkopfschrauben mit Schlitz und mit Kreuzschlitz
vgl. DIN EN ISO 1580 und 7045

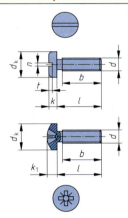

d	M1,6	M2	M2,5	M3	M4	M5	M6	M8	M10
d_k	3,2	4	5	5,6	8	9,5	12	16	20
k	1,3	1,3	1,5	1,8	2,4	3	3,6	4,8	6
k_1	1,3	1,6	2,1	2,4	3,1	3,7	4,6	6	7,5
n	0,4	0,5	0,6	0,8	1,2	1,2	1,6	2	2,5
t	0,4	0,5	0,6	0,7	1	1,2	1,4	1,9	2,4
K^1		0			1		2	3	4
l von	3	3	3	4	5	6	8	10	12
bis	16	20	25	30	40	50	60	60	60
b	Für l < 45 mm → $b ≈ l$; für $l ≥ 45$ mm → b = 38 mm								
Nennlängen l	3, 4, 5, 6, 8, 10, 12, 16, 20, 25 bis 45, 50, 60 mm								

⇨ **Flachkopfschraube ISO 1580 – M4 × 16 – 4.8**
d = M4, l = 16 mm, Festigkeitsklasse 4.8
[1] Kreuzschlitzgröße

Zylinderschraube mit TORX-Innensechsrund
vgl. DIN EN ISO 14579

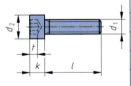

d_1	M2	M2,5	M3	M4	M5	M6
$d_{2\,max}$	3,8	4,5	5,5	7,0	8,5	10,0
k_{max}	2	2,5	3	4	5	6
Bit TX	TX 6	TX 8	TX 10	TX 20	TX 25	TX 30
l von	3	3	4	5	6	8
bis	20	20	50	80	100	150

⇨ **Zylinderschraube ISO 14579 – M5 × 20TX**
d = M5, l = 20 mm, TX = TORX

Linsen-Blechschraube mit Kreuzschlitz
vgl. DIN EN ISO 7049, 7050, 7051

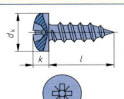

Gewinde-größe	ST2,2	ST2,9	ST3,5	ST4,2	ST4,8	ST5,5	ST6,3
d_k	4	5,6	7	8	9,5	11	13
k	1,8	2,4	2,6	3,1	3,7	4	5,6
Übrige Maße, Formen	Längen, Nennlängen, Formen, Kreuzschlitzgrößen und Kreuzschlitzformen wie DIN ISO 7050						

⇨ **Blechschraube ISO 7049 – ST2,9 × 13 – C – H:**
Gewinde ST2,9; l = 13 mm, Form C mit Spitze, Kreuzschlitzform H

Dübel

Fixings

Dübelarten, Anker

www.fischer.de

Spreizdübel	Universaldübel	Langschaftdübel	Gipskartondübel	Nageldübel
Plattendübel	Porenbetondübel	Gasbetondübel	Messingdübel	Metallspreizdübel
Ankerbolzen	Bolzenanker	Hochleistungsanker	Schwerlastanker	Hohldeckenanker
		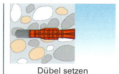	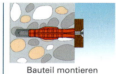	
Zykon-Durchsteckanker	Zykon-Einschlaganker	Hohlraum-Metalldübel	Innengewinde-Spreizanker	Ankerhülse

Dübelmontage

www.tox.de

Montage in Beton und Vollstein

Hammerbohren	Bohrung reinigen	Dübel setzen	Bauteil montieren

Montage in Lochstein

Bohren ohne Schlag	Bohrung reinigen	Dübel setzen	Bauteil montieren

Wirkprinzip

Der Dübel leitet die auftretenden Kräfte durch verschiedene Tragemechanismen oder einer Kombination daraus in den Untergrund ab.

Reibschluss — Formschluss — Stoffschluss

Montageart

Je nach Art des Bauteils und der Anwendung.

 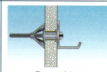 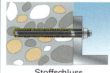

Vorsteckmontage — Durchsteckmontage — Abstandsmontage

Bohrlochdurchmesser,
Bohrlochtiefe,
Dübellänge,
Mindestabstände der Bohrlöcher

$2 \times h_{ef}$ Randabstand, $4 \times h_{ef}$ Achsenabstand, $2 \times h_{ef}$ Bohrloch

Allgemeine Faustformel

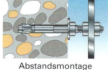

d_0 Bohrlochdurchmesser
h_0 Bohrlochtiefe
h_{ef} Verankerungstiefe des Dübels
t_{fix} Dicke des Anbauteiles
L Schraubenlänge

Baustoffe

Beton und Vollstein — Lochstein — Plattenbaustoffe

Bildquellen: MediaServiceOnline, Unternehmensgruppe Fischer und TOX-DÜBEL-TECHNIK Gmbh.

Gewindestifte — Grub Screws

Gewindestifte mit Schlitz

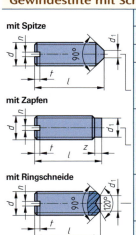

- mit Spitze
- mit Zapfen
- mit Ringschneide
- mit Kegelkuppe

	d	M<1,2	M1,6	M2	M2,5	M3	M4	M5	M6	M8	M10	M12
	n	0,2	0,3	0,3	0,4	0,4	0,6	0,8	1,0	1,2	1,6	2
	$t \approx$	0,5	0,7	0,8	1	1,1	1,4	1,6	2	2,5	3	3,6
DIN EN 27434	d_{1max}	0,1	0,2	0,2	0,3	0,3	0,4	0,5	1,5	2	2,5	3
	l von	2	2	3	3	4	6	8	8	10	12	16
	bis	6	8	10	12	16	25	30	35	40	55	60
DIN EN 27435	d_{1max}	–	0,8	1	1,5	2	2,5	3,5	4,3	5,5	7	8,5
	z_{max}	–	1,1	1,3	1,5	1,8	2,3	2,8	3,3	4,3	5,3	6,3
	l von	–	2,5	3	4	5	6	8	8	10	12	16
	bis	–	8	10	12	16	20	25	30	40	50	60
DIN EN 27436	d_{1max}	–	0,8	1	1,2	1,4	2	2,5	3	5	6	8
	l von	–	2	2,5	3	3	4	5	6	8	10	12
	bis	–	8	10	12	16	20	25	30	40	50	60
DIN EN 24766	d_{1max}	0,6	0,8	1	1,5	2	2,5	3,5	4	5,5	7	8,5
	l von	2	2	2	2,5	3	4	5	6	8	10	12
	bis	6	8	10	12	16	20	25	30	40	50	60

Nennlängen l: 2, 2,5, 3, 4, 5, 6, 8, 10, 12, 16, 20, 25, 30 bis 50, 55, 60 mm

Verwendung z. B. zur Lagesicherung von Stellringen.

⇒ Gewindestift ISO 7434 – M6 × 25 – 14H
d = M6; l = 25 mm; Festigkeitsklasse 14H

Gewindestifte mit Innensechskant

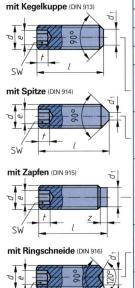

- mit Kegelkuppe (DIN 913)
- mit Spitze (DIN 914)
- mit Zapfen (DIN 915)
- mit Ringschneide (DIN 916)

	d	M2	M2,5	M3	M4	M5	M6	M8	M10	M12	M16	M20
	SW	0,9	1,3	1,5	2	2,5	3	4	5	6	8	10
	$e \approx$	1	1,4	1,7	2,3	2,9	3,4	4,6	5,7	6,9	9,2	11,4
	t_{min}	0,8	1,2	1,2	1,5	2	2	3	4	4,8	6,4	8
DIN EN ISO 4026	d_{1max}	1	1,5	2	2,5	3,5	4	5,5	7	8,5	12	15
	l von	3	3	3	4	5	6	8	10	16	20	20
	bis	10	10	20	20	25	35	40	40	40	40	50
DIN EN ISO 4027	d_{1max}	–	–	–	–	1,5	2	2,5	3	4	5
	l von	3	4	4	5	6	8	10	12	16	20	20
	bis	10	10	20	20	25	35	40	40	40	40	50
DIN EN ISO 4028	d_{1max}	1	1,5	2	2,5	3,5	4	5,5	7	8,5	12	15
	z	1,3	1,5	1,8	2,3	2,8	3,3	4,3	5,3	6,3	8,4	–
	l von	4	4	5	6	8	8	10	12	16	20	25
	bis	10	10	20	20	25	35	40	40	40	40	50
DIN EN ISO 4029	d_{1max}	1	1,2	1,4	2	2,5	3	5	6	8	10	14
	l von	3	3	4	5	5	6	8	12	16	20	25
	bis	10	10	20	20	25	35	40	40	40	40	50

Nennlängen l: 3, 4, 5, 6, 8, 10, 12, 16, 20, 25, 30, 35, 40, 45, 50 mm

Verwendung siehe oben.

⇒ Gewindestift ISO 4026 – M6 × 25 – 45H
d = M6; l = 25 mm; Festigkeitsklasse 14H

Senkungen 1 — Countersinks 1

Senkungen für Senkschrauben mit Kopfform nach ISO 7721 vgl. DIN EN ISO 15065

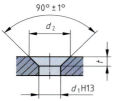

Nenngröße	1,6	2	2,5	3	3,5	4	5	5,5
Metr. Schrauben	M1,6	M2	M2,5	M3	M3,5	M4	M5	–
Blechschrauben	–	ST2,2	–	ST 2,9	ST3,5	ST4,2	ST4,8	ST5,5
d_1 H13 (mittel)	1,8	2,4	2,9	3,4	3,9	4,5	5,5	6
d_2	3,6	4,4	5,5	6,3	8,2	9,4	10,4	11,5
Grenzabmaße für d_2	+0,1/0			+0,2/0			+0,25/0	
$t_1 \approx$	1,0	1,1	1,4	1,6	2,3	2,6	2,6	2,9
Nenngröße	6	8	10	12	14	16	18	20
Metr. Schrauben	M6	M8	M10	M12	M14	M16	M18	M20
Blechschrauben	ST6,3	ST8	ST9,5	–	–	–	–	–
d_1 H13 (mittel)	6,6	9	11	13,5	15,5	17,5	20	22
d_2	12,6	17,3	20	24	28	32	36	40
Grenzabmaße für d_2	+0,25/0			+0,3/0			+0,4/0	
$t_1 \approx$	3,1	4,3	4,7	5,4	6,4	7,5	8,2	9,2

Vorteile von Senkungen:
- geringere Verletzungsgefahr
- gefälligeres Aussehen

Anwendung für Schrauben:
- Senkschrauben mit Schlitz DIN EN ISO 2009
- Senkschrauben mit Kreuzschlitz DIN EN ISO 7046-1
- Linsensenkschrauben mit Schlitz DIN EN ISO 2010
- Linsensenkschrauben mit Kreuzschlitz DIN EN ISO 7047
- Senk-Blechschrauben mit Schlitz DIN EN ISO 1482
- Senk-Blechschrauben mit Kreuzschlitz DIN EN ISO 7050
- Linsensenk-Blechschrauben mit Schlitz DIN EN ISO 1483
- Linsensenk-Blechschrauben mit Kreuzschlitz DIN EN ISO 7051
- Senk-Bohrschrauben mit Kreuzschlitz DIN EN ISO 15482
- Linsensenk-Bohrschrauben mit Kreuzschlitz DIN EN ISO 15483

⇒ **Senkung DIN 66–8:** Nenngröße 8 (metr. Gewinde M8 bzw. Blechschraubengewinde ST8)

Senkungen für Senkschrauben vgl. DIN 74

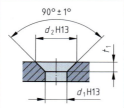

Form A und Form F

Gewinde-⌀	1,6	2	2,5	3	4	4,5	5	6	7	8
d_1 H13[1]	1,8	2,4	2,9	3,4	4,5	5	5,5	6,6	7,6	9
d_2 H13[1]	3,7	4,6	5,7	6,5	8,6	9,5	10,4	12,4	14,4	16,4
$t_1 \approx$	0,9	1,1	1,4	1,6	2,1	2,3	2,5	2,9	3,3	3,7

Anwendung der Form A für:
- Senk-Holzschrauben DIN 97 und DIN 7997
- Linsensenk-Holzschrauben DIN 95 und 7995

⇒ **Senkung DIN 74–A4:** Form A, Gewindedurchmesser 4 mm

Gewinde-⌀	10	12	16	20	22	24
d_1 H13[1]	10,5	13	17	21	23	25
d_2 H13	19	24	31	34	37	40
$t_1 \approx$		5,5	7	9	11,5	12	13
α	75° ± 1°			60° ± 1°		

Anwendung der Form E für: Senkschrauben für Stahlkonstruktionen DIN 7969
⇒ **Senkung DIN 74–E12:** Form E, Gewindedurchmesser 12 mm

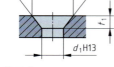

Form E

Formen B, C und D nicht mehr genormt

Gewinde-⌀	3	4	5	6	8	10	12	14	16	20
d_1 H13[1]	3,4	4,5	5,5	6,6	9	11	13,5	15,5	17,5	22
d_2 H13	6,9	9,2	11,5	13,7	18,3	22,7	27,2	31,2	34,0	40,7
$t_1 \approx$	1,8	2,3	3,0	3,6	4,6	5,9	6,9	7,8	8,2	9,4

Anwendung der Form F für: Senkschrauben mit Innensechskant DIN EN ISO 10642
⇒ **Senkung DIN 74–F12:** Form F, Gewindedurchmesser 12 mm

[1] Durchgangsloch mittel nach DIN EN 20273 (≈ Mittelwert zwischen fein und grob)

Senkungen 2 — Countersinks 2

Senkdurchmesser und Senktiefe für Schrauben mit Zylinderkopf — vgl. DIN 974-1

$\sqrt{x} = \sqrt{Ra\ 3{,}2}$

d		3	4	5	6	8	10	12	16	20	24	27	30	36
d_h H13[2]		3,4	4,5	5,5	6,6	9	11	13,5	17,5	22	26	30	33	39
d_1 H13	Reihe 1	6,5	8	10	11	15	18	20	26	33	40	46	50	58
	Reihe 2	7	9	11	13	18	24	–	–	–	–	–	–	–
	Reihe 3	6,5	8	10	11	15	18	20	26	33	40	46	50	58
	Reihe 4	7	9	11	13	16	20	24	30	36	43	46	54	63
	Reihe 5	9	10	13	15	18	24	26	33	40	48	54	61	69
	Reihe 6	8	10	13	15	20	24	33	43	48	58	63	73	–
t_1	ISO 1207	2,4	3,0	3,7	4,3	5,6	6,6	–	–	–	–	–	–	–
	ISO 4762	3,4	4,4	5,4	6,4	8,6	10,6	12,6	16,6	20,6	24,8	–	31,0	37,0
	DIN 7984	2,4	3,2	3,9	4,4	5,6	6,6	7,6	9,6	11,6	13,5	–	–	–

Reihe	Schrauben mit Zylinderkopf ohne Unterlegteile
1	Schrauben ISO 1207, ISO 4762, DIN 6912, DIN 7984, DIN 34821, ISO 4579, ISO 4580
2	Schrauben DIN EN ISO 1580, DIN EN ISO 7045, DIN EN ISO 14583
	Schrauben mit Zylinderkopf und folgenden Unterlegteilen:
3	Schrauben DIN EN ISO 1207, DIN EN ISO 4762, DIN 7984 mit Federringen DIN 7980
4	Scheiben DIN 433-1 und DIN 433-2 / Federscheiben DIN 137 Form A / Federringe DIN 128 + DIN 6905 — Zahnscheiben DIN 6797 / Fächerscheiben DIN 6798 / Fächerscheiben DIN 6907
5	Scheiben DIN 125-1 und DIN 125-2 / Scheiben DIN 6902 Form A — Federscheiben DIN 137 Form B / Federscheiben DIN 6904
6	Spannscheiben DIN 6796 — Spannscheiben DIN 6908

[1] Für Schrauben ohne Unterlegteile
[2] Durchgangsloch nach DIN ISO 273, Reihe mittel

Senkdurchmesser für Sechskantschrauben und Sechskantmuttern — vgl. DIN 974-2

$\sqrt{x} = \sqrt{Ra\ 3{,}2}$ oder $\sqrt{Rz\ 25}$

d		4	5	6	8	10	12	14	16	20	24	27	30	33	36	42
s		7	8	10	13	16	18	21	24	30	36	41	46	50	55	65
d_h H13		4,5	5,5	6,6	9	11	13,5	15,5	17,5	22	26	30	33	36	39	45
d_1 H13	Reihe 1	13	15	18	24	28	33	36	40	46	58	61	73	76	82	98
	Reihe 2	15	18	20	26	33	36	43	46	54	73	76	82	89	93	107
	Reihe 3	10	11	13	18	22	26	30	33	40	48	54	61	69	73	82
t_1	Sechskant-schrauben[1]	3,2	3,9	4,4	5,7	6,8	8,1	–	10,6	13,1	15,8	–	19,7	23,5	–	–

Reihe 1: für Steckschlüssel DIN 659, DIN 896, DIN 3112 oder Steckschlüsseleinsätze DIN 3124
Reihe 2: für Ringschlüssel DIN 838, DIN 897 oder Steckschlüsseleinsätze DIN 3129
Reihe 3: für Ansenkungen bei beengten Raumverhältnissen (für Spannscheiben nicht geeignet)

[1] Für Sechskantschrauben DIN EN ISO 4014, DIN EN ISO 4017, DIN EN ISO 8765, DIN EN ISO 8676

Berechnung der Senktiefe für bündigen Abschluss

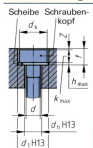

Scheibe / Schrauben-kopf

Ermittlung der Zugabe Z

Gewinde-Nenn-⌀ d	von 1 bis 1,4	über 1,4 bis 6	über 6 bis 20	über 20 bis 27	über 27 bis 100
Zugabe Z	0,2	0,4	0,6	0,8	1,0

t Senktiefe
k_{max} maximale Kopfhöhe der Schraube
h_{max} maximale Höhe des Unterlegteiles
Z Zugabe entspricht dem Gewinde-Nenndurchmesser (vgl. Tabelle)

Senktiefe[1]

$$t = k_{max} + h_{max} + Z$$

[1] Falls die Werte k_{max} und h_{max} nicht zur Verfügung stehen, können näherungsweise die Werte k (Seite 484) und h (Seite 492) verwendet werden.

Muttern / Nuts

Bezeichnung von Muttern
vgl. DIN 962

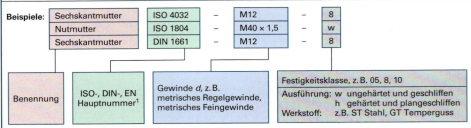

Beispiele:
- Sechskantmutter – ISO 4032 – M12 – 8
- Nutmutter – ISO 1804 – M40 × 1,5 – w
- Sechskantmutter – DIN 1661 – M12 – 8

- Benennung
- ISO-, DIN-, EN Hauptnummer[1]
- Gewinde d, z. B. metrisches Regelgewinde, metrisches Feingewinde
- Festigkeitsklasse, z. B. 05, 8, 10
- Ausführung: w ungehärtet und geschliffen
  h gehärtet und plangeschliffen
- Werkstoff: z. B. ST Stahl, GT Temperguss

[1] Muttern, die nach DIN EN ISO genormt sind, erhalten in der Bezeichnung die ISO-Hauptnummer.

DIN EN ISO-Norm: ISO-Hauptnummer → DIN EN ISO-Nummer

Muttern, die nach DIN EN genormt sind, erhalten in der Bezeichnung die EN- oder die ISO-Hauptnummer.

DIN EN-Norm: EN-Hauptnummer → DIN EN-Nummer
    oder: ISO-Hauptnummer → (DIN EN-Nummer – 20000)

Beispiel: DIN EN 24 032:   ISO-Hauptnummer → 24032 – 20000 = 4032

Muttern, die nach DIN genormt sind, erhalten in der Bezeichnung die DIN-Nummer.

Festigkeitsklassen von Muttern
vgl. DIN EN 20898-2

Festigkeits-klasse Mutter	Höhe m	zulässige Kombination Mutter/Schraube[2]				Festigkeits-klasse Schraube
		mit Regelgewinde Gewindebereich d		mit Feingewinde Gewindebereich d		
		Typ 1	Typ 2[3]	Typ 1	Typ 2	
4	≥ 0,8 · d	M20…M36	–	–	–	bis 4.8
5		M5 …M36	–	–	–	bis 5.8
6		M5 …M36	–	M8×1…M36×3	–	bis 6.8
8		M5 …M36	M20 …M36	M8×1…M36×3	M8×1…M16×1,5	bis 8.8
9		M5 …M16	M5 …M16	–	–	bis 9.8
10		M5 …M36	–	M8×1…M16×1,5	M8×1…M36×3	bis 10.9
12		M5 …M16	M5 …M36	–	M8×1…M16×1,5	bis 12.9
04	< 0,8 · d	Muttern der Festigkeitsklassen 04 und 05 sind nicht in Typ 1 oder Typ 2 eingeteilt. Sie sind geringer belastbar als Muttern mit der Höhe $m ≥ 0,8 · d$.				
05						

[2] Werden Muttern und Schrauben innerhalb der angegebenen Bereiche miteinander kombiniert, so können die Verbindungen nach untenstehender Tabelle belastet werden.

[3] Muttern des Typs 2 sind ca. 10 % höher als Muttern des Typs 1.

Zulässige Längskräfte F[4] für Muttern und Schrauben

Gewinde d	zulässige Längskraft F in kN für Festigkeitsklasse der Schraube						Gewinde d	zulässige Längskraft F in kN für Festigkeitsklasse der Schraube					
	4.8	5.8	6.8	8.8	9.8	10.9	12.9		4.8	5.8	6.8	8.8	10.9	12.9
M5	4,40	5,40	6,25	8,23	9,23	11,8	13,8	M16×1,5	51,8	63,5	73,5	96,9	109	139	162
M6	6,23	7,64	8,84	11,6	13,1	16,7	19,5	M20	76,0	93,1	108	147	–	203	238
M8	11,4	13,9	16,1	21,2	23,8	30,4	35,5	M20×1,5	84,0	103	120	163	–	226	264
M8×1	12,2	14,9	17,2	22,7	25,5	32,5	38,0	M24	109	134	155	212	–	293	342
M10	18,0	22,0	25,5	33,7	37,7	48,1	56,3	M24×2	119	146	169	230	–	319	372
M10×1	20,0	24,5	28,3	37,4	41,9	53,5	62,7	M30	174	213	247	337	–	466	544
M12	26,2	32,0	37,1	48,9	54,8	70,0	81,8	M30×2	192	236	273	373	–	515	602
M12×1,5	28,6	35,0	40,5	53,4	59,9	76,4	89,3	M36	253	310	359	490	–	678	792
M16	48,7	59,7	69,1	91,0	102	130	152	M36×3	268	329	381	519	–	718	838

[4] Bei Belastungen bis zur Kraft F besteht keine Gefahr gegen das Abstreifen der Gewinde, wenn Muttern mit der Höhe $m ≥ 0,8 · d$ verwendet werden.

Sechskantmuttern — Hexagon Nuts

Ansicht	Ausführung, Normbereich von ... bis	W¹	Norm	Ansicht	Ausführung, Normbereich von ... bis	W¹	Norm
Sechskantmutter							
	Typ 1				Typ 1 mit Feingewinde		
	M3 bis M36	6; 8; 10	DIN EN ISO 4032		M8×1 bis M12×1,5	6; 8; 10	DIN EN ISO 8673
	M1,6 bis M2,5 und M42 bis M63	n. V.			M16×1,5 bis M36×3	6; 8	
					M42×3 bis M64×4	n. V.	
	Typ 2, M5 bis M36	9; 10; 12	DIN EN ISO 4033		Typ 2, mit Feingewinde M8×1 bis M36×3	8; 10; 12	DIN EN ISO 8674
Sechskantmuttern, niedrige Form							
	M1,6 bis M2,5	14H	DIN EN ISO 4035		M8×1 bis M36×3	04; 05	DIN EN ISO 8675
	M3 bis M36	04; 05					
	M42 bis M64	n. V.			M42×3 bis M63×4	n. V.	
Kronenmuttern				**Hutmuttern**			
	hohe Form, M4 bis M36, M8×1 bis M36×3	6; 8; 10	DIN 935		hohe Form, M4 bis M24, M8×1 bis M24×2	6	DIN 1587
	M42 bis M100×6, M42×3 bis M 100×4	n. V.			niedrige Form, M4 bis M36, M8×1 bis M36×3	5; 6	DIN 917
	niedrige Form, M6 bis M36, M8×1 bis M36×3	04; 05	DIN 979				
	M42 bis M48, M42x3 bis M48x3	n. V.			M42 bis M48, M42×3 bis M48×3	n. V. (nach Verwendung)	
Sicherungsmuttern				**Splinte**			
	M4 bis M30	Federstahl	DIN 7967		0,6×4 bis 20×80	St	DIN EN ISO 1234

¹ W Werkstoff: Festigkeitsklasse, z.B. 5, 6, 8 oder Härte, z.B. 6H, 11H oder Stahl, z.B. St, C15 oder Temperguss GT

Sechskantmuttern mit Regelgewinde, Typ 1 und niedrige Form

vgl. DIN EN ISO 4032, 4035

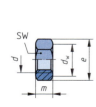

d	M1,6	M2	M2,5	M3	M4	M5	M6	M8	M10
SW	3,2	4	5	5,5	7	8	10	13	16
d_w	2,4	3,1	4,1	4,6	5,9	6,9	8,9	11,6	14,6
e	3,4	4,3	5,5	6	7,7	8,8	11,1	14,4	17,8
m^1	1,3	1,6	2	2,4	3,2	4,7	5,2	6,8	8,4
m^2	1	1,2	1,6	1,8	2,2	2,7	3,2	4	5
d	M12	M16	M20	M24	M30	M36	M42	M48	M56
SW	18	24	30	36	46	55	65	75	85
d_w	16,6	22,5	27,5	33,3	42,8	51,1	60	69,5	78,7
e	20	26,8	33	39,5	50,9	60,8	71,3	82,6	93,6
m^1	10,3	14,8	18	21,5	25,6	31	34	38	45
m^2	6	8	10	12	15	18	21	24	28

⇒ **Sechskantmutter ISO 4032 - M24 -10:** d = M24, Festigkeitsklasse 10

¹ DIN EN ISO 4032: Sechskantmutter Typ 1
² DIN EN ISO 4035: Sechskantmutter niedrige Form

Scheiben 1 — Washers 1

Anwendung und Aufgaben von Scheiben, Bezeichnungsbeispiel

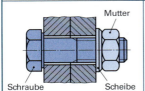

Anwendung: Scheiben werden zwischen Schraubenkopf und Auflagefläche oder zwischen Mutter und Auflagefläche eingelegt.

Aufgaben:
- Verminderung der Flächenpressung, insbesondere bei weichen Werkstoffen.
- Bessere Auflage bei rauer oder unbearbeiteter Oberfläche.
- Schutz verchromter oder polierter Oberflächen vor Beschädigung.

Bezeichnungsbeispiel (beachte auch Seiten 481, 490):

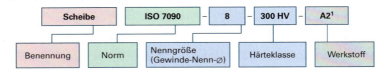

Scheibe — ISO 7090 — 8 — 300 HV — A2[1]

Benennung | Norm | Nenngröße (Gewinde-Nenn-∅) | Härteklasse | Werkstoff

[1] nicht rostender Stahl, Stahlgruppe A2

Flache Scheiben mit Fase, normale Reihe

vgl. DIN EN ISO 7090

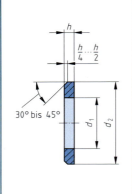

30° bis 45°

für Gewinde	M5	M6	M8	M10	M12	M16	M20
Nenngröße d	5	6	8	10	12	16	20
d_1 min.	5,3	6,4	8,4	10,5	13,0	17,0	21,0
d_2 max.	10,0	12,0	16,0	20,0	24,0	30,0	37,0
h	1	1,6	1,6	2	2,5	3	3
für Gewinde	M24	M30	M36	M42	M48	M56	M64
Nenngröße d	24	30	36	42	48	56	64
d_1 min.	25,0	31,0	37,0	45,0	52,0	62,0	70,0
d_2 max.	44,0	56,0	66,0	78,0	92,0	105,0	115,0
h	4	4	5	8	8	10	10

Werkstoffe	Stahl		nicht rostender Stahl
Sorte	–	–	A2, A4, F1, C1, C4 (ISO 3506)
Härteklasse	200 HV	300 HV (vergütet)	200 HV

Flache Scheiben, kleine Reihe

vgl. DIN EN ISO 7092

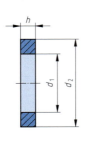

für Gewinde	M1,6	M2	M2,5	M3	M4	M5	M6	M8
Nenngröße d	1,6	2	2,5	3	4	5	6	8
d_1 min.	1,7	2,2	2,7	3,2	4,3	5,3	6,4	8,4
d_2 max.	3,5	4,5	5	6	8	9	11	15
h	0,35	0,35	0,55	0,55	0,55	1,1	1,8	1,8
für Gewinde	M10	M12	M14[2]	M16	M20	M24	M30	M36
Nenngröße d	10	12	14	16	20	24	30	36
d_1 min.	10,5	13,0	15,0	17,0	21,0	25,0	31,0	37,0
d_2 max.	18,0	20,0	24,0	28,0	34,0	39,0	50,0	60,0
h	1,8	2,2	2,7	2,7	3,3	4,3	4,3	5,6

Werkstoffe	Stahl		nicht rostender Stahl
Sorte	–	–	A2, A4, Fl, Cl, C4 (ISO 3506)
Härteklasse	200 HV	300 HV (vergütet)	200 HV

[2] möglichst vermeiden

Scheiben 2 — Washers 2

Spannscheiben für Schrauben der Festigkeitsklassen 8.8 bis 10.9 vgl. DIN 6796

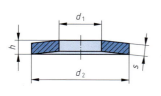

für Gewinde	d_1 H14	d_2 h14	h max.	s	für Gewinde	d_1 H14	d_2 h14	h max.	s
M2	2,2	5	0,6	3,4	M12	13	29	3,95	3
M3	3,2	7	0,85	0,6	M14	15	35	4,65	3,5
M4	4,3	9	1,3	1	M16	17	39	5,25	4
M5	5,3	11	1,55	1,2	M18	19	42	5,8	4,5
M6	6,4	14	2	1,5	M20	21	45	6,4	5
M7	7,4	17	2,3	1,75	M24	25	56	7,75	6
M8	8,4	18	2,6	2	M27	28	60	8,35	6,5
M10	10,5	23	3,2	2,5	M30	31	70	9,2	7

⇒ **Spannscheibe DIN 6796−8−FSt**: für M8, aus Federstahl

Federringe, gewölbt, für Schrauben der Festigkeitsklasse < 8.8

Form A

für Gewinde	d_1 min.	d_1 max.	d_2 max.	b	s	h min.	h max.
M2	2,1	2,4	4,4	0,9	0,5	0,7	0,9
M3	3,1	3,4	6,2	1,3	0,7	1,1	1,3
M4	4,1	4,4	7,6	1,5	0,8	1,2	1,4
M5	5,1	5,4	9,2	1,8	1	1,5	1,7
M6	6,1	6,5	11,8	2,5	1,3	2	2,2
M7	7,1	7,5	12,8	2,5	1,3	2	2,2
M8	8,1	8,5	14,8	3	1,6	2,45	2,75
M10	10,2	10,7	18,1	3,5	1,8	2,85	3,15
M12	12,2	12,7	21,1	4	2,1	3,35	3,65
M14	14,2	14,7	24,1	4,5	2,4	3,9	4,3
M16	16,2	17	27,4	5	2,8	4,5	5,1
M18	18,2	19	29,4	5	2,8	4,5	5,1
M20	20,2	21,2	33,6	6	3,2	5,1	5,9
M22	22,5	23,5	35,9	6	3,2	5,1	5,9
M24	24,5	25,5	40	7	4	6,5	7,5
M27	27,5	28,5	43	7	4	6,5	7,5
M30	30,5	31,7	48,2	8	6	9,5	10,5
M36	36,5	37,5	58,2	10	6	10,3	11,3

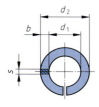

⇒ **Federring DIN 128−A8−FSt**: Form A, für M8, aus Federstahl

Zahnscheiben und Fächerscheiben

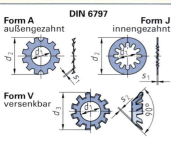

Form A außengezahnt — DIN 6797 — Form J innengezahnt

Form V versenkbar

Form A außengezahnt — DIN 6798 — Form J innengezahnt

Form V versenkbar

für Gewinde	Nennmaß d_1 min.	Nennmaß d_2 max.	d_3	s_1	s_2	Mindestzähnezahl DIN 6797 (DIN 6798) A	J	V
M2	2,2	4,5	4,2	0,3	0,2	6 (9)	6 (7)	6 (10)
M3	3,2	6	6	0,4	0,2	6 (9)	6 (7)	6 (12)
M4	4,3	8	8	0,5	0,25	8 (11)	8 (8)	8 (14)
M5	5,3	10	9,8	0,6	0,3	8 (11)	8 (8)	8 (14)
M6	6,4	11	11,8	0,7	0,4	8 (12)	8 (9)	10 (16)
M7	7,4	12,5	−	0,8	−	8 (14)	8 (10)	− (−)
M8	8,4	15	15,3	0,8	0,4	8 (14)	8 (10)	10 (18)
M10	10,5	18	19	0,9	0,5	9 (12)	9 (12)	10 (20)
M12	13	20,5	23	1	0,5	10 (16)	10 (12)	10 (26)
M14	15	24	26,2	1	0,6	10 (18)	10 (14)	12 (28)
M16	17	26	30,2	1,2	0,6	12 (18)	12 (14)	12 (30)
M18	19	30	−	1,4	−	12 (18)	12 (14)	− (−)
M20	21	33	−	1,4	−	12 (20)	12 (16)	− (−)
M24	25	38	−	1,5	−	14 (20)	14 (16)	− (−)
M27	28	44	−	1,6	−	14 (22)	14 (18)	− (−)
M30	31	48	−	1,6	−	14 (22)	14 (18)	− (−)

⇒ **Zahnscheibe DIN 6797−A 8,4−FSt**: Form A, Nenngröße 8,4 (für M8),

Zahnscheiben und Fächerscheiben aus Federstahl (Härte 350 bis 425 HV10) dienen überwiegend zur Herstellung elektrischer Kontakte bei Verschraubung beschichteter Teile, außerdem als Losdrehsicherung von Schrauben mit niedriger Festigkeitsklasse.

Sicherheit von Schraubensicherungen — Safety of Locking Devices for Screws

Klemmkraftverlust

Bei ausreichend dimensionierten und zuverlässig montierten Schraubenverbindungen ist im Allgemeinen keine Schraubensicherung notwendig. Die Klemmkräfte verhindern ein Verschieben der verschraubten Teile bzw. ein Lockern der Schrauben und Muttern. In der Praxis kann es trotzdem zum Verlust der Klemmkraft kommen.

Ursache	Erklärung	Abhilfe
Lockern der Schraubverbindung	Folge von hohen Flächenpressungen, die plastische Verformungen auslösen (Setzungen) und die Vorspannkraft vermindern.	Vergrößerung der Vorspannkraft durch Wahl einer höheren Festigkeitsklasse.
Losdrehen der Schraubverbindung	Bei dynamisch senkrecht zur Schraubenachse belasteten Verbindungen kann ein vollständiges selbsttätiges Losdrehen erfolgen.	Einsatz von Sicherungselementen[1]: • Verliersicherungen: teilweises Losdrehen möglich, verhindern Auseinanderfallen der Schraubverbindung. • Losdrehsicherungen: Kleber, Sperrzahnschrauben; Muttern oder Schrauben können sich nicht lösen.

[1] Unwirksame Sicherungselemente gegen Losdrehen: z. B. Federringe, Zahnscheiben, Kontermuttern.

Übersicht über Schraubensicherungen

Verbindung	Sicherungselement	Art, Eigenschaft
mitverspannt, federnd	Federring, Federscheibe, Zahnscheibe, Fächerscheibe	unwirksam
formschlüssig	Sicherungsblech, Kronenmutter mit Splint, Drahtsicherung	Verliersicherungen
kraftschlüssig (klemmend)	Kontermutter	unwirksam. Losdrehen möglich.
	Schrauben und Muttern mit klemmender Polyamid-Beschichtung	Verliersicherung bzw. geringe Losdrehsicherung
sperrend (kraft- und formschlüssig)	Schrauben mit Verzahnung unter dem Kopf	Losdrehsicherung, nicht für gehärtete Bauteile geeignet
	Sperrkantringe, Sperrkantscheiben, selbsthemmendes Scheibenpaar	Losdrehsicherung
stoffschlüssig	mikroverkapselte Klebstoffe im Gewinde	Losdrehsicherung, dichtende Verbindung; Temperaturbereich –50 °C bis 150 °C
	Flüssigklebstoff	Losdrehsicherung

Vibrationsprüfung von Sicherungselementen

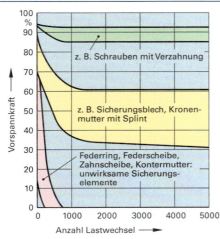

Sicherungselemente werden einer Vibrationsprüfung unterzogen. Hierbei wird die Vorspannkraft einer Schraubverbindung bei wechselnder Belastung quer zur Schraubenachse gemessen.

Nebenstehendes Diagramm wurde durch verschiedene Sicherungselemente einer Sechskantschraube DIN EN ISO 4014-M10 ermittelt, die wechselnden Querbelastungen ausgesetzt war.

Während optimale Losdrehsicherungen (Kleber oder Sperrzahnschrauben) nur 10 % bis 15 % ihrer ursprünglichen Vorspannkraft verlieren, haben Sicherungsmuttern und Fächerscheiben nur noch ca. 50 % Vorspannkraft nach 1000 Lastwechseln.

Federscheiben und Zahnscheiben haben ihre Vorspannkraft schon nach 500 Lastwechseln ganz verloren.

Bei Vibrationen und sicherheitsrelevanten Schraubverbindungen ist stets eine wirksame Schraubensicherung notwendig.

Stifte, Übersicht

Anwendung und Aufgaben von Stiften, Bezeichnungsbeispiel

Passstift

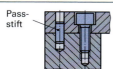

Anwendung: Mit Stiften werden Verbindungen von Maschinenteilen hergestellt. Die Verbindung ist form- und kraftschlüssig, aber unter Aufwand lösbar.

Aufgaben:
- Lagesicherung von Bauteilen (Passstifte),
- Verhinderung einer Überbeanspruchung von Bauteilen (Abscherstift),
- Wegbegrenzung von Maschinenteilen (Anschlagstift).

Bezeichnungsbeispiel:

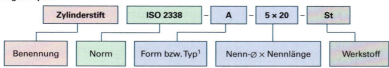

z. B. St = Stahl

Stifte mit DIN-EN-Hauptnummern werden auch mit ISO-Nummern bezeichnet.
ISO-Nummer = DIN-EN-Nummer – 20000; Beispiel: DIN EN 22338 = ISO 2338 (→ DIN EN ISO 2338)

[1] falls vorhanden

Ansicht	Bezeichnung, Normbereich von ... bis	Norm	Ansicht	Bezeichnung, Normbereich von ... bis	Norm
Stifte					
[1] Toleranz m6 oder h8	Zylinderstift, ungehärtet $d = 1...50$ mm	DIN EN ISO 2338		Kegelstift $d_1 = 0,6...50$ mm	DIN EN 22339
	Zylinderstift, gehärtet $d = 0,8...20$ mm	DIN EN ISO 8734		Spannstift (Spannhülsen), geschlitzt $d_1 = 1...50$ mm	DIN EN ISO 8752
Kerbstifte, Kerbnägel					
	Zylinderkerbstift mit Fase $d_1 = 1,5...25$ mm	DIN EN ISO 8740		Kegelkerbstift $d_1 = 1,5...25$ mm	DIN EN ISO 8744
	Steckkerbstift $d_1 = 1,5...25$ mm	DIN EN ISO 8741		Passkerbstift $d_1 = 1,2...25$ mm	DIN EN ISO 8745 DIN EN ISO 13337
	Knebelkerbstift, 1/3 der Länge gekerbt $d_1 = 1,2...25$ mm	DIN EN ISO 8742		Halbrundkerbnagel $d_1 = 1,4...20$ mm	DIN EN ISO 8746
	Knebelkerbstift mit langen Kerben $d_1 = 1,2...25$ mm	DIN EN ISO 8743		Senkkerbnagel $d_1 = 1,4...20$ mm	DIN EN ISO 8747

Stifte / Pins

Zylinderstifte aus ungehärtetem Stahl und austenitischem nichtrostendem Stahl

vgl. DIN EN ISO 2338

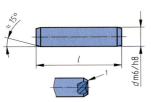

[1] Radius und Einsenkung am Ende zulässig.

d m6/h8[2]	0,6	0,8	1	1,2	1,5	2	2,5	3	4	5
l von	2	2	4	4	4	6	6	8	8	10
l bis	6	8	10	12	16	20	24	30	40	50
d	6	8	10	12	16	20	25	30	40	50
l von	12	14	18	22	26	35	50	60	80	95
l bis	60	80	95	140	180	200	200	200	200	200
Nenn-längen l	\multicolumn{10}{l}{2, 3, 4, 5, 6, 8, 10, 12, 14, 16, 18, 20, 22, 24, 26, 28, 30, 32, 35, 40, ... 95, 100, 120, 140, 160, 180, 200 mm. [2] Mit Bohrung H7 ergibt sich mit m6 eine Übergangspassung, mit h8 eine Spielpassung.}

⇒ **Zylinderstift ISO 2338–6 m6 × 30–St**: $d = 6$ mm, Toleranzklasse m6, $l = 30$ mm, aus Stahl

Zylinderstifte, gehärtet

vgl. DIN EN ISO 8734

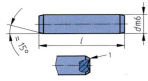

[1] Radius und Einsenkung am Ende zulässig.

d m6	1	1,5	2	2,5	3	4	5	6	8	10	12	16	20
l von	3	4	5	6	8	10	12	14	18	22	26	40	50
l bis	10	16	20	24	30	40	50	60	80			100	
Nenn-längen l	\multicolumn{13}{l}{3, 4, 5, 6, 8, 10, 12, 14, 16, 18, 20, 22, 24, 26, 28, 30, 32, 35, 40, 45, 50, 55, 60, 65, 70, 75, 80, 85, 90, 95, 100 mm}
Werk-stoffe	\multicolumn{13}{l}{• Stahl: Typ A Stift durchgehärtet, Typ B einsatzgehärtet • Nichtrostender Stahl Sorte C1}

⇒ **Zylinderstift ISO 8734–6 × 30–C1**: $d = 6$ mm, $l = 30$ mm, aus nichtrostendem Stahl der Sorte C1

Kegelstifte, ungehärtet

vgl. DIN EN 22339

Typ A geschliffen, $R_a = 0,8$ µm;
Typ B gedreht, $R_a = 3,2$ µm

d h10	1	2	3	4	5	6	8	10	12	16	20	25	30
l von	6	10	12	14	18	22	22	26	32	40	45	50	55
l bis	10	35	45	55	60	90	120	160	180		200		
Nenn-längen l	\multicolumn{13}{l}{2, 3, 4, 5, 6, 8, 10, 12, 14, 16, 18, 20, 22, 24, 26, 28, 30, 32, 35, 40, 45...95, 100, 120...180, 200 mm}

⇒ **Kegelstift ISO 2339–A–10 × 40–St**: Typ A, $d = 10$ mm, $l = 40$ mm, aus Stahl

Spannstifte (Spannhülsen), geschlitzt, schwere Ausführung — vgl. DIN EN ISO 8752
Spannstifte (Spannhülsen), geschlitzt, leichte Ausführung — vgl. DIN EN ISO 13337

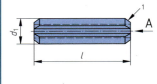

[1] Für Spannstifte mit einem Nenn-durchmesser $d_1 \geq 10$ mm ist auch nur eine Fase zulässig.

Nenn-⌀ d_1	2	2,5	3	4	5	6	8	10	12
d_1 max.	2,4	2,9	3,5	4,6	5,6	6,7	8,8	10,8	12,8
s ISO 8752	0,4	0,5	0,6	0,8	1	1,2	1,5	2	2,5
s ISO 13337	0,2	0,25	0,3	0,5	0,5	0,75	0,75	1	1
l von	4	4	4	5	10	10	10	10	
l bis	20	30	40	50	80	100	120	160	180
Nenn-⌀ d_1	14	16	20	25	30	35	40	45	50
d_1 max.	14,8	16,8	20,9	25,9	30,9	35,9	40,9	45,9	50,9
s ISO 8752	3	3	4	5	6	7	7,5	8,5	9,5
s ISO 13337	1,5	1,5	2	2	2,5	3,5	4	4	5
l von	\multicolumn{3}{c	}{10}	\multicolumn{3}{c	}{14}	\multicolumn{3}{c	}{20}
l bis	\multicolumn{3}{c	}{200}	\multicolumn{3}{c	}{200}	\multicolumn{3}{c	}{200}
Nenn-längen l	\multicolumn{9}{l}{4, 5, 6, 8, 10, 12, 14, 16, 18, 20, 22, 24, 26, 28, 30, 32, 35, 40, 45...95, 100, 120, 140, 160, 180, 200 mm}
Werkstoffe	\multicolumn{9}{l}{• Stahl: gehärtet und angelassen auf 420 HV 30...520 HV 30 • Nichtrostender Stahl: Sorte A oder Sorte C}
Anwendung	\multicolumn{9}{l}{Der Durchmesser der Aufnahmebohrung (Toleranzklasse H12) muss gleich dem Nenndurchmesser d_1 des dazugehörigen Stiftes sein. Nach Einbau des Stiftes in die kleinste Aufnahmebohrung darf Schlitz nicht ganz geschlossen sein.}

⇒ **Spannstift ISO 8752–6 × 30–St**: $d_1 = 6$ mm, $l = 30$ mm, aus Stahl

Passfedern, Scheibenfedern — Parallel Keys, Woodruff Keys

Anwendung und Aufgaben

Anwendung: Mit Pass- oder Scheibenfedern werden Drehmomente über deren Seitenflächen übertragen. Formschlüssige und lösbare Verbindung.

Aufgaben:
- Herstellung einer formschlüssigen Verbindung zwischen Welle und Nabe (z. B. Welle und Zahnrad).
- Weniger geeignet für stoßartige Belastungen und wechselseitige Drehmomente.
- Nabe kann fest oder längs verschiebbar mit der Welle verbunden sein (z. B. Verschieberäder in Getrieben).

Passfedern (hohe Form) vgl. DIN 6885-1

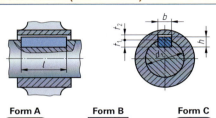

 Form A   Form B   Form C

Toleranzen für Passfedernuten

Wellennutenbreite b	fester Sitz[1]		P 9
	leichter Sitz[2]		N 9
Nabennutenbreite b	fester Sitz[1]		P 9
	leichter Sitz[2]		JS 9
zul. Abweichung bei d_1	≤ 22	≤ 130	> 130
Wellennutentiefe t_1	+ 0,1	+ 0,2	+ 0,3
Nabennutentiefe t_2	+ 0,1	+ 0,2	+ 0,3
Länge l	6…28	32…80	90…400
Längentoleranzen Feder	−0,2	−0,3	−0,5
Längentoleranzen Nut	+0,2	+0,3	+0,5

d_1 über	6	8	10	12	17	22	30	38	44	50	58	65	75	85	95	110
d_1 bis	8	10	12	17	22	30	38	44	50	58	65	75	85	95	110	130
b	2	3	4	5	6	8	10	12	14	16	18	20	22	25	28	32
h	2	3	4	5	6	7	8	8	9	10	11	12	14	14	16	18
t_1	1,2	1,8	2,5	3	3,5	4	5	5	5,5	6	7	7,5	9	9	10	11
t_2	1	1,4	1,8	2,3	2,8	3,3	3,3	3,3	3,8	4,3	4,4	4,9	5,4	5,4	6,4	7,4
l von	6	6	8	10	14	18	20	28	36	45	50	56	63	70	80	90
l bis	20	36	45	56	70	90	110	140	160	180	200	220	250	280	320	360

Nennlängen l: 6, 8, 10, 12, 14, 16, 18. 20, 22, 25, 28, 32, 36, 40, 45. 50, 56, 63, 70, 80, 90, 100, 110, 125, 140, 160, 180, 200, 220, 250, 280, 320 mm;   [1] wechselnde Belastung;   [2] leicht montierbar

⇒ Passfeder DIN 6885 – A – 12 × 8 × 56: Form A, b = 12 mm, h = 8 mm, l = 56 mm

Scheibenfedern vgl. DIN 6888

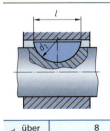 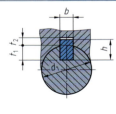

Toleranzen für Scheibenfedernuten

Wellennutenbreite b	fester Sitz		P 9 (P 8)[3]
	leichter Sitz		N 9 (N 8)[3]
Nabennutenbreite b	fester Sitz		P 9 (P 8)[3]
	leichter Sitz		JS 9 (N 8)[3]
zul. Abweichung bei d	≤ 5	5	6	8	10
und h	≤ 7,5	> 7,5	≤ 9	> 9	—	—
Wellennutentiefe t_1	+0,1	+0,2	+0,1	+0,2	+0,2	+0,2
Nabennutentiefe t_2	+0,1	+0,1	+0,1	+0,1	+0,1	+0,2

d_1 über	8	10	12	17	22	30
d_1 bis	10	12	17	22	30	38
b h9	2,5	3	4	5	6	8	10
h h12	3,7	3,7	5	6,5	5	6,5	7,5	6,5	7,5	9	7,5	9	11	9	11	13	11	13	16
d_2	10	10	13	16	13	16	19	16	19	22	19	22	28	22	28	32	28	32	45
t_1	2,9	2,5	3,8	5,3	3,5	5	6	4,5	5,5	7	5,1	6,6	8,6	6,2	8,2	10,2	7,8	9,8	12,8
t_2	1	1,4	1,7	2,2	2,6	3	3,4
l ≈	9,7	9,7	12,7	15,7	12,7	15,7	18,6	15,7	18,6	21,6	18,6	21,6	27,4	21,6	27,4	31,4	27,4	31,4	43,1

⇒ Scheibenfeder DIN 6888 – 6 × 9: b = 6 mm, h = 9 mm

[3] in Klammern: Toleranzklassen bei geräumten Nuten

Federn / Springs

Zylindrische Schrauben-Zugfedern
vgl. DIN EN 10270-1

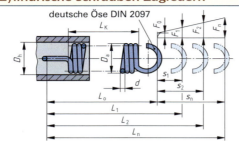
deutsche Öse DIN 2097

- d Drahtdurchmesser in mm
- D_a äußerer Windungsdurchmesser in mm
- D_h kleinster Hülsendurchmesser in mm
- L_0 Länge der unbelasteten Feder in mm
- L_k Länge des unbelasteten Federkörpers in mm
- L_n größte Federlänge in mm
- F_0 innere Vorspannkraft in N
- F_n größte zulässige Federkraft in N
- R Federrate in N/mm
- s_n größter zulässiger Federweg bei F_n in mm

Zugfedern aus unlegiertem Federstahldraht (Auswahl)

d	D_a	D_h	L_0	L_k	F_0	F_n	R	s_n
0,20	3,00	3,50	8,6	4,35	0,06	1,26	0,036	33,37
0,40	7,00	8,00	12,7	2,60	0,16	4,06	0,165	23,67
0,63	8,60	9,90	19,9	7,88	0,79	12,13	0,276	41,15
0,80	10,80	12,30	25,1	10,20	1,22	19,10	0,355	50,36
1,00	13,50	15,40	31,4	12,50	1,77	28,63	0,454	59,22
1,25	17,20	19,50	39,8	15,63	2,77	42,35	0,533	74,25
1,40	15,00	17,50	34,9	15,05	5,44	66,08	1,596	38,00
1,60	21,50	24,50	50,2	20,00	3,69	67,40	0,726	87,38
2,00	27,00	30,50	62,8	25,00	6,88	101,30	0,907	104,00

Zylindrische Schrauben-Druckfedern
vgl. DIN EN 10270-1

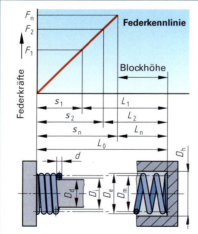
Federkennlinie — Blockhöhe

- d Drahtdurchmesser
- D_m mittlerer Windungsdurchmesser
- D_e Außendurchmesser
- D_d Dorndurchmesser
- D_h Hülsendurchmesser
- D_i Innendurchmesser
- L_0 Länge der unbelasteten Feder
- L_1, L_2 Länge belasteter Feder bei F_1, F_2
- L_n kleinste zulässige Prüflänge der Feder
- F_1, F_2 Federkräfte bei L_1, L_2
- F_n größte zulässige Federkraft bei s_n
- s_1, s_2 Federwege bei F_1, F_2
- s_n größter zulässiger Federweg bei F_n
- i_f Anzahl der federnden Windungen
- i_g Gesamtwindungszahl (Enden geschliffen)
- R Federrate in N/mm

⇒ Druckfeder DIN 2098 – 2 × 20 × 94:
$d = 2$ mm, $D_m = 20$ mm und $L_0 = 94$ mm

Gesamt-Windungszahl
$i_g = i_f + 2$ [1]

Innendurchmesser
$D_i = D_e - 2d$ [2]

Mittlerer Windungsdurchmesser
$D_m = D_e - d$ [3]

Druckfedern aus unlegiertem Federstahl (Auswahl)

d	D_e	$i_f = 3,5$				$i_f = 5,5$				$i_f = 8,5$			
		L_0	$s_n{}^1$	R	$F_n{}^1$	L_0	$s_n{}^1$	R	$F_n{}^1$	L_n	$s_n{}^1$	R	$F_n{}^1$
0,2	2,7	5,4	3,8	0,3	1,1	8,2	6,0	0,2	1,1	12,7	9,7	0,1	1,2
	2,0	2,8	1,2	0,8	1,0	4,4	2,4	0,5	1,2	6,8	4,0	0,3	1,3
	1,4	2,3	0,8	2,7	2,1	3,2	1,2	1,7	2,1	4,6	1,9	1,1	2,2
0,5	6,5	9,8	6,5	0,8	5,5	15,4	10,8	0,5	5,8	23,8	17,2	0,4	6,0
	5,0	8,0	4,9	2,0	9,7	12,0	7,6	1,3	9,7	17,0	10,8	0,8	8,9
	3,0	4,4	2,0	11,4	16,4	6,1	2,0	7,4	14,6	8,7	2,9	4,8	13,7
1,0	13,5	24,0	17,3	1,5	25,8	36,5	27,2	1,0	25,8	55,5	42,2	0,6	25,9
	8,0	10,8	4,7	8,5	39,8	16,5	8,1	5,4	43,4	26,3	14,3	3,5	50,1
	6,0	8,5	2,5	23,3	58,7	12,0	3,7	14,7	55,7	17,0	53,	9,6	51,1

[1] bei statischer Belastung

Übersicht von Wälzlagern — Overview of Roller Bearings

Wälzlager (Auswahl)

vgl. DIN 623-1

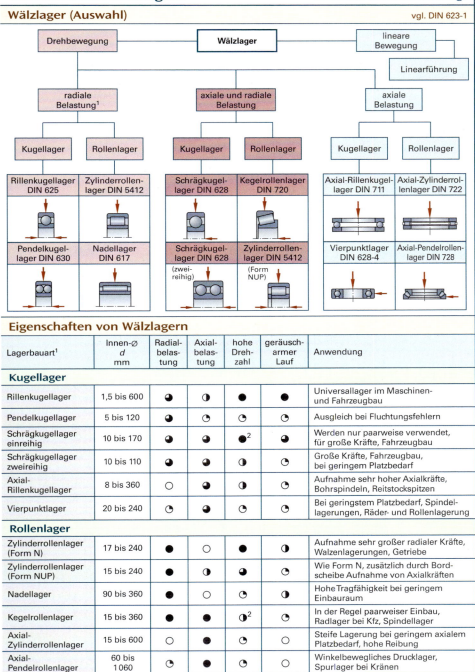

Eigenschaften von Wälzlagern

Lagerbauart[1]	Innen-⌀ d mm	Radial-belastung	Axial-belastung	hohe Drehzahl	geräusch-armer Lauf	Anwendung
Kugellager						
Rillenkugellager	1,5 bis 600	◕	◐	●	●	Universallager im Maschinen- und Fahrzeugbau
Pendelkugellager	5 bis 120	◕	◔	◔	◔	Ausgleich bei Fluchtungsfehlern
Schrägkugellager einreihig	10 bis 170	◕	◕	●[2]	◕	Werden nur paarweise verwendet, für große Kräfte, Fahrzeugbau
Schrägkugellager zweireihig	10 bis 110	◕	◑	◐	◔	Große Kräfte, Fahrzeugbau, bei geringem Platzbedarf
Axial-Rillenkugellager	8 bis 360	○	◕	◐	◔	Aufnahme sehr hoher Axialkräfte, Bohrspindeln, Reitstockspitzen
Vierpunktlager	20 bis 240	◔	◕	◐	◔	Bei geringstem Platzbedarf, Spindellagerungen, Räder- und Rollenlagerung
Rollenlager						
Zylinderrollenlager (Form N)	17 bis 240	●	○	●	◐	Aufnahme sehr großer radialer Kräfte, Walzenlagerungen, Getriebe
Zylinderrollenlager (Form NUP)	15 bis 240	●	◐	◕	◔	Wie Form N, zusätzlich durch Bordscheibe Aufnahme von Axialkräften
Nadellager	90 bis 360	●	○	◔	◐	Hohe Tragfähigkeit bei geringem Einbauraum
Kegelrollenlager	15 bis 360	●	●	◐[2]	◔	In der Regel paarweiser Einbau, Radlager bei Kfz, Spindellager
Axial-Zylinderrollenlager	15 bis 600	○	●	◔	○	Steife Lagerung bei geringem axialem Platzbedarf, hohe Reibung
Axial-Pendelrollenlager	60 bis 1060	◔	●	◔	○	Winkelbewegliches Drucklager, Spurlager bei Kränen

[1] bei allen Radiallagern wird der Vorsatz „Radial" unterdrückt
[2] verminderte Eignung bei paarweisem Einbau

● sehr gut ◕ gut ◐ normal ◔ eingeschränkt ○ nicht geeignet

Bezeichnung von Wälzlagern
Identification of Roller Bearings
vgl. DIN 623-1

Aufgabe:	Tragen und Führen sich drehender Teile, z. B. Achsen und Wellen.
Wirkung:	Kraftübertragung über Wälzkörper, die sich zwischen zwei Ringen (Radiallager) oder Scheiben (Axiallager) abrollen.
Wälzkörper:	Kugeln, Zylinderrollen, Kegelrollen, Tonnenrollen, Nadelrollen.

Beispiel: Kegelrollenlager DIN 720 - S - 30208 - C3 - P2 - GH - skf

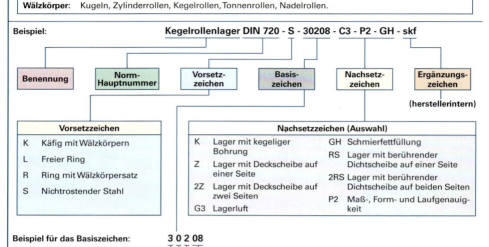

Vorsetzzeichen	
K	Käfig mit Wälzkörpern
L	Freier Ring
R	Ring mit Wälzkörpersatz
S	Nichtrostender Stahl

Nachsetzzeichen (Auswahl)			
K	Lager mit kegeliger Bohrung	GH	Schmierfettfüllung
Z	Lager mit Deckscheibe auf einer Seite	RS	Lager mit berührender Dichtscheibe auf einer Seite
2Z	Lager mit Deckscheibe auf zwei Seiten	2RS	Lager mit berührender Dichtscheibe auf beiden Seiten
G3	Lagerluft	P2	Maß-, Form- und Laufgenauigkeit

Beispiel für das Basiszeichen: 3 0 2 08

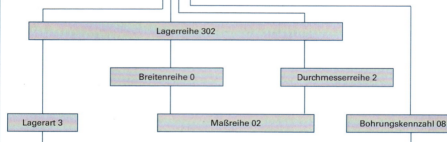

Lagerart	Ausführung
0	Schrägkugellager, zweireihig
1	Pendelkugellager
2	Tonnen- und Pendelrollenlager
3	Kegelrollenlager
4	Rillenkugellager, zweireihig
5	Axial-Rillenkugellager
6	Rillenkugellager, einreihig
7	Schrägkugellager, einreihig
8	Axial-Zylinderrollenlager
NA	Nadellager
QJ	Vierpunktlager
N, NJ, NJP, NNU, NU, NUP	Zylinder-Rollenlager

Bohrungskennzahl	Bohrungs-⌀ in mm	Bohrungskennzahl	Bohrungs-⌀ in mm
00	10	12	60
01	12	13	65
02	15	14	70
03	17	15	75
04	20	16	80
05	25	17	85
06	30	18	90
07	35	19	95
08	40	20	100
09	45	21	105
10	50	22	110
11	55	23	115

Einbau und Ausbau von Wälzlagern
Installation and Removal of Roller Bearings

Prinzip, Ansicht	Erklärung

Montage von Wälzlagern

Man unterscheidet • mechanische, • hydraulische und • thermische Verfahren der Montage.	Bei der Montage eines Lagers darf die Einpresskraft nicht über die Wälzkörper übertragen werden. Die Montagehülse muss deshalb immer am Laufring mit der festen Passung angesetzt werden. Mit mechanischen oder hydraulischen Pressen können Wälzlager sicher und schnell eingebaut werden.	Wälzlager können verschiedene Bauarten und Größen besitzen. Als Wälzkörper werden Kugeln, Zylinderrollen, Kegelrollen, Tonnenrollen und Nadelrollen verwendet. Aus diesen Gründen können sie auch nicht alle nach der gleichen Methode montiert werden. Auf Sauberkeit bei der Montage ist zu achten.

Einbau von Wälzlagern

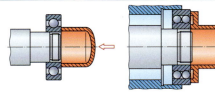

Schlagbuchsen

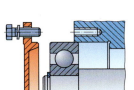 

Montagescheiben

Nicht zerlegbare Lager werden immer zuerst am fest eingepassten Ring gefügt. Die Einpresskraft darf nicht über die Wälzkörper übertragen werden. Sie muss gleichmäßig wirken, damit das Lager nicht verkantet wird.

Die Lagerringe mit Festsitz werden entweder mit Schlagbüchsen oder Montagescheiben, mit mechanischen oder hydraulischen Pressen, auch unter Zuführung von Öl oder nach Aufweitung durch Erwärmung aufgebracht. Beim Aufweiten durch Erwärmen darf die Temperatur 100 °C nicht überschreiten.

Die Erwärmung kann auf einer temperaturgeregelten Heizplatte, besser im Ölbad, in Heißluftöfen oder mithilfe von induktiv arbeitenden Anwärmgeräten erfolgen. Alternativ kann die Welle auch z. B. in flüssigem Stickstoff gekühlt werden.

Beim Einbau von zerlegbaren Lagern können die Ringe einzeln montiert werden. Durch schraubende Bewegung werden die Teile dann vorsichtig zusammengefügt.

Ausbau von Wälzlagern

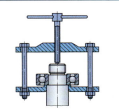 

Abziehvorrichtungen

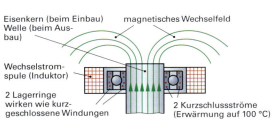

Eisenkern (beim Einbau) Welle (beim Ausbau) — magnetisches Wechselfeld
Wechselstromspule (Induktor)
2 Lagerringe wirken wie kurzgeschlossene Windungen
2 Kurzschlussströme (Erwärmung auf 100 °C)

Induktive Erwärmung (Prinzip)

Beim Ausbau zerlegbarer und nicht zerlegbarer Lager erfolgt der Lagerausbau in umgekehrter Reihenfolge wie der Einbau. Die Kraft darf nicht über die Wälzkörper übertragen werden.

Kleine Lager werden mit Abziehvorrichtungen abgezogen. Im Einzelfall können kleine Lager auch mit einem weichen Metalldorn und leichten Hammerschlägen ausgebaut werden. Einfacher und exakter ist der Ausbau der Lager mit mechanischen oder hydraulischen Pressen.

Ebenso wie beim Einbau können auch beim Ausbau thermische Verfahren angewandt werden. Die Innenringe des Lagers können durch geeignete, vorher auf 200 °C bis 300 °C aufgeheizte Anwärmringe oder durch induktive Erwärmung auf eine Temperatur von ca. 100 °C gebracht werden.

Man zieht dann den Innenring und Anwärmring bzw. die induktive Montagevorrichtung gemeinsam von der Welle ab.

Kugellager, Nadellager — Ball Bearings, Needle Bearings

Rillenkugellager

vgl. DIN 625-1 und DIN 5418

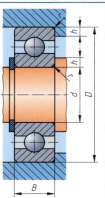

d	Lagerreihe 60					Lagerreihe 62					Lagerreihe 63				
	D	B	r max	h min	Basis-zeichen	D	B	r max	h min	Basis-zeichen	D	B	r max	h min	Basis-zeichen
10	26	8	0,3	1	6000	30	9	0,6	2,1	6200	35	11	0,6	2,1	6300
12	28	8	0,3	1	6001	32	10	0,6	2,1	6201	37	12	1	2,8	6301
15	32	9	0,3	1	6002	35	11	0,6	2,1	6202	42	13	1	2,8	6302
20	42	12	0,6	1,6	6004	47	14	1	2	6204	52	15	1	3,5	6304
25	47	12	0,6	1,6	6005	52	15	1	2	6205	62	17	1	3,5	6305
30	55	13	1	2,3	6006	62	16	1	2	6206	72	19	1	3,5	6306
35	62	14	1	2,3	6007	72	17	1	2	6207	80	21	1,5	4,5	6307
40	68	15	1	2,3	6008	80	18	1	3,5	6208	90	23	1,5	4,5	6308
45	75	16	1	2,3	6009	85	19	1	3,5	6209	100	25	1,5	4,5	6309
50	80	16	1	2,3	6010	90	20	1	3,5	6210	110	27	2	5,5	6310
55	90	18	1	3	6011	100	21	1,5	4,5	6211	120	29	2	5,5	6311
60	95	18	1	3	6012	110	22	1,5	4,5	6212	130	31	2,1	6	6312
65	100	18	1	3	6013	120	23	1,5	4,5	6213	140	33	2,1	6	6313

Rillenkugellager DIN 625–6208: Rillenkugellager (Lagerart 6), Breitenreihe 0, Durchmesserreihe 2, Bohrungskennzahl 08 (Bohrungsdurchmesser $d = 8 \cdot 5$ mm = 40 mm). Geeignet für hohe Drehzahlen sowie kleine axiale und mittlere radiale Belastung.

Schrägkugellager

vgl. DIN 628-1 und -3 und DIN 5418

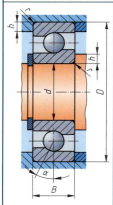

d	Lagerreihe 72					Lagerreihe 73					Lagerreihe 33 (zweireihig)				
	D	B	r max	h min	Basis-zeichen	D	B	r max	h min	Basis-zeichen	D	B	r max	h min	Basis-zeichen
15	35	11	0,6	2,1	7202B	42	13	1	2,8	7302B	42	19	1	2,8	3302
20	47	14	1	2,8	7204B	52	15	1	3,5	7304B	52	22,2	1	3,5	3304
25	52	15	1	2,8	7205B	62	17	1	3,5	7305B	62	25,4	1	3,5	3305
30	62	16	1	2,8	7206B	72	19	1	3,5	7306B	72	30,2	1	3,5	3306
35	72	17	1	3,5	7207B	80	21	1,5	4,5	7307B	80	34,9	1,5	4,5	3307
40	80	18	1	3,5	7208B	90	23	1,5	4,5	7308B	90	36,5	1,5	4,5	3308
45	85	19	1	3,5	7209B	100	25	1,5	4,5	7309B	100	39,7	1,5	4,5	3309
50	90	20	1	3,5	7210B	110	27	2	5,5	7310B	110	44,4	2	5,5	3310
55	100	21	1,5	4,5	7211B	120	29	2	5,5	7311B	120	49,2	2	5,5	3311
60	110	22	1,5	4,5	7212B	130	31	2,1	6	7312B	130	54	2,1	6	3312
65	120	23	1,5	4,5	7213B	140	33	2,1	6	7313B	140	58,7	2,1	6	3313

Schrägkugellager DIN 628 - 7309B: Schrägkugellager (Lagerart 7), Breitenreihe 0, Durchmesserreihe 3, Bohrungskennzahl 09 (Bohrungsdurchmesser $d = 9 \cdot 5$ mm = 45 mm), Berührungswinkel $\alpha = 40°$. Nehmen radiale und axiale Kräfte in einer Richtung auf, meist paarweise eingebaut und vorgespannt.

Nadellager (Auswahl)

vgl. DIN 617

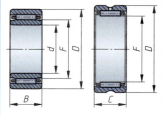

d	D	F	r max	h min	Lagerreihe NA 49		Lagerreihe NA 69	
					B	Basis-zeichen	B	Basis-zeichen
20	37	25	0,3	1	17	NA4904	30	NA6904
25	42	28	0,3	1	17	NA4905	30	NA6905
30	47	30	0,3	1	17	NA4906	30	NA6906
35	55	42	0,6	1,6	20	NA4907	36	NA6907
40	62	48	0,6	1,6	22	NA4908	40	NA6908
45	68	52	0,6	1,6	22	NA4909	40	NA6909
50	72	58	0,6	1,6	22	NA4910	40	NA6910
55	80	63	1	2,3	25	NA4911	45	NA6911
60	85	68	1	2,3	25	NA4912	45	NA6912
65	90	72	1	2,3	25	NA4913	45	NA6913
70	100	80	1	2,3	30	NA4914	54	NA6914

Einbaumaße nach DIN 5418:

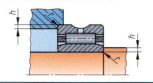

Nadellager DIN 617–NA4909: Nadellager der Lagerreihe NA49 mit Lagerart NA, Breitenreihe 4, Durchmesserreihe 9, Bohrungskennzahl 09. Benötigen wenig Platz, auch ohne Laufringe einbaubar (Nadelkränze).

Gleitlager, Nutmuttern — Journal Bearing, Grooved Nuts

Gleitlager

Lagerart	Tragkrafterzeugung	Eignung	Anwendung
hydrodynamisch	**Intern**, der tragende Schmierfilm wird durch Bewegung zwischen Welle und Lagerschale erzeugt.	• Hohe Drehzahlen, • verschleißarmer Dauerbetrieb, • hohe Belastungen.	• Elektromotoren, • Turbinen, Verdichter, • Getriebe, • Pleuellager, • Hebezeuge.
hydrostatisch	**Extern**, der tragende Schmierfilm wird außerhalb durch eine Pumpe erzeugt.	• Niedrige Drehzahlen, • verschleißfreier Dauerbetrieb, • geringe Reibungsverluste.	• Werkzeugmaschinen, • Präzisionslagerungen, • Axiallager für hohe Kräfte, • Teleskope, Antennen.
Laufschicht / Stahlrücken / Trockenlauf	Gleiten ohne Zwischenmedium aufgrund der Werkstoffpaarung.	• Wartungsfreier oder wartungsarmer Betrieb, • mit oder ohne Schmierstoff.	• Strahltriebwerke, • Verpackungsmaschinen, • Baumaschinen, • Haushaltsgeräte.

Gleitwerkstoffauswahl

vgl. DIN ISO 6691, 4381 und 4382-1 und -2

Kurzzeichen, Werkstoffnummer	spez. Lagerbelastung p_L in N/mm²	Gleiteigenschaft	Gleitgeschwindigkeit	Notlaufeigenschaft	Eigenschaften, Verwendung
Polyamid (PA6)	12	+++	–	+++	stoß- u. verschleißfest, Landmaschinen
Polyoxymethylen (POM)	18	+++	–	+++	trockenlaufgeeignet, Feinwerktechnik
G-PbSb15Sn10 2.3391	7,2	+	++	++	mittlere Belastung, allg. Gleitlager, dünnwandig
G-SnSb12Cu6Pb 2.3790	10,2	+++	+++	++	Schlagbeanspruchung, Turbinen, Elektomaschinen
CuPb20Sn5-C 2.1818	11,7	+++	+++	+++	für Wasserschmierung geeignet, schwefelsäurebeständig
CuZn31Si1 2.1831	58,3	++	++	++	hohe Schlag- und Stoßbelastung

Eigenschaften: +++ sehr gut, ++ gut, + normal, – schlecht

Nutmuttern für Wälzlager (Auswahl)

vgl. DIN 981

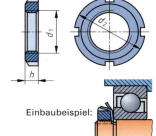

Einbaubeispiel: d_1 von M10 ... M200

d_1	d_2	h	Kurzzeichen	d_1	d_2	h	Kurzzeichen
M10×0,75	18	4	KM0	M 60×2	80	11	KM12
M12×1	22	4	KM1	M 65×2	85	12	KM13
M15×1	25	5	KM2	M 70×2	92	12	KM14
M17×1	28	5	KM3	M 75×2	98	13	KM15
M20×1	32	6	KM4	M 80×2	105	15	KM16
M25×1,5	38	7	KM5	M 85×2	110	16	KM17
M30×1,5	45	7	KM6	M 90×2	120	16	KM18
M35×1,5	52	8	KM7	M 95×2	125	17	KM19
M40×1,5	58	9	KM8	M100×2	130	18	KM20
M45×1,5	65	10	KM9	M105×2	140	18	KM21
M50×1,5	70	11	KM10	M110×2	145	19	KM22
M55×2	75	11	KM11	M115×2	150	19	KM23

Nutmutter DIN 981–KM6: Nutmutter mit d_1 = M30×1,5

Sicherungsringe, Sicherungsscheiben, Sicherungsbleche
Retaining Rings, Retaining Washers, Locking Plates

Sicherungsringe (Regelausführung)

für Wellen						vgl. DIN 471	für Bohrungen						vgl. DIN 472

Nennmaß d_1 mm	Ring			Nut			Nennmaß d_1 mm	Ring			Nut		
	s	d_3	d_4	d_2	m H13	n min.		s	d_3	d_4	d_2	m H13	n min.
				b ≈							b ≈		
10	1	9,3	17	1,8	9,6	1,1	0,6	10	1	10,8	3,3	1,4	10,4	1,1	0,6
12	1	11	19	1,8	11,5	1,1	0,8	12	1	13	4,9	1,7	12,5	1,1	0,8
15	1	13,8	22,6	2,2	14,3	1,1	1,1	15	1	16,2	7,2	2	15,7	1,1	1,1
18	1,2	16,5	26,2	2,4	17	1,3	1,5	18	1	19,5	9,4	2,2	19	1,1	1,5
20	1,2	18,5	28,4	2,6	19	1,3	1,5	20	1	21,5	11,2	2,3	21	1,1	1,5
22	1,2	20,5	30,8	2,8	21	1,3	1,5	22	1	23,5	13,2	2,5	23	1,1	1,5
25	1,2	23,2	34,2	3	23,9	1,3	1,7	25	1,2	26,9	15,5	2,7	26,2	1,3	1,8
28	1,5	25,9	37,9	3,2	26,6	1,6	2,1	28	1,2	30,1	17,9	2,9	29,4	1,3	2,1
30	1,5	27,9	40,5	3,5	28,6	1,6	2,1	30	1,2	32,1	19,8	3	31,4	1,3	2,1

Sicherungsring DIN 471 – 40 × 1,75: $d_1 = 40$ mm, $s = 1,75$ mm   Sicherungsring DIN 472 – 80 × 2,5: $d_1 = 80$ mm, $s = 2,5$ mm

Sicherungsringe verhindern eine Axialverschiebung von Bauteilen auf Wellen und in Bohrungen.

Sicherungsscheiben

vgl. DIN 6799

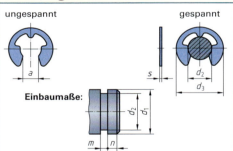

Sicherungsscheibe				Wellennut		
d_2 H11	d_3 gespannt	a	s	d_1 von...bis	m	n min.
6	12,3	5,26	0,7	7...9	0,74	1,2
7	14,3	5,84	0,9	8...11	0,94	1,5
8	16,3	6,52	1	9...12	1,05	1,8
9	18,8	7,63	1,1	10...14	1,15	2
10	20,4	8,32	1,2	11...15	1,25	2
12	23,4	10,45	1,3	13...18	1,35	+0,08 / 0	2,5
15	29,4	12,61	1,5	16...24	1,55	3
19	37,6	15,92	1,75	20...31	1,80	3,5
24	44,6	21,88	2	25...38	2,05	4

Sicherungsscheibe DIN 6799 – 15: $d_2 = 15$ mm

Radialmontierbarer Haltering in Wellennuten zum axialen Halten von Bauteilen.

Sicherungsbleche

vgl. DIN 5406

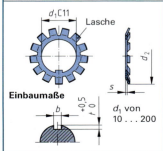

d_1	d_2	s	b H9	t	Kurzzeichen	d_1	d_2	s	b H9	t	Kurzzeichen
10	21	1	4	2	MB0	60	86	1,5	9	4	MB12
12	25	1	4	2	MB1	65	92	1,5	9	4	MB13
15	28	1	5	2	MB2	70	98	1,5	9	5	MB14
17	32	1	5	2	MB3	75	104	1,5	9	5	MB15
20	36	1	5	2	MB4	80	112	1,7	11	5	MB16
25	42	1,2	6	3	MB5	85	119	1,7	11	5	MB17
30	49	1,2	6	4	MB6	90	126	1,7	11	5	MB18
35	57	1,2	7	4	MB7	95	133	1,7	11	5	MB19
40	62	1,2	7	4	MB8	100	142	1,7	14	6	MB20

Sicherungsblech DIN 5406 – MB6: Sicherungsblech mit $d_1 = 30$ mm

Sicherung von Nutmuttern gegen Losdrehen. Die Innennase wird in die Wellennut eingebördelt, eine Außenlasche in eine Nutmutternut.

Dichtelemente

Sealing Elements

Radial-Wellendichtringe

vgl. DIN 3760

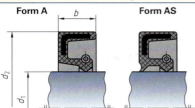

Form A, Form AS

Einbaumaße:
a) = Kanten gerundet $c = d_1 - d_3$

Welle mit Ra0,2 bis Ra0,8 oder Rz1 bis Rz5

d_1	d_2		b	d_3	d_1	d_2		b	d_3	d_1	d_2		b	d_3
10	22	26	7	8,5	28	40	52	7	25,5	50	65	72	8	46,5
	25	–				47	–				68	–		
12	22	30	7	10	30	40	47	8	27,5	55	70	80	8	51
	25	–				42	52				72	–		
14	24	30	7	12	32	45	52	8	29	60	75	85	8	56
15	26	35	7	13		47	–				80	–		
	30	–			35	47	52	8	32	65	85	90	10	61
16	30	35	7	14		50	55			70	90	95	10	66
18	30	35	7	16	38	55	62	8	35	75	95	100	10	70,5
20	30	40	7	18	40	52	62	8	37	80	100	110	10	75,5
	35	–				55	–			85	110	120	12	80,5
22	35	47	7	19,5	42	55	62	8	38,5	90	110	120	12	85,5
	40	–				60	65	8	41,5	95	120	125	12	90,5
25	35	47	7	22,5	45	62	–			100	120	130	12	94,5
	40	52			48	62	–		44,5		125	–		

⇨ **RWDR DIN 3760 – A25 × 40 × 7 – NBR**: Radial-Wellendichtring (RWDR) Form A (ohne Schutzlippe) für Wellendurchmesser $d_1 = 25$ mm, Außendurchmesser $d_2 = 40$ mm, Breite $b = 7$ mm, Elastomerteil aus Nitril-Butadien-Kautschuk (NBR)

Filzringe

vgl. DIN 5419

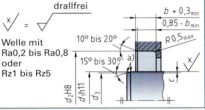

Einbaumaße:

Abmessungen				Einbaumaße		Abmessungen			Einbaumaße		
d_1	d_2	b	d_3	d_4	f	d_1	d_2	b	d_3	d_4	f
20	30	4	21	31	3	60	76	6,5	61,5	77	5
25	37	5	26	38	4	65	81	6,5	71,5	82	5
30	42	5	31	43	4	70	88	7,5	76,5	89	6
35	47	5	36	48	4	75	93	7,5	76,5	94	6
40	52	5	41	53	4	80	98	7,5	81,5	99	6
45	57	5	46	58	4	85	103	7,5	86,5	104	6
50	66	6,5	51	67	5	90	110	8,5	92	111	7
55	71	6,5	56	72	5	100	124	10	102	125	8

O-Ringe (Auswahl)

vgl. DIN ISO 3601-1

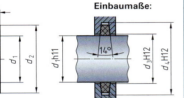

Einbaumaße: radial außendichtend

d_1	d_2	d_1	d_2	d_1	d_2	d_1	d_2
5,28		60,05		20,29		69,52	
10,82		69,57		25,07		82,22	
15,60		88,62		29,82		94,92	2,62
20,35		101,32	1,78	34,59		101,27	
25,12	1,78	114,02		40,94		120,32	
29,87		120,37		45,69	2,62	10,69	
34,65		133,07		50,47		20,22	
41,00		5,23		55,25		29,74	3,53
44,17		10,77	2,62	59,99		40,87	
50,52		15,54		64,77		50,39	

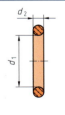

axialdichtend

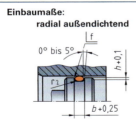

radial innendichtend

Einbaumaße bei ruhender Belastung

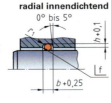

d_2	r_1	f	radial dichtend b	axial dichtend b	
			h	Flüssigkeiten	Gase
1,78	0,2…0,4	+0,4	1,3	2,8	3,2	2,9
2,62		+0,2	2,0	3,8	4,0	3,6
3,53	0,4…0,8	+0,8	2,7	5,0	5,3	4,8
5,33		+0,4	4,2	7,2	7,6	7,0
6,99	0,8…1,2	+1,2 / +0,8	5,7	9,5	9,0	8,5

ISO-System für Grenzmaße und Passungen 1
ISO System for Limit Dimensions and Fits 1

Begriffe
vgl. DIN EN ISO 286-1

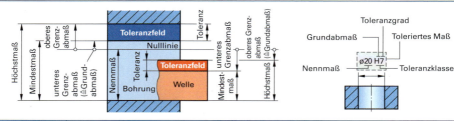

Begriff	Erklärung	Begriff	Erklärung
Grenzabmaß oberes unteres	Höchstmaß minus Nennmaß Mindestmaß minus Nennmaß	Passung	Beziehung aus der Differenz der Istmaße von Bohrung und Welle vor dem Fügen.
Grenzmaße Höchstmaß Mindestmaß	Größtes zugelassenes Werkstückmaß Kleinstes zugelassenes Werkstückmaß	Toleranz	Differenz zwischen Höchst- und Mindestmaß bzw. Differenz zwischen oberem und unterem Abmaß.
Grundabmaß	Abstand zwischen Nulllinie und demjenigen Grenzabmaß, das am nächsten bei der Nulllinie liegt.	Toleranzfeld	Bei grafischer Darstellung von Toleranzen das Feld zwischen Höchst- und Mindestmaß.
Grundtoleranz	Die einem Grundtoleranzgrad, z. B. IT 7, und einem Nennmaßbereich, z. B. 30 bis 50, zugeordnete Toleranz.	Toleranzgrad	Zahl des Grundtoleranzgrades
Grundtoleranzgrad	Eine Gruppe von Toleranzen mit gleichem Genauigkeitsniveau, z. B. IT 7.	Toleranzklasse	Kombination eines Grundabmaßes mit einem Toleranzgrad, z. B. H7.
Istmaß	Gemessenes Werkstückmaß	Toleriertes Maß	Nennmaß mit Grenzabmaßen, z. B. 30 ± 0,1, oder Nennmaß mit Toleranzklasse, z. B. 20 H7.
Nennmaß	Maß, auf das sich die Abmaße beziehen.		

Grenzmaße, Abmaße und Toleranzen
vgl. DIN EN ISO 286-1

Bohrungen
N Nennmaß
G_{oB} Höchstmaß Bohrung
G_{uB} Mindestmaß Bohrung
ES oberes Abmaß Bohrung[1]
EI unteres Abmaß Bohrung[1]
T_B Toleranz Bohrung

Wellen
N Nennmaß
G_{oW} Höchstmaß Welle
G_{uW} Mindestmaß Welle
es oberes Abmaß Welle[1]
ei unteres Abmaß Welle[1]
T_W Toleranz Welle

$G_{oB} = N + ES$ **1**
$G_{uB} = N + EI$ **2**
$T_B = ES - EI$
$T_B = G_{oB} - G_{uB}$ **3**

$G_{oW} = N + es$ **4**
$G_{uW} = N + ei$ **5**
$T_W = es - ei$
$T_W = G_{oW} - G_{uW}$ **6**

[1] e bzw. E von (franz.) écart = Abmaß; s bzw. S von lat. superior = oberhalb; i bzw. I von lat. inferior = unterhalb

Passungen
vgl. DIN EN ISO 286-1

Spielpassung
P_{SH} Höchstspiel
P_{SM} Mindestspiel

Übergangspassung
P_{SH} Höchstspiel
$P_{ÜH}$ Höchstübermaß

Übermaßpassung
$P_{ÜH}$ Höchstübermaß
$P_{ÜM}$ Mindestübermaß

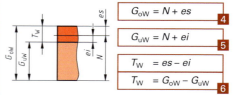

$P_{SM} = G_{uB} - G_{oW}$ **7**
$P_{SH} = G_{oB} - G_{uW}$ **8**
$P_{ÜH} = G_{uB} - G_{oW}$ **9**
$P_{ÜM} = G_{oB} - G_{uW}$ **10**

ISO-System für Grenzmaße und Passungen 2
ISO System for Limit Dimensions and Fits 2

Passungssysteme
vgl. DIN EN ISO 286-1

Passungssystem Einheitsbohrung (alle Bohrungsmaße besitzen das Grundabmaß H)

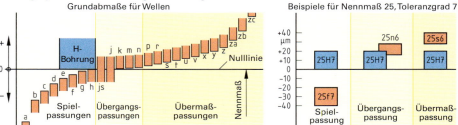

Passungssystem Einheitswelle (alle Wellenmaße besitzen das Grundabmaß h)

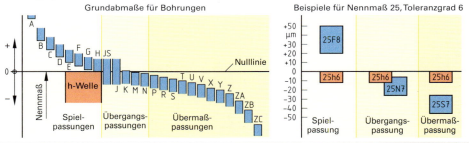

Grundtoleranzen
vgl. DIN EN ISO 286-1

Nennmaßbereich über…bis mm	Grundtoleranzgrade																	
	IT1	IT2	IT3	IT4	IT5	IT6	IT7	IT8	IT9	IT10	IT11	IT12	IT13	IT14	IT15	IT16	IT17	IT18
	Grundtoleranzen in µm											in mm						
… 3	0,8	1,2	2	3	4	6	10	14	25	40	60	0,1	0,14	0,25	0,4	0,6	1	1,4
3… 6	1	1,5	2,5	4	5	8	12	18	30	48	75	0,12	0,18	0,3	0,48	0,75	1,2	1,8
6… 10	1	1,5	2,5	4	6	9	15	22	36	58	90	0,15	0,22	0,36	0,58	0,9	1,5	2,2
10… 18	1,2	2	3	5	8	11	18	27	43	70	110	0,18	0,27	0,43	0,7	1,1	1,8	2,7
18… 30	1,5	2,5	4	6	9	13	21	33	52	84	130	0,21	0,33	0,52	0,84	1,3	2,1	3,3
30… 50	1,5	2,5	4	7	11	16	25	39	62	100	160	0,25	0,39	0,62	1	1,6	2,5	3,9
50… 80	2	3	5	8	13	19	30	46	74	120	190	0,3	0,46	0,74	1,2	1,9	3	4,6
80… 120	2,5	4	6	10	15	22	35	54	87	140	220	0,35	0,54	0,87	1,4	2,2	3,5	5,4
120… 180	3,5	5	8	12	18	25	40	63	100	160	250	0,4	0,63	1	1,6	2,5	4	6,3
180… 250	4,5	7	10	14	20	29	46	72	115	185	290	0,46	0,72	1,15	1,85	2,9	4,6	7,2
250… 315	6	8	12	16	23	32	52	81	130	210	320	0,52	0,81	1,3	2,1	3,2	5,2	8,1
315… 400	7	9	13	18	25	36	57	89	140	230	360	0,57	0,89	1,4	2,3	3,6	5,7	8,9
400… 500	8	10	15	20	27	40	63	97	155	250	400	0,63	0,97	1,55	2,5	4	6,3	9,7
500… 630	9	11	16	22	32	44	70	110	175	280	440	0,7	1,1	1,75	2,8	4,4	7	11
630… 800	10	13	18	25	36	50	80	125	200	320	500	0,8	1,25	2	3,2	5	8	12,5
800…1000	11	15	21	28	40	56	90	140	230	360	560	0,9	1,4	2,3	3,6	5,6	9	14
1000…1250	13	18	24	33	47	66	105	165	260	420	660	1,05	1,65	2,6	4,2	6,6	10,5	16,5
1250…1600	15	21	29	39	55	78	125	195	310	500	780	1,25	1,95	3,1	5	7,8	12,5	19,5
1600…2000	18	25	35	46	65	92	150	230	370	600	920	1,5	2,3	3,7	6	9,2	15	23
2000…2500	22	30	41	55	78	110	175	280	440	700	1100	1,75	2,8	4,4	7	11	17,5	28

Die Grenzabmaße der Toleranzgrade für die Grundabmaße h, js, H und JS können aus den Grundtoleranzen abgeleitet werden: **h**: $es = 0$; $ei = -IT$ **js**: $es = +IT/2$; $ei = -IT/2$ **H**: $ES = +IT$; $EI = 0$ **JS**: $ES = +IT/2$; $EI = -IT/2$

Passungen, System Einheitsbohrung 1
Fits, Basic Hole System 1

Grenzabmaße in μm für Toleranzklassen[1] vgl. DIN EN ISO 286-2

Nennmaß-bereich über ... bis mm	für Bohrung	für Wellen				für Bohrung	für Wellen						
		Beim Fügen mit einer H6-Bohrung entsteht eine					Beim Fügen mit einer H7-Bohrung entsteht eine						
		Spiel-passung	Übergangs-passung		Üb.-maß-		Spielpassung		Übergangspassung			Übermaß-passung	
	H6	h5	j6	k6	n5	p5	**H7**	f7	g6	**h6**	j6	k6	m6	**n6**	r6	s6
1...3	+6 / 0	0 / −4	+4 / −2	+6 / 0	+8 / +4	+10 / +6	+10 / 0	−6 / −16	−2 / −8	0 / −6	+4 / −2	+6 / 0	+8 / +2	+10 / +4	+16 / +10	+20 / +14
3...6	+8 / 0	0 / −5	+6 / −2	+9 / +1	+13 / +8	+17 / +12	+12 / 0	−10 / −22	−4 / −12	0 / −8	+6 / −2	+9 / +1	+12 / +4	+16 / +8	+23 / +15	+27 / +19
6...10	+9 / 0	0 / −6	+7 / −2	+10 / +1	+16 / +10	+21 / +15	+15 / 0	−13 / −28	−5 / −14	0 / −9	+7 / −2	+10 / +1	+15 / +6	+19 / +10	+28 / +19	+32 / +23
10...14	+11 / 0	0 / −8	+8 / −3	+12 / +1	+20 / +12	+26 / +18	+18 / 0	−16 / −34	−6 / −17	0 / −11	+8 / −3	+12 / +1	+18 / +7	+23 / +12	+34 / +23	+39 / +28
14...18																
18...24	+13 / 0	0 / −9	+9 / −4	+15 / +2	+24 / +15	+31 / +22	+21 / 0	−20 / −41	−7 / −20	0 / −13	+9 / −4	+15 / +2	+21 / +8	+28 / +15	+41 / +28	+48 / +35
24...30																
30...40	+16 / 0	0 / −11	+11 / −5	+18 / +2	+28 / +17	+37 / +26	+25 / 0	−25 / −50	−9 / −25	0 / −16	+11 / −5	+18 / +2	+25 / +9	+33 / +17	+50 / +34	+59 / +43
40...50																
50...65	+19 / 0	0 / −13	+12 / −7	+21 / +2	+33 / +20	+45 / +32	+30 / 0	−30 / −60	−10 / −29	0 / −19	+12 / −7	+21 / +2	+30 / +11	+39 / +20	+60 / +41	+72 / +53
65...80																+62 / +43	+78 / +59
80...100	+22 / 0	0 / −15	+13 / −9	+25 / +3	+38 / +23	+52 / +37	+35 / 0	−36 / −71	−12 / −34	0 / −22	+13 / −9	+25 / +3	+35 / +13	+45 / +23	+73 / +51	+93 / +71
100...120																+76 / +54	+101 / +79
120...140	+25 / 0	0 / −18	+14 / −11	+28 / +3	+45 / +27	+61 / +43	+40 / 0	−43 / −83	−14 / −39	0 / −25	+14 / −11	+28 / +3	+40 / +15	+52 / +27	+88 / +63	+117 / +92
140...160																+90 / +65	+125 / +100
160...180																+93 / +68	+133 / +108
180...200	+29 / 0	0 / −20	+16 / −13	+33 / +4	+51 / +31	+70 / +50	+46 / 0	−50 / −96	−15 / −44	0 / −29	+16 / −13	+33 / +4	+46 / +17	+60 / +31	+106 / +77	+151 / +122
200...225																+109 / +80	+159 / +130
225...250																+113 / +84	+169 / +140
250...280	+32 / 0	0 / −23	+16 / −16	+36 / +4	+57 / +34	+79 / +56	+52 / 0	−56 / −108	−17 / −49	0 / −32	+16 / −16	+36 / +4	+52 / +20	+66 / +34	+126 / +94	+190 / +158
280...315																+130 / +98	+202 / +170
315...355	+36 / 0	0 / −25	+18 / −18	+40 / +4	+62 / +37	+87 / +62	+57 / 0	−62 / −119	−18 / −54	0 / −36	+18 / −18	+40 / +4	+57 / +21	+73 / +37	+144 / +108	+226 / +190
355...400																+150 / +114	+244 / +208
400...450	+40 / 0	0 / −27	+20 / −20	+45 / +5	+67 / +40	+95 / +67	+63 / 0	−68 / −131	−20 / −60	0 / −40	+20 / −20	+45 / +5	+63 / +23	+80 / +40	+166 / +126	+272 / +232
450...500																+172 / +132	+292 / +252

[1] Die **fett** gedruckten Toleranzklassen sind bevorzugt zu verwenden.

Passungen, System Einheitsbohrung 2
Fits, Basic Hole System 2

Nennmaß-bereich über ... bis mm	für Bohrung	Grenzabmaße in µm für Toleranzklassen[1] für Wellen					für Bohrung	vgl. DIN EN ISO 286-2 für Wellen					
		Beim Fügen mit einer H8-Bohrung entsteht eine						Beim Fügen mit einer H11-Bohrung entsteht eine					
		Spielpassung				Übermaß-passung		Spielpassung					
	H8	d9	e8	f7	h9	u8[2]	x8[2]	**H11**	a11	c11	d9	d11	h9	h11
1...3	+14 / 0	−20 / −45	−14 / −28	−6 / −16	0 / −25	+32 / +18	+34 / +20	+60 / 0	−270 / −330	−60 / −120	−20 / −45	−20 / −80	0 / −25	0 / −60
3...6	+18 / 0	−30 / −60	−20 / −38	−10 / −22	0 / −30	+41 / +23	+46 / +28	+75 / 0	−270 / −345	−70 / −145	−30 / −60	−30 / −105	0 / −30	0 / −75
6...10	+22 / 0	−40 / −76	−25 / −47	−13 / −28	0 / −36	+50 / +28	+56 / +34	+90 / 0	−280 / −370	−80 / −170	−40 / −76	−40 / −130	0 / −36	0 / −90
10...14	+27 / 0	−50 / −93	−32 / −59	−16 / −34	0 / −43	+60 / +33	+67 / +40	+110 / 0	−290 / −400	−95 / −205	−50 / −93	−50 / −160	0 / −43	0 / −110
14...18							+72 / +45							
18...24	+33 / 0	−65 / −117	−40 / −73	−20 / −41	0 / −52	+74 / +41	+87 / +54	+130 / 0	−300 / −430	−110 / −240	−65 / −117	−65 / −195	0 / −52	0 / −130
24...30						+81 / +48	+97 / +64							
30...40	+39 / 0	−80 / −142	−50 / −89	−25 / −50	0 / −62	+99 / +60	+119 / +80	+160 / 0	−310 / −470	−120 / −280	−80 / −142	−80 / −240	0 / −62	0 / −160
40...50						+109 / +70	+136 / +97		−320 / −480	−130 / −290				
50...65	+46 / 0	−100 / −174	−60 / −106	−30 / −60	0 / −74	+133 / +87	+168 / +122	+190 / 0	−340 / −530	−140 / −330	−100 / −174	−100 / −290	0 / −74	0 / −190
65...80						+148 / +102	+192 / +146		−360 / −550	−150 / −340				
80...100	+54 / 0	−120 / −207	−72 / −126	−36 / −71	0 / −87	+178 / +124	+232 / +178	+220 / 0	−380 / −600	−170 / −390	−120 / −207	−120 / −340	0 / −87	0 / −220
100...120						+198 / +144	+264 / +210		−410 / −630	−180 / −400				
120...140	+63 / 0	−145 / −245	−85 / −148	−43 / −83	0 / −100	+233 / +170	+311 / +248	+250 / 0	−460 / −710	−200 / −450	−145 / −245	−145 / −395	0 / −100	0 / −250
140...160						+253 / +190	+343 / +280		−520 / −770	−210 / −460				
160...180						+273 / +210	+373 / +310		−580 / −830	−230 / −480				
180...200	+72 / 0	−170 / −285	−100 / −172	−50 / −96	0 / −115	+308 / +236	+422 / +350	+290 / 0	−660 / −950	−240 / −530	−170 / −285	−170 / −460	0 / −115	0 / −290
200...225						+330 / +258	+457 / +385		−740 / −1030	−260 / −550				
225...250						+356 / +284	+497 / +425		−820 / −1110	−280 / −570				
250...280	+81 / 0	−190 / −320	−110 / −191	−56 / −108	0 / −130	+396 / +315	+556 / +475	+320 / 0	−920 / −1240	−300 / −620	−190 / −320	−190 / −510	0 / −130	0 / −320
280...315						+431 / +350	+606 / +525		−1050 / −1370	−330 / −650				
315...355	+89 / 0	−210 / −350	−125 / −214	−62 / −119	0 / −140	+479 / +390	+679 / +590	+360 / 0	−1200 / −1560	−360 / −720	−210 / −350	−210 / −570	0 / −140	0 / −360
355...400						+524 / +435	+749 / +660		−1350 / −1710	−400 / −760				
400...450	+97 / 0	−230 / −385	−135 / −232	−68 / −131	0 / −155	+587 / +490	+837 / +740	+400 / 0	−1500 / −1900	−440 / −840	−230 / −385	−230 / −630	0 / −155	0 / −400
450...500						+637 / +540	+917 / +820		−1650 / −2050	−480 / −880				

[1] Die **fett** gedruckten Toleranzklassen sind bevorzugt zu verwenden.
[2] Empfehlung: Nennmaße bis 24 mm: H8/x8; Nennmaße über 24 mm: H8/u8.

Passungen, System Einheitswelle 1
Fits, Basic Shaft System 1

Grenzabmaße in µm für Toleranzklassen[1]   vgl. DIN EN ISO 286-2

Nennmaß-bereich über ... bis mm	für Welle **h5**	für Bohrungen — Beim Fügen mit einer h5-Welle entsteht eine					für Welle **h6**	für Bohrungen — Beim Fügen mit einer h6-Welle entsteht eine								
		Spiel-pass. H6	Übergangspassung J6	Übergangspassung M6	Übermaßpassung N6	Übermaßpassung P6		Spielpassung F8	Spielpassung G7	Spielpassung H7	Übergangspassung J7	Übergangspassung K7	Übergangspassung M7	Übergangspassung N7	Übermaßpassung R7	Übermaßpassung S7
1...3	0 / −4	+6 / 0	+2 / −4	−2 / −8	−4 / −10	−6 / −12	0 / −6	+20 / +6	+12 / +2	+10 / 0	+4 / −6	0 / −10	−2 / −12	−4 / −14	−10 / −20	−14 / −24
3...6	0 / −5	+8 / 0	+5 / −3	−1 / −9	−5 / −13	−9 / −17	0 / −8	+28 / +10	+16 / +4	+12 / 0	+6 / −6	+3 / −9	0 / −12	−4 / −16	−11 / −23	−15 / −27
6...10	0 / −6	+9 / 0	+5 / −4	−3 / −12	−7 / −16	−12 / −21	0 / −9	+35 / +13	+20 / +5	+15 / 0	+8 / −7	+5 / −10	0 / −15	−4 / −19	−13 / −28	−17 / −32
10...18	0 / −8	+11 / 0	+6 / −5	−4 / −15	−9 / −20	−15 / −26	0 / −11	+43 / +16	+24 / +6	+18 / 0	+10 / −8	+6 / −12	0 / −18	−5 / −23	−16 / −34	−21 / −39
18...30	0 / −9	+13 / 0	+8 / −5	−4 / −17	−11 / −24	−18 / −31	0 / −13	+53 / +20	+28 / +7	+21 / 0	+12 / −9	+6 / −15	0 / −21	−7 / −28	−20 / −41	−27 / −48
30...40	0 / −11	+16 / 0	+10 / −6	−4 / −20	−12 / −28	−21 / −37	0 / −16	+64 / +25	+34 / +9	+25 / 0	+14 / −11	+7 / −18	0 / −25	−8 / −33	−25 / −50	−34 / −59
40...50																
50...65	0 / −13	+19 / 0	+13 / −6	−5 / −24	−14 / −33	−26 / −45	0 / −19	+76 / +30	+40 / +10	+30 / 0	+18 / −12	+9 / −21	0 / −30	−9 / −39	−30 / −60 / −32 / −62	−32 / −48 / −62 / −78
65...80																
80...100	0 / −15	+22 / 0	+16 / −6	−6 / −28	−16 / −38	−30 / −52	0 / −22	+90 / +36	+47 / +12	+35 / 0	+22 / −13	+10 / −25	0 / −35	−10 / −45	−38 / −73 / −41 / −76	−58 / −93 / −66 / −101
100...120																
120...140	0 / −18	+25 / 0	+18 / −7	−8 / −33	−20 / −45	−36 / −61	0 / −25	+106 / +43	+54 / +14	+40 / 0	+26 / −14	+12 / −28	0 / −40	−12 / −52	−48 / −88 / −50 / −90 / −53 / −93	−77 / −117 / −85 / −125 / −93 / −133
140...160																
160...180																
180...200	0 / −20	+29 / 0	+22 / −7	−8 / −37	−22 / −51	−41 / −70	0 / −29	+122 / +50	+61 / +15	+46 / 0	+30 / −16	+13 / −33	0 / −46	−14 / −60	−60 / −106 / −63 / −109 / −67 / −113	−105 / −151 / −113 / −159 / −123 / −169
200...225																
225...250																
250...280	0 / −23	+32 / 0	+25 / −7	−9 / −41	−25 / −57	−47 / −79	0 / −32	+137 / +56	+69 / +17	+52 / 0	+36 / −16	+16 / −36	0 / −52	−14 / −66	−74 / −126 / −78 / −130	−138 / −190 / −150 / −202
280...315																
315...355	0 / −25	+36 / 0	+29 / −7	−10 / −46	−26 / −62	−51 / −87	0 / −36	+151 / +62	+75 / +18	+57 / 0	+39 / −18	+17 / −40	0 / −57	−16 / −73	−87 / −144 / −93 / −150	−169 / −226 / −187 / −244
355...400																
400...450	0 / −27	+40 / 0	+33 / −7	−10 / −50	−27 / −67	−55 / −95	0 / −40	+165 / +68	+83 / +20	+63 / 0	+43 / −20	+18 / −45	0 / −63	−17 / −80	−103 / −166 / −109 / −172	−209 / −272 / −229 / −292
450...500																

[1] Die **fett** gedruckten Toleranzklassen sind bevorzugt zu verwenden.

Passungen, System Einheitswelle 2
Fits, Basic Shaft System 2

Nennmaß-bereich über ... bis mm	für Welle	Grenzabmaße in μm für Toleranzklassen[1] für Bohrungen							für Welle	vgl. DIN EN ISO 286-2 für Bohrungen			
		Beim Fügen mit einer h9-Welle entsteht eine								Beim Fügen mit einer h11-Welle entsteht eine			
		Spielpassung					Übergangs-passung			Spielpassung			
	h9	C11	D10	E9	F8	H8	H11	J9/JS9[2]	P9	**h11**	A11	C11	D10	H11
1...3	0 / −25	+120 / +60	+60 / +20	+39 / +14	+20 / +6	+14 / 0	+60 / 0	+12,5 / −12,5	−6 / −31	0 / −60	+330 / +270	+120 / +60	+60 / +20	+60 / 0
3...6	0 / −30	+145 / +70	+78 / +30	+50 / +20	+28 / +10	+18 / 0	+75 / 0	+15 / −15	−12 / −42	0 / −75	+345 / +270	+145 / +70	+78 / +30	+75 / 0
6...10	0 / −36	+170 / +80	+98 / +40	+61 / +25	+35 / +13	+22 / 0	+90 / 0	+18 / −18	−15 / −51	0 / −90	+370 / +280	+170 / +80	+98 / +40	+90 / 0
10...18	0 / −43	+205 / +95	+120 / +50	+75 / +32	+43 / +16	+27 / 0	+110 / 0	+21,5 / −21,5	−18 / −61	0 / −110	+400 / +290	+205 / +95	+120 / +50	+110 / 0
18...30	0 / −52	+240 / +110	+149 / +65	+92 / +40	+53 / +20	+33 / 0	+130 / 0	+26 / −26	−22 / −74	0 / −130	+430 / +300	+240 / +110	+149 / +65	+130 / 0
30...40	0 / −62	+280 / +120	+180 / +80	+112 / +50	+64 / +25	+39 / 0	+160 / 0	+31 / −31	−26 / −88	0 / −160	+470 / +310	+280 / +120	+180 / +80	+160 / 0
40...50		+290 / +130									+480 / +320	+290 / +130		
50...65	0 / −74	+330 / +140	+220 / +100	+134 / +60	+76 / +30	+46 / 0	+190 / 0	+37 / −37	−32 / −106	0 / −190	+530 / +340	+330 / +140	+220 / +100	+190 / 0
65...80		+340 / +150									+550 / +360	+340 / +150		
80...100	0 / −87	+390 / +170	+260 / +120	+159 / +72	+90 / +36	+54 / 0	+220 / 0	+43,5 / −43,5	−37 / −124	0 / −220	+600 / +380	+390 / +170	+260 / +120	+220 / 0
100...120		+400 / +180									+630 / +410	+400 / +180		
120...140	0 / −100	+450 / +200	+305 / +145	+185 / +85	+106 / +43	+63 / 0	+250 / 0	+50 / −50	−43 / −143	0 / −250	+710 / +460	+450 / +200	+305 / +145	+250 / 0
140...160		+460 / +210									+770 / +520	+460 / +210		
160...180		+480 / +230									+820 / +580	+480 / +230		
180...200	0 / −115	+530 / +240	+355 / +170	+215 / +100	+122 / +50	+72 / 0	+290 / 0	+57,5 / −57,5	−50 / −165	0 / −290	+950 / +660	+530 / +240	+355 / +170	+290 / 0
200...225		+550 / +260									+1030 / +740	+550 / +260		
225...250		+570 / +280									+1110 / +820	+570 / +280		
250...280	0 / −130	+620 / +300	+400 / +190	+240 / +110	+137 / +56	+81 / 0	+320 / 0	+65 / −65	−56 / −186	0 / −320	+1240 / +920	+620 / +300	+400 / +190	+320 / 0
280...315		+650 / +330									+1370 / +1050	+650 / +330		
315...355	0 / −140	+720 / +360	+440 / +210	+265 / +125	+151 / +62	+89 / 0	+360 / 0	+70 / −70	−62 / −202	0 / −360	+1560 / +1200	+720 / +360	+440 / +210	+360 / 0
355...400		+760 / +400									+1710 / +1350	+760 / +400		
400...450	0 / −155	+840 / +440	+480 / +230	+290 / +135	+165 / +68	+97 / 0	+400 / 0	+77,5 / −77,5	−68 / −223	0 / −400	+1900 / +1500	+840 / +440	+480 / +230	+400 / 0
450...500		+880 / +480									+2050 / +1650	+880 / +480		

[1] Die **fett** gedruckten Toleranzklassen sind bevorzugt zu verwenden.
[2] Die Toleranzfelder J9/JS9, J10/JS10 usw. sind jeweils gleich groß und liegen symmetrisch zur Nulllinie.

Passungsempfehlungen, Passungsauswahl
Recommended Fits, Selection of Fits

Passungsempfehlungen
vgl. DIN EN ISO 286-2

aus Reihe 1	C11/h9, D10/h9, E9/h9, F8/h9, H8/f7, F8/h6, H7/f7, H8/h9, H7/h6, H7/n6, H7/r6, H8/x8 bzw. u8
aus Reihe 2	C11/h11, D10/h11, H8/d9, H8/e8, H7/g6, G7/h6, H11/h9, H7/j6, H7/k6, H7/s6

Passungsauswahl

Art		Passungs-System		Passungs-Merkmale	
		Einheitsbohrung[1]	Einheitswelle[1]	Eigenschaften	Anwendungsbeispiele
Spielpassungen	H8/d9		D10/h9	Die Passungen haben großes Spiel.	Distanzbuchsen auf Wellen
	H8/e8		E9/h9	Die Passungen haben merkliches Spiel. Die Teile sind sehr leicht ineinander beweglich.	Hebellagerungen, Stellringe auf Wellen
	H8/f7		F8/h9	Die Passungen haben ein geringes Spiel. Die Teile sind leicht ineinander beweglich.	Wellen-Gleitlagerungen
	H7/g6		G7/h6	Die Passungen haben nur ein geringes Spiel. Die Teile können mit Handkraft ineinander bewegt werden.	Aufnahmebolzen in Bohrungen, Wellen in Gleitlagern, Säulenführungen
	H8/h9		H8/h9	Die Passungen haben kaum Spiel. Die Teile können mit Handkraft ineinander bewegt werden.	Distanzbuchsen, Stellringe auf Wellen
	H7/h6		H7/h6	Die Passungen haben ein sehr geringes Spiel. Ein Verschieben der Teile mit Handkraft ist möglich.	Säulenführungen, Führungen an Werkzeugmaschinen, Schneidstempel in Führungsplatten
Übergangspassungen	H7/j6		nicht festgelegt	Passung hat eher Spiel als Übermaß, Passmaße haben kleine Toleranzen. Verschieben von Hand ist möglich.	Zahnräder auf Wellen
	H7/n6			Die Passung hat eher Übermaß als Spiel. Zum Fügen ist ein geringer Kraftaufwand erforderlich.	Lagerbuchsen in Gehäusen, Bohrbuchsen und Auflagebolzen in Vorrichtungen
Übermaßpassungen	H7/r6		nicht festgelegt	Die Passung hat ein geringes Übermaß. Die Teile lassen sich mit Kraftaufwand fügen.	Buchsen in Gehäusen
	H7/s6			Die Passung hat ein reichliches Übermaß. Zum Fügen ist ein großer Kraftaufwand erforderlich.	Gleitlagerbuchsen in Gehäusen, Kränze auf Schneckenradkörpern
	H7/u8			Die Passung hat ein großes Übermaß. Die Teile lassen sich nur durch Dehnen oder Schrumpfen fügen.	Schrumpfringe, Räder auf Achsen, Kupplungen auf Wellen
	H7/x8			Die Passung hat ein sehr großes Übermaß. Das Fügen ist nur durch Dehnen oder Schrumpfen möglich.	

DIN EN ISO 286-2 empfiehlt im Hinblick auf eine wirtschaftliche Fertigung die Beschränkung auf wenige bewährte Toleranzklassenkombinationen. Von diesen soll nur in Ausnahmefällen, z. B. beim Einbau von Wälzlagern, abgewichen werden.

[1] Passungen aus **fett** gedruckten Toleranzklassenkombinationen sollen bevorzugt werden.

Allgemeintoleranzen — General Tolerances

Allgemeintoleranzen für Längen- und Winkelmaße
vgl. DIN ISO 2768-1

Toleranzklasse	Längenmaße							
	Grenzabmaße in mm für Nennmaßbereiche							
	0,5 bis 3	über 3 bis 6	über 6 bis 30	über 30 bis 120	über 120 bis 400	über 400 bis 1000	über 1000 bis 2000	über 2000 bis 4000
f (fein)	±0,05	±0,05	±0,1	±0,15	±0,2	±0,3	±0,5	–
m (mittel)	±0,1	±0,1	±0,2	±0,3	±0,5	±0,8	±1,2	±2
c (grob)	±0,2	±0,3	±0,5	±0,8	±1,2	±2	±3	±4
v (sehr grob)	–	±0,5	±1	±1,5	±2,5	±4	±6	±8

Toleranzklasse	Rundungshalbmesser und Fasen			Winkelmaße				
	Grenzabmaße in mm für Nennmaßbereiche			Grenzabmaße in Grad und Minuten für Nennmaßbereiche (kürzerer Winkelschenkel)				
	0,5 bis 3	über 3 bis 6	über 6	bis 10	über 10 bis 50	über 50 bis 120	über 120 bis 400	über 400
f (fein)	±0,2	±0,5	±1	±1°	±0° 30′	±0° 20′	±0° 10′	±0° 5′
m (mittel)								
c (grob)	±0,4	±1	±2	±1° 30′	±1°	±0° 30′	±0° 15′	±0° 10′
v (sehr grob)				±3°	±2°	±1°	±0° 30′	±0° 20′

Allgemeintoleranzen für Form und Lage
vgl. DIN ISO 2768-2

Toleranzklasse	Toleranzen in mm für											
	Geradheit und Ebenheit						Rechtwinkligkeit				Symmetrie	Lauf
	Nennmaßbereiche in mm						Nennmaßbereiche in mm				Nennmaßbereiche in mm	
	bis 10	über 10 bis 30	über 30 bis 100	über 100 bis 300	über 300 bis 1000	über 1000 bis 3000	bis 100	über 100 bis 300	über 300 bis 1000	über 1000 bis 3000	bis 100 / über 100 bis 300 / über 300 bis 1000 / über 1000 bis 3000	
H	0,02	0,05	0,1	0,2	0,3	0,4	0,2	0,3	0,4	0,5	0,5	0,1
K	0,05	0,1	0,2	0,4	0,6	0,8	0,4	0,6	0,8	1	0,6 / 0,8 / 1	0,2
L	0,1	0,2	0,4	0,8	1,2	1,6	0,6	1	1,5	2	0,6 / 1 / 1,5 / 2	0,5

Angabe der Allgemeintoleranzen in Zeichnungen

Art der Angabe	Erklärung	Beispiel
Angabe von frei gewählten Abmaßen (häufig) Ⓐ	Die Abmaße werden als Zahlenwerte in derselben Einheit direkt hinter das Nennmaß geschrieben.	12-0,1/-0,2; 60±0,2; 30-0,2
Angabe der Nennmaße ohne Zusatz (oft) Ⓑ	Fehlen Toleranzangaben, so gelten die Allgemeintoleranzen. Wenn keine Toleranzklasse vereinbart ist, genügt die unterste Klasse v bzw. L.	30 bedeutet in der Toleranzklasse v (sehr grob): ±1
Angaben nach ISO (selten) Ⓒ	Zum Nennmaß werden die ISO-Norm und die Toleranzklasse der obigen Tabelle angegeben (**Bild**).	83 ISO 2786-c bedeutet: Nennmaß 83, Toleranzklasse c (grob): ±0,8

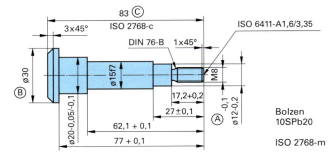

Angabe von Toleranzen, die nicht zu Passungen gehören

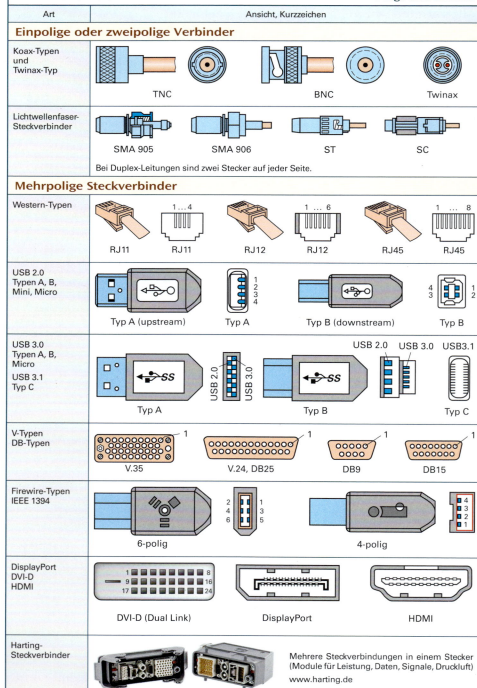

Cat-7-Steckverbindungen, Steckverbinder RJ45
Cat-7-Connections, Connectors RJ45

Schaltung	Erklärung	Ansicht

Cat-7-Steckverbindungen

CAT-7-Kabel
1 Cu-Leiter
2 Polyethylen-Isolierung
3 Al/PET- Schirmung
4 verzinntes Cu-Geflecht
5 Außenmantel

GG45-Stecker für Twisted-Pair-Kabel Cat 7 (Seite 162) bzw. Link-Klasse F, 10 Gbit-Ethernet. 12 Kontakte, 8 davon verwendet. In GG45-Buchse RJ45-Stecker steckbar. RJ45 nicht für Cat 7 geeignet. Nase in GG45-Stecker aktiviert Schalter in GG45-Buchse für Cat-7-Betrieb.

Beschaltung: E/A/TIA 568B

GG45-Buchse von vorne

Tera-Buchse
Lieferbar als 1-, 2-, 4-paariges System.
Bei 4-paarigem System sind 4 parallele Datendienste möglich.

www.cabling.datwyler.com

Tera-Stecker für Twisted-Pair-Kabel Cat 7 bzw. Link-Klasse F, 10-Gbit-Ethernet und Breitbandkabelnetze. Nicht kompatibel zu RJ45. Vollständig paarweise geschirmtes Steckersystem für S/FTP-Kabel mittels Kammern.

www.siemon.com

Tera-Stecker

Steckverbinder RJ45

Pin-Belegung abhängig von Netzwerkkabel

braun/weiß
weiß/braun
grün/weiß
weiß/blau
blau/weiß
weiß/grün
orange/weiß
weiß/orange

Stecker RJ45 belegt nach TIA/EIA 568B für 100 BASE-TX

In Europa Typ 568A und in USA meist 568B für 100 BASE-TX.

Farbe	Paar	568A Pin	568B Pin
WH/BU	1	5	5
BU/WH	1	4	4
WH/OR	2	3	1
OR/WH	2	6	2
WH/GN	3	1	3
GN/WH	3	2	6
WH/BN	4	7	7
BN/WH	4	8	8

568A

568B

Buchsen RJ45 für Aderbelegung 100 BASE-TX

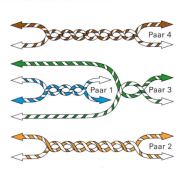

Paar 4
Paar 1
Paar 3
Paar 2

Verbindung von DTEs zu DCEs bei 568B

Adernfarben BU (Blau), BR (Braun), GN (Grün) und OR (Orange bzw. Gelb) einfarbig oder mit WH (Weiß) kombiniert.
Bei Verbindungen von DTEs (Daten erzeugenden Geräten, z. B. PCs) zu DCEs (Daten übertragenden Geräten, z. B. Switch) werden die Adern 1:1 verbunden, z. B. Pin 1 zu Pin 1.

Werden DTEs oder DCEs untereinander verbunden → Adernpaare z. T. kreuzen (Crossover-Kabel), sofern Netzwerkgeräte nicht selbst anpassen.

Bei Verbindung von DTEs untereinander oder von DCEs untereinander müssen die Adern ggf. gekreuzt werden (Crossover-Kabel).

Pin Gerät 1	Pin Gerät 2
1	3
2	6
3	1
4	4
5	5
6	2
7	7
8	8

Kreuzung beim Crossover-Kabel von 568A nach 568B

BN Brown, BU Blue, DCE Data Communication Equipment, DTE Data Terminal Equipment, EIA Electronic Industries Association, GN Green, OR Orange, Pin Anschluss, RJ Registered Jack, S Schirmung, TIA Telecommunication Industries Association, WH White

TAE-Anschlüsse, TAE-Anschluss-Stecker — Sockets TAE, Connector Plug TAE

Schaltung	Erklärung
Teilnehmeranschlussarten 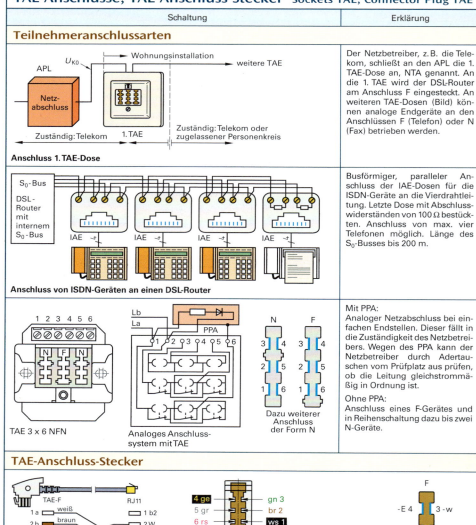	Der Netzbetreiber, z. B. die Telekom, schließt an den APL die 1. TAE-Dose an, NTA genannt. An die 1. TAE wird der DSL-Router am Anschluss F eingesteckt. An weiteren TAE-Dosen (Bild) können analoge Endgeräte an den Anschlüssen F (Telefon) oder N (Fax) betrieben werden.
	Busförmiger, paralleler Anschluss der IAE-Dosen für die ISDN-Geräte an die Vierdrahtleitung. Letzte Dose mit Abschlusswiderständen von 100 Ω bestückten. Anschluss von max. vier Telefonen möglich. Länge des S_0-Busses bis 200 m.
	Mit PPA: Analoger Netzabschluss bei einfachen Endstellen. Dieser fällt in die Zuständigkeit des Netzbetreibers. Wegen des PPA kann der Netzbetreiber durch Adertauschen vom Prüfplatz aus prüfen, ob die Leitung gleichstrommäßig in Ordnung ist. Ohne PPA: Anschluss eines F-Gerätes und in Reihenschaltung dazu bis zwei N-Geräte.

TAE-Anschluss-Stecker

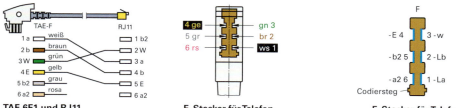

APL	Abschlusspunkt Linientechnik	PPA	passiver Prüfabschluss
F	Fernsprechen	RJ	Registered Jack = Normstecker
IAE	ISDN-Anschlusseinheit	S_0	Schnittstelle für den vierdrahtigen Anschluss von ISDN-Endgeräten
ISDN	Integrated Services Digital Network		
La, Lb	Anschlussleiter ab APL	TAE	Telekommunikations-Anschlusseinheit
NTA	Network Termination Analog = Netzwerkanschluss, analog	U_{K0}	von U Spannung, K Kupfer und 0 Bezug auf Basisanschluss
NF	Nicht Fernsprechen		

Schnittstellenkopplungen — Interface Couplings

Schnittstellenart	Bemerkungen

V.24-Schnittstelle (RS-232-Schnittstelle)

Die Reichweite für eine bitserielle Datenübertragung der V.24-Spannungsschnittstelle beträgt etwa 30 m, abhängig von der Bitrate. Binärzeichen 0 erfordert Spannung zwischen 3 V und 15 V, Binärzeichen 1 zwischen −3 V und −15 V.
Bitraten z. B. 300 bit/s, 600 bit/s, 1 200 bit/s, 2 400 bit/s, 4 800 bit/s, 9 600 bit/s, 19 200 bit/s, 38 400 bit/s. Verwendete Stecker bzw. Buchsen 25-polig oder 9-polig.

TxD	Transmit Data, Sendedaten
RxD	Receive Data, Empfangsdaten
GND	Ground, Masse
RTS	Request to Send, Anforderung zum Senden
CTS	Clear to Send, sendebereit
DTR	Data Terminal Ready, betriebsbereit
DSR	Data Set Ready, Sendedaten bereitstehend

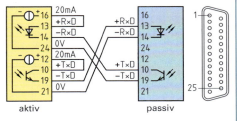

20-mA-Schnittstelle (aktiv / passiv)

Die Reichweite für eine gesicherte bitserielle Datenübertragung beträgt bis zu 1 000 m. Die Funktionsweise beruht auf eingeprägten Strömen von bis zu 2,5 mA für das Binärzeichen 0 und von 20 mA ± 30% für das Binärzeichen 1. Die Synchronisierung der beiden Teilnehmer erfolgt mit Softwarehandshake oder Hardwarehandshake (engl. handshake = Händeschütteln). Von den zwei Teilnehmern darf nur einer eine 20-mA-Schnittstelle mit eingeprägtem Strom besitzen. Diese wird als aktiv bezeichnet.
Die Stecker und Buchsen sind meist 25-polig.

TxD	Transmit Data, Sendedaten
RxD	Receive Data, Empfangsdaten
20 mA	Stromquellen für Senden oder Empfangen

RS-422-Schnittstelle

Die Reichweiten der RS-422-Doppelstromschnittstelle betragen bis zu 1200 m. Die bitseriellen Datenübertragungen können mit bis zu 10 Mbit/s erfolgen. Verwendet werden z. B. 25-polige Stecker bzw. Buchsen.

T(A)	Transmit	Sendedaten
T(B)		Sendedaten-Rückleitung
C(A)	Control	Steuern
C(B)		Steuern-Rückleitung
R(A)	Receive	Empfangsdaten
R(B)		Empfangsdaten-Rückleitung
I(A)	Indication	Bereitmelden
I(B)		Bereitmelden-Rückleitung
S(A)	Step	Schritt-Takt (Bittakt)
S(B)		Schritt-Takt-Rückleitung
GND	Ground	Masse

*entfällt bei Steuerung durch Softwareprotokoll, z. B. Token

RS-485-2-Draht-Schnittstelle

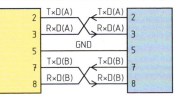

RS-485-4-Draht-Schnittstelle

Die RS-485-Schnittstelle (EIA 485) gibt es in 2-Draht-Ausführung und in 4-Draht-Ausführung. Die 2-Draht-Schnittstelle arbeitet im Halbduplex-Betrieb (zeitversetztes Senden und Empfangen), die 4-Draht-Schnittstelle arbeitet im Duplex-Betrieb (gleichzeitiges Senden und Empfangen). Die Datensignale werden auf den verdrillten Datenleitungen A und B nicht invertiert und invertiert übertragen. Im Empfänger wird aus der Differenz der beiden Spannungspegel das ursprüngliche Datensignal rekonstruiert. Gleichtaktstörungen wirken sich somit nicht auf die Übertragung aus.
Die Pinbelegung ist nicht einheitlich festgelegt. Ferner gibt es verschiedene Stecker, Stiftleisten und Buchsen zum Koppeln der Teilnehmer. Übertragung bis 1200 m mit 100 kbit/s, bis 10 m mit 12 Mbit/s. Punkt-zu-Punkt-Verbindung möglich, meist jedoch Verwendung als Bussystem mit bis zu 32 Teilnehmern. Mit Kaskadenschaltung (Hub-Schaltung) erweiterbar. Sendeberechtigung im Busbetrieb wird über Token gesteuert.

Schnittstellen USB, Firewire — Interfaces USB, Firewire

Begriff	Erklärung, Ansichten	Bemerkungen
USB	USB (Universal Serial Bus) ist ein Peripheriebus. Über ihn können Peripheriegeräte an einen Computer oder an eine Steuerung angeschlossen werden.	Über USB können Peripheriegeräte wie z. B. Tastatur, Maus, Scanner, Drucker, DVD-/CD-Laufwerke, Memory-Sticks, Festplatten-Laufwerke oder Kameras an einen Computer angeschlossen werden.
Hot-Plugging	Die USB-Stecker können während des Computer-Betriebes gesteckt oder gezogen werden. Das Symbol für „Hardware sicher entfernen" ist vorab anzuklicken (am rechten Bildschirmrand unten).	Das Betriebssystem Windows erkennt automatisch den Anschluss eines USB-fähigen Peripheriegerätes (Plug & Play). Der passende Schnittstellentreiber wird automatisch geladen, ggf. aus Internet.
USB-Schnittstellen Form A, Form B USB 2.0 USB 3.0 USB 3.1	Form A, Form B (USB 2.0) USB 3.0: Masse, Empfang, VBus, Signal, Masse Senden (USB 3.0)	V_{CC} Spannung 5 V (rot 1), GND Masse (schwarz 4), $+S_D$ Signalleiter + (grün 3), $-S_D$ Signalleiter − (weiß 2). Die abgebbare Leistung beträgt 2,5 W. Die Leitungslänge beträgt bis zu 5 m. Bei USB 2.0 beträgt die maximale Bitrate 480 Mbit/s, netto nutzbar sind allerdings nur bis 416 Mbit/s. USB 3.0 mit Brutto-Bitrate 5 Gbit/s, in der Praxis 1,3 Gbit/s, 900 mA für Stromversorgung Endgeräte. Stecker USB 3.1 beidseitig steckbar. Stecker USB 2.0 passt auch in Buchse USB 3.0. USB-Adapter zu Schnittstellen RS-232, RS-485, SCSI, Centronics, (e)SATA, SD-Speicherkarten.
Firewire 400	Schnittstelle zum Anschluss von Peripheriegeräten an Computer. Die Bezeichnungen IEEE 1394a oder i.Link sind für Firewire 400 ebenfalls gebräuchlich. Hot-Plugging möglich.	Firewire wird z.B. zum Anschließen von digitalen Audiogeräten, Videogeräten (DVD, Camcorder), Kameras oder Festplatten-Laufwerken verwendet.
Firewire-Schnittstelle IEEE 1394	Buchse für Bus-Powered-Geräte: 1 Power 4 B− 2 Masse 5 A− 3 B+ 6 A+ Buchse für Self-Powered-Geräte: 1 B+ 2 B− 3 A− 4 A+ **Firewire-Schnittstellen**	Die Datenübertragung erfolgt über verdrillte 6-polige oder 4-polige bis zu 5 m lange Leitungen. B+, B−, A+, A− sind die Signalleiter. Abgebbare Leistung 45 W. Beim 4-poligen Anschluss gibt es keine Spannungsversorgung. Diese ist dann über eine zusätzliche Leitung vorzunehmen. Firewire 400 arbeitet mit den Bitraten 100 Mbit/s, 200 Mbit/s, 400 Mbit/s. Je nach der Fähigkeit des Peripheriegerätes wird die maximal mögliche Bitrate automatisch vom angeschlossenen Computer eingestellt.
Firewire 800	Firewire 800 ist die nachfolgende Version von Firewire 400 mit der Bezeichnung IEEE 1394b. Die Bitrate beträgt 800 Mbit/s. Geplant sind auch 1 600 Mbit/s und 3 200 Mbit/s.	Der Anschluss ist 9-polig einschließlich der Spannungsversorgung. Bei Verwendung von ungeschirmten Twisted-Pair-Leitungen Cat 5, Cat 7 oder Lichtwellenleitungen kann die Leitungslänge bis zu 100 m betragen. Über Firewire 800 können mehrere Computer z.B. an einen Drucker oder Scanner angeschlossen werden.
Hub	Durch Verwendung von Hubs können über USB bis zu 127 Peripheriegeräte und über Firewire bis zu 63 Peripheriegeräte gleichzeitig betrieben werden.	USB-Hubs besitzen z.B. fünf Anschlussports für zusätzliche Peripheriegeräte, Firewire-Hubs z.B. vier Anschlussports. Die gesamte durch Hubs kaskadierte Leitungsstrecke beträgt bei USB bis zu 30 m, bei Firewire bis zu 72 m.
Anschlusskabel, Adapterkabel	USB-Anschlusskabel Firewire-Anschlusskabel	Bei USB gibt es Adapter und Adapterkabel Form A auf Form B. Bei Firewire gibt es Adapter und Adapterkabel 6-polig auf 4-polig, 9-polig auf 6-polig, 9- polig auf 4-polig. Somit können Firewire-400-Peripheriegeräte an Firewire 800 angeschlossen werden. Sowohl bei USB als auch bei Firewire gibt es Anschlusskabel mit allen Kombinationen von männlichen und weiblichen Steckern.

Steckvorrichtungen der Energietechnik — Connectors of Power Engineering

Steckvorrichtungen in Installationen

System, Marktname	Schuko	Perilex		„IEC-, EUROPA (CEE)-, RUND-, INDUSTRIESTECKVORRICHTUNGEN"				
Typische Form der Steckdose								
Empfohlene Kernfarbe	–			Violett	Blau		Rot	
Phasen, Stromstärke	1 16 A	3 N 16 A	3 N 25 A	1 16 o. 32 A	1 16 o. 32 A	3 N 16 bis 125 A		3 16 bis 125 A
Polzahl	2P + PE	3 P + N + PE		zweipolig 2 P	dreipolig 2 P + PE	fünfpolig 3 P + N + PE		vierpolig 3 P + PE
Bemess.spg., Frequenz 50 Hz	250 V	400 V/230 V		bis 50 V	230 V	400 V/230 V		400 V
Bemessungsstromstärke (A)	10/16	16	25	16	32	16	32	63	125	16	32	63	125
Klemmbereich (mm²)	1,5…2,5	1,5…4	2,5…10	4…2 x 6	1,5…4	2,5…10	1,5…4	2,5…10	6…25	25…70	1,5…4	2,5…10	6…25	25…70
Überstromschutz	Der Bemessungsstrom der vorgeschalteten Überstrom-Schutzeinrichtung darf den Bemessungsstrom der Steckvorrichtung nicht übersteigen.							
Vorzugsweise Verwendung	Hausinstallation und ähnliche Zwecke			industrielle und ähnliche Zwecke				
	Landwirtschaft, Baustellen	Hotels, Laboratorien, textilverarbeitende Betriebe. Großküchen		Landwirtschaft, Baustellen				Schifffahrt

CEE-Industriesteckvorrichtungen

Polzahl		Lage (Uhrzeigerstellungen) der Schutzkontaktbuchse zur Unverwechselbarkeitsnut									
3	Frequenz [Hz] Spannung [V] Lage der Schutzkontaktbuchse	50, 60 110 bis 130 4 h	50, 60 220 bis 240 6 h	50, 60 380 bis 415 9 h	50, 60 500 7 h	50, 60 750 5 h	50, 60[1] 12 h	Gleichstrom 50 bis 250 3 h	Gleichstrom >250 8 h	–
	Kennfarbe	Gelb	Blau	Rot	Schwarz	Schwarz		Blau		
4	Frequenz [Hz] Spannung [V] Lage der Schutzkontaktbuchse	50, 60 110 bis 130 4 h	50, 60 220 bis 240 9 h	50, 60 380 bis 415 6 h	60 440 11 h für Schiffe	50, 60 500 7 h	50, 60 750 5 h	50, 60[1] 12 h	100 bis 300 50 bis 440 10 h	300 bis 500 50 bis 440 2 h nicht für 63 A und 125 A
	Kennfarbe	Gelb	Blau	Rot	Rot	Schwarz	Schwarz		Grün	Grün
5	Frequenz [Hz] Spannung [V] Lage der Schutzkontaktbuchse	50, 60, 110 bis 130 4 h	50, 60 127/220 bis 138/240 5 h	50, 60 220/380 bis 240/415 6 h	50, 60 500 7 h	50, 60 750 9 h	60, 250/440 11 h für Schiffe	–	–	–
	Kennfarbe	Gelb	Blau	Rot	Schwarz	Schwarz	Rot			

[1] Alle Spannungen nach Trenntransformatoren.

Internationale einphasige Steckvorrichtungen

Form	Verwendungsgebiet	Form	Verwendungsgebiet
	Alle Commonwealth-Länder, Afrika, Asien, Großbritannien, Mittlerer Osten (Kombistecksystem British Standard für Steckdosen mit Rund- und Rechteck-Kontaktöffnungen)		Italien
			Nord-/Mittel-/Südamerika, Japan, Süd-Ost-Asien, Osteuropa
	Europa, Südamerika, Afrika		Australien, Neuseeland, China u. a. (Kombistecksystem durch auswechselbaren Steckerstift für Steckdosen mit und ohne Kinderschutz)
	Hongkong, Indien, China, Großbritannien		

Stecker der Energietechnik — Plug Connectors for Power Engineering

Typ	Ansichten	Anwendungen, Bemerkungen
CEE-Stecker		CEE-Stecker wurden als internationale Standard-Steckverbinder für die industrielle Anwendung entwickelt. Sie finden heute auch im Handwerk und in Privathaushalten Anwendung. Es gibt sie als dreipolige (2P+PE), vierpolige (3P+PE) und fünfpolige (3P+N+PE) Ausführung. Sie sind für Bemessungsspannungen von 20 V bis 690 V und Bemessungsströme von 16 A, 32 A, 63 A und 125 A erhältlich.
Perilex-Stecker		Perilex-Stecker sind zum Anschluss von Drehstromverbrauchern mit einer Bemessungsspannung von 400 V und einem Bemessungsstrom von 16 A oder 25 A gebaut. Sie sind fünfpolig (3P+N+PE). Sie wurden hauptsächlich in Bäckereien, Großküchen und Privathaushalten verwendet. Das Perilex-Stecksystem wurde aber weitgehend durch das CEE-Drehstrom-Stecksystem abgelöst.
Schutzkontakt (Schuko)-Stecker		Schuko-Stecker werden bei Geräten der SK I (Schutzklasse I) verwendet. Sie sind dreipolig (2P+PE) und für eine Bemessungsspannung von 250 V ausgelegt. Der Bemessungsstrom beträgt DC 10 A und AC 16 A. Für trockene Räume (Haushalt, Büro) werden Kunststoffstecker und in feuchten Räumen sowie bei erhöhter mechanischer Belastung (Baustelle, Werkstatt) Gummistecker verwendet.
Konturen-Stecker		Konturen-Stecker werden bei Geräten der SK II (Schutzklasse II) verwendet, deren Strom größer ist, als für den Euro-Flachstecker (belastbar bis max. 2,5 A) zulässig ist. Sie sind für eine Bemessungsspannung von 250 V bemessen. Der Bemessungsstrom beträgt DC 10 A und AC 16 A. Anwendungsbeispiele: Staubsauger, Haartrockner oder Bohrmaschinen.
Euro-Flachstecker		Euro-Flachstecker werden bei Geräten der SK II verwendet. Sie dürfen bis zu einem Bemessungsstrom von 2,5 A belastet werden. Sie sind für eine Bemessungsspannung von AC 250 V ausgelegt. Meist wird der Flachstecker komplett mit der Anschlussleitung (2 x 0,75 mm^2) ausgeliefert. Anwendungsbeispiele: Radios, SAT-Receiver oder Mixer.
Kaltgeräte-Kupplung		Kaltgeräte-Kupplungen (KGK) werden für den Stromanschluss von Geräten verwendet, welche im Betrieb keine nennenswerte Wärme entwickeln (z. B. PCs, Oszilloskope oder Netzgeräte). Der Bemessungsstrom beträgt 10 A. Die max. Temperatur an den Verbindungskontakten der Kupplung darf 70 °C nicht überschreiten. Die KGK sind dreipolig (2P+PE) und für eine Bemessungsspannung von AC 250 V bemessen. KGK passen nicht in Warmgeräteeinbaustecker.
Warmgeräte-Kupplung		Warmgeräte-Kupplungen (WGK) werden für wärmeerzeugende Geräte wie mobile Kochplatten oder Waffeleisen verwendet. Sie sind für den Betrieb bis 120 °C und eine Stromstärke bis 10 A zugelassen. Eine weitere Ausführung sind Heißgeräte-Kupplungen (HGK). Diese werden für Verbraucher bis 155 °C und bis 16 A verwendet. Die WGK und HGK sind dreipolig (2P+PE) und für eine Bemessungsspannung von AC 250 V bemessen. WGK und HGK passen auch in Kaltgeräteeinbaustecker.
Harting-Industrie-Stecker		Harting-Industrie-Stecker werden für harte Anforderungen in der Automobil- und Maschinenbauindustrie verwendet. Es gibt verschiedene Bauformen von 3 Kontakte + PE bis 108 Kontakte + PE. Die Stecker sind je nach Ausführung für Bemessungsspannungen von 50 V bis 1000 V und für Bemessungsströme von 5 A bis 100 A erhältlich. Siehe auch Seite 514 unten.
Ventil-Stecker		Ventil-Stecker der Serie GDM werden für Magnetventile in der Elektropneumatik und -hydraulik verwendet. Die Ventil-Stecker gibt es mit und ohne Funktionsanzeige-LED und Schutzbeschaltung. Es gibt sie als dreipolige (2P+PE) und vierpolige (3P+PE) Ausführung. Sie sind für Bemessungsspannungen bis AC/DC 250 V und einen Bemessungsstrom bis 16 A erhältlich.

Teil B: Betrieb und Umwelt

Part B: Company and Environment

Unfälle und Unfallverhütung

Zeichen und Farben zur Unfallverhütung	522
Betriebssicherheitsverordnung BetrSichV	524

Kennzahlen, Qualitätsmangement, Umwelttechnik, Rechte

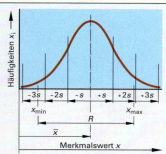

Arbeitsvorbereitung	525
Kennzahlen in der Produktion	527
PLM, ERP, MES	528
Qualitätsmanagement (QM) nach DIN EN ISO 9000 ff.	529
Methoden des Qualitätsmanagements	530
Qualitätsmanagement – Begriffe	531
Statistische Auswertungen	532
Statistische Prozesssteuerung SPC	533
Zuverlässigkeit, Verfügbarkeit	535

CE-Kennzeichnung, Projekte

Entsorgung	536
Gefahrensymbole und Gefahrenkennzeichnungen	537
Gefahrenhinweise/H-Sätze, Sicherheitshinweise/P-Sätze	538
Umweltmanagement und Abfallwirtschaft	541
Schall und Lärm	542
EU-Maschinenrichtline	543
CE-Kennzeichnung	544
Begriffe im Arbeitsrecht	545
Bestandteile eines Tarifvertrages	546
Durchführung von Projekten	547
Lastenheft, Pflichtenheft	548
Präsentation eines Projektes	549
Präsentation durch Vortrag	550
Durchführung von Kundenschulungen	551

Kalkulation im Betrieb

Kosten und Kennzahlen	552
Kalkulation der Kosten	553
Betriebswirtschaftliche Kalkulation	554
Betriebsabrechnungbogen BAB	555

Anhang, Normen, Englische Fachsprache

Normen	556
Wichtige Normen	557
VDE Normen	560
Kurzformen von Fachbegriffen	563
Fachliches Englisch	569
Sachwortverzeichnis	576
Unterstützende Firmen, Dienststellen und Bildungseinrichtungen	596
Bildquellenverzeichnis	599
Literaturverzeichnis	600

Sicherheitszeichen 1 — Safety Signs 1

Symbol	Bedeutung	Symbol	Bedeutung	Symbol	Bedeutung

Verbotszeichen, Auswahl

vgl. DIN EN ISO 1710: 2012-10

Symbol	Bedeutung	Symbol	Bedeutung	Symbol	Bedeutung
	Rauchen verboten		Keine offene Flamme; Feuer, offene Zündquelle und Rauchen verboten		Für Fußgänger verboten
	Mit Wasser löschen verboten		Kein Trinkwasser		Hineinfassen verboten
	Für Flurförderfahrzeuge verboten		Schalten verboten		Berühren verboten
	Mitführen von Metallteilen oder Uhren verboten		Eingeschaltete Mobiltelefone verboten		Fotografieren verboten
	Abstellen oder Lagern verboten		Betreten der Fläche verboten		Essen und Trinken verboten

Warnzeichen, Auswahl

vgl. DIN EN ISO 1710: 2012-10

Symbol	Bedeutung	Symbol	Bedeutung	Symbol	Bedeutung
	Warnung vor feuergefährlichen Stoffen		Warnung vor explosionsgefährlichen Stoffen		Warnung vor giftigen Stoffen
	Warnung vor ätzenden Stoffen		Warnung vor radioaktiven Stoffen oder ionisierender Strahlung		Warnung vor schwebender Last
	Warnung vor elektrischer Spannung		Allgemeines Warnzeichen		Warnung vor Laserstrahl

Sicherheitszeichen 2 — Safety Signs 2

Gebotszeichen, Auswahl
vgl. DIN EN ISO 1710: 2012-10

Symbol	Bedeutung	Symbol	Bedeutung	Symbol	Bedeutung
	Augenschutz benutzen		Kopfschutz benutzen		Gehörschutz benutzen
	Gesichtsschutz benutzen		Netzstecker ziehen		Vor Wartung oder Reparatur freischalten

Brandschutzzeichen
vgl. DIN EN ISO 1710: 2012-10

Symbol	Bedeutung	Symbol	Bedeutung	Symbol	Bedeutung
	Löschschlauch		Feuerlöscher		Brandmeldetelefon
	Brandmelder		Feuerleiter		Mittel und Geräte zur Brandbekämpfung

Rettungszeichen, Auswahl
vgl. DIN EN ISO 1710: 2012-10

Symbol	Bedeutung	Symbol	Bedeutung	Symbol	Bedeutung
	Erste Hilfe		Arzt		Notausgang links
	Krankentrage		Notruftelefon		Sammelstelle
	Notdusche		Augenspüleinrichtung		Automatisierter externer Defibrilator (AED)

Betriebssicherheitsverordnung BetrSichV
Industrial Safety Regulations

- § 3 Gefährdungsbeurteilung
- § 4 Grundpflichten des Arbeitgebers
- § 5 Anforderungen an die zur Verfügung gestellten Arbeitsmittel
- § 6 Grundlegende Schutzmaßnahmen bei der Verwendung von Arbeitsmitteln
- § 8 Schutzmaßnahmen bei Gefährdungen durch Energien, Ingangsetzen und Stillsetzen
- § 9 Weitere Schutzmaßnahmen bei der Verwendung von Arbeitsmitteln
- § 10 Instandhaltung und Änderung von Betriebsmitteln
- § 11 Besondere Betriebszustände, -störungen, Unfälle
- § 12 Unterweisung und besondere Beauftragung von Beschäftigten
- § 14 Prüfung von Arbeitsmitteln
- § 15 Prüfung vor Inbetriebnahme und vor Wiederinbetriebnahme nach prüfpflichtigen Änderungen
- § 16 Wiederkehrende Prüfung
- § 17 Prüfaufzeichnungen und -bescheinigungen
- § 19 Mitteilungspflichten, behördliche Ausnahmen
- § 20 Sonderbestimmungen für überwachungsbedürftige Anlagen des Bundes
- § 22 Ordnungswidrigkeiten
- § 23 Straftaten

Auszug aus dem Inhalt der BetrSichV

Merkmal	Erklärung	Bemerkungen
Anwendungsbereich	Die BetrSichV gilt für das Verwenden von Arbeitsmitteln. Sie gilt auch für überwachungsbedürftige Anlagen, Aufzugsanlagen und Anlagen in explosionsgefährdeten Bereichen.	Unter überwachungsbedürftigen Anlagen werden hier z. B. Dampfkesselanlagen, Füllanlagen, Rohrleitungen mit innerem Überdruck entzündlicher, giftiger, ätzender Gase, Dämpfe, Flüssigkeiten verstanden. www.gesetze-im-internet.de
Arbeitgeber § 4, § 3	Muss vor Verwendung der Arbeitsmittel eine Gefährdungsbeurteilung durchführen. Vorgeschriebene Prüfungen sind vorzunehmen.	Schutzmaßnahmen, die der Arbeitgeber zu überprüfen hat, müssen dem Stand der Technik entsprechen. Instandhaltungsmaßnahmen sind zu treffen.
Arbeitsmittel § 5, § 6, § 8	Müssen für die am Arbeitsplatz gegebenen Bedingungen geeignet sein. Bei bestimmungsgemäßer Benutzung müssen Sicherheit und Gesundheitsschutz gewährleistet sein. Arbeitsmittel zum Heben von Lasten erfordern Standsicherheit und Festigkeit, auch die Lastaufnahmemittel. Mobile Arbeitsmittel erfordern für mitfahrende Beschäftigte die geringstmögliche Gefährdung.	Arbeitsmittel sind Werkzeuge, Geräte, Maschinen, Anlagen. Sie dürfen nur absichtlich in Gang gesetzt werden. Befehlseinrichtungen an Arbeitsmitteln müssen sichtbar und gefahrlos angebracht sein. Sicheres Stillsetzen muss im Fehlerfall möglich sein. Schutzeinrichtungen von Arbeitsmitteln dürfen nicht umgehbar sein.
Unterweisung § 12	Der Arbeitgeber muss seine Mitarbeiter über die sie betreffenden Arbeitsmittel angemessen und regelmäßig informieren, ggf. über Betriebsanweisungen.	Die Betriebsanweisungen müssen Angaben über Einsatzbedingungen und über absehbare Betriebsstörungen der Arbeitsmittel enthalten. Gefahren und Maßnahmen sind zu erörtern.
Prüfungen § 14, § 15, § 16, § 17	Für Arbeitsmittel sind vor ihrem Einsatz Art, Umfang und Fristen erforderlicher Prüfungen durch befähigte Personen zu ermitteln. Sicherheitsprüfungen sind z. B. auch nach Instandsetzungsarbeiten erforderlich. Überwachungsbedürftige Anlagen dürfen nur in Betrieb genommen werden, wenn eine zugelassene Überwachungsstelle sie auf ordnungsgemäßen Zustand geprüft hat. Die Prüfungsergebnisse sind niederzuschreiben und mindestens bis zur nächsten Prüfung aufzubewahren.	Die Prüfungen müssen den Arbeitsmittel-Gefährdungsbeurteilungen bei/vor Beschaffung durch den Arbeitgeber entsprechen. Zu berücksichtigen sind Gefährdungen, die mit dem Benutzen des Arbeitsmittels selbst verbunden sind und die am Arbeitsplatz durch Wechselwirkungen mit anderen Arbeitsmitteln oder mit Arbeitsstoffen hervorgerufen werden. Zu unterscheiden sind regelmäßige Prüfungen und außerordentliche Prüfungen, z. B. nach Schadensfall. Werden Prüfungen von Überwachungsstellen vorgenommen, werden die Prüffristen von diesen ermittelt, ggf. von der zuständigen Behörde festgelegt.
Betrieb § 9, § 12	Instabile Betriebszustände von Arbeitsmitteln sind zu verhindern bzw. müssen beherrschbar sein. Zu Betriebsstörungen/Unfällen sind Maßnahmen vorab zu treffen.	Beim Verwenden von Arbeitsmitteln in explosionsfähiger Atmosphäre sind Schutzmaßnahmen mit der Gefahrstoffverordnung abzugleichen.
Anzeigen § 19	Unfälle und Schadensfälle sind der zuständigen Behörde anzuzeigen, ggf. ist von einer zugelassenen Überwachungsstelle eine Expertise einzuholen.	Eine Mängelanzeige bei der zuständigen Behörde hat durch eine zugelassene Überwachungsstelle zu erfolgen, wenn durch die Mängel die Beschäftigten oder Dritte gefährdet sind.

Arbeitsvorbereitung 1 — Work Preparation 1

Zeitartengliederung nach REFA, bezogen auf Arbeitssysteme

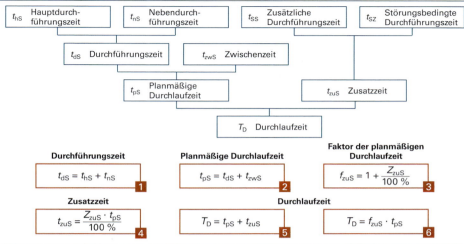

Zeitartengliederung für das Betriebsmittel (BM)

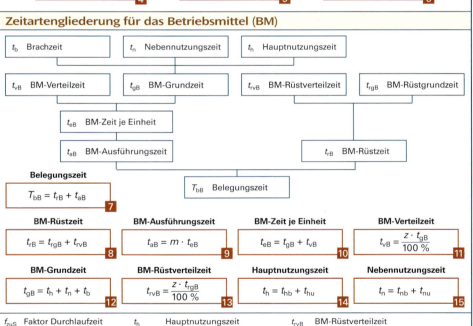

f_{zuS} Faktor Durchlaufzeit	t_h Hauptnutzungszeit	t_{rvB} BM-Rüstverteilzeit	
m Auftragsmenge	t_{hb}, t_{nb} Beeinflussbare Zeiten	t_{SS} Zusätzliche Durchführungszeit	
t_{aB} BM-Ausführungszeit	t_{hu}, t_{nu} Unbeeinflussbare Zeiten	t_{SZ} Störungsbedingte Unterbrechungszeit	
t_b Brachzeit	t_{hS} Hauptdurchführungszeit	t_{vB} BM-Verteilzeit	
T_{bB} Belegungszeit	t_n Nebennutzungszeit	t_{zuS} Zusatzzeit	
T_D Durchlaufzeit	t_{nS} Nebendurchführungszeit	t_{zwS} Zwischenzeit	
t_{dS} Durchführungszeit	t_{pS} Planmäßige Durchlaufzeit	z Zuschlag Grundzeit in %	
t_{eB} BM-Zeit je Einheit	t_{rB} BM-Rüstzeit	Z_{zuS} Zuschlag Durchlaufzeit in %	
t_{gB} BM-Grundzeit	t_{rgB} BM-Rüstgrundzeit		

REFA: Verband für Arbeitsgestaltung, Betriebsorganisation und Unternehmensentwicklung e.V.

Arbeitsvorbereitung 2

Zeitartengliederung nach REFA, bezogen auf den Menschen

Die Auftragszeit ist die Vorgabezeit für die Erledigung eines Auftrages durch den Mitarbeiter.

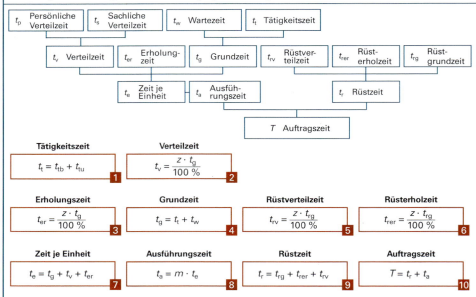

Tätigkeitszeit $t_t = t_{tb} + t_{tu}$ **1**	**Verteilzeit** $t_v = \dfrac{z \cdot t_g}{100\ \%}$ **2**		
Erholungszeit $t_{er} = \dfrac{z \cdot t_g}{100\ \%}$ **3**	**Grundzeit** $t_g = t_t + t_w$ **4**	**Rüstverteilzeit** $t_{rv} = \dfrac{z \cdot t_{rg}}{100\ \%}$ **5**	**Rüsterholzeit** $t_{rer} = \dfrac{z \cdot t_{rg}}{100\ \%}$ **6**
Zeit je Einheit $t_e = t_g + t_v + t_{er}$ **7**	**Ausführungszeit** $t_a = m \cdot t_e$ **8**	**Rüstzeit** $t_r = t_{rg} + t_{rer} + t_{rv}$ **9**	**Auftragszeit** $T = t_r + t_a$ **10**

m **Auftragsmenge**, Losgröße.
t_a **Ausführungszeit:** Vorgabezeit für das Ausführen einer Losgröße.
t_{er} **Erholungszeit:** Erholungsphase für die Mitarbeiter.
t_g **Grundzeit**
t_p **Persönliche Verteilzeit:** für persönliche Bedürfnisse.
t_r **Rüstzeit:** Vorbereitungen zur Erledigung des gesamten Auftrages.
t_{rg} **Rüstgrundzeit:** Maschine einstellen.
t_{rer} **Rüsterholzeit:** Erholungszeit nach schweren Umrüstarbeiten.

t_{rv} **Rüstverteilzeit:** z. B. Maschinenstörungen beheben.
t_s **Sachliche Verteilzeit:** z. B. Werkzeugschärfen, Schneidplattenwechsel.
t_t **Tätigkeitszeit:** Auftragsbearbeitungszeit.
t_{tb} **Beeinflussbare Zeiten:** z. B. Entgraten, Montieren.
t_{tu} **Unbeeinflussbare Zeiten:** z. B. Maschinenprogrammablauf.
t_v **Verteilzeit:** t_p, t_s
t_w **Wartezeit:** z. B. Warten auf Werkstücke.
T **Auftragszeit:** Vorgabezeit zur Produktion einer Losgröße.
z **Zuschlag Prozentsätze** der jeweiligen Grundzeit.

Beispiel: $m = 2$ Bauteile werden auf einer Senkrechtfräsmaschine gefräst.

Rüstzeiten:		min	Ausführungszeiten:		min
Auftrag rüsten		= 6,00	Tätigkeitszeit t_t		= 15,80
Maschine rüsten		= 15,50	Wartezeit t_w		= 2,20
Werkzeuge rüsten		= 8,50			
			Grundzeit $t_g = t_t + t_w$		= 18,00
Rüstgrundzeit t_{rg}		= 30,00	Erholungszeit t_{er}		= 3,50
Rüsterholungszeit t_{rer} = 5 % von t_{rg}		= 1,50	Verteilzeit t_v = 6 % von t_g		= 1,08
Rüstverteilzeit t_{rv} = 15 % von t_{rg}		= 4,50	Zeit je Einheit $t_e = t_g + t_{er} + t_v$		= 22,58
Rüstzeit $t_r = t_{rg} + t_{rer} + t_{rv}$		= 36,00	**Ausführungszeit** $t_a = m \cdot t_e$		= 45,16

Auftragszeit $T = t_r + t_a = 36{,}00\ \text{min} + 45{,}16\ \text{min} = 81{,}16\ \text{min}$

REFA: Verband für Arbeitsgestaltung, Betriebsorganisation und Unternehmensentwicklung e.V.

Kennzahlen in der Produktion
Production Key Performance Indicators
vgl. VDMA 66412-1

Kennzahl	Erkärung	Formeln, Bemerkungen
Mitarbeiterproduktivität MP	Auftragsbezogene produktive Arbeitszeit *PAZ* in Bezug zur Gesamtanwesenheitszeit *GAZ* eines Mitarbeiters.	$MP = \dfrac{PAZ}{GAZ}$ ①
Durchsatz DS	Produzierte Menge *PM* eines Fertigungsauftrages bezogen auf die gesamte Durchlaufzeit *DLZ*.	$DS = \dfrac{PM}{DLZ}$ ②
Nutzgrad NG	Anteil der Hauptnutzungszeit *HNZ* einer Maschine (wertschöpfende Maschinenprozesse) an der gesamten Belegungszeit *BLZ*.	$NG = \dfrac{HNZ}{BLZ}$ ③
Verfügbarkeit V	Hauptnutzungszeit *HNZ* einer Maschine bezogen auf die Planbelegungszeit *PBZ* zur Ausführung eines Auftrags.	$V = \dfrac{HNZ}{PBZ}$ ④
Effektivität E	Produktionszeit je Einheit (*PEZ*) multipliziert mit der produzierten Menge PM bezogen auf die Hauptnutzungszeit *HNZ*.	$E = \dfrac{PEZ \cdot PM}{HNZ}$ ⑤
Qualitätsrate Q	Verhältnis der Gutmenge *GM* (gute Teile) zur produzierten Menge *PM*.	$Q = \dfrac{GM}{PM}$ ⑥
OEE-Index	Overall Equipment Effectiveness stellt die genutzte Verfügbarkeit, die Effektivität der Produktionsanlage sowie deren Qualitätsrate dar, auch GAE (Gesamt-Anlagen-Effizienz) genannt.	$OEE = V \cdot E \cdot Q$ ⑦
Rüstgrad RG	Tatsächliche Rüstzeit *TRZ* einer Maschine bezogen auf die Bearbeitungszeit *BAZ* eines Fertigungsauftrags.	$RG = \dfrac{TRZ}{BAZ}$ ⑧
Prozessgrad PG	Verhältnis der Hauptnutzungszeit *HNZ* zur Durchlaufzeit *DLZ* (Zeit zwischen Auftragsstart und Auftragsende inkl. z. B. Liegezeiten).	$PG = \dfrac{HNZ}{DLZ}$ ⑨
Ausschussquote AQ	Anteil der gesamten Produktion, der Ausschuss ist. Verhältnis von Ausschussmenge *AM* zur produzierten Menge *PM*.	$AQ = \dfrac{AM}{PM}$ ⑩
Nacharbeitsquote NQ	Anteil der gesamten Produktion, welcher der Nacharbeit bedurfte. Verhältnis Nacharbeitsmenge zu produzierter Menge *PM*.	$PG = \dfrac{NM}{PM}$ ⑪
Fall-Off-Rate FOR	Ausschussanteil in Bezug auf die im ersten Arbeitsgang produzierte Menge.	$FOR = \dfrac{AM}{PM_{1,AG}}$ ⑫

Planbelegungszeit PBZ	*PBZ* ———— *GS* ═ Betriebszeit *BZ*	**Zeitmodell zur Auftragsabwicklung** Stillstände, Transporte, Liegezeiten, Rüstzeiten und Störungen sind zu berücksichtigen.
Belegungszeit BLZ	*BLZ* — *SZ, TZ, LZ*	
Bearbeitungszeit BAZ	*BAZ* — *SU*	
Hauptnutzungszeit HNZ	*HNZ* — *TRZ*	
Auftragszeit AZ	*AZ*	Die Teileherstellung erfolgt in mehreren Arbeitsgängen.
Durchlaufzeit DLZ	*DLZ* — Arbeitsgang 1 — Arbeitsgang *n*	
Belegungszeit BLZ	*BLZ* — *TZ, LZ* — *BLZ* — *TZ, LZ*	
Gesamtanwesenheitszeit GAZ	*GAZ*	**Zeitmodell für Mitarbeitereinsatz**
Arbeitszeit PAZ	*PAZ* — Pausen, Nichtarbeitszeit	

GS geplante Stillstände, *LZ* Liegezeit, *SU* störungsbedingte Stillstände, *SZ* Stillstandszeit (z. B. kein Material), *TRZ* tatsächliche Rüstzeit, *TZ* Transportzeit. Anwendung bei MES (Manufacturing Execution System).

PLM, ERP, MES

Begriffe	Erklärung	Bemerkungen
PLM Product Lifecycle Management **PDM** Produktdatenmanagementsystem www.ptc.com www.siemens.com	Gesamtheit von IT-Systemen, die den Lebenszyklus eines Produktes datentechnisch beschreiben. Hierzu gehören z. B. • Projektmanagementsysteme, • CAD-Systeme (Computer Aided Design), • Berechnungsprogramme, • Verwaltungssysteme für Produktdaten (auch Kosten), Stücklisten, Software, Testberichte, Datenblätter, Normen → PDM, • IT-Systeme zum Steuern von Produkt-Freigaben und Produkt-Änderungen → PDM, • IT-Planungssysteme für Produktionsvorbereitung, Produktion und Vertrieb, • IT-Systeme zum Produktdatenaustausch mit Kunden und Lieferanten, • IT-Systeme zur Wartung der Produkte.	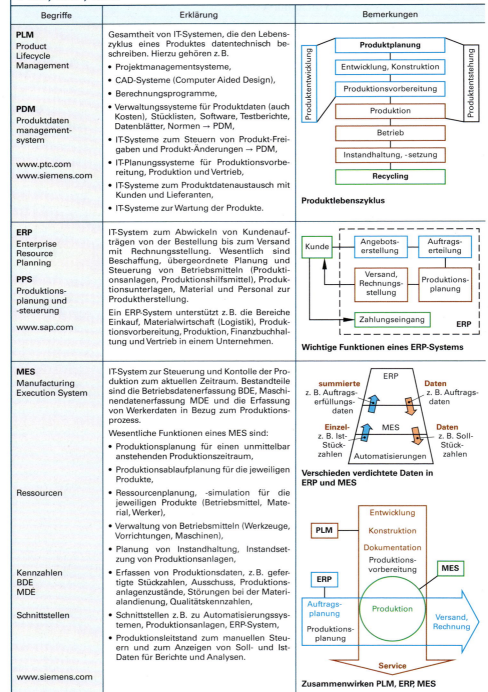 **Produktlebenszyklus**
ERP Enterprise Resource Planning **PPS** Produktionsplanung und -steuerung www.sap.com	IT-System zum Abwickeln von Kundenaufträgen von der Bestellung bis zum Versand mit Rechnungsstellung. Wesentlich sind Beschaffung, übergeordnete Planung und Steuerung von Betriebsmitteln (Produktionsanlagen, Produktionshilfsmittel), Produktionsunterlagen, Material und Personal zur Produktherstellung. Ein ERP-System unterstützt z. B. die Bereiche Einkauf, Materialwirtschaft (Logistik), Produktionsvorbereitung, Produktion, Finanzbuchhaltung und Vertrieb in einem Unternehmen.	**Wichtige Funktionen eines ERP-Systems**
MES Manufacturing Execution System Ressourcen Kennzahlen BDE MDE Schnittstellen www.siemens.com	IT-System zur Steuerung und Kontolle der Produktion zum aktuellen Zeitraum. Bestandteile sind die Betriebsdatenerfassung BDE, Maschinendatenerfassung MDE und die Erfassung von Werkerdaten in Bezug zum Produktionsprozess. Wesentliche Funktionen eines MES sind: • Produktionsplanung für einen unmittelbar anstehenden Produktionszeitraum, • Produktionsablaufplanung für die jeweiligen Produkte, • Ressourcenplanung, -simulation für die jeweiligen Produkte (Betriebsmittel, Material, Werker), • Verwaltung von Betriebsmitteln (Werkzeuge, Vorrichtungen, Maschinen), • Planung von Instandhaltung, Instandsetzung von Produktionsanlagen, • Erfassen von Produktionsdaten, z. B. gefertigte Stückzahlen, Ausschuss, Produktionsanlagenzustände, Störungen bei der Materialandienung, Qualitätskennzahlen, • Schnittstellen z. B. zu Automatisierungssystemen, Produktionsanlagen, ERP-System, • Produktionsleitstand zum manuellen Steuern und zum Anzeigen von Soll- und Ist-Daten für Berichte und Analysen.	**Verschieden verdichtete Daten in ERP und MES** **Zusammenwirken PLM, ERP, MES**

Qualitätsmanagement (QM) nach DIN EN ISO 9000 ff.
Quality Management (QM) according to DIN EN ISO 9000 ff.

Merkmal	Erklärung	Bemerkungen
Anforderungen		
Aufgaben	Alle Tätigkeiten einer Organisation (Unternehmen) sind zu planen, steuern, überwachen und zu optimieren (Lenkung und Bewertung der Prozesse). Umfassende Qualitätsplanung → Wirksamkeit des Qualitätsmanagement-Systems bewerten.	Wechselwirkungen von Tätigkeiten (Prozesse) sind zu erkennen. Qualitätsmanagement (QM) = Prozessmanagement. Kontinuierlicher Verbesserungsprozess (KVP). Überprüfung anhand interner Audits.
Ziele	Steigerung der Kundenzufriedenheit. Wirtschaftliche und beherrschte Prozesse.	Messen, Erfassen der Kundenzufriedenheit. Ergebnisse wirksam und effizient erreichen.
Dokumentation	Angemessene Dokumentation. Dokumentierte Information (auch von extern) muss gelenkt werden, d. h. geeignet, verfügbar (Bereitstellung, Zugriff) und geschützt (Aufbewahrung, Archivierung) sein.	Erstellung und Aktualisierung ist zu regeln (Autor, Datum, Revisionsstand, Prüfung, Freigabe, Verteilung). QM-Handbuch seit Revision 2015 nicht mehr zwingend erforderlich.
7 Grundsätze des Qualitätsmanagements nach DIN EN ISO 9000 ff.		
Kundenorientierung	Anforderungen der Kunden verstehen und nach Möglichkeit übertreffen.	Kundenzufriedenheit ermitteln und auswerten. Kundengerechte Produktrealisierung.
Führung (Verantwortung)	Strategie, Q-Politik, Ziele, Befugnisse, Kommunikationsstruktur festlegen; Ressourcen bereitstellen (geschultes Personal, Maschinen, Infrastruktur).	Chancen-/Risikoabschätzung durchführen. Bewertung des QM-Systems hinsichtlich Wirksamkeit und Effektivität.
Einbeziehung von Personen	Einbeziehung bzw. Engagement aller beteiligten Personen ist ein wichtiger Erfolgsfaktor.	Befähigung und Förderung der Kompetenz sowie Anerkennung der Mitarbeiter.
Prozessorientierter Ansatz	Tätigkeiten werden als Prozess verstanden. Tätigkeiten und Ressourcen definieren, zusammenfassen und steuern.	PDCA-Zyklus: Plan (Planen) – Do (Durchführen) – Check (Prüfen) – Act (Handeln). Erstellen einer Prozesslandkarte.
Verbesserung	Kontinuierliche Weiterentwicklung und Verbesserung aller Prozesse als ständige Aufgabe (KVP).	Festlegung von Vorbeuge- und Korrekturmaßnahmen; Optimierung auch des QM-Systems.
Entscheidungsfindung	Messung, Analyse und Auswertung von Daten zur faktengestützten Entscheidungsfindung.	Kennzahlen bzw. Messgrößen für Prozesse definieren und zur Steuerung verwenden. Statistische Prozesslenkung (SPC).
Beziehungsmanagement	Aktives Beziehungsmanagement mit allen relevanten interessierten Parteien (extern und intern). Gute Lieferantenbeziehungen.	Extern (Anbieter) sowie intern (Mitarbeiter) wirksame und effiziente Kommunikation sicherstellen.
Wichtige Normen		
DIN EN ISO 9000: 2015: Grundlagen und Begriffe. Beschreibt die Rahmenbedingungen und Konzepte für ein QM.		
DIN EN ISO 9001: 2015: Zentrale Norm der Reihe ISO 9000 ff. Beschreibt die Anforderungen für eine Zertifizierung.		
DIN EN ISO 9004: 2018: Anleitung zum Erreichen nachhaltigen Erfolgs. Weiterentwicklung zum Total Quality Management (TQM). Leitfaden zur Selbstbewertung (Optimierung).		
DIN EN ISO 19011: 2018: Leitfaden zur Auditierung von QM- und Umweltmanagementsystemen.		

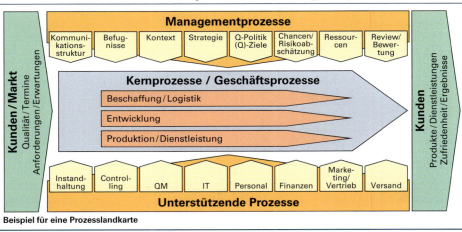

Beispiel für eine Prozesslandkarte

Methoden des Qualitätsmanagements — Methods of Quality Management

Methode	Erklärung	Bemerkungen
KVP	Kontinuierlicher Verbesserungsprozess. Die Mitarbeiter und Führungskräfte sind ständig bemüht, ihre Arbeitsabläufe (Arbeitsprozesse) zu verbessern, um letztendlich Kosten für das Unternehmen zu sparen. Eine Optimierung der Arbeitsabläufe führt oft auch zu Organisations-Veränderungen.	Es ist wichtig zu erkennen, welche Tätigkeiten als Verschwendung bzw. als überflüssig anzusehen sind. Optimierungsbeispiele für KVP sind meist Beschaffungs- und Bereitstellungsabläufe in Produktionsbereichen.
TQM	Total Quality Management. Es handelt sich um eine Managementmethode, mit der das Qualitätsbewusstsein in einem Unternehmen gesteigert werden soll. Innerhalb eines Unternehmens werden Kunden-Lieferanten-Beziehungen gelebt. Jeder Unternehmensbereich besitzt interne Kunden.	Die Kundenerwartungen und Kundenbedürfnisse (externe und interne) stehen im Mittelpunkt der unternehmerischen Aktivitäten, da die Kundenzufriedenheit als Voraussetzung für den unternehmerischen Erfolg gilt. TQM verändert die Unternehmenskultur.
EFQM	European Foundation for Quality Management, Vereinigung europäischer Unternehmen, um die Wettbewerbsfähigkeit zu erhöhen. Ein jährlicher European Quality Award (Auszeichnung) wird vergeben. EFQM-Grundsatz: Die Führung in den Unternehmen lenkt die Politik und Strategie, die Mitarbeiterorientierung sowie die Ressourcen (Kapazitäten, Mittel) und somit die Unternehmensprozesse. Dadurch werden die Mitarbeiterzufriedenheit, Kundenzufriedenheit und gesellschaftliche Verantwortung geprägt. Dies wirkt auf die Geschäftsergebnisse.	Befähiger sind z.B. regelmäßige Mitarbeitergespräche, Zielvereinbarungen. Sie sollen zu messbaren Ergebnissen führen, anhand derer Lernerfolge erkennbar sind. Zweck von EFQM ist eine zyklische Bewertung eines Unternehmens (meist eine Selbstbewertung) mit dem Ziel, eine Selbstverbesserung vorzunehmen, d.h. das Erkennen von Stärken und Verbesserungsbereichen (Potenzialen). Im Rahmen der Bewertung werden für die einzelnen Kriterien Erfüllungspunkte ermittelt. Die Kriterien werden gewichtet, ein Gesamtresultat zwischen 0 und 1000 Punkten wird gebildet.
Six Sigma	Beruht auf einer Null-Fehler-Qualitätsstrategie. Überlegung: Jeder Fehler im Ablauf des Prozesses führt zu einem Fehler im Produkt und somit zu Kosten. Rückschluss: Eine bessere Qualität führt zu weniger Kosten. Ein Six-Sigma-Fehler ist jegliche Abweichung von Kundenvorgaben. Sigma ist Standardabweichung σ (griech. Kleinbuchstabe Sigma) der Normalverteilung (Statistik).	Die Six-Sigma-Strategie wurde von Motorola erstmals eingeführt. Die Qualität eines Prozesses wird als Vielfaches von Sigma dargestellt. Man unterscheidet sechs (engl. six) Sigmastufen. Ein Sigma bedeutet eine Fehlerquote von 32 %, drei Sigma bedeuten eine Fehlerquote von 3 %, sechs Sigma von 0,00034 %.
6-S-Methode	Japanische Kaizen-Methodik, abgeleitet aus 6 Anfangsbuchstaben japanischer Worte für Organisation, Ordnung, Reinigen, Standardisieren, Selbstdisziplin, Arbeitssicherheit.	Die zugrundeliegende Erkenntnis ist, dass komplexe Angelegenheiten nur auf Basis dieser Prinzipien optimierbar sind und dadurch Qualitätsverbesserungen möglich sind.
TPM	Total Productive Maintenance. Ziele sind eine Reduzierung der Störzeiten von Produktionsanlagen sowie eine Verbesserung der Instandhaltung von Produktionsanlagen und somit Erhöhung der Produktivität eines Unternehmens.	Das Zusammenspiel von Mensch, Produktionsanlage und Arbeitsumfeld ist hier von Bedeutung. Neben der Lösung von Schwerpunktproblemen, auch auf organisatorischer Seite, werden Maßnahmen für eine vorbeugende Instandhaltung festgelegt.

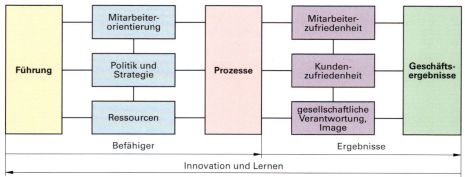

Neun Kriterien des EFQM-Modelles

Qualitätsmanagement – Begriffe Quality Management – Definitions

Begriffe	Definitionen/Erläuterungen vgl. DIN EN ISO 9000
Qualitätsbezogene Begriffe	
Qualität	Grad, in dem die Merkmale eines Produkts die Anforderungen an dieses Produkt erfüllen.

Qualitätsmerkmal	Kennzeichnende Eigenschaft eines Produktes oder eines Prozesses, die sich auf eine Anforderung bezieht oder die infolge der gestellten Qualitätsanforderungen zur Beurteilung der Qualität herangezogen wird.
	• Quantitative (variable) Merkmale:
	  – diskrete Merkmale (Zählwerte), z. B. Bohrungsanzahl, Stückzahl,
	  – kontinuierliche Merkmale (Messwerte), z. B. Länge, Lage, Masse.
	• Qualitative Merkmale:
	  – Ordinalmerkmale (mit Ordnungsbeziehung), z. B. klein – mittel – groß,
	  – Nominalmerkmale (keine Ordnungsbeziehung), z. B. blau o. gelb, männlich o. weiblich.

Anforderung	Vorausgesetztes oder verpflichtendes Erfordernis an die Merkmale einer Einheit, z. B. Nennwerte, Toleranzen, Funktionsfähigkeit oder Sicherheit.
Kundenzufriedenheit	Wahrnehmung des Kunden zu dem Grad, in dem seine Anforderungen erfüllt worden sind.
Fähigkeit	Eignung einer Organisation, eines Systems oder eines Prozesses zum Realisieren eines Produktes, das die Anforderungen an dieses Produkt erfüllt.
Konformität	Erfüllung einer festgelegten Anforderung, z. B. einer Maßtoleranz.
Fehler	Nichterfüllung einer festgelegten Forderung, z. B. Nichteinhalten einer geforderten Maßtoleranz oder Oberflächengüte.
Nacharbeit	Maßnahmen an einem fehlerhaften Produkt, damit es die Anforderungen erfüllt.
Prozess- und produktbezogene Begriffe	
Prozess	In Wechselbeziehung stehende Mittel und Tätigkeiten, die Eingaben in Ergebnisse umsetzen. Als Mittel gelten z. B. Personal, Finanzen, Anlagen und Fertigungsmethoden.
Verfahren	Festgelegte Art und Weise, wie eine Tätigkeit oder ein Prozess ausgeführt wird. In schriftlicher Form auch als Verfahrensanweisung bezeichnet.
Produkt	Ergebnis eines Prozesses, z. B. Bauteil, Montageergebnis, verfahrenstechnisches Erzeugnis, Wissen, Entwurf, Schriftstück, Vertrag, Schadstoff.
Organisationsbezogene Begriffe	
Qualitätsmanagementsystem QMS	Erforderliche Organisation und Organisationsstrukturen, Verfahren und Prozesse eines Betriebes, um ein Qualitätsmanagement verwirklichen zu können.
Qualitätsmanagement, QM	Alle aufeinander abgestimmten Tätigkeiten zum Leiten und Lenken einer Organisation bezüglich Qualität durch: • Festlegen der Qualitätspolitik • Qualitätslenkung • Festlegen der Qualitätsziele • Qualitätssicherung • Qualitätsplanung • Qualitätsverbesserung
Qualitätsplanung	Tätigkeiten, die auf das Festlegen der Qualitätsziele und der notwendigen Ausführungsprozesse sowie der zugehörigen Ressourcen zur Erfüllung der Qualitätsziele gerichtet sind.
Qualitätslenkung	Arbeitstätigkeiten und Techniken, um trotz unvermeidbarer Qualitätsschwankungen die Anforderungen dauerhaft zu erfüllen. Beinhaltet im Wesentlichen die Prozessüberwachung und die Beseitigung von Schwachstellen.
Qualitätssicherung QS	Durchführung und geforderte Dokumentation aller Tätigkeiten im Bereich des QM-Systems mit dem Ziel, firmenintern und beim Kunden angemessenes Vertrauen zu schaffen, dass Qualitätsanforderungen erfüllt werden.
Dokumentierte Information	Dokument, in dem die Qualitätspolitik und die Qualitätsziele sowie das Qualitätsmanagementsystem einer Organisation beschrieben werden (früher QM-Handbuch).
Prüfplan, Prüfanweisung	Festlegung und Beschreibung von Art und Umfang der Prüfungen, z. B. Prüfmittel, Prüfhäufigkeit, Prüfperson, Prüfort.
Vollständige Prüfung	Prüfung einer Einheit hinsichtlich aller festgelegten Qualitätsmerkmale, z. B. vollständige Überprüfung eines Einzelwerkstückes hinsichtlich aller Forderungen.
100-%-Prüfung	Prüfung aller Einheiten eines Prüfloses, z. B. Sichtprüfung aller gelieferten Teile.
Prüflos (Stichprobenprüfung)	Gesamtheit der in Betracht gezogenen Einheiten, z. B. eine Produktion von 5000 gleichen Werkstücken.
Stichprobe	Eine oder mehrere Einheiten, die aus der Grundgesamtheit oder einer Teilgesamtheit entnommen werden, z. B. 50 Teile aus der Tagesproduktion von 400 Teilen.

Statistische Auswertungen — Statistical Analyses

Darstellung der Prüfdaten	Beispiel									
Urliste Die Urliste ist die Dokumentation aller Beobachtungswerte aus dem Prüflos oder einer Stichprobe in der Reihenfolge, in der sie anfallen.	Stichprobenumfang: 40 Teile Prüfmerkmal: Bauteildurchmesser $d = 8$ mm $\pm 0{,}05$ mm									
	Gemessener Bauteildurchmesser d in mm									
	Teile 1…10	7,98	7,96	7,99	8,01	8,02	7,96	8,03	7,99	7,99	8,01
	Teile 11…20	7,96	7,99	8,00	8,02	8,02	7,99	8,02	8,00	8,01	8,01
	Teile 21…30	7,99	8,05	8,03	8,00	8,03	7,99	7,98	7,99	8,01	8,02
	Teile 31…40	8,02	8,01	8,05	7,94	7,98	8,00	8,01	8,01	8,02	8,00

Strichliste							
Die Strichliste ermöglicht eine übersichtlichere Darstellung der Beobachtungswerte und eine Einteilung in Klassen (Bereiche) mit bestimmter Klassenbreite.	Klasse Nr.	Messwert $\geq$	Messwert $<$	Strichliste	n_i	h_i	**Anzahl der Klassen** $$k \approx \sqrt{n}$$ ❶
	1	7,94	7,96	|	1	2,5	
	2	7,96	7,98	|||	3	7,5	
n Anzahl der Einzelwerte k Anzahl der Klassen w Klassenbreite R Spannweite (folgende Seite) n_i absolute Häufigkeit h_i relative Häufigkeit in %	3	7,98	8,00	‖‖‖ ‖‖‖ |	11	27,5	**Klassenbreite** $$w \approx \frac{R}{k}$$ ❷
	4	8,00	8,02	‖‖‖ ‖‖‖ |||	13	32,5	
	5	8,02	8,04	‖‖‖ ‖‖‖	10	25	
	6	8,04	8,06	||	2	5	**Relative Häufigkeit**
Formel 1 ist eine „grobe Faustformel".	**Beispiel:** $k = \sqrt{n} = \sqrt{40} = 6{,}3 \approx 6$ $w = \dfrac{R}{k} = \dfrac{0{,}11\,\text{mm}}{6} = 0{,}018\,\text{mm} \approx 0{,}02\,\text{mm}$			$\Sigma =$	40	100	$$h_i = \frac{n_i}{n} \cdot 100\,\%$$ ❸

Wahrscheinlichkeit	Beispiel:	Wahrscheinlichkeit
Die Wahrscheinlichkeit, dass ein Ereignis A auftritt, ist gleich der Anzahl der auftretenden Fälle A geteilt durch die Anzahl aller Fälle.	Von 400 Werkstücken in einer Kiste sind 10 fehlerhaft. Wie groß ist die Wahrscheinlichkeit, ein fehlerhaftes Teil zu ergreifen? *Lösung:* $p = \dfrac{g}{m} \cdot 100\,\% = \dfrac{10}{400} \cdot 100\,\% = \mathbf{2{,}5\,\%}$	$$p = \frac{g}{m} \cdot 100\,\%$$ ❹ p Wahrscheinlichkeit g Anzahl günstige Fälle m Anzahl aller Fälle

Summenlinie im Wahrscheinlichkeitsnetz

Die Summenlinie im Wahrscheinlichkeitsnetz ist eine einfache und anschauliche grafische Methode, um das Vorliegen einer Normalverteilung (folgende Seite) zu prüfen.

Ergeben die Summen der relativen Häufigkeiten im Wahrscheinlichkeitsnetz angenähert eine Gerade, so kann auf eine Normalverteilung der Einzelwerte geschlossen werden, d. h., es darf eine weitere Auswertung (folgende Seite) erfolgen.

Zusätzlich lassen sich in diesem Fall Kennwerte der Stichproben entnehmen.

Ablesebeispiel:
Arithmetischer Mittelwert $\bar{x}$ und Standardabweichung s der Stichprobe:
$$\bar{x} \approx 8{,}003\,\text{mm};\ s \approx 0{,}02\,\text{mm}$$
($\bar{x}$ Bauteildurchmesser bei $F_j = 50\,\%$; s Bauteildurchmesser bei $F_j = 84{,}13\,\% - \bar{x}$)
Im Gesamtlos zu erwartende Überschreitungsanteile:
- 0,6 % zu dünne Teile
- 3 % zu dicke Teile

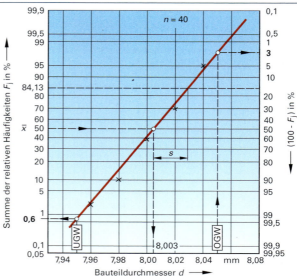

UGW unterer Grenzwert, OGW oberer Grenzwert

Wahrscheinlichkeitsnetz

Statistische Prozesssteuerung SPC 1 — Statistic Process Control 1

Begriff	Erklärung	Bemerkungen, Beispiel
Prozess-regel-karte	Dient dem Überwachen eines Prozesses bzgl. Veränderungen gegenüber einem Sollwert oder bisherigem Prozesswert.	Die Eingriffs- und Warngrenzen werden über Prozessschätzwerte bestimmt.
Annahme-qualitäts-regelkarte	Dient dem Überwachen eines Prozesses im Hinblick auf vorgegebene Grenzwerte (Grenzmaße).	Die Eingriffsgrenzen werden über die Toleranzgrenzen berechnet. Es wird nur die Lage der Messwerte, nicht die Streuung untersucht.
Urwert-karte	Dient zur Dokumentation aller Messwerte durch Eintragen der Werte ohne weitere Berechnungen. Vorausgesetzt wird ein annähernd normalverteilter Prozess. Wegen der vielen Eintragungen relativ unübersichtliche Darstellung. M ist meist das Nennmaß. Das **Bild** zeigt die Urwertkarte mit 5 Einzelwerten je Stichprobe.	Messwerte in mm: 5,06 OGW; 5,04 OEG; 5,02 OWG; 5,00 M; 4,98 UWG; 4,96 UEG; 4,94 UGW. Stichprobe Nummer 1 2 3 4 5... **Urwertkarte mit 5 Einzelwerten je Stichprobe**
Mittelwert-Standard-abwei-chungs-karte	$\bar{x}$-s-Karte. Verdeutlicht die Tendenz der Mittelwertentwicklung. Ein computerunterstütztes Führen der Regelkarten ist üblich. www.pdv-software.de	Prüfmerkmal: ⌀ Kontrollmaß: 5±0,06; Stichproben: $n = 5$ Kontrollintervall: 60 min
Natürlicher Prozess-Verlauf	Alle Werte liegen innerhalb der Eingriffsgrenzen, 2/3 der Werte im Bereich ± s. Der Prozess ist unter Kontrolle.	Messwerte in mm: x_1 4,98 4,96 5,03 4,97; x_2 4,97 4,99 5,01 4,96; x_3 4,99 5,03 5,02 5,01; x_4 5,01 4,99 4,99 4,99; x_5 5,01 5,00 4,98 5,02; $\bar{x}$ 4,992 4,994 5,006 4,990; s 0,018 0,025 0,021 0,025
Über-schreiten der Ein-griffs-grenzen	In den Prozess muss eingegriffen werden, z. B. falsch eingestellte Maschine.	Mittelwerte $\bar{x}$ in mm: 5,02 OEG; 5,01 OWG; 5,00 M; 4,99 UWG; 4,98 UEG. Standardabweichung s: 0,026 OEG; 0,024 OWG; 0,022; 0,020; 0,018 UWG; 0,016 UEG
Trendver-lauf	Aufeinanderfolgende Werte zeigen eine Tendenz, z. B. wegen Werkzeugverschleiß.	Probennr. 1 2 3 4; Uhrzeit 6^{00} 7^{00} 8^{00} 9^{00}. **Mittelwert-Standardabweichungs-Karte**
Normal-verteilung Häufigkeit = Anzahl	Häufigkeiten x_i über Merkmalswert x; Bereiche −3s, −2s, −s, +s, +2s, +3s; x_{min}, $\bar{x}$, x_{max}; R	

arithm. Mittelwert

$$\bar{x} = \frac{x_1 + x_2 + \ldots + x_n}{n} \quad \boxed{1}$$

Gesamtmittelwert

$$\bar{\bar{x}} = \frac{\bar{x}_1 + \bar{x}_2 + \ldots + \bar{x}_m}{m} \quad \boxed{2}$$

Standardabweichung

$$s = \sqrt{\frac{\sum (x_i - \bar{x})^2}{n - 1}} \quad \boxed{3}$$

Mittelwert der Standardabweichung

$$\bar{s} = \frac{s_1 + s_2 + \ldots + s_m}{m} \quad \boxed{4}$$

Spannweite

$$R = x_{max} - x_{min} \quad \boxed{5}$$

mittlere Spannweite

$$\bar{R} = \frac{R_1 + R_2 + \ldots + R_m}{m} \quad \boxed{6}$$

n, m	Anzahl Einzelwerte	$\bar{x}$	arithmetischer Mittelwert	M	Mittelwert des Merkmals
x_i	Einzelmesswert	$\bar{\bar{x}}$	Gesamtmittelwert	OEG, UEG	obere, untere Eingriffsgrenze
x_{max}	größter Messwert	s	Standardabweichung	OGW, UGW	oberer, unterer Grenzwert
x_{min}	kleinster Messwert	R	Spannweite	OWG, UWG	obere, untere Warngrenze

Statistische Prozesssteuerung SPC 2

Qualitätsfähigkeit von Prozessen

Bei der Beurteilung der Qualitätsfähigkeit eines Prozesses durch **Fähigkeitskennzahlen** (Fähigkeitsindizes) muss zwischen der **Maschinenfähigkeit** und der **Prozessfähigkeit** unterschieden werden.

Die **Maschinenfähigkeit** ist eine Bewertung der Maschine, ob diese im Rahmen ihrer normalen Schwankungen mit genügender Wahrscheinlichkeit innerhalb der vorgegebenen Grenzwerte fertigen kann.

Maschinenfähigkeitsindex

$$C_m = \frac{T}{6 \cdot s}$$

$$C_{mk} = \frac{\Delta krit}{3 \cdot s}$$

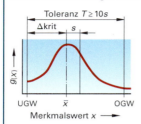

Wenn $C_m > 1{,}67$ und $C_{mk} > 1{,}67$, bedeutet dies, dass 99,994 % (Bereich ± 4 s) der Merkmalswerte innerhalb der Grenzwerte liegen und der Mittelwert $\bar{x}$ mindestens um die Größe 3 s von den Toleranzgrenzen entfernt liegt.

Die **Prozessfähigkeit** ist eine Bewertung des Fertigungsprozesses, ob dieser im Rahmen seiner normalen Schwankungen mit genügender Wahrscheinlichkeit die festgelegten Forderungen erfüllen kann.

Eine Maschinenfähigkeit gilt üblicherweise als nachgewiesen, wenn
- $C_m \geq 1{,}67$ und $C_{mk} \geq 1{,}67$

$T = OGW - UGW$
$\Delta krit_o = OGW - \bar{x}$
$\Delta krit_u = \bar{x} - UGW$

$g(x)$ Wahrscheinlichkeitsdichte
UGW   unterer Grenzwert
OGW   oberer Grenzwert
s Standardabweichung
$\bar{x}$ arithmetischer Mittelwert

$\Delta krit$ kleinster Abstand zwischen Mittelwert und Toleranzgrenze
C_m, C_{mk} Maschinenfähigkeitsindex
C_p, C_{pk} Prozessfähigkeitsindex
$\hat{s}$ geschätzte Prozessstandardabweichung

Prozessfähigkeitsindex

$$C_p = \frac{T}{6 \cdot \hat{s}}$$

$$C_{pk} = \frac{\Delta krit}{3 \cdot \hat{s}}$$

$$\hat{s} = \sqrt{\frac{(s_1^2 + s_2^2 + \dots s_m^2)}{m}}$$

Die Prozessfähigkeit gilt üblicherweise als nachgewiesen, wenn
- $C_p \geq 1{,}33$ und $C_{pk} \geq 1{,}33$

Beispiel:
Maschinenfähigkeitsuntersuchung für Fertigungsmaß 80 mm ± 0,05 mm;
Werte aus Vorlauf: $s = 0{,}009$ mm; $\bar{x} = 79{,}997$ mm → C_m und $C_{mk} \geq 1{,}67$?

$C_m = \dfrac{T}{6 \cdot s} = \dfrac{0{,}1\ \text{mm}}{6 \cdot 0{,}009\ \text{mm}} = \mathbf{1{,}852}$; $C_{mk} = \dfrac{\Delta krit}{3 \cdot s} = \dfrac{0{,}047\ \text{mm}}{3 \cdot 0{,}009\ \text{mm}} = \mathbf{1{,}74}$

⇒ Die Maschinenfähigkeit ist für diese Fertigung nachgewiesen.

Qualitätsregelkarten für qualitative Merkmale

Fehlersammelkarten

Fehlersammelkarten erfassen die fehlerhaften Einheiten, die Fehlerarten und ihre Häufigkeit in einer Stichprobe.

n = Stichprobenumfang
m = Anzahl der Stichproben

Ablesebeispiel für F3 (Fehleranteil):
$m \cdot n = 9 \cdot 50 = 450$

Fehler in % = $\dfrac{\Sigma i_j}{n} \cdot 100\ \%$

$= \dfrac{3}{450} \cdot 100\ \% = \mathbf{0{,}67\ \%}$

Beispiel:

Teil: **Deckel**		Stichprobenumfang $n = 50$								Prüfintervall: 60 min		
Fehlerart		Fehlerhäufigkeit i_j								Σi_j	%	Fehleranteil
Lackschaden	F1	1					1			2	0,44	
Druckstellen	F2	1	2		2	1	2	2	2	14	3,11	
Korrosion	F3		1		1			1		3	0,67	
Grat	F4	1								1	0,22	
Rissbildungen	F5		1							1	0,22	
Winkelfehler	F6	2		3	1		3	1	2	12	2,66	
Verbogen	F7					1				1	0,22	
Gewinde fehlt	F8	1								1	0,22	
Fehler je Stichprobe		4	6	3	3	3	5	4	3	35		
Stichprobennr.		1	2	3	4	5	6	7	8	9		

Pareto-Diagramm[1]

Das Pareto-Diagramm klassifiziert Kriterien (z. B. Fehler) nach Art und Häufigkeit und ist damit ein wichtiges Hilfsmittel, um Kriterien zu analysieren und Prioritäten zu ermitteln.

www.q-das.de

Beispiel:

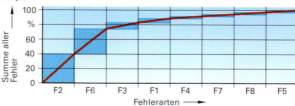

Ablesebeispiel: Die Druckstellen (F2) und die Winkelfehler (F6) machen zusammen ca. 74 % der gesamten Fehler aus.

[1] Pareto, italienischer Soziologe

Zuverlässigkeit, Verfügbarkeit — Reliability, Availability

Merkmal	Erklärung	Bemerkungen
Zuverlässigkeit R	Ist die Eigenschaft eines Bauelementes (oder Systems), welche dessen verlässliches Funktionieren in einem Zeitintervall beschreibt. Zuverlässigkeitsdaten werden anhand gewonnener Erfahrungen, durchgeführter Belastungstests bzgl. Häufigkeit und Ursachen von Ausfällen gewonnen.	**Zuverlässigkeit** $$R(t_x) = 1 - \frac{n_a}{n} \quad\text{(1)} \qquad R(t) = e^{-\lambda t} \quad\text{(2)}$$
Ausfallwahrscheinlichkeit F	Bei reparierbaren Komponenten ist die MTBF (Mean Time between Failure) ein Maß für deren Zuverlässigkeit, bei nicht-reparierbaren Komponenten, also Komponenten, die ausgetauscht werden, die MTTF (Mean Time to Failure). Anmerkung: $e^x = \exp(x)$ mit $e = 2{,}718$	**Ausfallwahrscheinlichkeit** $$F(t) = 1 - e^{-\lambda t} \quad\text{(3)}$$ Zuverlässigkeitsfunktion
Ausfall	Ist das technische Versagen eines Bauelements (oder Systems), d.h., die definierten Funktionen stehen nicht zur Verfügung. Alterungsbedingte Ausfälle treten meist in der Mechanik auf.	Frühausfälle — konstante Ausfälle — Alterung; Phase 1, Phase 2, Phase 3. Ausfallverhalten
Ausfallrate λ	Ist als der durchschnittliche Ausfall eines Objektes je Zeiteinheit definiert. Ihre Einheit ist 1/s, 1/Std oder Failure in Time (FIT) normiert auf Ausfälle je 10^9 Stunden. Sie wird anhand von Beobachtungen einer größeren Anzahl gleicher Bauelemente über einen festgelegten Zeitraum ermittelt. 1 FIT bedeutet 1 Ausfall in 10^9 Std. Die Ausfallrate ist der Kehrwert der durchschnittlichen Zeitdauer bis zum nächsten Ausfall: 1/MTBF. Eine geringe Ausfallhäufigkeit entspricht einer hohen MTBF.	**Ausfallhäufigkeit** $$L = \frac{n_g(t_1) - n_g(t_2)}{n} \quad\text{(6)}$$ **Ausfallrate** (Phase 2) $$\lambda = \frac{1}{MTBF} \quad\text{(7)}$$
Ausfallhäufigkeit L	Anzahl der Ausfälle in einem Betrachtungszeitraum.	**Ausfallsatz** $$a = \frac{n_a}{n} \quad\text{(8)}$$
Ausfallsatz a	Ist der Anteil ausgefallener Bauelemente während einer festgelegten Beanspruchungsdauer.	
Verfügbarkeit A	Ist ein Maß, dass ein Bauelement (oder System) seine ausgewiesenen Funktionen zu einem vereinbarten Zeitpunkt oder innerhalb eines vereinbarten Zeitrahmens erfüllt. Bei Systemen sind definierte Ausfälle, z.B. wegen Wartung, davon ausgenommen. Hochverfügbarkeit bedeutet, dass ein System trotz Ausfall einer Komponente weiterhin verfügbar ist.	$$\text{Verfügbarkeit} = \frac{\text{Betriebzeit} - \text{Ausfallzeit}}{\text{Betriebzeit}} \quad\text{(4)}$$ Bei konstanter Ausfallrate und Instandsetzungsrate: $$A = \frac{MTBF}{MTBF + MTTR} \quad\text{(5)}$$
Robustheit	Ist die Fähigkeit eines Systems, auf Veränderungen von außen ohne Systemanpassung mit stabiler Funktionalität zu reagieren.	Einwirkungen sind z.B. extreme Temperaturen, Erschütterungen, Fehlbedienungen.
Risikoanalyse	Mittels einer FMEA (Failure Mode and Effect Analysis) können Produkte in ihrer Entwicklungsphase hinsichtlich eines späteren Betriebsausfalles bewertet werden.	Anhand des frühzeitigen Annehmens möglicher Fehler und Fehlerursachen werden Maßnahmen zur Risikoverminderung eines Ausfalls eingeplant. www.apis.de

A Verfügbarkeit (availability),   a Ausfallsatz,   F Ausfallwahrscheinlichkeit,   L Ausfallhäufigkeit (loss),
n Anzahl Einheiten, n_a Anzahl ausgefallene Einheiten, n_g Anzahl gute Einheiten,   R Zuverlässigkeit (reliability),
t Betriebzeit, t_x, t_1, t_2 Zeitpunkte, λ Ausfallrate (Lambda)
MTBF Mean Time between Failure,   MTTF Mean Time to Failure,   MTTR Mean Time to Repair

Entsorgung — Disposal

Abfallrecht
vgl. Kreislaufwirtschaftsgesetz KrWG

Wichtige Grundsätze der Kreislaufwirtschaft:
- Abfälle vermeiden, z. B. durch anlageninterne Kreislaufführung oder eine abfallarme Produktgestaltung.
- Abfälle stofflich verwerten, z. B. durch Gewinnung von Rohstoffen aus Abfällen (sog. sekundäre Rohstoffe).
- Abfälle zur Gewinnung von Energie nutzen (energetische Nutzung), z. B. Einsatz als Ersatzbrennstoff.
- Die Verwertung von Abfällen hat ordnungsgemäß nach diesem Gesetz und schadlos (ohne Beeinträchtigung des Wohls der Allgemeinheit) zu erfolgen.

Die Entsorgung von Abfällen unterliegt der Überwachung durch die zuständige Behörde (meist Landkreis). In besonderem Maße gesundheits-, luft- oder wassergefährdende, explosible, brennbare Abfälle sind besonders überwachungsbedürftig. Entsorgungspflichtig und nachweispflichtig ist der Abfallerzeuger.

Auswahl besonders überwachungsbedürftiger Abfälle (Sonderabfälle) in Metallbetrieben[1]

Abfall-Schlüssel	Bezeichnung der Abfallart	Vorkommen, Beschreibung, Entstehung	Besondere Hinweise, Maßnahmen
150199 D1	Verpackungen mit schädlichen Verunreinigungen.	Fässer, Kanister, Eimer und Dosen, die Reste von Farben, Lacken, Lösemitteln, Kaltreiniger, Rostschutzmittel, Rost- und Silikonentferner, Spachtelmassen usw. enthalten. Spraydosen mit Restinhalten.	Entleerte, tropffreie, pinsel- oder spachtelreine Behältnisse sind kein besonders überwachungsbedürftiger Abfall, vielmehr Verkaufspackungen. Entsorgung über das duale System oder Metallbehältnisse über Schrotthändler. Behältnisse mit eingetrocknetem Lack sind hausmüllähnlicher Gewerbeabfall. Auf Spraydosen möglichst verzichten, Entsorgung als Sonderabfall.
160602 160603 160604	Nickel-Cadmium-Batterien Quecksilbertrockenzellen Alkalibatterien	Akkus z. B. aus Bohrmaschinen und Schraubern. Knopfzellen, quecksilberhaltige Monozellen. Nichtaufladbare Batterien z. B. aus Taschenrechnern.	Alle schadstoffhaltigen Batterien sind gekennzeichnet. Sie müssen vom Handel unentgeltlich zurückgenommen werden. Für Verbraucher gilt Rückgabepflicht an Handel oder an öffentliche Sammelstellen.
060404	Quecksilberhaltige Abfälle	Leuchtstofflampen (sog. „Neonröhren")	Können verwertet werden. Unzerstört beim Handel oder beim Entsorger abgeben. Nicht ins Glasrecycling geben!
120106 120107 120110	Verbrauchte Bearbeitungsöle, halogenhaltig, keine Emulsion. Verbrauchte Bearbeitungsöle, halogenfrei, keine Emulsion. Synthetische Bearbeitungsöle.	Wasserfreie Bohr-, Dreh-, Schleif- und Schneideöle: sog. Kühlschmierstoffe (KSS). KSS-Öle aus synthetischen Ölen, z. B. auf Estherbasis.	KSS möglichst vermeiden, z. B. • Trockenbearbeitung • Minimalmengen-Kühlschmierung. Getrenntes Sammeln verschiedener KSS-Öle, -Emulsionen, -Lösungen. Einsatz von Filtern. Rücknahmemöglichkeit zur Aufarbeitung oder Verbrennung (energetische Verwertung) beim Lieferanten erfragen.
130202	Nichtchlorierte Maschinen-, Getriebe- und Schmieröle.	Altöl und Getriebeöl, Hydrauliköl, Kompressorenöl von Kolbenluftverdichtern.	Rücknahmepflicht durch Lieferanten. Altöle bekannter Herkunft können verwertet werden durch Zweitraffination oder energetische Verwertung. Nicht mit anderen Stoffen mischen!
150299 D1	Aufsaug- und Filtermaterialien, Wischtücher und Schutzkleidung mit schädlichen Verunreinigungen.	Zum Beispiel Altlumpen, Putzlappen; Pinsel, die mit Öl oder Wachs verschmutzt sind, Ölbinder, Öl- und Fettdosen.	Es gibt die Möglichkeit einen Mietservice für Putzlappen zu nutzen.
130505	Andere Emulsionen	Kondensatwasser aus Kompressoren.	Kompressorenöle mit demulgierenden Eigenschaften verwenden; Möglichkeit ölfreier Kompressoren erkunden.
140102	Andere halogenierte Lösemittel und Lösemittelgemische.	Per(-chlorethylen), Tri(-chlorethylen), Vermischte Lösemittel.	Rücknahme durch Lieferanten und Ersatz durch wässrige Reinigungsmittel prüfen.

[1] Verordnung zur Bestimmung besonders überwachungsbedürftiger Abfälle zur Beseitigung und zur Verwertung – BestbüAbfV. Anlage 1: Abfälle des Europäischen Abfallkatalogs (EAK-Abfälle) gelten als besonders gefährlich. Anlage 2: besonders überwachungsbedürftige EAK-Abfälle sowie nicht in EAK-Liste aufgeführte Abfallarten (Buchstabe „D" im Abfallschlüssel).

Gefahrensymbole und Gefahrenkennzeichnungen

Hazard Symbols and Hazard Labellings

Global Harmoniertes System (GHS)

Seit Januar 2009 ist ein international vereinheitlichtes System für die Kennzeichnung von Gefahrstoffen in Deutschland in Kraft getreten. Die europäische Bezeichnung für GHS ist CLP, d. h. „Classification, Labelling and Packaging of Chemical Products" (Klassifikation, Etikettieren und Verpacken von chemischen Produkten).

Die EG-Verordnung Nr. 172/2008 schreibt die verbindliche Einführung seit 1.12.2010 für Stoffe und seit 1.6.2015 für chemische Gemische vor.

Kennzeichen des Systems

- **9 Gefahren-Piktogramme** jeweils mit einem Code (siehe Tabelle unten).
- **Signalwort Gefahr** warnt vor gravierenden Gefährdungen.
- **Signalwort Achtung** weist auf geringere Risiken hin.
- **Gefahrenhinweise**, sogenannte H-Sätze (ähnlich den früheren R-Sätzen) geben genauere Hinweise zur Gefahr z. B. „verursacht schwere Augenreizung".
- **Sicherheitshinweise**, sog. P-Sätze (ähnlich der früheren S-Sätze) informieren, welche Risiken bestehen und wie bei Vergiftungen reagiert werden sollte (z. B. „Giftinformationszentrum oder Arzt anrufen").

Aufbau der H-Sätze (folgende Seite)

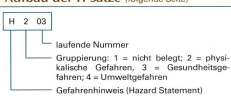

H 2 03
- laufende Nummer
- Gruppierung: 1 = nicht belegt; 2 = physikalische Gefahren, 3 = Gesundheitsgefahren; 4 = Umweltgefahren
- Gefahrenhinweis (Hazard Statement)

Aufbau der P-Sätze (Seite 539)

P 2 10
- laufende Nummer
- Gruppierung: 1 = allgemein; 2 = Vorsorgemaßnahmen; 3 = Empfehlungen; 4 = Lagerhinweise; 5 = Entsorgung
- Sicherheitshinweis (Precautionary Statement)

Gefahren-Piktogramme

GHS01 Explodierende Bombe	GHS02 Flamme	GHS03 Flamme über einem Kreis
Explosive Stoffe und Gemische.	Entzündet sich schnell, vor allem in der Nähe von Hitze oder Flammen.	Oxidierende Gase, Flüssigkeiten oder Feststoffe verstärken Brand oder Explosion.

GHS04 Gasflasche	GHS05 Ätzwirkung	GHS06 Totenkopf mit gekreuzten Knochen
Gase unter Druck, verdichtete oder verflüssigte Gase, gelöste Gase.	Zerstörung der Haut oder Augen schon nach kurzem Kontakt möglich; Haut- und Augenschutz tragen!	Schwere oder tödliche Vergiftungen durch Einatmen oder Verschlucken selbst kleiner Mengen.

GHS07 Ausrufezeichen	GHS08 Gesundheitsgefahr	GHS09 Umwelt
Gesundheitsgefährdung! Keine Todesgefahr oder schwere Gesundheitsschäden, vielmehr Reizung der Haut oder Auslösung einer Allergie.	Schwerer Gesundheitsschaden, bei Kindern mit möglicher Todesfolge, Schwangerschaft gefährdet, krebsauslösend.	Kurz- oder langfristige Schäden für Umwelt; Kleintiere und Bodenorganismen können geschädigt werden. Entsorgung nicht über Abwasser oder Hausmüll.

Gefahrenhinweise/H-Sätze — Hazard Statements

H-Satz	Bedeutung	H-Satz	Bedeutung
Gefahrenhinweise für physikalische Gefahren		H310	Lebensgefahr bei Hautkontakt.
H200	Instabil, explosiv.	H311	Giftig bei Hautkontakt.
H202	Explosiv, große Gefahr durch Splitter, Spreng- und Wurfstücke.	H312	Gesundheitsschädlich bei Hautkontakt.
H203	Explosiv, Gefahr durch Feuer, Luftdruck oder Splitter, Spreng- und Wurfstücke.	H314	Verursacht schwere Verätzungen und schwere Augenschäden.
H204	Gefahr durch Feuer oder Splitter, Spreng- und Wurfstücke.	H315	Verursacht Hautreizungen.
		H317	Kann allergische Hautreaktionen verursachen.
H205	Gefahr der Massenexplosion bei Feuer.	H318	Verursacht schwere Augenschäden.
H220	Extrem entzündbares Gas.	H319	Verursacht schwere Augenreizung.
H221	Entzündbares Gas.	H330	Lebensgefahr bei Einatmen.
H222	Extrem entzündbares Aerosol[1].	H331	Giftig bei Einatmen.
H223	Entzündbares Aerosol.	H332	Gesundheitsschädlich bei Einatmen.
H224	Flüssigkeit und Dampf extrem entzündbar.	H334	Kann bei Einatmen Allergie, asthmaartige Symptome oder Atembeschwerden verursachen.
H225	Flüssigkeit und Dampf leicht entzündbar.	H335	Kann Atemwege reizen.
H226	Flüssigkeit und Dampf entzündbar.	H336	Kann Schläfrigkeit und Benommenheit verursachen.
H228	Entzündbarer Feststoff.		
H240	Erwärmung kann Explosion verursachen.	H340	Kann genetische Defekte verursachen[2].
H241	Erwärmung kann Brand oder Explosion verursachen.	H341	Kann vermutlich genetische Defekte verursachen[2].
H242	Erwärmung kann Brand verursachen.	H350	Kann Krebs erzeugen[2].
H250	Entzündet sich in Berührung mit Luft von selbst.	H351	Kann vermutlich Krebs erzeugen[2].
H251	Selbstentzündungsfähig; kann in Brand geraten.	H360	Kann die Fruchtbarkeit beeinträchtigen oder das Kind im Mutterleib schädigen[2].
H252	In großen Mengen selbstentzündungsfähig; kann in Brand geraten.	H361	Kann die Fruchtbarkeit beeinträchtigen oder das Kind im Mutterleib schädigen[2].
H260	In Berührung mit Wasser entstehen entzündbare Gase, die sich spontan entzünden können.	H362	Kann Säuglinge über die Muttermilch schädigen.
H261	In Berührung mit Wasser entstehen entzündbare Gase.	H370	Schädigt die Organe[2, 3].
H270	Kann Brand verursachen oder verstärken; Oxidationsmittel.	H371	Kann die Organe schädigen[2, 3].
H271	Kann Brand oder Explosion verursachen, starkes Oxidationsmittel.	H372	Schädigt die Organe bei längerer oder wiederholter Exposition[2, 3].
H272	Kann Brand verstärken, Oxidationsmittel.	H373	Kann die Organe schädigen bei längerer oder wiederholter Exposition[2, 3].
H280	Enthält Gas unter Druck; kann bei Erwärmung explodieren.	**Gefahrenhinweise für Umweltgefahren**	
H281	Enthält tiefkaltes Gas; kann Kälteverbrennungen oder -verletzungen verursachen.	H400	Sehr giftig für Wasserorganismen.
H290	Kann gegenüber Metallen korrosiv sein.	H410	Sehr giftig für Wasserorganismen, mit langfristiger Wirkung.
Gefahrenhinweise für Gesundheitsgefahren		H411	Giftig für Wasserorganismen, mit langfristiger Wirkung.
H300	Lebensgefahr bei Verschlucken.		
H301	Giftig bei Verschlucken.	H412	Schädlich für Wasserorganismen, mit langfristiger Wirkung.
H302	Gesundheitsschädlich bei Verschlucken.		
H304	Kann bei Verschlucken und Eindringen in die Atemwege tödlich sein.	H413	Kann für Wasserorganismen schädlich sein, mit langfristiger Wirkung.

[1] Gemisch aus festen oder flüssigen Schwebeteilchen und einem Gas.
[2] Expositionsweg angeben, sofern schlüssig belegt ist, dass diese Gefahr bei keinem anderen Expositionsweg besteht.
[3] oder alle betroffenen Organe nennen, sofern bekannt.

Sicherheitshinweise/P-Sätze 1 — Precautionary Statements 1

P-Satz	Bedeutung
	Allgemein
P101	Ist ärztlicher Rat erforderlich, Verpackung oder Kennzeichnungsetikett bereithalten.
P102	Darf nicht in die Hände von Kindern gelangen.
P103	Vor Gebrauch Kennzeichnungsetikett lesen.
	Prävention
P201	Vor Gebrauch besondere Anweisungen einholen.
P202	Vor Gebrauch alle Sicherheitshinweise lesen und verstehen.
P210	Vor Hitze/Funken/offener Flame/heißen Oberflächen fernhalten. Nicht rauchen.
P211	Nicht gegen offene Flamme oder andere Zündquelle sprühen.
P220	Von Kleidung/brennbaren Materialien fernhalten/entfernt aufbewahren.
P221	Mischen mit brennbaren Stoffen unbedingt verhindern.
P222	Kontakt mit Luft nicht zulassen.
P223	Kontakt mit Wasser wegen heftiger Reaktion und möglichem Aufflammen unbedingt verhindern.
P230	Feucht halten mit...
P231	Unter inertem Gas handhaben.
P232	Vor Feuchtigkeit schützen.
P233	Behälter dicht verschlossen halten.
P234	Nur im Originalbehälter aufbewahren.
P235	Kühl halten.
P240	Behälter und zu befüllende Anlage erden.
P241	Explosionsgeschützte elektrische Betriebsmittel/Lüftungsanlagen/Beleuchtung verwenden.
P242	Nur funkenfreies Werkzeug verwenden.
P243	Maßnahmen gegen elektrostatische Aufladungen treffen.
P244	Druckminderer frei von Fett und Öl halten.
P250	Nicht schleifen/stoßen/reiben.
P251	Behälter steht unter Druck: Nicht durchstechen o. verbrennen, auch nicht nach der Verwendung.
P260	Staub/Rauch/Gas/Nebel/Dampf/Aerosol nicht einatmen.
P261	Einatmen von Staub/Rauch/Gas/Nebel/Dampf/Aerosol vermeiden.
P262	Nicht in die Augen, auf die Haut oder auf die Kleidung gelangen lassen.
P263	Kontakt während der Schwangerschaft oder der Stillzeit vermeiden.
P264	Nach Gebrauch gründlich waschen.
P270	Bei Gebrauch nicht essen, trinken oder rauchen.
P271	Nur im Freien oder in gut belüfteten Räumen verwenden.
P272	Kontaminierte Arbeitskleidung nicht außerhalb des Arbeitsplatzes tragen.
P273	Freisetzung in die Umwelt vermeiden.
P280	Schutzhandschuhe/Schutzkleidung/Augenschutz/ Gesichtsschutz tragen.
P281	Vorgeschriebene persönliche Schutzausrüstung verwenden.

P-Satz	Bedeutung
P282	Schutzhandschuhe/Gesichtsschild/Augenschutz mit Kälteisolierung tragen.
P283	Schwer entflammbare/flammhemmende Kleidung tragen.
P284	Atemschutz tragen.
P285	Bei unzureichender Belüftung Atemschutz tragen.
P231 + P232	Unter inertem Gas handhaben. Vor Feuchtigkeit schützen.
P235 + P410	Kühl halten. Vor Sonnenbestrahlung schützen.
	Reaktion
P301	Bei Verschlucken: *Anweisungen.*
P302	Bei Berührung mit der Haut: *Anweisungen.*
P303	Bei Berührung mit der Haut (oder dem Haar): *Anweisungen.*
P304	Bei Einatmen: *Anweisungen.*
P305	Bei Kontakt mit den Augen: *Anweisungen.*
P306	Bei kontaminierter Kleidung: *Anweisungen.*
P307	Bei Exposition: *Anweisungen.*
P308	Bei Exposition oder falls betroffen: *Anweisungen.*
P309	Bei Exposition oder Unwohlsein: *Anweisungen.*
P310	Sofort Giftinformationszentrum oder Arzt anrufen.
P311	Giftinformationszentrum oder Arzt anrufen.
P312	Bei Unwohlsein Giftinformationszentrum oder Arzt anrufen.
P313	Ärztlichen Rat einholen / ärztliche Hilfe hinzuziehen.
P314	Bei Unwohlsein ärztlichen Rat einholen/ärztliche Hilfe hinzuziehen.
P315	Sofort ärztlichen Rat einholen/ärztliche Hilfe hinzuziehen.
P320	Besondere Behandlung dringend erforderlich (siehe ... auf diesem Kennzeichnungsetikett).
P321	Besondere Behandlung (siehe ... auf diesem Kennzeichnungsetikett).
P322	Gezielte Maßnahmen (siehe ... auf diesem Kennzeichnungsetikett).
P330	Mund ausspülen.
P331	Kein Erbrechen herbeiführen.
P332	Bei Hautreizung: *Anweisungen.*
P333	Bei Hautreizung, -ausschlag: *Anweisungen.*
P334	In kaltes Wasser tauchen/nassen Verband anlegen.
P335	Lose Partikel von der Haut abbürsten.
P336	Vereiste Bereiche mit lauwarmem Wasser auftauen. Betroffenen Bereich nicht reiben.
P337	Bei anhaltender Augenreizung: *Anweisungen.*
P338	Eventuell vorhandene Kontaktlinsen nach Möglichkeit entfernen. Weiter ausspülen.
P340	Die betroffene Person an die frische Luft bringen und in einer Position ruhigstellen, die das Atmen erleichtert.
P341	Bei Atembeschwerden an frische Luft bringen und in Position, die Atmen erleichtert, ruhigstellen.
P342	Bei Symptomen der Atemwege: *Anweisungen.*
P350	Behutsam mit viel Wasser und Seife waschen.

Sicherheitshinweise/P-Sätze 2 — Precautionary Statements 2

P-Satz	Bedeutung	P-Satz	Bedeutung
P351	Einige Minuten lang behutsam mit Wasser ausspülen.	P305+ P351+ P338	Bei Kontakt mit den Augen: Einige Minuten lang behutsam mit Wasser spülen. Vorhandene Kontaktlinsen nach Möglichkeit entfernen. Weiter spülen.
P352	Mit viel Wasser und Seife waschen.		
P353	Haut mit Wasser abwaschen/duschen.		
P360	Kontaminierte Kleidung und Haut sofort mit viel Wasser abwaschen und danach Kleidung ausziehen.	P306+ P360	Bei Kontakt mit der Kleidung: Kontaminierte Kleidung und Haut sofort mit viel Wasser abwaschen und danach Kleidung ausziehen.
P361	Alle kontaminierten Kleidungsstücke sofort ausziehen.	P307+ P311	Bei Exposition: Giftinformationszentrum oder Arzt anrufen.
P362	Kontaminierte Kleidung ausziehen und vor erneutem Tragen waschen.	P308+ P313	Bei Exposition oder falls betroffen: Ärztlichen Rat einholen/ärztliche Hilfe hinzuziehen.
P363	Kontaminierte Kleidung vor erneutem Tragen waschen.	P309+ P311	Bei Exposition oder Unwohlsein: Giftinformationszentrum oder Arzt anrufen.
P370	Bei Brand: *Anweisungen*.	P332+ P313	Bei Hautreizung: Ärztlichen Rat einholen/ärztliche Hilfe hinzuziehen.
P371	Bei Großbrand und großen Mengen: *Anweisungen*.	P333+ P313	Bei Hautreizung oder -ausschlag: Ärztlichen Rat einholen/ärztliche Hilfe hinzuziehen.
P372	Explosionsgefahr bei Brand.		
P373	Keine Brandbekämpfung, wenn das Feuer explosive Stoffe/Gemische/Erzeugnisse erreicht.	P335+ P334	Lose Partikel von der Haut abbürsten. In kaltes Wasser tauchen/nassen Verband anlegen.
P374	Brandbekämpfung mit üblichen Vorsichtsmaßnahmen aus angemessener Entfernung.	P337+ P313	Bei anhaltender Augenreizung: Ärztlichen Rat einholen/ärztliche Hilfe hinzuziehen.
P375	Wegen Explosionsgefahr Brand aus der Entfernung bekämpfen.	P342+ P311	Bei Symptomen der Atemwege: Giftinformationszentrum oder Arzt anrufen.
P376	Undichtigkeit beseitigen, wenn gefahrlos möglich.	P370+ P376	Bei Brand: Undichtigkeit beseitigen, wenn gefahrlos möglich.
P377	Brand von ausströmendem Gas: Nicht löschen, bis Undichtigkeit gefahrlos beseitigt werden kann.	P370+ P378	Bei Brand: … zum Löschen verwenden.
P378	… zum Löschen verwenden.	P370+ P380	Bei Brand: Umgebung räumen.
P380	Umgebung räumen.		
P381	Alle Zündquellen entfernen, wenn gefahrlos möglich.	P370+ P380+ P375	Bei Brand: Umgebung räumen. Wegen Explosionsgefahr Brand aus der Entfernung bekämpfen.
P390	Verschüttete Mengen aufnehmen, um Materialschäden zu vermeiden.	P371+ P380+ P375	Bei Großbrand und großen Mengen: Umgebung räumen. Wegen Explosionsgefahr Brand aus der Entfernung bekämpfen.
P391	Verschüttete Mengen aufnehmen.		
Kombinationen		**Aufbewahrung**	
P301+ P310	Bei Verschlucken: Sofort Giftinformationszentrum oder Arzt anrufen.	P401	… aufbewahren.
P301+ P312	Bei Verschlucken: Bei Unwohlsein Giftinformationszentrum oder Arzt anrufen.	P402	An einem trockenen Ort aufbewahren.
P301+ P330+ P331	Bei Verschlucken: Mund ausspülen. Kein Erbrechen herbeiführen.	P403	An einem gut belüfteten Ort aufbewahren.
		P404	In einem geschlossenen Behälter aufbewahren.
P302+ P334	Bei Kontakt mit der Haut: In kaltes Wasser tauchen/nassen Verband anlegen.	P405	Unter Verschluss aufbewahren.
P302+ P350	Bei Kontakt mit der Haut: Behutsam mit viel Wasser und Seife waschen.	P406	In korrosionsbeständigem Behälter mit korrosionsbeständiger Auskleidung aufbewahren.
P302+ P352	Bei Kontakt mit der Haut: Mit viel Wasser und Seife waschen.	P407	Luftspalt zwischen Stapeln/Paletten lassen.
		P410	Vor Sonnenbestrahlung schützen.
P303+ P361+ P353	Bei Kontakt mit der Haut (oder dem Haar): Alle beschmutzten, getränkten Kleidungsstücke sofort ausziehen. Haut mit Wasser abwaschen/duschen.	P411	Bei Temperaturen von nicht mehr als … °C aufbewahren.
		P412	Nicht Temperaturen über als 50 °C aussetzen.
P304+ P340	Bei Einatmen: An die frische Luft bringen und in einer Position ruhigstellen, die das Atmen erleichtert.	P413	Schüttgut in Mengen von mehr als … kg bei Temperaturen von nicht mehr als … °C auf bewahren.
		P420	Von anderen Materialien entfernt aufbewahren.
P304+ P341	Bei Einatmen: Bei Atembeschwerden an die frische Luft bringen und in einer Position ruhigstellen, die das Atmen erleichtert.	P422	Inhalt in/unter … aufbewahren.

Umweltmanagement und Abfallwirtschaft

Environment and Waste Management

Begriff	Erklärung	Bemerkungen
Umweltmanagement, Zertifizierung	Umweltziele und Maßnahmen zu deren Erreichen festlegen, geeignete Kennzahlen einführen und überwachen, Teilnahme an Umwelt-Audits. Öko-Bilanz erstellen, Handlungsbedarf ableiten.	Reduzierung von Emissionsbelastungen, Abfallaufkommen, Rohstoffverbrauch, Energieverbrauch, Notfallsituationen managen, Abgleich ein-, ausgebrachter Stoffe, Energie.
Abfall AVV	Abfälle sind bewegliche Sachen, von denen sich der Besitzer trennt, trennen will oder trennen muss. Klassifizierung von Abfällen durch Abfallschlüsselnummer anhand Abfallverzeichnisverordnung AVV.	Bewegliche Sachen sind auch bei Verwertung Abfälle, bis sie oder die aus ihnen gewonnenen Stoffe oder erzeugte Energie dem Wirtschaftskreislauf zugeführt sind.
Abfallentsorgung	Umfasst das Gewinnen von Stoffen oder Energie aus Abfällen (Abfallverwertung) und das Ablagern von Abfällen. Ferner gehören die hierzu notwendigen Maßnahmen des Einsammelns, Beförderns, Behandelns und Lagerns dazu.	Hausmüllähnlichen Gewerbemüll entsorgt meist öffentlicher Entsorger, z.B. Landkreis. Sonstiger Gewerbemüll meist von privatem Entsorger entsorgbar. Hersteller, Importeure sind zur Rücknahme verpflichtet (ElektroG).
Vermeidung	Die Summe aller Maßnahmen um Abfälle zu verhindern.	Eine Behandlung oder Ablagerung von Stoffen ist nicht notwendig.
Wieder-/ Weiterverwendung	Eine erneute Nutzung des gebrauchten Produktes ist für den gleichen/einen anderen Verwendungszweck möglich.	USB-Memory-Sticks, CD-RW, DVD-RW, Stecker, Schalter, manche Geräte, Bauelemente sind wiederverwendbar, weiterverwendbar.
Wiederverwertung	Wiederholter Einsatz von Altstoffen, Produktionsabfällen, Betriebsstoffen zur Erzeugung gleichwertiger Werkstoffe, ggf. von schlechterer Qualität.	Eine sortenreine Stofftrennung sowie hochwertige Aufbereitungsverfahren sind Voraussetzung hierzu.
Recycling	Stoffliche Verwendung oder Verwertung.	Von engl. to recycle = wiederaufbereiten.
Downcycling	Recycling, das zu einem Produkt geringeren Wertes führt.	Beispiel: Zusammenschmelzen von nicht sortenreinen Thermoplasten.
Energetische Verwertung	Verbrennung unter Verwertung der freiwerdenden Energie.	Schadstoffe dürfen dabei nicht an die Umwelt abgegeben werden.

Aufbereitung von Elektroschrott als Beispiel der Abfallwirtschaft (nach Rücknahme, Entsorgung)

Schall und Lärm

Schalltechnische Begriffe

Begriff	Erläuterung	Begriff	Erläuterung
Schall	Schall entsteht durch mechanische Schwingungen. Er breitet sich in gasförmigen, flüssigen und festen Körpern aus.	Lärm	Unerwünschte, belästigende oder schmerzhafte Schallwellen. Die Schädigung ist abhängig von der Stärke und Dauer der Einwirkung.
Schalldruckpegel	Der Schalldruckpegel ist ein Maß für die Lautstärke bzw. die Intensität des Schalls (Seite 21).	Frequenz	Schwingungen je Sekunde. Einheit: 1 Hertz = 1 Hz = 1/s. Tonhöhe steigt mit Frequenz. Frequenzbereich des menschlichen Ohres von 16 Hz bis 20000 Hz.
Dezibel	In Dezibel (dB) werden logarithmische Vergleichsgrößen angegeben. Der gemessene Schalldruck wird zum kleinsten, vom menschlichen Ohr noch wahrzunehmenden Schalldruck ins Verhältnis gesetzt. 0 dB entspricht der Hörschwelle. Eine Steigerung von 3 dB entspricht einer Verdoppelung der Schallleistung (Energiegröße).	dB(A)	Das menschliche Ohr empfindet verschieden hohe Töne mit gleichem Schalldruckpegel verschieden stark. Um den Gehöreindruck nachzubilden, werden Filter eingesetzt. Filter A → dB(A) dämpft tiefe Töne stark und verstärkt hohe Töne schwach. Filter C → dB(C) wird bei stoßartigem Schall eingesetzt.

dB(A)-Werte

Schallart	dB(A)	Schallart	dB(A)	Schallart	dB(A)
Beginn der Hörempfindlichkeit	4	Normales Sprechen in 1 m Abstand	70	Schwere Stanzen	95…110
Atemgeräusche in 30 cm Abstand	10	Werkzeugmaschinen	75… 90	Winkelschleifer	95…115
Flüstern	30	Schweißbrenner, Drehmaschine	85	Diskomusik	100…115
Leise Unterhaltung	50…60	Schlagbohrmaschine, Motorrad	90	Düsentriebwerk	120…130

Lärm- und Vibrations-Arbeitsschutzverordnung

Messgrößen für den Lärm:
- **Tages-Lärmexpositionspegel:** durchschnittliche Lärmentwicklung, gemittelt über Acht-Stunden-Schicht.
- **Spitzenschalldruckpegel:** Höchstwert des Schalldruckpegels, z. B. verursacht durch Explosion oder Knall.

Zu ergreifende Maßnahmen bei Erreichen bzw. Überschreiten der Auslösewerte

	untere Auslösewerte:		obere Auslösewerte:	
	Tages-Lärmexpositionspegel = 80 dB(A) oder Spitzenschalldruckpegel = 130 dB(C)		Tages-Lärmexpositionspegel = 85 dB(A) oder Spitzenschalldruckpegel = 137 dB(C)	
Untere Auslösewerte werden erreicht oder überschritten.	• Informations- und Unterweisungspflicht der Mitarbeiter über gesundheitliche Beeinträchtigungen.	Obere Auslösewerte werden erreicht oder überschritten.	• Kennzeichnung der Lärmbereiche. • Regelmäßige Vorsorgeuntersuchungen sind Pflicht. • Gehörschutz ist Pflicht.	
Untere Auslösewerte werden überschritten.	• Gehörschutz muss zur Verfügung gestellt werden. • Vorsorgeuntersuchung muss angeboten werden.	Obere Auslösewerte werden überschritten.	• Lärmminderungsprogramm muss erstellt und durchgeführt werden. Ziel: Reduzierung des Schalldruckpegels um 5 dB(A).	

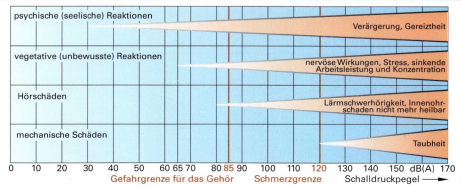

EU-Maschinenrichtline — EC Directive on Machinery

Merkmal	Erklärung	Bemerkungen
Ziel	Festlegen der grundlegenden Sicherheits- und Gesundheitsschutzanforderungen in Bezug auf Konstruktion und Bau von in Verkehr gebrachten Maschinen. Die Nachweispflicht hierfür liegt beim Maschinenhersteller.	Die CE-Kennzeichnung sollte als einzige Kennzeichnung anerkannt werden, welche die Übereinstimmung der Maschine mit den Anforderungen dieser Richtlinie und anderen Richtlinien garantiert. Nicht betroffen sind u. a. Beförderungsfahrzeuge zu Land, Wasser, Luft. www.maschinenrichtlinie.de; www.cen.eu
Spezifische Richtlinien	Existieren bzgl. Gefährdungen spezifische Richtlinien, z. B. VDE 0113-1 elektrische Ausrüstung von Maschinen, so gelten diese.	
Sicherheits- und Gesundheitsschutz-anforderungen	Maschinen sind so zu konstruieren und zu bauen, dass sie ihrer Funktion gerecht werden, auch unter Berücksichtigung einer vernünftigerweise vorhersehbaren Fehlanwendung der Maschine.	Zu beachten sind u. a. Materialien, Beleuchtungseinrichtungen, Ergonomie, Bedienungsplatzgestaltung.
Schutzmaßnahmen gegen mechanische Gefährdungen	Verwendete Materialien müssen geeignete Festigkeit und Beständigkeit bzgl. Ermüdung, Alterung, Korrosion und Verschleiß besitzen. Maschinen müssen standsicher sein. Risiken bzgl. herabfallender oder herausschleuderbarer Teile, Verletzungen hervorrufender Oberflächen, Kanten, Ecken, Ändern der Verwendungsbedingungen sowie unkontrollierter Bewegungen ist entgegenzuwirken.	In der Betriebsanleitung ist anzugeben, welche Inspektionen und Wartungsarbeiten in welchen Abständen aus Sicherheitsgründen durchzuführen sind. Es ist anzugeben, welche Teile dem Verschleiß unterliegen und nach welchen Kriterien sie auszutauschen sind.
Anforderungen an Schutzeinrichtungen	Trennende und nicht trennende Schutzeinrichtungen müssen z. B. stabil gebaut sein, ausreichend Abstand zum Gefahrenbereich haben und dürfen nicht auf einfache Weise wirkungslos gemacht werden können.	Die Anforderungen an feststehende trennende Schutzeinrichtungen, bewegliche trennende Schutzeinrichtungen mit Verriegelung, zugangsbeschränkende verstellbare Schutzeinrichtungen und nichttrennende Schutzeinrichtungen sind einzuhalten.
Steuerungen, Befehlseinrichtungen, Antriebe	Es muss sichergestellt sein, dass Defekte in Hardware und Software nicht zu Gefährdungen führen, eine Maschine nicht unkontrolliert reagiert, Stellteile vorhersehbaren Beanspruchungen standhalten und gut sichtbar sind.	Das Stillsetzen der Maschine ist gemäß Notfall oder Normalfall betriebsbedingt zu gewährleisten. Eine gewählte Steuerungs- oder Betriebsart muss allen anderen Steuerungs- und Betriebsfunktionen außer dem NOT-HALT, NOT-AUS übergeordnet sein. Eine gestörte Energieversorgung darf nicht zu einer Gefahr werden.
Risiken durch sonstige Gefährdungen	Diese Risiken betreffen z. B. die elektrische Energieversorgung, statische Elektrizität, nicht-elektrische Energieversorgung, Montagefehler, extreme Temperaturen, Brand, Explosion, Lärm, Vibrationen.	Desweiteren werden Vorgaben gemacht z. B. bzgl. Strahlung, Emission, gefährlicher Werkstoffe und Substanzen, Risiken des Eingeschlossenwerdens in einer Maschine, Ausrutsch-, Stolper- und Sturzrisiken sowie Blitzschlag.
Instandhaltung	Maschinen müssen instandhaltungsgerecht konstruiert sein, d. h. alle Stellen, die für den Betrieb, das Einrichten und die Instandhaltung der Maschine zugänglich sein müssen, müssen gefahrlos erreicht werden können.	Schnittstellen zum Anschluss von Diagnoseeinrichtungen sind vorzusehen, Energiequellen müssen trennbar sein. Ein Eingreifen des Bedienungspersonals muss sicher auszuführen sein. Gefahrloses Reinigen innen liegender Maschinenteile muss sichergestellt sein.
Informationen	Informationen an den Maschinen müssen in verständlicher Form, z. B. mittels verständlicher Symbole oder Piktogramme, dargestellt werden. Von großer Bedeutung sind Warnhinweise, Warneinrichtungen und Kennzeichnungen an den Maschinen.	Jeder Maschine muss eine Betriebsanleitung in der Sprache desjenigen Landes beiliegen, in dem sie in Betrieb genommen wird. Verkaufsprospekte dürfen bzgl. Aspekten der Sicherheit und des Gesundheitsschutzes nicht der Betriebsanleitung widersprechen.

Sicherheitsanforderungen erfüllen, Risiken beurteilen → Technische Unterlagen erstellen → Betriebsanleitung erstellen → Konformitätsverfahren durchführen → CE-Zertifizierung CE

Ablauf einer CE-Zertifizierung auf Basis der EU-Maschinenrichtlinie

CE-Kennzeichnung — CE Labelling

Erzeugnisse mit CE-Kennzeichnungspflicht (Auswahl)

Bezeichnung, Richtlinie Jahr/Nr.	Beispiele	Bezeichnung, Richtlinie Jahr/Nr.	Beispiele
Bauprodukte 2011/305/EU	Zement, Gips, Dämmmaterial	Maschinenrichtlinie 2006/42/EG	Werkzeugmaschinen, Holzbearbeitungsmaschinen, Textilmaschinen
einfache Druckbehälter 2014/29/EU	Druckbehälter in Kompressoranlagen	Medizinprodukte (EMV-Einzelrichtlinie) 93/42/EWG	Bestrahlungsgeräte, Röntgengeräte
Elektrische Betriebsmittel Niederspannung 2014/35/EU	Schaltgeräte	nicht selbsttätige Waagen 2014/31/EU	gewerbliche Waagen
EMV (Elektromagnetische Verträglichkeit) 2014/30/EU	Haushaltsgeräte, Funkgeräte, Computer, Elektromotoren, Telefone, Industriemaschinen	persönliche Schutzausrüstungen 2016/425/EU	Schutzhelme, Schutzbrillen, Schutzkleidung
explosionsgefährdete Bereiche 2014/34/EU	elektrische Betriebsmittel für EX-Bereiche	Spielzeug-Sicherheit 2009/48/EG	Kinderfahrräder, Spielzeugautos, Puppen
Gasverbrauchseinrichtungen 2016/426/EU	Gasherde, Gasöfen, Durchlauferhitzer	Funkanlagen, Telekommunikationssendeinrichtungen 2014/53/EU	Telefone, Telefaxgeräte, Modems
Kfz (EMV-Einzelrichtlinie) 2004/104/EG	elektrische Ausrüstung von Kraftfahrzeugen	Messgeräte 2014/32/EU	Bereitstellung von Messgeräten

Schritte zur CE-Kennzeichnung

Schritt	Erklärung	Bemerkungen
Untersuchung Softwareunterstützung	Die für ein Produkt zuständigen EU-/EG-Richtlinien sind abzuklären. Es ist zu untersuchen, welche Anforderungen zu beachten und welche Nachweise zu erbringen sind. Softwareunterstützung möglich, z. B. Safexpert. www.ce-zeichen.de; www.ibf.at	Die Richtlinien der EU bzw. EG sind rechtsverbindliche Vorschriften der Europäischen Union (EU). Für Erzeugnisse, die in den Anwendungsbereich einer Richtlinie fallen, besteht CE-Kennzeichnungspflicht.
Erfüllung grundlegender Forderungen	Richtlinien und Normen sind einzuhalten. Mögliche Gefahren müssen analysiert werden, Abhilfemaßnahmen sind zu definieren und umzusetzen.	Harmonisierungsrichtlinien legen die Anforderungen für Produkte fest, um diese in Verkehr bringen zu können. www.tuv.com
Technische Dokumentation	Betriebsanleitungen müssen erstellt werden, ebenso die Konformitätserklärung (engl. conformable = übereinstimmend). Für Zuliefererteile sind Unterlagen beizulegen.	In der Konformitätserklärung wird vom Produktanbieter (Hersteller, Lieferant) bestätigt, dass die Produkte mit den angegebenen Normen übereinstimmen.
CE-Kennzeichnung	Durch das Anbringen des CE-Kennzeichens (von franz. Communauté Européenne = Europäische Gemeinschaft) wird die Beachtung der Vorgaben der entsprechenden EU-/EG-Richtlinien bestätigt. Das CE-Kennzeichen wird vom Hersteller oder einem Bevollmächtigten angebracht. Die Hersteller weisen in eigener Verantwortung nach, teilweise unter Hinzuziehung von Zertifizierungsstellen, dass ihre Produkte die Anforderungen der Richtlinien erfüllen.	CE-Symbol
Produktüberwachung	Wirksame Änderungen von Normen müssen mit dem Produkt abgeglichen werden.	Muss während der Produktlebenszeit bei Bedarf ausgeführt werden.

Begriffe im Arbeitsrecht — Terms in Labour Law

Begriff	Erklärung	Bemerkungen
Arbeitsrecht	Umfasst alle Gesetze und Verordnungen zur unselbstständigen, abhängigen Erwerbstätigkeit. Basis: Grundgesetz, Bürgerliches Gesetzbuch.	Betriebsverfassungsgesetz, Tarifvertragsgesetz, Berufsbildungsgesetz einsehbar unter: www.verzeichnis-sozialrecht.de
Arbeitsschutz	Wird sichergestellt durch Berufsgenossenschaften, Gewerbeaufsichtsämter, Betriebsräte, Arbeitssicherheitsbeauftragte. Zu unterscheiden sind technischer Arbeitsschutz tAS und sozialer Arbeitsschutz sAS.	Sicherstellung tAS: z. B. Gewerbeordnung, Arbeitsstättenverordnung, Unfallverhütungsvorschriften, Gerätesicherheitsgesetz, Arbeitssicherheitsgesetz, Arbeitsschutzgesetz. Sicherstellung sAS: z. B. Bundesurlaubsgesetz, Arbeitszeitgesetz, Mutterschutzgesetz, Schwerbehindertengesetz, Jugendarbeitsschutzgesetz, Arbeitsplatzschutzgesetz.
Betriebsrat	Ab 5 volljährigen Mitarbeitern kann ein Betriebsrat gewählt werden. www.arbeitnehmerkammer.de	
Arbeitszeit	Umfasst keine Ruhezeiten, beträgt z. B. 8 Stunden/Tag. Sie kann bis 10 Stunden (mehr im Notfall, z. B. Brand) betragen, wenn innerhalb von sechs Monaten im Durchschnitt 8 Stunden werktäglich nicht überschritten werden.	Ruhepausen müssen mindestens 15 min lang sein. Zwischen Beendigung der Arbeitszeit und Neubeginn müssen 11 Stunden Ruhezeit sein. ⇒ Arbeitszeitgesetz. www.arbeitsrecht-ratgeber.de
Arbeitsvertrag	Enthält Namen und Anschrift der Vertragsparteien, Beginn des Arbeitsverhältnisses, Probezeitraum, Beschäftigungsort, Wochenarbeitszeit, Höhe des Entgeltes, Urlaubsansprüche, Kündigungsfristen, Angaben zur Tätigkeit, Anzeigepflicht von Arbeitsverhinderungen etc.	Weitere Bestandteile können sein: Bezug zu Tarifverträgen und Betriebsvereinbarungen, Regelung von Nebentätigkeiten, Geheimhaltungspflichten. Der Arbeitsvertrag ist die Grundlage eines Arbeitsverhältnisses. www.kluge-recht.de; www.igmetall.de
Kündigung / Kündigungsarten / Kündigungsschutzgesetz	Kündigungen durch den Arbeitgeber in Betrieben mit mehr als 10 Mitarbeitern unterliegen dem Kündigungsschutzgesetz. Personenbedingte Kündigungen wegen z. B. Langzeiterkrankung. Verhaltensbedingte Kündigung durch häufige Unpünktlichkeit, Störung des Betriebsfriedens, Unterschlagung. Betriebsbedingte Kündigung wegen Auftragsmangel, meist mit Auszahlung einer Abfindungsprämie. Das Kündigungsschutzgesetz schützt den Arbeitnehmer vor ungerechtfertigter Kündigung.	Der Arbeitnehmer kann gemäß der Kündigungsvereinbarung im Arbeitsvertrag immer kündigen. Kündigungen durch den Arbeitgeber erfordern ein Anhören durch den Betriebsrat. Ordentliche Kündigungen erfolgen fristgemäß unter Einhalten von Kündigungsfristen, außerordentliche Kündigungen erfolgen fristlos, sofort. Bei einer Änderungskündigung kann das Arbeitsverhältnis unter geänderten Verhältnissen, z. B. Tätigkeit, Entgelt, fortgesetzt werden. www.info-arbeitsrecht.de
Arbeitszeugnis / Geheimcodes	Das einfache Arbeitszeugnis enthält Angaben zu den durchgeführten Arbeiten und zur Dauer des Beschäftigungsverhältnisses. Das qualifizierte Arbeitszeugnis enthält ferner Angaben zu Leistung und Führung des Arbeitnehmers und wird nur auf dessen Verlangen ausgestellt. Kann von ihm auch als Zwischenzeugnis verlangt werden. www.arbeits-abc.de	Anspruch gem. § 109 Gewerbeordnung/§ 630 BGB (Bürgerliches Gesetzbuch). Die Beurteilung muss wohlwollend formuliert sein. Es bedeuten: • vollste Zufriedenheit ⇒ sehr gute Leistung, • volle Zufriedenheit ⇒ befriedigende Leistung, • zur Zufriedenheit ⇒ ausreichende Leistung, • hat sich bemüht ⇒ ungenügende Leistung, • war kontaktfreudig ⇒ gönnte sich viele Pausen. www.zeugnisdeutsch.de
Arbeitsgericht	Ist zuständig bei Rechtsstreitigkeiten bzgl. Arbeitsverträgen, Ausbildungsverträgen, Tarifverträgen. Ferner werden Fälle des Betriebsverfassungsrechts, Mitbestimmungsrechts verhandelt.	1. Instanz: Arbeitsgericht 2. Berufsungsinstanz: Landesarbeitsgericht 3. Revisionsinstanz: Bundesarbeitsgericht www.bundesarbeitsgericht.de

Mitarbeiter	Einstellung	Arbeitsphase	Kündigung	Rentenbeginn
Arbeitgeber	Arbeitsvertrag, früheres Arbeitszeugnis, Tarifvertrag	Arbeitsvertrag, Arbeitsschutz-Regelungen, Arbeitszeitverordnungen, Zwischenzeugnis, Tarifvertrag	Arbeitsvertrag, Kündigungsschutzgesetz, Arbeitsschutz-Regelungen, Arbeitszeugnis, Tarifvertrag	Arbeitsvertrag, Arbeitszeugnis, Tarifvertrag
Arbeitsgerichte				

Wichtige Wirkungen von Vorschriften und Gesetzen im Beruf

Bestandteile eines Tarifvertrages — Collective Wage Agreement Constituents

Bestandteil	Erklärung	Bemerkungen
Arbeitszeit	Festlegung der Wochenarbeitszeit. Teilarbeitszeit ist getrennt zu regeln.	Die maximale Mehrarbeit je Woche ist ebenfalls festgeschrieben.
Entlohnung nach ERA	Entgelt-Rahmenabkommen ERA gültig für die Metall- und Elektroindustrie. Keine Unterscheidung zwischen Arbeitern/Angestellten. Begriffe Lohn und Gehalt sind durch Entgelt ersetzt.	Zusätzlich zum Entgelt-Rahmen des Tarifes gibt es Leistungszulagen, die je nach Unternehmen stark verschieden sind. Bis zu 17 ERA-Gruppen für Entgeltfindung, je nach Bundesland verschieden.
Ausbildungsvergütung	Festlegung der Vergütungen in den einzelnen Ausbildungsjahren.	Ist in jedem Bundesland leicht verschieden.
Zuschläge	Für Mehrarbeit, Schichtarbeit, Nachtarbeit, Sonntagsarbeit, Feiertagsarbeit, 24. und 31. Dezember.	Sind je nach Tarifgebiet verschieden. Auch z. T. abhängig von der Tageszeit.
Bezahlung bei Arbeitsausfall	Zu unterscheiden ist Arbeitsausfall durch Betriebsstörung und Arbeitsverhinderung, z. B. wegen Kinderbetreuung, Todesfall, Geburt, Eheschließung.	Für die vom Arbeitgeber zu vertretenden Ausfallzeiten infolge Betriebsstörung ist der durchschnittliche Verdienst zu bezahlen. Für die Arbeitsverhinderung sind zu bezahlende Arbeitstage definiert.
Fortzahlung von Lohn und Gehalt bei Krankheit	Ist durch den Arbeitgeber für mindestens 6 Wochen sicherzustellen.	Arbeitsunfähigkeitsbescheinigungen sind dem Arbeitgeber z. B. spätestens am 3. Tag vorzulegen.
Sonderzahlungen	Das sogenannte 13. Monatseinkommen, welches oft weniger als ein Monatseinkommen ist, sowie weitere Zahlungen, z. B. Prämien.	13. Monatseinkommen ist gestaffelt nach der Betriebszugehörigkeit. Voller Anspruch oft erst nach vier Jahren.
Urlaub	Festlegung der jährlichen Urlaubstage als Arbeitstage.	Das Durchschnittseinkommen wird im Urlaub weiterbezahlt. Zusätzlich kann es Urlaubsgeld geben.
Freistellungsansprüche	Beispiele sind Tod des Ehegatten, Tod von Kindern, Eheschließung, Geburt, Elternzeit, Weiterbildung.	Arztbesuche sind in der Regel außerhalb der Arbeitszeit vorzunehmen.
Probezeit	In dieser Zeit kann vom Unternehmen ohne Angabe von Gründen gekündigt werden.	Die Kündigung ist auch vom Arbeitnehmer möglich. Die Probezeit ist maximal 6 Monate.
Kündigung	Vom Unternehmen und Arbeitnehmer sind Kündigungsfristen einzuhalten. Kündigungsschutz oft ab 54. Lebensjahr (Alterssicherung).	In der Probezeit sind die Fristen deutlich kürzer als danach. Meist 4 Wochen zum Monatsende. Kündigt der Arbeitgeber, so ist die Kündigungszeit abhängig von der Zeit der Betriebszugehörigkeit. Der Beschäftigte hat Anspruch auf ein Arbeitszeugnis.
Verdienstsicherung	Ist nach Lebensalter und Betriebszugehörigkeitszeit geregelt, z. B. ab 55. Lebensjahr (Alterssicherung).	Es wird ein Alterssicherungsbetrag als Mindestverdienst ermittelt, z. B. der Verdienst zum Zeitpunkt der Alterssicherung.
Beschäftigungssicherung	Maßnahmen und Regelungen, um in wirtschaftlich schwierigen Zeiten Kündigungen zu vermeiden.	Beispiele sind Reduzierung von Arbeitszeiten, Entgelten, Sonderzahlungen, Arbeitszeitkonten, Verlängerung von Werksferien. Oft erfolgt Kurzarbeit.
Qualifizierung	Zwischen Arbeitnehmer und Arbeitgeber ist der erforderliche Qualifizierungsbedarf festzulegen.	Die Kosten der Qualifizierungsmaßnahmen sind vom Arbeitgeber zu tragen.

Entstehung eines Tarifvertrages

Forderungen → Verhandlungen → Verhandlungsergebnis

- Forderungen: Erarbeiten und Einbringen über Gewerkschaftsvorstand beim Arbeitgeberverband
- Verhandlungen: Werden von der Verhandlungskommission geführt.
- Verhandlungsergebnis:
  - positiv → Neuer Tarifvertrag
  - negativ → gescheitert → Urabstimmung, evtl. Streik, Schlichtung (Verhandlungen im Beisein eines Schlichters)

B

Durchführung von Projekten — Execution of Projects

Begriff	Erklärung	Bemerkungen
Notwendige Klärungen — Projektanlass, Projektinhalt — Bezug zu anderen Projekten — Projektrisiken — Wirtschaftlichkeit — Projektziele — Projektabgrenzung — Projektvoraussetzungen — Projektorganisation — Projektarbeitspakete — Projektphasenplan **Inhalte der Projektplanung**	Entwicklungsprojekte benötigen ab einer mehrwöchigen Entwicklungsdauer zu Projektbeginn eine umfangreiche Projektplanung. Diese ermöglicht, die notwendigen Aufgaben, Aufwände, Investitionen und Kosten abzuschätzen. Insbesondere die Projektziele sind als Lastenheft genau zu beschreiben. Das Projekt ist in Arbeitspakete zu gliedern (Projektstrukturplan PSP). Bei der agilen (lat. agilis = rasch) Projektabarbeitung werden diese schrittweise in Teilaufgaben (Sprints) gegliedert und entsprechend umgesetzt. Dadurch stehen Teilergebnisse frühzeitig zur Verfügung.	Projekte, die größere Investitionen und Personalkosten erfordern, müssen unbedingt eine Projektorganisation besitzen. Hierzu müssen ein Projektleiter, sein Stellvertreter, die Projektmitarbeiter und ein Entscheidergremium benannt werden. Das Entscheidergremium muss je nach Projektbedeutung auch mit Mitgliedern der Unternehmensleitung besetzt sein. Für die am Projekt beteiligten Personen muss deren für das Projekt verfügbare Arbeitszeit festgelegt sein. www.projektmanagementkatalog.de
Projektbeispiel „Leitstand" Konzeption — Realisierung — … Funktionen — Netzwerk — … — Steuerungsfunktionen — Überwachungsmodelle — Auswertungen **Arbeitspakete eines Projektes**	Von wesentlicher Bedeutung ist das Strukturieren eines Projektes anhand von Arbeitspaketen. Die einzelnen Arbeitspakete sind im Laufe des Projektes zu bearbeiten. Zum Projektbeginn sind den Arbeitspaketen grobe Schätzungen bezüglich Arbeitsaufwand in Personentagen (PT) und notwendigen Investitionen zuzuordnen (Projektstrukturplan). Anhand der geschätzten Personentage und der bekannten Personalkapazitäten kann der Projektphasenplan einschließlich der Terminplanung erstellt werden.	Es empfiehlt sich, dem Strukturieren in Arbeitspakete große Sorgfalt zukommen zu lassen. Nur dadurch wird erreicht, dass Projekte hinsichtlich Terminen und Kosten nicht unterschätzt werden. Zum Projektbeginn ist festzulegen, nach welchen erledigten Arbeitspaketen Meilensteinsitzungen mit dem Projekt-Entscheidergremium stattfinden sollen. Nur so ist eine ständige Unterstützung durch das Management sichergestellt.
Phase | 1 | 2 | 3 Phasenergebnis Zugeordnete Arbeitspakete Arbeitsaufwand Invest Externe Kosten Kosten gesamt Meilensteintermine **Projektphasenplan**	In der Phasenplanung eines Projektes wird nach Projektphasen (Projektzuständen) strukturiert. In jeder Projektphase sind die zugeordneten Merkmale zu beschreiben (**Bild**). Beim Arbeitsaufwand sind die Personentage je Phase (Zustand) einzutragen und zusätzlich die daraus resultierenden Kosten (Berücksichtigung der Personentagessätze). An den Meilensteinterminen ist für das Entscheidergremium wichtig zu erfahren, welche Kosten und Arbeitsaufwände entstanden und anstehen.	Hinsichtlich der Arbeitspakete ist es empfehlenswert, diese zu nummerieren, sodass in dieser Tabelle (**Bild**) nur Nummern aufzulisten sind. Bei Invest sind die für Hardware-Software-Beschaffungen zu tätigenden Investitionen einzutragen. Bei externen Kosten sind z. B. Schulungskosten, Beratungskosten und externe Entwicklungskosten einzutragen. Die Phasenergebnisse sind schlagwortartig zu beschreiben.
Merkmal | 2021 | 2022 | 2023 Kosten • einmalig • laufend Kosteneinsparung • einmalig • laufend Kostenvermeidung • einmalig • laufend **Kosten-Nutzen-Betrachtung**	Anhand der mit Personentagen und Investitionen versehenen Arbeitspakete wird die Kosten-Nutzenbetrachtung durchgeführt. Hierbei ist auf der Kostenseite einmalig anfallende Kosten, ständig anfallende Kosten, z. B. Wartungsgebühren, Betreuungsaufwände, über die Folgejahre zu berücksichtigen. Auf der Seite der Kosteneinsparungen sind ebenfalls einmalige Effekte und ständig anfallende Einsparungen, z. B. geringere Wartungsgebühren, zu betrachten.	In die Kosten-Nutzenbetrachtung können auch Effekte einer Kostenvermeidung einfließen. Dies sind Kosten, die durch Umsetzung des Projektes nicht anfallen, z. B. das Vermeiden der Einstellung von zusätzlichem Personal. Eine Kosten-Nutzen-Betrachtung ist über einen mehrjährigen Zeitraum anzustellen. www.projektmanagementhandbuch.de

Lastenheft, Pflichtenheft — Requirement Specification, System Specification

Merkmal	Erklärung	Bemerkungen, Beispiele
Struktur eines Lastenheftes		
Inhaltsverzeichnis	Das Inhaltsverzeichnis enthält die Kapitelüberschriften des Lastenheftes.	Jedes Kapitel besitzt eine Kapitelnummer.
Auftraggeber	Der Auftraggeber des Projektes ist zu nennen.	Name, Abteilung, Telefon, E-Mail.
Zweck des Projektes	Beschreibung des Projektanlasses, des Projektzieles.	Verbesserte Performance (Zeiten), geringere Wartungskosten.
Ausgangssituation	Beschreibung bestehender Systeme, Datenstrukturen, organisatorischer Abläufe.	Beschreibung der Nachteile der gegenwärtigen Situation.
Aufgabenstellung	Beschreibung aus Sicht des Auftraggebers.	Neue Funktionen, Benutzerdialoge, Ausgabedaten an Bildschirm, Drucker.
Randbedingungen	Berücksichtigung von Richtlinien und Normen, Einbindung existierender Lösungen.	Schnittstellen zu existierenden Geräten, Datenbanken, Programmen.
Terminrahmen	Nennung des Endtermines, ggf. Zwischentermine.	Begründung wegen der Wichtigkeit des Projektes, z. B. Kundenwunsch.
Kostenrahmen	Angabe der zur Verfügung stehenden Mittel.	Investitionen, Kosten.
Struktur eines Pflichtenheftes		
Inhaltsverzeichnis	Auflistung der Kapitelüberschriften.	Kapitel mit Kapitelnummern.
Auftraggeber	Wie im Lastenheft beschrieben.	Siehe Lastenheft.
Zweck des Projektes	Wie im Lastenheft beschrieben.	Siehe Lastenheft.
Analyse Istsituation	Beschreibung der Istsituation bzgl. z. B. Anzahl Benutzer, Funktionen, Performance, Schnittstellen, Datenfluss, tangierter Systeme.	Beschreibung Wartungsaufwände, Grenzen in der Lösung, IT-Umgebung.
Funktionsspezifikation	Beschreibung aus Sicht des Auftragnehmers. Gliederung in Unterfunktionen. Aufzeigen funktionaler Zusammenhänge durch Grafiken.	Beschreibung der Realisierungsmöglichkeiten der geforderten Funktionen und deren Abhängigkeiten.
Datenspezifikation	Analyse der Daten, Datenmengen und der Datenflüsse, zugeordnet zu Funktionen.	Festlegung der Datentypen, ggf. der Datenbankstrukturen.
Schnittstellenspezifikation	Definition der Schnittstellen hardwareseitig und softwareseitig zu tangierenden Systemen. Definition der Benutzeroberflächen, IT-Umgebung.	Festlegung von Übertragungsverfahren, Bildschirmmasken, Bildschirm-, Druckerausgaben, IT-Umgebung.
Rahmenbedingungen	Beschreibung von Voraussetzungen zum Entwickeln, Testen, Schulen und Produktivgehen.	Nennung von Beschaffungskosten, notwendigen Projektpartnern.
Qualitätsbetrachtungen	Beschreibung von Maßnahmen während der Entwicklungsphase und von Kennzahlen in der Einführungsphase und im Betrieb.	Richtlinien zur Dokumentation, Software-Erstellung. Führen von Checklisten, Durchführung von Messungen bzgl. Zeiten, Speicherplatz.
Realisierungsvorschlag	Anhand von Ausgangssituation und Spezifikationen ist die Realisierung vorzuschlagen.	Muss unter wirtschaftlichen Gesichtspunkten erfolgen.
Projektplanung	Arbeitspakete, Schritte der Projektumsetzung, Terminplanung sind festzulegen. Eine Kostenabschätzung ist vorzunehmen.	Die Verantwortlichkeiten von Auftraggeber und Auftragnehmer sind festzulegen.
Kosten-Nutzen-Analyse	Den anfallenden Kosten sind die Nutzenpotenziale gegenüberzustellen, z. B. kürzere Durchlaufzeiten in den Abläufen.	Muss nicht unbedingt Bestandteil eines Pflichtenheftes sein.

Aktivitätenbeispiele „Automatisierung einer Bearbeitungsmaschine"

Analysen durchführen	Festlegungen	Bewertungen	Schritte festlegen
• Automatisierungsfunktionen • Signalverarbeitung • Sensorik • Aktuatorik, Aktorik • Systemhardware	• Funktionen • Signalverarbeitung • Benutzerschnittstellen • Systemschnittstellen • Sensoren, Aktoren • Systemhardware • Richtlinien	• Kosten • Aufwände • Investitionen • Termine	• Projektphasen • Meilensteintermine • Projektteam

Entstehung eines Pflichtenheftes

Präsentation eines Projektes — Presentation of a Project

Ablauf	Erklärung	Bemerkungen, Beispiele
Vorbereitung vorab	Die Präsentationsmedien, z. B. Flipchart, Pinnwand oder Beamer, sind zur Aufbereitung der Präsentation festzulegen.	Vor Präsentationsbeginn ist der Präsentationsraum hinsichtlich der Verfügbarkeit der Präsentationsmedien zu überprüfen.
Persönliche Vorstellung	Vom Vortragenden ist zu Beginn der Präsentation sein Vorname und Name zu nennen und nach Möglichkeit auf ein Flipchart zu schreiben. Ein Schüler sollte noch seine Klasse, ein Berufstätiger seine Abteilung oder Firma mit Nennung wesentlicher Firmenangaben erwähnen. Der Grund der Präsentation ist zu erläutern.	„Sehr geehrte Damen und Herren, mein Name ist Max Maier, ich komme aus der Klasse 11a und möchte Ihnen meine Abschlussarbeit über … vorstellen. Das Thema war für mich eine Herausforderung, wie Sie nachfolgend hören werden. Ich bin mir sicher, es wird auch Ihnen interessante Aspekte liefern."
Vorstellung des Themas	Das Thema des Projektes muss in seiner genauen Aufgabenstellung genannt werden. Ferner ist das Ziel des Projektes und sein Grund zur Durchführung zu erläutern. Auf die Bedeutung des Themas für die Zuhörer ist hinzuweisen.	Neben den Angaben zum Namen des Vortragenden sind die Aufgabenstellung und das Datum auf dem ersten Chart (Slide) bei einer Präsentation über Beamer niederzuschreiben, andernfalls in deutlicher Schrift auf einer Flipchart-Seite.
Randbedingungen im Projekt	Durch das Darlegen von Randbedingungen werden den Zuhörern zu bewältigende Schwierigkeiten und insbesondere die Grenzen des Projektes aufgezeigt.	Typische Randbedingungen sind Einhaltung von vorgegebenen Terminen und Kosten, Verwenden möglichst vieler Standardkomponenten, Erweiterbarkeit hinsichtlich weiterer Funktionen, Beschränkungen beim Einbau.
Anforderungen durch die Aufgabenstellung	Die aus der Aufgabenstellung resultierenden Anforderungen sind zu erläutern. Den Zuhörern muss die Komplexität der Aufgabe nahe gebracht werden. Dadurch kann der Vortragende indirekt auf seine Kompetenz hinweisen.	Anforderungen können sein: Übertragbarkeit der Lösung auf eine andere ähnliche Aufgabenstellung, Bedienungsfunktionen, Mindestfunktionsumfang, automatisierte Datenbereitstellung, Konstruktionsoptimierungen infolge Einbau-Platzbeschränkung.
Umsetzung	Die methodische Vorgehensweise zur Lösungsfindung, der realisierte Funktionsumfang, die Bedienung sowie Angaben zur technischen Umsetzung sind in angemessenem Niveau zu erläutern. Arbeitspakete können z. B. vorbereitet auf einer Pinnwand erläutert werden.	Es ist zu beachten, dass die Zuhörer nicht mit zu tiefen technischen Einzelheiten konfrontiert werden. Der Vortragende muss die Zuhörer aufmerksam beobachten und deren mögliches Desinteresse frühzeitig erkennen.
Zusammenfassung	Vor Beendigung der Präsentation ist nochmals kurz das Wichtigste zusammenzufassen. Besondere Herausforderungen sowie Erkenntnisse während der Projektarbeit sind zu erwähnen. Wichtigen Projekt-Partnern ist zu danken.	„Zum Schluss meiner Präsentation möchte ich nochmals kurz zusammenfassen. Nach gründlicher Analyse von … entstand ein Konzept mit den Eigenschaften … Dieses Konzept wurde umgesetzt. Besonders zu beachten war dabei … Dank der guten Zusammenarbeit aller Beteiligten wurden Termin und Kosten eingehalten."
Diskussion	Am Ende der Präsentation sind durch den Vortragenden die Zuhörer aufzufordern, Fragen zu stellen. Falls sich bei der Diskussion manche Zuhörer langweilen sollten, ist die Diskussion zeitlich zu begrenzen mit Hinweis, im kleinen Kreis die Diskussion fortzusetzen.	Von den Zuhörern gestellte Fragen sind in erläuternder Weise zu beantworten, also nicht nur mit ja oder nein.

Flipchart

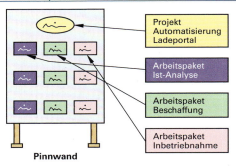

Pinnwand

Präsentation durch Vortrag — Presentation by Lecture

Merkmal	Beschreibung	Bemerkungen, Beispiele
Vorbereitung	• Themenstellung klären. • Zuhörergruppe klären: Anzahl und Fachwissen der Teilnehmer. • Ziel der Teilnehmer klären oder festlegen. • Dauer des Vortrags klären. • Ausstattung des Vortragsraums klären. • Geeignetes Softwaretool für Erstellung von Bildern auswählen. • Geräte vor Ort testen.	Das Fachwissen der Teilnehmer bestimmt die fachliche Tiefe des Vortrags im zur Verfügung stehenden Zeitrahmen. Wichtig ist, dass die Teilnehmer angesprochen werden. Die Teilnehmer müssen das Vorgetragene verstehen. Die Dauer des Vortrags legt bei einem Folienvortrag die Anzahl Folien fest. Als grafisches Softwaretool wird meist PowerPoint verwendet.
Mediengerät	• LCD-Projektor (Beamer, DLP-Projektor) für Präsentationen von PC-erzeugten Bildern. • Flip-Chart für Notizen, ggf. Whiteboard. **LCD-Projektor mit Notebook**	LCD von engl. Liquid Crystal Display DLP von engl. Digital Light Processing Beamer von engl. beam = Strahl Technische Daten eines LCD-Projektors: Lichtleistung 3000 lm Kontrastverhältnis: 12000 : 1 (Weiß/Schwarz) Auflösung: 1024 x 768 Bildpunkte/Pixel Helligkeitsverteilung: 80 % (Bildrand/Bildmitte) Zweilampensystem Leinwandabstand: 1 m bis 8 m Schnittstellen: HDMI, DisplayPort, VGA, USB, LAN, WLAN
Vortrags-erstellung	• Eine an die Wand projizierte Bildseite (Chart, Folie, Slide) sollte mindestens eine Minute stehen bleiben. • Schriftgrad (Schriftgröße) z. B. 18 pt. • Möglichst nur sieben Schriftzeilen je Bildseite, Bildseite nicht überladen. • Diagramme und Tabellen nicht mit Zahlen überladen. • Jede Bildseite sollte z. B. ihr Bildseitenthema, das Thema des Vortrags, die Seitenzahl, das Firmenlogo enthalten (Bild unten). • Alle Bildseiten ähnlich strukturieren. • Vortrag in Schwerpunkte gliedern. • Titelseite und Seite für Vortragsgliederung nicht vergessen zu erstellen. • Vortrag vorab laut vorsprechen.	Eine Bildseite muss vom Zuhörer in Ruhe gelesen werden können. Die Schriftgröße darf deshalb keinesfalls zu klein gewählt werden. Die Leistungsfähigkeit des Projektors sowie die Größe des Vortragsraums sind hier mitbestimmend. Als Schriftfarbe ist bei hellem Seitenhintergrund Schwarz am besten geeignet. Ein Seitenhintergrund mit Strukturen ist zu vermeiden. Zu viele Farben auf einer Bildseite verwirren. Beim Verwenden verschiedener Farben ist den Farben ein Sinn zuzuordnen. Bei Bildschirmanimationen (engl. animation = Bewegung) ist auf eine Beschränkung der bewegten Elemente zu achten.
Präsentation	• Kurze Zielangabe des Vortrags. • Nicht zu schnell sprechen. • Nicht zu viele Handbewegungen und Körperbewegungen vornehmen. • Bei der Wortwahl auf nicht allgemein bekannte Fremdworte, Fachausdrücke oder Abkürzungen verzichten. • Am Vortragsende eine kurze Zusammenfassung geben.	Der Vortragende darf keine Hektik verbreiten. In der Sprechweise ist dennoch eine gewisse Lebhaftigkeit gefordert. Zur Aufmunterung der Zuhörer kann auch einmal eine passende, kurze Anekdote erzählt werden. Zu witzig sollte man nicht werden.

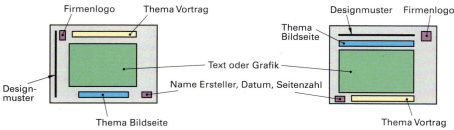

Mögliche Einteilungen von Bildseiten

Durchführung von Kundenschulungen

Execution of Customer Trainings

Merkmal	Erklärung	Bemerkungen
Vorbereitung von Schulungen Lernziele	Zu klären sind Schulungsinhalt (Lernziele), Zielgruppe der Schulungsteilnehmer, Schulungsort, Schulungsart, Zeitrahmen der Schulung, notwendige Infrastruktur, Preisgestaltung, Marketing, Bewirtung während der Schulung, grober Ablauf der Schulungsveranstaltung.	Schulungsinhalte sind z.B. Bedienen und Anwenden von Produkten, Anwenden von Abläufen (Prozessen). Schulungen beim Kunden, beim Hersteller, beim Vertreiber eines Produktes. Individuell gestaltete Schulungen gemäß Angebot bestellen, zu Standardschulungen selbst anmelden.
Ankündigung einer Schulung	Das Anbieten von Schulungen kann z.B. mittels Internet, gezieltem Anschreiben an Kunden oder als Angebot beim Produktkauf erfolgen.	**Thema:** SIMATIC, Projektieren mit ... **Voraussetzungen:** Kenntnisse SIMATIC S7 ... **Beschreibung/Lernziele:** Dieser Kurs vermittelt die Kenntnisse ...
Profil	Das Profil der Zielgruppe muss z.B. im Ausschreibungstext der Schulung beschrieben sein. Zu überlegen ist, die Schulungsvoraussetzungen der Teilnehmer vorab zu testen, z.B. durch interaktives Lösen von Aufgaben auf Internetseiten des Schulungsanbieters.	**Inhalt:** Arbeiten mit SIMATIC-Modulen ... **Zielgruppen:** Programmierer, Projektierer ...
Aufgaben		**Struktur einer Schulungsankündigung**
Infrastruktur, Medien	Die Ausstattung des Schulungsraumes (Infrastruktur) ist zu klären bzw. die notwendigen Geräte sind zu beschaffen und auf Funktionsfähigkeit zu prüfen. Es ist zu beachten, dass jeder Schulungsteilnehmer einen Arbeitsplatz mit z.B. PC und notwendiger Softwareausstattung besitzt, ggf. ist auch ein Laborarbeitsplatz erforderlich.	**Funktionen** • Dozent sendet an alle • Dozent sieht jeden Teilnehmer • einer sendet an alle
Schulungsunterlagen eLearning	Zu Beginn der Schulung müssen die Schulungsunterlagen vorliegen. Sofern die Schulung mittels eLearning erfolgt, muss die eLearning-Software ausgetestet und bedienungssicher zur Verfügung stehen (Web-based Training, WBT).	PCs der Schulungsteilnehmer **Vernetzte Schulungsarbeitsplätze**
Schulungsunterlagen Übungen	Umfassen einen Theorieteil, der das Thema vermittelt. Ferner muss ein Übungsteil vorhanden sein, der die während der Schulung zu bearbeitenden Übungsbeispiele mit Lösungen und Lösungswegbeschreibung enthält. Der Übungsteil muss auch für eine spätere Nachbetrachtung geeignet sein.	5/2-Wegeventil steuert den Pressenzylinder. Zylinder ist so lange ausgefahren, wie Ausgang A3.2 angesteuert wird.
Fachbegriffe	Schulungsunterlagen müssen in Kapitel gegliedert, mit aussagekräftigen Bildern versehen sein und sollten ein Glossar bzgl. wichtiger Fachbegriffe, Fach-Fremdworte und Abkürzungen zum schnellen Nachschlagen besitzen.	**Auszug aus Schulungsdokumentation**
Ablauf einer Schulung Agenda	Orientiert sich an festgelegter Agenda. Die Teilnehmer sollten sich zu Schulungsbeginn gegenseitig bekannt machen, ebenso sollte der Dozent sich vorstellen. Die Agenda muss mit den Teilnehmern besprochen und bei Bedarf angepasst werden.	• Agenda vorstellen, ggf. anpassen • Teilnehmer, Dozent vorstellen • Theorie des Schulungsthemas behandeln • Praktische Übungen vornehmen • Vermitteltes Wissen testen • Feedback einholen • Zertifikate an Teilnehmer austeilen
Praxisnähe	Den Übungsbeispielen ist die größte Bedeutung zuzuordnen. Auf Praxisnähe ist Wert zu legen. Der Dozent muss verständlich vortragen und darauf achten, dass die Teilnehmer den Themen gedanklich folgen können.	**Schulungsablauf**
Abschluss Feedback	Die Schulungsteilnehmer erhalten als Bescheinigung ihrer Schulungsteilnahme ein Zertifikat. Vor Verlassen des Schulungsraumes sollte den Schulungsteilnehmern ein Fragebogen ausgehändigt werden, in welchem die Zufriedenheit der Teilnehmer erfragt wird. Dadurch wird den Teilnehmern Wertschätzung vermittelt, ferner können mit diesen Informationen (Feedback) zukünftige Schulungsabläufe verbessert werden.	Skala 1 bis 4 (genau richtig bis ungeeignet) – Abdeckungsgrad ☐ – Praxisnähe ☐ – Schulungsunterlagen ☐ – Vermittelter Stoff ☐ – Stoffmenge ☐ **Beispiele für Themen eines Fragebogen**

Kosten und Kennzahlen — Costs and Key Figures

Kostenarten

Art	Erklärung	Bemerkungen, Beispiele
Fertigungs-Materialkosten FMK	Kosten des Materials für das Produkt. Dieses ist dann ein Kostenträger.	Von außen zugelieferte Teile sind als Material anzusehen.
Materialbedingte Gemeinkosten MGK	Kosten, die wegen des Materials anfallen, ohne Fertigungs-Materialkosten zu sein.	Kosten der Materialbeschaffung, Abfallentsorgung, Lagerkosten.
Fertigungslohnkosten FLK	Lohnkosten, die bei der Fertigung des Produktes anfallen.	Stundenlöhne der Produktion, Akkordlöhne. Auch Montagelöhne.
Fertigungsbedingte Gemeinkosten (Lohngemeinkosten) FGK	Kosten, die wegen der Fertigung anfallen, ohne Fertigungslöhne oder materialbedingte Gemeinkosten zu sein.	Sozialaufwendungen, Arbeitgeberanteil zur Sozialversicherung, Urlaubsgeld, bezahlte Krankheitstage.
Verwaltungsbedingte Gemeinkosten VwGK	Gemeinkosten (allgemeine Kosten), die wegen der Verwaltung des Betriebes anfallen.	Kosten des Rechnungswesens, Personalwesens, der Unternehmensplanung, Informatik und Betriebsräte.
Vertriebsbedingte Gemeinkosten VtGK	Gemeinkosten (allgemeine Kosten), die wegen des Vertriebs entstehen.	Raumkosten und Personalkosten des Vertriebes.

Ermittlung der Gemeinkostensätze

Zuschlagsätze	Erklärung	Berechnung der Zuschlagsätze
Material-Gemeinkostensatz MGKS	materialbedingte Gemeinkosten je Fertigungs-Materialkosten.	$MGKS = \dfrac{MGK \cdot 100\,\%}{FMK}$ [1]
Fertigungs-Gemeinkostensatz FGKS	fertigungsbedingte Gemeinkosten je Fertigungslohnkosten.	$FGKS = \dfrac{FGK \cdot 100\,\%}{FLK}$ [2]
Verwaltungs-Gemeinkostensatz VwGKS	verwaltungsbedingte Gemeinkosten je Herstellkosten (siehe folgende Seite).	$VwGKS = \dfrac{VwGK \cdot 100\,\%}{HK}$ [3]
Vertriebs-Gemeinkostensatz VtGKS	vertriebsbedingte Gemeinkosten je Herstellkosten (siehe folgende Seite).	$VtGKS = \dfrac{VtGK \cdot 100\,\%}{HK}$ [4]

Mithilfe der Gemeinkostensätze, die z. B. jährlich ermittelt werden, werden die Gemeinkostenzuschläge zu den einzelnen Positionen (Material, Löhne) berechnet (siehe folgende Seite).

Wichtige Kennzahlen zur Betriebsbeurteilung

Kennzahl	Erklärung	Bemerkungen
Rentabilität des Eigenkapitals RdE	$RdE = \dfrac{\text{Gesamtgewinn} \cdot 100\,\%}{\text{Eigenkapital}}$	Maß für Fähigkeit zur Gewinnerzielung.
Rentabilität des Umsatzes RdU	$RdU = \dfrac{\text{Gesamtgewinn} \cdot 100\,\%}{\text{Umsatz}}$	Maß für Gewinn je Umsatzeinheit.

FGK	fertigungsbedingte Gemeinkosten	RdE	Rentabilität des Eigenkapitals
FGKS	Fertigungs-Gemeinkostensatz	RdU	Rentabilität des Umsatzes
FLK	Fertigungslohnkosten	VtGK	vetriebsbedingte Gemeinkosten
FMK	Fertigungs-Materialkosten	VtGKS	Vertriebs-Gemeinkostensatz
HK	Herstellkosten	VwGK	verwaltungsbedingte Gemeinkosten
MGK	materialbedingte Gemeinkosten	VwGKS	Verwaltungs-Gemeinkostensatz
MGKS	Material-Gemeinkostensatz		

Kalkulation der Kosten

Calculation of Costs

Vorwärtskalkulation der Verkaufspreise

Ermittlung von	Rechengang	Beispiel Schaltschrank	
Materialkosten MK	Fertigungs-Materialkosten	FMK	€ 850,00
	+ materialbedingte Gemeinkosten	MGK (z. B. 20 % von FMK)	€ 170,00
Herstellkosten HK	Materialkosten	MK	€ 1 020,00
	+ Fertigungslohnkosten	FLK	€ 1 100,00
	+ fertigungsbedingte Gemeinkosten	FGK (z. B. 70 % von FL)	€ 770,00
Selbstkosten SeK	Herstellkosten	HK	€ 2 890,00
	+ verwaltungsbedingte Gemeinkosten	VwGK (z. B. 10 % von HK)	€ 289,00
	+ vertriebsbedingte Gemeinkosten	VtGK (z. B. 20 % von HK)	€ 578,00
Barverkaufspreis ohne Provision BVP	Selbstkosten	SeK	€ 3 757,00
	+ kalkulatorischer Gewinn	Gewinn (z. B. 10 % von SeK)	€ 375,70
	Provisionsfreier Barverkaufspreis	BVP	€ 4 132,70
Skontozuschlag S	$+ S = \dfrac{SS \cdot BVP}{100\,\% - SS - PS}$	S (z. B. SS = 2 %)	€ 88,88
Provisionszuschlag P	$+ P = \dfrac{PS \cdot BVP}{100\,\% - SS - PS}$	P (z. B. PS = 5 %)	€ 222,19
Rabattfreier Rechnungspreis RP	Rabattfreier Rechnungspreis	RP	€ 4 443,77
Rabattzuschlag R	$+ R = \dfrac{RS \cdot RP}{100\,\% - RS}$	R (z. B. RS = 20 %)	€ 1 110,94
Nettoverkaufspreis NVP	Nettoverkaufspreis	NVP	€ 5 554,71
	+ Mehrwertsteuer MwSt	MwSt	€ 1 055,40
Bruttoverkaufspreis BRVP	Bruttoverkaufspreis	BRVP	**€ 6 610,11**

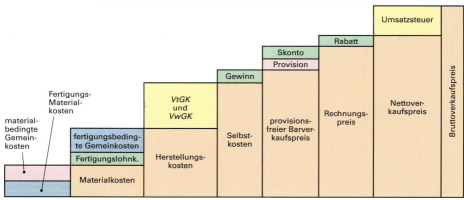

Vorgehensweise bei der Vorwärtskalkulation

Divisionskalkulation

Ermittlung der Herstellkosten je Mengeneinheit HKM	$HKM = \dfrac{\text{gesamte Herstellkosten}}{\text{hergestellte Menge}}$	10 Schaltschränke verursachen $HK = €\,28\,900{,}00$ $HKM = \dfrac{€\,28\,900{,}00}{10} = €\,2\,890{,}00$

BRVP	Bruttoverkaufspreis	HKM	mengenbezogene Herstellkosten	R	Rabatt
BVP	provisionsfreier Barverkaufspreis	MGK	materialbedingte Gemeinkosten	RP	Rechnungspreis
FGK	fertigungsbedingte Gemeinkosten	MK	Materialkosten	RS	Rabattsatz (Rabatt in %)
FLK	Fertigungslohnkosten	MwSt	Mehrwertsteuer	S	Skonto
FMK	Fertigungs-Materialkosten	NVP	Nettoverkaufspreis	SeK	Selbstkosten
G	kalkulatorischer Gewinn	P	Provision, z. B. des Vertreters	SS	Skontosatz (Skonto in %)
HK	Herstellkosten	PS	Provisionssatz (Provision in %)	VtGK	vertriebsbedingte Gemeinkosten
				VwGK	verwaltungsbedingte Gemeinkosten

Betriebswirtschaftliche Kalkulation — Business Calculations

Abschreibung, Buchwert, Kosten, Deckungsbeitrag, Gewinn

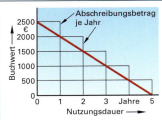

Beispiel linearen Abschreibung

Wertminderungen von betrieblichen Vermögensgegenständen werden durch **Abschreibungen** erfasst. Wirken steuerlich wie Betriebsausgaben.

Fixe Kosten sind feste Kosten zur Aufrechterhaltung des Betriebs, z. B. Mieten, Versicherungen, Gehälter, Abschreibungen.

Variable Kosten sind leistungsabhängige Kosten, die mit der Produktionsmenge steigen oder sinken, z. B. Kosten für Material, Energie, Transport. Abschreibungen.

Erlös ist der Gegenwert aus dem Verkauf von Produkten oder Dienstleistungen. Er wird auch Umsatz genannt.

Jährlicher Abschreibungsbetrag

$$\text{Abschreibung} = \frac{\text{Anschaffungskosten}}{\text{Nutzungsdauer}} \quad \boxed{1}$$

Buchwert

$$\text{Buchwert} = \text{Anschaffungswert} - \text{Summe aller Abschreibungsbeträge} \quad \boxed{2}$$

Kosten

$$\text{Kosten} = \text{fixe Kosten} + \text{variable Kosten} \quad \boxed{3}$$

Deckungsbeitrag DB

$$DB = \text{Erlöse} - \text{variable Kosten} \quad \boxed{4}$$

Erlöse

$$\text{Erlöse} = \text{Absatzmenge} \times \text{Verkaufspreis je Mengeneinheit} \quad \boxed{5}$$

Gewinn

$$\text{Gewinn} = \text{Deckungsbeitrag} - \text{fixe Kosten} \quad \boxed{6}$$

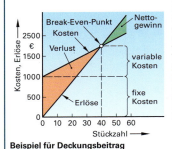

Beispiel für Deckungsbeitrag

Maschinenstundensatzrechnung

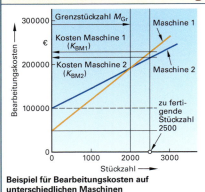

Beispiel für Bearbeitungskosten auf unterschiedlichen Maschinen

$[T_L]$ = h

$[T_G]$ = h

$[T_{ST}]$ = h

$[T_{IH}]$ = h

$[K_{Mh}]$ = €/h

$[K_f]$ = €

$[k_v]$ = €/Stück

kalkulatorische Zinsen = $\dfrac{0{,}5 \times \text{Zins}}{100\%}$ $\quad [K_M]$ = €

Instandhaltungskosten = Faktor × Abschreibung $\quad [M_{Gr}]$ = Stück
 + auslastungsabhängige Instandhaltungskosten

Energiekosten = jährliche Grundgebühren
 + Energieverbrauch/Jahr × €/kWh $\quad [K_f]$ = €

Raumkosten = monatlicher
 Raumkostensatz × 12 $\quad [k_v]$ = €/Stück
 × Flächenbedarf

Maschinenlaufzeit

$$T_L = T_G - T_{ST} - T_{IH} \quad \boxed{7}$$

Maschinenstundensatz

$$K_{Mh} = \frac{K_f}{T_L} + k_v \quad \boxed{8}$$

Maschinenstundensatz bei 90% Auslastung

$$K_{Mh} = \frac{K_f}{T_L \cdot 0{,}9} + k_v \quad \boxed{9}$$

Maschinenkosten je Jahr

$$K_M = \text{Abschreibung}$$
$$+ \text{kalkulatorische Zinsen}$$
$$+ \text{Instandhaltungskosten}$$
$$+ \text{Energiekosten}$$
$$+ \text{anteilige Raumkosten} \quad \boxed{10}$$

Grenzstückzahl

$$M_{Gr} = \left| \frac{K_{f2} - K_{f1}}{k_{v1} - k_{v2}} \right| \quad \boxed{11}$$

Für Bearbeitungskosten im **Bild**:
Bei $m > M_{Gr}$ ist $K_{BM2} < K_{BM1}$
→ Maschine 2 ist günstiger.
Bei $m < M_{Gr}$ ist $K_{BM2} > K_{BM1}$
→ Maschine 1 ist günstiger.

K_{BM} Bearbeitungskosten Maschine, K_M Maschinenkosten, K_{Mh} Maschinenstundensatz, K_f fixe Kosten, k_v variable Kosten, m Stückzahl, M_{Gr} Grenzstückzahl, T_L Maschinenlaufzeit, T_G gesamte theoretische Maschinenlaufzeit, T_{ST} Stillstandszeit, T_{IH} Instandhaltungszeit

Betriebsabrechnungbogen BAB — Cost Allocation

Kostenart	Bestandteile	Erklärung, Beispiele
Personalkosten	Lohnkosten Gehaltskosten	Monatslöhne, Monatsgehälter, Gelder für Mehrarbeit, Urlaubsgeld, Gratifikationen (Sonderzahlungen), Weihnachtsgeld, bezahlte Altersversorgung, Arbeitgeberanteile zur Sozialversicherung (Versicherungen bei Krankheit, Pflege, Rentenfall, Arbeitslosigkeit, Unfall).
	sonstige Personalkosten	Prämien, Zuschüsse für Ferienaufenthalt, Verpflegungszuschüsse, Beiträge zur Berufsgenossenschaft, Insolvenzversicherung (für Konkursfall), Konkursausfallgeld, Fahrgeld für Strecke Wohnung-Arbeitsstätte, Schwerbeschädigtenablösung.
Materialkosten	Hilfsstoffkosten	Reinigungsmittel, Putzmittel, Schmierstoffe.
	Betriebsstoffkosten	Emulsionsöle, Verschleißteile, Datenträger, Batterien, Brennstoffe, Treibstoffe.
	Rohstoffkosten	Produktionsmaterialien (Rohmaterial, Halbfertigteile, Fertigteile. Kleinteile; also Zukaufteile), Abfallentsorgung.
Kalkulatorische Kosten	kalkulatorische Abschreibungen	Abschreibungen von: • Betriebsausstattungen, z. B. Hebezeuge, Maschinen, • Geschäftsausstattungen, z. B. Mobiliar, IT-Geräte, und • geringwertigen Wirtschaftsgütern, z. B. Tischlampen, Stühle.
	kalkulatorische Zinsen	Zinsen auf das Anlagevermögen, z. B. Gebäude, Maschinen.
Sonstige Kosten	Mieten, Leasingkosten	Kfz, IT-Geräte, Kopiergeräte, Gebäude.
	Energiekosten	Strom, Wasser, Gas, Öl.
	Kosten für bezogene Leistungen von extern	Fremdleistungen, Fremdreparaturen.
	Gebühren, Beiträge	Zeitungsanzeigen, Internet-Anzeigen, Berufsverbände.
	Büromaterialkosten	Schreibstifte, Papier, Vordrucke, Toner.
	Kosten für Telefon, Porto	Auch Faxkosten, Internet-Provider-Kosten.
	Kosten für Literatur	Bücherkauf, Zeitschriftenabonnements.
	Werbungskosten	Kauf von Werbeartikeln, Ausstellungskosten.
	Versicherungskosten	Transportversicherung, Diebstahlversicherung.
	Fortbildungskosten	Besuch von Seminaren, ohne Reisekosten.
	Reisekosten	Transportkosten (Auto, Bahn, Flugzeug), Spesen, Hotel.
Innerbetriebliche Belastungen	Belastungsumlagen, Leistungsverrechnungen	Kosten für Räume, Benutzung von Computeranlagen. Unternehmensinterne Dienstleistungen, z. B. Hausdruckerei. Kosten durch interne Instandhaltungsaufwendungen.
Gutschriften	Leistungsverrechnungen	Erlös erbrachter Leistungen der Kostenstelle für andere Unternehmensbereiche (vgl. innerbetriebliche Belastungen).

Zur Ermittlung der Kosten in den unterschiedlichen Unternehmensbereichen (Abteilungen) werden bereichsmäßig Kostenstellen eingerichtet. Für jede Kostenstelle gibt es den BAB, z. B. meist monatlich.
Der BAB einer Kostenstelle enthält die von ihr verursachten oder durch Umlage entstandenen Kosten, geordnet nach Kostenarten. Der *einstufige* BAB enthält nur die Hauptkostenstellen, der *mehrstufige* BAB enthält Hauptkostenstellen und Hilfskostenstellen.

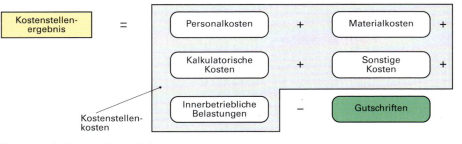

Berechnung des Kostenstellenergebnisses

Normen — Standards

Art	Erklärung	Beispiel
Normbegriffe		
Norm	Eine Norm ist das veröffentlichte Ergebnis einer Normungsarbeit. Angabe Jahr und Monat nach einem Doppelpunkt, z. B. : 2002-06.	DIN EN ISO 1302: 2002-06
Entwurf	Vom Herausgeber der Norm zur Stellungnahme veröffentlichtes Ergebnis einer Normungsarbeit mit dem Hinweis, dass die Norm davon abweichen kann.	E DIN VDE 0100-570
Vornorm	Ergebnis einer Normungsarbeit im Rang zwischen Entwurf und Norm, die aber bei Bedarf später abweichen kann.	DIN V VDE V 0664-420 (VDE V 0664-420)
Teil	Teil einer Norm, der als eigenes Druckwerk vom Herausgeber bezogen werden kann. Angabe des Teils nach -, z. B. -520.	DIN VDE 0100-520
Beiblatt	Ergänzung von meist mehreren Seiten zu einer Norm. Das Beiblatt kann als eigenes Druckwerk bezogen werden.	Beiblatt 1 zu DIN VDE 0100-520: 2016-10
Anwendungsleitfaden	Leitfaden zur Handhabung einer Norm, der als eigenes Druckwerk bezogen werden kann. Angabe nach dem Teil, z. B. 3-10.	DIN IEC 60300-3-10: 2004-04
Hauptabschnitt	Teil einer Norm, der als eigenes Druckwerk bezogen werden kann. Angabe nach dem Teil 3, z. B. -3-4.	DIN EN 60300-3-4: 2018-04
Berichtigung	Änderung einer fehlerhaft herausgegebenen Norm, z. B. DIN EN 61547 Berichtigung 1:2010-07 zu DIN EN 61547: 2010-03 oder VDE 0875-15-2 Berichtigung 1: 2010-07 zu VDE 0875-15-2:2010-03.	DIN EN 61547 Berichtigung 1 (VDE 0875-15-2 Berichtigung 1): 2010-7
Arten der Normen nach Herausgeber		
DIN-Norm	Deutsche Norm, die vom Deutschen Institut für Normung (DIN) herausgegeben wird, meist mit weiteren Normungszusätzen.	DIN 18533
EN-Norm	Europäische Norm, herausgegeben von CEN (Comité Européen de Normalisation), CENELEC oder ETSI.	EN 60300-1: 2014
DIN-EN-Norm	Europäische Norm, deren Fassung den Status (Zustand) einer deutschen Norm erhalten hat. Herausgabe durch DIN.	DIN EN 60300-1: 2015-01
IEC-Norm	Internationale Norm der International Electrotechnical Commission (IEC), vor allem aus dem Bereich Elektrotechnik.	IEC 60300-1: 2014
DIN-IEC-Norm	Deutsche Norm, die fachlich unverändert aus der IEC-Norm übernommen ist, ohne dass letztere eine EN-Norm ist.	DIN IEC 60072-2
ISO-Norm	Internationale Norm der International Standardization Organization (ISO), Genf, vor allem aus dem Bereich Maschinenbau.	ISO 1219-1: 2012-06
DIN-ISO-Norm	ISO-Norm, die den Status einer DIN-Norm erhalten hat, ohne dass erstere eine EN-Norm ist.	DIN ISO 1219-1: 2019-01 (Teil 1 vom Januar 2019)
VDE-Bestimmung	Norm, erarbeitet vom Verband der Elektrotechnik, Elektronik und Informationstechnik (VDE), z. B. Teil 520, Juni 2013.	VDE 0100-520: 2013-06
DIN-VDE-Norm	VDE-Bestimmung, welche den Status einer deutschen Norm erhalten hat.	DIN VDE 0100-520: 2013-06
DIN-EN-Norm (VDE)	DIN-EN-Norm, die zugleich eine VDE-Bestimmung ist.	DIN EN 60079-18 (VDE 0170-9)
VDE-AR-N	VDE-Anwendungsregel für das Niederspannungsnetz. Vom VDE erarbeitete Arbeitsempfehlungen, beruhend auf VDE-Normen oder Normen mit VDE-Zuweisung.	VDE-AR-N 4105
VDI-Richtlinie	Empfehlungen des Vereins Deutscher Ingenieure (VDI), die noch nicht genormt sind.	VDI 3821:1978-09
DIN-EN-ISO	Deutsche Umsetzung einer EN-Norm, die einer ISO-Norm den Status einer EN-Norm gibt.	DIN EN ISO 4288: 1998-04
ÖVE	Norm des Österreichischen Vereins für Elektrotechnik, Schreibweisen in Zusammensetzungen entsprechend VDE.	OVE EN 60445: 2018-03-01
UL ANSI, NEMA	Standard von Underwriters Laboratories Incorporated (ein US- amerikanisches Normeninstitut). Weitere Standards der USA.	UL 508A

Wichtige Normen 1 — Important Standards 1

N	Nr.	Titel	Seite	N	Nr.	Titel	Seite
		Mathematik, Technische Physik, Grundlagen der Elektrotechnik			128	Schraffuren	76
					1219	Schaltzeichen Pneumatik und Hydraulik	121 ff.
	1301	Größen und Einheiten	13 f.		1219	Schaltpläne Pneumatik und Hydraulik	125
	1302	Mathematische Zeichen	15 ff.				
	1304	Formelzeichen	10 f.		2162	Federn, Darstellung	89
	1311	Schwingungslehre	49 ff.		2203	Zahnräder, Darstellung	85
	1313	Physikalische Größen	13 f.		2768	Allgemeintoleranzen	513
	1314	Druck	60		5455	Maßstäbe in technischen Zeichnungen	73
	1315	Winkel	23 f.				
	1318	Lautstärkepegel	542		5456	Projektionsmethoden	75
	1320	Akustik – Begriffe	14		6410	Gewinde, Darstellung	84
	1324	Elektrisches Feld	41		6411	Zentrierbohrungen, Darstellung	84
	1325	Magnetisches Feld	42 f.		6413	Keilwellen, Darstellung	89
	1332	Formelzeichen der Akustik	21		6947	Schweißpositionen	197 f.
	1333	Zahlenangaben	18 ff.		8826	Wälzlager, Darstellung	86 f.
	1338	Formelschreibweise	10 ff.		9222	Dichtungen, Darstellung	87
	5493	Logarithmische Größen und Einheiten	20		15787	Wärmebehandlung	36 f.
	40108	Stromsysteme, Begriffe	39			**Fertigung, Werkzeuge, Werkstoffe, Hilfsstoffe**	
	40110	Wechselstromgrößen	50				
	66000	Informationsverarbeitung	395 ff.		1414	Spiralbohrer	186
					1732	Schweißzusätze für Aluminium und Aluminiumlegierungen	202
	50160	Spannungsmerkmale	39				
	60027	Formelzeichen, international (SI)	12		1871	Gasförmige Brennstoffe und sonstige Gase	136, 199
	60038	IEC-Normspannungen	39				
	60617	Schaltpläne, Kennbuchstaben	93		5418	Wälzlager, Einbaumaße	502
	80000	Elektromagn. Größen und Einheiten	42 f.		5520	Biegeradien NE-Metalle	196
					6935	Biegeradien, Stahl	196
	60469	Impulstechnik	51		7726	Schaumstoffe	152 ff.
		Technische Kommunikation			8062	Rohre aus Polyvinylchlorid (PVC)	
					17007	Werkstoffnummern – NE-Metalle	148 ff.
	13	Metrisches ISO-Gewinde	479		32516	Thermisches Schneiden, allg. Grundlagen	175
	74	Senkungen	488 f.				
	76	Gewindefreistiche, -ausläufe	84		41871	Gehäuse für Halbleiterbauelemente	211 ff.
	202	Gewindearten, Übersicht	477		51385	Kühlschmierstoffe	187
	406	Maßeintragung	76		51524	Hydrauliköle	169
	406	Toleranzen	79				
	461	Koordinatensysteme	461		439	Schutzgase zum Schweißen	201 f.
	824	Faltung von Zeichenblättern	73		515	Aluminiumlegierungen, Werkstoffzustand	149 f.
	1304	Formelzeichen	10 f.				
	6776	Beschriftung	73		573	Bezeichnung von Al-Legierungen	149 f.
	19227	Kennbuchstaben, Bildzeichen	96 f.		754	Aluminium-Knetlegierungen	150
	19227	Grafische Symbole für Steuerungs- und Regelungstechnik	259 ff.		755	Al-Profile und Al-Bleche	151
					1044	Hartlote	168
	66261	Struktogramme, Sinnbilder	120		1045	Flussmittel zum Hartlöten	168
					1057	Kupferlegierungen, Rundrohre	
	20273	Durchgangslöcher für Schrauben	461		1089	Druckgasflaschen-Kennzeichnung	199
	22553	Sinnbilder für Schweißen u. Löten	88		1173	NE-Metalle: Bezeichnung	148 ff.
	60617	Schaltpläne, grafische Symbole	106 ff.		1412	Kupferlegierungen: Werkstoffnummern	148
		Kennzeichnungen in Schaltplänen	94				
	60848	GRAFCET	115		1560	Gusseisenwerkstoffe	146
	61082	Dokumente der Elektrotechnik	90 ff.		1561	Gusseisen mit Lamellengrafit	147
	81346	Objekte und Kennbuchstaben	93		1562	Temperguss	146
	81714	Produktdokumentation, grafische Symbole	255		1563	Gusseisen mit Kugelgrafit	146
					1706	Aluminium-Gusslegierungen	148 ff.
	128	Technische Zeichnungen	73 ff.		1922	Kupferlegierungen	148
	216	Papierformate	73		10020	Stähle. Einteilung	138 ff.
	286	ISO-Toleranzsystem	506 ff.		10025	Baustähle	142
	1101	Geometrische Produktspezifikation – Toleranzen	79		10027	Stähle, Bezeichnungssystem	138 ff.
					10051	Bleche, warmgewalzt	142
	1302	Geometrische Produktspezifikation – Oberflächenbeschaffenheit	76		10058	Stahlprofile	145
					10083	Vergütungsstähle	143
	3098	Technische Produktdokumentation – Schriften	73		10084	Einsatzstähle	144
					10085	Nitrierstähle	143
					10087	Automatenstähle	142
	128	Projektionsmethoden	75		10088	Nichtrostende Stähle	144
	128	Linien in Zeichnungen	73		10089	Federstahl	143 f.

N = Normart	= DIN	= DIN EN	= DIN EN ISO	= DIN IEC	= DIN ISO	= DIN VDE

Wichtige Normen 2 — Important Standards 2

N	Nr.	Titel	Seite	N	Nr.	Titel	Seite
	10130	Bleche, kaltgewalzt	138 ff.		43802	Anzeigende Messgeräte	219
	10293	Stahlguss	138		44081	Kaltleiter	210
	10305	Präzisionsstahlrohre	147		53804	Statistische Auswertung	532
	29454	Flussmittel zum Weichlöten	168		66025	CNC-Maschinen, Programmaufbau	462 ff.
	60404	Dauermagnetwerkstoffe	137		66217	CNC-Maschinen, Koordinatenachsen	461
	1043	Basis-Polymere	153				
	2560	Schweißzusätze	203 f.		66257	Begriffe für NC-Maschinen	460
	4063	Schweißen und verwandte Prozesse	197		4762	Zylinderschrauben mit Innensechskant	484
	6947	Schweißpositionen	197 f.		10002	Zugversuch für metallische Werkstoffe	170 f.
	8062	Rohre aus PVC					
	8072	Rohre aus PE, weich (LD)			10226	Whitworth-Rohrgewinde	480
	8513	Hartlote Schwermetalle	168		10642	Senkschrauben mit Innensechskant	484
	9013	Thermisches Schneiden, Einteilung Schnitte	175		20273	Durchgangslöcher für Schrauben	481
					22339	Kegelstifte	496
	9453	Weichlote	168		50090	Elektrische Systemtechnik für Heim und Gebäude	254 f.
	9692	Schweißen, Nahtvorbereitung	198				
	13920	Schweißkonstruktionen, Allgemeintoleranzen	197		50249	Elektromagnetische Ortungsgeräte	
					55016	Geräte zur Messung von Funkstörungen	
	14341	Drahtelektroden	201				
	513	Schneidstoffe, Kennzeichnung	182		60044	Messwandler	222
	1832	Wendeschneidplatten	189		60085	Klassifizierung der Isolierung	310
	6691	Gleitlagerwerkstoffe	503		60086	Primärbatterien	209
					60539	Temperaturabhängige Widerstände	229
	0282	Gummiisolierte Leitungen	158		60617	Grafische Symbole für Schaltpläne	259
	0298	Verwendung von Leitungen und Kabeln	157		60747	Optoelektronische Bauelemente	215
					60848	Ablaufsteuerungen	392 ff.
	0815	Leitungen der IT-Technik	162		60870	Fernwirkeinrichtungen	236
					61010	Messkategorien	104
Messen, Steuern, Regeln, Bauelemente					61051	Varistoren	210
	471	Sicherungsringe für Wellen	504		61131	SPS, Speicherprogrammierbare Steuerungen	271 ff.
	472	Sicherungsringe für Bohrungen	504				
	609	Sechskantpassschrauben	484		61557	Prüfen von Schutzmaßnahmen	355
	611	Wälzlager-Übersicht	499		61558	Sicherheit von Transformatoren	54
	617	Nadellager	502				
	623	Wälzlager – Bezeichnung	500		898	Festigkeitsklassen von Schrauben	481
	625	Rillenkugellager	502		2009	Senkschrauben mit Schlitz	482
	628	Schrägkugellager	502		2338	Zylinderstifte	496
	711	Axial-Rillenkugellager	499		4014	Sechskantschrauben mit Schaft	483
	720	Kegelrollenlager	499		4017	Sechskantschrauben	483
	935	Kronenmuttern	491		4032	Sechskantmutter, Typ 1, Regelgewinde	491
	938	Stiftschrauben	485				
	962	Bezeichnung von Schrauben	481		4035	Sechskantmutter, niedrige Form	491
	962	Bezeichnung von Muttern	490		4759	Produktklassen für Schrauben	481
	974	Senkungen	488 f.		4762	Zylinderschrauben mit Innensechskant	484
	981	Nutmuttern für Wälzlager	503				
	2099	Zylindrische Schraubendruckfedern	498		6506	Härteprüfung Brinell	171
					6507	Härteprüfung Vickers	170
					6508	Härteprüfung Rockwell	171
	3760	Radial-Wellendichtringe	505		7045	Blechschrauben	485
	3771	O-Ringe	505		7090	Flache Scheiben mit Fase	492
	5406	Sicherungsbleche	504		7092	Flache Scheiben	492
	5412	Zylinderrollenlager	499		8673	Sechskantmutter, Typ 1, Feingewinde	491
	5418	Wälzlager, Einbaumaße	502		8734	Zylinderstifte, gehärtet	496
	5419	Filzringe	505		8740	Zylinderkerbstift	495
	6796	Spannscheiben	493		8752	Spannstifte, schwere Ausführung	496
	6799	Sicherungsscheiben	504		10642	Senkschraube mit Innensechskant	484
	6885	Passfedern	497		13337	Spannstifte, leichte Ausführung	496
	6888	Scheibenfedern	497				
	7157	Passungsempfehlungen	512		60050	-351 Internat. Wörterbuch der Elektrotechnik; Leittechnik	
	19225	Regler	261 ff.				
	19227	Bildzeichen, Kennbuchstaben	259		60072	Leistungsreihe elektrischer Maschinen	310
	19237	Steuerungsrechnik (Begriffe)	257				
	40729	Akkumulatoren	209		60351	Eigenschaften von Oszilloskopen	237 f.
	41426	Nennwerte von Widerständen und Kondensatoren	206		60747	Gleichrichterdiode	211
					228	Rohrgewinde	480
	41772	Stromrichter	300 f.		286	ISO-Passungen	506 ff.

B

N = Normart ■ = DIN ■ = DIN EN ■ = DIN EN ISO ■ = DIN IEC ■ = DIN ISO ■ = DIN VDE

Wichtige Normen 3 — Important Standards 3

N	Nr.	Titel	Seite
	4026	Gewindestift mit Innensechskant	487
	4381	Verbundgleitlager, Gleitwerkstoffe	503
	7049	Blechschraube, Linsenkopf	485
	0532	Transformatoren und Drosselspulen	306

Mechatronische Systeme, Anlagen, Elektrische Maschinen, Geräte, Anschlüsse

N	Nr.	Titel	Seite
	17007	Werkstoffnummern, NE-Metalle	148
	18015	Elektrische Anlagen in Wohngebäuden	250 f.
	25424	Fehlerbaumanalyse	408
	31051	Grundlagen der Instandhaltung	411
	40200	Nennwert, Bemessungswert (Begriffe)	206
	42402	Anschlussbezeichnung für Transformatoren und Drosselspulen	296
	42673	Oberflächengekühlte Käfigläufermotoren	311
	50013	Niederspannungsschaltgeräte Anschlussbezeichnung und Kennzahlen	242
	50090	Systemtechnik für Haus u. Gebäude	254 f.
	50110	Arbeiten in elektrischen Anlagen	292
	50178	Elektronische Betriebsmittel in Starkstromanlagen	93 f.
	50522	Starkstromanlagen über 1 kV	158 f.
	55016	Geräte zur Messung von Funkstörungen	
	60062	Kennzeichnung von Widerständen und Kondensatoren	206 f.
	60204	Elektrische Ausrüstung von Maschinen, allgemeine Anforderungen	380 f.
	60445	Kennzeichnung der Anschlüsse elektrischer Betriebsmittel	296
	60617	Grafische Symbole für Schaltpläne	93
	61140	Schutz gegen elektrischen Schlag	359
	61175	Industrielle Systeme, Kennzeichnung von Signalen	391
	61293	Kennzeichnung elektrischer Betriebsmittel	93
	61346	Schaltpläne, Schaltzeichen	109
	61660	Kurzschlussströme	334
	3166	Gewinde: Länder-Codes	478
	9787	Industrieroboter, Koordinatensysteme	470 f.
	10628	Verfahrenstechnische Anlagen, grafische Symbole	128
	11593	Industrieroboter, automatische Werkzeugwechselsysteme	471 f.
	14539	Industrieroboter, Greifer	472
	50001	Energiemanagementsysteme	
	60034	Drehende elektrische Maschinen	312
	60063	Vorzugsreihe für die Nennwerte von Widerständen u. Kondensatoren	206
	60364	Errichten von Niederspannungsanlagen	366
	60971	Stromrichterkennzeichnung	301
	61156	Kabel für digitale Nachrichtenübertragung	162
	0100	Teile von DIN VDE 0100 siehe Seite	560 f.
	0210	Bau von Freileitungen über 1 kV	
	0211	Bau von Freileitungen bis 1 000 V	
	0293	Aderkennzeichnungen bis 1 000 V	158
	0510	Akkumulatoren- u. Batterieanlagen	371
	0530	Drehende elektrische Maschinen	312
	0675	Überspannungsschutzgeräte	216
	0838	Rückwirkungen in Stromversorgungsnetzen	368 ff.

Informationstechnik, Computertechnik

N	Nr.	Titel	Seite
	66000	Informationsverarbeitung; mathematische Zeichen u. Symbole	107 ff.
	66001	Datenfluss- und Programmablaufpläne	120
	66021	Datenübertragung	441 f.
	66025	Programmaufbau für CNC-Maschinen	462 ff.
	66215	CLDATA	
	66253	PEARL – SafePEARL	
	66258	Schnittstellen für Datenübermittlung	517 f.
	66304	Computerunterstütztes Konstruieren	
	60617	Grafische Symbole für Schaltpläne, allgemeine Kennzeichen	99 ff.
	60848	GRAFCET, Spezifikationssprache für Funktionspläne d. Ablaufsteuerung	115
	9241	Ergonomie der Mensch-System-Interaktion	
	13407	Gestaltung interaktiver Systeme	
	14915	Softwareergonomie für Multimedia-Schnittstellen	517 f.

Sicherheit Umwelttechnik, EMV, Qualität

N	Nr.	Titel	Seite
	4844	Grafische Symbole, Sicherheitsfarben und Sicherheitszeichen	538, 522 f.
	55350	Begriffe zum Qualitätsmanagement	532
	626	Sicherheit von Maschinen	380 ff.
	1839	Bestimmung der Explosionsgrenzen von Gasen und Dämpfen	136
	55017	Messung von Funkentstöreigenschaften	
	60079	Anlagen in explosionsgefährdeten Bereichen	297
	60204	Sicherheit von Maschinen, elektrische Ausrüstung	380 f.
	60269	Niederspannungssicherungen	337
	60529	Schutzarten durch Gehäuse, IP-Code	297
	60721	Klassifizierung von Umweltbedingungen	536
	60825	Sicherheit von Lasereinrichtungen	
	61000	EMV, Elektromagnetische Verträglichkeit in Niederspannungsanlagen	373
	61010	Sicherheitsbestimmungen für elektronische Mess-, Steuer-, Regel- und Laborgeräte	
	61140	Schutz gegen elektrischen Schlag	353 ff.
	61243	Arbeiten unter Spannung, Spannungsprüfer	459
	61558	Sicherheit von Transformatoren	320
	62040	USV, Unterbrechungsfreie Stromversorgung	370
	62061	Funktionelle Sicherheit elektronischer Steuerungssysteme	386
	62433	EMB, Elektromagn. Beeinflussung	373 f.
	12100	Sicherheit von Maschinen, Risikobeurteilung	381
	13849	Sicherheit von Maschinen, Steuerungen	384
	13850	Sicherheit von Maschinen, NOT-Halt	381
	14644	Reinräume	
	60479	Wirkungen des elektrischen Stromes auf Menschen und Nutztiere	353
	9000	Qualitätsmanagementsysteme	530 f.
	14001	Umweltmanagementsysteme	536
	0185	Blitzschutzanlagen	216
	0833	Gefahrenmeldeanlagen	161

N = Normart   ■ = DIN   ■ = DIN EN   ■ = DIN EN ISO   ■ = DIN IEC   ■ = DIN ISO   ■ = DIN VDE

VDE-Normen 1 — VDE Standards 1

VDE-Gruppen

Gruppe	Schreibweise	Inhalt	Beispiele (auch auf folgenden Seiten)
0	00xx	Allgemeine Grundsätze	VDE 0040-1, Teil 1: Regeln
1	01xx	Energieanlagen	DIN VDE 0100-100, NS-Anlagen
2	02xx	Energieleiter	DIN VDE 0293-1, Aderkennzeichen
3	03xx	Isolierstoffe	VDE 0370-7, Isolieröl
4	04xx	Messen, Steuern, Prüfen	VDE 0470-1, Gehäuseschutz
5	05xx	Stromquellen, Maschinen	VDE 0532, Transformatoren
6	06xx	Installationsmaterial, Schaltgeräte	VDE 0660-600, NS-Schaltgeräte
7	07xx	Gebrauchsgeräte, Arbeitsgeräte	DIN VDE 0701-0702, VDE 0701, VDE 0702, Geräteprüfung,
8	08xx	Informationstechnik	VDE 0855, Kabelnetze

Auswahl für das Elektrotechniker-Handwerk

(siehe „Schutz durch DIN VDE", Verlag Europalehrmittel)

VDE-Nummer	Inhalt (gekürzt)	Seite
VDE 0024	Regelungen für das Prüf- und Zertifizierungswesen.	
VDE 0040-1	Dokumente der Elektrotechnik, Teil 1: Regeln.	
DIN VDE 1000-10	Anforderungen an die im Bereich der Elektrotechnik tätigen Personen.	292
DIN VDE 0100-100	Errichten von Niederspannungsanlagen, Teil 1: Allgemeine Grundsätze, Bestimmungen allgemeiner Merkmale, Begriffe.	
DIN VDE 0100, Beiblatt 1	Entwicklungsgang der Errichtungsbestimmungen.	
DIN VDE 0100, Beiblatt 2	Verzeichnis der einschlägigen Normen.	
DIN VDE 0100, Beiblatt 3	Struktur der Normenreihe.	
DIN VDE 0100, Beiblatt 5	Zulässige Längen von Kabeln und Leitungen.	344 ff.
DIN VDE 0100-200	Errichten von Niederspannungsanlagen, Teil 200: Begriffe.	
DIN VDE 0100-410	Schutzmaßnahmen – Schutz gegen elektrischen Schlag.	356 ff., 360 f.
DIN VDE 0100-420	Schutz gegen thermische Auswirkungen.	339
DIN VDE 0100-430	Schutz bei Überstrom.	334
DIN VDE 0100-442	Schutz von Niederspannungsanlagen bei vorübergehenden Überspannungen infolge von Erdschlüssen oder von Schaltvorgängen im Hochspannungsnetz und bei Fehlern im Niederspannungsnetz.	
DIN VDE 0100-443	Schutz bei Überspannungen infolge atmosphärischer Einflüsse oder von Schaltvorgängen.	216
DIN VDE 0100-444	Schutz bei Störspannungen und elektromagnetischen Störgrößen.	373
DIN VDE 0100-450	Schutz gegen Unterspannung.	359
DIN VDE 0100-460	Schutzmaßnahmen – Trennen und Schalten.	292
DIN VDE 0100-510	Auswahl und Errichtung elektrischer Betriebsmittel.	241 ff.
DIN VDE 0100-520	Kabel- und Leitungsanlagen.	340 ff.
DIN VDE 0100-520, Beiblatt 1	Erläuterung zur Anwendung von Teil 520.	
DIN VDE 0100-520, Beiblatt 2	Maximal zulässige Kabel- und Leitungslängen zur Einhaltung des zulässigen Spannungsfalls.	341 ff.
DIN VDE 0100-520, Beiblatt 3	Strombelastbarkeit in 3-phasigen Verteilungsstromkreisen bei Lastströmen mit Oberschwingungsanteilen.	351
DIN VDE 0100-530	Schalt- und Steuergeräte.	358
DIN VDE 0100-534	Überspannungs-Schutzeinrichtungen (ÜSE).	216, 338
DIN VDE 0100-540	Erdungsanlagen und Schutzleiter.	288
DIN VDE 0100-551	Stromerzeugungseinrichtungen für Niederspannung.	330, 353
DIN VDE 0100-557	Hilfsstromkreise.	246
DIN VDE 0100-559	Leuchten und Beleuchtungsanlagen.	
DIN VDE 0100-560	Einrichtungen für Sicherheitszwecke.	522 f, 353, 473
DIN VDE 0100-570	Stationäre Sekundärbatterien (Entwurf).	

VDE-Normen 2   VDE Standards 2

Auswahl für das Elektrotechniker-Handwerk (Fortsetzung)

VDE-Nummer	Inhalt (gekürzt)	Seite
DIN VDE 0100-600	Prüfungen.	363, 293
DIN VDE 0100-701	Räume mit Badewanne oder Dusche.	
DIN VDE 0100-702	Becken von Schwimmbädern, begehbaren Wasserbecken und Springbrunnen.	
DIN VDE 0100-703	Räume und Kabinen mit Saunaheizung.	
DIN VDE 0100-704	Baustellen.	
DIN VDE 0100-705	Elektrische Anlagen von landwirtschaftlichen und gartenbaulichen Betriebsstätten.	
DIN VDE 0100-706	Leitfähige Bereiche mit begrenzter Bewegungsfreiheit.	
DIN VDE 0100-708	Caravanplätze, Campingplätze und ähnliche Bereiche.	
DIN VDE 0100-709	Häfen, Marinas und ähnliche Bereiche.	
DIN VDE 0100-710	Medizinisch genutzte Bereiche.	
DIN VDE 0100-710, Beiblatt 1	Erläuterung zu den normativen Anforderungen von Teil 710.	
DIN VDE 0100-711	Ausstellungen, Shows und Stände.	
DIN VDE 0100-712	PV-Stromversorgungssysteme (PV = Solar-Photovoltaik).	
DIN VDE 0100-714	Beleuchtungsanlagen im Freien.	
DIN VDE 0100-715	Kleinspannungsbeleuchtungsanlagen.	
DIN VDE 0100-717	Ortsveränderliche oder transportable Baueinheiten.	
DIN VDE 0100-718	Öffentliche Einrichtungen und Arbeitsstätten.	
DIN VDE 0100-718, Beiblatt 1	Erläuterungen zu den Anforderungen von Teil 718.	
DIN VDE 0100-721	Elektrische Anlagen von Caravans und Motorcaravans.	
DIN VDE 0100-722	Stromversorgung von Elektrofahrzeugen.	
DIN VDE 0100-723	Unterrichtsräume mit Experimentiereinrichtungen.	351
DIN VDE 0100-724	Anlagen in Möbeln und ähnlichen Einrichtungsgegenständen.	
DIN VDE 0100-729	Bedienungsgänge und Wartungsgänge.	
DIN VDE 0100-730	Elektrischer Landanschluss für Binnenschiff-Fahrzeuge.	
DIN VDE 0100-731	Abgeschlossene elektrische Betriebsstätten.	
DIN VDE 0100-737	Feuchte und nasse Bereiche und Räume und Anlagen im Freien.	297
DIN VDE 0100-740	Vorübergehend errichtete Anlagen für Vergnügungsparks und Zirkusse.	
DIN VDE 0100-753	Heizleitungen und umschlossene Heizsysteme.	
DIN VDE 0100-801	Energieeffizienz.	
VDE 0100-802	Kombinierte Erzeugungs- /Verbrauchsanlagen (E DIN IEC 60364-8-2).	
VDE-AR-N 4100	Anschluss von Kundenanlagen an das Niederspannungsnetz und deren Betrieb.	338, 341
VDE-AR-N 4101	Anforderungen an Zählerplätze im Niederspannungsnetz.	224
VDE-AR-N 4102	Anschluss von ortsfesten Schalt- und Steuerschränken, Zähleranschlusssäulen, Telekommunikationsanlagen und Ladestationen für Elektrofahrzeuge.	
VDE 0104	Errichten und Betreiben elektrischer Prüfanlagen.	
VDE-AR-N 4105	Mindestanforderungen für Anschluss und Parallelbetrieb von Erzeugungsanlagen am Niederspannungsnetz.	
DIN VDE 0105-100	Betrieb von elektrischen Anlagen, allgemeine Festlegungen.	
DIN VDE 0105-115	Festlegungen für landwirtschaftliche Betriebsstätten.	
DIN VDE 0108-100	Sicherheitsbeleuchtungsanlagen	353 f.
VDE 0113-1	Elektrische Ausrüstung von Maschinen, Teil 1: Allgemeine Anforderungen.	380
DIN VDE 0113-1/A1	Allgemeine Anforderungen.	

VDE-Normen 3

Auswahl für das Elektrotechniker-Handwerk (Fortsetzung)

VDE-Nummer	Inhalt (gekürzt).	Seite
VDE 0165-1	Explosionsgefährdete Bereiche, Projektierung, Auswahl und Errichtung elektrischer Anlagen.	298
VDE 0165-10-1	Explosionsgefährdete Bereiche, Prüfung und Instandhaltung.	
VDE 0165-101	Einteilung der gasexplosionsgefährdeten Bereiche.	
VDE 0165-102	Einteilung der staubexplosionsgefährdeten Bereiche.	
VDE 0185-305-1	Blitzschutz Teil 1: Allgemeine Grundsätze.	
VDE 0185-305-3	Blitzschutz Teil 3: Schutz von baulichen Anlagen und Personen.	
VDE 0185-305-3, Beiblatt 1	Zusätzliche Informationen zur Anwendung von VDE 0185-305-3.	
VDE 0185-305-3, Beiblatt 2	Zusätzliche Informationen für besondere bauliche Anlagen.	
VDE 0185-305-3, Beiblatt 3	Zusätzliche Informationen für die Prüfung und Wartung von Blitzschutzsystemen.	
VDE 0185-305-3, Beiblatt 4	Verwendung von Metalldächern in Blitzschutzsystemen.	
VDE 0185-305-3, Beiblatt 5	Blitz- und Überspannungsschutz für PV-Stromversorgungssysteme.	
VDE 0185-305-4	Blitzschutz Teil 4: Elektrische und elektronische Systeme in baulichen Anlagen.	
VDE 0185-305-4, Beiblatt 1	Verteilung des Blitzstroms.	
VDE 0197	Kennzeichnung von Anschlüssen elektrischer Betriebsmittel, angeschlossenen Leiterenden und Leitern.	296
DIN VDE 0293-1	Kennzeichnung der Adern, Teil 1: Ergänzende nationale Festlegungen.	158 f.
DIN VDE 0293-308	Kennzeichnung der Adern durch Farben.	
DIN VDE 0298-3	Leitfaden für Verwendung nicht harmonisierter Starkstromleitungen.	158
DIN VDE 0298-4	Empfohlene Werte für die Strombelastbarkeit.	346 f.
DIN VDE 0298-565-1	Leitfaden für die Verwendung von Kabeln und Leitungen mit Nennspannungen nicht über 450/750 V.	
DIN VDE 0298-565-2	Aufbau und Einsatzbedingungen der Kabel- und Leitungsbauarten.	157
VDE 0470-1	Schutzarten durch Gehäuse (IP-Code).	297
VDE 0470-100	Schutzarten durch Gehäuse für elektrische Betriebsmittel (IK-Code, 1997).	
VDE 0470-100/A1	Schutzarten gegen mechanische Beanspruchung (IK-Code).	
VDE 0641-11, Beiblatt 1	Leitungsschutzschalter für die Hausinstallation, Einsatz von Leitungsschutzschaltern.	335
VDE 0660-514	Schutz gegen unabsichtliches direktes Berühren gefährlicher aktiver Teile.	356
VDE 0660-600-1	Niederspannungs-Schaltgerätekombinationen, allgemeine Festlegungen.	
VDE 0660-600-1, Beiblatt 1	Leitfaden für die Spezifikation von Schaltgerätekombinationen.	
VDE 0660-600-2	Energie-Schaltgerätekombinationen.	
VDE 0660-600-1, Beiblatt 2	Nachweis der Erwärmung durch Berechnung.	
VDE 0660-600-2, Beiblatt 1	Leitfaden für die Prüfung unter Störlichtbogenbedingung.	
VDE 0664-10, Beiblatt 1	Anwendungshinweise zum Einsatz von RCCBs.	358 ff.
DIN VDE 0701-0702	Prüfung nach Instandsetzung, Änderung elektrischer Geräte (DIN EN 50678 (VDE 0701)), Wiederholungsprüfung elektrischer Geräte (DIN EN 50699 (VDE 0702)).	379
VDE 0701, VDE 0702		
DIN VDE 0800-1	Fernmeldetechnik, allgemeine Begriffe, Anforderungen und Prüfungen für die Sicherheit der Anlagen und Geräte (1989).	
DIN VDE 0800-174-2	Kommunikationsverkabelung, Installationsplanung und -praktiken in Gebäuden.	161 ff,. 440 ff.
VDE 0829-9-1	Verkabelung von Zweidrahtleitungen ESHG Klasse 1.	
DIN VDE 0833-1	Gefahrenmeldeanlagen Brand, Einbruch, Überfall, Teil 1: Allgemeine Festlegungen.	
DIN VDE 0833-2	Festlegungen für Brandmeldeanlagen.	
DIN VDE 0833-3	Festlegungen für Einbruch- und Überfallmeldeanlagen.	
DIN VDE 0833-4	Festlegungen für Anlagen zur Sprachalarmierung im Brandfall.	
VDE 0849-6-1	Allgemeine Anforderungen an die elektrische Systemtechnik für Heim und Gebäude ESHG und Gebäudeautomation GA, Teil 6-1: Installation und Planung.	422
VDE 0855-1	Kabelnetze für Fernsehsignale, Tonsignale und interaktive Dienste, Teil 11: Sicherheitsanforderungen.	

Kurzformen von Fachbegriffen 1 — Short Forms of Terms 1

Kurzform	Bedeutung	Kurzform	Bedeutung
3GPP	Third Generation Partnership Project	BCD	Binary Coded Decimal
4PSK	Phase Shift Keying mit 4 Symbolen (= QPSK)	BD	Blu-ray Disc
		BDD	Binary Decision Diagram
64QAM	QAM mit 64 Symbolen	BDEW	Bundesverband der Energie- und Wasserwirtschaft
AC	Alternating Current	BER	Bit Error Rate/Ratio
ACIM	AC Induction Motor	BetrSichV	Betriebssicherheitsverordnung
ACK	Acknowledgement	BGA	Ball Grid Array
ACM	Adaptive Coding and Modulation	BI	Business Intelligence
ADC	Analog Digital Converter/Apple Display Connector	BIOS	Basic Input/Output System
		BKZ	Baukostenzuschuss
ADSL	Asymmetric Digital Subscriber Line	BLDC-Motor	Brushless DC-Motor
AEC	Active Energy Control	BMBF	Bundesministerium für Bildung und Forschung
AF	Antenna Factor/Arc Fault		
AFC	Alkaline Fuel Cell	BN	Bonding Network
AFD	Arc Fault Detection	BNC	Bayonet Nut Coupling
AFDD	Arc Fault Detection Device	BOM	Bill of Material, Board of Management
AFE	Active Front End	BPON	Broadband Passive Optical Network
AFH	Adaptive Frequency Hopping	bps	Bits per Second
AFIS	Automated Fingerprint Identification System	BPS	Bytes per Second
		BRC	Bonding Ring Conductor
		BSS	Business Support System
AGC	Automatic Gain Control	BTS	Base Transceiver Station
A-GPS	Assited Global Positioning System	C2C	Consumer to Consumer
ALS	Ambient Light Sensor	CAN	Controller Area Network
ALU	Arithmetic Logic Unit	CAV	Constant Angular Velocity
AM	Amplitude Modulation/Air Mass	CBR	Circuit Breaker
AMT	Active Management Technology	CCD	Charge-Coupled Device
ANSI	American National Standards Institute	CCFL	Cold Cathode Fluorescent Lamp
AOI	Automatic Optical Inspection	CCIR	Comité Consultatif International pour la Reglementation des Radiocommunications
AP	Access Point		
APD	Avalanche Photo Diode	CCM	Constant Coding and Modulation
API	Application Programming Interface	CCP	Compact Cooling Package
AR	Arrestor	CCT	Clean Coal Technology
ASA	American Standards Association	CD	Compact Disc
ASAM	Association for Standardization of Automation and Measurement	CDM	Charge Device Mode
		CDMA	Code Division Multiple Access
ASI	Advanced Switching Interconnect/	CDN	Coupling-Decoupling Network
AS-i	Actuator Sensor Interface	CE	Consumer Electronics/Communauté Euroéenne/Conducted Emission
ASIC	Application-Specific Integrated Circuit		
ASK	Amplitude Shift Keying	CENELEC	Europäisches Komitee für elektrotechnische Normung
ASSP	Application-Specific Standard Product		
ASTM	American Society for Testing and Material	CFL	Cold Fluorescent Lamp
		CGI	Common Gateway Interface
ASU	Active Supply Unit	CiA	CAN in Automation
ASV	Advanced Super View	CIB	Converter-Inverter-Brake
ATA	Advanced Technology Attachments	CIF	Common Intermediate Format
ATE	Automatic Test Equipment	CIP	Common Industrial Protocol
ATM	Asynchronous Transfer Mode	CISC	Complex Instruction Set
ATS	Automatic Tooling Systems	CLL	Capacitor Long Life
AWG	American Wire Gauge	CLV	Constant Linear Velocity
AWM	Appliance Wiring Material	CMD	Contactor Monitoring Device
		CMI	Common Mode Interference
B2B	Business to Business	CML	Common Mode Level

Kurzformen von Fachbegriffen 2 — Short Forms of Terms 2

Kurzform	Bedeutung	Kurzform	Bedeutung
CMOS	Complementary Metal-Oxide-Semiconductor	DIP	Dual In-Line Package
CMR	Common Mode Rejection	DKE	Deutsche Kommission für Elektrotechnik, Elektronik, Informationstechnik
CMTC	Cable Modem Termination System		
CMV	Common Mode Voltage	DL	Downlink
CMYK	Cyan, Magenta, Yellow, Black	DLP	Digital Light Processing
CNC	Computerized Numerical Control	DMB	Digital Media Broadcasting
COFDM	Coded Orthogonal Frequency Division Multiplex	DMD	Digital Mirror Device
		DMFC	Direct Methanol Fuel Cell
CP	Cyclic Prefix	DMM	Digital Multimeter
CPRI	Common Public Radio Interface	DMS	Digital Metering System
CPS	Control Protective Switchgear	DMX	Digital Multiplex/Digital Multiplexed Signal
CPU	Central Processing Unit		
CPV	Concentrator Photovoltaics	DNS	Domain Name System
CRC	Cyclic Redundancy Check	DOE	Diffractive Optical Element
CRM	Customer Relation Management	DOM	Device Operation Model
CRT	Cathode Ray Tube	DP	Display Port
CS	Circuit Switched	DRAM	Dynamic RAM
CSA	Cross Sectional Area	DRM	Digital Radio Mondiale/Digital Rights Management
CSD	Circuit Switched Data		
CSI	Current Source Inverter	DRX	Discontinuous Reception
CSMA	Carrier Sense Multiple Access	DSC	Digital Signal Controller
CSMA/CA	Carrier Sense Multiple Access / Collision Avoidance	DSL	Digital Subscriber Line
		DSP	Digital Signal Processor
CSS	Cascading Style Sheet/Coded Sensor Safety	DSS	Digital Satellite System
		DTC	Direct Torque Control
CT	Computed Tomography	DTE	Data Terminal Equipment
CTIA	Cellular Telecommunication and Internet Association	DTX	Discontinuous Transmission
		DVB	Digital Video Broadcast
CTL	Current Transfer Logic	DVD	Digital Versatile Disc
CUT	Circuit Under Test	DVI	Digital Visual Interface
CWDM	Coarse Wavelength Division Multiplexer	DVM	Digital Voltmeter
		DVR	Digital Video Recorder
D2B	Domestic Digital Bus	DWDM	Dense Wavelength Division Multiplex
DAB	Digital Audio Broadcast	DWORD	Double Word
DAC	Digital Analog Converter	EAM	Enterprise Asset Management
DALI	Digital Addressing Lighting Interface	EAN	European Article Number
DAS	Direct Attached Storage	EAROM	Electrically Alterable ROM
DC	Direct Current	EBB	Equipotential Bonding Bar
DCT	Device Connection Technology	EBIT	Earnings Before Interest and Taxes
DDC	Display Data Channel	EBITA	Earnings Before Interest, Taxes and Amortisation
DDS	Direct Digital Synthesizer		
DECT	Digital Enhanced Cordless Telephone	EBS	Equipotential Bonding System
DES	Data Encryption Standard	EC	Electronic Commutated
DFP	Digital Flat Panel	ECM	Enterprise Content Management
DFT	Design For Test/Discrete Fourier Transform	ECT	Embedded Computer Technology
		ECU	Electronic Control Unit
DGE	Dynamic Gain Equalizer	EDI	Electronic Data Interchange
DHTML	Dynamic HTML	EFK	Elektrofachkraft
DIE	Integrated Development Environment	EFKffT	EFK für festgelegte Tätigkeiten
DIL	Dual In-Line	EFM	Eight-to-fourteen Modulation
DIMM	Dual In-Line Memory Module	EFQM	European Foundation for Quality Management
DIN	Deutsches Institut für Normung		

Kurzformen von Fachbegriffen 3 — Short Forms of Terms 3

Kurzform	Bedeutung	Kurzform	Bedeutung
EHCI	Enhanced Host Controlled Interface	GRAFCET	Graphe Fonctionel de Commande Étape Transition
EISA	Extended Industry Standard Architecture	GSM	Global System for Mobile Communication
E-LAN	Ethernet LAN		
ELV	Extra Low Voltage	GTO	Gate Turn Off Thyristor
EMF	Electromagnetic Force		
EMI	Electromagnetic Interference	HCS	Hard-Clad Silica Fibre
EMV	Elektromagnetische Verträglichkeit	HD	High Definition/High Density
EN	Europäische Norm	HDC	High Definition Camcorder
EnEV	Energie-Einsparungsverordnung	HDMI	High Definition Mutimedia Interface
ENX	European Network Exchange		
EoF	Ethernet over Fibre	HDSL	High Data Rate DSL
EoWDM	Ethernet over WDM	HDTV	High Definition Television
EPC	Embedded PC/Evolved Packet Core	HE	Home Entrance
EPS	Embedded Power System	HEV	Hybrid Electric Vehicle
ERA	Entgelt-Rahmenabkommen	HGÜ	Hochspannungs-Gleichstromübertragung
ERP	Enterprise Resource Planning		
ESD	Electrostatic Discharge	HIL	Hardware In the Loop
ESL	Electronic System Level	HMI	Human Machine Interface
ESMF	Enhanced Single-Mode Fibre	HTML	Hypertext Markup Language
ETDM	Electrical Time Division Multiplexing	HTTP	Hypertext Transfer Protocol
EU	Engineering Unit/ Europäische Union	HÜP	Hausübergabepunkt
EUP	Elektrotechnisch unterwiesene Person	HV	High Voltage
		HVDC	High Voltage Direct Current
EV	Electric Vehicle		
EVC	Ethernet Virtual Circuit	IBN	Isolated Bonding Network
EVÖ	Elektrotechnischer Verein Österreich	IBS	Intelligent Building System
EVSE	Electric Vehicle Supply Equipment	IC	Integrated Circuit
		IDC	Insulation Displacement Contact
FBD	Function Block Diagram	IEC	International Electrotechnical Commission
FC	Fibre Channel		
FDD	Frequency Division Duplex		
FDI	Field Device Integration	IED	Intelligent Electronic Device
FDT	Field Device Tool	IEEE	Institute of Electrical and Electronics Engineers
FEM	Finite-Elemente-Methode		
FET	Field Effect Transistor	IEV	International Electrical Vocabulary
FIR	Fast Infrared	IFD	Image File Directory
FMEA	Failure Mode and Effects Analysis	IGBT	Insulated Gate Bipolar Transistor
FNN	Forum Netztechnik, Netzbetrieb	IGCT	Insulated Gate Commutated Thyristor
FPGA	Field Programmable Gate Array		
FPS, fps	Frames per Second	IGR	Insulated Gate Rectifier
FRE	Funkrundsteuerempfänger	IM	Incident Management
FSB	Front Side Bus	IMD	Insulation Monitoring Device
FSK	Frequency Shift Keying	IMS	IP Multimedia Subsytem
FTP	File Transfer Protocol	IN	Intelligent Network
FWA	Fixed Wireless Access	IO	Input/Output
FWD	Free Wheeling Diode	IPC	Industrie-PC
GCT	Gate Commutated Turn-Off Thyristor	IPM	Intelligent Power Module
GDT	Gas Discharge Tube	IR	Infrared/Infrarot
GigE	Gigabit Ethernet	IrDA	Infrared Data Association
GIS	Gasisolierte Schaltanlage	IRED	Infrared Emitting Diode
GPIB	General Purpose Interface Bus	ISDN	Integrated Services Digital Network
GPON	Gigabit Optical Network	ISO	International Organization for Standardization
GPS	Global Positioning System		

Kurzformen von Fachbegriffen 4 — Short Forms of Terms 4

Kurzform	Bedeutung
IT	Information Technology
ITG	Informationstechnische Gesellschaft
ITU	International Telecommunication Union
JEDEC	Joint Electronic Devices Engineering Council
JFET	Junction Field Effect Transistor
JIG	Joint Interest Group
JMX	Java Management Extension
JPEG	Joint Photographic Experts Group
KM	Konfigurationsmanagement
KVP	Kontinuierlicher Verbesserungsprozess
LabVIEW	Laboratory Virtual Instrumentation Engineering Workbench
LAD	Ladder Diagram
LAN	Local Area Network
LAR	Leitungsanlagenrichtlinie
LCD	Liquid Chrystal Display
LCoS	Liquid Chrystal on Silicon
LED	Light Emitting Diode
LEMP	Lightning Electromagnetic Pulse
LPL	Lightning Protection Level
LPS	Lightning Protection System
LPZ	Lightning Protection Zone
LSB	Least Significant Bit
LTE	Long Term Evolution
LTV	Linear Transfer Vehicle
LUT	Look-Up Table
LVDS	Low-Voltage Differential Signaling
LXI	LAN extension for Instruments
M2M	Machine to Machine
MAC	Multiplay Accumulator/Medium Access Control
MAP	Manufacturing Automation Protocol
MC	Motion Control
MCH	Multicast Channel
MCM	Motor Condition Monitor
MCS	Mobile Content Server
MCT	MOS-Controlled Thyristor
MCU	Microcontroller Unit
MDD	Module Device Driver
MEMS	Microelectromechanical System
MEPS	Minimum Energy-Efficiency Performance Standard
MES	Manufacturing Execution System
MHD	Micro Hybrid Drive
MID	Mobile Internet Device
MIMO	Multiple-Input and Multiple-Output
MIPS	Million Instructions Per Second
MISO	Multiple Inputs, Single Output
MMC	Multimedia Card
MMI	Mensch-Maschine-Interface
MOV	Metal-Oxide Varistor
MRCD	Modular RCD
MSB	Multi Service Board Network/Most Significant Bit
MSC	Mobile Switching Centre
MSN	Multiple Subscriber Number
$MTTF_d$	Mean Time To a dangerous Failure
MUC	Multi Utility Communication
N	Neutralleiter
NACK	Negative Acknowledgement
NAS	Network Attached Storage
NAT	Network Address Translation
NCC	Network Communication Controller
NEMA	National Electrical Manufacturer Association
NEXT	Near-End-Crosstalk
NFC	Near Field Communication
NIC	Network Interface Card
NIR	Near Infrared
NT	Network Terminal
NTBA	Network Termination Basic Access
NTP	Network Time Protocol
OAM	Operation, Administration and Maintenance
OCB	On-Chip Bus
OCh	Optical Channel
OCP	On-Chip Protocol
OCPD	Over-Current Protective Device
ODU	Optical Data Unit
OEO	Optical Electrical Optical
OFDM	Orthogonal Frequency Division Multiplexing
OFDMA	Orthogonal Frequency Division Multiple Access
OLED	Organic LED
OLM	Optical Link Module
ÖNORM	Österreichische Norm
ONT	Optical Network Terminal
ONU	Optical Network Unit
OPC UA	Open Platform Communications Unified Architecture
OSI	Open Systems Interconnection
OSSD	Output Signal Switching Device
OTDM	Optical Time Division Multiplexing
OTN	Optical Transport Network
ÖVE	Österreichischer Verband für Elektrotechnik
OVPN	Optical VPN
PA	Power Amplifier
PAFC	Phosphoric Acid Fuel Cell
PALC	Plasma Addressed Liquid Cristal
PAM	Power Amplifier Module
PAN	Personal Area Network

Kurzformen von Fachbegriffen 5 — Short Forms of Terms 5

Kurzform	Bedeutung	Kurzform	Bedeutung
PAPR	Peak-to-Average Power Ratio	RCD	Residual Current protective Device
PB	Protective Bonding	RCD-K	RCD kurzzeitverzögert
PC	Personal Computer	RCD-S	RCD selektiv (verzögert abschaltend)
PCB	Printed-Circuit Board	RC-IGBT	Reverse Conducting IGBT
PCE	Process Control Engineering	RCM	Residual Current Monitor
PCI	Peripheral Component Interconnect/ PC Industrial	RCU	Residual Current protective Unit
PCT	Phase Controlled Thyristor	RFID	Radio Frequency Identification
PCU	Packet Control Unit	RNC	Radio Network Controller
PD	Power Device	ROM	Read Only Memory
PDA	Packet Data Application/ Personal Digital Assistent	RRC	Radio Resource Control
PDF	Portable Document Format	RRM	Radio Resource Management
PDP	Plasma Display Panel	RSS	Really Simple Syndication
PDS	Power Drive System	RTC	Real Time Clock
PDU	Protocol Data Unit	RTD	Resistive Temperature Device
PE	Protection Earth	RTU	Remote Telecontrol Unit/ Remote Terminal Unit
PEC	Parallel Earthing Conductor		
PEFC	Polymer Electrolyte Fuel Cell	SaaS	Software as a Service
PELV	Protective Extra Low Voltage	SAE	Successive Approximation Register
PEN	Leiter PE + N	SAR	Stationsautomatisierungssystem
PFC	Power Factor Correction	SAS	Substation Automation Systems
PGA	Programmable Gain Amplifier	SBB	Service Building Blocks
PID	Packet Identifier	SC	Short Circuit
PIR	Passive Infrared	SC-FDMA	Single Carrier Frequency Division Multiple Access
PL	Performance Level		
PLC	Programmable Logic Control, Powerline Communication		Secure Copy
PLD	Programmable Logic Device	SCP	Short Circuit Protective Device
PLL	Phase-Locked Loop	SCPD	Silicon Controlled Rectifier
PND	Personal Navigation Device	SCR	Small Computer System Interface
PNO	PROFIBUS-Nutzerorganisation	SCSI	Space Division Multiplexing
PoE	Power over Ethernet	SDM	SDM Access
POF	Plastic Optical Fibre	SDMA	Short Data Service
PON	Passive Optical Network	SDS	Surface conduction electron Emitter Display
PPP	Point-to-Point Protocol/Public Private Partnership	SED	
PPS	Produktions-, Planungs-, Steuerungssystem	SELV	Safety Extra Low Voltage
PRCD	Portable RCD	SEV	Schweizerischer Elektrotechnischer Verein
PSA	Persönliche Schutzausrüstung		
PSK	Phase Shift Keying/Pre-Shared Key	SFB	Selective Fuse Breaking
PSTN	Public Switched Telephone Network	SFTP	Secure File Transfer Protocol
PTP	Point to Point	SI	Service Information
PV	Photovoltaics	SIL	Safety Integrity Level
PWM	Pulse Width Modulation	SIP	Session Initiation Protocol/ System-in-Package
QAM	Quadratur-Amplitude-Modulation		
QMS	Quality Management System	SIR	Serial Infrared
QoS	Quality of Service	SISO	Single-Input and Single-Output
QPSK	Quadrature Phase Shift Keying	SMA	Sub-Miniature Adapter
RAM	Random Access Memory	SMD	Surface Mounted Device
RCBO	Residual Current Operated Circuit Breaker with Overcurrent protection	SMPS	Switch Mode Power Supply
RCCB	Residual Current operating Circuit Breaker	SMS	Short Message Service
		SOAP	Simple Object Access Protocol

Kurzformen von Fachbegriffen 6 — Short Forms of Terms 6

Kurzform	Bedeutung	Kurzform	Bedeutung
SOFC	Solid Oxide Fuel Cell	UPS	Uninterruptible Power System
SPC	Statistic Process Control	URL	Universal Resource Locator
SPD	Surge Protection Device	USB	Universal Serial Bus
SPI	Serial Peripheral Interface	ÜSE	Überspannungsschutzeinrichtung
SQL	Structured Query Language	ÜSG	Überspannungs-Schutzgerät
SRAM	Static RAM	USV	unterbrechungsfreie Stromversorgung
SSD	Solid State Drive	UWB	Ultra Wide Band
SSL	Secure Sockets Layer/Solid-State Lighting	VAN	Virtual Automation Network
SSR	Solid State Relay	VCM	Variable Coding and Modulation
ST	Structured Text	VCO	Voltage Controlled Oscillator
STP	Spanning Tree Protocol	VCSEL	Vertical-Cavity Surface Emitting Laser
SUI	Simple User Interface	VDA	Verband deutscher Automobilhersteller
TA	Terminal Adaptor	VDC	Voltage Direct Current
TAB	Technische Anschlussbedingungen der VDEW	VDE	Verband der Elektrotechnik, Elektronik, Informationstechnik
TASE	Telecontrol Application Service Element	VDEW	Verband deutscher Elektrizitätswerke
TCA	Telecommunications Computing Architecture	VDMA	Verband deutscher Maschinenbau-Anstalten
TCI	Tool Calling Interface	VDSL	Very High Data Digital Subscriber Line
TCL	Transverse Conversion Loss	VEFK	Verantwortliche Elektrofachkraft
TCM	Tandem Connection Monitoring	VLAN	Virtual LAN
TCO	Total Cost of Ownership	VNB	Verteilungsnetzbetreiber
TD	Trigger Decoder	VOA	Variable Optical Attenuator
TDC	Time to Digital Converter	VOB	Verdingungsordnung für Bauleistungen
TDD	Time Division Duplex	VoIP	Voice over IP
TDM	Time Division Multiplex	VoWLAN	Voice over WLAN
TFT	Thin Film Transistor	VPN	Virtual Private Network
TIFF	Tagged Image File Format	VRML	Virtual Reality Modelling Language
TK	Telekommunikation	VSC	Voltage Source Converter
TNV	Telecommunication Network Voltage		
ToD	Turn-off Device	W3C	World Wide Web Consortium
TOSA	Transmitter Optical Subassembly	WAN	Wide Area Network
TPU	Time Processor Unit	WCDMA	Wideband Code Division Multiple Access
TQM	Total Quality Management	WDM	Wavelength Division Multiplexing
TRBS	Technische Regeln zur Betriebssicherheit	Wimax	Worldwide Interoperability for Microwave Access
TSPD	Transient-Surge Protection Device		
TTI	Transmission Time Interval	Wi-Fi	Wireless Fidelity (WLAN)
TV	Television	WLAN	Wireless Local Area Network
TVSD	Transient Voltage Suppressor Diode	WMM	Wireless Multimedia
		WRC	World Radiocommunication Conference
UCTE	Union for the Coordination of Transmission of Electricity	WSDL	Web Service Description Language
UDP	User Datagram Protocol	XAML	Extensible Advanced Markup Language
UE	User Equipment		
UHP	Ultra High Purity	XFC	Extreme Fast Control
UL	Underwriters Laboratories Inc. / Uplink	XML	Extensible Markup Language
UML	Unified Modelling Language	ZPL	Zone Patching Location
UMTS	Universal Mobile Telecommunication System	ZVEH	Zentralverband der elektro- und informationstechnischen Handwerke
UPE	User Plane Entity	ZVEI	Zentralverband der elektrotechnischen Industrie
UPnP	Universal Plug and Play		

Fachliches Englisch — Technical English

a.c. (alternating current) Wechselstrom
a.c. converter Wechselstromumrichter
a.c. voltage Wechselspannung
abandon, to abbrechen
abatement Abnahme
ability Fähigkeit
ability to withstand short circuits Kurzschlussfestigkeit
abrasion Abnutzung
absolute maximum ratings Grenzdaten
absorb, to absorbieren, auffangen
abundance Häufigkeit, Überfluss
abuse Missbrauch
accelerate, to beschleunigen
acceleration Beschleunigung
accept, to annehmen, aufnehmen
access Anschluss, Zugriff
accident Störung, Unfall
account Rechnung, Berechnung, Konto
accumulation Anhäufung
accuracy Genauigkeit
acknowledge Anerkennung, Bestätigung
acquisition Erfassung, Erwerb
active aktiv, Wirk-
active power Wirkleistung
actor Wirkungselement
actual wirklich, effektiv
actuate, to auslösen, betätigen
adapt, to anpassen
adaption Anpassung, Lernfähigkeit
add, to addieren, hinzufügen
additional zusätzlich
advance, to fortschreiten, vorrücken
aerial Antenne(nanlage)
agenda Tagesordnung, Terminplaner
agent Mittel, Wirkstoff
air Luft
air conditioning Klimatisierung
aircraft Flugzeug
alarm Warnung, Störungsmeldung
algorithm Algorithmus
align, to ausrichten, abgleichen
alloy Legierung
ambient temperature Umgebungstemperatur
ampacity Strombelastbarkeit
amperage Stromstärke in Ampere
ampere turns elektrische Durchflutung, Amperewindungen
amplifier Verstärker
angular frequency Kreisfrequenz
antenna Antenne
application Anwendung
approach Näherung
approximation Näherung, näherungs...
area Fläche, Bereich
area medical medizinischer Bereich

arm's reach Handbereich
attenuation Dämpfung
available verfügbar, gültig
avalanche Lawine
avoid, to vermeiden
AWG (American wire gauge) amerikanisches Drahtmaß
back zurück, Rück...
back bias Rückwärtsspannung
back cover Rückwand
backbone Rückgrat
backing Belag, Überzug
backup Datensicherung
ball bearing Kugellager
bar nackt, bar
bare, to entblößen
barred gesperrt
barrier Abdeckung
base Sockel, Grundbase
base insulation Basisisolation
basic grundlegend, Grund...
basic insulation Basisisolierung
basic protection Basisschutz
batch Stapel
bathroom Bad
bayonet Bajonett
bayonet nut connector BNC-Stecker (Bajonett-Stecker mit Überwurfmutter)
beam Strahl, Strahlenbündel
beat, to schlagen
behaviour Verhalten, Benehmen
bench Bank, Werkbank
bias angelegte Spannung, Vorspannung
bias, to vorspannen, vormagnetisieren
big groß
bill of material Stückliste
binary binär, dual
binary code Binärcode
binary input Binäreingang
bistable multivibrator Flipflop
bitrate Bitrate
black schwarz
blackout Ausfall
blank leer, bloß
blink, to blinken
block diagram Blockschaltplan, Übersichtsschaltplan
blower Lüfter
blue blau
board Brett, Platine
body Hauptteil, Körper
bolt Bolzen, Stift
bond Kontaktierung, Verbindung
Boolean algebra Boole'sche Algebra
boost, to anheben, verstärken
booster Spannungsverstärker
booster diode Schaltdiode
boot, to laden, stoßen, nützen
bootstrap loader Urladeprogramm

boring Bohrloch, langweilig
bracket Klammer
brain Gehirn
brainstorming Anstrengen des Gehirns, Nachdenken
brake Bremse
brake, to bremsen
branch Zweig
branch box Abzweigdose
branch, to verzweigen
branchpoint Verzweigungspunkt, Knoten
braze, to hartlöten
brazing solders Hartlote
breadboard circuit Versuchsschaltung
breakdown Durchbruch
break, to brechen, unterbrechen
breaking Abschaltung
breaking capacity Ausschaltvermögen
bridge Brücke
bridge connection Brückenschaltung
bridge, to überbrücken
brightness Leuchtdichte
broadcast, to senden
brown braun
browse, to blättern, suchen
buffer Puffer
buffered gepuffert
built-in eingebaut
built-in set Einbausatz
bulb Kolben, Glühbirne
busy besetzt, geschäftig
button Knopf, Taste, Schaltfläche

Cabinet Gehäuse, Schrank
cable Kabel, Leitung
cable code Leitungscode
cable ladder Kabelpritsche
cable tray Kabelwanne
calibrate, to abgleichen, kalibrieren
call, to rufen, anrufen
caller Rufer
canal Kanal
cancel, to abbrechen
cancer Krebs
capacitance Kapazität
capacitor Kondensator
carriage Vorschub
Cartesian coordinates kartesische Koordinaten
cartridge Kassette, Patrone
case Fall, Angelegenheit, Gehäuse
cash Bargeld
catalyst Katalysator (chemisch)
cathode ray oscilloscope Elektronenstrahl-Oszilloskop
cause Grund
cell Zelle
channel Kanal
characteristics for switchgears Kennzeichen für Schaltgeräte
charge elektrische Ladung, Gebühr

charging technique Ladetechnik
check Prüfung, Test
choke Luftklappe, Drosselspule
choose, to wählen
chop, to zerhacken
chopped abgeschnitten
circuit Stromkreis, Kreis
circuit breaker Sicherung
circuit diagram Schaltplan
clamp Klammer
cleansing Reinigung
clear, to klären, löschen
client Kunde, untergeordneter Computer
clip Klemme, Klammer
clock Takt
coat Mantel
code converter Code-Umsetzer
code letter Kennbuchstabe
coil Spule
coin Münze
color identification Farbkennzeichnung
commissioner Beauftragter
common gemeinsam
commutation Kommutierung
company Firma, Unternehmen
comparison Vergleich
compatibility Verträglichkeit, Kompatibilität
compile, to zusammensetzen
component Bestandteil, Bauteil
compose, to zusammensetzen
compound Verbund, Verbindung
compound, to verbinden
concealed verdeckt, verborgen
condition Bedingung
conduct, to leiten
conductor Leiter
conduit Elektroinstallationsrohr
cone Kegel
configuration Anordnung
connect, to verbinden
connection diagram Anschlussplan
connector Verbinder
console Bedienplatz
construction types Bauformen
consultation Rücksprache, Beratung
contact protection Berührungsschutz
contactless kontaktlos
container Behälter
content Inhalt, Rauminhalt
continuous duty Dauerbetrieb
control Steuerung, Regelung (Vorgang)
control, to steuern, regeln
controlgear Steuergerät
controlled gesteuert
controller Steuerung, Regelung (Gerät)
conversion Umrichten
converter Umsetzer, Umrichter
copy, to kopieren
cosine Cosinus

counter Zähler
couple, to koppeln, umschalten
coupling Kupplung
cover Abdeckung
cover, to abdecken
create, to erzeugen
crest Scheitel, Gipfel
crimp, to quetschen
cross section Querschnitt
crossover point Umschaltpunkt
current Strom, elektrischer Strom
current booster Stromverstärker
current-carrying capacity Strombelastbarkeit
customize, to anpassen
cut, to abschneiden, trennen
cutout diode Durchbruchdiode

d.c. (direct current) Gleichstrom
danger Gefahr
dangerous gefährlich
data Daten, Angaben
data base Datenbank, Datenbestand
debug, to bereinigen
debugger Fehlersuchprogramm
decoupling Entkopplung
decrease, to verringern, abnehmen
decrement Senkung
defrosting transformer Auftautransformator
deinsulate abisolieren
delay Laufzeit, Verzögerung
delay, to aufschieben, verzögern
delete, to zerstören, löschen
deletion Löschung
deliver, to abgeben, ausliefern
delivery Lieferung
delta voltage Dreieckspannung
density Dichte
dependence Abhängigkeit
dependent abhängig von
deplete, to ausräumen, entleeren
depress, to drücken
depth Tiefe
design current vorgesehener Betriebsstrom
desk Pult, Tisch
desktop computer Tischcomputer
despose of, to entsorgen
destination address Zieladresse
determine, to entscheiden
deviation Biegung, Neigung
device Bauelement, Baustein, Gerät
diagram Diagramm, Plan
dial code Rufnummer
dial, to (Nummer) wählen
digit Ziffer, Zeichen
digital control digitale Regelung
digital memory digitaler Speicher
digitalizing Digitalisierung
digitize, to digital darstellen
dimension Abmessung
direct contact direktes Berühren

directory Verzeichnis
dirt Schmutz, Verschmutzung
disabling Abschaltung
disc (USA) Platte, Scheibe
disconnector Abschaltautomat
disengage, to befreien, frei machen
disk (engl.) Platte, Scheibe
displacement Entfernung, Verlagerung
display Bildschirm, Anzeige
disposal site Deponie
distance Abstand, Distanz
distant entfernt
distribution circuit Verteilungsstromkreis
disturbance Störung
diversion Ablenkung
divide, to teilen, einteilen
domain Bereich, Gebiet
domestic network Inlandsnetz
dominate, to dominieren, vorherrschen
dominating dominierend
doped dotiert
dot Punkt
double doppelt, Doppel-
double-way connection Zweiwegschaltung
down abwärts, unten, nach unten
download, to herunterladen
downsized klein(er) gebaut
downtime Stillstandszeit
drain Senke
draw, to zeichnen, ziehen, entnehmen
drawing Zeichnung, Plan
drift, to abweichen, verschieben
drill, to bohren
drive Antrieb, Laufwerk
drive, to antreiben
driver Treiber
dummy Attrappe, Blind-
dummy jack Blindbuchse
dye Farbe

earth Erde, Masse
earth electrode Erder
earth fault Erdschluss
earthing Erdung
earthing conductor Erdungsleiter
easy leicht
ecology Ökologie
edge Kante, Flanke
edge connector Steckerleiste
edge triggered flankengesteuert
edit, to aufbereiten, überarbeiten
edition Ausgabe
editor Text-Aufbereitungsprogramm
educate, to erziehen, ausbilden
effective tatsächlich, Wirk-
efficiency Wirkungsgrad
ejector Auswerfer
electric elektrisch
electric current elektrischer Strom
electric shock elektrischer Schlag

electric source Stromquelle
electrical elektrisch (adverbial)
electrical angle Phasenwinkel
electronic power-supply elektronisches Vorschaltgerät
embed, to einbetten, umgeben
embedded eingebaut
emergency Notfall, Not...
emergency stop NOT-Halt
enable Freigabe
enclosure Umhüllung
encoder Codierer
engage, to einschalten, kuppeln
engine Maschine, Motor
engineering Technik
enhancement Anreicherung
entry Eingabe, Eingabegerät
environment Umgebung, Umwelt
equipment Apparatur, Gerät
equipotential bonding Potenzialausgleich
equivalent circuit Ersatzschaltung
equivalent leakage current Ersatzableitstrom
erase, to löschen
error Fehler, Irrtum
error rate Fehlerrate
escape, to fliehen, entkommen
etch, to ätzen
evaluation Auswertung
excitement Erregung
exclude, to ausschließen
executive Ausführender, Leitender
exert, to anwenden
expand, to erweitern, ausdehnen
experience Erfahrung
experienced erprobt
explosible explosionsfähig, explodierbar
exposed-conductive-parts Körper elektrischer Betriebsmittel
expression Ausdruck
extended ausgedehnt
extension Erweiterung
external außen
extraneous conductive part fremdes leitfähiges Teil

failure Fehler, Ausfall
fall time Abfallzeit
fall, to fallen, abfallen
fan Fächer, Lüfter
fan-in Eingangslastfaktor
fast schnell
fatality Ausfall, Versagen
fatigue, to ermüden (Werkstoffe)
fault Fehler, Störung
fault current Fehlerstrom
fault protected mit Fehlerschutz
fault protection Fehlerschutz
fault voltage Fehlerspannung
feature Eigenschaft, Merkmal
feed, to füttern, speisen
feedback Rückkopplung
fetch Abruf

fiber Glasfaser, Lichtleitfaser
fiber optics Technik der Lichtwellenleiter
field Feld
field pattern Feldlinien-Verlauf
field strength Feldstärke
field winding Erregerwicklung
file Datei
final circuit Endstromkreis
fire alarm annunciator Brandmelder
fire prevention Brandverhütung
flag Flagge, Kennzeichen
flash Blitz
flashlight Blitzlicht, Taschenlampe
flat module flache Baugruppe
flicker, to flackern
floating fließend, erdfrei, potenzialfrei
floor heating Fußbodenheizung
fluid Flüssigkeit
flux density Flussdichte
flyback converter Sperrwandler
force Kraft
forward converter Durchflusswandler
forward direction Durchlassrichtung
frame Rahmen
frequency Frequenz, Häufigkeit
front panel Frontplatte
fuel Kraftstoff
fuel cell Brennstoffzelle
fuel cell power station Brennstoffzellen-Kraftwerk
fuse Sicherung, Schmelzsicherung
fuse switch Überstrom-Schutzschalter
fusible leicht schmelzbar
fusible link abschmelzbare Verbindung
fuzzy unklar, unscharf

gain Verstärkung
gamble Glücksspiel
gate Gitter, Tor
gate controlled über das Gate gesteuert
gate, to auslösen, durchlassen
gauge Maß, Drahtmaß
gauge, to messen, kalibrieren
gear motor Getriebemotor
general allgemein
general purpose Allzweck-, Mehrzweck-
generate, to erzeugen
giant Riesen-, Höchst-
glaze, to lasieren, verglasen
glitch kurzzeitiger Störimpuls
green grün
grey grau
grid Gitter, Versorgungsnetz
grind, to schleifen
grooved pin Kerbstift
ground (USA) Erde
group Gruppe
group hunting line Sammelleitung

guide Anleitung, Handbuch
guide wire Leitdraht
guideline Richtlinie
gun Kanone, Strahlsystem

half byte Halbbyte (4 Bits)
halogen bulb Halogenlampe
hand-held equipment Handgerät
handle Griff
handling Bearbeitung
handshake Händeschütteln
hard disk Festplatte
hash Gehacktes, Mischmasch
hazardous gefährlich
hazardous live part gefährliches aktives Teil
hazardous material Gefahrstoff
head Kopf
header Nachrichtenkopf, Überschrift
health Gesundheit
heap Haufen
heat Hitze, Wärme
heat engine Wärmekraftmaschine
heat reservoir Wärmespeicher
heat sink Kühlkörper
heavy current cable Starkstromleitung
heavy metal Schwermetall
hidden verborgen, versteckt
high-speed steel Schnellarbeitsstahl
host Wirt, Hauptcomputer
host computer übergeordneter Computer
hostile feindlich, unwirtlich
hot heiß, nicht geerdet
hotline Spannung führende Leitung, Direktverbindung
hour Stunde
housing Gehäuse
hub Speichenrad, Sternkoppler
hum trouble Brummstörung
hum, to brummen

icon (kleines) Bild
idle in Ruhe, spannungslos, leerlaufend, zwecklos
idle condition Ruhezustand
idle current Ruhestrom
idle interval stromlose Dauer
idle, to in Ruhe versetzen
image Bild, Abbild
image sensor Bildabtaster
imbalance Ungleichheit
immediate unmittelbar
immobile unbeweglich
implement Arbeitsgerät
inaccuracy Ungenauigkeit
inching kurzes Einschalten
incident Störung
increment Zunahme
independent earth electrode unabhängiger Erder
index Stich-/Sachwortverzeichnis
inflammable site feuergefährdete Betriebsstätte
inhibit sperren, vermeiden

input Eingang
input unit Eingabegerät
input voltage Eingangsspannung
instant value Augenblickswert
insulance Isolationswiderstand
insulant classes Isolierstoffklassen
insulate, to isolieren, dämmen
insulated isoliert
insulation test Isolationsprüfung
integrate, to einbauen, integrieren
intensity Helligkeit, Strahlstärke
inter zwischen
interchange Austausch, Wechsel-
interface Anpassungsschaltung, Schnittstelle
interface, to anschließen, verbinden
interference Störung, Einmischung
interrupt Unterbrechung
intrinsic wirklich, eigenleitend
intrude, to aufschalten
invalid ungültig
inverse feedback Gegenkopplung
invert, to umkehren, invertieren
inverting input invertierener Eingang
iron Eisen, Lötkolben
isolate trennen, entriegeln

jack Buchse, Steckdose
jitter Zitterbewegung
job management Auftragsverwaltung
jogging Tastbetrieb, Tippen
join Verbindung, Übergang
join, to verbinden, vereinigen
jump, to springen, verzweigen
jumper Überbrückungsstecker
junction Anschluss, PN-Übergang
junction-box Verbindungsdose

kernel Hauptsache, innerster Kern
keyboard Tastatur
knock, to anklopfen

label Kennzeichen, Etikett
label, to kennzeichnen, markieren
land Land, Leiterbahn, Kontaktfleck
language Sprache
law Gesetz
layer Lage, Schicht
lead Blei, Anschlussdraht
lead voltage drop Spannungsfall
lead, to leiten, ableiten, voreilen
leading führend
leading current voreilender Strom
leakage current Ableitstrom
least geringst, kleinst
least significant bit niedrigstwertiges Bit
length Länge
letter symbol Formelzeichen
level Ebene, Niveau
library Bücherei, Bibliothek
light emitting diode Leuchtdiode, LED
lighting Beleuchtung

lightning protection Blitzschutz
limit Grenze, Grenzwert
limitation Begrenzung
line Linie, Leitung
line adapter Leitungsanschluss
line-to-line voltage Spannung Außenleiter-Außenleiter
link Bindeglied, Schmelzeinsatz
link, to verbinden, verknüpfen
liquid crystal device Flüssigkristallanzeige
liquids Flüssigkeiten
list Liste, Tabelle
list, to auflisten
listener Nachrichtenaufnehmer
live part aktiver Teil
load Last, Lastwiderstand
load cell Kraftmessdose
load, to laden
local lokal, örtlich
location Standort
lock, to einrasten
locking rastend
locking button rastende Taste
logic circuit Logikschaltkreis
longword Langwort (32 Bits)
loop Schleife
loss Verlust, Dämpfung
loss factor Verlustfaktor
LPZ (lightning protection zone) Blitzschutzzone

machine Anlage, Maschine, Computer
macro Unterprogramm
mail Post
main hauptsächlich
main cable Hauptkabel, Netzkabel
mainframe Grundgerät, Hauptcomputer
mains Stromnetz
mains failure Netzausfall
maintenance Wartung, Instandhaltung
management Verwaltung, Leitung
manual händisch, manuell, Handbuch
manually von Hand (Adverb)
mark Marke, Zeichen
master Meister, Hauptgerät
mean Mittelwert
mean delay mittlere Wartezeit
measure Maß
measurement Messung, Maß
measuring point Prüfpunkt
memory Gedächtnis, Speicher
mesh Masche
message Nachricht, Meldung
messenger Bote
meter Messgerät
micro Kleinst..., Mikro...
mill Fabrik
mill, to fräsen
milling Fräsen
mind, to beachten
minutes Protokoll

mobile beweglich, ortsveränderlich, Mobiltelefon
mode Art, Betriebsart
modification Änderung
module Modul, Baugruppe
moisture Feuchtigkeit
monitor Bildschirmgerät, Prüfprogramm, Prüfgerät
monitor, to abhorchen, kontrollieren
monitoring system Überwachungssystem
motherboard Hauptplatine
move, to bewegen, übertragen
multiaccess Mehrfachzugriff
multiple vielfach
multiple access Vielfachzugriff
multiplex line Multiplexverbindung
multiplex, to bündeln (von Kanälen), arbeiten im Multiplexbetrieb
multiplier Multiplizierer
multiply vielfach
multiply, to multiplizieren
multitag Mehrfachkennzeichnung
multitasking Mehrprozessverarbeitung
mush Störung
mute, to dämpfen
mutual gegenseitig
mutual conductance Steilheit

nail Nagel
narrow schmal
natural resource Rohstoff
network Netzwerk, Netz
neutral Mittelleiter, Neutralleiter
neutral conductor Neutralleiter
node Knoten
noise Lärm, Geräusch, Rauschen
noise immunity Störfestigkeit
noise value Rauschfaktor
nominal voltage Nennspannung, Bemessungsspannung
nonvolatile nichtflüchtig
notation Schreibweise, Darstellungsweise
number Nummer
nut Schraubenmutter, Nut

off abgeschaltet
office Büro
off-line nicht an Netz angeschlossen
off-state Sperrzustand
on eingeschaltet
one wave rectifier Einweggleichrichter
on-line an Netz angeschlossen
open offen
open circuit Leerlauf
open-circuit voltage Leerlaufspannung
operate, to bedienen, betätigen
operating instruction Betriebsanleitung
operating mode Betriebsart

operating system Betriebssystem
opposite entgegengesetzt
optical optisch
optical conductor Lichtwellenleiter
optical isolator Optokoppler
origin Ausgangspunkt, Nullpunkt
oscillation Schwingung
oscillator circuit Schwingkreis
out aus, heraus
output Abgabe, Ausbeute, Ausgang
output amplifier Ausgangsverstärker
output voltage Ausgangsspannung
output, to abgeben
over über
overcurrent Überstrom
overflow Überlauf
overhead line Freileitung
overload Überlast
overview Überblick, Übersichtsplan
overvoltage Überspannung
overvoltage protection Überspannungsschutz

pack, to bestücken, verdichten
package Pack, Verpackung, Zusammenstellung
pad Polster
page Seite
panel Feld, Platte
paper Papier
paper jam Papierstau
parallel operation Parallelbetrieb
parallel, to parallel schalten
parity Gleichheit
parity checker Paritätsprüfer
parser Analysesystem
part Teil, Bauteil
partial teilweise
partially teilweise (adverbial)
password Kennwort
paste, to einfügen, einkleben
patch cord Verbindungsschnur
patch, to einfügen, flicken, zusammenschalten
path Pfad, Weg
path-time diagram Weg-Zeit-Diagramm
pattern Charakteristik, Struktur
patterning Strukturierung
pause, to unterbrechen, warten
pay, to bezahlen
peak Spitze, Maximum
peak value Höchstwert
peak-to-peak Spitze zu Spitze
penetrate, to durchdringen, eindringen
people Leute, Volk
performance Arbeitsweise, Güte
period Zeitraum
periodic duty Aussetzbetrieb
periodic operation periodischer Betrieb
permanent magnet Dauermagnet
phase control Phasensteuerung

phase fired control Anschnittsteuerung
phase-locked loop Phasenregelkreis
photocopier Fotokopiergerät
pin Stift
pink rosa
pipe Rohr, Röhre
place Platz, Ort
place of fulfillment Erfüllungsort
plant Anlage, Fabrik
plate Platte, Elektrode
plate resistance Innenwiderstand
playback Wiedergabe
plot, to grafisch darstellen
plug (Verbindungs-)Stecker
plug connector Steckverbinder
plug, to stecken, stöpseln
plugged gesteckt
plug-in board (große) Steckkarte
plug-in jumper Steckbrücke
point Punkt
point charge Punktladung
poll, to abfragen, abrufen
pollutant Schadstoff
pollution Verunreinigung
port Ein-Ausgabe-Baustein, Kanal
port, to übertragen
portable tragbar
position Lage, Stellung
positive slope ansteigende Flanke
post, to abschicken
powder Staub
power Arbeit, Kraft, Leistung
power booster Leistungsverstärker
power cable Netzkabel
power electronics Leistungselektronik
power factor Leistungsfaktor
power frequency Netzfrequenz
power lead Netzleitung
power outage Netzausfall
power pack Netzteil
power plant Starkstromanlage
power stage Leistungsstufe
power supply Stromversorgung
prealign, to voreinstellen
preamplifier Vorverstärker
precaution Warnung, Richtlinie
preceding vorhergehend
precision Genauigkeit
predominant vorherrschend
prefetching Vorab-Abruf
prescribe, to vorschreiben
preset, to voreinstellen
press, to drücken, pressen
pressure Druck, mechanische Spannung
prevalent allgemein, verbreitet
prevent, to verhindern
print, to drucken
printer Drucker
private network privates Netz
profit Gewinn

profound gründlich
program abort Programmabbruch
projector Beamer
prompt Aufforderungszeichen
protect, to schützen
protection Schutz, Absicherung
protective schützend
provide, to abgeben, versorgen
provider Versorger
proxy Stellvertreter
pull, to ziehen
pulsatance Kreisfrequenz
pulse Impuls, Puls, Stoß
pulse edge Impulsflanke
pulse number Pulszahl
pulse operation Pulsbetrieb
pump Pumpe

quality group Gütegruppe
quench Funkenlöschung
query Anfrage, Abfrage
queue Warteschlange
quick schnell
quick fuse schnelle Sicherung
quicksort schnelle Sortierung
quiet ruhig, gedämpft
quit, to verlassen

rack Einschub, Gestell
radiation Strahlung
radiation dosage Strahlungsdosis
radio bearing Funkpeilung
radio interference suppression Funkentstörung
radio technology Rundfunktechnik
random zufällig, regellos
range Bereich
rate Rate, Tarif
rated current Nennstrom, Bemessungsstrom
rated power Bemessungsleistung
rating plate Leistungsschild
ratings Betriebsdaten
reactance Blindwiderstand
reaction rate Reaktionsgeschwindigkeit
reactive Blind...
reactive factor Blindleistungsfaktor
reactor Drosselspule
read, to lesen
rear hinterer Teil, Rück...
rear, to aufziehen, erheben
reason Grund
recall Rückruf
recall, to abrufen (Daten), zurückrufen
receive, to aufnehmen, empfangen
receiver Empfänger
recharge, to wiederaufladen
rechargeable wiederaufladbar
recognize, to erkennen
recombination Wiedervereinigung
record, to aufzeichnen
recovery Rückgewinnung
rectifier Gleichrichter

573

rectify, to gleichrichten
redundant überflüssig, redundant
reference arrow Bezugspfeil, Zählpfeil
reference power Bezugsleistung
region Bereich
regulate, to regeln
regulation Änderung
rehearsal Probedurchlauf
relay Relais
release Freigabe
release, to auslösen, abfallen, freigeben
releasing characteristic Auslösekennlinie
reliability Betriebssicherheit
reliable zuverlässig
remedy Fehlerbeseitigung
remote Fern-, entfernt
remote processing Fernverarbeitung
repeater Wiederholer, Zwischenverstärker
replacement Ersatz, Austausch
reply message Quittung
reply, to antworten, wiederholen
request Anforderung
resettable rücksetzbar
residual Rest...
residual current Differenzstrom, Fehlerstrom
residual current protective device Fehlerstrom-Schutzeinrichtung
resistance physikalischer Widerstand
resistivity spezifischer Widerstand
resistor Widerstand (als Bauelement)
resolver Drehmelder
restriction Beschränkung
restrictor Sperre
return, to zurückkehren
reversal Umkehrung
revolution Umdrehung
ring, to läuten, klingeln
ripple Welligkeit
ripple frequency Brummfrequenz
rise time Anstiegszeit
rod Stab, Stange
rotational speed Drehzahl
router Wegsucher, Pfadfinder
rubber Gummi
rule of three Dreisatzrechnung

Safety precaution Schutzmaßnahme
safety services Sicherheitszwecke
sample Abtastwert
sample, to abtasten, Probe entnehmen
sampling Abtastung
sampling rate Abtastrate
sampling theorem Abtasttheorem
satellite communication service Satellitenfunk
saturation Sättigung
save, to retten, abspeichern
scale Skala, Maßstab

scale, to maßstäblich ändern, skalieren
scaled skaliert, bemessen
scan, to abtasten
scanner Abtastgerät
scatter, to Funken sprühen
schedule Aufstellung, Plan
scheduling Planung
scope Bereich, Oszilloskop
score Einschnitt, Kerbe
scramble, to krabbeln, verrühren, verschlüsseln
scrap Schrott
screen Abschirmung, Bildschirm
screen dimension Bildschirmgröße
screened geschirmt
screw Schraube
screw locks Schraubensicherung
screw threads Gewinde
screwdriver Schraubendreher
scroll, to Bildschirm rollen
seal, to abdichten
sealing Abdichtung
section Abschnitt, Kapitel, Teilung
security Sicherheit
select, to auswählen
selectance Trennschärfe
selective amplifier Selektivverstärker
selector Wähler
self selbst
self-locking selbsthemmend
self-powered mit Batterie betrieben
semiconductor Halbleiter
sensitivity Empfindlichkeit
sensor Messfühler, Sensor
separate, to trennen
sequence Ablauf, Folge
sequential sequenziell, folgerichtig
server Diener, Bedieneinheit
service Dienst
service instruction Bedienungsanweisung
setup Geräte-Grundeinstellung
setting Einstellung
sewage Abwasser
sewage plant Kläranlage
shape Form, Gestalt
share, to teilen, aufteilen
shear stress Scherspannung
shearing Abscherung
sheet metal Blech
shielded abgeschirmt
shielding Abschirmung, Schirm
shift, to verschieben, umschalten
shock current gefährlicher Körperstrom
short kurz
short circuit Kurzschluss
shower Dusche
side Seite
sieve Sieb
signaling, signalling Signal-Übertragung
silicon Silicium
silicone Silikon

simultaneously gleichzeitig
sine current Sinusstrom
single-board computer Einplatinencomputer
single-phase motor Einphasenmotor
single-way connection Einwegschaltung
site Standort, Lage
site, to anbringen, aufstellen
size Größe, Abmessung
skilled person Elektrofachkraft
skin Haut
skin, to abisolieren
skip Auslassung, Sprung
skip, to übergehen, überspringen
slack joint Wackelkontakt
slave Sklave, Untergerät
slave operation Master-Slave-Betrieb
slime Schlamm
smart intelligent
smoothing Glättung
socket Buchse, Fassung, Steckdose
socket outlet Steckdose
solder Lot, Lötzinn
solder lug Lötfahne, Lötöse
solder, to löten
solid Festkörper, fest, massiv
solvent Lösemittel
sonic frequency Schallfrequenz
sound Klang, Laut, Schall
source Quelle
space Abstand, Weltraum
spark Funke
spark gap Funkenstrecke
speaker Sprecher, Nachrichtengeber
specify, to spezifizieren, angeben
speech circuit Sprachkreis
speed Drehzahl, Geschwindigkeit
speed controller Drehzahlregler
spell check Rechtschreibprüfung
spell, to buchstabieren
sphere Bereich, Kugel, Sphäre
spring Feder
stability Stabilität
stage Gerüst, Stufe, Stadium
standby electric source Ersatzstromquelle
steel Stahl
stepper motor Schrittmotor
storage Speicher
stored program gespeichertes Programm
strength value Festigkeitswert
stresstest Belastungstest
strip Streifen
subroutine Unterprogramm
subscriber Teilnehmer
substance Stoff, Substanz
supplementory insulation zusätzliche Isolierung
supply Einspeisung, Versorgung
supply payment Einspeisevergütung
supply system Versorgungseinrichtung
supporting forces Auflagerkräfte

suppression Unterdrückung
surface Oberfläche
surface contours Oberflächenprofil
surface mounted oberflächen-
  montiert
surge Stoß, Stromstoß
surge dissipator Überspannungsableiter
surge impedance Wellenwiderstand
surge protection device Überspannungsableiter
surge relay Stromstoßrelais
switch Schalter
switchgear Schaltgerät
switching power supply Schaltnetzteil
switching-off Ausschalten
symmetrical symmetrisch

tag Etikett, Kennzeichen
tank Behälter
tape Band, Streifen
task Aufgabe, Rechenprozess
teach, to lehren, unterrichten
technician Techniker
telecontrol device Fernwirkgerät
telephone technology Fern-
  sprechtechnik
temporary vorübergehend
tension springs Zugfedern
terminal Endstation, Endgerät
test bench Prüfstand
test board Prüfplatz
thermal strip Bimetallstreifen
thread, to aufreihen, einfädeln
three-phase current Drehstrom
three-phase power supply Dreh-
  stromnetz
three-state Schaltung mit 3 Aus-
  gangszuständen
threshold Schwelle, Grenzwert
throughout power Durchgangsleistung
thumb Daumen
thumbnail Daumennagel, Minia-
  turansicht
time Zeit
time delay Zeitverzögerung
timeout Sperrzeit

timer Zeitmesser
timing diagram Zeitablaufdiagramm
toggle Kipphebel, Kipp-
tool Werkzeug
top oben, Oberteil
torque Drehmoment, Moment
touch current Berührungsstrom
touch voltage Berührungsspannung
tough zäh, robust
toxin Gift
track Schiene, Spur
trackball Rollkugel, Steuerkugel
trail Schwanz, Weg
trailer Nachsatz
transceiver Sende-Empfänger
transducer Wandler, Messwandler,
  Umformer
transformer Wandler, Transformator
transit Durchgang, Transit
transmitter Übertrager
trap Falle
triangle Dreieck
trigger Auslöser, Auslöseimpuls
trigger, to ansteuern durch Impulse
tube Schlauch
tunable abstimmbar
tune, to abstimmen
turning Drehen
turnover Umsatz
twisted verdrillt, verseilt

Ultimate unbedingt
umbrella Schirm
unbalance Asymmetrie, Unwucht
unconditional unbedingt
uniphase motor Einphasenmotor
unit Bauelement, Baustein, Einheit
universal allgemein
user Anwender, Nutzer
user interface Benutzeroberfläche

Validation Überprüfung
valley Tal, Minimum
value Wert
valve Ventil
versatile veränderlich, vielseitig
visible sichtbar
visual sichtbar, Seh-, Sicht-

visual power Scheinleistung
voice Stimme
volatile flüchtig
voltage elektrische Spannung
voltage glitch Spannungsspitze
volume Volumen, Lautstärke

Wafer Halbleiter-Einkristallscheibe
waste Abfall
wattage elektrische Leistung in W
wattmeter Leistungsmesser
wave Welle
waveform Schwingungsform
wavelength Wellenlänge
web Gewebe, Netz
weld, to schweißen
welding Schweißen
white weiß
width Breite, Dicke
winding Windung, Wicklung
winding diagram Wicklungsplan
window Fenster
wire Draht, Leiter
wireless drahtlos, Funk-
wireless plant Funkanlage
wirewound drahtgewickelt
wiring Verdrahtung
wiring system Leitungssystem,
  Kabelsystem
work, to arbeiten, bearbeiten, funk-
  tionieren
work plan Arbeitsplan
working voltage Betriebsspannung
worst case ungünstigster Fall
wrap terminal Wickelanschluss
write, to schreiben, aufzeichnen
wrong unrichtig, falsch

X-ray Röntgenstrahlung

Y-amplifier Vertikalverstärker,
  Y-Verstärker
yellow gelb

Zero Null
zero flag Kennzeichen für Null
zoom schrittweise Vergrößerung

Sachwortverzeichnis

Alphabetical Index

Symbole
3 AC – 3 a. c. (three-phase alternating current) 341

A
Abfallrecht – waste law 536
Abgleich – alignment 221
Ablaufdiagramm – flowchart . . . 91
Ablauf-Funktionspläne – sequence function diagrams . . 119
Ablaufsprache AS – sequential language AS 279
Ablaufsteuerung, Elemente – sequential control, elements 117, 118
Ablaufsteuerung – sequential control . . 115, 116, 257, ... 392, 393, 394, 395, ... 396, 397, 398, 399, 400, 401
Ableitstrommessung – leakage current measuring . . . 379, 412
Abmaß – deviation 79, 506
Abnutzung, mechanische – wearing, mechanical 412
Abschaltung, automatische – switching-off, automated 360
Abschaltung – switching off . . . 355
Abscherung – shearing 64
Abschnittsteuerung – phase cut-off control / phase control with falling edge   291, 299
Abschreibung – depreciation . . 554
Abszisse – abscissa 72
Abtastrate 240
Abtastung – scanning / sampling 424, 428
AC – a.c. (alternating current) . . 341
Achsabstand – distance between axes 58
Achsen, Roboter – axes, robot . 470
ACR – ACR 162
Adapter – adapter 457
additive Fertigung – additive manufacturing 176
Aderfarben – wire colours 515
Aderleitung – wire 159
Adjunktion – adjunction 417
Adressbuchstaben, CNC – address letters, CNC 462
Adresse – address 430
AD-Umsetzer – AD converter 240, 423
AFDD – AFDD 339
Akkumulator – accumulator . . . 209, 369, 371, 429
Akkumulatorenraum – accumulator room 371
Aktionen, GRAFCET – actions, GRAFCET 117
Aktionen, verzögernd/speichernd wirkende – actions, delaying/storing 119
aktives Filter – active filter 57
Aktoren – actuators 442, 445
Al-Bleche – Al-sheets 151
Algorithmus – algorithm 430
Allgemeintoleranzen – general tolerances 513

Alphabet, griechisches – alphabet, Greek 74
alphanumerische Kennzeichnung – alphanumeric identification . . 296
ALU – ALU 429
Aluminium – aluminium . . 149, 150
Aluminiumprofile – Al-profiles . 151
Analog-Digitalumsetzer – analog-digital converter . 240, 423
analoge Informationsverarbeitung – analog information processing 106
analoge Regler – analog controllers 260
Analogschalter – analog switch 424
Anbindung, IO-Link – connection, IO-Link 450
Anfangsschritt – initial step 116
Anlagen, Diagnose – installations, diagnosis 410
Anlagen, elektrische – installations, electric 289
Anlagen, feuergefährdete – installations, fire endangered 339
Anlagen, Messungen in – installations, measurements in 293, 294, 295
Anlagen, vorübergehend errichtete – installations, temporary erected 366
Anlassen – start-up 332
Anlasser – starter 112, 113
Anlaufschaltung – start circuit . . 332
Anlauftransformator – start transformer 332
Anschlussbezeichnung – connection identifier . . . 121, 296
Anschlüsse – connections 296
Anschluss-Funktionsschaltplan – function diagram for connection 91
Anschlusskabel – connection cable . 518
Anschlusskennzeichnung – connection identification 296
Anschlussleistung, Grenzwerte – connection power, limits 291
Anschluss, Näherungsschalter – connection, proximity switch . 232
Anschlussplan – connection diagram 91
Anschnittsteuerung – phase fired control 291, 299
ANSI – ANSI 101, 102
Ansichten – views 75
Antivalenz – antivalence 417
Anti-Virenprogramme – anti-virus programs 437
Antriebe – drives 289, 304, 330
Antriebe, Effizienz – drives, efficiency 329
Antriebe, Linear- – linear drives 325
Antriebe, Steller- – drives, controller 103
Antriebe von Schützen – drives of contactors 243
Antrieb, Piezo- – drive, piezo- . . 326
Antriebsmotor, Wahl – driving motor, choice 330
Antriebe, Spindel- – spindle drive 325

Antriebstechnik – drive engineering 328
Antriebsteil – part of the drive . 407
Anweisungsliste – instruction list 396
Anzugsmoment – initial torque 314
Anzugsstrom – starting current 314, 332
Applikation – application 444
Äquivalenz – equivalence 417
Arbeit, elektrische – work, electrical 40
Arbeiten in elektrischen Anlagen – working in electrical installations 292
Arbeiten mit Excel – working with Excel 435
Arbeiten unter Spannung – live line working 292
Arbeit, mechanische – work, mechanical 38
Arbeitsbewegung, Drehmaschinen – processing movement, turning machines 467
Arbeitsbewegung, Fräsmaschinen – processing movement, milling machines 466
Arbeitsmaschinen – processing machines 266, 330
Arbeitsräume, Roboter – workrooms, roboter 471
Arbeitsrecht – labour law 545
Arbeitsschutzverordnung – worker protection decree . . . 542
Arbeitsschutz – worker protection 545
Arbeitssicherheit – operational safety 472
Arbeitssicherheit – safety at work 473
Arbeitsvertrag – employment contract 545
Arbeitsvorbereitung – planning operation 525
Argon – Argon 199
ASCII-Code – ASCII-code 420
AS-i-Bussystem – AS-i-bus system 442
AS-i-Save – AS-i-Save 452
Aspekte – aspects 96
Assembler – assembler 430
astabile Elemente – astable elements 108
asynchrone Zähler – asynchronous counters 422
Asynchronmotor – asynchronous motor 314
Asynchronmotor, Bremsung – asynchronous motor, braking 328
Aufbau Schaltschrank – construction control cabinet . . 375
aufgewickelte Leitung – wound wiring 350
Auflagerkraft – reaction force . . 32
Auflösung – resolution 240
Aufnehmer – receiver 259
Auftautransformator – defrosting transformer 111
Auftrieb – buoyancy 61
Augenblickswert – instant value 49

Ausbau von Wälzlagern –
   removal of roller bearings. . . . 501
Ausdehnungskoeffizient –
   coefficient of expansion 134
Ausfall – failure. 535
Ausfallwahrscheinlichkeit –
   failure probability. 386
Ausgangsspannung, Transformator –
   output voltage, transformer . . . 54
ausländische Gewinde –
   foreign screw threads 478
Auslesen, paralleles –
   signal reading, parallel 422
Auslösekennlinie, Sicherungen –
   tripping characteristic, fuses. . . 337
Ausrüstung, Maschinen –
   equipment, machines 380
Ausschaltung – on-off circuit. . . 250
Ausschaltverzögerung –
   turn-off delay 277
Aussetzbetrieb –
   interrupted operation. 309
Ausstattung, IT- – equipment, IT- 457
Auswertungen, statistische –
   evaluatings statistical 532
Automatenstahl –
   free-cutting steel. 142
automatische Abschaltung –
   automated switch-off. 360
automatisierte Schraubersysteme –
   automatical wrenching systems
   405
AWG –
   American Wire Gauge / AWG . 163
AWL –
   instruction list for PLC . . . 271, 396
axonometrische Projektion –
   axonometric projection 75

B

B2, B6 – B2, B6 300
BAB – BAB. 555
Bainitisches Gusseisen –
   bainitic cast iron 147
Bandbreite – bandwidth 240
Bandsperre –
   band elimination filter 57, 445
Bar-Codes – bar codes 453
Basisschutz –
   base potection 353, 355, 357
Batterien – batteries 209
Batterieraum – battery room. . . 371
Bauarten von Widerständen –
   construction types of resistors 208
Bauelemente – components . . . 205
Bauelemente, fotoelektronische –
   components, photo-electronic 215
Bauelemente, Halbleiter- –
   components, semi-conductor 105
Bauelemente,
   magnetfeldabhängige –
   components, magnetic field
   dependent. 210
Bauelemente, Überspannungs-
   schutz – components,
   surge protection 216
Bauformen von Maschinen –
   construction types of machines
   312
Bauleistung –
   construction relating power . . . 54
Baumstruktur – tree structure. . . 440

Baustahl – structural steel. 142
BD – BD. 427
Beanspruchungsarten –
   types of stress. 62
Bearbeitungszyklen, CNC- –
   handling cycles, CNC. 465
Bediengeräte –
   operating devices. 428
Begriffe, Informationstechnik –
   terms, information technology
   . . . . 429, 430
Belastbarkeit von Leitungen,
   Strom- –
   current carrying capacity 349, 350
Belastungsfälle – load means. . . 62
Belastungszahl – load factor. . . 445
Belegungsliste – allocation list 397
Belüftung – ventilation. 371
Bemessungsleistung – rated power /
   nominal power 310, 332
Bemessungsspannung –
   rated voltage. 159
Bemessungsstromregel –
   rated-current-rule. 334
Berechnungsformeln,
   Transformator- –
   formulas, transformer-. 54
Bereiche – areas 443
Bereiche, feuchte – areas, damp 366
Bereichskoppler – area coupler 443
Bereichslinie – area line. 443
Berühren, direktes – touch, direct /
   contact direct 353, 355
Berührungsarten –
   kinds of touch 353
Berührungsbildschirm –
   touch screen 428
Berührungsschutz –
   touch protection 297
Berührungsspannung,
   höchstzulässige – touch voltage,
   maximum permissible. . . 355, 357
Berührungsstrom, Messen –
   touch current, measuring 379
Beschichten – covering 173
Beschleunigungskraft –
   acceleration force. 31
Beschleunigungsregler –
   acceleration controller. 266
Beschleunigungssensor –
   acceleration sensor 227
Beschleunigungsweg –
   acceleration distance. 34
Beschriftung, Fließbild –
   inscription, P&I diagram 126
Besichtigen – inspecting 363
Bestückungsplan –
   plug-in location diagram. 92
Betrieb, periodischer –
   operation, periodic. 309
Betriebsabrechnungsbogen –
   BAB – cost accounting sheet 555
Betriebsanleitung –
   operating instruction 130
Betriebsarten –
   operating modes 309
Betriebsbeurteilung –
   company rating 552
Betriebsdaten Käfigläufermotoren –
   operating data squirrel cage
   motors. 311
Betriebsmittel, elektrische –
   equipment, electric 297

Betriebsmittel, Kennbuchstaben –
   equipment, indicating letters . . 93
Betriebsmittel,
   Referenzkennzeichnung –
   equipment, reference
   identification. 94
Betriebssicherheit –
   operating safety 524
Betriebssicherheitsverordnung –
   operating safety decree. . . 432, 524
Betriebssysteme –
   operating systems 432
betriebswirtschaftliche Kalkulation –
   economical calculations 554
Betrieb und sein Umfeld – company
   and its environment. 521
bewegbare Datenspeicher –
   mobile memories. 426
Bewegungslehre –
   movement theory. 34
Bewegungsmessung –
   movement, measuring of 227
Bezeichnungssystem für Stähle –
   identification system for
   steels 138, 139
Bezugspfeile beim Transformator –
   reference arrows at transformer 54
Bezugspfeile – reference arrows 45
Bezugspunkte, CNC-Maschinen –
   reference points, CNC-machines
   461
bibliotheksfähige Bausteine –
   library modules 281
Biegemoment –
   bending moment 65
Biegeradius –
   bending radius 196, 448
Biegespannung –
   bending stress 62, 65
Biegeumformen –
   transforming by bending 196
Biegevorrichtung –
   bending device . 392, 393, 394, 395
Biegung – bend. 62, 65, 66
Big Data – big data. 416
Bildquellenverzeichnis –
   image source list 599
Bildzeichen für Schutzarten –
   signs for types of protection. . 297
Binärcodes – binary codes 19
binäre Elemente –
   binary elements 107
binäre Verknüpfungen –
   binary logic operations . . 270, 417
bipolare Transistoren –
   bipolar transistors 213
Bit – bit. 429
Bitrate – bit rate 447
Blattgrößen – sheet sizes. 74
Blechschrauben –
   self-tapping screws 482, 485
Blindfaktor – reactive factor 51
Blindleistung –
   reactive power 51, 56
Blindleistungskompensation –
   reactive power compensation . 56
Blindleistungsmessgerät – reactive
   power measuring device. 220

577

Blindspannung –
  reactive voltage 51
Blindstrom –
  reactive current. 41, 42, 51
Blindwiderstand, Leitung –
  reactance, wire. 342
Blindwiderstand –
  reactive resistance 41, 42, 50
Blitzschutz –
  lightning protection 338
Blitzstromableiter –
  surge dissipator 216
Blockschaltplan – block diagram 90
Bluetooth – Bluetooth 454
Blu Ray Disc – Blu Ray Disc. . . . 427
BNC – BNC 514
Bohren – drilling. 185
Bohren, Gewinde- –
  twist drilling 186
Bohren, Kunststoffe –
  drilling, plastics 194
Bohrungen – drill holes 506
Bördelnaht –
  double flanged seam 198
Brände, Schutz –
  fires, protection 339
Brandschutz – fire protection . . 340
Brandschutzleitungen –
  fire protection lines 340
Brandschutzschalter –
  fire protection device. 339
Brandschutzzeichen –
  fire protection sign. 523
Brechung, Licht – refraction . . . 164
Bremsen – braking 103, 304
Bremsen, elektrisches –
  braking, electrical 309, 314
Bremslüfter –
  brake lifting device. 328
Brems-Lüftmagnet –
  brake lifting magnet. 328
Brennstoffe – fuel 37
Bridge – bridge 441
Brinellhärte –
  Brinell hardness 148, 171
Browser – browser 415
Bruchdehnung – breaking strain 170
Brucheinschnürung –
  breaking constriction 170
Bruchlinien – fractional lines. . . . 77
Bruchrechnen –
  fractional arithmetic. 15
Brücke – bridge. 221
Brückenschaltung –
  bridge circuit . . . 221, 300, 301, 304
BTLE – BTLE 454
Busankoppler – bus coupler . . . 443
Bus, CAN- – bus, CAN 451
Bussysteme, Sicherheits- –
  bus system, safety 452
Busteilnehmer – bus participant 344
Bypass-Schütz –
  bypass contactor 244
Byte – byte 429

C

CAN-Bus – CAN-bus. 451
CAT – CAT 162
CD – CD (Compact Disk) . . 427, 439
CEE-Industriesteckvorrichtung –
  CEE-industry plug device 519

CE-Kennzeichnung –
  CE marking 544
CE-Symbol – CE symbol 544
Checksummer – check summer 437
Chemie – chemistry 132, 133
Chemikalien, wichtige –
  chemicals, important 133
Chien-Hrones-Reswick-Verfahren –
  C-H-R method 262
Cloud Computing – cloud
  computing. 415
CMRR – CMRR 240
CNC-Bearbeitungszyklen –
  CNC processing cycles 465
CNC – CNC 460
CNC-Maschinen, Koordinaten –
  CNC machines, coordinates . . 461
CNC-Maschinen, Programmaufbau –
  CNC machines, program structure
  . . . . 462, 463, 464
CNC-Programmaufbau –
  CNC program 462
Code, ASCII- – code, ASCII. . . . 420
Code – code 429
Codelineal – code lineal. 228
Code, Matrix- – code, matrix . . . 453
Code, QR- – code, QR. 453
Codes, Bar- – barcodes 453
Codeumsetzer –
  code converter 107, 419
Codierung der RJ-Steckverbinder –
  encoding of RJ-plug connectors
  515
Codierung, Stecker- –
  encoding, plug 515, 516
Compiler – compiler. 430
Computersabotage, Gefahren –
  computer sabotage, dangers . 436
Computertechnik, Dokumentation –
  computer technology,
  documentation 120
Computervirus, Maßnahmen –
  computer virus, measures
  . . . . 436, 437
Cosinus – cosine 24
Cotangens – cotangent 24
CRC – CRC 451
Crestfaktor – crest factor 49
CSMA/CD – CSMA/CD 447
Curie-Temperatur –
  Curie temperature 137

D

Dahlandermotor –
  Dahlander motor 248
Dahlanderschaltung –
  Dahlander circuit 247
Dämpfung – attenuation 166
Dämpfungsmaß – damping ratio 21
Darlington-Transistor –
  Darlington transistor 213
DASM – three-phase asynchron
  motors 316
Data Field – data field 451
Dateizugriff, Regelung –
  file access, control 439
Datenbaustein – data module . . 273
Datenbusse – data buses. 451
Datenkollision – data collision . 447
Datenkommunikation –
  data communication 457
Datenlogger – data logger. 237

Datennetze, Komponenten –
  data networks, components . . 441
Datennetze, Leitungen –
  data networks, wires 162
Datensicherung – backup 439
Datenspeicher, bewegbarer –
  memory, mobile. 426
Dauerbetrieb –
  continuous operation. 309
Dauermagneterregung – excitement
  by permanent magnet. 318
Dauermagnetwerkstoffe –
  permanent magnet materials 137
DA-Umsetzer – DA-converter . . 423
dB(A) – dB(A) 21, 542
DC – d. c. (direct current) 341
DC-Motor mit Edelmetallbürsten –
  d. c. motor with precious
  brushes 322
DC-Strom – direct current 358
DDoS – DDoS 436
Deckungsbeitrag –
  gross margin. 554
Dehnungsmessstreifen –
  strain gauge 226
Demontage – disassembly 179
Demultiplexer – demultiplexer 107
Dezibel – decibel. 21, 542
Dezimalsystem – decimal system 19
Diac – diac. 214
Diac, Kennlinienaufnahme – diac,
  recording of characteristics. . . 238
Diagnose, Anlage –
  diagnosis, plant 410
Diagnose, Fehler- –
  diagnosis of faults 408, 409
Diagramme, Arten –
  diagrams, kinds of 73
Dichte – density 134
Dichtelemente –
  elements for sealing 505
Dichtungen, Darstellung –
  sealings, representation 87
Dienste, Internet –
  services, Internet 415
Differenzansteuerung –
  difference control 217
Differenzstromschutzschalter –
  difference current protective
  switch. 358
Differenzverstärker –
  difference amplifier 217
Digital-Analogumsetzer – digital-
  analog converter / DAC 423
Digitale Regelung – digital control /
  digital automatic control 263
Digitalmultimeter –
  digital multimeter. 237
Digitaltechnik –
  digital technology. 413
Dimmen LED – dimming of LED 253
Dimmer – dimmer 252, 255
DIN VDE 0100, Teile –
  DIN VDE 0100, parts 560
Diode, Kennlinienaufnahme – diode,
  recording of characteristics. . . 238
Dioden – diodes 105, 211
Direktes Berühren –
  direct touch 353
Disjunktion – disjunction 417
Divisionskalkulation –
  division calculation 553

Dokumentation, Anlage –
documentation, system...... 129
Dokumentation, Computertechnik –
documentation, computer
technology 120
Dokumentation –
documentation............. 444
Dokumentation, Erstellen –
documentation, preparing ... 129
Dokumentation, Geräte –
documentation, devices 129
Dokumente, funktionsbezogen –
documents, function-oriented . 90
Dokumente, verbindungsbezogen –
documents, related to connection
.... 92
dominierendes Rücksetzen –
dominating reset 276
dominierendes Setzen –
dominating setting.......... 421
Dongle – dongle 439
Doppelschichtkondensator –
double coat capacitor 208
Downcycling – downcycling... 541
Drahtelektroden –
wire electrodes............. 201
Drahtlänge – length of wire..... 25
DRAM – DRAM (dynamic RAM) 425
Draufsicht – top view 75
D-Regler – D-controller 260
Dreheisenmesswerk – moving-iron
measuring element 219
Drehen, Kunststoffe – turning,
plastics.................... 194
Drehen, PAL-Zyklen –
turning, PAL cycles.......... 465
Drehen –
turning..... 35, 173, 184, 188, 189
Drehfeldmotoren –
rotary field motors.......... 114
Drehmaschine – lathe 461, 467
Drehmeißel – turning tool..... 188
Drehmelder – resolver........ 228
Drehmoment –
torque 32, 38, 43, 315, 328
Drehrichtungsumkehr –
rotational reversal 314
Drehspulmesswerk – moving-coil
measuring element 219
Drehstromasynchronmotor,
Bremsung – three-phase
asynchronous motor, braking 328
Drehstrommotoren, für
Stromrichterspeisung – three-
phase motors, for converters
supply 317
Drehstrommotoren,
polumschaltbare – three-phase
motors, pole-changing 248
Drehstrommotoren – three-phase
motors.... 113, 310, 311, 315, 330
Drehstrom-Servomotor –
three-phase servo motor..... 318
Drehstrom-Synchronmotor –
three-phase synchronous motor
.... 113
Drehstrom – three-phase current 56
Drehstromtransformator – three-
phase transformer 305, 306
Drehwerkzeuge – turning tools 190

Drehzahlmessung – measuring of
rotational speed 227
Drehzahlnomogramm –
speed nomogram.......... 183
Drehzahlregler –
rotational speed controller ... 266
Drehzahlstellbereich –
rotational speed control range 314
Dreieck, rechtwinkliges –
triangle, rectangular......... 23
Dreieckschaltung –
triangle connection 56
Dreieck – triangle 26
Dreileiterdrehstrom – three-wire
three-phase current 220
Dreiphasenwechselstrom –
three-phase current 56, 341
Dreipunktregler –
three-point controller........ 261
Dreisatz – rule of three......... 22
Drosselspule – choke 100
Druckfedern –
compression springs..... 89, 498
Druckfestigkeit –
compressive strength 62
Druckflüssigkeiten –
hydraulic fluids.............. 169
Druckgasflaschen –
compressed-gas cylinder 199
Druckluftaufbereitung –
compressed-air conditioning . 402
Druckluftfilter –
compressed-air filter 402
Druckluftöler –
compressed-air oiler 402
Druckmessung –
measurement of pressure.... 226
Druck – pressure....... 60, 62, 63
Druckregelventil –
pressure control valve 402
Druckventil – pressure valve... 404
Dualsystem – dual system 19
Dualzahlen – dual numbers.. 18, 19
Dübel – fixings 486
Duplex-Betrieb – duplex 447
Durchflussgeschwindigkeit –
flow rate 70
Durchflusssensoren –
flow sensors................ 230
Durchführungszeit –
execution time 525
Durchgängigkeit, Messung –
conductivity, measurement .. 293
Durchgängigkeit, Prüfung –
conductivity, test 363
Durchgängigkeit, Schutzleiter –
consistency, earth wire 382
Durchgangsleistung –
troughput power 54
Durchgangslöcher – through-holes /
clearance holes............. 481
Duroplaste –
thermosetting plastics....... 156
DVD – DVD 427

E

EAN-Code – EAN-code 453
EC-Motor mit Innenläufer –
EC-motor with internal rotor.. 322

EEPROM – EEPROM.......... 425
Effektivwert – root mean square 49
Effizienz, Antriebe –
efficiency, drives............ 329
Effizienzklassen –
efficiency classes 317
Einbau – installation.......... 406
Einbau von Wälzlagern –
installation of roller bearings . 501
Einheiten – quantities 13
Einheitsbohrung – basic hole .. 508
Einheitswelle – basic shaft 510
Einheitswelle, Passungen –
basic shaft, fits 510
Einlesen, paralleles –
reading, parallel 422
Einlesen – reading 444
Einphasenmotoren –
single-phase motors 310
Einphasen-Reihenschlussmotor –
single-phase series motor.... 112
Einphasentransformatoren –
single-phase transformers
.... 305, 306
Einphasenwechselstrommotor –
single-phase motor 112
Einphasenwechselstrom – single-
phase alternating current 220, 341
Einquadrantenbetrieb –
single-quadrant operation.... 302
Einsatzstahl –
case hardening steel 144
Einschalten – turn-on........ 48
Einschaltverzögerung –
turn-on delay 277
Einstellwerte, Regler –
setting values, controller..... 262
Einstellwerte Schweißen –
setting values welding....... 202
Einstellzeit – setting time...... 240
Einweglichtschranke –
one-way light barrier 232
Einwegschaltung –
single way connection....... 300
Elastizitätsmodul –
modulus of elasticity 170
Elastomere – elastomeres..... 155
Elektretmikrofone –
electret microphones 226
elektrische Anlagen, Arbeiten –
electric systems, working 292
Elektrische Anlagen –
electric systems 289
elektrische Arbeit –
electrical energy 40
elektrische Betriebsmittel –
electrical equipment 297
elektrische Bremsung –
electrical braking 309
elektrische Feldkonstante –
electric field constant........ 41
elektrische Feldstärke – electric
field strength/electric force .. 41
elektrische Ladung –
electric charge.............. 39
Elektrische Leistung –
electric power............... 40
elektrische Maschinen –
electrical machines.. 296, 310, 312
elektrischer Messwert –
measured electric value 219
elektrischer Schlag –
electric shock 380

elektrisches Feld – electric field. . 41
elektrisches Messwerk –
　electric measuring element. . . 219
elektrochemische Spannungsreihe –
　electrochemical voltage series 167
Elektrode, Stab –
　electrode, stick 204
Elektroinstallation –
　electrical installation 367
Elektroinstallation mit
　Funksteuerung – electrical
　installation by wireless control 255
elektromagnetische Schütze –
　electromagnetic contactors . . 242
elektromagnetische Störungen –
　electromagnetic interferences 374
elektromagnetische Verträglichkeit –
　electromagnetic compatibility 373
Elektromedizin –
　medical electronics 111
Elektromotoren –
　electric motors 318
Elektronik-Werkzeuge –
　electronic tools. 459
elektronische Geräte –
　electronic devices. 368
elektronischer Motorstarter –
　electronic motor starter. 332
elektronische Steuerungen –
　electronic controls 299
Elektroschrott, Umgang –
　electronic waste, handling . . . 541
Elemente, binäre –
　elements, binary. 107, 108
Elemente –
　GRAFCET elements 117, 118
Elemente, kombinatorische –
　elements, combinatorial 107
EMI –
　electromagnetic interferences 374
Empfehlungen, Passungs- –
　recommended fits 512
EMSR – EMSR 285
Emulator – emulator. 430
EMV – EMC electromagnetic
　compatibility. 373
Endtaster – limit switch 474
Energiedichte –
　density of energy 41
Energie – energy. 38
Energiesteuerteil –
　energy control element 407
Energietechnik –
　electrical engineering . . . 305, 519
Energietechnik, Stecker –
　energy engineering, plug 520
Energieüberwachung –
　energy monitoring. 236
Energieversorgung, Pneumatik –
　power supply, pneumatics . . . 123
Energieversorgungsteil –
　power supply unit 407
Englisch, fachliches –
　English, technical 569
Entladen – discharge 48
Entlohnung – wages 546
Entsorgung – disposal. 536
Erdschluss – earth contact. 353
Erdungswiderstände –
　earthing resistance. 356

Erdungswiderstand, Messung –
　earthing resistance,
　measurement 295
Ergonomie – ergonomics 181
Erholzeit – recovery time. 526
Erlös – proceeds. 554
Erodieren – eroding 173
ERP – ERP 528
Ersatzableitstrom –
　equivalent leakage current . . . 412
Ersatz-Ableitstrommessung –
　equivalent leakage current
　measurement 379
Ersatzleitwert –
　equivalent conductance 44
Ersatzschaltplan –
　equivalent circuit diagram 90
Ersatzstromversorgung –
　stand-by supply 369
Ersatzwiderstand –
　equivalent resistor 44
Erstellen einer Dokumentation –
　making a documentation 129
Erstprüfung – initial verification 363
Erwärmungsprüfung –
　heating check 320
Ethernet – Ethernet 447
Ethernet-Netzwerk –
　Ethernet network 447, 448
Ethernet Switch –
　Ethernet switch 441
ETS – EIB tool software 444
EU-Maschinenrichtlinie –
　EC Machinery Directive 543
europäischer Installationsbus –
　European installation bus 443
EVG – EVG. 252
Exklusiv-NOR – exclusive NOR . 417
Exklusiv-ODER – exclusive OR . 417
Experimentiereinrichtungen –
　experimental equipment. 367
exp – exp. 48
explosionsgeschützte elektrische
　Betriebsmittel – explosionproof
　electrical equipment 298

F

Fachbegriffe, Kurzformen –
　technical terms, short cuts . . . 563
Fächerscheiben –
　serrated lock washers 493
Fahrzeuge – vehicles 366
Faltung von Zeichnungen –
　folding of drawings 74
Farben, Unfallverhütung – colors,
　accident prevention 522, 523
Farbkennzeichen, Gasart –
　color identificators, gas type. . 199
Farbkennzeichnung –
　color identification. 381
Farbkennzeichnung, Widerstände –
　color identification, resistors . 207
Farbsensor – color sensor. 234
Fasern – fibres 165
FBS (Funktionsbaustein) – FBD
　(Function Block Diagram) 396, 398
FDDI-Ring – FDDI-ring 440
Federkraft – spring tension 31
Federn, Pass- – parallel keys . . 497
Federn, Scheiben- –
　woodruff keys. 497

Federn – springs. 89, 498
Federringe – spring rings 493
Fehlerarten – fault types . . . 353, 408
Fehler bei Inbetriebnahme –
　error at putting in operation . . 407
Fehlerdiagnose der Elektrik –
　fault diagnosis of electricity . . 409
Fehlergrenzen – failure limits . . 224
Fehlerquellen – failure sources 409
Fehlerschleife – failure loop . . . 360
Fehlerschleifen-Impedanz,
　Messung – failure loop
　impedance, measurement . . . 360
Fehlerschutz – fault protection
　. . 353, 355, 356, 357, 360, 361, 362
Fehlerströme – fault currents . . 360
Fehlerstrom-Schutzeinrichtung –
　fault current protective device 360
Fehlerstromschutzschalter –
　fault current circuit breaker. . . 295
Fehlschaltung, Verhindern –
　fault connection, preventing. . 245
Feingewinde – fine thread. 479
Feinsicherung – fine fuse. 337
Feldeffektransistoren –
　field effect transistors 212
Feld, elektrisches –
　field, electrical. 41
Feldkonstante, elektrische –
　field constant, electric 41
Feldkonstante, magnetische –
　field constant, magnetic 42
Feld, magnetisches –
　field, magnetic 42
Feldstärke, elektrische –
　field intensity, electrical. 41
FELV – FELV (Functional ELV) . . 365
Fernwartung –
　remote maintenance 458
Fernwirksystem –
　remote control system 236
Fertigung – manufacturing 131
Fertigungsverfahren –
　manufacturing, processes
　. . . . . 172, 173, 174
feste Verlegung –
　permanent installation. . . 159, 345
Festigkeitsklassen, Muttern –
　property classes, nuts 490
Festigkeitsklassen, Schrauben- –
　property classes, screws 481
Festigkeitslehre –
　theorie of strength materials . . 66
Festigkeit – strength. 62
feuchte Bereiche – wet areas. . . 366
feuergefährdete Anlagen –
　fire endangered plants 339
F-Geräte – F-devices 516
Filter, aktives – filter, active 57
Filter (das oder der) – filter 57
Filzring – felt ring 505
Firewire – Firewire 518
Flächen –
　geometrical surfaces . . . 26, 27, 28
Flächenladungsdichte –
　charge density of areas 41
Flächenmoment –
　surface moment. 66
Flächenpressung –
　surface unit pressure 63

Flachkopfschrauben –
  flat head screws 482, 485
Flaschenzug – tackles 33
Flash-Speicher – flash memory 425
flexible Leitungen –
  flexible wires 349
Fliehkraft – centrifugal force 32
Fließbilder –
  P&I diagrams 126, 127, 259
Flipflops – flip-flops . . 108, 421, 429
Fluss, magnetischer –
  flux, magnetic 42
Flussänderung – flux change . . . 43
Flussdichte, magnetische –
  flux density, magnetic 41, 42, 137
Flüssigkeiten, Auftrieb –
  liquids, uplift 61
Flüssigkeiten, Druck –
  liquids, pressure 60
Flussmittel – flux 168
Formeln, Excel –
  formulas, Excel 435
Formelzeichen drehende
  Maschinen – formula
  symbols rotating machines 12
Formelzeichen –
  formula symbols 10, 13
Formlehren – profile gauges . . . 195
Formtoleranzen –
  shape tolerances 83
fotoelektronische Bauelemente –
  photoelectronic components . 215
Fotoelement – photo element . . 215
Fotothyristor – photo thyristor . . 215
Fototransistor –
  photo transistor 213
Fräsen, Kunststoffe –
  milling, plastics 194
Fräsen – milling . . 35, 185, 191, 192
Fräsen, PAL - Zyklen –
  milling, PAL cycles 465
Fräserradiuskorrektur –
  cutter edge correction 468
Fräsmaschine –
  milling machine 461, 466
Freilaufdiode –
  free-wheeling diode 216
Freileitungsnetz –
  open-wire system 290
Freischalten – activating 292
fremderregter Motor –
  separately excited motor 330
Fremdkörperschutz –
  foreign matter protection 297
Frequenzbänder, RFID –
  frequency bands, RFID 453
Frequenz – frequency 51
Frequenzkanäle –
  frequency channels 455
Frequenzmessung –
  measuring of frequency 238
Frequenzsprungverfahren –
  frequency hopping 454
Frequenzumrichter –
  frequency converter 303, 319
Frequenzumtastung –
  frequency shift keying / FSK . . 445
Front Panel – front panel 239
FSK –
  FSK (frequency shift keying) . . 445
FTP – FTP 162

Führungssteuerung –
  guiding control 257
Füllstandsregelung –
  fill level control 127
Funkaktor – radio actor 255
Funkbus – radio bus 254
Funk –
  radio / wireless transmission . 254
Funkrundsteuerempfänger –
  radio ripple control receiver . . 106
Funkschutzzeichen –
  anti-interference sign 111
Funksender – radio transmitter 255
Funksteuerung – radio control 254
funktionale Sicherheit, SIL –
  functional safety, SIL 386
Funktionen für LOGO! –
  functions for LOGO! 268
Funktionen, SPS –
  functions, PLC 282
Funktionsbaustein-Sprache –
  function module language . . . 396
Funktionsbaustein, SPS- –
  function modul, PLC 273, 278
funktionsbezogene Dokumente –
  function-oriented documents . . 90
funktionsbezogene Struktur –
  function-related structure 96
Funktionsdiagramm –
  function diagram 391
Funktionsplan –
  function chart 91, 115, 397
Funktionsprüfung –
  function test 379, 382
Funktionsschaltplan –
  functional circuit diagram 91
Funktionstabelle –
  functional table 270
Funkübertragung, Störungen – radio
  transmission, disturbances . . . 455
FUP (Funktionsplan) –
  FBD (function block diagram) 271
FUP – FUP 91
Fußkreis – root-line 58

G

galvanische Kopplung, Maßnahmen
  gegen – galvanic coupling,
  measure against 374
Gase, Druck – gases, pressure . . 60
Gase, Schweißen –
  gases, welding 199
Gasschmelzschweißen –
  gas welding 197, 200
Gasschweißstäbe –
  gas welding rods 200
Gasverbrauch, Schweißen –
  gas consumption, welding . . . 199
Gateway – gateway 452
Gebotszeichen –
  mandatory signs 523
Gefahren der Computersabotage –
  dangers of computer sabotage
  436
Gefahrenhinweise –
  danger references 538
Gefahrenkennzeichnung –
  danger identification 537
Gefahren-Piktogramme –
  danger pictograms 537
Gefahren, Strom –
  dangers, current 353

Gefahrensymbole –
  danger symbols 537
Gefährliche Stoffe –
  hazardous materials 136
Gegenstrombremsung –
  braking by reverse current . . . 328
Gehalt – salary 546
Gemeinkosten – overhead costs 552
gemischte Schaltungen –
  mixed circuits 44
Genauigkeit bei Messungen –
  precision of measurements . . 240
Generator – generator 110, 313
geometrische Produktspezifikation –
  geometric product specification 80
geprüfte Sicherheit –
  tested security 111
Geradheit, Toleranzen –
  straightness, tolerances 513
Geräte – devices / equipment . . 379
Geräteschutzschalter –
  protective switchgears 337
Gerätesicherungen –
  fuses for devices 337
Geschwindigkeit, Schleifen –
  speed, grinding 193
Geschwindigkeit –
  speed/velocity 34, 35
Getriebe – gears 85, 323, 324
Gewichtskraft – weight 31
Gewinde, ausländische –
  screw threads, foreign 478
Gewindebohren –
  thread boring 187
Gewindefreistich –
  thread undercut 84
Gewinde, metrische –
  threads, metric 479
Gewindeprofil – thread profile . 477
Gewinde –
  screw thread / thread 477
Gewindestifte – grub screws . . . 487
Gewinde – thread 84
Gewinde, Whitworth- –
  Whitworth thread 480
Gewinn – profit 554
Glättungsdrossel – choke 370
Gleichpolprinzip –
  homopolar principle 321
Gleichrichter – rectifier 300
Gleichrichtung – rectification . . 291
Gleichspannungs-Zwischenkreis –
  intermediate d. c. link 302
Gleichstromantriebe – direct-current
  drives / d. c. drives 304
Gleichstrommotoren – direct-current
  motors / d. c. motors 114, 310, 315
Gleichstrom-Servomotor – direct-
  current servo motor / d. c. servo
  motor 318
Gleichstromsteller – direct d. c.
  converter – d. c. chopper 302
Gleichstrom, Stromgefährdung –
  d. c., endangering by current . 354
Gleichtaktverstärkungsmaß –
  common-mode voltage gain
  in dB 217
Gleichungen – equations 17
Gleitlager Lager, Gleit- –
  bearing, slide 503
Gleitlager – slide bearing 503

Gleitreibung − sliding friction . . . 61
Glühen − annealing 177
GPS − GPS. 80
Gradientenprofil −
  plugs, fibre-optics 165
GRAFCET − GRAFCET
  . . 115, 392, 393, 397, 398, 399, 400
Grafit − graphite 147
Graph − graph. 72
Greifer − end effector / gripper . 472
Grenzabmaße − deviation limits 508
Grenzfrequenz − cut off frequency /
  limiting frequency 217
Grenzmaße −
  limiting dimensions 506
Grenztaster − limit switch 474
Grenzwerte der Anschlussleistung −
  limiting values of connected load
  291
Grenzwerte Isolationswiderstand −
  limit values isolation resistance
  382
Grenzwerte Spannungsfall −
  limit values voltage drop. 382
griechisches Alphabet −
  Greek alphabet. 74
Größen − units 13
größte Leitungslängen −
  maximum length of lines 334
Grundfunktionen für LOGO! −
  basic functions for LOGO!. . . . 268
Grundschaltungen, Pneumatik −
  basic connections, pneumatics 123
Grundschaltungen, Wechselstrom −
  basic connections, a. c. 50
Grundschwingung −
  basic oscillation 49
Grundtoleranzen −
  fundamental tolerances. 507
Gruppenadresse −
  group address 444
Gruppeneinteilung, Leitungen −
  grouping, lines 163
GTO-Thyristor −
  gate turn off thyristor. 214
Gusseisen − cast iron 147
Gusseisenwerkstoffe −
  cast iron materials 146

H

Haftreibung − static friction 61
Halbleiterbauelemente −
  semiconductor components
  . . . . 105, 210
Halbleiterschütz −
  semiconductor contactor 244
Halbleiterspeicher −
  solid-state memory 425
Halbschrittbetrieb −
  half step operation. 321
Halleffekt − Hall effect 358
Hallgenerator −
  Hall generator 210, 220
Hallsensor − Hall sensor 227
Haltekontakt − holding contact 242
Handbereich − arm's reach 357
Handhabungsfunktionen −
  handling functions 469
Handhabungsgerät −
  handling device 389
Handhabungstechnik −
  handling technology 469

Handleuchtentransformator −
  hand lamp transformer 111
Handlungen im Notfall −
  actions in emergency. 367
Hardwaremodule, fehlersicher −
  failure-save components. 388
Harmonische − harmonics. 49
Härten − tempering 177
Härteprüfung −
  hardness testing. 170
Hartlote − brazing solders 168
Hartmetall − hard metal . . . 182, 191
Häufung von Leitungen −
  accumulation of lines. 350
Hauptlinie − main line 443
Hauptnutzungszeit −
  main usage time. 525
Hauptplatine, PC −
  motherboard, PC 431
Hauptschalter − main switch . . . 380
Hauptstromkreis − main circuit 245
Haushalt-Spartransformator −
  autotransformer for household 111
Heatpipe − heat pipe 378
Hebeanlage, Paket −
  lift station, parcel . . . 399, 400, 401
Hebel − lever 32
Heißleiter-Temperatursensor −
  NTC sensor 229
Heizwerte − heating values 37
HEMT − HEMT 213
Herzstromfaktor −
  heart current factor 354
Hilfsschütze − control relays /
  auxiliary conductors 242
Hilfsstromkreise −
  auxiliary circuits 246
Hindernisse − obstacles. 355
Hinweiszeichen −
  indication signs 522
Hochspannungsnetz −
  high voltage system. 290
höchstzulässige
  Berührungsspannung −
  maximum permissible touch
  voltage. 355
Hold − hold 424
Hooke'sches Gesetz −
  Hooke's law. 31
H-Sätze − H phrases 537, 538
Hub − hub . . 440, 441, 447, 448, 518
Hutmuttern − cap nut. 491
Hydraulik, Fehler −
  hydraulics, failure. 408
Hydraulik − hydraulics
  . . . . 69, 70, 121, 122
Hydrauliköle − hydraulic oils . . . 169
Hydraulik, Schaltpläne −
  hydraulics, diagrams 125
hydraulische Presse −
  hydraulic press 115
Hysterese − hysteresis 424

I

IAE − IAE 516
ideale Transformatoren −
  ideal transformers 54
Identifikationssysteme −
  identification systems 453
IGBT − IGBT (insulated
  gate bipolar transistor) . . 105, 212

IGC-Thyristor − IGC thyristor. . . 214
IG-FET − IG-FET (insulated
  gate field effect transistor) . . . 212
Imaginärteil − imaginary part . . . 47
Implikation − implication 417
Impulsanstiegszeit, Messung −
  impulse rising time, measuring
  238
Impulsdrahtsensor −
  Wiegand wire sensor. 227
Impuls − impulse 51
Inbetriebnahme, Fehler −
  start-up, failure. 407
Inbetriebnahme − start-up
  . . . . 130, 406, 444, 448
Indizes für Formelzeichen −
  subscripts and signs for formula
  symbols. 11
Induktion − induction 43
Induktionsmotor, Läufer −
  induction motor, rotor 317
induktive Kopplung, Maßnahmen
  gegen − inductive coupling,
  measures against 374
induktiver Näherungsschalter −
  inductive proximity switch . . . 231
Induktivität − inductivity 42
Induktivitätsbelag −
  length related inductivity 343
Induktivität, Schaltungen −
  inductivity, connections. 46
Industrie 4.0 − industry 4.0 235, 414
Industrieroboter −
  industrial robot. 470, 471
Industriespionage −
  industrial spying. 438
Industriesteckvorrichtungen −
  industrial plug devices. 519
Information, Ethernet −
  information, Ethernet. 448
Informationstechnik −
  information technology. 413
Informationstechnik, Begriffe −
  information technology, terms 430
Informationstechnik, Leiter der −
  information technology, wires 163
Informationstechnik, Netze der −
  information technology,
  networks 440
Informationsverarbeitung, analoge −
  information processing,
  analog 106
Infrarot-Thermometer −
  IR-thermometer 229
Inhibition − inhibition. 417
Innenläufer, EC-Motor −
  internal rotor, EC motor 322
Inspektion − inspection . . . 406, 411
Installation, Ausführung −
  installation, implementation. . 256
Installation in Werkstätten − power
  installation in workshops 372
Installationsbus, europäischer −
  installation bus, European . . . 443
Installationsleitungen −
  installation wires 157
Installationsplan −
  installation plan 92, 109
Installationsschaltplan −
  installation circuit diagram 92, 109
Installationsschaltungen −
  installation connections. 256

Installationsschutz –
installation protection 439
Installationszeichnung –
installation drawing 92
Instandhaltung – maintenance 411
Instandhaltung, vorausschauende –
maintenance, predictive 412
Instandsetzung – repair . . . 379, 411
Integrierer – integrator 218
Internet, Begriffe –
Internet, items 430
Internet der Dinge –
Internet of Things 416
Internet – Internet 415
Invertierer – inverter 217, 218
IO-Link – IO-link 450
IoT – Internet of Things 416
IP-Adresse – IP address 415
IR-Abtastung – IR-scanning /
IR-sampling 428
IRED – IRED (infrared emitting
diode) 215
I-Regler – I controller (integrating
controller) 260
IR-Strahlung – infrared radiation . . .
229
ISO-Gewinde – ISO-thread 479
Isolationsüberwachungs-
einrichtung – insulation
monitoring equipment
. . . . 356, 361, 364
Isolationswiderstand – insulation
resistance 363, 365
Isolationswiderstand, Messung –
insulation impedance,
measurement 294, 379, 382
Isolationszustand –
state of insulation 412
Isolierstoffklasse –
class of insulating material . . . 310
isolierte Starkstromleitungen –
insulated heavy current wires 158
Isolierung, doppelte –
insulation, duplicated 357
Isolierung – insulation 355
Isolierung, verstärkte –
insulation, reinforced 357
ISO-System – ISO-system 506
Istmass – actual dimension 506
IT-Ausstattung – IT equipment . 457
IT-System – IT system 356

J

J-FET – J-FET (junction FET) . . . 212
JK-Flipflop – JK flip-flop 421
JK-Kippschaltung – JK flip-flop 108
JK-Master-Slave-Flipflop –
JK-master-slave-flip-flop 421

K

Kabel – cable 157, 159
Kabel für Meldeanlagen –
cable for alarm systems 161
Kabelnetz –
cable network / cable system . 290
Kabelplan – cable layout 92
Kabelpritsche – cable ladder . . . 350
Kabelwanne – cable tray 350
Käfigläufermotor –
squirrel cage motor 113, 311

Kalkulation – calculation 553
Kapazität – capacity 41, 56
Kapazität der DVD –
capacity of DVD 427
Kapazität, Schaltungen –
capacity, circuits 46
Kapazitätsdiode –
capacity diode 211
kapazitive Abtastung –
capacitive sampling 428
kapazitiver Näherungsschalter –
capacitive proximity switch . . . 231
kapazitiver Sensor –
capacitive sensor 226
kartesisches Koordinatensystem –
Cartesian coordinates 461
Kaskadenregelung –
cascade contol 266
Kategorien, Mess –
categories, measurement 104
Kategorien von Leitungen –
categories of lines 162
Kategorie, Performance Level –
category, PL 384
Kategorie, Sicherheits- –
category, safety 384, 385
Kategorie, Stillsetzen –
category, shut-down 381
Kautschuke –
caoutchoucs / rubbers 155
Kegelrad – bevel-gear wheel 85
Kegelrollenlager –
tapered roller bearing 86
Kegelstift – tapered pin 495
Keil – wedge 33
Keilwellen – spline shafts 89
Keilwinkel – wedge angle 188
Kennbuchstaben der
Betriebsmittel – code
letters of the equipment . . . 93, 94
Kennbuchstaben in Anlagen –
identification letters
in systems 124
Kennbuchstaben, IP- –
code letters, IP 297
Kennfarbe, Leitungen –
color codes, lines 158
Kennlinien – characteristics 72
Kennlinien, Motoren –
characteristics, motors 315
Kennlinien DASM – characteristics,
three-phase asynchron motors 316
Kennzahlen – key figures 552
Kennzahlen der Produktion –
key figures production 527
Kennzeichnung, Anschlüsse –
marking, terminals 296
Kennzeichnung Betriebsmittel –
identification equipment 111
Kennzeichnung
explosionsgeschützter
Betriebsmittel – identification of
explosionproof equipment . . . 298
Kennzeichnung gefährlicher Stoffe –
identification hazardous
substances 136
Kennzeichnung in Schaltplänen –
identification in circuit
diagrams 95
Kennzeichnung, Kondensatoren –
identification, capacitors 206

Kennzeichnung, Kontakt –
identification, contact 97
Kennzeichnung Leiter –
identification of wires 95
Kennzeichnung, RCD –
identification, RCD 358
Kennzeichnung, Schneidstoffe –
identification, cutting materials
. . . . 182
Kennzeichnung, Schützglieder –
identification, contactor
elements 242
Kennzeichnung Steuerungs-
systeme – identification control
systems 124
Kennzeichnung, Widerstände –
identification, resistors 206
Keramik, Schneid- –
ceramic, cutting 182
Kerbnagel – splined pin 495
Kerbstift – slotted pin 495
Kerbverzahnung – serration 89
Kettenrad – chain wheel 85
Kinematik, Roboter –
kinematics, robot 471
Kippschaltungen –
flip-flops 108, 421
Kirchhoff'sche Regeln –
Kirchhoff's laws 45
Klammer – clamp/parenthesis . . 15
Klammerrechnung – calculation
with parenthetical expressions 16
Klassen – classes 94
Klasse, thermische –
class, thermal 310
Kleben – bonding 476
Klebeverbindungen –
bonded joints 476
Klebstoffe – adhesives 476
Kleinstantriebe – micro drives . 323
Kleinstantriebe, Daten –
micro drives, data 323
Kleinstantriebe, Getriebe –
micro drives, gear 323
Kleinstmotoren – micro motors 322
Klemmhalter – clamp mounting 190
Klimatisierung –
air conditioning 378
Klimatisierung, Schaltschrank –
air conditioning,
control cabinet 378
Klingeltransformator –
bell transformer 111
Knetlegierung – forgeable alloy 150
Knickung – buckling 62, 64, 66
Knotenregel – node rule 45
KNX – KNX 444
KNX mit FSK-Steuerung –
KNX with FSK-control 445
KNX-Powerline –
KNX powerline 445
KNX-TP – KNXTP 443
Koaxialleitung – coaxial line . . . 161
Koax-Typen, Steckverbinder –
coaxial types, plug connectors 514
Koerzitivfeldstärke –
coercitive force 137
Kolbengeschwindigkeit –
piston velocity 70
Kolbenkräfte – piston forces 69
Kommunikationsverkabelung –
communication cabling 166

Kommunikation, technische –
    communication, technical..... 71
Kommutierungsprüfung –
    commutation test........... 320
Komparator – comparator..... 424
Komparatoren – comparators.. 108
Kompensation, Blindleistung –
    compensation, reactive power 56
Kompensation – compensation. 57
Kompilierer – compiler....... 430
Komplementaddition –
    complementary addition...... 18
komplexe Rechnung –
    complex calculation.......... 47
komplexer Widerstand –
    complex resistance.......... 47
Komponenten für Datennetze –
    components for data networks 441
Kondensator-Blindleistung –
    capacitor reactive power..... 56
Kondensator – capacitor . 41, 46, 48
Kondensatoren, Bauarten –
    capacitors, types of 208
Kondensatoren – capacitors... 206
Kondensatoren,
    Farbkennzeichnung –
    capacitors, color marking 207
Kondensatormotoren –
    capacitor motors........... 112
Kondensator, Verluste –
    capacitor, losses............. 53
Konditionierung – conditioning 239
Konfigurationsprogramm –
    configuration program 446
Kontaktkennzeichnung –
    contact marking............. 97
Kontakttabelle – contact table... 97
Kontinuitätsgleichung –
    continuity equation 70
Kontroll-Ausschalter –
    controlling off switch 250
Kontrollfeld – control field..... 451
Koordinaten, CNC-Maschinen –
    coordinates, CNC machines .. 461
Koordinatensystem –
    coordinate system
    .... 72, 461, 470, 471
Kopfkreis – outside circle....... 58
Kopierschutz – copy protection 439
KOP – LD (ladder diagram) 271
Koppler – coupler............. 443
Kopplungsarten –
    kinds of coupling 374
Körperschluss – fault to
    exposed conductive part..... 353
Körperstrom – current via body 354
Korrosion – corrosion 167
Korrosionsschutz –
    corrosion protection 167
Kosinus – cosine.............. 24
Kosinussatz – cosine rule 26
Kosten – costs............... 552
Kostenarten – types of costs ... 553
Kostenstelle – cost centers 555
Kotangens – cotangent 24
Kräfte – forces........... 31, 69
Kraftmessdose – load cell 226
Kraftmessung –
    measurement of force....... 226
Kraftmoment –
    force moment / torque 32, 38, 315
Kreisabschnitt – circular segment 27

Kreisausschnitt –
    sector of a circle............. 27
Kreisbewegung Drehen –
    circular motion turning 467
Kreisbewegung Fräsen –
    circular motion milling 466
Kreis – circle................. 27
Kreisfrequenz –
    circular frequency 41, 42
Kreissäge – disc saw 191
Kreuzschaltung – cross circuit.. 250
Kronenmuttern – castle nuts... 491
Kugellager – ball bearing...... 502
Kugelumlaufspindel –
    ball screw 325
Kühlgerät – cooling device ... 378
Kühlkörper – cooling element... 55
Kundenschulung –
    customer training.......... 551
Kündigung – dismissal 545
Kunststoffaderleitung –
    insulated plastic wire........ 159
Kunststoffe, Bohren –
    plastics, drilling 194
Kunststoffe, Drehen –
    plastics, turning 194
Kunststoffe, Fräsen –
    plastics, milling............ 194
Kunststoffe – plastics /
    synthetic materials...... 152, 194
Kunststoffe, Sägen –
    plastics, sawing 194
Kunststoffschlauchleitungen –
    plastic sheated flexible cables 160
Kupfer – copper 148
Kupferlitze – copper flex 163
Kupplungen (elektrische) –
    plug and socket connections
    .... 103, 520
Kurbeltrieb – crank assembly ... 35
Kurzschlussläufermotor – squirrel-
    cage induction motor...... 113, 332
Kurzschlussläufer – short-circuit
    rotor / squirrel-cage rotor 330
Kurzschlussprüfung –
    short circuit test 320
Kurzschlussschutz –
    short circuit protection 334
Kurzschluss – short circuit..... 353
Kurzschlussspannung –
    short-circuit voltage.......... 54
Kurzschlussstrom –
    short-circuit current 334
Kurzzeichen, Betriebsmittel –
    symbols, equipment 111
Kurzzeichen, Gewinde-
    symbols, thread 480
Kurzzeichen, Kunstoff-
    symbols, plastic........... 153
Kurzzeichen, Leitungen –
    symbols, wires............. 158
Kurzzeichen,Thermoplaste –
    symbols, thermoplastics 154
Kurzzeitbetrieb –
    short-term operation 309
KV-Diagramm – Karnaugh-Veitch
    diagram / KV diagram ... 418, 419

L

Ladegerät – battery charger ... 371
Ladekennlinie –
    charging characteristic....... 371

Ladeleistung – charging power 371
Laden – charging 48
Ladestrom – charging current.. 371
Ladung – charge.............. 39
Lageregelung – position control 266
Lageregler – position controller 266
Lagetoleranzen –
    geometric tolerances......... 83
Lamellengraphit –
    laminated graphite.......... 147
Lands – lands 427
Länge – length 25
Längenänderung –
    length change............... 36
Längenausdehnungskoeffizient –
    coefficient of length expansion 134
Längenmaße, Toleranzen –
    length dimensions, tolerances 513
Längsrundschleifen –
    longitudinal circular grinding 193
Laptop – laptop............. 457
Lärm – noise............... 542
Laser – laser 427
Laserarten – kinds of laser..... 175
Laserbeschichten –
    laser coating 175
Laserschneiden – laser cutting . 175
Lastenheft –
    requirement specification.... 548
Lastschalter –
    load interrupter switch....... 103
Lauftoleranz – run-out tolerance 83
LCN –
    LCN (local control network) .. 446
LC-Tiefpassfilter –
    LC lowpass filter............ 373
LED, Dimmen – LED, dimming 253
LED – LED (light emitting diode) 215
legierter Stahl – alloyed steel .. 143
Lehren – working gauges 195
Leistung, elektrische –
    power, electrical............. 40
Leistung in Datennetzen –
    cables in data networks..... 162
Leistung, mechanische –
    power, mechanical........... 38
Leistung – power 51
Leistungsfaktorkorrektur –
    power factor correction 368
Leistungsfaktor – power factor.. 51
Leistungsmessgeräte –
    wattage meter............. 220
Leistungspegel – power level ... 21
Leistungsschalter –
    power breaker 103
Leistungsschilder –
    rating plates 313
Leistungsverlust – power loss . 341
Leistungszusatz –
    power supplement......... 252
Leistung von Pumpen –
    power of pumps............. 70
Leiteranschlüsse, Kennzeichnung –
    wire connections, identification 95
Leiter, Kennzeichnung –
    wire, identification 95, 359
Leiterquerschnitt, Mindest- –
    conductor cross section,
    minimum................. 335
Leiterquerschnitt –
    wire cross section 341
Leiterwiderstand –
    conductor resistance 39

Leiterwiderstand, Kupferlitze –
  conductor resistance,
  copper flex 163
Leitfähigkeit –
  conductivity 39, 135, 341
Leitungen – cables, wires . 157, 349
Leitungen für Meldeanlagen –
  wires for alarm systems 161
Leitungen für ortsveränderliche
  Betriebsmittel – wires
  for mobile equipment 160
Leitungen, Kategorien –
  wires, categories 162
Leitungen, Kennfarbe –
  wires, color code 158
Leitungen, Schaltzeichen –
  lines, graphical symbols 109
Leitungen, Schlüssel –
  wires, code 161
Leitung, flexible –
  cable, flexible / wire, flexible. . 349
Leitungsberechnung, Ablauf –
  line calculation, process 344
Leitungsberechnung –
  calculation of lines 341
Leitungslänge, größte –
  length of lines, maximum 334
Leitungsqualität –
  quality of wires............. 162
Leitungsschutzschalter –
  line safety breaker 335
Leitungsverlegung im
  Schaltschrank – routing
  of cables in control cabinet... 376
Leitungsverlegung –
  laying of lines 448
Leitwert – conductance 39
Lernfelderauswahl –
  selection of teaching fields ... U3
Lesestation – reading station . . 453
Leuchten – luminaires 111
Leuchtmelder –
  light signaling unit 381
Leuchttaster –
  luminous non locking key 381
Lichtbogenschneiden –
  arc cutting 201
Lichtbogenschweißen –
  arc welding 197, 201, 203, 204
Lichtbrechung – refraction..... 164
Lichtgitter – light grid........ 234
Lichtschranke – light barrier ... 232
Lichttechnische Größen –
  lighting engineering quantities 164
Lichtvorhang – light grid 234
Lichtwellenfaser-Steckverbinder –
  fibre-optic plug connector ... 514
Lichtwellenleiter – optical fibre 165
Lichtwellenleitung –
  fibre-optic cable 162, 165
Linearantriebe –
  linear drives 325, 326
Linearinduktosyn –
  linear inductosyn 228
Linearmotoren – linear motors 327
Linienkoppler – coupler of lines 443
Linien – lines............ 74, 443
Linsen-Blechschraube –
  fillister head tapping screw... 485
Linsen – lenses............... 164
Lochleibung – jamb of a hole ... 63
Logarithmen – logarithms...... 20

logarithmisches Maß Dezibel –
  logarithmic measure Decibel . . 21
logarithmische Teilung –
  logarithmic division.......... 21
Logik-Funktionsschaltplan –
  logic function circuit diagram . . 91
Logikmodul – logic module.... 267
LOGO! – LOGO! 267, 390
Lohn – wage................. 546
Lorentzkraft – Lorentz's force ... 43
Löten – soldering 89
Löten, Symbole –
  soldering, graphical symbols . . 88
Lote – solders 168
LSB – LSB 240
LS-Schalter – LS-breaker 335
Luftbedarf – air requirement ... 371
Luftdruck – air pressure........ 60
Luftkammerdämpfung –
  attenuation by air chamber... 219
Luftverbrauch, bei Pneumatik –
  air consumption, at pneumatics 68

M

M2, M3 – M2, M3 300
magnetfeldabhängige
  Bauelemente – magnetic
  field dependent modules 210
Magnetfeld – magnetic field.... 43
magnetische Feldkonstante –
  magnetic field constant....... 42
magnetische Flussdichte –
  magnetic flux density 43, 137
magnetisches Feld –
  magnetic field.............. 42
Magnetisierungskennlinien –
  magnetization characteristics 137
Magnetwerkstoffe –
  magnetic materials 137
MAG-Schweißen – MAG
  (metal-active-gas)-welding ... 202
Managementprozesse –
  management processes 529
Mantelleitungen – non-metallic
  sheathed cables 159
Maschennetz –
  meshed system 290, 372
Maschenregel – mesh rule 45
Maschenstruktur –
  mesh structure 440
Maschine, drehende –
  machine, rotating 100
Maschinen, Ausrüstung –
  machines, equipment 380
Maschinen, elektrische –
  machines, electrical . 296, 312, 313
Maschinenfähigkeit –
  machine capability.......... 534
Maschinenhallen –
  engine rooms 372
Maschinenkosten –
  machine costs.............. 554
Maschinennullpunkt –
  machine datum............. 461
Maschinenreibahle –
  cutting speed, drilling 187
Maschinenrichtlinie, EU- –
  Machinery Directive EC 543
Maschinen, Sicherheit –
  machines, safety............ 380
Maschinenstromrichter –
  machine converter 302

Maschinenstundensatz –
  machine hour rate 554
Maßeintragung –
  dimensioning 76, 78
Masse – mass................. 30
Massenträgheitsmoment –
  mass moment of inertia 66
Maßlehren – measure gauges . 195
Maßlinien – dimension lines.... 77
Maßnahmen gegen
  Computerviren – measures
  against computer viruses 437
Maßnahmen gegen EMI –
  measures against EMI....... 374
Maßpfeile – dimension arrows. . 77
Materialkosten – material costs 553
Mathematik – mathematics...... 9
Matrix-Code – matrix-code 453
maximale Anschlussleistung –
  maximum connected load ... 291
MCT – MOS-controlled thyristor 214
mechanische Arbeit –
  mechanical work 38
mechanische Leistung –
  mechanical power 38
mechatronische Systeme –
  mechatronic systems 289, 389, 411
Medienkonverter –
  media converter............ 441
medizinische Bereiche –
  medical areas 366
Mehrgrößenregelung –
  control system with multiple
  inputs/outputs.............. 127
Meldeanlagen – alarm systems 161
Menschenansammlungen –
  crowds of people 369
MES – MES.................. 528
Messabweichung –
  measurement deviation 241
Messbereich –
  measuring range 240
Messbereichserweiterung –
  extension of measuring range 222
Messen an Geräten –
  measuring at equipment..... 379
Messen – measuring 205
Messen mit Multimeter –
  measuring by multimeter 223
Messen von Oberschwingungen –
  measurement of harmonics . . 352
Messgerät, Blindleistungs- –
  measuring device for reactive
  power 220
Messgeräte –
  measuring devices. . 104, 239, 459
Messgerät, Leistungs- –
  measuring device, power 220
Messgerät, Wirkleistungs- –
  wattage meter.............. 220
Messgrößenumformer – measured
  variables transformer 104
Messinstrument –
  measuring instrument... 104, 223
Messkarten für den PC –
  measuring card for PC....... 240
Messkategorien –
  measurement categories 104
Messmittel –
  measuring instrument....... 195
Messstromkreis –
  measurement circuit 246

585

Messtechnik, Begriffe –
  measurement, items 241
Messumformer –
  measuring transformer 236
Messung bei einer RCD –
  measuring at RCD 295
Messung, Durchgängigkeit –
  measuring, conducting 293
Messungen in elektrischen
  Anlagen – measurings
  at electrical plants 294, 295
Messungen, Instandhaltung –
  measurements, maintenance .. 412
Messung Isolatioswiderstand –
  measuring insulation resistance
  294
Messung, Schleifenimpedanz –
  measuring, loop impedance .. 293
Messwandler – transducer 100
Messwerk, Dreheisen – moving-
  iron measuring system 219
Messwerk, Drehspul- – moving-coil
  measuring system 219
Messwerk, elektrisches –
  measuring system, electric... 219
Messwerterfassung mit PC –
  recording of measured values
  with PC 239
Messzusatz –
  measurement accessory 220
Metallpapierkondensator –
  metal paper capacitor 208
Methoden des Qualitäts-
  management – methods of
  quality management 530
metrische Gewinde –
  metric threads 479
MIG-Schweißen – MIG
  (metal-inert-gas)-welding 202
Mindestquerschnitt –
  minimum cross section 335
Mindestwirkungsgrade, Motoren –
  minimum efficiency, motors... 329
Mind-Map-Diagramm –
  mindmap diagram 73
Mischungsrechnung –
  calculation of mixtures 22
Mittelpunktschaltung –
  center connection 300
Mittelpunktschaltung, Dreipuls- –
  three-pulse center connection 300
Mittelpunktschaltung, Zweipuls- –
  two-pulse center connection.. 300
Mittelspannungsnetz –
  medium voltage system 290
MKP-Kondensator –
  MKP capacitor 208
Modul, der – modulus 58
Modul, IO-Link –
  module, IO link 450
Molekülgruppen, häufige –
  molecule groups, common... 133
Momente der Festigkeitslehre –
  moments of strength theory... 66
Momente von Profilen –
  moments of profiles 67
Moment – torque/moment 32
monostabile Elemente – monostable
  elements/monoflops 108
Montage – assembly 179
Motherboard – motherboard .. 431
Motordaten – motor data 330
Motoren, Drehfeld –
  rotary field motors 114
Motoren, Drehstrom –
  three-phase motors 113, 114
Motoren, Gleichstrom- –
  direct current motors 114, 315
Motoren, Mindestwirkungsgrade –
  motors, minimum efficiencies 329
Motoren mit Stromrichterspeisung –
  motors with converter feeding 114
Motoren – motors 122, 291
Motoren, Schaltzeichen –
  motors, graphical symbols... 112
Motor – motor 314, 318
Motorschalter –
  motor controller 249
Motorschutz – motor protection 331
Motorschutzschalter –
  motor protection switch . 110, 247
Motor, Servo- – servo motor... 318
Motorstarter – motor starter... 332
MP-Kondensator –
  metal-paper capacitor 208
Multimeter – multimeter 223
Multimodefaser –
  multimode fibre 165
Multiplexer – multiplexer . 107, 429
Muttern – nuts 490, 491

N

Nabe – hub 89
Nadellager – needle bearing 86, 502
Näherungsschalter –
  proximity switch 231, 232
Näherungssensoren –
  proximity sensors 474
Naht, Schweiß- – weldseam 88, 198
NAND – NAND 417
NC-Sätze – NC sets 462
Nebenstelle – substation 255
Negation – negation 417
NEMA – NEMA 101, 102
Nennleistung – nominal power 333
Nennmaß –
  nominal dimension 79, 506
Nennspannung –
  nominal voltage 159
Nennwerte, Widerstände –
  nominal values, resistors 206
Netzanschluss – mains supply . 380
Netze der Energietechnik –
  mains of power engineering.. 290
Netze der Informationstechnik –
  networks of information
  technology 440
Netz (Energietechnik) – mains.. 290
Netzentstörfilter –
  line suppress filter 373
Netzfrequenz, Regelung –
  mains frequency, controlling . 308
Netzgerät – power supply unit . 443
Netz, öffentliches –
  power supply, public 291
Netzplandiagramm –
  network plan diagram 73
Netzspannung, Regelung –
  grid voltage, controlling 307
Netzstromrichter –
  line power converter 302
Netzteil – power pack ... 368, 446
Netzüberspannung, Schutz –
  line overvoltage, protection .. 216
Netzwerkkarte – network map .. 91
Netzwerkarten – network cards 448
N-Gerät – N-device 516
NH-Sicherungen – LH-fuses
  (low-voltage high-power fuses)
  336
Nichteisenmetalle –
  non-ferrous metals.. 148, 149, 150
Nichtinverter – non-inverter . 218
NICHT – NOT 270, 417
nicht rostender Stahl –
  stainless steel 144
Niederspannungsnetz –
  low-voltage system 290
Niederspanungs-Anlagen, spezielle
  – low-voltage installations,
  special 366
Nockenschalter – cam switch .. 249
Normalverteilung –
  normal distribution 533
Normen – standards 556
NOR – not-or / NOR 417
NOT-AUS – emergency stop .. 381
NOT-AUS-Schaltung – emergency
  switching-off circuit 383
Notebook – notebook 457
NPN-Transistor –
  NPN-transistor 213
NTC – NTC (negative
  temperature coefficient) 210
NTC-Widerstand – NTC resistor 55
Nullphasenwinkel –
  zero-phase angle 49
Nullpunkt, Maschine/Werkzeug –
  zero point, machine/tool .. 460, 461
Nullspannungsschalter –
  no-voltage switch 299
numerische Steuerung, Struktur –
  numeric control, structure... 460
Nutmuttern – slide bearing.... 503
Nutzbremsung –
  regenerative braking 304
Nutzunggrad – rate of use 38

O

Oberflächenkennzeichnung –
  surface code 76
Oberflächenschutz –
  surface protection 167
Oberflächen – surfaces . 28, 29, 30
Oberschwingungen –
  harmonics 49, 351, 352
Objekte, Kennbuchstaben –
  objects, code letters 93, 94
Objekterkennung –
  object recognition 234
ODER – OR 123, 270, 417
öffentliches Netz – public mains 291
Ohm'sches Gesetz – Ohm's law . 39
Operand – operand 272
Operation – operation 272
Operationsverstärker –
  operational amplifier 217, 218, 424
Operatoren, SPS –
  operators, PLC 282
Optik – optics 164
optische Speicher –
  optical memories 427
optoelektronische
  Näherungsschalter – optoelectronic approximation
  switches 232

optoelektronische Sensoren –
  optoelectronic sensors 234
Ordinate – ordinate 72
Ordnungszahl, Oberschwingungen –
  ordinal number, harmonics... 352
Ordnungszahl – ordinal number 132
Organisationsbaustein –
  organization module 273
O-Ring – O rings 505
ortsbezogene Dokumente –
  location-oriented documents .. 92
ortsbezogene Struktur –
  location-related structure 96
Ortskoeffizient –
  location coefficient........... 31
Ortstoleranz – position tolerance 83
Oszillator – oscillator 231
Oszilloskop – oscilloscope..... 237
Oszilloskop, Messung –
  oscilloscope, measuring 238
Oxidkeramik – oxide ceramics . 182

P

Paket-Hebeanlage –
  parcel lift station.... 399, 400, 401
PAL-Sonderzusatzfunktionen – PAL
  special additional functions .. 463
PAL-Wegbedingungen –
  PAL path conditions......... 463
PAL-Zusatzfunktionen –
  PAL additional functions 463
PAL-Zyklen Drehen –
  PAL cycle turning 465
PAL-Zyklen Fräsen –
  PAL cycle milling 465
paralleles Einlesen –
  parallel reading-in 422
Parallelogramm – parallelogram 26
Parallelschaltung –
  parallel connection........ 44, 53
Parallelschwingkreis –
  parallel oscillating circuit...... 53
Parallel-Umsetzer –
  parallel converter 423
Parametrierung –
  parameterization 444, 446
Passfedern – fitting keys 497
Passschrauben – fitting screws 484
Passungen – fits 506, 509, 510
Passungsauswahl –
  selection of fits 512
Passungsempfehlungen –
  recommended fits 512
Passungssysteme –
  systems of fits............... 507
Passwort – password 438
Patchfeld – patch field 441, 448
PCE –
  Process Control Engineering . 126
PC-Messkarten – PC measuring
  boards 240
PC, Steuern und Regeln – PC,
  control and automatic control 264
Pegel – level 21
PELV – protective extra low
  voltage / PELV .. 357, 363, 365, 367
PEN-Leiter – PEN-conductor ... 356
Performance-Levels –
  performance levels 384
Perilex – Perilex 519
Periodendauer – period duration 51

Periodensystem –
  periodic system 132
periodischer Betrieb –
  periodic operation 309
Peripheriegerät –
  peripheral device 429, 518
Peripherie, Schnittstellen –
  periphery, interfaces 431
Permeabilität – permeability 42, 137
Permeabilitätszahl –
  permeability factor........... 42
Permittivität – permittivity...... 41
Permittivitätszahl –
  permittivity faktor........... 41
PFC – PFC
  (Power Factor Correction) 368
Pflichtenheft –
  functional specification 548
Phasenanschnittsteuerung –
  phase-control 299
Phasenkoppler – phase coupler 445
Phasenverschiebung –
  phase shifting 49
Phasenverschiebung, Messung –
  phase shifting, measuring... 238
Phasenverschiebungswinkel –
  angle of phase difference 51
Phasenzahl – number of phases 313
Phishing Mails – phishing mails 436
pH-Wert – ph value........... 133
physikalische Adresse –
  physical address............ 444
physiologische Wirkung –
  physiological effect 353
PID-Regel – PID controller 263
PID-Regler – PID controller 260
Piezo-Aktor – piezo actuator ... 326
Piezo-Antrieb –
  piezo-electric drive.......... 326
Piezo-Effekt –
  piezo-electric effect 326
piezoelektrischer Sensor –
  piezo-electric sensor 226
piezoresistiver Sensor –
  piezo-resistive sensor 226
Piktogramme, Gefahren- –
  pictograms, hazardous 537
Pits – pits.................... 427
Planetengetriebe –
  planetary gear.............. 324
Planschleifen – planing 193
Planung, Demontage- –
  disassembly planning 179
Planung, Montage- –
  assembly planning.......... 180
Planung – planning 448
Plasmaschneiden –
  plasma cutting 174
PLM – PLM 528
Pneumatik – pneumatics....... 69
Pneumatik, Fehler –
  pneumatics, failure 408
Pneumatik, Grundschaltungen –
  pneumatics, basic circuits ... 123
Pneumatik – pneumatics.. 121, 122
Pneumatik, Schaltpläne –
  pneumatics, circuit diagrams 125
Pneumatikzylinder –
  pneumatic cylinder 68
PNP-Transistor – PNP-transistor 213

Polarkoordinaten –
  polar coordinates............ 72
Polumschaltbare
  Drehstrommotoren – pole-
  changing three-phase motors 248
Polumschaltbare Motoren –
  pole-changing motors 248
Polumschaltung –
  pole changing 249
Polymere – polymeres........ 153
Positionsschalter –
  position switch 474
Potenzialausgleich –
  equipotential bonding... 362, 380
Potenzialausgleichssystem –
  equipotential bonding system 355
Potenzieren –
  raising to a higher power 16
Pourpoint (Fließpunkt) –
  pourpoint 169
Powerline, KNX- –
  powerline (PL), KNX......... 445
PowerPoint – PowerPoint 434
PPS – ERP 528
Prägewerkzeug –
  embossing tool............. 398
Präsentation durch Vortrag –
  presentation by lecture 550
Präsentation –
  presentation 434, 549
P-Regler – proportional
  controller / P controller 260
Presse – press................ 69
Pressschweißen –
  pressure welding 197
Primärbatterien –
  primary batteries 209
Primärregelung –
  primary control............. 308
Prisma – prism 164
produktbezogene Struktur –
  product-related structure 96
Produktdaten – product data ... 444
Produktion, Kennzahlen –
  production, key figures 527
Produktspezifikation, geometrische –
  product specification,
  geometric 80
PROFIBUS – PROFIBUS... 319, 449
Profile, Momente von –
  profiles, moments of 67
PROFINET – PROFINET ... 319, 449
PROFIsafe – PROFIsafe........ 452
Programmablaufplan –
  flow chart 120
Programmaufbau, CNC-Maschinen –
  program structure,
  CNC machines 462, 463, 464
Programmentwicklung, SPS- –
  program development, PLC .. 284
Programmieren, SPS- –
  programming, PLC.. 276, 282, 283
Programmierregeln für SPS –
  programming rules for PLC .. 276
Programmiersprache ST –
  programming language SCL . 279
Programmierung Funktsteuerung –
  programming radio control .. 254
Programmierung LOGO! –
  programming LOGO!........ 267
Programmierung, Schrauber –
  programming, screwdriver... 405

587

Projekte durchführen –
  carry out projects 547
Projektierung, KNX –
  projecting, KNX 444
Projektierung – projecting 388, 449
Projektionen – projections. 75
Projekt, Präsentation –
  project, presentation 549
PROM – PROM 425
Prototypenbau, schneller –
  rapid prototyping 176
Provider – povider 430
Prozentrechnung –
  percentage calculation. 20
Prozessfähigkeit –
  process capability 534
Prozesskettendiagramm –
  process chain diagram 73
Prozessleittechnik, grafische
  Symbole – process control
  engineering, graphical symbols
  259
Prozesssteuerung, statistische –
  process control, statistical 533, 534
Prüfdauer – duration of testing 320
Prüffrist – testing term 365
Prüfgeräte – test devices 459
Prüfmittel – measuring device . 195
Prüfprogramme –
  testing programs 437
Prüfschaltung – test circuit 320
Prüfspannung – test voltage . . . 320
Prüfstrom – test current 335
Prüfsumme – check sum 437
Prüftechnik, Begriffe –
  test engineering, items 241
Prüftemperatur, Kleben –
  test temperature, adhesing. . . 476
Prüfung Ausrüstung Maschinen –
  check equipment of machines 382
Prüfung der Schutzmaßnahmen –
  test of protection measures . . 363
Prüfung elektrischer Maschinen –
  test of electric machines 320
Prüfung – test 320, 363
Prüfung von Geräten –
  test of equipment. 379
Prüfung, Wicklungs- –
  test, windings 320
Prüfung, wiederkehrende –
  test, recurrent 365
Prüfzeichen – certification marks 111
P-Sätze – P phrases 539, 540
PTC – PTC (positive temperature
  coefficient). 210
PTC-Widerstand – PTC resistor. . 55
Pulsamplitudenmodulation –
  pulse-amplitude modulation. . 303
Pulsweitenmodulation –
  pulse-width modulation . 253, 303
Pumpe – pump 70, 403
PUT – PUT (programmable
  uniiunction transistor) 214
PWM – PWM
  (Pulse-Width Modulation) 303

Q

QR-Code – quick response code 453
Quadranten der Antriebstechnik –
  quadrants of drive technology 304
Quadranten – quadrants 72

Qualitätsmanagement, Methode –
  quality management, method 530
Qualitätsmanagement –
  quality management 529, 531
Qualitätsregelkarte –
  quality control card 534
Quantisierungsfehler –
  quantization failure 240
Querschnitt – cross section 335
Querschnitte, Leitungen –
  cross sections, insulated wires 159
Querschnitte, Stahlprofile –
  cross sections, steel profiles. . 145
Quetschgrenze –
  compression yield point 62

R

R-2R-Leiternetzwerk –
  R-2R-ladder network 423
Radar-Sensoren – radar sensors 230
Radizieren –
  extracting roots (of a number) . 17
RAM – RAM. 425
Rapid Prototyping –
  rapid prototype development 176
Rasten – notches. 103
Rautiefe – roughness depth . . . 188
RCBO – RCBO 358
RCCB – RCCB 358
RCD, Messung –
  RCD, measuring 295
RCD – RCD. 355, 356, 358, 360
RC-Element – RC module 216
RCM – RCM. 359, 412
RC-Schaltung – RC circuit . . 52, 53
reale Transformatoren –
  real transformers 54
Realteil – real part. 47
Rechnen, Excel –
  calculating, Excel 435
Rechte-Hand-Rege –
  right hand rule 461
rechtwinkliges Dreieck –
  rectangular triangle 23
Reduktionsfaktor
  Oberschwingungen –
  reduction factor harmonics. . . 351
Redundanz – redundancy 385
REFA – REFA. 525
Referenzkennzeichnung –
  reference identification . . . 96, 124
Referenzpunkt – reference point 461
Reflexion – reflection 164, 254
Reflexionslichtschranke –
  reflectional photoelectric
  barrier 232
Regelalgorithmus – algorithm
  for automatic control 263
Regeldifferenz –
  control deviation 260
Regelgröße –
  controlled variable 260
Regeln –
  closed loop controlling . . 205, 258
Regeln mit PC –
  controlling by PC 264
Regelstrecken –
  controlled systems. 261, 262
Regelung, digitale –
  controlling, digital 263
Regelung durch Computer –
  controlling by computer 263

Regelung mittels SPS –
  PLC, controlling 285, 286, 287
Regelung Netzfrequenz –
  controlling mains frequency. . 308
Regelung Netzspannung –
  controlling of grid voltage. . . . 307
Regelung, SPS –
  controlling, PLC 285, 286, 287, 288
Regelungstechnik –
  control engineering 258, 262
Register, Schiebe- –
  shift register 422
Regler, analoge – closed loop
  controllers, analog. 260
Regler –
  closed loop controllers . . 260, 266
Reglereinstellung, Reglerauswahl –
  adjustment, election
  of automatic controllers 262
Regler, schaltende – closed loop
  controllers, switching 261
Reibahle, Maschinen- –
  machine reamer 187
Reiben – reaming 187
Reibung – friction 61
Reibungsmoment –
  friction torque. 61
Reibungszahlen –
  friction coefficients. 61
Reihenschaltung –
  series connection 44, 52
Reihenschlussmotor –
  series motor 112, 330
Reihenschwingkreis –
  series oscillating circuit. 52
Relais, Motorschutz- –
  relay, motor protection 331
Reluktanzmotor –
  reluctance motor 317
Remanenzflussdichte –
  remanence flux density. 137
Remote Verbindung –
  remote connection. 458
Repeater – repeater 441, 445
resistive Abtastung –
  resistive sampling 428
Restspannungen – rest voltages 382
Reststrom-
  Überwachungseinrichtung –
  residual current monitoring
  device / RCM. 359
RFID – RFID 453, 455
Richtungstoleranz –
  direction tolerance. 83
Richtwerte Schweißen –
  recommended values welding 202
R&I-Diagramm – R&I diagram . 285
Riementrieb – belt drive 59
Rillenkugellager –
  deep groove ball bearing 502
Ringe, Sicherungs- –
  retaining rings 504
Ringnetz – ring cable system /
  ring network 290
Ringstrang – ring rope. 372
Ringstruktur – ring structure. . . 440
Risikobewertung –
  risk evaluation 411
Risikograph – risk graph 384
Risikoreduzierung –
  risk reducement 386

RJ11 – RJ11 516
RJ45 – RJ45. 515
RLC-Schaltung – RCL circuit . 52, 53
RL-Schaltung – RL circuit ... 52, 53
Roboter, Industrie- –
  robot, industrial robot 470
Roboter – robot. 469, 472
Rockwellhärte –
  Rockwell hardness 171
Rohrgewinde –
  pipe thread 84, 477, 480
Rollen – rollers 33
ROM – ROM
  (Read Only Memory) 425
Rotation – rotation 470
Router – router 415
RS-232 – RS-232 517
RS-422 – RS-422 517
RS-485 – RS-485 517
RS-Kippschaltung – RS flip-flop 108
Rücksetzen, dominierendes –
  resetting, dominating 276
Rührwerk – agitator 397
Rundgewinde – round thread.. 477
Rundtaktmaschiene –
  rotary-cycle machine 469
Rüstzeit – set-up time 525

S

Sabotage, Computer- –
  sabotage, computer 436
Sägen, Kunststoffe –
  sawing, plastics 194
Sammelschienen – busbars ... 382
Sample-and-Hold-Schaltung –
  sample-and-hold circuit 424
Sanftanlasser – softstarter..... 333
Sanftanlauf – soft start 332
SAR – SAR (Successive
  Approximation Register)..... 423
Saugkreisfilter –
  series-tuned circuit filter 57
Scanner – scanner 437
Schadstoffe, Schweißen –
  pollutants, welding 204
Schalldruckpegel –
  sound pressure level 21
Schall – sound................ 542
Schaltaktor –
  controlling actuator 254
schaltende Regler – switching
  closed loop controller 261
Schalter, Motorschutz- –
  switch, motor protection..... 331
Schaltfunktion –
  functional equation . 417, 418, 419
Schaltgeräte – switchgears 99
Schaltgruppe – vector group... 306
Schaltmatten –
  pressure sensitive mats...... 473
Schaltnetzteil –
  switching power supply 368
Schaltpläne –
  circuit diagrams 90, 92
Schaltpläne, Hydraulik –
  circuit diagrams, hydraulics .. 125
Schaltpläne, Kennzeichnung in –
  circuit diagrams,
  identification in............. 94
Schaltpläne, Pneumatik- –
  circuit diagrams, pneumatics 125

Schaltregler –
  switching power supply 368
Schaltschrankaufbau –
  control cabinet, construction . 375
Schaltschrank, Klimatisierung –
  control cabinet,
  air conditioning 377
Schaltschrank, Leitungsverlegung –
  control cabinet,
  routing of cables 376
Schaltskizze –
  sketched circuit diagram...... 90
Schaltüberspannung –
  overvoltage by switching 216
Schaltüberspannung, Schutz –
  switching overvoltage,
  protection 216
Schaltungen, gemischte –
  circuits, mixed 44
Schaltungen von Widerständen –
  connections/circuits
  of resistances 44
Schaltungselemente –
  circuit elements 99
Schaltzeichen, allgemeine –
  graphical symbols, general 98, 99
Schaltzeichen, Hydraulik –
  graphical symbols, hydraulics 121
Schaltzeichen, Installationspläne –
  graphical symbols,
  installation drawings 109
Schaltzeichen, Pneumatik –
  graphical symbols,
  pneumatics 121
Schaltzeichen, Übersichtsschaltplan –
  graphical symbols for
  overview diagram 110
Schaltzeichen, Vergleich von –
  circuit symbols,
  comparison of 101, 102
Schaltzeichen, Zusatz –
  additional circuit symbols.... 103
Schaumstoffe – foam materials 155
Scheibenfedern –
  woodruff keys.............. 497
Scheibenfräser –
  side-milling cutter 191
Scheiben, Sicherungs- –
  retaining washers........... 504
Scheiben – washers...... 492, 493
Scheitelfaktor – crest factor..... 49
Scherfestigkeit – shear strength 62
Scherspannung – shear stress .. 64
Schieberegister –
  shift register 108, 422
Schieflastprüfung –
  phase unbalance test........ 320
Schienensystem –
  busbar system 372
Schlagwetterschutz – explosive
  atmosphere protection 298
Schlauchleitungen –
  flexible cables.............. 160
Schleifen – grinding.......... 193
Schleifenimpedanz –
  loop impedance 334
Schleifenimpedanzmessung – loop
  impedance measuring... 293, 363
Schleifleitungen – sliding wires 372
Schleifringläufer –
  slip-ring rotor 330
Schleifringläufermotor –
  slip-ring rotor motor 113

589

Schlüssel für Leitungen –
  code for installation wires.... 161
Schlüssel für Starkstromleitungen –
  code for heavy current wires . 159
Schlussrechnung (Dreisatz) –
  rule of three 22
Schmelzen – melting 37
Schmelzsicherungen –
  melting fuses 336, 337
Schmelztemperatur –
  melting temperature 134
Schneckenrad – worm gear..... 85
Schneckentrieb – worm drive ... 59
Schneiden – cutting 64
Schneidenradiuskorrektur –
  cutting edge correction 468
Schneidkeramik, Drehen –
  cutting ceramics, turning..... 188
Schneidstoffe –
  cutting materials............ 182
Schnellarbeitsstahl, Drehen –
  high-speed steel tool, turning 188
Schnittdaten – cutting data 186
Schnittdaten, Drehen –
  cutting data, turning......... 189
Schnittdaten, Fräsen –
  cutting data, milling 192
Schnitte (Zeichnung) –
  sections (drawings) 77
Schnittgeschwindigkeit –
  cutting speed 35, 183
Schnittgeschwindigkeit, Schleifen –
  cutting speed, grinding 193
Schnittstelle – interface 518
Schnittstellen – interfaces 431
Schnittstellen, Kopplungen –
  interface, couplings 517
Schraffur – hatching........... 76
Schrägkugellager –
  angular ball bearing......... 502
Schrauben – screws... 33, 481, 485
Schraubensicherung –
  screw lock 494
Schraubenübersicht –
  screws, overview 482
Schraubenverbindungen –
  screwed connections........ 84
Schraubersysteme –
  screwdriver systems 405
Schreibrichtung –
  writing direction............. 77
Schriftzeichen – characters 74
Schrittmotoren –
  stepping motor............. 321
Schuko – safety contact....... 519
Schulung, Kunden- –
  training, customers 551
Schutzarten –
  types of protection.......... 297
Schütze, Antriebe –
  contactors, drives........... 243
Schütze – contactors 242
Schütze, elektromagnetische –
  contactors, electromagnetic.. 242
Schütze, Gebrauchskategorien –
  contactors, application
  categories 243
Schütze, Grundschaltung –
  contactors, basic circuit...... 242
Schutzeinrichtung, Anordnen von –
  protective equipment,
  design of 246

Schutzeinrichtungen, Überstrom- –
protective equipment,
overcurrent 334, 337
Schütze, Kennzeichnung –
contactors, identification. 242
Schutzgasschweißen –
inert gas arc welding 201, 202
Schutz gegen Überspannungen –
protection against
overvoltages 338
Schutz, Installations- –
installation protection 439
Schutzisolierung –
protective insulation 355
Schutzklassen –
protection categories. . . . 111, 355
Schutzkleinspannung – protective
extra low voltage / PELV 355
Schutz, Kopier- – copy right. . . . 439
Schutz, Kurzschluss- –
short-circuit protection 334
Schutzleiter, Durchgängigkeit –
earth wire, consistency 382
Schutzleiter, Leitungen –
protective conductor, wires. . . 158
Schutzleiterschutz – protection
by protective conductor 355
Schutzleiterstrom, Messen –
protective conductor current,
measuring 379
Schutzmaßnahmen – protective
measures. 355, 359, 372, 473
Schutzmaßnahmen, Prüfen der –
protective measures,
testing of 363
Schutzmaßnahmen, Roboter –
protective measures, robots. . 472
Schutzpotenzialausgleich –
equipotential bonding 360
Schutzschalter, Differenzstrom- –
circuit breaker, residual
current 358
Schützschaltungen –
contactor circuits 245, 247
Schützschaltung, entriegelt –
contactor circuit, unlocked . . . 242
Schutz, thermische Auswirkungen –
protection, thermal impacts . . 339
Schutztrennung – protective
isolation separation
. . . . 355, 361, 362, 363
Schutz, Überlast- –
protection, overload. 334
Schweißen – welding. 197
Schweißen, Schadstoffe –
welding, pollutants 204
Schweißen, Symbole –
welding, graphical symbols . . . 88
Schweißkonstruktionen, Toleranzen –
welded constructions,
tolerances 197
Schweißnähte – weldseams 89, 198
Schweißverfahren –
welding processes 174
Schweißverhalten –
welding properties. 200
Schwindung – shrinkage 36
Schwingungspaketsteuerung –
multicycle control. 299
SCSI -Stecker – SCSI plug 514
SD-Karte – SD card. 426
Sechskantmuttern –
hexagonal nuts. 491

Sechskantschrauben –
hexagonal screws 482, 483
Sedezimalzahlen –
hexadecimal numbers. 19
Segmentierung WLAN –
segmentation WLAN 456
Seitenansicht – side view 75
Sektorsteuerung –
sector control 299
Sekundärbatterien –
secondary batteries 209
Sekundärregelung –
secondary control 308
Selbstanlasserschaltung –
self starter circuit 247
SELV – safety extra low voltage /
SELV 357, 363, 365, 367
Sender – transmitter 254
Senkschrauben –
countersunk screws 482, 484, 488
Senktiefe – counterbore depth . 489
Senkungen –
countersinkings 488, 489
Sensoren –
sensors 225, 231, 234, 412
Sensor – sensors 227
Serienschaltung – serial circuit 250
Service-Mitarbeiter –
service staff. 457
Servomotor – servo motor 318
Servomotoren, Ansteuerung –
servo motors, controlling 319
Setzen, dominierendes –
setting, dominating 421
Shows und Stände –
shows and booths 366
S&H-Schaltung – sample
and hold circuit / S&H-circuit . 424
Sicherheit, funktionale –
safety, functional 386
Sicherheitsbeleuchtung –
safety lighting. 369
sicherheitsbezogene Steuerungen –
safety related controls . . . 384, 385
Sicherheits-Bussysteme –
safety bus systems. 452
Sicherheitsfunktionen –
safety functions 387
Sicherheitshinweise –
safety precautions 539, 540
Sicherheit, SIL – safety, SIL
(safety integrity level) 386
Sicherheitskategorien –
safety categories 384, 385
Sicherheits-NOT-AUS-Relais –
emergency switching-off
device 383
Sicherheitsregeln – safety rules 292
Sicherheits-SPS – safety PLC . . 388
Sicherheits-Stromversorgung –
safety power supply. 369
Sicherheitstransformator –
safety transformer. 111
Sicherheitszahl – safety factor . . 63
Sicherheit von Maschinen –
safety of machines 380
Sicherheit von
Schraubensicherungen –
safety of screw locks 494
Sicherung, Daten- – backup. . . . 439
Sicherungen – fuses. 336
Sicherungen (Symbole) –
fuses (symbols) 103, 111

Sicherungsbleche –
locking plates 504
Sicherungsringe –
retaining rings 504
Sicherungsscheiben –
retaining washers. 504
Siebensegmentcode –
seven-segment code 419
Siedetemperatur –
boiling temperature 134
Signalanlagen, Kabel –
signaling systems, cables 161
Signalumsetzer – transducer . . 235
SIL, funktionale Sicherheit –
SIL, functional safety 386
Siliciumdiode – silicon diode . . 211
Silikon-Aderschnüre –
silicone cores 160
SIMOTION – SIMOTION 319
Singlemodefaser –
singlemode fibre 165
Sinnbilder, Löten –
graphical symbols, soldering . . 88
Sinnbilder, Schweißen –
graphical symbols, welding . . . 88
Sinuslinie – sine curve. 50
Sinus – sine. 24
Sinusspannung – sine voltage . . 49
Sinuswechselstrom –
sine alternating current 51
SIPART – SIPART. 265
SixSigma – SixSigma 530
Slave – slave 421
SL-Flipflop – SL flip-flop. 421
Smarte Aktoren –
smart actuators 233
Smarte Sensoren –
smart sensors 233
Smart-Grid – smart grid. 236
Smart-Home – smart home 235, 443
Sniffer – sniffer 436
Softstarter – softstarter 333
Software – software 446
Sonderabfälle –
hazardous waste 537
Sonderfunktionen für LOGO! –
special functions for LOGO! . . 269
Sonderzusatzfunktionen, PAL- –
special additional functions,
PAL. 463
Sortieren – sorting 435
Spaltpolmotoren –
shaded-pole motors. 112
spanende Formung, Kunststoffe –
chip-forming, plastics 194
Spannscheiben –
tightening disks 493
Spannstift –
spring-type straight pin. 495
Spannung, (elektrische) –
voltage. 39
Spannung, induzierte –
voltage, induced. 43
spannungsabhängiger Widerstand –
voltage dependent resistor /
VDR 210
Spannungsfall – voltage drop. . 341
Spannungsfall, Blindwiderstand –
voltage drop, reactance 342
Spannungsfall, Grenzwerte –
voltage drop limit values. 382
Spannungsfall – voltage drop. . 372

Spannungsfehlerschaltung –
voltage error circuit 221
Spannungskonstanthalter –
voltage stabilizer 370
Spannungsmessung –
voltage measurement 238
Spannungspegel – voltage level 21
Spannungsprüfungen –
voltage measurings 382
Spannungsregler –
voltage regulator 368
Spannungsreihe, elektrochemische –
electrochemical series 167
Spannungsteiler –
voltage divider 45
Spannungsversorgung –
power supply 443
Spannungswandler – voltage
measuring transformer 222
Spartransformator –
autotransformer 54, 306
SPC – SPC
(statistic process control) 533, 534
SPD – SPD
(surge protective device)..... 338
Speicheraufbau –
memory structure 425
Speicher, Halbleiter-
memory, semiconductor..... 425
speichernde Aktionen –
storing actions 118
Speicher, optische –
memories, optical 427
speicherprogrammierbare
Steuerung – programmable
logic control PLC 271
Speicherstick, USB –
memory stick, USB.......... 426
Sperren – blocking 103
Sperrwandler –
flyback converter 368
spezifischer Widerstand – resistivity
/ specific resistance 134, 137
spezifische Schnittkraft –
cutting force, specific........ 184
spezifische Wärmekapazität –
specific heat capacity........ 134
Spielpassung – loose fits.. 506, 512
Spindel – spindle 325
Spindelantrieb – spindle drive . 325
Spionage, Industrie-
spying, industry 438
Spiralbohrer – spiral drill...... 186
SPS – PLC (programmable
logic control)
...... 271, 273, 277, 284, 385, 460
SPS-Bausteine in ST –
PLC modules in SCL 280
SPS-Funktionsbausteine –
PLC function modules 278
SPS-Programmentwicklung – PLC,
programming development .. 284
SPS, Programmierregeln –
PLC, programming rules..... 276
SPS-Programmierung –
PLC programming 282
SPS, Regelung –
PLC, controlling 288
SPS S7 – PLC, S7 273
SPS, Sicherheits- – PLC, safety 388
Spule – coil 42, 46, 48, 100
Spule, Verluste – coil, loss...... 52
SRAM – SRAM 425

SS1 – SS1 387
SS2 – SS2 387
SSV-Anlage – SCS-system
(safety current supply)....... 369
Stabelektroden –
stick electrodes............. 204
Stabelektroden, umhüllte –
stick electrodes, coated 203
Stahlguss – cast steel......... 139
Stahlnormung nach
Zusammensetzung – steel
standardization according to
composition 141
Stahlnormung –
steel standardization 139
Stahlprofile – steel sections ... 145
Stahl – steel..... 138, 140, 142, 144
Starkstromleitungen –
cables for power installation.. 159
Starkstromleitungen, isolierte –
power lines, insulated 158
Starkstromleitungen, Schlüssel –
power lines, code........... 159
Start-Funktion – start function.. 381
statistische Auswertungen –
statistic evaluations 532
statistische Prozesssteuerung –
statistic process control.. 533, 534
Stecker, Lichtwellenfaser- –
plug, fibre optic 165
Stecker – plug............... 520
Stecker, TAE- – TAE-plug...... 516
Steckkarte – plug card 240
Steckverbinder –
plug connector 514, 520
Steckverbinder, RJ –
plug connector, RJ 515
Steckvorrichtungen –
plug devices 519
Stegleitungen –
ribbon installation cables 159
Steigung, Gewinde- – pitch.... 477
Steigung – inclination 24
Steinmetzschaltung –
Steinmetz circuit............ 314
Steller-Antriebe –
actuator drives 103
Stellgerät – setting device..... 259
Stellgröße – correcting variable 260
Stellungsangabe –
position information 103
Stern-Dreieck-Anlassschaltung –
star-delta starter 247
Stern-Dreieck-Schalter –
star-delta switch 332
Stern-Dreieck-Schaltung –
star-delta circuit 249
Sterndreieck-Schützschaltung –
star-delta contactor circuit... 245
Stern-Dreieck-Schützschaltung –
star-delta contactor circuit.... 97
Sterndreieck-Wendeschaltung –
star-delta reversing circuit.... 249
Sternkoppler – star coupler.... 440
Sternschaltung – star circuit 56, 300
Sternstruktur – star structure .. 440
Sterntopologie – star topology 448
Steuerfunktionen –
controlling functions 381
Steuerkette – control chain 257
Steuern – controlling..... 205, 258
Steuern mit PC –
controlling by PC 264

Steuern und Regeln mit PC –
automated controlling by PC . 264
Steuerrelais LOGO –
control relay LOGO!......... 390
Steuerstromkreis –
control circuit 245
Steuertransformator –
control transformer 111
Steuerungen – controls....... 249
Steuerungen, elektronische –
controls, electronic.......... 299
Steuerungen, sicherheitsbezogene –
controls, safety related
.... 384, 385, 482
Steuerung mittels Funk –
wireless control 254
Steuerung, SPS – control, PLC . 288
Steuerungssysteme,
Kennzeichnung – control
systems, identification....... 124
Steuerungstechnik –
control engineering 257, 258
Steuerungstechnik, Sensoren –
control engineering, sensors . 225
Steuerzeichen, ASCII- –
ASCII-control symbols....... 420
Stifte – pins 495, 496
Stirnrad – spur wheel.......... 85
Stoffwerte –
material values......... 134, 135
Stopp-Funktion – stop function 381
Störfiltermodul –
interference filter module 446
Störungen, Funkübertragung –
disturbances, radio transmission
.... 455
Stoßkurzschlussstrom –
maximum short circuit current 54
STO – STO.................. 387
Strahlennetz – ray network 290
Strahlenoptik –
geometrical / ray optics...... 164
Strangwiderstand –
resistance of a rope 56
Streckgrenze – elastic limit 170
Strombelastbarkeit –
ampacity 349, 350, 351
Strombelastbarkeiten –
ampacity 346, 347, 348
Strombelastbarkeit,
Kupferlitzenleiter – ampacity
of copper flex wires 163
Stromdichte – current density... 39
Stromfehlerschaltung –
current error circuit 221
Stromgefährdung –
endangering by current...... 353
Stromlaufplan –
circuit diagram 90, 97
Strommessung –
current measuring 238
Stromrichter – converter... 300, 304
Stromrichter, Drehstrommotor –
converter, three-phase motor 317
Stromrichtergeräte –
converter devices........... 296
Stromrichterschaltung, Benennung –
converter circuit, name 301
Stromrichterspeisung, Motoren –
converter feeding, motors.... 114

591

Stromschienensystem –
busbar system 372
Stromstärke – current intensity . 39
Stromstoßschalter –
notching relay. 251
Stromversorgung –
power supply 110, 368
Stromversorgung,
unterbrechungsfreie – power
supply, uninterruptible 370
Stromwandler – current
measuring transformer 222
Stromwärme – Joule heating . . . 40
Struktogramm – structure chart 120
Struktur der NC –
structure of the NC. 460
Strukturierter Text, SPS – structured
control language, SCL. 279
Subjunktion – subjunction 417
Subtrahierverstärker –
subtracting amplifier 218
Sukzessiver-Approximations-
Umsetzer – successive
approximation register SAR . . 423
Summenstromwandler –
difference transformer. 358
Summierverstärker –
summing amplifier. 218
Suppressordiode –
suppressor diode 211, 216
Switch – switch . . 440, 441, 447, 448
Symbole, Fließbild –
graphical symbols,
process flow diagram 126
Symbole für SPS –
graphical symbols for PLC . . . 272
Symbole, Regelung –
graphical symbols, controlling 259
Symbole, Verfahrenstechnik –
symbols, process engineering 128
Synchronmotor, Drehstrom –
synchronous motor,
three-phase. 113
Synchronmotor, Läufer –
synchronous motor, rotor 317
Systemdatenbausteine –
system data modules 273
System Einheitsbohrung –
system basic hole. 507, 509
System Einheitswelle –
system basic shaft 507, 510
Systeme – systems 356
Systemfunktionen –
system functions 277

T

Tachogenerator –
tacho generator 227
TAE-Anschlüsse –
TAE connections. 516
Tangens – tangent 24
Tarifschaltgeräte –
tariff switching devices 106
Tarifvertrag – tariff agreement . 546
Tastenkürzel Windows –
short cut keys Windows. 433
Taster, Anordnung –
button, assembly 246
Taster – non locking key switch 381
Tastgrad, Messung –
pulse duty factor, measuring . 238
Tastgrad – pulse duty factor 51

Tastschalter – pushbutton switch /
pushbutton key. 98
Tauchmagnetsensor –
diving magnetic sensor. 227
technische Kommunikation –
technical communication 71
technische Physik –
technical physics 9
Teilkreis – indexing circle. 58
Teilnehmer – participant 443
Teilung – division/partition/
calibration 58
Teilung, logarithmische –
calibration, logarithmic 72
Teilung von Längen –
division of lengths 25
Tellerfeder – disc spring. 89
Temperatur – temperature 36
temperaturabhängiger Widerstand –
temperature dependent resistor
. . . . 210
Temperaturbeständigkeitsklasse –
temperature stability class . . . 310
Temperaturfühler, Heißleiter–
temperature sensor, NTC (negative
temperature coefficient) 229
Temperaturfühler, Silicium –
temperature sensor, silicon. . . 229
Temperaturfühler, Thermoelement–
temperature sensor,
thermocouple element 229
Temperaturkoeffizient –
temperature coefficient 55
Temperaturmessung –
temperature measurement. . . 229
THD-Wert – THD value 352
thermische Auswirkungen, Schutz –
thermal impacts, protection . . 339
Thermoelement –
thermocouple element 229
Thermopaar – thermocouple . . 229
Thermoplaste – thermoplastic . 154
Thyristoren – thyristors . . . 105, 214
TIA-Portal – TIA-Portal 275
TN-C-System – TN-C-system. . . 356
TN-S-System – TN-S-system. . . 356
Toleranz – tolerance. 506
Toleranzen, Allgemein- –
general tolerances 513
Toleranzen in Zeichnungen –
tolerances in drawings 79
Toleranzen, Nuten- –
tolerances, slots 497
Toleranzen, Passungen –
tolerances, fits 508
Toleranzen, Schweißen –
tolerances, welding 197
Topologie, Netz–
topology, network 440, 448
Torsion – torsion. 62, 65, 66
Touchscreen – touchscreen. . . . 428
TPM –
total productive maintenance 530
TQM –
total quality management. . . . 530
Träger – carrier 65
Transceiver – transceiver. 441
Transformator –
transformer. 100, 305
Transformatorbauleistung –
transformer construction
relating power 300

Transformator,
Berechnungsformeln –
transformer, formulas 54
Transformator, Drehstrom- –
transformer, three-phase. 306
Transformator, Einphasen- –
transformer, single-phase. . . . 306
Transformatorensatz –
transformer set. 305
Transformatorwicklung –
transformer winding 54
Transistoren, bipolare –
transistors, bipolare. 213
Transistoren – transistors 105
Transition – transition 116, 118
Translation – translation 470
Transponder – transponder. . . . 453
Transurane –
transuranic elements. 132
Trapez – trapezium 26
Treiber – driver 108
Trennabstände –
separating distances 166
Trennen – separating 173
Trennklassen –
classes of IT-Cabling. 166
Trennschalter –
disconnecting breaker 103
Trenntransformator –
disconnecting transformer 111, 361
Triac – triac 214
Triggerdiode – trigger diode . . . 214
Trimmwiderstand –
trimming resistor 208
Trojanisches Pferd –
Trojan Horse 436
TT-System – TT-system 356
Twisted Pair – twisted pair. 162

U

Überdruck – overpressure. . . 60, 69
Übergangspassung –
transition fit. 512
Überlastbarkeit –
overload capacity 314
Überlastschutz –
overload protection 334
Übersetzungen –
transmissions. 59, 69
Übersichtsschaltplan –
block diagram, overview 90
Übersichtsschaltplan, Schaltzeichen –
block diagram, graphical
symbols. 110
Überspannungen, Schutz gegen –
overvoltages, protection
against. 338
Überspannungen von außen –
overvoltages from outside . . . 338
Überspannungsableiter –
overvoltage arrester. 216, 338
Überspannungsschutz –
overvoltage protector 216
Überstromrelais –
overload relay 245
Überstrom-Schutzeinrichtung –
overcurrent protective equipment
. . 334, 337, 346, 347, 356, 361, 363
Überwachung, Isolationszustand –
monitoring, state of insulation 412
U(I)-Kennlinie –
U(I)-characteristic. 238

UltraCap-Kondensator –
  ultra cap capacitor 208
Ultraschall-Abtastung –
  ultrasound scanning 428
Ultraschall-Sensoren –
  ultrasonics sensors 230
Umfangsgeschwindigkeit –
  circumferential velocity 34, 35
Umformen, Biege- –
  bend forming 196
Umformen – forming 172
Umformer – converter 313
umhüllte Stabelektroden –
  coated stick electrodes 203
Umhüllung – coating 355
Umkehrgleichrichter –
  reverse rectifier 304
Umrechnungsfaktor –
  correction factor 349, 350
Umrechnungsfaktor
  Oberschwingungen –
  conversion factor harmonics . 351
Umrechnung von Zahlen –
  converting of numbers 19
Umrichter – converter 110, 302
Umrichter, Fehlerströme –
  converter, leakage current 360
Umsetzer, Code- –
  code converter 419
Umwelttechnik –
  environmental engineering . . . 521
UNC-Gewinde –
  UNC screw threads 478
UND – AND 123, 270, 417
UNEF-Gewinde –
  UNEF screw threads 478
Unfälle – accidents U2
Unfallverhütung, Zeichen –
  accident control, signs 522
UNF-Gewinde –
  UNF screw threads 478
Unicode – Unicode 420
Universalmotor –
  universal motor 314
Universalregler – universal
  automatic controller 265
unlegierter Stahl –
  unalloyed steel 143
unterbrechungsfreie
  Stromversorgung –
  uninterruptable power supply
  (UPS) 370
Unterklassen – subclasses 94
Unterrichtsraum – class-room 367
Urformen – primary forming . . 172
USB-Speicherstick –
  USB memory stick 426
USB-Sticks – USB memory stick 439
USB – USB
  (Universal Serial Bus) 518
USV – UPS (uninterruptable
  power supply) 370
UTP – UTP 162
U-Umrichter – U-converter 302, 303

V

V.24-Schnittstelle –
  V.24 interface 517
Vakuumschütz –
  vacuum contactor 244

Variable, SPS – variables, PLC . 274
Variable – variable 418
Varistor – varistor 210
VDE-Normen – VDE regulations 560
VDR-Widerstand – VDR / voltage
  dependent resistor 210
Ventil – valve 121, 122, 123, 404
Verbinder, Steck- –
  connector 514, 520
Verbindungen, mechanische –
  joints, mechanic 89
verbindungsbezogene Dokumente –
  connection oriented documents 92
Verbindungstechnik –
  bonding technology 475
Verbotszeichen –
  prohibition signs 522
Verbrauchsmaterial –
  consumables 459
Verbrennung, Schutz –
  burning, protection 339
Verdampfen – evaporation 37
Verdopplerschaltung – voltage
  double connection 300
Verdrahtungsplan –
  wiring diagram 92
Verdrahtung – wiring 380
Verdrehung – twist 62, 65
Verfahren Chien, Hrones, Reswick –
  algorithm Chien, Hrones,
  Reswick 262
Verfahrenstechnik, Symbole –
  process engineering,
  graphical symbols 128
Verfahren Ziegler, Nichols –
  algorithm Ziegler, Nichols 262
Verfügbarkeit – availability 535
Vergleich von Schaltzeichen –
  comparison of circuit
  symbols 101, 102
Vergütungsstrahl –
  quenched and tempered steel 143
Verkaufspreis – sales price 553
Verknüpfungen, binäre –
  logic operations, binary 270
Verlegearten –
  installation methods 345, 349
Verlegung, feste –
  installation, permanent 159
Vernetzung von Sensoren, Aktoren –
  interconnection of sensors,
  actuators 235
Verseilung – cording 163
Verstärker – amplifier 110, 441
Verstärkungsmaß – gain in dB . . 21
Verteilzeit – additional time 526
Verzögerungselemente –
  delay elements 108
Vibrationsantriebe –
  vibration drives 330
Vickershärte – Vickers hardness 170
vieladrige Leitung –
  multicore line 350
Vielperiodensteuerung –
  multiperiod control 299
Vierleiterdrehstrom –
  four-wire three phase current 220
Vierquadrantenbetrieb –
  four-quadrant operation 304
virtuelle Instrumente –
  virtual instruments 239
Virus, Computer- –
  virus, computer 436

Vision Sensor – vision sensor . . 234
Viskosität – viscosity 169
V-Naht – V seam 88
Vollschrittbetrieb –
  full step operation 321
Volumenänderung –
  volume change 36
Volumenstrom –
  volume flow 70, 371
Volumen – volume 28, 29, 30
Vorderansicht – front view 75
Vorsätze – prefixes 20
Vorschub beim Bohren –
  feed at drilling / boring 186
Vorschubeinheit – feed unit 396
Vorschubgeschwindigkeit –
  feed speed 35
Vorwärtskalkulation –
  forward calculation 553
Vorzeichen – (plus or minus) sign 15
VPN – virtual private network . . 458

W

Wahrscheinlichkeit – probability 532
Wälzlager, Bezeichnung – roller
  bearing, identification 500
Wälzlager, Darstellung – roller
  bearing, representation 86, 87
Wälzlager – roller bearing 499
Wandlungsrate –
  conversion rate 240
Wärme – heat 55
Wärmearbeitsgrad –
  heat efficiency 40
Wärmebehandlung – tempering 177
Wärmekapazität – heat capacity 36
Wärmeleitfähigkeit –
  thermal conductivity 134
Wärmemenge – heat quantity . . 40
Wärmestrom – heat flow 37
Wärmetauscher –
  heat exchanger 378
Wärmetechnik –
  heat engineering 36, 37
Wärmewiderstand –
  thermal resistance 55
Warnzeichen – warning signs . . 522
Wartung –
  maintenance 130, 406, 411
Wasserschutz –
  protection against water 297
Wasserstrahlschneiden –
  water jet cutting 174
Wattstundenzähler –
  kWh-meter 224
Wearable – wearable 416
Wechselfestigkeit –
  repeated stress 62
Wechselgetriebe –
  change speed gearbox 324
Wechselgrößen –
  alternating quantity 49
Wechselrichter – inverter 304
Wechselschaltung – two way circuit /
  change-over circuit 250, 252
Wechselstrom, Einphasen- –
  alternating current,
  single-phase 220
Wechselstrommotoren –
  alternating current motors 112, 314
Wechselwegschaltung –
  antiparallel arms connection . 301

593

Wegbedingungen, CNC- –
  path conditions, CNC. 463
Wegdiagramm – route diagram 391
Wegeventil – directional valve . 404
Wegeventile, grafische Symbole –
  directional valves, graphical
  symbols. 121
Wegmessung –
  distance measurement 228
Wegplansteuerung –
  path control. 257
Weg-Schritt-Diagramm –
  path-step diagram 399
Weichlote – soft solders. 168
Weitbereichsantrieb –
  wide area drive. 243
Wellendichtringe –
  shaft sealing rings 505
Wellendichtung –
  shaft sealing ring 87
Wendeschaltung –
  reversible circuit. 249
Wendeschneidplatten – replaceable
  cutting inserts. 189, 190
Wendeschütz –
  contactor-type reversing 244
Wendetangentenverfahren –
  reversal tangent algorithm . . . 262
Werkstatt, Installation – workshop,
  power installation 372
Werkstoffe – materials. 131
Werkstoffkennzeichnung –
  material identification 76
Werkstoffnummern –
  material numbers. 148
Werkstoffprüfung –
  material testing. 170, 171
Werkstoffzustand von Metallen –
  material state of metals. 149
Werkzeuge, Elektronik- –
  tools, electronic 459
Werkzeugkorrektur –
  tool correction 468
Wertetabelle –
  truth table 417, 418, 419
Wheatstone-Brücke –
  Wheatstone bridge. 221
Wheatstone-Messbrücke –
  measuring bridge. 221
Whitworth-Gewinde –
  Whitworth thread. 480
Wicklungsanordnung –
  winding assembly 305
Wicklungserwärmung –
  winding temperature. 55
Wicklungsprüfung –
  test of winding 320
Wicklung, Transformator –
  winding, transformer. 54
Widerstand –
  resistance / resistor 39, 210
Widerstand bei
  Temperaturänderung – resistance
  when temperature changes . . . 55
Widerstände, Bauarten –
  resistors, types of. 208
Widerstände, Farbkennzeichnung –
  resistors, color marking. 207
Widerstände, Kennzeichnung –
  resistors, identification 206

Widerstände – resistors. 206
Widerstandsbestimmung –
  resistance determination. 221
Widerstandsmessung –
  resistance measurement. 221
Widerstandsmoment –
  moment of resistance 65, 328
Widerstand, spannungsabhängiger –
  resistor, dependent on voltage 210
Widerstand, spezifischer –
  resistance, specific. 134
Widerstandsschweißen –
  resistance welding. 197
Widerstandsthermometer –
  resistance thermometer 229
Widerstand, temperaturabhängiger –
  resistor, dependent on
  temperature 210
wiederkehrende Prüfung –
  recurrent test 365
Wieganddraht – Wiegand wire . 227
WIG-Schweißen – WIG welding 202
Winden – reels 33
Windows Tastenkürzel –
  Windows short cut keys 433
Windows – Windows 432
Winkelfunktionen –
  trigonometric functions. 24
Winkelmessung –
  angual measurement. 228
Wirkfaktor – active power factor 51
Wirkleistung – active power . 51, 56
Wirkleistungsmessgeräte –
  wattmeters 220
Wirkungsgrad – efficiency. . . 38, 69
Wirkungsplan –
  effect diagram/block diagram . . 91
WLAN – WLAN 454, 455
WLAN, Segmentierung –
  WLAN, segmentation 456
Würmer – worms 436
Wurzel – root. 17
Wurzel-3-Schaltung –
  root-3-circuit 333

X

x-Achse – x-axis 72
XNOR – XNOR 417
XOR – XOR 417

Y

y-Achse – y-axis 72
Y-Naht – Y-seam. 88

Z

Zahlensysteme –
  number systems. 18
Zähler, digitale –
  counters, digital 108, 422
Zählerkonstanten –
  constant of a kWh-meter. 224
Zähler, kWh- – kWh-meter 106, 224
Zählerschaltung –
  kWh-meter connection 224
Zähler, SPS (digitale) –
  counters, PLC 277
Zahnhöhe – depth of tooth 58
Zahnradberechnungen –
  gear wheel calculation. 58
Zahnradtrieb –
  gear wheel drive. 32, 59

Zahnriemen – tooth belt 85
Zahnriemenantrieb –
  tooth belt drive. 326
Zahnscheiben –
  tooth lock washers 493
Zahnstange – gear rack 85
Zahnstangenantrieb –
  rack and pinion drive. 326
Z-Diode – Z-diode. 211
Zehnerpotenzen – powers of ten 20
Zeichen, Unfallverhütung –
  signs, accident control. . . 522, 523
Zeichen, Verbots- –
  signs, prohibition 522
Zeichen, Warn- – signs, warning 522
Zeichnen, technisches –
  drawing, technical 74
zeichnerische Darstellung, Körper –
  graphic representation, solids . 75
Zeichnungen, Toleranzen –
  drawings, tolerance 79
Zeiger beim Wechselstrom –
  phasor at a. c. 50
Zeigerbild – phasor diagram. . . 341
Zeigerdiagramm –
  phasor diagram 50
Zeitablaufdiagramm –
  time diagram 91
Zeitarten – kinds of time 525
Zeitglieder – timer elements. . . 277
Zeitkonstante – time constant. . . 48
Zeitplan-Diagramm –
  time schedule diagram 73
Zentrierbohrungen –
  center bores 84
Zerspanen – cutting /
  chip-forming machining . 184, 185
Zerspanungs-Hauptgruppen –
  cutting basic groups 182
Ziegler-Nichols-Verfahren –
  Ziegler-Nichols method 262
Zinsrechnung –
  interest-calculation. 20
Zonen, Schaltschrank –
  zones, control cabinet 375
Zug – tension 62, 63
Zugfedern – tension springs. . . 498
Zugfestigkeit –
  tensile strength. 62, 147, 170
Zugriffsverfahren –
  accessing method 447
Zugriffszeit – access time. 429
Zugspannung –
  tensile stress. 62, 170
Zugversuch – tensile test. 170
Zündtemperatur –
  ignition temperature 134
Zusatzfunktionen, PAL –
  additional functions, PAL. 463
zusätzlicher Potenzialausgleich –
  additional equipotential
  bonding. 367
zusätzlicher Schutz –
  additional protection 359
Zusatzschaltzeichen –
  add-on graphical symbols. . . . 103
Zustandsänderung Gase –
  change of gas state 60
Zustandsdiagramm –
  status diagram 120, 391

Zuverlässigkeit – reliability 535
zweiflankengesteuertes JK-Flipflop –
two-edges-controlled
JK-flip-flop 421
Zweihandbedienung –
two hands operation 473
Zweikanaloszilloskop –
double channel oscilloscope. . 237

Zweipunktregler –
double-point controller 261
Zweiquadrantenbetrieb –
two-quadrant operation 304
Zweirichtungszähler –
two-way meter 106
Zwillingsleitungen – twin wire . 160

Zwischenkreisumrichter –
indirect converter 303
Zylinder – cylinder 28, 122, 403
Zylinder, Pneumatik –
pneumatic cylinder 68
Zylinderstifte – straight pins ... 496

Wichtige Begriffe der Digitalisierung Important Terms of Digitalization

Begriffe	Erklärung
Augmented Reality, AR	Erweiterte Realität, Informationseinblendungen z. B. mittels Datenbrille, Vermischung von realer und virtueller Welt.
Big Data	Unstrukturierte sehr große Datenmenge, die mittels Data Analytics (Analysesoftware) analysiert werden.
Cloud	Von cloud = Wolke. Datenspeicherung, Datenverarbeitung auf Coumputern im Internet
Cyber Physical Systems, CPS	Verbund aus mechanisch-elektronischen Komponenten, die mittels Software an ein Datennetz angeschlossen sind und miteinander kommunizieren können.
Digitalisierung	Von lat. digitus = Finger → zählen. Aufbereitung von Informationen zum Verarbeiten und Speichern in einem digitalen System, z. B. Computern.
Digital Twin	Digitaler Zwilling. Datenmodell eines physischen Systems, geeignet für Computersimulationen.
Edge Computing	Von edge = Rand. Ein Edge-Computer, Computer am Rand des Netzwerks sammelt, filtert, komprimiert und verschlüsselt Daten, z. B. von angeschlossenen Sensoren, und leitet diese Daten an einen anderen Netzwerkcomputer oder Computer in der Cloud weiter.
Embedded System	Computer, der in ein Gerät eingebettet (eingebunden) ist, z. B. in ein Smartphone, eine Waschmaschine, einen Steuerungscomputer.
ERP	Enterprise Resource Planning. Produktionsplanung, -steuerung, meist als SAP-Software.
Fog Computing	Von fog = Nebel. Fog-Computer (Fog Nodes, Knoten) stellen eine Art lokale (dezentrale) Cloud dar zur Anbindung untergeordneter Systeme und dienen zur Entlastung der übergeordneten Cloud.
Industrie 4.0	Wird als vierte industrielle Revolution mit umfänglich vernetzten und kommunikationsfähigen Geräten, Maschinen und Anlagen verstanden. Erste industrielle Revolution (iR) → Mechanisierung mit Wasser- und Dampfkraft, zweite iR → Fließbandfertigung, dritte iR → Automatisierung von Maschinen, Anlagen z. B. mittels SPS, CNC.
Internet of Things, IoT	Internet der Dinge → Sensoren, Aktoren, Geräte, Maschinen können mittels Informations- und Kommunikationstechniken zusammenarbeiten, z. B. über Internet. Auch Internet of Everything.
Künstliche Intelligenz, KI	Softwarebasiertes Nachbilden menschlicher Entscheidungslogik über komplexe Algorithmen.
Machine Learning Data Mining	Maschinelles (computergestütztes) Lernen anhand von Beispielen (Trainingsdaten) mit der Fähigkeit, Gelerntes anderweitig anzuwenden.
PLM	Product Lifecycle Management. Software zur Verwaltung von produktrelevanten Daten über den Produktlebenszyklus hinweg.
Smart ...	Smart = Intelligent → Smart Home, Smart Grids, Smart Factory usw.
SOA	Serviceorientierte Architektur. Zusammensetzung von Services (Softwaremodulen) zu einer flexibel anpassbaren Softwarestruktur.
Transformation	Von lat. transformare = umformen. Hier als digitale Transformation → Übergang ins digitale Zeitalter, siehe Digitalisierung.
Visualisierung	Nachbildung eines physischen Systems z. B. mittels Software.
Wearables	Am Körper tragbare kleine, netzwerkfähige Computer, z. B. Datenbrille, Uhr, Gürtel, Fitness-Tracker (von tracker = Aufspürer).

Unterstützende Firmen, Dienststellen und Bildungseinrichtungen 1
Supporting Companies, Offices and Educational Institutions 1

Viele der nachfolgend aufgeführten Firmen, Dienststellen und Bildungseinrichtungen haben die Autoren durch Beratung, durch Zurverfügungstellung von Druckschriften, Fotos und Dateien sowohl bei der Textbearbeitung als auch bei der bildlichen Ausgestaltung des Buches unterstützt. Es wird ihnen hierfür herzlich gedankt.

ABB Deutschland AG
68309 Mannheim
www.abb.de

Advanced Energy Industries, Inc.
60326 Frankfurt
www.advancedenergy.com

Agentur für erneuerbare Energien
10115 Berlin
www.unendlich-viel-energie.de

AGK Hochleistungswerkstoffe GmbH
44369 Dortmund
www.agk.eu

Ahlborn Mess- und Regelungstechnik GmbH
83607 Holzkirchen
www.ahlborn.com

Airbus Group SE
F31703 Blagnac
www.airbus.com

Airbus S.A.S.
F31000 Toulouse
www.airbus.com

Albrecht Jung GmbH & Co. KG
58579 Schalksmühle
www.jung.de

ALSTOM Deutschland AG
10179 Berlin
www.alstom.de

Audi AG
85057 Ingolstadt
www.audi.com

Autodesk Deutschland
81379 München
www.autodesk.de

Balluff GmbH
73765 Neuhausen
www.balluff.de

BASF SE
67056 Ludwigshafen
www.basf.com

Bayer AG
51373 Leverkusen
www.bayer.de

BDEW Bundesverband der Energie- und Wasserwirtschaft
10117 Berlin
www.bdew.de

Beuth Verlag GmbH
13627 Berlin
www.beuth.de

Black Box Deutschland GmbH
85399 Hallbergmoos
www.black-box.de

BMBF Bundesministerium für Bildung und Forschung
10117 Berlin
www.bmbf.de

BMW AG
80788 München
www.bmw.de

Busch-Jaeger Elektro GmbH
58513 Lüdenscheid
www.busch-jaeger.de

Carl Zeiss AG
73447 Oberkochen
www.zeiss.de

ContiTech AG
30165 Hannover
www.contitech.de

Cooper Tools GmbH
74354 Besigheim
www.apextoolgroup.eu

Daimler AG
70327 Stuttgart
www.daimler.com

Dehn SE & Co. KG
90489 Nürnberg
www.dehn.de

Deutsche Bahn AG
10785 Berlin
www.deutschebahn.com

Deutsche Lufthansa AG
60546 Frankfurt am Main
www.lufthansa.com

Diehl Stiftung & Co. KG
90478 Nürnberg
www.diehl.com

DIN e.V.
13672 Berlin
www.din.de

DLR, Deutsches Zentrum für Luft- und Raumfahrt e.V.
51147 Köln
www.dlr.de

DMG MORI AG
33689 Bielefeld
www.dmgmori.ag.com

Dr. Fritz Faulhaber GmbH & Co. KG
71101 Schönaich
www.faulhaber.com

Dr. Johannes Heidenhain GmbH
83301 Traunreut
www.heidenhain.de

Eaton Electric GmbH
53115 Bonn
www.eaton.de

ebm-papst GmbH & Co. KG
74673 Mulfingen
www.ebmpapst.com

EnBW Energie Baden-Württemberg AG
76131 Karlsruhe
www.enbw.com

E.ON SE
45131 Essen
www.eon.com

Eurocopter Deutschland GmbH
86609 Donauwörth
www.eurocopter.com

Evonik Industries AG
45128 Essen
www.evonik.com

Farnell GmbH
85609 Aschheim
www.farnell.com

Festo Vertriebs GmbH & Co. KG
73734 Esslingen
www.festo.com

Unterstützende Firmen, Dienststellen und Bildungseinrichtungen 2
Supporting Companies, Offices and Educational Institutions 2

Fluke Deutschland GmbH
79286 Glottertal
www.fluke.de

Fraunhofer Gesellschaft
80686 München
www.fraunhofer.de

Freudenberg SE
69469 Weinheim
www.freudenberg.com

Friwo Gerätebau GmbH
48346 Ostbevern
www.friwo.de

Fuchs-Schraubenwerk GmbH
57076 Siegen
www.fuchs-schrauben.de

GFZ, Deutsches Geo-Forschungszentrum Potsdam
14473 Potsdam
www.gfz-potsdam.de

GE, General Electric Deutschland
60313 Frankfurt am Main
www.ge.com

Giesserei Heunisch GmbH
91438 Bad Windsheim
www.heunisch-guss.eu

Goethe-Institut e.V.
80333 München
www.goethe.de

GMC-I Messtechnik GmbH
90449 Nürnberg
www.gmc-instruments.de

GRAF-SYTECO GmbH & Co. KG
78609 Tuningen
www.graf-syteco.de

Grob-Werke GmbH & Co. KG
87719 Mindelheim
www.grob.de

Gustav Hensel GmbH & Co. KG
57368 Lennestadt
www.hensel-electric.de

Hasso-Plattner-Institut für Digital Engineering GmbH
14482 Potsdam
www.hpi.uni-potsdam.de

Hager Vertriebs GmbH & Co. KG
66440 Blieskastel
www.hager.de

Belden Electronics GmbH
72654 Neckartenzlingen
www.hirschmann.com

IBM Deutschland GmbH
71139 Ehningen
www.ibm.de

ICP Deutschland GmbH
72768 Reutlingen
www.icp-deutschland.de

ifm electronic gmbh
45128 Essen
www.ifm-electronic.de

Index-Werke GmbH & Co. KG
73730 Esslingen
www.index-werke.de

Inge Herrmann GmbH
35687 Dillenburg
www.inge-herrmann.de

Institut für Verbundwerkstoffe GmbH
67663 Kaiserslautern
www.ivw.uni-kl.de

Jenoptik AG
07739 Jena
www.jenoptik.de

KIT, Karlsruher Institut für Technologie
76131 Karlsruhe
www.kit.edu

KNIPEX-WERK
42337 Wuppertal
www.knipex.de

KUKA AG
86165 Augsburg
www.kuka.com

Lapp GmbH
70565 Stuttgart
www.lappkabel.de

Kyocera Fineceramics GmbH
73730 Esslingen
www.germany.kyocera.com

Hexagon Metrology GmbH
35578 Wetzlar
www.hexagonmi.com/de

Linde AG
82049 Pullach
www.linde-gas.de

Luitpoldhütte GmbH
92224 Amberg
www.luitpoldhuette.de

Mahle GmbH
70376 Stuttgart
www.mahle.com

MAICO Elektroapparate-Fabrik GmbH
78056 Villingen-Schwenningen
www.maico-ventilatoren.com

MAN Truck & Bus SE
80995 München
www.man.eu

maxon motor ag
CH 6072 Sachseln
www.maxongroup.de

Max-Planck-Gesellschaft zur Förderung der Wissenschaft e.V.
80539 München
www.mpg.de

Maschinenfabrik Berthold Hermle AG
78559 Gosheim
www.hermle.de

Megatron Elektronik AG & Co. KG
85640 Putzbrunn/München
www.megatron.de

Microsoft Deutschland GmbH
80807 München
www.microsoft.de

Mitsubishi Electric Europe B.V.
40882 Ratingen
www.mitsubishielectric.de

MTU Aero Engines AG
80995 München
www.mtu.de

National Instruments Germany GmbH
80339 München
www.ni.com

Nexans Deutschland GmbH
30179 Hannover
www.nexans.de

NTI AG
CH-8957 Spreitenbach
www.linmot.com

Opel Automobile GmbH
65423 Rüsselsheim
www.opel.de

OSRAM GmbH
80807 München
www.osram.de

Unterstützende Firmen, Dienststellen und Bildungseinrichtungen 3
Supporting Companies, Offices and Educational Institutions 3

Panasonic Deutschland GmbH
22525 Hamburg
www.panasonic.com

Pepperl + Fuchs GmbH
68307 Mannheim
www.pepperl-fuchs.com

Philips Deutschland GmbH
22335 Hamburg
www.philips.de

Phoenix Contact Deutschland GmbH
32825 Blomberg
www.phoenixcontact.com

Piller Group GmbH
37520 Osterode
www.piller.com

Pilz GmbH & Co. KG
73760 Ostfildern
www.pilz.com

PROFIBUS International
76131 Karlsruhe
www.profibus.com

Rheinmetall AG
40476 Düsseldorf
www.rheinmetall.com

Robert Bosch GmbH
70839 Gerlingen-Schillerhöhe
www.bosch.com

RS Components GmbH
64546 Mörfelden-Walldorf
www.de.rs-online.com

RWE AG
45141 Essen
www.group.rwe

RWTH Aachen University
52056 Aachen
www.rwth-aachen.de

Rolls-Royce Power Systems GmbH
88045 Friedrichshafen
www.rrpowersystems.com

Sandvik Tooling Deutschland GmbH
40549 Düsseldorf
www.coromant.sandvik.com

SAP Deutschland SE & Co. KG
69190 Walldorf
www.sap.com

Schaeffler Technologies AG & Co. KG
91074 Herzogenaurach
www.schaeffler.de

Schenker Deutschland AG
60528 Frankfurt am Main
www.dbschenker.com

Schott AG
55122 Mainz
www.schott.com

Seeger-Orbis GmbH & Co. oHG
61462 Königstein
www.seeger-orbis.de

Siemens AG
80333 München
www.siemens.com

SKF GmbH
97421 Schweinfurt
www.skf.com

Spieth-Maschinenelemente GmbH & Co. KG
77730 Esslingen
www.spieth-maschinenelemente.de

SUMMIRA GmbH
53332 Bornheim
www.summira.de

Toshiba Europe GmbH
41460 Neuss
www.toshiba.de

Trumpf GmbH & Co. KG
71254 Ditzingen
www.trumpf.com

T-Systems International GmbH
60528 Frankfurt am Main
www.t-systems.com

TU9
German Universities of Technologies e. V.
10178 Berlin
www.tu9-universities.de

TU Dortmund
44227 Dortmund
www.tu-dortmund.de

TU München
80333 München
www.tum.de

TÜV Rheinland AG
51105 Köln
www.tuv.com

ThyssenKrupp AG
45143 Essen
www.thyssenkrupp.com

Umweltbundesamt
06844 Dessau-Roßlau
www.umweltbundesamt.de

Vattenfall Europe Sales GmbH
10115 Berlin
www.vattenfall.de

VDE,
Verband der Elektrotechnik, Elektronik, Informationstechnik e.V.
60596 Frankfurt am Main
www.vde.de

VDI,
Verein Deutscher Ingenieure e.V.
40468 Düsseldorf
www.vdi.de

Vicor Europe GmbH
85737 Ismaning
www.vicorpower.com

Voith GmbH & Co. KGaA
89522 Heidenheim
www.voith.com

Volkswagen AG
38440 Wolfsburg
www.volkswagen.de

WAGO Kontakttechnik GmbH & Co. KG
32423 Minden
www.wago.com

Walter Bautz GmbH
64404 Bickenbach
www.walterbautz-gmbh.de

Wenglor Sensoric GmbH
88069 Tettnang
www.wenglor.com

Bundesverband Windenergie e.V.
10117 Berlin
www.wind-energie.de

Wissenschafts- und Kongresszentrum Darmstadt GmbH & Co. KG
64283 Darmstadt
www.darmstadtium.de

ZF Friedrichshafen AG
88046 Friedrichshafen
www.zf.com

ZVEH Zentralverband der Dt. Elektro- und Informationstechnischen Handwerke
60487 Frankfurt am Main
www.zveh.de

ZVEI Zentralverband Elektrotechnik- und Elektronikindustrie e.V.
60528 Frankfurt am Main
www.zvei.de

Bildquellenverzeichnis

List of Figures

Die meisten Bilder stammen aus dem Arbeitsumfeld der Autoren. Ergänzend hierzu haben die nachfolgend aufgeführten Unternehmen und Institutionen die bildliche Ausgestaltung unterstützt. Dabei sind für diese alle Rechte vorbehalten. Kein Teil darf ohne vorherige schriftliche Genehmigung weitergegeben, in einem Datensystem gespeichert oder in irgendeiner Form, weder elektronisch noch mechanisch, durch Fotokopie, Aufnahme noch durch andere Art übertagen werden.

ABB LTD.	CH 8050 Zürich	www.abb.com	333
Advanced Energy Industries, Inc.	60326 Frankfurt	www.advacedenergy.com	229-7
BENNING Elektrotechnik	46397 Bocholt	www.benning.de	459-5
Bohinec s.p.	SLO 9240 Ljutomer	www.bohinec.si	173-1
Doepke Schaltgeräte GmbH	26506 Norden	www.doepke.de	359-4
Dr. Fritz Faulhaber	71101 Schönaich	www.faulhaber.com	326-3, -4
Eaton Industries	53115 Bonn	www.eaton.com	367-2
Eisenmenger GmbH	56253 Ransbach-Baumbach	www.eisenmenger-gmbh.de	173-2
Fischer GmbH	87509 Immenstadt	www.fischer.de	486-1 bis -20
Fluke Deutschland GmbH	79286 Glottertal	www.fluke.com	237-2 , 352-1
Gavazzi GmbH	64293 Darmstadt	www.gavazzi.de	222-4
Geovision GmbH&Co.KG	85235 Wagenhofen	www.geovision.de	174-6
Gira	42477 Radevormwald	www.gira.de	254-3
Gossen Metrawatt GmbH	90449 Nürnberg	www.gmc-instruments.de	223-1
Hahn+Kolb Werkzeuge GmbH	71636 Ludwigsburg	www.hahn-kolb.de	195-1 bis -7
H. Zander GmbH&Co.KG	52070 Aachen	zander-aachen.de	383-11
Harting Stiftung & Co KG	32339 Espelkamp	www.harting.de	514-36
Heunisch-Guss	91438 Bad Windsheim	www.heunisch-guss.com	172-1
Hoffmann GmbH	81241 München	www.hoffmann-group.com	173-4
Index-Werke GmbH & Co KG Hahn & Tessky	73730 Esslingen	www.index-werke.de	460-2
Kistler Instrumente AG	CH 4808 Winterthur	www.kistler.com	173-5
KNIPEX-WERK	42234 Wuppertal	www.knipex.de	459-2
maxon motor ag	CH 6072 Sachseln	www.maxonmotor.com	322-1, -2, 323-1, -2, -3, 325-2
MYVOLT.DE	15234 Frankfurt/Oder	www.myvolt.de	459-6
PCE Deutschland GmbH	59872 Meschede	www.pce-instruments.com	459-4
Phoenix Contact GmbH	32825 Blomberg	www.phoenixcontact.com	428-6,
Physik Instrumente GmbH	76228 Karlsruhe/Palmbach	www.physikinstrumente.de	326-5
Presswerk Krefeld GmbH&Co.KG	47809 Krefeld	www.pwk-automotive.com	172-2
Profilex s.a.	L 9911 Troisvierges	www.profilex-systems.com	327-3
Rohde und Schwarz GmbH & Co. KG	81671 München	www.rohde-schwarz.com	237-1
Sandvik Tooling Deutschland GmbH	40549 Düsseldorf	www.sandvik.coromant.com	190-1, -2
S.Schmitt	76887 Bad Bergzabern	siegfriedschmitt44@gmx.de	459-1, -7
Schulte-Wiese GmbH&Co.KG	58840 Plettenberg	www.schulte-wiese.com	172-2
Schweißtechnik Burkhard GmbH	87600 Kaufbeuren	www.burkhard-group.com	173-3
Siemens AG	80333 München	www.siemens.com	Umschlag, 236-2, 265-1, 339-5
E. Zoller GmH & Co. KG	74385 Pleidelsheim	www.zoller.info	468-1

Literaturverzeichnis

List of Literature

Bartenschlager u. a.	Fachkunde Mechatronik	Verlag Europa-Lehrmittel, Haan-Gruiten
Bastian u. a.	Praxis Elektrotechnik	Verlag Europa-Lehrmittel, Haan-Gruiten
Baumann u. a.	Automatisierungstechnik	Verlag Europa-Lehrmittel, Haan-Gruiten
Böge u. a.	Handbuch Elektrotechnik	Springer Vieweg, Wiesbaden
Budig	Drehzahlvariable Drehstromantriebe mit Asynchronmotoren	VDE-Verlag, Berlin
Dahlhoff u. a.	Tabellenbuch Automatisierungstechnik	Verlag Europa-Lehrmittel, Haan-Gruiten
Dillinger u. a.	Rechnen und Projektieren – Mechatronik	Verlag Europa-Lehrmittel, Haan-Gruiten
DIN VDE 0100	Errichten von Niederspannungsanlagen	VDE-Verlag, Berlin
DIN VDE 0105	Betrieb von elektrischen Anlagen	VDE-Verlag, Berlin
Döring u. a.	Elektrische Maschinen und Antriebe	Springer Vieweg, Wiesbaden
F. Kümmel	Elektrische Antriebstechnik	VDE-Verlag, Berlin
Fottner u. a.	Handbuch der Datenwandlung	DATEL GmbH, München
Fritsche u. a.	Fachwissen Betriebs- und Antriebstechnik	Verlag Europa-Lehrmittel, Haan-Gruiten
Gerdsen	Digitale Übertragungstechnik	Springer Vieweg, Wiesbaden
Giersch u. a.	Elektrische Maschinen	Verlag Europa-Lehrmittel, Haan-Gruiten
G. Müller	Elektrische Maschinen	VDE-Verlag, Berlin
Gomeringer u. a.	Tabellenbuch Metall	Verlag Europa-Lehrmittel, Haan-Gruiten
Buchholz u. a.	Fachkunde Industrieelektronik und Informationstechnik	Verlag Europa-Lehrmittel, Haan-Gruiten
Grimm u. a.	Tabellenbuch industrielle Computertechnik	Verlag Europa-Lehrmittel, Haan-Gruiten
Günter u. a.	Industrielle Fertigung, Messen und Prüfen	Verlag Europa-Lehrmittel, Haan-Gruiten
Fritsche u. a.	Schutz durch DIN VDE	Verlag Europa-Lehrmittel, Haan-Gruiten
Habiger u. a.	Handbuch Elektromagnetische Verträglichkeit	VDE-Verlag, Berlin
Hofer	Moderne Leistungselektronik und Antriebe	VDE-Verlag, Berlin
Hübscher u. a.	IT-Handbuch	Westermann Gruppe, Braunschweig
Huyer u. a.	Prüfungsbuch für Mechatroniker	Verlag Handwerk und Technik, Hamburg
Jahn u. a.	Elektrische Messgeräte und Messverfahren	Springer-Verlag, Berlin
G. Häberle u. a.	Tabellenbuch Elektrotechnik	Verlag Europa-Lehrmittel, Haan-Gruiten
V. Häberle	Formeln für Mechatroniker	Verlag Europa-Lehrmittel, Haan-Gruiten
Schmid u. a.	Industrielle Fertigung, Fertigungsverfahren	Verlag Europa-Lehrmittel, Haan-Gruiten
Leidenroth u. a.	EIB-Anwenderhandbuch	Huss-Medien, Berlin
Lorbeer u. a.	Wie funktionieren Roboter?	Springer Vieweg, Wiesbaden
Philipow u. a.	Taschenbuch Elektrotechnik	Carl Hanser Verlag, München
Rummich u. a.	Elektrische Schrittmotoren und -antriebe	expert-verlag, Renningen
Schmid u. a.	Steuern und Regeln für Maschinenbau und Mechatronik	Verlag Europa-Lehrmittel, Haan-Gruiten
Storm	Umwelt-Recht	Verlag C. H. Beck, München